HANDBUCH DER KATALYSE

HERAUSGEGEBEN

VON

G.-M. SCHWAB
ATHEN

DRITTER BAND:

BIOKATALYSE

WIEN

SPRINGER-VERLAG

1941

BIOKATALYSE

BEARBEITET VON

K. A. C. ELLIOTT · H. J. JAKOWATZ · E. KOFRÁNYI
H. KRAUT · M. ROHDEWALD · F. ROST · A. SCHÄFFNER
G.-M. SCHWAB · Ä. WEISCHER

MIT 59 ABBILDUNGEN IM TEXT

WIEN
SPRINGER-VERLAG
1941

ISBN-13:978-3-7091-7991-8   e-ISBN-13:978-3-7091-7990-1
DOI: 10.1007/978-3-7091-7990-1

Vorwort.

Bei der großen Bedeutung katalytischen Geschehens für die belebte Natur hat sich das Interesse an der Katalyse neuerdings stark von der technischen auf die biologische Seite verschoben, und man kann die zukünftige Entwicklung der katalytischen Wissenschaft wahrscheinlich in der Hauptsache nach dieser Richtung hin erwarten. Es konnte nicht Aufgabe des „Handbuchs" sein, auf diese biologischen oder gar wissenschaftsgeschichtlichen und erkenntnistheoretischen Zusammenhänge näher einzugehen. Hierfür sei auf die bekannten Schriften MITTASCHS verwiesen. Wohl aber konnte das „Handbuch" an der Biokatalyse als chemischer Erscheinungsform nicht vorübergehen. Ohne etwa ein Sammelwerk der Enzymforschung ersetzen zu wollen, sollten doch die wichtigsten in ihrem Chemismus erkannten fermentativen Katalysen und besonders Katalysatoren als solche und vom katalytischen Standpunkt aus behandelt werden. Vollständigkeit ist dabei nicht unsere Aufgabe.

Ein einleitender Aufsatz gibt die allgemeinen Kennzeichen des Gebiets an. Zwei große Hauptkapitel behandeln die beiden wichtigsten Hauptgruppen von Fermenten. Von den oben gestreiften zahlreichen Gebieten der Biologie, auf denen die Katalyse mehr Zukunftsbedeutung hat, durfte eines schon heute wegen der sich abzeichnenden grundlegenden Zusammenhänge nicht übergangen werden: das der Virusstoffe, die hier — wiederum ohne jeden Wettstreit mit speziellen Handbüchern — auf ihre katalytische Rolle hin untersucht wurden. Endlich glaubte der Herausgeber, durch einen Artikel über Fermentmodelle die Erwartungen andeuten zu müssen, die man seiner Ansicht nach auf diesem Gebiet an Modellversuche zu knüpfen hat.

Im ganzen soll das Erscheinen dieses biochemischen Bandes in einem mehr physikalisch-chemisch eingestellten Handbuch einer Querverknüpfung im Wissenschaftsbetriebe dienen, die sich schon oft als ganz besonders fruchtbar erwiesen hat.

A t h e n, im September 1941.

G.-M. Schwab.

Inhaltsverzeichnis.

Seite

Allgemeines über Biokatalyse. Von Dozent Dr. A. SCHÄFFNER, Prag 1

Hydrolysierende Fermente. Von Professor Dr. H. KRAUT, Dortmund, mit Dr. M. ROHDEWALD, Dr. Ä. WEISCHER und Dr. E. KOFRÁNYI 47

Biological Oxidation-Reduction Catalysts. (Biologische Katalysatoren der Oxydation und Reduktion.) Von Dr. K. A. C. ELLIOTT, Philadelphia, Pa. . . . 292

Virusstoffe vom Standpunkt der Katalyse und Autokatalyse. Von Dozent Dr. A. SCHÄFFNER, Prag und Dr. H. J. JAKOWATZ, Prag 506

Fermentmodelle. Von Professor Dr. G.-M. SCHWAB, Athen und Dr. F. ROST, München 545

Namenverzeichnis 583

Sachverzeichnis 603

Allgemeines über Biokatalyse.

Von

Anton Schäffner, Prag.

Inhaltsverzeichnis.

Seite

I. Zur Entwicklung des Biokatalysator- und Fermentbegriffes 2

II. Einteilung der Enzyme 5

III. Vorkommen und Bildung der Fermente 7

IV. Aufgaben und Methoden der Fermentchemie 10
    1. Die Isolierung der Enzyme 11
    2. Methoden zur Enzymanreicherung und Enzymtrennung 13
        a) Die fraktionierte Autolyse 13
        b) Die fraktionierte Loslösung aus den festen Zellbestandteilen durch Anwendung verschiedener Lösungsmittel 14
        c) Fraktionierte Fällung wässeriger Extrakte mit organischen Lösungsmitteln 14
        d) Fraktioniertes Aussalzen 15
        e) Fraktioniertes Fällen beim isoelektrischen Punkt 16
        f) Enzymtrennung mittels Elektrophorese 16
        g) Enzymreinigung und -trennung mittels der Adsorptionsmethode ... 17
            α) Die gebräuchlichsten Adsorptionsmittel 18
            β) Ausführung der Adsorption und Elution 20
            γ) Adsorptionsmaß 21
            δ) Einfluß der Verunreinigungen auf die Adsorption 21
            ε) Einfluß der Acidität auf die Adsorption 22
            ζ) Die chromatographische Adsorptionsanalyse 23
        h) Selektive Enzymzerstörung durch H- und OH-Ionen und durch Hitze 23
        i) Quantitative Enzymbestimmung 24

V. Der strukturelle Aufbau der Fermente 26
    1. Enzyme als Kolloide 26
    2. Nachweis der zusammengesetzten Natur der Fermente 28
        a) Die Pyridindehydrasen 29
        b) Die Flavinenzyme 30
        c) Der Aufbau der Carboxylase 32
        d) Der Aufbau der Katalase 32
        e) Der Aufbau hydrolysierender Fermente 33
    3. Die zusammengesetzte Natur der Fermente als Erklärung ihrer Eigenschaften 34

VI. Wirkungsweise der Fermente 38
    1. Die Theorie enzymatischer Zwischenverbindungen 38
    2. Die Reaktionsweise der Häminfermente 39

Seite
3. Die Reaktionsweise der Pyridin- und Flavinfermente.................. 40
4. Radikale und Radikalketten bei enzymchemischen Vorgängen......... 41
5. Mechanismus der enzymatischen Hydrolyse 42
6. Vergleich der Enzymkatalyse mit der homogenen und heterogenen Katalyse.. 43
7. Enzymreaktionen als Gleichgewichtsreaktionen. Fermentative Synthesen 44

I. Zur Entwicklung des Biokatalysator- und Fermentbegriffes.

Die Lebensvorgänge sind eng verknüpft mit chemischen Reaktionen, die sich innerhalb der Organismen abspielen und die zu ihrem größten Teil katalytisch bedingt sind. So versteht man unter Biokatalyse diejenigen stofflich bedingten Auslösungen, Beschleunigungen und Lenkungen chemischer Reaktionen, die direkt oder indirekt mit den Lebenserscheinungen zusammenhängen. Es waren vorzüglich Überlegungen über die Bildung organischer Verbindungen in der lebenden Natur, die BERZELIUS veranlaßten, den Begriff der Katalyse zu prägen. „Katalysatoren sind" — wie der bekannte Satz des schwedischen Forschers lautet — „Körper, die durch ihre bloße Gegenwart chemische Tätigkeiten hervorrufen, die ohne sie nicht stattfinden." Und den Bedürfnissen der Physiologie entsprach es, wenn BERZELIUS 1835 in seinen Jahresberichten schreibt: „Wir bekommen begründeten Anlaß zu vermuten, daß in den lebenden Pflanzen und Tieren Tausende von katalytischen Prozessen zwischen den Geweben und Flüssigkeiten vor sich gehen."

Nach der Definition von BERZELIUS ist es nur folgerichtig, wenn man zu den „Biokatalysatoren" oder „Wirkstoffen der belebten Natur" neben den Fermenten, auf die man sich früher ausschließlich beschränkte, auch die Hormone, Vitamine, Wuchsstoffe, Organisatoren, Gensubstanzen und.neben diesen manche Elemente, die für die lebende Materie in Spuren unbedingt notwendig sind, rechnet. So wendet man heute den Ausdruck „*Biokatalysator*" auf alle chemischen Körper an, die im Organismus durch ihre bloße Gegenwart in geringen Mengen physiologische Wirkungen hervorrufen, indem sie etwa Zellen zum Wachsen und Teilen anregen, wie die Wuchsstoffe, oder die Heranbildung sekundärer Geschlechtsmerkmale auslösen, wie die Sexualhormone. Der heuristische Wert dieser erweiterten Auffassung der Biokatalyse, die in neuester Zeit vor allem durch A. MITTASCHS[1] energischen Einsatz allgemeine Anerkennung gefunden hat, liegt auf der Hand. Biologen wie Chemiker werden auf die stoffliche Natur aller Biokatalysatoren hingewiesen, und die Aufklärung des Chemismus biologischer Erscheinungen wird als vornehmstes Ziel physiologischer Arbeit anzusehen sein.

Dessenungeachtet kann die Aufgabe eines Handbuches der Biokatalyse — soll Inhalt und Umfang nicht ins Uferlose gehen — nur in der Beschreibung derjenigen biokatalytischen Erscheinungen liegen, deren chemischer Reaktionsmechanismus bekannt ist oder doch wenigstens in seinen Umrissen festliegt. Und das sind ausschließlich die Fermentreaktionen, bei denen es zum Teil recht weitgehend gelungen ist, Einblick in die Art der chemischen Umsetzung zu gewinnen. Wenn wir darüber hinaus heute in der Lage sind, Beziehungen der Vitamine, Hormone und mancher Metallionen zu den Fermenten festzustellen, so ist das ein nicht hoch genug einzuschätzendes Ergebnis der biochemischen

---

[1] A. MITTASCH: Naturwiss. 24 (1936), 770; vgl. auch „Über katalytische Verursachung im biologischen Geschehen". Berlin, 1936.

Forschung der letzten Jahre. Vitamine und Hormone sind in einigen Beispielen als Wirkungsgruppe oder als Vorstufe von Enzymen, verschiedene Metallionen als Glied einer Wirkungsgruppe erkannt worden. Diese Befunde werfen ein Licht auf den Aufbau der Enzyme und ihre Wirkungsweise und führen anderseits wohl die Vitaminwirkung auf in vitro feststellbare Fermentreaktionen zurück.

Nach dem heutigen Stand unseres Wissens kann ein Enzym als *ein kolloider, organischer Katalysator bestimmter stofflicher Natur und spezifischen Reaktionsvermögens* definiert werden. Die Enzyme werden von der lebenden Zelle gebildet, können aber in den meisten Fällen unabhängig von der lebenden Zelle ihre Wirkung ausüben. In einigen allerdings wesentlichen Fällen ist die Abtrennung des Enzyms aus der lebenden Zelle bis heute nicht gelungen; daß dies in der unzulänglichen Methodik, nicht aber im Wesen dieser Enzymwirkungen begründet ist, darf angenommen werden.

Die Lehre von den Enzymen ist eng verknüpft mit der Lehre von der Katalyse, und die Vorstellungen, die man sich über den Mechanismus der Katalyse während der letzten 100 Jahre gemacht hat, haben immer weitgehend die Vorstellungen über die Enzymwirkung beeinflußt, wie auch umgekehrt die Enzymchemie befruchtend auf die allgemeine Lehre von der Katalyse zurückgewirkt hat. So hat die Katalysedefinition, die W. OSTWALD 1894 an Stelle derjenigen von BERZELIUS setzte, daß nämlich „Katalyse die Beschleunigung eines langsam verlaufenden chemischen Vorganges durch die Gegenwart eines fremden Stoffes" ist, auch für die Enzymchemie gegolten und besonders zum Studium der Enzymkinetik angeregt.

In den letzten beiden Jahrzehnten hat sich diese Begriffsfassung als zu eng erwiesen; denn neben solchen Reaktionen, für die die OSTWALDsche Definition ohne weiteres zutrifft, gibt es zahlreiche katalytische Reaktionen, die in Abwesenheit des Katalysators niemals beobachtet werden und bei denen die Art des Katalysators für die Richtung der Reaktion maßgebend ist. WILLSTÄTTER[1] fordert deshalb, daß der OSTWALDsche Satz, der einmal aus thermodynamischen Erwägungen abgeleitet war, nicht wie ein Dogma festgehalten werden sollte; und auch MITTASCH[2] legt ein Wort dafür ein, zu der alten Auffassung eines BERZELIUS zurückzukehren, der von einer „Hervorrufung" spricht und auch schon an die Möglichkeit einer „Reaktionslenkung" gedacht hat. Mag auch die thermodynamische Definition die strengere sein, so ist nicht zu verkennen, daß diese freizügigere Begriffsbestimmungen dem praktischen Bedürfnis in unmittelbarerer Weise entgegenkommen.

Es sei also hervorgehoben, daß Enzyme die Stoffwechselprozesse im Organismus nicht allein in ihrer Geschwindigkeit beeinflussen, sondern daß sie auch für die *Richtung* ihres Ablaufes entscheidend sind. Dabei gilt dennoch der Grundsatz, daß ein Katalysator nur dann eine Reaktion katalysiert, wenn ein Verlust an freier Energie eintritt; mit anderen Worten: die zu katalysierende Reaktion muß thermodynamisch möglich sein. So kann z. B. eine Verschiebung des wahren thermodynamischen Gleichgewichtes einer Reaktion durch die bloße Anwesenheit eines Enzyms nicht erfolgen (vgl. fermentative Synthesen S. 44).

Fermentative Reaktionen sind schon frühzeitig beobachtet worden. Der Begriff *Fermentatio* reicht weit zurück; man hat mit ihm wohl hauptsächlich Gärungserscheinungen bezeichnet, doch war er noch sehr unklar und äußerlich, so daß er auch als Sammelname für alle Prozesse, die mit einer Gasentwicklung einhergehen, benutzt wurde. Eine der ältesten Beobachtungen einer fermen-

---

[1] R. WILLSTÄTTER: Naturwiss. 15 (1927), 585.
[2] A. MITTASCH: Naturwiss. 24 (1936), 770; vgl. auch „Über katalytische Verursachung im biologischen Geschehen". Berlin, 1936.

tativen Reaktion ist die von Spallanzini[1] aus dem Jahre 1783, wonach Fleisch durch den Magensaft von Vögeln verflüssigt wird. Daß Stärke durch wässerige Auszüge aus gekeimter Gerste hydrolysiert wird, stellte erstmals Irvine 1785[2] fest. Es folgte 1830 die Beobachtung der Hydrolyse des Amygdalins durch Robiquet und Boutron-Chalard,[3] die 1837 Liebig und Wöhler[4] eingehender beschrieben, ferner die Entdeckung eiweißspaltender Fermente, des Pepsins durch Schwann,[5] des *Trypsins* durch Corvisart.[6] 1837 zog Berzelius[7] auch die alkoholische Gärung in die katalytischen Prozesse ein, und Liebig entwickelte in einer Reihe von Publikationen eine rein chemische Theorie der Enzymwirkung. Die sogenannte Zersetzungstheorie Liebigs,[8] die die Fermentprozesse beschrieb als eine Störung des molekularen Gleichgewichtes der Substrate infolge eines chemischen Zerfalles der Fermente, ist die erste Theorie der Enzymwirkung.

Liebigs Erklärungsweise, mit der auch noch modernere Anschauungen Zusammenhänge zeigen (vgl. C. v. Nägeli 1879,[9] der die Fermentreaktionen auf die „Übertragung von Bewegungszuständen", nämlich von „Schwingungen der Atome und namentlich der Atomgruppen" auf die Substrate erklärt, und J. Boeseken,[10] der statt von Schwingungen von Elektronenbahnen spricht), wurde zunächst durch die von L. Pasteur[11] entwickelten Vorstellungen verdrängt, durch dessen klassische Untersuchungen die engen Beziehungen mancher Fermentprozesse, wie der alkoholischen Gärung, zur Lebenstätigkeit gewisser niederer Organismen aufgedeckt wurden. Solche Prozesse, wie die Gärungs- und Fäulnisprozesse, ordnete Pasteur lediglich dem Stoffwechsel von Mikroorganismen zu, und er vertrat die Auffassung, daß sie nur innerhalb der lebenden Zelle vor sich gehen könnten.

Seine Untersuchungen führten zu einer Unterscheidung zwischen „ungeformten Fermenten" oder Enzymen, wie Pepsin oder Diastase, die aus den lebenden Zellen abtrennbar sind, und geformten Fermenten, die mit der lebenden Zelle unlösbar verbunden erschienen. E. Buchner[12] gebührt das große Verdienst, die Einheitlichkeit des Fermentbegriffes wiederhergestellt und den Bann der vitalistischen Anschauungsweise, die eine große Beengung der chemischen Forschung bedeutete, gebrochen zu haben. Er führte den Nachweis, daß auch einer der wichtigsten Vertreter der geformten Fermente, das Ferment der alkoholischen Gärung, sich unter geeigneten Bedingungen von der lebenden Zelle trennen läßt und daß seine Wirkung in den Preßsäften der Hefe, unabhängig von der Gegenwart der Zellen selbst, demonstriert werden kann. Zwischen den Begriffen „Ferment" und „Enzym" blieb also kein Unterscheidungsmerkmal und zwischen Enzym und lebender Zelle keine Abhängigkeit als die der Herkunft. Pasteurs Satz, daß die alkoholische Gärung als Leben der Mikroorganismen ohne Sauerstoff angesehen werden kann, behielt, allgemeiner verstanden, Gültigkeit; er ist eine biologische Tatsache, hat aber keine Bedeutung für die Gesetzmäßigkeiten, denen die Fermentreaktionen, z. B. die alkoholische Gärung, ge-

---

[1] L. Spallanzini: Dissertazioni di fisica animale e vegetabile. Modena, 1783.
[2] Irvine, zit. bei Payen, Persoz: Ann. chim. phys. 58 (1833), 73.
[3] Robiquet, Boutron-Chalard: Ann. chim. phys. 44 (1830), 352.
[4] J. v. Liebig, F. Wöhler: Liebigs Ann. Chem. 22 (1837), 1.
[5] T. Schwann: Müllers Arch. 1836, 90.
[6] Corvisart: Z. rat. Med. (3), 7 (1857/58), 119.
[7] J. J. Berzelius: Lehrbuch der Chemie, Bd. 6 (1837), 20.
[8] J. v. Liebig: J. prakt. Chem. N. F. 1 (1870), 35, 312.
[9] C. v. Nägeli: Theorie der Gärung. München, 1879.
[10] J. Boeseken: Proc., Kon. Akad. Wetensch. Amsterdam 25 (1922), 210.
[11] L. Pasteur: C. R. hebd. Séances Acad. Sci. 46 (1859), 615; siehe auch „Die Alkoholgärung", Deutsch von Griessmayer, 2. Aufl. Stuttgart, 1878.
[12] E. und H. Buchner, M. Hahn: Die Zymasegärung. München, 1903.

horchen. Buchners Arbeiten stellten die chemische Fragestellung bei Enzym-
studien wieder in den Vordergrund und leiteten so die moderne Enzymchemie ein.

II. Einteilung der Enzyme.

Die allgemein übliche Einteilung der Enzyme in hydrolysierende Fermente
(Hyrrolasen) und in Desmolasen vermag nur den ersteren, den Hydrolasen, eine
chemisch genau definierte Leistung zuzuschreiben. Die hydrolysierenden Fermente spalten ihre Substrate unter Wasseraufnahme, während man unter Desmolasen Enzyme versteht, die den Endabbau der unter Wirkung der Hydrolasen
gelieferten Stoffe unter Zerschlagung und Oxydation der C-Kette besorgen. Da
dieser Endabbau im Gegensatz zu den hydrolysierenden Prozessen mit großen
Energieumsetzungen verbunden ist, diese biologisch auch im Mittelpunkt des
Geschehens stehen, ordnet man diese Enzyme besser einem umfassenderen Begriff unter und bezeichnet sie als Fermente des Energiestoffwechsels der Zelle.
Hierzu gehören insbesondere die Enzyme der Atmung, Glykolyse und Gärung;
aber auch energieverbrauchende Aufbauprozesse gehören dann hierher, wie der
wichtigste Aufbauprozeß, die Assimilation der Kohlensäure, d. i. die Überführung von CO_2 und H_2O in Kohlehydrat, wobei die Energie, unmittelbar
durch die Sonnenstrahlung geliefert, als Strahlungsenergie vom Blattfarbstoff
aufgenommen und an die photochemische Reaktion weitergegeben wird. Bei
der Mehrzahl anderer energieverbrauchender Aufbauprozesse wird die notwendige Energie durch „*Koppelung*" mit gleichzeitig einherlaufenden Abbau-
prozessen geliefert werden müssen. Dies gilt z. B. für den Aufbau des Glykogens
aus Milchsäure, bei dem der Energiebedarf durch gleichzeitige Verbrennung eines
bestimmten Teiles der Milchsäure zu CO_2 und H_2O gedeckt wird. Auch die
Assimilation des Stickstoffes, d. i. die Bindung des atmosphärischen Stickstoffes
zu Eiweiß durch gewisse im Erdboden vorkommende Bakterien (Azotobacter),
erfordert erhebliche Energiezufuhr, die durch Verbrennung von Kohlehydraten
geliefert wird. Da diese biologischen Vorgänge nur durch Zusammenwirkung
ganzer Enzymsysteme zustande kommen, ist die chemische Aufgabe der dabei
in Funktion tretenden Enzyme eine äußerst verschiedene; der Begriff „Fermente
des Energiestoffwechsels" ist also zunächst mehr biologisch als chemisch zu
fassen. Doch stehen die Katalysatoren der Oxydoreduktion (Redoxasen) im
Mittelpunkt des Energiestoffwechsels der lebenden Zelle; sie sind ähnlich zahl-
reich gegliedert wie die hydrolysierenden Fermente, und die biologische Oxydation verläuft über zahlreiche Zwischenstufen, die bei einigen Prozessen, wie
der Milchsäurebildung im Muskel und der alkoholischen Gärung, zum größten
Teil erfaßt werden konnten. Als weiteres wesentliches Glied der Enzyme des
Energiestoffwechsels hebt sich die Carboxylase hervor, ein Enzym, das die
Decarboxylierung von α-Ketosäuren katalysiert.

Unter Verzicht einer feineren Unterteilung, die der speziellen Beschreibung
der Enzyme vorbehalten bleiben soll, kommt man zu folgender Einteilung der
Fermente:

I. Hydrolasen.

1. Fermente, welche die Bindung C—O spalten:

  a) *Esterasen*:
    Untergruppen: *Lipasen*: Fettspaltende Fermente.
               Phosphatasen: Phosphorsäureesterspaltende Fermente.
               Sulfatasen: Schwefelsäureesterspaltende Fermente.

Tannase: Tanninspaltende Fermente.
Chlorophyllase: Chlorophyllspaltende Fermente.

b) *Carbohydrasen*:

Untergruppen: *Hexosidasen (Oligasen)*: Glukosid- und disaccharidspaltende Fermente wie Maltase, Lactase, Saccharase.
Polyasen: Amylasen, Cellulasen, Inulase, Pektinasen.

2. Fermente, welche die Bindung C—N spalten:

a) *Proteasen* (Fermente des Eiweißabbaues):

Untergruppen: *Peptidasen*:[1] Dipeptidase, Aminopeptidase, Carboxypeptidase, Prolinase, Prolidase, Protaminase.
Proteinasen: Pepsin, Trypsin, Chymotrypsin, Papainasen (Papain, Kathepsin).

b) *Amidasen*:

Untergruppen: *Urease*, spaltet Harnstoff in Ammoniak und Kohlensäure.
Arginase, spaltet Arginin in Ornithin und Harnstoff.
Asparaginase, spaltet Asparagin in Asparaginsäure und Ammoniak.
Histozym, spaltet Hippursäure in Benzoesäure und Glykokoll.
Purindesamidasen, spalten aus den Aminopurinen Ammoniak ab und führen sie in Oxypurine über.

c) *Nucleosidasen*, spalten Nucleoside in die Kohlehydratkomponente und den Pyrimidin- bzw. Purinrest.

3. Fermente, die die Bindung N—P lösen:

Phosphaminasen, spalten aus Kreatin- und Argininphosphorsäure Phosphorsäure ab.

II. Enzyme des Energiestoffwechsels.[2]

1. Enzyme der Oxydoreduktion:

a) *Eisenhaltige Fermente*: Atmungsferment, Cytochrome, Peroxydase, Katalase.
b) *Kupferhaltige Fermente*: Kartoffeloxydase.
c) *Gelbe Fermente* (Flavinenzyme).
d) Die *Pyridin-Dehydrasen*.
e) Redoxasen unbekannten Aufbaues:

Succinodehydrase, dehydriert Bernsteinsäure zu Fumarsäure.
Glyoxalase, führt Methylglyoxal in Milchsäure über.
Luciferase, ein Enzym, das die Oxydation des Luciferins unter Ausstrahlung von Licht katalysiert.
Uricase, ein Enzym, das Harnsäure oxydativ aufspaltet.

---

[1] Peptidasen werden von M. Bergmann und Mitarbeitern [Science (New York) 81 (1935), 180; J. biol. Chemistry 116 (1936), 189; 118 (1937), 405, 781] als Exopeptidasen, Proteinasen als Endopeptidasen und ganz allgemein Proteasen als Peptidasen bezeichnet. Diese neue Bezeichnung ist experimentell begründet, aber formal nicht glücklich, da der Ausdruck Exo- und Endoenzym anderweitig belegt ist und dort einen ganz anderen Sinn hat.

[2] Eine etwas andere, mehr die biologische Zusammenschaltung der Enzyme zu Enzymsystemen berücksichtigende Einteilung dieser Enzyme werden wir in dem einschlägigen Artikel von K. Elliott in diesem Bande vorfinden.

2. Enzyme, die die C—C-Bindung lösen:

   a) *Carboxylase*, die α-Ketosäuren (Brenztraubensäure) in Aldehyd und CO_2 spaltet.

      Aldolase, katalysiert die Aldolkondensation und ihre Umkehrung.

   b) *Oxynitrilase*, spaltet Benzaldehydcyanhydrin in Benzaldehyd und Blausäure.

3. Andere Enzyme, die in den Energiestoffwechsel eingreifen:

   a) *Fumarase*, die das Gleichgewicht der Reaktion: Fumarsäure $+ H_2O \rightleftharpoons$ Äpfelsäure katalysiert.

   b) *Aspartase*, die die Gleichgewichtsreaktion: Fumarsäure $+ NH_3 \rightleftharpoons$ Asparaginsäure katalysiert.

   c) *Kohlensäureanhydrase*, die die CO_2-Entwicklung aus H_2CO_3 beschleunigt.

   d) *Phosphorylase*, das Enzym der Phosphatübertragung von einem Phosphatdonator auf einen Phosphataccceptor.

III. Vorkommen und Bildung der Fermente.

Enzyme sind als Produkte lebender Zellen und als Katalysatoren der wichtigsten chemischen Umsetzungen, die die Lebensprozesse begleiten oder bedingen, in allen Zellen des Tier- und Pflanzenreiches verbreitet. Über die Bildung von Fermenten durch die lebende Zelle lassen sich nur wenige begründete Aussagen machen. Fermente werden wie andere Energie-, Bau- oder Wirkstoffe in der lebenden Zelle selbst gebildet. In einigen Fällen kann man nachweisen, daß gewisse größere Bausteine zur Fermentsynthese manchen Organismen von außen zugeführt werden müssen; so erwiesen sich die Vitamine der B-Gruppe, Aneurin und Laktoflavin, als prosthetische Gruppen von Fermenten, der Carboxylase und des gelben Ferments, zu deren Synthese der tierische Organismus nicht befähigt ist. In den meisten Fällen jedoch wird die Synthese der Fermente innerhalb eines Organismus vollzogen werden.

Die Forschung wurde besonders auf solche Fälle hingelenkt, in denen bei Bedarf oft große Mengen von Enzym mehr oder minder spontan entstehen; z. B. bei der Keimung von Pflanzensamen oder bei der Anregung des tierischen Verdauungstraktes durch psychische Reize. Dabei hat es sich herausgestellt, daß in vielen Fällen die aktiven Enzyme durch verschiedenartige Aktivierungsmechanismen aus einer unwirksamen Form entstehen. So wird z. B. bei der Keimung von Gerste — wahrscheinlich durch proteolytische Vorgänge — ein Aktivator für Amylase, die Amylokinase,[1] gebildet, die die unwirksame Vorstufe der Amylase im ruhenden Samen in das aktive Enzym überführt. Das Trypsinogen der Pankreasdrüse wird nach den Untersuchungen der NORTHROPschen Schule[2] durch einen autokatalytischen Prozeß in das aktive Trypsin verwandelt, ein Prozeß, der ausgelöst wird durch einen in der Darmschleimhaut des Dünndarms vorkommenden Stoff — die Enterokinase.[3]

In höheren Organismen sind die Bildungsstätten einiger Enzyme in bestimmten Organen zu suchen, während die Mehrzahl der Enzyme als ubiquitär zu gelten hat. So gibt es eine Reihe von spezialisierten Zellen in den Organen höherer Tiere, welche zur Produktion und Sekretion einiger für bestimmte Auf-

---

[1] E. WALDSCHMIDT-LEITZ, A. PURR: Hoppe-Seyler's Z. physiol. Chem. 208 (1931), 117; vgl. jedoch den Artikel von H. KRAUT in diesem Bande des Handbuches bes. S. 121.

[2] M. KUNITZ, I. H. NORTHROP: J. gen. Physiol. 19 (1936), 991.

[3] E. WALDSCHMIDT-LEITZ: Hoppe-Seyler's Z. physiol. Chem. 182 (1924), 181.

gaben vorgesehenen Enzyme, z. B. für die des Verdauungstraktes, fähig sind. Die modernen Methoden der enzymatischen Histochemie, die von K. Linderström-Lang und Mitarbeitern[1] ausgearbeitet worden sind, erlauben einen Einblick in die Verteilung und den Bildungsort von Enzymen in Geweben.

Als Beispiel führen wir das Problem an, das die Sekretion der Magenschleimhaut bietet: die Identifizierung der Zellen, die das Pepsin und die Salzsäure bilden. Es ist bekannt, daß beide Substanzen von den Drüsen des Fundusteiles abgeschieden werden. Als typische Bauelemente dieser Drüsen treten vor allem Gruppen von Zellen auf, nämlich Oberflächenepithelzellen (A), Hauptzellen (C) und Deckzellen (B), deren Anordnung in Abb. 1 schematisch dargestellt ist.

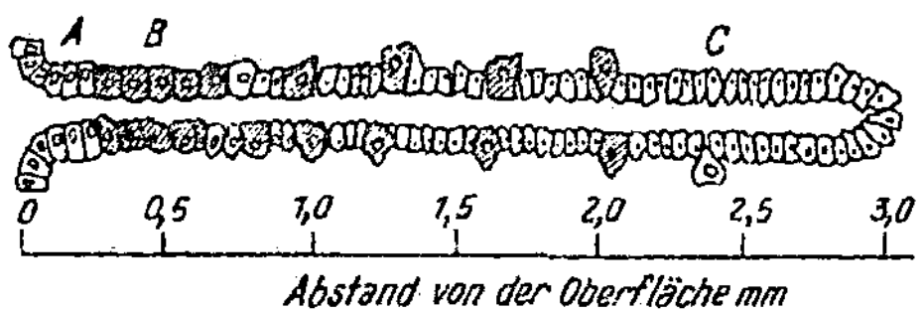

Abb. 1. Fundusdrüse [nach K. Linderström-Lang und H. Hölter, Ergebn Enzymforsch. 8, (1934), 309, und zwar S. 327].

Die drei Zelltypen sind nicht gleichmäßig über die ganze Länge des Drüsenschlauches verteilt, sondern in Zonen besonderer Häufigkeit. Das Ergebnis des Versuches war, daß die größte Pepsinmenge immer in den Teilen der Fundusschleimhaut gefunden wird, in denen die Hauptzellen überwiegen, während in die Zone der größten Häufigkeit der Deckzellen das Maximum der Salzsäurebildung fällt.

Das Ziel der enzymatischen Histochemie ist aber weiter gesteckt, als nur Zellgruppen und bestimmte Enzymaktivitäten zu differenzieren. Die Aufgabe, die die enzymatische Histochemie letzten Endes zu lösen hat, ist die Bestimmung der Enzymverteilung in der einzelnen Zelle. Denn der Zellinhalt stellt keineswegs eine homogene Masse dar; wir haben in manchen Fällen Hinweise, nach denen die Enzyme in der Zelle nicht gleichmäßig verteilt, sondern an morphologisch definierte Strukturelemente gebunden sind. Als solche Enzymträger werden häufig die durch Janusgrün vital färbbaren Mitochondrien angesehen;[2] auch die Rolle des Zellkernes im Enzymhaushalt stand schon zur Diskussion namentlich in der cytologischen Literatur, ohne daß die Versuche methodisch befriedigen konnten. Auch bei diesem Problem hat die Kopenhagener Schule einen ersten erfolgreichen Vorstoß gewagt.[3] Die Versuche, die an Seeigeleiern und Amöben angestellt wurden, konnten zwar zeigen, daß die bis jetzt untersuchten Enzyme, Dipeptidase und Katalase, nicht an bestimmten Orten der Zelle lokalisiert sind, sondern sich gleichmäßig in der hyalinen Grundsubstanz des Protoplasmas verteilen; aber da sie sich bisher auf ein geringes biologisches Material und nur auf zwei enzymatische Individuen beschränken, ist vorderhand kein allgemeiner Schluß daraus zu ziehen. Mit dem Fortschreiten in unseren Kenntnissen über den Aufbau des Protoplasmas wird diese Arbeitsrichtung jedoch als aussichtsreich anzusehen sein.

Durch Änderung des Milieus, bzw. durch Reizung gelingt es in manchen Fällen, Einfluß auf die Bildung von Enzymen zu nehmen. Unter gewissen Bedingungen des Stoffwechsels scheinen manche Bakterien und Hefen in der Lage zu sein, bestimmte Enzyme anzureichern, bzw. neue Enzyme auszubilden, und bei höher organisierten Geweben, wie den tierischen Drüsen, kann sich unter dem Einfluß

---

[1] K. Linderström-Lang, H. Holter: Ergebn. Enzymforsch. 8 (1934), 309; Mh. Chem. 69 (1936), 292.

[2] E. S. Horning: Ergebn. Enzymforsch. 2 (1933), 336. — V. Koehring: J. Morph. Physiol. 49 (1930), 45. — H. Shapiro: J. cellular comparat. Physiol. 6 (1935), 101.

[3] K. Linderström-Lang, H. Holten: Ergebn. Enzymforsch. 8 (1934), 309; Mh. Chem. 69 (1936), 292.

von Reizstoffen das Verhältnis, in dem die einzelnen Enzyme ausgeschieden werden, stark ändern. So geht aus älteren Untersuchungen J. P. Pawlows[1] hervor, daß der relative Gehalt des pankreatischen Sekrets an den drei wichtigsten Verdauungsenzymen, dem eiweiß-, dem fett- und dem stärkespaltenden, der Zusammensetzung der verabreichten Nahrung nach ihrem Eiweiß-, Fett- und Stärkegehalt in ausgeprägtem Maße entspricht. Den Saccharasegehalt der Hefe zu steigern, gelingt auf verschiedene Weise. Euler[2] und Mitarbeiter erreichten eine Anreicherung des Enzyms auf etwa den zehnfachen Betrag durch Züchtung des Pilzes in einer Nährlösung von hoher Zuckerkonzentration, während Willstätter[3] durch Gärführung mit minimaler Zuckerkonzentration — offenbar eine Art Reizung — in kurzer Zeit zu einem noch besseren Resultat kommt. Neuerdings gibt Weidenhagen[4] an, daß durch Einblasen von Luft in die Hefelösung während der Führung bei minimaler Zuckerkonzentration eine noch schnellere und intensivere Invertinanreicherung festgestellt werden kann.

Hefen, die an sich unvermögend sind, Galaktose zu vergären, können durch Züchtung in Lösungen dieses Substrats die Fähigkeit der Galaktosegärung erlangen.[5] Für die Richtung vieler Gärungs- und Oxydationsreaktionen, die durch Bakterien und Schimmelpilze hervorgerufen werden, ist das Nährmilieu maßgebend. Wenn auch wenige eingehende Untersuchungen über den Enzymgehalt bei wechselndem Nährmilieu vorliegen, so darf man doch annehmen, daß das Enzymsystem wenigstens teilweise vom Nährsubstrat abhängig ist und die Verschiedenheit der Reaktionsprodukte sich von der Verschiedenheit der Enzymsysteme herleitet. Eine ältere Untersuchung von Jakoby[6] z. B. zeigt die deutliche Abhängigkeit der Ureasebildung in Bakterien von der chemischen Zusammensetzung der Nährböden. Während sich bei der Züchtung auf d-Glukose, d-Galaktose, dl-Glycerinaldehyd reichliche Mengen von Urease bilden, wird bei Züchtung auf d-Fructose nur wenig, auf d-Mannose und anderen nur in Spuren Urease gebildet. Nach Nilsson[7] kann *Azotobacter Chroococcum* das Oxydoreduktionssystem bei Züchtung auf verschiedenen Nährböden variieren.

An dieser Stelle ist auch auf die Bildung der sogenannten Abwehrfermente hinzuweisen, worunter nach E. Abderhalden[8] Fermente zu verstehen sind, die nach Eindringen von ihrer Struktur nach blutfremd zusammengesetzten organischen Verbindungen in das Blut im Blutplasma auftreten und auch im Harn erscheinen. Das Hauptinteresse ist hier Fermenten der Gruppe der Proteinasen zugewandt worden, ohne daß sich diese Erscheinung darauf beschränken würde. Gegenüber allen bisher bekannten Proteinasen zeichnen sich die Abwehrproteinasen durch ihre außerordentlich feine spezifische Einstellung auf jene Substrate aus, die ihr Erscheinen bedingen. Nur jenes eiweißhaltige Substrat wird nämlich abgebaut, das, sei es durch Einspritzung, sei es durch Auflösung

---

[1] I. P. Pawlow: Die Arbeit der Verdauungsdrüsen, S. 48 ff. Wiesbaden, 1898.

[2] H. v. Euler, O. Svanberg: Hoppe-Seyler's Z. physiol. Chem. 106 (1919), 201; 107 (1919), 269.

[3] R. Willstätter, Ch. D. Lowry, K. Schneider: Hoppe-Seyler's Z. physiol. Chem. 146 (1925), 158.

[4] R. Weidenhagen: Angew. Chem. 47 (1934), 581. Vgl. H. Kraut in diesem Bande des Handbuches, S. 67.

[5] H. v. Euler, R. Nilsson: Hoppe-Seyler's Z. physiol. Chem. 143 (1925), 89. — H. v. Euler, Th. Lövgren: Ebenda 146 (1925), 44. — H. v. Euler, R. Nilsson: Ebenda 152 (1926), 249.

[6] M. Jakoby: Biochem. Z. 79 (1917), 35; 80 (1917), 357; 81 (1917), 332; 84 (1917), 358.

[7] R. Nilsson: Arch. Mikrobiol. 7 (1936), 598.

[8] E. Abderhalden: Schutzfermente des tierischen Organismus. Berlin, 1912; Ergebn. Enzymforsch. 6 (1937), 189.

körpereigener Stoffe, in die Blutbahn gebracht worden ist. Überraschend ist das außerordentlich rasche Auftreten der Abwehrproteinasen; schon nach 24 Stunden und manchmal früher sind sie nach parenteraler Zufuhr des Substrats im Serum bzw. Harn nachweisbar.

Es ist auch gelungen, mit Hilfe einfacher Verbindungen Abwehrfermente zur Auslösung zu bringen.[1] Bei parenteraler Zufuhr von Rohr- und Milchzucker, die beide blut- und zellfremd sind, kann der Organismus diese durch die Nieren entfernen. Es gelingt jedoch nach mehr oder weniger langer Zufuhr der genannten Disaccharide, dem Blutserum die Eigenschaft des Abwehrvermögens gegenüber den genannten Disacchariden zu verleihen.

Ähnlich ist der Befund E. ABDERHALDENS,[2] wonach es gelingt, durch parenterale Zufuhr von Polypeptiden, deren Aminogruppe besetzt ist, eine Carboxypolypeptidasewirkung, die zuvor im Serum nicht nachweisbar ist, hervorzurufen.

Die Abwehrproteinasereaktion findet Verwertung zur Diagnose von Schwangerschaft und Carcinom. Ferner kann die Reaktion verwandt werden zum Studium der Verwandtschaft bzw. Verschiedenheit der Proteine.

Die Befunde über Bildung organismusfremder Enzyme in Bakterien, Pilzen und höheren Organismen sind kaum abzuleugnen. Unbeantwortet ist bis jetzt die Frage geblieben, auf welchem Wege diese Bildung stattfindet. Die neueren Vorstellungen über den Aufbau von Enzymen (siehe S. 28) lassen die Möglichkeit von Umwandlungen verwandter Enzyme ineinander durch Auswechslung des kolloiden Trägers zu. Vielleicht ist in dieser Richtung einmal die Lösung dieses Problems zu suchen.

IV. Aufgaben und Methoden der Fermentchemie.

Im biologischen. Geschehen sind die Wirkungen der Fermente immer mehr oder minder neben- oder hintereinander geschaltet; immer ist daher in Zellen und Zellextrakten, welcher Art diese auch sein mögen, mit einem Gemisch zahlreicher Enzyme zu rechnen. Die Aufgabe der Enzymchemie ist es daher zunächst, die Wirkungen der einzelnen Fermente zu erkennen und eine Abtrennung von Fermentindividuen nicht nur aus der lebenden Zelle, sondern auch aus den Fermentgemischen der Zellextrakte herbeizuführen. Hierauf aufbauend wird das weitere Ziel der präparativen Enzymchemie in der Reindarstellung von Enzymen liegen. Dem Wesen eines Grenzgebietes, wie es das Arbeiten über die Wirkstoffe der lebenden Natur darstellt, entspricht es, wenn die Aufgaben der Enzymchemie sowohl biologische als auch chemische sind; *biologisch* insofern, als es zum Verständnis physiologischer Vorgänge notwendig erscheint, ihren Chemismus zu kennen, wozu auch gehört, den isolierten Fermentreaktionen ihren biologischen Sinn zu erteilen, *chemisch* dann insofern, als das Wesen der Fermentreaktionen, die Natur der Fermente und ihre Eigenschaften zu studieren sind. Isolierung, Reindarstellung, Strukturerforschung der Enzyme und Aufklärung des Mechanismus enzymkatalytischer Reaktionen sind somit die vornehmsten Ziele der Enzymchemie.

Auf die biologische Seite der Enzymologie kann in diesem Zusammenhang nur hingewiesen werden, um eingehender die chemischen Methoden und unsere Kenntnisse über die chemische Natur und die Wirkungsweise der Fermente schildern zu können.

---

[1] E. ABDERHALDEN, S. BUADZE: Fermentforsch. **13** (1932), 228, 291.

[2] E. ABDERHALDEN: Schutzfermente des tierischen Organismus. Berlin, 1912; Ergebn. Enzymforsch. **6** (1937), 189.

1. Die Isolierung der Enzyme.

Die Isolierung der Enzyme aus der lebenden Zelle in möglichst quantitativer Ausbeute ist der erste, oft durchaus nicht einfache Schritt, der zur Darstellung hochaktiver gereinigter Enzyme führt.

Der Zustand, in dem die Enzyme vorkommen, ist maßgebend für die Art ihrer Gewinnung. Eine Reihe von Enzymen wird von der lebenden Zelle sezerniert; so stellen z. B. Speichel, Magensaft, Pankreassaft, allgemein Verdauungssäfte von Pflanzen und Tieren, ferner Blutplasma und Harn enzymhaltige Sekrete bzw. Körpersäfte dar. Auch Bakterien können unter Umständen Enzyme sezernieren.[1] Man bezeichnet solche Enzyme als *exo-Enzyme*, während man die nichtsezernierten, in der Zelle wirkenden Fermente *endo-Enzyme* nannte. Diese Bezeichnung ist alt und wurde in einem Sinne verstanden, der heute nicht mehr gilt; man glaubte nämlich, daß endo-Enzyme von der lebenden Zelle nicht trennbar seien (siehe S. 4).

Exo-Enzyme können gewonnen werden, indem man die sezernierten Säfte sammelt. Die Gewinnung von tierischen Verdauungssäften, wie Pankreas- und Darmsaft, erfolgt durch Anlegung von Fisteln.[2] Die in den Säften vorkommenden Enzyme können in manchen Fällen identisch sein mit den Enzymen in Extrakten aus den betreffenden Organen.[3]

Der Isolierung von nichtsezernierten Enzymen aus der Zelle kann unter Umständen ein komplizierter Vorgang zugrunde liegen; denn es hat sich herausgestellt, daß die Fermente in einem wechselnden Zustand vorliegen können — leicht loslösbar aus den abgetöteten Zellen oder an unlöslichen Trägern durch adsorptive Bindung festgehalten, so daß sie sich der Zelle nicht ohne weiteres mit Lösungsmitteln entziehen lassen. Dieser Erscheinung haben vor allem R. WILLSTÄTTER und M. ROHDEWALD in der letzten Zeit eingehende Studien gewidmet. Nach WILLSTÄTTER[4] ist es zweckmäßig, „die Abgrenzung der Begriffe so vorzunehmen, daß *endo*-Enzyme diejenigen heißen, die durch ihre *Einlagerung und Adsorption im Zellgerüst* unlöslich sind und die durch dessen Zerstörung, schon durch mechanische, freigelegt und löslich werden". Dagegen soll auf diejenigen Fälle, in denen die Enzyme an Protoplasma chemisch gebunden vorkommen, der Begriff *desmo*-Enzyme angewandt werden. „Desmo-Enzyme sind also unlöslich durch die chemische Struktur der Komplexe, an die sie verankert sind." Für die in der Zelle *löslich* vorhandenen Enzyme wird der Ausdruck *lyo*-Enzyme angewandt. Die Unterscheidung der lyo-Enzyme von den durch Einlagerung im Zellgerüst unlöslichen endo- und von den protoplasmatisch gebundenen desmo-Enzymen entstammt dem Streben nach tieferer Kenntnis von der Verankerung und vom Lösungsverhalten der Zellenzyme. Aus desmo-Enzymen können durch Abbau der verankernden Substanz z. B. durch Autolyse lyo-Enzyme werden. Durch diese experimentell begründeten Anschauungen werden die löslichen und die zugehörigen zellgebundenen Enzyme zu einer Einheit zusammengefaßt, indem ihre Unterschiede auf die Molekulargröße eines in gewissem Maße variablen Trägers sowie auf die Art ihrer Verkettung an denselben zurückgeführt werden; die spezifisch aktive Gruppe ist ihnen gemeinsam und bleibt bei ihren verschiedenen Übergängen unversehrt (siehe S. 35).

---

[1] A. I. VIRTANEN, O. SUOLAKTI: Enzymologia (Den Haag) **3** (1937), 62.

[2] Siehe dazu: OPPENHEIMER-PINCUSSEN: Methodik der Fermentforschung. Leipzig, 1929.

[3] E. WALDSCHMIDT-LEITZ, J. WALDSCHMIDT-GRASER: Hoppe-Seyler's physiol. Chem. **166** (1927), 247.

[4] R. WILLSTÄTTER, M. ROHDEWALD: Hoppe-Seyler's Z. physiol. Chem. **209** (1932), 38; Enzymologia (Den Haag) **1** (1936), 213.

Zur Trennung von lyo- und desmo-Enzymen hat sich die Extraktion mit wasserfreiem Glycerin als ein gutes Verfahren bewährt.[1]

Auf diesen unterschiedlichen Zustand der Enzyme ist bei der Aufarbeitung lebenden Materials Rücksicht zu nehmen, und die zum Ziele führenden Vornahmen werden dadurch dem Sinne nach verständlich. So sind die Ergebnisse der klassischen Untersuchungen von E. Buchner[2] dahin zu deuten, daß die Freilegung der Gärungsenzyme nach der mechanischen Zertrümmerung der Hefestruktur deshalb gelingt, weil der Zymasekomplex wenigstens zum Teil in einer endo-Form vorliegt. Ähnlich läßt sich aus frischer Muskulatur eine Reihe von glykolytischen Fermenten dadurch gewinnen, daß man einen Preßsaft herstellt,[3] indem man zerkleinerte Muskulatur unter Eiskühlung mit Quarzsand verreibt, mit Kieselgur gut durchknetet und dann das Preßgut auspreßt.

Allgemein läßt sich sagen, daß lyo-Enzyme sich durch einfache Extraktion der abgetöteten oder getrockneten Zellen mittels Wasser oder Glycerin gewinnen lassen, endo-Enzyme entweder erst nach weitgehender mechanischer Zertrümmerung der Zellmembranen oder aber durch enzymatische Freilegung, während desmo-Enzyme ihre Ablösung von den festen Bestandteilen der Zelle nur durch enzymatische Freilegung erfahren können.

Einige Beispiele mögen diese Eigenschaften der Fermente verdeutlichen. Die Enzyme, die in den Sekreten der tierischen und pflanzlichen Organismen, z. B. in den Verdauungssäften, sich finden, sind nicht nur in diesen Sekreten frei gelöst, sondern lassen sich unter Umständen vor ihrer Sekretion aus dem frischen zerkleinerten oder getrockneten Zellmaterial zu einem größeren oder kleineren Teil in Lösung überführen. So wird von der Pankreasdrüse des Schweines die Amylase fast vollständig,[4] Trypsin zwischen 70 und 80%,[5] Lipase dagegen zu höchstens 3% in wasserfreies Glycerin abgegeben.[6] Der Rest bleibt auch nach wiederholter Anwendung dieses Lösungsmittels ungelöst zurück. Das desmo-Trypsin kann dann durch neutrale Elektrolyte zum Teil, durch verdünnte Soda oder Salzsäure vollkommen in Lösung gebracht werden, während dies bei der Pankreaslipase erst gelingt, wenn man die frische Drüse einige Tage dem ungeregelten Abbau durch ihre Enzyme überläßt und dann erst extrahiert. Dieses Beispiel der drei wichtigsten Enzyme der Pankreasdrüse zeigt, daß die Festigkeit der Bindung von Enzymen an andere Zellbestandteile alle möglichen Abstufungen zeigen kann, von einer lockeren Adsorption, die durch gelinde chemische Mittel, wie Zusatz von Elektrolyten oder Änderung der Wasserstoffionenkonzentration, aufgehoben werden kann, bis zu einer festen Adsorption, die erst durch enzymatischen Abbau des Adsorptionsträgers gelöst wird.

Als Beispiel für endo-Enzyme sei das Verhalten der Hefesaccharase[7] erwähnt, die in der Zelle in nicht auflösbarem Zustand vorliegt; sie ist weder aus der frischen

---

[1] R. Willstätter, M. Rohdewald: Hoppe-Seyler's Z. physiol. Chem. **208** (1932), 258; **218** (1933), 77. — E. Bamann, P. Laeverenz: Ebenda **228** (1934), 1. — E. Bamann, J. N. Mukherjee: Ebenda **229** (1934), 1.

[2] E. und H. Buchner, M. Hahn: Die Zymasegärung. München, 1903.

[3] G. Emden, W. Griesbach, E. Schmitz: Hoppe-Seyler's Z. physiol. Chem. **98** (1914), 1.

[4] R. Willstätter, M. Rohdewald: Hoppe-Seyler's Z. physiol. Chem. **221** (1933), 202.

[5] R. Willstätter, M. Rohdewald: Hoppe-Seyler's Z. physiol. Chem. **218** (1933), 77.

[6] E. Bamann, P. Laeverenz: Hoppe-Seyler's Z. physiol. Chem. **228** (1934), 1.

[7] R. Willstätter und Mitarbeiter: Liebigs Ann. Chem. **425** (1921), 1. — R. Willstätter, G. Oppenheimer, W. Steibelt: Hoppe-Seyler's Z. physiol. Chem. **110** (1920), 232. — W. Grassmann, T. Peters: Ebenda **204** (1932), 135. — R. Willstätter, W. Grassmann: Biochem. Z. **203** (1928), 308; vgl. Artikel H. Kraut in diesem Bande des Handbuches, S. 66.

noch aus der abgetöteten oder getrockneten Zelle löslich ohne Autolyse. Das Enzym wird aber in den löslichen Zustand übergeführt entweder durch vollständige mechanische Zerteilung der Zellhaut, z. B. durch Zerreiben der Hefe mit Quarzsand im gefrorenen Zustand, oder durch autolytische Vorgänge oder zuletzt, unter Ausschaltung der Autolyse, durch Zugabe von Enzymen; und zwar kann die Saccharase aus den Zellresten entweder durch Amylasen oder durch Proteinasen freigelegt werden. Hieraus ist zu schließen, daß der Bindungszustand des Hefeenzyms von einem hochmolekularen Bestandteil der Zellmembran abhängig ist, der sowohl zur Kohlehydrat- wie zur Proteinklasse gehört.

Nach dem bereits Gesagten überrascht es nicht, daß die Löslichkeit des gleichen Enzyms bei verschiedenen Tierarten verschieden sein kann. So wird das Histozym[1] leicht aus der Hundeniere, teilweise aus derjenigen des Schweines und gar nicht aus der Pferdeniere herausgelöst.

Bei der praktischen Gewinnung von endo- und desmo-Enzymen spielen — wie schon aus den angeführten Beispielen hervorgeht — autolytische Prozesse die bedeutendste Rolle. Die Autolyse, die Selbstauflösung der Zelle, tritt nach deren Abtötung unter der Wirkung der nun ungehemmt und ungeregelt einsetzenden enzymatischen Abbauvorgänge ein. Nach dem Tode der Zelle erfahren offenbar infolge Auflösung der Zellstruktur verschiedene Enzyme, z. B. die Atmungsenzyme, eine Schwächung bzw. Inaktivierung, während andere Enzyme, z. B. die proteolytischen, sogar unter Umständen eine Aktivierung erfahren können. Für den Verlauf der Autolyse ist die Art der Zelltötung von Bedeutung. Die gewöhnliche, natürliche Autolyse tritt nach dem Tode der tierischen oder pflanzlichen Zelle ein, wobei bald die autolytischen Prozesse durch die von Mikroorganismen hervorgerufenen überwuchert werden. Eine sterile Autolyse kann gewöhnlich nur bei Anwendung von Antiseptika, wie Chloroform, Toluol, Essigester, durchgeführt werden. Da diese Antiseptika zugleich Zellgifte sind, so tritt durch sie die Abtötung der Zelle und demgemäß Autolyse ein. Diese sterile Autolyse ist die am meisten angewandte Methode. Die Autolyse kann reguliert werden durch Anwendung verschiedener Antiseptika und durch Einstellung bzw. Aufrechterhaltung bestimmter Wasserstoffionenkonzentrationen. Auch Plasmolyse, hervorgerufen durch Verreiben eines Zellbreies mit Salzen, führt zu Autolyse.

Bei der Freilegung der Enzyme mittels autolytischer Prozesse ist darauf zu sehen, daß die Enzyme nicht selbst durch eintretende Veränderungen des Milieus der Zerstörung unterliegen. So haben WILLSTÄTTER und Mitarbeiter[2] gezeigt, daß die Maltase der Hefe, die gegen Säure sehr empfindlich ist, bei der gewöhnlichen Autolyse des Pilzes durch die entstehende Säure zum größten Teil zerstört wird und daß man sie nur dann in guter Ausbeute von der Zellsubstanz abzutrennen vermag, wenn man dafür Sorge trägt, die jeweils gebildete Säure zu neutralisieren.

2. Methoden zur Enzymanreicherung und Enzymtrennung.

Zur Enzymanreicherung und Enzymtrennung stehen zahlreiche Methoden zur Verfügung, die je nach dem besonderen Fall angewandt und kombiniert werden müssen.

a) Die fraktionierte Autolyse.

Um Fermente in möglichst hohem Reinheitsgrad, also zusammen mit einer möglichst geringen Menge von Ballaststoffen, selektiv aus den Zellen und Geweben in Lösung überzuführen, kann unter Umständen eine fraktionierte Autolyse

---

[1] E. WALDSCHMIDT-LEITZ: Die Enzyme, S. 80. Braunschweig, 1926.
[2] R. WILLSTÄTTER, G. OPPENHEIMER, W. STEIBELT: Hoppe-Seyler's Z. physiol. Chem. 110 (1920), 232; 111 (1920), 157.

von Vorteil sein. Die Auflösung der Zellinhaltsstoffe erfolgt nämlich nicht gleichmäßig, sondern mit verschiedener Geschwindigkeit. So erfolgt die Loslösung der Hefesaccharase[1] nicht sofort nach der Verflüssigung der Hefe mit dem Zellgift, z. B. Toluol; ein Vorautolysat, reich an Ballaststoffen, kann nach zweistündiger Autolysendauer abgetrennt werden, während die Hauptmenge des Enzyms erst im Laufe eines Tages in Lösung geht. Bei der Autolyse werden unter Umständen nicht alle Enzyme gleichmäßig freigelegt. Dies ermöglicht es z. B., die Proteinase und die Polypeptidase der Hefe[2] fast quantitativ zu trennen; die Proteinase ist schon nach 24—48 Std. völlig in Lösung gegangen. Zur Gewinnung der proteinasefreien Polypeptidase ist es nur nötig, nach Ablauf dieser Zeit den Heferückstand von der Lösung abzutrennen und nach gutem Waschen erneut mit Wasser und Zellgift der Selbstverdauung zu überlassen.

Die Gewinnung der Einzelenzyme ist auch auf Grund der Erfahrung möglich, daß durch Veränderung der Autolysenbedingungen die Freilegung der Enzyme in ganz bestimmte Bahnen gelenkt wird. Man hat es also in der Hand, durch bestimmte Autolysenführung, z. B. durch besondere Wahl des Zellgiftes und der Acidität, die Freilegung des einen Enzyms zu fördern, dagegen die des anderen hintanzuhalten oder sogar völlig zu unterdrücken. So wird die Darstellung einheitlicher Dipeptidase und Aminopolypeptidase aus Hefe[3] erzielt, wenn man zur Gewinnung der Dipeptidase die bei neutraler Reaktion in Gegenwart von Essigester oder Toluol gebildeten Autolysate verwendet, während man zur Darstellung der Polypeptidase die Autolyse zweckmäßig bei alkalischer Reaktion vornimmt. Die Freilegung der Polypeptidase kann dann außerdem durch Zusatz von proteolytischen Enzymen, insbesondere Papain, stark beschleunigt werden.

b) Die fraktionierte Loslösung aus den festen Zellbestandteilen durch Anwendung verschiedener Lösungsmittel.

Es wurde bereits weiter oben besprochen, daß mittels wasserfreien Glycerins lyo-Enzyme von desmo- und endo-Enzymen getrennt werden können, und als Beispiel die Trennung der pankreatischen Enzyme erwähnt. Zur Unterscheidung verschiedener Amylasen in den Leukocyten haben WILLSTÄTTER und Mitarbeiter[4] ebenfalls die verschiedene Löslichkeit in Glycerin angewandt. Ferner gelingt eine Trennung der phosphatatischen Komponenten der Hefezelle schon durch Anwendung verschiedener Lösungsmittel; kann nämlich die Oberhefenphosphatase mit Wasser aus der Trockenhefe ausgezogen werden, so gelingt dies nicht mit Glycerin.[5] In diesem Lösungsmittel ist die Oberhefenphosphatase unlöslich, während die anderen phosphatatischen Komponenten löslich sind. Aus getrocknetem Material lassen sich durch Glycerin ganz allgemein reinere, besonders eiweißärmere Auszüge gewinnen, die in vielen Fällen auch enzymatisch einheitlicher sind.

c) Fraktionierte Fällung wässeriger Extrakte mit organischen Lösungsmitteln.

Ein beträchtlicher, ja sogar höchster Grad der Reinheit kann unter Umständen durch die Anwendung von Methoden erzielt werden, die die Löslichkeitsverhält-

---

[1] R. WILLSTÄTTER, K. SCHNEIDER, E. BAMANN: Hoppe-Seyler's Z. physiol. Chem. 147 (1925), 248. — R. WILLSTÄTTER, K. SCHNEIDER, E. WENZEL: Ebenda 151 (1926), 1.

[2] W. GRASSMANN, H. DYCKERHOFF: Hoppe-Seyler's Z. physiol. Chem. 179 (1928), 41.

[3] W. GRASSMANN, L. KLENK: Hoppe-Seyler's Z. physiol. Chem. 186 (1929), 26. — W. GRASSMANN, L. EMDEN, H. SCHUELLER: Biochem. Z. 271 (1934), 226.

[4] R. WILLSTÄTTER, M. ROHDEWALD: Hoppe-Seyler's Z. physiol. Chem. 221 (1933), 13.

[5] A. SCHÄFFNER, F. KRUMEY: Hoppe-Seyler's Z. physiol. Chem. 255 (1938), 145.

nisse des gesuchten Enzyms systematisch auswählen. So führt die fraktionierte Fällung wässeriger Extrakte mit organischen Lösungsmitteln, vor allem mit Aceton, Alkohol und Dioxan, zu Fraktionen mit hoher Wirksamkeit, und in manchen Fällen ist dadurch eine Trennung von Enzymen unschwer zu erreichen. So gibt z. B. GRASSMANN[1] eine Methode an, um Dipeptidase und Aminopolypeptidase der Hefe durch fraktionierte Fällung mit Aceton zu trennen. BALLS und KÖHLER[2] konnten die Aminopolypeptidase des Darmes mittels Acetonfällung in zehnfach höherer Reinheit erhalten.

Ein besonders glückliches Beispiel der kombinierten Anwendung einer fraktionierten Loslösung aus dem Zellmaterial und einer fraktionierten Fällung mit organischen Lösungsmitteln ist die Gewinnung der kristallisierten Urease. Im Jahre 1926 gelang SUMMNER[3] die Darstellung eines hochaktiven kristallisierten Präparats aus dem Mehl der Jackbohne. Entfettetes Jackbohnenmehl wird mit 31 vol.-%iger Acetonlösung bei 28° verrührt und die Mischung filtriert. Das Filtrat wird im Kühlschrank aufbewahrt, wobei ein Protein auskristallisiert. Diese Kristalle sind in Wasser löslich und können daraus durch Zugabe von Aceton wieder zum Auskristallisieren gebracht werden. Sie besitzen hohe ureatische Wirksamkeit, die beim Umkristallisieren in gleicher Höhe erhalten bleibt.

d) Fraktioniertes Aussalzen.

Durch Aussalzen bei verschiedenen Salzkonzentrationen kann man Ballaststoffe oder umgekehrt auch hochwirksame Enzympräparate niederschlagen. Die dabei meist angewandten Salze sind Magnesium- und Ammoniumsulfat. Durch Dialyse können die Salze wieder entfernt werden. In den meisten Fällen kann eine Anreicherung des Enzyms auf diese Weise erreicht werden. In den letzten Jahren sind durch diese Methode vor allem in den Händen von NORTHROP und seinen Mitarbeitern[4] mehrere Enzympräparate in kristallisierter und hochwirksamer Form erhalten worden, so das Trypsin, Chymotrypsin, Pepsin und ihre Vorstufen, zu denen sich neuerdings die kristallisierte Katalase durch SUMMNER[5] hinzugesellte, die aus Rinderleberextrakten durch Zusatz von Ammoniumsulfat beim Abkühlen erhalten wurde.

Zur Darstellung des reinen gelben Ferments wird ebenfalls neben anderen Vornahmen eine Ammoniumsulfatfraktionierung durchgeführt.[6] Be-

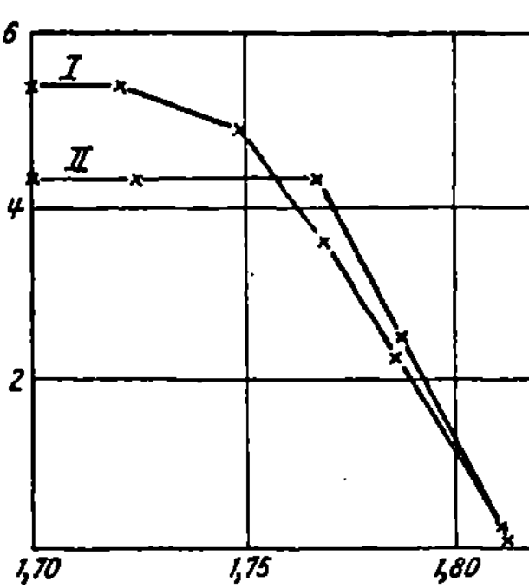

Abb. 2. Fraktionierte Ammoniumsulfatfällung von gelbem Ferment.

sonders sei darauf hingewiesen, daß man mittels fraktionierter Aussalzung die Einheitlichkeit eines Proteins bzw. Fermentproteins prüfen kann. Fällt man ein homogenes Protein mit Ammoniumsulfatlösungen von steigender Konzentration und trägt die in Lösung verbleibende Menge gegen den Logarithmus der Ammonium-

[1] W. GRASSMANN, F. KLENK: Hoppe-Seyler's Z. physiol. Chem. 186 (1929), 26.

[2] A. K. BALLS, F. KÖHLER: Hoppe-Seyler's Z. physiol. Chem. 205 (1932), 157; 219 (1933), 128.

[3] J. B. SUMMNER: J. biol. Chemistry 76 (1928), 149; 79 (1928), 489; Ergebn. Enzymforsch. 1 (1932), 295.

[4] J. H. NORTHROP: J. gen. Physiol. 13 (1930), 739. — J. H. NORTHROP, M. KUNITZ: Ebenda 16 (1932), 267; 18 (1935), 433; Ergebn. Enzymforsch. 2 (1933), 104.

[5] J. B. SUMMNER, A. L. DOUNCE: Science (New York) 85 (1937), 366.

[6] O. WARBURG, W. CHRISTIAN: Biochem. Z. 254 (1932), 438; 257 (1933), 492. — H. THEORELL: Ebenda 278 (1935), 263. — F. WEYGAND, H. STOCKER: Hoppe-Seyler's Z. physiol. Chem. 247 (1937), 167.

sulfatkonzentrationen auf, so erhält man eine gerade Linie; liegt dagegen ein Proteingemisch vor, so ist die Kurve gekrümmt (Abb. 2). R. Kuhn und P. Desnuelle[1] haben dies am Protein des gelben Ferments durchgeführt und gezeigt, daß man durch fraktionierte Ammoniumsulfatfällung besonders leicht zu einem einheitlichen Fermentprotein gelangt.

e) Fraktionierte Fällung beim isoelektrischen Punkt.

Da Eiweißkörper bei ihrem isoelektrischen Punkt am schwersten löslich sind, können sie aus ihren Lösungen durch Einstellung dieses Punktes ganz oder zum Teil ausgefällt werden. Auch Extraktion von Geweben oder Organen mit verdünnter Säure oder Base führt oftmals zu reineren Lösungen als Extraktion bei neutraler Reaktion. Aus wässerigen Extrakten können entweder Ballaststoffe oder die aktiven Enzymfraktionen ausgefällt werden. Als Beispiel sei auf die Ausfällung von Apodehydrase (Zwischenferment) aus Hefeextrakten nach Warburg und Christian[2] mittels Kohlensäure hingewiesen, die zugleich eine weitgehende Abtrennung von anderen Hefefermenten bedeutet. Ähnlich gelingt die Trennung der Hefeamylasen durch Fällung mit Essigsäure-Acetat-Puffer; die phosphaterfordernde Amylase wird nämlich bei $p_H = 5,5$ niedergeschlagen, während die phosphatunabhängige in Lösung bleibt.[3]

Als Beispiel einer Ausfällung von Ballaststoffen unter Zurücklassung einer reineren Enzymlösung sei die Darstellung der sogenannten Oberhefenphosphatase erwähnt; aus Lösungen dieses Enzyms (Hefeextrakte) kann ein großer Teil der Ballaststoffe durch Fällung mit verdünnter Essigsäure entfernt werden, ohne das Enzym zu schädigen.[4]

Zu beachten ist bei diesen Vornahmen allerdings, daß viele Enzyme gegen H- und OH-Ionen äußerst empfindlich sind.

f) Enzymtrennung mittels Elektrophorese.

Die Elektrophorese wurde in jüngster Zeit von H. Theorell[5] bei der Reinigung des gelben Ferments angewandt. Das von Warburg und Christian[1] dargestellte gelbe Fermentpräparat war nur in bezug auf den Farbstoff rein. Es enthielt außer dem Ferment große Mengen von hochmolekularen Verunreinigungen, Proteine und besonders Polysaccharide. Warburg und Christian hatten die Frage offengelassen, ob der gelbe Farbstoff im Ferment an Eiweiß oder an ein Polysaccharid gebunden war. Theorell konnte das Ferment durch Kataphorese weiterreinigen, wobei sich herausstellte, daß das gelbe Ferment ein Eiweißkörper ist. Das Polysaccharid wurde entfernt, ohne daß irgendeine Änderung der Aktivität oder der Lichtabsorptionskurve auftrat.

Zweckmäßig gebaute Kataphoreseapparate sind von Theorell, Meyerhof[6] und Tiselius[7] beschrieben worden. Die Benutzung der Kataphorese zur Enzymreinigung und Enzymtrennung erscheint für die Zukunft vielversprechend. Theorell hat die Erscheinung der Kataphorese auch zum Studium des Reaktionsmechanismus enzymatischer Reaktionen benutzt.[8]

---

[1] R. Kuhn, P. Desnuelle: Ber. dtsch. chem. Ges. **70** (1937), 1907.
[2] O. Warburg, W. Christian: Biochem. Z. **254** (1932), 438.
[3] A. Schäffner, H. Specht: Naturwiss. **26** (1938), 494.
[4] A. Schäffner, F. Krumey: Hoppe-Seyler's Z. physiol. Chem. **255** (1938), 145.
[5] H. Theorell: Naturwiss. **22** (1934), 289; Biochem. Z. **278** (1935), 263; 293; 275 (1934), 1.
[6] O. Meyerhof u. W. Möhle: Biochem. Z. **294** (1937), 249.
[7] A. Tiselius: Biochemical J. **31** (1937), 1464.
[8] H. Theorell: Biochem. Z. **275** (1934), 30.

g) Enzymreinigung und -trennung mittels der Adsorptionsmethoden.

Die Technik der Adsorption und Elution ist vor allem von WILLSTÄTTER und seinen Mitarbeitern[1] entwickelt und dann in der Folge von vielen anderen Forschern angewandt worden. Sie ist die am allgemeinsten für die Reinigung von Enzymen und ganz besonders für die Zerlegung von Enzymgemischen anwendbare Methode. Da ihre Ausführung nicht durchaus einfach ist, sich vielmehr auf einen reichen Erfahrungsschatz gründet, soll ihr hier ein etwas breiterer Raum gewidmet werden.

Die ersten Beobachtungen über Enzymadsorption gehen auf TH. SCHWANN[2] und auf E. BRÜCKE[3] zurück. Die Arbeiten von MICHAELIS[4] sowie von ISCOVESCO[5] erweckten neues Interesse für die Anwendung der Adsorptionsmethoden in der Enzymchemie. MICHAELIS unterschied zwischen mechanischer und elektrochemischer Adsorption; die erstere kann als reine Funktion der Oberflächenspannung angesehen werden, der letztere Vorgang beruht nach MICHAELIS auf dem verschiedenen Ladungssinn des Enzyms und des Adsorbens. So ist Kaolin z. B. negativ geladen und adsorbiert basische Farbstoffe, Aluminiumhydroxyd dagegen positiv geladen und adsorbiert saure Farbstoffe. Substanzen, die von beiden Adsorbentien adsorbiert werden, sind Ampholyte. So ist nach MICHAELIS Trypsin ein amphoterer Stoff, der sowohl von Kaolin als von Aluminiumhydroxyd adsorbiert wird. Aus ähnlichen Gründen schrieb MICHAELIS dem Invertin saure Natur zu, da es wohl durch Aluminiumhydroxyd, aber nicht durch Kaolin adsorbiert wird. Diese Beobachtungen fanden eine Bestätigung durch die Wanderungsrichtung der Teilchen im elektrischen Felde. Auf Grund seiner Beobachtungen sprach MICHAELIS den Gedanken aus, daß die Grundlage der Enzymadsorption eine chemische Reaktion ist.

Diese Ansicht bleibt gültig, obwohl sich der Gesichtspunkt geändert hat, unter dem diese Experimente betrachtet werden müssen. Die Schlußfolgerungen MICHAELIS' machen die Annahme nötig, daß die Ladungen der Enzymmoleküle unveränderlich sind und daß sie den Enzymen selbst zugehören, nicht Stoffen, die etwa gleichzeitig mit ihnen adsorbiert sind. Das hat sich aber nicht immer als zutreffend erwiesen. WILLSTÄTTER[6] hat in der Folgezeit gezeigt, daß die Adsorption von Invertin an Aluminiumhydroxyd oder Kaolin vom Reinheitsgrad der Enzymlösung weitgehend abhängig ist. Das bedeutet, daß die Begleitstoffe des Invertins (wahrscheinlich in Symplexbindung mit dem Enzym [siehe S. 35]) und nicht das Enzym selbst sein Adsorptionsverhalten und seine Kataphorese bestimmt haben. Invertin, das aus unreinen Lösungen nur schlecht von Aluminiumhydroxyd adsorbiert wird, wird mit steigendem Reinheitsgrad immer leichter adsorbiert. Für die zahlreichen Beispiele auswählender Adsorption erwies sich die Auffassung MICHAELIS', nach der die Adsorption auf elektrochemischem Gegensatz beruhe, als zu eng. „Es ist gelungen, in Tonerden von allerschwächsten basischen und sauren Eigenschaften Adsorbentien von ausgeprägter Spezifität aufzufinden. Trennung von Enzymgemischen durch sogenannte Adsorbentien, z. B. das *meta*-Aluminiumhydroxyd, $(AlOOH)_x$, ist durch auswählende Residual-

---

[1] Siehe Zusammenfassung: H. KRAUT in „Methodik der Fermente", OPPENHEIMER-PINCUSSEN. Leipzig, 1929.

[2] T. SCHWANN: Müllers Arch. 1836, 907.

[3] E. BRÜCKE: J. Pharmac. Chim. 2, III (1842), 273; S.-B. Akad. Wiss. Wien, Abt. IIa 43 (1861), 601.

[4] L. MICHAELIS: Biochem. Z. 7 (1908), 488; 12 (1908), 26. — L. MICHAELIS, M. EHRENREICH: Ebenda 10 (1908), 283.

[5] G. ISCOVESCO: C. R. Séances Soc. Biol. Filiales Associées 1 (1907), 770, 861.

[6] R. WILLSTÄTTER, F. RACKE: Liebigs Ann. Chem. 427 (1922), 111.

kräfte bedingt, die hochmolekularen anorganischen wie organischen Stoffen eigen sind; sie ist valenzchemisch, nämlich durch fein abgestufte Sekundärvalenzkräfte zu erklären."[1]

Aus dem vorher Gesagten geht hervor, daß das Adsorptionsverhalten eines Enzyms nur in einem bestimmten Milieu charakteristisch ist. In gereinigten Lösungen zeigen Enzyme oft eine viel größere Neigung zur Adsorption; und hier wird zum Teil auch die aktive Gruppe des Enzyms, wenn auch nicht allein, für das Adsorptionsverhalten verantwortlich sein.[2] Diese Auffassung, daß die aktiven Gruppen des Enzyms selbst bis zu einem gewissen Grad das Adsorptionsverhalten bestimmen können, geht mit der Beobachtung parallel, daß unlösliche Substrate eines Enzyms oft als sehr spezifische Adsorptionsmittel dienen können.[3]

Die Adsorbierbarkeit eines Enzyms wechselt außer mit der Natur der Adsorbentien aber nicht nur mit der Reinheit der Lösung, sondern auch mit deren Natur, mit ihrer Verdünnung und ihrer Acidität. Um die Adsorption eines Enzyms möglichst auswählend zu gestalten, ist der Einfluß dieser Faktoren zu studieren.

x) Die gebräuchlichsten Adsorptionsmittel.

Die am häufigst anwendbaren Enzymadsorbentien sind die verschiedenen Aluminiumhydroxyde; die große Vielfältigkeit dieser Substanzen macht es möglich, mit ihnen fast jede Enzymadsorption auszuführen. In der Enzymchemie werden fast ausschließlich die von Willstätter und Mitarbeitern beschriebenen Tonerdesorten angewandt. Ihre Darstellung sei deshalb kurz wiedergegeben.

Aluminiumhydroxyd Cγ Die heiße Lösung von $500\ g\ Al_2(SO_4)_3 + 18\ H_2O$ in 1 l Wasser trägt man in einem Schuß in 6,5 l Ammoniumsulfat-Ammoniakwasser von 60° ein. Dieses Reagens enthält 300 g Ammoniumsulfat und 420 cm³ 20%iges Ammoniak, d. i. 77,5 statt ber. 76,6 g Ammoniak. Dieser kleine Überschuß ist nötig; die Flüssigkeit muß alkalisch bleiben. Während des Fällens und eine weitere Viertelstunde wird lebhaft gerührt, wobei die Temperatur nicht unter 60° sinken soll. Die Fällung ist anfangs ungemein voluminös und wird erst während des Rührens flockig. Man verdünnt auf 40 l und dekantiert, wobei der Niederschlag sich zunächst rasch absetzt. Um noch vorhandenes oder während des Auswaschens aus Ammoniumsulfat zurückgebliebenes basisches Aluminiumsulfat vollends zu zerlegen, fügt man zum Waschwasser beim vierten Dekantieren einmal 80 cm³ 20%iges Ammoniak hinzu. Nach häufigem Auswaschen (zwischen dem 12. und 20. Mal) wird die Waschflüssigkeit nicht mehr klar. Von da ab dekantiert man noch zweimal, wozu mindestens einige Tage erforderlich sind. Das Präparat Cγ ist eine plastische Masse.

Von besonderer Wichtigkeit ist es, daß dieses Gel Alterungen unterliegt, die von großem Einfluß auf das Adsorptionsvermögen sind. Das Präparat Cγ ist erst nach zwei bis drei Monaten im vollen Besitz seiner Absorptionstüchtigkeit. Für das Orthohydroxyd C beschreibt Willstätter[5] außer der Modifikation Cγ noch zwei andere Modifikationen Cα und Cβ, die sich ineinander umwandeln.

Die Tonerdepräparate der Sorte C stellen ihrer Zusammensetzung nach Orthohydroxyde von der Formel $Al(OH)_3$ dar. Von den Orthohydroxyden in Reaktionsverhalten und Zusammensetzung gänzlich verschiedene Tonerdegele erhält man,

[1] R. Willstätter, M. Rohdewald: Hoppe-Seyler's Z. physiol. Chem. 225 (1934), 103.

[2] Vgl. F. Weygand und H. Stocker: Hoppe-Seyler's Z. physiol. Chem. 247 (1937), 167: „Es fällt auf, daß diejenigen Adsorbentien das gelbe Ferment gut adsorbieren, die auch für Lactoflavinphosphorsäure gute Adsorbentien sind. Offenbar liegt eine gerichtete Adsorption vor: Die Wirkungsgruppe des gelben Ferments ist derjenige Teil des Moleküls, der an die Oberfläche der Adsorbentien gebunden wird."

[3] R. Willstätter, R. Kuhn: Hoppe-Seyler's Z. physiol. Chem. 116 (1923), 53. — E. Waldschmidt-Leitz, K. Linderström-Lang: Ebenda 166 (1927), 241.

[4] R. Willstätter, H. Kraut: Ber. dtsch. chem. Ges. 56 (1923), 1118; 57 (1924), 1089.

[5] R. Willstätter, H. Kraut: Ber. dtsch. chem. Ges. 58 (1925), 2448.

wenn bei der Fällung von Aluminiumsulfat ein Überschuß von starkem Ammoniak verwendet wird. Es treten nach KRAUT[1] Polyhydroxyde auf, deren Wassergehalte unter dem des Trihydrats liegen und deren Bildung auf dem Austritt von Wasser aus mehreren $Al(OH)_3$-Molekülen beruht. Bei der Fällung von Aluminiumsulfat mit einem Überschuß von starkem Ammoniak in der Wärme entsteht Sorte *B*, die bei längerem Erwärmen mit der Mutterlauge noch mehr Wasser verliert und in die Sorte *A* übergeht. Die Tonerdesorte *B* entspricht nach KRAUT dem Dialuminiumhydroxyd $(OH)_2Al \cdot O \cdot Al(OH)_2$; sie ist unbeständig und verwandelt sich auch bei gewöhnlicher Temperatur unter Wasser in die stabilere Modifikation eines Trihydrats, die nach den Röntgeninterferenzen als Bayerit anzusprechen ist.

Aluminiumhydroxyd B. 250 g $Al_2(SO_4)_3 + 18 H_2O$, gelöst in 750 cm³ Wasser, erwärmt man auf 48° und trägt die Lösung auf einmal unter stärkstem mechanischem Rühren in 2,5 l auf 48° erwärmtes Ammoniak von 15 Gew.-% ein. Die Temperatur steigt auf 50° und wird unter fortgesetztem Rühren $\frac{1}{2}$ St. zwischen 48 und 50° gehalten. Die sehr voluminöse Fällung wird während des Rührens etwas dünner, aber nicht flockig. Man verdünnt die Suspension im Filtrierstutzen auf 12 l und wäscht unter möglichst vollständigem Dekantieren häufig mit Wasser. Vor dem vierten Dekantieren wird der Niederschlag zur Zerlegung noch vorhandener Spuren basischen Sulfats mit dem gleichen Volumen 15%igen Ammoniaks verrührt und nach 5 Min. auf 12 l mit Wasser aufgefüllt. Am Tage der Fällung muß mindestens noch die fünfte Dekantation vorgenommen werden, damit das Präparat nicht über Nacht mit dem starken Ammoniak in Berührung ist. Am zweiten Tag wird so lange weiter dekantiert, bis das Wasser drei aufeinanderfolgende Male nicht mehr klar geworden ist (im ganzen 12—14mal). Während der letzten Waschungen wird der Niederschlag immer kompakter, so daß am Ende die Waschflüssigkeit von dem ziemlich plastischen Gel vollständig abgegossen werden kann.

Aluminiumhydroxyd A.[2] Man hat die Fällung des Tonerdehydrats bei 55—60°, wie bei Sorte *B* angegeben, ausgeführt und $\frac{1}{2}$ St. kräftig gerührt. Dann wird die Mischung, die man nicht von der Mutterlauge zu trennen braucht, in einen 5-l-Kolben mit eingeschliffenem Kühler umgefüllt und darin 48 Stn. in gelindem Sieden erhalten; die Flüssigkeit bleibt dabei genügend ammoniakalisch, etwa 10%ig. Darnach wird die Suspension im Dekantiertopf auf 12 l verdünnt und beim Auswaschen vor dem vierten Dekantieren mit Ammoniak verrührt. Auch hier ist das Auswaschen beendet, wenn die Waschflüssigkeit dreimal nacheinander trüb geblieben ist und vom plastischen Niederschlag restlos abgegossen werden kann.

Metaaluminiumhydroxyd von der Formel AlO(OH).[3] Werden die Ortho- und die Polyhydroxyde des Aluminiums mit Ammoniak unter rascher Steigerung der Temperatur auf 250° erhitzt, so bildet sich aus den ganz verschiedenen Gelen dasselbe neue, dessen Zusammensetzung der Formel AlOOH entspricht. Zur Darstellung erhitzt man Gele des Aluminiumhydroxyds beliebiger Zusammensetzung im Einschlußrohr mit 10%igem Ammoniak unter rascher Steigerung der Temperatur 8—9 Stn. auf 250°. Nach dem Erkalten entfernt man das Ammoniak durch häufiges Dekantieren. Das Metaaluminiumhydroxyd entspricht dem Röntgenspektrum nach dem Bauxit, den J. BÖHM auf ähnliche Weise künstlich hergestellt hat.

Außer den verschiedenen Tonerdesorten hat sich an Metallhydroxyden für manche Enzymadsorptionen Eisenhydroxyd, dargestellt nach folgender Vorschrift,[4] bewährt:

100 g Ferriammoniumalaun, in 200 cm³ Wasser gelöst, wurden bei gewöhnlicher Temperatur auf einmal unter lebhaftem Rühren in 800 cm³ Ammoniak-Ammoniumsalzmischung eingetragen, die 10,8 g Ammoniak und 27,5 g Ammoniumsulfat enthielt. So entstand eine gleichmäßige rotbraune Fällung, die noch eine halbe Stunde

---

[1] H. KRAUT, W. HUMME: Ber. dtsch. chem. Ges. 64 (1931), 1697.

[2] R. WILLSTÄTTER, H. KRAUT: Ber. dtsch. chem. Ges. 57 (1924), 1089.

[3] R. WILLSTÄTTER, H. KRAUT: Ber. dtsch. chem. Ges. 58 (1925), 2458.

[4] R. WILLSTÄTTER, H. KRAUT, W. FREMERY: Ber. dtsch. chem. Ges. 57 (1924), 1491.

gerührt wurde. Dann füllte man auf 4 l auf und dekantierte, wobei sich das Gel anfangs langsam und in hoher Schicht, später rasch und niedrig absetzte. Nach den ersten Dekantierungen war es zweckmäßig, zweimal einige Kubikzentimeter konzentriertes Ammoniak zuzusetzen. Dadurch gelang es, das Gel von einem noch recht beträcht-lichen Schwefelsäuregehalt zu befreien. Bei den letzten Malen war das Waschwasser sehr trübe.

Mit den Metallhydroxyden ist die Reihe adsorptionstüchtiger Stoffe nicht abgeschlossen. Vielfach angewandt wird Kaolin, ferner Metalloxyde, wie Hämatit und Aluminiumoxyd nach BROCKMANN, Fasertonerde sowie andere, natürlich vorkommende Stoffe, wie Bauxit, und Bleicherden.

Bereitung von Kaolin: Das am besten von einer Porzellanfabrik bezogene Kaolin, welches sehr gleichmäßig gemahlen, geschlämmt und dann gepreßt ist, kann nach WILLSTÄTTER und SCHNEIDER[1] in seiner Adsorptionstüchtigkeit durch Behandeln mit Salzsäure sehr verbessert werden. 500 g Kaolin werden mit 1,5 l reiner Salz-säure gut vermischt und erwärmt, zunächst so langsam, daß es einen Tag bis zum beginnenden Kochen dauert, dann einen weiteren Tag zum lebhaften Sieden gebracht. Durch Verdünnen und wiederholtes Dekantieren mit Wasser trennt man die eisen-haltige Lösung vom Kaolin ab und wiederholt noch dreimal die Behandlung mit Salzsäure. Schließlich wird das Kaolin mit kaltem Wasser durch Dekantieren gewaschen.

β) Ausführung der Adsorption und Elution.

Der Enzymlösung fügt man das möglichst fein verteilte Adsorbens am besten in wässeriger Suspension zu und sorgt durch kräftiges Schütteln für eine gleichmäßige Verteilung der Suspension. Das Adsorptionsgleichgewicht stellt sich meist sofort ein. Schon nach wenigen Minuten kann man die Restlösung vom Adsorbat durch kurzes, aber kräftiges Zentrifugieren trennen. Die in einem Versuch adsorbierte Menge Enzym ermittelt man meistens durch den Enzymgehalt der Restlösung.

Es gibt zwei Wege, eine Reinigung bzw. Trennung von begleitenden Enzymen herbeizuführen: Man wird entweder die Begleitstoffe adsorbieren und in der Restlösung das gereinigte Enzym vorfinden, oder man hat die Möglichkeit, aus dem Adsorbens den adsorbierten Anteil des Enzyms wieder freizulegen, zu „eluieren". Die Elution gelingt entweder mit Lösungen von verändertem p_H oder mit Mitteln, die das Adsorbens verändern. Im allgemeinen haben sich ver-dünntes Ammoniak oder verdünnte Essigsäure, insbesondere aber Phosphat-mischungen als Elutionsmittel bewährt; letztere wirken bei den Metallhydroxyden zugleich auf das Adsorbens ein unter Bildung von basischen Phosphaten, z. B. des Aluminiums oder des Eisens, und wirken deshalb besonders gut. Vor der Ausführung der Elution wird das Adsorbat ein- bis zweimal gewaschen. Als Waschflüssigkeit verwendet man gewöhnlich etwa 20%iges Glycerin, das durch einige Tropfen Pufferlösung auf das p_H eingestellt wird, bei dem die Adsorption vorgenommen wurde. Dabei wird das Adsorbat mittels eines Glasstabes in der Waschflüssigkeit gleichmäßig suspendiert und in der Zentrifuge wieder ab-getrennt. Hierauf wird in gleicher Weise das gewaschene Adsorbat im Elutions-mittel suspendiert. Die Elution erfordert meist eine meßbare Zeit; man läßt deshalb die Suspension vor der Abtrennung auf der Zentrifuge einige Minuten stehen, wenn eine Zerstörung des Enzyms durch eine extreme Wasserstoffionen-konzentration nicht zu befürchten ist. Zweckmäßig führt man bei empfindlichen Enzymen die Adsorption und Elution unter Eiskühlung aus. Die abgetrennte Elution wird, sofern es nötig ist, mit verdünnter Essigsäure bzw. mit verdünntem

---

[1] R. WILLSTÄTTER, K. SCHNEIDER: Hoppe-Seyler's Z. physiol. Chem. 188 (1924), 193.

Ammoniak neutralisiert. Der eluierbare Enzymanteil wird durch Messung des Enzymgehaltes der Elution bestimmt. Aus dem Enzymgehalt der Adsorptionsrestlösung und der Elution wird die prozentuale Enzymausbeute berechnet.

Eine andere Form der Adsorption besteht darin, daß man den Niederschlag als Adsorbens in der Enzymlösung selbst entstehen läßt. Als Beispiel sei die Invertinadsorption mit Bleiphosphat[1] erwähnt; der adsorbierende Niederschlag wird so erzeugt, daß man zu ammoniumphosphathaltigen Enzymlösungen die äquivalente Menge Bleiacetatlösung zugibt. Ähnlich läßt sich Co-Zymase aus aluminiumsulfathaltigen Lösungen durch Versetzen mit Ammoniak an das entstehende Aluminiumhydroxyd adsorbieren.[2]

γ) Adsorptionsmaß.

Als Maß für die auswählende Wirkung eines Adsorbens ist der „Adsorptionswert" (A. W.) eingeführt worden.[3] Er ist gleich der Anzahl der Enzymeinheiten (siehe S. 24), die von 1 g des Adsorbens unter den Versuchsbedingungen aufgenommen werden. Je höher der Adsorptionswert in einem Versuchsansatz gefunden wird, um so größer ist die unter diesen Bedingungen zu erwartende Konzentrationssteigerung des Enzyms.

δ) Einfluß der Verunreinigungen auf die Adsorption von Enzymen.

Wenn ein Enzym aus seiner reinen Lösung adsorbiert würde, müßte die FREUNDLICHsche Beziehung für die Adsorption einer reinen Substanz aus ihrer Lösung gelten. Diese Beziehung verknüpft die Menge des adsorbierten mit der Konzentration des nichtadsorbierten Stoffes durch die Gleichung:

$$x = a\,c^{\frac{1}{n}}.$$

x bedeutet hier die Menge der adsorbierten Substanz pro Gewichtseinheit des Adsorbens, also den Adsorptionswert. a und n sind Konstanten, und c bedeutet die Konzentration der noch in Lösung gefundenen nichtadsorbierten Substanz. Nun muß dieser Ausdruck auch Geltung haben für die Adsorption eines Enzymbegleitstoffes, vorausgesetzt, daß dieser Stoff entweder mit dem Enzym assoziiert ist oder daß er eine ähnliche Affinität zum Adsorbens besitzt wie das Enzym. Anderseits werden bei der Adsorption Substanzen, die ein anderes Adsorptionsverhalten haben, an der adsorbierenden Oberfläche mit dem Enzym in Konkurrenz treten. Dieser Wettbewerb fällt mit verschiedenen Mengen von Adsorbens verschieden aus, weil das Verhältnis von adsorbiertem Enzym zu adsorbierter Verunreinigung sich damit ändert. Wenn man nun verschiedene Mengen eines Adsorptionsmittels zu einer Enzymlösung gibt, die übrigen Bedingungen aber unverändert läßt und für jeden Ansatz die Menge des in der Restlösung verbleibenden Enzyms bestimmt, ist es möglich, den Adsorptionswert (x) mit der Restkonzentration (c) des Enzyms in Beziehung zu setzen und so eine Adsorptionsisotherme für das in Frage stehende Enzympräparat zu erhalten. Die entstehenden Kurven können drei Typen angehören, die in Abb. 3 gezeigt werden.

Kurve 1 ist typisch für die Adsorption einer reinen Substanz aus ihrer Lösung. Für diesen Fall ist die relative Tauglichkeit des Adsorptionsmittels um so größer,

---

[1] R. WILLSTÄTTER, J. GRASER, R. KUHN: Hoppe-Seyler's Z. physiol. Chem. 128 (1922), 1.

[2] H. v. EULER, K. MYRBÄCK: Hoppe-Seyler's Z. physiol. Chem. 198 (1931), 219.

[3] R. WILLSTÄTTER, W. WASSERMANN: Hoppe-Seyler's Z. physiol. Chem. 128 (1922), 181.

je kleiner die angewandte Adsorbensmenge ist. Eine solche Kurve zeigt an, daß das Enzym in reiner Form aufgenommen wird, oder aber, daß es mit einem Stoff assoziiert ist, der es in das Adsorbat begleitet und jedenfalls durch diese spezielle Adsorption nicht abgetrennt werden kann.

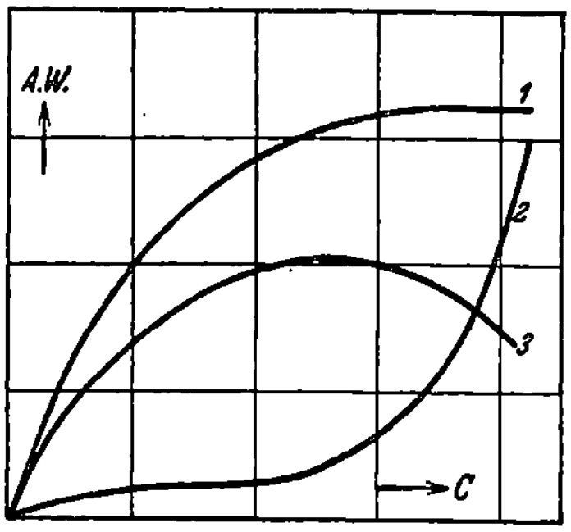

A.W.

1

2

3

C

Abb. 3. Adsorptionsisothermen (nach H. Kraut und E. Bauer[1]).

In Fällen, wie sie Kurve *2* veranschaulicht, kann das Ferment mit einigermaßen günstigem Reinigungseffekt nur von kleinen Adsorbensmengen aufgenommen werden (und deshalb nur aus Lösungen, deren Restkonzentration an Enzym hoch ist). Es sind hier andere Stoffe in der Lösung vorhanden, welche durch ihre eigene Affinität zum Adsorptionsmittel die Oberfläche des Adsorbens fast ausschließlich mit Beschlag belegen, sobald die Konzentration des Enzyms nur wenig verringert ist (und dadurch seine Konkurrenzfähigkeit gegenüber dem Fremdstoff abgeschwächt worden ist).

Kurve *3* zeigt an, daß Fremdstoffe anwesend sind, deren Konzentration oder auch deren Affinität zum Adsorptionsmittel größer ist als die des Enzyms. Eine geringere Menge des Adsorbens nimmt daher sehr wenig vom Enzym, aber sehr viel Begleitstoffe auf. Mehr Adsorptionsmittel nimmt dagegen relativ mehr Enzym auf, und die Kurve führt zu einem Optimum des Adsorptionswertes. Darüber hinaus nimmt noch mehr Adsorptionsmittel nur noch einen geringen Anteil an Enzym auf, da ja die Enzymmenge beschränkt und die Lösung nun schon an Enzym verarmt ist.

Wenn die Adsorptionsisotherme dem dritten Typ zugehört, ist es durch geeignete Wahl der Bedingungen (besonders der Verdünnung) oft möglich, den größeren Teil der Begleitstoffe durch eine oder mehrere Voradsorptionen zu entfernen, die einen sehr geringen Verlust an Enzym verursachen. Die Kurve *3* besagt, daß das Enzym aus konzentrierten Lösungen weniger auswählend adsorbiert wird und daß folglich die Verdünnung die Adsorption beeinflußt. Diese Ergebnisse wurden an Invertinlösungen gewonnen, bei denen in sehr starker Verdünnung die Adsorption außerordentlich auswählend ist.

Die Bestimmung einer solchen Adsorptionskurve liefert häufig einen wertvollen Hinweis auf die Reinheit eines Enzympräparats und zeigt den Weg für die günstigsten Adsorptionsbedingungen. Es steht natürlich zu erwarten, daß ein und dasselbe Enzym aus der nämlichen Lösung von verschiedenen Adsorbentien in sehr verschiedenem Maße aufgenommen wird, da die Affinitäten des Ferments und der Begleitstoffe für die verschiedenen Adsorbentien verschieden sind und sich nicht immer in demselben Verhältnis ändern.

ε) Einfluß der Acidität auf die Adsorption.

Der Einfluß der Acidität auf die Adsorption eines Enzyms wurde schon erwähnt; auch die Eluierbarkeit eines Enzyms hängt davon ab. Insbesondere kann durch Aufstellung von Adsorptions-p_H-Kurven in Erfahrung gebracht werden, ob zwei oder mehr Enzyme durch ein gegebenes Adsorptionsmittel getrennt werden können. Eine solche Kurve für Carboxypolypeptidase und Pankreastrypsin gibt Abb. 4 wieder. Sie zeigt den Anteil der Enzyme, der aus einer

---

[1] H. Kraut, E. Bauer: Hoppe-Seyler's Z. physiol. Chem. 164 (1927), 10.

Lösung durch eine gleichbleibende Menge des Adsorptionsmittels, aber bei verschiedenem p_H aufgenommen wird. Es ist ersichtlich, daß die Trennung dieser beiden Enzyme mit diesem Adsorbens ($C\gamma$) nur in annähernd neutraler Lösung möglich ist.

Auch das Lösungsmittel hat einen Einfluß auf das Adsorptionsverhalten der Enzyme. So hemmt die Gegenwart von Glycerin gewöhnlich die Adsorption, während die von Aceton und Alkohol sie begünstigt.

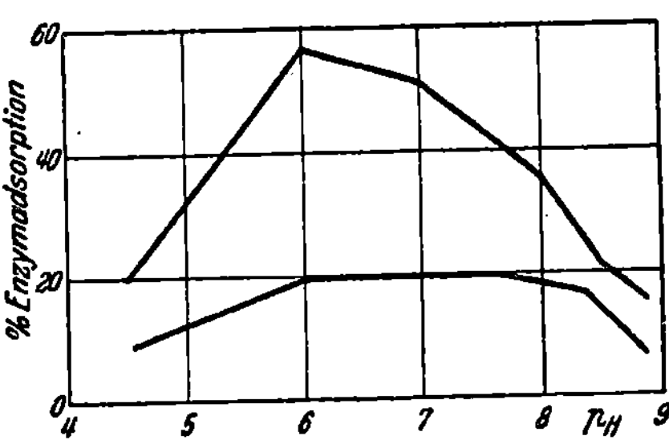

Abb. 4. Adsorptions-p_H-Kurve für Carboxypolypeptidase und Pankreas-Proteinase.[1]

ζ) Die chromatographische Adsorptionsanalyse.

Die Chromatographie,[2] die eine speziell geartete Adsorptionsmethode darstellt, hat in der Enzymchemie selbst noch wenig Anwendung gefunden, um so mehr aber bei der Reindarstellung von Co-Enzymen und Wirkstoffen wertvolle Dienste geleistet. E. ADLER und MICHAELIS[3] berichten von einer ersten Anwendung dieser Methode zur Trennung von Dehydrase und Flavinenzym, die aber nicht zu quantitativen Ergebnissen führte. L. ZECHMEISTER[4] und Mitarbeitern glückte die Trennung einiger Enzyme des Emulsins, und zwar der α-d-Glukosidase, α-d-Galaktosidase und der Chitinase durch die chromatographische Adsorptionsanalyse. Die beiden letzteren Enzyme werden im Durchlauf einer Bauxitsäule vorgefunden, an der die α-Glukosidase haften bleibt. Bei der Wiederholung des Adsorptionsversuches wird die α-Galaktosidase festgehalten, während die Chitinase von neuem in das Filtrat geht. Die adsorbierten Enzyme können fast ohne Verlust eluiert werden. EULER und ADLER[5] beschreiben die Trennung von Co-Zymase und Codehydrase II durch die Adsorptionsanalyse. Die Codehydrase wird außerordentlich fest an Aluminiumoxyd nach BROCKMANN adsorbiert und findet sich demgemäß in den obersten Schichten der Adsorptionssäule, während sich Co-Zymase leicht auswaschen läßt und im Waschwasser aufgefunden wird. Zuletzt berichteten SCHÖBERL und RAMBACHER[6] über die Reinigung des Labfermentes durch chromatographische Adsorption. Für die Zukunft scheint die Methode der chromatographischen Analyse auch für die Enzymchemie erfolgversprechend.

h) Selektive Enzymzerstörung durch H- und OH-Ionen und durch Hitze.

Daß Fermente gegen H- und OH-Ionen empfindlich sind, wurde bereits mehrmals erwähnt. Ihre Beständigkeit gegen Aciditätsänderungen ist aber oft so stark wechselnd, daß sich in vielen Fällen darauf eine Methode der Enzymtrennung gründen läßt. Ähnlich kann die Wirkung von Hitze auf Enzyme eine auswählende sein. Es ist wahrscheinlich, daß die geringe Beständigkeit gegen Aciditätsänderung und Hitzeeinwirkung auf Denaturierungsvorgänge des hochmolekularen Eiweißanteiles des Enzyms beruht.

---

[1] E. WALDSCHMIDT-LEITZ, A. PURR: Ber. dtsch. chem. Ges. **62** (1929), 2217.
[2] Allgemeine Darstellung siehe L. ZECHMEISTER, L. v. CHOLNOKY: Die chromatographische Adsorptionsanalyse. 2. Aufl. Wien, 1938.
[3] E. ADLER, E. L. MICHAELIS: Hoppe-Seyler's Z. physiol. Chem. **238** (1936), 261.
[4] L. ZECHMEISTER, G. TÓTH, M. BALINT: Enzymologia 5 (1938), 302.
[5] H. v. EULER, E. ADLER: Hoppe-Seyler's Z. physiol. Chem. **238** (1936), 233.
[6] A. SCHÖBERL, P. RAMBACHER: Biochem. Z. **305** (1940), 223.

Als Beispiel selektiver Enzymzerstörung durch H- und OH-Ionen sei auf das Verhalten der Phosphatasen hingewiesen.[1] Die zwei isodynamen Phosphatasen tierischer Organe unterscheiden sich nicht nur durch verschiedene Abhängigkeit vom p_H, sondern auch durch ihre Beständigkeit; die alkalische Phosphatase ist nur bei neutraler oder schwach alkalischer Reaktion haltbar und verliert in saurem Milieu ihre Wirksamkeit, die saure Phosphatase wird aber im alkalischen Gebiet inaktiviert. Diese Empfindlichkeit ist so ausgeprägt, daß sie eine Gewinnung der Einzelenzyme aus dem Gemisch durch auswählende Inaktivierung ermöglicht. Nicht unähnlich liegen die Verhältnisse auch bei den Phosphatasen der Hefe.[2]

Eine Trennung durch besonders geleitete Thermoinaktivierung erreicht man bei α-Glycerophosphatase und Pyrophosphatase[3] der Hefe. Die α-Glycerophosphatase wird bei einer Temperatur zerstört, bei der Pyrophosphatase kaum angegriffen ist.

i) Quantitative Enzymbestimmung.

Alle Vornahmen, die die Darstellung und Reinigung eines Enzyms oder die Trennung von Enzymgemischen zum Ziele haben, müssen durch eine quantitative Bestimmung der betreffenden Fermente kontrolliert werden. Der Erfolg dieser Operationen hängt von der Möglichkeit einer quantitativen Enzymbestimmung ab. Nur bei einer beschränkten Zahl von Enzymen kann der Wirkstoffgehalt einer Lösung an einer charakteristischen Gruppe — meist Farbstoffgruppe wie z. B. bei den porphyrinhaltigen Enzymen — bestimmt werden; in den übrigen Fällen können wir Enzyme nur an ihrer katalytischen Wirksamkeit messen. Die erste Voraussetzung dafür ist eine zuverlässige analytische Methode zur Bestimmung des noch vorhandenen Substrats oder der entstandenen Reaktionsprodukte.

Als allgemeines Maß für die Menge eines Enzyms ist von R. Willstätter[4] die Bezeichnung „Enzymeinheit" eingeführt worden, deren Definition auf der Reaktionsgeschwindigkeit, mit der das Enzym unter bestimmten, zwar für die einzelnen Fermente verschiedenen, aber unter sich stets gleichen äußeren Bedingungen die Umsetzung des Substrats vollzieht. Als Maß für die enzymatische Konzentration eines Präparats, seinen Reinheitsgrad, dienen die „Enzymwerte", die bestimmt sind durch die Anzahl der „Enzymeinheiten" in einer bestimmten Gewichtsmenge des Präparats.

Die quantitative Bestimmung eines Enzyms setzt also die Kenntnis des Reaktionsverlaufes unter den gegebenen Bedingungen und die Kenntnis der Beziehungen, die zwischen Enzymmenge und Umsatz (Enzymmenge-Umsatz-Kurven) bestehen, voraus. Sie kann sich in einfachen Fällen auf die Geschwindigkeitskonstante einer Reaktion erster Ordnung beziehen, in anderen Fällen bezieht sich das Maß auf die für einen bestimmten Umsatz des Substrats erforderliche Zeit oder auf einen bestimmten, in einer gegebenen Zeit gemessenen Umsatz, aus empirisch ermittelten Zeit-Umsatz-Kurven abgeleitet. Sie setzt ferner die Kenntnis der für die betreffende Enzymreaktion optimalen Wasserstoffionenkonzentration voraus und fordert die Anwendung einer zweckmäßigen Temperatur sowie die einer zweckmäßigen Substratkonzentration. Diese Bedingungen müssen durch zahlreiche Versuche festgestellt werden.

---

[1] E. Bamann, K. Dietrichs: Ber. dtsch. chem. Ges. 67 (1934), 2019.
[2] A. Schäffner, F. Krumey: Hoppe-Seyler's Z. physiol. Chem. 255 (1938), 145.
[3] E. Bauer: Hoppe-Seyler's Z. physiol. Chem. 239 (1936), 135.
[4] R. Willstätter, R. Kuhn: Ber. dtsch. chem. Ges. 56 (1923), 509.

Ein wichtiger Umstand, der die Geschwindigkeit enzymatischer Reaktionen zu beeinflussen vermag, betrifft die für viele Enzyme kennzeichnende Abhängigkeit ihrer Aktivität von der Gegenwart aktivierender oder hemmender Begleitstoffe; dabei kann es sich um eine spezifische, chemische oder eine unspezifische, z. B. auf Adsorptionswirkung beruhende Erscheinung handeln. So ist für die Messung vieler Phosphatasen die Gegenwart einer bestimmten Mg-Ionenkonzentration, für die Messung der Pankreasamylase eine bestimmte Cl-Ionenkonzentration notwendig; in diesen Beispielen sind die optimalen Bedingungen verhältnismäßig leicht auszuwählen und einzuhalten. Andere Enzyme weisen wieder andere spezifische Aktivierungsmechanismen auf, deren Bedingungen bei der Enzymbestimmung zu berücksichtigen sind; so z. B. kann Papain nur in Anwesenheit bestimmter reduzierender Stoffe gemessen werden. Auch in solchen Fällen wird ein genaues Studium die optimalen Bedingungen feststellen können. Die Schwierigkeiten quantitativer Enzymbestimmung ließen sich alle mehr oder minder leicht überwinden, wenn nur die Reaktion reiner Enzyme mit reinen Substraten zu messen wäre; dies ist aber in den seltensten Fällen möglich. So hängt die Wirkung der Enzyme nicht nur von ihrer Menge und ihrem spezifischen Aktivierungszustand ab, sondern auch von der Gegenwart anderer aktivierender oder hemmender Stoffe, *Dynatonen*, wie WILLSTÄTTER[1] sich ausdrückt, von Stoffen ferner, die ihrerseits wieder die Wirkung der Dynatonen aufzuheben vermögen, die WILLSTÄTTER *Kompensatoren* nennt, und schließlich von reversiblen und irreversiblen Änderungen am Enzymmolekül selbst, ohne daß wir diese Einflüsse immer mit Sicherheit übersehen und unterscheiden können.

In vielen Fällen kann der Einfluß hemmender oder aktivierender Stoffe ausgeschaltet werden durch „ausgleichende Aktivierung" oder „ausgleichende Hemmung",[2] d. h. durch den Zusatz aktivierender oder hemmender Stoffe in einer solchen Menge, daß sie den Einfluß der in den einzelnen Präparaten, aber in wechselnden Mengen bereits vorhandenen Stoffe auszuschalten erlaubt und eine vergleichbare Aktivität des Enzyms gewährleistet. Für die Prüfung tierischer Lipase z. B. ist ein Ausgleich des wechselnden Aktivierungszustandes durch den Zusatz bestimmter, durch Adsorptionstüchtigkeit ausgezeichneter Stoffe, nämlich von Eieralbumin und Kalkseife, erforderlich.

Enzymchemischer Arbeit ist es im großen ganzen gelungen, die Meßmethode so zu gestalten, daß eine Kontrolle der Isolierungs- und Reinigungsvornahmen möglich wurde. Trotzdem ist bei allen Operationen nicht außer acht zu lassen, wie schwer es oft ist, mit Sicherheit auszusagen, ob die Menge eines Enzyms im Laufe eines Versuches zugenommen bzw. abgenommen hat oder ob die Änderung der gemessenen Aktivität auf die Wirkung von Dynatonen, von Kompensatoren oder auf Veränderung des Enzymmoleküls zurückzuführen ist.[3]

Die Schwierigkeit der Enzymbestimmung wächst, wenn es gilt, Aussagen über den Gehalt und den Zustand eines Enzyms in lebenden Zellen zu machen. Biologische Fragestellungen zwingen den Enzymchemiker, fermentative Reaktionen im natürlichen Milieu, d. h. entweder innerhalb des Organismus oder in einem Material zu verfolgen, das dem lebenden Zustand möglichst nahekommt. Hier macht sich dann der Einfluß der Zellpermeabilität, der Begleitreaktionen und unbekannter Folgereaktionen bemerkbar; daher ist an die Ergebnisse solcher Versuche ein anderer Maßstab zu legen und ein Vergleich enzymchemischer Reaktionen innerhalb der lebenden Zelle mit denen *in vitro* nur bedingt möglich.

---

[1] R. WILLSTÄTTER, M. ROHDEWALD: Enzymologia (Den Haag) 1 (1936), 213.

[2] R. WILLSTÄTTER, E. WALDSCHMIDT-LEITZ, F. MEMMEN: Hoppe-Seyler's Z. physiol. Chem. 125 (1923), 93.

[3] Vgl. R. WILLSTÄTTER: Ber. dtsch. chem. Ges. 59 (1926), 1.

Unter den Methoden, die für die Untersuchung enzymchemischer Reaktionen in lebenden Zellen in Betracht kommen, führen wir vor allem die manometrische Messung der Atmung und Gärung von Zellsuspensionen und Gewebeschnitten nach Warburg[1] an, ferner die von Björksten[2] und Mothes[3] ausgebildete Vakuuminfiltrationsmethode, die darin besteht, daß Pflanzen oder Pflanzenteile in einer Substratlösung einem Vakuum ausgesetzt werden, worauf bei allmählichem Aufheben des Vakuums die Substratlösung in die Zellen eindringt; wenn nach gewissen Zeiten die Objekte analysiert werden, kann die Reaktionsfähigkeit der Zellsubstanzen mit dem eingebrachten Substrat festgestellt werden. Mit dieser letzteren Methode, die nur an pflanzlichem Material Anwendung fand, sind Durchströmungsversuche an überlebenden tierischen Organen zu vergleichen. Alle diese Methoden bringen im allgemeinen keine einzelnen chemischen Reaktionen, sondern ganze Reaktionsfolgen zur Messung, deren Mechanismus und Aufeinanderfolge in den seltensten Fällen bekannt sind.

Anders liegt es bei dem direkten spektroskopischen Nachweis von Fermenten und ihren Wirkungen in lebenden Zellen, der von Warburg und Mitarbeitern[4] in einigen Fällen (Atmungsferment, gelbes Ferment) beschrieben wurde. Hier gelingt die Bestimmung der „Wechselzahl" innerhalb der lebenden Zelle, d. h. der Häufigkeit, mit der das einzelne Enzymmolekül mit dem Substrat in Wechselwirkung tritt.

V. Der strukturelle Aufbau der Fermente.

1. Enzyme als Kolloide.

Über den chemischen Bau der Enzyme gelang es in der letzten Zeit, sich eingehendere Vorstellungen zu machen. Daß die Enzyme hochmolekulare Körper mit den Eigenschaften von Kolloiden sind, darauf hat die Forschung von jeher hingewiesen. Die am weitesten gereinigten Lösungen der Hefesaccharase von R. Willstätter und H. v. Euler zeigten charakteristischen Tyndall-Effekt, Enzyme erwiesen sich fast durchgehend als nichtdialysabel, ihre Adsorptionsaffinitäten reihten sie den oberflächenaktiven Stoffen ein, und andere Eigenschaften wie Hitzeinstabilität sprachen für einen komplizierten hochmolekularen Bau. Wieweit der hochmolekulare Charakter der Fermente durch beigemischte hochmolekulare Zellinhaltsstoffe vorgetäuscht sein könnte, war indes nicht ganz zu übersehen; einer genauen Bestimmung der Teilchengröße stand die Uneinheitlichkeit der Fermentpräparate im Wege.

Am ersten hat die Methode der Molekulargewichtsbestimmung auf Grund der Diffusionsgeschwindigkeit, die auch für nichtreine Präparate anwendbar ist, einige Anhaltspunkte für die Größe von Fermentteilchen gegeben. Der Diffusionskoeffizient D steht zu dem gesuchten Molekulargewicht M in der einfachen Beziehung:

$$D \sqrt{M} = K,$$

wobei nach L. W. Oeholm[5] für Wasser von 20° $K = 7{,}0$ zu setzen ist. Im Fall der Hefesaccharase fanden so Euler und Mitarbeiter[6] ein Molekulargewicht von

---

[1] O. Warburg: Über den Stoffwechsel der Tumoren. Berlin, 1926.

[2] J. Björksten: Biochem. Z. 225 (1930), 1.

[3] K. Mothes: Planta 19 (1933), 117; Ber. dtsch. bot. Ges. 51 (1933), 31.

[4] O. Warburg, W. Christian: Biochem. Z. 260 (1933), 499. — O. Warburg, E. Negelein: Ebenda 262 (1933), 237.

[5] L. W. Oeholm: Z. physik. Chem. 50 (1904), 309.

[6] H. v. Euler, S. Kullberg: Hoppe-Seyler's Z. physiol. Chem. 73 (1911), 335. — H. v. Euler, H. Heddins, O. Svanberg: Ebenda 110 (1920), 190.

20000. Es ist dabei zu berücksichtigen, daß die gleiche Methode für Ovalbumin ein Molekulargewicht von nur 14000 ergab, einen Wert, der nach unseren heutigen Kenntnissen zu niedrig liegt. Von Northrop und Anson[1] ist dann eine verbesserte und vereinfachte Methode zur Bestimmung von Diffusionskonstanten angegeben worden, wobei die Wanderungsgeschwindigkeit eines gelösten Stoffes durch eine dünne poröse Membran zwischen zwei Lösungen verschiedener Konzentration gemessen wird. In der Folgezeit wurde mit dieser Methode das Molekulargewicht mehrerer Enzyme bestimmt, mit dem Ergebnis, daß mit einer Ausnahme — der Takaamylase, bei der Akabori und Kasimoto[2] ein kleines Molekülgewicht zwischen 500 und 2000 finden — ein hohes, den Eiweißmolekülen entsprechendes Molekulargewicht bestimmt wurde, z. B. für Pepsin 36000, für Katalase 263000.

Mit der Methode der Ultrazentrifugation, die vornehmlich von Th. Svedberg[3] entwickelt wurde, ist dann eine Reihe von Molekulargewichten der als einheitlich angesehenen kristallisierten Enzyme bestimmt worden. Ebenso hat man an diesen Enzymen osmometrische Messungen ausgeführt, und zuletzt hat man versucht, durch Bestimmung charakteristischer Gruppen oder Bestandteile auf die Größe des Moleküls zu schließen.

So wurde für das Molekül des Pepsins mit fünf verschiedenen voneinander unabhängigen Bestimmungsmethoden ein Teilchengewicht von 35000 in guter Übereinstimmung gefunden:

Molekulargewicht des Pepsins:

bestimmt durch osmometrische Messung	35000
aus dem Diffusionskoeffizienten	36000
aus der Sedimentationsgeschwindigkeit	35000
aus dem P-Gehalt (1 Atom P/Mol)	40000
aus dem Cl-Gehalt (2 Atom Cl/Mol)	35000
aus dem S-Gehalt (10 Atom S/Mol)	36000

Das Molekulargewicht des gelben Ferments wurde aus dem Farbstoffgehalt, der von Theorell[4] zu 0,61—0,64 gefunden wurde, zu 73000 ± 4000 berechnet, während Kekwick und Pedersen[5] mit Hilfe der Svedbergschen Methode das Teilchengewicht zu 77000, bzw. mit der Diffusionsmethode zu 82000 bestimmten.

Für die kristallisierte Katalase[6] ergab die Sedimentationsgeschwindigkeit ein Mol.-Gewicht von 250000—300000, die Diffusionsmethode 263000, der Eisengehalt bei Annahme von 4 Atomen Eisen auf 1 Mol den nämlichen Wert,[7] für die kristallisierte Urease wurde nach Svedberg gemessen 473000,[8] und für das kristallisierte Trypsin wieder 34000.[9]

Die Werte, die für das Teilchengewicht der bisher untersuchten Enzyme gefunden worden sind, ordnen sich den Werten ein, die Svedberg und seine Mitarbeiter sowie andere Forscher mit anderen Methoden für Proteine fanden, wobei sie feststellen konnten, daß das Teilchengewicht einheitlicher Proteine 34500 oder ein Vielfaches dieser Zahl ist. Die Messungen sagen nichts darüber aus, ob

---

[1] J. H. Northrop, M. L. Anson: J. gen. Physiol. 12 (1929), 543. — J. W. McBain, T. H. Liu: J. Amer. chem. Soc. 53 (1931), 59.

[2] S. Akabori, K. Kasimoto: Bull. chem. Soc. Japan 13 (1938), 291.

[3] Th. Svedberg: Kolloid-Z. 67 (1934), 2; Nature (London) 139 (1937), 1051.

[4] H. Theorell: Biochem. Z. 278 (1935), 279.

[5] R. A. Kekwick, K. O. Pedersen: Biochemic. J. 30 (1936), 2201.

[6] K. G. Stern, R. W. G. Wyckoff: Science (New York) 87 (1938), 18.

[7] J. B. Summner, N. Gralén: Science (New York) 87 (1938), 284.

[8] J. B. Summner, N. Gralén, J. B. Eriksson-Quensel: Science (New York) 87 (1938), 395.

[9] M. Kunitz, H. J. Northrop: J. gen. Physiol. 19 (1936), 991.

hier Makromoleküle oder Micellen vorliegen; man neigt heute dazu, diese eigentümliche Erscheinung dadurch zu erklären, daß sich die Eiweißteilchen als Micellen aus mehreren Makromolekülen des Mol.-Gewichtes 34500 zusammensetzen, wobei die Verknüpfung dieser Makromoleküle zur Micelle durch Ionenbindung zwischen positiven und negativen Atomgruppen, zum Teil auch durch S—S-Bindung erfolgen kann.

2. Nachweis der zusammengesetzten Natur der Fermente.

Die nunmehr exakt ermittelten Werte hoher Molgewichte für verschiedene Enzyme stehen in Übereinstimmung mit den anderen Eigenschaften der Enzyme, die durchaus für Kolloide charakteristisch sind. Mit dieser Feststellung des kolloidalen Charakters der Fermente ist indes nur *eine* Seite der chemischen Natur der Enzyme getroffen. Die Untersuchungen vor allem WILLSTÄTTERS und seiner Schule haben uns noch einen anderen großen und wichtigen Tatsachenbestand, die Natur der Enzyme betreffend, vermittelt. Die vielen gelungenen Trennungen von Enzymen haben die spezifische Wirkungsweise der enzymatischen Katalysatoren deutlich aufgezeigt und die Meinung, daß Enzyme lediglich als Kolloide von besonderer Dispersität anzusehen seien — eine Meinung, die in dem eingehenden Studium der Reaktionen an Phasengrenzflächen ihre Stütze fand — in den Hintergrund gedrängt.[1]

Nach WILLSTÄTTERS[2] Anschauung besteht das Molekül eines Enzyms aus einem kolloiden Träger und einer rein chemisch wirkenden Gruppe. Die Fermente sind dadurch charakterisiert, „daß sie eine reaktionsfähige, auf einen kolloiden Träger verankerte Gruppe enthalten; die reaktionsfähige Gruppe ist für die spezifische, auf dem Wege einer Enzymsubstratverbindung zustande kommende Aktivierung der Substratmoleküle ausschlaggebend, der kolloidale Träger scheint einigermaßen variabel, für die Beständigkeit der aktiven Gruppe aber nicht entbehrlich zu sein".

Die Entwicklung der Enzymchemie hat dieser „*Trägertheorie*" WILLSTÄTTERS, die in früheren Ansichten von PERRIN[3] sowie von MATHEWS und GLENN[4] ihre Vorgänger hat, im allgemeinen, wenn auch bisher nicht ganz widerspruchslos, recht gegeben.

Verbindungen, die durch eine derartige Verkettung von zwei Komponenten durch Partialvalenzen gekennzeichnet sind, sind in der lebenden Natur weitverbreitet; so reizte der Aufbau des Oxyhämoglobins zu einem Vergleich mit dem Aufbau eines Enzyms, zumal es selbst eine enzymatische, nämlich peroxydatische Wirkung zeigte. Die geringe peroxydatische Wirkung des Hämins wird durch Hinzutreten des Eiweißbestandteiles im Hämoglobin erheblich gesteigert, und die Oxyhämoglobine verschiedener Tierarten zeigen in ihrer Wirkung als Peroxydase untereinander erhebliche Differenzen, die von WILLSTÄTTER und POLLINGER[5] mit den Unterschieden der Globinkomponente in Zusammenhang gebracht wurden. Nach diesem Beispiel konnte man annehmen, daß die aktive Gruppe (in unserem Fall das Hämin) die spezifische katalytische Wirkung bedingt, die Verkettung mit dem Träger aber ihre Intensität steigert und die feineren Unter-

---

[1] Vgl. W. M. BAYLISS: The Nature of Enzyme Action. London, 1914. — A. FODOR: Das Fermentproblem. Dresden, 1930.

[2] R. WILLSTÄTTER: Ber. dtsch. chem. Ges. 55 (1922), 3601; Naturwiss. 15 (1927), 585.

[3] PERRIN: J. Chim. physique 8 (1905), 102.

[4] A. P. MATHEWS, T. H. GLENN: J. biol. Chemistry 9 (1911), 29.

[5] R. WILLSTÄTTER, A. POLLINGER: Hoppe-Seyler's Z. physiol. Chem. 180 (1923), 281.

schiede der Spezifität bewirkt. Noch deutlicher wurde die außerordentliche Steigerung der Katalysatorwirkung durch den Einbau einer aktiven Gruppe in ein großes Molekül aufgedeckt, als es sich herausstellte, daß das Enzym Katalase Eisen in Form einer Eisen-Porphyrin-Verbindung enthält. Folgende Zusammenstellung gibt darüber einen Überblick:

1 Mol Fe^{++}- bzw. Fe^{+++}-Salze in wässeriger Lösung zersetzt in 1 Sek. 10^{-5} Mole H_2O_2,
1 Mol Hämin bzw. Mesohämin „   „   „   „   „ 1 „ 10^{-2} „   „ ,
1 Mol Katalase ....„   „   „   „   „ 1 „ 10^5 „   „ .

Ein bedeutender Fortschritt in unserer Kenntnis über den allgemeinen Aufbau der Enzyme wurde gewonnen, als es gelang, die Erscheinung der Enzymaktivierung durch Co-Fermente dieser Auffassung der Enzymstruktur einzufügen. Es war seit langem bekannt, daß häufig aktive Fermentlösungen ihre Fähigkeit zu katalytischem Umsatz verlieren, wenn sie einer Dialyse unterworfen werden, und daß sie die Fähigkeit bei der Wiedervereinigung des niedermolekularen, dialysablen Anteiles mit dem nichtdialysierten hochmolekularen Anteil zurückerhalten. Das in dieser Hinsicht älteste und bekannteste Beispiel ist das Fermentsystem der alkoholischen Gärung (Zymase).

a) Die Pyridindehydrasen.

HARDEN und YOUNG[1] fanden 1904, daß sich gärfähiger Hefepreßsaft durch Dialyse aufteilen ließ in zwei für sich gärungsinaktive Anteile, die beim Zusammengeben wieder die ursprüngliche Aktivität zurückerhielten. Den niedermolekularen Anteil bezeichneten HARDEN und YOUNG als Co-Ferment der alkoholischen Gärung, EULER und MYRBÄCK später als Co-Zymase. Nach der EULERschen Auffassung ist die Co-Zymase als die aktive oder katheptische Gruppe einer Dehydrase anzusehen, die durch Dialyse aufgeteilt werden kann in ein nichtdialysiertes hochmolekulares Trägermolekül und in das niedermolekulare Co-Ferment. Die Forschung der letzten Jahre konnte die Konstitution der Co-Zymase weitgehend aufklären,[2] sie ist ein Diphosphopyridinnucleotid (siehe den Artikel ELLIOTT in diesem Bande, Dehydrasen), in dem ein bestimmter Molekülanteil, nämlich Nicotinsäureamid, als eigentliche Wirkungsgruppe anzusehen ist. Der hochmolekulare, nicht dialysable Anteil wurde von E. NEGELEIN und H. J. WULFF[3] aus Macerationssaft von Trockenhefe isoliert und kristallisiert und erwies sich als ein Protein. Das aktive Enzym ist ein dissoziierendes Proteid, dessen prosthetische Gruppe Dihydropyridinnucleotid ist. Die Nucleotidkonzentration, bei der die Hälfte des Proteids in Nucleotid und Eiweiß nach der Gleichung:

$$\text{Proteid} \rightleftharpoons \text{Nucleotid} + \text{Eiweiß}$$

dissoziiert ist, beträgt für das hydrierte Pyridinderivat $3 \cdot 10^{-5}$ und für das nichthydrierte Pyridinderivat $9 \cdot 10^{-5}$ Mol/Liter. Es besteht also ein Gleichgewicht; durch Zusatz von Co-Zymase oder Protein wird das Gleichgewicht nach dem Massenwirkungsgesetz nach links verschoben und die Menge des wirksamen Enzyms vermehrt.

Das genaue Studium der Dehydrasen, bei deren Aufbau Pyridinnucleotide beteiligt sind, hat nun gezeigt, mit welchen Mitteln die feinabgestufte Spezifität hierbei hervorgerufen wird. Zunächst ist der kolloide Träger — das Protein —

---

[1] A. HARDEN, W. Y. YOUNG: J. Physiol. Proc. 1904; Proc. chem. Soc. 21 (1905), 189.
[2] H. v. EULER, H. ALBERS, F. SCHLENK: Hoppe-Seyler's Z. physiol. Chem. 240 (1936), 113, 1; 287 (1936), 1. — O. WARBURG, W. CHRISTIAN: Biochem. Z. 275 (1934), 464; 282 (1935), 157; 285 (1936), 156; 287 (1936), 291.
[3] E. NEGELEIN, H. J. WULFF: Biochem. Z. 289 (1937), 436; 293 (1937), 351.

auswechselbar, aber nur unter Änderung der Spezifität. Co-Zymase gibt mit dem von Negelein isolierten Protein ein Enzym, das eine spezifische Acetaldehydreduktase bzw. Alkoholdehydrase ist. Versucht man das Protein der Alkoholdehydrase für die Dehydrierung eines anderen Substrats, etwa der Triosephosphorsäure oder der Milchsäure, anzuwenden, so zeigt es sich völlig inaktiv. Für diese Dehydrierungen sind andere spezifische Proteine notwendig, die sich gegenseitig nicht ersetzen können. Über diese spezifischen Proteine haben außer der Warburgschen Schule Euler und Adler[1] ausgedehnte Untersuchungen ausgeführt.

Anderseits existiert ein der Co-Zymase nahe verwandtes Co-Ferment, das sich von ihr nur durch ein Mehr von 1 Phosphorsäuremolekül unterscheidet, die sogenannte Co-Dehydrase II, ein Tri-phospho-pyridin-nucleotid.[2] Auch dieses Co-Ferment geht durch Bindung an spezifische Proteinträger in Enzyme über, die wiederum eine ausgesprochene Spezifität zeigen. So wurde von E. Negelein und W. Gerischer[3] ein Protein isoliert, das für die Dehydrierung des Robinson-Esters zu Phosphohexonsäure spezifisch ist, während Triphosphopyridinnucleotid im Verein mit anderen spezifischen Proteinen Phosphohexonsäure und ihre Dehydrierungs- oder Dismutationsprodukte dehydriert.[4]

Die Verhältnisse bei den Pyridindehydrasen geben uns ein ungefähres Bild über das Zustandekommen der spezifischen Wirkungsweise eines Enzyms. Ebenso wie der chemische Vorgang in allen von den Pyridindehydrasen katalysierten Reaktionen der gleiche ist (siehe S. 40), ist auch die *Wirkungsgruppe* immer der Pyridinanteil des Co-Ferments. Wir unterscheiden deshalb zwischen der aktiven oder prosthetischen Gruppe und der Wirkungsgruppe. Die speziellere Substratspezifität kann durch feinere strukturelle Besonderheiten des kolloiden Trägers sowohl als auch der katheptischen Gruppe bedingt sein. Eine durchdringende Erklärung für die Erscheinung, daß ein verändertes Trägermolekül eine Spezifitätsänderung hervorruft, steht noch aus. Vielleicht ist in der sogenannten „Zweiaffinitätstheorie" von Euler[5] ein Hinweis für die Lösung dieses Problems gegeben, die annimmt, daß sich Enzyme mit ihren Substraten an zwei Stellen verbinden.

b) Die Flavinenzyme.

Den Pyridindehydrasen schließt sich eine Reihe anderer Fälle an, die sich der dualistischen Auffassung über den Strukturaufbau von Enzymen einordnen. Das bestuntersuchte Enzym in dieser Hinsicht ist das gelbe Atmungsferment, das Warburg und Christian[6] aus Hefe isolierten und das von Theorell[7] rein dargestellt wurde (siehe S. 40). Anders wie die Pyridindehydrase ist das gelbe Ferment durch einfache Dialyse nicht in zwei Komponenten aufteilbar. Dagegen gelingt die Aufteilung bei der Dialyse gegen verdünnte Salzsäure; die Farbstoffkomponente ist dann dialysabel, das farblose Eiweiß nicht. Das Ferment läßt sich aus seinen Komponenten resynthetisieren und hat dann, auf

---

[1] Vgl. z. B. E. Adler, H. v. Euler, W. Hughes: Hoppe-Seyler's physiol Chem. **252** (1938), 1.

[2] O. Warburg, W. Christian, A. Griese: Biochem. Z. 282 (1935), 157; 285 (1936), 156; 287 (1936), 291.

[3] E. Negelein, W. Gerischer: Biochem. Z. **284** (1936), 289.

[4] O. Warburg, W. Christian: Biochem. Z. **292** (1937), 287.

[5] H. v. Euler, K. Josephson: Hoppe-Seyler's Z. physiol. Chem. **138** (1924), 279. — K. Josephson, H. v. Euler: Ebenda **162** (1926), 85. — Vgl. auch A. K. Balls, F. Köhler: Ber. dtsch. chem. Ges. **64** (1931), 294.

[6] O. Warburg, W. Christian: Biochem. Z. **254** (1932), 438; 257 (1933), 492.

[7] H. Theorell: Biochem. Z. **272** (1934), 155; **278** (1935), 263. — R. Kuhn, H. Rudy, F. Weygand: Ber. dtsch. chem. Ges. **69** (1936), 1543.

gebundenen Farbstoff berechnet, genau dieselbe Aktivität wie das nie gespaltene. Die Farbstoffkomponente ist inzwischen synthetisch zugänglich geworden;[1] sie erwies sich als Lactoflavin-5'-phosphorsäure und als identisch mit dem Vitamin B_2.

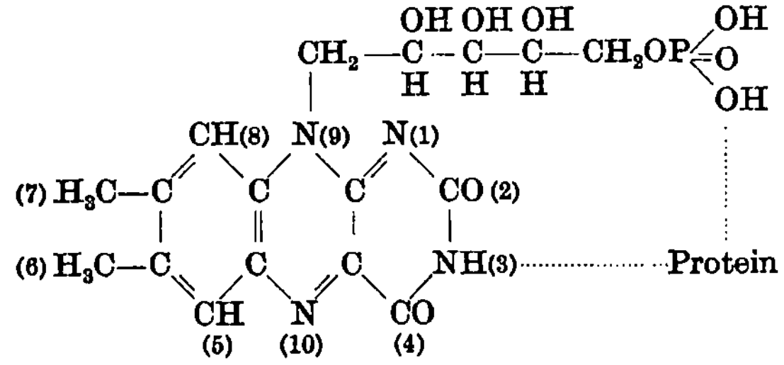

$$CH_2-\underset{H}{\overset{OH}{C}}-\underset{H}{\overset{OH}{C}}-\underset{H}{\overset{OH}{C}}-CH_2OP{\overset{OH}{\underset{OH}{\diagdown}}}O$$

```
              CH(8)   N(9)    N(1)
(7) H₃C—C          C        C        CO (2)

(6) H₃C—C          C        C        NH(3)········Protein
              CH       N        CO
              (5)     (10)      (4)
```

Flavinenzym.

Mit der verhältnismäßig leichten Zugänglichkeit dieses Körpers war die Möglichkeit gegeben, Variationen an ihm vorzunehmen, die einen Einblick in die Bedingungen der katalytischen Wirkungsweise und in die Bindungsverhältnisse mit der Eiweißkomponente gewähren sollten.

Das Redoxpotential des gelben Ferments liegt wider Erwarten viel höher — um 0,12 V — als dasjenige der aktiven Gruppe, der Lactoflavinphosphorsäure. E_0 des gelben Ferments = 0,06 V bei p_H = 7 und 20°. Der Einfluß des Trägermoleküls auf die Reaktionsfähigkeit der Wirkungsgruppe liegt also in diesem Falle klar zutage. Ohne die 6,7-Methylgruppen existiert keine Fermentwirkung; dieselben Gruppen bewirken eine maximale Negativität des Redoxpotentials. Die Verschiebung einer Methylgruppe aus der 6- in die 5-Stellung oder aus der 7- in die 8-Stellung vernichtet ebenfalls die Co-Fermentwirkung der Lactoflavinphosphorsäure.[2] Die Fähigkeit zur Bildung einer katalytisch wirksamen Eiweißverbindung bleibt aber erhalten, wenn man die 6,7-ständigen Methylgruppen durch den Tetramethylen- oder Trimethylenring ersetzt.[3] Ferner ist die Bildung eines Flavinenzyms nur möglich, wenn die NH-Gruppe in 3-Stellung frei ist.[4] Nächst der freien NH-Gruppe in 3-Stellung ist die Struktur der hydroxylhaltigen Seitenkette in 9-Stellung und die stereochemische Anordnung ihrer Hydroxyle ausschlaggebend. Nur mit den von der d-Ribose und l-Arabinose abgeleiteten Farbstoffen ist eine Fermentbildung möglich. Die Veresterung mit Phosphorsäure ist für die katalytische Wirksamkeit nicht notwendig, aber für die Haftfestigkeit der Farbstoffe am Träger von Bedeutung. Der Unterschied in der Co-Fermentwirkung von Lactoflavin und Lactoflavin-5'-Phosphorsäure ist nur quantitativer Art. Er beruht auf der verschiedenen Lage der beiden Dissoziationsgleichgewichte:

1. Lactoflavin + Träger ⇌ Lactoflavin ... Träger,
2. Lactoflavin-Phosphors. + Träger ⇌ Lactoflavin-Phosphors.... Träger.

Versucht man aus den vorliegenden Tatsachen eine Strukturformel des gelben Ferments abzuleiten, welche die Bindungsverhältnisse der prosthetischen Gruppe an den Träger zum Ausdruck bringt, so kommt man zu der von KUHN und BOULANGER (siehe oben) aufgestellten Konstitutionsformel des gelben Ferments.

[1] R. KUHN, P. BOULANGER: Ber. dtsch. chem. Ges. 69 (1936), 1557.
[2] R. KUHN, P. DESNUELLE, F. WEYGAND: Ber. dtsch. chem. Ges. 70 (1937), 1293.
[3] R. KUHN, H. VETTER, H. W. RZEPPA: Ber. dtsch. chem. Ges. 70 (1937), 1302.
[4] R. KUHN, H. RUDY: Ber. dtsch. chem. Ges. 69 (1936), 2557.

Der Eiweißkörper, der sich mit der Farbstoffgruppe zum gelben Ferment vereinigt, ist nach Kuhn und Desnuelle[1] spezifisch; die Forscher berichten über die Zusammensetzung dieses Proteins. Von besonderem Interesse ist dabei der Gehalt an Hexonbasen, da die Lactoflavin-5′-Phosphorsäure nach obiger Strukturformel an zwei Stellen von basischen Gruppen der Eiweißkomponente gebunden wird. Tatsächlich ist auch die Summe von Histidin, Arginin und Lysin ziemlich hoch und beträgt 24,7%, ist somit derjenigen im Hämoglobin (20,7%) sehr ähnlich. Felix und Mager[2] berichten, daß Clupein, das basenreiche Protamin aus Heringssperma, mit Lactoflavin-5′-Phosphorsäure sich zu einer Verbindung vereinigt, die Fermentcharakter aufweist. Eine gewisse Vertretbarkeit des Proteinträgers wäre also darnach möglich, beruhend vermutlich auf einer strukturellen Gemeinsamkeit der auswechselbaren Eiweißkörper.

Die Lactoflavin-5′-Phosphorsäure spielt nicht nur im Aufbau des sogenannten gelben Ferments eine Rolle. Ähnlich wie bei den Pyridindehydrasen ist die Wirkungsgruppe des Flavins in andere Enzyme mit spezifischer Einstellung auf ihre jeweiligen Substrate eingebaut. So erwies sich das Co-Ferment der d-Alanindehydrase nach Warburg und Christian[3] als ein Flavin-Adenin-Nucleotid. „Durch Vereinigung dieses Di-Nucleotids mit verschiedenen spezifischen Proteinen entstehen gelbe Fermente, die viel reaktionsfähiger sind und andere physiologische Funktionen haben als das in der Hefe entdeckte ‚alte‘ gelbe Ferment.“

c) Der Aufbau der Carboxylase.

Den beiden Enzymgruppen, den Pyridindehydrasen und den Flavinenzymen, schließt sich in ihrem strukturellen Aufbau auch die Carboxylase an. Lohmann und Schuster[4] haben das Co-Ferment der Carboxylase — die Co-Carboxylase — in reiner kristallisierter Form erhalten. Es erwies sich als das diphosphorylierte Aneurin (Vitamin B_2). Von seinem Träger, der bis jetzt noch nicht in reiner Form isoliert werden konnte, wird es durch alkalische Lösungsmittel abgetrennt.

d) Der Aufbau der Katalase.

Etwas anders schon liegen die Verhältnisse bei der Katalase. Dieses Enzym wurde von Summner und Dousec[5] in kristallisierter und einheitlicher Form isoliert. Das Enzym stellt eine Verbindung von einem Protein mit einem Hämin[6] dar, ist also in seinem Aufbau mit dem Hämoglobin zu vergleichen, obwohl es in seiner Hämingruppe sowohl wie in seinem Proteinmolekül Unterschiede zeigt.[7] Vergleicht man die katalatische Aktivität des Hämoglobins mit der der Katalase, so findet man einen enormen Unterschied: Hämoglobin ist nur geringfügig wirksam,[8] Katalase dagegen hat eine etwa 1000fach so hohe Aktivität.

Auch aus diesem Beispiel geht also die große Abhängigkeit der Spezifität von der Struktur der aktiven Gruppe und des Trägers hervor. Aber die Katalase und mit ihr alle eisenhaltigen Fermente unterscheiden sich von den bisher be-

[1] R. Kuhn, P. Desnuelle: Ber. dtsch. chem. Ges. **70** (1937), 1907.

[2] K. Felix, A. Mager: Hoppe-Seyler's physiol. Chem. **249** (1937), 126.

[3] O. Warburg, W. Christian: Naturwiss. **26** (1938), 210, 235; Biochem. Z. **296** (1938), 294.

[4] K. Lohmann, Ph. Schuster: Naturwiss. **25** (1937), 26; Biochem. Z. **294** (1937), 188.

[5] J. B. Summner, A. L. Dousec: J. Biol. Chemistry **121** (1937), 417.

[6] K. Zeile, H. Hellström: Hoppe-Seyler's Z. physiol. Chem. **192** (1930), 171. — R. Kuhn, D. B. Hand, M. Florkin: Ebenda **201** (1931), 255.

[7] K. G. Stern: J. biol. Chemistry **112** (1936), 661. — D. Keilin und Mitarbeiter: Proc. Roy. Soc. (London), Ser. B **122** (1937), 119; **121** (1936), 173; **124** (1938), 398.

[8] F. Haurowitz: Hoppe-Seyler's Z. physiol. Chem. **198** (1931), 9.

sprochenen Enzymen der Pyridin- und Flavinreihe und der Carboxylase in der Haftfestigkeit der aktiven Gruppe an ihrem Träger. Die Lostrennung des Hämins ist nicht ohne weiteres möglich und die Resynthese des Ferments aus den Komponenten bisher nicht gelungen. Die eisenhaltigen Fermente stellen offenbar Proteide mit hauptvalenzmäßig gebundenen prosthetischen Gruppen (Häminen) dar, während bei der ersten Gruppe der prosthetische Enzymanteil locker, vielleicht nur salzartig gebunden ist.

e) Der Aufbau hydrolysierender Fermente.

Alle diese Fälle geben der dualistischen Theorie, wonach sich ein Ferment aus Träger und Wirkungsgruppe zusammensetzt, recht. So eindeutig ist der Beweis dafür bisher nur bei den Enzymen der Oxydoreduktion und bei der Carboxylase gelungen. Bei den hydrolysierenden Enzymen haben sich dagegen lange Zeit keine sicheren Befunde ergeben, die, hinausgehend über die früheren allgemeinen, der „dualistischen Theorie" zugrunde liegenden Erfahrungen für diese Auffassung beweisend gewesen wären. Im Gegenteil weisen die Befunde von NORTHROP an den Proteasen und von SUMMNER an der Urease darauf hin, daß hier einheitliche spezifische Eiweißkörper *an sich* als Fermente wirken.

1926 gelang es SUMMNER,[1] Urease in kristallisierter Form zu erhalten; die Darstellung kristallisierten Pepsins, Trypsins, Chymotrypsins und ihrer Vorstufen durch NORTHROP [2] der Carboxypolypeptidase durch ANSON[3] und des Papains durch BALLS[4] und Mitarbeiter folgten. Die erhaltenen Enzymkristalle verhalten sich in jeder Hinsicht wie Eiweißkristalle; sie lassen sich ohne Änderung der Wirksamkeit umkristallisieren. Daraus und aus ihrer hohen Wirksamkeit schließen ihre Entdecker, daß die Kristalle als reine, von Begleitstoffen befreite Enzyme anzusehen sind. Ein Entscheid allerdings, ob die kristallisierten Proteasen reine Eiweißkörper sind, die die Wirkungsgruppe in ihrem Molekül selbst eingebaut haben, oder ob sie der dualistischen Theorie entsprechend doch eine besondere aktive Gruppe enthalten, die der bisherigen Untersuchung entgangen ist, läßt sich noch nicht treffen. Einige Befunde, die für den ersten Fall sprechen, mögen an dieser Stelle mitgeteilt sein.

A. E. STEARN[5] folgert aus Berechnungen von Aktivierungsenergien, daß gewisse Gruppen in gewöhnlichen Proteinen imstande sind, eine katalytische Wirkung auf die Hydrolyse der C—N-Bindung auszuüben, wenn sie bezüglich des zu katalysierenden Systems passend angeordnet werden können. K. O. PEDERSEN[6] berichtet, daß hochmolekulare, schnellsedimentierende Proteine, wie Serumalbumin und Hämoglobin, durch niedermolekulare langsam sedimentierende Eiweißkörper, wie Clupein, zu kleineren Bruchstücken aufgespalten werden. Von BERSIN[7] ist ferner die Hypothese aufgestellt worden, daß als eigentliche aktive Gruppe im Papain eine Aminogruppe wirkt, welche durch eine benachbarte Thiolgruppe aktiviert sein muß.

---

[1] J. B. SUMNER: J. biol. Chemistry **76** (1928), 149; **79** (1928), 489; Ergebn. Enzymforsch. **1** (1932), 295.

[2] J. H. NORTHROP: J. gen. Physiol. **13** (1930), 739. — J. H. NORTHROP, M. KUNITZ: Ebenda **16** (1932), 267; **18** (1935), 433; Ergebn. Enzymforsch. **2** (1933), 104.

[3] M. L. ANSON: Science (New York) **81** (1935), 467.

[4] A. K. BALLS, A. LINEWEAVER, R. R. THOMPSON: Science (New York) **86** (1937), 379.

[5] A. E. STEARN: J. gen. Physiol. **18** (1935), 171, 301.

[6] K. O. PEDERSEN: Nature (London) **138** (1936), 363.

[7] T. BERSIN: Ergebn. Enzymforsch. **4** (1935), 68.

Bei einer besonderen Protease — der Dipeptidase aus Hefe — ist es inzwischen Grassmann[1] gelungen, eine Aufteilung in ein inaktives Protein und einen thermolabilen, dialysierbaren Faktor zu erreichen. Proteasen allgemein als Nur-Proteine im Sinne obiger Auffassung anzusehen, ist also nicht mehr möglich.

Aber auch im Falle des Pepsins sind Zweifel an der Einheitlichkeit des Proteinmoleküls geäußert worden. In Nacharbeiten älterer Arbeiten gelang es Kraut und Tria,[2] eiweißarme amorphe Pepsinpräparate darzustellen, deren Wirksamkeit ebenso hoch ist wie jene des kristallisierten Pepsins, aber dieses Präparat bewirkt eine andersartige Aufspaltung des Caseins. Die beiden Forscher fassen das Ergebnis ihrer Arbeit folgendermaßen zusammen: „Mit der Auffindung der Verschiedenheit von kristallisiertem und eiweißfreiem Pepsin ist ein großes Hindernis für die Anerkennung der Northropschen Ansicht beseitigt, daß in den von ihm dargestellten Pepsinkristallen die proteolytische Aktivität eine Eigenschaft des Proteinmoleküls selbst sei. Aber es erhebt sich jetzt erst recht die Frage, ob es wahrscheinlich ist, daß in demselben tierischen Organ ein typisches Protein als peptisches Enzym dient und daneben für genau denselben Zweck und mit überaus ähnlichen enzymatischen Eigenschaften eine ganz anders geartete chemische Verbindung. Die einfachste und zur Zeit auch widerspruchloseste Annahme scheint uns zu sein, daß der Symplex beider Enzyme dieselbe aktive Gruppe besitzt und sie sich nur durch die Trägerkomponente unterscheiden, die ihre Spezifität modifiziert."

Auch für andere hydrolysierende Fermente ist der Beweis ihres zusammengesetzten Aufbaues erbracht worden. So konnten H. Kraut und W. v. Pantschenko-Jurevicz[3] für die Leberesterase und Pankreaslipase zeigen, daß beiden Enzymen dieselbe aktive Gruppe gemeinsam ist, die sich mit spezifischen, die Lipase- bzw. Esterasewirkung bestimmenden Trägern vereinigt. Die Spezifität wird hauptsächlich von dem Träger bestimmt, Leberesterase und Pankreaslipase besitzen dieselbe prosthetische Gruppe. Daß die Verhältnisse bei einigen Phosphatasen ähnlich liegen, berichten Albers und Mitarbeiter.[4] In jüngster Zeit konnte D. Albers[5] über eine vollständige Trennung der alkalischen Nierenphosphatase in Protein und prosthetische Gruppe berichten.

3. Die zusammengesetzte Natur der Fermente als Erklärung ihrer Eigenschaften.

Als Aufbauprinzip der Fermentmoleküle hat sich herausgestellt, daß sie zusammengesetzter Natur sind; dieses Aufbauprinzip beschränkt sich nicht auf eine bestimmte Gruppe von Enzymen, sondern gilt allgemeiner. Die kristallisierten Proteasen und die kristallisierte Urease können davon vielleicht eine Ausnahme — eine im Sinne Langenbecks verständliche Ausnahme — machen: In diesem Sinne wäre die tiefere Bedeutung der dualistischen Theorie — nämlich daß eine aktive Gruppe von einem hochmolekularen Körper getragen wird, gleichgültig, wie fest diese aktive Gruppe in das ganze Enzymmolekül eingebaut sein mag — auch nicht durchbrochen. Vgl. auch den Artikel Schwab-Rost, Fermentmodelle, in diesem Bande.

Die Festigkeit der Bindung zwischen aktiver Gruppe und Trägermolekül wechselt, wie wir gesehen haben: sie ist mehr oder weniger lose bei den Proteiden

---

[1] W. Grassmann, W. Volmer, V. Windbichler: Biochem. Z. 298 (1938), 8.
[2] H. Kraut, E. Tria: Biochem. Z. 290 (1937), 277.
[3] H. Kraut, W. v. Pantschenko-Jurevicz: Biochem. Z. 275 (1934), 114.
[4] E. Albers, E. Beyer, A. Bohnenkamp, G. Müller: Ber. dtsch. chem. Ges. 71 (1938), 1913.
[5] D. Albers: Hoppe-Seyler's Z. physiol. Chem. 261 (1939), 43, 269.

der Pyridin- und Flavinreihe, der Carboxylase und einigen bis jetzt untersuchten hydrolysierenden Enzymen, sie ist sehr viel fester bei den Proteiden der Häminreihe und mag vielleicht bei den kristallisierten Proteasen nicht mehr ohne irreversible Zerstörung des ganzen Enzymmoleküls lösbar sein. Eindeutig aber kann festgestellt werden, daß die chemische Theorie der Enzymwirkung durch die Aufklärung der spezifischen chemischen Struktur vieler Enzyme aus allen Gruppen gegenüber der Auffassung, Enzyme seien nur Kolloide von besonderer Dispersität, den Sieg davongetragen hat.

Weniger eindeutig lassen sich die Ergebnisse über die Auswechselbarkeit der Träger zusammenfassen, wahrscheinlich deshalb, weil hier mehrere Erscheinungen zusammentreffen, die bis jetzt nicht immer auseinandergehalten werden konnten. WILLSTÄTTER[1] hat versucht, auf experimentellen Grundlagen aufbauend durch Einführung neuer Begriffe Klarheit zu schaffen. „Hochmolekulare Stoffe wie Enzyme, Proteine, Cellulose, Lignin, Lipoide, Pigmente" — so schreibt WILLSTÄTTER — „betätigen ihre Restaffinitäten durch Bildung von Additionsprodukten spezifischer oder unspezifischer Art. Unter den entstandenen Verbindungen gibt es solche wie die Hämoglobine von stöchiometrischer Zusammensetzung. Für die durch *Restaffinitäten* (nicht von Verbindungen erster Ordnung, sondern) *von hochmolekularen Stoffen oder selbst Komplexen gebildeten Verbindungen schlagen wir zur Erweiterung der Komplexchemie die Bezeichnung ‚Symplex‘ vor"*... Dieser Begriff soll sowohl die Systeme umfassen, die aus einer prosthetischen Gruppe mit einem hochmolekularen, kolloiden Träger bestehen, wie auch diejenigen, die sich aus mehreren hochmolekularen Komponenten zusammensetzen.

Um für die Beziehung von aktiver Gruppe und Träger und für ihre Vereinigung zum eigentlichen Enzym, dem Symplex, einfache Bezeichnungsmöglichkeiten zu haben, schlagen ferner KRAUT und Mitarbeiter[2] vor, für die beiden Komponenten des Symplexes den Namen des betreffenden Enzyms mit geeigneten Nachsilben zu verwenden. Es soll die aktive Gruppe durch die Nachsilben -agon, der Träger durch die Nachsilben -pheron bezeichnet werden. Die älteren, vielfach angewandten Ausdrücke Co-Ferment und Apo-Ferment decken sich im wesentlichen mit den Ausdrücken Agon und Pheron; für das vereinigte Enzym, den Symplex, ist der Ausdruck Holoferment gebräuchlich.

Daß die Träger unter Spezifitätsänderung des Enzyms ausgetauscht werden können, ist in vielen Fällen nachgewiesen (vgl. S. 29—30 für die Pyridindehydrasen), daß sie in manchen Fällen ohne Spezifitätsänderung, aber mit Änderung der Intensität ausgewechselt werden können, ist wahrscheinlich gemacht worden (vgl. das Beispiel des gelben Ferments S. 32). Nach WARBURG[3] ist das Protein der ROBISON-Ester-Dehydrase, des Triphosphopyridin-Proteids aus Hefe, chemisch verschieden von dem aus roten Rattenblutzellen; wahrscheinlich, so meint WARBURG, gibt es von jedem Proteid viele Variationen. Eine willkürliche Änderung des kolloiden Trägers ist jedoch nicht möglich.

Wieweit ein teilweiser Abbau des kolloiden Trägers, z. B. ein enzymatischer, ohne Einbuße der Enzymwirksamkeit stattfinden kann, stand des öfteren zur Diskussion; nach unseren heutigen Vorstellungen scheint dies nicht unmöglich zu sein. Im Trägermolekül sind es bestimmte Gruppen, die die Bindung mit der prosthetischen Gruppe herbeiführen, und solange diese in ihrem Wesen nicht gestört sind, wird — so kann man annehmen — eine Enzymwirkung zu beob-

---

[1] R. WILLSTÄTTER, M. ROHDEWALD: Hoppe-Seyler's Z. physiol. Chem. **225** (1934), 103.

[2] H. KRAUT, W. v. PANTSCHENKO-JUREVICZ: Biochem. Z. **275** (1934), 114.

[3] O. WARBURG: Ergebn. Enzymforsch. **8** (1938), 210.

achten sein. Ergebnisse, die bei der Urease[1] gewonnen werden konnten, deuten darauf hin; ferner ist der Nachweis von zwei Pepsinen, einem eiweißhaltigen, kristallisierten und einem eiweißarmen, amorphen Präparat (siehe S. 34), eine Stütze für diese Ansicht. Daß ein zu weitgehender Abbau des Trägerproteins zu einer Vernichtung der Enzymaktivität führt, ist allgemein bekannt und verständlich.

In jüngster Zeit berichtet Kunitz[2] von einem interessanten Abbau des Chymotrypsinmoleküls durch vorsichtige Hydrolyse, wobei drei kleinere Proteinmoleküle entstehen; zwei davon sind Enzyme und sind in kristallisierter Form erhalten worden. Die neuen Enzyme sind verschieden vom ursprünglichen Chymotrypsin, was das Molekulargewicht, die Kristallform, die Löslichkeit und das Säurebindungsvermögen betrifft, identisch aber in den enzymatischen Eigenschaften des Muttermoleküls, also:

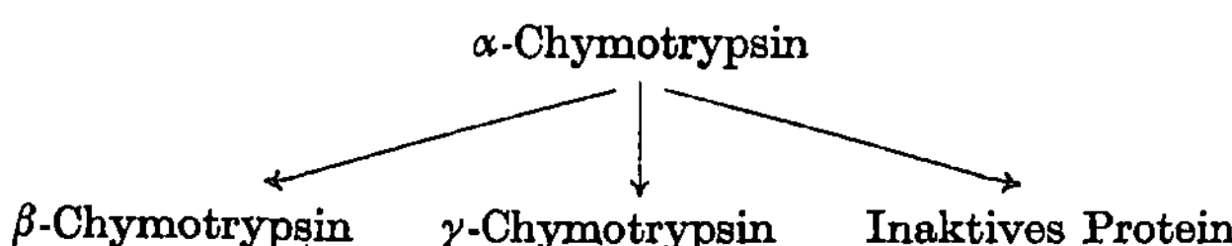

Durch Aufspaltung des ursprünglichen Chymotrypsins entstehen also neue Enzyme, offenbar mit gleicher Wirkungsgruppe, aber mit einem verkleinerten Trägermolekül.

In einer Änderung des Trägermoleküls besteht auch der Übergang von unlöslichem desmo-Enzym in lyo-Enzym (siehe S. 11), der so zu verstehen ist, daß durch Lösung eines Symplexes (Agon-Pheron-verankernde Substanz), z. B. durch Autolyse, lyo-Enzym (Agon-Pheron) entsteht.

Der zusammengesetzte Aufbau des Enzymmoleküls läßt außer der Erscheinung, daß so viele Enzyme mit ähnlicher Substratspezifität existieren, auch die Erscheinung der Isodynamik bei vielen Enzymgruppen leichter verstehen. Isodyname Enzyme sind — nach einer Definition von Willstätter[3] — Enzyme, die dasselbe Substrat angreifen. Ein früh aufgefundenes Beispiel isodynamer Enzyme sind die Spermatolipase und Blastolipase der Ricinusbohne;[4] während der Keimung der Ricinusbohne verschiebt sich das p_H-Optimum der lipatischen Wirkung von $p_H = 4{,}7$ gegen den Neutralpunkt. Die Umwandlung der Spermatolipase in Blastolipase tritt also während der Keimung ein. Andere Enzymgruppen, wie die der Phosphatasen[5] und der Amylasen,[6] reihten sich an. Es liegt nahe, auch hier die Erklärung der Erscheinung in einer Verschiedenheit des kolloiden Trägers zu suchen.[7]

Die auffallende Unbeständigkeit mancher Enzympräparate, besonders hochgereinigter, erklären Kraut und Pantschenko-Jurevicz[8] ebenfalls aus dem zusammengesetzten Bau des Enzymmoleküls. Die Beobachtungen über die

[1] E. Waldschmidt-Leitz, F. Steigerwald: Hoppe-Seyler's Z. physiol. Chem. 195 (1931), 260.

[2] M. Kunitz: J. gen. Physiol. 22 (1938), 207.

[3] R. Willstätter, M. Rohdewald: Hoppe-Seyler's Z. physiol. Chem. 229 (1934), 255.

[4] R. Willstätter, E. Waldschmidt-Leitz: Hoppe-Seyler's Z. physiol. Chem. 134 (1921), 161.

[5] E. Bamann, K. Dietrichs: Ber. dtsch. chem. Ges. 67 (1934), 2019.

[6] R. Willstätter, M. Rohdewald: Hoppe-Seyler's Z. physiol. Chem. 229 (1934), 255.

[7] E. Albers, E. Beyer, A. Bohnenkamp, G. Müller: Ber. dtsch. chem. Ges. 71 (1938), 1913.

[8] H. Kraut, W. v. Pantschenko-Jurevicz: Biochem. Z. 275 (1934), 114.

Stabilitätsänderungen während der Reinigung von Leberesterase zeigten nämlich, daß das Gleichgewicht der Reaktion

$$\text{Agon} + \text{Pheron} \rightleftharpoons \text{Symplex}$$

offenbar so gelagert ist, daß neben dem Symplex noch erhebliche Anteile der freien Komponenten vorhanden sind, mit anderen Worten, daß die Gleichgewichtskonstante der Massenwirkungsgleichung $K = \dfrac{(\text{Agon})\,(\text{Pheron})}{\text{Symplex}}$ nicht sehr klein ist. Das Enzymsystem kann also gegebenenfalls nicht nur aus seinem Symplex bestehen, sondern auch von dem durch das Massenwirkungsgesetz geregelten Nebeneinander des Symplexes mit den freien Komponenten abhängig sein. Jede Entfernung, sei es von Träger oder von Agon, leitet einen Symplexzerfall ein, bis das neue Gleichgewicht erreicht ist. Bei vielen Enzymen sind nun das freie Agon bzw. das freie Pheron nicht beständig, sondern lagern sich zum großen Teil in offenbar nicht mehr zur Symplexbildung befähigte Produkte um. Für die präparative Enzymchemie besonders bemerkenswert erscheint es, daß so durch Entfernung überschüssiger Trägermoleküle das Enzym an Beständigkeit verlieren kann.

Schließlich wird auch die Erscheinung der Enzymadsorption auf Symplexbildung zurückgeführt (siehe S. 17). „Es wäre" — nach WILLSTÄTTER[1] — „nicht sinngemäß, den Begriff der Symplexe auf organische Stoffe zu beschränken. Vielmehr sind Systeme mit anorganischen Reaktionspartnern einzureihen. Die Enzymadsorption ist durch auswählende Residualaffinitäten bedingt, die hochmolekularen anorganischen wie organischen Stoffen eigen sind." Und wenn man mit WILLSTÄTTER den Symplexbegriff noch weiter faßt, indem man die Reaktionen der Enzyme mit Substraten, Aktivatoren und Hemmungskörpern selbst in das Gebiet der Symplexchemie einordnet, so sehen wir, wieweit die geschilderte und experimentell begründete Auffassung über den Aufbau der Enzyme die Großzahl der Erscheinungen der Enzymchemie annähernd zu deuten vermag.

Vor Augen muß man sich dabei allerdings halten, daß an sich die katalytische Eigenschaft — wie wir wissen — nicht auf große Moleküle beschränkt ist, und so wäre es nicht durchaus verwunderlich, wenn die Zukunft Ausnahmen in dem allgemeinen Bauprinzip der Enzyme aufweisen würde. Die Befunde, die an der Takaamylase z. B. gemacht wurden, schreiben diesem Enzym ein verhältnismäßig kleines Molekül zu. Auch die Nierenphosphatase scheint nach Befunden von ALBERS[2] ein kleines Molekulargewicht zu besitzen, obwohl sie nach dem nämlichen Forscher zusammengesetzter Natur ist.

In allen den Fällen, in denen das Trägermolekül isoliert werden konnte, erwies es sich als ein Protein; es ist bis jetzt noch nicht erwiesen, ob Stoffe aus anderen Körperklassen als Enzymträger Verwendung finden können. Hingewiesen kann nur auf einige Befunde werden, nach denen es „eiweißarme" Enzyme gibt: das eiweißarme Pepsin nach KRAUT,[3] die Takaamylase nach AKABORI,[4] die Pankreasamylase nach WALDSCHMIDT-LEITZ und REICHEL,[5] ferner auf Enzymmodelle, bei denen als Trägersubstanz einer organischen Gruppe Cellulose-

---

[1] R. WILLSTÄTTER, M. ROHDEWALD: Hoppe-Seyler's Z. physiol. Chem. 225 (1934), 103.

[2] H. und E. ALBERS: Hoppe-Seyler's Z. physiol. Chem. 182 (1935), 165. — H. ALBERS und Mitarbeiter: Ber. dtsch. chem. Ges. 71 (1938), 1913.

[3] H. KRAUT, E. TRIA: Biochem. Z. 290 (1937), 277.

[4] S. AKABORI, K. KASIMOTO: Bull. chem. Soc. Japan 13 (1938), 291.

[5] E. WALDSCHMIDT-LEITZ, M. REICHEL: Hoppe-Seyler's Z. physiol. Chem. 204 (1932), 197.

faser verwendet werden konnte.[1] Durch Substitution einer Diäthylaminogruppe in Baumwollfaser entsteht ein sehr wirksamer Katalysator, mittels dessen sich CO_2 aus Bromcamphocarbonsäure leicht abspalten und aus Cyanwasserstoff + + Benzaldehyd ganz wie mit Emulsin Mandelsäurenitril aufbauen läßt.

VI. Wirkungsweise der Fermente.

Die Kenntnisse über den Aufbau der Enzyme, die wir heute erlangt haben, geben uns auch einen tieferen Einblick in die Wirkungsweise der Fermente. Die Auffindung prosthetischer Gruppen im Enzymmolekül erlaubt uns, eindeutigere Vorstellungen über die Reaktion des Enzyms mit seinem Substrat zu bilden, und drängt die Vorstellung in den Hintergrund, nach der den enzymatischen Wirkungen nur besondere Dispersitätsverhältnisse beliebiger Stoffe zugrunde liegen. Während früher die Theorie, daß die Enzymreaktion über eine Enzym-Substrat-Verbindung vor sich geht, nur indirekt zu beweisen war, geht man heute daran, die Enzym-Substrat-Verbindung direkt nachzuweisen.

1. Die Theorie enzymatischer Zwischenverbindungen.

Der Theorie enzymatischer Zwischenverbindung haben L. Michaelis und M. Menten[2] zum erstenmal einen exakten Ausdruck verliehen. Sie benutzten als Grundlage ihrer Ableitungen das Massenwirkungsgesetz und die Annahme, daß sich in einer homogenen Primärreaktion ein Molekül des Ferments mit einem Molekül des Substrats verbindet. Die Dissoziationskonstante der Enzym-Substrat-Verbindung ist bestimmbar: Trägt man in einem Koordinatensystem die Geschwindigkeit der untersuchten Reaktion (Ordinate) gegen den negativen Logarithmus der Substratkonzentration (Abszisse) auf, so erhält man S-förmige Aktivitäts-p_S-Kurven, aus deren Wendepunkt die Dissoziationskonstante bestimmt wird.

Auch aus der Form der spezifisch hemmenden Wirkung von Spaltprodukten des Substrats hatte sich ergeben, daß die erste Phase der Enzymwirkung in einer Bindung zwischen Enzym und Substrat bestehen muß.

Der indirekte Nachweis einer Enzym-Substrat-Verbindung war mit diesen Methoden erbracht; eine Unterscheidung allerdings zwischen einer hauptvalenz-mäßigen und einer adsorptiven Bindung zwischen Enzym und Substrat war damit nicht getroffen; denn wie Hitchcock[3] sowie R. Weidenhagen und E. Landt[4] zeigten, führt die Anwendung der Adsorptionsisotherme für die Beschreibung von Fermentreaktionen zu Ausdrücken, die formal und inhaltlich den auf der Grundlage des Massenwirkungsgesetzes von Michaelis gewonnenen Ausdrücken gleich sind. Die Massenwirkungskonstante der Enzym-Substrat-Verbindung wird zum Koeffizienten der „Adsorption" des Substrats am Enzym. Neuerdings hat W. Langenbeck[5] für die Fermentmodelle seiner „Hauptvalenz-katalysatoren" Ableitungen gegeben, die den Michaelisschen Gleichungen analog sind, aber zum Ausdruck bringen wollen, daß die bei Fermentreaktionen auftretenden Zwischenverbindungen nur *einen* Bestandteil des zu spaltenden Substrats enthalten (vgl. den Beitrag Schwab-Rost: Fermentmodelle, in diesem Bande des Handbuches).

Mit der Aufklär ungvieler Enzyme in ihrer Struktur, mit der Erfassung prosthetischer Gruppen im Enzymmolekül ist auch die Diskussion über die

---

[1] G. Bredig, F. Gerstner: Biochem. Z. 250 (1932), 44; 282 (1935), 88. — Vgl. den Beitrag Schwab-Rost: Fermentmodelle, in diesem Bande des Handbuches, S. 545 ff.
[2] L. Michaelis, M. Menten: Biochem. Z. 49 (1913), 339.
[3] Hitchcock: J. Amer. chem. Soc. 48 (1926), 2870.
[4] R. Weidenhagen, E. Landt: Z. Ver. dtsch. Zuckerind. 80 (1930), 25.
[5] W. Langenbeck: Ergebn. Enzymforsch. 2 (1933), 330.

Reaktionsweise der Fermente in ein neues Stadium getreten. Der Nachweis von Enzym-Substrat-Verbindungen ist in manchen Fällen gelungen, die Reaktionsweise einiger Enzyme weitgehend festgelegt. Die prosthetischen Gruppen in den strukturbekannten Oxydoreduktionsenzymen enthalten die Wirkungsgruppen Eisen, Kupfer, Pyridin, Alloxazin. Durch reversible Änderung ihres Oxydationszustandes Ferro $\rightleftharpoons$ Ferri, Cupro $\rightleftharpoons$ Cupri, Pyridin $\rightleftharpoons$ Dihydropyridin, Alloxazin $\rightleftharpoons$ Dihydroalloxazin übertragen sie Elektronen oder Wasserstoff. Bei den hydrolysierenden Fermenten allerdings sind unsere Kenntnisse noch wenig über theoretische Vorstellungen hinausgelangt.

2. Die Reaktionsweise der Häminfermente.

Der Nachweis einer H_2O_2-Häminverbindung gelang HAUROWITZ.[1] In den peroxydatisch oder katalatisch wirksamen Häminlösungen sieht man nach Zusatz von H_2O_2 keine Änderung der Farbe oder des Absorptionsspektrums. Der Zusammenstoß von Hämin und Hydroperoxyd führt offenbar nur zu kurzlebigen Addukten, die schnell zerfallen. Ersetzt man aber das Lösungsmittel Wasser durch Pyridin, so gelingt es, die H_2O_2-Häminverbindung zu stabilisieren; sie wird spektroskopisch nachweisbar. Nach HAUROWITZ ist das H_2O_2-Molekül in dieser Verbindung aktiviert und wird leicht zu H_2O reduziert.[2] Der hierzu nötige Wasserstoff kann von einem zweiten Molekül H_2O_2 geliefert werden (katalatische Reaktion):

$$H_2O_2 + H_2O_2 = 2\,H_2O + O_2,$$

oder von einem anderen Wasserstoffdonator (peroxydatische Reaktion):

$$H_2O_2 + \text{reduziertes Chromogen} = 2\,H_2O + \text{oxydiertes Chromogen}.$$

Schon früher haben KEILIN und HARTREE[3] eine interessante Katalase-Peroxyd-Verbindung beschrieben. Katalasehämatin verbindet sich nämlich mit Acid oder Hydroxylamin in reversibler Weise. Auf Zusatz von H_2O_2 schlägt die grünlichbraune Farbe der Lösung der Katalase-Acid-Verbindung in Rot um; die intermediäre Verbindung mit H_2O_2 wird durch Acid stabilisiert. In dieser Verbindung ist das Ferrieisen der Katalase von H_2O_2 zu Ferroeisen reduziert worden, und die Katalasewirkung ist deshalb verhindert, weil die Reoxydation der reduzierten Katalase durch molekularen Sauerstoff vom Acid verhindert wird. Der erste Teil der katalatischen Reaktion läßt sich also schematisch folgendermaßen formulieren:

1. $$4\,Fe^{+++} + 2\,H_2O_2 \rightarrow 4\,Fe^{++} + 4\,H^+ + 2\,O_2;$$

ein Teil des entwickelten O_2 dient zur Reoxydation des Eisens nach folgender Gleichung:

2. $$4\,Fe^{++} + 4\,H^+ + O_2 \rightarrow 4\,Fe^{+++} + 2\,H_2O;$$

denn bei O_2-Mangel bleibt die Reaktion auf der ersten Stufe stehen.

Ähnlich wie bei der Katalase liegen die Verhältnisse bei der Peroxydase, die ebenfalls ein Häminderivat[4] darstellt. Auch hier ist ein spektroskopischer Nachweis der H_2O_2-Peroxydase als Enzym-Substrat-Verbindung gelungen.[5]

---

[1] F. HAUROWITZ: Enzymologia (Den Haag) 2 (1937), 9; 4 (1937), 139.

[2] Interessanterweise konnten BRDIČKA und TROPP [Biochem. Z. 289 (1937), 301] nachweisen, daß auch die kathodische Reduktion von H_2O_2 zu H_2O durch Hämin katalysiert wird; in Gegenwart von Hämin beginnt diese Reduktion bereits bei geringerer Spannung.

[3] D. KEILIN, E. F. HARTREE: Proc. Roy. Soc. (London), Ser. B 121 (1936), 173.

[4] R. KUHN, D. B. HAND, M. FLORKIN: Hoppe-Seyler's Z. physiol. Chem. 201 (1931), 255.

[5] D. KEILIN, T. MANN: Proc. Roy. Soc. (London), Ser. B 122 (1937), 119.

Ganz allgemein sind die Häminderivate (außer Katalase und Peroxydase noch das eisenhaltige Atmungsferment und die Cytochrome) geeignete Zwischenkatalysatoren. Ihre Ferriform übernimmt die Elektronen organischer Verbindungen und die entstehende Ferroform gibt sie an O_2 ab, z. B. nach der in folgenden schematischen Gleichungen dargestellten Oxydation von Bernsteinsäure zu Fumarsäure:

I. $COOH—CH_2—CH_2—COOH + 2 Fe^{+++} \rightarrow COOH—CH=CH—COOH + {}+ 2 Fe^{++} + 2 H^+.$

II. $2 Fe^{++} + O_2 \rightarrow 2 Fe^{+++} + O_2^{--}.$

III. $O_2^{--} + 2 H_2^+ \rightleftarrows H_2O_2.$

3. Die Reaktionsweise der Pyridin- und Flavinfermente.

Die katalytische Wirkung der Pyridinfermente beruht auf dem Wechsel Pyridin $\rightleftarrows$ Dihydropyridin, und zwar, wie P. Karrer und Mitarbeiter[1] festlegen konnten, ist es die Doppelbindung zwischen Stickstoff und Kohlenstoff, die bei der reversiblen Hydrierung verschwindet. Nach Warburg und Christian[2] ist der Vorgang folgendermaßen zu formulieren:

$$+ 2 H \rightleftarrows \qquad + H^+.$$

Die Substrate der dehydrierten Form der Pyridinfermente sind die wechselnden Produkte der Glykolyse bzw. Gärung: Triosephosphorsäure, Hexosephosphorsäure, Phosphohexonsäure, Acetaldehyd.

Die katalytische Wirkung der Flavinfermente beruht auf dem Wechsel Alloxazin $\rightleftarrows$ Dihydroalloxazin:

$$\pm 2 H$$

<hr>

[1] P. Karrer und Mitarbeiter: Helv. chim. Acta 19 (1936), 811.

[2] O. Warburg, W. Christian: Biochem. Z. 287 (1936), 291; Helv. chim. Acta 19 (1936), 79.

Das Substrat der dehydrierten Form sind die hydrierten Pyridinfermente; das hydrierte Flavinenzym reagiert mit dem Luftsauerstoff unter Rückbildung des dehydrierten Enzyms.

In Lösungen von Flavinenzym und Pyridinnukleotiden tritt unter gewissen Bedingungen eine Farbe auf, die nur von einer Verbindung der beiden Substanzen herrühren kann.[1]

4. Radikale und Radikalketten bei enzymchemischen Vorgängen.

Bei den besprochenen Oxydoreduktionen werden im allgemeinen zwei H-Atome abgegeben oder aufgenommen. Untersuchungen von MICHAELIS[2] haben jedoch ergeben, daß die Reaktion in zwei Stufen ablaufen kann; es wird zunächst unter Aufnahme *eines* H-Atoms ein gefärbtes Radikal gebildet, das durch Aufnahme eines zweiten H-Atoms in die farblose Leukostufe übergeht. Dieser monovalenten Reduktion des Katalysators entspräche die monovalente Dehydrierung des Substrats zu einem radikalischen Monodehydrosubstrat nach folgendem Schema:

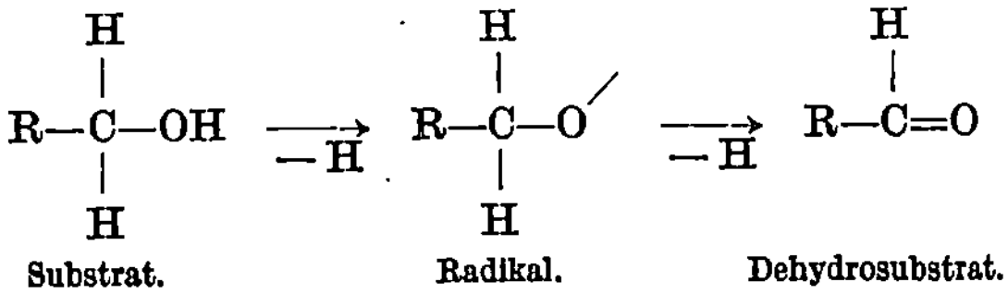

$$\underset{\text{Substrat.}}{\overset{\displaystyle H}{\underset{\displaystyle H}{R-\overset{|}{\underset{|}{C}}-OH}}} \xrightarrow[-H]{} \underset{\text{Radikal.}}{\overset{\displaystyle H}{\underset{\displaystyle H}{R-\overset{|}{\underset{|}{C}}-O^{\bullet}}}} \xrightarrow[-H]{} \underset{\text{Dehydrosubstrat.}}{\overset{\displaystyle H}{R-\overset{|}{C}=O}}$$

HABER und WILLSTÄTTER[3] haben diese begründete Vorstellung über monovalente Reaktionsweise zu einer allgemeinen Theorie der Enzymwirkung ausgebaut. Darnach reagieren derartige Radikalformen des Substrats unter Bildung von OH-Radikalen und diese mit unverändertem Substrat unter Bildung von radikalisiertem Dehydrosubstrat. Zur Veranschaulichung geben wir die durch Peroxydase katalysierte Oxydation des Pyrogallols durch H_2O_2, wie sie sich nach dieser Theorie gestalten würde, wieder:

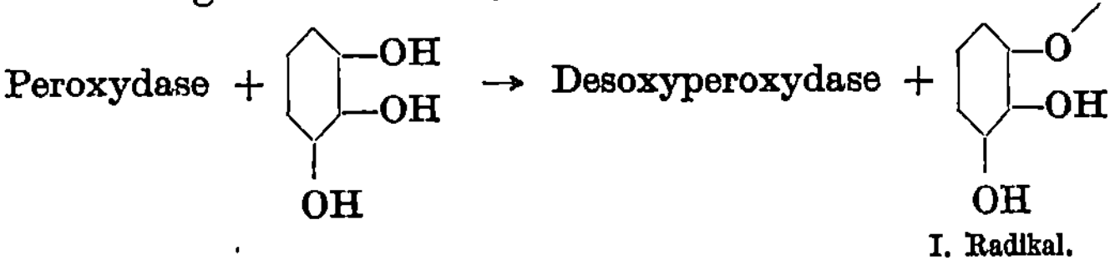

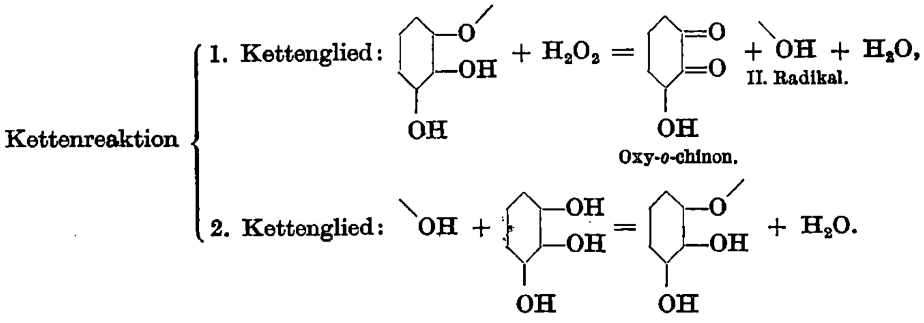

Peroxydase + [Pyrogallol mit -OH, -OH, OH] → Desoxyperoxydase + [I. Radikal: Ring mit -O', -OH, OH]

Kettenreaktion

1. Kettenglied: [Ring mit -O', -OH, OH] + H_2O_2 = [Oxy-*o*-chinon: Ring mit =O, =O, OH] + ˙OH (II. Radikal) + H_2O,

2. Kettenglied: ˙OH + [Pyrogallol mit -OH, -OH, OH] = [Ring mit -O', -OH, OH] + H_2O.

Die Reaktion kann auf diese Weise immer weitergehen, so daß durch die monovalente Reduktion eines einzigen Enzymmoleküls eine Radikalkette ausgelöst und die Dehydrierung zahlreicher Substratmoleküle herbeigeführt würde. Das

<hr>

[1] E. HAAS: Biochem. Z. 291 (1937), 79.
[2] E. FRIEDHEIM, L. MICHAELIS: J. biol. Chemistry 91 (1931), 355.
[3] F. HABER, R. WILLSTÄTTER: Ber. dtsch. chem. Ges. 64 (1931), 2844.

bei der Ausgangsreaktion aus dem Enzym entstandene Monodesoxyenzym würde entweder durch selbständige Autoxydationswirkung elementaren Sauerstoffes oder unter Beteiligung des Substrats regeneriert.

Diese Vorstellung, daß biologische Oxydoreduktionen als Radikalketten verlaufen, blieb indes nicht unwidersprochen. Die Annahme von OH-Radikalen ist mit der großen Spezifität der Dehydrasen, mit der Spezifität ihrer Gifte und mit der Proportionalität von Enzymkonzentration und Reaktionsgeschwindigkeit schwer in Einklang zu bringen.[1]

5. Mechanismus der enzymatischen Hydrolyse.

Daß aller Wahrscheinlichkeit nach die hydrolysierenden Enzyme in ihrem strukturellen Aufbau sich den Fermenten der Oxydoreduktion anschließen, ist im vorhergehenden des längeren erörtert worden; aber ihre strukturelle Aufklärung gestaltete sich schwieriger. Es ist kein Zufall, daß die Fermente der Oxydoreduktion Farbstoffe sind; denn die Farbe beruht auf dem Vorhandensein lockerer Elektronen, und es ist verständlich, daß Verbindungen mit lockeren Elektronen geeignet sind, bei Oxydoreduktionen als Zwischenkatalysatoren, als Überträger von Elektronen zu wirken. Der Farbstoffcharakter der Oxydoreduktionsenzyme hat die Isolierung und Identifizierung der prosthetischen Gruppe bedeutend erleichtert. Bei den hydrolysierenden Reaktionen tritt eine Übertragung von Elektronen nicht ein; die hydrolysierenden Enzyme scheinen keinen ausgesprochenen Farbstoffcharakter zu besitzen.

Über den Mechanismus enzymatischer Hydrolysen besitzen wir aus diesen Gründen keine so gesicherten Kenntnisse. Ältere Arbeiten gingen davon aus, etwas über die haptophoren Gruppen des Substrats vor allem auf Grund von Hemmungsversuchen und ausgedehnten Spezifitätsuntersuchungen zu erfahren, um von hier aus auf die reaktionsfähigen Gruppen im Enzymmolekül, mit deren Vermittlung die Bindung an das Substrat zustande kommt, schließen zu können. Nach der Meinung von EULER kommt z. B. für die Dipeptidase als prosthetische Gruppe eine Aldehyd- oder Ketogruppe in Frage,. deren Vereinigung mit der NH_2-Gruppe des Dipeptides dann analog einer SCHIFFschen Base zustande käme. Weiterhin nahmen EULER und JOSEPHSON[2] in ihrer sogenannten „Zwei-Affinitätstheorie" an, daß sich das Enzym nicht nur mit einer, sondern mit zwei Stellen des Substratmoleküls vereinigt. Untersuchungen von WALDSCHMIDT und Mitarbeitern, vor allem von BALLS und KÖHLER[3] haben dann als haptophore Gruppe des Dipeptidmoleküls tatsächlich die freie NH_2-Gruppe und die CO—NH-Gruppe festlegen können. Arbeiten von BERGMANN und Mitarbeitern[4] stützten diese Ergebnisse.

Der Schluß von den haptophoren Gruppen des Substrats auf die Wirkungsgruppe des Enzymmoleküls. kann indes nicht eindeutig sein, sondern nur zu einer Arbeitshypothese führen.

Von LANGENBECK[5] stammt eine exakt formulierte Theorie über den Mechanismus enzymatischer Hydrolysen, die dieser Forscher auf Modellversuche mit einfachen Katalysatoren bekannter chemischer Konstitution gründete (Näheres siehe Kapitel über Fermentmodelle). So nimmt LANGENBECK[5] an — um an

---

[1] J. B. S. HALDANE: Nature (London) 130 (1932), 61. — G.-M. SCHWAB, B. ROSENFELD, L. RUDOLPH: Ber. dtsch. chem. Ges. 66 (1933), 661.

[2] Zum Beispiel H. v. EULER, K. JOSEPHSON: Hoppe-Seyler's Z. physiol. Chem. 157 (1926), 122.

[3] A. K. BALLS, F. KÖHLER: Ber. dtsch. chem. Ges. 64 (1931), 34.

[4] M. BERGMANN, V. DU VIGNEAUT, L. ZERVAS: Ber. dtsch. chem. Ges. 62 (1929), 1909.

[5] W. LANGENBECK und Mitarbeiter: Ber. dtsch. chem. Ges. 67 (1934), 387, 1204; 69 (1936), 514.

einem Beispiel diese Vorstellung zu erörtern —, daß die Esterasen Hauptvalenz-katalysatoren mit aktiven alkoholischen Wirkungsgruppen (E—OH) sind; dann ergibt sich für die katalytische Spaltung von Estern die folgende Formulierung:

$$\text{I.} \quad \underset{\displaystyle \overset{\textstyle O}{\|}}{R-C-OR'} \; + \; E-OH \; \rightarrow \; \underset{\displaystyle \overset{\textstyle O}{\|}}{R-C-OE} \; + \; HO-R',$$

$$\text{II.} \quad \underset{\displaystyle \overset{\textstyle O}{\|}}{R-C-OE} \; + \; H_2O \; \rightarrow \; \underset{\displaystyle \overset{\textstyle O}{\|}}{R-C-OH} \; + \; E-OH.$$

Die Esterasen würden also nach dieser Vorstellung die Säurekomponente ihrer Substrate übernehmen und sie auf H_2O übertragen.[1] Nach einer Arbeitshypothese von BERSIN[2] soll die Wirkungsgruppe des Papains eine Aminogruppe sein, welche durch eine benachbarte Thiolgruppe aktiviert sein muß (siehe S. 33). Im Sinne von LANGENBECK würde man die durch Papain bewirkte Hydrolyse der CO—NH-Bindungen des Substrats als eine Folge der Umamidierung zu betrachten haben:

1. —CO—NH— + EnzymNH₂ → —CO—NH—Enzym + H₂N—.
2. —CO—NH-Enzym + HOH → —COOH + Enzym-NH₂.

Ein letztes Wort läßt sich über diese interessanten und klaren Vorstellungen heute wohl nicht sagen; weiteres experimentelles Material über den strukturellen Aufbau der hydrolysierenden Fermente wird auch hier Aufklärung bringen.

6. Vergleich der Enzymkatalyse mit der homogenen und heterogenen Katalyse.

Bei der Diskussion der Fermentreaktionen ist die chemische Betrachtungsweise im Vordergrund gestanden; auf Grund der gebildeten Vorstellungen müßte man die Enzymreaktionen den Erscheinungen der homogenen Lösungskatalyse einordnen. Aber für das Enzymmolekül ist es charakteristisch, daß es von der Größenordnung kolloider Stoffe ist. Die Fermente stehen bezüglich der Größe der katalysierenden Einheiten zwischen den homogenen, molekulardispers verteilten und den heterogenen, ausgedehnte zusammenhängende Oberflächen aufweisenden Katalysatoren. Für die Fermentreaktionen wurde deshalb der Ausdruck *mikroheterogene* Katalyse[3] geprägt. Diese Mittelstellung zwischen homogener und heterogener Katalyse, die sowohl in der Labilität, der Selektivität und den Aktivierungs- und Hemmungserscheinungen durch Zusatzstoffe als auch in der Kinetik zum Ausdruck kommt, entspricht durchaus dem geschilderten dualistischen Aufbau des Enzymmoleküls.

Die Rolle des Enzymträgers können wir heute noch nicht genau definieren und verstehen. Bei der Beschreibung des gelben Ferments konnte berichtet werden, daß der Zusammentritt der prosthetischen Gruppe mit dem spezifischen Trägermolekül eine Verschiebung des Redoxpotentials veranlaßt, also eine direkte Einwirkung auf die Wirkungsgruppe selbst ausübt. Für die Wirkung des Proteins im gelben Ferment führt WARBURG[4] zwei Gründe an: „1. Wenn das Alloxazin an das Eiweiß gebunden wird, so wandert das Absorptionsspektrum der Wir-

---

[1] Über die Richtigkeit dieses speziellen Beispiels vgl. SCHWAB-ROST: Dieser Band des Handbuches, S. 581.

[2] T. BERSIN, H. KÖSTER: Hoppe-Seyler's Z. physiol. Chem. **288** (1935), 59.

[3] G. BREDIG: Inorganic Ferments, Colloid. Chem. III. New York, 1928.

[4] O. WARBURG: Ergebn. Enzymforsch. 7 (1938), 210.

kungsgruppe um 20 mμ nach Rot, was bedeutet, daß die Aktivierungsenergie des Alloxazins durch die Bildung an das Eiweiß kleiner, die Reaktionsfähigkeit des Farbstoffes also größer wird.

2. In Lösungen von Alloxazinproteid und Pyridin-Nucleotid tritt unter gewissen Bedingungen eine Farbe auf, die nur von einer Verbindung der beiden Substanzen herrühren kann.[1] Wahrscheinlich also sind die Reaktionen zwischen Alloxazin und hydriertem Pyridin innermolekulare Proteidreaktionen. Dann versteht man, warum die nicht an Eiweiß gebundenen Flavine mit den hydrierten Pyridin-Nucleotiden nicht reagieren."

Wir haben ferner den Einfluß des Trägers auf die Spezifität der Enzymreaktionen kennengelernt. Es wird also nicht genügen, nur von einer Adsorptionswirkung des Trägers auf das Substrat zu sprechen. Auch bei der Erklärung der heterogenen Katalyse ist man davon abgekommen, die an sich notwendige Adsorption als einzige wesentliche Funktion der großen Oberfläche des Katalysators anzusehen. Wesentlich scheint dort wie hier die räumliche Anordnung der aktiven Gruppe auf der Trägersubstanz zu sein. Das richtige Zusammenklingen zwischen aktiver Gruppe und Träger wird die Voraussetzung abgeben zur intramolekularen Reaktion. Diese Vorstellung gibt uns ein annäherndes Verständnis für die Selektivität der Enzymwirkung (siehe auch Artikel „Fermentmodelle").

7. Enzymreaktionen als Gleichgewichtsreaktionen. Fermentative Synthese.

Enzymreaktionen sind Gleichgewichtsreaktionen; Enzyme katalysieren — wie andere Katalysatoren — die Einstellung einer thermodynamisch möglichen Reaktion. Bei den meisten Hydrolysen liegt das Gleichgewicht ganz auf Seite der Spaltprodukte, bei einigen indes nicht unerheblich auf Seite der Synthese. Die Einstellung des Gleichgewichtes kann in diesen Fällen von beiden Seiten her erfolgen.

Als Beispiel für die Echtheit eines enzymatischen Gleichgewichtes seien einige Zahlen über das Glukosidgleichgewicht angeführt, die sich auf 1%ige Glukose und die äquivalente Menge β-Methylglukosid in 30%igem Methylalkohol bei Anwesenheit von Emulsin beziehen.[2]

Die polarimetrische Verfolgung der Emulsinwirkung ergab:

Zeit (Tage)	Synthese		Hydrolyse	
	Drehung im 2 dm-Rohr (Min.)	Drehungsabnahme (Min.)	Drehung im 2 dm-Rohr (Min.)	Drehungszunahme (Min.)
0	+ 64	0	— 42	0
1	+ 58	6	— 36	6
2	+ 48	16	— 26	16
4	+ 40	24	— 18	24
8	+ 28	36	— 6	36
13	+ 16	48	+ 6	48
18	+ 12	52	+ 10	52

Nach 18 Tagen war sowohl bei der Synthese als auch bei der Hydrolyse der Endwert erreicht. Das Gleichgewicht, das in dem angeführten Beispiel bei 50%

---

[1] O. WARBURG, W. CHRISTIAN: Biochem. Z. 287 (1936), 291; Helv. chim. Acta 19 (1936), 79.

[2] E. BOURQUELOT, M. BRIDEL: Ann. chim. phys. 28 (1913), 145. — E. BOURQUELOT: Ann. Chimie 7 (1917), 193.

liegt, ist abhängig von der Konzentration des Methylalkohols bzw. der Glukose; in einem 10%igen Methylalkohol beträgt z. B. die Ausbeute an β-Methylglukosid 20%; in einem 50%igen Methylalkohol dagegen 67%.

Auch die Oxydoreduktionsreaktionen sind Gleichgewichtsreaktionen. Wir verweisen als Beispiel auf die schon erwähnte Acetaldehydreduktase:[1] die Reaktion

$$\text{Dihydropyridin} + \text{Acetaldehyd} \rightleftharpoons \text{Pyridin} + \text{Alkohol}$$

ist umkehrbar.

Die Lage des Gleichgewichtes bei enzymchemischen Reaktionen zugunsten der Spaltprodukte läßt manche biologische Synthese, die oft in großem Ausmaß eintritt, unerklärt erscheinen. Man muß entweder annehmen, daß eine Synthese dadurch zustande kommt, daß der synthetisierte Anteil schnell und dauernd durch weitere Umbildung aus dem Reaktionsgleichgewicht herausgenommen wird und dadurch das Gleichgewicht immer wieder auf die Seite der Synthese nachrücken kann, oder daß die Synthese nicht direkt, sondern auf Umwegen erfolgt, auf dem die allenfalls nötige Energie durch eine gekoppelte Reaktion geliefert wird. Des öfteren ist auch an eigene synthetisierende Enzyme gedacht worden, die nicht identisch mit den hydrolysierenden sein sollen; sofern bei dieser Vorstellung nicht an die „enzymatische Synthese auf Umwegen" gedacht wird, muß sie aus thermodynamischen Gründen zurückgewiesen werden. In dieser Beziehung ist in der Literatur manche wertvolle Beobachtung einer falschen oder wenigstens undeutlichen Erklärung verfallen. Man darf wohl annehmen, daß die Verhältnisse in solchen Fällen, wo überraschenderweise und entgegen dem natürlichen Gleichgewicht eine enzymatische Synthese mit Sicherheit nachgewiesen werden kann, sehr viel komplizierter liegen.

Das gilt auch für die Ergebnisse, die mit der schönen Methode der Vakuuminfiltration (siehe S. 26) erzielt werden konnten. Diese Methode wurde zuerst von BJÖRKSTEN[2] und später von MOTHES[3] mit Erfolg zum Studium der Umwandlungen von Proteinen in grünen Blättern angewandt. Interessante Diskussionen über den Eiweißauf- und -abbau schlossen sich diesen Versuchen an.[4] Aus dem an sich geringen experimentellen Material ergibt sich die Tatsache, daß die Eiweißsynthese abhängig vom Sauerstoffdruck und vom Redoxpotential des Milieus ist. Auch die Eiweißsynthese in der Hefezelle ist enorm abhängig von reichlicher Sauerstoffzufuhr.

A. KURSANOW[5] hat die Methode der Vakuuminfiltration der Bestimmung von Invertin angepaßt und die hydrolysierende und die synthetisierende Wirkung des in dem lebenden Pflanzenteile wirksamen Enzymsystems damit festgestellt. Es ergab sich das überraschende Ergebnis, daß das Verhältnis zwischen Synthese und Hydrolyse je nach Pflanzenart, Pflanzenteil und Jahreszeit um mehrere hundert Prozent wechseln kann. Wenn auf Grund solcher Befunde die Meinung vertreten wird,[6] daß die Hydrolasen in der lebenden Zelle in zwei Formen vorkommen, einer hydrolysierenden, die auch nach der Zerstörung der Struktur erhalten bleibt, und einer synthetisierenden, die an die Struktur des Protoplasmas gebunden ist, so muß demgegenüber die ungeheure Kompliziertheit der Reaktionen innerhalb der lebenden Zelle hervorgehoben werden, die einen solchen Schluß voreilig erscheinen läßt.

---

[1] E. NEGELEIN, H. J. WULFF: Biochem. Z. 289 (1937), 436.

[2] J. BJÖRKSTEN: Biochem. Z. 225 (1930), 1; Planta 2 (1930), 75.

[3] K. MOTHES: Planta 19 (1933), 117; Ber. dtsch. bot. Ges. 51 (1933), 31.

[4] Zum Beispiel C. VOEGTLIN, M. E. MAVER, J. M. JOHNSON: J. Pharmacol. exp. Therapeut. 48 (1933), 241.

[5] A. L. KURSANOW: Biochimia 1 (1936), 269.

[6] A. J. OPARIN: Enzymologia (Den Haag) 4 (1937), 13.

Die Untersuchung[1] der enzymatischen Synthese von Hexosephosphorsäureester hat uns ein ungefähres Bild von der Kompliziertheit solcher Vorgänge vermittelt. In Hefe- oder Muskelextrakten können Synthese oder Hydrolyse dieser Ester oft in wechselndem Verhältnis festgestellt werden. Es hat sich ein enger Zusammenhang zwischen Synthese von Hexosephosphorsäureester und Oxydoreduktion von Triosephosphorsäure ergeben; das komplizierte Enzymsystem, das die Synthese vermittelt, hat mit den hydrolysierenden Enzymen, den Phosphatasen, nichts zu tun. Die Synthese von Hexosephosphorsäureester erfolgt auf einem Umweg. In Untersuchungen besonders der Meyerhofschen Schule[2] wurde der Zusammenhang zwischen Oxydoreduktion und Phosphorylierung weitgehend geklärt.

Wir haben Grund anzunehmen, daß auch andere biologische Synthesen, besonders naturgemäß solche, die größere Mengen an Energie verbrauchen, auf Umwegen, gekoppelt mit energieliefernden Reaktionen, erfolgen. Hingewiesen sei nur auf die Glykogensynthese nach der Meyerhof-Pasteurschen Reaktion, die in ihrem Verlauf zwar unbekannt ist, in ihrer energetischen Bilanz aber verständlich erscheint.

Bibliographie:

Nachschlagewerke : C. Oppenheimer, R. Kuhn: Die Fermente und ihre Wirkungen. Leipzig, 1925. Supplement Bd. I, 1936; Bd. II, 1938. — C. Oppenheimer, L. Pincussen: Methodik der Fermente. Leipzig, 1929; erscheint 1940· bis 1941 neu. — C. Oppenheimer: Technologie der Fermente. Leipzig, 1929.

Lehrbücher : H. v. Euler: Chemie der Enzyme. München, 1927 bis 1934. — E. Waldschmidt-Leitz: Die Enzyme. Braunschweig, 1926. — J. B. S. Haldane: Allgemeine Chemie der Enzyme. Dresden und Leipzig, 1932. Deutsche Auflage. — Th. Bersin: Kurzes Lehrbuch der Enzymologie. Leipzig, 1939. 2. Aufl. — W. Grassmann, A. Bertho: Biochemisches Praktikum. Berlin-Leipzig, 1936.

Sammlungen : R. Willstätter: Untersuchungen über Enzyme. Berlin, 1928. — Ergebnisse der Enzymforschung, herausgegeben von R. Weidenhagen und F. F. Nord, Bd. I. Leipzig, 1932. — Annual Review of Biochemistry, herausgegeben von J. M. Luck, Stanford University, Bd. I, 1932.

---

[1] A. Schäffner, E. Bauer: Hoppe-Seyler's Z. physiol. Chem. **232** (1935), 213.
[2] O. Meyerhof, P. Ohlmeyer, W. Möhle: Biochem. Z. **297** (1938), 90, 113.

Hydrolysierende Fermente.

Von

H. Kraut, Dortmund,

mit M. Rohdewald, Ä. Weischer und E. Kofrányi.

Inhaltsverzeichnis.

	Seite
Carbohydrasen. Von H. Kraut und M. Rohdewald	53
Einleitung	53
Einteilung der Carbohydrasen	55
I. Oligasen	56
1. β-h-Fructosidase, Saccharase	56
Spezifität	56
Theorien der Enzymwirkung	57
A. Die Theorie von Michaelis und Menten	57
B. Die Theorie der Enzymwirkung im heterogenen System	62
C. Die Theorie von Langenbeck	63
Spezifitätsbestimmung durch die Methode der Zeitwertquotienten nach Willstätter und Kuhn	64
Vorkommen der Fructosidase	65
Bestimmungsmethoden und Einheiten	67
Darstellung und Reinigung	69
Kinetik	72
Abhängigkeit von der Enzymkonzentration	72
Abhängigkeit von der Substratkonzentration	72
Abhängigkeit von der Wasserstoffionenkonzentration	73
Aktivierung und Hemmung	76
Einfluß physikalischer Faktoren	79
Struktur der Saccharase	79
Reversion der Wirkung	81
2. α-Glukosidase	81
Spezifität	81
Vorkommen	85
Bestimmungsmethoden und Einheiten	86
Darstellung und Reinigung	87
Kinetik	89
Einfluß der Wasserstoffionenkonzentration	89
Aktivierung und Hemmung	90
Synthese	91
Trehalase	91
3. β-Glukosidase	92
Spezifität	92
Vorkommen	97

Seite

Bestimmungsmethoden und Einheiten 98
Darstellung und Reinigung 98
Kinetik... 99

Einfluß der Wasserstoffionenkonzentration 99
Aktivierung und Hemmung 99

Struktur.. 101
Synthese 102

4. α-Mannosidase 103
5. α-Galactosidase.. 103
6. β-Galactosidase.. 104

Vorkommen.. 105
Synthese 105

II. Polyasen.. 106

1. Amylasen 106

Konstitution der Stärke und des Glykogens................... 106
Spezifität der Amylasen 108
Bestimmungsmethoden, Einheiten und Kinetik 112
Vorkommen und Eigenschaften 114

a) Zooamylasen.. 114
b) Phytoamylasen.. 117

Aktivierung und Hemmung................................... 119
Synthese 122
Einfluß physikalischer Faktoren 123

2. Glukanasen.. 123

Struktur der Cellulose und des Lichenins 124
Spezifität 125
Vorkommen der Glukanasen 125
Darstellung und Eigenschaften 126

3. Hemicellulasen oder Cytasen 126

Vorkommen und Eigenschaften.............................. 127

4. Pectinasen 127
5. Chitinasen... 127
6. Fructanasen 129

Esterasen. Von H. KRAUT und Ä. WEISCHER...................... 129

I. Esterasen, deren Substrate die Verbindungen von Alkoholen mit organischen Säuren sind 129

1. Lipasen... 130

Spezifität 130
Abhängigkeit der Spaltung von der Konstitution der Säurekom-
ponente 130
Abhängigkeit der Spaltung von der Konstitution der Alkohol-
komponente.. 130
Stereochemische Spezifität 131

A. Lipasen im speziellen Sinne 135
Vorkommen... 135

a) Pankreaslipase... 135

Bestimmungsmethoden und Einheiten 135
Darstellung und Reinigung........................... 135
Abhängigkeit der Wirkung von der Wasserstoffionenkon-
zentration 137
Kinetik 137
Beeinflussung durch physikalische Faktoren............ 138

Seite

Aktivierung und Hemmung 139
Lyo- und Desmolipase............................. 140
Synthese 141
Struktur 142
b) Magenlipase 143
Bestimmungsmethoden und Einheiten 143
Darstellung und Reinigung 144
c) Leukocytenlipase................................. 144
d) Ricinuslipase 144
Bestimmungsmethoden und Einheiten 145
Darstellung und Reinigung 145
Abhängigkeit der Wirkung von der Wasserstoffionen-
konzentration................................. 146
Kinetik 146
Beeinflussung durch physikalische Faktoren 146
Aktivierung und Hemmung........................ 146
Synthese 147
B. Esterasen im speziellen Sinne......................... 147
Vorkommen 147
a) Leberesterase 147
Bestimmungsmethoden und Einheiten.............. 147
Darstellung und Reinigung 148
Abhängigkeit der Wirkung von der Wasserstoffionen-
konzentration................................. 148
Kinetik 148
Beeinflussung durch physikalische Faktoren 149
Aktivierung und Hemmung........................ 149
Lyo- und Desmoesterase.......................... 151
Synthese 151
Struktur 152
b) Takaesterase 153
c) Serumesterase 154
2. Lecithasen 155
Einteilung und Spezifität 155
Vorkommen... 155
Bestimmungsmethoden 156
Darstellung und Reinigung 156
Eigenschaften 156
3. Cholinesterase 157
Vorkommen... 157
Bestimmungsmethoden 157
Darstellung und Reinigung 158
Eigenschaften 158
4. Cholesterinesterase 159
Bestimmungsmethoden 159
Reinigung der im sauren Gebiet wirksamen Cholesterinesterase.. 159
Reinigung der im neutralen Gebiet wirksamen Cholesterinesterase 160
Eigenschaften 160
5. Tannase 161
6. Chlorophyllase....................................... 161
II. Esterasen, deren Substrate die Verbindungen von Alkoholen mit anorganischen Säuren sind.............................. 163
1. Phosphatasen 163

Seite

Einteilung und Spezifität ... 163
Stereochemische Spezifität ... 166
Phosphomonoesterasen ... 167
Vorkommen ... 167
Bestimmungsmethoden und Einheiten ... 167
Darstellung und Reinigung ... 168
Lyo- und Desmophosphatasen ... 169
Beeinflussung durch physikalische Faktoren ... 170
Optimale Wasserstoffionenkonzentration ... 170
Kinetik ... 171
Aktivierung und Hemmung ... 173
Synthese ... 177
Struktur ... 177

Phosphodiesterasen ... 178
Pyrophosphatase ... 178
Darstellung ... 178
Eigenschaften ... 179

Adenylpyrophosphatase ... 179
Darstellung ... 179
Eigenschaften ... 180

Nucleophosphatase ... 180
Darstellung und Reinigung ... 180
Eigenschaften ... 181

Metaphosphatase ... 181
Triphosphatase ... 181
Phytase ... 181
Vorkommen ... 181
Bestimmungsmethoden ... 182
Darstellung ... 182
Eigenschaften ... 182

2. Sulfatasen ... 182
Einteilung und Spezifität ... 182
Stereochemische Spezifität ... 184

Phenosulfatase ... 184
Vorkommen ... 184
Bestimmungsmethoden ... 184
Darstellung ... 184
Eigenschaften ... 185

Glukosulfatase ... 185
Vorkommen ... 185
Bestimmungsmethoden ... 185
Darstellung ... 185
Eigenschaften ... 185

Chondrosulfatase ... 186
Myrosulfatase ... 186
Vorkommen ... 186
Bestimmungsmethoden ... 186
Darstellung ... 186
Eigenschaften ... 187

Nucleasen. Von H. Kraut und Ä. Weischer ... 187
Polynucleotidasen ... 188
Nucleosidasen ... 188

Seite

Vorkommen.. 189
Bestimmungsmethoden 190
Darstellung 190
Eigenschaften 190

Proteasen. Von H. Kraut und E. Kofrányi 191
Einleitung 191
Spezifität und Einteilung 192
  Die Polyaffinitätstheorie.................................. 194
Struktur der Proteine.. 196
  1. Aufbau aus Aminosäuren und deren Verknüpfung 196
  2. Aufklärung der Reihenfolge der Aminosäurereste durch enzymatischen
     Abbau.. 203
  3. Strukturermittlung der Proteine durch Röntgenanalyse 209
Peptidasen.. 211
  Aminopeptidasen 212
    Spezifität.. 212
    Vorkommen.. 214
    Bestimmungsmethoden und Einheiten 215
    Darstellung und Reinigung................................ 216
    Eigenschaften 218
    Optimale Wasserstoffionenkonzentration 218
    Kinetik.. 219
    Aktivierung und Hemmung 219
  Carboxypeptidasen.. 220
    Spezifität.. 221
    Vorkommen.. 222
    Bestimmungsmethoden und Einheiten 223
    Darstellung und Reinigung 224
    Optimale Wasserstoffionenkonzentration 225
    Eigenschaften 225
    Aktivierung und Hemmung 226
    Natur der Carboxypeptidase 227
  Dipeptidase 227
    Spezifität.. 227
    Vorkommen.. 228
    Bestimmungsmethoden und Einheiten 229
    Darstellung und Reinigung 229
    Eigenschaften 230
    Aktivierung und Hemmung 231
    Die Affinitätsverhältnisse der Dipeptidasen und die Existenz zweier
       Dipeptidasen... 232
    Struktur der Dipeptidase................................ 235
  Proteinasen 235
    Papainasen 236
      Spezifität.. 236
      Vorkommen.. 238
      Bestimmungsmethoden und Einheiten 239
      Darstellung und Reinigung 240
      Eigenschaften 242
      Optimale Wasserstoffionenkonzentration 243
      Aktivierung und Hemmung 243
    Trypsinasen.. 246
      Spezifität.. 246

Seite

Vorkommen 247
Bestimmung und Einheiten 248
Darstellung und Reinigung 249
   a) Darstellung von kristallisiertem Chymotrypsinogen, Chymo-
     trypsin, Trypsinogen und Trypsin 249
   b) Darstellung von Enterokinase 250
Eigenschaften 251
Aktivierung und Hemmung 252

Chymotrypsin 255
  Spezifität 255
  Vorkommen 256
  Bestimmungsmethoden 257
  Darstellung 257
  Aktivierung 257
  Eigenschaften 257

Pepsinase 258
  Spezifität 258
  Vorkommen 259
  Bestimmungsmethode und Einheiten 259
  Darstellung und Reinigung 260
  Eigenschaften 261
  p_H-Optimum der Wirksamkeit 261
  Aktivierung und Hemmung 262
  Mechanismus der Pepsinwirkung 262

Milchgerinnung 262
Bakterienproteasen 263
Reversion der Proteasenwirkung 267
Natur der kristallisierten Proteasen 268

Amidasen. Von H. KRAUT und E. KOFRÁNYI 271
  Hippuricase 272
    Spezifität 272
    Vorkommen 273
    Bestimmungsmethoden 273
    Darstellung und Reinigung 274
    Eigenschaften 274
    Reversion der Wirkung 274
  Urease 274
    Spezifität 274
    Vorkommen 275
    Bestimmungsmethode und Einheiten 275
    Darstellung und Reinigung 275
    Eigenschaften 276
    Aktivierung und Hemmung 277
    Natur der Urease 277
    Reversion der Wirkung 278
  Asparaginase 278
    Spezifität 278
    Vorkommen 279
    Kinetik und Einheiten 279
    Darstellung und Reinigung 279
    Eigenschaften 279
    Aktivierung und Hemmung 279
  Glutaminase 279

Seite

Spezifität 279
Vorkommen.. 280
Eigenschaften 280
Reversion der Wirkung 280
Arginase... 280
Spezifität 280
Vorkommen... 282
Bestimmungsmethoden und Einheiten......................... 283
Darstellung und Reinigung 283
Eigenschaften 284
Aktivierung und Hemmung 284
Histidase 286
Spezifität 286
Vorkommen... 286
Bestimmungsmethode und Einheiten 286
Darstellung und Reinigung 286
Eigenschaften 286
Aktivierung und Hemmung 287
Nucleotidaminasen.. 287
a) Adenylsäureaminase 287
Spezifität 287
Vorkommen 288
Bestimmung und Darstellung 288
Eigenschaften 288
b) Guanylsäureaminase..................................... 288
Spezifität 288
Vorkommen 289
Eigenschaften 289
Nucleosidaminasen.. 289
a) Adenosinase 289
Spezifität 289
Vorkommen 289
Bestimmungsmethode und Einheit......................... 289
Darstellung.. 290
Eigenschaften 290
b) Guanase 290
Spezifität 290
Vorkommen 290
Bestimmungsmethode und Einheit......................... 290
Darstellung und Reinigung 291
Eigenschaften 291
Pyrimidinaminasen 291

Carbohydrasen.

Von H. KRAUT und M. ROHDEWALD.

Einleitung.

Die Carbohydrasen sind Fermente, die die Verbindungen der Kohlehydrate miteinander und die glykosidischen Äther der Kohlehydrate mit Alkoholen zerlegen. Die Wirkung der Carbohydrasen bezieht sich also stets auf die Hydrolyse von ätherartigen Bindungen, wie sie sowohl in den einfachen Glykosiden

als auch in den langen Ketten der Polyosen vorliegen. Man unterscheidet zwei
große Gruppen von Carbohydrasen:

Die Oligasen und die Polyasen.

Die Oligasen spalten sowohl die alkoholischen Glykoside wie die Verbindungen
von wenigen Monosen miteinander, also z. B. α- und β-Methyl- oder Phenylglukoside, Disaccharide, Trisaccharide usw. Die Polyasen spalten die hochmolekularen Polysaccharide: Stärke, Cellulose, Hemicellulosen usw.

Die Grenze der Wirksamkeit der beiden Gruppen liegt bei einer Kettenlänge
von sechs Monosen. Es ist bemerkenswert, daß die Cellohexaose Substrat sowohl
der cellulosespaltenden Cellulase wie der Cellobiase ist, die das Disaccharid aus
Cellulose spaltet. Hier überschneiden sich also die Wirkungsbereiche von Oligasen
und Polyasen; die Glukohexaose dagegen wird wohl noch von der stärkespaltenden
Amylase, aber nicht mehr von der α-Glukosidase gespalten.

Während man früher für die Spaltung fast aller Glykoside spezielle Enzyme
annahm, hat man in neuerer Zeit wenige unterscheidende Merkmale der Enzymwirkung auf Grund des sterischen Prinzips des Zuckeraufbaues herausgearbeitet.
Dadurch wurde nicht nur die Einteilung vereinfacht, sondern auch das Verständnis der die Enzymwirkung beeinflussenden Faktoren sehr gefördert. Dies
wurde ermöglicht durch die gleichzeitigen Fortschritte in der Erkenntnis des
Baues der Zucker, die als Substrate der Oligasen dienen. In der Aufklärung der
hochmolekularen Polysaccharide sind zwar auch wesentliche Fortschritte gemacht worden, die auf das Verständnis der Polyasen befruchtend gewirkt haben.
Aber ebenso spiegelt sich in der Unsicherheit unserer Kenntnisse über die Spezifität und Wirkungsweise der Polyasen die immer noch bestehende Unsicherheit
über die Struktur der Polyosen wider.

Für die Spezifität der Carbohydrasen ist in erster Linie maßgebend die sterische
und konstitutive Anordnung des glykosidisch verknüpften Zuckers:

1. Nur die d-Formen der Zucker, nicht aber die l-Formen, werden gespalten.

2. Es gibt α- und β-Glykosidasen, und zwar ist die α- oder β-Anordnung
am 1-C-Atom streng maßgebend für die Angreifbarkeit durch die eine oder
andere Enzymgruppe.

3. Die Konfiguration der Monose selbst entscheidet über die Angreifbarkeit.
Es gibt Glukosidasen, Fructosidasen und Galaktosidasen usw. Während aber
bei den α-glykosidisch verknüpften Zuckern dieses dritte Spezifitätsmerkmal
für die Wirkung je eines bestimmten Enzyms maßgebend ist, umfassen die
β-Glykosidasen hierin einen weiteren Spezifitätsbereich. Dasselbe Enzym aus
Süßmandeln spaltet β-Glukoside, β-Galaktoside und diejenigen β-Pentoside,
die in der Anordnung am 1., 2. und 3. C-Atom mit Glukose und Galaktose übereinstimmen.

4. Die Lage der Sauerstoffbrücke ist entscheidend für die Spezifität. Soweit
die Ringkonstitution der betreffenden Zucker überhaupt bekannt ist, fand man
nur bei den Pyranosiden der Aldosen, nicht aber bei den Furanosiden Spaltung.
Umgekehrt wird bei der Fructose nur das Fructofuranosid gespalten.

Mit diesen vier Unterscheidungsmerkmalen ist aber die individuelle Wirkung
einer Carbohydrase bestimmter Herkunft noch nicht genügend abgegrenzt. Es
gibt innerhalb einer Gruppe, z. B. innerhalb der α-Glukosidasen, Unterschiede,
die sich in der Reaktionsgeschwindigkeit gegenüber verschiedenen Substraten
äußern. Selbst bei ein und demselben Enzym, z. B. bei der Saccharase, wurden
je nach Herkunft, Züchtung und Alter des Lebewesens, aus dem das Enzym
stammt, Unterschiede der Spaltungsgeschwindigkeit beobachtet, die zeigen,
daß die an einem bestimmten Präparat gemessene Spaltungsgeschwindigkeit
keine völlig konstante Eigenschaft des betreffenden Enzyms ist. Unterschiede

in der Wirkung von Enzymen derselben Gruppe, die sich auf die Spaltungsgeschwindigkeit gegenüber verschiedenen Substraten beziehen, nennt man ihre
relative Spezifität, im Gegensatz zu der in den vier allgemeinen Unterscheidungsmerkmalen sich äußernden absoluten Spezifität.

Die Unterschiede der relativen Spezifität können so weit gehen, daß Substrate
von dem einen Enzym der Gruppe mit normaler Geschwindigkeit gespalten
werden, während ein Enzym derselben Gruppe, aber anderer Herkunft, überhaupt
keine meßbare Beschleunigung der Spaltung dieser Substrate hervorruft. So
spaltet die α-Glukosidase der Hefe, die sog. Maltase, auch Saccharose, die ja
einen α-glykosidisch an Fructose gebundenen Glukoserest enthält, während die
tierische Maltase und die Maltase aus *Schizosaccharomyces octosporus* nur Maltose,
aber nicht Saccharose spalten.

Solange man die chemische Natur der Enzyme nicht kennt, ist es schließlich
nur eine Definitionsfrage, ob man hier von verschiedenen Enzymtypen oder von
Unterschieden der relativen Spezifität innerhalb desselben Typus sprechen will.
Wir werden im folgenden auch solche Fälle noch unter die relative Spezifität
desselben Enzymtypus zusammenfassen, in denen ein Enzym bestimmter Herkunft bei gleicher absoluter Spezifität gegenüber einem bestimmten Substrat,
das von anderen Enzymen derselben Gruppe gespalten wird, die Spaltungsgeschwindigkeit 0 zeigt.

Zur Kennzeichnung der Bindungsverhältnisse der Substrate wird das
Zeichen < verwendet. Es bedeutet, daß derjenige Zuckerrest, nach dem die
Spitze zeigt, der glykosidisch mit dem anderen verknüpfte Paarling ist. Z. B. ist
in der Raffinose, die durch die Formel Fructose <> Glukose > Galaktose dargestellt wird, die Galaktose glykosidisch an die Glukose gebunden, während
Glukose und Fructose beide mit ihren reduzierenden Gruppen aneinander gebunden, also glykosidisch verknüpft sind.

Man gelangt so zu folgender Gruppeneinteilung der Carbohydrasen:

Einteilung der Carbohydrasen.

Gruppenname der Enzyme	Gebräuchliche Enzymbenennungen	Substrate
I. Oligasen.		
1. β-h-Fructosidase	Saccharase oder Invertin, Raffinase	Saccharose, Raffinose, Gentianose, Stachyose, Verbascose, Hesperonal, β-h-Methylfructosid
2. α-Glukosidase	Maltase Glukosaccharase Trehalase Melecitase usw.	Maltose, Saccharose, Trehalose, Melecitose, Turanose, α-Methyl- } glukosid α-Phenyl- }
3. β-Glukosidase	Emulsin Amygdalase usw. Gentiobiase Cellobiase	Gentiobiose, Amygdalin, Salicin und viele andere natürliche β-Glukoside, β-Methyl-, β-Phenylglukosid, β-Ga-laktoside, β-Pentoside, Cellobiose, Cel-lotriose, Cellotetraose, Cellohexaose
4. α-Mannosidase		Nur synthetische Mannoside, wie α-Methyl-, α-Phenylmannosid
5. α-Galaktosidase	Melibiase	Melibiose, Raffinose, α-Methyl-galaktosid
6. β-Galaktosidase	Lactase	Lactose

Gruppenname der Enzyme	Gebräuchliche Enzymbenennungen	Substrate
II. Polyasen.		
1. Amylasen	Amylase Glykogenase	Stärke, Glykogen
2. Glukanasen	Cellulase Lichenase	Cellulose, Lichenin
3. Hemicellulasen	Mannanase Galaktanase Xylanase	Hemicellulose, Mannan, Galaktan, Xylan
4. Pectinasen		Pectin
5. Chitinasen		Chitin
6. Fructanasen	Inulase	Inulin, Polylaevane

I. Oligasen.

1. β-h-Fructosidase.

Saccharase.

Die β-h-Fructosidase der Hefe, die Hefesaccharase, früher meist Invertin oder auch Invertase genannt, ist eines der bestuntersuchten Enzyme. Es spaltet den Rohrzucker in Fructose und Glukose. Eine α-h-Fructosidase, die synthetisches α-Methylfructofuranosid spaltet, ist von H. H. SCHLUBACH und G. RAUCH-ALLES[1] im *Aspergillus oryzae* aufgefunden worden. Sie ist noch nicht näher untersucht.

Spezifität der β-h-Fructosidase.

Das wichtigste Substrat der β-h-Fructosidase ist der Rohrzucker. Er wird von ihr an der fructosidischen Seite angegriffen.

Die Konstitution der Saccharose ist durch W. N. HAWORTH[2] gesichert worden. Sie ist ein α-1-Glukosido-[1,5]-2-β-Fructosid-[2,5]. Die Verknüpfung ist also zwischen dem aldehydischen C-Atom der Glukose und der Ketogruppe der Fructose erfolgt. Die Fructose bildet einen Furan-, die Glukose einen Pyranring.

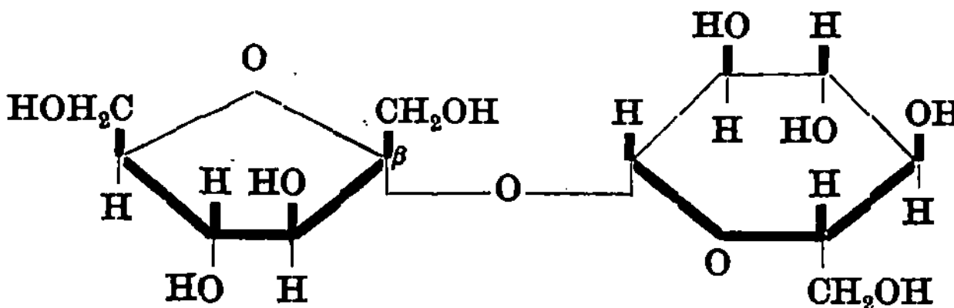

Das β-Methylfructosid-[2,6] wird nicht angegriffen,[3,4] wohl aber wird nach H. H. SCHLUBACH und G. RAUCHALLES[1] das β-Methylfructosid-[2,5], also der Methyläther der h-Fructose von Saccharase gespalten. Von den Derivaten des Rohr-

---

[1] Ber. dtsch. chem. Ges. 58 (1925), 1842.

[2] W. N. HAWORTH, E. L. HIRST: J. chem. Soc. (London) 1926, 1858. — J. AVERY, W. N. HAWORTH, E. L. HIRST: Ebenda 1927, 2308. — W. N. HAWORTH, E. L. HIRST: Ebenda 1927, 1513, 2432.

[3] E. FISCHER: Ber. dtsch. chem. Ges. 27 (1894), 3479.

[4] D. H. BRAMES: J. Amer. chem. Soc. 88 (1926), 1222.

zuckers können nur diejenigen, in denen die Fructose nicht noch anderweitig substituiert ist, gespalten werden, während eine weitere Substitution der Glukose die Spaltbarkeit nicht aufhebt. Sie verändert nur die Spaltungsgeschwindigkeit, beeinflußt also die relative Spezifität. Daher ist die Melecitose = Glukose $<>$ Fructose $>$ Glukose kein Substrat der Saccharase, wohl aber

Raffinose = Galaktose $<$ Glukose $<>$ Fructose,[1]
Gentianose = Glukose $<$ Glukose $<>$ Fructose,
Stachyose = Galaktose $<$ Galaktose $<$ Glukose $<>$ Fructose.

Auch andersartige Substitution, z. B. Veresterung mit Phosphorsäure, ordnet sich in dieses Prinzip ein. So wird Hesperonal = Saccharosemonophosphorsäure gespalten, weil die Phosphorsäure am Glukoserest sitzt.

Theorien der Enzymwirkung.

A. Die Theorie von L. MICHAELIS und M. L. MENTEN.[2]

a) Ermittlung der Affinitätskonstante der Saccharase-Rohrzucker-Verbindung.

Die Art der Einwirkung der Enzyme auf ihre Substrate, also die Ursachen der Spezifität sind gerade bei der Saccharase besonders studiert worden. Nachdem schon V. HENRY[3] die Zwischenreaktionskatalyse und das Massenwirkungsgesetz zum Verständnis der Invertinwirkung herangezogen hatte, wurde die Abhängigkeit der Inversionsgeschwindigkeit von der Rohrzuckerkonzentration von MICHAELIS und MENTEN eingehend untersucht, um hieraus eine Vorstellung des Reaktionsablaufes zwischen Saccharase und Saccharose zu gewinnen. Die Ergebnisse ihrer Messungen, die mit einem durch Kaolin geklärten Auszug aus Bäckerhefe ausgeführt wurden, sind in Abb. 1 dargestellt. MICHAELIS und MENTEN gehen von der Annahme aus, daß die Saccharase mit dem Rohrzucker eine labile Verbindung eingeht, die in freies Ferment, Glukose und Fructose zerfällt. Es wird

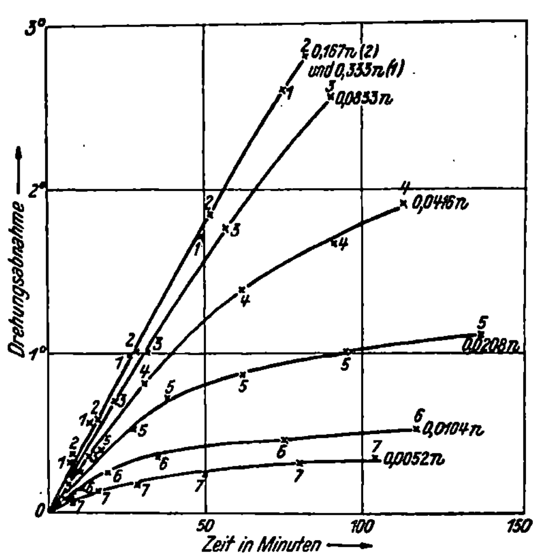

Abb. 1. Abhängigkeit der Inversionsgeschwindigkeit von der Rohrzuckerkonzentration.

weiter vorausgesetzt, daß die Inversionsgeschwindigkeit des Rohrzuckers direkt proportional der Konzentration der Ferment-Rohrzucker-Verbindung ist. Nach dem Massenwirkungsgesetz gilt dann für die Vereinigung von Ferment und Rohrzucker:

$$[S] \cdot [\Phi - \varphi] = K_s \cdot \varphi$$

oder

$$\varphi = \Phi \frac{[S]}{[S] + K_s},$$

---

[1] W. N. HAWORTH, E. L. HIRST, D. A. RUELL: J. chem. Soc. (London) 123 (1923), 3125. — W. CHARLTON, W. N. HAWORTH: Ebenda 1927, 1527, 3146.
[2] Biochem. Z. 49 (1913), 333.
[3] Lois générales de l'action des diastases. Paris: Hermann, 1903.

wo $[S]$ die molare Konzentration des freien Rohrzuckers, Φ die molare Konzentration des gesamten Ferments, φ die Konzentration des gebundenen Ferments, K_s die Dissoziationskonstante der Ferment-Rohrzucker-Verbindung ist.

Die molare Konzentration des freien Rohrzuckers $[S]$ stimmt praktisch mit der gesamten vorhandenen Rohrzuckermenge überein, da immer nur ein sehr kleiner Teil des Substrates an das Ferment gebunden ist. Die Konzentration des gebundenen Ferments φ ist identisch mit der Konzentration der Ferment-Rohrzucker-Verbindung.

Die Anfangsgeschwindigkeit v der Inversion ist nach Voraussetzung proportional der Konzentration der Ferment-Rohrzucker-Verbindung φ.

$$v = C \cdot \varphi$$
$$= C \cdot \Phi \, \frac{[S]}{[S] + K_s} \, .$$

Da v in willkürlichem Maß (nämlich Drehungsabnahme pro Minute) gemessen wird, kann man für 1 Mol Saccharase

$$\frac{v}{C \cdot \Phi} = V$$

setzen. Dann ist

$$V = \frac{[S]}{[S] + K_s} \, ,$$

wo V ein beliebiges Vielfaches von v bedeutet.

Diese Funktion ist formal dieselbe wie die Dissoziationsrestkurve einer Säure

$$\varrho = \frac{[H^{\cdot}]}{[H^{\cdot}] + K} \, .$$

Stellt man V als eine Funktion von log $[S]$ dar, so erhält man also die bekannte Form der Dissoziationsrestkurve einer Säure. Die aus den Werten der Abb. 1 berechnete Dissoziationsrestkurve ist in Abb. 2 dargestellt.

Derjenige Punkt der Kurve, dessen Ordinate $= 1/2$ ist, also der Parameter der Dissoziationsrestkurve, entspricht der gesuchten Dissoziationskonstanten K_s. In dem angeführten Beispiel ist $K_s = 0,016$.

Solche Kurven, die die Aktivität einer bestimmten Fermentmenge als Funktion des negativen Logarithmus der reziproken Substratkonzentration darstellen, bezeichnet man als Aktivitäts-p_s-Kurven.

In den Versuchen von Michaelis und Menten war die Übereinstimmung von K_s aus verschiedenen Versuchsreihen mit wechselndem Fermentgehalt sehr gut, z. B.:

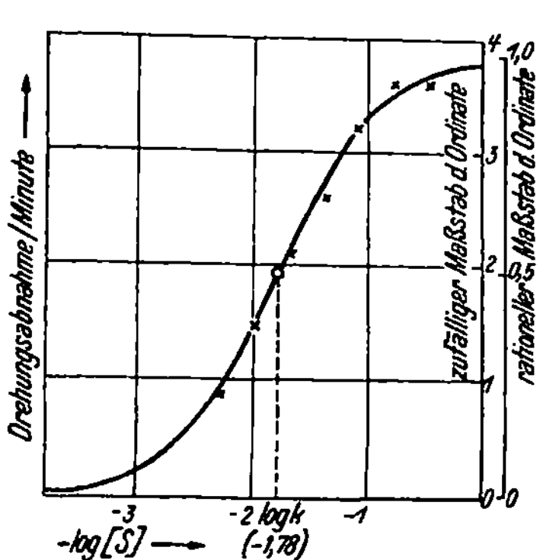

Abb. 2.   Aktivitäts-p_s-Kurve (Dissoziationsrestkurve).

Relative Fermentmenge	0,5	1	1	2
K_s	0,0160	0,0167	0,0167	0,0167

Hiermit wurde zum erstenmal ein Bild von der Affinität eines Ferments zu seinem Substrat gegeben. Die Affinitätskonstante ist der reziproke Wert der Dissoziationskonstanten. Der Sinn dieser Affinitätskonstante ist folgender: Könnte man die Saccharase-Rohrzucker-Verbindung rein darstellen und in solcher Konzentration in Wasser lösen, daß von dem undissoziierten Anteil derselben 1 Mol im Liter enthalten ist, dann wären daneben in der Lösung $\sqrt{0,0167} = 0,133$ Mol freie Saccharase und ebensoviel freie Saccharose vorhanden.

Bei der Nachprüfung der Versuche von MICHAELIS und MENTEN fanden H. v. EULER und J. LAURIN[1] zwar die Gesetzmäßigkeit bestätigt, aber sie erhielten einen anderen Wert für K_s, nämlich 0,026. Es erhob sich daher die Frage, ob es überhaupt für ein Ferment eine konstante Affinität zu seinen Substraten gibt. R. KUHN[2] hat diese Frage durch Untersuchung von Hefesaccharasen von verschiedener Herkunft und verschiedenem Reinheitsgrad beantwortet. Er zeigte, daß ein und dieselbe Hefesaccharase unabhängig von dem Reinheitsgrad der daraus hergestellten Präparate stets dieselbe Affinität zum Rohrzucker besitzt. Dagegen schwankt in den von R. KUHN[2] untersuchten Beispielen die Affinität der Saccharase von Hefe zu Hefe in weiten Grenzen, nämlich von 0,016 bis 0,040, also im Verhältnis 1 : 2,5 (siehe Tabelle 1).

Tabelle 1. *Zusammenstellung einiger gemessener K_s-Werte.*

Invertin	Dissoziationskonstante K_s	Affinitätskonstante 1: K_s
1. Autolysat der Brennereihefe Rasse XII	0,016	63
2. Präparat aus amerikanischer Brauereihefe ($\pm\ 0° = 6,3$ Min.)	0,020	50
3. Autolysat aus Münchener Löwenbräuhefe ($\pm\ 0° = 180$ Min.)	0,029	35
4. Daraus gewonnenes Präparat von $\pm\ 0° = 0,85$ Min. .	0,029	35
5. Aus einer anderen Hefelieferung der Löwenbrauerei stammendes Invertin vom Zeitwert 0,20	0,040	25

Die Unterschiede der Affinität sind so groß, daß man bei ganz genauen Bestimmungen die Saccharaseeinheiten von der tatsächlich beobachteten auf die mittlere Affinitätskonstante von 50 (entsprechend $K_s = 0,020$) umrechnen muß. Die Formel für die Umrechnung ist

$$\text{S. E.}_{\text{red.}} = \text{S. E.}_{\text{gef.}} \cdot \frac{n + K_s}{n + 0,02},$$

worin n die Normalität der Saccharoselösung bedeutet, in der die Wirksamkeit der Saccharase bestimmt wurde.

b) *Die Affinität zu den Spaltprodukten.*

Auf die Spaltung des Rohrzuckers durch Saccharase üben die Produkte der Spaltung einen hemmenden Einfluß aus, und zwar hemmt Fructose mehr als Glukose. MICHAELIS und MENTEN nehmen an, daß diese Hemmung auf der Affinität der Spaltprodukte zu dem spaltenden Enzym beruht, so daß eine Konkurrenz zwischen dem Substrat und seinen Spaltprodukten um das Enzym eintritt. (Dies ist der Grund dafür, daß man zur Bestimmung der Affinität zwischen Enzym und Substrat nur die Anfangsgeschwindigkeit der Spaltung benutzen kann.)

Wenn sich die Fermentmenge Φ zwischen der Saccharosemenge $[S]$ und der Fructosemenge $[F]$ nach dem Massenwirkungsgesetz verteilt und φ die Kon-

---

[1] Hoppe-Seyler's Z. physiol. Chem. **108** (1919), 64.
[2] Hoppe-Seyler's Z. physiol. Chem. **125** (1922/23), 28.

zentration der Saccharase-Rohrzucker-Verbindung und ψ die der Saccharase-Fructose-Verbindung ist, dann gilt

$$[S]\,(\Phi-\varphi-\psi) = K_s\cdot\varphi \left.\right\}$$
$$[F]\,(\Phi-\varphi-\psi) = K_F\cdot\psi \left.\right\} \quad (A)$$

Durch Elimination von ψ aus beiden Gleichungen erhält man

$$K_F = \frac{[F]\cdot K_s}{[S]\left(\dfrac{\Phi}{\varphi}-1\right)-K_s}. \quad (B)$$

Sind v_0 und v die ohne und mit Fructosezusatz beobachteten Anfangsgeschwindigkeiten, φ_0 und φ die entsprechenden Konzentrationen der Ferment-Substrat-Verbindungen, dann besteht gemäß Voraussetzung die Beziehung:

$$v_0 : v = \varphi_0 : \varphi.$$

Da

$$\frac{\varphi_0}{\Phi} = \frac{[S]}{[S]+K_s}$$

ist, wird

$$\varphi = \frac{v}{v_0}\cdot\varphi_0 = \frac{\Phi\cdot v}{v_0}\cdot\frac{[S]}{[S]+K_s}.$$

Durch Einsetzen von

$$\frac{\Phi}{\varphi} = \frac{v_0}{v}\cdot\frac{[S]+K_s}{[S]}$$

in Gleichung (B) ergibt sich

$$K_F = \frac{[F]\cdot K_s}{(S+K_s)\cdot\left(\dfrac{v_0}{v}-1\right)}. \quad (C)$$

Alle auf der rechten Seite der Gleichung (C) stehenden Ausdrücke können experimentell bestimmt werden. Als Mittelwert aus mehreren Messungen in 0,1 n Rohrzucker ohne und mit Zusatz von 0,1 n Fructose erhielten Michaelis und Menten

$$K_F = 0{,}057.$$

Ganz analog erhält man für Glukose

$$K_{Gl} = \frac{[Gl]\cdot K_s}{[S+K_s]\cdot\left(\dfrac{v_0}{v}-1\right)}. \quad (D)$$

Die Messungen ergaben im Mittel

$$K_{Gl} = 0{,}088.$$

Jedoch stellten L. Michaelis und P. Rona[1] und später L. Michaelis und H. Pechstein[2] fest, daß nicht jede Hemmung einer Enzymreaktion auf Affinität des Hemmungskörpers zum Ferment beruhen muß. Sie unterschieden zwei Arten der Hemmung:

1. Hemmung durch Affinität des Hemmungskörpers zum Enzym, wodurch der Enzym-Substrat-Verbindung ein Teil des Enzyms entzogen wird.

2. Hemmung durch Herabsetzung der Zerfallsgeschwindigkeit der Enzym-Substrat-Verbindung.

Im Fall 1 tritt eine Verteilung des Ferments zwischen Substrat und Hemmungskörper ein. Die Hemmung ist daher von dem Mengenverhältnis zwischen Substrat und Hemmungskörper abhängig. Der Hemmungskoeffizient $h = \dfrac{v_0-v}{v_0}$,

---

[1] Biochem. Z. 60 (1914), 62.
[2] Biochem. Z. 60 (1914), 79.

wo v_0 und v die Reaktionsgeschwindigkeiten ohne und mit Hemmungskörper
sind, nimmt mit fallender Substratkonzentration zu. Wiederholt man die Bestimmung von K_s, indem man bei wechselnder Substratkonzentration eine konstante Menge Hemmungskörper zusetzt, so wird K_s in der Weise erhöht, daß
die Aktivitäts-p_s-Kurve eine Parallelverschiebung zur Abszisse erfährt (siehe
Abb. 3).

Im Fall 2, der Hemmung durch Herabsetzung der Zerfallsgeschwindigkeit,
ist die Hemmung von dem Verhältnis zwischen Substratkonzentration und
Hemmungskörperkonzentration unabhängig und richtet sich nur nach der Konzentration des Hemmungskörpers. Die Dissoziationskonstante der Enzym-
Substrat-Verbindung K_s bleibt unverändert. Ebenso ändert sich der Hemmungskoeffizient h nicht mit der Rohrzuckerkonzentration. Die Aktivitäts-p_s-Kurve
erfährt keine Parallelverschiebung, sondern erniedrigt sich um gleiche prozen-

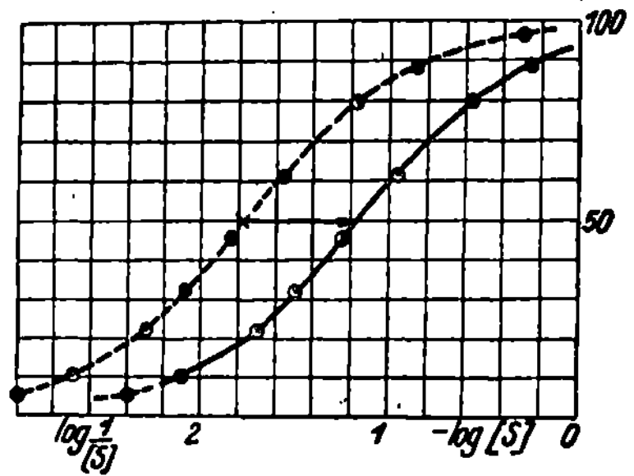

Abb. 3. Hemmung durch Affinität.
Gestrichelte Kurve: Aktivitäts-p_s-Kurve ohne Zusatz,
ausgezogene Kurve: Aktivitäts-p_s-Kurve mit Zusatz.

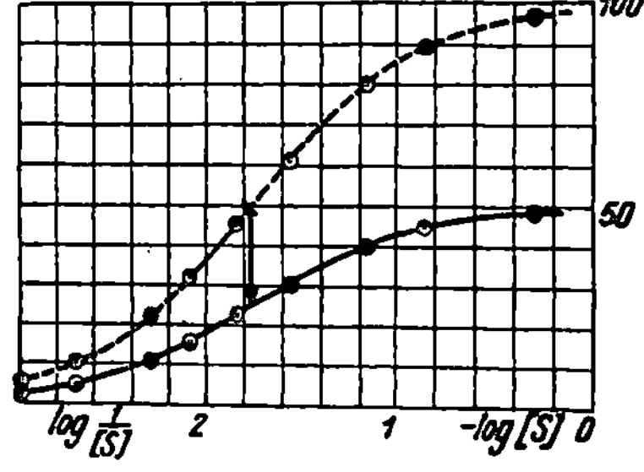

Abb. 4. Hemmung durch Herabsetzung der Zerfallsgeschwindigkeit der Enzym-Substrat-Verbindung.

tische Beträge. Die Kurven mit und ohne Hemmung sind also affin (siehe
Abb. 4).

W. Grassmann[1] hat darauf hingewiesen, daß auch die zweite Art der Hemmung darauf beruhen kann, daß der Hemmungskörper eine Affinität zum Enzym
und zur Enzym-Substrat-Verbindung besitzt. Aus der Tatsache, daß Substrat
und Hemmungskörper nicht miteinander um das Enzym konkurrieren, kann
nur geschlossen werden, daß die Bindung nicht an derselben Stelle erfolgt,
an der das Substrat gebunden wird. Die Herabsetzung der Zerfallsgeschwindigkeit könnte dadurch zustande kommen, daß sich der Hemmungskörper an die
Enzym-Substrat-Verbindung anlagert. Es ist daher nach Grassmann korrekter,
die Ausdrücke: „Hemmung durch Affinität" und besonders „Hemmung ohne
Affinität" fallenzulassen und zu unterscheiden zwischen Hemmungskörpern, die
mit dem Substrat um das Ferment konkurrieren, und solchen, die das nicht tun.

Die Untersuchungen dieser Verhältnisse bei der Hefesaccharase haben ergeben, daß hier Fructose, β-Glukose, α-Galaktose und β-Arabinose mit dem
Rohrzucker um das Ferment konkurrieren, also nach der früheren Ausdrucks-
weise durch Affinität hemmen, während α-Glukose, α-Methylglukosid und
Glycerin nur eine Herabsetzung der Zerfallsgeschwindigkeit herbeiführen. Ganz
allgemein läßt sich sagen, daß die Spaltbarkeit eines Disaccharids, die immer auf
Affinität des Enzyms zu dem Disaccharid beruht, stets die Affinität des Enzyms
zu einem der Spaltstücke zur Voraussetzung hat. Aber umgekehrt braucht die
Affinität des Enzyms zu einer Monose nicht auch Affinität zu einer Biose zur
Folge zu haben, an deren Aufbau diese Monose beteiligt ist.

---

[1] Neue Methoden und Ergebnisse der Enzymforschung, S. 50. München, 1928.

B. Die Theorie der Enzymwirkung im heterogenen System.

Gegen die Theorie von Michaelis und Menten ist vor allem von W. M. Bayliss,[1] später von A. Fodor[2] der Einwand erhoben worden, daß die Wirkung der Enzyme bei ihrer kolloidalen Natur sich nicht im homogenen System abspielt, wo das Massenwirkungsgesetz gilt, sondern im mikroheterogenen System, wo mit der Langmuirschen Adsorptionsisotherme

$$\vartheta_1 = \frac{K_1 c}{K_2 + K_1 c}$$

gerechnet werden muß, wobei ϑ_1 den von Molekülen besetzten Bruchteil der pro Quadratzentimeter vorhandenen Adsorptionsstellen, K_1 und K_2 Konstanten und c die Gleichgewichtskonzentration bedeuten.

Es ist aber von D. Hitchcock[3] und von R. Weidenhagen und E. Landt[4] gefunden worden, daß die mit Hilfe der Adsorptionsisotherme ermittelten Gleichungen formal und inhaltlich mit den von Michaelis und Menten mit Hilfe des Massenwirkungsgesetzes ermittelten übereinstimmen.

$c_E = \Phi'$ sei die Oberflächenkonzentration in Mol/cm² des wirksamen Enzyms auf der adsorbierenden Fläche eines kolloiden Trägers. Dann ergibt sich für die Oberflächenkonzentration c_s des Substrats in Mol/cm²

$$c_s = \frac{\vartheta_1 \cdot n}{N} = \frac{n}{N} \cdot \frac{K_1 [S]}{K_2 + K_1 [S]},$$

wenn $\dfrac{n}{N}$ die Oberflächenkonzentration der Adsorptionsstellen ist. Für die Reaktionsgeschwindigkeit $V = \dfrac{dx}{dt}$ wird

$$V = k \cdot c_E \cdot c_S$$

oder

$$V = k \cdot \Phi' \cdot \frac{n}{N} \cdot \frac{K_1 [S]}{K_2 + K_1 [S]}.$$

Setzt man

$$\Phi = \Phi' \cdot O$$

(wobei $O = $ Oberfläche in cm² ist),

und

$$C = k \cdot \frac{n}{N} \cdot \frac{1}{O},$$

ferner

$$K_3 = \frac{K_2}{K_1},$$

so erhält man

$$V = C \cdot \Phi \frac{[S]}{[S] + K_3}.$$

K_3 ergibt sich also hier als Quotient der beiden in der Langmuirschen Gleichung der Adsorptionsisotherme auftretenden Geschwindigkeitskonstanten K_1 und K_2, die von den Milieubedingungen weitgehend abhängig sind. Eine Hemmung, die nach Michaelis und Rona als Hemmung durch Affinität bezeichnet wird, würde auf Grund der Annahme heterogener Katalyse analog als Verdrängung des an der Enzymoberfläche adsorbierten Substrats durch den Hemmungskörper erklärt werden.

---

[1] The nature of enzyme action, 3. Aufl., S. 107 ff. London: Longmans, Green u. Co., 1914; Biochemic. J. 1 (1906), 175, und zwar 222—226; J. Phys. 46 (1913), 236, und zwar 251 ff.

[2] Fermentforsch. 3 (1919), 193; 4 (1920), 209; Das Fermentproblem. Dresden und Leipzig: Th. Steinkopff, 1922.

[3] J. Amer. chem. Soc. 48 (1926), 2870.

[4] Z. Ver. dtsch. Zuckerind. 80 (1930), 25.

C. Die Theorie von Langenbeck.

Ausgehend von seinen Versuchen mit Fermentmodellen der Esterase greift W. Langenbeck[1] eine Voraussetzung der Michaelisschen Theorie an, die von grundlegender Bedeutung ist. Michaelis und Menten setzen voraus, daß die Geschwindigkeit der Rohrzuckerhydrolyse proportional der Konzentration der Enzym-Substrat-Verbindung sei. W. Langenbeck beobachtete aber bei seinen Esterasemodellen niemals die Bildung von Additionsverbindungen zwischen Katalysator und Substrat, sondern immer die Bildung eines Zwischenprodukts auf Grund einer doppelten Umsetzung. Er hält es daher auch bei den Enzymreaktionen für wahrscheinlich, daß es sich um eine doppelte Umsetzung handelt. Seine Theorie wird oft als Hauptvalenztheorie bezeichnet, diejenige von Michaelis und Menten als Nebenvalenztheorie. Dies ist jedoch, worauf G.-M. Schwab[2] hinweist, nicht der wesentliche Unterschied der beiden Theorien. Auch die Bildung einer Enzym-Substrat-Verbindung nach Michaelis und Menten kann durch Hauptvalenzbindung erfolgen. Wesentlich ist vielmehr, daß Michaelis und Menten als ersten Schritt eine Reaktion des Enzyms mit dem *ganzen* Substrat, Langenbeck dagegen sofort eine Zerlegung des Substrats unter Bildung einer Verbindung zwischen dem Enzym und *einer* Komponente des Substrats annehmen nach dem Schema:

$$AB + X \underset{k_1{}'}{\overset{k_1}{\rightleftarrows}} AX + B;$$

$$AX \underset{k_2}{\rightarrow} A + X,$$

wo AB das Substrat, $A + B$ die Spaltprodukte, X das Enzym, k_1, $k_1{}'$ und k_2 Geschwindigkeitskonstanten der drei Reaktionen sind.

Für die Geschwindigkeit v der Gesamtreaktion erhält Langenbeck folgende Gleichung:

$$v = \frac{k_2\,[AB]\cdot[X']}{\dfrac{k_2}{k_1} + \dfrac{k_1{}'}{k_1}\,[B] + [AB]}.$$

Diese Gleichung ist vollkommen analog gebaut wie die von Michaelis und Menten. Nur haben die Konstanten einen anderen Sinn. Sie sind Geschwindigkeitskonstanten, während die Michaelisschen Dissoziationskonstanten sind.

Für den Beginn der Reaktion wird

$$V = \frac{[AB]}{[AB] + \dfrac{k_2}{k_1}}.$$

Auch diese Gleichung entspricht derjenigen von Michaelis und Menten:

$$V = C\,\frac{[S]}{[S] + K_s},$$

so daß auf Grund der Reaktionskinetik eine Entscheidung zwischen der Theorie von Langenbeck und der von Michaelis und Menten nicht möglich ist.

Die von F. Salzer und K. F. Bonhoeffer untersuchten Enzymreaktionen in schwerem Wasser (siehe S. 100) zeigen indessen einen Weg, zwischen den beiden Theorien zu entscheiden. Es ist nämlich bekannt, daß allgemein die Geschwindigkeitskonstanten der Hydrolysen in schwerem Wasser kleiner sind als in leichtem Wasser. Die Hydrolyse von zahlreichen β-Glukosiden durch Emulsin verläuft bei hohen Substratkonzentrationen in schwerem Wasser langsamer als

---

[1] Ergebn. Enzymforsch., Bd. II, S. 314, und zwar 329 ff. Leipzig, 1933.
[2] G.-M. Schwab: Catalysis, New York, 1937, und zwar S. 337 ff.

in gewöhnlichem. Es handelt sich hier um Reaktionen nullter Ordnung, also um große Affinität des Enzyms zum Substrat. In diesem Fall wird sowohl nach Michaelis und Menten wie nach Langenbeck die Reaktionsgeschwindigkeit $v = k_2[X]$. Die Spaltung von β-Methyl-glukosid dagegen ist in verdünnter Lösung eine Reaktion erster Ordnung und wird nach Salzer und Bonhoeffer durch schweres Wasser beschleunigt. Hier ist die Reaktionsgeschwindigkeit nach Michaelis und Menten

$$v = \frac{k_1}{k_1'} \cdot k_2[A\,B][X],$$

nach Langenbeck aber $v = k_1[A\,B][X]$. Während also die Reaktionsgeschwindigkeit nach Langenbeck proportional einer Geschwindigkeitskonstanten ist, ist sie nach Michaelis und Menten das Produkt aus einer Geschwindigkeitskonstanten k_2 und aus dem Verhältnis zweier Gleichgewichtskonstanten $\frac{k_1}{k_1'}$. Nur diese Theorie läßt daher eine Erhöhung der Reaktionsgeschwindigkeit verstehen, nämlich durch Erhöhung der Enzym-Substrat-Affinität. G.-M. Schwab[1] hält daher das Vorliegen einer Additionsverbindung von Enzym und Substrat im Sinne der Theorie von Michaelis und Menten für erwiesen.

Gemeinsam bleibt immerhin für alle drei Theorien das Ergebnis, daß die enzymatische Katalyse sich durch die Annahme von Zwischenprodukten berechnen läßt, sei es im homogenen System nach dem Massenwirkungsgesetz, sei es im heterogenen nach der Adsorptionsisotherme.

Spezifitätsbestimmung durch die Methode der Zeitwertquotienten nach R. Willstätter und R. Kuhn.[2]

Um die Frage zu entscheiden, ob ein Enzym mehrere Substrate angreifen kann oder ob für den Umsatz jedes einzelnen Substrats ein von den anderen unabhängiges Enzym nötig ist, wurde von R. Willstätter und seinen Mitarbeitern die Methode der Zeitwertquotienten entwickelt. Man ermittelt mit Enzympräparaten verschiedener Herkunft oder verschiedenen Reinheitsgrades den Zeitwertquotienten, nämlich das Verhältnis der Spaltungsgeschwindigkeiten der verschiedenen Substrate. Gleichheit der Zeitwertquotienten beweist, daß die Spaltungen der verschiedenen Substrate auf ein und dasselbe Enzym zurückzuführen sind. Findet man dagegen in verschiedenem Ausgangsmaterial oder auf verschiedenen Stufen der Reinigung differierende Zeitwertquotienten, so weist dies auf eine Mehrzahl der die Substrate spaltenden Enzyme hin.

Zur Entscheidung, ob die Spaltung von Saccharose und Raffinose durch Hefepräparate dem gleichen Enzym oder zwei Enzymen zuzuschreiben ist, hatten Willstätter und Kuhn die Zeitwertquotienten mit Hefen verschiedener Herkunft gemessen und stark divergierende Quotienten gefunden. Z. B. war das Verhältnis Saccharosespaltung : Raffinosespaltung in einer Brauereihefe $= 5,1$, in einer anderen $= 12,3$. Sie schlossen daraus zuerst auf eine Verschiedenheit von Saccharase und Raffinase. Ihre Versuche, durch Reinigung die Quotienten zu verschieben, schlugen aber fehl. R. Kuhn[3] prüfte die Frage erneut unter Berücksichtigung der jeweiligen Abhängigkeit der Reaktionsgeschwindigkeiten von der Substratkonzentration. Er fand, daß die Abhängigkeit der Spaltungsgeschwindigkeit von der Rohrzuckerkonzentration in den verschiedenen Hefepräparaten mit der Abhängigkeit von der Raffinosekonzentration nicht über-

---

[1] G.-M. Schwab: Catalysis, New York, 1937, und zwar S. 338ff.
[2] Hoppe-Seyler's Z. physiol. Chem. 115 (1921), 180.
[3] Hoppe-Seyler's Z. physiol. Chem. 125 (1922/23), 28.

einstimmte. Als er aber bei beiden Zuckern auf die Substratkonzentration ∞ extrapolierte, erhielt er aus allen Hefepräparaten, unabhängig von der Herkunft, stets das Verhältnis von Saccharosepaltung zu Raffinosespaltung

$$Q_\infty = 2.$$

Das Verhältnis der Dissoziationskonstanten $\dfrac{K_S}{K_R}$ war konstant $= 1:16$. Damit war die Identität von Saccharase und Raffinase erwiesen (siehe Tabelle 2).

Tabelle 2. *Das Verhältnis der Dissoziationskonstanten.*

Invertin aus	$Q_{0,138}$	K_S	K_R	$K_R:K_S$	Q_∞
Rasse II......................	4,8	0,016	0,24	15	2,0
Dänische Brennereihefe	5,0	0,017	0,27	16	1,9
Münchener Brauereihefe	8,3	0,040	0,66	17	1,9

Das Verhältnis der Affinitätskonstanten der Saccharase-Saccharose-Verbindung und der Saccharase-Raffinose-Verbindung ist zwar konstant $= 1:16$, aber die absolute Höhe der Konstanten wechselt von Hefe zu Hefe. Von ihr hängen die bei beliebigen, wenn auch konstant gehaltenen Substratkonzentrationen gemessenen Spaltungsgeschwindigkeiten in ungleichem Maße ab. Man kann aber nur die bei äquimolekularen Konzentrationen der Enzym-Substrat-Verbindungen gemessenen Spaltungsgeschwindigkeiten wirklich vergleichen. Dies wird durch den von R. Kuhn angewandten Kunstgriff der Extrapolation auf unendliche Substratkonzentrationen erreicht. Erst dadurch wird die Bestimmung der Zeitwertquotienten zu einer zuverlässigen Methode zur Entscheidung der Spezifität gegenüber verschiedenen Substraten.

Die relative Spezifität des Ferments zu seinen zwei Substraten bedeutet: Wenn wir die Rohrzucker-Saccharase-Verbindung und die Raffinose-Saccharase-Verbindung in reinem Zustand isolieren könnten und sie in solcher Konzentration in Wasser von 30° lösten, daß die Konzentrationen der undissoziierten Enzym-Substrat-Verbindungen je 1 Mol pro Liter betrügen, so wäre neben dem Tri-saccharid $\sqrt{16} = 4$ mal mehr freie Saccharase in Lösung als neben dem Di-saccharid. Für jedes in Melibiose und Fructose zerfallende Raffinosemolekül würden dann in der gleichen Zeit zirka zwei Rohrzuckermoleküle in Glukose und Fructose gespalten.

Vorkommen der Fructosidase.

a) Allgemein.[1]

Das wichtigste und besterforschte Vorkommen der Fructosidase ist das in den verschiedenen Heferassen. Sie fehlt nur dem Soorpilz (*Saccharomyces albicans*), dem *Schizosaccharomyces octosporus*, einigen Torulaceen und einigen Arten des *Pseudosaccharomyces*.

Die Fructosidase findet sich in vielen Kryptogamen, vor allem in den Aspergillusarten, wie *Aspergillus niger, Aspergillus ventii*, auch im *Aspergillus oryzae*, ferner in *Penicillium glaucum*. Jedoch scheint das Vorkommen von Fructosidase in diesen Pilzen weitgehend kasuistisch zu sein, d. h. abhängig vom Nährboden, auf dem sie gezüchtet werden. Bakterien enthalten fast stets Fructosidase.

---

[1] Siehe Eingehendes darüber in „Die Fermente und ihre Wirkungen" von C. Oppenheimer, Bd. 1, S. 545ff., Leipzig, 1925, und Suppl.-Bd. I, S. 206ff., Leipzig, 1936.

In den Phanerogamen ist sie ubiquitär, d. h. sie kommt fast in allen Organen der höheren Pflanzen vor.

Die Fructosidase der höheren Tiere (Darm- und Leucozytensaccharase) und der Wirbellosen ist noch wenig erforscht.

b) Zustand der Fructosidase in der Hefezelle.

Schon in den ersten Invertinarbeiten studierte WILLSTÄTTER[1] den Zustand der Saccharase in der Hefezelle. Er kam zu dem Resultat, daß sie ein Endoenzym ist. Es ist nur locker innerhalb der Zelle an das Zellgerüst adsorbiert, kann aber die Zelle nicht verlassen, bevor die Zellmembran abgebaut ist. „Der Zucker diffundiert unbeschränkt zum Enzym, aber das Enzym vermag nicht durch die Poren der Membran hinauszudiffundieren." Die Zerstörung der Wände kann durch gründliche mechanische Zerkleinerung, z. B. durch Zerreiben mit Quarzsand, und durch enzymatischen Abbau erreicht werden. Der enzymatische Abbau vermag durch Enzyme der Hefe selbst, also durch Autolyse, vor sich zu gehen. Tötet man die zelleigenen Fermente aber mit Essigester in der Wärme ab, so geht keine Saccharase aus der Zelle heraus, wie aus Abbauversuchen hervorging. Nach Abtötung der zelleigenen Enzyme kann der enzymatische Abbau der Zellwände erfolgen:

1. durch Papain,[2] vornehmlich, wenn es durch Blausäure aktiviert ist. Pepsin und Trypsin dagegen bewirken nur einen unvollkommenen Abbau der Zellmembran, sie vermögen die Hefeproteinasen nicht zu ersetzen;

2. durch reine Malzamylase,[3] frei von Proteinase, ohne Mitwirkung von Cellulase. Malzamylase läßt sich auch durch Takaamylase, jedoch nicht durch tierische Amylasen ersetzen.

Die Tatsache, daß einerseits eine Proteinase, anderseits Amylase zum Aufschluß der Zellwände befähigt ist, beweist, daß diese aus Kohlehydrat-Eiweiß-Symplexen bestehen müssen. Ob man nun den Kohlehydrat-Eiweiß-Symplex von der Kohlehydrat- oder Eiweißseite her abbaut: die Saccharase wird völlig freigelegt. Unter den Kohlehydraten spielt der Hefegummi eine wichtige Rolle. Es gibt in der Hefe ein den Hefegummi abbauendes Ferment, das nach H. KRAUT, F. EICHHORN und H. RUBENBAUER[4] auch dann noch bei der Freilegung mitwirkt, wenn man die anderen abbauenden Enzyme durch Essigester in der Wärme abgetötet hat.

R. WILLSTÄTTER und M. ROHDEWALD[5] wiederholten die rein mechanischen Zellzertrümmerungsversuche unter Bedingungen, die eine Mitwirkung enzymatischer Vorgänge fast unmöglich machten (nämlich Zerreiben der Zellen mit Quarzsand unter flüssiger Luft und kurzes Extrahieren mit elektrolythaltigem Wasser bei 0°). Sie erzielten wiederum Freilegung der Saccharase, deren Endoenzymnatur somit gesichert erscheint.

c) Vermehrung der Fructosidase in der Hefezelle.

Die ersten Versuche in dieser Richtung stammen von H. v. EULER und seiner Schule.[6] Durch Züchtung des Hefepilzes auf einer Nährlösung von hoher

[1] R. WILLSTÄTTER, F. RACKE: Liebigs Ann. Chem. 425 (1921), 1; 427 (1921), 111.
[2] R. WILLSTÄTTER, W. GRASSMANN: Biochem. Z. 203 (1928), 308. — W. GRASSMANN, T. PETERS: Hoppe-Seyler's Z. physiol. Chem. 204 (1932), 135.
[3] W. GRASSMANN, T. PETERS: Hoppe-Seyler's Z. physiol. Chem. 204 (1932), 135.
[4] Ber. dtsch. chem. Ges. 60 (1927), 1644.
[5] Hoppe-Seyler's Z. physiol. Chem. 209 (1932), 38.
[6] Hoppe-Seyler's Z. physiol. Chem. 70 (1910/11), 279; 76 (1912), 388; 78 (1912), 246; 79 (1912), 274; 84 (1913), 97; 88 (1914), 430; 89 (1914), 272; Biochem. Z. 58

Rohrzuckerkonzentration und durch öfteres Auswechseln dieser Nährlösung gelang es ihm, eine Anreicherung der Saccharase in der Hefe auf etwa das Zehnfache zu erreichen. R. WILLSTÄTTER, CH. D. LOWRY und K. SCHNEIDER[1] erzielten durch eine Gärführung mit minimaler Zuckerkonzentration noch bessere Erfolge. Durch langsames Zutropfen einer Zuckerlösung in die Hefesuspension bleibt die Hefe in ständiger Gärbereitschaft. Sie wird dadurch in einen Reizzustand versetzt, der den Pilz zur Produktion von Saccharase anregt. Es wurden hierbei Zeitwerte von 15 bis 20 erzielt, um das 16fache besser als im Ausgangsmaterial. Jedoch wird nur die Saccharase dabei vermehrt: Die Gärungsenzyme, Maltase und Proteasen bleiben unverändert.

Eine praktische Verbesserung dieser „Stimulationsmethode" wurde von R. WEIDENHAGEN[2] erzielt: Ohne mehrfache Abtrennung der Hefe von der Nährlösung und durch Gärung bei minimaler Zuckerkonzentration unter gleichzeitiger starker Lüftung erreichte er in einem Arbeitsgang innerhalb 8—10 Stunden eine zehn- bis fünfzehnfache Anreicherung der Saccharase.

Bestimmungsmethoden und Einheiten.

Als Substrat zur Bestimmung der Saccharase dient Rohrzucker von der spezifischen Drehung $[\alpha]_D^{20°} = 66{,}86°$. Die Rohrzuckerinversion kann polarimetrisch oder reduktometrisch verfolgt werden. Das optimale $p_H = 4{,}5$—$5{,}0$ wird im allgemeinen durch primäres Kaliumphosphat eingestellt.

1. Die polarimetrische Methode.

Es wird im Halbschattenapparat die Drehungsänderung verfolgt, die der Rohrzucker bei der Spaltung in Fructose und Glukose erleidet. Die Proben werden der Versuchslösung zu bestimmten Zeiten entnommen und in $2n$ Sodalösung eingetragen. Diese bewirkt momentane Sistierung der Saccharasewirkung und gleichzeitig Aufhebung der Mutarotation der Glukose. Die Aufhebung der Mutarotation ist erst nach $1/4$ Stunde beendet. Bei der Polarisation wird im Lichtstrahl der D-Linie des Natriumlichtes und bei 20° gearbeitet, da die Drehung der Fructose temperaturabhängig ist. Zur Berechnung des Spaltgrades aus einem bei der Polarisationstemperatur 20° abgelesenen Drehungswinkel dient die Beziehung: $\alpha_r = -0{,}317 \cdot \alpha_0$, wobei α_0 die Drehung zur Zeit $t = 0$ und α_∞ die Enddrehung (nach 100%iger Inversion) bedeutet.[3]

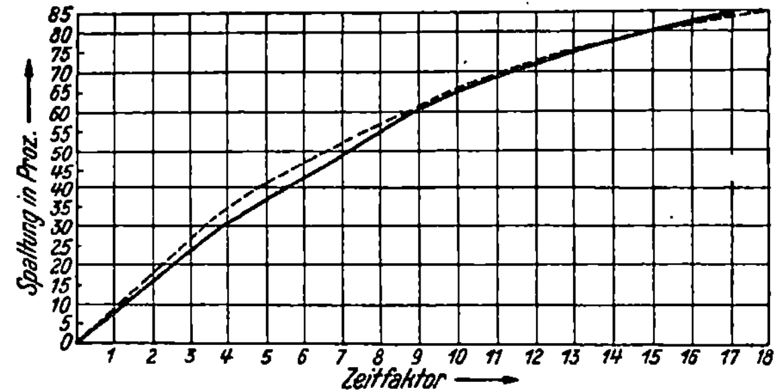

Abb. 5. Zeitumsatzkurve der Saccharase.
_ _ _ _ _ _ logarithmische Kurve, ————— bei 30° C experimentell ermittelte Kurve.

Dann besteht folgende Beziehung: Die gefundene Drehungsabnahme $(\alpha_0 - \alpha_t)$ verhält sich zur Drehungsabnahme für 100%ige Spaltung $(\alpha_0 - \alpha_x) = x : 100$. x ist der Spaltungsgrad. An Hand der von C. O'SULLIVAN und F. W. TOMPSON[4] experimentell ermittelten Zeit-

(1914), 467; 67 (1914), 203; Hoppe-Seyler's Z. physiol. Chem. 97 (1916), 286; Biochem. Z. 85 (1917/18), 406; Hoppe-Seyler's Z. physiol. Chem. 106 (1919), 201; 109 (1920), 65.

[1] Hoppe-Seyler's Z. physiol. Chem. 146 (1925), 158.

[2] Angew. Chem. 47 (1934), 581.

[3] OPPENHEIMER-KUHN: Die Fermente und ihre Wirkungen, Bd. I, S. 252. Leipzig, 1925.

[4] J. chem. Soc. (London) 57 (1890), 834.

umsatzkurve (Abb. 5) wird dann die Nulldrehungszeit (entsprechend 75,95% Spaltung) bzw. die Zeit der 50%igen Spaltung ermittelt.

2. Die reduktometrische Methode.

Sie erfaßt die Spaltprodukte, die bei der Rohrzuckerinversion auftreten, auf Grund ihres Reduktionsvermögens.

a) Die Hypojoditmethode von R. WILLSTÄTTER und G. SCHUDEL.[1] Prinzip: Aldosen werden durch Hypojodit in alkalischer Lösung zu Glukonsäure oxydiert. Die Reaktion verläuft stöchiometrisch. Die Zuckerlösung wird mit einer überschüssigen Menge $n/10$ Jodlösung in alkalischem Medium versetzt, nach 15—20 Minuten Einwirkungszeit angesäuert und das überschüssige Jod mit Thiosulfat zurücktitriert.

b) Die Zuckerbestimmung nach G. BERTRAND[2] erfaßt Aldosen und Ketosen. Prinzip: FEHLINGsche Lösung wird durch die Zucker zu Kupferoxydul reduziert, das in Ferrisulfat gelöst wird. Das so entstehende Ferrosulfat wird mit Kaliumpermanganat titrimetrisch bestimmt.

3. Einheiten.

1. *Zeitwert* nach C. O'SULLIVAN und F. W. TOMPSON.[3] Dieser ist auch von H. v. EULER und R. WILLSTÄTTER akzeptiert. Er gibt die in Minuten gemessene Zeit an, die 0,05 g getrocknete Hefe oder der dieser Menge entsprechende Hefeauszug oder 0,05 g Präparat brauchen, um bei 15,5° C 4 g Rohrzucker in 25 cm³ Lösung, die 1% NaH_2PO_4 enthält, bis zur Nulldrehung für Natriumlicht (bei 20° beobachtet) zu spalten.

2. Der *Saccharasewert* nach R. WILLSTÄTTER und R. KUHN[4] stellt das Reziproke des Zeitwertes nach C. O'SULLIVAN und F. W. TOMPSON dar.

3. Als Maß für die Invertinmengen haben R. WILLSTÄTTER und R. KUHN[4] die *Saccharaseeinheit* eingeführt (S. E.). Die Saccharaseeinheit ist die Enzymmenge in 50 mg invertinhaltiger Substanz vom Zeitwert 1 unter den Bedingungen der Definition von C. O'SULLIVAN und F. W. TOMPSON.

4. Der *Vergleichszeitwert* nach R. WILLSTÄTTER und W. STEIBELT[5] dient zum Vergleich der Wirkungen von Fermentpräparaten auf verschiedene Zuckerarten und Glukoside. Die Nulldrehungszeit ist nämlich nur für die Rohrzuckerinversion charakteristisch. Der Vergleichszeitwert mißt dagegen die für jede Hydrolyse angebbare Zeit, die für den Umsatz von 50% des vorhandenen Substrates nötig ist. Für den Vergleich läßt man ein und dieselbe Fermentmenge in dem nämlichen Volumen bei gleicher Temperatur (30°) auf äquimolare Mengen der Substrate einwirken, wobei für jede Hydrolyse die optimale Acidität einzustellen ist. Der Vergleichszeitwert für Invertin gibt an, wieviel Minuten 0,5 g trockene Hefe oder Präparat brauchen, um 1,1875 g Rohrzucker, die in 25 cm³ Lösung enthalten sind, bei 30° zu 50% zu spalten.

Zwischen Zeitwert und Vergleichszeitwert besteht die von R. WILLSTÄTTER, J. GRASER und R. KUHN[6] experimentell ermittelte Beziehung:

$$\text{Zeitwert} = 166 \cdot \text{Vergleichszeitwert.}$$

In Anlehnung an die von R. WILLSTÄTTER bei der Maltosespaltung benutzten und auf die Spaltung von Rohrzucker, Raffinose usw. übertragenen Werte hat R. WEIDENHAGEN[7] vorgeschlagen, für die Bestimmung *aller* Glykosidasen als Normalbedingung festzulegen, daß 2,5 g Maltose oder die äquivalente Menge eines anderen Substrats

[1] Ber. dtsch. chem. Ges. 51 (1918), 780.
[2] Bull. Soc. chim. France 35 (1906), 1285.
[3] J. chem. Soc. (London) 57 (1890), 834.
[4] Ber. dtsch. chem. Ges. 56 (1923), 509.
[5] Hoppe-Seyler's Z. physiol. Chem. 111 (1920), 157, 169.
[6] Hoppe-Seyler's Z. physiol. Chem. 123 (1922), 1, und zwar 23.
[7] Z. Ver. dtsch. Zuckerind. 79 (1929), 599.

bei optimalem p_H und 30° in 50 cm³ Gesamtvolumen mit einer Glykosidase behandelt werden. Als Zeitwert soll die Zeit in Minuten bezeichnet werden, in der 1 g Enzymmaterial die 50%ige Spaltung des Substrats unter Normalbedingungen bewirkt. Die *Enzymeinheit* wird definiert als die Enzymmenge in 1 g Substanz vom Zeitwert 1. Als Enzymwert soll immer die Zahl der Enzymeinheiten in 1 g Trockensubstanz verstanden werden.

Der Saccharasewert nach WILLSTÄTTER ist die Zahl der Einheiten in 50 mg des nach den Bedingungen von O'SULLIVAN und TOMPSON gemessenen Enzyms. Dem entspricht jetzt der unter Normalbedingungen gemessene β-h-Fructosidasewert, der die Zahl der Einheiten in 1 g Substanz angibt. Beide sind durch dieselbe Beziehung verknüpft, welche schon von WILLSTÄTTER für den Saccharase-Vergleichszeitwert ermittelt wurde:

$$\beta\text{-}h\text{-Fructosidasewert} = 166 \cdot \text{Saccharasewert.}$$

Für die verschiedenen Einheiten ergibt sich infolge der unterschiedlichen Bezugsmenge (1000 mg und 50 mg) und der Verschiedenheit von Zeitwert und Vergleichszeitwert die Beziehung:

$$\beta\text{-}h\text{-Fructosidaseeinheiten} = 8,3 \cdot \text{Saccharaseeinheiten.}$$

Die *Inversionsfähigkeit* (If) nach H. v. EULER und O. SVANBERG[1] wird definiert durch die Gleichung:

$$If = \frac{k \times g \text{ Zucker}}{g \text{ Präparat}}$$

wo k den Reaktionskoeffizienten erster Ordnung bedeutet, g Zucker die bei der Inversionsbestimmung anwesende ursprüngliche Rohrzuckermenge, g Präparat das Trockengewicht der zur Inversionsbestimmung angewandten Fermentmenge. Zwischen Saccharasewert und Inversionsfähigkeit besteht eine einfache Beziehung, die eine Umrechnung ermöglicht.[2]

Darstellung und Reinigung.

Zur Gewinnung freigelöster Saccharase, die ein ausgesprochenes Endoenzym (siehe S. 66) ist, ist es erforderlich, ihre Bindung innerhalb der Zellwände aufzulösen. Als präparative Methode kommt hierfür nur die Autolyse in Betracht, d. i. der enzymatische Abbau der Zellsubstanzen durch das Zusammenwirken der zelleigenen Fermente nach der Abtötung der Zellen. Zuerst wurde dieses Verfahren von C. O'SULLIVAN und F. W. TOMPSON[3] angewendet, die scharf abgepreßte Hefe ohne jeden Zusatz monatelang in Pulverflaschen aufbewahrten, bis sie sich in eine schwere, gelbe Flüssigkeit umgewandelt hatte. C. S. HUDSON[4] verkürzte diesen Vorgang auf wenige Tage dadurch, daß er die mit etwas Wasser verdünnte Hefe durch Toluol abtötete und verflüssigte. Auch die neuesten Verfahren der Freilegung bedienen sich des Abtötens durch Zellgifte, durch Toluol oder Essigester. Sie lassen aber den Vorgang der Autolyse nicht völlig unbeeinflußt, sondern regeln die enzymatischen Prozesse durch Einstellen einer bestimmten Wasserstoffionenkonzentration. Die leitende Absicht dabei ist, das gesuchte Enzym, die Saccharase, möglichst vollständig, neben ihr aber möglichst wenig Ballaststoffe in Lösung zu überführen. Nach R. WILLSTÄTTER und F. RACKE[5] beschleunigt man die Freilegung der Saccharase und hemmt die ihrer Begleiter, wenn man während der durch Essigester oder Toluol eingeleiteten Autolyse die reichlich entstehende Säure durch Ammoniak oder Ammonium-

---

[1] Hoppe-Seyler's Z. physiol. Chem. **106** (1919), 201.

[2] R. WILLSTÄTTER, K. SCHNEIDER: Hoppe-Seyler's Z. physiol. Chem. **133** (1923/24), 193.

[3] J. chem. Soc. (London) **57** (1890), 834.

[4] J. Amer. chem. Soc. **36** (1914), 1566.

[5] Liebigs Ann. Chem. **425** (1920/21), 1; **427** (1921), 111.

phosphat abstumpft. Man kann die Autolyse weiter dadurch variieren, daß man den zuerst entstehenden invertinarmen Extrakt abtrennt, die Autolyse von neuem in Gang setzt und sie abbricht, sobald die Hauptmenge des Enzyms in Lösung übergeführt ist. R. Willstätter, K. Schneider und E. Wenzel[1] wendeten zu dieser fraktionierten Neutralautolyse invertinreich gezüchtete Hefe an. Ihre Autolysate mit Saccharasewerten von 0,5 bis 1 sind ungefähr 150mal reiner als die nach Hudson dargestellten Autolysate aus gewöhnlicher (nicht invertinreich gezüchteter) Hefe. Dies ist heute das beste Verfahren zur Gewinnung von hoch wirksamen und sehr reinen Autolysaten.

200 g abgepreßte Hefe werden in 4 l Nährlösung von 28° eingetragen, die je 8 g primäres Kaliumphosphat und primäres Ammoniumphosphat, sowie je 2 g Kaliumnitrat und wasserhaltiges Magnesiumnitrat enthält. Die Temperatur wird unter dauernder Bewegung der Flüssigkeit auf 27° gehalten. 20%ige Rohrzuckerlösung tropft aus einer tubulierten Flasche durch eine Kapillare ein, und zwar so, daß 100 cm³ Lösung je Stunde einfließen. Nach je 2—3 Stunden trennt man die Nährlösung ab und erneuert sie fünf- bis siebenmal (Versuchsdauer zirka 17 Stunden). Im allgemeinen wird durch die Züchtung ein Saccharasewert von mindestens 0,5 erreicht. Die abgepreßte Hefe wird mit 25 cm³ Toluol und 25 g feingepulvertem Diammoniumphosphat verrührt und im Thermostaten bei 30° unter mehrfachem Umrühren aufbewahrt. Nach einer Stunde verdünnt man mit 250 cm³ Wasser und trennt nach zwei weiteren Stunden die saccharasearme Lösung mit der Zentrifuge ab. Den Heferückstand versetzt man mit 250 cm³ Wasser und etwas Toluol und stellt ihn 12—24 Stunden in den Thermostaten. Nun enthält die Lösung etwa 85% der gesamten Saccharase. Man zentrifugiert, verdünnt mit der doppelten Wassermenge und fällt durch geringes Ansäuern mit Essigsäure das in Lösung gegangene native Eiweiß. Darnach besitzen die Autolysate Saccharasewerte von 0,5 bis 1. Ein derartig günstiger Reinheitsgrad wurde in den früheren Präparaten erst durch mehrere aufeinanderfolgende Reinigungsmaßnahmen erreicht.

Zur Entfernung von niedermolekularen Begleitern verwendet man in der präparativen Enzymchemie sehr häufig die Dialyse, die im Falle der Saccharase meist nur geringe Wirksamkeitsverluste zur Folge hat. Als Membran können Cellophanschläuche oder Hammelblinddärme verwendet werden. Die oben beschriebenen Autolysate erreichen durch die Dialyse Saccharasewerte von 2 bis 3.

Das Verfahren der Adsorption ist gerade für die Reinigung der Saccharase von R. Willstätter und seinen Mitarbeitern zu besonders hoher Vollkommenheit entwickelt worden.[2] R. Willstätter und F. Racke[3] adsorbierten die Saccharase an Tonerde und anschließend an Kaolin. (Das gereinigte Enzym wird zum Unterschied von dem rohen an Kaolin adsorbiert.) Aus den Adsorbaten wurde die Saccharase durch verdünntes Ammoniak oder Diammoniumphosphat eluiert. Mit diesen Operationen war eine bedeutende Steigerung des Reinheitsgrades verbunden, nämlich vom Saccharasewert 0,005 der damaligen Autolysate bis zum Saccharasewert 2 in den Kaolinelutionen. Die Adsorption des Invertins durch Kaolin führt zu einer Trennung von Hefegummi, der dabei in seiner ganzen Menge in der Mutterlauge zurückbleibt. Später wurde das Adsorptionsverfahren noch bedeutend verfeinert. Es wurde erkannt und von H. Kraut und E. Wenzel[4] eingehend untersucht, wie der Grad der Adsorption und damit auch der Reinigungserfolg von der Konzentration der Enzymlösungen, von der Wasserstoffionenkonzentration, vom Wechsel in dem Adsorbens und von den vorhergehenden

[1] Hoppe-Seyler's Z. physiol. Chem. 151 (1926), 1.
[2] Vgl. Artikel Schäffner in diesem Bande des Handbuches.
[3] Liebigs Ann. Chem. 425 (1920/21), 1.
[4] Hoppe-Seyler's Z. physiol. Chem. 133 (1924), 1; 142 (1925), 71.

Schritten der Reinigung abhängig ist. Häufig war es zweckmäßig, einen unreineren Anteil vorweg zu adsorbieren, bzw. das Enzym nicht vollständig, sondern nur zu 80—90% an das Adsorbens zu binden. Schließlich wurde der Verlauf der Adsorptionsisothermen selbst auf den einzelnen Stufen der Reinigung als Maßstab dafür benutzt, ob eine Wiederholung der Adsorptionen und Elutionen noch von einem Reinigungserfolg begleitet sein könnte. Als Adsorbentien wurden meist Aluminiumhydroxyde bestimmter chemischer Konstitution[1] oder Kaolin verwendet, außerdem Bleiphosphat, das man am besten in der Enzymlösung selbst aus Bleiacetat und Ammoniumphosphat entstehen läßt. Die Adsorption wurde so immer auswählender gestaltet. Während in den ersten Versuchen von R. WILLSTÄTTER und F RACKE 1 g Al_2O_3 0,15 Saccharaseeinheiten, also die Invertinmenge aus 10 g lebender Hefe aufnahm, wurde in den letzten Versuchen von R. WILLSTÄTTER und K. SCHNEIDER[2] mehr als das Tausendfache, nämlich das Invertin von 12—14 kg Hefe von 1 g Al_2O_3 aufgenommen. In der Elution besaß dieses Präparat den Saccharasewert 6,7. Bei der Wiederholung der Adsorption erhielt man die Adsorptionsisotherme eines reinen Stoffes. Die Grenze der Leistungsfähigkeit der Adsorptionsmethode war damit erreicht, allein die Invertinpräparate waren, wie die Analyse ergab, von Einheitlichkeit dennoch weit entfernt. Das beobachtete einheitliche Adsorptionsverhalten kam gar nicht dem Enzym selbst, sondern einem Aggregat zu, das aus dem Enzym und den ihm nächstverwandten Stoffen zusammen mit adsorptiv verbundenen Begleitstoffen bestand. Für solche adsorptiven Vereinigungen wurde später von R. WILLSTÄTTER und M. ROHDEWALD der Ausdruck Symplex eingeführt.[3] Ihre besten Präparate erhielten R. WILLSTÄTTER, K. SCHNEIDER und E. WENZEL[4] durch Kombination mehrerer Reinigungsarten, z. B. fraktionierte Autolyse von invertinreich gezüchteter Hefe, Alkoholfällung, Tonerdeadsorption, fraktionierte Adsorption mit Bleiphosphat. Sie wiesen Saccharasewerte zwischen 9,6 und 10,9 auf. Wir beschreiben ein typisches Beispiel.

1,5 l frisch bereitetes Autolysat mit 21 Saccharaseeinheiten (siehe S. 70) wurde auf 0° abgekühlt und mit $^n/_1$-Essigsäure zu p_H 5 angesäuert. Beim Vermischen mit dem gleichen Volumen Alkohol von — 20° fiel ein geringer Niederschlag aus, der durch eine 1 mm dicke Kieselgurschicht abgesaugt wurde. Die klare Lösung wurde im Vakuum auf 90 cm³ eingedampft, dann adsorbierten 0,4 g Aluminiumhydroxyd $C\gamma$ 90% der Saccharase. Die Elution wurde mit 4 g Diammoniumphosphat in 0,5 l Wasser vorgenommen und ergab den Saccharasewert 7,3. Dann wurde ein zweites Mal mit so viel Aluminiumhydroxyd $C\gamma$ versetzt, daß zirka 25% adsorbiert wurden, und die Restlösung weiter verwendet.

5 Saccharaseeinheiten dieser Restlösung wurden mit 0,1 g Diammoniumphosphat und 0,43 g Bleiacetat versetzt und abzentrifugiert. Nach dem Behandeln mit Diammoniumphosphat enthielt die Elution 2 Saccharaseeinheiten vom Saccharasewert 4,3, die Restlösung 2,6 Saccharaseeinheiten vom Saccharasewert 11,9. (Alle Saccharasewertbestimmungen wurden in dialysierten Proben ausgeführt.) Auf 1 Saccharaseeinheit dieses Präparats entfielen nur noch 0,18 mg Tryptophan. Die Bleiphosphatfällung führte zu einer weitgehenden Abtrennung inaktivierter Anteile.

Einen noch besseren Reinheitsgrad erzielten H. ALBERS und J. MEYER.[5] Sie autolysierten invertinreich gezüchtete Hefe mit Toluol und ließen das Autolysat 4 Monate stehen. Nach dem Ansäuern auf p_H 4,0 fiel ein Niederschlag, der

---

[1] R. WILLSTÄTTER, H. KRAUT: Ber. dtsch. chem. Ges. **56** (1923), 149, 1117; **57** (1924), 58, 63, 1082.

[2] Hoppe-Seyler's Z. physiol. Chem. **142** (1925), 257.

[3] Hoppe-Seyler's Z. physiol. Chem. **225** (1934), 103, und zwar 109.

[4] Hoppe-Seyler's Z. physiol. Chem. **151** (1926), 1.

[5] Hoppe-Seyler's Z. physiol. Chem. **228** (1934), 122.

abfiltriert wurde. Aus der Lösung adsorbierten sie 60% der Saccharase an Aluminiumhydroxyd $C\gamma$. Das Adsorbat wurde mit Wasser gewaschen und mit 0,1%iger Ammoniaklösung voreluiert, sodann mit 0,5%iger Diammoniumphosphatlösung eluiert. Der Saccharasewert war 14,7.

Nach M. Adams und C. S. Hudson[1] erweist sich Betain als ein gutes Adsorbens für Saccharase aus Hefeautolysaten. Das optimale p_H für die Adsorption ist 4,1 bis 4,3; für die Elution 5,3 und mehr.

R. Weidenhagen[2] verwendet Erdalkalihydroxyde zur Fällung der Saccharase aus Hefeautolysaten. Bei $p_H = 8$ fällt Calciumhydroxyd 65%, Bariumhydroxyd 75% und Strontiumhydroxyd 100% des Enzyms. Aus diesen Niederschlägen, die frei von Hefegummi sind, läßt sich die Saccharase leicht mit solchen Säuren eluieren, die unlösliche Erdalkalisalze bilden, z. B. mit Phosphorsäure bzw. primärem Ammoniumphosphat. Das Abscheidungsverfahren mit Strontiumhydroxyd übertrugen R. Weidenhagen und L. Nenninger[3] auch auf große Hefemengen und schlossen noch eine Fällung des Eluates mit Uranylacetat daran an.

Die präparative Trennung von der α-Glukosidase wird bei dieser behandelt.

Kinetik.
Abhängigkeit von der Enzymkonzentration.

Den Verlauf der Rohrzuckerspaltung durch Saccharase beobachteten zuerst O'Sullivan und Tompson[4] unter genügend genau definierten Bedingungen (Phosphatpuffer vom p_H 4,5 und 15,5° C). Ihre Spaltungskurve ist auf S. 67, Abb. 5 dargestellt. Sie entspricht annähernd, aber nicht vollständig derjenigen einer Reaktion erster Ordnung, wie von C. S. Hudson[5] und von H. v. Euler und O. Svanberg[6] bestätigt wurde. Die Enzymwirkung gleicht also in dieser Hinsicht dem Verlauf der Säurehydrolyse des Rohrzuckers. Hudson variierte die Fermentkonzentration im Verhältnis 1:8, Euler und Svanberg sogar im Verhältnis 1:40. Sie fanden die Schützsche Regel bestätigt, daß das Produkt von Fermentkonzentration und Spaltungszeit konstant ist. R. Willstätter, J. Graser und R. Kuhn[7] wiederholten die Untersuchung mit gereinigter Saccharase (Saccharasewert 3). Sie variierten die Saccharasemengen im Verhältnis 1:20,2. In weiten Grenzen ist also die Inversionsgeschwindigkeit der Saccharasekonzentration direkt proportional.

Abhängigkeit von der Substratkonzentration.

Die ersten Untersuchungen über die Abhängigkeit des Spaltungsverlaufes von der Rohrzuckerkonzentration stellte E. Duclaux[8] 1883 an. Er maß die Spaltung mit gleichen Invertinmengen in 10—40%iger Rohrzuckerlösung und erkannte richtig, daß die Spaltungsgeschwindigkeit konstant sein müßte, wenn nicht die Reaktionsprodukte hemmen würden. Für ihren Einfluß sind zahlreiche Gleichungen aufgestellt worden, deren bestbegründete diejenige von Michaelis und Menten ist. Sie haben vor allem die Affinitäten der Saccharase zum Rohrzucker und zu den Spaltprodukten nicht willkürlich in die Reaktions-

[1] J. Amer. chem. Soc. 60 (1938), 982.
[2] Z. Wirtschaftsgr. Zuckerind. 86 (1936), 473.
[3] Z. Wirtschaftsgr. Zuckerind. 89 (1939), 149.
[4] J. chem. Soc. (London) 57 (1890), 834.
[5] J. Amer. chem. Soc. 30 (1908), 1160, 1564.
[6] Hoppe-Seyler's Z. physiol. Chem. 107 (1919), 269, 273.
[7] Hoppe-Seyler's Z. physiol. Chem. 123 (1922), 1.
[8] Microbiologie, Bd. II, S. 142. 1899. — Vgl. auch Chimie biologique. 1883.

gleichung eingesetzt, sondern in besonderen Versuchen direkt ermittelt. Ihre Gleichung lautet:

$$K = \frac{1}{t}\left(\frac{1}{a} + \frac{1}{K_F} + \frac{1}{K_{Gl}}\right) a \cdot \ln \frac{a}{a-x} + \frac{x}{t}\left(\frac{1}{K_s} - \frac{1}{K_F} - \frac{1}{K_{Gl}}\right),$$

wo a die Anfangskonzentration der Saccharose, x die in der Zeit t umgesetzte Menge, K_s die Dissoziationskonstante der Saccharase-Saccharose-Verbindung, K_F die Dissoziationskonstante der Saccharase-Fructose-Verbindung, K_{Gl} die Dissoziationskonstante der Saccharase-Glukose-Verbindung sind.

Sie diskutieren diese Gleichung folgendermaßen: .

Die Zeitgleichung der Saccharasewirkung ist die Summe einer logarithmischen und einer linearen Funktion. Ist die Affinität zum Substrat gleich den Affinitäten zu den Spaltprodukten, so verschwindet das lineare Glied und die Gleichung geht über in

$$K = \frac{1}{t}\left(\frac{1}{a} + \frac{1}{K_s}\right) a \cdot \ln \frac{a}{a-x}.$$

Die Reaktion wird erster Ordnung. Da die Affinität zum Rohrzucker und zu den Spaltprodukten, wie auf S. 59ff. erörtert, bei der Saccharase wechselt, kann dieser Fall verwirklicht werden. Z. B. wäre

$$\frac{1}{K_s} = \frac{1}{K_F} + \frac{1}{K_{Gl}} \qquad \text{für } K_s = 0{,}03, \quad K_F = 0{,}05, \quad K_{Gl} = 0{,}08.$$

In dem von O'SULLIVAN und TOMPSON untersuchten Fall war dagegen die Affinität zum Rohrzucker ein wenig größer als diejenige zu Fructose und Glukose.

Wäre die Affinität zum Substrat sehr viel größer als diejenige zu den Spaltprodukten, so könnte man

$$\frac{1}{t} \ln \frac{a}{a-x} \quad \text{gegenüber} \quad \frac{x}{t \cdot K_s}$$

vernachlässigen. Man erhielte dann einen geradlinigen Reaktionsverlauf, wie es bei vielen anderen Enzymen tatsächlich beobachtet wird.

Es ist hervorzuheben, daß alle Gleichungen dieser Art nur bei verhältnismäßig niedrigen Rohrzuckerkonzentrationen Gültigkeit haben. Die Gleichung von MICHAELIS und MENTEN gilt bis zu höchstens $^n/_3$-molaren Rohrzuckerlösungen. Bei höheren Konzentrationen sinkt die Reaktionskonstante bedeutend ab. Nach den Messungen von A. J. BROWN[1] kann man zwei ausgezeichnete Reaktionsbereiche unterscheiden. In verdünnten Lösungen (bis ungefähr 0,5% Rohrzucker) kann man annähernd mit der Konstanten der Reaktion erster Ordnung rechnen. In konzentrierteren Lösungen (5—20% Rohrzucker) sind dagegen die durch gleiche Fermentmengen in der Zeiteinheit umgesetzten absoluten Substratmengen einander gleich. Man muß daher in diesem Bereich die Konstante der ersten Ordnung noch mit der Rohrzuckerkonzentration multiplizieren, um zu den umgesetzten Mengen zu gelangen. Oberhalb 20% fällt, wie besonders von H. v. EULER und K. MYRBÄCK[2] untersucht wurde, das Produkt $k \cdot c$ wieder ab.

Abhängigkeit von der Wasserstoffionenkonzentration.

Die Wirksamkeit der Saccharase wird, wie die aller Enzyme, von der Wasserstoffionenkonzentration stark beeinflußt. Schon C. O'SULLIVAN und

---

[1] J. chem. Soc. (London) 81 (1902), 373.
[2] Hoppe-Seyler's Z. physiol. Chem. 124 (1922/23), 159.

F. W. Tompson[1] teilten mit, daß reproduzierbare Ergebnisse bei der Rohrzuckerspaltung nur erhalten werden konnten, wenn sie primäres Kaliumphosphat
dem Spaltungsansatz zusetzten. S. P. L. Sørensen[2] fand die Erklärung dieser
Erscheinung darin, daß durch dieses Salz einer mehrbasischen Säure eine bestimmte Wasserstoffionenkonzentration, nämlich die für Saccharase optimale,
hergestellt wurde, während die Natur des Salzes selbst ohne Einfluß war. Für
solche Substanzen führte er die Bezeichnung Puffer ein. Die ersten quantitativen
Untersuchungen über die p_H-Abhängigkeit der Rohrzuckerinversion wurden

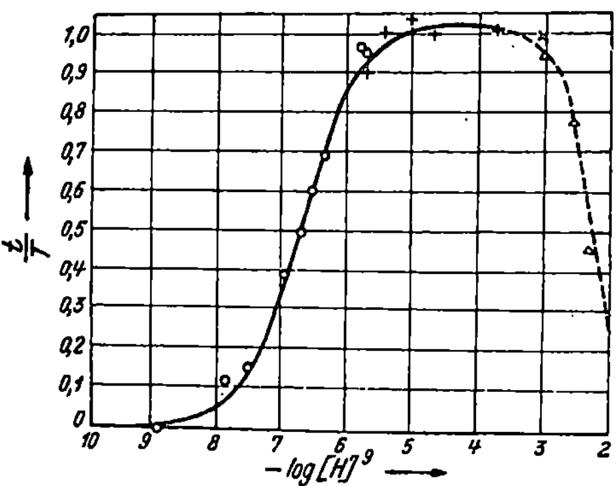

Abb. 6. Aktivitäts-p_H-Kurve der Saccharase.

von L. Michaelis und H. Davidsohn[3]
ausgeführt. Die Abhängigkeit der relativen Spaltungsgeschwindigkeit vom
log der Wasserstoffionenkonzentration
nennt man die Aktivitäts-p_H-Kurve.
Sie ist in Abb. 6 wiedergegeben und
zeigt ein breites Maximum zwischen
p_H 3,7 und 5,2. Der aufsteigende (alkalische) Teil dieser Kurve entspricht
der Dissoziations*rest*kurve einer schwachen Säure, bzw. der Dissoziationskurve einer schwachen Base. Zugunsten der Dissoziationsrestkurve einer
Säure spricht die elektrolytische Über-
führbarkeit der Saccharase. Der Para-
meter dieser Kurve gibt die Dissoziationskonstante ($K = 2 \cdot 10^{-7}$) dieser Säure
an. Michaelis und Davidsohn schlossen hieraus, daß der wirksame Anteil der
Saccharase nur die undissoziierten Moleküle seien.

Die Kombination dieser Ergebnisse mit der Aktivitäts-p_s-Kurve (siehe S. 58)
führte zu lang diskutierten Schwierigkeiten. Da nämlich nach Michaelis und
Menten zwischen Ferment und Substrat ein Massenwirkungsgleichgewicht
angenommen wird, müßte auch das zweite Gleichgewicht, dasjenige zwischen
undissoziiertem Ferment und seinen Ionen, von der Substratkonzentration
abhängig sein. L. Michaelis und M. Rothstein[4] fanden aber experimentell,
daß die Aktivitäts-p_H-Kurve von der Rohrzuckerkonzentration unabhängig
ist. Sie stellten die Theorie auf, daß nicht die Saccharase selbst, sondern nur
die Verbindung der Saccharase mit der Saccharose eine Säure sei, deren undissoziierte Moleküle spontan in Glukose, Fructose und Saccharase zerfallen.
Es müßte sich aber auch dann noch die Zahl der undissoziierten Moleküle mit
steigender Rohrzuckerkonzentration vermehren. R. Kuhn[5] nahm daher an,
daß die Wasserstoffionenkonzentration nur die Zerfallsgeschwindigkeit der
Enzym-Substrat-Verbindung beeinflußt, während das Gleichgewicht zwischen
Enzym und Zucker unabhängig von der Wasserstoffzahl ist.

H. v. Euler, K. Josephson und K. Myrbäck[6] weisen demgegenüber darauf
hin, daß auch die Saccharase selbst in Ionen dissoziiert, und diese Dissoziation
mit derjenigen der Saccharase-Saccharose-Verbindung in einem Gleichgewicht
stehen muß.

---

[1] J. chem. Soc. (London) 57 (1890), 834.
[2] Biochem. Z. 21 (1909), 131, 279.
[3] Biochem. Z. 85 (1911), 386.
[4] Biochem. Z. 110 (1920), 217.
[5] Naturwiss. 11 (1923), 732; Hoppe-Seyler's Z. physiol. Chem. 125 (1922/23), 28.
[6] Hoppe-Seyler's Z. physiol. Chem. 184 (1923/24), 39.

Sie bezeichnen:

HES = undissoziierte Enzym-Substrat-Verbindung,
ES' = Anionen der Enzym-Substrat-Verbindung,
HE = freie Saccharase,
E' = Anionen der freien Saccharase,
$H^{\cdot}$ = Wasserstoffionen,
S = Rohrzucker,
F = Gesamtkonzentration der Saccharase,
also = $[HES] + [HE] + [E'] + [ES']$.

Dann ist

$$\frac{[HE]\cdot[S]}{[HES]} = K_s,$$

$$\frac{[H^{\cdot}]\cdot[ES']}{[HES]} = K_a,$$

$$\frac{[H^{\cdot}]\cdot[E']}{[HE]} = K_a',$$

$$\frac{[E']\cdot[S]}{[ES']} = K_s'.$$

Da nach den experimentellen Befunden auf der alkalischen Seite der Aktivitäts-p_H-Kurve keine Abhängigkeit von der Substratkonzentration besteht, nehmen v. EULER, JOSEPHSON und MYRBÄCK an, daß $K_s = K_s'$ ist. Dann muß auch $K_a = K_a'$ sein, und zwar nach MICHAELIS und ROTHSTEIN[1] $= 3\cdot10^{-7}$. Für die allein enzymatisch wirksamen undissoziierten Enzym-Substrat-Moleküle finden sie dann folgende Gleichung:

$$[HES] = F\cdot\frac{[H^{\cdot}]\,[S]}{[H^{\cdot}]\cdot[S] + K_a\,[S] + K_s\,[H^{\cdot}] + K_s\cdot K_a}.$$

Berechnen sie daraus die relativen Inversionsgeschwindigkeiten bei verschiedenem p_H und verschiedener Rohrzuckerkonzentration, so erhalten sie die in der Tabelle 3 wiedergegebenen Werte. In der letzten Zeile sind die experimentell gemessenen Werte angegeben, die in sehr befriedigender Übereinstimmung mit den berechneten stehen. Eine weitere Stütze ihrer Theorie ist, daß sie an einem hochaktiven Saccharasepräparat eine Dissoziation der Größenordnung 10^{-7} beobachteten, in genügender Übereinstimmung mit dem MICHAELISschen Wert von $3\cdot10^{-7}$ für die elektrolytische Dissoziation der Saccharase-Saccharose-Verbindung. Das Ergebnis ihrer Betrachtungen ist also, daß die Unabhängigkeit der Aktivitäts-p_H-Kurve von der Rohrzuckerkonzentration lediglich eine Folge der Gleichheit der Dissoziationskonstanten der Saccharase selbst und ihrer Verbindung mit dem Rohrzucker ist.

Tabelle 3. *Vergleich der theoretischen und der experimentell ermittelten relativen Inversionsgeschwindigkeiten.*

Konzentration des Rohrzuckers Normalität	Relative Inversionsgeschwindigkeit			
	$p_H = 5$	$p_H = 6$	$p_H = 7$	$p_H = 8$
0,200	100	80	26	3,3
0,100	100	78	26	3,3
0,050	100	80	26	3,3
0,010	100	81	26	3,4
0.005	100	79	26	3,4
Aciditätskurve	100	80	30	5

Die angestellten Betrachtungen gelten, wie erwähnt, nur für den alkalischen Ast der Aktivitäts-p_H-Kurve. Auf der sauren Seite dagegen ist das Absinken der Spaltungsgeschwindigkeit nach K. JOSEPHSON[2] eine Folge der abnehmenden Affinität zwischen Saccharase und Rohrzucker.

---

[1] Biochem. Z. 110 (1920), 217.
[2] Hoppe-Seyler's Z. physiol. Chem. 134 (1922/23), 50.

Für die experimentelle Ermittlung der Aktivitäts-p_H-Kurve ist der Hinweis notwendig, daß nach R. WEIDENHAGEN[1] die Gegenwart von Maltase den alkalischen Ast der Kurve beeinflußt und die optimale Zone der Spaltbarkeit breiter erscheinen läßt. Man muß daher entweder ein Extraktionsverfahren wählen, das die Maltase zerstört, oder mit gereinigten, maltasefreien Präparaten arbeiten (siehe S. 88). Das p_H-Optimum der reinen β-h-Fructosidase lag in den Versuchen von WEIDENHAGEN bei p_H 4,7.

Das p_H-Optimum der Fructosidase der Hefen zwischen 4,5 und 5 ist immer wieder bestätigt worden. Dagegen verschiebt sich das optimale p_H von Fructosidasen anderen Ursprungs häufig nach der alkalischen Seite hin. Zum Überblick sei eine Tabelle von E. HOFMANN[2] in der gekürzten Form nach C. OPPENHEIMER[3] gegeben (Tabelle 4).

Tabelle 4. *p_H-Optima der pflanzlichen Saccharasen.*

Gruppe	Art	p_H	Autor
Bakterien	Pneumokokken	7,0	O. T. AVERY
	Bakt. Coli..............	7,0	H. KARSTRÖM
	Sulfatasebakterien	6,5	E. HOFMANN
Hefen	Untergärige Hefe	4,2—4,6	S.P.L. SØRENSEN, L. MICHAELIS
Spalthefen	*Schizosaccharomyces octosporus* u. a................	4,5—5,0	E. HOFMANN
Schimmelpilze	*Aspergillus niger*..........	5,2	N. N. IWANOFF c. s.
	„ „	4,9	E. HOFMANN
	„ *oryzae*	5,2	E. HOFMANN
	Penicillium..............	5,0	H. v. EULER c. s.
Phanerogamen	*Solanum indicum*	6,0	H. TAUBER, I. S. KLEINER
	Blätter verschiedener Bäume	4,5—6,5	A. V. BLAGOVESCHENSKI

Aktivierung und Hemmung der β-h-Fructosidase.

Über Aktivatoren der Saccharase ist wenig bekannt. Nach J. M. NELSON und E. L. SAUL[4] steigern genuine Proteine die Wirkung reinster Saccharasepräparate, aber nicht beim p_H-Optimum, sondern nur bei einem p_H unterhalb 4. Dagegen gibt es zahlreiche Stoffe, die auf die β-h-Fructosidase einen hemmenden Einfluß ausüben.

1. Einfluß der Spaltprodukte der Saccharose und anderer Zucker.

Die hemmende Wirkung von Fructose, Glukose und anderen Zuckern oder Glukosiden auf die Rohrzuckerspaltung sowie der verschiedene Mechanismus dieser Reaktionsverzögerung ist schon ausführlich im Abschnitt „Theorien der Enzymwirkung" besprochen worden (S. 57ff.).

2. Hemmung durch freie Halogene.

H. v. EULER und K. JOSEPHSON[5] untersuchten die Einwirkung von Jod auf die Saccharase. Sie stellten fest, daß es sich um eine irreversible Vergiftung handelt, die durch Thiosulfat nicht aufhebbar ist. K. MYRBÄCK[6] zeigte, daß hier

---

[1] Ergebn. Enzymforsch., Bd. II, S. 90, und zwar S. 92. Leipzig, 1933.

[2] Biochem. Z. 275 (1935), 320.

[3] Die Fermente und ihre Wirkungen, Suppl.-Bd. I, S. 225. Leipzig, 1935.

[4] J. Amer. chem. Soc. 56 (1934), 1994.

[5] Hoppe-Seyler's Z. physiol. Chem. 127 (1923), 99.

[6] Hoppe-Seyler's Z. physiol. Chem. 158 (1926), 160; 159 (1926), 1.

zwei Reaktionen verlaufen: a) eine momentane Abschwächung der Invertin-wirkung um 40% infolge Bildung von Jodsaccharase, und b) eine langsame Weiterwirkung von Jod auf die Jodsaccharase infolge sekundärer Reaktionen, die bei p_H 4÷4,5 am geringfügigsten sind. Die Inaktivierungskonstante bei optimaler Azidität ist $k_c = 30 \cdot 10^{-4}$.

Die Jodsaccharase selbst besitzt 60% Aktivität der freien Saccharase, hat dieselbe Aktivitäts-p_H-Kurve und dieselbe Affinität wie die Saccharase. Jod greift also anfangs nicht an den substratbindenden Gruppen an.

Chlor und Brom haben Giftwirkung, jedoch bilden sie keine der Jodsaccharase entsprechenden Verbindungen mit der Saccharase.

3. Hemmung durch Schwermetallsalze.

Die Wirkung der Schwermetallsalze wurde zuerst von H. v. EULER[1] unter-sucht. Sie wirken hemmend, Silber- und Quecksilbersalze stark, Kupfer-, Cadmium-, Thor- und Uransalze sehr schwach. Da die Hemmung reversibel ist — sie wird durch Schwefelwasserstoff völlig aufgehoben —, handelt es sich hierbei nicht um eine Zerstörung des Ferments, sondern um wahre chemische Gleich-gewichtsreaktionen unter Bildung unwirksamer Verbindungen. Quantitative Messungen lassen sich allerdings nur mit hochgereinigten Saccharasepräparaten anstellen. Sorgfältige Untersuchungen auf diesem Gebiet hat K. MYRBÄCK[2] aus-geführt. Die Vergiftung durch Silberionen geht in der Weise vor sich, daß die Saccharase in ihrer Eigenschaft als schwache Säure mit den Silberionen ein schwach dissoziiertes Salz bildet. Da das hierbei durch Silber ersetzte Wasser-stoffion für die Enzymwirkung unentbehrlich ist, so tritt Inaktivierung ein. Die Reaktion ist von der Substratkonzentration unabhängig. Dies beweist, daß die Bindung des Zuckers an das Enzym, die durch eine basische Gruppe vermittelt wird, von der Bindungsstelle des Silbers völlig unabhängig ist. Die Abhängigkeit des Inaktivierungsgrades von der Giftmenge wird durch eine Dissoziationskurve dargestellt. Die Inaktivierung nimmt mit steigendem p_H zu. Mit gleichen Silber-mengen beträgt sie z. B. bei $p_H = 4,57$ 25% und bei 6,36 97%. Die Vergiftungs-kurven, bei verschiedenem p_H aufgenommen, laufen dem absteigenden Ast der p_H-Kurve parallel. Es herrscht also das Gleichgewicht: $\dfrac{[Ag^\cdot] \cdot [E']}{[Ag E]} = K_{Ag}$.
E' bedeutet die Konzentration der freien und der von Rohrzucker gebundenen Saccharaseionen.

Kupfer, Blei, Zink und Cadmium verhalten sich fast wie Silber und haben auch ähnliche Inaktivierungskonstanten. Dagegen sind Nickel, Kobalt, Mangan und die dreiwertigen Metalle Eisen, Aluminium, Chrom fast ohne Wirkung, da sie nur geringe Affinität zum Enzym besitzen.

Quecksilber wird wahrscheinlich an die basische Gruppe der Saccharase gebunden, denn die Vergiftung wird von der Substratkonzentration stark beein-flußt. Vom p_H ist sie weniger abhängig als die Silberinaktivierung. Zwar nimmt sie gegen die alkalische Seite des Optimums hin zu, ist aber in der Gegend des p_H-Optimums selbst fast unabhängig von der Wasserstoffionenkonzentration. Wahrscheinlich wird das Quecksilber in Form eines inneren Komplexsalzes an die Aminogruppe gebunden. Dafür spricht, daß Quecksilber, im Gegensatz zu

[1] H. v. EULER, O. SVANBERG: Fermentforsch. 3 (1921), 330; 4 (1921), 29, 142; Hoppe-Seyler's Z. physiol. Chem. 114 (1921), 137. — H. v. EULER, K. MYRBÄCK: Ebenda 121 (1922), 477; Ber. dtsch. chem. Ges. 55 (1922), 3583. — H. v. EULER, K. JOSEPHSON: Ebenda 55 (1922), 2416. — H. v. EULER, E. WALLES: Hoppe-Seyler's Z. physiol. Chem. 132 (1924), 167. — H. v. EULER: Angew. Chem. 45 (1932), 220.
[2] Hoppe-Seyler's Z. physiol. Chem. 158 (1926), 160.

Silber, das Enzym gegen die Vernichtung durch salpetrige Säure schützt. Auch die Quecksilbervergiftung ist durch Schwefelwasserstoff völlig reversibel.

4. Einfluß der Neutralsalze.

Die Neutralsalze haben beim p_H-Optimum einen sehr geringen Einfluß. Auf der sauren Seite des p_H-Optimums gibt es überhaupt keine Saccharasehemmung, auf der alkalischen Seite ist die Hemmung spezifisch und folgt der lyotropen Reihe, ist also wohl eine kolloidchemische Wirkung auf den Träger.

5. Einfluß von freier salpetriger Säure.[1]

Freie salpetrige Säure, ein typisches Reagens für die Aminogruppe, zerstört die Saccharase völlig, indem sie die Aminogruppe ausschaltet. Zucker, wie Saccharose, Fructose, β-Glukose, die Affinität zum Enzym besitzen, schützen dasselbe vor der Vernichtung durch salpetrige Säure. Dies beweist, daß die Bindung der Saccharase an die Saccharose durch eine Aminogruppe bedingt ist.

6. Osmiumtetroxyd.

Osmiumtetroxyd wirkt stark inaktivierend durch Oxydation.[1]

7. Einfluß organischer Stoffe.

a) Alkohol. Sowohl Äthyl- als auch Methylalkohol wirken hemmend.

b) Formaldehyd. Formaldehyd wirkt schwach giftig, indem er nach einer Inkubationszeit mit der Aminogruppe des Enzyms zu einer Methylenverbindung zusammentritt.[1]

c) Pikrinsäure. Die Pikrinsäure hemmt nach K. Myrbäck[1] (ebenso wie die anorganischen Säuren Phosphorwolframsäure und Kieselwolframsäure) durch Bildung eines wenig dissoziierten Salzes der Aminogruppe.

d) Ascorbinsäure. Gereinigte β-h-Fructosidase aus Hefe wird nach R. Weidenhagen[2] durch Vitamin C in physiologischer Konzentration, besonders am Neutralpunkt, gehemmt. Diese Hemmung ist reversibel und kann durch kleinste Mengen von SH-Verbindungen (Cystein, Glutathion) sowie durch die entsprechenden Disulfidverbindungen (Cystin, SS-Glutathion), ferner durch einige Aminosäuren aufgehoben werden.

e) Amine. Am wichtigsten ist die Hemmung durch „Carbonylreagentien", wie Amine, da sich daraus Rückschlüsse auf die Konstitution des Agons der Saccharase ziehen lassen (siehe Kapitel „Struktur"). Nach K. Myrbäck[3] handelt es sich hierbei um eine stöchiometrische Reaktion der Carbonylgruppe des Enzyms mit den Aminen zu Schiffschen Basen. Nur die freie Base wirkt giftig auf die Saccharase, weil nur sie gebunden wird. Je stärker die Base, desto stärker die Bindung an das Enzym, wie nach Myrbäck aus den berechneten Dissoziationskonstanten der Verbindung Enzym-Amin hervorgeht. Die Inaktivierung ist völlig reversibel, z. B. durch Zusatz von Zucker oder anderen Aldehyden, die das Amin binden. Die Vergiftung ist unabhängig von der Substratkonzentration, setzt also an einer anderen Stelle ein als die Bindung des Substrats. Die Giftwirkung beruht nicht darauf, daß die Verbindung Substrat-Enzym verhindert wird, sondern daß die Verbindung Amin-Enzym-Substrat nicht zerfällt.

---

[1] K. Myrbäck: Hoppe-Seyler's Z. physiol. Chem. 158 (1926), 160.
[2] Z. Wirtschaftsgr. Zuckerind. 86 (1936), 240, 482.
[3] Hoppe-Seyler's Z. physiol. Chem. 158 (1926), 160.

Einfluß physikalischer Faktoren.

a) *Bestrahlung.*

Ultraviolette Strahlen schädigen stark, besonders bei 270 mμ.[1] Die schädigende Wirkung der Radiumstrahlen wurde von R. G. Hussey und W. R. Thompson[2] untersucht.

b) *Temperatur.*

H. v. Euler und Mitarbeiter[3] untersuchten eingehend die Temperaturempfindlichkeit der Saccharase und fanden, daß die Inaktivierungskonstante k_c, d. h. die Geschwindigkeit der Zerfallsreaktion erster Ordnung am geringsten bei p_H 4 bis 5 ist.

c) *Schweres Wasser.*

Schweres Wasser (50—97,4% D_2O) wirkt nach E. W. R. Steacie[4] bei 30,25° zirka 25% verzögernd auf die Hydrolyse durch Saccharase. Wie von F. Salzer[5] und K. F. Bonhoeffer festgestellt wurde, hemmt schweres Wasser die Hydrolyse derjenigen β-Glukoside, die eine hohe Affinität zur β-Glukosidase besitzen. Da die Saccharase eine hohe Substrataffinität besitzt, folgt auch die Fructosidase der bei der β-Glukosidase gefundenen Gesetzmäßigkeit.

Dagegen verläuft die durch Wasserstoffionen katalysierte Rohrzuckerspaltung in schwerem Wasser rascher als in gewöhnlichem.[6]

Struktur der Saccharase.

Die umfangreichen Arbeiten über die Isolierung der Saccharase, die besonders von R. Willstätter und von H. v. Euler mit ihren Mitarbeitern ausgeführt wurden, hatten zum Ziel, die chemische Natur der Saccharase kennenzulernen. Dieses Ziel ist noch nicht erreicht, weil bisher stets die mit fortschreitender Reinigung wachsende Unbeständigkeit des Enzyms ein unüberwindliches Hindernis bildete. Unsere Vorstellungen über die Struktur der Saccharase sind daher aus Beobachtungen über das Verhalten des Enzyms in noch unreinem Zustand, bzw. bei der Reinigung selbst gewonnen. Sie erstrecken sich einerseits auf den allgemeinen Bau eines Enzyms, besonders die von R. Willstätter gewonnenen Vorstellungen, und andererseits auf das Vorhandensein bestimmter chemischer Gruppierungen innerhalb des noch unbekannten Enzymmoleküls, wie sie vor allem v. Euler und seine Schule erforscht haben.

A. P. Mathews und J. H. Glenn[7] hatten schon 1911 auf Grund der Beobachtung, daß ihre Saccharasepräparate sowohl Proteine wie Hefegummi hartnäckig festhielten, die Ansicht geäußert, daß diese beiden Bestandteile zusammen das Enzym bilden könnten, wobei sie dem Protein die enzymatische Wirkung, dem Hefegummi die Aufgabe, das Protein zu tragen, zuschrieben. Sicherlich haben weder von dem Protein noch von dem Hefegummi, die sie in Händen hatten, mehr als Spuren zu dem Enzym selbst gehört. Sie bildeten den Ballast, vielleicht auch mit dem Enzym locker verbundene Schlepper ohne Zusammenhang mit der Enzymwirkung.

---

[1] G. Gorbach, K. Lerch: Biochem. Z. 219 (1930), 122; 235 (1931), 259.

[2] J. gen. Physiol. 9 (1925), 211.

[3] H. v. Euler, S. Kullberg: Hoppe-Seyler's Z. physiol. Chem. 71 (1911), 134. — H. v. Euler, H. Laurin: Ebenda 108 (1919), 64; 110 (1920), 55. — H. v. Euler, K. Myrbäck: Ebenda 120 (1922), 61.

[4] Z. physik. Chem., Abt. B 27 (1934), 6.

[5] Z. physik. Chem., Abt. A 175 (1936), 304.

[6] E. A. Moelwyn-Hughes, K. F. Bonhoeffer: Naturwiss. 22 (1934), 174. — E. A. Moelwyn-Hughes: Z. physik. Chem., Abt. B, 26 (1934), 272.

[7] J. biol. Chemistry 9 (1911), 51.

Auf Grund viel eingehenderer Studien und durch den Vergleich des Invertins von den rohen Auszügen bis zu den höchst gereinigten Präparaten gelangte aber R. Willstätter[1] wieder zu der Vorstellung, daß die Enzyme allgemein aus zwei Teilen bestehen, nämlich aus einer rein chemisch wirkenden aktiven Gruppe und aus einem mit ihr durch Symplexbildung vereinigten Träger, der ein Kolloid und daher für die Kolloidnatur der Enzyme verantwortlich ist. Nachdem diese Theorie bei der Aufklärung der Struktur des gelben Atmungsferments durch O. Warburg und W. Christian[2] ihre Bestätigung gefunden hat, spricht man statt von aktiver Gruppe besser von prosthetischer Gruppe, bzw. vom Co-Ferment oder Agon. Der Träger wird auch Apoferment oder Pheron genannt. Während aber bei den in ihrer Struktur aufgeklärten Enzymen das Pheron sich stets als ein Protein mit bestimmten Eigenschaften erwies, ist es bei der Saccharase wahrscheinlich, daß der Träger wechseln kann. Im Verlauf der Reinigungsoperationen gelang es nämlich, sowohl proteinfreies, aber hefegummihaltiges, oder hefegummifreies, aber proteinhaltiges Invertin von ungefähr demselben hohen Reinheitsgrad darzustellen. Beide Gruppen unter Erhaltung der Wirksamkeit völlig abzutrennen, mißlang stets. R. Willstätter kam daher zu dem Schluß,[3] „daß von den chemisch definierten kolloiden Begleitstoffen, soweit die Versuche reichen, jeder einzelne unter Erhaltung der spezifischen Enzymwirksamkeit abgetrennt werden kann, und nach der Erfahrung von der Inkonstanz der Enzymaffinitäten ist es wahrscheinlich, daß die Natur der kolloiden Träger veränderlich ist." Insofern wird also ein Einfluß des kolloiden Trägers auf die Varianten der Affinität für möglich gehalten. Ein einzelner kolloider Träger scheint entbehrlich zu sein, aber nur dann, wenn der Saccharase ein anderer geeigneter zur Verfügung steht.

Über die Zugehörigkeit der Saccharase zu einer bestimmten Gruppe organischer Verbindungen ist eine Aussage noch nicht möglich. Jedoch läßt sich aus der Hemmung durch spezifische Gifte folgern, daß die Saccharase einen Ampholyten darstellt, was auch aus dem gleichen Adsorptionsverhalten gereinigter Hefepräparate gegenüber Tonerde und Kaolin hervorgeht. H. v. Euler und K. Josephson[4] unterscheiden auf Grund der Aktivitäts-p_H-Kurven zweierlei Gruppen: das Alkalisalz einer Aminosäure auf der alkalischen Seite, deren Carboxylgruppe die katalytische Spaltung besorgen soll, auf der sauren Seite ein Salz, dessen Kation Affinität zum Substrat besitzt. Nach K. Myrbäck[5] handelt es sich hierbei um eine Aminogruppe. Die Existenz dieser Aminogruppe ist sehr wahrscheinlich gemacht durch die zerstörende Wirkung der salpetrigen Säure. Auch die Inaktivierungserscheinungen durch Pikrinsäure, Phosphorwolframsäure usw. sprechen für das Vorhandensein einer basischen Gruppe im Enzym. Daß das Agon eine freie Carbonylgruppe enthält, wird durch die Giftwirkung von Aldehydreagentien, speziell von Aminen, gestützt, die nach Myrbäck in völlig reversibler Reaktion Schiffsche Basen liefern. Die Hemmung wird durch Zusatz von Zucker oder Aldehyd wieder aufgehoben. Ebenso wie primäre Amine hemmen Phenylhydrazin und Aminoguanidin, nicht dagegen Semicarbazid, das nicht mit Aldehydzucker reagiert. Myrbäck vermutet deshalb, daß diese Carbonylgruppe einem Aldehydzucker angehört.

Die gut gestützte Hypothese von K. Myrbäck, daß die aktive Gruppe der

---

[1] R. Willstätter, K. Schneider, E. Wenzel: Hoppe-Seyler's Z. physiol. Chem. 151 (1926), 1. — R. Willstätter: Ber. dtsch. chem. Ges. 55 (1922), 3601.

[2] Naturwiss. 20 (1932), 688, 988; Biochem. Z. 254 (1932), 438; 257 (1933), 492.

[3] Ber. dtsch. chem. Ges. 59 (1926), 1, und zwar 12.

[4] Hoppe-Seyler's Z. physiol. Chem. 155 (1926), 1.

[5] Hoppe-Seyler's Z. physiol. Chem. 158 (1926), 160; 159 (1926), 1.

β-*h*-Fructosidase ein Kohlehydrat mit freier Aldehydgruppe ist, wurde von
H. LETTRÉ[1] aufgegriffen. Er vermutet, daß die Wasserübertragung von der
Aldehydgruppe selbst ausgeführt werden könnte nach folgendem Schema (wo
R_1—O—R_2 das Substrat und Enzym —C=O das Enzym darstellen):

$$\text{Enzym—C=O} + H_2O \rightleftharpoons \text{Enzym—C}\underset{H}{\overset{OH}{<}}\text{OH}$$

$$\text{Enzym—C}\underset{H}{\overset{OH}{<}}\text{OH} + R_1\text{—O—}R_2 = [\text{Enzym—C}\underset{H}{\overset{OH}{<}}\text{OH}\ldots R_1\text{—O—}R_2]$$

$$= \text{Enzym—C=O} + R_1\text{—OH} + R_2\text{—OH,}$$

wo R_1 derjenige Zuckerrest ist, zu dem das Enzym Affinität besitzt.

Reversion der Wirkung.

Die biochemische Synthese der Saccharose ist bisher noch nicht gelungen.
Sie konnte auch nicht gelingen, solange man von *n*-Fructose ausging, die eine
Fructo-Pyranose ist. Die zur Synthese notwendige Fructo-Furanose ist in
freiem Zustand nicht beständig. Sie lagert sich sofort in Fructo-Pyranose um.

Eine noch nicht bestätigte enzymatische Rohrzuckersynthese wird von
A. J. OPARIN und A. L. KURSSANOW[2] beschrieben.

Nach F. KLAGES und R. NIEMANN[3] muß auch eine rein chemische Synthese
des Rohrzuckers zur Zeit als unmöglich angesehen werden, da die Gleichgewichtseinstellung der Tetraacetylzucker stets ungünstig verläuft und die Fructohalo-
genosen sehr labil und dabei reaktionsträge sind. Bei allen Versuchen erhielten
Verfasser stets die α,β-Verbindung = Isosaccharose. Nach ihrer Ansicht können
auch A. PICTET und H. VOGEL[4] unter den von ihnen angegebenen Bedingungen
keinen Rohrzucker erhalten haben.

2. α-Glukosidase.

Das meist untersuchte Beispiel der α-Glukosidasen ist die *Maltase*, und zwar
sowohl die der Hefe als auch die Gerstenmaltase; ihr typisches Substrat ist die
Maltose.

Spezifität der α-Glukosidase.

Die Arbeiten über die Spezifität der Maltase haben unsere allgemeinen
Kenntnisse über die Wirkungsweise der Carbohydrasen sehr bereichert. Es
handelt sich dabei hauptsächlich um die Frage, ob die Saccharose von der
α-Glukosidgruppe her durch eine besondere Glukosaccharase oder durch ein allgemein auf α-Glukoside eingestelltes Enzym gespalten wird, das dann mit Maltase

---

[1] Angew. Chem. **50** (1937), 581.
[2] Chem. Ztrbl. **1938**, II, 1795.
[3] Liebigs Ann. Chem. **529** (1937), 185.
[4] C. R. Hebd. Séances Acad. Sci. **186** (1928), 724. — Helv. chim. Acta **11** (1928), 436.

und Glukosaccharase identisch sein muß. Die Entscheidung für die letztere Annahme hat die Systematik der Carbohydrasen wesentlich vereinfacht.

Die Substrate der α-Glukosidase sind folgende: Maltose, α-Methyl- und α-Phenylglukoside, Turanose, Melecitose, Saccharose. Nach R. Willstätter[1] werden allgemein die Phenolglukoside leichter und schneller gespalten als die Methylglukoside. Sie eignen sich daher besonders für Spezifitätsuntersuchungen.

Die Maltose ist nach W. N. Haworth[2] eine α-Glukosido-4-glukose, in der beide Glukosereste normale Pyranosen sind.

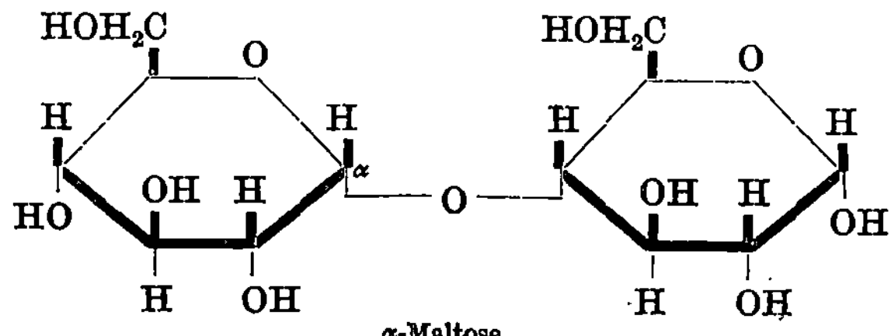

α-Maltose.

Ebenso leiten sich die α-Methyl- und Phenylglukoside von der Gluko-Pyranose ab.

Die Turanose ist eine α-Glukosido-6-fructose. Im Trisaccharid Melecitose sind zwei α-Glukosido-Reste mit Fructose verknüpft, der eine an der reduzierenden C-2-Gruppe, wie in der Saccharose, der andere an einer nichtreduzierenden C-Gruppe, wie in der Turanose (entweder 5- oder 6-C-Atom).

E. Fischer[3] fand, daß Hefeextrakte zur Spaltung von Maltose wie von anderen α-Glukosiden befähigt sind. Er schrieb beide Wirkungen der Maltase zu. R. Willstätter und W. Steibelt[4] beobachteten sehr große Schwankungen der Zeitwertquotienten von α-Methylglukosid- und Maltosespaltung, so daß sie anfangs eine Verschiedenheit von α-Methylglukosidase und Maltase vermuteten. R. Willstätter, R. Kuhn und H. Sobotka[5] bestätigten die großen Schwankungen der Zeitwertquotienten bei ihren Untersuchungen mit α-Methyl-, α-Äthyl-, α-Phenylglukosiden an den verschiedensten Bierhefen. Durch Extrapolation auf unendliche Substratkonzentration nach der Methode von R. Willstätter und R. Kuhn (S. 64) konnten sie aber die von Hefe zu Hefe und von Substrat zu Substrat wechselnden Affinitätsbeträge ausschalten (siehe Tabelle 5), woraufhin sich Gleichheit der Zeitwertquotienten und damit die Identität von α-Glukosidase und Maltase ergab. Die Feststellung der Identität bezog sich aber nur auf die Maltase aus Hefen. Gerstenmaltase zeigte ein ganz anderes Verhalten. Sie war gegenüber α-Methylglukosid und gegenüber einer im reduzierenden Rest substituierten Maltose (β-Methyl-Maltosid) wirkungslos. J. Leibowitz[6] suchte nach einer Erklärung dafür, daß eine Änderung an der freien Glukosegruppe bei der Maltase der einen Herkunft zur Unspaltbarkeit führt, während die anderer Herkunft auch diese Substrate spaltet. Er stellte die Theorie auf, daß es Maltasen gibt, die an der glukosidischen Seite, und solche, die an der Seite der freien Glukose die Maltose angreifen; er unterscheidet also Glukosido- und Glukomaltasen. Die Klärung dieser Verhältnisse war von großer Wichtigkeit, da das Spezifitätsprinzip der Carbohydrasen neuerdings nur auf die glukosidisch verknüpften Zuckerreste bezogen wird. Die Existenz einer Glukomaltase würde also das

[1] R. Willstätter, R. Kuhn, H. Sobotka: Hoppe-Seyler's Z. physiol. Chem. 134 (1924), 224.

[2] W. N. Haworth, St. Peat: J. chem. Soc. (London) 1926, 3094.

[3] Hoppe-Seyler's Z. physiol. Chem. 26 (1898/99), 60.

[4] Hoppe-Seyler's Z. physiol. Chem. 106 (1919), 201.

[5] Hoppe-Seyler's Z. physiol. Chem. 134 (1924), 224.

[6] Hoppe-Seyler's Z. physiol. Chem. 149 (1925), 184.

Tabelle 5. *Vergleich der beobachteten und reduzierten*
Enzymwertquotienten.

Enzym aus	Methylglukosid/Maltose		Phenylglukosid/Maltose	
	$Q_{0,14}$	Q_{∞}	$Q_{0,14}$	Q_{∞}
Löwenbräuhefe	0,25	0,21	7,0	5,1
Hofbräuhefe	0,31	0,18	10,7	6,1
Kopenhagener Hefe	0,56	0,28	—	—

allgemeine Spezifitätsprinzip durchbrechen. In die Gruppe der Glukomaltasen
gehört nach J. Leibowitz und P. Mechlinski[1] auch die Takamaltase aus *Aspergillus oryzae* mit dem p_H-Optimum 4 bis 4,5. Auch sie schien weder α-Methylglukosid noch Maltosazon zu spalten. R. Weidenhagen[2] gelang aber der Nachweis, daß Gersten- und Takamaltase, also die Glukomaltasen von Leibowitz, wenn auch nicht das Methylglukosid, so doch Phenylglukosid und andere verwandte aromatische Glukoside spalten. Die Theorie von Leibowitz wurde schließlich noch dadurch widerlegt, daß R. Weidenhagen[3] mit sehr konzentrierten Malzauszügen doch eine geringe Spaltung von α-Methylglukosid und H. Pringsheim und F. Loew[4] eine Spaltung von Maltoson und Maltobionsäure durch Takamaltase herbeiführen konnten. Man ist daher berechtigt, auch die Maltasen der Gerste und des *Aspergillus oryzae* als Glukosidomaltasen aufzufassen. Allerdings muß man dann sehr bedeutende Unterschiede der relativen Spezifität bei den Maltasen verschiedener Herkunft annehmen. Es ist darauf hinzuweisen, daß die Untersuchungen von Willstätter und Steibelt über die Zeitwertquotienten der Maltose- und der α-Methylglukosidspaltung tatsächlich große Affinitätsschwankungen für die Maltasen verschiedener Heferassen erwiesen haben.

Bevor die relative Spezifität der Maltasen verschiedener Herkunft ihre Lösung gefunden hatte, war ein anderes Spezifitätsproblem von R. Kuhn aufgewiesen worden.[5] Bei seinen Untersuchungen über die Hemmbarkeit der Saccharase durch ihre Spaltprodukte fand er, daß Hefesaccharase wohl durch β-Glukose und Fructose, aber nicht durch α-Glukose, dagegen Takasaccharase stark durch α-Glukose, jedoch gar nicht durch β-Glukose und Fructose gehemmt wurde. Er schloß daraus, daß es zwei rohrzuckerspaltende Enzyme gibt, die er Fructosaccharase und Glucosaccharase nannte. Die Fructosaccharase greift den Rohrzucker an der fructosidischen Hälfte, das andere Enzym an der glukosidischen an. H. v. Euler und K. Josephson[6] traten dieser Zwei-Enzym-Theorie entgegen, da sie bei Anwendung einer Stockholmer Unterhefe meßbare Reaktionsverzögerung auch durch α-Glukose fanden. Um die in diesen Versuchen aufgefundene Affinität der Hefesaccharase zu Fructose, α- und β-Glukose erklären zu können, begründete H. v. Euler[7] die *Zwei-Affinitäts-Theorie*: Das Enzym besitzt darnach zwei Affinitätsstellen: Affinitätsstelle 1, die sogenannte spezifische, vermittelt die Bindung an dem Fructoseanteil des Rohrzuckers und bildet so die Voraussetzung für die Spezifität überhaupt. Die Affinitätsstelle 2 greift an dem Glukose-

---

[1] Hoppe-Seyler's Z. physiol. Chem. 154 (1925), 64.
[2] Hoppe-Seyler's Z. physiol. Chem. 216 (1933), 255.
[3] Z. Ver. dtsch. Zuckerind. 78 (1928), 788.
[4] Hoppe-Seyler's Z. physiol. Chem. 207 (1932), 241.
[5] Hoppe-Seyler's Z. physiol. Chem. 129 (1923), 57; Naturwiss. 11 (1923), 732.
[6] Hoppe-Seyler's Z. physiol. Chem. 182 (1923/24), 301.
[7] Hoppe-Seyler's Z. physiol. Chem. 148 (1925), 79.

rest an. Sie läßt sich auch durch eine Reihe anderer Zucker absättigen, wodurch dann der zur Spaltung notwendige Übergang von der Molekülart I

$$\text{Fructose} <> \text{Glukose}$$
$$|$$
$$\boxed{\text{Saccharase}}$$

in die Molekülart II

$$\text{Fructose} <> \text{Glukose}$$
$$| \qquad \cdot |$$
$$\boxed{\text{Saccharase}}$$

verhindert wird. Dies bedingt die Hemmung.

R. Kuhn und H. Münch[1] prüften an vielen Hefesaccharasen den Einfluß der α-Glukose und bestätigten in einer Reihe von Fällen die Hemmung. Sie führten aber später diese Hemmung nicht auf Affinität zwischen α-Glukose und Enzym, sondern auf Herabsetzung der Zerfallsgeschwindigkeit zurück.[2] Man kann also auch ohne Annahme der Zwei-Affinitäts-Theorie die beobachteten Erscheinungen deuten. Außer den Hemmungs- und Affinitätsmessungen wurde von Kuhn noch ein anderes Kriterium herangezogen, nämlich die Prüfung von Derivaten des Rohrzuckers auf ihre Spaltbarkeit. Fructosaccharase muß alle Derivate des Rohrzuckers spalten, in denen die für die Vereinigung mit dem Enzym maßgebende Fructosehälfte unberührt ist, also

Rohrzucker = Glukose <> Fructose,
Gentianose = Glukose < Glukose <> Fructose,
Raffinose = Galaktose < Glukose <> Fructose,
Stachyose = Galaktose < Galaktose < Glukose <> Fructose,
Hesperonal = Phosphorsäure < Glukose <> Fructose.

Dagegen darf die Glukosaccharase nur diejenigen Derivate spalten, bei denen die Glukose nicht blockiert ist, z. B. Melecitose = Glukose <> Fructose > > Glukose.

Tatsächlich greift gereinigte Hefesaccharase Melecitose nicht an, wohl aber Takasaccharase.[3]

Die Lösung des Problems wurde von R. Weidenhagen erbracht.[4] R. Willstätter und E. Bamann[5] hatten ein Trennungsverfahren für Saccharase und Maltase aus Hefe ausgearbeitet. R. Weidenhagen beobachtete nun, daß nach diesem Verfahren isolierte saccharasefreie Maltase zwar bei p_H 4,5, dem Optimum der Fructosidase, gegen Rohrzucker völlig unwirksam ist, jedoch bei p_H 7 eine erhebliche Spaltung des Rohrzuckers bewirkt. Er bewies damit, daß Glukosaccharase nichts anderes als α-Glukosidase ist.

Dies war zugleich der stärkste Beweis für seine Theorie, daß die Spaltung der Di- und Trisaccharide nur auf die Tätigkeit einfacher Glukosidasen zurückzuführen sei. Demnach kann für die Spaltung der Maltose nur eine α-Glukosidase verantwortlich sein, während die Rohrzuckerhydrolyse entsprechend der Kuhnschen Annahme durch zwei verschiedene Enzyme bewirkt werden kann, nämlich je nach der Angriffsstelle durch die β-h-Fructosidase (= Saccharase) oder durch die α-Glucosidase (= Maltase = Glukosaccharase).

Auch an den Trisacchariden, die sich vom Rohrzucker ableiten, bestätigt sich die Theorie von R. Weidenhagen.[6] Er findet die reine α-G^l kosidase ohne

[1] Hoppe-Seyler's Z. physiol. Chem. 150 (1925), 220.
[2] Hoppe-Seyler's Z. physiol. Chem. 168 (1927), 1.
[3] R. Kuhn, G. E. v. Grundherr: Ber. dtsch. chem. Ges. 59 (1926), 1655.
[4] Z. Ver. dtsch. Zuckerind. 78 (1928), 542.
[5] Hoppe-Seyler's Z. physiol. Chem. 151 (1926), 273.
[6] Ergebn. Enzymforsch., Bd. I, S. 168, und zwar S. 174ff. Leipzig, 1932.

jede Wirkung auf Raffinose, während die β-h-Fructosidase ihrerseits Melecitose gegenüber wirkungslos ist. Die Melecitose wird von verdünnten Säuren in Glukose und Turanose zerlegt (R. Kuhn und G. E. v. Grundherr)[1], die α-Glukosidase der Hefe (R. Weidenhagen[1], R. Kuhn und H. Münch[2]) und des *Aspergillus oryzae* dagegen bewirkt ihren Zerfall in die drei Monosen, indem der Angriff des Enzyms von beiden Seiten gleichzeitig erfolgt. Auch die von M. Rohdewald[3] mit verschiedenen Schimmelpilzen ausgeführten Untersuchungen ergaben stets eine Totalhydrolyse der Melecitose.

Die eingehende Untersuchung des Vorkommens der beiden Enzymtypen in Aspergillen und Penicillien ergab, daß die Ausstattung dieser Pilze in bezug auf Glukosidase und Fructosidase auch innerhalb derselben Art eine sehr wechselnde ist. Dadurch erklären sich viele divergierende Befunde, vor allem in bezug auf *Aspergillus oryzae*.

Die Theorie von Weidenhagen bietet zweifellos die einfachste und klarste Lösung der Spezifität der Carbohydrasen. Jedoch gibt es auch Tatsachen, die gegen die Annahme einer einzigen α-Glukosidase sprechen. Es sind nämlich Maltasen aufgefunden worden, die wohl Maltose, aber nicht Rohrzucker spalten. E. Hofmann[4] bestätigte den Befund E. Fischers, daß die frische Hefe und der Autolysesaft von *Schizosaccharomyces octosporus* nur Maltose angreift, der Autolyserückstand dagegen auch Saccharose. Weitere Fälle dieser Art wurden durch die Untersuchungen von H. Karström[5] bei einem Stamm von *Bacterium coli*, von I. S. Kleiner und H. Tauber[6] bei tierischen Maltasen (Speichel- und Brustdrüsenmaltase), von N. Iwanoff, Dodowna und Tschastuchin[7] bei Champignons bekannt. In den anschließenden Auseinandersetzungen mit A. I. Virtanen[8] und mit K. Myrbäck[9] konnte R. Weidenhagen[10] die Existenz von Maltasen, die keinen Rohrzucker spalten, nicht widerlegen. Wenn damit auch keineswegs seine Theorie aufgehoben wird, so bietet gerade die Maltase, mit deren Hilfe sie bewiesen wurde, ein charakteristisches Beispiel dafür, daß innerhalb des Typus einer Glukosidase für individuelle Unterschiede der relativen Spezifität bis hin zur völligen Nichtspaltung ein breiter Raum gelassen werden muß.[11]

Vorkommen der α-Glukosidase.[12]

Sie findet sich sowohl im Pflanzen- als auch im Tierreich fast immer als Begleiter der Amylase. Am wichtigsten ist die Hefemaltase. Es gibt nur einige wenige Heferassen, in denen sie fehlt, so im *Saccharomyces marxianus*, *Saccharomyces exiguus*, *Saccharomyces ludwigii* und *Pseudosaccharomyces*. Auch in

---

[1] Ber. dtsch. chem. Ges. **59** (1926), 1655.
[2] Hoppe-Seyler's Z. physiol. Chem. **168** (1927), 1.
[3] Über pflanzliche und tierische Saccharasen. Dissertation. München, 1929.
[4] Biochem. Z. **272** (1934), 417; **275** (1935), 320.
[5] Biochem. Z. **231** (1931), 399.
[6] J. biol. Chemistry **99** (1932), 241.
[7] Fermentforsch. **11** (1930), 433.
[8] Biochem. Z. **235** (1931), 490.
[9] Hoppe-Seyler's Z. physiol. Chem. **198** (1931), 196; **205** (1932), 248.
[10] Hoppe-Seyler's Z. physiol. Chem. **200** (1931), 279.
[11] Es folgten noch weitere Angriffe gegen die Spezifitätstheorie von R. Weidenhagen unter Heranziehung anderer Substrate von K. und S. Myrbäck [Svensk kem. Tidskr. **48** (1936), 64] und E. Hofmann [Biochem. Z. **285** (1936), 429; **287** (1936), 271]. — Nach J. Leibowitz und S. Hestrin [Nature (London) **143** (1939), 333] ist die Takamaltase bei $p_\mathrm{H} = 3{,}5$ hitzestabil, die Takasaccharase dagegen wird völlig zerstört.
[12] Siehe Literaturangaben in C. Oppenheimer: Die Fermente und ihre Wirkungen, Bd. I, S. 576, und Suppl.-Bd. I, S. 249.

den Milchzuckerhefen ist sie nicht vorhanden. Sie findet sich ferner in zahlreichen anderen Kryptogamen, so vor allem im *Aspergillus oryzae*. Bakterien scheinen fast stets Maltase zu enthalten.

In den höheren Pflanzen kommt sie in den Samen, Früchten und Blättern vor. Am wichtigsten ist die Gerstenmalzmaltase, die auch wegen ihrer abweichenden Spezifität Beachtung verdient.

In tierischen Organen findet sich Maltase stets neben der Amylase, so im Speichel, Darm, Pankreas, Leber, im Blut, in den Leukocyten. Die gegenüber Raffinose wirksame Darmsaccharase faßt Weidenhagen auch als α-Glukosidase auf.

Die Hefemaltase ist ebenso wie die Saccharase ein typisches Endoenzym. Sie ist jedoch lockerer an die Zellmembran adsorbiert als die Saccharase, denn sie geht bei der Autolyse rascher in Lösung als diese.

Die Leukocytenmaltase ist zum Teil Lyomaltase, zum Teil liegt sie als Desmoenzym vor.[1]

Bestimmungsmethoden und Einheiten.

1. Bestimmungsmethoden.

Die Bestimmungsmethoden entsprechen den bei der Saccharase beschriebenen. Standardsubstrat ist Maltose.

Bei der polarimetrischen Methode, die am meisten angewandt wird, errechnet sich die Enddrehung α_∞ aus der experimentell gefundenen Anfangsdrehung α_0 durch die Beziehung:

$$\alpha_\infty = \alpha_0 \cdot \frac{52,5}{129,0}.$$

Dann gilt weiter:

$$(\alpha_0 - \alpha_t) : (\alpha_0 - \alpha_\infty) = x : 100,$$

wobei α_t die Drehung zur Stoppzeit t und x der Spaltungsgrad ist.

Unter Zugrundelegung der Zeit-Umsatz-Kurve von R. Willstätter, Tr. Oppenheimer und W. Steibelt,[2] die von R. Willstätter und E. Bamann[3] für Hefeautolysate bestätigt wurde, wird die Zeit der 50%igen Spaltung ermittelt (Abb. 7).

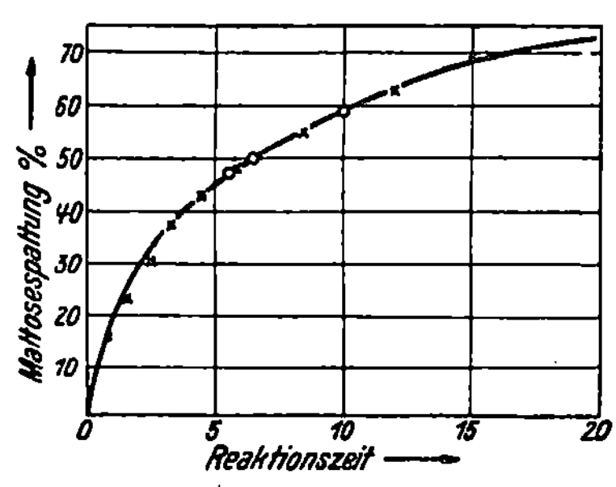

Abb. 7. Zeitlicher Verlauf der Maltosespaltung durch Hefe und Hefeautolysat.

Für Spezifitätsbestimmungen sind die Phenol-α-Glukoside wegen ihrer leichteren Spaltbarkeit den aliphatischen Glukosiden vorzuziehen.

2. Einheiten.

a) Nach R. Willstätter.

Der Zeitwert nach Willstätter, Oppenheimer und Steibelt ist die Zeit, die 1 g getrocknete Hefe oder 1 g Hefepräparat braucht, um bei 30° 2,5 g Maltosehydrat zur Hälfte zu hydrolysieren, wenn diese mit 0,5 g Phosphatmischung vom $p_H = 6,8$ in 50 cm³ enthalten sind.

Der Maltasewert ist das 1000fache des reziproken Maltasezeitwertes, also die Zahl der Einheiten in 1 kg Trockenhefe.

Die Maltaseeinheit ist die Enzymmenge in 1 g Trockensubstanz vom Zeitwert 1, also die Enzymmenge, die 2,5 g Maltosehydrat in 50 cm³ bei 30° und bei $p_H = 6,8$

---

[1] R. Willstätter, M. Rohdewald: Hoppe-Seyler's Z. physiol. Chem. 209 (1932), 33.

[2] Hoppe-Seyler's Z. physiol. Chem. 110 (1920), 232.

[3] Hoppe-Seyler's Z. physiol. Chem. 151 (1926), 242.

zu 50% in einer Minute spaltet. Man nennt sie die „scheinbare Maltaseeinheit" M-[e], da die Kinetik der Maltasepräparate eine wechselnde ist. Der Ausdruck M-[e] ist zweckmäßig noch durch Angabe der Kinetik zu ergänzen, die der Berechnung zugrunde liegt, z. B. [e_1] bzw. [e_2] je nach den Zeit-Umsatz-Kurven (siehe Kapitel Kinetik, Abb. 8; die Berechnung von M-[e_1] basiert auf Kurve A, die von M-[e_2] auf Kurve B).

b) Nach R. Weidenhagen.

Weidenhagen hat die Bedingungen, die Willstätter bei der Maltosespaltung anwandte, als Normalbedingungen für die Bestimmung von Glukosiden überhaupt festgelegt. Er akzeptiert die Willstätterschen Definitionen für Zeitwert und Enzym- bzw. Maltaseeinheiten. Jedoch bezeichnet er als Enzym- bzw. *Maltasewert* die Zahl der Einheiten in 1 g Trockensubstanz (statt in 1000 g).

Darstellung und Reinigung.

1. Die Hefemaltase.

Diese wurde zuerst von Bourquelot[1] in der Hefe ermittelt. Ihr Nachweis bereitete anfangs Schwierigkeiten. Erst R. Willstätter, Tr. Oppenheimer und W. Steibelt[2] zeigten, daß die Unterschiede, die bezüglich der Exosmose aus der Zelle zwischen Saccharase und Maltase gefunden wurden, nicht auf einer geringeren Löslichkeit der Maltase gegenüber Saccharase beruhen, sondern auf der maltasezerstörenden und spaltungshemmenden Wirkung von Säuren, die bei Gegenwart von Zellgiften am Reaktionsort gebildet werden. Bei Gegenwart eines Puffers oder bei ständiger Neutralisation der auftretenden Säure ließen sich maltasehaltige Auszüge gewinnen. R. Willstätter und W. Steibelt[3] arbeiteten ein Verfahren aus, das sich zum Nachweis der Maltase auch in der lebenden Hefe selbst eignete, nämlich rasche Abtötung der Hefe mit Essigester und Unschädlichmachung der gebildeten Säure durch Neutralisation.

Die direkte Bestimmung sowie die Überführung der Hefemaltase in Autolysate wurde durch R. Willstätter und E. Bamann[4] vervollkommnet: Für beide Zwecke ließen sie das Zellgift, am besten Essigester, einige Zeit unverdünnt auf die Hefe einwirken. Erst nach vollständiger Verflüssigung verdünnten und neutralisierten sie. Sie wiesen auch nach, daß genau soviel Maltase in Lösung übergeführt werden konnte, als in der Hefe selbst nachgewiesen worden war.

Darstellung einer Maltaselösung mit Hilfe von Essigester.

Die scharf abgepreßte Hefe verrührt man mit Hilfe eines dicken Glasstabes in einer Pulverflasche mit Essigester (10 cm³ auf 100 g Frischhefe) bis zur Verflüssigung, die in etwa 5—10 Minuten vollständig wird. Die dünnbreiige Masse bleibt dann noch eine Zeitlang stehen, etwa $\frac{1}{2}$ Stunde, während deren Säurebildung erfolgt und wieder nachläßt. Darauf wird mit Wasser verdünnt und mit verdünntem Ammoniak neutrale Reaktion auf Lackmus hergestellt. Die Analyse herausgenommener Proben zeigt die zweckmäßige Dauer der Autolyse an. Bei höchstens eintägigem Stehen gehen 95—100% der Maltase in Lösung, in zu langer Versuchsdauer bei Zimmertemperatur kann die Ausbeute zurückgehen.

Um Maltaselösungen von noch höheren Reinheitsgraden zu gewinnen, empfiehlt es sich, wie für Invertin beschrieben, kurze Zeit nach der Verdünnung mit Wasser durch Zentrifugieren die bei der Hefeverflüssigung und kurz darnach ausgetretenen Stoffe abzutrennen und die wieder mit Wasser und Essigester angesetzte Hefemasse einen Tag der Autolyse zu überlassen.

[1] J. L'Anat. et Physiol. 22 (1886), 162.
[2] Hoppe-Seyler's Z. physiol. Chem. 110 (1920), 232.
[3] Hoppe-Seyler's Z. physiol. Chem. 111 (1920), 157.
[4] Hoppe-Seyler's Z. physiol. Chem. 151 (1926), 242.

Darstellung mit Hilfe von Diammoniumphosphat.

Der Verlauf der Freilegung hängt vom Wassergehalt der Hefe ab; 21%ige Hefe ist zu feucht, scharf abgepreßte, die 25—27% Trockensubstanz enthält, ist sehr geeignet. Die Gewinnung der Maltase und Saccharase ist so noch einfacher, man braucht nur die Frischhefe mit 10% ihres Gewichts an feinst gepulvertem Phosphat bis zur Verflüssigung zu verrühren und nach etwa einer Stunde mit Wasser, dem Zehnfachen auf Trockenhefe berechnet, zu verdünnen, wobei das Neutralisieren wegfällt. Gewöhnlich ist die Maltase in 5—8 Stunden quantitativ in Lösung übergeführt.

Die Maltase ist viel weniger beständig als die Saccharase. Bei Zimmertemperatur verschwindet die Maltase innerhalb weniger Tage. Wird sie dauernd bei 0° aufbewahrt, so ist sie mehr als eine Woche ganz haltbar. In allen Fällen beobachtet man am zweiten oder dritten Tag bedeutende Erhöhung des Maltasegehaltes, der vielleicht durch Veränderung und Abscheidung eines reaktionshemmenden Stoffes zu erklären ist. Nach Verlauf etwa einer Woche nimmt die Aktivität ab.

Die Reinigung der Hefemaltase ist nur von der Absicht geleitet worden, sie von der begleitenden Saccharase abzutrennen. Diese Trennung ist zuerst R. Willstätter und E. Bamann[1] gelungen. Sie beruht auf dem verschiedenen Adsorptionsverhalten von Saccharase und Maltase gegenüber Tonerde. Es zeigte sich, daß gealtertes Tonerdegel $Al(OH)_3$ ($C\gamma$)[2] und noch besser ein Gel von der Formel AlO_2H eine ausgesprochene Vorliebe für die Maltase hat, dagegen Saccharase nur sehr wenig adsorbiert. Aus diesen Adsorbaten wird durch primäres Alkaliphosphat nur Saccharase, und zwar vollständig, eluiert, während man die Maltase mit schwach alkalischem Phosphat aus dem Adsorbat herauslösen kann.

Die Trennungsmethode wurde von R. Weidenhagen[3] noch verbessert. Er ersetzt das Aluminiumhydroxyd AlO_2H durch das frische Polyaluminiumhydroxyd B, das noch größere Leistungsfähigkeit bezüglich Adsorption der α-Glukosidase besitzt, wenn es in sehr kleinen Mengen angewandt wird. „Bei Anwendung von 0,072 Glukosidaseeinheiten und 0,042 Fructosidaseeinheiten in 80 cm³ Volumen gelingt es mit nur 381 mg Adsorbens (auf Al_2O_3 berechnet) nahezu 80% α-Glukosidase gegenüber nur 4% Fructosidase zu adsorbieren. Die Fructosidase läßt sich durch die von Willstätter und Bamann eingeführte Vorelution mit primärem Kaliumphosphat fast vollständig entfernen, so daß zum Schluß enzymatisch einheitliche Glukosidaselösungen erhalten werden, die noch mindestens 70% der Wirkung des Hefeautolysates besitzen.“

2. Die Gerstenmalzmaltase.

Maltasehaltige Malzauszüge gewinnt man nach H. Pringsheim, A. Genin und R. Perewosky[4] folgendermaßen:

170 g Darrmalz werden mit 600 cm³ Wasser und einigen Tropfen Toluol übergossen und nach zweitägigem Stehen im Eisschrank abgenutscht.

J. Leibowitz[5] läßt 350 g Trockenmalz mit 1 l Toluolwasser 24 Stunden im Eisschrank stehen. Die filtrierten Auszüge werden im kontinuierlich arbeitenden Dialysator von Gutbier durch Pergamentpapier gegen fließendes Wasser 2 bis 4 Tage bis zum Verschwinden der reduzierenden Wirkung dialysiert.

---

[1] Hoppe-Seyler's Z. physiol. Chem. 151 (1926), 273.
[2] Siehe Fußnote 1 auf S. 71.
[3] Ergebn. Enzymforsch., Bd. I, S. 168, und zwar S. 189. Leipzig, 1932.
[4] Biochem. Z. 164 (1925), 117.
[5] Hoppe-Seyler's Z. physiol. Chem. 149 (1925), 184.

Kinetik.

Die Kinetik der Maltosespaltung erwies sich nach den Untersuchungen von R. WILLSTÄTTER, TR. OPPENHEIMER und W. STEIBELT[1] von Hefe zu Hefe und von Substrat zu Substrat verschieden. Sie folgt nicht streng der Reaktionsgleichung erster Ordnung, gewöhnlich fällt die Geschwindigkeit langsamer ab als nach dieser Ordnung. R. WILLSTÄTTER und E. BAMANN[2] beobachteten, daß die gereinigte Hefemaltase einen anderen zeitlichen Verlauf aufweist. Ihre Wirkung fällt rascher ab (Abb. 8).

Es handelt sich hierbei nicht um eine Zerstörung des reiner gewordenen Enzyms während der Spaltung, denn das Produkt aus Enzymmenge und Reaktionsdauer bleibt konstant. Die Erscheinung ist derart, wie wenn die Maltase von einem ihrer Hemmung durch entstehende Glukose entgegenwirkenden Stoff befreit worden wäre. Infolge der Veränderlichkeit der Kinetik ist es nicht möglich, eine für alle Präparate gültige Maltaseeinheit aufzustellen. Die Autoren

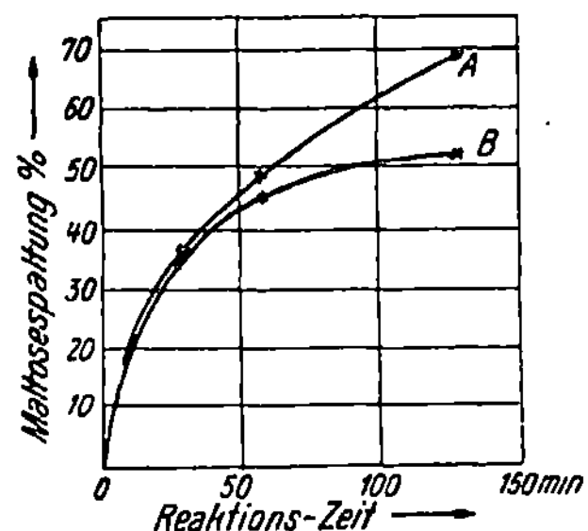

Abb. 8. Verlauf der Maltosespaltung. *A* mit Autolysat, *B* mit gereinigter Maltase.

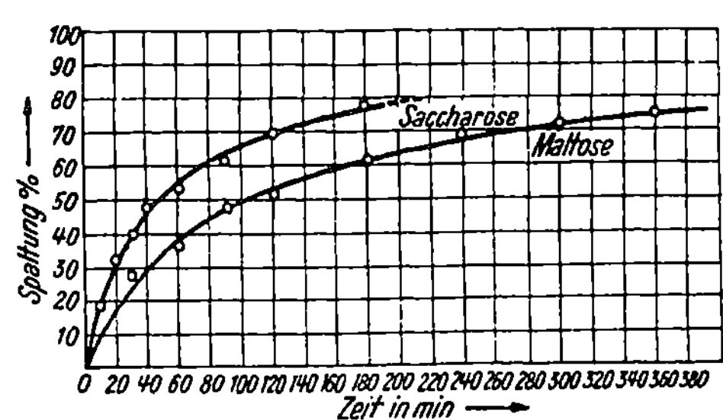

Abb. 9. Spaltung von Saccharose und Maltose durch α-Glukosidase bei gleicher Enzymkonzentration.

führen daher die scheinbare Maltaseeinheit M-[e] ein, die von den Unterschieden der Kinetik abhängt.

Nachdem R. WEIDENHAGEN[3] die rohrzuckerspaltende Fähigkeit der α-Glukosidase entdeckt hatte, verglich er die Spaltungsgeschwindigkeit von Maltose und Rohrzucker durch die gleiche Konzentration der von Saccharase befreiten Hefemaltase beim $p_H = 6{,}9$.[4]

Man sieht aus Abb. 9, daß die reine α-Glukosidase das Substrat Saccharose etwa mit der doppelten Geschwindigkeit spaltet wie das Substrat Maltose.

Einfluß der Wasserstoffionenkonzentration.

Die p_H-Optima der α-Glukosidase verschiedener Mikroben und Phanerogamen sind von E. HOFMANN[5] in einer Tabelle zusammengestellt worden (siehe Tabelle 6).

Das optimale p_H der Hefemaltase haben R. WILLSTÄTTER und E. BAMANN[2] nochmals bestimmt und fanden es bei 6,75 bis 7,25 liegend. Von tierischen α-Glukosidasen wirkt die Blutmaltase[6] optimal bei $p_H = 6{,}6$ und die Maltase der Brustdrüse[7] bei 6,8 bis 7.

[1] Hoppe-Seyler's Z. physiol. Chem. 110 (1920), 232.
[2] Hoppe-Seyler's Z. physiol. Chem. 151 (1926), 242.
[3] Z. Ver. dtsch. Zuckerinc.. 78 (1928), 542.
[4] R. WEIDENHAGEN: Z. Ver. dtsch. Zuckerind. 80 (1930), 376.
[5] Biochem. Z. 275 (1935), 320.
[6] T. KOKURYO: Maltase III. Jap. J. med. Sci., Sect. I1 2 (1933), 161; Ber. ges. Physiolog. exp. Pharmakologie 74 (1933), 144.
[7] I. S. KLEINER, H. TAUBER: J. biol. Chemistry 99 (1932), 241.

Tabelle 6. p_H-Optima der Maltasen nach Hofmann.

Ferment hergestellt aus	Art	p_H	Autor
Bakterien	Bact. coli	7	H. Karström
	Bact. Delbrücki	6,5	} E. Hofmann
	Sulfatasebakterien	6,2—6,5	
Hefen	Untergärige Hefe	6,2—6,8	} R. Willstätter, R.
	,, ,, ...	6,8	} Kuhn und H. Sobotka
Spalthefen	Schizosaccharomyces octosporus	4,5	E. Hofmann
-	Schizosaccharomyces Pombe Schizosaccharomyces mellacei		
Schimmelpilzen	Aspergillus oryzae (Takadiastase)	4,5	J. Leibowitz
	Aspergillus niger	4,2—4,6	E. Hofmann
Phanerogamen	Aus Gerstenmalz	4,5	J. Leibowitz
	Solanum indicum	5,5	H. Tauber, I. S. Kleiner

Nachdem R. Weidenhagen[1] gefunden hatte, daß die von Saccharase abgetrennte α-Glukosidase bei $p_H = 7$ eine erhebliche Rohrzuckerspaltung bewirkt, unterzog er auch die Abhängigkeit der Rohrzuckerspaltung durch α-Glukosidase von der Wasserstoffionenkonzentration einer Untersuchung.[2]

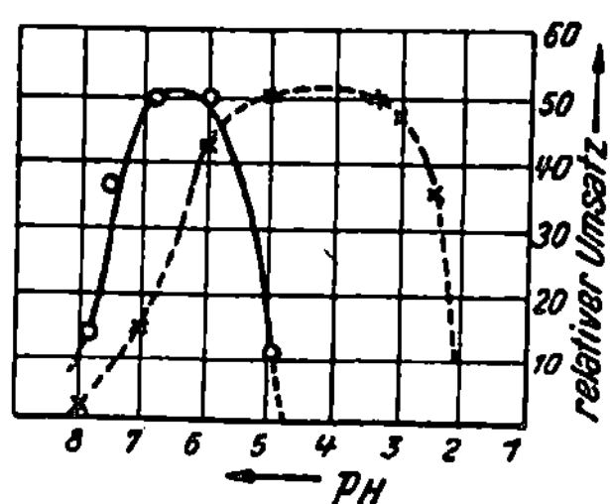

Abb. 10. Aktivitäts-p_H-Kurven von α-Glukosidase (________) und β-h-Fructosidase (_________).

Abb. 10 zeigt die Aktivitäts-p_H-Kurven reiner α-Glukosidase und β-h-Fructosidase. α-Glukosidase spaltet den Rohrzucker optimal zwischen p_H 6 und 7, β-h-Fructosidase zwischen 4 und 5. Ein gewöhnliches Hefeautolysat, das α-Glukosidase und β-h-Fructosidase nebeneinander enthält, muß infolgedessen eine Aktivitäts-p_H-Kurve mit breiterer Kuppe aufweisen als die reine β-h-Fructosidase, die bei $p_H = 7$ nur noch zirka 40% ihrer optimalen Wirksamkeit besitzt.

Aktivierung und Hemmung.

Bei optimalem p_H sind nach L. Michaelis und P. Rona[3] Neutralsalze ohne nennenswerten Einfluß. T. Kokuryo[4] findet Aktivierung von Blutmaltase durch Kochsalz, auch durch Natriumfluorid.

Alkohol wirkt giftig; Hefemaltase wird schon durch 10%igen Alkohol stark geschädigt.[5]

Hemmung der Hefemaltase durch Glukose wurde von E. F. Armstrong[6] aufgefunden; L. Michaelis und P. Rona[3] stellten fest, daß es sich hierbei um Hemmung durch Affinität handelt. Dieselben Autoren untersuchten auch die Hemmung der Hefemaltase durch Glycerin, die jedoch nur auf Herabsetzung der Zerfallsgeschwindigkeit der Enzym-Substrat-Verbindung beruht. Hemmung

[1] Z. Ver. dtsch. Zuckerind. 78 (1928), 542.
[2] Z. Ver. dtsch. Zuckerind. 80 (1930), 378.
[3] Biochem. Z. 60 (1914), 62.
[4] Siehe Fußnote 7, S. 89.
[5] Bokorny: Zbl. Biochem. 19 (1918), 456.
[6] Proc. Roy. Soc. (London) 78 (1904), 516.

durch Glycerin fanden H. PRINGSHEIM und E. THILO[1] auch bei der Malzmaltase. Nach R. WILLSTÄTTER und M. ROHDEWALD[2] wird die α-Glukosidase der Leukocyten schon durch 10%iges Glycerin total gehemmt.

Synthese.

Die Synthesen von Holosiden und Heterosiden sind nur katalytisch beschleunigte Einstellungen echter Gleichgewichte, und zwar unter dem Einfluß derselben Fermente, die auch die Zerlegung bewirken. Entdeckt wurde die Synthese von Maltose durch Hefeauszüge von CROFT HILL,[3] daneben entsteht aber noch ein Gemisch anderer Glukosidoglukosen (siehe Synthese von β-Glukosiden). Daß hierbei wirklich Maltose gebildet wird, wurde von H. PRINGSHEIM und J. LEIBOWITZ[4] noch einmal mit gereinigter Hefemaltase bei $p_H = 6{,}4$ nachgewiesen. Nach P. MICHLIN und P. KOLESNIKOW[5] wird die Synthese von Maltose durch Hefemaltase durch Zusatz kleiner Mengen Eiweiß um 20—30% erhöht.

Methyl-, Äthyl- und n-Propylglukosid wurden von A. AUBRY und BOURQUELOT[6] zuerst biochemisch dargestellt. Es folgten dann noch Monoglukoside mit Glykol und Glycerin.

Die frühere Annahme der Bildung eines natürlich nicht vorkommenden Disaccharids Isomaltose wird heute nicht mehr vertreten.

Trehalase.

Die Trehalose ist ein α-Glukosidoglukosid mit einer von Maltose abweichenden Gruppierung. Sie reduziert nicht. Die Vereinigung muß also an den *beiden* glukosidischen Gruppen erfolgt sein. Die gewöhnliche Hefemaltase spaltet Trehalose nicht. Mit einigen Weinhefen, z. B. *Mucor Rouxii, Monilia candida* konnte LINDNER[7] dagegen Spaltung erzielen. Man nahm infolgedessen eine besondere „Trehalase" an. R. WEIDENHAGEN[8] identifizierte die Trehalase mit der α-Glukosidase, ebenso H. PRINGSHEIM,[9] obwohl sie die Nichtspaltung der Trehalose durch gewöhnliche Hefemaltase bestätigen mußten. Die Frage könnte nur durch eine nähere Untersuchung der Trehalose spaltenden Weinhefe mittels der Methode der Zeitwertquotienten oder durch präparative Trennung von Maltase und Trehalase entschieden werden.

Das Emulsin der süßen Mandeln greift nach R. WEIDENHAGEN[10] und nach B. HELFERICH[11,12] die Trehalose an, aber nicht die Maltose. Nachdem B. HELFERICH[12] in Süßmandelemulsin eine Glukosidase nachgewiesen hatte, die α-Phenylglukoside, wenn auch langsam, spaltet, könnte man die Trehalase zur α-Glukosidase rechnen, indem man ihr eine sehr spezielle relative Spezifität zuschreibt, die gerade das typische Substrat nicht mehr erreicht.

---

[1] Hoppe-Seyler's Z. physiol. Chem. **208** (1928), 99.
[2] Hoppe-Seyler's Z. physiol. Chem. **209** (1932), 33.
[3] J. chem. Soc. (London) **73** (1898), 634.
[4] Ber. dtsch. chem. Ges. **57** (1924), 1576.
[5] Chem. Ztrbl. **1988 I**, 1991.
[6] J. Pharmac. Chim. (7), **9** (1914), 19, 62.
[7] Wschr. Brauerei **28** (1911), 61, 612.
[8] Z. Ver. dtsch. Zuckerind. **79** (1929), 115.
[9] Hoppe-Seyler's Z. physiol. Chem. **202** (1931), 23; **207** (1932/33), 241.
[10] Z. Ver. dtsch. Zuckerind. **78** (1928), 788.
[11] Hoppe-Seyler's Z. physiol. Chem. **208** (1932), 91.
[12] Hoppe-Seyler's Z. physiol. Chem. **215** (1933), 277.

3. β-Glukosidase.

Die im Pflanzenreich weitverbreiteten β-Glukoside werden von einer großen
Anzahl Enzymen aus Pflanzen, Mikroorganismen und niederen Tieren zerlegt,
die neben der Aufspaltung der β-Glukosidbindung oft wenig Gemeinsames haben.
Manche scheinen nur auf glukosidisch verknüpfte Zuckerreste eingestellt zu
sein, andere nur auf Verbindungen zwischen Aglucon und Zucker, wieder andere
spalten beide Arten von β-Glukosiden. Man hat daher öfters Holosidasen und
Heterosidasen unterschieden. Aber die Grenzen sind fließend. Teils sind die
β-Glukosidasen typische Desmoenzyme, wie die enzymatischen Begleiter der
Herzglykoside in den Pflanzen, andere lassen sich leicht in Lösung überführen,
wie das Emulsin der süßen Mandeln. Häufig ist das Vorkommen der β-Glukosidasen nicht genau genug untersucht, um zu entscheiden, ob es sich bei den
Spaltungen um die Wirkung mehrerer Enzyme handelt. Nur bei ganz wenigen
Vorkommen der β-Glukosidasen, wie beim Emulsin der Süßmandeln, ist die Spezifität an einer so großen Zahl von Substraten geprüft, daß man ihren Umfang beurteilen
kann. Sicher ist, daß in den verschiedenen Vorkommen mit den größten Unterschieden der relativen Spezifität gerechnet werden muß, häufig mit völliger
Indifferenz gegenüber sonst leicht spaltbaren Substraten. Der Grund, weshalb
man alle diese Enzyme zu einem einzigen Typus zusammenfaßt, ist, daß kein
Enzym, das β-Glukosidbindungen spaltet, jemals eine α-Glukosidbindung lösen
konnte. Wo dies, wie z. B. im Emulsin, beobachtet wurde, hat sich bei der
näheren Untersuchung herausgestellt, daß ein Gemisch von α- und β-Glukosidase
vorlag. Da die Aufteilung solcher Gemische erst in den letzten Jahren erfolgte,
sind die Angaben der älteren Literatur in dieser Beziehung mit Vorsicht zu
bewerten. B. Helferich[1] schlägt vor, den Namen Emulsin, der früher den
nichtaufgeteilten Gemischen zugelegt wurde, auch jetzt noch dafür zu verwenden
und jegliche pflanzlichen oder tierischen Extrakte der β-Glykosidasen Emulsine
zu nennen, z. B. Mandelemulsin, Luzernenemulsin, Schneckenemulsin. Für die
aufgeteilten Gemische dagegen sind die internationalen Bezeichnungen β- bzw.
α-Glukosidase usw. zu verwenden.

Wie sich einerseits unter dem Typus der β-Glukosidase eine große Zahl von
Enzymen individueller Prägung der Spezifität zusammenfindet, so ist anderseits der Umfang der Spezifität bei den einzelnen Enzymen häufig größer als
bei den übrigen Carbohydrasen, z. B. den α-Glukosidasen. Dasselbe einheitliche Enzym aus Süßmandeln spaltet Hexoside und Pentoside, substituierte
und nichtsubstituierte Zucker, wenn auch mit großen Unterschieden der Spaltungsgeschwindigkeit. Welche Veränderungen der Konstitution und Konfiguration
sich noch mit der Spaltbarkeit vertragen, ist besonders bei der β-Glukosidase
des Emulsins von B. Helferich[1, 2] untersucht worden.

Bei der Beschreibung der β-Glukosidase müssen die wenigen näher untersuchten Fälle in den Vordergrund der Betrachtung gestellt werden. Das ungeheure
Material von Einzelbeobachtungen, die noch nicht genügend untersucht und
untereinander verknüpft sind, läßt sich im Rahmen dieses Handbuches nicht
wiedergeben.

Spezifität der β-Glukosidase.

Liebig und Wöhler fanden bei der Untersuchung des Amygdalins der
Süßmandeln, daß der Mandelextrakt selbst das Amygdalin in Benzaldehyd,
Glukose und Blausäure zerlegt. Sie nannten den wirksamen Stoff Emulsin.

---

[1] Ergebn. Enzymforsch., Bd. VII, S. 83. Leipzig, 1938.
[2] Ergebn. Enzymforsch., Bd. II, S. 74. Leipzig, 1933.

E. Fischer[1] entdeckte die Spaltbarkeit des von ihm dargestellten β-Methylglukosids durch das Emulsin und stellte zugleich fest, daß das α-Methylglukosid von Emulsin nicht gespalten wird. Wie bei allen Carbohydrasen werden nur die natürlichen d-Formen, aber nicht die l-Formen der Glukoside angegriffen. Alle von Emulsin spaltbaren Glukoside galten von da ab als β-Glukoside. Tatsächlich ist aber das Emulsin ein Gemisch von viel β- und ganz wenig α-Glukosidase und anderen Enzymen, so daß für exakte Versuche der Spaltbarkeit eine spezielle Untersuchung der enzymatischen Einheitlichkeit der verwendeten Präparate notwendig ist.

Ob die Wirkung des Emulsins auf β-Glukoside verschiedener Konstitution einer einheitlichen β-Glukosidase oder mehreren Enzymen zugeschrieben werden muß, ist von R. Willstätter mit G. Oppenheimer[2] und mit R. Kuhn und H. Sobotka[3] festgestellt worden. Nachdem sie mit der Zeitwertquotientenmethode anfänglich große Verschiedenheit beobachtet hatten, ergab die Extrapolation auf unendliche Substratkonzentration die völlige Einheitlichkeit der β-Glukosidase des Emulsins gegenüber folgenden Substraten: synthetische aliphatische und aromatische β-Glukoside sowie die natürlichen Glukoside Helicin, Amygdalin, Salicin.

Das Amygdalin ist ein in den Mandeln vorkommendes β-d-Mandelsäurenitrilglykosid der Gentiobiose. Bei der enzymatischen Spaltung entstehen 2 Mol β-Glukose, 1 Mol Benzaldehyd und 1 Mol Blausäure. Früher glaubte man, daß drei Enzyme an dieser Reaktion beteiligt seien. Zunächst sollte die Disaccharidbindung durch eine spezifische Amygdalase unter Freisetzung von 1 Mol β-Glukose gelöst werden. Das zurückbleibende Amygdonitrilglukosid oder Prunasin (nach Armstrong[4]) sollte dann durch die Prunase in ein weiteres Molekül β-Glukose und Mandelsäurenitril gespalten werden. An der Umwandlung des Mandelsäurenitrils in Benzaldehyd und Blausäure ist ein Enzym beteiligt, das man Oxynitrilase nannte. Es wird aber bezweifelt, ob es überhaupt die Spaltungsgeschwindigkeit erhöht. Auf jeden Fall bewirkt es bei der Umkehrung der Reaktion, der Synthese von Mandelsäurenitril aus Benzaldehyd und Blausäure, die optische Aktivität des entstehenden Nitrils, wirkt also reaktionslenkend.

Die Prunase erwies sich nach R. Willstätter, R. Kuhn und H. Sobotka[3] durch die Zeitwertquotientenmethode als identisch mit β-Glukosidase. Nachdem man weiter festgestellt hatte, daß das Disaccharid des Amygdalins, die Amygdalose, identisch mit Gentiobiose ist, lag die Vermutung nahe, daß Amygdalase mit Gentiobiase identisch ist. Daß bei der Wirkung dieses Enzyms zuerst hauptsächlich Prunasin entsteht und keine Gentiobiose, kommt nach R. Weidenhagen[5] durch die größere Spaltungsgeschwindigkeit der Disaccharidbindung gegenüber der Glukose-Aglucon-Bindung zustande. Die Abb. 11 zeigt die erheblichen Unterschiede in der Wirkung des Enzyms auf die beiden β-Glukoside. Je nach der (bisher

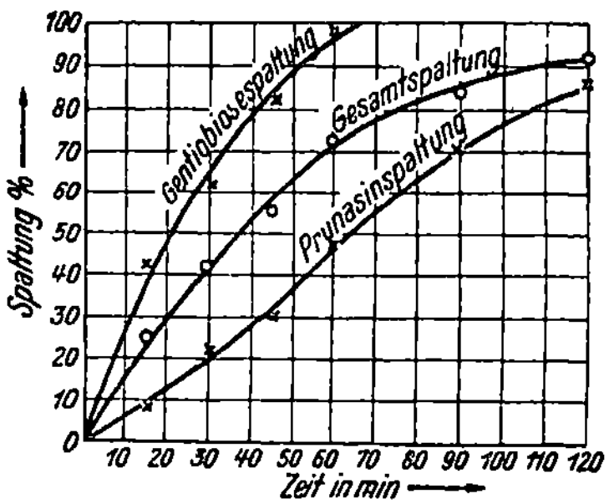

Abb. 11. Verlauf der Amygdalinspaltung.

[1] Ber. dtsch. chem. Ges. 27 (1894), 2985.
[2] Hoppe-Seyler's Z. physiol. Chem. 121 (1922), 183.
[3] Hoppe-Seyler's Z. physiol. Chem. 123 (1923), 33.
[4] H. E. Armstrong, E. F. Armstrong, E. Horton: Proc. Roy. Soc. (London) 85 (1912), 359.
[5] Z. Ver. dtsch. Zuckerind. 79 (1929), 591.

unbekannten) Verknüpfungsstelle des zweiten Glukosidrestes mit dem ersten kann auch eine völlige Verhinderung der Glukose-Aglucon-Bindung durch die Substitution eintreten, wie die anschließend zu besprechenden Versuche von B. HELFERICH lehren. Ein Hindernis für die Gleichsetzung von Amygdalase und Gentiobiase ist allerdings, daß die Hefe im allgemeinen nur das mit dem Aglucon verbundene Disaccharid zu Prunasin und Glukose und erst anschließend das Prunasin aufspaltet, aber gegen die freie Gentiobiose ohne Wirkung ist. Nach R. KUHN[1] gibt es zwar auch Hefen, die freie Gentiobiose spalten, aber der Resistenz der freien Disaccharide gegen β-Glukosidasen begegnet man bei den genuinen Herzglykosiden so häufig, daß sie fast die Regel bildet. Zwischen β-Glukosidase aus Emulsin und aus Hefe bestehen also wieder die bekannten Unterschiede der relativen Spezifität, deren Ursachen noch nicht erklärbar sind.

Ein weiteres Substrat der β-Glukosidase, vielleicht das biologisch wichtigste, ist die Cellobiose, das Endprodukt der Einwirkung von Cellulase auf Cellulose. Die Cellobiase ist ein ständiger Begleiter der Cellulase. Ihr Spezifitätsbereich umfaßt nach W. GRASSMANN[2,3] neben der Cellobiose auch die natürlichen höheren Abbaustufen der Cellulose, nämlich Cellotriose, Cellotetraose und Cellohexaose. Die Konstitution der Cellobiose ist nach HAWORTH[4] die einer β-Glukosido-4-glukose.

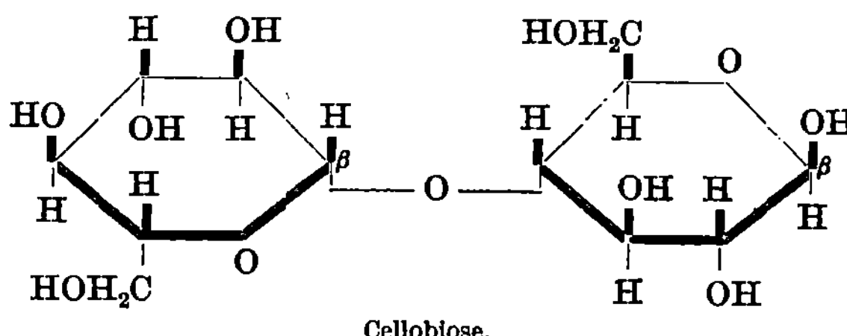

Celloblose.

Cellulasefreie Cellobiase wurde von W. GRASSMANN, L. ZECHMEISTER, G. TÓTH und R. STADLER dargestellt.[2] Sie fanden, daß sich die Spezifitätsbereiche beider Enzyme bei der Cellohexaose überschneiden.

Die Cellobiase wird häufig neben der β-Glukosidase als ein besonderes Enzym aufgefaßt. Echte Hefen spalten nämlich keine Cellobiose, wie umgekehrt die Enzyme mancher Schimmelpilze zwar Cellobiose, aber keine Gentiobiose spalten. R. WEIDENHAGEN[5] erklärt die beiden Enzyme für identisch. B. HELFERICH[6] hält die Identität immerhin für möglich. Die sehr ausgeprägten Unterschiede der relativen Spezifität sind aber nicht zu übersehen.

Die Primverose, eine 6-β-Xylosidoglukose aus *Primula veris*, wird von der Primverase begleitet, die sich nach B. HELFERICH[7] von der gewöhnlichen β-Glukosidase z. B. der Süßmandel nicht unterscheidet.

Eingehende Untersuchungen über die Spezifität der β-Glukosidase aus Emulsin sind von B. HELFERICH und Mitarbeitern[7,8] mit synthetischen Alkyl-

---

[1] Die Fermente und ihre Wirkungen, Suppl.-Bd. I, S. 274. Den Haag, 1935.

[2] W. GRASSMANN, L. ZECHMEISTER, G. TÓTH, R. STADLER: Liebigs Ann. Chem. 503 (1933), 167.

[3] W. GRASSMANN, R. STADLER, R. BENDER: Liebigs Ann. Chem. 502 (1933), 20.

[4] W. CHARLTON, W. N. HAWORTH, ST. PEAT: J. chem. Soc. (London) 129 (1926), 89. — W. N. HAWORTH, CH. W. LONG, J. H. PLANT: Ebenda (1927), 2809.

[5] Ergebn. Enzymforsch., Bd. I, S. 168, und zwar S. 202ff. Leipzig, 1932.

[6] B. HELFERICH, R. GOOTZ, G. SPARMBERG: Hoppe-Seyler's Z. physiol. Chem. 205 (1932), 201.

[7] Ergebn. Enzymforsch., Bd. II, S. 74, und zwar S. 84. Leipzig, 1933.

[8] Ergebn. Enzymforsch., Bd. VII, S. 83. Leipzig, 1938.

und Phenylglukosiden angestellt worden. Wegen der geringen Spaltbarkeit der Alkylglukoside wurden die Phenylglukoside bevorzugt. Die Verfasser substituierten sowohl den Alkoholrest wie die Zuckerkomponente und gelangten zu klaren Ergebnissen über den Einfluß der Substitution. Wichtiger als die Natur der Substituenten ist die Stelle, an der die Substitution erfolgt. Veränderungen am vierten und sechsten C-Atom der Zuckerkomponente beeinflussen zwar sehr stark die Spaltungsgeschwindigkeit, entscheiden aber nicht über die absolute Spezifität, also die Spaltbarkeit überhaupt. Derartige Substituenten der CH_2OH-Gruppe können Br, OCH_3, CH_3 und H sein. Das heißt also, daß auch Pentoside und Isopentoside gespalten werden, wenn sie am ersten, zweiten, dritten C-Atom mit der β-Glukose übereinstimmen. Das sind d-Xyloside, Isorhamnoside, l-Arabinoside. Dagegen hebt jede Veränderung in der 2- oder 3-Stellung die Spaltbarkeit völlig auf. Die im folgenden wiedergegebenen Strukturmodelle veranschaulichen diese Beziehungen:

Änderungen an
C 1 und C 6.

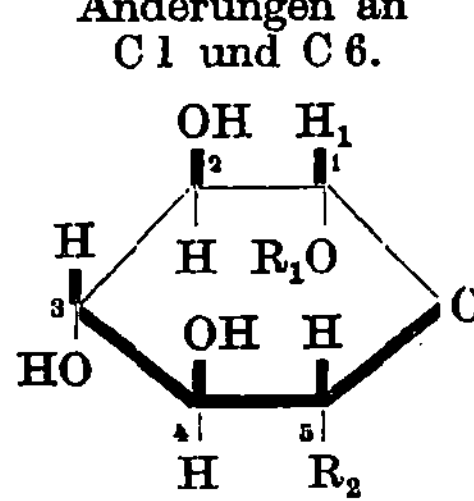

R$_1$ kann ein Aglucon oder ein Zuckerrest sein.
R$_2$ kann sein:

$$CH_2OH = \beta\text{-}d\text{-Glukosid},$$
$$CH_2Br = \beta\text{-}d\text{-Glukosidbromhydrin},$$
$$CH_3 = \beta\text{-}d\text{-Isorhamnosid},$$
$$H = \beta\text{-}d\text{-Xylosid}.$$

Änderungen an C 4

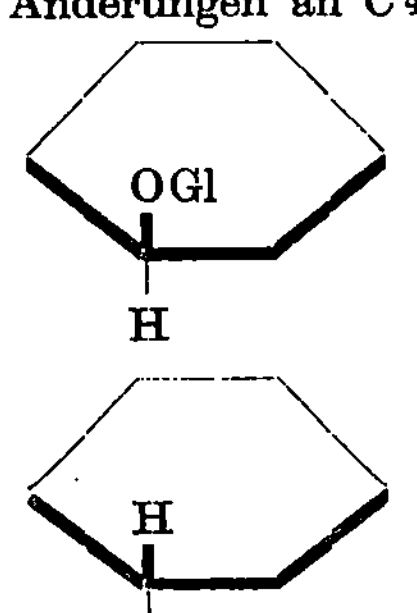

1. Substitution des OH in C-4-Stellung: β-d-Maltosid ist ebenfalls spaltbar.

2. Austausch von H und OH an C-Atom 4 hebt ebenfalls die Spaltbarkeit nicht auf, so daß β-d-Galaktosid und α-l-Arabinosid gespalten werden.

Änderungen am C-Atom 2, z. B. Vertauschung von H und OH zu β-Mannosid, heben die Spaltbarkeit auf, ebenso Methylierung am dritten C-Atom. Im Gegensatz zu der sehr engen Spezifität der α-Glukosidase, deren Wirksamkeit durch jede Veränderung am Zuckermolekül aufgehoben wird, ist also die Spezifität der β-Glukosidase viel breiter und selbst gegen manche erheblichen Veränderungen unempfindlich.

Veränderungen der Substituenten am ersten C-Atom sind ohne Einfluß auf die absolute Spezifität, wenn nur die β-Konfiguration überhaupt erhalten bleibt. Die Substituenten können sowohl andere Zucker wie auch aliphatische und aromatische Alkohole sein. Ihre Natur ist aber von größtem Einfluß auf die relative Spezifität. β-Phenylglukoside werden stets weit rascher gespalten als β-Methyl- und -Äthylglukoside. Substitution im Benzolring wirkt verschieden, je nach der Stellung zur Hydroxylgruppe.

Einführung der Methylgruppe in *ortho*-Stellung fördert, in *meta*- und *para*-Stellung verändert wenig die Spaltungsgeschwindigkeit. *o*-Methylphenolglukosid wird etwa zwölfmal schneller gespalten als Phenolglukosid selbst, während *m*-Methylphenolglukosid nicht ganz doppelt so schnell, *p*-Methylphenolglukosid nur halb so schnell wie Phenolglukosid gespalten werden.

Da ein Unterschied der absoluten Spezifität der β-Glukosidasen gegen β-Glukoside mit Alkoholgruppen und β-glukosidisch verknüpften Di- und Trisacchariden nicht besteht, erscheint die frühere Unterscheidung zwischen den Saccharide spaltenden Holosidasen und den Alkoholglukoside spaltenden Heterosidasen überflüssig. Trotzdem ist es notwendig, zahlreiche β-glukosidisch verknüpfte natürliche Heteroside und die sie begleitenden β-Glukosidasen für sich zu betrachten. Hier scheint es sich nämlich um Sonderenzyme zu handeln, denen eine allgemeine β-glukosidatische Wirksamkeit nicht zugeschrieben wird. Häufig sind es ausgesprochene Desmoenzyme, die bisher überhaupt nicht in Lösung übergeführt werden konnten.

Die Extrakte der Blätter von Prunus, Laurus, Salix enthalten eine β-Glukosidase, die von Armstrong[1] Prunase genannt wurde. Sie ist im Gegensatz zum Emulsin der Süßmandeln bevorzugt auf die Spaltung von Heterosiden eingestellt; die Resistenz der Gentiobiose gegen diese Enzyme ist aber noch nicht sicher erwiesen. Umgekehrt ist es von den Extrakten der Rhamnusrinde, der Digitalis, des Strophantus bekannt, daß sie aus den Glykosiden dieser Pflanzen, die aus Aglucon und Disaccharid bestehen, bevorzugt den einen Zucker abspalten, also die Disaccharidbindung lösen. Sie sind aber gegenüber den durch Säurespaltung vom Aglucon abgetrennten Disacchariden vollkommen wirkungslos. Diese Verhältnisse sind bei den Herzglykosiden in neuerer Zeit eingehend von A. Stoll und Mitarbeitern untersucht worden. Bei den Herzglykosiden sitzt zunächst an den Agluconen, die der Klasse der Sterine angehören und die die eigentlichen Träger der Herzwirkung sind, ein Desoxyzucker, wie Rhamnose, Digitoxose oder Cymarose. Daran schließen sich je nach der Länge der Zuckerkette noch Glukose oder weitere Desoxyzucker, die endständig Glukose tragen, an.

Die mit den Herzglykosiden vergesellschafteten Enzyme vermögen in keinem Fall die Bindung zwischen Aglucon und Desoxyzucker zu spalten, sie lösen nur die Bindung zwischen Desoxyzucker und Glukose, spalten also Glukose ab, während der andere Zuckerrest der Biose, der Desoxyzucker, unspaltbar am Aglucon zurückbleibt. Bei der sauren Hydrolyse dagegen wird die Bindung zwischen Aglucon und Desoxyzucker gelöst, und man gelangt zu charakteristischen Disacchariden bzw. auch Trisacchariden.

In der Meerzwiebel (*Scilla maritima*) wiesen A. Stoll, W. Kreis und A. Hofmann[2] ein glykosidspaltendes Enzym, die Scillarenase, nach, die das genuin in der Pflanze vorhandene Scillaren A durch Abspaltung eines Glukosemoleküls zu Proscillaridin abbaut. Erst durch ein besonderes Extraktionsverfahren gelang es überhaupt, das bis dahin unbekannte genuine Glykosid zu isolieren.

Entsprechende Verhältnisse finden sich nach A. Stoll und Mitarbeitern[3] auch bei den Digitalis-Glykosiden, wo die Digipurpidase und die Digilanidase

[1] H. E. Armstrong, E. F. Armstrong, E. Horton: Proc. Roy. Soc. (London) 85 (1912), 359.

[2] Hoppe-Seyler's Z. physiol. Chem. 222 (1933), 24. — Über enzymatische Zusammensetzung und Spaltungsmöglichkeiten von *Scilla maritima* siehe außerdem A. Stoll und Mitarbeiter: Helv. chim. Acta 16 (1933), 703; 17 (1934), 641, 1334; 18 (1935), 82, 401, 644, 1247.

[3] Hoppe-Seyler's Z. physiol. Chem. 235 (1935), 249; Helv. chim. Acta 16 (1933), 1049, 1390; 17 (1934), 592, 790; 18 (1935), 12.

ebenfalls nur den endständigen Glukoserest abspalten und sekundäre unspaltbare Glykoside hinterlassen.

Alle diese Enzyme sind ausgesprochene Desmoenzyme, also fest an die Zellmembran gebunden.

A. Stoll[1] zog neuerdings auch die Strophantusherzgifte in den Kreis seiner Beobachtungen ein. Das genuine k-Strophantosid enthält das Aglucon gebunden an den Desoxyzucker Cymarose, der noch mit zwei weiteren Glukoseresten verknüpft ist. Die begleitende Strophantobiase spaltet beide Glukosemoleküle ab. Der endständige Glukoserest dagegen kann auch durch α-Glukosidase, z. B. aus Hefe, abgespalten werden, und es entsteht dann das k-Strophantin-β, das man bisher für das genuine Glykosid ansah. Dies ist bisher der erste Fall, in dem es gelang, ein genuines Glykosid mit einem Enzym fremder Herkunft zu spalten. Während auf das genuine Glykosid die β-Glukosidase der süßen Mandeln ohne Einfluß ist, konnte Stoll zeigen, daß das durch Säurespaltung vom Aglucon befreite Trisaccharid zwischen Cymarose und Glukose auch vom Emulsin, wennschon langsam, gespalten wird. Damit ist der β-glukosidatische Charakter dieser Bindung erwiesen. Die Aufklärung der enzymatischen Beziehung hat hier also auch einen wichtigen Beitrag zur Konstitutionsermittlung dieser komplizierten Glykoside geliefert. Es ist bemerkenswert, daß das genuine k-Strophantosid das erste pflanzliche Glykosid mit einer erwiesenen α-glukosidischen Bindung ist und dementsprechend auch von einer α-Glukosidase begleitet wird. Ein synthetisches Glykosid, das zugleich α- und β-Verknüpfungen enthält und von den entsprechenden Enzymen aufgespalten wird, ist das von B. Helferich und W. Reischel[2] kürzlich dargestellte Hydrochinon-α-d-glukosid-β-d-glukosid.

Stoll stellte fest, daß auch Scillabiose (Rhamnose-Glukose) und Digilanidobiose (Digitoxose-Glukose) nach Abtrennung des Aglucons durch Emulsin spaltbar sind, und sogar leichter als Strophantobiose.

Vorkommen der β-Glukosidase.

Sie findet sich in den Kryptogamen, vor allem in den Hefen. Gentiobiase soll in den meisten Hefen fehlen und Cellobiase überhaupt.[3] Jedoch vermutet C. Oppenheimer,[4] daß die negativen Resultate vor allem darauf beruhen, daß man zuviel mit intakten Hefezellen gearbeitet hat, die für Cellobiose und Gentiobiose schlechte Permeabilitätsbedingungen bieten. Nach Versuchen von C. Neuberg und E. Hofmann,[5] die mit Milchzuckerhefen, z. B. *Saccharomyces fragilis, Saccharomyces kefir*, arbeiteten, ließen sich Enzyme isolieren, die regelmäßig Cellobiose angriffen, wie auch β-Methylglukosid und Salicin. Diese Hefen waren jedoch in lebendem Zustand Cellobiose gegenüber wirkungslos.

Ferner findet sich β-Glukosidase in den Schimmelpilzen, vor allem in *Aspergillus oryzae*, dessen kräftige Wirkung auf Amygdalin, Salicin, Aesculin, β-Methylglukosid zuerst von J. Hatano[6] aufgefunden wurde. Auch cellobiosespaltende Wirkung trifft man nach H. Pringsheim[7] in zahlreichen Schimmelpilzen an. Reindarstellung der Cellobiase aus Schimmelpilzen gelang W. Grassmann, L. Zechmeister, G. Tóth und R. Stadler.[8]

---

[1] A. Stoll, J. Renz, W. Kreis: Helv. chim. Acta **20** (1937), 1484. — A. Stoll, J. Renz: Enzymologia (Den Haag) **7** (1939), 362.

[2] Liebigs Ann. Chem. **533** (1938), 278.

[3] E. Fischer, G. Zemplén: Liebigs Ann. Chem. **365** (1909), 1; **372** (1910), 254; Abh. II, 494, 498.

[4] Die Fermente und ihre Wirkungen, Suppl.-Bd. I, S. 274. Leipzig, 1935.

[5] Biochem. Z. **256** (1932), 450.

[6] Biochem. Z. **151** (1924), 498, 501.

[7] H. Pringsheim, G. Zemplén: Hoppe-Seyler's Z. physiol. Chem. **62** (1909), 367.

[8] Liebigs Ann. Chem. **503** (1933), 167.

β-Glukosidase wird in vielen Bakterien angetroffen.

In den höheren Pflanzen ist β-Glukosidase ubiquitär. Dort findet sich Cellobiase immer neben Cellulase. β-Glukosidase als Sonderenzym kommt bei den zahlreichen β-glykosidhaltigen Pflanzen vor, von denen schon eine Reihe angeführt wurden, z. B. zusammen mit den Herzgiften. Cellobiase ist besonders reichlich im Gerstenmalz vertreten. Mit solchen Extrakten führte H. Pringsheim[1] eine partielle Trennung von Cellobiase und Cellulase durch.

In den höheren Tieren fehlen cellobiose- und gentiobiosespaltende Enzyme. Mit Autolysesäften von Präparaten aus Pferdeniere und -leber vermochte E. Hofmann[2] jedoch eine Reihe von β-Glukosiden (Salicin, Phloricin, β-Phenolglukosid), auch β-Phenolgalaktosid zu spalten. In den Wirbellosen, z. B. im Saft von Helix, ist β-Glukosidase reichlich vorhanden.

Bestimmungsmethoden und Einheiten.

Die quantitative Messung erfolgt polarimetrisch oder reduktometrisch.

1. Einheiten nach R. Willstätter.

Die *β-Glukosidaseeinheit* nach R. Willstätter, R. Kuhn und H. Sobotka[3] ist jene Enzymmenge, die bei 30° 20 cm³ 0,2 n Lösung der β-Glukoside in 1 Minute zu 50% spaltet.

Der *β-Glukosidasewert* stellt die in 1 g Trockenpräparat enthaltene Anzahl der betreffenden Einheiten dar.

2. Einheiten nach R. Weidenhagen.[4]

Weidenhagen legt als Normalbedingungen die von Willstätter bei der Maltosespaltung benutzten Werte fest. (Siehe Einheiten der α-Glukosidase. Dieselben Definitionen gelten auch für die β-Glukosidaseeinheit und den β-Glukosidasewert.) Als Standardsubstrat der β-Glukosidase, das zum Vergleich der einzelnen Enzyme dienen soll, führt Weidenhagen das Salicin ein.

3. Einheiten nach K. Josephson.[5]

In Analogie zur Inversionsfähigkeit If von Euler führt Josephson für die β-Glukosidase die „Salicinspaltungsfähigkeit $Sal.\,f.$" ein, da die Spaltung des Salicins annähernd nach erster Ordnung verläuft.

$$Sal.\,f. = \frac{k \cdot g \text{ Substrat}}{g \text{ Enzympräparat}}.$$

Für g Substrat = 1 folgt dann:

$$Sal.\,f. = \frac{k}{g \text{ Enzympräparat}}.$$

Es besteht die Beziehung: $Sal.\,f. = 0,0605 \cdot \beta$-Glukosidasewert.

Darstellung und Reinigung.

Eine wirkliche Trennung der in den „Emulsinen" vorliegenden Enzymgemische ist noch nicht erreicht worden.

---

[1] H. Pringsheim, A. Beiser: Biochem. Z. 172 (1926), 411.

[2] Biochem. Z. 287 (1936), 271.

[3] Hoppe-Seyler's Z. physiol. Chem. 129 (1923), 33.

[4] Z. Ver. dtsch. Zuckerind. 79 (1929), 599.

[5] Hoppe-Seyler's Z. physiol. Chem. 147 (1925), 1.

1. Darstellung und Reinigung nach R. Willstätter und W. Csányi.[1]

Die enthäuteten süßen Mandeln werden zermalmt und abgepreßt, um die Hauptmenge des Öls zu entfernen, dann mit Äther extrahiert, getrocknet und fein gemahlen. Der Zeitwert dieser Pulver für Amygdalin liegt zwischen 400 und 500. Dieses Pulver wird mehrfach mit verdünntem Ammoniak extrahiert, durch Fällung mit Essigsäure werden diese Auszüge von Proteinen befreit. Dann erst erfolgt Fällung des Enzyms mit Alkohol. Zeitwerte der erhaltenen Präparate = 10 bis 18.

2. Darstellung und Reinigung nach B. Helferich.[2]

Emulsin der süßen Mandeln wird mit Zinksulfatlösung extrahiert, dann mehrfach mit Aceton fraktioniert gefällt und aus wässeriger Lösung umgefällt. Später wurde (nach dem Beispiel von Willstätter bei der Peroxydase[3]) der erste Extrakt mit Tannin fraktioniert gefällt und aus dem fermenthaltigen Niederschlag das Tannin mit Aceton weggewaschen. Aus diesen Rohpräparaten wurden durch fraktionierte Fällung als Silberverbindung und Zersetzung mit Schwefelwasserstoff reinere Präparate gewonnen. Man gelangte so zu Präparaten vom Glukosidasewert 10.

Im Gegensatz zu den Rohpräparaten sind die Reinpräparate auch im lufttrockenen Zustand nicht sehr beständig.

Auch die reinsten Präparate zeigen noch Eiweißreaktionen.

Kinetik.

Der zeitliche Verlauf der Spaltung von β-Methylglukosid, Salicin, Arbutin und β-Phenylglukosid ist nach R. Willstätter und G. Oppenheimer[4] erster Ordnung. Die Spaltung von Helicin dagegen ergibt abfallende Reaktionskonstanten erster Ordnung, was Willstätter auf Hemmung durch den abgespaltenen Salicylaldehyd zurückführt.[5]

Einfluß der Wasserstoffionenkonzentration.

R. Willstätter[6] fand das optimale p_H der β-Glukosidase je nach der Art des Substrats schwankend zwischen 4,4 und 5,3. Optimales p_H für die Amygdalinspaltung = 6. Nach K. Josephson[7] fallen die p_H-Kurven für Salicin- und Helicinspaltung sehr nahe zusammen.

Aktivierung und Hemmung.
1. Einfluß verschiedener Zucker.

E. F. Armstrong[8] untersuchte die Wirkung verschiedener Zuckerarten auf die Hydrolyse von β-Glukosiden und Galaktosiden. Er fand, daß Glukose stark,

---

[1] Hoppe-Seyler's Z. physiol. Chem. 117 (1921), 172.

[2] „Die Spezifität des Emulsins", Ergebn. Enzymforsch., Bd. II, S. 74. Leipzig, 1933.

[3] R. Willstätter, A. Pollinger: Liebigs Ann. Chem. 430 (1923), 282.

[4] Hoppe-Seyler's Z. physiol. Chem. 121 (1922), 183.

[5] Eine komplizierte Formel für die Geschwindigkeitskonstante des Emulsinsubstratkomplexes (an Hand von 5 Butyl-β-Glukosiden entwickelt) stellten St. Veibel und H. Lillelund auf (Chem. Ztrbl. 1940 II, 2626).

[6] R. Willstätter, G. Oppenheimer: Hoppe-Seyler's Z. physiol. Chem. 121 (1922), 183.

[7] Hoppe-Seyler's Z. physiol. Chem. 147 (1925), 1.

[8] Proc. Roy. Soc. (London) 73 (1904), 516.

Galaktose schwach und Fructose gar nicht hemmt. Nach R. Kuhn[1] wird die Hydrolyse von Salicin und Helicin nur durch β-, nicht aber durch α-Glukose gehemmt. Auch K. Josephson[2] studierte den hemmenden Einfluß verschiedener Zucker.

2. Einfluß der Neutralsalze.

Nach B. Helferich und E. Schmitz-Hillebrecht[2] haben Kationen auf Reinpräparate keine Wirkung. Dagegen wird die Wirkung der β-Glukosidase durch Anionen bis zu 300% gesteigert, und zwar etwa parallel der lyotropen Reihe.

Die Salzaktivierung ist am stärksten bei optimalem p_H und hängt von den Substraten ab.

3. Einfluß organischer Stoffe.

Äthyl- und Methylalkohol wirken hemmend, desgleichen Formaldehyd.

Nach R. Weidenhagen[3] wird β-Glukosidase aus bitteren Mandeln in Form des Rohferments (Glukosidasewert 1,62) und eines nach Helferich gereinigten Präparats (Glukosidasewert 10,5) durch Ascorbinsäure nur schwach gehemmt. Ein weiter gereinigtes Präparat (Glukosidasewert 17,9) wurde jedoch stark (zirka 40%) gehemmt.

4. Einwirkung von Ozon.

Ozon zerstört das Enzym.[4]

5. Einwirkung von Osmiumtetroxyd.

Einwirkung von Osmiumtetroxyd auf Süßmandel-Emulsin bewirkt nach B. Helferich und F. Vorsatz[5] starke Hemmung der β-Glukosidase. Die Schädigung ist im Gegensatz zu Ozon nicht proportional der zugesetzten Menge Osmiumtetroxyd. Sie ist keine einfache Oxydation, sondern muß einer Vereinigung des Ferments mit Osmiumtetroxyd zugeschrieben werden, die erst sehr viel langsamer eine Oxydation zur Folge hat. Die Schädigung kann durch rechtzeitigen Zusatz von Schwefelwasserstoff zum Teil wieder rückgängig gemacht werden, ebenso durch Cystein. Diese Regeneration beruht vermutlich auf der Reduktion des Osmiumtetroxyds, auch in seiner Verbindung mit dem Ferment, zum Osmiumdioxyd.

6. Einwirkung von schwerem Wasser.

Ein Vergleich der Spaltungsgeschwindigkeiten einer Reihe von β-Glukosiden in 1—5%iger Lösung in schwerem und in leichtem Wasser bei $p_H = 4{,}7$ ist von F. Salzer und K. F. Bonhoeffer[6] durchgeführt worden. Die Ergebnisse finden sich in folgender Tabelle 7. Salicin wird in schwerem Wasser langsamer gespalten als in gewöhnlichem, Methylglukosid dagegen schneller. Man sieht aus der Tabelle, daß mit wachsender Dissoziationskonstante das Geschwindigkeitsverhältnis wächst, d. h. Glukoside mit hoher Affinität zum Ferment werden in schwerem Wasser langsamer gespalten als in leichtem, Glukoside mit geringer Affinität zum Ferment umgekehrt (s. auch S. 63).

---

[1] Hoppe-Seyler's Z. physiol. Chem. 127 (1923), 234.
[2] Hoppe-Seyler's Z. physiol. Chem. 234 (1935), 54.
[3] Z. Wirtschaftsgr. Zuckerind. 86 (1936), 482.
[4] B. Helferich und Mitarbeiter: Hoppe-Seyler's Z. physiol. Chem. 229 (1934), 112; 233 (1935), 75.
[5] Hoppe-Seyler's Z. physiol. Chem. 239 (1936), 241.
[6] Z. physik. Chem., Abt. A 176 (1936), 202.

7. Einwirkung physikalischer Faktoren.

Ultraviolette Strahlen schädigen Reinenzyme stärker als Rohenzyme.[1]

Struktur der β-Glukosidase.

Auf Grund der Beeinflussung der Wirksamkeit der β-Glukosidase durch Änderung im Aglucon und im Zucker versucht sich B. HELFERICH[2] eine Vorstellung von der Konstitution dieses Enzyms zu

Tabelle 7. *Verhältnis der Spaltungsgeschwindigkeiten verschiedener β-Glukoside in schwerem und in gewöhnlichem Wasser.*

Substrate	Geschwindigkeitsverhältnis v_{D_2O}/v_{H_2O}	MICHAELIS-Konstante in H_2O K_M (Mol/Liter)
Salicin	0,66	0,017—0,035
Protocatechualdehydglukosid	0,68	—
Phenolglukosid	0,74	0,04—0,065
p-Kresolglukosid	0,85	0,14
n-Butylglukosid	1,04	0,22
β-Methylglukosid	1,27	$\left\{\begin{array}{c} 0,60—1,12 \\ 1,23 \\ \text{in } D_2O:0,63 \end{array}\right.$

machen. Gegen Änderungen im Aglucon ist die β-Glukosidase wesentlich unempfindlicher als gegen solche im Zuckeranteil. So setzt schon Ersatz der OH-Gruppe am 6-C-Atom durch Methoxyl die Spaltbarkeit sehr herab, Veresterung des 6-Hydroxyls an Methansulfonsäure hebt sie völlig auf. HELFERICH nimmt deshalb an, daß der β-Glukoserest des Substrats sich in der für die Spaltung richtigen Weise an die dafür passende Stelle des Ferments, die Haftstelle, anlagern muß, bevor die Hydrolyse eintreten kann. Diese Anlagerung an die Haftstelle des Ferments wird durch Substitution am 6-C-Atom behindert, und zwar entsprechend der Größe des Substituenten. Also folgert HELFERICH, daß die Haftstelle des Ferments dem β-d-Glukopyranosering weitgehend entsprechen muß, also vielleicht selbst ein Zuckerring ist. In einem dialysierten Reinferment findet er noch einen Kohlehydratgehalt von 3,7%, errechnet als Glukose, und vermutet, daß hierbei ein Gemisch bzw. eine Verbindung mehrerer Zucker vorliegt.[3]

Im Anschluß an die Untersuchungen von HELFERICH diskutiert auch H. LETTRÉ[4] eine mögliche Formulierung des Agons der β-Glukosidase. „Hierbei ist die Annahme gemacht, daß bei der Bildung der Anlagerungsverbindung sich der Ring des Substrats so auf den des Ferments legt, daß Ringsauerstoff und C 5 in beiden sich decken. Dadurch kommen im Fall einer Verbindungsbildung

---

[1] B. HELFERICH, G. BRIEGER: Hoppe-Seyler's Z. physiol. Chem. **221**. (1933), 94.
[2] Ergebn. Enzymforsch., Bd. VII, S. 83, und zwar S. 92 ff. Leipzig, 1938.
[3] B. HELFERICH, W. RICHTER, S. GRÜNLER: Ber. Verh. sächs. Akad. Wiss. Leipzig, math.-physische Kl. 89 (1937), 385.
[4] Angew. Chem. 50 (1937), 581.

die hydratisierte Aldehydgruppe des Enzyms und die zu spaltende C—O—R-Bindung im Substrat in räumliche Nähe, die den Reaktionsablauf ermöglicht." Es wäre sehr wesentlich, durch eine vollständige Strukturanalyse eines racemischen α- oder β-Glukosids einen Anhalt hierüber zu erhalten.

Synthese von β-Glukosiden.

Die Synthese von β-Methyl-, Äthyl-, Propylglukosiden wurde zuerst von Bourquelot[1] durchgeführt. Auch Cellobiose und Gentiobiose erhielt er durch Mandelemulsin.[2]

Die Kinetik der synthetischen Wirkung von β-Glukosidase aus Emulsin auf Glukose und Methylalkohol hat K. Josephson[3] untersucht. Die Geschwindigkeit der Synthese ist der Enzymkonzentration proportional. Die p_H-Aktivitätskurven von Synthese und Hydrolyse stimmen überein. Die Affinitätskonstante Glukose-enzym hat fast den gleichen Wert, wie er sich aus Hemmungsversuchen bei der Hydrolyse ergab.

Beim Phenol-β-Glukosid liegt nach Josephson das Gleichgewicht fast ganz auf der Seite der Hydrolyse, so daß eine Synthese kaum nachzuweisen ist.

Bourquelot hat ferner ein dem natürlichen isomeres Salicin aus Saligenin biochemisch synthetisiert.[4] Zum Unterschied vom natürlichen ist die Phenol-gruppe frei. Das erste natürlich vorkommende Heterosid, das er darstellte, war das Geranylglukosid aus Geraniol und Glukose.[5]

Gilchrist[6] stellte Glyceringlukoside dar.

In neuerer Zeit wurde eine Reihe biochemischer Synthesen von Disacchariden und β-Glukosiden unter der Einwirkung von Emulsin von Vintilesco und Mitarbeitern durchgeführt: Gentobiose und Cellobiose,[7] 1,3-Butylenglykolglukosid,[8] Glykolmonoäthylätherglukosid,[9] β-Hexylglukosid,[10] β-Cyclopentyl- und β-Cyclohexylglukosid.[11] Ähnliche Resultate erzielten B. Helferich und U. Lampert.[12]

St. Veibel und F. Eriksen[13] synthetisierten chemisch und biochemisch eine Reihe von β-Alkylglukosiden.

Bei der Einwirkung von Hefeenzymen auf Gleichgewichtsglukose erhält man Maltose und ein Gemisch von β-Glukosiden, das noch nicht ganz aufgeklärt ist. Nach H. Pringsheim[14] sollen Enzyme aus Unterhefen Gentiobiose bilden, Bäckerhefen oder Mandelemulsin dagegen die Revertose von Hill, deren Konstitution man nicht kennt.

---

[1] Bourquelot, Bridel: J. Pharmac. Chim. (7), 5 (1912), 12, 569; (7), 6 (1912), 13, 56, 97, 164, 193; Bull. Soc. Chim. biol. 72 (1912), 958, 1004.

[2] Bourquelot, Hérissey, J. Goirre: J. Pharmac. Chim. (7), 8 (1913), 441. — Bourquelot, Bridel: C. R. hebd. Séances Acad. Sci. 168 (1919), 1016.

[3] Hoppe-Seyler's Z. physiol. Chem. 147 (1925), 155.

[4] Bourquelot, H. Hérissey: J. Pharmac. Chim. (7), 8 (1913), 49.

[5] Bourquelot, Bridel: J. Pharmac. Chim. (7), 8 (1913), 204.

[6] H. S. Gilchrist, Cl. B. Purves: J. chem. Soc. (London) 127 (1925), 2735.

[7] J. Vintilesco, C. N. Jonesco, A. Kizyk: Bull. Soc. chim. Romania 17 (1935), 283.

[8] J. Vintilesco, N. J. Joanid: Bull. Soc. Chim. biol. 14 (1932), 1228; Bull. Soc. chim. Romania 14 (1932), 5.

[9] Bull. Soc. Chim. Rom. 16 (1934), 151.

[10] J. Vintilesco, C. N. Jonesco, M. Salomon: Bull. Soc. chim. Romania 17 (1935), 267.

[11] J. Vintilesco, C. N. Jonesco: J. Pharmac. Chim. 21 (1935), 241.

[12] Ber. dtsch. chem. Ges. 68 (1935), 2050.

[13] Bull. Soc. chim. France 3 (1936), 277.

[14] H. Pringsheim, J. Leibowitz: Ber. dtsch. chem. Ges. 57 (1924), 1576. — H. Pringsheim, J. Bondi, J. Leibowitz: Ebenda 59 (1926), 1983.

4. α-Mannosidase.

Die Wirkung der α-Mannosidase ist bisher nur an synthetischen Heterosiden geprüft worden. Da bei der Mannose die Konfiguration am Kohlenstoffatom 1 noch nicht sicher bekannt ist, bestehen jedoch Zweifel, ob es sich hierbei wirklich um α-Mannoside handelt. Natürliche Substrate der α-Mannosidase sind bisher noch nicht bekannt. Die im Mandelemulsin aufgefundene α-Mannosidase ist resistenter gegen höhere Temperatur als die β-Glukosidase und läßt sich dadurch von ihr trennen. Beim Erwärmen auf 70° wird die β-Glukosidase zerstört, die α-Mannosidase bleibt erhalten.

Auch die α-Mannosidase spaltet das synthetische α-Phenylmannosid leichter als das α-Methylmannosid.[1] Ihr optimales p_H in gereinigtem Zustand ist 4,0.

Biochemische Synthese von α-Mannosiden wurde von H. Hérissey[2] durch Emulsin erzielt, und zwar mit Glykol, Glycerin, Methyl-, Propyl-, Butylalkohol.

5. α-Galaktosidase.

Das Hauptsubstrat der α-Galaktosidase oder Melibiase ist das Disaccharid Melibiose, eine 6-α-Galaktosido-glukose, deren Konstitution von Charlton[3] und Haworth[4] sichergestellt wurde:

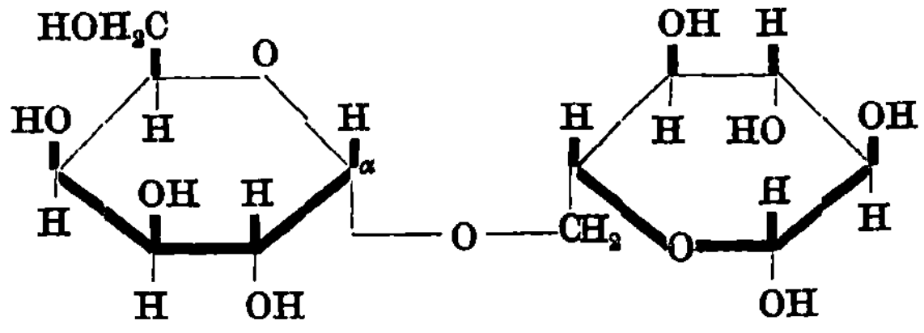

Beide Monosen sind Pyranosen. Auch die Raffinose, die sich von der Melibiose durch Eintritt eines Fructosemoleküls am C-Atom 1 der Glukose ableitet, ist durch α-Galaktosidase spaltbar. Während jedoch das Mandelemulsin die Raffinose leicht spaltet, wird diese von Hefemelibiase kaum angegriffen, so daß man zunächst an zwei verschiedene Enzyme glaubte. Die „Galaktoraffinase" des Emulsins, die die Raffinose in Galaktose und Rohrzucker zerlegt, wurde von R. Willstätter und W. Csanyi[5] eingehender untersucht. Ihr p_H-Optimum ist 4,1, während R. Weidenhagen[6] für die Hefemelibiase 5,0 fand. In der Kinetik stimmen sie überein, die Spaltung von Raffinose und anderen Substraten verläuft nämlich nach erster Ordnung. Beide Enzyme spalten das α-Methylgalaktosid und auch das Osazon der Melibiose. Es ist also durchaus angängig, die quantitativen Unterschiede der Angreifbarkeit von Raffinose durch Melibiase des Emulsins und der Hefe auf verschiedene Affinität, also auf relative Spezifität, zurückzuführen. Weidenhagen schloß daher auch, daß Galaktoraffinase und Hefenmelibiase identisch sind.

---

[1] B. Helferich, H. Heyne, R. Gootz: Hoppe-Seyler's Z. physiol. Chem. 214 (1933), 139.

[2] Bull. Soc. Chim. biol. 5 (1923), 501. — H. Hérissey, J. Cheymol: C. R. hebd. Séances Acad. Sci. 178 (1924), 1372; J. Pharmac. Chim. 29 (1924), 441; Bull. Soc. Chim. biol. 6 (1924), 186, 865.

[3] W. Charlton, W. N. Haworth, W. J. Hickinbottom: J. chem. Soc. (London) 1927, 1527.

[4] W. N. Haworth, J. V. Loach, Ch. W. Long: J. chem. Soc. (London) 1927, 3146.

[5] Hoppe-Seyler's Z. physiol. Chem. 117 (1921), 172.

[6] Z. Ver. dtsch. Zuckerind. 77 (1927), 696; 78 (1927), 99; 79 (1929), 115, 138.

B. Helferich[1] wies nach, daß die α-Galaktosidase auch die Heteroside der β-l-Arabinose spaltet, die konfigurativ genau der α-d-Galaktose entspricht, nämlich Methyl- und Phenyl-β-arabinosid.

Die Melibiase kommt nur in Unterhefen vor, dagegen nicht in Oberhefen oder Milchzuckerhefen. Im *Aspergillus niger* ist ihr Vorkommen adaptiv, d. h. sie tritt nur auf, wenn der Pilz in einer bestimmten Nährlösung (Raulinsche Nährlösung mit Zusatz von Raffinose) gezüchtet wird.[2]

In einigen Bakterien, z. B. *Bact. Delbrücki*, wurde sie aufgefunden, in anderen, z. B. *Bact. coli*, fehlt sie.[3]

Nach H. Tauber und I. S. Kleiner[4] ist Melibiase in den Knollen von *Solanum indicum* vorhanden.

R. Weidenhagen,[5] der sich mit der Hefemelibiase eingehender befaßte, stellte fest, daß rohe und gereinigte Melibiase sich in ihrer Kinetik unterscheiden. Infolgedessen lassen sich hier wie bei der Melibiase nur „scheinbare" Melibiaseeinheiten bei Rohenzymen aufstellen. Die Einheiten nach Weidenhagen sind die gleichen wie bei der α-Glukosidase.

6. β-Galaktosidase.

Die wichtigsten natürlichen Substrate der β-Galaktosidase sind: Lactose, Allolactose, Vicianose.

Nach W. N. Haworth und Ch. W. Long[6] und G. Zemplén[7] hat die Lactose genau dieselbe Struktur wie Maltose und Cellobiose, nur anstatt der Glukose eine Galaktose in β-Bindung in der 4-Stellung an die andere Glukose gebunden. Beide Monosen sind Pyranosen.

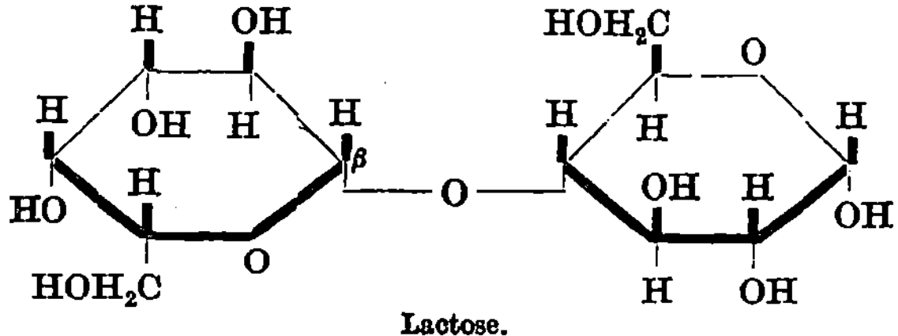

Lactose.

Allolactose ist eine 6-β-Galaktosidoglukose (in der Frauenmilch enthalten). Sie wurde von Helferich[8] synthetisch dargestellt. Die Vicianose ist α-l-Arabinosidoglukose.

E. F. Armstrong[9] stellte auf Grund von Hemmungsversuchen die Behauptung auf, daß es zwei Lactasen gebe. Die eine sollte an der galaktosidischen Seite angreifen, die andere an der freien Glukose. Die Galaktolactase ist die der Milchzuckerhefen, die Glukolactase die der Phanerogamen (Emulsin) und der Tiere. Die Galaktolactase wird durch Galaktose, die Glukolactase durch Glukose gehemmt. Kuhn knüpfte in seiner Gluko-Fructosaccharasen-Theorie

---

[1] Ergebn. Enzymforsch., Bd. II, S. 82. Leipzig, 1933.

[2] E. Hofmann: Biochem. Z. **278** (1934), 198.

[3] E. Hofmann: Biochem. Z. **272** (1934), 133.

[4] J. biol. Chemistry **105** (1934), 679.

[5] Z. Ver. dtsch. Zuckerind. **77** (1927), 696; **78** (1927), 99.

[6] J. chem. Soc. (London) **1927**, 544.

[7] Ber. dtsch. chem. Ges. **59** (1926), 2402.

[8] B. Helferich, H. Rauch: Ber. dtsch. chem. Ges. **59** (1926), 2655. — B. Helferich, G. Sparmberg: Ebenda **66** (1933), 806.

[9] Proc. Roy. Soc. (London) **73** (1904), 516.

an diese Befunde von Armstrong an (siehe S. 83f.). Es zeigte sich aber später, daß aus den Hemmungsversuchen allein nicht auf die Affinität des Enzyms geschlossen werden kann. Außerdem fand Armstrong selber, daß Emulsin, also die Glukolactase Galaktosidogalaktose angreift, was direkt gegen seine Theorie spricht. Weidenhagen[1] lehnt die Theorie der Galaktosido- und Glukolactase ab, da das Lactosazon von beiden Lactasen, Hefe und Emulsin, gespalten wird.

B. Helferich[2] nimmt an, daß die β-Glukosidase des Süßmandelemulsins auch β-Galaktoside zu spalten vermag. Er findet, daß die Schädigung von Süßmandelemulsin durch Bestrahlung mit ultraviolettem Licht[3] oder durch Oxydation mit kleinen Mengen Ozon bei beiden Enzymwirkungen parallel geht.[4] Er stellt bei vergleichenden Messungen ziemlich weitgehende Übereinstimmung der relativen Spaltungsfähigkeit für β-Glukoside und β-Galaktoside fest. Alle Präparate spalteten das Glukosid etwa zehnmal schneller als das Galaktosid.

Nach Helferich und Lampert[5] geht auch die Spaltung von l-Arabinosiden der Spaltung von β-Galaktosiden durch Süßmandelemulsin parallel.

E. Hofmann[6] findet aber, daß Milchzuckerhefen Galaktoside schneller angreifen als Glukoside. Ebenso verhält sich das Enzym der Hagebutten umgekehrt wie das der Mandeln, es spaltet Galaktoside stark, Glukoside kaum (Spaltung von Phenol-Galaktosid 70%, Phenol-Glukosid 3%).[7] Ebenso verhält sich das Emulsin der Mandarinenkerne und der Sojabohne.[8]

Helferich und seine Schule[9] fanden selber, daß das Emulsin der Luzerne, *Medicago sativa*, sich ganz anders verhält wie Süßmandelemulsin. In der Luzerne besteht das umgekehrte Verhältnis von Galaktosidase : Glukosidase, nämlich 60:1. Eine weitere Verschiedenheit besteht im Verhalten gegenüber dem o-Kresol-β-galaktosid.[10] Das Luzernenemulsin spaltet das o-Kresolderivat nicht schneller, sondern sogar langsamer als das Phenol-β-d-galaktosid, während für Süßmandelemulsin ja gerade die starke Spaltbarkeit von o-Kresol-β-d-glukosid und Galaktosid charakteristisch ist. Dem Luzernenemulsin ganz ähnlich verhält sich das Kaffee-Emulsin.[11]

Die Frage bezüglich Identität oder Verschiedenheit von β-Glukosidase und β-Galaktosidase ist also noch nicht klar entschieden.

Vorkommen der β-Galaktosidase.

Die β-Galaktosidase oder Lactase findet sich im Emulsin der Mandeln und verwandter Rosaceen, in vielen Mikroben, vor allem in Milchzuckerhefen, in der Taka, in vielen Bakterien und tierischen Sekreten.

Synthese.

Michlin[12] synthetisierte Lactose durch ein Enzym der lactierenden Milchdrüse von Kühen. Die Komponenten müssen in 50%iger Konzentration zu-

[1] Z. Ver. dtsch. Zuckerind. **79** (1929), 115.
[2] Ergebn. Enzymforsch., Bd. VII, S. 83, und zwar S. 94. Leipzig, 1938.
[3] Helferich, Brieger: Hoppe-Seyler's Z. physiol. Chem. **221** (1933), 94.
[4] Helferich, Winkler, Schmitz-Hillebrecht, Bach: Hoppe-Seyler's Z. physiol. Chem. **229** (1934), 112.
[5] Ber. dtsch. chem. Ges. **68** (1935), 1266.
[6] Biochem. Z. **256** (1932), 462.
[7] Biochem. Z. **267** (1934), 309.
[8] Biochem. Z. **272** (1934), 426.
[9] K. Hill: Ber. Verh. sächs. Akad. Wiss. Leipzig, math.-physische Kl. **86** (1934), 115.
[10] Helferich, Schreiber: Hoppe-Seyler's Z. physiol. Chem. **226** (1934), 272.
[11] Helferich, Vorsatz: Hoppe-Seyler's Z. physiol. Chem. **237** (1935), 254.
[12] D. Michlin, M. Lewitow: Biochem. Z. **271** (1934), 448.

sammengebracht werden. Das Gleichgewicht liegt zwischen 12% und 30%, die Zeitdauer beträgt 7—10 Tage.

Milchzuckersynthese unter der Einwirkung von Milchdrüsenschnitten erzielten auch W. E. Petersen und I. C. Shaw.[1]

II. Polyasen.

1. Amylasen.

Die im Tier- und Pflanzenreich allgemein verbreiteten Amylasen spalten sowohl die tierischen als auch die pflanzlichen Reservekohlehydrate, das Glykogen und die Stärke.

Konstitution der Stärke und des Glykogens.

Die Bruttoformel dieser Polyosen ist $(C_6H_{10}O_5)_x$; das einzige Produkt der vollständigen Säurehydrolyse ist Glukose. Für die Kenntnis der Konstitution ist wesentlich, daß bei der enzymatischen Spaltung keine Glukose, sondern ein Disaccharid, die Maltose, entsteht. Auch bei vorsichtigem Abbau methylierter Stärke erhielt Haworth Derivate der Maltose. Bei vollständiger Methylierung und Hydrolyse fand er hauptsächlich 2,3,6-Trimethylglukose.[2] Er nimmt an, daß Stärke und Glykogen aus α-glukosidisch verknüpften Maltosebausteinen bestehen. Da auch in der Maltose selbst die beiden Glukosen α-glukosidisch verknüpft sind, bestehen nach Haworth Stärke und Glykogen nur aus α-glukosidisch verbundenen Glukopyranoseresten. Auch die Berechnungen von K. Freudenberg[3] über die optische Drehung der Stärke sprechen für eine einheitliche α-glukosidische Verknüpfung.

Vor einigen Jahren war die Annahme verbreitet, daß die hochmolekularen Naturstoffe aus einfachen Grundkörpern durch Aggregation, also durch zwischenmolekulare Kräfte aufgebaut seien. Für Stärke und Glykogen sollte ein Glucan $C_6H_{10}O_5$ oder ein Maltoseanhydrid $C_{12}H_{20}O_{10}$ den Grundkörper bilden. Die Tätigkeit der Amylasen würde darnach einerseits in der Lösung der Nebenvalenzen, anderseits in der Anlagerung von Wasser an das Zuckeranhydrid bestehen. Die Annahme kleiner Grundkörper und desaggregierender Enzyme ist verlassen. Die röntgenspektroskopische Untersuchung der Cellulose hat ergeben, daß sie aus langen Ketten von Glukoseresten besteht. Für Stärke und Glykogen ist ein analoger Bau sehr wahrscheinlich gemacht. Bei der Aufarbeitung der Hydrolyseprodukte methylierter Stärke fand W. N. Haworth[2] neben hauptsächlich 2,3,6-Trimethylglukose ungefähr 4% 2,3,4,6-Tetramethylglukose. Er schloß, daß diese von den Endgliedern der Glukoseketten stammen, in denen eine OH-Gruppe mehr als in den Mittelgliedern vorhanden ist. So gelangte er für Stärke zu Kettenlängen von ungefähr 25 Glukosegliedern, für Glykogen sogar von nur 12—18 Gliedern. Aus dem viskosimetrischen Verhalten der Stärke und ihrer Derivate sowie aus dem mechanischen Verhalten von Stärkefilmen zogen aber K. H. Meyer und H. Mark[4] den Schluß, „daß man es in der Stärke nicht mit langen geraden Maltoseketten zu tun hat, sondern daß diese Ketten

---

[1] Science (New York) 86 (1937), 398.

[2] W. N. Haworth: S.-B. Akad. Wiss. Wien, Abt. IIb 145 (1936), 920.

[3] K. Freudenberg, W. Kuhn, W. Dürr, F. Bolz, G. Steinbrunn: Ber. dtsch. chem. Ges. 63 (1930), 1510, und zwar 1526. — K. Freudenberg: Ebenda 66 (1933), 177, und zwar 194.

[4] Der Aufbau der hochpolymeren organischen Naturstoffe, S. 212, 213. Leipzig, 1930.

hier und da verzweigt sind".[1] Auch STAUDINGER[2,3] gelangte auf Grund des viskosimetrischen und osmotischen Verhaltens dieser Polyosen zu dem Ergebnis, daß ihre Moleküle nicht aus einfachen langen Ketten, sondern aus verzweigten Ketten bestehen und 1000 oder mehr Glukosegruppen enthalten. Die Endgliederbestimmung von HAWORTH ergibt nicht die gesamte Zahl der Glukoseglieder, sondern die durchschnittliche Länge der Seitenketten. Wie aus den Endgliedern der Seitenketten bei der Methylierung Tetramethylglukosen entstehen, so aus den Verzweigungsstellen Dimethylglukosen. Auch diese sind von W. N. HAWORTH unter den Methylierungsprodukten aufgefunden worden.[4]

Solche vielfach verzweigten Hochpolymeren von nicht mehr länglichem, sondern fast kugelförmigem Bau nennt H. STAUDINGER[5] Sphärokolloide, die fadenförmigen Hochpolymeren dagegen Linearkolloide. Die Cellulose ist ein typis her Vertreter der Linearkolloide, das Glykogen, das die meisten Verzweigungen aufweist, ist ein typisches Sphärokolloid. Die Stärke ist ein Mittelding zwischen beiden, aber

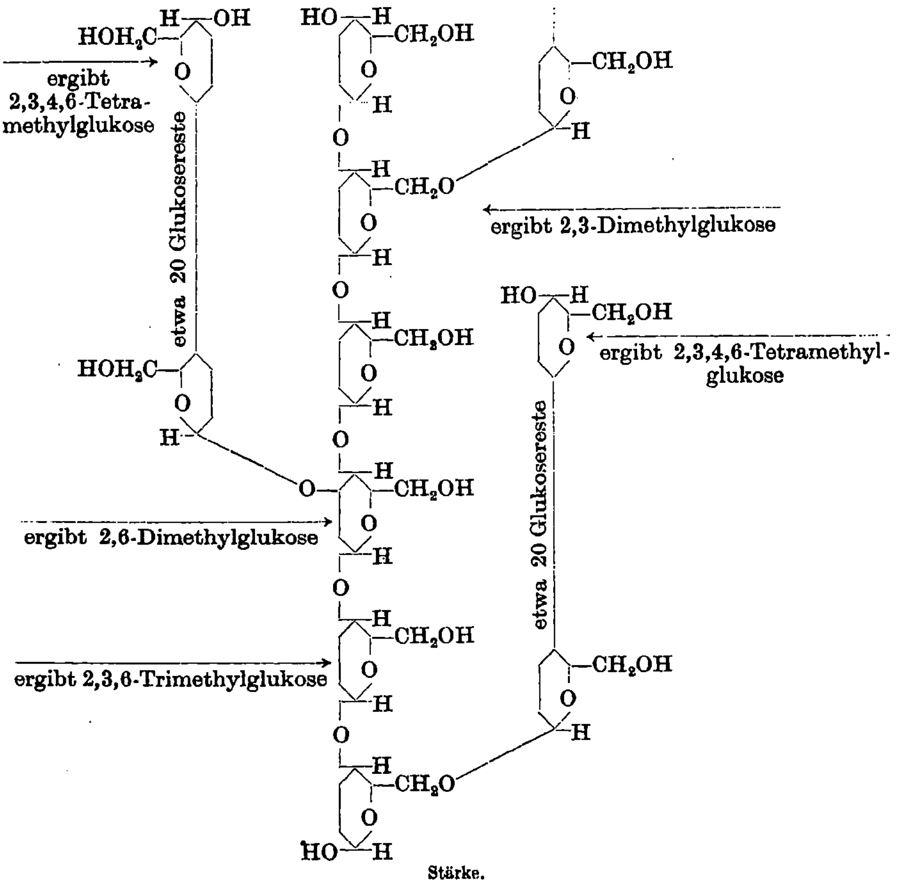

ergibt 2,3,4,6-Tetramethylglukose

etwa 20 Glukosereste

ergibt 2,3-Dimethylglukose

ergibt 2,3,4,6-Tetramethylglukose

ergibt 2,6-Dimethylglukose

etwa 20 Glukosereste

ergibt 2,3,6-Trimethylglukose

Stärke.

[1] Siehe jedoch S. 112.

[2] S.-B. Akad. Wiss. Wien, Abt. IIb 145 (1936), 920.

[3] H. STAUDINGER und Mitarbeiter: Ber. dtsch. chem. Ges. 69 (1936), 826; Liebigs Ann. Chem. 527 (1937), 195.

[4] F. MICHEEL: Chemie der Zucker und Polysaccharide, S. 290, 300. Leipzig, 1939.

[5] Naturwiss. 25 (1937), 673, und zwar 680.

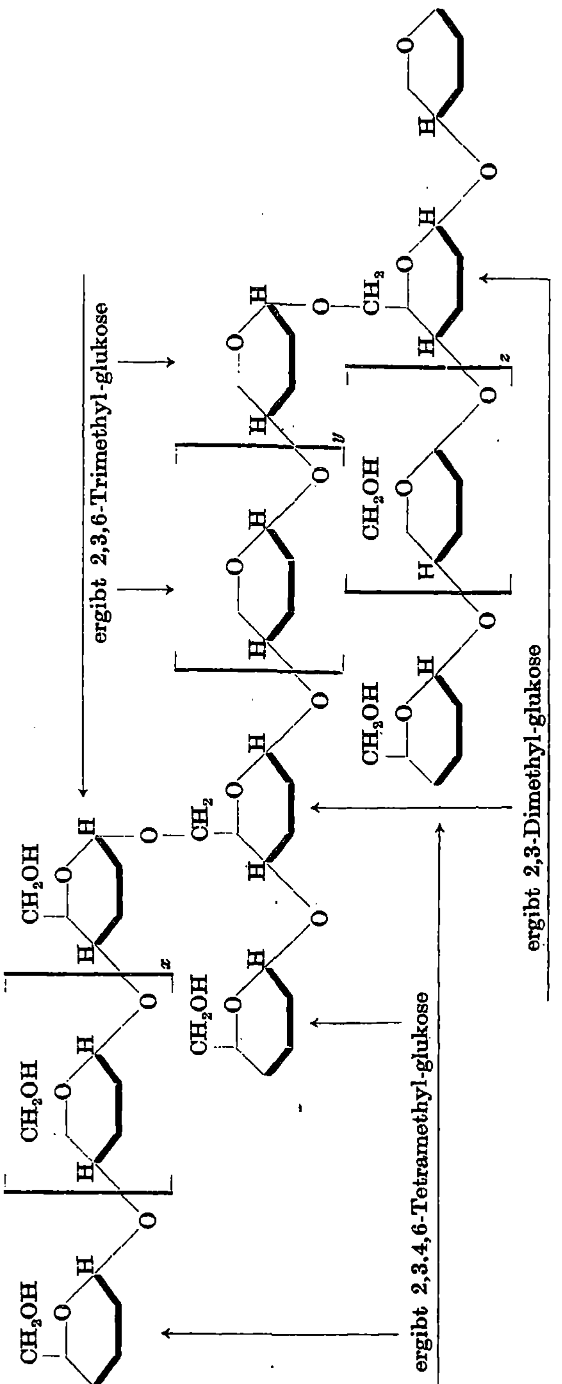

dem Glykogen im Bau ähnlicher als der Cellulose. Die Formeln von Stärke und Glykogen nach Staudinger sind auf S. 107 und 108 wiedergegeben.

Da das Endprodukt der enzymatischen Spaltung Maltose ist, muß ein Unterschied der Bindungen zweier aufeinanderfolgender Glukosereste angenommen werden. Hirst[1] sieht ihn in der räumlichen Anordnung der Kettenglieder, indem die Ebenen benachbarter Pyranringe aufeinander senkrecht stehen. Auch Freudenberg[2] nimmt ein schraubenförmiges Kettenmodell an.

Die Stärke kommt in der Natur in zwei Formen vor, als Amylose des Zellinnern und als Amylopektin der Hüllsubstanz der Stärkekörner. Während die Amylose praktisch elektrolytfrei ist, enthält das Amylopektin Phosphorsäure und etwas Kieselsäure, deren Rolle noch nicht ganz geklärt ist (Adsorption oder Hauptvalenzbindung?). Das Glykogen enthält noch mehr Phosphat als das Amylopektin.

Spezifität der Amylasen.

Die Substrate aller Amylasen sind übereinstimmend Amylose, Amylopektin und Glykogen. Ebenso werden die höheren Spaltprodukte dieser Polyosen, die Dextrine, von allen Amylasen angegriffen.

Bei der Spaltung ist niemals das Auftreten von Glukose beobachtet worden; das Spaltprodukt ist vielmehr in allen Fällen Maltose (Kon-

[1] E. L. Hirst, M. M. T. Plant: J. chem. Soc. (London) 1932, 2375.
[2] K. Freudenberg: Angew. Chem. 47 (1934), 675.

stitutionsformel siehe S. 82). Die erheblichen Schwierigkeiten, die der Deutung der Amylasewirkung entgegenstehen, beruhen einmal darauf, daß die Spaltung mit sehr ungleicher Geschwindigkeit verläuft und häufig große, unspaltbare oder nur noch sehr langsam spaltbare Reste übrigbleiben, die sogenannten Grenzdextrine, ferner darauf, daß die verschiedenen Methoden zur Bestimmung der Spaltung keineswegs übereinstimmen. Man beobachtet drei Erscheinungen der Amylasewirkung:

1. Verflüssigung (Abnahme der Viskosität),
2. Dextrinierung (Verschwinden der blauen Jodreaktion),
3. Verzuckerung (Auftreten des Reduktionsvermögens).

Diese Vorgänge verlaufen bei verschiedenem Enzymmaterial mit verschiedenem Geschwindigkeitsverhältnis. Stets ist die Abnahme der Viskosität in den ersten Stadien der Wirksamkeit am stärksten, aber sie ist nicht immer von derselben Maltosebildung begleitet. Die blaue Jodfarbe bleibt manchmal fast bis zu Ende der Spaltung erhalten, in anderen Fällen geht sie sehr rasch in eine rotviolette Farbe über, bevor erhebliche Maltosemengen gebildet sind. Man hat diese Differenzen auf die Wirksamkeit verschiedener Amylasen zurückgeführt. Solange man die Theorie vertrat, daß die Stärke aus kleinen Maltoseanhydridbausteinen besteht, mußte man einerseits desaggregierende Enzyme annehmen, die die Nebenvalenzbindungen zwischen diesen Anhydriden lösen (Verflüssigung und Dextrinierung), und andererseits hydrolysierende Enzyme zur Lösung der Sauerstoffbrücke im Maltoseanhydrid (Verzuckerung). Die moderne Kettentheorie des Stärkeaufbaus erfordert als ersten Akt der Spaltung bereits eine chemische Reaktion, nämlich hydrolytische Aufspaltung von Hauptvalenzen in den Ketten zur Zerlegung der Glukosidbindungen. Die Annahme desaggregierender Fermente ist nicht mehr erforderlich. Für das Bestehen der verschiedenen Amylasewirkungen mußte also nach anderen Ursachen gesucht werden.

R. KUHN[1] verglich polarimetrisch die Stärkespaltung durch Pankreas- und durch Malzextrakte. Er machte dabei die überraschende Beobachtung, daß bei der Mutarotation der gebildeten Maltose die Gleichgewichtsdrehung im Falle der Pankreasamylase durch Abnahme, im Falle der Malzamylase durch Zunahme des zuerst beobachteten Drehungswinkels erreicht wurde. Es bildet sich also durch Pankreasamylase zuerst α-Maltose, durch Malzamylase β-Maltose. R. KUHN bezeichnete daher die beiden Amylasen als α- und β-Amylase. Darnach könnten im Stärkemolekül α- und β-Bindungen miteinander abwechseln. Der Angriff von β-Amylase würde dann zu Maltose, also zu α-Glukosidoglukose führen. Aber die α-Amylase müßte nicht Maltose, sondern eine β-Glukosidoglukose, die Cellobiose, liefern. Tatsächlich entsteht in beiden Fällen Maltose. KUHN erklärt dies folgendermaßen: Von zwei benachbarten Glukosemolekülen besitzt höchstens eines den normalen Pyranring, das andere ist alloiomorph, d. h. es enthält eine andere Sauerstoffbrücke. Hierfür sprach, daß bei der Wirkung der α-Amylase eine zweifache Veränderung des Drehungsvermögens beobachtet wird. Neben der Mutarotation der entstandenen Maltose verläuft eine mit starkem Anstieg des Drehungsvermögens begleitete Reaktion, die KUHN als intramolekulare Umlagerung des alloiomorphen Zuckers deutet. Bei dem Angriff der β-Amylase auf die β-Bindung zwischen den Glukosidoglukosen erfolgt die Umlagerung des Sauerstoffringes im reduzierenden Glukoserest des primär entstehenden Disaccharids und ist daher ohne Einfluß auf die Bindungsart der beiden Traubenzuckermoleküle. Wenn dagegen die α-Amylase die α-glukosidische Bindung angreift, muß die Ring-Isomerisierung im nichtreduzierenden Zuckerrest vor sich gehen. Neben dem Neuschluß des Sauerstoffringes erfolgt nun am gleichen

---

[1] Liebigs Ann. Chem. 443 (1925), 1.

Glukoserest der Übergang der β-Bindung in die α-Bindung eines neuen Maltosemoleküls, was im intermediären Anstieg des Drehungsvermögens zum Ausdruck kommt.

Dieser Deutung widerspricht die moderne Auffassung der Stärkekonstitution, die eine einheitliche α-glukosidische Verknüpfung der Glukosereste annimmt, aber allerdings keine genügende Erklärung für die bei der Wirkung von α- und β-Amylase beobachteten Tatsachen gibt.

E. Ohlsson[1] untersuchte eingehender die amylolytische Wirkung des Gerstenmalzes und fand, daß hierbei ebenfalls zwei Amylasen beteiligt sind. Die eine Amylase vermag Stärke schnell zu Dextrinen abzubauen, die nicht mehr von Jod gebläut werden, während gleichzeitig nur eine relativ kleine Menge Maltose entsteht. Er nennt sie daher Dextrinogenamylase. Sie bildet bei der Spaltung primär α-Maltose, ist also identisch mit Kuhns α-Amylase. Die andere Amylase vermag große Mengen Maltose (z. B. 90%) zu bilden, ohne daß die Stärkelösung die Eigenschaft verliert, sich mit Jod blau zu färben; sie wird Saccharogenamylase genannt und entspricht der β-Amylase von Kuhn, denn sie bildet bei der Stärkespaltung zunächst β-Maltose.

Ohlsson nimmt an, daß die Dextrinogen- (= α-) Amylase das Stärkemolekül zunächst in große Dextrinmoleküle zerlegt, die dann weiter in kleinere Bruchstücke zerfallen, wobei zuletzt Maltose entsteht. Bei der Hydrolyse mit Saccharogen- (= β-) Amylase wird dagegen Maltose schon von Anfang an gebildet, indem von dem großen Stärkemolekül einzelne Maltosereste abgespalten werden. Bei der Wirkung der Dextrinogenamylase verschwindet die Jodfärbung so bald, weil die Dextrine in kleinere zerlegt werden, während bei der Saccharogenamylase ein zusammenhängender Stärkerest und somit auch die Blaufärbung mit Jod fast bis zu Ende erhalten bleibt.

Es gelang E. Ohlsson,[2] eine Trennung der beiden Enzyme herbeizuführen, da ihre Beständigkeit in verschiedener Weise von Temperatur und Wasserstoffionenkonzentration abhängt. Unter Erhaltung der Typen trennten E. Waldschmidt-Leitz und Mitarbeiter[3] die beiden Amylasen durch auswählende Adsorption.

Während Ohlsson die Angriffspunkte der α- und β-Amylasen auf verschiedene Stellen des Stärkemoleküls verlegt, stellt sich G. A. van Klinkenberg[4] vor, daß es zwei ganz verschiedene Stärkearten, α- und β-Stärke, gibt, die stets nebeneinander vorkommen. Er nimmt nicht wie R. Kuhn ein Alternieren von α- und β-glukosidischen Bindungen in demselben Stärkemolekül an, sondern eine nur α-glukosidisch und eine nur β-glukosidisch aufgebaute Stärke. Die β-Amylase bildet nach seinen Beobachtungen aus löslicher Stärke 64% der theoretisch möglichen Menge β-Maltose, ohne daß die Jodreaktion dabei verschwindet. Das Restprodukt wird von der β-Amylase nicht angegriffen, von der α-Amylase gespalten. Umgekehrt bildet die α-Amylase 36% Maltose, wobei die Jodreaktion verschwindet. α-Stärke gibt also die blaue Jodfarbe. Die weitere Verzuckerung geht sehr langsam vor sich, und zwar, wie van Klinkenberg annimmt, durch allmähliche Umlagerung der β- in α-Stärke. Seiner Annahme, daß in der natürlichen Stärke ein Gleichgewicht von 36% α-Stärke und 64% β-Stärke vorliegt, steht entgegen, daß in Stärkepräparaten anderer Herkunft

[1] Hoppe-Seyler's Z. physiol. Chem. **189** (1930), 17. — G. Nordh, E. Ohlsson: Ebenda **204** (1932), 89.

[2] Hoppe-Seyler's Z. physiol. Chem. **189** (1930), 17.

[3] E. Waldschmidt-Leitz, M. Reichel, A. Purr: Naturwiss. **20** (1932), 254. — E. Waldschmidt-Leitz, A. Purr: Hoppe-Seyler's Z. physiol. Chem. **213** (1932), 63.

[4] Ergebn. Enzymforsch., Bd. III, S. 73. Leipzig, 1934.

andere Verhältnisse für die Wirkung von α- und β-Amylasen gefunden wurden. Außerdem widerspricht seiner Theorie die von E. WALDSCHMIDT-LEITZ und M. REICHEL[1] beobachtete Tatsache, daß ein definiertes niederes Spaltstück der pankreatischen Stärkeverdauung, nämlich die Amylohexaose, sowohl von α- als auch von β-Amylase angegriffen wird, und zwar unter normaler Bildung von α- bzw. β-Maltose.

Auch M. SAMEC und E. WALDSCHMIDT-LEITZ[2,3,4] nehmen an, daß die blaue Jodfarbe auf eine bestimmte Struktur des Stärkemoleküls zurückzuführen ist, die sie Amyloamylose nennen, während die schwächere Rotfärbung der Erythroamylose zukomme. Sie sehen aber hierin nur besondere Strukturelemente, wahrscheinlich durch verschiedene Lage der Sauerstoffbrücke bedingt, die auch in ein und demselben Stärkemolekül vorkommen können. SAMEC stellt die Arbeitshypothese auf, daß die α-Amylase zuerst an denjenigen Sauerstoffatomen angreift, die für die Jodbindung verantwortlich sind, nämlich an der Sauerstoffbrücke in den Zuckern selbst. Die β-Amylase dagegen soll nur die glukosidischen Ätherbrücken sprengen. Er schließt dies daraus, daß α-Amylase viel schneller die jodbindende Funktion aufhebt als Glukosidbindungen öffnet (Reduktion). Für die tiefer gehende Spaltung ist diese Spezifität allerdings nicht maßgebend. α-Amylase spaltet schließlich die Erythrokörper weiter auf, als es die β-Amylase vermag. Reine Erythroamylose wird überhaupt nur von beiden Amylasen zusammen total abgebaut, während sowohl mit α- als auch mit β-Amylase *allein* ein Rest bei 40—50% Spaltung zurückbleibt. Die Amyloamylosen dagegen werden von beiden Amylasen praktisch völlig verzuckert, wenn auch langsam.

E. WALDSCHMIDT-LEITZ und K. MAYER[5] fanden in Gerste und Malz ein weiteres Enzym, das mit dem Abbau der Stärke zusammenhängt, ohne eine Carbohydrase zu sein. Es ist die Amylophosphatase, die aus phosphorsäurehaltigen tierischen und pflanzlichen Stärken Phosphat abspaltet. Sie konnte durch auswählende Adsorption mit Tonerde $C\gamma$ und Kaolin von der Amylase abgetrennt werden. Ihr p_H-Optimum ist 5,6. Sie spaltet die gesamte Phosphorsäure aus der Stärke ab. Es ist bemerkenswert, daß dabei eine erhebliche Abnahme der Viskosität, und zwar proportional der Enzymkonzentration, auftritt (siehe Abb. 12). Gleichzeitig bilden sich reduzierende Dextrine, aber keine Maltose. Aus der Reduktionswirkung kann man auf eine durchschnittliche Kettenlänge der gebildeten Dextrine von 36 Glukosegruppen schließen. Nach der Einwirkung der Amylophosphatase gibt das Reaktionsgemisch noch eine rein blaue Jodfärbung und läßt sich durch Amylase weiter zerlegen. Wie weit an der starken Viskositätsabnahme des ersten Angriffs die Amylophosphatase beteiligt ist, läßt sich noch nicht überblicken.

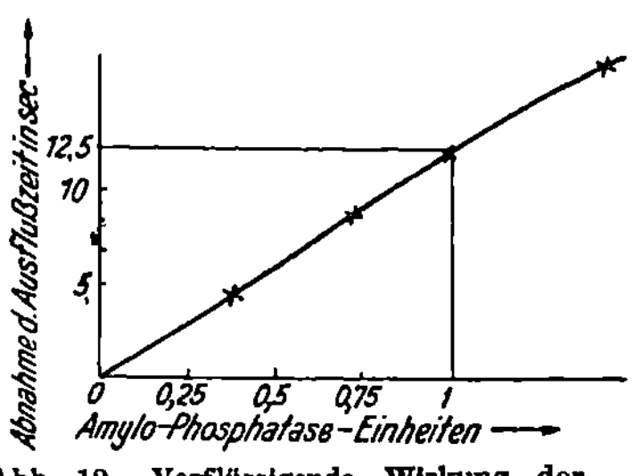

Abb. 12. Verflüssigende Wirkung der Amylophosphatase.

Die neueste Theorie über die Wirkungsweise der Amylasen stammt von K. MYRBÄCK.[6] Er geht davon aus, daß bei der Einwirkung der Amylasen sehr verschiedene Reste, Grenzdextrine größeren oder kleineren Umfangs entstehen,

---

[1] Hoppe-Seyler's Z. physiol. Chem. 223 (1934), 76.

[2] M. SAMEC, E. WALDSCHMIDT-LEITZ: Hoppe-Seyler's Z. physiol. Chem. 203 (1931), 16.

[3] M. SAMEC: Hoppe-Seyler's Z. physiol. Chem. 236 (1935), 103.

[4] M. SAMEC: Chemiker-Ztg. 63 (1939), 353.

[5] Hoppe-Seyler's Z. physiol. Chem. 236 (1935), 168.

[6] Atti X Congr. int. Chim., Roma 5 (1938), 129.

und stellt rest, daß in jedem Molekül eines Grenzdextrins sich eine einzige reduzierende Gruppe vorfindet. Myrbäck nimmt an, daß die Stärke nicht ausschließlich aus Maltoseresten aufgebaut ist, sondern daß darin auch anders gebaute Molekülteile vorkommen. Die Amylasen sollen jedoch nur solche Molekülteile der Stärke spalten, die der Haworthschen Formel entsprechen. Die β-Amylase kann nur an freien Kettenenden, nicht aber inmitten der Ketten zwischen zwei Anomalien angreifen. Sie spaltet so lange ein Molekül Maltose nach dem anderen ab, bis sie zu den Anomalien vordringt. Der Rest bleibt als hochmolekulares, stärkeähnliches Grenzdextrin zurück, meist im Umfang von etwa 40% der Stärke. Die α-Amylase dagegen greift auch mitten in den Ketten zwischen den Anomalien an und liefert infolgedessen keine stärkeähnlichen, sondern niedrigmolekulare Grenzdextrine. Aus Ketten mit ungerader Zahl von Glukoseresten entstehen auch Trisaccharide, wie sie von Pringsheim[1] und Pictet[2] beobachtet und näher untersucht wurden. Die Pringsheimsche Theorie, daß die Grenzdextrine und sogar die Maltose sekundäre Gebilde seien, lehnt Myrbäck ab.

Nach neuesten Untersuchungen von K. H. Meyer[3] enthält nur das Amylopektin verzweigte Ketten, und zwar vom Mol.-Gew. 50000—1000000, die Amylose dagegen unverzweigte Ketten (Mol.-Gew. 10000—100000). Dies steht seiner Ansicht nach in gutem Einklang mit dem Befund von M. Samec und E. Waldschmidt-Leitz,[4] daß die β-Amylase nur Amylose völlig zu Maltose hydrolysiert, mit Amylopektin dagegen hochmolekulare Restkörper liefert. Die Zweigstellen im Amylopektin sind inzwischen als α-1-6-Bindungen erkannt worden.[5]

Ferner findet K. H. Meyer,[6] daß nur dem Amylopektin die Eigenschaft der „Vernetzung" zukommt, d. h. die Fähigkeit, infolge der verzweigten Ketten dreidimensionale lose Netze zu bilden, die die Verkleisterung bedingen.

Bestimmungsmethoden, Einheiten und Kinetik.

Die Bestimmung der Amylase kann von zwei Gesichtspunkten aus erfolgen:

1. Man prüft die Veränderungen bzw. Abnahme des Substrats, der Stärke.
2. Man mißt die Zunahme der Spaltprodukte, indem man das Reduktionsvermögen bestimmt.

Die Abnahme des Substrats kann durch Bestimmung der Viskositätsänderung der Stärke ermittelt werden. Hierzu werden nach Lintner-Sollied[7] steigende Mengen. Stärkekleister unter festgelegten Bedingungen zur Einwirkung gebracht und nach Unterbrechung des Versuches durch Erhitzen die physikalische Beschaffenheit des Stärkekleisters beobachtet. Die Methode wurde von T. Chrzaszcz und J. Janicki[8] modifiziert. Auch das Verfahren von U. Ohlsson[9] wird viel angewandt.

---

[1] H. Pringsheim, K. Wolfsohn: Ber. dtsch. chem. Ges. 57 (1924), 887. — H. Pringsheim, A. Beiser: Biochem. Z. 148 (1924), 336. — H. Pringsheim: Ber. dtsch. chem. Ges. 57 (1924), 1581.

[2] A. Pictet, P. Stricker: Helv. chim. Acta 7 (1924), 932. — A. Pictet, R. Salzmann: Ebenda 7 (1924), 934; 8 (1925), 948.

[3] Naturwiss. 28 (1940), 397.

[4] Hoppe-Seyler's Z. physiol. Chem. 203 (1931), 16.

[5] K. Freudenberg, H. Boppel: Naturwiss. 28 (1940), 264. — K. H. Meyer: Naturwiss. 28 (1940), 564. — K. Myrbäck, K. Ahlborg: Biochem. Z. 307 (1940), 69.

[6] Naturwiss. 28 (1940), 722.

[7] Z. ges. Brauwes. 26 (1903), 329.

[8] Biochem. Z. 242 (1931), 30; 256 (1931/32), 252.

[9] Hoppe-Seyler's Z. physiol. Chem. 126 (1923), 29.

Ferner bedient man sich der nephelometrischen Methode, deren Prinzip darauf beruht, daß der Trübungsgrad direkt proportional der Konzentration der Stärkelösung ist. Sie wurde von P. Rona und C. van Eweyk[1] für die Bestimmung von Speichelamylase eingeführt und von B. J. Krijgsmann[2] verbessert. Durch Anwendung des Pulfrich-Photometers wurde sie für Mikrobestimmungen verwendbar gemacht.

Die Veränderung der Stärke kann auch durch die Bestimmung der Jodfärbung nach Wohlgemuth[3] verfolgt werden: Man läßt auf gleiche Mengen Stärkelösung verschiedene Mengen Enzymlösung einwirken und beobachtet nach Ablauf einer bestimmten Zeit die Färbungen, die nach Zusatz von Jod auftreten. Die kolorimetrische Jodbestimmung wurde vielfach verbessert, so z. B. von E. A. Sym.[4]

Alle diese Methoden hängen weitgehend vom Zustand der Stärke ab, die als Substrat verwandt wird, und geben infolgedessen stark differierende Werte.

Die Zunahme der reduzierenden Spaltprodukte wird nach den üblichen Verfahren der Zuckerbestimmung gemessen, nämlich nach der Methode von G. Bertrand[5] oder der Hypojoditmethode von R. Willstätter und G. Schudel.[6] Häufig werden auch Viskosität und Reduktion oder Jodfärbung und Reduktion gleichzeitig verfolgt. Letzteres z. B. zur Bestimmung von α- bzw. β-Amylase nebeneinander. E. Waldschmidt-Leitz und M. Reichel[7] bestimmten den Geschwindigkeitskoeffizienten „Zuckerbildung und Jodfärbung" beim Farbumschlag Blau bis Blauviolett und legten den Umschlagspunkt für die beiden als enzymatisch einheitlich angesehenen Amylasen fest, nämlich für α-Amylase aus Malz bei 11%, für β-Amylase aus Gerste bei 103% Maltosebildung aus Amylo-Amylose. Die Malzamylase besitzt z. B. den Umschlagspunkt bei einer Maltosebildung von 84,5%. Mit Hilfe einer Skala von willkürlicher Mischung reiner α- und β-Amylase fanden sie, daß die Malzamylase einer Mischung von 1 α-Amylase : 6 β-Amylase am nächsten kommt, deren Umschlagspunkt bei 82,1% Maltosebildung liegt.

Die *Amylaseeinheit* (A. E.) stellt diejenige Menge tierischer Amylase dar, die 25 cm³ 1%ige lösliche Stärke Kahlbaum, die mit 10 cm³ 0,2 n Phosphat vom $p_H = 6{,}8$ und 1 cm³ 0,2 n NaCl in 37 cm³ Reaktionsgemisch enthalten sind, bei 37° mit einer Geschwindigkeit von

$$k = \frac{1}{t} \log \frac{a}{a-x} = 1$$

spaltet ($a = 75\%$ von 0,25 g Stärke $= 0{,}1875$ g). Der Abbau der Stärke folgt nämlich bis zu einer Spaltung von zirka 50% ziemlich genau der Gleichung der ersten Reaktionsordnung. Dies wurde von R. Kuhn[8] für die Pankreasamylase und von K. Myrbäck[9] für die Speichelamylase nochmals bestätigt. 1 Amylaseeinheit ist in zirka 0,02 g getrockneter Pankreasdrüse enthalten. Die Anzahl von Amylaseeinheiten in 0,01 g Trockenpräparat ist der Amylasewert (*A. W.*) dieses Präparats. Dies sind die Bewertungsgrößen nach Willstätter.

Sie stehen zu dem von H. v. Euler[10] für Malzamylase eingeführten **Wirkungswert**

$$Sf = \frac{k \cdot g \,\text{Maltose}}{g \,\text{Präparat}}$$

[1] Biochem. Z. **149** (1924), 174.
[2] Hoppe-Seyler's Z. physiol. Chem. **230** (1934), 190.
[3] Biochem. Z. **9** (1908), 1.
[4] Biochem. Z. **253** (1932), 1.
[5] Bull. Soc. chim. France, Mém., III. Sér. **35** (1906), 1285.
[6] Ber. dtsch. chem. Ges. **51** (1918), 780.
[7] Dissertation von M. Reichel. Prag, 1932.
[8] Liebigs Ann. Chem. **443** (1925), 1.
[9] Hoppe-Seyler's Z. physiol. Chem. **159** (1926), 1.
[10] H. v. Euler, O. Svanberg: Hoppe-Seyler's Z. physiol. Chem. **112** (1921), 193.

in einfacher Beziehung: $A. W. = Sf \cdot 0{,}05333.$

Für die Verflüssigung der Stärke, viskosimetrisch gemessen, haben J. J. Willaman, E. W. Clark, O. B. Hager[1] die „liquefying power" (L. P.) eingeführt, nämlich die Stärkemenge in Gramm, die durch 1 g Enzympräparat bei 40° in einer Stunde verflüssigt wird.

Für die Veränderung der Jodfarbe ist eine Einheit bisher noch nicht aufgestellt worden.

Vorkommen und Eigenschaften.

Die Amylasen sind im Tier- und Pflanzenreich fast allgemein verbreitet. Die tierischen Amylasen (Pankreas-, Speichel-, Leukocyten-Amylase usw.) hält man für reine α-Amylasen, nachdem G. Giessberger[2] seine nach der Wijsmannschen Diffusionsmethode festgestellten Befunde widerrufen hat. Taka-Amylase, nach R. Kuhn[3] reine α-Amylase, muß auch nach neuesten Befunden von G. Giessberger[2] wiederum als solche aufgefaßt werden. Im Gerstenmalz sind nach Ohlsson[4] beide Amylasen enthalten. In ungekeimter Gerste ebenso wie in anderen Samen (z. B. Roggen, Weizen, Hafer) kommt neben der β-Amylase nur inaktive α-Amylase vor.

a) Zooamylasen.

Im tierischen Organismus findet sich die Amylase vor allem in den Drüsen, die Verdauungssekrete produzieren, wie Pankreas-, Speicheldrüsen, und in solchen Organen, die Kohlehydrat speichern, wie die Leber. Sie unterscheiden sich von den pflanzlichen Amylasen in drei Punkten:

1. durch größere Temperaturempfindlichkeit,
2. durch ein anderes p_H-Optimum (zirka 6,8 gegen 4,7),
3. durch Aktivierbarkeit durch Neutralsalze.

α) Die Pankreasamylase.

Die Pankreasamylase wurde zuerst von Willstätter und Mitarbeitern[5] enzymatisch einheitlich dargestellt; er trennte die drei wichtigsten pankreatischen Enzyme (Trypsin, Amylase und Lipase) mittels der Adsorptionsmethodik. Aus Glycerinauszügen von getrockneter Pankreasdrüse wurde die Lipase mittels Tonerde, aus der Restlösung das Trypsin mit Kaolin, beides bei saurer Reaktion, entfernt. Dann wird die Amylase aus neutraler 50%ig wässerig-alkoholischer Lösung an Tonerde adsorbiert und gereinigt. Sie ist frei von Maltase. Ihre Isolierung wird durch ihre — verglichen mit der von Lipase und Trypsin — geringe Adsorbierbarkeit begünstigt. In reinem Zustand wird die Pankreasamylase auch in neutraler wässeriger oder alkoholischer Lösung von Aluminiumhydroxyd und Kaolin nicht mehr adsorbiert. Die reinsten Präparate von Willstätter zeigen keine Eiweißreaktionen mehr, enthalten aber noch spurenweise Beimischungen von Kohlehydrat. Sie sind zirka 40mal so wirksam wie die von Sherman und Mitarbeitern dargestellten Präparate.[6] Sherman[7] bestreitet, daß

[1] Biochem. Z. 258 (1933), 94.

[2] Proc., Kon. Akad. Wetensch. Amsterdam 38 (1935), 344.

[3] Liebigs Ann. Chem. 443 (1925), 1.

[4] G. Nordh, E. Ohlsson: Hoppe-Seyler's Z. physiol. Chem. 204 (1932), 89.

[5] R. Willstätter, E. Waldschmidt-Leitz, A. R. F. Hesse: Hoppe-Seyler's Z. physiol. Chem. 126 (1923), 143; 142 (1925), 14.

[6] H. C. Sherman und Mitarbeiter: J. Amer. chem. Soc. 33 (1912), 1195; 34 (1912), 1104; 35 (1913), 1617, 1790; 37 (1915), 623, 643, 1305; 40 (1918), 1138; 41 (1919), 1867; 42 (1920), 1900.

[7] H. C. Sherman, M. L. Caldwell, M. Adams: J. Amer. chem. Soc. 48 (1926), 2947.

sich die Amylasepräparate frei von Eiweiß erhalten lassen. Pankreasamylase sei entweder ein Eiweißkörper oder enthalte Eiweiß als wesentlichen Bestandteil. Eine spätere Nachprüfung von E. WALDSCHMIDT-LEITZ und M. REICHEL[1] führte zu noch reineren Pankreasamylasepräparaten, die negative Eiweißproben gaben und auch kein Kohlehydrat mehr enthielten. Die Pankreasamylase ist fast ausschließlich als Lyoamylase in der Drüse enthalten. Nur 2—7% liegen als Desmoamylase vor. Durch Glycerin wird sie nur wenig gehemmt.[2] Ihr p_H-Optimum liegt bei 6,8.

Die Bauchspeicheldrüse vom Schwein ist amylolytisch am wirksamsten, während die vom Ochsen, Schaf und Rind viel schwächer wirkt.

β) Die Speichelamylase.

Den höchsten Amylasegehalt des Speichels findet man beim Menschen und Affen, einen erheblich niedrigeren beim Schwein. Alle Carnivoren, wie Hund, Katze, Fuchs, sollen gar keine Speichelamylase besitzen. Die hauptsächlich Amylase liefernde Speicheldrüse ist die Parotis. Das p_H-Optimum der Speichelamylase liegt bei 6,8. Über den Einfluß von Neutralsalzen siehe S. 119. K. MYRBÄCK[3] reinigt die Speichelamylase durch Adsorption an Tonerde und Elution mit Phosphat.

γ) Die Leberamylase.

Die Leberamylase reguliert durch den Abbau des Leberglykogens, der größten Kohlehydratreserve des tierischen Organismus, den Blutzuckerspiegel, wobei die von ihr gebildete Maltose durch die Lebermaltase weiter zu Glukose abgebaut wird. Den Mechanismus dieser wichtigen Funktion der Amylase untersuchten LESSER, PRZYLECKI, ferner WILLSTÄTTER und ROHDEWALD. E. J. LESSER[4] erklärte das Nebeneinanderbestehen von Glykogen und Amylase durch räumliche Trennung infolge Adsorption der Amylase an Proteine. ST. J. v. PRZYLECKI[5] zog außerdem noch p_H-Änderungen der Leberzellen und Konzentrationsänderungen von Aktivatoren und Paralysatoren zur Erklärung heran. R. WILLSTÄTTER und M. ROHDEWALD[6] führten den Begriff der „Dynatonen" ein, unter denen alle die Enzymeinwirkung beeinflussenden zelleigenen Stoffe zu verstehen sind. In der Hemmung der Amylase durch Proteine und ihrer Aktivierung durch Peptide sehen sie ein Mittel des Organismus, auch ohne räumliche Trennung enzymatische Prozesse in den Zellen aufzuhalten oder in Gang zu setzen. Den Dynatonen übergeordnet ist ein weiteres System von Substanzen, die als Kompensatoren bezeichnet werden. Zu diesen gehören im Fall der Leberamylase Insulin und Adrenalin. Je nach dem Hemmungs- oder Aktivierungsgrad der Amylase wirken die Kompensatoren enthemmend oder desaktivierend, also ausgleichend auf den jeweiligen Zustand. Die zahlreichen sich widersprechenden Beobachtungen anderer Autoren über die Wirkung von Adrenalin und Insulin finden in dem wechselnden physiologischen Zustand der untersuchten Amylasen eine ausreichende Erklärung.

Das optimale p_H der Leberamylase liegt nach O. HOLMBERGH[7] bei 6,9. Er findet die Pankreasamylase 4000mal wirksamer als die Leberamylase. Da aber

---

[1] Hoppe-Seyler's Z. physiol. Chem. **204** (1932), 197.

[2] R. WILLSTÄTTER, M. ROHDEWALD: Hoppe-Seyler's Z. physiol. Chem. **221** (1933), 202.

[3] Hoppe-Seyler's Z. physiol. Chem. **159** (1926), 1.

[4] Biochem. Z. **119** (1921), 108. — E. J. LESSER, K. ZIPF: Ebenda **140** (1923), 439.

[5] Ergebn. Enzymforsch., Bd. IV, S. 191ff. Leipzig, 1935.

[6] Enzymologia (Den Haag) 1 (1936), 213.

[7] Hoppe-Seyler's Z. physiol. Chem. **134** (1924), 68.

Lebersubstanz hemmend auf Pankreasamylase wirkt, beruht der Unterschied wohl mehr auf dem Gehalt der Leberpräparate an Hemmungsstoffen.

Die Leberamylase enthält bisweilen Beimengungen einer Phosphat erfordernden und durch Glycerin hemmbaren Amylase,[1] wie sie zuerst in den Leukocyten aufgefunden wurde.

Nach P. Ostern, D. Herbert und E. Holmes[2] ist nur ein kleiner Teil des Glykogenabbaues in der Leber auf Amylasetätigkeit zurückzuführen (nicht mehr als 15%), der größere Teil des Glykogens soll durch Phosphorylierung direkt in Cori-Ester übergeführt werden, der dann durch Phosphatabspaltung in Glukose verwandelt wird.

δ) Die Muskelamylase.

Die Muskelamylase wurde eingehender zuerst von K. Lohmann[3] untersucht. Da der aus Glykogen entstehende Zucker sehr schnell in Milchsäure umgewandelt wird, arbeitete er vorwiegend mit Muskelextrakten, in denen durch 15 Minuten langes Erwärmen auf 37° das milchsäurebildende Ferment vernichtet wurde, während das hydrolysierende erhalten blieb. Die Reduktionswerte in mehreren Beispielen entsprachen annähernd dem Abbau des gesamten Glykogens zu Glukose. Daneben isolierte Lohmann noch ein Trisaccharid. Ein ähnliches Trisaccharid wurde von A. D. Barbour[4] als ausschließliches Produkt der Muskelextrakthydrolyse aufgefunden. Von anderen Autoren wird die Existenz dieser Triose bestritten. Nach J. K. Parnas[5] „geht im Muskel keine Hydrolyse des Glykogens der Glykolyse voran, sondern eine Phosphorolyse, eine Umwandlung des Polysaccharids zu Hexosemonophosphat". Parnas bestreitet das Vorhandensein von Amylase im Skelettmuskel überhaupt. R. Willstätter und M. Rohdewald[6] wiederholten die Versuche von Lohmann mit frischem und getrocknetem Muskel. Bei Anwendung von Jodessigsäure zur Sistierung der Milchsäurebildung wurden hohe Reduktionswerte erhalten, die weit über die Werte hinausführten, die von Zuckerphosphorsäuren gegeben werden konnten.

E. M. Mystkowski[7] bestätigt das Vorhandensein von Amylase im Muskel, bestreitet aber ihre Teilnahme am glykogenolytischen Prozeß.

ε) Die Blutamylase.

Die Serumamylase, deren Herkunft umstritten ist, gleicht nach W. R. Thompson, R. Tennant und C. H. Wies[8] völlig der Pankreasamylase.

In den Leukocyten wurden von R. Willstätter und M. Rohdewald[9] vier verschiedene Typen von Amylase (sogenannte Isodyname[1]) aufgefunden, die sich durch ihr Verhalten gegenüber Glycerin und Phosphat unterscheiden. Jeder Typ existiert wiederum in einer löslichen und einer unlöslichen Form als Lyo- und als Desmoamylase. Die vier Typen sind:

I. durch Glycerin hemmbar und unabhängig von zusätzlichem Phosphat,
II. durch Glycerin hemmbar und Phosphatzusatz erfordernd,

---

[1] R. Willstätter, M. Rohdewald: Hoppe-Seyler's Z. physiol. Chem. 229 (1934), 255.
[2] Biochemic. J. 33 (1939), 1858.
[3] Biochem. Z. 178 (1926), 444.
[4] J. biol. Chemistry 85 (1929), 29.
[5] Ergebn. Enzymforsch., Bd. VI, S. 57. Leipzig, 1937.
[6] C. R. Trav. Lab. Carlsberg, Sér. chim. 22 (1938), 553.
[7] Enzymologia (Den Haag) 2 (1937/38), 152.
[8] J. biol. Chemistry 108 (1935), 85.
[9] Hoppe-Seyler's Z. physiol. Chem. 203 (1931), 189; 221 (1933), 13.

III. durch Glycerin nicht gehemmt, unabhängig von Phosphat,

IV. durch Glycerin nicht gehemmt, Phosphatzusatz erfordernd.

Einige dieser Leukocytenamylasen vermögen sich ineinander umzuwandeln, so z. B. Lyoamylase I in Lyoamylase III. Die Konzentration der Amylase in der Pankreasdrüse ist 40000—60000mal größer als in den Leukocyten. Die Pankreasamylase entspricht dem Typ III.

b) Phytoamylasen.

α) Die Malzamylase.

Von den Phytoamylasen ist die Amylase der keimenden Gerste, die Malzamylase, die wegen ihrer Verwendung in der Brennerei und Brauerei von technischer Bedeutung ist, am eingehendsten untersucht worden. Die Malzamylase ist eine Mischung von α- und β-Amylase, wobei die β-Amylase überwiegt. Bei der Keimung der Gerste tritt eine starke Zunahme von α-Amylase, eine geringere von β-Amylase ein. α-Amylase ist nach E. WALDSCHMIDT-LEITZ, M. REICHEL und A. PURR[1] in der ungekeimten Gerste nur in inaktivem Zustand vorhanden und soll während der Keimung, ebenso wie die β-Amylase, durch die dabei gleichzeitig auftretende Amylokinase aktiviert werden. Statt durch die umstrittene Amylokinase möchte LÜERS[2] die Amylasezunahme während der Keimung durch die Wirkung von Aminosäuren oder Peptiden erklären, die durch die Proteinasen dabei reichlich entstehen. Dies deckt sich auch mit den Vorstellungen von WILLSTÄTTER bei der Leberamylase.

Die Trennung von α- und β-Amylase nach E. OHLSSON[3] beruht darauf, daß die Beständigkeiten von α- und β-Amylase in verschiedener Weise von Temperatur und Wasserstoffionenkonzentration abhängen.

Wird eine Malzlösung bei 0° mit Salzsäure bis zum $p_H = 3{,}3$ angesäuert, so ist nach 15 Minuten die Dextrinogenamylase praktisch völlig zerstört, während von der Saccharogenamylase noch 70—80% erhalten geblieben sind.

Wenn man aber eine Malzlösung bei $p_H = 6 \div 7$ 15 Minuten bis auf 50° erhitzt, so wird die Saccharogenamylase fast völlig zerstört, während von der Dextrinogenamylase noch etwa 75% erhalten bleiben.

OHLSSON mißt die Dextrinogenamylase mit der Jodmethode nach WOHLGEMUTH, die Saccharogenamylase reduktometrisch an Hand der Maltosebildung.

Die Saccharogenamylase hat ein Optimum der Aktivitäts-p_H-Kurve zwischen 4 und 5,75, während die p_H-Kurve der Dextrinogenamylase eine optimale Zone bei $5{,}5 \div 6$ hat.

G. A. VAN KLINKENBERG[4] bestreitet die Einheitlichkeit der OHLSSONschen Präparate und findet optimale Aktivität zwischen $p_H = 5{,}65$ und 5,85 für α- und zwischen $p_H = 4{,}45$ und 5,15 für β-Amylase. Nach O. HOLMBERGH[5] liegt das p_H-Optimum reiner Malz-α-Amylase zwischen 4,7 und 5,2, nach K. MYRBÄCK[6] das p_H-Optimum reiner β-Amylase aus Malz bei $5 \div 6$.

WALDSCHMIDT-LEITZ und Mitarbeitern[7] gelang eine Trennung der Malzamylasen unter Erhaltung beider Typen durch auswählende Adsorption: α-Amy-

---

[1] Naturwiss. **20** (1932), 254. — E. WALDSCHMIDT-LEITZ, A. PURR: Hoppe-Seyler's Z. physiol. Chem. **203** (1931), 117.

[2] H. LÜERS, W. RÜMMLER: Wschr. Brauerei **50** (1933), 297; **52** (1935), 296.

[3] Hoppe-Seyler's Z. physiol. Chem. **189** (1930), 17.

[4] Hoppe-Seyler's Z. physiol. Chem. **209** (1932), 253.

[5] Biochem. Z. **266** (1933), 203.

[6] Biochem. Z. **258** (1933), 158.

[7] E. WALDSCHMIDT-LEITZ, M. REICHEL, A. PURR: Naturwiss. **20** (1932), 254.

lase wird aus Grünmalzextrakt bei $p_H = 3{,}8$ von Tonerde $C\gamma$ nicht adsorbiert, β-Amylase dagegen vollständig. Durch alkalische Elution kann sie aus dem Adsorbat in Freiheit gesetzt werden. Bei $p_H = 5{,}5$ dagegen werden beide Enzyme adsorbiert.

Wirksame Rohauszüge von Malzamylase gewinnt man nach H. C. Sherman und M. D. Schlesinger[1] aus Trockenmalz oder Grünmalz durch Extraktion mit der dreifachen Gewichtsmenge Wasser oder $^m/_{250}$ primärer Alkaliphosphatlösung bei möglichst niedriger Temperatur. Eine wirkliche Reinigung der Malzamylase im modernen Sinn ist noch nicht gelungen. Sie ist anscheinend sehr fest an größere Symplexe, wahrscheinlich Polyose-Protein-Symplexe gebunden. Die Reinigungsoperationen fußen auf der Adsorptionsmethode von Willstätter bzw. auf fraktionierter Fällung mit organischen Lösungsmitteln. Lüers[2] adsorbiert an kolloidales Aluminiumhydroxyd und eluiert mit Phosphat. Elektrodialyse erzielt nach Lüers[3] Steigerung der verzuckernden Kraft auf das Zehnfache, während die verflüssigende gar nicht zunimmt. E. Glimm und W. Sommer[4] gelangten mit einem gealterten Malzauszug zu einem Präparat von einem Amylasewert von 5,8. Es ist frei von Kohlehydrat. Shermans[5] hochgereinigte Präparate, vorwiegend β-Amylase, enthalten immer noch Eiweiß.

Die Trennung der Malzamylase von der sie begleitenden Maltase erfolgt nach H. Pringsheim[6] entweder durch Kaolinadsorption oder einfacher[7] durch Dialyse eines 87%igen Malz-Glycerin-Extrakts. Der dialysierte Auszug ist frei von Maltase.

Die Trennung der Amylase von Phosphatase und Lipase erfolgt durch Tonerde $C\gamma$ bei $p_H = 3{,}8$.[8]

β) Die Amylase der Samen.

Die ruhenden Samen enthalten in aktiver Form nur die β-Amylase, so daß ihre wässerigen Auszüge als reine β-Amylase Verwendung finden können. Weizen enthält besonders viel Amylase, der Amylasegehalt nimmt in der Reihenfolge: Weizen > Gerste > Roggen > Hafer ab.[9]

Nach den älteren Versuchen von J. S. Ford und J. M. Guthrie[10] und J. L. Baker und H. F. E. Hulton[11] liegt die Hauptmenge der Gerstenamylase in inaktiver unlöslicher Form vor, die durch Behandlung mit Papain bei der Extraktion freigelegt werden kann. Nach neueren Erkenntnissen handelt es sich hierbei zweifellos um eine Überlagerung von zwei Vorgängen: 1. Löslichwerden von aktiver und inaktiver Desmoamylase durch proteolytischen Abbau von Eiweißbindungen. 2. Entstehen von Aktivatoren bei dieser Proteolyse in Form von Peptiden und Aminosäuren.

Jedoch tritt bei dieser Papainbehandlung nur eine Vermehrung von β-Amylase und nicht von α-Amylase ein, wie neuere Versuche von K. Myrbäck und

---

[1] J. Amer. chem. Soc. 85 (1913), 1617; 37 (1915), 643.

[2] H. Lüers, E. Sellner: Wschr. Brauerei 42 (1925), 97.

[3] H. Lüers, R. Lechner: Wschr. Brauerei 50 (1933), 49.

[4] Biochem. Z. 188 (1927), 290.

[5] H. C. Sherman, M. L. Caldwell, S. E. Doebbeling: J. biol. Chemistry 104 (1934), 501.

[6] Biochem. Z. 164 (1925), 117.

[7] H. Pringsheim, E. Thilo: Biochem. Z. 203 (1928), 99.

[8] M. Samec, E. Waldschmidt-Leitz: Hoppe-Seyler's Z. physiol. Chem. 203 (1931), 16.

[9] T. Stenstam, C. O. Björling, E. Ohlsson: Hoppe-Seyler's Z. physiol. Chem. 226 (1934), 265.

[10] J. Inst. Brewing 14 (1908), 61.

[11] J. chem. Soc. (London) 121 (1922), 1929.

S. Myrbäck[1] bestätigten. Die Papainbehandlung läßt sich also keineswegs als „künstliche Keimung" auffassen, denn beim Keimen der Samen geht die Enzymvermehrung ja vorwiegend in Form von α-Amylase vor sich, die nach H. Lüers[2] am dritten Keimtage auftritt. Über die enzymatischen Veränderungen beim Keimen der Samen existiert eine umfangreiche Literatur, sie betrifft besonders die sehr komplizierten Aktivierungs- und Hemmungsverhältnisse der Samenamylase. Die Gerstenamylase wurde hauptsächlich von Myrbäck,[3] Chrzaszcz und Janicki[4] untersucht.

γ) Die Amylasen der Kryptogamen.

Die Hefeamylase ist von A. Gottschalk[5] näher untersucht worden. Der Nachweis gelang, nachdem er durch Auswaschen der Coenzyme die Gärung sistiert hatte.

Nachweis und Trennung einer phosphaterfordernden und einer phosphatunabhängigen Amylase in der Hefe führte A. Schäffner[6] durch. Von den Schimmelpilzamylasen ist am wichtigsten die Takaamylase des *Aspergillus oryzae*, die von Ohlsson[7] eingehend untersucht wurde.

Aktivierung und Hemmung.

Einfluß der Neutralsalze.

Die Amylasen sind in ihrer Wirksamkeit von der Anwesenheit von Neutralsalzen abhängig. Bei den pflanzlichen Amylasen wird die Abhängigkeit aber von dem Elektrolytreichtum der Präparate verdeckt. Bei den tierischen Amylasen, vor allem Speichel- und Pankreasamylase, beobachtet man regelmäßig eine mehr oder minder starke Beeinflussung sowohl aktivierender wie hemmender Natur durch die Neutralsalze. Die dadurch hervorgerufenen Unklarheiten wurden durch L. Michaelis und M. Pechstein[8] und später durch K. Myrbäck[9] beseitigt.

Michaelis machte die Entdeckung, daß bestimmte Anionen mit dem Enzym zu sogenannten „Salzamylasen" von bestimmter Affinität zusammentreten. Nach Myrbäck trifft dies wohl für Cl′, Br′, J′, NO$_3$′ zu, jedoch nicht für Phosphat, Acetat und Sulfat. Auch Willstätter[10] fand Unabhängigkeit der Pankreasamylase von Phosphationen. Im Gegensatz zu Michaelis stellte Myrbäck fest, daß auch die salzfreie Amylase zur Stärkespaltung befähigt ist, jedoch liegt ihr p_H-Optimum bei 6,0—6,1. Sie besitzt bei diesem p_H 40% der Wirksamkeit, die die Chloridamylase bei ihrem p_H-Optimum von 6,8 entfaltet (siehe Abb. 13).

Die Abhängigkeit der Amylaseaktivität von der Cl-Ionenkonzentration zeigt Abb. 14.

---

[1] Biochem. Z. 285 (1936), 282.

[2] H. Lüers, W. Rümmler: Wschr. Brauerei 50 (1933), 297; 52 (1935), 296.

[3] K. Myrbäck, B. Örtenblad: Enzymologia (Den Haag) 1 (1936), 280; 2 (1937/38), 305; 7 (1939), 176.

[4] T. Chrzaszcz, J. Janicki: Biochem. Z. 272 (1934), 402; 274 (1934), 274; 278 (1935), 112; 281 (1935), 408; 285 (1936), 47; 286 (1936), 13. — T. Chrzaszcz, J. Sawicki, Enzymologia (Den Haag) 4 (1937), 79. — J. Janicki: Enzymologia (Den Haag) 7 (1939), 182.

[5] Hoppe-Seyler's Z. physiol. Chem. 158 (1926), 215; 178 (1928), 139.

[6] Naturwiss. 26 (1938), 494.

[7] E. Ohlsson, T. Swaetichin (O. Edfeldt): Bull. Soc. Chim. biol. 11 (1929), 333; 15 (1933), 430.

[8] Biochem. Z. 59 (1914), 77.

[9] Hoppe-Seyler's Z. physiol. Chem. 159 (1926), 1.

[10] R. Willstätter, E. Waldschmidt-Leitz, A. R. F. Hesse: Hoppe-Seyler's Z. physiol. Chem. 126 (1923), 143.

Die Aktivität steigt bis zu einem Zusatz von 0,01 *n* NaCl und bleibt dann stationär. Man kann daraus approximativ eine Affinitätskonstante Enzym-Chlorion berechnen. Zum Nitration hat die Amylase (nach Michaelis) eine sehr starke Affinität. Trotzdem ist die Aktivität dieser Verbindung nur etwa die Hälfte von der Aktivität der Chloridamylase. Da die Nitratamylase

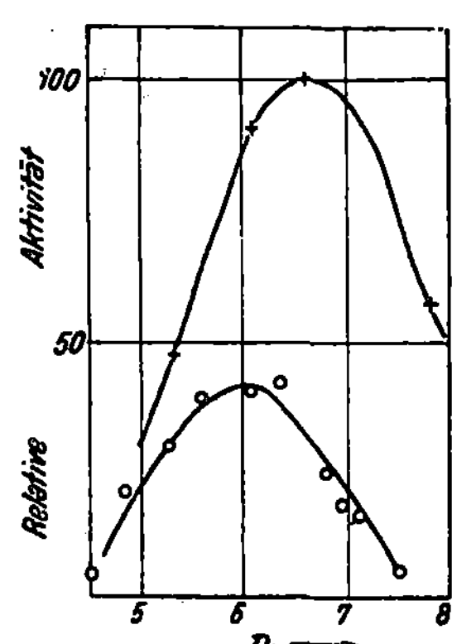

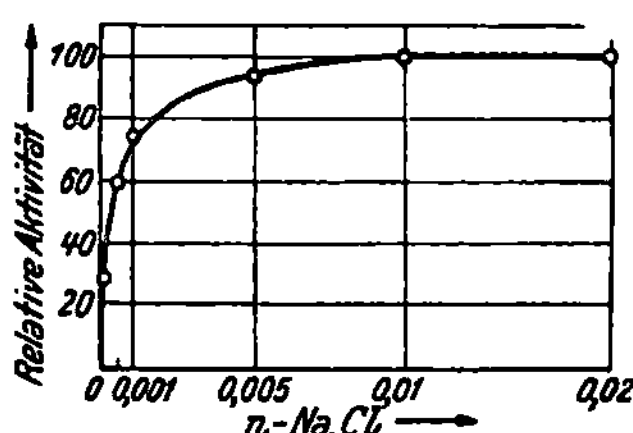

Abb. 13. p_H-Aktivitäts-Kurven der salzfreien (O) und der durch Cl′ aktivierten Amylase (×).

Abb. 14. Abhängigkeit der Amylase von der Cl′-Konzentration.

bei gleichzeitig stärkerer Affinität zwischen Enzym und Anion weniger wirksam ist, wirkt sie auf die Chloridamylase hemmend. Br′ und J′ verhalten sich ähnlich wie Cl′, F′ ist unwirksam. Michaelis glaubte, daß die verschiedenen Aktivitäten der „Salzamylasen" auf verschiedenen Affinitäten derselben zum Substrat beruhen. Nach Myrbäck trifft dies nicht zu, da das Verhältnis der Reaktionsgeschwindigkeiten von der Substratkonzentration unabhängig ist.

Die Amylase ist ein Ampholyt. Die Elektrolyte schwächen die sauren und verstärken die basischen Eigenschaften. Nach Myrbäck sind somit die Aktivitäts-p_H-Kurven Dissoziationsrestkurven eines Ampholyten.

Von den tierischen Amylasen benötigt nur ein Typ zur Entfaltung seiner Wirksamkeit Phosphorsäure, nämlich eine der Leukocytenamylasen.

Nach R. Willstätter und M. Rohdewald[1] ist Ca··-Ion auf alle tierischen Amylasen beim p_H-Optimum ohne Wirkung, außer auf Lyoamylase IV der Leukocyten, die dadurch aktiviert wird. E. Waldschmidt-Leitz und A. Purr[2] beobachteten anfangs mit ihrer aus Gerstenmalz gewonnenen Amylokinase auch Aktivierung von Pankreasamylase. Bei der Reinigung der Amylokinase fanden sie aber, daß die Aktivierung nicht auf die Amylokinase selbst, sondern auf daran haftendes Calciumsalz (vermutlich Calciumphosphat) zurückzuführen ist.

Nach W. Haarmann und K. Bartscher[3] ist für die Wirkung der Alkali- und Erdalkalichloride nicht nur das Cl-Ion maßgebend, sondern auch das Kation. Die Kationen wirken den Chlorionen um so mehr entgegen, je niedriger das Atomgewicht der Metalle ist.

Eine Theorie über den Reaktionsmechanismus zwischen Ferment, Substrat und Ionen bei der Hydrolyse von Stärke stellte E. Bauer auf.[4]

Einfluß der Schwermetalle.

K. Myrbäck[5] hat nachgewiesen, daß die hemmende Wirkung der Schwermetallionen ebenso wie bei der Saccharase auch bei Pankreas- und Speichel-

[1] Hoppe-Seyler's Z. physiol. Chem. 203 (1931), 189, und zwar 228.
[2] Hoppe-Seyler's Z. physiol. Chem. 213 (1932), 63.
[3] Biochem. Z. 288 (1936), 301.
[4] J. Chim. physique 81 (1934), 535.
[5] Hoppe-Seyler's Z. physiol. Chem. 159 (1926), 1.

amylase auf einer stöchiometrischen Bindung dieser Kationen an Carboxyl beruht. Die hemmende Wirkung nimmt in der Reihenfolge Cu, Hg, Ni, Cd, Co, Pb, Mn ab. Bei der Malzamylase liegen die Verhältnisse komplizierter.

Einfluß organischer Stoffe.

a) Alkohol, Glycerin, Formaldehyd.

Alkohol hemmt die Amylase im allgemeinen nur wenig.[1] Glycerin hemmt nur einen Teil der Leukocyten- und Leberamylasen.[2] Formaldehyd fördert in geringer und hemmt in größerer Konzentration.[3]

b) Proteine und Eiweißabbauprodukte.

Die Untersuchungen von PRCZILECKI[4] und von WILLSTÄTTER[5] über hemmende und aktivierende Wirkung von Proteinen und Peptiden sind bereits bei der Leberamylase abgehandelt worden (siehe S. 115).

Ein natürlicher Hemmungskörper der Pankreasamylase wird nach H. DYCKER-HOFF, H. MIEHLER und V. TADSEN[6] dadurch beseitigt, daß man die Ferment-lösung mit festem Casein durchschüttelt, bzw. einen Caseinniederschlag in der Lösung erzeugt. Das Casein adsorbiert den Hemmungskörper, und die Amylase-wirkung wird bis auf das Sechsfache gesteigert.

c) Das Komplement.

Das „Komplement" von H. PRINGSHEIM,[7] eine aus Hefeautolysat dargestellte kochbeständige Substanz, deren Gegenwart die Amylase auch zum Abbau des Grenzdextrins befähigen soll, ist in der Literatur sehr umstritten und wird von R. WEIDENHAGEN[8] abgelehnt, ebenso von G. A. VAN KLINKENBERG.[9]

d) Die Amylokinase.

Die Amylokinase, von E. WALDSCHMIDT-LEITZ[10] aus Malzauszügen isoliert, soll die Geschwindigkeit der Anfangsverzuckerung beschleunigen. Sie wirkt auf α- und auf β-Amylase aktivierend, jedoch nur auf pflanzliche, nicht auf tierische. R. WEIDENHAGEN[11] kann jedoch bei gereinigten Amylasepräparaten keinerlei Wirkung der Amylokinase finden. Sie scheint also nur Hemmungs-körper bei unreinen Amylasepräparaten zu beseitigen.

e) Vitamin C.

Nach A. PURR[12] soll die Ascorbinsäure die pflanzliche β-Amylase hemmen, α-Amylase dagegen nicht, während die Dehydroascorbinsäure umgekehrt nur

---

[1] B. FILIPOWICZ: Biochemic. J. 25 (1931), 1874.

[2] R. WILLSTÄTTER, M. ROHDEWALD: Hoppe-Seyler's Z. physiol. Chem. 208 (1931), 189; 221 (1933), 13; 229 (1934), 255.

[3] TH. SABALITSCHKA, C. SCHULZE: Fermentforsch. 8 (1925), 428.

[4] ST. J. V. PRCZILECKI: Ergebn. Enzymforsch., Bd. IV, S. 111. Leipzig, 1935.

[5] R. WILLSTÄTTER, M. ROHDEWALD: Enzymologia (Den Haag) 1 (1936), 213.

[6] Biochem. Z. 268 (1934), 17.

[7] H. PRINGSHEIM, W. FUCHS: Ber. dtsch. chem. Ges. 56 (1923), 1762. — H. PRINGSHEIM, K. SCHMALZ: Biochem. Z. 142 (1923), 108. — H. PRINGSHEIM, A. BEISER: Ebenda 148 (1924), 336.

[8] R. WEIDENHAGEN, A. WOLF: Z. Ver. dtsch. Zuckerind. 80 (1930), 866.

[9] Hoppe-Seyler's Z. physiol. Chem. 212 (1932), 173.

[10] E. WALDSCHMIDT-LEITZ, A. PURR: Hoppe-Seyler's Z. physiol. Chem. 203 (1931), 117; 213 (1932), 63. — E. WALDSCHMIDT-LEITZ, M. REICHEL, A. PURR: Naturwiss. 20 (1932), 254.

[11] Z. Ver. dtsch. Zuckerind. 83 (1933), 505.

[12] Biochemic. J. 28 (1934), 1141.

die α-Amylase hemme. R. WEIDENHAGEN[1] dagegen fand, daß die Ascorbinsäure sowohl auf α- als auch auf β-Amylase hemmend wirkt. Nach J. JANICKI[2] ist es die dehydrierte Form der Ascorbinsäure, die beide Amylasetypen stark hemmt. Bei Anwesenheit von Stoffen, die die Dehydrierung verhindern, z. B. Glutathion, Schwefelwasserstoff, unterbleibt die Hemmung.

f) Spaltprodukte der Stärke.

Daß Maltose hemmend auf die Stärkehydrolyse wirkt, ist schon lange bekannt. Nach G. A. VAN KLINKENBERG[3] wird die β-Amylase stärker von β-Maltose, die α-Amylase stärker von α-Maltose gehemmt. CH. REID[4] fand Hemmung von Blut- und Malzamylase auch durch Glukose.

Das Übrigbleiben eines unspaltbaren Grenzdextrins beim Abbau der Stärke wurde anfangs mit der Hemmung durch die Spaltprodukte in Zusammenhang gebracht, da beim Wegschaffen der Maltose durch Gärung die Spaltung bis zum Ende verläuft. Wahrscheinlich werden aber dabei auch die für Amylase nicht angreifbaren anders gebauten Molekülteile beseitigt.

Synthese.

Eine Synthese von jodbläuender Stärke aus niederen Dextrinen durch Hefeenzyme wurde von S. NISHIMURA[5] und T. MINAGARA[6] aufgefunden. Ein Glykogen synthetisierendes Hefeprotein C ist vcn W. KIESSLING[7] isoliert worden. Einwirkung dieses Proteins C auf CORI-Ester (Hexose-1-Phosphorsäure) führte zu einer 85%igen Aufspaltung dieses Esters in anorganisches Phosphat und Glykogen. KIESSLING wies das entstandene Glykogen durch Braunfärbung mit Jod, optische Drehung und Säurehydrolyse nach. A. SCHÄFFNER[8] gelangte schon vorher bei der Trennung von Enzymsystemen aus Hefemazerationssaft zu ähnlichen Resultaten. Bei Zusatz von CORI-Ester zu Leberbrei, der durch Natriumfluorid vergiftet war, gelangte P. OSTERN[9] zu Glykogen auf Grund des von SCHÄFFNER und KIESSLING bei der Hefe zuerst aufgefundenen Gleichgewichtes:

$$\text{CORI-Ester} \rightleftarrows \text{Glykogen} + \text{Phosphat.}$$

G. T. CORI, C. F. CORI und G. SCHMIDT[10] erhielten mit einem gereinigten Präparat aus Leberextrakt, einer von Phosphatase und Phosphoglukomutase befreiten Phosphorylase, gemäß obiger Gleichung zirka 82% Glykogen aus CORI-Ester.

C. F. CORI, G. SCHMIDT, G. T. CORI[11] isolierten im Muskelextrakt ebenfalls eine Phosphorylase, die mit CORI-Ester unter Zusatz von etwas Adenylsäure ein glykogenähnliches Kohlehydrat liefert. Dieses gibt mit Jod jedoch keine Braunfärbung, sondern Blaufärbung.

---

[1] Z. Wirtschaftsgr. Zuckerind. 86 (1936), 482.

[2] Enzymologia (Den Haag) 7 (1939), 182.

[3] Hoppe-Seyler's Z. physiol. Chem. 209 (1932), 267.

[4] J. Physiology, 75 (1932), 10.

[5] Biochem. Z. 228 (1930), 161; 225 (1930), 264; 232 (1931), 156; 237 (1931), 133.

[6] Proc. Imp. Acad. (Tokyo) 7 (1931), 258; 8 (1932), 244; 9 (1933), 97; 11 (1935), 17.

[7] Naturwiss. 27 (1939), 129.

[8] A. SCHÄFFNER, H. SPECHT: Naturwiss. 26 (1938), 494. — A. SCHÄFFNER: Ebenda 27 (1939), 195.

[9] P. OSTERN, D. HERBERT, E. HOLMES: Biochemic. J. 33 (1939), 1858.

[10] J. biol. Chemistry 129 (1939), 629.

[11] Science (New York) (N. S.) 89 (1939), 464.

Kohlehydratsynthese aus Milchsäure in Leberschnitten von Hungerratten fand R. Takane.[1]

Glykogenzuwachs vor dem Beginn der alkoholischen Gärung bei Einwirkung frischer, lebender Hefe auf Glukose wurde von R. Willstätter und M. Rohdewald nachgewiesen,[2] desgleichen bei Einwirkung frischer Leukocyten[3] und von Muskel[4] auf Glukose. Wie weit bei dieser Glykogenbildung Amylasen beteiligt sind, ist nicht bekannt.

Einfluß physikalischer Faktoren.

Die Wärmeinaktivierung von Takaamylase besitzt nach H. Yamashiki[5] den Verlauf der ersten Ordnung. Nach Sherman[6] soll die Wärmeinaktivierung auf einer Koagulation der Proteinanteile des Enzyms beruhen. Die Schutzwirkung der Aminosäuren erklärt er als Hemmung der auf die Koagulation folgenden Hydrolyse.

Die Abhängigkeit der Regenerierung hitzeinaktivierter Takaamylase verfolgte Ohlsson[7] und fand sie rascher und vollständiger bei saurer Reaktion. Längere Aufbewahrung in der Wärme verursacht irreversible Zerstörung.

Ultraviolettes Licht schädigt nach Pincussen[8] die Amylasen, während nach K. Kosieradzki[9] Kurzwellen von 2—15 Meter keinen Einfluß haben.

Untersuchungen über den Einfluß des schweren Wassers sind von Caldwell[10] und Mitarbeitern ausgeführt worden. Während D_2O auf die Stärkespaltung durch gereinigte Pankreasamylase ohne merklichen Einfluß ist, fanden sie einen erheblichen Einfluß auf die Beständigkeit der Amylase. Sie wird bei 25° in D_2O wesentlich rascher zerstört als in gewöhnlichem Wasser. Eine Untersuchung über Gerste, die in D_2O-haltigem Wasser (1—10%) eingeweicht wurde, ergab keinen Einfluß auf die Amylasebildung, während konzentriertes D_2O die Keimung und damit auch die Amylasebildung verhinderte.[11]

Sorgfältig gereinigtes 99%iges schweres Wasser zeigte auch auf die Geschwindigkeit der Hydrolyse von Stärke unter Einwirkung von hochgereinigter Gersten- und Malzamylase keinen merklichen Einfluß. Dagegen verläuft die Inaktivierung dieser Pflanzenamylasen bei 65° in hochgereinigtem D_2O um ein Mehrfaches langsamer als in gewöhnlichem Wasser.[12]

2. Glukanasen.

Zu den Glukanasen gehören Cellulase und Lichenase. Ihre Substrate sind die Glukane.

<hr>

[1] Biochem. Z. 171 (1926), 403.
[2] Hoppe-Seyler's Z. physiol. Chem. 247 (1937), 269.
[3] Hoppe-Seyler's Z. physiol. Chem. 247 (1937), 115.
[4] Enzymologia (Den Haag) 8 (1940), 1.
[5] Acta Scholae med. Univ. imp. Kioto 16 (1934), 350—372; Ber. ges. Physiol. exp. Pharmakol. 80 (1934), 512.
[6] H. C. Sherman, M. L. Caldwell, N. M. Naylor: J. Amer. chem. Soc. 47 (1925), 1702.
[7] E. Ohlsson, O. Edfeldt: Bull. Soc. Chim. biol. 15 (1933), 470.
[8] L. Pincussen und Mitarbeiter: Biochem. Z. 144 (1924), 366, 376; 152 (1924), 405; 171 (1926), 1; 195 (1926), 79; 203 (1928), 334; 207 (1929), 410.
[9] Biochem. Z. 287 (1936), 265.
[10] M. L. Caldwell, S. E. Doebbeling, S. H. Manian: J. Amer. chem. Soc. 58 (1936) 84.
[11] M. L. Caldwell, S. E. Doebbeling: J. biol. Chemistry 123 (1938), 479.
[12] M. L. Caldwell, S. E. Doebbeling, F. C. von Wicklen: J. Amer. chem. Soc. 61 (1939), 125.

Struktur der Cellulose und des Lichenins.

Auf Grund der Röntgendiagramme wiesen MEYER und MARK[1] nach, daß die Cellulose aus Ketten von Cellobiose besteht, und zwar Ketten mit einer digonalen Schraubenachse. Entlang der Faserachse, nach je 10,3 Å, kehrt Identität wieder. HAWORTH[2] stellte auf Grund seiner Methylierungsversuche fest, daß die Kettenglieder ausschließlich Glukopyranosen sind, die β-glykosidisch miteinander verknüpft sind. Bei der Methylierung erhielt er in fast 100%iger Ausbeute 2,3,6-Trimethylglukopyranose. Die echte native Cellulose hat nach den viskosimetrischen Messungen von H. STAUDINGER[3] eine Kettenlänge von 750—1000, nach neueren Messungen bis 2000 Glukosen.[4] Acetylcellulosen wie auch andere vorbehandelte Cellulosen und Kunstfasern haben verkürzte Ketten. W. N. HAWORTH[5] rechnet dagegen auch bei der nativen Cellulose mit kürzeren Ketten. E. SCHMIDT[6] glaubt sicher erwiesen zu haben, daß Cellulose an den Enden Carboxyle (als Lactone von Aldonsäuren) enthält und gelangt so zu einer Kettenlänge von 96 Glukosen. Die nachstehende Formel gibt die Struktur wieder.

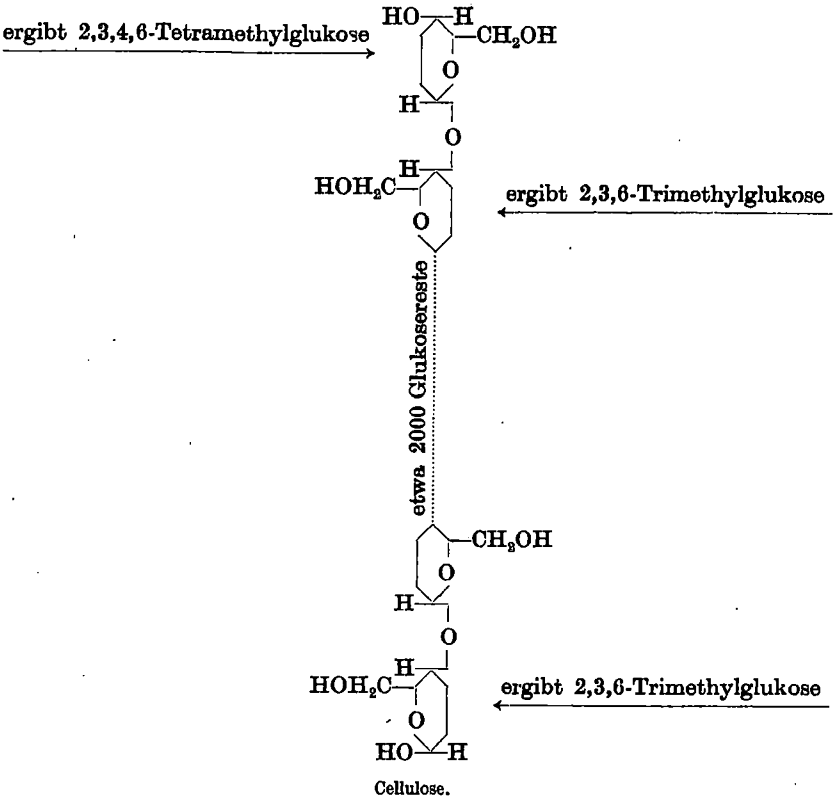

ergibt 2,3,4,6-Tetramethylglukose ⟶

HO—H —CH$_2$OH

ergibt 2,3,6-Trimethylglukose ⟵

etwa 2000 Glukosereste

—CH$_2$OH

ergibt 2,3,6-Trimethylglukose ⟵

HO—H

Cellulose.

Lichenin, das dieselbe Struktur wie Cellulose besitzen soll, hat nach H. STAU-

[1] H. MARK: Ber. dtsch. chem. Ges. 59 (1926), 2982.
[2] W. N. HAWORTH, E. L. HIRST, H. A. THOMAS: J. chem. Soc. (London) 1931, 821.
[3] Naturwiss. 22 (1934), 797.
[4] Naturwiss. 25 (1937), 673.
[5] W. N. HAWORTH, H. MACHEMER: J. chem. Soc. (London) 1932, 2270.
[6] E. SCHMIDT und Mitarbeiter: Ber. dtsch. chem. Ges. 67 (1934), 2037.

DINGER[1] eine Kettenlänge von zirka 300 Glukosen und besitzt ein von der Cellulose verschiedenes Röntgenspektrum.

Der hydrolytische Abbau der Cellulose mit rein chemischen Mitteln, z. B. mit überkonzentrierter Salzsäure nach R. WILLSTÄTTER und L. ZECHMEISTER,[2] führt zu Glukose.

Der enzymatische Abbau sowohl von Cellulose als auch von Lichenin liefert ausschließlich Cellobiose als Endprodukt. Da in der Cellulose und im Lichenin nur gleiche Glukopyranosereste vorliegen und keine alloiomorphen Zucker wie in der Stärke, ist schwer einzusehen, warum die Cellulase nur zu jeder zweiten Glukose Affinität besitzt. Man kann dies durch die digonale Schraubung der Faserachse erklären, wodurch jede zweite Glukose eine besondere Lage hat.

Spezifität.

Die Identität von Cellulase und Lichenase galt bisher als sehr wahrscheinlich, da cellulosespaltende Enzympräparate auch Lichenin angreifen und, umgekehrt. Die Wirkungsverschiedenheiten des gleichen Enzympräparats auf Cellulose und Lichenin, die GRASSMANN[3,4] auffand, erklärte er durch die verschiedenen Oberflächenbedingungen der beiden Substrate; das kolloidal gelöste Lichenin ist natürlich leichter angreifbar als die unlösliche Cellulose.

Die Cellulase ist spezifisch auf Glukane mit der Cellobiosebindung eingestellt, sie spaltet längere und kürzere Ketten. Die untere Spezifitätsgrenze liegt bei der Cellohexaose,[4] die sowohl von Cellulase als auch von Cellobiase gespalten wird. Die Tetraose, Triose und Biose werden nur noch von Cellobiase, aber nicht mehr von Cellulase angegriffen.

„Umgelöste" Cellulosen sind durch Cellulase wesentlich leichter spaltbar als native Cellulosen, wie z. B. Filtrierpapier, was wohl auf einer Änderung in der physikalisch-chemischen Behinderung der Oberflächenwirkung im heterogenen System beruht. Die Struktur der Oberfläche ist maßgebend für den enzymatischen Angriff.

Vorkommen der Glukanasen.

In den höheren Pflanzen kommen sie vor allem in den Samen der Getreidearten vor. Lichenin findet sich nämlich als Reservekohlehydrat nicht nur in Flechten, sondern wurde von KARRER[5] auch in den verschiedensten anderen Pflanzen (Gerste, Hafer, Mais, Spinat, Bohnen usw.) entdeckt. Eingehender hat PRINGSHEIM[6] die Glukanase des Gerstenmalzes untersucht. Emulsin enthält wenig von diesem Enzym.

Die Glukanasen sind in den Kryptogamen sehr verbreitet. Am besten untersucht ist die Cellulase des *Aspergillus oryzae*. Ferner kommt sie in Bakterien vor.

Bei den Wirbellosen ist Lichenase aufgefunden worden, so im Darmsaft aller Schnecken und Raupen[7] und in Würmern.[8]

---

[1] H. STAUDINGER, O. SCHWEITZER: Ber. dtsch. chem. Ges. 63 (1930), 2317.

[2] Ber. dtsch. chem. Ges. 62 (1929), 722.

[3] W. GRASSMANN, H. RUBENBAUER: Münchener med. Wschr. 1931, 1817. — W. GRASSMANN, R. STADLER, R. BENDER: Liebigs Ann. Chem. 502 (1933), 20.

[4] W. GRASSMANN, L. ZECHMEISTER, G. TÓTH, R. STADLER: Liebigs Ann. Chem. 503 (1933), 167.

[5] P. KARRER, M. STAUB, J. STAUB: Helv. chim. Acta 7 (1924), 159.

[6] H. PRINGSHEIM, A. BEISER: Biochem. Z. 172 (1926), 411. — H. PRINGSHEIM, K. BAUR: Hoppe-Seyler's Z. physiol. Chem. 173 (1928), 188.

[7] T. ULLMANN: Z. vergl. Physiol. 17 (1932), 520; Ber. ges. Physiol. exp. Pharmakol. 70 (1933), 658.

[8] P. KARRER, H. ILLING: Kolloid-Z. 36 (1925), Erg.-Bd. 91.

Darstellung und Eigenschaften.

Lichenase wird nach P. Karrer[1] aus dem Darmtraktus von *Helix pomatia* gewonnen und durch Dialyse und Acetonfällung gereinigt. Die Lichenase wird nicht an Kaolin, wohl aber an Tonerde adsorbiert. Optimales $p_H = 5{,}28$, nach W. Ziese[2] 4,5.

Aus *Aspergillus oryzae* (nicht aus käuflicher Taka) hat W. Grassmann[3] ein sehr wirksames Cellulasepräparat gewonnen, das als *Luizym* im Handel ist.

Die Lichenase von Malzauszügen wurde von H. Pringsheim[4] untersucht und·ohne Beseitigung der Cellobiase unter Anwendung der Adsorptionsmethode gereinigt.[5] Reinigungsversuche wurden auch von G. Otto[6] durchgeführt. Die Trennung der Lichenase von der sie begleitenden Cellobiase wird nach H. Pringsheim und W. Kusenack[7] schon ·durch Alternlassen bei Zimmertemperatur (3—6 Monate) erreicht. Ebenso befreiten auch P. Karrer, M. Staub und B. Joos[8] die Schneckenlichenase von Cellobiase. Eine präparative Trennung von Lichenase und Cellobiase wird durch Adsorption der Cellobiase an Aluminiummetahydroxyd herbeigeführt.[9]

Als *Lichenaseeinheit* definiert P. Karrer[10] diejenige Fermentmenge, die bei $37°$ und $p_H = 5{,}28$ 1 g Lichenin (in zirka 1,5—2%iger Lösung) innerhalb 2 Stn. zu 20% spaltet.

Lichenasewert = Zahl der Einheiten in 100 mg Trockensubstanz.

Lichenasevergleichseinheit (Li-e) ist diejenige Enzymmenge, die unter optimalen Bedingungen 32 mg Lichenin (wasser- und aschefrei) in 10 cm³ in 2 Stn. bei $30°$ zu 25% spaltet. Sie ist 19,2mal kleiner als die von Karrer.

Die Zeitumsatzkurve verläuft nach W. Grassmann[11] annähernd linear.

3. Hemicellulasen oder Cytasen.

Unter Hemicellulosen versteht man Polyosen mit anderen Zuckerbausteinen als Glukose.

Auch bei den Xylanen, Mannanen und Galaktanen handelt es sich um langgliedrige Kettenmoleküle. Die entsprechenden Enzyme sind: Xylanase, Mannanase, Galaktanase.

Das *Xylan* des Espartograses, das am besten untersucht ist, ist hauptsächlich aus *d*-Xyloseresten aufgebaut, enthält aber auf 18—20 von diesen einen *l*-Arabinoserest.[12] Die Verknüpfung der einzelnen Xylosereste in 1,4-Stellung ist durch die Konstitutionsermittlung der als Zwischenprodukt auftretenden Xylobiose gesichert.[13] Die verzweigten Ketten von Xylopyranosen tragen als endständige Gruppen *l*-Arabofuranosereste.

---

[1] P. Karrer, M. Staub, J. Staub: Helv. chim. Acta 7 (1924), 159. —·P. Karrer, Staub, Weinhagen, Joos: Ebenda 7 (1924), 144.

[2] Hoppe-Seyler's Z. physiol. Chem. 208 (1931), 87.

[3] W. Grassmann, H. Rubenbauer: Münchener med. Wschr. 1931, 1817. W. Grassmann, R. Stadler, R. Bender: Liebigs Ann. Chem. 502 (1933), 20.

[4] H. Pringsheim, K. Seifert: Hoppe-Seyler's Z. physiol. Chem. 128 (1923), 284.

[5] H. Pringsheim, K. Baur: Hoppe-Seyler's Z. physiol. Chem. 178 (1928), 188. — H. Pringsheim, E. Thilo: Cellulosechemie 11 (1930), H. 5.

[6] Biochem. Z. 209 (1929), 276.

[7] Hoppe-Seyler's Z. physiol. Chem. 137 (1924), 264.

[8] Helv. chim. Acta 7 (1924), 154.

[9] H. Pringsheim, A. Beiser: Biochem. Z. 172 (1926), 411. — W. Grassmann, R. Stadler, R. Bender: Liebigs Ann. Chem. 502 (1933), 20.

[10] Helv. chim. Acta 6 (1923), 800.

[11] W. Grassmann, R. Stadler, R. Bender: Liebigs Ann. Chem. 502 (1933), 20.

[12] W. N. Haworth, E. L. Hirst, E. Oliver: J. chem. Soc. (London) 1934, 1917.

[13] Bywater, Haworth, Hirst, Peat: J. chem. Soc. (London) 1937, 1983.

Bei den *Mannanen* unterscheidet man zwischen unlöslichen, der echten Cellulose ähnlichen Mannanen, wie z. B. dem Steinnußmannan, und quellbaren Mannanen, wie z. B. dem Salepschleim.

Auch hier nimmt man lange Ketten von Mannopyranosen in 1,4-Bindung an, die wahrscheinlich β-glykosidisch miteinander verknüpft sind.

Der Hefegummi ist ein Polysaccharid aus Mannose und Glukose.

Die Struktur der *Galaktane*, die noch nicht rein isoliert wurden, ist unbekannt.

Vorkommen und Eigenschaften.

In den Phanerogamen spielen die Hemicellulasen vor allem in den Samen zur Auflösung der Zellwände eine Rolle. Im Malz wurde von PRINGSHEIM[1] eine Mannanase aufgefunden.

Auch Mikroben enthalten vielfach Hemicellulasen. In Hefe ist *Mannanase* nachgewiesen worden.[2] Das *Aspergillus oryzae*-Präparat von GRASSMANN und Mitarbeitern[3,4] enthält neben Cellulase auch Mannanase und *Xylanase*. Es wurde eine Trennung dieser Enzyme durchgeführt:[4] Durch mehrtägige Dialyse wird zusammen mit der Inulinase die Mannanase entfernt, dann Xylanase und Cellulase an Tierkohle adsorbiert. Aus dem Adsorbat wird nur Cellulase eluiert. T. ULLMANN[5] fand Mannanase bei allen untersuchten Schnecken und Raupen.

Optimales p_H für Xylanase aus *Aspergillus oryzae* $= 4,5$,[6] aus Malz $= 5,0$.[7] Xylose hemmt stark.

4. Pectinasen.

Den Pectinen liegt ein Gerüst von kompliziert verbundenen d-Galakturonsäuren zugrunde, deren Hydrolyse durch die Pectinasen bewirkt wird. Die *Pectinasen* führen die Pectinsäuren in Pectolsäure über, unter gleichzeitiger Abspaltung von Methanol, Essigsäure, Arabinose und Galaktose. Die Reaktion verläuft wahrscheinlich stufenweise. Dabei entstehen Calciumsalze der Pectin- und Pectolsäuren, die zur Gelierung der Obstsäfte führen.

Über die Pectinasen selbst ist wenig bekannt, sie sind in Samen, Schimmelpilzen und Mikroben weitverbreitet, auch Helixsaft enthält Pectinase.

Bei der Fermentierung des Tabaks werden die Pectine durch zelleigene Enzyme unter Abspaltung von Methylalkohol umgewandelt. NEUBERG[8] hat diese Verhältnisse eingehender untersucht. Ähnlich vollzieht sich die Fermentierung des Kaffees.[9]

5. Chitinasen.

Das Chitin ist der Gerüststoff vieler Wirbelloser, besonders der Arthropoden (Krebse, Insekten). Im Pflanzenreich kommt es in Pilzen und Flechten vor. Der Beweis für die Identität von tierischem und pflanzlichem Chitin ist auf physikalischem und chemischem Weg erbracht worden.

---

[1] H. PRINGSHEIM, A. GENIN: Hoppe-Seyler's Z. physiol. Chem. 140 (1924), 299.

[2] H. KRAUT, F. EICHHORN, H. RUBENBAUER: Ber. dtsch. chem. Ges. 60 (1927), 1644.

[3] W. GRASSMANN, R. STADLER, R. BENDER: Liebigs Ann. Chem. 502 (1933), 20.

[4] W. GRASSMANN, L. ZECHMEISTER, G. TÓTH, R. STADLER: Liebigs Ann. Chem. 503 (1933), 167.

[5] Z. vergl. Physiol. 17 (1932), 520; Ber. ges. Physiol. exp. Pharmakol. 70 (1933), 658.

[6] W. GRASSMANN, L. ZECHMEISTER, G. TÓTH, R. STADLER: Liebigs Ann. Chem. 503 (1933), 167.

[7] H. LÜERS, W. VOLKAMER: Wschr. Brauerei 45 (1928), 83.

[8] C. NEUBERG, M. KOBEL: Biochem. Z. 179 (1926), 459; 229 (1930), 455. — C. NEUBERG, B. OTTENSTEIN: Ebenda 188 (1927), 217. — TH. ANDREADIS: Ebenda 211 (1929), 378.

[9] A. PERRIER: C. R. hebd. Séances Acad. Sci. 193 (1931), 547.

Das *Chitin* hat eine celluloseähnliche Kettenstruktur, wie durch Röntgendiagramme von K. H. MEYER[1] sichergestellt wurde. Der Kettenbaustein ist N-Acetyl-*d*-glucosamin. Die Verknüpfung der Baugruppen, Pyranosen in 1,4-Stellung wie bei der Cellulose, wurde durch die Darstellung einer Chitobiose beim acetolytischen Abbau von BERGMANN[2] sichergestellt. Dieselbe Biose erhielten L. ZECHMEISTER und G. TÓTH[3] bei der Hydrolyse von Chitin mit überkonzentrierter Salzsäure.

Für das Chitin gilt das nebenstehende Strukturbild.

Die *Chitinase* wurde von KARRER[4] im Verdauungssaft von *Helix pomatia* entdeckt. Sie spaltet das genuine Chitin nur langsam, das umgefällte Chitin dagegen schneller. Das Endprodukt der Spaltung ist das N-Acetylglukosamin. Das p_H-Optimum liegt bei 5,2.

β-Glukosidasefreie Chitinasepräparate aus Mandelemulsin wurden von GRASSMANN[5] erhalten. Extrakte der äußeren Teile der Mandeln, die besonders reich an Chitinase sind, behandelte er mit Tonerde $C\gamma$, die die β-Glukosidase adsorbiert. p_H-Optimum der Chitinase $= 5,2$. Die Kinetik folgt annähernd der SCHÜTZschen Regel.

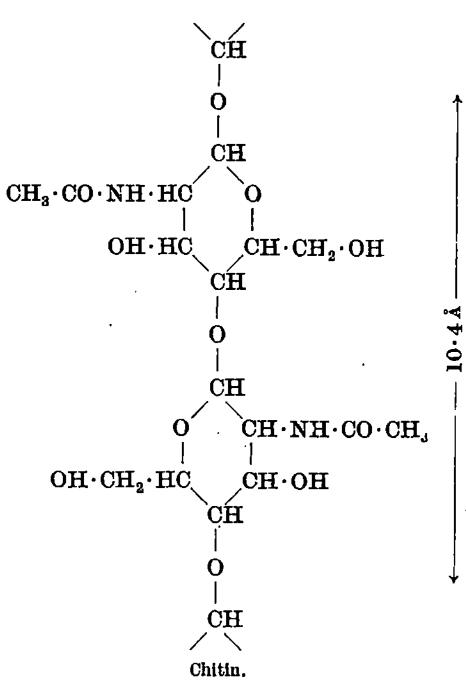

Chitin.

L. ZECHMEISTER, G. TÓTH und M. BÁLINT[6] erreichten ebenfalls eine Trennung von β-Glukosidase und Chitinase des Mandelemulsins, und zwar durch die chromatographische Analyse: Eine Bauxitsäule hält β-Glukosidase zurück und läßt Chitinase passieren. Die so gewonnene Chitinase konnte nach L. ZECHMEISTER und G. TÓTH[7] wiederum in zwei Komponenten zerlegt werden, von denen die eine genuines Chitin und die andere Abbaustufen des Chitins angreift. Erstere erhält jetzt den Namen „Chitinase", letztere „Chitobiase". Auch der chitinspaltende enzymatische Apparat der Weinbergschnecke[8] ließ sich mit Hilfe der Chromatographie in Chitinase und Chitobiase aufspalten. *Aspergillus orycae* enthält Chitinase. Chitinzersetzende Mikroorganismen befinden sich ferner im Ackerboden.

---

[1] K. H. MEYER, G. W. PANKOW: Helv. chim. Acta 18 (1935), 589; Ber. ges. Physiol. exp. Pharmakol. 88 (1935), 170.

[2] M. BERGMANN und Mitarbeiter: Ber. dtsch. chem. Ges. 64 (1931), 2436.

[3] Ber. dtsch. chem. Ges. 64 (1931), 2028; 65 (1932), 161.

[4] P. KARRER, A. HOFMANN: Helv. chim. Acta 12 (1929), 616.

[5] W. GRASSMANN, L. ZECHMEISTER, R. BENDER, G. TÓTH: Ber. dtsch. chem. Ges. 67 (1934), 1.

[6] Enzymologia (Den Haag) 5 (1938), 302.

[7] Fortschr. Chem. organ. Naturstoffe, Bd. II, S. 212, und zwar 226. Wien, 1939; Enzymologia (Den Haag) 7 (1939), 165.

[8] L. ZECHMEISTER, G. TÓTH: Naturwiss. 27 (1939), 367; Enzymologia (Den Haag) 7 (1939), 170.

6. Fructanasen.

Die Substrate der Fructanasen sind das Inulin und andere Fructane oder Polylaevane. Das *Inulin* ist eine hochpolymere Kette von zirka 30 Fructofuranosen, die von 1 nach 2 glykosidisch verbunden sind. Der Konstitutionsbeweis wurde von HAWORTH[1] durch die Methylierungsprodukte erbracht. Die Identität von Fructanase und Saccharase oder β-h-Fructosidase, die WEIDENHAGEN[2] proklamiert, ist zu bezweifeln, besonders seit GRASSMANN[3] fand, daß die Polyasen speziell zur Zerlegung längerer Ketten befähigt sind.

H. PRINGSHEIM[4] reinigte die Inulase aus *Aspergillus niger* durch Adsorption an Aluminiumhydroxyd B bei $p_H = 3{,}8$ und Elution mit Phosphatpuffer bei $p_H = 6{,}8$. Bei der Zerlegung des Inulins mit diesem Enzym entsteht nach R. WEIDENHAGEN[2] nur Fructose. Die in geringer Menge im Inulin aufgefundene Glukose könnte nach PRINGSHEIM[4] das Endglied der Fructosekette bilden, wenn sie nicht bloße Beimengung ist.

Das sonstige Vorkommen der Inulase ist noch wenig untersucht.

Esterasen.

Von H. KRAUT und Ä. WEISCHER.

Zu den Esterasen rechnet man die Enzyme, die die Bildung und Hydrolyse von Estern, also von Verbindungen zwischen Hydroxyl- und Säuregruppen katalysieren. Esterasen finden sich in fast allen tierischen und vielen pflanzlichen Organen und Sekreten, ebenso in allen Mikroorganismen. Man unterscheidet zwei große Gruppen:

I. Esterasen, deren Substrate die Verbindungen von Alkoholen mit organischen Säuren sind;

II. Esterasen, deren Substrate die Verbindungen von Alkoholen mit anorganischen Säuren sind.

I. Esterasen, deren Substrate die Verbindungen von Alkoholen mit organischen Säuren sind.

Zu diesen gehören einige Enzyme mit eng begrenzter Spezifität, nämlich die Lecithasen, Cholinesterase, Cholesterinesterase, Tannase und Chlorophyllase. Neben diesen fast nur auf ein einziges Substrat eingestellten Enzymen finden sich in dieser Gruppe die Lipasen, Enzyme mit sehr großem Spezifitätsbereich, die alle überhaupt von Enzymen angreifbaren Ester organischer Säuren mit Alkoholen spalten, soweit sie nicht zu den angeführten fünf Arten von Estern gehören (Tabelle 8).

---

[1] W. N. HAWORTH, A. LEARNER: J. chem. Soc. (London) 1928, 619. — H. D. K. DREW, W. N. HAWORTH: Ebenda 1928, 2690. — W. N. HAWORTH, H. R. L. STREIGHT: Helv. chim. Acta 15 (1932), 609. — W. N. HAWORTH, E. L. HIRST, E. G. V. PERCIVAL: J. chem. Soc. (London) 1932, 2384.

[2] Naturwiss. 20 (1932), 254.

[3] W. GRASSMANN, R. STADLER, R. BENDER: Liebigs Ann. Chem. 502 (1933), 20.

[4] H. PRINGSHEIM, P. OHLMEYER: Ber. dtsch. chem. Ges. 65 (1932), 1242; 66 (1933), 1292.

Tabelle 8. *Spezifität der Esterasen, die Ester organischer Säuren spalten.*

Enzyme	Substrate
1. Lipasen	Ester ein- und mehrwertiger Alkohole
2. Lecithasen	Lecithin
3. Cholinesterase	Acetylcholin und andere Cholinester
4. Cholesterinesterase...............	Ester des Cholesterins
5. Tannase..........................	Tannin und andere Ester aus verketteten Phenolcarbonsäuren
6. Chlorophyllase	Chlorophyll und Phäophytine

1. Lipasen.

Spezifität.

Substrate der Lipasen sind allgemein die Ester organischer Säuren, mit Ausnahme der in Tabelle 8 unter Nr. 2—6 aufgeführten Substrate. Insoweit besitzen alle Lipasen dieselbe absolute Spezifität (siehe den Abschnitt „Carbohydrasen", S. 55). Allerdings ist die Geschwindigkeit der Spaltung von der Konstitution des Esters abhängig, und zwar sowohl von der Säurekomponente als auch von der Alkoholkomponente.

Abhängigkeit der Spaltung von der Konstitution der Säurekomponente.

Die Säurekomponente reicht von der Ameisensäure bis zu den hohen Fettsäuren der natürlichen Fette, von der Benzoesäure bis zu Säuren mit komplizierten aromatischen und hydroaromatischen Ringsystemen. Ester aromatischer Carbonsäuren werden langsamer gespalten als die aliphatischer,[1] die Ester normaler Säuren rascher als diejenigen mit verzweigter Kette.[2] Die Geschwindigkeit der Spaltung wechselt sehr stark mit der Länge der Kohlenstoffkette der Säure. Ester ungesättigter Carbonsäuren werden langsamer gespalten als die der entsprechenden gesättigten Säuren.[3] Von den Lactiden ist das der Milchsäure gut, das der Glykolsäure mäßig spaltbar. Diphenylglykolid, Benzilid und Tetrasalicylid werden nicht gespalten. Nach E. BAMANN[1] ist die Ursache hierfür die Verminderung der Affinität der Carbonylgruppe des Esters zum Enzym durch die Nachbarschaft negativer Atomgruppen. Die affinitätsvermindernde Wirkung der sauren Gruppen macht sich auch bei den Estern mehrbasischer Säuren bemerkbar, die langsamer als die der entsprechenden einbasischen verseift werden. Die erste Alkoholkomponente wird wesentlich rascher abgespalten als die zweite.[4] Die Spaltung der Dicarbonsäureester ist um so langsamer, je geringer der Abstand der beiden Carboxylgruppen ist. Die Hydrolysengeschwindigkeit der Diäthylester nimmt daher in der Reihenfolge Malonsäure-, Bernsteinsäure-, Glutarsäure-, Adipinsäureester zu, während in der entsprechenden Reihe der einwertigen Säuren die Spaltbarkeit von Essigsäureäthylester zum Capronsäureäthylester und weiter zu den Palmitinsäure-, Stearinsäureäthylestern regelmäßig abnimmt.[5]

Abhängigkeit der Spaltung von der Konstitution der Alkoholkomponente.

Alle Lipasen bevorzugen Ester aliphatischer Alkohole vor den aromatischen. Die Abhängigkeit von der Kettenlänge ist bei der Alkoholkomponente geringer

---

[1] E. BAMANN, E. SCHWEIZER, M. SCHMELLER: Hoppe-Seyler's Z. physiol. Chem. 222 (1933), 121.

[2] R. WILLSTÄTTER, F. MEMMEN: Hoppe-Seyler's Z. physiol. Chem. 138 (1924), 229.

[3] A. K. BALLS, M. B. MATLACK, I. W. TUCKER: J. biol. Chemistry 122 (1937/38), 125.

[4] E. C. HYDE, H. B. LEWIS: J. biol. Chemistry 56 (1923), 7.

[5] E. BAMANN, E. RENDLEN: Hoppe-Seyler's Z. physiol. Chem. 238 (1936), 133.

als bei der Säurekomponente. Immerhin nimmt die Spaltbarkeit mit zunehmender Kettenlänge langsam ab. Die Ester primärer Alkohole werden schneller als die sekundärer, die Ester tertiärer Alkohole überhaupt nicht von Lipasen angegriffen.[1] Auch bei den Glycerinestern werden die endständigen primären Hydroxylgruppen rascher als die mittlere sekundäre freigelegt. So konnten bei der Hydrolyse von Tributyrin durch Pankreaslipase die drei Abbaustufen ($\alpha\beta'$-Dibutyrin, β-Monobutyrin, Glycerin) nacheinander erhalten werden.[2] Eine Substitution der Alkoholkomponente wirkt sich nur dann auf die Spaltungsgeschwindigkeit aus, wenn sie an dem die Hydroxylgruppe tragenden C-Atom erfolgt, und zwar stets hemmend.[3]

Alle diese Merkmale gelten gleichmäßig für alle Lipasen. Dagegen veranlaßt die Wertigkeit der Alkoholkomponente bei den Lipasen verschiedener Herkunft die größten Unterschiede der Spaltungsgeschwindigkeit. Es gibt zwei scharf geschiedene Untergruppen der Lipasen: die Esterasen im speziellen Sinn spalten bevorzugt Ester einwertiger Alkohole, die Lipasen im speziellen Sinn bevorzugen Ester mehrwertiger Alkohole, vor allem Glycerinester. Zu den Esterasen gehören die Leber- und Serumesterase und die Takaesterase aus *Aspergillus oryzae*. Zu den Lipasen gehören Pankreas- und Leukocytenlipase sowie die Lipase der Ricinussamen. Die Unterschiede im Auswahlvermögen der beiden Untergruppen sind sehr groß. So entsprechen z. B. der Wirkung von 0,01 g getrockneter und entfetteter Pankreasdrüse bei der Methylbutyratspaltung 0,004 g, bei der Tributyrinspaltung 1 g, bei der Olivenölspaltung sogar 106 g getrockneter Leber.[4]

Da beide Untergruppen dieselben Ester spalten, besitzen sie dieselbe absolute Spezifität. Sie unterscheiden sich aber im höchsten Maß durch die Spaltungsgeschwindigkeit ihrer Substrate aus der Klasse der ein- oder der mehrwertigen Alkohole, also durch ihre relative Spezifität.

Stereochemische Spezifität.

Noch in einer zweiten Richtung gibt es bei den Lipasen Unterschiede der relativen Spezifität, nämlich in bezug auf das Auswahlvermögen der optischen Antipoden. Die Carbohydrasen und Amidasen sind jeweils nur auf eine der stereochemischen Konfigurationen eingestellt, entweder auf die d- oder auf die l-Form. Die Lipasen dagegen spalten *beide* Formen, aber mit verschiedener Geschwindigkeit. Die Bevorzugung der einen oder der anderen Form hängt in völlig undurchsichtiger Weise von der Konstitution des optisch-aktiven Alkohols oder der Säure ab und wechselt mit der Herkunft der Lipase, bei den tierischen Lipasen sogar von Organ zu Organ und von Tierart zu Tierart. Mit der Bevorzugung der Ester ein- oder mehrwertiger Alkohole besteht kein Zusammenhang (Tabelle 9).[5]

Die ersten Beobachtungen über stereochemische Spezifität wurden von H. D. DAKIN[6] gemacht, der fand, daß Schweineleberesterase bei der Einwirkung auf das racemische Gemisch der beiden Mandelsäureäthylester die d-Form rascher als die l-Form spaltet. Stellt man der Schweineleberesterase aber l- und d-Mandelsäureäthylester getrennt zur Verfügung, so wird der l-Ester schneller gespalten als der d-Ester. Dieses zunächst widerspruchsvolle Resultat fand eine

---

[1] St. v. Przylecki, E. A. Sym: Enzymologia (Den Haag) 6 (1939), 135.
[2] A. I. Virtanen, E. Lindeberg: Suomen Kemistilehti (Acta chem. fenn.) 9, B. 2, 25./1. 1936.
[3] A. K. Balls, M. B. Matlack: J. biol. Chemistry 123 (1938), 679.
[4] R. Willstätter, F. Memmen: Hoppe-Seyler's Z. physiol. Chem. 138 (1924), 216.
[5] P. Rona, R. Ammon: Ergebn. Enzymforsch. 2 (1933), 50.
[6] J. Physiology 30 (1904), 253; 32 (1905), 199.

Tabelle 9. *Drehung der rascher im Racemat verseiften Komponente.*

Substrat	Schweine: Pankreas	Schweine: Leber	Schweine: Magen	Hunde: Magen	Pferde: Magen	Mensch: Leber	Rind: Leber	Schaf: Leber	Aspergillus oryzae	Meerschweinchen: Serum	Karpfen: Leber
Mandelsäure-methyl-ester	—	+					+		+	—	
Mandelsäure-äthyl-ester	—	+	+	+	+				+		—
Mandelsäure-butyl-ester						+					
Mandelsäure-isoamyl-ester		+									
Mandelsäure-benzylester		+									
Mandelsäure-monoglycerid	—	+									
Milchsäure-äthyl-ester		+									
Diäthyl- u. Isobutyl-tartrat	—							+			—[1]
Methyläthylessigsäure-äthylester	+										
Methylbutylessigsäure-äthylester	+										
Methylbenzylessigsäure-äthylester	+										
Phenylmethoxyessigsäure-methylester	—	+							+		
Phenyläthoxyessigsäure-äthylester		+									
Phenylchloressigsäure-methylester	—	—		+							
Phenylchloressigsäure-äthylester	—										
Phenylbromessigsäure-methylester	—	—									
Phenylaminoessigsäure-propylester	+	+									
Tropasäure-methylester	+	—	+								
Leucin-äthylester	+										
Leucin-propylester	+	+									
Tyrosin-äthylester	—										
n-Buttersäure-sec. butylester	—	—									
Äthyl-phenyl-carbinyl-n-buttersäureester		+									

Erklärung durch R. Willstätter und Mitarbeiter.[2] Die Spaltungsgeschwindigkeit eines Esters setzt sich nämlich aus zwei Faktoren zusammen, aus der Affinität des Enzyms zum Ester und aus der Zerfallsgeschwindigkeit der Enzym-Ester-Verbindung. Nun geht aus den von H. H. Weber und R. Ammon[3] aufgestellten Aktivitäts-p_s-Kurven hervor, daß die Affinität des Ferments zum d-Ester bedeutend größer ist als die zum l-Ester. Umgekehrt ist aber die Zerfallsgeschwindigkeit der l-Ester-Ferment-Verbindung größer als die der d-Ester-Ferment-Verbindung. Bei der Hydrolyse jeder Esterkomponente für sich findet infolge der größeren Zerfallsgeschwindigkeit der l-Ester-Ferment-Verbindung eine schnellere Hydrolyse des l-Esters statt. Bei der Hydrolyse des Racemats aber wird infolge der größeren Affinität des Ferments zum d-Ester fast alles Ferment von diesem Ester beansprucht, so daß er trotz der geringeren Zerfallsgeschwindigkeit seiner Ferment-Substrat-Verbindung rascher gespalten wird.

Mit dem ungleichen Verhältnis von Affinität und Spaltungsgeschwindigkeit der

---

[1] Nur Äthyl-tartrat.
[2] R. Willstätter, R. Kuhn, E. Bamann: Ber. dtsch. chem. Ges. 61 (1928), 886.
[3] Biochem. Z. 204 (1929), 197.

optischen Antipoden läßt sich auch die noch merkwürdigere Erscheinung erklären, daß gelegentlich die Bevorzugung der *d*- oder *l*-Form im Racemat sich mit der Konzentration des Substrats in den Spaltungsansätzen ändert. So spaltet z. B. Menschen- und Schafleberesterase in konzentrierter Lösung des Racemats

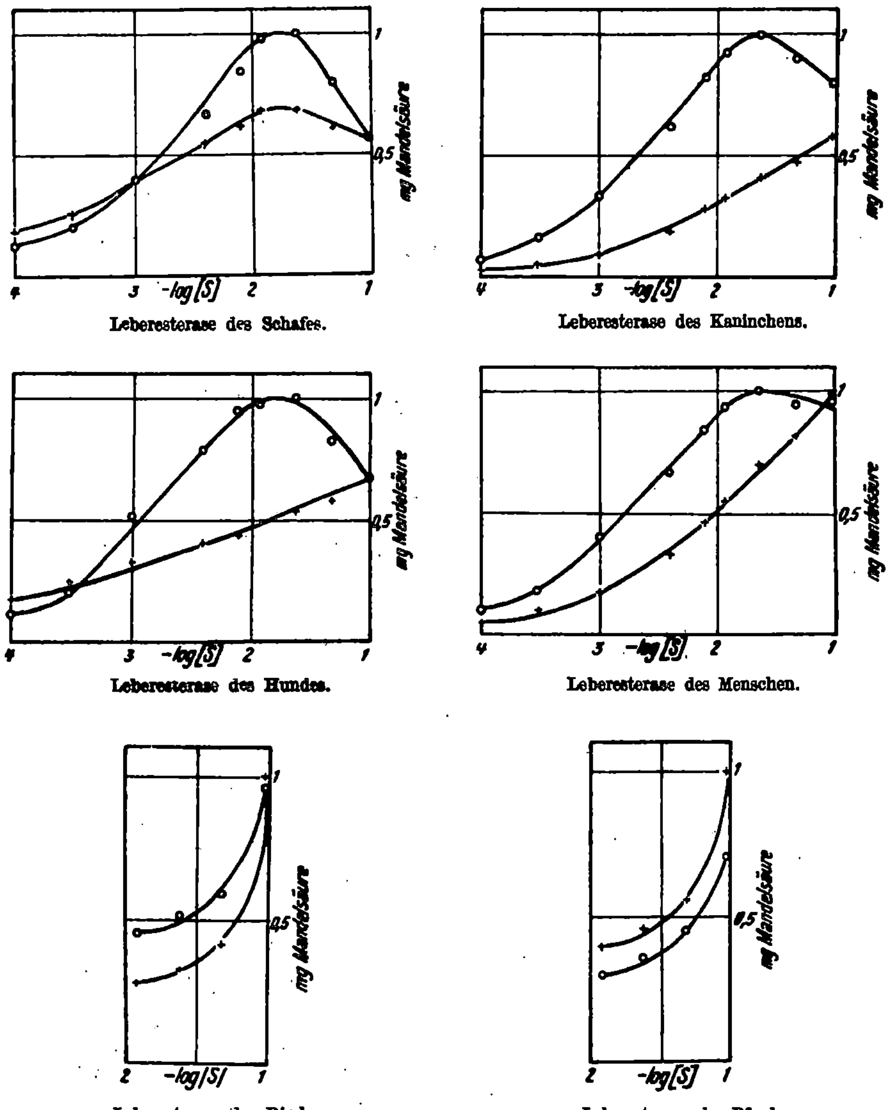

Abb. 15. Aktivitäts-p_s-Kurven der Spaltungen von *d*- und *l*-Mandelsäureester durch verschiedene Leberesterasen.

rascher den *d*-, in verdünnter den *l*-Mandelsäureäthylester. Der Grund dafür liegt einerseits in den verschiedenen Formen der Aktivitäts-p_s-Kurven (siehe Abb. 15), anderseits darin, daß die Spaltungsgeschwindigkeiten des *d*- und *l*-Esters durch die Gegenwart des optischen Antipoden und der Spaltstücke in sehr verschiedener Weise verändert werden. Unter den Spaltstücken übt besonders die Alkoholkomponente eine deutliche Wirkung auf die optische Spezifität aus. So hemmt der Zusatz von Alkohol viel stärker die Spaltung des l-Mandelsäureäthylesters als die des d-Esters. Die Hemmung ist so groß, daß sogar der bei der Spaltung gebildete Alkohol die Hydrolyse zugunsten der d-Verbindung verschiebt.[1] In dieser Hinsicht unterscheidet sich die Esterase der Menschenleber grundlegend von der Schweineleberesterase, bei der eine solche Umkehr der Auswahl nicht statthat. SCHWAB, BAMANN und LAEVERENZ[2] haben die Verhältnisse durch eine genaue kinetische Analyse geklärt mit dem Ergebnis, daß die Hemmung der d-Ester-Spaltung durch den l-Ester viel stärker ist, als dessen Affinität bei seiner eigenen Spaltung entspricht. Dies in Verbindung mit der unsymmetrischen Alkoholhemmung und der später (S. 149) zu besprechenden Anomalie der Kinetik der d-Ester-Spaltung erklärt die Auswahlumkehr mit der Konzentration ebenso wie die Auswahlerhaltung bei der Durchspaltung.

Das optische Auswahlvermögen einiger Esterasen kann durch Zusatz optisch-aktiver Stoffe beeinflußt werden. So ändern Alkaloide das Verhältnis der Umsätze der Antipoden, mitunter bis zur völligen Umkehrung (Tabelle 10).[3]

Tabelle 10. *Einfluß von Alkaloiden auf die stereochemische Spezifität der Leberesterase des Menschen und des Kaninchens.*

(Vers.-Ansatz von 50 ccm, enthaltend in Vers. 1—3 0,25 g, in Vers. 4—6 0,50 g rac. Mandelsäureäthylester und 2 g Phosphatpuffer $p_H = 7$.)

Versuch	Leberesterase vom	Zusätze (100 mg)	Reaktionsdauer (Stunden)	Spaltung (Prozent)	Hemmung	Beschleunigung	$[\alpha]_D$ der Mandelsäure
					der Reaktion in Prozent		
1	Menschen	—	3	20,0	—	—	+ 7,9°
2	Menschen	Strychnin	$1^1/_2$	19,5	—	95	— 80,1°
3	Menschen	Cinchonin	$2^1/_4$	18,5	—	23	— 27,3°
4	Kaninchen	—	3	20,2	—	—	+ 1,2°
5	Kaninchen	Strychnin	3	18,6	8	—	+ 20,3°
6	Kaninchen	Chinidin	$13^3/_4$	18,5	80	—	+ 14,2°

Tabelle 11. *Abhängigkeit des optischen Auswählens von der Vorbehandlung der Enzyme.*
(Die Analysenproben von 100 cm³ enthalten in den Versuchen mit Menschenleberesterase 0,50 g rac. Mandelsäure-äthylester und 4,0 g Phosphat $p_H = 7$, in den Versuchen mit Kaninchenleberesterase 1,0 g Ester und 4,0 g Puffer.)

Versuch	Herkunft und Behandlung des Enzyms	Spaltung (Prozent)	$[\alpha]_D$ der Mandelsäure
1	Menschenleber 7: Ammoniakalischer Auszug aus unvorbehandeltem Trockenpräparat nach Essigsäurefällung und Dialyse	14,5	— 2,4°
2	Menschenleber 7: Ammoniakalischer Auszug aus gedörrtem Trockenpräparat nach Essigsäurefällung und Dialyse	14,0	+ 11,8°
3	Menschenleber 7: Ammoniakalischer Auszug aus autolysiertem Hackbrei nach Essigsäurefällung und Dialyse	15,0	— 14,8°
4	Kaninchenleber 3: Ammoniakalischer Auszug aus unvorbehandeltem Trockenpräparat nach Essigsäurefällung und Dialyse	7,1	— 6,0°
5	Menschenleber 3: Ammoniakalischer Auszug aus gedörrtem Trockenpräparat nach Essigsäurefällung und Dialyse	7,3	+ 10,1°

---

[1] E. BAMANN: Ber. dtsch. chem. Ges. **62** (1929), 1538.

[2] G.-M. SCHWAB, E. BAMANN, P. LAEVERENZ: Hoppe-Seyler's Z. physiol. Chem. **215** (1933), 121.

[3] E. BAMANN, P. LAEVERENZ: Ber. dtsch. chem. Ges. **63** (1930), 394, 2939.

Zur Erklärung dieser Erscheinung nehmen E. Bamann und P. Laeverenz an, daß sich diese Zusatzstoffe mit dem Enzym zu einem Symplex vereinigen. Dialysiert man die alkaloidhaltigen Lösungen, so erlangt das Enzym die ursprüngliche Konfigurationsspezifität wieder, es erfolgt also eine Aufspaltung des Symplexes. Überraschenderweise ändert sich die optische Spezifität gelegentlich durch geeignete Behandlung der Enzympräparate, z. B. bei der Autolyse und bei Reinigungsoperationen. Nach E. Bamann und P. Laeverenz beruht die Veränderung der optischen Spezifität auf der Anlagerung von Abbauprodukten, die sich bei der Herstellung der Präparate bilden (Tabelle 11).

A. Lipasen im speziellen Sinn.
Vorkommen.

Die bevorzugt auf Fette eingestellten Lipasen kommen bei Tieren vor allem im Pankreas vor, außerdem im Magen und in den Leukocyten. Der Gehalt an Lipase im Schweinepankreas hängt vom Ernährungszustand ab. Die Phytolipasen finden sich hauptsächlich in den Samen, besonders von Ricinus, weniger in denen der Euphorbiaceen und in den Sojabohnen. Auch *Aspergillus niger* und *flavus* und *Penicillium oxalicum* führen eine speziell auf Fett eingestellte Lipase. Die Bakterienlipasen sind noch wenig untersucht.

a) Pankreaslipase.
1. Bestimmungsmethoden und Einheiten.

R. Willstätter, E. Waldschmidt-Leitz und F. Memmen[1] benutzten zur Bestimmung der Pankreaslipase die Ölspaltungsmethode unter ausgleichender Aktivierung mit Calciumchlorid und Albumin, die eine Ausschaltung alles Zufälligen im lipatischen System ermöglicht. Am besten läßt man die Spaltung im alkalischen Gebiet bei $p_H = 8,9$ beginnen und bei $p_H = 5,5$ enden. Die empirisch ermittelte Beziehung zwischen Enzymmenge und Spaltungsgrad ist in Abb. 16 dargestellt.

In einer weithalsigen Flasche von 30 cm³ Inhalt mit gut eingeschliffenem Glasstopfen bringt man das Enzymmaterial mit Wasser auf 10 cm³, fügt 2,5 g Olivenöl und 2 cm³ Puffer (bestehend aus 0,66 cm³ n Ammoniak und 1,34 cm³ n Ammoniumchlorid), dann 0,5 cm³ 2%ige Calciumchloridlösung und zum Schluß 0,5 cm³ 3%ige Albuminlösung zu. Es wird 3 Minuten lang gleichmäßig und kräftig mit der Hand geschüttelt und der Ansatz 57 Minuten bei 30° aufbewahrt.

Zur Titration wird der Flascheninhalt mit 96%igem Alkohol in einen Erlenmeyerkolben gespült, durch Vermischen mit Äther die Lösung vervollständigt und mit $^n/_{10}$ bis $^n/_1$ alkoholischer Kalilauge bis zu einem deutlich blauen Farbton (Indikator Thymolphthalein) titriert. Der Alkaliwert des Puffers ist bei der Berechnung in Abzug zu bringen.

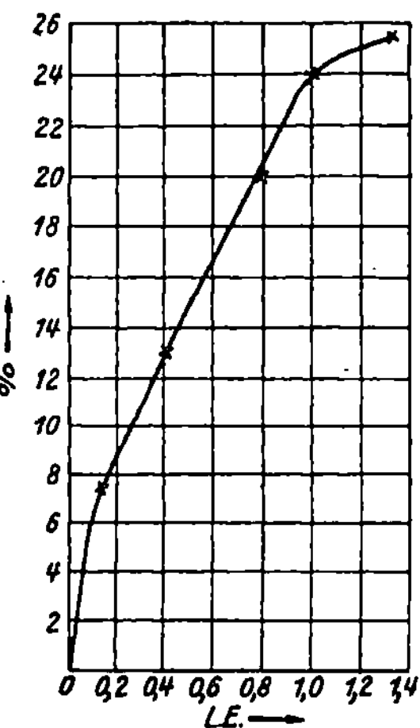

Abb. 16. Lipasemenge und Verseifungsgrad.

Zur Erzielung einer besseren Emulgierbarkeit empfehlen L. Vogel und P. Laeverenz[2] einen vermehrten Zusatz von Calciumchlorid und Albumin und gleichzeitig einen Zusatz von Natriumoleat.

Der Lipasegehalt eines Präparats wird durch die Anzahl der *Lipaseeinheiten* angegeben. Eine Lipaseeinheit (L. E.) ist diejenige Enzymmenge, die unter den

---

[1] Hoppe-Seyler's Z. physiol. Chem. **125** (1923), 93.
[2] Hoppe-Seyler's Z. physiol. Chem. **234** (1935), 176.

Bedingungen des Ansatzes bei 30° in einer Stunde 24% von 2,5 g Olivenöl (Verseifungszahl 185,5) spaltet.

Das Maß für den Reinheitsgrad ist der *Lipasewert* (L. W.). Der Lipasewert ist die Anzahl der Lipaseeinheiten in einem Zentigramm Substanz.

Eine sehr empfindliche Methode, die sich besonders für die Bestimmung kleiner Enzymmengen eignet, haben R. WILLSTÄTTER und F. MEMMEN[1] nach dem stalagmometrischen Verfahren von P. RONA und L. MICHAELIS[2] entwickelt. Sie beruht auf der Änderung der Oberflächenspannung einer wässerigen Tributyrinlösung bei der Spaltung, die man aus der Tropfenzahl stalagmometrisch bestimmt.

Die durch Vorversuche ermittelte geeignete Enzymmenge wird mit der Lösung von 30 mg Eialbumin, 0,5 cm³ 2%iger Calciumchloridlösung, 56 cm³ gesättigter Tributyrinlösung und 2 cm³ Puffer (bestehend aus 1 Teil 2,5 n Ammoniak und 8 Teilen 2,5 n Ammoniumchlorid), sowie 0,5 cm³ 2%iger Natriumoleatlösung versetzt, so daß das gesamte Volumen 60 cm³ beträgt. Darauf wird sogleich die Anfangstropfenzahl gemessen und bei einer Temperatur von 20° deren Abnahme in Abständen von 20 Minuten drei- bis viermal bestimmt.

Der nach dieser Methode gemessene Lipasegehalt wird in Butyraseeinheiten angegeben. Eine *Butyraseeinheit* (B. E.) ist diejenige Enzymmenge, die unter den Bedingungen des Ansatzes eine Abnahme der Tropfenzahl der Tributyrinlösung um 20 in 50 Minuten bewirkt.

Die Analysenproben sind stets so zu wählen, daß sie nicht wesentlich höher sind als das Zweifache und nicht weniger als ein Fünftel der Butyraseeinheit.

Eine Lipaseeinheit hat ungefähr 1000 Butyraseeinheiten. Eine feste Beziehung besteht zwischen den beiden Einheiten nicht. Sie schwankt etwas von Präparat zu Präparat.

2. Darstellung und Reinigung.

Zur Darstellung von Pankreaspräparaten[3] sind die Drüsen von Schweinen am geeignetsten, da sie lipatisch am wirksamsten sind. Man trocknet am besten das zerkleinerte Pankreas mit Aceton und Äther und extrahiert das Enzym mit 87%igem Glycerin. Die Abtrennung der begleitenden Enzyme Amylase und Trypsin erfolgt durch wiederholte Adsorption der Lipase an das basische Adsorbens Aluminiumhydroxyd *B* bei saurer Reaktion.

Mit Wasser geklärter Glycerinauszug wird mit Essigsäure angesäuert und mit Tonerdesuspension B geschüttelt. Durch Zentrifugieren wird die Restlösung vom Adsorbat entfernt. Sie enthält neben der Hauptmenge der Amylase und dem ganzen Trypsin 10% der Lipase.

Das Adsorbat wird mit 20%igem Glycerin gewaschen und mit Ammonphosphatlösung eluiert. Zur Stabilisierung wird die Elution auf einen Glyceringehalt von 50% gebracht. Die Elution enthält zwei Drittel der angewandten Lipase und etwa 3% der anfangs vorhandenen Amylase.

Zur erneuten Reinigung durch Adsorption an Tonerde muß die Phosphorsäure des Eluens mit Magnesiamischung entfernt werden. Die Elution nach der zweiten Adsorption ist frei von den begleitenden Enzymen und enthält etwa 35% der ursprünglichen Lipasemenge.

Eine Abtrennung anderer Begleitstoffe und damit eine bedeutende Reinigung wird durch Adsorption an Kaolin bewirkt:

---

[1] Hoppe-Seyler's Z. physiol. Chem. **129** (1923), 1.
[2] Biochem. Z. **31** (1911), 345.
[3] R. WILLSTÄTTER, E. WALDSCHMIDT-LEITZ: Hoppe-Seyler's Z. physiol. Chem. **125** (1923), 132.

Die Ammoniumphosphatelution aus dem zweiten Tonerdeadsorbat wird mit Wasser verdünnt und mit Essigsäure angesäuert. Darnach wird sie mit einer Aufschlämmung von elektroosmotisch gereinigtem Kaolin in Wasser geschüttelt. Nach dem Zentrifugieren wird das Adsorbat mit Ammoniumphosphat eluiert und zentrifugiert. Zur Stabilisierung bringt man die Elution wieder auf einen Glyceringehalt von 50%.

Durch diese Reinigungsschritte steigt der Lipasewert auf das Achtfache gegenüber dem der Tonerdeelution, auf das ungefähr 250fache von dem der Drüse. Er erfährt noch eine geringe Steigerung durch Adsorption an Tristearin oder Cholesterin:

Nach Abscheidung der Phosphorsäure aus der Elution mit Magnesiamischung wird die Lipaselösung mit Wasser verdünnt und mit einer Suspension von Tristearin in 87%igem Glycerin geschüttelt. Zur Ermittlung des Reinheitsgrades wird das Adsorbat getrocknet und das organische Mittel mit Benzol, Alkohol oder Äther herausgelöst.

MILLON- und Ninhydrin-Probe sind nun ganz schwach positiv, die MOLISCH-Probe ist negativ. Mit Uranylacetat gibt die 0,01%ige Lösung keine, mit Pikrinsäure eine schwache Trübung.

3. Abhängigkeit der Wirkung von der Wasserstoffionenkonzentration.

Die folgende Tabelle 12 gibt die Geschwindigkeitskonstanten k bei verschiedenem p_H an.[1] Es ist ersichtlich, daß das Optimum der Pankreaslipase bei $p_H = 7 \div 8$ liegt.

Tabelle 12. *Abhängigkeit der Geschwindigkeitskonstanten der Pankreaslipase vom p_H.*

p_H	2,17	3,74	5,49	7,01	7,78	8,50
k	0	0	0,00737	0,01218	0,01513	0,01244

4. Kinetik.

Die Wirkung der Lipase wird in höherem Grade als die vieler anderer Enzyme von Begleitstoffen und vom Verteilungszustand (Viskosität und Emulgierung) beeinflußt. Dennoch läßt sich die Quantität der Lipase in jedem Zustand durch Zusatz ausgleichender Aktivatoren und durch gleichmäßiges, langes Schütteln des Versuchsansatzes erfassen. Auch die Kinetik der Lipase läßt sich nur innerhalb eines ganz definierten Systems von Begleitstoffen, z. B. bei maximaler Aktivierung, beschreiben.

Abb. 17 und 18 geben den zeitlichen Verlauf der Hydrolyse von Olivenöl mit verschiedenen Lipasemengen bei $p_H = 8{,}9$ und $p_H = 4{,}7$ wieder.

Das Produkt von Enzymmenge und Zeitdauer ist nur innerhalb eines gewissen Bereiches der Verseifung konstant. Bei länger dauernden Spaltungsversuchen beeinflußt die fortschreitende Enzymzerstörung, hervorgerufen durch den Einfluß von Puffer und Substrat, die Kinetik. Die Abhängigkeit der Triacetinhydrolyse von der Lipasemenge gibt Abb. 19[2] wieder. Für einen Teil der Spaltungskurve hat die SCHÜTZsche Regel $X = k \sqrt{t}$ Gültigkeit ($X =$ Spaltungsgrad), dann sinkt die Spaltungsgeschwindigkeit rasch ab.

Auf kinetischen Untersuchungen an Pankreaslipase hat E. A. SYM[3] theoretische Betrachtungen über Kontaktkörperkatalyse aufgebaut. Er nimmt an,

---

[1] P. RONA, R. PAVLOVIĆ: Biochem. Z. **134** (1923), 108.
[2] R. WILLSTÄTTER, F. MEMMEN: Hoppe-Seyler's Z. physiol. Chem. **138** (1924), 229.
[3] Biochem. J. **24** (1930), 1265.

daß die anfangs gelöste Lipase an der Phasengrenzfläche Fett-Wasser adsorbiert und dadurch erst wirksam wird.

Aus der Hemmung der Tributyrinhydrolyse durch Fettsäuren schließen Holwerda und Mitarbeiter,[1] daß Fettsäuren und Glycerid um den Platz in der

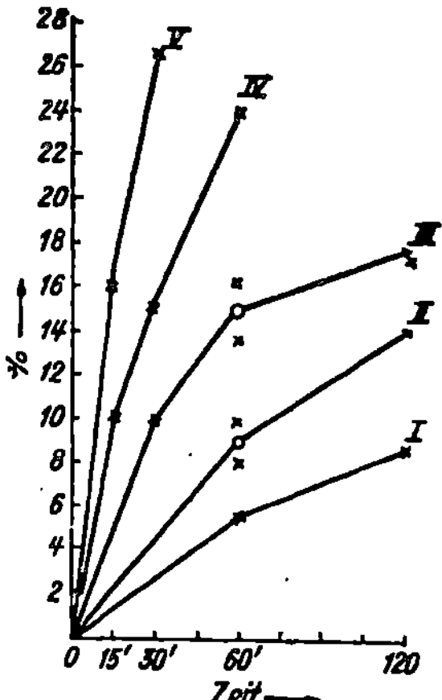

Abb. 17. Zeitlicher Verlauf der Hydrolyse von Olivenöl mit verschiedenen Lipasemengen (p_H = 8,9).

I 0,075 L. E., *II* 0,15 L. E., *III* 0,30 L. E., *IV* 0,60 L. E., *V* 1,20 L. E.

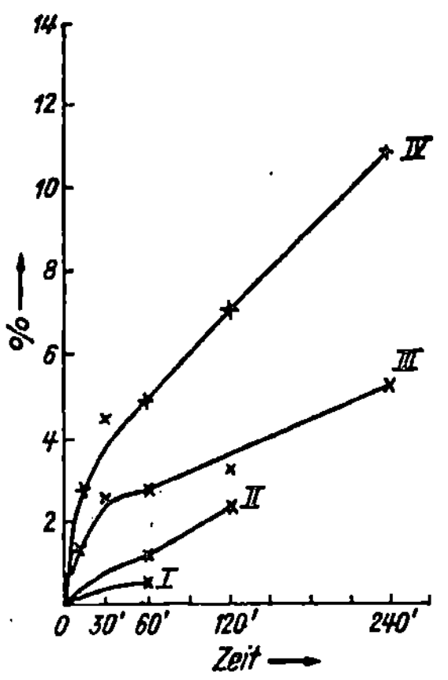

Abb. 18. Zeitlicher Verlauf der Hydrolyse von Olivenöl mit verschiedenen Enzymmengen (p_H = 4,7).

I 0,29 L. E., *II* 0,58 L. E., *III* 1,16 L. E., *IV* 2,32 L. E.

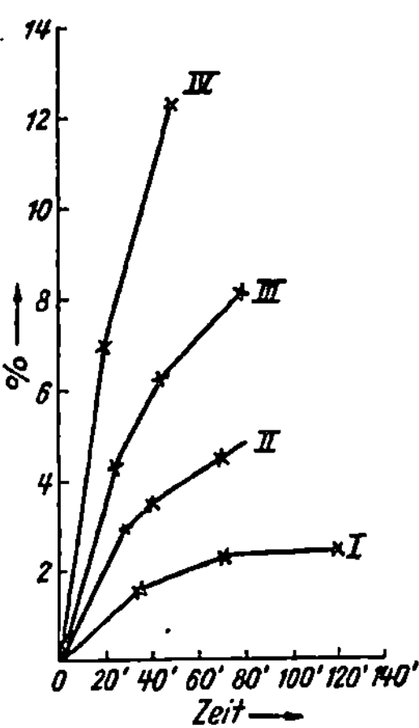

Abb. 19. Verseifungsgeschwindigkeit des Triacetins mit verschiedenen Enzymmengen.

I 0,04 cm³, *II* 0,08 cm³, *III* 0,16 cm³ und *IV* 0,32 cm³ Glycerinextrakt.

Grenzschicht konkurrieren. Starken Einfluß auf die Verseifungsgeschwindigkeit hat der Verteilungszustand. Die Spaltung von Triglyceriden nimmt mit der Schütteldauer und -intensität zu, bis optimale Verteilung erreicht ist. Nun findet man die Verseifungsgeschwindigkeit wenig oder gar nicht abhängig von der Triglyceridmenge. Läßt man Triglyceridmenge und Schütteldauer konstant und variiert die Enzymmenge, so nimmt die Verseifungsgeschwindigkeit nicht proportional der Enzymmenge zu, sondern weniger stark; sie nähert sich schließlich einem Grenzwert, bei dem die Phasengrenzfläche mit Lipasekomplex gesättigt ist.

Schon früher ist beobachtet worden, daß die Spaltungsgeschwindigkeit des Fettes durch Lipase proportional der von den Fetteilchen gebildeten Oberfläche und umgekehrt proportional dem Radius der Kügelchen ist.[2]

5. Beeinflussung durch physikalische Faktoren.

Die Wirkung von Strahlen wird in der Literatur sehr verschieden geschildert, vermutlich deshalb, weil die Wellenlänge des verwendeten Lichtes meist nicht berücksichtigt wurde. Arbeitet man mit monochromatischem Licht, so beobachtet man, daß langwelliges Licht aktiviert, kurzwelliges dagegen hemmt.[3]

Hohe Drucke zerstören die lipatische Wirkung. Bei Einwirkung von 11000 bis 13500 at auf Pankreassaft war nach 30—40 Minuten die Fermentwirkung verschwunden.[4]

Die Lipase hat bei ungefähr 40° ihre optimale Wirksamkeit. Trockenpräparate

[1] K. Holwerda, P. E. Verkade, A. H. A. de Willigen: Recueil Trav. chim. Pays-Bas 55 (1936), 43; 56 (1937), 382.

[2] A. C. Frazer, V. G. Walsh: J. Physiology 78 (1933), 467.

[3] R. Murakami: Bull. agric. chem. Soc. Japan 12 (1936), 115.

[4] M. A. Macheboeuf, J. Basset: Ergebn. Enzymforsch. 8 (1934), 303.

vertragen noch gut Temperaturen bis 75°. Dagegen tritt bei 55° Zerstörung ein, wenn die Lipase sich in gelöster Form befindet. Trockenpräparate, die 1 bis 2 Stunden bei 115° erhitzt werden, erfahren einen Aktivitätsverlust, erlangen aber merkwürdigerweise durch mehrtägiges Aufbewahren bei Zimmertemperatur fast ihre ursprüngliche Aktivität wieder.[1] A. K. BALLS, M. B. MATLACK und I. W. TUCKER[2] fanden, daß die Spaltung der höheren gesättigten Triglyceride im Gegensatz zu der der niederen Triglyceride stark von der Temperatur abhängig ist. Bei 0—20° werden nur Glyceride mit Fettsäuren bis zu 7 C-Atomen leicht gespalten, bei 40° auch solche mit 8—14 C-Atomen.

6. Aktivierung und Hemmung.

Eine besonders hervorstechende Eigenschaft der Lipasen ist die starke Abhängigkeit ihrer Wirkung von fremden Stoffen. Da diese Stoffe, die man nach R. WILLSTÄTTER und M. ROHDEWALD unter der Bezeichnung *Dynatonen* zusammenfaßt (siehe S. 115), vielfach natürliche Begleiter der Lipasen in tierischen und pflanzlichen Geweben sind, genügt eine einfache Bestimmung der Wirksamkeit z. B. eines Pankreasextraktes nicht, um sich über seinen Gehalt an Lipase oder gar über den Zustand des extrahierten Organes zu informieren. Jede Änderung des Systems, in dem die Lipasen wirken, sei es bei der Extraktgewinnung oder im Verlauf von Reinigungsmaßnahmen, beeinflußt auch die Wirksamkeit des Enzyms und entfernt uns weiter von dem Zustand der lebenden Zelle. Um zu erfahren, wieviel Lipase ein bestimmtes Präparat enthält, ist nach R. WILLSTÄTTER, E. WALDSCHMIDT-LEITZ und F. MEMMEN[3] ausgleichende Aktivierung oder Hemmung, also Überwindung der zufälligen Einflüsse der Dynatonen auf die Wirksamkeit der Lipase in dem betreffenden Extrakt notwendig.

Zu den natürlichen Aktivatoren der Pankreaslipase gehören Gallensalze, Aminosäuren und die Salze höherer Fettsäuren, vor allem Kalksalze. Oleate sind wirksamer als Palmitate.[4] Natriumtaurocholat ist noch in der Konzentration von 1 : 500 000 wirksam,[5] *l*-Leucyl-glycyl-glycin aktiviert um 500—600%. Albumin hemmt die Pankreaslipase. Aus der gegenseitigen Beeinflussung von Natriumglycocholat und fettsauren Salzen bei ihrer Einwirkung auf Pankreaslipase hat K. HOLWERDA[6] interessante Vorstellungen über das Zustandekommen von Aktivierung und Hemmung entwickelt.

Wirksamer als die einzelnen Aktivatoren ist die Kombination von mehreren, z. B. Calciumoleat + Glycerin. In Kombinationen kann auch Albumin aktivieren, so Calciumchlorid + Albumin oder Natriumglycocholat + Albumin. Am wirksamsten ist die Kombination Albumin + Natriumoleat + Calciumchlorid. R. WILLSTÄTTER, E. WALDSCHMIDT-LEITZ und F. MEMMEN nehmen an, daß die Wirkung der Dynatonen auf gemeinsamer Adsorption des Enzyms und des Substrats beruht. Tritt nur eine Adsorption des Ferments an den zugesetzten Stoff ein, so konkurriert er mit dem Substrat um das Ferment, er hemmt daher. Werden aber Ferment und Substrat adsorbiert, so wirkt dies im Sinne einer Erhöhung der Ferment-Substrat-Affinität, die nach MICHAELIS und MENTEN (siehe S. 57 ff.) das Maß der Fermentwirkung ist. Diese Anschauung ist allerdings nach K. KRÄHLING und H. H. WEBER[7] nicht auf wasserlösliche Substrate der Pankreaslipase, wie

---

[1] E. A. SYM: Biochem. Z. 258 (1933), 304.

[2] J. biol. Chemistry 122 (1937/38), 125.

[3] Hoppe-Seyler's Z. physiol. Chem. 125 (1923), 93.

[4] E. TRIA: Enzymologia (Den Haag) 8 (1937), 12.

[5] I. A. PARFENTJEV, W. C. DEVRIENT, B. F. SOKOLOFF: J. biol. Chemistry 92 (1931), 33.

[6] K. HOLWERDA: Biochem. Z. 296 (1938), 1.

[7] Biochem. Z. 298 (1938), 227.

Triacetin, übertragbar, bei denen ebenfalls Aktivierung beobachtet wird. Sie fanden keine Änderung der Ferment-Substrat-Affinität, sondern eine Erhöhung der Zerfallsgeschwindigkeit der Enzym-Substrat-Verbindung.

Ein gemeinsames Merkmal vieler Aktivatoren ist ihre Kapillaraktivität. Je stärker sie die Oberflächenspannung erniedrigen, desto mehr aktivieren sie sie. Eine Ausnahme bilden nur Phenol und Resorcin.[1] Man nimmt darnach an, daß die Aktivierung durch die Herabsetzung der Oberflächenspannung zwischen Enzym und Substrat zustande kommt. Bei einer bestimmten Größe der Oberflächenspannung findet aber E. Tria[2] ein Maximum der Aktivierung.

Auch die Leberesterase wird von oberflächenaktiven Stoffen beeinflußt. Sie wird im allgemeinen von denjenigen Stoffen am meisten gehemmt, die die Pankreaslipase am stärksten aktivieren.[1]

Manche Pharmaka, besonders Alkaloide, sind von großem hemmenden Einfluß auf die Lipasen. Merkwürdigerweise wirken manche dieser Stoffe ganz spezifisch auf die Lipasen bestimmter Herkunft, während sie andere nicht beeinflussen. P. Rona und R. Ammon[3] haben darauf eine Methode zur Unterscheidung von Lipasen aufgebaut. Pankreaslipase wird von Chinin stark gehemmt, nicht aber von Atoxyl, das Leberesterase und Nierenlipase hemmt. Serumlipase wird von beiden Stoffen gehemmt. Allerdings ist die Hemmung oft nur eine Beeinflussung des Systems der die Lipasen begleitenden Dynatonen.[4] Die Atoxylempfindlichkeit der Leberesterase verringert sich nämlich mit fortschreitender Reinigung bis zur Unempfindlichkeit, und Cocain hemmt nur die ungereinigte Magenlipase. Die Hemmung durch Atoxyl ist reversibel, die durch Chinin nicht.

Alkohole wirken hemmend auf alle Lipasen,[5] ebenso Ketone.[6] Die Hemmung durch Ketone ist von der Einwirkungsdauer, Anzahl der CO-Gruppen, Molekulargewicht und Konstitution abhängig. Besonders stark hemmt Acetophenon. Noch mehr als Ketone hemmen die Aldehyde, am meisten Benzaldehyd und Heptylaldehyd. Im allgemeinen gilt, daß die Hemmung durch aromatische Verbindungen größer als durch aliphatische ist. Die Hemmung durch Halogenessigsäuren fällt in der Reihenfolge J—Br—Cl. Auch Oxysäuren hemmen die Pankreaslipase, am meisten Citronensäure, weniger Weinsäure, noch weniger Milchsäure.[7]

Unter den anorganischen Stoffen hemmen vor allem die Schwermetallsalze und Halogenide. Die Hemmung nimmt in der Reihenfolge Cu—Co—Fe^{III}—Hg^{II}—Fe^{II}, bzw. Fluorid—Jodid—Bromid—Chlorid ab. Kaliumcyanid wirkt aktivierend, am meisten in einer Konzentration von $6 \cdot 10^{-6}$ Mol.[6]

Reduzierende Substanzen aktivieren die Pankreaslipase, so Cystein, Thioglykolsäure und Natriumhydrosulfit, nicht aber Natriumsulfid und Natriumbisulfit.[6] Oxydierende Substanzen hemmen. Die Abstufung der Wirkung beider Gruppen läßt sich nicht mit dem Redoxpotential in Einklang bringen.[8]

7. Lyo- und Desmolipase.

Der Zustand der Pankreaslipase in der Zelle ist von E. Bamann und P. Laevirenz[9] näher untersucht worden. Im frischen Organ ist nur ein kleiner Teil der

[1] D. Glick, C. G. King: J. biol. Chemistry 97 (1932), 675.
[2] E. Tria: Atti R. Accad. naz. Lincei, Rend. 23 (1936), 372.
[3] Biochem. Z. 181 (1927), 49.
[4] K. Gyotoku: Biochem. Z. 217 (1930), 279.
[5] H. H. R. Weber, C. G. King: J. biol. Chemistry 108 (1935), 131.
[6] S. S. Weinstein, A. M. Wynne: J. biol. Chemistry 112 (1935/36), 649.
[7] G. Pamfil, M. Maxim: Klin. Wschr. 17 (1938), 1651.
[8] R. Itoh, T. Nakamaru: J. Biochemistry 26 (1937), 187.
[9] Hoppe-Seyler's Z. physiol. Chem. 223 (1934), 1.

Lipase löslich, die Lyolipase, der weitaus größte Teil, die Desmolipase, ist proto·
plasmatisch verankert, sei es durch Hauptvalenzbindungen oder durch Asso-
ziationskräfte (Restvalenzen, Nebenvalenzen). Als Unterscheidungsmerkmal dient
die Löslichkeit der Lyolipase in 100%igem Glycerin, das der frischen oder der
in ganz frischem Zustand rasch mit Aceton und Äther getrockneten Drüse nur
0,1—3% der Lipase entzieht. Das Glycerin verhindert autolytische Prozesse,
durch welche die Desmolipase in Lyolipase übergeführt wird. Aufbewahren der
Drüse vor der Extraktion mit Glycerin oder vor der Acetontrocknung, wässerige
Extraktion der frischen oder der getrockneten Drüse, auch schon die Extraktion
mit 50%igem und sogar stärkerem Glycerin läßt den autolytischen Prozessen
Spielraum. Schließlich ist die gesamte Lipase bei wiederholter Extraktion in
Lyoform zu erhalten.

Während des Prozesses der Überführung der Desmo- in die Lyoform ändern
sich auch die Eigenschaften der Lyolipase. Die zuerst extrahierten Anteile sind
viel stärker durch Albumin + Natriumoleat + Calciumchlorid aktivierbar als
die zuletzt extrahierten. Die Aktivierbarkeit der mit 100%igem Glycerin aus
der frischen Drüse gewonnenen Lyolipase beträgt z. B. 5000%, im dritten Extrakt
nur noch 800%. Die nicht extrahierte Desmolipase läßt sich durch die Aktivatoren nur auf ungefähr die doppelte Wirksamkeit bringen.

8. Synthese.

Bei der Esterverseifung und Estersynthese stellt sich unabhängig von der
Richtung ein von beiden Seiten erreichbares Gleichgewicht ein.[1]

Die Abb. 20 zeigt das Gleichgewicht bei der Spaltung und Synthese von
n-Butyl-butyrat. Bei der Aufnahme der Aktivitäts-p_s-Kurve für die Synthese
von n-Butyl-butyrat beobachteten P. Rona,
R. Ammon und H. Fischgold[2] ein Maximum der Synthesegeschwindigkeit bei mittleren Buttersäurekonzentrationen. Sie konnten dies auf Zerstörung der Pankreaslipase
durch die Buttersäure zurückführen. Bei
höheren Fettsäuren, z. B. Elaidin- und Ölsäure, wurde ein derartiges Maximum nicht
beobachtet.

Buttersäure wird von Pankreaslipase am
besten verestert, darnach Palmitin- und
Ölsäure. Verzweigung der Kohlenstoffkette verzögert die Synthese, ebenso

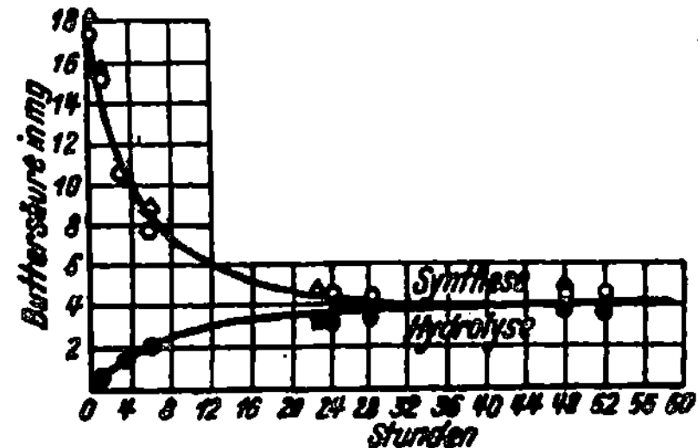

Abb. 20. Spaltung und Synthese von n-Bu-
tyl-butyrat durch Lipase.

die Einführung eines Substituenten. Der Einfluß ist um so geringer, je weiter
entfernt der Substituent von der Carboxylgruppe ist. Chlor in α-Stellung bewirkt
eine starke Verzögerung, in β-Stellung nur eine geringe.[3] Auch zweibasische
Säuren (Malon-, Bernstein-, Glutar-, Phthalsäure) und Oxysäuren (Milch- und
Salicylsäure) konnten mit n-Butylalkohol verestert werden.[4] Von den primären
aliphatischen Alkoholen werden die drei ersten Glieder der homologen Reihe
schlecht verestert, da sie das Ferment schädigen. Schwerer als die primären
Alkohole werden die sekundären, noch schwerer die tertiären Alkohole verestert.
In der Veresterung normaler und der iso-Alkohole besteht im Gegensatz zur
Säurekomponente kein großer Unterschied. Benzylalkohol wird sehr schlecht ver-

[1] P. Rona, R. Ammon: Biochem. Z. **249** (1932), 446.
[2] Biochem. Z. **241** (1931), 460.
[3] P. Rona, O. Mühlbock: Biochem. Z. **228** (1930), 130.
[4] E. A. Sym. W. Swiatkowska: Enzymologia (Den Haag) **2** (1937/38), 79.

estert. Mit der Verlängerung der Seitenkette (z. B. beim Phenyläthylalkohol) steigt die Geschwindigkeit bedeutend.

Erythrit wird langsamer als Glycerin verestert. Höherwertige Alkohole, wie Arabit, Mannit, Inosit, ebenso auch Glukose werden nicht verestert.[1]

Auch bei der Estersynthese zeigen die Lipasen ausgesprochene Konfigurationsspezifität. So bildet z. B. Schweinepankreaslipase den Amylester der d-Milchsäure schneller als den der l-Milchsäure.[2] Bei der asymmetrischen Synthese wurde ein gesetzmäßiger „Gang" in der homologen Reihe beobachtet. Die Drehwerte der vom Ferment gebildeten Ester nehmen von den höheren Gliedern der homologen Reihe zu den niederen hin in einer bestimmten Gesetzmäßigkeit zu.[3] Auch gegenüber geometrisch Isomeren verhält sich die Pankreaslipase spezifisch, aber die Bevorzugung der Cis- und der Transform wechselt. Maleinsäure wird doppelt so schnell wie Fumarsäure synthetisiert. Bei Olein- und Elaidinsäure dagegen ist die Veresterungsgeschwindigkeit der Transform (Oleinsäure) etwas größer als die der Cisform. Bei Eruca- und Brassidinsäure mit 22 C-Atomen werden Cis- und Transform gleich schnell synthetisiert.[4]

Die Natur des Lösungsmittels hat auf die Esterbildung starken Einfluß. Im System Buttersäure-Butylalkohol und im System Buttersäure-Cetylalkohol ist die Reaktionsgeschwindigkeit eine Funktion des Dipolmoments des Lösungsmittels. Die Esterbildung ist in apolaren Lösungsmitteln, wie Tetrachlorkohlenstoff und Benzol, schneller als in polaren.[5]

Zusätze aktivieren und hemmen die Synthese in ähnlicher Weise wie die Hydrolyse. Calciumchlorid, das sonst keinen Einfluß auf die Synthese hat, vermag die Hemmung durch Natriumfluorid vollständig aufzuheben,[6] wohl weil CaF_2 ausfällt.

Starke Aktivierung durch Wasser zeigt die Synthese von Isoamyloleat mit wasserfreier Pankreaslipase, die infolge des bei der Reaktion entstehenden Wassers autokatalytisch beschleunigt wird.[7]

Bei der Veresterung verschiedener Substrate und in verschiedenen Lösungsmitteln wurde beobachtet, daß die Anfangsgeschwindigkeit der Reaktion mit wachsender Konzentration der Säure steigt. Auch mit wachsender Konzentration des Alkohols steigt sie, aber nur bis zu einem Maximum, das bei der molaren Konzentration des Alkohols erreicht wird.[8] Die Oberfläche der Lipasepräparate (Körnchengröße des Trockenpulvers) hat in einem wasserarmen Zweiphasensystem auf die Reaktionsgeschwindigkeit der Esterbildung starken Einfluß.[9]

9. Struktur.

Für den Aufbau der Lipasen aus zwei Komponenten, dem Agon (der aktiven Gruppe) und dem Pheron (dem Träger), sprechen einige Versuche der Trennung und Wiedervereinigung, die allerdings schlecht reproduzierbar sind. Magenlipase spalteten K. GYOTOKU und S. TERASHIMA[10] durch Chininlösung in zwei für sich unwirksame Bestandteile, deren Vereinigung die Aktivität wieder her-

---

[1] ST. J. v. PRZYLECKI, E. A. SYM: Enzymologia [Den Haag] 6 (1939), 135.

[2] P. RONA, R. AMMON: Biochem. Z. 217 (1930), 34.

[3] P. RONA, E. CHAIN: Biochem. Z. 258 (1933), 480.

[4] W. FABISCH: Biochem. Z. 234 (1931), 84.

[5] E. A. SYM: Enzymologia (Den Haag) 2 (1937/38), 107.

[6] S. R. MARDASCHEW: Arch. Sci. biol. 37 (1935), 399.

[7] E. A. SYM: Roczniki Chem. 14 (1934), 1418.

[8] E. A. SYM: Biochemic. J. 30 (1936), 609.

[9] E. A. SYM: Biochem. Z. 258 (1933), 304.

[10] Biochem. Z. 217 (1930), 306.

stellte. O. Rosenheim[1] erhielt das Agon der Pankreaslipase dadurch, daß er das Pheron durch Erhitzen zerstörte, während er das Pheron durch Ausfällen mit Wasser aus der Glycerinlösung anreicherte.

Aus der Hemmung durch Ketone und der langsamen Spaltung saurer Ester ist geschlossen worden, daß das Agon mit der Carbonylgruppe reagiert.[2] W. Langenbeck und J. Baltes[3] vermuten, daß die reagierende Gruppe des Agons eine Hydroxylgruppe sei. (Ausführliche Darstellung siehe bei der Struktur der Leberesterase.)

b) Magenlipase.

Die Magenlipase entspricht in der Spezifität der Pankreaslipase. Sie unterscheidet sich von ihr nur in zwei Punkten, im p_H-*Optimum* ihrer Wirksamkeit, das bei $p_H = 4 \div 6$ liegt (verschieden je nach Tierart) und in bezug auf ihre *Aktivierung und Hemmung*. Die Aktivierung durch Albumin und Calciumchlorid ist wesentlich geringer als bei Pankreaslipase; die Hemmung durch Cocain kommt nur der Magenlipase zu. Alle diese Unterschiede haben sich auf die Mitwirkung von Begleitstoffen zurückführen lassen. Bei der Reinigung der Magenlipase beobachteten R. Willstätter, F. Haurowitz und F. Memmen[4] das in Tab. 13 wiedergegebene Ansteigen des p_H-Optimums, bis schließlich das Optimum der Pankreaslipase erreicht wurde.

Tabelle 13. *Wirkungsoptimum und -minimum der Magenlipase im Bereich zwischen $p_H = 4,7$ und $8,6$.*

	Optimum p_H	Minimum p_H
Lipaselösung aus Mucosa .	$5,5 \div 6,3$	8,6
Gefällt mit Essigsäure ...	$5,5 \div 6,3$	8,6
Elektrodialysiert	$6,3 \div 7,1$	4,7
Mit Kaolin gereinigt	$7,1 \div 7,9$	4,7

Gleichzeitig nahm die Aktivierbarkeit durch Albumin und Calciumchlorid zu. Auch die Hemmbarkeit durch Cocain verschwindet mit der Reinigung. Bezüglich Aktivierung und Hemmung besteht also zwischen Pankreaslipase und gereinigter Magenlipase kein Unterschied mehr.[5] Nur *eine* Verschiedenheit zur Pankreaslipase ist durch Reinigung der Magenlipase nicht zum Verschwinden zu bringen. Bei der Spaltung von Mandelsäureäthylester und Phenylchloressigester sind die ausgewählten Antipoden entgegengesetzt denjenigen, welche die Pankreaslipase vorzieht.[4]

Die *Kinetik* entspricht der der Pankreaslipase.

Die Magenlipase kommt in den verschiedenen Teilen des Magens in ungleicher Menge vor. Die Cardia ist wesentlich reicher als der Fundus. Die Magenschleimhaut enthält etwa 80% der gesamten Lipase. Im ganzen ist der Magen lipasearm. Bei der Olivenölspaltung entsprechen einem Gramm getrockneter Pankreasdrüse etwa 1000 g getrockneter Magenschleimhaut des Schweines.

Bestimmungsmethode und Einheiten.

Wegen des geringen Enzymgehaltes benutzt man die stalagmometrische Methode der Tributyrinspaltung zur Bestimmung der Magenlipase.[5] Da sie sich nicht in jedem Zustand ausgleichend aktivieren läßt, werden nur scheinbare Enzymmengen gemessen, die dem jeweiligen Aktivierungsgrad entsprechen. Die scheinbare Enzymmenge bezeichnet man mit B.-(e). Sie ist definiert als

---

[1] J. Physiology **40** (1910), XIV.
[2] D. R. P. Murray: Biochemic. J. **23** (1929), 292.
[3] Ber. dtsch. chem. Ges. **67** (1934), 1204.
[4] Hoppe-Seyler's Z. physiol. Chem. **140** (1924), 203.
[5] R. Willstätter, F. Memmen: Hoppe-Seyler's Z. physiol. Chem. **138** (1924), 247.

die enzymatische Leistung, die eine gleiche Tropfenzahlabnahme bewirkt, wie die unter denselben Bedingungen ($p_H = 8,6$, Aktivierung durch Calciumoleat und Albumin) aufgestellte Pankreaslipaseeinheit (siehe S. 135).

Darstellung und Reinigung.

Vom Cardiateil des Magens[1] wird die Schleimhaut abgetrennt, zerkleinert und mit Aceton und Äther getrocknet. Das gemahlene Trockenpulver wird etwa eine Stunde mit der 50fachen Menge $^n/_{40}$ Ammoniak extrahiert. Die geringe Haltbarkeit des ammoniakalischen Extrakts wird durch leichtes Ansäuern bis $p_H = 4,7$ etwas verbessert.

Durch stärkeres Ansäuern mit Essigsäure wird die Lipase ausgeflockt, wodurch der Reinheitsgrad auf das Drei- bis Vierfache des Rohauszuges ansteigt. Eine weitere Reinigung um das Zwei- bis Dreifache wird durch Elektrodialyse der in $^n/_{40}$ Ammoniak gelösten und mit Essigsäure neutralisierten frischen Essigsäurefällung erreicht. Als Außenflüssigkeit dient $^n/_{100}$ Essigsäure. Nach kurzer Zeit erfolgt eine Ausflockung der Lipase. Durch eine Adsorption dieses in ganz verdünntem Ammoniak gelösten Niederschlages an Kaolin und Elution mit glycerinhaltiger Ammoniumphosphatlösung wird ein Inaktivator abgetrennt. Die scheinbare Ausbeute ist daher trotz erheblicher Enzymverluste mehr als 100%. Der Reinheitsgrad beträgt nun das 125fache des getrockneten Magens.

R. WILLSTÄTTER und E. BAMANN[2] erzielten einen Fortschritt durch proteolytischen Abbau der begleitenden mucinhaltigen Eiweißstoffe mit Hefeprotease. Durch erneutes Fällen mit Säure und Wegadsorbieren von Begleitstoffen mit Kaolin und Tonerde erhielten sie schließlich Präparate von 3000fachem Reinheitsgrad im Vergleich mit dem getrockneten Magen, die aber sehr unbeständig waren. MILLON- und Tryptophanreaktion fielen negativ aus.

c) Leukocytenlipase.

Die Existenz einer Lipase in den Leukocyten, die lange angezweifelt wurde, ist von W. FLEISCHMANN[3] bestätigt worden. Sie ist im Gegensatz zu der Lipase des Serums eine ausgesprochene „Lipase", sehr ähnlich der Pankreaslipase bezüglich Spezifität, Aktivierung und Hemmung.[4] Da das Fettspaltungsvermögen der Leukocyten nur gering ist, dient zur Bestimmung ihrer Wirksamkeit die manometrische Methode von P. RONA und A. LASNITZKI,[5] bei der die durch Tributyrinspaltung gebildete Buttersäure eine äquivalente Menge Kohlensäure aus einer Bicarbonatlösung freimacht, die manometrisch mittels BARCROFTscher Manometer gemessen wird.

Die Gewinnung der Leukocyten erfolgt am besten nach H. J. HAMBURGER[6] durch Injektion steriler Kochsalzlösung in die Bauchhöhle des Kaninchens.

d) Ricinuslipase.

Von den Lipasen des Pflanzenreiches ist die Ricinuslipase am meisten untersucht worden. Sie unterscheidet sich von der Pankreaslipase, der sie in der Spezifität gleicht, durch ihre Unlöslichkeit in allen Lösungsmitteln. Sie ist nur in der Desmoform bekannt, und zwar gebunden an die ölhaltigen Bestandteile

[1] R. WILLSTÄTTER, F. HAUROWITZ, F. MEMMEN: Hoppe-Seyler's Z. physiol. Chem. 140 (1924), 203.

[2] Hoppe-Seyler's Z. physiol. Chem. 173 (1928), 17.

[3] Biochem. Z. 200 (1928), 25.

[4] M. SHODA: Okayama-Igakkai-Zasshi (Mitt. med. Ges. Okayama) 1926, Nr. 438, 744; Ber. ges. Physiol. exp. Pharmakol. 38 (1927), 300.

[5] Biochem. Z. 152 (1924), 504; 178 (1926), 207.

[6] Abderhaldens Arbeitsmethoden, Bd. 4, Teil 4, S. 957. 1927.

der Ricinussamen. Entfernt man das Öl z. B. durch Extraktion mit Äther oder Petroläther, so ist die Lipase wässerigen Reagentien gegenüber sehr empfindlich. Bei der Keimung oder bei der Behandlung der Samen mit Pepsin geht die Ricinuslipase in eine andere Modifikation über. Man nennt die Lipase der ruhenden Samen Spermatolipase, die der gekeimten Blastolipase. Die Blastolipase ist in den Trockenpräparaten stabiler als die Spermatolipase. Trocknungs- und Entfettungsoperationen gegenüber erweist sie sich als unempfindlicher. WILLSTÄTTER schließt daraus, daß die Blastolipase niedrigermolekular sei und durch Veränderungen des kolloidalen Trägers weniger beeinflußt werde.

1. Bestimmungsmethode und Einheiten.

Die Ricinuslipase wird alkalimetrisch bestimmt durch Messung der Olivenölspaltung beim optimalen $p_H = 4,7$, bei 20° und einer Einwirkungsdauer von 20 Minuten.[1] Die Methode liefert bis zu einer Spaltung von 45% richtige Werte, ohne daß ausgleichende Aktivierung erforderlich wäre.

In einem Standfläschchen von 15—20 cm³ Inhalt wird das Enzympräparat (in der Regel die 1,0 g rohem, ungeschältem Samen entsprechende Menge) mit 2,50 g Öl vermischt. Zu der auf 20° gehaltenen Mischung werden 2,00 cm³ 0,5 n Acetatpufferlösung vom $p_H = 4,7$ zugegeben und das Fläschchen sogleich 3 Minuten lang kräftig mit der Hand geschüttelt; dann beläßt man es noch 17 Minuten im Thermostaten von 20°. Die gebildete Fettsäure wird nach Herausspülen mit 30 cm³ Alkohol und Zugabe von 15 cm³ Äther mit n Kalilauge und Phenolphthalein als Indikator gemessen. Der Eigenverbrauch des angewandten Puffers und der Enzympräparate in alkoholischer Lösung ist abzuziehen.

Das Maß für die Ricinuslipase ist die „Phytolipaseeinheit" (Ph. L. E.), d. i. diejenige Enzymmenge, welche unter den Bedingungen der Bestimmung 2,50 g Olivenöl von der Verseifungszahl 185,5 in 20 Minuten zu 7,5% spaltet.

Als Maß der enzymatischen Konzentration eines Präparats dient der „*Phytolipasewert*" (Ph. L. W.), der bestimmt ist durch die Anzahl der Phytolipaseeinheiten in 10 mg des Präparats.

Die Phytolipaseeinheit entspricht etwa einer Pankreaslipaseeinheit.

2. Darstellung und Reinigung.

Da die fettfreie Ricinuslipase gegen Wasser sehr empfindlich ist, muß sie bei dessen Einwirkung mit Fett in Berührung bleiben. R. WILLSTÄTTER und E. WALDSCHMIDT-LEITZ[1] bereiteten eine fetthaltige Sahne durch Zerreiben von 20 g geschälten Ricinusbohnen (enthaltend 150 Ph. L. E.) unter allmählichem Zufügen von 140 cm³ Wasser in Portionen von 5—10 cm³. Beim Zentrifugieren bildete sich eine obere, ziemlich kompakte Sahne über einer fast klaren wässerigen Lösung und ein fester Bodensatz, der nochmals derselben Behandlung unterworfen wurde. Die abgeschöpfte Sahne enthält etwa 20% des Enzyms. Aus der Sahne lassen sich durch Lufttrocknung aktive Trockenpräparate gewinnen.

Durch aufeinanderfolgendes Waschen der Enzymsahne mit 0,7%iger Natriumcarbonatlösung, 0,5%iger Kalilauge und 0,5%iger Salzsäure wurde unter starken Verlusten eine Verdreifachung der Konzentration gegenüber der gewöhnlichen Lipasesahne (das 50fache der rohen Samen) erreicht. Die Haltbarkeit der gereinigten Lipasetrockenpulver ist geringer als die der ungereinigten. Auch die reinsten Präparate enthalten noch reichlich Eiweiß.

---

[1] R. WILLSTÄTTER, E. WALDSCHMIDT-LEITZ: Hoppe-Seyler's Z. physiol. Chem. 184 (1924), 161.

3. Abhängigkeit der Wirkung von der Wasserstoffionenkonzentration.

Das p_H-Optimum der Spermatolipase liegt bei 4,7 bis 5,0. Im Phosphatpuffer ist die Wirkung schwächer als im Acetatpuffer, im Citratpuffer noch schwächer. Die bei dem Keimungsvorgang aus der Spermatolipase gebildete Blastolipase hat ihr Optimum bei $p_H = 6,8$. Bei diesem p_H ist die Spermatolipase schon wirkungslos.

Tabelle 14. *Olivenölspaltung durch Ricinuslipase.*[7]
(0,360 g Lipasesahne, 2,50 g Öl, 2,00 cm³ 0,5 n Acetatpuffer von $p_H = 4,7$; 20°.)

Zeit (Minuten)	Spaltung (Prozent)	k berechnet für		
		$\frac{1}{t}\log_{10}\frac{a}{a-x}=k$	$\frac{x}{\sqrt{t}}=k$	$\frac{x}{t}=k$
2,5	3,1	0,0055	2,1	1,2
5	6,0	0,0054	2,7	1,2
10	9,6	0,0044	3,0	1,0
20	15,7	0,0037	3,5	0,8
40	26,3	0,0033	4,2	0,7
80	40,9	0,0029	4,6	0,5
160	57,0	0,0023	4,5	0,4
320	66,6	0,0015	3,7	0,2

4. Kinetik.

Die Tabelle 14 zeigt ein starkes Absinken der Konstanten k in Spalte 3. Der Reaktionsverlauf ist also nicht I. Ordnung. Nur im Anfangsbereich der Spaltung bis zu etwa 6% besteht Proportionalität zwischen Umsatz und Zeit (nullte Ordnung).

5. Beeinflussung durch physikalische Faktoren.

UV-Strahlen zerstören infolge Ozonbildung die Ricinuslipase. Röntgenstrahlen sind wirkungslos.[1]

Bei einer Temperatur von ungefähr 35° ist die lipatische Wirkung am stärksten, bei 50° wird sie völlig zerstört. Bei Gegenwart von Öl ist eine Temperatur von 100° noch nicht stark schädigend.[2]

6. Aktivierung und Hemmung.

Durch oxydierende Stoffe, wie Luft und Wasserstoffsuperoxyd, erfährt die Wirkung der Ricinuslipase eine Verzögerung. Cystein und Glutathion hemmen oder aktivieren je nach Menge und p_H.[3] Reduziertes Glutathion und Ascorbinsäure aktivieren. Die durch Oxydation inaktivierte Ricinuslipase wird durch diese beiden Stoffe nicht reaktiviert.[4]

Ammoniumsalze der Essig- und Zimtsäure hemmen, Acetylcholin verstärkt etwas.[5] Cholesterin beschleunigt die Hydrolyse, wahrscheinlich wegen Förderung der Emulgierbarkeit.

Starke Hemmstoffe sind Chloride und Acetate von Co, Cu und Hg, geringere die von Pb, Ni, Zn und Fe-chlorid, sehr schwache die Chloride und Acetate von Ca, Cr, Mn und Fe-acetat.[6] Natriumchlorid hemmt stark, und zwar proportional der Salzkonzentration. Vielleicht verändert das zugesetzte Salz den Dispersitätsgrad des kolloidalen Trägers.[7]

[1] E. COUSIN, P. CREACH: Bull. Trav. Soc. Pharmac. Bordeaux 75 (1937), 12.
[2] C. OPPENHEIMER: Die Fermente und ihre Wirkungen, Bd. I, S. 506. 1925.
[3] E. TAKAMIYA: Bull. agric. chem. Soc. Japan 11 (1935), 36.
[4] R. ITOH: J. Biochemistry 25 (1937), 167.
[5] M. PADOA, A. SPADA: Giorn. Biol. appl. Ind. chim. aliment. 3, 121.
[6] H. E. LONGENECKER, D. E. HALEY: J. Amer. chem. Soc. 59 (1937), 2160.
[7] R. WILLSTÄTTER, E. WALDSCHMIDT-LEITZ: Hoppe-Seyler's Z. physiol. Chem. 134 (1924), 161.

7. Synthese.

Wie bei Pankreaslipase stellt sich auch bei Ricinuslipase ein von beiden Seiten erreichbares Gleichgewicht ein. Bei der Verseifung von Triolein und der Synthese aus den beiden Komponenten wurden nach 30 Tagen 11% Triolein vorgefunden.[1] Von den beiden Modifikationen der Ricinuslipase wirkt die Blastolipase viel stärker synthetisierend als die Spermatolipase.

Bei der Synthese von Estern durch Ricinuslipase ist für die Esterifizierung eine bestimmte Mindestlänge der C-Kette der Säurekomponente erforderlich. Säuren mit weniger als 7 C-Atomen werden nicht verestert. Die Abhängigkeit der Esterbildung von der Alkoholkomponente ist dagegen eine andere. Hier erhöht sich das Ausmaß der Esterbildung regelmäßig mit dem Molekulargewicht des Alkohols. Tertiäre Alkohole lassen sich nicht verestern.[2]

Sekundäre aliphatische Alkohole werden nicht verestert, wohl aber hydroaromatische. Nach 12 Tagen war z. B. Cyclohexanol mit gesättigten und ungesättigten Fettsäuren zu 60% verestert. Methylierung des Cyclohexanols setzt die Ausbeute stark herab.[3]

Durch reduziertes Glutathion, Cystein und Ascorbinsäure wird die synthetisierende Wirkung der Ricinuslipase verlangsamt.

B. Esterasen im speziellen Sinn.

Vorkommen.

Die bevorzugt auf Ester einwertiger Alkohole eingestellten Lipasen, die Esterasen im speziellen Sinn, sind in fast allen tierischen Organen enthalten, besonders reichlich in der Leber. Mit Leberextrakten wurden fast alle Untersuchungen über die spezielle Esterase ausgeführt. Während die Blutkörperchen Lipase führen, enthält das Blutserum Esterase, möglicherweise ausgeschwemmte Leberesterase. In höheren Pflanzen ist keine Esterase gefunden worden; dagegen in *Aspergillus oryzae.*

a) Leberesterase.

1. Bestimmungsmethode und Einheiten.

Die meist angewandte Methode zur Bestimmung der Aktivität der Leberesterase ist die titrimetrische von R. Willstätter und F. Memmen.[4] Da nach H. Kraut und H. Rubenbauer[5] auch die bisher reinsten Präparate nicht durch Natriumoleat, Calciumchlorid und Albumin aktivierbar sind, kann die ausgleichende Aktivierung unterbleiben.

Einen 100-cm³-Meßkolben mit 0,8 g neutral reagierendem reinem Methylbutyrat, 20 cm³ Ammoniak-Ammoniumchlorid-Puffer (1 : 4; 2,5 n) und etwa 75 cm³ Wasser schüttelt man heftig durch, erwärmt ihn 5 Minuten im Thermostaten auf 30°, fügt die Enzymprobe zu und füllt auf 100 cm³ mit Wasser von 30° auf. Dem fertigen Ansatz werden sogleich 20 cm³ entnommen, die man mit 10 cm³ $n/5$ Salzsäure abstoppt und mit $n/5$ Natronlauge (Indikator Bromkresolpurpur) titriert. Nach ¼ Stunde werden abermals 20 cm³ entnommen, abgestoppt und aus der Differenz des Laugenverbrauches die freigewordene Buttersäure errechnet.

Eine *Esteraseeinheit* (E. E.) ist diejenige Enzymmenge, die in 20 cm³ des angegebenen Versuchsansatzes enthalten ist und in 60 Minuten 25% des Methylbutyrats spaltet.

[1] R. W. Jalander: Biochem. Z. 36 (1911), 435.
[2] L. Velluz: Bull. Soc. Chim. biol. 16 (1934), 909.
[3] L. Velluz, P. Sauleau: C. R. hebd. Séances Acad. Sci. 197 (1933), 277.
[4] Hoppe-Seyler's Z. physiol. Chem. 138 (1924), 229.
[5] Hoppe-Seyler's Z. physiol. Chem. 178 (1928), 103.

Der Esterasewert (E. W.) ist bestimmt durch die Anzahl der Esteraseeinheiten in 10 mg Trockensubstanz.

2. Darstellung und Reinigung.

Als Ausgangsmaterial dient gewöhnlich die mit Aceton und Äther getrocknete Schweineleber. Das Trockenpulver wird 2 Stunden mit der 40fachen Menge $n/_{40}$ Ammoniak extrahiert und filtriert.

Die reinsten Präparate wurden nach H. KRAUT und W. VON PANTSCHENKO-JUREWICZ[1] durch Adsorption an Bleiphosphat gewonnen, das sie in der Enzymlösung aus 10%iger Ammoniumphosphatlösung und dem doppelten Volumen 20%iger Bleiacetatlösung (in $n/_{10}$ Essigsäure) entstehen ließen. Zuerst wurden durch eine ausprobierte Menge Bleiphosphat zirka 25% des Enzyms mit viel Begleitstoffen wegadsorbiert. Nach einer zweiten Voradsorption von etwa 30% des noch vorhandenen Enzyms war der Reinheitsgrad das 20fache der getrockneten Leber. Dann erfolgte die Hauptadsorption mit einer kleinen, ausprobierten Menge Bleiphosphat, die ungefähr 90% des noch verbliebenen Enzyms adsorbierte. Nach dem Zentrifugieren wurde das Enzym mit $n/_4$ Ammoniak eluiert.

Der höchste erreichte Esterasewert betrug 166, d. i. ungefähr das 80fache von dem des Trockenpulvers.

3. Abhängigkeit der Wirkung von der Wasserstoffionenkonzentration.

Das p_H-Optimum der Leberesterase des Rindes liegt bei der Spaltung von Estern einwertiger Alkohole zwischen 7,8 und 8,8, bei der Spaltung von Glycerinestern aber bei 9,7.[2] Seine Lage ist bei verschiedenen Tierarten nicht konstant, sondern schwankt,[3] wie die Tabelle 15 zeigt, zwischen 7 und 9.

Ob die Schwankungen des p_H-Optimums auf Verschiedenheiten der Enzymmoleküle zurückzuführen sind oder durch Begleitstoffe verursacht werden, ist noch nicht untersucht worden.

Tabelle 15. *Wirksamkeit der Leberesterase verschiedener Herkunft im Bereich zwischen $p_H = 6,1$ und 10,4.* (Als Maß für den Umsatz sind Kubikzentimeter $n/_5$ KOH angegeben, die der aus Methylbutyrat entstandenen Säure äquivalent sind.)

p_H	Mensch		Rind	Hund		Kaninchen
	Versuch 1	Versuch 2		Versuch 1	Versuch 2	
6,1	1,31	2,12		0,59		
7,0	1,53	2,92	1,30	0,78	0,62	0,73
7,6					0,61	
8,3			1,29			0,79
8,9	0,79	1,49	1,02	0,82	0,64	0,83
9,5						0,80
10,4						0,56

4. Kinetik.

Die Kinetik der Leberesterase ist zum ersten Mal exakt von E. KNAFFL-LENZ[2] an der Rinderleberesterase untersucht worden. Bei der Verseifung von Estern einwertiger Alkohole in konstant alkalischem Bereich wird der Reaktionsverlauf durch das einfache Zeitgesetz $x = k \cdot t$ (Reaktion nullter Ordnung) wiedergegeben. In gleichen Zeiten werden gleiche Estermengen verseift. Gegen Ende der Reaktion sind kleine Abweichungen zu beobachten.

Die in der Tabelle 16 angeführten Werte von k_1 sind nach der Gleichung $\frac{dx}{dt} = k(a - x)$, von k_2 nach $\frac{dx}{dt} = k(a - x)^{3/2}$ und von k_3 nach $\frac{dx}{dt} = k$ berechnet.

[1] Biochem. Z. 275 (1935), 114; 285 (1936), 407.

[2] E. KNAFFL-LENZ: Naunyn-Schmiedebergs Arch. exp. Path. Pharmakol. 97 (1923), 242.

[3] E. BAMANN, M. SCHMELLER: Hoppe-Seyler's Z. physiol. Chem. 188 (1929), 149.

KNAFFL-LENZ nimmt an, daß die Leberesterase zu ihrem Substrat große, zu den entstehenden Spaltprodukten geringe Affinität hat. Solange das Substrat im Überschuß vorhanden ist, vermag es das Ferment vollständig zu binden. Wenn aber gegen Ende der Reaktion die Substratkonzentration infolge der Spaltung erheblich abgenommen hat, macht sich auch die Affinität zu den Spaltprodukten bemerkbar.

Tabelle 16. *Kinetik der Esterspaltung durch Leberesterase.* Ansatz: 100 cm³ 0,045 n Äthylbutyrat mit 0,6 cm³ Leberesteraselösung. p_H = 9,75.

Spaltungszeit in Minuten	x	$k_1 \cdot 10^3$	$k_2 \cdot 10^3$	$k_3 \cdot 10^3$
49	1,28	1,36	0,634	2,61
73	1,95	1,45	0,668	2,67
88	2,43	1,55	0,707	2,76
101	2,72	1,55	0,698	2,69
131	3,58	1,68	0,740	2,73
168	4,66	1,89	0,813	2,77
183	5,05	1,95	0,819	2,76
203	5,64	2,11	0,861	2,78
268	7,65	3,07	1,112	2,86

Nun hat die logarithmische Gleichung für den Reaktionsverlauf erster Ordnung $k_1 \cdot t = \ln \frac{a}{a-x}$ Gültigkeit, da sich die Konzentration der Spaltprodukte in diesem Bereich nicht mehr stark ändert.

Umfassendere kinetische Messungen liegen für die Menschenleberesterase vor. Hier stellten SCHWAB, BAMANN und LAEVERENZ[1] fest, daß die Kinetik für die Spaltung von *d*- und *l*-Mandelsäure-äthylester grundverschieden ist. Von „der" Kinetik dieser Esterase kann also gar nicht gesprochen werden. Der *l*-Ester bildet mit dem Enzym nicht nur eine Enzym-Substrat-Verbindung gewöhnlicher Art, sondern bei hohen Esterkonzentrationen eine zweite, die zwei Molekeln Substrat an einer Bindestelle des Enzyms trägt und eine etwas geringere Zerfallsgeschwindigkeit besitzt. So kommt ein Maximum in der Aktivitäts-p_s-Kurve zustande. Der *d*-Ester zeigt dagegen normales Verhalten nach MICHAELIS und MENTEN. Die Spaltung der einfachen Enzym-*l*-Ester-Verbindung wird durch den *d*-Ester ganz unterdrückt, die der doppelten erheblich gehemmt. Auch hemmt der *l*-Ester seinerseits die Spaltung seines Antipoden durch Affinität. Mandelsäure ist ohne Einfluß, Alkohol hemmt beide Spaltungen, vorwiegend die des *l*-Esters. Da die Affinitäten, mit denen die Ester sich gegenseitig hemmen, von denen ihrer eigenen Spaltungen verschieden sind, müssen wenigstens zwei verschiedene Arten von Haftstellen am Enzym mit verschiedener optischer Spezifität vorliegen (siehe S. 152).

Bei der Verseifung von Glycerinestern ist der Reaktionsverlauf ein anderer. Die Reaktionskonstanten erster Ordnung nehmen in konstant alkalischen und konstant sauren Gebieten mit fortschreitender Hydrolyse stark ab.

NOGAKI[2] wies nach, daß die Reaktionsgeschwindigkeit im sauren Bereich durch beide Spaltprodukte, im alkalischen nur durch den Alkohol eine Verminderung erfährt.

5. *Beeinflussung durch physikalische Faktoren.*

Bei etwa 40° liegt das Optimum der Wirksamkeit der Leberesterase. Die Angaben über Zerstörung durch Erwärmen sind schwankend.

6. *Aktivierung nnd Hemmung.*

Wie die Pankreaslipase ist auch die Leberesterase in ihrer Wirkung stark abhängig von Fremdstoffen. Sie erfährt ebenfalls eine Aktivierung durch Tauro-

---

[1] Hoppe-Seyler's Z. physiol. Chem. 215 (1933), 121.
[2] Hoppe-Seyler's Z. physiol. Chem. 152 (1926), 101.

cholat, und zwar schon in sehr geringen Konzentrationen. Taurocholat vermag sogar die hemmende Wirkung von Kupfersulfat zum Teil wieder aufzuheben.[1] Die bei der Pankreaslipase stark aktivierenden Zusätze von cholsauren Salzen und Calciumoleat wirken dagegen bei Leberesterase stark hemmend. Albumin und Leucylglycylglycin sind wirkungslos. Seifen hemmen schon in geringen Konzentrationen.[2, 3]

Adrenalin, Coffein, Pilocarpin, Nicotin, Trypaflavin und Homatropin[4] vergiften das Enzym, ebenso das Schilddrüsenhormon Thyroxin.[5] Chinin ist unwirksam. Gegen Atoxyl zeigt das ungereinigte Ferment besondere Empfindlichkeit. Daß sein Wirkungsvermögen unter dem Einfluß von natürlichen Begleitstoffen steht, geht aus der Tatsache hervor, daß bei der Reinigung die Atoxylempfindlichkeit verschwindet. Die Hemmung durch Atoxyl kommt also nicht der Leberesterase selbst zu.[6] Auch ist sie im Gegensatz zur Hemmung durch die anderen genannten Verbindungen reversibel.

Die Hemmung der Leberesterase durch primäre gesättigte aliphatische Alkohole wächst rasch mit der Verlängerung der Kohlenstoffkette, nach J. C. KERNOT und H. W. HILLS[7] bei jedem höheren Homologen um etwa das Dreifache. Erst die in Wasser unlöslichen Alkohole, so Cetylalkohol, haben keine hemmende Wirkung mehr. Bei den Isomeren des Amylalkohols nimmt die Hemmung in folgender Reihenfolge ab: n-Amylalkohol, Isoamylalkohol, n-Propylmethylcarbinol, Diäthylcarbinol, Isopropylmethylcarbinol, tert. Amylalkohol. D. GLICK und C. G. KING[8] folgern hieraus, daß die Affinität des Hemmstoffes zum Enzym in dem Maße abnimmt, wie die sterische Hinderung der OH-Gruppe wächst, und halten daher die OH-Gruppe für die Haftstelle zwischen Enzym und Hemmstoff.

Der hemmende Einfluß normaler fettsaurer Salze steigt mit zunehmender Kettenlänge bis zum Laurat und sinkt beim Palmitat und Stearat auf Null. Der Grund hierfür liegt vielleicht in der Bildung von kolloidalen Aggregaten und in dem Absinken der Oberflächenspannung. Die Inaktivierung durch die Seifen ist geringer als durch die entsprechenden Alkohole. Ungesättigte Säuren hemmen bedeutend stärker als die entsprechenden gesättigten.[9]

Die Anwesenheit einer Phenylgruppe im Molekül verstärkt die Hemmung beträchtlich, das entsprechende gesättigte Cyclohexylradikal hemmt weniger.[7] Vergrößerung des Ringes vergrößert die Hemmung. Negative Substituenten eines Moleküls, wie CN, J, OH, SH, haben hemmenden Einfluß.[10] Die auffallend große Hemmung des Hexylresorcins kommt wahrscheinlich durch Addition des hemmenden Effekts der beiden negativen OH-Gruppen, des ungesättigten Ringes und der aliphatischen Seitenkette zustande.

Ketocarbonsäureester, wie Phenylglyoxylsäureäthylester und Oxalessigester hemmen. Die Hemmung der Leberesterase durch diese Stoffe wird darauf zurückgeführt, daß die Affinität des Enzyms zu den Ketocarbonsäureestern sehr groß, die Zerfallsgeschwindigkeit der Enzym-Ketosäureester-Verbindung

---

[1] I. A. PARFENTJEV, W. C. DEVRIENT, B. F. SOKOLOFF: J. biol. Chemistry 92 (1931), 33.

[2] R. WILLSTÄTTER, F MEMMEN: Hoppe-Seyler's Z. physiol. Chem. 138 (1924), 216.

[3] W. GERTLER: Fermentforsch. 15 (1936), 171.

[4] P. RONA, R. AMMON: Biochem. Z. 181 (1927), 49.

[5] E. KEESER: Naunyn-Schmiedebergs Arch. exp. Pathol. Pharmakol. 179 (1935), 310.

[6] K. GYOTOKU: Biochem. Z. 217 (1930), 279.

[7] Hoppe-Seyler's Z. physiol. Chem. 222 (1933), 11.

[8] J. biol. Chemistry 94 (1931/32), 497.

[9] H. H. R. WEBER, C. G. KING: J. biol. Chemistry 108 (1935), 131.

[10] D. GLICK, C. G. KING: J. biol. Chemistry 95 (1932), 477.

dagegen sehr klein oder Null ist.[1] Weder die Ketogruppe allein (Acetophenon), noch die Estergruppe allein (Benzoesäureäthylester, Phenylessigsäureäthylester) zeigen diesen Effekt.

Urethane,[2] die selbst von Leberesterase kaum hydrolysiert werden, hemmen die Methylbutyratspaltung stark, da das Enzym zu den Urethanen große Affinität hat. Eine beträchtliche Hemmung verursachen Lactone der γ-Oxybuttersäure und der γ-Oxyvaleriansäure, ferner Cumarin und Santonin.[3]

Reduzierende Stoffe aktivieren Leberesterase, oxydierende hemmen.[4] Dies hat dazu geführt, die Wirksamkeit der Leberesterase mit dem Vitamin C in Beziehung zu bringen. Bei der Behandlung der Leberesterase mit Luftsauerstoff in Gegenwart von C-Vitamin fand gleichzeitig mit dem Rückgang der reduzierten Form des Vitamins eine Abnahme der Wirksamkeit des Ferments statt. Über die Art der Beziehung ist jedoch bis jetzt nichts Bestimmtes auszusagen.[5] Die Vermutung, daß Ascorbinsäure ein Bestandteil der Esterase sei,[6] konnte nicht bestätigt werden.[7]

7. Lyo- und Desmoesterase.

Der größte Teil der Leberesterase befindet sich in der Leber als Desmoenzym, d. h. verankert an Zellbestandteile.[8] Nur 1% liegt in Lyoform vor. Die Lyoform gewinnt man durch Extraktion des unter Eiskühlung zerkleinerten frischen oder des mit Aceton und Äther getrockneten Organs mittels 100%igen Glycerins. Der Übergang des Desmoenzyms in die Lyoform erfolgt zum Teil schon bei der Einwirkung von Wasser, Elektrolyten, schwachen Säuren und Basen. Wasserhaltiges Glycerin (25—50%) bringt bei langer Einwirkungsdauer etwa 30—40% der Esterase in Lösung. Der Rest, der an höhermolekulare Träger verankert ist, ist nur durch autolytische Prozesse in Lyoesterase überzuführen.

Rascher entsteht die Lyoesterase aus den Trockenpräparaten. Es scheint, daß durch die Behandlung mit Aceton und Äther Symplexe der Zellsubstanz mit Lipoiden und anderen Stoffen gelöst werden, was eine Freilegung enzymtragender Eiweißstoffe zur Folge hat.

8. Synthese.

Die Geschwindigkeit der Synthese durch Leberesterase ist abhängig von der Struktur der Alkohol- und Säurekomponente. Wie bei der Hydrolyse, ist das Ferment bevorzugt auf einwertige aliphatische und primäre Alkohole eingestellt. Bedeutend schwerer werden die sekundären Alkohole verestert, noch schwerer die tertiären. Das Pankreasferment synthetisiert sowohl die höheren als auch die niederen Glieder der Fettsäurereihe, die Leberesterase dagegen nur die ersten Glieder der homologen Reihe, die eigentlichen Fettsäuren kaum. Äthylalkohol wird nicht verestert, da er das Ferment schädigt.[9]

Die Geschwindigkeit der Synthese ist in gewissem Bereich der Enzymmenge direkt proportional.[9]

Bei der Synthese optisch-aktiver Komponenten zeigt sich die Konfigurations-

[1] R. WILLSTÄTTER, R. KUHN, O. LIND, F. MEMMEN: Hoppe-Seyler's Z. physiol. Chem. 167 (1927), 303.

[2] E. u. E. STEDMAN: Biochemic. J. 25 (1931), 1147.

[3] E. BAMANN, M. SCHMELLER: Hoppe-Seyler's Z. physiol. Chem. 194 (1931), 14.

[4] SINKICHI, KAYASHIMA: J. Biochemistry 28 (1938), 175.

[5] B. I. GOLDSTEIN, S. P. BONDAREWA: Biochemic. J. [ukr.] 12 (1938), 91.

[6] W. v. PANTSCHENKO-JUREWICZ, H. KRAUT: Biochem. Z. 285 (1936), 407.

[7] H. KRAUT, Ä. WEISCHER: Biochem. Z. 305 (1940), 94.

[8] E. BAMANN, J. N. MUKHERJEE: Hoppe-Seyler's Z. physiol. Chem. 229 (1934), 1.

[9] P. RONA, O. MÜHLBOCK: Biochem. Z. 228 (1930), 130.

spezifität der Leberesterase. Bei der Veresterung von *d l*-Äthylphenylcarbinol mit *dl*-Mandelsäure durch Menschenleberesterase wird das Carbinol asymmetrisch, die Mandelsäure symmetrisch verestert.[1] Die ausgeprägte Konfigurationsspezifität bei der Hydrolyse von Mandelsäureestern wird also bei der Synthese nicht gefunden. In isomolaren Ansätzen aus *l*- und *d*-Mandelsäure und *n*-Butylalkohol wird stets mit gleicher Geschwindigkeit *d*- und *l*-Mandelsäurebutylester gebildet.[2]

Auch geometrisch Isomeren gegenüber verhält sich die Leberesterase konfigurationsspezifisch. Die Cisform (z. B. Maleinsäure) wird schneller verestert als die Transform (z. B. Fumarsäure).[3]

Die synthetisierende Wirkung erfährt durch Oxydation eine Verstärkung, durch Reduktion eine Verzögerung.

9. Struktur.

Aus den Hemmungserscheinungen lassen sich gewisse Schlüsse auf die chemische Konstitution der Lipasen ziehen. D. R. P. MURRAY[4] vermutet, daß eine für die Spaltung wesentliche chemische Gruppe mit der Carbonylgruppe von Ketonen reagiert. E. BAMANN und E. RENDLEN[5] halten die CO-Gruppe der Ester für die Bindungsstelle des Enzyms, da negative Atomgruppen um so weniger hemmen, je weiter sie von der veresterten Carboxylgruppe entfernt sind.

Die Vorstellungen über die Struktur der Lipasen sind wesentlich davon beeinflußt, daß sie eine Erklärung für die Mannigfaltigkeit der Lipasen verschiedener Herkunft hinsichtlich ihrer relativen Spezifität zu geben haben. Insbesondere ist die Frage zu klären, wie weit die Spezifität eine Eigenschaft des Lipasemoleküls selbst, und wie weit sie von den Begleitstoffen verursacht ist. Die Verschiebung des p_H-Optimums der Magenlipase und das Verschwinden der Atoxylempfindlichkeit der Leberesterase bei der Reinigung, die Beeinflussung der stereochemischen Spezifität durch optisch-aktive Stoffe lassen erkennen, daß selbst große Unterschiede in den Eigenschaften der Lipasen von den Begleitstoffen verursacht sein können. Aber immer bleiben noch erhebliche Reste von Unterschieden übrig, für die man das Enzymmolekül selbst als verantwortlich ansehen muß.

Auf Grund der Anschauung, daß die Enzyme einen aus dem kolloidalen Träger oder Pheron und einer rein chemisch wirkenden aktiven Gruppe (Agon) aufgebauten Symplex bilden, lassen sich Unterschiede der Spezifität entweder auf Unterschiede des Agons oder des Pherons oder auch auf die Art der Bindung der beiden Komponenten zurückführen. Aus dem Studium der Reaktionskinetik (siehe S. 149) schließen G.-M. SCHWAB, E. BAMANN und P. LAEVERENZ,[6] daß die Atomgruppierung der Leberesterase, die den *d*-Mandelsäureester spaltet, nicht identisch mit derjenigen ist, die den *l*-Ester spaltet, und sie vermuten, daß dasselbe Agon, je nach seiner Lage an demselben kolloidalen Träger, verschiedenartige Feldwirkungen ausübt. Da bei der Autolyse der Leberesterase oder beim Erwärmen von Trockenpräparaten Änderungen der optischen Spezifität eintraten, hatten schon früher E. BAMANN und P. LAEVERENZ[7] die Arbeitshypothese aufgestellt, daß die Unterschiede des optischen Auswählens nicht auf eine Verschieden-

[1] P. RONA, E. CHAIN, R. AMMON: Biochem. Z. **247** (1932), 113.
[2] P. RONA, R. AMMON, H. A. OELKERS: Biochem. Z. **231** (1931), 59.
[3] W. FABISCH: Biochem. Z. **284** (1931), 84.
[4] Biochemic. J. **23** (1929), 292.
[5] Hoppe-Seyler's Z. physiol. Chem. **238** (1936), 133.
[6] Hoppe-Seyler's Z. physiol. Chem. **215** (1933), 121.
[7] Ber. dtsch. chem. Ges. **63** (1930), 2939.

heit des Agons, also der reaktionsfähigen Gruppe selbst zurückzuführen sind, sondern auf seine wechselnde Verknüpfung mit bestimmten, seine Spezifität beeinflussenden Körpern.

H. KRAUT und W. v. PANTSCHENKO-JUREWICZ[1] folgern aus den Unterschieden der Stabilität verschieden dargestellter Leberesterasepräparate, daß zwischen dem Agon, Pheron und Symplex der Lipasen ein Gleichgewicht besteht, das durch das Massenwirkungsgesetz $\frac{[\text{Agon}]\,[\text{Pheron}]}{[\text{Symplex}]} = K$ bestimmt wird. Eine Aufspaltung der Leberesterase in Agon und Pheron ist allerdings nicht gelungen, doch ließ sich das Pheron durch Schütteln mit Kieselgur anreichern. Bei der Vereinigung von agonreicher Pankreaslösung mit pheronreicher Leberesteraselösung wurde ein deutlicher Zuwachs an Methylbutyratspaltung, aber nicht an Tributyrinspaltung beobachtet. KRAUT und PANTSCHENKO schließen daraus, daß Pankreaslipase und Leberesterase das gleiche Agon, aber verschiedenes Pheron besitzen. Ihr Versuch erklärt auch den Befund von A. I. VIRTANEN und P. SUOMALAINEN,[2] daß Einspritzung von Pankreaslipase in die Blutbahn von Kaninchen einen Zuwachs an Leberesterase hervorruft. Das durch die Pankreaslipase zugeführte Agon verbindet sich in der Leber mit dem dort befindlichen Pheron zu Leberesterase. Indessen wiesen E. BAMANN und CH. FEICHTNER[3] nach, daß die bei Vereinigung von Pankreas- und Leberesterasepräparaten neu gebildete Esterase sich in der Konfigurationsspezifität von der ursprünglichen Leberesterase unterscheidet, so daß ein gewisser Unterschied der Bindung von Agon und Pheron gegenüber der natürlichen Esterase bestehen muß. Immerhin liefert die Annahme, daß die Spezifität des Symplexes durch Veränderungen am Pheron beeinflußt wird, eine Erklärung für die so sehr abgestufte relative Spezifität der Lipasen.

b) Takaesterase.

Die Takaesterase aus *Aspergillus oryzae* stimmt in ihrer Spezifität mit der Leberesterase überein. Sie hydrolysiert Tributyrin allerdings 60mal langsamer als Schweineleberesterase, aber 5500mal langsamer als Pankreaslipase. Besonders stark wirkt sie auf einfache Mandelsäureester ein. Buttersäureester spaltet sie weniger gut. Wie die Schweineleberesterase spaltet sie racemische Ester asymmetrisch unter Bevorzugung des d-Esters.[4] P. RONA, R. AMMON und M. WERNER[5] errechneten aus den Affinitäts-p_s-Kurven (siehe S. 58) die Dissoziationskonstanten und aus der maximalen Spaltungsgeschwindigkeit die Hydrolysenkonstanten. Dabei ergab sich, daß die Affinität der Takaesterase zum d-Ester etwa 5mal so groß ist wie die zum l-Ester, und daß die Hydrolyse der l-EsterFerment-Verbindung ungefähr doppelt so schnell erfolgt wie die der d-EsterFerment-Verbindung.

Die folgende Tabelle 17[4] zeigt bezüglich Aktivierung und Hemmung deutliche Unterschiede gegenüber Leberesterase. Seifen, die Leberesterase hemmen, sind hier wirkungslos. Albumin, das bei Leberesterase wirkungslos ist, hemmt Takaesterase stark, und die Hemmung läßt sich nicht wie bei Pankreaslipase durch Calciumoleat aufheben. Calciumchlorid und Natriumglycocholat haben keinen Einfluß. Atoxyl, Kaliumcyanid und Natriumfluorid verursachen nur minimale

[1] Biochem. Z. **275** (1935), 114.
[2] Hoppe-Seyler's Z. physiol. Chem. **219** (1933), 1.
[3] Biochem. Z. **288** (1936), 70.
[4] R. WILLSTÄTTER, H. KUMAGAWA: Hoppe-Seyler's Z. physiol. Chem. **146** (1925), 151.
[5] Biochem. Z. **217** (1930), 42.

Tabelle 17. *Einfluß von Zusätzen auf die Tributyrinspaltung bei $p_H = 8,6$.*

Zusatz	Leberesterase	Takaesterase	Pankreaslipase
Natriumoleat	gehemmt	kein Einfluß	aktiviert
Calciumoleat	stark gehemmt	kein Einfluß	stark aktiviert
Albumin	kein Einfluß	stark gehemmt	stark gehemmt
Albumin + Calciumoleat	ziemlich stark gehemmt	stark gehemmt	stark aktiviert, fast wie mit Calciumoleat allein

Hemmungen, Chinin ist wirkungslos.[1] Die Takaesterase ist bisher für alle Untersuchungen im ungereinigten Zustand verwendet worden. Vielleicht können wie bei der Magenlipase einige Unterschiede von der Leberesterase durch Reinigung zum Verschwinden gebracht werden.

Das p_H-Optimum liegt bei 8,6. Die Bestimmung der Wirksamkeit erfolgt stalagmometrisch oder titrimetrisch.[2]

c) Serumesterase.

In ihrer Spezifität ähnelt die Serumesterase der Leberesterase. Fette werden nur sehr schwer hydrolysiert.[3]

Zur Bestimmung der Wirksamkeit dient die stalagmometrische Methode der Tributyrinspaltung. Neuerdings ist auch eine elektrometrische Methode von C. CATTANEO und G. SCOZ[4] ausgearbeitet worden.

Zur Reinigung wird die Esterase aus dem Serum mit Ammoniumsulfat ausgefällt, der Niederschlag in Wasser gelöst und die Lösung gegen fließendes Wasser dialysiert. Durch anschließende Adsorption an Aluminiumhydroxyd und Elution mit basischem Ammoniumphosphat gelingt eine Steigerung des Reinheitsgrades auf das 6÷16fache des Serums.

Die optimale Temperatur ist 45°.[5] Bei 70° tritt totale Zerstörung ein.[6]

UV-Licht wirkt hemmend. Dabei ist die Lichtwirkung um so deutlicher, je reiner das Ferment ist.[7]

Bei einem p_H von 7,8÷8,6 ist die Wirksamkeit maximal.[8] Der Reaktionsverlauf der Tributyrinspaltung wird durch die Gleichung einer Reaktion erster Ordnung wiedergegeben.[6] Die Spaltungsgeschwindigkeit ist der Enzymmenge proportional.

Aktivatoren sind für die Serumesterase nicht bekannt. In ihrem Verhalten gegenüber Atoxyl und Chinin zeigt sie einen charakteristischen Unterschied zur Leberesterase. Menschenserumesterase wird durch Chinin stärker, durch Atoxyl weniger gehemmt als Menschenleberesterase. Die Empfindlichkeit der Serumesterase gegen beide Stoffe wechselt aber mit der Tierart.[9] Diese Unterschiede der Serumesterasen verschiedener Herkunft bleiben auch bei der Reinigung erhalten, scheinen also nicht durch Begleitstoffe bedingt zu sein.[10] Beide Vergiftungen

---

[1] I. OGAWA: Biochem. Z. **149** (1924), 216.

[2] R. WILLSTÄTTER, F. MEMMEN: Hoppe-Seyler's Z. physiol. Chem. **138** (1924), 216.

[3] H. PERSIEL: Dissertation. München, 1925.

[4] Boll. Soc. ital. Biol. speriment. **12** (1937), 280.

[5] E. IANTRIA: Riv. patol. speriment. **2** (1927), 370.

[6] P. RONA: Biochem. Z. **33** (1911), 413.

[7] S. HAYASKI: Biochem. Z. **195** (1928), 96.

[8] P. RONA, Z. BIEN: Biochem. Z. **59** (1914), 100.

[9] P. RONA, D. REINICKE: Biochem. Z. **118** (1921), 213.

[10] P. RONA, H. PETOW: Biochem. Z. **146** (1924), 144.

sind irreversibel.[1] Aceton hemmt nur wenig und ungleichmäßig. α-, β- und γ-Oxybuttersäure sind bei einer Konzentration von 1 : 2000 sehr giftig.[2] Durch Natriumoleat wird die Serumesterase ähnlich der Leberesterase nur wenig gehemmt.[3] Natriumtaurocholat,[4] Calcium-, Barium- und Magnesiumsalzen gegenüber ist sie resistent. Von Natriumfluorid wird sie stärker vergiftet als Pankreaslipase.[5]

2. Lecithasen.

Einteilung und Spezifität.

Im Lecithin (siehe Strukturformel) sind zwei OH-Gruppen des Glycerins mit Fettsäure verestert, die dritte OH-Gruppe mit Phosphorsäure und diese wieder mit Cholin.

Strukturformel des Lecithins:

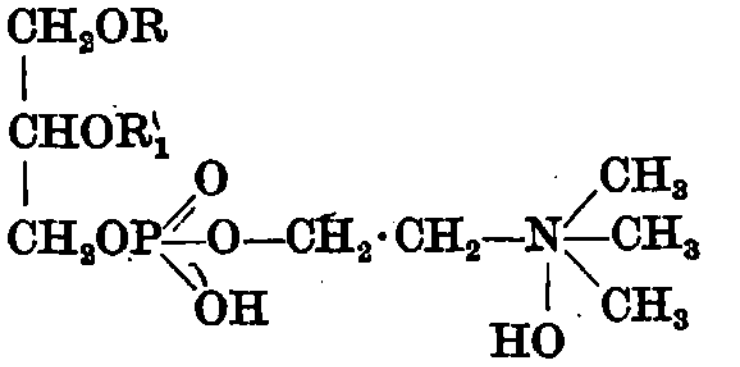

$$\begin{array}{l} CH_2OR \\ | \\ CHOR_1 \\ | \qquad\qquad O \qquad\qquad\qquad\qquad CH_3 \\ CH_2OP{<}{}^{O-CH_2\cdot CH_2-N}{<}^{CH_3}_{CH_3} \\ \qquad\quad OH \qquad\qquad\qquad HO \quad CH_3 \end{array}$$

R und R_1 sind ein gesättigter und ein ungesättigter Fettsäurerest.

Der Abbau des Lecithins erfolgt durch zwei Typen von Lecithasen: Lecithase A zerlegt das Molekül in die ungesättigte Fettsäure und Lysolecithin. Lecithase B spaltet Lysolecithin weiter in Fettsäure und den Glycerinphosphorsäureester des Cholins. Die Lecithase B vermag auch direkt Lecithin in Fettsäuren und den Glycerinphosphorsäureester des Cholins zu hydrolysieren.[6, 7] Die gewöhnlichen Fette werden durch die beiden Lecithasen nicht angegriffen.[8] Umgekehrt vermag Pankreaslipase Lecithin und Lysolecithin nicht zu hydrolysieren.[9] Die Lecithasen spalten Hydrolecithin mit der gleichen Geschwindigkeit wie Lecithin, etwas langsamer Kephalin und synthetische Phosphatide. Bromiertes Lecithin wird rascher zerlegt als das gewöhnliche.[10] Gesättigtes Lecithin (Distearyllecithin) wird von Lecithase A nicht gespalten.[11]

Vorkommen.

Lecithase A kommt frei von B in Schlangen- und Bienengift vor. Lecithase B findet sich reichlich in Reiskleie und *Aspergillus oryzae*.[8] Beide Lecithasen sind enthalten in Muskel, Pankreas, Leber, Niere und anderen Organen von Säugetieren, besonders reichlich in Darm- und Nierenextrakten. Im arteriellen Blut ist keine Lecithase vorhanden, dagegen stets im Blut der Jugularvene und im Nebennierenvenenblut. Es wird angenommen, daß die Lecithase oder ein zu

---

[1] P. RONA, R. PAVLOVIC: Biochem. Z. **180** (1922), 225.

[2] J. BENEDIKT, G. MAYER: Biochem. Z. **285** (1936), 299.

[3] T. J. MEJERSSON, T. J. WOLPJANSKAJA: Méd. exp. [ukr.: Experimentalne Medizina] (1938), 37.

[4] I. A. PARFENTJEV, W. C. DEVRIENT, B. F. SOKOLOFF: J. biol. Chemistry **92** (1931), 33.

[5] P. RONA, Z. BIEN: Biochem. Z. **64** (1914), 13.

[6] S. BELFANTI, A. CONTARDI, A. ERCOLI: Ergebn. Enzymforsch. **5** (1936), 213.

[7] A. CONTARDI, A. ERCOLI: Arch. Scienze biol. **21** (1935), 1.

[8] A. CONTARDI, A. ERCOLI: Biochem. Z. **261** (1933), 275; Arch. Scienze biol. **21** (1935), 1.

[9] K. OGAWA: J. Biochemistry **24** (1936), 389.

[10] EARL JUDSON KING: Biochem. J. **28** (1934), 476.

[11] A. CONTARDI, P. L. LATZER: Biochem. Z. **197** (1928), 222.

ihrer Wirkung notwendiges Co-Ferment in der Nebenniere gebildet wird.[1] Auch in einigen Bakterien ist Lecithase gefunden worden.[2]

Bestimmungsmethode.

Da die Lecithasepräparate noch nicht weit gereinigt sind und infolgedessen Enzyme enthalten, die andere hydrolytische Spaltungen des Lecithinmoleküls bewirken, muß der eigentlichen Lecithasebestimmung stets eine Untersuchung der möglichen Spaltungsprodukte vorangehen. Die Verseifung wird titrimetrisch bestimmt.[3] Lysolecithin hat die Eigenschaft, eine starke Hämolyse der roten Blutkörperchen hervorzurufen; dies kann zur Bestimmung der Lecithinspaltung verwendet werden.[4]

Darstellung und Reinigung.

Die Lecithase A gewannen S. BELFANTI und C. ARNAUDI[4] aus wässerigem Pankreasextrakt. Sie wird mit Alkohol gefällt und getrocknet, ist in Wasser löslich und enthält keine reduzierenden Zucker. Mit Phosphorwolframsäure und Metallsalzen entsteht nur eine schwache Trübung. Im trockenen Zustand ist das Präparat gut haltbar, in Lösung verliert es auch im Eisschrank bald seine Wirksamkeit.[5]

Lecithase B[3] wird aus zerkleinerter Reiskleie oder Reiskeimen mit Wasser extrahiert und mit Alkohol ausgefällt. Durch wiederholtes Auflösen in Wasser und Fällen mit Alkohol wird das Präparat frei von Cholin und fast frei von anorganischem Phosphat. Fällung mit Bleiacetatlösung und Zerlegung des Niederschlags mit Schwefelwasserstoff trennt die Lecithase B von dem Enzym, welches die Cholinabspaltung bewirkt. Zur Darstellung aus *Aspergillus oryzae* verwendet man den Preßsaft eines sporenreichen Mycels.

Eigenschaften.

In ihrem p_H-Optimum unterscheiden sich die Lecithasen scharf voneinander; das Aktivitätsoptimum der Lecithase A liegt bei $p_H = 6{,}8 \div 7{,}0$,[4] das der Lecithase B bei $p_H = 3{,}3$.[3]

Das Temperaturoptimum ist 37°. Im p_H-Bereich von $5{,}7 \div 6{,}8$ tritt bei 58—60° Zerstörung ein.

In den kinetischen Untersuchungen von H. KING, Earl J. KING und I. H. PAGE[6] scheint der Einfluß anderer Enzyme, die auch aufspaltend auf das Lecithinmolekül einzuwirken vermögen, nicht beachtet worden zu sein, da nur die Abspaltung von Phosphorsäure gemessen wurde.

Von den beiden Lecithasen wird nur die Lecithase B durch Physostigmin gehemmt.[7] Morphin in Konzentrationen unter 0,02% wirkt auf Lecithase A fördernd, größere Konzentrationen hemmen.[8] In vielen Arbeiten über Aktivierung und Hemmung ist die Beeinflussung durch Zusatzstoffe nicht eindeutig der Lecithase zuzuschreiben.

---

[1] J. BLANCO: C. R. Séances Soc. Biol. Filiales Associées 102 (1929), 463.

[2] T. TODA: Lecithasen der Bakterien. Zbl. Bakteriol., Parasitenkunde, Infektionskrankh. 117 (1930), 489.

[3] A. CONTARDI, A. ERCOLI: Biochem. Z. 261 (1933), 275; Arch. Scienze biol. 21 (1935), 1.

[4] S. BELFANTI, C. ARNAUDI: Arch. italiennes Biol. 88 (1933), 157.

[5] K. OGAWA: J. Biochemistry 24 (1936), 389.

[6] Hoppe-Seyler's Z. physiol. Chem. 191 (1930), 243.

[7] M. FRANCIOLI: Enzymologia (Den Haag) 3 (1937), 204.

[8] E. KEESER: Naunyn-Schmiedebergs Arch. exp. Pathol. Pharmakol. 171 (1933), 311.

3. Cholinesterase.

Strukturformel des Acetylcholins:

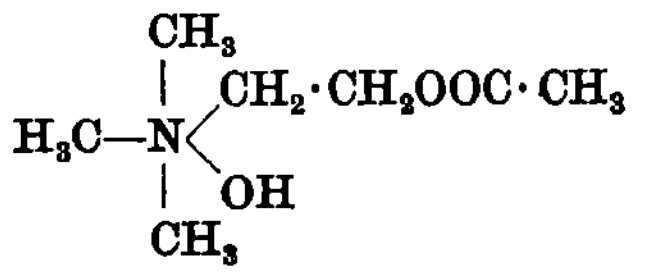

$$H_3C-N \underset{\substack{| \\ CH_3}}{\overset{\substack{CH_3 \\ |}}{<}} \overset{CH_2 \cdot CH_2OOC \cdot CH_3}{\underset{OH}{}}$$

Cholinesterase spaltet Ester des Cholins, z. B. Acetylcholin (siehe Struktur-formel) in Cholin und Essigsäure. Auf Methylbutyrat hat das Ferment keinen Einfluß.[1] Cholinphosphatase, die die Spaltung des Glycerinphosphorsäurecholin-esters in Glycerin und Cholinphosphorsäure bewirkt, ist mit Cholinesterase nicht identisch.[2]

Die Spaltungsgeschwindigkeit ist eine Funktion der Säurekomponente. Bei Säuren mit gerader C-Kette nimmt sie mit der Länge der C-Kette zu. Butyryl-cholin wird schneller gespalten als Acetylcholin.[1] Unlösliche Cholinester, wie Palmitylcholinchlorid, werden nicht angegriffen.[3] Ein Wechsel im Anion (Chlorid, Bromid, Jodid, Perchlorat) ist auf die Hydrolyse ohne Einfluß. Durch Einführung einer Seitenkette oder einer Hydroxylgruppe in die Säurekomponente wird die Hydrolysengeschwindigkeit verringert,[1] durch Halogene erhöht. Der Eintritt weiterer Methylgruppen in den Cholinteil des Esters wirkt hemmend, besonders in β-Stellung. Ist aber der Stickstoff frei von Methylgruppen, wie im Acetyl-colamin, so tritt überhaupt keine Spaltung ein.[4] Die Ester von Thiocholin und von β-Methylthiocholin werden rascher hydrolysiert als ihre Sauerstoffanalogen. Piperidin- und Pyrrolidinanaloge der Cholinester werden etwas langsamer gespalten als die entsprechenden Verbindungen mit offener C-Kette.[3]

Optischen Antipoden gegenüber erweist sich die Cholinesterase als kon-figurationsspezifisch. So wird von den optischen Isomeren des Acetyl-β-Methyl-cholins nur der d-Ester angegriffen.[3]

Vorkommen.

Die Cholinesterase ist im Organismus weit verbreitet. Sie wurde nachgewiesen in Gehirn, Blut, Lymphe, Galle, Muskel, Darmschleimhaut, Herzmuskel und in vielen Organen. Sie hat die wichtige Aufgabe, das im Organismus durch die Nerventätigkeit gebildete Acetylcholin, dem die Übertragung der Nervenimpulse zugeschrieben wird, rasch zu vernichten, damit der Muskel erneut kontraktions-fähig wird. Da die Acetylcholinspaltung durch die graue Substanz des Rücken-marks wesentlich rascher verläuft als durch die weiße Substanz, schließt D. NACH-MANSOHN,[5] daß die graue Substanz der Überträger der Nervenimpulse im Zentral-nervensystem ist.

Bestimmungsmethode.

Unter den chemischen Methoden ist die von R. AMMON[6] benutzte besonders günstig, bei der Kohlensäure durch die abgespaltene Essigsäure aus bicarbonat-haltiger Ringerlösung ausgetrieben und manometrisch bestimmt wird. In

---

[1] E. STEDMAN, E. STEDMAN, H. EASSON: Biochemic. J. 26 (1932), 2056; 31 (1937), 1723; Proc. Roy. Soc. (London), Ser. B 121 (1936), 142.
[2] M. FRANCIOLI: Enzymologia (Den Haag) 3 (1937), 200.
[3] D. GLICK: J. biol. Chemistry 125 (1938), 729; 130 (1939), 527.
[4] R. AMMON: Ergebn. Enzymforsch. 4 (1935), 102.
[5] Nature (London) 140 (1937), 427.
[6] Pflügers Arch. ges. Physiol. Menschen Tiere 233 (1934), 486.

neuester Zeit ist von D. GLICK eine Mikromethode beschrieben worden, mit der noch die Hydrolyse von $1 \cdot 10^{-8}$ Mol des Esters verfolgt werden kann.[1] Meist benutzt man aber biologische Bestimmungsmethoden des Acetylcholins.

Darstellung und Reinigung.

Gewöhnlich verwendet man zur Spaltung einfach die Extrakte der zerkleinerten Organe oder das verdünnte Serum.

Eine Reinigung der Cholinesterase aus dem Pferdeblutserum auf das 50- bis 100fache gelang durch fraktionierte Fällung der Begleitstoffe mit Ammoniumsulfat, partielle Denaturierung der Proteine durch Essigsäure, Adsorption an Aluminiumhydroxyd oder Eisenhydroxyd in essigsaurer Lösung und Elution mit 0,025 n Ammoniak.[2]

Eigenschaften.

Bei einem p_H von 8,0÷8,5 wirkt die Cholinesterase maximal.[2] Das Temperaturoptimum ist 40°. Bei 50° beginnt die Zerstörung.[3]

Röntgenstrahlen haben keinen Einfluß.[4]

Charakteristisch für die Cholinesterase ist die Hemmbarkeit durch Physostigmin. 1 γ Physostigmin in 2 ccm Pferdeblut hemmt total. Ähnliche Wirkungen haben Prostigmin, Gynergen und Muscarin. Atoxyl, Chinin, Strychnin, Atropin, Pilocarpin hemmen erst in wesentlich größeren Konzentrationen.[5] Die Physostigminhemmung ist reversibel. So konnte K. MATTHES[6] durch Dialyse wieder ein aktives Ferment erhalten.

Völlig elektrolytfrei dialysierte Cholinesterase aus Pferdeserum ist wirkungslos. Sie gewinnt ihre Aktivität durch Salzzusatz wieder. L. MASSART und R. DUFAIT[7] sehen das Calcium für den physiologischen Aktivator der Cholinesterase an. Die elektrolytfreie Cholinesterase aus *Torpedo vulgaris* verhält sich ähnlich. Bei ihrer Reaktivierung wirken die Ionen in folgender Reihenfolge: $Ba^{\cdot\cdot} < Ca^{\cdot\cdot} < Mg^{\cdot\cdot} < Mn^{\cdot\cdot}$. $Mn^{\cdot\cdot}$ wirkt z. B. in einer Konzentration von 1 γ in 1 ccm so, daß die Spaltung des Acetylcholins in je 60 Minuten von 0,08 mg auf 13 mg erhöht wird. Einwertige Kationen ($K^{\cdot}$ und $Na^{\cdot}$) reaktivieren nur in wesentlich größeren Konzentrationen.[8] Kupfer und Cobalt hemmen, Cadmium ist wirkungslos.[7]

Da $Cu^{\cdot\cdot}$, Monojodessigsäure, Maleinsäure, Alloxan, oxydiertes Glutathion, also Stoffe, die mit SH-Gruppen reagieren, das Ferment inaktivieren, schließt man, daß das Cholinesterasemolekül eine SH-Gruppe enthält. Durch Jod inaktivierte Cholinesterase kann durch reduziertes Glutathion reaktiviert werden.[9]

Synthetische Eigenschaften konnten nachgewiesen werden, aber nur in geringem Maße.[4, 10] Die Synthese aus Cholin und Natriumacetat erfährt durch Physostigmin, Prostigmin und Natriumfluorid eine Hemmung.

---

[1] D. GLICK: J. gen. Physiol. **21** (1938), 289.

[2] EDGAR u. ELLEN STEDMAN: Biochemic. J. **29** (1935), 2563.

[3] D. GLICK: Proc. Soc. exp. Biol. Med. **40** (1933), 140.

[4] H. KWIATKOWSKI: Fermentforsch. **15** (1936), 138.

[5] D. NACHMANNSOHN: Nature (London) **140** (1937), 427.

[6] J. Physiology **70** (1930), 338.

[7] Enzymologia (Den Haag) **6** (1939), 282.

[8] D. NACHMANSOHN: Nature (London) **145** (1940), 513.

[9] D. NACHMANSOHN, E. LEDERER: Bull. Soc. Chim. biol. **21** (1939), 797.

[10] R. AMMON- H. KWIATKOWSKI: Pflügers Arch. ges. Physiol. Menschen Tiere **234** (1934), 269.

4. Cholesterinesterase.

Strukturformel des Cholesterinesters:

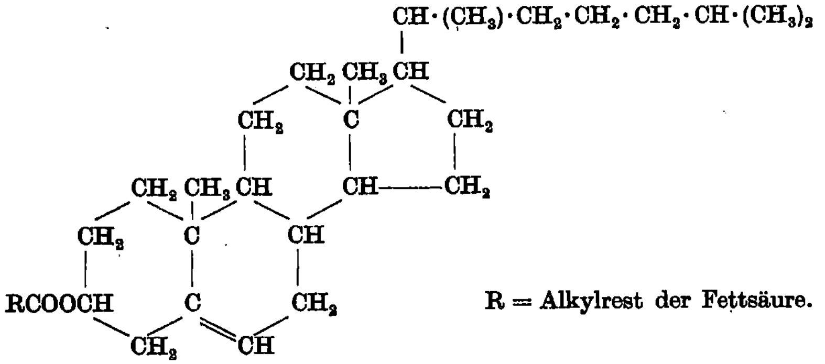

$$CH \cdot (CH_3) \cdot CH_2 \cdot CH_2 \cdot CH_2 \cdot CH \cdot (CH_3)_2$$

$$\begin{array}{c}
\text{CH}_2 \quad \text{CH}_3 \quad \text{CH} \\
\text{CH}_2 \qquad \text{C} \qquad \text{CH}_2 \\
\text{CH}_2 \quad \text{CH}_3 \quad \text{CH} \qquad \text{CH} {=\!=\!=} \text{CH}_2 \\
\text{CH}_2 \qquad \text{C} \qquad \text{CH} \\
\text{RCOOCH} \qquad \text{C} \qquad \text{CH}_2 \\
\text{CH}_2 \qquad \text{CH}
\end{array}$$

R = Alkylrest der Fettsäure.

Die Existenz dieser Esterase wurde öfters bezweifelt, da es noch nicht gelang, sie von Lipase vollkommen zu trennen. Die Cholesterinesterase zerlegt die Ester des Cholesterins in Cholesterin und Fettsäure. Der Stearinsäureester ist im Gegensatz zum Ölsäure- und Palmitinsäureester nicht spaltbar. W. KLEIN[1] vermutet, daß Doppelbindungen in der Säurekomponente die Spaltung begünstigen.

Nach dem optimalen p_H sind zwei Cholesterinesterasen zu unterscheiden, eine in neutraler und eine in saurer Lösung wirksame. Das Vorkommen der ersteren ist auf Pankreas beschränkt. Die für saure Lösung kommt in den meisten Organen, wie Leber, Niere, Milz, Darmschleimhaut und im Serum vor. Ob der Unterschied der beiden Cholesterinesterasen den Enzymen zuzuschreiben oder nur durch Begleitstoffe bedingt ist, muß noch geprüft werden.

Bestimmungsmethode.

Freies Cholesterin gibt mit Digitoninlösung einen Niederschlag, der nach seiner Auflösung in Eisessig photometrisch bestimmt wird.

Zur Spaltung wird 1 cm³ kolloidale Cholesterinesterlösung (enthaltend 1,5 bis 2,0 mg Ester in 1 cm³) mit 0,8 cm³ Enzymlösung und 0,2 cm³ Puffer (2 n Natrium-acetat-Essigsäure-Puffer vom $p_H = 5,3$ oder $^m/_2$ Phosphatpuffer vom $p_H = 7,38$) bei 37° versetzt. Das abgespaltene Cholesterin schüttelt man nach Enteiweißung, Eindampfen und Alkoholzusatz mehrfach mit Petroläther aus. Der Petroläther wird zur Trockne verdampft und der Rückstand mit 1 cm³ 1%iger alkoholischer Digitoninlösung versetzt. Dann engt man auf $^1/_2$ cm³ ein und versetzt mit 2 cm³ Aceton-Wasser (1 : 1) in der Wärme. Der Niederschlag wird abzentrifugiert, mit Aceton und Äther gewaschen, mit 3 cm³ Eisessig bei 60° gelöst und mit 4 cm³ Essigsäureanhydrid und 0,1 cm³ konzentrierter Schwefelsäure versetzt. Nach halbstündiger Entwicklung der Farbe bei 37° wird am PULFRICH-Photometer gemessen.

Reinigung der im sauren Gebiet wirksamen Cholesterinesterase.

Die durch Ausziehen des zerkleinerten Organs mit physiologischer Kochsalzlösung gewonnenen Extrakte sind sehr instabil. Haltbarer sind die nach W. KLEIN[1] mit einer Äther-Kohlensäure-Kältemischung vorbehandelten und im Vakuum-exsiccator hergestellten Trockenpulver. Eine auf die Extraktion mit der 5fachen Menge physiologischer Kochsalzlösung folgende Adsorption an Tonerde C und Elution mit $^m/_{10}$ Phosphat vom $p_H = 7,4$ reinigt auf das 6fache. Die Haltbarkeit ist wesentlich größer als die der Rohauszüge.

Dialyse ist zur Reinigung ungeeignet, da sie das Ferment inaktiviert.

---

[1] W. KLEIN: Hoppe-Seyler's Z. physiol. Chem. 231 (1935), 125; 254 (1938), 1; 259 (1939), 268.

Reinigung der im neutralen Gebiet wirksamen Cholesterinesterase.

Das wie oben hergestellte Pankreastrockenpulver wird im *Soxleth* mittels Äther extrahiert und das Enzym in der 5fachen Menge physiologischer Kochsalzlösung gelöst. Mit 50%igem Aceton erfolgt dann eine Fällung der gesamten Cholesterinesterase. Nach Trocknung des Niederschlages mit Aceton und Äther wird mit Wasser extrahiert, wobei ein Teil der Begleitstoffe ungelöst zurückbleibt. Die Reinheit ist gegenüber dem Pankreasrohauszug um das 6÷7fache gestiegen. Durch Dialyse wird auch diese Cholesterinesterase irreversibel inaktiviert.

Abb. 21. p_H-Abhängigkeit der Cholesterinesterase.

Eigenschaften.

Das Optimum der im Sauren wirksamen Cholesterinesterase liegt nach W. KLEIN zwischen $p_H = 5,2$ und 5,3 (siehe Abb. 21). Bei $p_H = 3$ hört die Wirksamkeit vollständig auf. Auch nach der alkalischen Seite hin fällt die Wirksamkeit steil ab.

Die Cholesterinesterase aus Pankreas hat kein ausgesprochenes Optimum. Zwischen $p_H = 6,3$ und 8,7 ist sie gleichmäßig wirksam. Nach der sauren Seite fällt die Wirksamkeit schnell. Bei $p_H = 5,3$, dem Optimum der anderen Cholesterinesterase, ist die Cholesterinesterase aus Pankreas fast wirkungslos.

In den ersten 2 Stunden ist die Spaltungsgeschwindigkeit der bei $p_H = 5,3$ wirksamen Esterase sehr gering. Vielleicht wird ein Hemmstoff in dieser Zeit zerstört oder gebunden. Von da ab ist die Reaktion von der Substratkonzentration unabhängig. Zwischen Enzymmenge und Umsatz besteht annähernde Proportionalität. Der Reaktionsverlauf läßt eine Beeinflussung durch die Spaltprodukte nicht erkennen.

Durch Zusatzstoffe sind beide Fermente leicht beeinflußbar. Das im sauren Gebiet wirksame Enzym erfährt durch Gallensäuren und größere Konzentrationen von Ölsäure eine Hemmung. Die bei der Spaltung gebildete Ölsäure genügt nicht, um zu hemmen. *p*-Aminoacetophenon hemmt schon in ganz niederen Konzentrationen. Calciumchlorid ist wirkungslos. Die Hemmungsversuche zeigen manches Gemeinsame mit der Pankreaslipase.

Für die neutrale Cholesterinesterase ist Cholat ein echter Aktivator, der die Wirksamkeit um das Mehrhundertfache steigert. Ferner aktivieren Taurocholsäure, Desoxycholsäure, Linolsäure und Ölsäure. Calciumchlorid hemmt. Die synthetisch hergestellten, kolloidal gelösten Ester sind nur in Gegenwart von Gallensäure spaltbar.

Der Cholesterinesterase aus Leber fehlt jede esterbildende Wirkung. Bei der Synthese und Hydrolyse der Cholesterinester mit Pankreasenzym stellt sich von beiden Seiten ein echtes Gleichgewicht ein. Das p_H-Optimum für die Synthese liegt bei 5,3. Die Veresterung verläuft am schnellsten mit Palmitin- und Ölsäure, langsamer mit Stearin- und Buttersäure. Dehydroandrosteron und Dihydrocholesterin werden mit der gleichen Geschwindigkeit wie Cholesterin, bedeutend langsamer dagegen Sitosterin, Stigmasterin und Ergosterin verestert.[1]

---

[1] G. SCHRAMM, A. WOLFF: Hoppe-Seyler's Z. physiol. Chem. **268** (1940), 61, 73.

5. Tannase.

Strukturformel der Tannasesubstrate:

$$\begin{array}{c} \text{OH} \\ \text{HO}\diagup\!\!\bigcirc\!\!\diagdown\text{OH} \\ \text{COOR} \end{array} \qquad (\text{R} = \text{Alkoholrest}).$$

Substrate dieses Enzyms sind Ester, die als Säurekomponente aromatische Carbonsäuren mit mindestens zwei phenolischen OH-Gruppen enthalten, z. B. Gallotannin, protokatechusaures Methyl, Methylgallat, Chebulinsäure.[1] Nur darf die veresterte Carboxylgruppe nicht in Orthostellung zu einem phenolischen OH stehen (siehe Strukturformel).

Das Vorkommen des Enzyms scheint auf Pflanzen und Mikroorganismen beschränkt zu sein. Reichlich findet es sich nur in Aspergillen, Penicillien und Citromycesarten.

Die Prüfung auf den Tannasegehalt geschieht folgendermaßen: Auf 25 cm³ $^m/_{50}$ Substratlösung (Gallussäuremethylester) vom $p_H = 5,5$ (mit NaOH eingestellt) läßt man die Enzymlösung 24 Stunden bei 40° in Gegenwart von 5 cm³ $^m/_5$ sek. Citrat einwirken. Zu Anfang und nach Ablauf der Hydrolysenzeit wird eine Probe mit $^n/_{10}$ Natronlauge und Bromthymolblau als Indikator auf $p_H = 7,0$ titriert und der Tannasegehalt aus der Differenz der beiden Titrationen errechnet.

Nach H. DYCKERHOFF und R. ARMBRUSTER ist eine *Tannaseeinheit* (T. E.) die Enzymmenge, die unter obigen Versuchsbedingungen 1 Millimol Gallussäuremethylester in 24 Stunden zur Hälfte spaltet. Eine Tannaseeinheit nach FREUDENBERG[2] ist die Menge Tannase, die 1,000 g als Methylester vorliegende Gallussäure (= 1,082 g wasserfreier Methylester) in 200 cm³ Wasser gelöst, bei 33° in 24 Stunden zur Hälfte spaltet. 1 T. E. nach DYCKERHOFF und ARMBRUSTER entspricht 0,17 T. E. nach FREUDENBERG.

Zur Darstellung der Tannase wird nach K. FREUDENBERG das Mycel des auf Myrobalanen gezüchteten *Aspergillus niger* mit der 10fachen Menge verdünnter Salzsäure 24 Stunden extrahiert. Durch Fällung mit Aceton und wenig Äther erhält man jahrelang haltbare Trockenpräparate. Die Tannaselösung befreit man von Lipase durch 10 Minuten langes Erhitzen auf 40° bei schwach alkalischer Reaktion, wobei die Lipase zerstört wird.

Die Hydrolyse durch Tannase hat ein Optimum zwischen $p_H = 5$ und 6 und folgt dem Gesetz der ersten Reaktionsordnung. Die Abhängigkeit der Geschwindigkeitskonstante von der Substratkonzentration ist gering.

Die Tannase zeigt auch synthetisierende Eigenschaften. So entsteht aus Gallussäure Digallussäure.[3]

6. Chlorophyllase.

Die Chlorophyllase, die von R. WILLSTÄTTER und A. STOLL[4] in den grünen Blättern aufgefunden wurde, bewirkt die Aufspaltung der Esterbindung eines der Carboxyle des Chlorophylls mit dem Alkohol Phytol. Bei Gegenwart anderer Alkohole findet eine Umesterung unter Ersatz des Phytols statt (Alkoholyse).

---

[1] H. DYCKERHOFF, R. ARMBRUSTER: Hoppe-Seyler's Z. physiol. Chem. 219 (1933), 38.

[2] K. FREUDENBERG, F. BLÜMMEL, TH. FRANK: Hoppe-Seyler's Z. physiol. Chem. 164 (1927), 262.

[3] M. NIERENSTEIN: Biochemic. J. 26 (1932), 1093.

[4] Liebigs Ann. Chem. 378 (1910), 18; 380 (1911), 148.

Die Wirkung der Chlorophyllase erstreckt sich nur auf das Chlorophyll und seine nächsten Abkömmlinge, die Phäophytine.

Strukturformel des Chlorophylls:

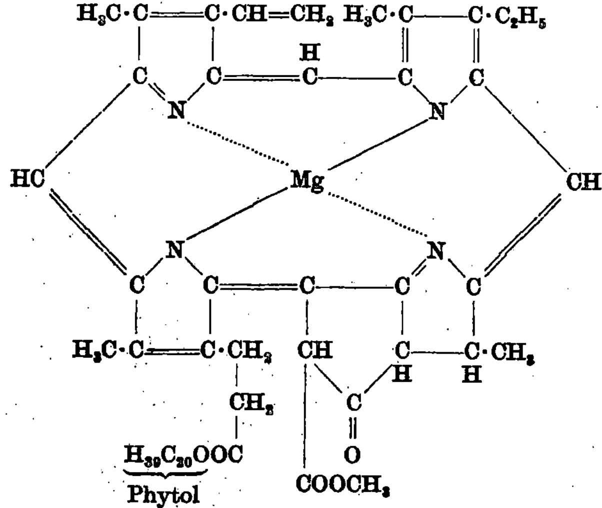

Das Ferment findet sich in den grünen Teilen der Pflanzen, in jungen Blättern mehr als in älteren. Dunkelpflanzen enthalten wenig Chlorophyllase.

Zur Bestimmung der Chlorophyllspaltung wird der aus Enzym, Substrat, Aceton und Calciumchloridlösung bestehende Ansatz im Scheidetrichter mit Wasser und Äther ausgeschüttelt. Aus dem Äther führt man das freie Chlorophyllid in wässerige Kalilauge über, die nach dem Ausschütteln zwecks Stabilisierung mit Methylalkohol versetzt wird. Der nicht hydrolysierte Anteil des Chlorophylls in der Ätherschicht wird mit konzentrierter methylalkoholischer Kalilauge verseift und das entstehende Chlorophyllinkalium mit Wasser extrahiert. Auch diese Lösung wird mit Methylalkohol versetzt. Beide Chlorophyllinsalzlösungen werden kolorimetrisch verglichen.

Zur Darstellung von Chlorophyllasepräparaten sind die frischen Blätter von *Heracleum spondylium* (Bärenklau), *Galeopsis tetrahit* (Hohlzahn), *Stachys silvatica* (Waldziest) und *Lamium maculatum* (Taubnessel) wegen ihres hohen Chlorophyllasegehaltes besonders geeignet. Die von den Stielen befreiten Blätter werden in einer Steinwalzenmühle zerkleinert und der Brei bei 250 at abgepreßt. Aus dem Preßsaft wird das Enzym mit dem doppelten Volumen Alkohol gefällt, mehrfach mit Alkohol gewaschen und im Vakuum getrocknet.

Bei $p_H = 5,9$ zeigt die Chlorophyllase ein scharfes Maximum.[1] Der Umsatz ist der angewandten Enzymmenge proportional. Das Temperaturoptimum liegt in Äthylalkohol bei ungefähr 20°, es ist also bedeutend niedriger als das aller anderen Enzyme. Durch Kochen des Enzympräparats in Alkohol findet nur langsame Zerstörung statt.

Elektrolyte beeinflussen das Wirkungsvermögen des Enzyms. Mit Wasser elektrolytfrei gewaschene Chlorophyllase ist unwirksam. Der Zusatz von Calciumchlorid stellt die alte Wirksamkeit wieder her. Kupfersulfat wirkt hemmend, Kaliumcyanid nur in elektrolytarmen Lösungen.

---

[1] H. MAYER: Dissertation, Erlangen (NOACK). Planta **11** (1930), H. 2.

Die Chlorophyllase vermag das freie Chlorophyllid wieder mit Phytol zu verestern, jedoch nur in geringem Ausmaß. Die Synthese wird durch Zusatz von Wasser gefördert.

II. Esterasen, deren Substrate die Verbindungen von Alkoholen mit anorganischen Säuren sind.

Nur die Ester zweier anorganischer Säuren sind enzymatisch spaltbar, nämlich die der Phosphorsäure und der Schwefelsäure. Es gibt daher unter den Esterasen, deren Substrate die Ester anorganischer Säuren sind, nur zwei Gruppen: die Phosphatasen und die Sulfatasen. Nach ihrer Spezifität unterscheidet man die in Tabelle 18 aufgeführten Enzyme:

Tabelle 18. *Spezifität der Esterasen, die Ester anorganischer Säuren spalten.*

Enzyme	Substrate
1. Phosphatasen:	Phosphorsäureester
a) Phosphomonoesterasen	Monoester der Orthophosphorsäure
b) Phosphodiesterasen	Diester der Orthophosphorsäure
c) Pyrophosphatasen	Ester der Pyrophosphorsäure und der Pyrophosphate
d) Adenylpyrophosphatase	Adenylpyrophosphorsäure
e) Nucleophosphatase	Nucleotide
f) Metaphosphatase	Metaphosphate
g) Triphosphatase	Triphosphate
h) Phytase	Phytin
2. Sulfatasen:	Ester der Schwefelsäure
a) Phenosulfatase	Aromatische Ester der Schwefelsäure
b) Glukosulfatase	Schwefelsäureester einfacher Zucker
c) Chondrosulfatase	Chondroitin- und Mucoitinschwefelsäure
d) Myrosulfatase	Schwefelsäureester der Senfölglukoside

1. Phosphatasen.

Die Phosphatasen hydrolysieren ausschließlich Ester von Phosphorsäuren. Die frühere Annahme, daß sie auch Fettsäureester spalten, ist endgültig verlassen.

Einteilung und Spezifität.

Die Phosphatasen, denen die einfache Funktion zukommt, die Hydrolyse von Phosphorsäureestern zu beschleunigen, zeigen eine merkwürdige Vielheit und Unbestimmtheit der Erscheinungen, die es schwierig macht, die Zahl der an den beobachteten Wirkungen beteiligten Enzyme zu erkennen. Auch findet man bei ihnen besonders häufig die als Isodynamie bezeichnete Erscheinung (siehe S. 116), daß Enzyme derselben Spezifität sich durch ihre Eigenschaften, wie p_H-Optimum, Beständigkeit gegen Säuren oder Alkalien, Zersetzungstemperatur u. a., unterscheiden.

Einigermaßen gesichert ist der Befund, daß die Spaltung der Monoester der Phosphorsäure andere Enzyme bewirken, als diejenige der Diester. Man unterscheidet darnach Phosphomono- und Phosphodiesterasen. An dieser Trennung der Enzymindividuen wird sich nichts ändern, wenn sich die Beobachtung von R. HOTTA[1] bestätigt, daß Phosphomonoesterasen auch manche Diester der Phosphorsäure dann angreifen können, wenn die beiden Alkoholradikale von verschiedener chemischer Zusammensetzung sind. Triester der Phosphorsäure sind unspaltbar.

Im allgemeinen gelten alle Mono- und Diester der Orthophosphorsäure als spaltbar. Doch zeigt die Unspaltbarkeit des Orthophosphorsäure-menthylesters, daß auch diese Regel nicht ohne Ausnahme ist.[2] Der Wirkungsbereich der Phosphatasen ist also ein sehr weiter. Er reicht von den Methylestern bis zu den Estern langkettiger Alkohole, wie Cetylester[3,4], und umfaßt ebenso aliphatische wie aromatische Ester.

Von besonderer biologischer Bedeutung sind die Substrate aus der Gruppe der Polyhydroxylverbindungen, wie die Glycerinphosphorsäure und die verschiedenen Hexose-mono- und -di-phosphorsäureester.[3] Durch ihre Spaltung und Synthese greifen die Phosphatasen in den Kohlehydratstoffwechsel der Zellen ein. Sie gehören daher zum unentbehrlichen Bestand jeder lebenden Zelle. Auch der Aufbau der Knochen vollzieht sich stets unter Mitwirkung der Phosphatasen.

Die am meisten untersuchten Phosphatasen sind die Phosphomonoesterasen (oft auch Monophosphatasen oder einfach Phosphatasen genannt). Die Bedingungen für ihre Wirksamkeit sind:

1. Die Substrate müssen Ester der Orthophosphorsäure sein.

2. Die Orthophosphorsäure soll nur mit einer Alkoholgruppe verestert sein.

Es werden also Ester der Zusammensetzung

$$\begin{matrix} R{-}O \\ H{-}O{-}P{=}O \\ H{-}O \end{matrix}$$

gespalten.

Nach dem p_H-Optimum sind mehrere isodyname Phosphomonoesterasen zu unterscheiden. Im tierischen Organismus fanden E. BAMANN und W. SALZER vier solcher Isodyname mit den p_H-Optima 4, 5,5, 6,4 und 9.[5] Neuerdings werden auch noch zwei Phosphatasen vom gleichen p_H-Optimum 9 durch ihr Verhalten gegen Magnesium- und Kaliumcyanid unterschieden.[6] Durch selektive Inaktivierung ist es möglich, diese Enzyme voneinander zu trennen. Durch Zusatz von Essigsäure zu einem Gemisch von saurer und alkalischer Phosphatase kann z. B. die Wirksamkeit der alkalischen vernichtet werden, so daß nur die der sauren übrigbleibt. Umgekehrt läßt sich die saure Phosphatase selektiv durch Ammoniak zerstören. Neben dem optimalen p_H der Wirksamkeit und der Beständigkeit unterscheiden sich die Isodynamen noch in der Beeinflussung durch aktivierende oder hemmende Stoffe.[7]

Die Hefephosphatase zeigt gegenüber den Phosphatasen aus tierischen Organen die Besonderheit, daß sie α-Glycerophosphat leicht, β-Glycerophosphat nur unbedeutend angreift.[8] Hier ist also auch ein Unterschied der relativen Spezifität vorhanden, da Nieren- und Leberphosphatase beide Isomere gleich gut spalten. Nach W. SCHUCHARDT[9] trifft dies allerdings nicht immer zu

[1] J. Biochemistry 20 (1934), 343.
[2] K. P. JACOBSOHN, J. TAPADINHAS: Biochem. Z. 230 (1930), 304.
[3] C. NEUBERG, J. WAGNER: Biochem. Z. 171 (1926), 485.
[4] C. NEUBERG, K. P. JACOBSOHN: Biochem. Z. 199 (1928), 498.
[5] Biochem. Z. 286 (1936), 147.
[6] R. CLOETENS: Naturwiss. 27 (1939), 806.
[7] E. BAMANN, K. DIEDERICHS: Ber. dtsch. chem. Ges. 67 (1934), 2019.
[8] A. SCHÄFFNER, E. BAUER: Hoppe-Seyler's Z. physiol. Chem. 232 (1935), 66.
[9] Biochem. Z. 285 (1936), 448.

Manche der von E. Bamann und K. Diederichs untersuchten Hefen spalteten sogar bevorzugt β-Glycerophosphat. Die Unterschiede der relativen Spezifität erstreckten sich auch auf die Spaltungsgeschwindigkeit von Hexoseestern. Diese Ester greift die Hefephosphatase im Gegensatz zu den tierischen Phosphatasen nur sehr schwer an.

Die zweite Gruppe der Phosphatasen bilden die *Phosphodiesterasen*, welche Phosphorsäure-di-ester in Phosphorsäuremonoester und Alkohol spalten. Die Diesterasen spalten also niemals freie Phosphorsäure ab.

Wirkungsweise der Phosphodiesterasen:

$$\mathrm{HO-P}\!\!\begin{array}{c}\nearrow \mathrm{OR_1}\\ =\mathrm{O}\\ \searrow \mathrm{OR_2}\end{array} + \mathrm{H_2O} \rightarrow \mathrm{HO-P}\!\!\begin{array}{c}\nearrow \mathrm{OR_1}\\ =\mathrm{O}\\ \searrow \mathrm{OH}\end{array} + \mathrm{R_2OH} \quad (\mathrm{R_1\ und\ R_2 = Alkoholreste}).$$

Ob die *Cholinphosphatase* ein selbständiges Ferment ist, dessen Spezifität sich auf Abspaltung des Cholins aus Lecithin beschränkt, ist noch umstritten.

Wirkungsweise der Cholinphosphatase:

$$\begin{array}{l}\mathrm{CH_2OR}\\ |\\ \mathrm{CHOR_1}\\ |\\ \mathrm{CH_2OP}\!\!\begin{array}{c}\nearrow \mathrm{O}\\ -\mathrm{O-CH_2-CH_2-N}\!\!\begin{array}{c}\nearrow \mathrm{CH_3}\\ -\mathrm{CH_3}\\ \searrow \mathrm{CH_3}\end{array}\\ \searrow \mathrm{OH}\end{array}\end{array} + \mathrm{H_2O} \rightarrow \begin{array}{l}\mathrm{CH_2OR}\\ |\\ \mathrm{CHOR_1}\\ |\\ \mathrm{CH_2OP}\!\!\begin{array}{c}\nearrow \mathrm{O}\\ -\mathrm{OH}\\ \searrow \mathrm{OH}\end{array}\end{array} + \mathrm{HO-CH_2-CH_2-N}\!\!\begin{array}{c}\nearrow \mathrm{CH_3}\\ -\mathrm{CH_3}\\ \searrow \mathrm{CH_3}\end{array}.$$

R und $\mathrm{R_1}$ sind je ein gesättigter und ein ungesättigter Fettsäurerest.

Zweifellos selbständige Individuen sind die *Pyrophosphatasen*, welche Ester der Pyrophosphorsäure und auch Pyrophosphate in Orthophosphorsäureverbindungen überführen. Es gibt drei Isodyname mit den p_H-Optima 4, 5 und 9.

Wirkungsweise der Pyrophosphatasen:

$$\begin{array}{l}\mathrm{HO-P}\!\!\begin{array}{c}\nearrow \mathrm{OR_1}\\ =\mathrm{O}\\ \searrow\end{array}\\ \qquad\quad \mathrm{O}\\ \mathrm{HO-P}\!\!\begin{array}{c}\nearrow\\ =\mathrm{O}\\ \searrow \mathrm{OR_2}\end{array}\end{array} + 3\,\mathrm{H_2O} \rightarrow 2\,\mathrm{HO-P}\!\!\begin{array}{c}\nearrow \mathrm{OH}\\ =\mathrm{O}\\ \searrow \mathrm{OH}\end{array} + \mathrm{R_1OH} + \mathrm{R_2OH}$$

$$(\mathrm{R_1\ und\ R_2 = Alkoholreste}).$$

Eine Pyrophosphatase von ganz begrenzter Spezifität ist die *Adenylpyrophosphatase*. Ihr Substrat ist die Adenylpyrophosphorsäure, ein dreifach phosphoryliertes Adenosin, aus dem das Enzym nur die zwei im Pyrophosphatrest verbundenen Phosphorsäuremoleküle abspaltet. Die gewöhnlichen Substrate der Mono- und Pyrophosphatase sind gegen die Adenylpyrophosphatase resistent.

Wirkungsweise der Adenylpyrophosphatase:

$$\mathrm{Adenin-C}\!\!\begin{array}{c}\overline{}\mathrm{O}\overline{}\\ \mathrm{|}\quad\quad\mathrm{|}\end{array}\!\!\mathrm{C-C-C-CH_2OPO_3H_2}$$

mit $\mathrm{H}\ \ \mathrm{OH}\ \mathrm{OH}$ und

$$\begin{array}{c}\mathrm{O}\\ |\\ \mathrm{HO_2P-O-PO_3H_2}\end{array}$$

$$\xrightarrow{2\,\mathrm{H_2O}}$$

$$\mathrm{Adenin-C}\!\!\begin{array}{c}\overline{}\mathrm{O}\overline{}\\ \mathrm{|}\quad\quad\mathrm{|}\end{array}\!\!\mathrm{C-C-C-CH_2OPO_3H_2}$$

mit $\mathrm{H}\ \ \mathrm{OH}\ \mathrm{OH}$ und OH

$$+ 2\,\mathrm{H_3PO_4}.$$

Die *Nucleophosphatase* oder Nucleotidase spaltet ausschließlich Phosphorsäure aus den Nucleotiden ab.

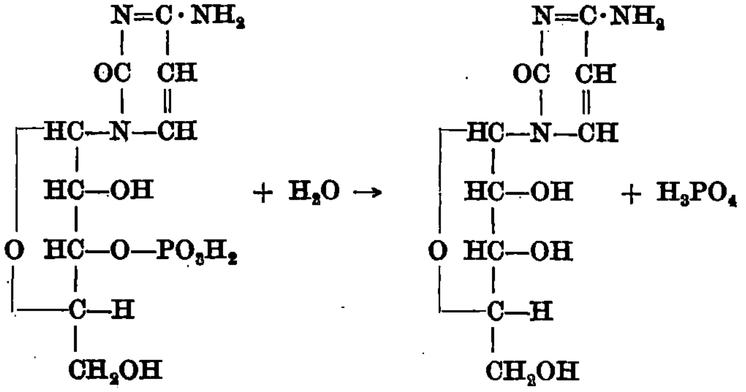

$$
\begin{array}{cc}
\text{N=C·NH}_2 & \text{N=C·NH}_2 \\
\text{OC\quad CH} & \text{OC\quad CH} \\
\text{HC—N—CH} & \text{HC—N—CH} \\
\text{HC—OH}\quad +\text{H}_2\text{O}\rightarrow & \text{HC—OH}\quad +\text{H}_3\text{PO}_4 \\
\text{O\ HC—O—PO}_3\text{H}_2 & \text{O\ HC—OH} \\
\text{C—H} & \text{C—H} \\
\text{CH}_2\text{OH} & \text{CH}_2\text{OH} \\
\text{Cytidylsäure.} &
\end{array}
$$

Ein besonderes Enzym ist ferner die *Phytase*, deren Substrat das Phytin, der Hexaphosphorsäureester des Inosits ist.

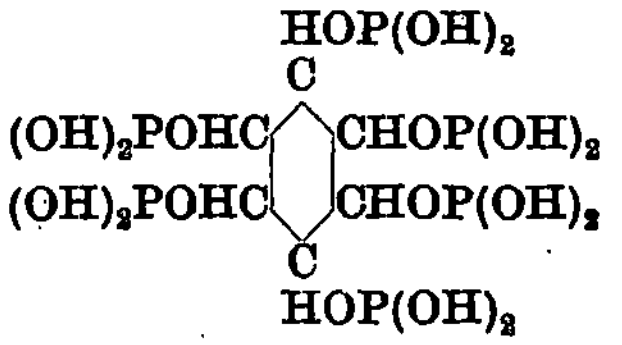

$$
\begin{array}{c}
\text{HOP(OH)}_2 \\
\text{C} \\
\text{(OH)}_2\text{POHC}\diagup\diagdown\text{CHOP(OH)}_2 \\
\text{(OH)}_2\text{POHC}\diagdown\diagup\text{CHOP(OH)}_2 \\
\text{C} \\
\text{HOP(OH)}_2 \\
\text{Phytin.}
\end{array}
$$

Schließlich sind noch zwei Enzyme zu erwähnen, die ebenso wie die Katalase nur anorganische Substrate besitzen:

Die *Metaphosphatase* führt Metaphosphorsäure in Orthophosphorsäure über.

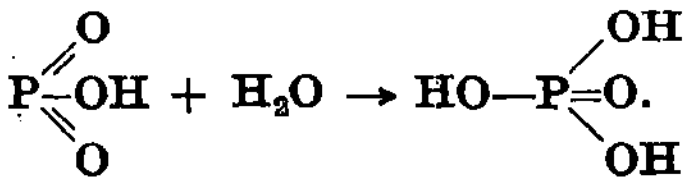

$$
\text{P}\diagup^{\text{O}}\text{—OH} + \text{H}_2\text{O} \rightarrow \text{HO—P}\diagup^{\text{OH}}_{\text{OH}}\text{=O}.
$$

Ein besonderes Enzym, *Triphosphatase*, soll nach C. Neuberg und H. A. Fischer[1] Salze der Triphosphorsäure $H_5P_3O_{10}$ in Orthophosphate überführen.

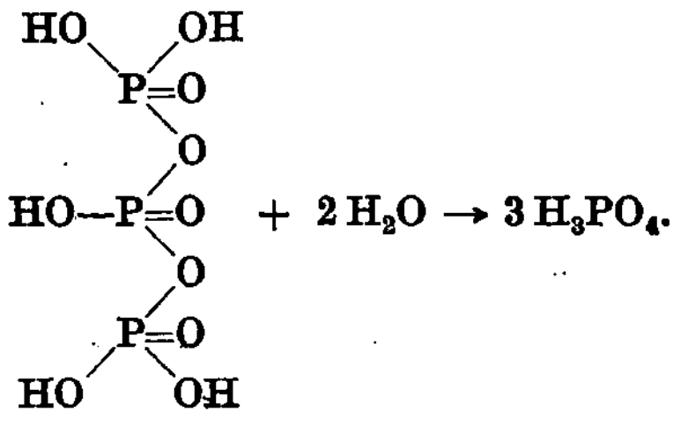

$$
\begin{array}{c}
\text{HO}\diagdown\ \diagup\text{OH} \\
\text{P=O} \\
\diagdown\text{O} \\
\text{HO—P=O}\quad +\ 2\,\text{H}_2\text{O} \rightarrow 3\,\text{H}_3\text{PO}_4. \\
\diagup\text{O} \\
\text{P=O} \\
\text{HO}\diagup\ \diagdown\text{OH}
\end{array}
$$

Stereochemische Spezifität.

Konfigurationsspezifität ist bei den Phosphomonoesterasen beobachtet worden. Das Racemat der *d l*-Borneolphosphorsäure spalten die Organphosphatase und die pflanzliche Phosphatase in asymmetrischer Weise.[2] Zuerst erfolgt die

[1] Enzymologia (Den Haag) 2 (1937/38), 241, 360.
[2] M. Kuroya: Biochem. Z. 225 (1930), 452.

Spaltung des *l*-Esters, dann erst bei fortgeschrittener Hydrolyse die des d-Esters. Das Auswahlvermögen wird durch Strychnin beeinflußt. Takaphosphatase scheidet in Gegenwart von Strychnin nur *l*-Borneol ab. Bei der Hefephosphatase vermag das Gift sogar die auswählende Wirkung umzukehren. Es ist bemerkenswert, daß das Strychnin den Umfang der Gesamtspaltung des Racemats nicht beeinflußt, sondern nur das Verhältnis der Spaltungsgeschwindigkeiten der beiden isomeren Formen verändert.

Die Pyrophosphatase zeigte sich bei der Spaltung von *d l*-Di-fenchyl-pyrophosphorsäure konfigurationsspezifisch. Der abgespaltene Fenchylalkohol war lävogyr.[1]

Phosphomonoesterasen.

Vorkommen.

Die Phosphomonoesterasen sind im Tier- und Pflanzenreich weit verbreitet. Die alkalische Phosphatase vom p_H-Optimum 9 und die saure vom optimalen $p_H = 5$ kommen in fast allen tierischen Organen vor, am meisten in Darmschleimhaut und Niere; dann folgen Leber, Gehirn, Pankreas, Muskel und Knochen. Im Harn und Speichel ist nur die saure mit dem Optimum von $p_H = 5$, im Blut die von 6,5 und in der Milch die alkalische vertreten. Im Pflanzenreich kommt die Phosphatase mit dem alkalischen p_H-Optimum besonders reichlich in fetthaltigen Samen vor. Die Phosphatase vom p_H-Optimum 6,5 findet sich in der Hefe, die von $p_H = 3 \div 4$ in *Aspergillus oryzae* und in anderen Bakterien, die vom $p_H = 5$ in der Reiskleie. Enzympräparate aus grünen Blättern zeigen das Vorhandensein der Phosphatase vom p_H-Optimum 5 in allen untersuchten Pflanzen an.[2]

Bestimmungsmethoden und Einheiten.

Zur quantitativen Bestimmung der Phosphatasen verwendet man mehrere Methoden der Phosphatanalyse.

B. Schmitz[3] bestimmte die frei gewordene Phosphorsäure auf gravimetrischem Wege als Magnesium-Ammoniumphosphat. Von K. Lohmann und L. Jendrassik[4] ist eine kolorimetrische Methode ausgearbeitet worden. Für die Auswahl der Methoden ist aber maßgebend, ob die Spaltungsansätze einen Phosphat einschließenden Bodenkörper enthalten. Trifft dies zu, so wird die in Freiheit gesetzte Phosphorsäure mittels Magnesiamischung ausgefällt und die Menge der noch organisch gebundenen Phosphorsäure ermittelt. Man verascht die organische Substanz mit Salpetersäure und bestimmt nun die Phosphorsäure, z. B. nach R. Woy[5] durch Molybdat-Magnesiamischung, oder nach A. Neumann[6] durch Titration mittels Alkali, oder nach G. Embden[7] durch Strychnin-Molybdatfällung.

Die Ermittlung der Wirksamkeit ist auch möglich durch Bestimmung der bei der Hydrolyse freiwerdenden Alkoholkomponente, z. B. durch Titration des Phenols,[8] durch pyknometrische Bestimmung des Äthylalkohols[9] oder durch polarimetrische Bestimmung von Borneol.[10]

---

[1] E. Ochiai: Biochem. Z. **258** (1932), 185.
[2] P. Pratesi: Ann. Chim. applicata **27** (1937), 309.
[3] Z. analyt. Chem. **45** (1906), 512.
[4] Biochem. Z. **178** (1926), 419.
[5] Chemiker-Ztg. **21** (1897), 441.
[6] Hoppe-Seyler's Z. physiol. Chem. **37** (1902/1903), 115; **48** (1905), 35.
[7] Hoppe-Seyler's Z. physiol. Chem. **113** (1921), 138.
[8] A. Kossler, E. Penny: Hoppe-Seyler's Z. physiol. Chem. **17** (1893), 117.
[9] R. Iwatsuru: Biochem. Z. **178** (1926), 348.
[10] C. Neuberg, J. Wagner, K. P. Jacobsohn: Biochem. Z. **188** (1927), 227.

Infolge der großen Abhängigkeit der Phosphatasen von ihren Begleitstoffen kennt man noch keine Bestimmungsmethoden von allgemeiner Gültigkeit und daher auch keine festen Maßeinheiten. Die folgenden Beispiele lassen sich nicht ohne weiteres auf jedes Enzymmaterial übertragen.

E. Bamann und E. Riedel[1] verwenden ein Reaktionsgemisch, das neben dem Enzym 1 g Natriumglycerophosphat als Substrat, 20 cm^3 Puffer (Ammoniak-Ammoniumchlorid, 1,1 Teile 2,5 n Ammoniak und 1 Teil 2,5 n Ammoniumchlorid bzw. Citratpuffergemisch, 14 cm^3 l-m-Dinatriumcitratlösung + 6 cm^3 n Natronlauge) und einige Tropfen Toluol in 100 cm^3 enthält. Es wird bei 30° aufbewahrt. Zu Anfang des Versuchs sowie nach den Spaltungszeiten enteiweißt man Proben von je 10 cm^3 mit Trichloressigsäure und bestimmt die frei gewordene Phosphorsäure als Strychnin-Molybdat.

Als *Phosphoesteraseeinheit* definieren Bamann und Riedel die Enzymmenge, die in einem Fünftel obigen Versuchsansatzes enthalten ist und unter den angegebenen Bedingungen in 60 Minuten 2,5% des Glycerophosphats spaltet. Die Einheit der Phosphoesterase vom $p_H = 9$ wird mit Ph.-E. [e]$_9$ bezeichnet, diejenige vom $p_H = 5,5$ mit Ph.-E. [e]$_{5,5}$.

A. Schäffner und E. Bauer[2] bestimmen die Wirksamkeit der Hefephosphatase bei der optimalen Magnesiumkonzentration.

Ihre *Hefephosphataseeinheit* ist die Enzymmenge, die bei einer α-Glycerophosphatkonzentration entsprechend 7,5 mg organisch gebundenem Phosphor für 25 cm^3 Ansatz, bei einer Temperatur von 30° in Gegenwart von $^1/_{100}$ Mol Magnesiumsulfat und bei $p_H = 6,4$ die Reaktionskonstante $k = 1$ liefert. Die Messung soll nicht über eine 50%ige Hydrolyse des Esters ausgedehnt werden.

M. Martland und R. Robison[3] definieren als Einheit der *alkalischen* Phosphatasen diejenige Enzymmenge, die unter optimalen Bedingungen ($p_H = 9$, $T = 35°$, Magnesiumkonzentration = 0,001—0,006 Mol/l) in einer Stunde aus 1,0—1,5%iger Natrium-β-Glycerophosphatlösung eine Phosphatmenge freilegt, die 0,1 mg Phosphor entspricht. Die Menge von 0,1 mg Phosphor soll höchstens einem 10%igen Umsatz entsprechen.

Darstellung und Reinigung.

Die Reinigung der Phosphatasen bereitete lange Zeit große Schwierigkeiten, da viele bei anderen Enzymen erfolgreichen Reinigungsmethoden sich hier als gänzlich ungeeignet erwiesen. Man benutzte daher entweder einfache Mazerationssäfte[4] oder Extrakte aus Trockenpräparaten. Zu deren Herstellung wird der Organbrei auf Glasplatten bei 40° getrocknet[5] oder nach H. Erdtman[6] unter Zusatz von Toluol autolysiert, filtriert, mit Alkohol gefällt und der Niederschlag mit Alkohol und Äther getrocknet. Der ammoniakalische Extrakt aus dem Trockenpräparat besitzt nach H. Erdtman den doppelten Reinheitsgrad des Autolysates.

Aktivere Präparate erhielten H. und E. Albers[7] durch Autolyse von Schweinenieren mit dem Gemisch von Toluol und Essigester. Der Zusatz des Essigesters verhindert ein Inlösunggehen von Blutfarbstoff, während die durch seine allmähliche Hydrolyse verursachte Säuerung eine sehr selektive Freilegung der

[1] Hoppe-Seyler's Z. physiol. Chem. **229** (1934), 125.
[2] Hoppe-Seyler's Z. physiol. Chem. **282** (1935), 66.
[3] Biochemie. J. **23** (1929), 237.
[4] M. Tomita: Biochem. Z. **131** (1922), 161.
[5] E. Forrai: Biochem. Z. **142** (1923), 282.
[6] Hoppe-Seyler's Z. physiol. Chem. **172** (1927), 182.
[7] Hoppe-Seyler's Z. physiol. Chem. **282** (1935), 165.

Phosphatasen herbeiführt. Fraktionierte Fällung mit Alkohol (am besten 58 bis 63 Vol.-%) bringt den Reinheitsgrad auf 40—80 Ph.-E./mg. Beim Trocknen der noch stark eiweißhaltigen Präparate im Vakuum über Calciumchlorid kristallisiert Magnesium-Ammonium-Phosphat aus, wobei der Reinheitsgrad auf 100 Ph.-E./mg steigt, d. i. das 4000—5000fache gegenüber dem Rohmaterial, das 400fache der Rohsäfte. Solche Präparate bestehen einheitlich aus der Phosphatase vom p_H-Optimum 9,25.

E. PFANKUCH[1] reinigte Phosphatase aus Kartoffeln und Zuckerrüben ebenfalls durch fraktionierte Alkoholfällung. Er erhielt dabei die wirksamsten Präparate einer pflanzlichen Phosphatase mit saurem p_H-Optimum.

Nach demselben Verfahren gewannen M. L. TAMAYO und J. R. BLANCO[2] die Phosphatase aus Knochen.

Die Reinigung der sauren Phosphatase aus Harn geschieht nach W. KUTSCHER und A. WÖRNER[3] durch Elektrodialyse, wodurch nach 12—24 Stunden die Phosphatase ausflockt. Durch Wiederholung der Elektrodialyse erhielt man schließlich Präparate von 28 Ph.-E./mg.

Die Hefephosphatase gewinnt man aus getrockneter Bierhefe durch Extraktion mit Glycerin (1 : 5).[4] Zur Reinigung dialysiert man das Präparat im Eisschrank gegen Wasser und bringt es nach Entfernung des entstandenen Proteinniederschlages zur Erhöhung der Haltbarkeit auf den ursprünglichen Glyceringehalt.

Zur Darstellung der Sojaphosphatase[5] weicht man die Bohnen einen Tag in fließendem Wasser ein und läßt sie zur Anreicherung der Phosphatase zwei Tage keimen. Dann werden die Bohnen getrocknet, gepulvert und mit der 5fachen Menge Wasser und etwas Toluol 2 Stunden extrahiert.

Als Beispiel für die Trennung zweier isodynamer Phosphatasen durch selektive Inaktivierung sei die Phosphatase aus *Aspergillus oryzae* angeführt. Die Takaesteraselösung spaltet Glycerophosphat optimal bei $p_H = 4{,}1$. Nach halbstündiger Einwirkung von Ammoniak bei $p_H = 8$ zeigt die Lösung ein neues Optimum von $p_H = 6$ (Abb. 22).[6]

Lyo- und Desmophosphatasen.

Nach E. BAMANN, E. RIEDEL und K. DIEDERICHS[7] liegt in den ursprünglichen Organen die Hauptmenge der Phosphatasen als Desmoenzym vor. Bei der Phosphatase der Schweineleber vom Wirkungsoptimum $p_H = 5{,}5$ scheint aber die Bindung zwischen Enzym und Zellsubstanz besonders locker zu sein. Autolyse führt in 24 Stunden bereits 90% in Lyophosphatase über.

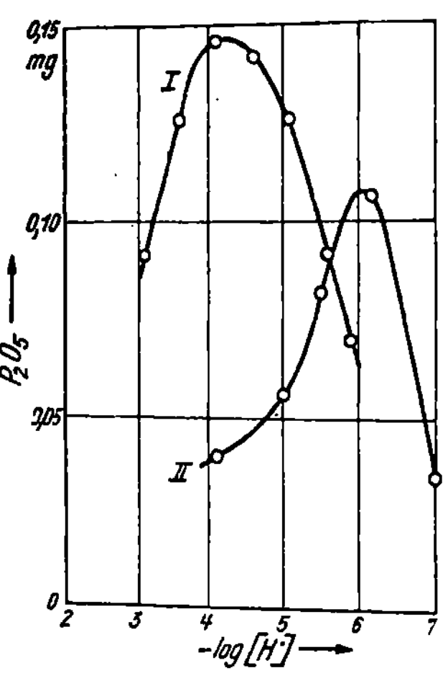

Abb. 22. p_H-Verschiebung durch selektive Inaktivierung. Aktivitäts-p_H-Kurven.

I Unvorbehandelte Takalösung: Maximum der phosphatischen Wirkung bei p_H = etwa 4. *II* Takalösung nach selektiver Zerstörung: es tritt die Wirkung des (6,2)-Isodynamen in Erscheinung.

[1] Hoppe-Seyler's Z. physiol. Chem. **241** (1936), 34.
[2] An. Soc. españ. Física Quim. **34** (1936), 376.
[3] Hoppe-Seyler's Z. physiol. Chem. **238** (1936), 275.
[4] A. SCHÄFFNER, E. BAUER: Hoppe-Seyler's Z. physiol. Chem. **225** (1934), 245.
[5] K. V. GIRI: Hoppe-Seyler's Z. physiol. Chem. **245** (1937), 185.
[6] E. BAMANN, W. SALZER: Biochem. Z. **287** (1936), 380.
[7] Hoppe-Seyler's Z. physiol. Chem. **230** (1934), 175.

Die Freilegung der Phosphatase vom p_H-Optimum 9,5 ist bedeutend schwieriger. Durch Autolyse bei alkalischer oder saurer Reaktion lassen sich nur 50% in Lösung bringen.

Unter den Lyophosphatasen gibt es eine ganze Reihe von Fraktionen mit abgestuften Eigenschaften, die auf Veränderungen am, Phosphatasesymplex zurückgeführt werden. Die Lyophosphatasen sind im Gegensatz zur Desmophosphatase leicht, aber in verschiedenem Umfang aktivierbar. Die Aktivierbarkeit ist um so stärker, je leichter löslich und je niedrigermolekular der Träger ist. Jeder nachfolgende ·Auszug eines Organs zeigt daher gegenüber dem vorhergehenden geringere Aktivierbarkeit. So betrug z. B. die Aktivierung einer nach 2 Stunden abgetrennten Probe durch Magnesiumsalze 440%, die einer nach 24 Stunden abgetrennten Probe nur 10%. Auch das Verhältnis der Hydrolysengeschwindigkeit von α- und β-Glycerophosphat kann sich beim Übergang von der Desmo- in die Lyoform verändern.[1]

Beeinflussung durch physikalische Faktoren.

Weder ultraviolette noch ultrarote noch Röntgenstrahlen wirken auf Phosphataselösungen aus Rindernieren.[2] Auch die Knochenphosphatase ließ keine Beeinflussung durch UV-Licht erkennen.[3]

Das Temperaturoptimum ist 40°. 10 Minuten langes Erwärmen der Nierenphosphatase auf 50° verursacht keine Schädigung, dagegen zerstören 75° in 10 Minuten das Enzym vollständig. Die Halbwertzeit, d. i. die bis zur halben Inaktivierung vergehende Zeit, beträgt bei 60° 2,3 Minuten.[4] Eine reversible Inaktivierung durch Erhitzen beobachtete S. HERSCHDÖRFER[5] an der Phosphatase aus Milch. Hält man sie etwa 20 Minuten auf 63°, so zeigt sie nach langsamer Abkühlung eine höhere Wirksamkeit als nach rascher.

Optimale Wasserstoffionenkonzentration.

Das p_H-Optimum der Monophosphatasen wechselt stark mit ihrer Herkunft und der chemischen Beschaffenheit der Substrate. So liegt das Optimum der Takaphosphatase gegenüber einwertigen aliphatischen und aromatischen Estern bei $p_H = 3$, gegenüber α-Glycerophosphorsäure bei $p_H = 5,5$.[6]

Die in Abb. 23 abgebildete Aktivitäts-p_H-Kurve der Nierenphosphatase läßt nur ein einziges Optimum erkennen, da das Präparat einheitlich aus der alkalischen Phosphatase besteht. Die meisten Präparate tierischer Phosphatase zeigen dagegen mehrere ausgeprägte p_H-Optima infolge der Anwesenheit mehrerer Isodynamer. In der Aktivitäts-p_H-Kurve der Schweineleberphosphatase treten z. B. deutlich zwei Optima hervor (Abb. 24). Das p_H-Optimum 9 zeigen regelmäßig Phosphatasen aus tierischen Organen, Leukocyten, Geweben, Knochen und Milch, das p_H-Optimum 5÷6 die Phosphatasen aus Taka, Reis, Hefe und pflanz-

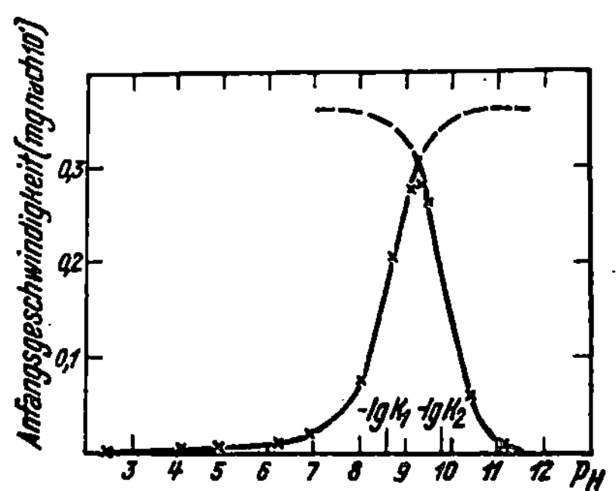

Abb. 23. Aktivitäts-p_H-Kurve der Nierenphosphatase.

[1] E. BAMANN, W. SALZER: Ber. dtsch. chem. Ges. 70 (1937), 1263
[2] R. IWATSURU, K. NANJO: Biochem. Z. 300 (1938/1939), 429.
[3] M. L. TAMAYO, F. SEGOVIA: An. Soc. españ. Fisica Quim. 34 (1936), 363.
[4] H. u. E. ALBERS: Hoppe-Seyler's Z. physiol. Chem. 232 (1935), 165.
[5] Enzymologia (Den Haag) 1 (1936/1937), 96.
[6] H. KOBAYASHI: J. Biochemistry 6 (1926), 261; 8 (1927), 205; 10 (1928), 147; 11 (1929), 173.

lichen Organen. Für die Phosphatasen vom p_H-Optimum 8÷9 und 6 hat J. Roche[1] die Abhängigkeit der Aktivitäts-p_H-Kurven von der Natur der Substrate eingehend untersucht (Abb. 25).

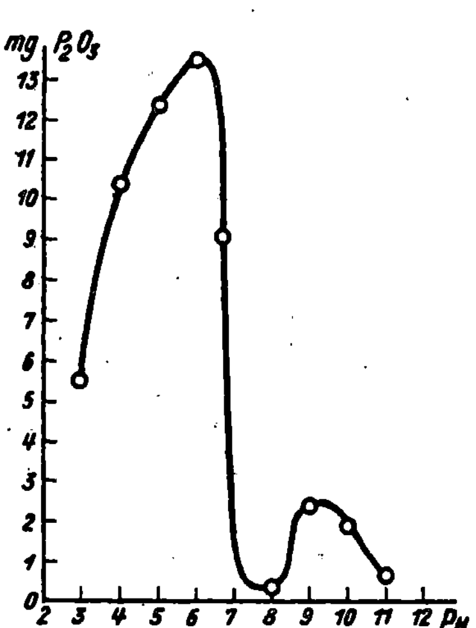

Abb. 24. p_H-Abhängigkeit des Wirkungsvermögens der Phosphoesterasen in einem ammonialkalischen Auszug aus Acetontrockenleber.

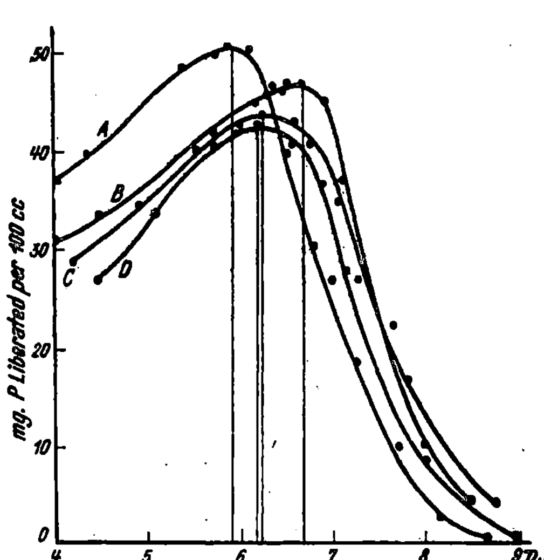

Abb. 25. Aktivitäts-p_H-Kurven von Blutphosphatase bei Einwirkung auf verschiedene Substrate.

A Phenylphosphat, B Fruktosediphosphat, C Fruktosemonophosphat, D Glukosemonophosphat.

Für die Monophosphatasen ist charakteristisch, daß sie nur in einem eng begrenzten p_H-Bereich beständig sind. Das Maximum der Beständigkeit liegt im p_H-Optimum.

Kinetik.

Die große Empfindlichkeit der Phosphatasen gegenüber den Einflüssen von Aktivatoren und Hemmungskörpern erstreckt sich nicht nur auf den Umfang der Wirksamkeit überhaupt, sondern auch auf den Verlauf der Spaltungsreaktionen, also auf die Einzelheiten der Kinetik. Ein einheitliches Bild dieser Kinetik ist daher ebensowenig zu geben wie eine allgemein anwendbare Definition der Phosphataseeinheiten und der Reinheitsgrade. Die Beschreibung muß vielmehr gerade auf die große Veränderlichkeit des Spaltungsablaufes hinweisen und zeigen, daß selbst große Unterschiede der Kinetik nur eine Folge der wechselnden Zusammensetzung der die Phosphatasen begleitenden Stoffe sein können. E. Bamann und E. Riedel,[2] die die Kinetik der Schweineleberphosphatase eingehend studierten, fanden mit dem dialysierten Autolysat der sauren Phosphatase in gewissen Grenzen Proportionalität zwischen Enzymkonzentration und Reaktionsgeschwindigkeit. Verwendeten sie statt des Dialysats die ungereinigte Phosphatase, so zeigte sich eine Abnahme des Umsatzes mit steigender Enzymmenge, was auf eine Hemmung durch begleitendes Phosphat zurückgeführt werden konnte. Noch stärker wird die alkalische Phosphatase durch anorganisches Phosphat gehemmt. Nach E. Jacobsen[3] setzt sich diese Hemmung aus zwei Komponenten zusammen: einer relativen, die von dem Verhältnis der Konzen-

[1] Biochem. J. 25 (1931), 1724; Bull. Soc. Chim. biol. 13 (1931), 841.
[2] Hoppe-Seyler's Z. physiol. Chem. 229 (1934), 125.
[3] Biochem. Z. 249 (1932), 21; 267 (1933), 89.

trationen des Substrats und des anorganischen Phosphats abhängig ist, und einer absoluten, von der Substratkonzentration unabhängigen. Jacobsen

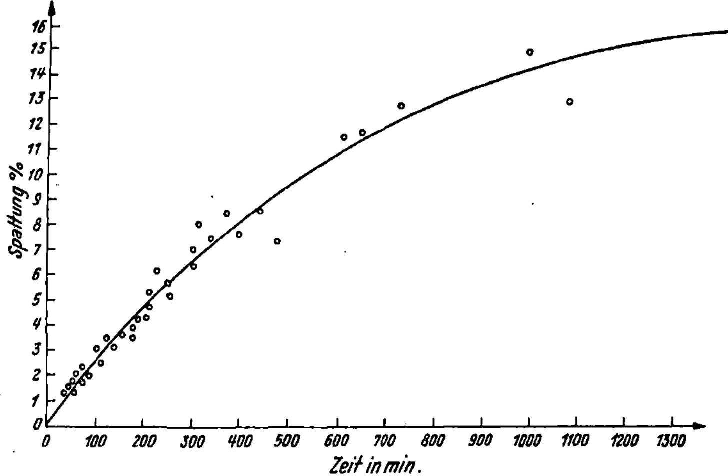

Abb. 26. Zeitlicher Verlauf der Glycerophosphatspaltung mit Leberphosphatase im alkalischen Gebiet.

stellt die Hypothese auf, daß das Enzym zwei Bindungsstellen für das Phosphat besitzt, deren Besetzung in beiden Fällen das Enzym unwirksam macht. Die erste Bindungsstelle ist identisch mit der für das Substrat. Die Anzahl der

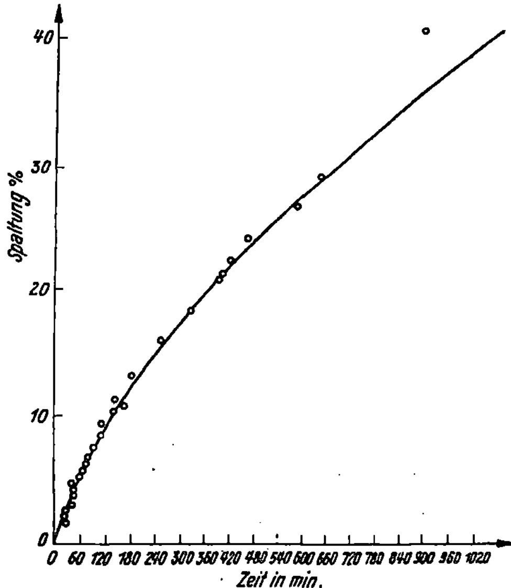

Abb. 27. Zeitlicher Verlauf der Glycerophosphatspaltung durch Leberphosphatase im sauren Gebiet.

wirksamen und der unwirksamen Enzymmoleküle ist daher abhängig von dem Verhältnis der Konzentration von Substrat und anorganischem Phosphat. An die zweite Bindungsstelle vermag sich nur das Phosphat anzulagern. Die durch Besetzung dieser Bindungsstelle hervorgerufene Hemmung ist daher von der Substratkonzentration unabhängig und nur abhängig von der Phosphatmenge. Während die absolute Hemmung mit abnehmender Wasserstoffionenkonzentration abnimmt, nimmt die relative zu. Die von E. Jacobsen für den Einfluß der Phosphate auf den Spaltungsverlauf aufgestellte sehr komplizierte Gleichung hat nur beschränkte Gültigkeit. Die Bedeutung ihrer Konstanten ist unbekannt.

Bei der alkalischen Phosphatase aus Schweineleber fanden sich sonderbare Beziehungen zwischen Spaltungsgeschwindigkeit und Substratkonzentration.[1] Das ungereinigte Autolysat besitzt ein Maximum der Spaltungsgeschwindigkeit bei einer Substratkonzentration von 1%. Dialysiert man das Autolysat, so ist der Umsatz in einer 0,2%-

---

[1] E. Bamann, E. Riedel: Hoppe-Seyler's Z. physiol. Chem. 229 (1934), 125.

igen Lösung größer als in der 1%igen. Dieser Unterschied wird aufgehoben, wenn man dem dialysierten Autolysat Magnesiumchlorid zusetzt.

Der Zusatz von Magnesiumchlorid läßt dagegen die Aktivitäts-p_s-Kurven der sauren Phosphatase in rohen und dialysierten Autolysaten unverändert. Hier ist der Umsatz in 1%iger Substratlösung stets größer als in der 0,2%igen. Erst Präparate der sauren Phosphatase von höherem Reinheitsgrad werden von Magnesiumchlorid aktiviert, aber ohne Änderung des allgemeinen Verlaufes der Aktivitäts-p_s-Kurve.

Den zeitlichen Verlauf der Glycerophosphatspaltung mit alkalischer und saurer Leberphosphatase zeigen die Abb. 26 und 27. Die Spaltungskurve der sauren Phosphatase hat den steileren Verlauf. Nach A. Schäffner und E. Bauer[1] verläuft die Spaltung durch Hefephosphatase innerhalb nicht zu hoher Spaltungsgrade und bei nicht zu langen Versuchszeiten als Reaktion erster Ordnung.

Aktivierung und Hemmung.

Die Hemmung durch Phosphate ist bei der Erörterung der Kinetik in dem vorangehenden Kapitel bereits genügend besprochen.

Unter den Aktivatoren verdient das bei der Kinetik ebenfalls schon erwähnte Magnesium besondere Beachtung, sowohl wegen des großen Umfangs der Aktivierung als auch wegen der charakteristischen Unterschiede in der Aktivierbarkeit der isodynamen Phosphatasen. Die Aktivierung durch Magnesiumsalze hat zuerst H. Erdtman[2] bei der Nierenphosphatase beobachtet. Er erwägt drei Möglichkeiten der Wirkungsweise dieses Aktivators: 1. Magnesium schützt das Enzym vor Zerstörung, 2. Magnesium hat eine größere Affinität zum Phosphat als das Enzym und hebt infolgedessen die Hemmung durch Phosphat auf, 3. Magnesium hat eine größere Affinität zum Enzym als das Phosphat und verhindert dadurch, daß das Enzym durch Bindung an das gebildete Phosphat inaktiviert wird. Die zweite Möglichkeit scheidet aus, da nach ihr das Calciumion eine dem Magnesium ähnliche Wirkung haben müßte. Calcium wirkt jedoch gänzlich anders, indem es bald aktiviert,[3] bald hemmt, bald gar keinen Einfluß ausübt.[4] Auch bietet die zweite Deutung keine Erklärung dafür, daß ein Überschuß an Magnesiumsalz hemmend wirkt. Das Magnesium ist demnach als ein spezifischer Aktivator der Phosphatasen anzusehen, der wahrscheinlich im Sinne der dritten Erdtmanschen Möglichkeit wirkt. Auch H. D. Jenner und H. D. Kay[5] nehmen an, daß bei der Aktivierung durch Magnesium eine Magnesium-Enzym-Verbindung entsteht, die weniger empfindlich für die Hemmung durch Phosphat ist als das freie Enzym. Die Richtigkeit dieser Annahme wird durch C. G. Holmbergs Beobachtung erhärtet, daß die aktivierende Wirkung des Magnesiums auf hochgereinigte Präparate zu Anfang der Reaktion Null ist, solange noch kein anorganisches Phosphat vorhanden ist.[6]

Die Magnesiumeinwirkung ist von mehreren Faktoren abhängig und bei den isodynamen Phosphatasen sehr verschieden. So werden die meisten sauren Phosphatasen gar nicht von Magnesium beeinflußt. Die saure Hefephosphatase mit dem p_H-Optimum 4 wird gehemmt. Alle alkalischen Phosphatasen werden von Magnesiumsalzen in bestimmten Konzentrationen aktiviert, in hohen Kon-

---

[1] Hoppe-Seyler's Z. physiol. Chem. **232** (1935), 66.
[2] Hoppe-Seyler's Z. physiol. Chem. **172** (1927), 182; **177** (1928), 211.
[3] G. Kuwabara: J. Biochemistry **16** (1932), 403.
[4] E. Bamann, E. Riedel, K. Diederichs: Hoppe-Seyler's Z. physiol. Chem. **230** (1934), 175.
[5] J. biol. Chemistry **93** (1931), 733.
[6] Biochem. Z. **279** (1935), 145.

zentrationen dagegen gehemmt (Überschußhemmung). Es gibt einen Bereich größter Aktivierung, der bei der Knochenphosphatase zwischen $^m/_{1000}$ und $^m/_{100}$ Magnesiumchlorid, bei Leberphosphatase zwischen $^m/_{100}$ und $^m/_{20}$ liegt.[1] Der Grad der Aktivierung ist aber auch abhängig von dem Verhältnis der Konzentrationen des Magnesiums und des Substrats. Für jede Spaltung gibt es ein günstigstes Verhältnis, bei dem die optimale Aktivität der betreffenden Phosphatase erreicht wird. So ist z. B. bei Gegenwart von 0,1$^0/_{00}$ Magnesiumchlorid die Spaltung einer 0,2%igen Glycerophosphatlösung größer als die einer 1%igen.[2] Bei hohen Magnesiumkonzentrationen und niederen Substratkonzentrationen wird die Überschußhemmung besonders deutlich. Die Rolle, die das Verhältnis von Magnesium- und Substratkonzentration spielt, erklärt auch einen scheinbaren Widerspruch, der zwischen den Untersuchungen von E. BAMANN und E. RIEDEL[1] und von H. D. JENNER und H. D. KAY[3] bestand. Erstere fanden mit steigender Magnesiumkonzentration ständig wachsende Aktivität, letztere ein ausgesprochenes Maximum mit starkem Absinken bei höheren Magnesiumkonzentrationen und eine ausgesprochene Überschußhemmung. JENNER und KAY hatten ihre Versuche bei niedriger Substratkonzentration angestellt, BAMANN und RIEDEL bei so hoher Substratkonzentration, daß weder eine Überschußhemmung noch überhaupt ein Sinken der Aktivität durch hohe Magnesiumkonzentrationen eintrat.

Sehr wesentlich für den Umfang der Aktivierung durch Magnesium ist der Zustand, in dem das Enzym vorliegt. Die Lyophosphatasen sind leichter aktivierbar als die Desmophosphatasen. Mehrtägiges Stehen der Lyophosphatasen bei alkalischer oder saurer Reaktion ließ die Aktivierbarkeit von 3000% auf 200% zurückgehen.[4] Der Zustand des Enzyms beeinflußt auch die Abhängigkeit der Aktivierung von dem Verhältnis der Konzentrationen von Magnesium und Substrat. So wird bei den leichtest löslichen Lyophosphatasen selbst bei niedrigster Substratkonzentration und höchster Magnesiumkonzentration keine Überschußhemmung beobachtet. Bei ausgesprochenem Desmoenzym können dagegen bei derselben niedrigen Substratkonzentration schon wenige Milligramm Magnesiumsalz einen deutlichen Abfall der Reaktionsgeschwindigkeit verursachen. E. BAMANN wird hierdurch zu der Ansicht gebracht, daß die aktiven Stellen der Lyophosphatasen anders gelagert oder anders beeinflußt sind als die der Desmophosphatasen, so daß ihre andere Wirkung wohl eine Folge ihrer besonderen Lage an einem besonderen kolloidalen Träger ist.

Ferner wird das Ausmaß der Aktivierung beeinflußt von der Konstitution des Substrats. Die Spaltung von β-Glycerophosphat durch eine Lyofraktion ist in Gegenwart von Magnesium etwa 4mal schneller als die des α-Isomeren, während ohne Magnesium beide etwa gleich schnell gespalten werden.

R. CLOETENS[5] versucht, die Unterschiede im Verhalten gegen Magnesium zu interpretieren durch die Annahme von verschiedenen Gruppen im Eiweißbestandteil des Enzymmoleküls, die Bindungsstellen für die Metallionen darstellen. Die isodynamen Phosphatasen sollen sich eben durch diese Gruppen unterscheiden.

Ähnlich wie das Magnesium wirkt zweiwertiges Mangan aktivierend. Beide Ionen vermögen durch Dialyse inaktiv gewordene Phosphatasen zu reaktivieren.

---

[1] E. BAMANN, E. RIEDEL: Hoppe-Seyler's Z. physiol. Chem. 229 (1934), 125.

[2] E. BAMANN, W. SALZER: Ber. dtsch. chem. Ges. 70 (1937), 1263.

[3] J. biol. Chem. 98 (1931), 733.

[4] E. BAMANN, W. SALZER: Biochem. Z. 287 (1936), 380.

[5] Naturwiss. 28 (1940), 252.

Die durch Mangan reaktivierte Enzymlösung unterscheidet sich aber von der durch Magnesium reaktivierten durch das Verhalten gegen Fluorid. Die Reaktivierung der Hefephosphatase durch Magnesium wird völlig durch Fluorid aufgehoben, die Manganreaktivierung dagegen nicht. Da Magnesium mit Fluorid leicht Komplexe bildet, Mangan aber nicht, faßt CLOETENS die Fluoridhemmung als Komplexbildung auf.

Die Angaben über die Wirkungen des Fluorids auf die Phosphatasen sind allerdings schwankend. So wird nach S. BELFANTI, A. CONTARDI und A. ERCOLI[1] nur die saure Phosphatase aus Leber und Niere durch Fluorid gehemmt, nach E. AUHAGEN und ST. GRZYCKI[2] auch die alkalische Nierenphosphatase. Hefephosphatase scheint unempfindlich zu sein.

Kupfer[3] hemmt schon in einer Konzentration von $m/_{1200}$. Eisen und Aluminium hemmen ebenfalls.[4]

Durch Oxalat findet bei den sauren Organphosphatasen reversible Inaktivierung statt. Sie kann durch Dialyse oder durch Fällung des Oxalats mit Calciumsalzen aufgehoben werden. Auch durch Zusatz von Phosphat verschwindet die hemmende Wirkung des Oxalats. Man muß annehmen, daß das Phosphat die Oxalationen aus dem Enzymkomplex verdrängt.[1] Die alkalischen Organphosphatasen erfahren durch Oxalat keine Beeinflussung, wohl aber die alkalischen Knochenphosphatasen. Saure Organphosphatasen werden auch durch Trichloressigsäure, Blausäure[5] und Borsäure[6] gehemmt. Der Einfluß von Arsenaten ist verschieden, Takaphosphatase wird aktiviert, Nierenphosphatase gehemmt.[7]

Durch Oxydationsmittel werden die Phosphatasen wenig beeinflußt, dagegen sind sie reduzierenden Substanzen gegenüber empfindlich. Nach A. SCHÄFFNER und E. BAUER[8] scheint es eine allgemeine Eigenschaft der Phosphatasen zu sein, daß sie bei ihrem optimalen p_H eine Hemmung durch SH-Gruppen erfahren. Die Hemmung durch Cystein vergrößert sich mit fortschreitender Reinigung. Sie kann zum größten Teil durch Behandlung mit Jodessigsäure oder mit Eisensalzen aufgehoben werden.[9] Gelegentlich zeigen Sulfhydrylverbindungen allerdings ein entgegengesetztes Verhalten.[5] Glutathion in physiologischen Konzentrationen hemmt z. B. Nierenphosphatase selbst bei optimalem p_H nicht, Thiomilchsäure hemmt nur wenig, Dithiodilactylsäure aktiviert ein wenig.

SS-Gruppen (z.B. Cystin) hemmen im allgemeinen weniger als SH-Gruppen.[10] Abb. 28 zeigt den hemmenden Einfluß von Cystin und Cystein auf den Reaktionsverlauf. Die Kurven lassen erkennen, daß auch die Art der Hemmung bei beiden verschieden ist. Bei Cystin ist die Stärke der Hemmung in einfacher linearer Abhängigkeit von dessen Menge, bei Cystein ist die Abhängigkeit keine lineare. Ferner ist die Hemmung durch SH im Gegensatz zu der durch SS von der Einwirkungsdauer abhängig, also eine Zeitreaktion, die auch bei großen Cystein-

---

[1] Biochemic. J. 29 (1935), 517, 842.

[2] Biochem. Z. 265 (1933), 217.

[3] S. EDLBACHER, W. KUTSCHER: Hoppe-Seyler's Z. physiol. Chem. 199 (1931), 200; 207 (1932), 1.

[4] M. MORII: Arb. III. Abt. anat. Inst. Kyoto, C. H. 4 (1933), 1; Ber. ges. Physiol. exp. Pharmakol. 77 (1934), 323.

[5] H. KÖSTER, TH. BERSIN: Hoppe-Seyler's Z. physiol. Chem. 231 (1935), 153.

[6] H. ERDTMAN: Hoppe-Seyler's Z. physiol. Chem. 172 (1927), 182.

[7] C. NEUBERG, J. LEIBOWITZ: Biochem. Z. 191 (1927), 460.

[8] Hoppe-Seyler's Z. physiol. Chem. 225 (1934), 245.

[9] E. WALDSCHMIDT-LEITZ, A. SCHARIKOVA, A. SCHÄFFNER: Hoppe-Seyler's Z. physiol. Chem. 214 (1933), 75.

[10] H. ALBERS: Ber. dtsch. chem. Ges. 68 (1935), 1443.

mengen eine restliche konstante Wirksamkeit des Enzyms übrig läßt. Wahrscheinlich konkurriert das Cystin mit dem Substrat um das Ferment, während die Reaktion des Cysteins mit dem Phosphatasemolekül, vielleicht eine Reduktion, nicht an der Bindungsstelle des Substrats erfolgt. Unreine Präparate werden durch SH und SS nicht gehemmt. Entweder sind sie bereits maximal durch natürliche Begleitstoffe gehemmt, oder die Begleitstoffe fangen die zugesetzten Hemmungskörper ab.

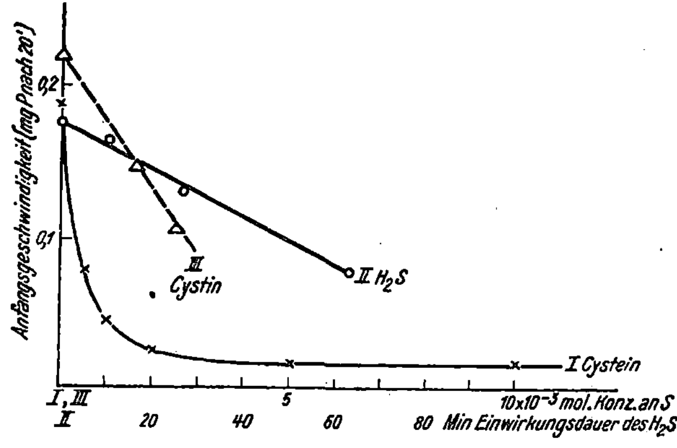

Abb. 28. Beeinflussung der Glycerophosphatspaltung durch Nierenphosphatase durch Cystin und Cystein.

Durch Reduktion mit Wasserstoff in Gegenwart von Pt- oder Pd-Asbest als Katalysator kann die Phosphatase bis auf ein Zehntel des ursprünglichen Wertes inaktiviert werden. Durch Einleiten von Sauerstoff kann diese Inaktivierung wieder gänzlich rückgängig gemacht werden. Andere Reduktionen führen meist zu irreversibler Inaktivierung.[1]

Ascorbinsäure aktivierte in einigen Versuchen die β-Glycerophosphatspaltung durch Serumphosphatase,[2] in anderen nicht.[3] Dagegen hemmte Dehydroascorbinsäure stets,[4] besonders stark in Gegenwart von Spuren von Kupfer. Die Hemmung durch Dehydroascorbinsäure kann durch Glutathion, Cystin, Cystein, Schwefelwasserstoff, Natriumhydrosulfit und Kaliumcyanid aufgehoben werden. Ist die Ascorbinsäure über die Dehydrostufe hinaus oxydiert worden, z. B. durch Oxydasen, so übt sie keine Hemmung mehr auf Phosphatasen aus.

Bei der Untersuchung über den Einfluß organischer Stoffe auf Takaphosphatase mit dem p_H-Optimum bei 3,2÷3,8 fanden E. BAMANN und W. SALZER,[5] daß Stoffe, die in α-Stellung zu einer Carboxylgruppe eine Oxy- oder Oxogruppe besitzen, wie Citronensäure, aktivierende Wirkung haben. Der Ersatz der Oxygruppe durch Wasserstoff, NH₂ oder Halogene bzw. β-Stellung der OH-Gruppe oder Fehlen der COOH-Gruppe führt zur Unwirksamkeit. Daher aktivieren: Äpfelsäure, Glykolsäure, Milchsäure, Mandelsäure; unwirksam sind: Bernsteinsäure, Malonsäure, α-Aminobuttersäure, Chloressigsäure, β-Oxybuttersäure, Äthanol und Phenol.

α-Aminosäuren wirken beschleunigend auf die Knochen- und Organphosphatase.[6] Die Aktivierung steigt mit der Aminosäurekonzentration bis zu einem für alle Aminosäuren gleichen Betrag. Das Gebiet der optimalen Konzentration wechselt aber bei den verschiedenen α-Aminosäuren. In noch größeren Konzentrationen wirken sie hemmend. Andere organische Stickstoffverbindungen aktivieren nicht. Es wird vermutet, daß die Wirkungsweise der α-Aminosäuren in einem Schutz des Enzyms vor Inaktivierung besteht.

[1] M. KIESE, A. B. HASTINGS: Science (New York) (N. S.) 88 (1938), 242.
[2] S. J. THANNHAUSER, M. REICHEL, J. F. GRATTAN: J. biol. Chemistry 121 (1937), 697.
[3] E. J. KING, G. E. DELORY: Biochemic. J. 32 (1938), 1157.
[4] K. V. GIRI: Nature (London) 141 (1938), 119.
[5] Biochem. Z. 288 (1936), 299.
[6] O. BODANSKY: J. biol. Chemistry 114 (1936), 273; 115 (1936), 101.

Glycerin hemmt etwas, aber viel weniger als z. B. Phosphat.[1]

Stark hemmen Gallensäuren;[2] Farbstoffe wie Methylgrün, Methylenblau, Trypaflavin.[3]

Morphin hemmt zunehmend im Bereich von 0,002—0,2%.[4] Codein wirkt je nach Konzentration hemmend oder aktivierend.[5] Miotin, das Esterasen stark hemmt, hat keinen Einfluß.[6]

Von den geprüften Hormonen hat nur Thyroxin einen Einfluß. Je nach Konzentration wirkt es fördernd oder hemmend.[7]

Ein natürlicher Hemmstoff der Phosphatasen ist in Niere und Hefe gefunden worden. Er wurde dadurch entdeckt, daß die Aktivität der Enzymlösungen beim Aufbewahren bis zu einem Endwert ständig anwuchs. Es wird angenommen, daß der Hemmstoff fermentativ abgebaut wird. Er erwies sich als dialysabel.[8]

Synthese.

Die Phosphatasen sind in hohem Maße zur Synthese befähigt. Knochenphosphatase verestert Phosphat mit Glycerin, Glykol, Mannit, Glukose oder Fruktose.[9] Durch Organphosphatase sind Synthesen des Phosphats mit Glycerin, Äthylglykol, Methyl- und Äthylalkohol beobachtet worden.[10]

Auch bei der Synthese zeigt sich die verschiedene Spezifität der Phosphatasen gegenüber den α- und β-Isomeren des Glycerophosphats; so synthetisiert die Nierenphosphatase bevorzugt die α-Form.[11] Auch die optische Spezifität wurde durch asymmetrische Esterbildung von B. Suzuki und T. Maruyama[12] beobachtet.

Für die biologisch so bedeutungsvolle Veresterung der Kohlehydrate mit Phosphorsäure nahm man lange Zeit besondere synthetisierende Enzyme, sogenannte Phosphatesen an. Diese Annahme ist verlassen. Man hält heute fast allgemein die spaltenden und die synthetisierenden Fermente für identisch.

Struktur.

Die Phosphomonoesterasen sind die einzigen Enzyme in der Gruppe der Hydrolasen, bei denen eine völlige Abspaltung des Agons vom Pheron durch Dialyse gelungen ist. Diese Abtrennung erfolgt in dem sogenannten kritischen p_H-Intervall, in dem das Enzym seine Inaktivierung durchläuft. Die dialysierte Lösung, welche die Eiweißkomponente enthält, erfährt durch Zusatz des abgespaltenen Agons eine Aktivierung. Ferner konnte durch Austausch der beiden Enzymkomponenten festgestellt werden, daß Nierenphosphatase (alkalische Phosphatase) und Oberhefenphosphatase (saure Phosphatase) das gleiche Agon besitzen. Die verschiedenen p_H-Optima sind dann eine Folge verschiedener Pheronta.[13]

---

[1] A. Schäffner, E. Bauer: Hoppe-Seyler's Z. physiol. Chem. 232 (1935), 66.

[2] H. Takata: J. Biochemistry 14 (1931/32), 61, 439; 16 (1932), 83; 18 (1933), 63.

[3] R. Iwatsuru, K. Nanjo: Biochem. Z. 301 (1939), 15.

[4] E. Keeser: Naunyn-Schmiedebergs Arch. exp. Pathol. Pharmakol. 167 (1932), 267.

[5] E. Keeser: Naunyn-Schmiedebergs Arch. exp. Pathol. Pharmakol. 171 (1933), 311.

[6] E. u. E. Stedman, C. S.: J. Biochemistry 26 (1932), 1214.

[7] B. Herr: Dissertation, Münster, 1934; Ber. ges. Physiol. exp. Pharmakol. 88 (1935), 645.

[8] H. u. E. Albers: Hoppe-Seyler's Z. physiol. Chem. 285 (1935), 47.

[9] M. Martland, R. Robison: Biochemic. J. 21 (1927), 665.

[10] H. D. Kay: Biochemic. J. 22 (1928), 855.

[11] J. Courtois: C. R. hebd. Séances Acad. Sci. 207 (1938), 683.

[12] Proc. Imp. Acad. (Tokyo) 6, Februarheft (1930), 67.

[13] H. Albers, E. Beyer, A. Bohnenkamp, G. Müller: Ber. dtsch. chem. Ges. 71 (1938), 1913.

Daß der starke Aktivator der Phosphatase, das Magnesium, nicht das Agon des Enzyms darstellt, wie des öfteren angenommen wurde, konnte von D. ALBERS[1] bewiesen werden. Das Magnesium vermag nämlich nur das Holoferment und nicht das Pheron zu aktivieren.

Phosphodiesterasen.

Im Schlangengift kommt nach S. UZAWA[2] eine spezifische Diphosphatase wirkungsrein vor, die aus Diphenylphosphat nur ein Phenol und kein anorganisches Phosphat abspaltet. Das p_H-Optimum dieser Phosphatase liegt bei p_H 8,6. Die japanische Schule nimmt an, daß an fast allen anderen Fundorten die Monophosphatase von einer Diphosphatase begleitet ist, aber diese Anschauung ist noch nicht gesichert. R. HOTTA[3] beobachtete, daß auch einige Diester durch Monophosphatase spaltbar sind, besonders dann, wenn die beiden Alkoholradikale von verschiedenem Typ sind. Nur Diphosphatase soll dagegen solche Ester angreifen, die mit Alkoholen vom gleichen Typ verestert sind.

E. WALDSCHMIDT-LEITZ und F. KÖHLER,[4] ferner W. KLEIN und A. ROSSI[5] konnten die von S. UZAWA vertretene Anschauung der Existenz einer Diphosphatase neben einer Monophosphatase nicht bestätigen. Dagegen gelang es in neuerer Zeit J. ROCHE und M. LATREILLE,[6] eine einheitliche Phosphomonoesterase darzustellen, die frei von Phosphodiesterase war. Dieser Befund spricht indirekt auch für die Existenz der Phosphodiesterase.

Pyrophosphatase.

Die Sonderexistenz der Pyrophosphatase, die zuerst von japanischen Autoren[7,8] bewiesen wurde, fand später durch E. BAUER[9] und E. BAMANN und H. GALL[10] erneute Bestätigung.

In tierischen Organen kommen drei isodyname Pyrophosphatasen vor mit den p_H-Optima um 4, 6 und 8. Ferner wurden Pyrophosphatasen gefunden in keimender Gerste, süßen Mandeln,[11] Hefen[12] und in Bakterien.[13]

Die Bestimmung der Pyrophosphataseaktivität erfolgt nach denselben Methoden wie die der Phosphomonoesterasen.

Darstellung.

Tierische Organe werden durch Behandlung mit Aceton und Äther getrocknet und $^{1}/_{2}$ Stunde mit der 20fachen Menge $^{n}/_{40}$-Ammoniak oder $^{n}/_{40}$-Essigsäure extrahiert. Anschließend wird der Extrakt dialysiert. Die unterschiedliche Stabilität der drei Isodynamen in den verschiedenen p_H-Bereichen haben BAMANN und GALL benutzt, um die Pyrophosphatasen voneinander zu trennen. Ebenfalls gelang ihnen durch selektive Inaktivierung die Trennung der Pyrophosphatase von den Phosphomonoesterasen. Die saure und alkalische Phosphatase und die alkalische

---

[1] Hoppe-Seyler's Z. physiol. Chem. **261** (1939), 43.
[2] J. Biochemistry **15** (1932), 19.
[3] J. Biochemistry **20** (1934), 343.
[4] Biochem. Z. **258** (1933), 360.
[5] Hoppe-Seyler's Z. physiol. Chem. **231** (1935), 104.
[6] Enzymologia (Den Haag) **3** (1937), 75.
[7] K. KURATA: J. Biochemistry **14** (1931), 25.
[8] H. TAKAHASHI: J. Biochemistry **16** (1932), 447.
[9] Naturwiss. **23** (1935), 866.
[10] Biochem. Z. **293** (1937), 1.
[11] P. FLEURY, J. COURTOIS: Enzymologia (Den Haag) 1 (1936/37), 377.
[12] E. BAUER: Hoppe-Seyler's Z. physiol. Chem. **239** (1936), 195.
[13] L. B. PETT, A. M. WYNNE: Biochemic. J. **27** (1933), 1660.

Pyrophosphatase werden nämlich im Gegensatz zur sauren Pyrophosphatase durch eine aufeinanderfolgende alkalische und saure Behandlung zerstört. Durch die Darstellung pyrophosphatasefreier Phosphomonoesterase und phosphomonoesterasefreier Pyrophosphatase ist die Existenz einer besonderen Pyrophosphatase einwandfrei bewiesen worden.

Eigenschaften.

In ammoniakalischen Auszügen finden sich Pyrophosphatasen vom p_H-Optimum 5,5—6,0 und 7,6—8,3. Die vom p_H 4 wird durch Ammoniak zerstört. In die essigsauren Auszüge geht nur die von p_H 5,5—6,0. Die Pyrophosphatase von p_H 3,9—4,2 bleibt dagegen bei dieser Extraktion als Desmoenzym im Rückstand. Die alkalische Pyrophosphatase ist in den essigsauren Auszügen zerstört. Besonders die Lyoform erweist sich als sehr empfindlich gegen p_H-Verschiebungen. Unterhalb p_H 3,5 werden alle Pyrophosphatasen rasch und irreversibel inaktiviert.

Auch in der Aktivierbarkeit durch Magnesium unterscheiden sich die Isodynamen. Die alkalische Pyrophosphatase verhält sich wie die alkalische Monophosphatase; die saure Pyrophosphatase wird im Gegensatz zu sauren Monophosphatasen durch Magnesium aktiviert. Die Desmopyrophosphatase erfährt kaum eine Beeinflussung. Die Lyofraktionen sind wie bei den Monophosphatasen stärker aktivierbar als die Desmoformen. Durch Vitamin C und Kupfersalze wird die Pyrophosphatase weniger gehemmt als die Phosphomonoesterase. Dies ist aber wohl weniger eine Eigenschaft der Pyrophosphatasen als eine Stabilisierung des Vitamins C durch das Pyrophosphat.[1]

Durch Hertzsche Wellen von $\lambda = 1,25$ m wird die Pyrophosphatase aus Aspergillus oryzae in ihrer Wirkung auf Diphenylpyrophosphorsäure gefördert.[2]

Adenylpyrophosphatase.

Die Adenylpyrophosphatase spaltet aus dem Adenylpyrophosphat, einem 3fach phosphorylierten Adenosin, nur die zwei im Pyrophosphatrest verknüpften Phosphorsäuremoleküle ab. Der dritte schwer hydrolysierbare Rest wird von ihr nicht angegriffen. Daher ist der von H. K. BARRENSCHEEN und S. LANG[3] vorgeschlagene Name Adenosintriphosphatase irreführend. Nach E. JACOBSEN[4] wird die Adenylpyrophosphorsäure, wenn auch langsam, von der gewöhnlichen Pyrophosphatase aufgespalten, wobei die Spaltung wegen der Anwesenheit von Monophosphatase vor dem dritten Phosphorsäurerest nicht halt macht. Auch T. SATOH[5] findet eine Spaltung von Adenylpyrophosphorsäure durch eine Kombination von Mono- und Pyrophosphatase, während die getrennten Enzyme wirkungslos sein sollen. Im Gegensatz dazu ist die Spezifität der Adenylpyrophosphatase streng. Sie spaltet keine anderen Pyrophosphate.

Die Adenylpyrophosphatase findet sich hauptsächlich in der Leber, weniger im Muskel.

Der Umfang der Spaltung wurde durch Bestimmung der gebildeten Orthophosphorsäure ermittelt.

Darstellung.

Da die Adenylpyrophosphatase bei schwach saurer Reaktion und in Gegenwart von Ammoniumchlorid weniger thermolabil ist als die anderen Phosphatasen, läßt sie sich von ihnen durch selektive Inaktivierung trennen. Der zellfreie

[1] K. VENKATA GIRI: Hoppe-Seyler's Z. physiol. Chem. **254** (1938), 126.
[2] A. DE PEREIRA FORJAZ: Cong. Chim. ind. Bruxelles **15 II** (1935), 688.
[3] Biochem. Z. **253** (1932), 395.
[4] Biochem. Z. **263** (1933), 302.
[5] J. Biochemistry **21** (1935), 19.

Leberextrakt wird mit einem Drittel seines Volumens an 10%iger Ammoniumchloridlösung versetzt und 6—7 Minuten bis 55° erwärmt. Dabei tritt eine Ausfällung von Eiweiß mit der Adenylpyrophosphatase ein. Der Niederschlag wird abzentrifugiert, mit verdünntem Ammoniumchlorid gewaschen, in Wasser aufgenommen und dialysiert, wobei das Enzym in Lösung geht. Das Präparat hat auf Glycerophosphat und Pyrophosphat keine Wirkung.[1]

Eigenschaften.

Das p_H-Optimum ändert sich mit der Darstellungsart. So zeigt die nach E. JACOBSEN[2] dargestellte Adenylpyrophosphatase aus Leber zwei ausgesprochene p_H-Optima bei 8,2 und 9. Die oben beschriebene Adenylpyrophosphatase hat ihr Optimum bei 7,2.

Die optimale Temperatur beträgt beim optimalen p_H 35°.

Für die Anfangszeiten der Spaltung besteht zwischen Fermentmenge und abgespaltenem Phosphat direkte Proportionalität.

Magnesiumchlorid und Magnesiumnitrat hemmen deutlich. Merkwürdigerweise hat Magnesiumsulfat aktivierenden Einfluß. Daß diese Aktivierung nicht dem Magnesium, sondern dem Sulfation zukommt, wurde dadurch bewiesen, daß die Sulfate des Natriums, Kaliums und Ammoniums ebenfalls aktivieren. In höheren Konzentrationen wirken alle Sulfate hemmend. Calcium- und Berylliumionen hemmen stark.[3]

Nucleophosphatase.

Die Nucleophosphatase spaltet die Nucleotide in Nucleoside und Phosphorsäure. Die Existenz einer spezifischen Nucleophosphatase wird noch stark angezweifelt. Da die alkalischen und die sauren Phosphatasen die Nucleotide ebenso wie andere Phosphorsäureester zu spalten vermögen, ist es nach H. BREDERECK[6] nicht nötig, eine besondere Nucleophosphatase anzunehmen. Umgekehrt ist nach W. KLEIN[5] die Nucleophosphatase befähigt, auch Glycerophosphat anzugreifen. Für die Identität der Nucleophosphatase mit den anderen Phosphatasen sprechen ferner gleiches Vorkommen, ähnliche Hemmungs- und Aktivierungserscheinungen und gleiche p_H-Abhängigkeit. Neuerdings ist es aber J. REIS[6] gelungen, die Nucleophosphatase frei von den gewöhnlichen Phosphatasen herzustellen, womit die Existenz einer besonderen Nucleophosphatase bewiesen ist. Diese Nucleophosphatase ist streng spezifisch auf solche Nucleotide eingestellt, die die Phosphorsäure am fünften C-Atom der Ribose tragen. BREDERECK schließt, daß für die Nucleotide mit dem Phosphorsäuremolekül am dritten C-Atom wohl keine spezifische Nucleophosphatase anzunehmen ist.

Am reichlichsten findet sich die Nucleotidspaltung in der Dünndarmschleimhaut des Kalbes,[5] ferner in der Lunge, im Nervengewebe[6] und in der Leber.[7] Dann ist sie in Blättern, Wurzeln, Samen und Früchten gefunden worden.[4]

Die Fermentleistung wird an der Zunahme des anorganischen Phosphats gemessen.

Darstellung und Reinigung.

Merkwürdig ist, daß die Verfahren zur Gewinnung von nucleotidspaltenden Lösungen sich von denen zur Gewinnung von glycerophosphatspaltenden etwas unterscheiden.

[1] E. JACOBSEN: Biochem. Z. **263** (1933), 302.
[2] E. JACOBSEN: Biochem. Z. 242 (1931), 292.
[3] H. K. BARRENSCHEEN, S. LANG: Biochem. Z. **253** (1932), 395.
[4] Ergebn. Enzymforsch. 7 (1938), 105.
[5] Hoppe-Seyler's Z. physiol. Chem. **207** (1932), 125.
[6] Enzymologia (Den Haag) 2 (1937/38), 110.
[7] W. DEUTSCH: Hoppe-Seyler's Z. physiol. Chem. 171 (1927), 264.

Die feinzermahlenen Organe werden mit der doppelten Menge 0,15% Ammoniak enthaltenden 87%igen Glycerins 4—5 Stunden bei 40° extrahiert und dann filtriert. Das Glycerin wirkt hier ähnlich wie bei der Pankreaslipase stabilisierend. Zur Reinigung wird der Glycerinextrakt mit Essigsäure angesäuert, wodurch bei $p_H = 4{,}7$ eine Eiweißfraktion ausfällt, die fast das ganze Enzym enthält. Die Fällung wird mit verdünnter Natronlauge bis zu $p_H = 8{,}7$ aufgenommen. Der Reinheitsgrad steigt durch diese Reinigung auf das dreifache.

J. REIS stellte seine spezifische Nucleophosphatase aus Nervengeweben her. Das mit Aceton und Äther gewonnene weiße Pulver wird in Wasser suspendiert. Hieraus wird fast die ganze Nucleophosphatase durch $^n/_{50}$ Magnesiumchlorid niedergeschlagen. Die alkalische Phosphatase bleibt dagegen in Lösung.

Eigenschaften.

Die Angaben über die p_H-Abhängigkeit sind wechselnd. W. DEUTSCH[1] findet ein Maximum der Wirksamkeit bei $p_H = 8{,}7$, P. A. LEVENE und R. T. DILLON[2] und W. KLEIN[3] bei $p_H = 9{,}0$—$9{,}2$. Die Nucleophosphatase ist auch im sauren Milieu wirksam. Im sauren Bereich erfährt sie ebenso wie die sauren Phosphatasen durch Magnesium keine Aktivierung.

Zwischen Fermentmenge und Umsatz besteht in der ersten Stunde der Reaktionszeit annähernd lineare Abhängigkeit. Bei Ausdehnung auf 2 Stunden Versuchszeit ändern sich die Verhältnisse so, daß die Beziehung zwischen Fermentmenge und Umsatz sich durch die SCHÜTZsche Regel ausdrücken läßt.

Magnesium aktiviert. Die optimale Aktivierung liegt bei einer Konzentration von etwa $2{,}5 \cdot 10^{-2}$ Mol/l. Die Rolle des Magnesiums beschränkt sich auch hier nicht nur auf Beseitigung der Phosphorsäure. Es ist also wie bei den anderen Phosphatasen ein spezifischer Aktivator. Eine ähnliche Wirkung hat Calcium. Glycerin, Äthylalkohol, Arsenate, Borate und Phosphate hemmen. Die Hemmung durch Arsenat ist wesentlich stärker als die durch Phosphat.[3] Bemerkenswert ist, daß die Spaltung von Glycerophosphat und von Hexosediphosphat durch Arsenat weniger gehemmt wird als die von Nucleotiden.

Metaphosphatase.

Die Metaphosphatase kommt besonders reichlich in Aspergillus oryzae, weniger in tierischen Organen (Leber und Niere) und in Hefe vor.

Die Überführung der Meta- in die Orthophosphorsäure kann kolorimetrisch verfolgt werden, da reines Metaphosphat keine Molybdänblaureaktion gibt.

Die Umwandlung der Meta- in die Orthoform erfolgt nicht über das Pyrophosphat.[4]

Triphosphatase.

Die Triphosphatase wurde von C. NEUBERG und H. A. FISCHER[5] in Aspergillus oryzae, Hefe und tierischen Organen gefunden. Nur im sauren Gebiet ist dieses Enzym wirksam.

Phytase.
Vorkommen.

Die Phytase findet sich hauptsächlich in Malz und Aspergillus niger, ferner in Niere, Muskel, Leber und Knochen.

---

[1] Hoppe-Seyler's Z. physiol. Chem. 171 (1927), 264.
[2] J. biol. Chemistry 88 (1930), 753.
[3] W. KLEIN: Hoppe-Seyler's Z. physiol. Chem. 218 (1933), 164.
[4] T. KITASATO: Biochem. Z. 197 (1928), 257; 201 (1928), 206.
[5] Enzymologia (Den Haag) 2 (1937/38), 241, 360.

Bestimmungsmethoden.

Die Aktivität der Phytase kann gravimetrisch oder elektrometrisch gemessen werden.[1] Bei der gewichtsanalytischen Methode wird das aus dem Phytin abgespaltene anorganische Phosphat mit Molybdatreagens gefällt und gewogen. Nach der zweiten Methode dient die Zunahme der Leitfähigkeit, die eine Folge der Abspaltung des anorganischen Phosphats ist, als Maß der Wirksamkeit.

Darstellung.

Zur Darstellung der Phytase aus Grünmalz wird das Material fein zermahlen und 6 Stunden mit Wasser extrahiert. Nach dem Zentrifugieren wird das Enzym mit Ammonsulfat ausgefällt und abzentrifugiert. Das Enzym ist jetzt nicht mehr in Wasser löslich. Man entfernt das anhaftende Ammonsulfat, indem man den Niederschlag mit wenig Wasser anrührt und 5 Stunden dialysiert. Der enzymhaltige Niederschlag wird abzentrifugiert und über Schwefelsäure getrocknet.[2]

Eigenschaften.

Das p_H-Optimum schwankt je nach Herkunft zwischen 5,6 und 3,1. Bei einer Temperatur von 48° ist die Wirksamkeit am größten. Die Phytasewirkung folgt dem einfachen Reaktionsgesetz von SCHÜTZ.[3] Von den Spaltprodukten Phosphorsäure und Inosit hemmt nur das erstere.

2. Sulfatasen.

Einteilung und Spezifität.

Sulfatasen spalten die Ester der Schwefelsäure.[4] Nach ihrer Substratspezifität sind vier Gruppen von Sulfatasen zu unterscheiden, nämlich die Pheno-, die Gluko-, die Chondro- und die Myrosulfatase.

Die *Phenolsulfatase* spaltet die schwefelsauren Ester der einfachen Phenole und Naphthole, der Dioxybenzole, der substituierten Phenole, wie Nitrophenole, Phenolaldehyde und Phenolcarbonsäuren, ebenso heterocyclische Schwefelsäureester, z. B. von o-Oxychinolin und Indoxyl. Carvacrol- und vanillinschwefelsaures Kalium sind ebenfalls spaltbar. Nicht gespalten werden die schwefelsauren Ester des Äthylalkohols, des Amylalkohols, des m-Methylcyclohexanols, des d l-Borneols und der Mandelsäure.[5] Aliphatische und hydroaromatische Schwefelsäureester sind also nicht zerlegbar, ferner solche Verbindungen, bei denen die Schwefelsäure, wie bei dem Mandelsäuresulfat in einer Seitenkette steht. Die cyclische Struktur allein ist demnach für die Spaltbarkeit nicht entscheidend. Die Spezifität dieser Sulfatase erstreckt sich also nur auf phenolische Schwefelsäureester.

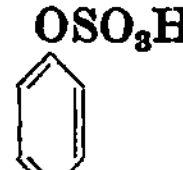

Aromatische Schwefelsäureester.

[1] H. LÜERS in C. OPPENHEIMER, L. PINCUSSEN: Methodik der Fermente, S. 756. 1929.
[2] L. ADLER: Biochem. Z. 75 (1916), 319.
[3] H. LÜERS, K. SILBEREISEN: Wschr. Brauerei 44, 263.
[4] CL. FROMAGEOT: Ergebn. Enzymforsch. 7 (1938), 50.
[5] C. NEUBERG, J. WAGNER: Biochem. Z. 174 (1926), 457; 161 (1925), 492.

Die *Glukosulfatase* hydrolysiert nur die Schwefelsäureester von einfachen Zuckern,[1,2] während die Chondroitinschwefelsäure, die ebenfalls Schwefelsäurereste in den Glukoseestern eines komplizierten Moleküls enthält, von Glukosulfatase nicht angegriffen wird.

$$C_6H_{12}O_5OSO_2K$$

Glukoseschwefelsaure Ester.

Die Chondroitinschwefelsäure der Knorpel und die Mucoitinschwefelsäure des Schleims werden von einem besonderen Enzym, der *Chondrosulfatase*, angegriffen.[3,4] Den Beweis für die Nichtidentität der Gluko- und der Chondrosulfatase erbrachte T. Soda.[2] Er stellte glukosulfatasereiche Präparate her, die fast keine Chondrosulfatase enthielten. Die Präparate von B. Tankó,[1] welche beide Ester hydrolysieren, enthalten wohl beide Enzyme nebeneinander.

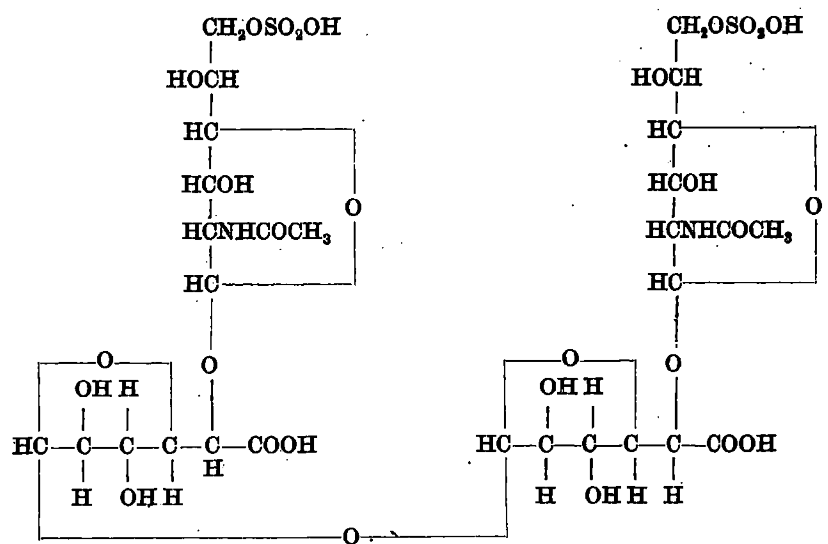

Chondroitinschwefelsäure.

Die *Myrosulfatase* wirkt nur auf Schwefelsäureester der Senfölglukoside, z. B. auf Sinigrin, das esterschwefelsaure Kaliumsalz des Allylsenfölglukosids (auch myronsaures Kalium genannt). Das Ferment spaltet aus den komplexen Thioglukosiden die am Sauerstoff der Senfölgruppe haftende Schwefelsäure ab. An der Aufspaltung dieses Substrats ist noch ein Enzym beteiligt.[5] Der Glukosidrest wird nämlich von einer Myrothioglukosidase abgespalten. Die Myrosulfatase wirkt nur auf den Schwefelsäureester, wobei das Merosinigrin entsteht, das dann durch die Thioglukosidase in Thioglukose und Senföl zerlegt wird.

$$C_6H_{11}O_5\text{---}S\text{---}C{=}N \cdot C_3H_5$$
$$\mid$$
$$O \cdot SO_2OK$$

Sinigrin.

[1] B. Tankó: Biochem. Z. 247 (1932), 486.
[2] T. Soda: J. Fac. Sci., Imp. Univ. Tokyo, Sect. I 3 (1936), 149.
[3] C. Neuberg, W. Cahill: Biochem. Z. 275 (1935), 328.
[4] C. Neuberg, E. Hofmann: Biochem. Z. 234 (1931), 345.
[5] C. Neuberg, E. Hofmann: Naturwiss. 19 (1931), 484.

Stereochemische Spezifität.

Für den racemischen Schwefelsäureester des m-Methylcyclohexyl-p-phenols
fand F. WEINMANN,[1] daß beide Komponenten mit fast gleicher Geschwindigkeit
gespalten werden; eine stereochemische Spezifität schien also nicht vorhanden.
Sie konnte aber für andere Substrate von CL. FROMAGEOT[2] bewiesen werden.
Der aus dem racemischen Schwefelsäureester des p-sek.-Butylphenols abgespaltene Alkohol war stets optisch aktiv und zwar rechtsdrehend. Dabei wirken
die Phenosulfatasen aus Aspergillus oryzae und aus Schweineleber völlig gleich-
artig.

Phenosulfatase.

Vorkommen.

Die Phenosulfatase wurde von C. NEUBERG und K. KURONO[3] in Aspergillus
oryzae gefunden. Fast alle tierischen Organe enthalten die Phenosulfatase.
Ein kräftiges Spaltungsvermögen hat Gehirn, dann folgen Niere, Leber, Duodenum, Milz, Nebenniere, Lunge, Muskel, Dünndarm und Pankreas.[4]

Bestimmungsmethoden.

Zur quantitativen Erfassung der Wirksamkeit dient die gravimetrische Be-
stimmung der nicht abgespaltenen Schwefelsäure in Form von Bariumsulfat.[5] Zur
Vermeidung einer unspezifischen Hydrolyse durch die entstehende Schwefelsäure gibt man zu den Ansätzen einen Überschuß von Calciumcarbonat. Dieses
Neutralisationsmittel ist durch Puffer nicht ersetzbar. Ein größerer Zusatz von
Toluol wirkt auf die Hydrolyse beschleunigend, da Toluol für das abgespaltene
Phenol ein gutes Solvens ist.[6] Infolge der Gegenwart von Calciumcarbonat
als Bodenkörper bestimmt man nicht die abgespaltene Schwefelsäure, sondern
nach Ausfällung der anorganischen die noch in organischer Verknüpfung ver-
bliebene Schwefelsäure. Dies hat den Vorteil, daß schon mit dem ersten Barium-
sulfatniederschlag andere Substanzen, wie Phosphat und Eiweißkörper, mit-
fallen, so daß die Wägung des zweiten Bariumsulfatniederschlages genauer wird.[3]

Unmittelbar nach Fertigstellung des Ansatzes (bestehend aus 1,5 g phenolester-
schwefelsaurem Kalium, 150 cm³ Wasser, 2,0 g Takasulfatase, 6,0 g Calciumcarbonat
und 1,5 cm³ Toluol) werden 10 cm³ entnommen, diese mit 10 cm³ alkalischer Barium-
chloridlösung versetzt, auf 50 cm³ mit Wasser aufgefüllt und nach 24stündigem
Stehen filtriert. Vom Filtrat werden 35 cm³ mit Salzsäure zum Sieden erhitzt. Das
dabei entstehende Bariumsulfat wird durch Wägung ermittelt. Die Differenz zwischen diesem Anfangswert und dem jeweils ermittelten Gehalt an organisch gebundener Schwefelsäure ist gleich der durch enzymatische Hydrolyse frei gewordenen
Menge anorganischer Schwefelsäure.

Darstellung.

Zur Herstellung von Phenosulfatase maceriert man das Enzymmaterial
6—8 Stunden unter Zugabe von 1% Toluol mit dem doppelten Volumen Wasser
und filtriert. Die Extrakte aus mit Acton und Äther gewonnenen Trocken-

[1] Biochem. Z. 205 (1929), 214.
[2] Biochem. Z. 208 (1929), 482.
[3] Biochem. Z. 140 (1923), 295.
[4] L. ROSENFELD: Biochem. Z. 157 (1925), 434.
[5] C. NEUBERG, J. WAGNER in C. OPPENHEIMER, L. PINCUSSEN: Methodik der
Fermente, S. 760. 1929.
[6] C. NEUBERG, J. WAGNER: Biochem. Z. 161 (1925), 492.

präparaten[1] und die Macerationssäfte enthalten fast die ganze Wirksamkeit der frischen Organe. Hieraus ist zu schließen, daß diese Sulfatase kein Desmoenzym ist.

Eigenschaften.

Das Optimum für die Phenosulfatase aus Taka liegt bei p_H 9.[2] Cl. Hommerberg[3] fand für die tierische Sulfatase ein p_H-Optimum in der Nähe des Neutralpunktes.

Phosphate, Magnesiumsalze und Phenol hemmen. Daher ist Magnesiumcarbonat als Neutralisationsmittel ungeeignet.[4]

Glukosulfatase.

Vorkommen.

Die von T. Soda und Ch. Hattori[5] entdeckte Glukosulfatase ist besonders weitverbreitet in Mollusken. Sie wird stets von der Phenosulfatase begleitet.

Bestimmungsmethoden.

Zur Bestimmung eignet sich die bei der Phenosulfatase angegebene Methode. Ferner ist es möglich, die Wirksamkeit durch die bei der Vergärung der Glukose durch Hefe gebildete Kohlensäure zu bestimmen, da der Schwefelsäureester selbst nicht vergoren wird.

Darstellung.

Die mit Aceton getrockneten inneren Organe von *Viviparis Japonicum* und *Charonia lampas* werden mehrere Tage mit Chloroformwasser bei 35° autolysiert und dann zentrifugiert. Durch Aluminiumhydroxyd kann ein großer Teil der Verunreinigungen wegadsorbiert werden. Eine weitere Reinigung gelingt durch Adsorption an Kaolin.

Durch selektive Adsorption der Phenosulfatase an Stearinsäure läßt sich die Glukosulfatase von diesem Enzym trennen.[6]

Eigenschaften.

Das Optimum der ungereinigten Glukosulfatase liegt bei $p_H = 7$, durch Reinigung verschiebt es sich nach $p_H = 5$. Beim optimalen p_H ist die Beständigkeit am größten. Das Temperaturoptimum ist 40°. Durch 20—30 Minuten langes Erhitzen bei 80° oder 5—10 Minuten langes Erhitzen auf 100° wird das Enzym vollständig zerstört.

Durch Glukose, Galaktose, Magnesiumsalze wird das Ferment schwach, durch Fluorid, Borat, Phosphat und Sulfat stark gehemmt.[6] Es genügt eine Konzentration von 0,5 m Borat oder Phosphat, um die Enzymwirkung total aufzuheben. Die hemmende Wirkung der den Zuckern entsprechenden Alkohole ist schwächer als die der Zucker. Unter den Hexosen hemmt Glukose am stärksten, Maltose und Cellobiose hemmen noch stärker als Glukose. Methyl- und Äthylalkohol und Phenol sind wirkungslos. Monoacetonglukose aktiviert.

---

[1] C. Neuberg, E. Simon: Ergebn. Physiol. 34 (1932), 896.

[2] Sh. Fujita, Y. Hosoda: Arb. III. Abt. anat. Inst. Kyoto C. H. 4 (1933), 130; Ber. ges. Physiol. exp. Pharmakol. 77 (1934), 323.

[3] Hoppe-Seyler's Z. physiol. Chem. 200 (1931), 69.

[4] C. Neuberg, K. Linhardt: Biochem. Z. 142 (1923), 191.

[5] Proc. Imp. Acad. (Tokyo) 7 (1931), 269; Bull. chem. Soc. Japan 6 (1931), 258.

[6] T. Soda, F. Egami: Bull. chem. Soc. Japan 8 (1933), 148; J. chem. Soc. Japan 55 (1934), 256.

Chondrosulfatase.

Das Vorkommen dieser Sulfatase ist auf Bakterien beschränkt. Reichlich wurde sie in Erregern aus der Familie des Bakterium fluorescens non liquefaciens gefunden, ferner in B. pyocyaneus und B. proteus.[1]

Die für die Präparate verwandten Bakterien werden bei 30° in Petrischalen auf Fleischextrakt-Pepton-Agar gezüchtet. Zur Darstellung des Enzyms werden die Bakterien nach 2 Tagen mit keimfreiem Leitungswasser abgeschwemmt, zentrifugiert und auf der Zentrifuge gewaschen. Die Bakterienmasse wird mit Alkohol-Äther (3 : 1) verrührt und in das gleiche Gemisch eingegossen. Nach 5 Minuten wird abgesaugt und mit Äther nachgewaschen. Das erhaltene Trockenpulver hat eine grauweiße Farbe.[2] Zu den Spaltungsversuchen wurde eine Suspension dieses Trockenpulvers verwendet.

Die Wirksamkeit läßt sich nur aus der frei gewordenen Schwefelsäure bestimmen. Da nämlich die Chondroitinschwefelsäure von dem Neutralisationsmittel des Ansatzes zum Teil niedergeschlagen wird, ist die indirekte Bestimmung ungeeignet. 0,8 g chondroitinschwefelsaures Natrium in 50 cm^3 Wasser wurden z. B. durch 0,5 g Enzymtrockenpulver in Gegenwart von Toluol bei 37° und beim p_H-Optimum von 7 in 4 Tagen zu 19% gespalten.

Myrosulfatase.

Vorkommen.

Die Myrosulfatase oder Myrosinase findet sich vornehmlich in den Cruziferen und deren nächsten Verwandten, besonders in *Sinapis alba*, dem weißen Senf. Ferner kommt sie in tierischen Organen, besonders in der Leber vor.[3] Da die Chondrosulfatasepräparate auch myronsaures Kalium spalten, kann man schließen, daß die Myrosulfatase sich auch in Mikroben vorfindet.[2]

Bestimmung.

Die Bestimmung der Myrosulfatase erfolgt wie bei der Phenosulfatase. Als Substrat dient Sinigrin.

Darstellung.

Die Samen des weißen Senfs werden fein zermahlen, mit Wasser 1 Stunde extrahiert und dann zentrifugiert. Nach Waschen mit 70%igem Alkohol läßt man den Rückstand 12 Stunden in Wasser einweichen und filtriert darnach. Die Myrosinaselösung enthält Sinalbin, das ist das ätherschwefelsaure Salz des p-Oxybenzylsenfölglukosids und der Base Sinapin. Durch die allmähliche Spaltung des Sinalbins enthält die Enzymlösung wechselnde Mengen von Ester und freier Schwefelsäure. Da diese eine spätere Enzymbestimmung stören würde, läßt man die Lösung unter Zugabe von Toluol 3—4 Tage im Eisschrank stehen. In dieser Zeit ist alles Estersulfat hydrolysiert.[4]

Durch Fällung mit Mercuriacetat ist eine weitgehende Abtrennung der Thioglukosidase, die die Myrosulfatase begleitet, gelungen. Zu diesem Zweck wird obige Enzymlösung mit Mercuriacetat bis zu einem Gehalt von 0,05% versetzt, abzentrifugiert und die Restlösung mit 0,01% Mercuriacetatlösung gefällt. Aus dem zweiten Niederschlag erhält man durch Elution mit sekundärem Natriumphosphat und Ammoniak eine von Thioglukosidase freie Myrosulfatase.

---

[1] C. NEUBERG, W. CAHILL: Atti R. Accad. naz. Lincei, Rend. (6), 22 (1935), 149.

[2] C. NEUBERG, E. HOFMANN: Naturwiss. 19 (1931), 484.

[3] C. NEUBERG, J. WAGNER: Z. ges. exp. Med. 56 (1927), 334.

[4] C. NEUBERG, J. WAGNER: Biochem. Z. 174 (1926), 457.

Die Abtrennung ist jedoch mit einer erheblichen Schädigung der Myrosulfatase verbunden.[1]

Eigenschaften.

Die Myrosulfatase hat einen breiten optimalen p_H-Bereich von 5,4—7,4.[2] Bei p_H 3 wird das Ferment bis zu 50% geschädigt. Bei stark alkalischer Reaktion tritt eine noch stärkere Schädigung ein.[1]

Nucleasen.

Von H. KRAUT und Ä. WEISCHER.

An der Spaltung der Nucleinsäuren ist eine ganze Reihe von Enzymen beteiligt, die ganz verschiedenen Gruppen angehören.

Die Nucleotide bestehen aus einer Base (Purin oder Pyrimidin), einem Kohlehydrat (d-Ribose oder 2-Desoxyribose) und Phosphorsäure. Die Base ist mit dem Kohlehydrat verbunden, das Kohlehydrat wieder mit der Phosphorsäure. In den Nucleinsäuren sind mehrere Nucleotide, z. B. vier oder fünf miteinander verknüpft, wahrscheinlich sind außerdem viele solcher Tetra- oder Pentanucleotide zu einem Makromolekül vereinigt. Man nimmt heute an, ohne jedoch einen sicheren Beweis zu haben, daß die Verknüpfung der Nucleotide in den Tetra- und Pentanucleotiden dadurch erfolgt, daß eine zweite Hydroxylgruppe des Zuckers mit der Phosphorsäure des nächsten Nucleotids verestert ist. Der Hefenucleinsäure schreibt man demnach folgende Struktur zu:

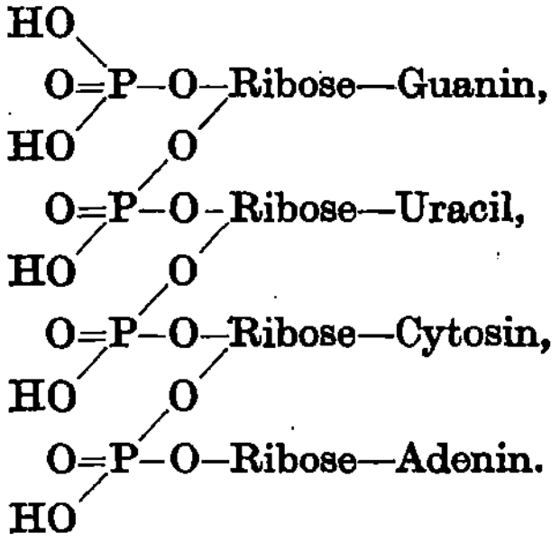

$$
\begin{array}{l}
HO \\
\quad \diagdown \\
O{=}P{-}O{-}Ribose{-}Guanin, \\
\quad \diagup \quad \diagup \\
HO \qquad O \\
\quad \diagup \\
O{=}P{-}O{-}Ribose{-}Uracil, \\
\quad \diagup \quad \diagup \\
HO \qquad O \\
\quad \diagup \\
O{=}P{-}O{-}Ribose{-}Cytosin, \\
\quad \diagup \quad \diagup \\
HO \qquad O \\
\quad \diagup \\
O{=}P{-}O{-}Ribose{-}Adenin. \\
\quad \diagup \\
HO
\end{array}
$$

Den Abbau dieses Moleküls katalysieren, wenn man von den oxydativen Abbaureaktionen absieht, folgende Enzyme:

1. *Polynucleotidasen* zerlegen die Polynucleotide in einfache Nucleotide.
2. *Nucleotidasen* lösen die Esterbindung zwischen Zucker und Phosphorsäure.
3. *Nucleosidasen* lösen die Bindung zwischen Base und Zucker.
4. *Aminasen* spalten die Aminogruppe aus Nucleotiden und Pyrimidinen ab.

Die ersten drei Gruppen von Enzymen, Polynucleotidasen, Nucleotidasen und Nucleosidasen faßte man bisher unter der Bezeichnung Nucleasen in eine große Gruppe zusammen. Da die Nucleotidasen aber typische Phosphatasen sind, erscheint es richtiger, sie zu diesen zu rechnen, da man allgemein die Enzymgruppen nach gemeinsamen Spezifitätsmerkmalen einteilt. Hinzu kommt, daß mindestens die bei saurem p_H optimal wirksamen Phosphatasen auch Nu-

<hr>

[1] C. NEUBERG, O. v. SCHOENEBECK: Naturwiss. 21 (1933), 404; Biochem. Z. 265 (1933), 223.
[2] M. SANDBERG, O. M. HOLLY: J. biol. Chemistry 96 (1932), 443.

cleotide spalten können. Die Nucleotidasen sind daher auf S. 180 bei den Phosphatasen besprochen worden. Wenn wir die Polynucleotidasen noch gemeinsam mit den Nucleosidasen in der besonderen Gruppe Nucleasen behandeln, so nur deshalb, weil die esterartige Verknüpfung der Nucleotide in den Polynucleotiden nicht sicher erwiesen ist. Die Nucleosidasen kann man zu den Glycosidasen rechnen, ihre Substrate unterscheiden sich aber von den Glykosiden dadurch, daß sie keine C—O—C-Brücke, sondern eine N—C-Brücke besitzen. Die Aminasen werden mit den Säureamidasen zur Gruppe Amidasen zusammengefaßt und auf S. 271 behandelt.

1. Polynucleotidasen.

Die Aufgabe der Polynucleotidasen besteht in der Zerlegung der Polynucleotide in Mononucleotide.

$$(\text{Base—Kohlehydrat—}H_3PO_4)_x \xrightarrow{H_2O} x \text{ Moleküle } (\text{Base—Kohlehydrat—}H_3PO_4).$$
Polynucleotid.   Mononucleotid.

Ob die Polynucleotidase eine Phosphodiesterase oder eine Phosphoamidase darstellt, ist bis jetzt noch unentschieden, da die Art der Verknüpfung in den Polynucleotiden noch nicht sichergestellt ist. Sind die Mononucleotide untereinander durch O—P-Bindung verkettet, so ist die Wirkung der Polynucleotidase eine phosphatatische, sind sie durch P—N-Bindung verknüpft, so ist die Fermentwirkung eine phosphoamidatische.

Daß die Polynucleotidase mit der Nucleophosphatase (Nucleotidase) nicht identisch ist, konnte W. Klein[1] beweisen. Er ließ Darmschleimhaut auf Thymonucleinsäure in Gegenwart von Arsenat einwirken. Die Spaltung des Substrats erfolgte dabei nur bis zur Nucleotidstufe, da Arsenat die Polynucleotidase nicht hemmt, wohl aber die Nucleotidase. Auch P. A. Levene und R. T. Dillon[2] nehmen die Existenz einer Polynucleotidase neben der Nucleophosphatase an, da erstere von Fluorid stärker gehemmt wird als die letztere.

Die wichtigsten Polynucleotide sind die Hefe- und die Thymonucleinsäure. Ob für die Spaltung dieser beiden Polynucleotide besondere Enzyme anzunehmen sind, ist noch nicht entschieden.

Die Polynucleotidase wurde gefunden in Niere, Leber und Darm von Rind und Kaninchen,[3] ferner in Reiskleie,[4] Schimmelpilzen,[5] Bakterien, Süßmandeln und Luzernensamen.[6]

Zur Darstellung wird das Ausgangsmaterial zerkleinert und mit der vierfachen Menge Glycerin drei Tage bei Zimmertemperatur extrahiert, darnach durch Verbandmull filtriert und im Eisschrank aufbewahrt.[3]

Wie bei den eigentlichen Phosphatasen, existieren auch hier isodyname Polynucleotidasen. So spaltet das Fermentpräparat aus Darmschleimhaut die Thymonucleinsäure bei $p_H = 8,5$, das Präparat aus Süßmandeln und Luzernensamen hydrolysiert Thymo- und Hefenucleinsäure bei $p_H = 4,5$—$5,0$.[5]

2. Nucleosidasen.

Die Nucleosidasen sprengen die Glykosidbindung der Nucleoside zwischen Base (Purin bzw. Pyrimidin) und Kohlehydrat. Sie werden als Glykosidasen

[1] Hoppe-Seyler's Z. physiol. Chem. 218 (1933), 164.
[2] J. biol. Chemistry 96 (1932), 461.
[3] K. Makino: Hoppe-Seyler's Z. physiol. Chem. 232 (1935), 196.
[4] C. A. Contardi, C. Ravazzoni: Arch. ital. Biol. 92 (1935), 64.
[5] H. Otani: Act. Schol. Med. Kyoto 17 (1935), 323.
[6] H. Bredereck: Ergebn. Enzymforsch. 7 (1938), 105.

bezeichnet. Nucleotide und Polynucleotide werden durch diese Fermente nicht angegriffen. Es ist zu unterscheiden zwischen Purinnucleosidasen, die bevorzugt .Purinnucleoside und zwischen Pyrimidinnucleosidasen, die bevorzugt Pyrimidinnucleoside spalten.

Beispiel für die Spaltung eines Purinnucleosids:

$$N{=}C{\cdot}NH_2 \quad \overset{\overbrace{}^{O}}{OH\,OH} \qquad N{=}C{\cdot}NH_2$$

$$HC\quad C{-}N{-}\!\!-\!\!-C{-}C{-}C{-}C{-}CH_2OH + H_2O \rightarrow HC\quad C{-}N{-}H \;+$$

$$\overset{\|\;\;\|\;\;{>}CH}{N{-}C{-}N}\;\;{}_{H\;H\;H\;H} \qquad\qquad \overset{\|\;\;\|\;\;{>}CH}{N{-}C{-}N}$$

Adenosin.   Adenin.

$$+\; \overset{\overbrace{}^{O}}{OH\,OH} \;\; HOC{-}C{-}C{-}C{-}CH_2OH$$
$$H\;\;H\;\;H\;\;H$$

Ribose.

Beispiel für die Spaltung eines Pyrimidinnucleosids:

$$N{=}C{\cdot}NH_2 \quad \overset{O}{OH\,OH}$$

$$OC\;\;CH \quad {-}C{-}C{-}C{-}C{-}CH_2OH \xrightarrow{H_2O} OC\;\;CH \;+\; HOC{-}C{-}C{-}C{-}CH_2OH$$
$$\quad H\;\;H\;\;H\;\;H \qquad\qquad\qquad H\;\;H\;\;H\;\;H$$
$$N{-}CH \qquad\qquad\qquad\qquad HN{-}CH$$

Cytidin.   Cytosin.   Ribose.

Die Purinnucleosidase hydrolysiert Ribo- und Desoxyribonucleoside mit fast gleicher Geschwindigkeit. Für die Spaltung der Pyrimidinnucleoside existiert dagegen ein besonderes Enzym, die Pyrimidinnucleosidase.[1, 2] Nach Y. Komita[3] gibt es noch eine besondere Nucleosidase, die im Gegensatz zu den anderen gerade die Nucleotide angreift und in diesen die Purinbase von der Ribosephosphorsäure abspaltet. Sie wurde in tierischem Gewebe nachgewiesen und wird aus Kaninchenmuskulatur dargestellt.

Vorkommen.

. Die Purinnucleosidase findet sich in fast allen Organen von Rind und Kalb, überwiegend in Milz, Lunge, Leber und Herzmuskel. Im Darm und Blut kommt

Tabelle 19. *Vorkommen der Nucleosidase.*

Organ	Spaltung in Prozenten	Organ	Spaltung in Prozenten
Milz	52	Darmschleimhaut	3
„ (Rind)	53	„ (bes. Fall)	15
Lunge	47	Pankreas	24
Lymphdrüse	20	Niere	22
Rotes Knochenmark	23	Hoden (Stier)	19
„ „ (Rind)	25	Herzmuskel	42
Leber	46	Skelettmuskel	24
Thymus	27	Gehirn	22
Magenschleimhaut	24		

[1] W. Deutsch, R. Laser: Hoppe-Seyler's Z. physiol. Chem. 186 (1930), 1.
[2] W. Klein: Hoppe-Seyler's Z. physiol. Chem. 231 (1935), 125.
[3] J. Biochemistry 25 (1937), 405; 27 (1938), 23.

sie kaum vor.[1] Das Hauptvorkommen der Pyrimidinnucleosidase ist Niere und rotes Knochenmark.[2] Ein Bild ihrer relativen Häufigkeit[3] gibt Tabelle 19.

In Pflanzen dagegen findet sich die Nucleosidase nur in geringer Menge.[4] Die von H. BREDERECK und Mitarbeitern[5] dargestellten Emulsinpräparate aus Süßmandeln und Luzernensamen waren fast frei von Nucleosidase.

Bestimmung.

Die Wirksamkeit der Präparate kontrolliert man, indem man das abgespaltene Kohlehydrat nach WILLSTÄTTER und SCHUDEL[6] durch Oxydation mit Hypojodit bestimmt. Das Eiweiß muß vorher durch Bleinitrat ausgefällt werden. Überschüssiges Bleinitrat und dem Ansatz zugefügtes Arsenat entfernt man durch Natriumcarbonat.

Die Bestimmung wird in Zentrifugengläsern (15 cm³ Inhalt) durchgeführt. Im Gesamtvolumen von 5 cm³ befinden sich 5 mg Substrat, 1 cm³ Fermentlösung und 1 cm³ $m/_{20}$ Arsenatlösung. Die Versuchstemperatur ist 37°. Nach der Spaltung wird der Ansatz mit 2 cm³ 10%iger Bleinitratlösung geschüttelt und nach einer halben Stunde abzentrifugiert. Dann werden 5 cm³ der Restlösung mit 3 cm³ 3%iger Natriumcarbonatlösung versetzt und nach einer weiteren halben Stunde abermals zentrifugiert. 6 cm³ dieser Restlösung versetzt man mit 5 cm³ $n/_{50}$ Jodlösung und tropfenweise mit 1,6 cm³ $n/_{10}$ NaOH. Nach 30 Minuten säuert man mit 2 cm³ n H_2SO_4 an und titriert mit $n/_{100}$ Natriumthiosulfat.

Darstellung.[1]

Ein sehr haltbares Trockenpulver erhält man durch Gefrieren des in Stücke zerschnittenen Organs in Äther-CO_2-Mischung und Trocknen im Vakuumexsiccator. Als gute Extraktionsmittel für Purinnucleosidase erwiesen sich Arsenat- und Kochsalzlösungen, die in etwa 2 Stunden die Hauptmenge des Enzyms in Lösung bringen. Man reinigt diese Lösungen durch wiederholte Adsorption an Tonerde $C\gamma$ bei schwach saurer Reaktion und Elution mit $m/_{20}$ Arsenatlösung von $p_H = 6,5—6,7$. Für Pyrimidinnucleosidase ist Phosphat ein besseres Elutionsmittel.

Die Elutionen sind im Gegensatz zu den Rohextrakten gut haltbar.

Eigenschaften.

Das p_H-Optimum der Nucleosidasen liegt für das Reinferment bei etwa 6,5. Die p_H-Kurve fällt nach der sauren Seite hin steil, nach der alkalischen Seite hin dagegen allmählich ab. Für das ungereinigte Ferment fanden H. v. EULER und E. BRUNIUS[7] p_H 7,5 als optimal.

Das Reinferment ist frei von Eiweiß und Phosphor.[1]

Tabelle 20[3] zeigt den Verlauf der Guanin-Desoxyribosidspaltung. Die Konstanten der Reaktion erster Ordnung nehmen mit wachsender Spaltung stark

---

[1] W. KLEIN: Hoppe-Seyler's Z. physiol. Chem. 231 (1935), 125.

[2] W. DEUTSCH, R. LASER: Hoppe-Seyler's Z. physiol. Chem. 186 (1929), 1.

[3] Nach W. KLEIN: Hoppe-Seyler's Z. physiol. Chem. 231 (1935), 125, bzw. in der abgekürzten Form nach H. BREDERECK in Handbuch der Enzymologie, Bd. I, S. 495, und zwar S. 502. Leipzig, 1940.

[4] Y. JONO: Acta Scholae med. Univ. imp. Kioto 13 (1931), 211.

[5] H. BREDERECK, H. BEUCHELT, G. RICHTER: Hoppe-Seyler's Z. physiol. Chem. 244 (1936), 102. — H. BREDERECK: Ber. dtsch. chem. Ges. 71 (1938), 408.

[6] R. WILLSTÄTTER, G. SCHUDEL: Ber. dtsch. chem. Ges. 51 (1918), 780.

[7] Ber. dtsch. chem. Ges. 60 (1927), 1584.

ab. Sie sinken im ersten Viertel der Reaktion um ungefähr ein Drittel des Anfangswertes.

Ein spezifischer Aktivator der Purinnucleosidase ist Arsenation. Weniger gut aktiviert Phosphat. Das durch Dialyse gereinigte Enzym ist völlig unwirksam, die Gegenwart von Arsenat (oder Phosphat) ist für die Entfaltung seiner Wirksamkeit unumgänglich notwendig und bewirkt außerdem Stabilisierung des dialysierten Enzyms. Für die Pyrimidinnucleosidase ist Phosphat ein besserer Aktivator als Arsenat.[1] Die Spaltprodukte hemmen. Kleine Mengen Hypoxanthin und Guanin setzen die Spaltung eines Purinnucleosids stark herab. Weniger hemmt Adenin, noch weniger Xanthin.[1] Deutliche Hemmung rufen auch Hefenucleinsäure und Harnsäure hervor.[2] Nucleotide haben keinen Einfluß. Durch die Bindung der Nucleoside an Phosphorsäure wird also die Affinität zum Enzym gänzlich aufgehoben.

Auf die Pyrimidinnucleosidase hat Guanin keine hemmende Wirkung, was für die Existenz einer besonderen Pyrimidinnucleosidase spricht.[1]

Tabelle 20. *Zeitlicher Verlauf der Nucleosidasewirkung.*

Zeit in Minuten	Titriert cm³	Spaltung in Prozenten	$k_{mon.}$
0	0,96	—	0,020
3	1,77	13	0,017
7	2,49	25	0,014
15	3,29	38	0,010
30	3,96	49	0,006
60	4,45	57	0,004
120	5,04	67	0,002
480	6,22	86	0,001
1440	6,98	99	—

Proteasen.

Von H. Kraut und E. Kofrányi.

Einleitung.

Die Proteasen sind Enzyme, die Proteine oder ihre Bruchstücke, Peptone und Peptide, hydrolysieren. Die Wirksamkeit der Proteasen beschränkt sich ausschließlich auf die Lösung der Bindungen von Peptidketten. Die Proteine sind aufgebaut aus α-Aminosäureresten, die durch Säureamid- oder Säureimidbindungen verknüpft sind.

$$\begin{matrix} O & H & & O \\ \| & | & & \| \\ -C-N- & & \text{oder} & -C-N\!\!< \end{matrix}$$

Auf diese Weise entstehen lange Ketten gleichen Bauprinzips. Die Möglichkeiten der Seitenkettenbildung durch Anknüpfung an die zweite Aminogruppe in Diamino-monocarbonsäuren oder an die zweite Carboxylgruppe in Monoamino-dicarbonsäuren werden nicht ausgenutzt.

Man unterscheidet zwei große Gruppen von Proteasen: die *Proteinasen*, die allein natives Eiweiß anzugreifen vermögen, und die *Peptidasen*, die nur Peptone und Peptide spalten. Säureamidbindungen, die sich nicht in der Peptidkette befinden, werden nicht von Proteasen gelöst, sondern von den Amidasen, wie Urease und Arginase, die im nächsten Kapitel behandelt werden.

---

[1] W. Klein: Hoppe-Seyler's Z. physiol. Chem. **231** (1935), 125.
[2] H. v. Euler, E. Brunius: Ber. dtsch. chem. Ges. **60** (1927), 1584.

Spezifität und Einteilung.

Zur Hydrolyse der Peptidbindungen steht eine große Zahl von Enzymen zur Verfügung, die sich nach Herkunft und enzymatischen Merkmalen, wie p_H-Optimum, Aktivierbarkeit und Hemmbarkeit unterscheiden. Ihre Spezifität war früher undurchsichtig, vor allem deshalb, weil sich die Spezifitätsbereiche der Enzyme zu überschneiden schienen. Anfänglich unterschied man die Proteasen lediglich nach ihrer Herkunft. So gab TH. SCHWANN 1836 dem peptischen Prinzip des Magensaftes den Namen Pepsin. Die eiweißspaltende Wirkung des Bauchspeichels wurde dem „Trypsin" zugeschrieben, die Peptonspaltung durch Darmsaft dem „Erepsin". Fand man an anderen Stellen, z. B. in der Hefe, ähnliche Wirkungen, so sprach man von Hefetrypsin, Hefeerepsin usw. Als ein Individuum mit besonderen Eigenschaften, wie der Aktivierbarkeit durch Blausäure, erschien das eiweißspaltende Ferment des Milchsaftes von Carica papaia, das „Papain". Heute wissen wir, daß alle diese Vorkommen Gemische verschiedener Proteasen enthalten. Nach mehrfacher Wandlung haben sich folgende Namen eingebürgert: Das Gemisch der Pankreasproteasen nennt man Pankreatin, das des Dünndarms Erepsin, die Peptidasen der Hefe Hefeerepsin. Alle anderen Namen, wie Pepsin, Kathepsin, Trypsin, Papain, sollen nur noch für enzymatische Individuen verwendet werden, woran sich leider nicht alle Forscher halten.

Eine Klärung der Spezifität konnte erst eintreten, nachdem man gelernt hatte, aus den Enzymgemischen enzymatisch einheitliche Fraktionen herzustellen. Für die Peptidasen wurden synthetische Substrate gefunden, womit ihr Spezifitätsbereich nach klaren Merkmalen abgegrenzt werden konnte. Bei den Proteinasen hingegen schien es lange, als ob sie nur hochmolekulare und synthetisch nicht darstellbare Substrate angriffen. Einige Zeit wurde sogar die Meinung vertreten, daß die Proteinasen gar keine hydrolysierenden, sondern desaggregierende Fermente seien, die durch Lösung von Nebenvalenzen die niedrigmolekularen Bausteine des hochmolekularen Eiweißes in Freiheit setzen sollten. Diese Meinung wurde verlassen, als nachgewiesen werden konnte, daß auch bei der Wirksamkeit der Proteinasen stets freie Amino- und Carboxylgruppen in gleicher Anzahl auftreten. Immerhin nahm man noch an, daß sie nur hochmolekulare Substrate angreifen könnten. Erst die neueste Forschung, insbesondere M. BERGMANN, lehrte auch niedermolekulare synthetische Substrate der Proteinasen kennen und ermöglichte dadurch eine einfache und klare Übersicht über die Spezifitätsverhältnisse der pflanzlichen und tierischen Proteasen. Bei den Bakterienproteasen liegen die Verhältnisse etwas anders; auch sind sie noch nicht genügend erforscht. Alle Proteasen mit Ausnahme einiger Bakterienproteasen spalten nur solche Peptidbindungen, die von l-Aminosäureresten gebildet sind.

Die Peptidasen erfordern zu ihrer Wirksamkeit neben der zu spaltenden Peptidbindung entweder eine freie Amino- bzw. Iminogruppe oder eine freie Carboxylgruppe oder beides. Daher gibt es drei Gruppen von Peptidasen: Aminopeptidasen, Carboxypeptidasen und Dipeptidasen, letztere, weil die Nachbarschaft von freier Amino- und Carboxylgruppe nur bei den Dipeptiden gegeben ist. Die Unangreifbarkeit der nativen Eiweißkörper könnte darauf beruhen, daß sie keine freien Amino- bzw. Carboxylgruppen an den Enden der Peptidketten enthalten.

Eine weitere Unterteilung der Peptidasen wird dadurch hervorgerufen, daß für manche Enzyme bestimmte Aminosäurereste im Substrat nötig sind. So erfordert z. B. die Spaltung von Peptiden, die an Stelle der freien Aminogruppe die Iminogruppe des Prolins enthalten, ein spezielles Enzym, die Prolinase.

Ein anderes Enzym, die Prolidase, ist notwendig, um solche Peptidbindungen aufzuspalten, bei denen die Iminogruppe des Prolins in der zu spaltenden Peptidbindung enthalten ist.

Die Proteinasen benötigen keine freien Amino- oder Carboxylgruppen am Ende der Peptidketten, dagegen mindestens zwei benachbarte Peptidbindungen, von denen eine gespalten wird. Sie wurden früher nach ihrem p_H-Optimum und ihrem Aktivierungsverhalten eingeteilt. Man unterscheidet erstens die im schwach sauren Bereich optimal wirksamen und durch Blausäure oder SH-Gruppen aktivierbaren Papainasen, zweitens die im schwach alkalischen Bereich optimal wirksamen und durch einen natürlichen Aktivator, die Enterokinase aktivierbaren Trypsinasen, drittens die im stark sauren Gebiet optimal wirksamen und keinen Aktivator benötigenden Pepsinasen. Neuerdings sind auch chemische Merkmale ihrer Spezifität herausgearbeitet worden. So benötigen in der Peptidkette

die Papainasen die Anwesenheit von Monoamino-dicarbonsäuren mit freier zweiter Carboxylgruppe,

die Trypsinasen die Anwesenheit von Diamino-monocarbonsäuren mit freier zweiter Aminogruppe,

die Pepsinasen die Anwesenheit von Tyrosin oder Phenylalanin.

Wir kommen darnach zu folgender Übersicht über die Proteasen:

Tabelle 21.

Proteasen
öffnen Peptidbindungen

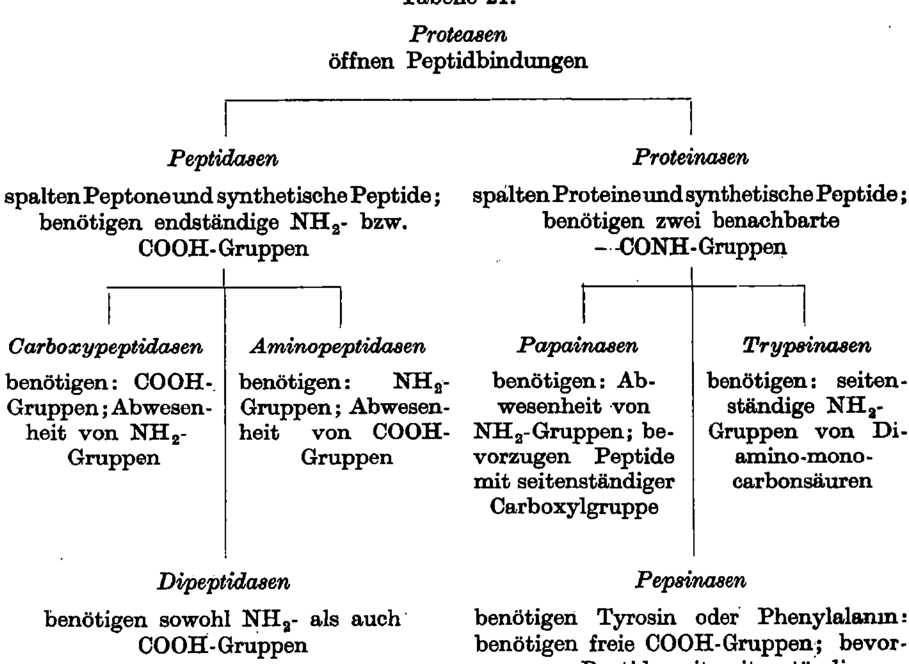

Früher nahm man an, daß der Unterschied von Proteinasen und Peptidasen darin liegt, daß jene aus nativem Eiweiß große Spaltstücke, die Polypeptide, erzeugen, also spezifisch auf hochmolekulare Substrate eingestellt seien. Erst diese Spaltstücke sollten in der zweiten Abbaustufe durch Peptidasen bis zu den Aminosäuren abgebaut werden. Nach M. BERGMANN und C. NIEMANN[1] ist diese Auffassung abzulehnen. Nur deshalb, weil die Proteine von hohem Molekulargewicht nur wenig oder keine freien endständigen Amino- oder Carboxylgruppen enthalten, kann der Beginn des Abbaus nur von solchen Enzymen durchgeführt werden, die diese Gruppen nicht benötigen, nämlich den Proteinasen. Das Ausmaß der Spaltung von Proteinen durch Proteinasen ist nicht durch die Länge, sondern durch die Struktur der Ketten bedingt. Es können durch ihre Wirksamkeit auch Aminosäuren frei werden, da freie endständige Amino- oder Carboxylgruppen in den gebildeten Polypeptiden ein Weiterspalten durch Proteinasen nicht immer verhindern. So fand H. O. CALVERY[2] bei Spaltung von kristallisiertem Eieralbumin mit Pepsin oder Trypsin Dipeptide und freie Aminosäuren. Die Spezifität der Proteinasen ist aber derart, daß sie niemals ein Protein ohne die Hilfe der Peptidasen völlig in die Aminosäuren zerlegen können.

Da alle Proteasen nur Peptidbindungen auflösen, nennen sie M. BERGMANN und C. NIEMANN allgemein Peptidasen und unterscheiden die Proteinasen als Endopeptidasen von den bisherigen Peptidasen als Exopeptidasen. Diese Benennung kann zu Mißverständnissen führen, da man sonst unter Endoenzymen die nur innerhalb von Organen vorkommenden Enzyme, unter Exoenzymen die aus Drüsen sezernierten Enzyme versteht.

Die Polyaffinitätstheorie.

Die fast allgemein angenommene Vorstellung vom Wirken der hydrolysierenden Enzyme betrachtet als ersten Schritt die Bildung einer Additionsverbindung zwischen Enzym und Substrat. In dieser ist die Bindung zwischen den beiden Komponenten des Substrats labil, so daß unter Wasseraufnahme spontaner Zerfall in das freie Enzym und die beiden Spaltstücke eintritt. Diese von MICHAELIS und MENTEN für die Spaltung des Rohrzuckers durch Saccharase aufgestellte Theorie hat sich bei vielen Hydrolasen bewährt. Die Hemmung durch Spaltprodukte wird durch die Annahme erklärt, daß das für das betreffende Enzym spezifische Spaltprodukt ebenfalls Affinität zum Enzym besitzt und daher mit dem Substrat um das Enzym konkurriert. Zur Erklärung der komplizierteren Einzelheiten der Hemmungsvorgänge hielten es K. JOSEPHSON und H. v. EULER[3] für notwendig, eine Verwandtschaft des Enzyms auch zu dem anderen Spaltstück anzunehmen. Sie kommen so zu der Zwei-Affinitätstheorie der Enzymwirkung, die das eine Spaltprodukt nur für die Bindung, das andere auch für die Spaltung verantwortlich macht.

Nachdem erkannt war, daß bei den Peptidasen ganz bestimmte Atomgruppierungen für die Spaltung notwendig sind, konnten M. BERGMANN, L. ZERVAS und Mitarbeiter[4] die optische Selektivität der Peptidasen ausschließlich auf Grund räumlicher Vorstellungen erklären. Ihre Polyaffinitätstheorie fordert für das Zustandekommen der Enzym-Substrat-Verbindung nicht nur eine oder zwei, sondern mindestens drei Haftstellen sowohl beim Substrat wie beim Enzym. Die räumliche Anordnung der betreffenden Atome oder Atomgruppierungen im Enzym und im Substrat muß derart sein, daß ihre Berührung möglich ist. Infolge der tetraedrischen Symmetrie des Kohlenstoffatoms läßt sich aber

---

[1] J. biol. Chemistry 118 (1937), 781.

[2] J. biol. Chemistry 112 (1935), 171.

[3] Hoppe-Seyler's Z. physiol. Chem. 143 (1925), 79.

[4] Hoppe-Seyler's Z. physiol. Chem. 224 (1934), 11, 17, 26, 32; J. biol. Chemistry 109 (1935), 325; ferner W. GRASSMANN, L. KLENK, T. PETERS-MAYR: Biochem. Z. 280 (1935), 307.

eine Vielzahl differenzierter Haftstellen nicht symmetrisch unterbringen. Die Haftstellen des Enzyms und des Substrats müssen je in einer Ebene liegen, die Bindungsebene des Enzyms bzw. des Substrats genannt wird. Wenn Bindung und anschließende Spaltung eintreten sollen, müssen sich die beiden Bindungsebenen bis auf wenige Å nähern können. Ragen aus einer Bindungsebene voluminöse Atomgruppen heraus, so wird infolge sterischer Hinderung die Annäherung unmöglich.

Bei der Dipeptidase hat man sich differente Haftgruppen in solcher Zahl, Beschaffenheit und Anordnung vorzustellen, daß sie mit der Carboxyl-, der Aminogruppe und der Peptidbindung des Substrats in Verbindung treten können. Für die Anordnung dieser drei Haftstellen des Substrats machen BERGMANN und ZERVAS die Annahme, daß sich unter der Enzymwirkung die Amidform des Dipeptids

$$-\underset{\substack{\| \\ O}}{C}-\underset{\substack{| \\ H}}{N}- \quad \text{in die Imidform} \quad -\underset{\substack{| \\ OH}}{C}=N-$$

umlagert. Die Imidform kann aber sowohl in Trans- als auch in Cisform auftreten.

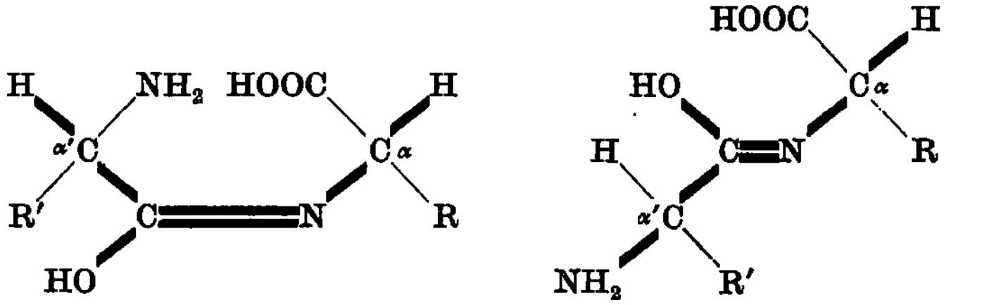

$$\text{(1)}$$

Cis.   Trans.

Nur die Cisform betrachten die Autoren als das eigentliche Substrat der Dipeptidase. Dessen Bindungsebene ist dann gegeben durch das Sechseck $H_2N-C-C=N-C-COOH$, wobei die beiden α-C-Atome keine Haftstellen sind, aber in der Bindungsebene liegen. Beim Aufbau aus l-Aminosäuren ragen auf der einen Seite der Bindungsebene die beiden H-Atome (α und α') hervor, auf der anderen Seite die voluminösen Radikale R und R'. Die Bindungsebene des Enzyms kann sich nur von der Wasserstoffseite an die Bindungsebene des Substrats annähern, da R und R' die Annäherung verhindern. Im Falle des d-Leucyl-l-glycins sind aber R' und α'-H-Atom vertauscht, daher liegt die Isobutylgruppe zwischen den Bindungsebenen und verhindert Annäherung und Spaltung.

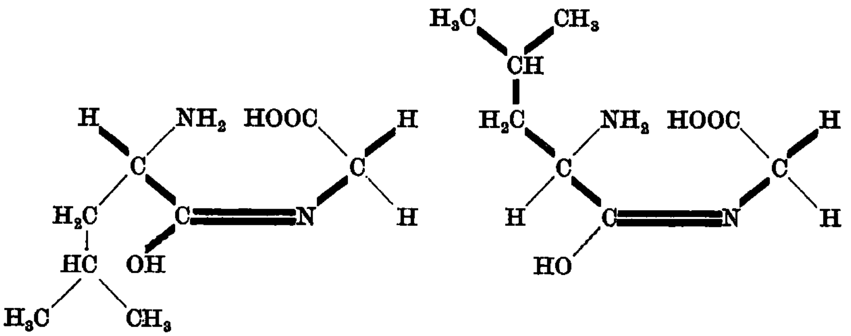

$$\text{(2)}$$

l-Leucylglycin.   d-Leucylglycin.

Die Proteinasen brauchen nicht wie die Peptidasen eine freie Amino- oder Carboxylgruppe am Ende der Peptidkette, dafür zwei benachbarte CO-NH-

Gruppen. Als Beispiel für die optische Spezifität einer Proteinase wählen wir Papain-Proteinase I und als ihr Substrat Benzoyl-leucyl-amid.

$$
\begin{array}{ccc}
\text{H}_9\text{C}_4\!\cdots\!\!\diagup\text{H} & & \text{H}\diagdown\!\!\cdots\text{C}_4\text{H}_9 \\
*\text{C} & & *\text{C} \\
\diagup\quad\diagdown & & \diagup\quad\diagdown \\
\text{OC}\quad\text{NH} & & \text{OC}\quad\text{NH} \\
| \qquad | & & | \qquad | \\
\text{H}_2\text{N}\quad\text{CO}\cdot\text{C}_6\text{H}_5 & & \text{H}_2\text{N}\quad\text{CO}\cdot\text{C}_6\text{H}_5 \\
\text{Benzoyl-}l\text{-leucinamid.} & & \text{Benzoyl-}d\text{-leucinamid.}
\end{array}
\qquad (3)
$$

Die dick mit dem asymmetrischen C-Atom verbundene Gruppe soll vor der Papierebene liegen, die mit einem unterbrochenen Strich verbundene Gruppe dahinter. In der Papierebene liegt das Fünfeck N—C—C—N—C, das alle drei Haftstellen enthält. Da die Reihenfolge der entsprechenden drei Haftstellen des Enzyms gegeben ist, kann die Annäherung der Bindungsebene des Enzyms nur von der einen Seite erfolgen. Liegt auf dieser Seite, wie beim Benzoyl-*d*-leucinamid, der große C_4H_9-Rest, so hindert er Annäherung und Spaltung.

Struktur der Proteine.

1. Aufbau aus Aminosäuren und deren Verknüpfung.

Als Spaltstücke der reinen Proteine sind bisher nur α-Aminosäuren erhalten worden, und zwar die in Tabelle 22 verzeichneten. Schon durch frühere Arbeiten, besonders von F. Hofmeister und Th. Curtius, war die Verknüpfung dieser Aminosäuren durch Säureamidbindung, die sogenannte Peptidbindung, bekannt.

$$
\begin{array}{ccc}
\text{H}_2\text{N—CH}_2 \quad \text{H}_2\text{C—COOH} & & \text{H}_2\text{N—CH}_2 \quad \text{CH}_2\text{—COOH} \\
| \quad + \quad | & \longrightarrow & | \qquad\qquad | \qquad\qquad +\ \text{H}_2\text{O} \\
\text{COOH} \quad \text{NH}_2 & & \text{CO—NH} \\
\text{2 Glycin.} & & \text{Diglycin.}
\end{array}
\qquad (4)
$$

E. Fischer hat die Zahl der bis dahin bekannten Aminosäuren bedeutend vermehrt und vor allem die experimentelle Darstellung von Peptiden nach mehreren Methoden gelehrt. Aus der Ähnlichkeit der von ihm dargestellten Polypeptide mit den Peptonen schloß er, daß diese Bindungsart für den Aufbau des Eiweißes charakteristisch ist. Er fügt allerdings hinzu, „daß die einfache Amidbindung nicht die einzige Möglichkeit der Verkupplung im Proteinmolekül ist". So hielt er das Vorkommen von Diketopiperazinen für wahrscheinlich, ebenso die Beteiligung der zahlreichen Hydroxylgruppen an der Verknüpfung.

Um die Bindungsverhältnisse der Aminosäurereste möglichst übersichtlich darstellen zu können, bedienen wir uns im folgenden eines vereinfachten Schemas der Peptidschreibung, das sich besonders für die Aufzeichnung der zahlreichen synthetischen Peptide bewährt hat. Für die Kennzeichnung der Aminosäurereste verwenden wir folgende Symbole:

G	... Glycin	Pa	... Phenylalanin
A	... Alanin	Ty	... Tyrosin
V	... Valin	Tr	... Tryptophan
L	... Leucin	Se	... Serin
Il	... Isoleucin	Cy	... Cystin
Asp	... Asparaginsäure	Ar	... Arginin
Glu	... Glutaminsäure	Ly	... Lysin
Ogl	... Oxyglutaminsäure	Hi	... Histidin
Pr	... Prolin	Sark	... Sarkosin
Op	... Oxyprolin	M	... Monoaminosäure

Boyl ... Benzoylgruppe
Cbzo ... Carbobenzoxygruppe

Leucylglycin wird L—G geschrieben. Das Aminoende wird links, das Carboxylende rechts angenommen. Der Bindestrich bedeutet immer eine —CONH— oder —CON<-Bindung, unabhängig davon, ob eine Aminosäure oder ein anderer Baustein anschließt. Hippursäure wird also Boyl—G geschrieben.

Die freien Carboxyl- oder Aminogruppen schreibt man niemals an. Ein NH_2, an das Carboxylende gestellt, bedeutet, daß dort Ammoniak als Amid gebunden ist, z. B. Glycinamid ... G—NH_2; Iso-asparagin ... Asp—NH_2. Hingegen wird normales Asparagin bzw. Glutamin, das das Ammoniak an der der α-Aminogruppe nicht benachbarten Carboxylgruppe gebunden enthält,

$$\begin{array}{cc} \text{Asp} & \text{Glu} \\ \gamma| & \delta| \\ NH_2 & NH_2 \end{array}$$

bzw.

$$\text{Asp } (\gamma\, NH_2), \quad \text{Glu } (\delta\, NH_2)$$

geschrieben. Die Bezeichnung der optischen Komponenten, falls sie überhaupt gegeben wird, geschieht durch Vorsetzen von d oder l, bzw. dl vor das Symbol des Aminosäurerestes *ohne* Bindestrich. d,l-Leucylglycin schreibt man also dlL—G.

Tabelle 22. Aminosäuren.

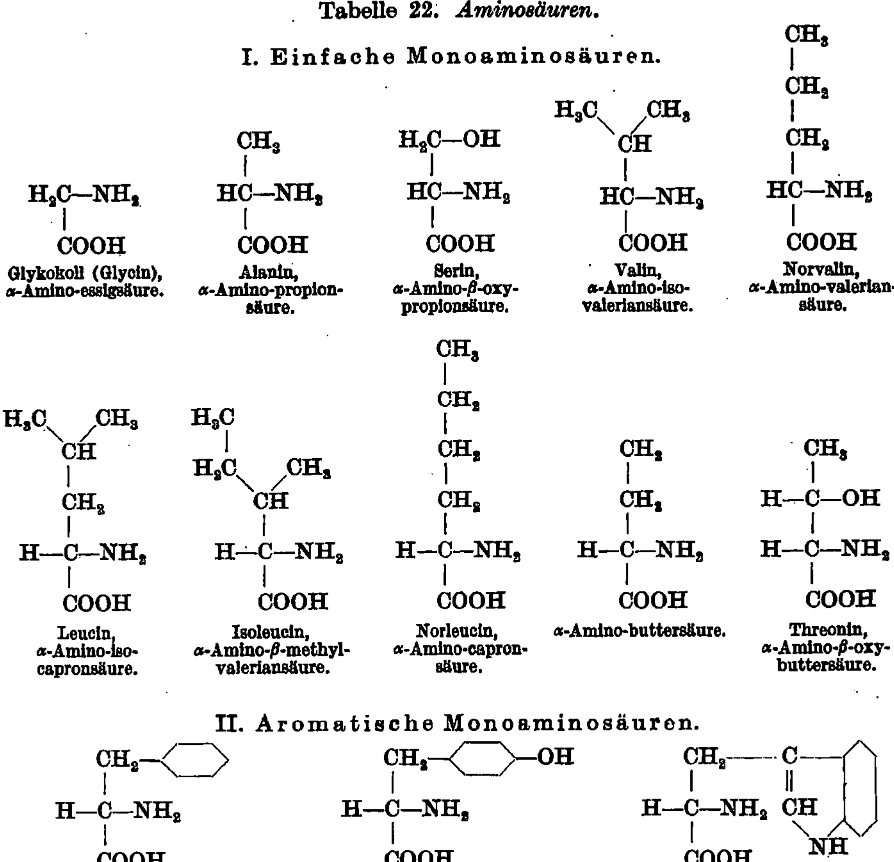

Tabelle 22 (Fortsetzung).

III. Schwefelhaltige Monoaminosäuren.

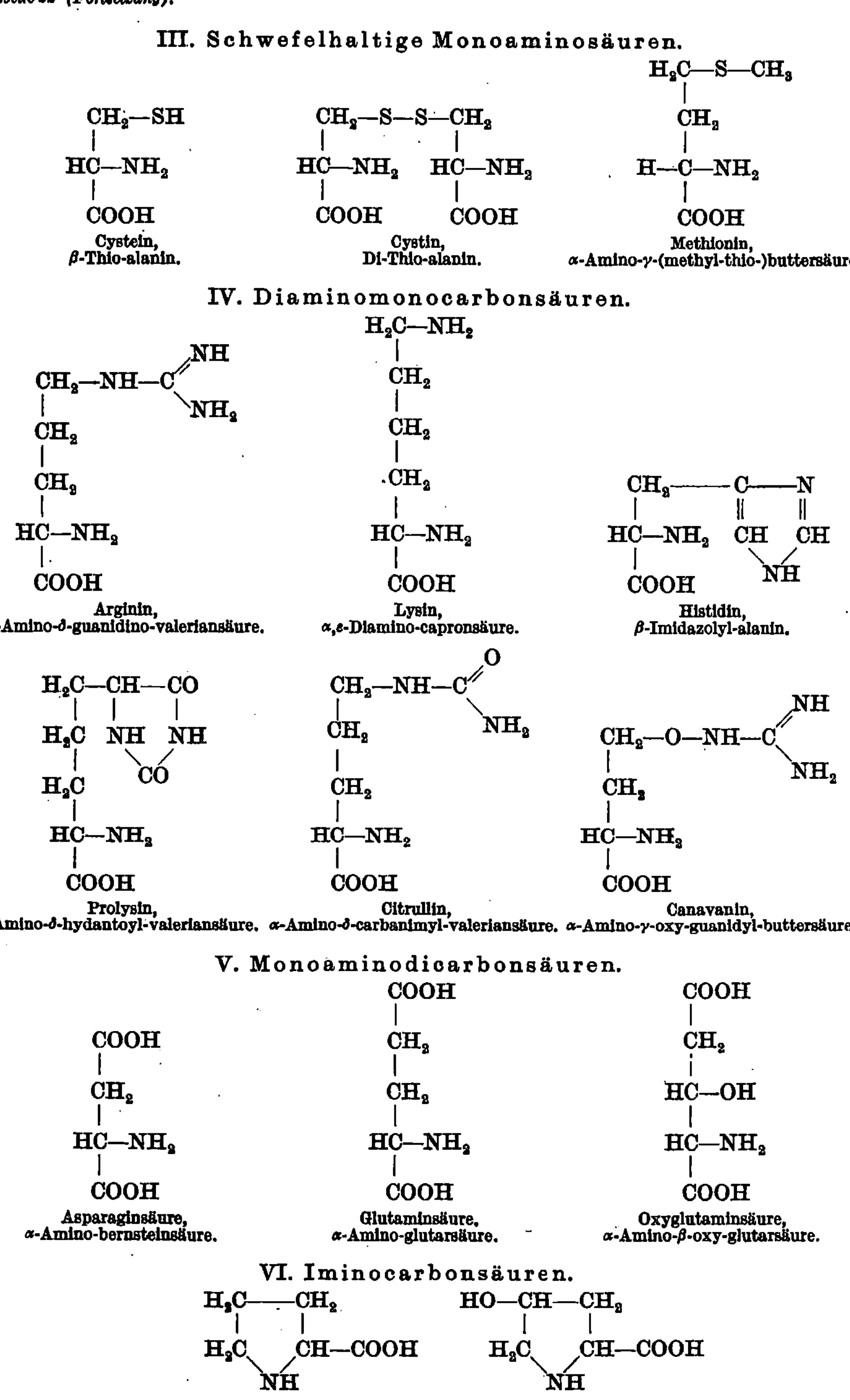

Cystein,
β-Thio-alanin.

Cystin,
Di-Thio-alanin.

Methionin,
α-Amino-γ-(methyl-thio-)buttersäure

IV. Diaminomonocarbonsäuren.

Arginin,
α-Amino-δ-guanidino-valeriansäure.

Lysin,
α,ε-Diamino-capronsäure.

Histidin,
β-Imidazolyl-alanin.

Prolysin,
α-Amino-δ-hydantoyl-valeriansäure.

Citrullin,
α-Amino-δ-carbanimyl-valeriansäure.

Canavanin,
α-Amino-γ-oxy-guanidyl-buttersäure.

V. Monoaminodicarbonsäuren.

Asparaginsäure,
α-Amino-bernsteinsäure.

Glutaminsäure,
α-Amino-glutarsäure.

Oxyglutaminsäure,
α-Amino-β-oxy-glutarsäure.

VI. Iminocarbonsäuren.

Prolin,
Pyrrolidin-carbonsäure.

Oxyprolin,
Oxy-pyrrolidin-carbonsäure.

E. Fischer hatte den enzymatischen Abbau von Eiweißkörpern mit Pankreatin und Pepsin hauptsächlich dazu verwendet, die Aminosäuren als die ursprünglichen — nicht erst durch sekundäre Umwandlung gebildeten — Bestandteile der Proteine nachzuweisen. Zugleich dienten ihm die Pankreasenzyme zum Nachweis der enzymatischen Spaltbarkeit seiner synthetischen Polypeptide. Die Deutung der damaligen Versuche war dadurch erschwert, daß keine reinen Enzyme, sondern Gemische von wechselnden Bestandteilen zu den Spaltungsansätzen verwendet wurden. Erst als Willstätter und seine Schule die Aufteilung der Enzymgemische mit Adsorptionsmethoden durchgeführt hatten, ließen sich über den Umfang der Spaltungen quantitative Aussagen machen. Nun zeigte sich, daß bei der Wirksamkeit aller proteolytischen Enzyme Carboxyl- und Aminogruppen stets in äquivalenten Mengen entstehen. Dies beweist, daß die Proteasen nichts als Peptidbindungen spalten. Im Falle der Prolinpeptide bildet sich natürlich an Stelle der Aminogruppe eine Iminogruppe.

Im Anschluß an entsprechende Vorstellungen über den Bau der hochmolekularen Kohlehydrate (siehe S. 106) ist auch bei den Proteinen die Theorie aufgestellt worden, daß sie aus niedrigmolekularen Bausteinen durch Aggregation, also durch Nebenvalenzbindung gebildet werden. Man vermutete daher in den Proteinasen desaggregierende Fermente und hielt nur die Peptidasen für fähig, die niedrigmolekularen Bausteine durch Öffnung von Hauptvalenzen zu zerlegen. Diese Theorie der Proteine ist vor allem durch die Fortschritte der enzymatischen Forschung zu Fall gebracht worden. Für jede einzelne Proteinase, nämlich für Pepsin, Trypsin, Papain ist festgestellt worden,[1] daß bei ihrer Wirksamkeit stets —CO—NH—-Bindungen zerlegt werden. Ein nur desaggregierendes Enzym existiert nicht.

Als niedrigmolekulare Bausteine wurden von vielen Autoren Diketopiperazine angesehen. Sie bilden sich aus je zwei Aminosäuren durch doppelte Peptidbindung:

$$\begin{array}{c} \text{NH}_2 \quad \text{HOOC} \\ \text{H}_2\text{C} \qquad + \qquad \text{CH}_2 \\ \text{COOH} \quad \text{H}_2\text{N} \\ \text{2 Glycin.} \end{array} \longrightarrow \begin{array}{c} \text{NH—OC} \\ \text{H}_2\text{C} \qquad\qquad \text{CH}_2 + 2\,\text{H}_2\text{O} \\ \text{CO—HN} \\ \text{Diglycinanhydrid.} \end{array}$$

Als aber Waldschmidt-Leitz wie auch Abderhalden mit verschiedenen Proteinasen und Peptidasen die Spaltbarkeit einer ganzen Anzahl von Diketopiperazinen prüften,[2] fanden sie niemals eine Zerlegung. Damit ist die Annahme des Eiweißaufbaus aus Diketopiperazinen hinfällig.

Ein neuer Vorstoß in dieser Richtung ging von Shibata[3] und seiner Schule aus. Auf Grund der Beobachtung, daß Diketopiperazine aus Monoamino-dicarbonsäuren und aus Diamino-monocarbonsäuren durch Enzyme spaltbar sind, stellte Shibata die Theorie auf, daß derartige Diketopiperazine einen wesentlichen Bestandteil beim Eiweißaufbau bilden und von den Proteinasen gespalten werden. Diese Theorie veranlaßte eine große Zahl von Untersuchungen, in denen die grundlegende Beobachtung über die Spaltbarkeit bestritten wird.[4] Diketo-

[1] E. Waldschmidt-Leitz und Mitarbeiter: Hoppe-Seyler's Z. physiol. Chem. **156** (1936), 68, 99, 114; **171** (1927), 70, 290. — W. Grassmann, H. Dyckerhoff: Ebenda **179** (1928), 41. — H. H. Weber, H. Gosenius: Biochem. Z. **187** (1927), 410. — K. Felix, A. Harteneck: Hoppe-Seyler's Z. physiol. Chem. **165** (1927), 103, und zwar 105. — S. P. L. Sörensen, L. Katschioni-Walther: Ebenda **174** (1928), 251. — E. Abderhalden, W. Kröner: Fermentforsch. **10** (1928), 12, und zwar 28.

[2] E. Waldschmidt-Leitz, A. Schäffner: Ber. dtsch. chem. Ges. **58** (1925), 1356. — E. Waldschmidt-Leitz, A. Schäffner, H. Schlatter, W. Klein: Ebenda **61** (1928), 299. — E. Abderhalden, K. Goto: Fermentforsch. **7** (1923), 169. — E. Abderhalden, E. Schwab: Hoppe-Seyler's Z. physiol. Chem. **171** (1927), 78.

[3] K. Shibata, Y. Tazawa: Proc. Imp. Acad. (Tokyo) **12** (1936), 340.

[4] E. Abderhalden, F. Leinert: Fermentforsch. **15** (1937), 324.

piperazine mit sauren oder basischen Seitenketten sind nämlich unbeständig. Die nach Shibata und Mitarbeitern von Pepsin spaltbaren öffnen sich z. B. schon unter der Einwirkung der sauren Reaktion.[1] In neuester Zeit fand E. Abderhalden[2] folgende Diketopiperazine unspaltbar durch Dipeptidase, Aminopeptidase, Trypsin und Pepsin: d-l-Leucylglycylanhydrid, Glycyl-l-asparaginsäureanhydrid, Glycyl-l-tyrosinanhydrid, Glycyl-l-glutaminsäureanhydrid, Glycyl-l-tyrosinanhydrid, l-Asparagyl-l-asparaginanhydrid, l-Glycyl-l-asparaginanhydrid.

Ebenfalls mit dem Auftreten von ringförmigen Anhydriden in Eiweißkörpern beschäftigten sich A. Fodor und Mitarbeiter.[3] Sie erhitzten Proteine in wasserfreiem Glycerin mehrere Stunden auf 130°. Aus den entstandenen Produkten isolierten sie Substanzen von Molekulargewichten zwischen 741 und 4851, die Akropeptide genannt und für Eiweißbausteine angesehen werden. Auf Grund der Molekulargewichte, des COOH-Titers, des NH-Titers und des Fehlens von Aminostickstoff erteilte Fodor ihnen sehr präzise und komplizierte Formeln, in denen Ringe aus 4—6 Aminosäureresten, entstanden durch Peptidbindung, mit geraden Peptidketten verbunden sind. Auf solche Akropeptide aus verschiedenen Eiweißkörpern läßt er Proteinasen und Peptidasen einwirken und schließt aus den Spaltungsergebnissen auf deren Spezifität!

Von größter Bedeutung für die Aufklärung der Eiweißstruktur sind dagegen die Untersuchungen The Svedbergs[4] über Ultrazentrifugierung von Proteinen. Das hohe Molekulargewicht der Proteine verhindert exakte Bestimmungen mit den sonst üblichen Methoden, z. B. den kryoskopischen; es ist sicher, daß die so gefundenen Werte überhaupt keinen Zusammenhang mit dem Molekulargewicht des Eiweißes haben. Erst der Methode von The Svedberg verdanken wir sichere Kenntnis hierüber. Mit Hilfe der Ultrazentrifuge erzeugt er ein Schwerefeld von sehr großer Intensität, in dem sich die Moleküle entsprechend ihrem Gewicht verschieden schnell bewegen. Das Molekulargewicht kann nach zwei Methoden bestimmt werden, durch Bestimmung der Sedimentationsgeschwindigkeit, kombiniert mit der Bestimmung der Diffusionsgeschwindigkeit, oder durch Bestimmung des Sedimentationsgleichgewichtes, nach dessen Einstellung die Moleküle im Schwerefeld entsprechend ihrem Gewicht angeordnet sind. Nur die zweite Methode kann auch auf Mischungen von Substanzen verschiedenen Molekulargewichts angewandt werden, bei denen sich die Diffusionskonstante nur schwer ermitteln läßt. Die nach beiden Methoden gefundenen Molekulargewichte stimmen, wie Tabelle 23 zeigt, gut überein.

The Svedberg kommt auf Grund seiner Molekulargewichtsbestimmungen zu folgenden Gesetzmäßigkeiten des Eiweißaufbaus:

1. Die Lösung eines Proteins ist entweder monodispers, d. h. sie enthält nur eine einzige Molekülart, oder paucidispers, d. h. sie enthält nur wenige Molekülarten. Polydispersität kommt nur bei künstlich veränderten Proteinen vor.

2. Proteinsysteme sind wohldefinierten Dissoziations- und Assoziationsreaktionen ausgesetzt, die durch p_H-Veränderungen hervorgerufen und reversibel sind. Im Falle des Proteins von *Helix pomatia* besteht z. B. am isoelektrischen Punkt nur eine Molekülart. Verändert man das p_H, so werden Punkte erreicht, wo die geringste weitere Veränderung große Veränderungen des molekularen Zustandes bewirkt. Das ursprüngliche Molekül zerfällt schrittweise in Hälften, Viertel, Achtel und Sechzehntel.

---

[1] R. Abderhalden: Fermentforsch. 15 (1937), 352.

[2] Fermentforsch. 16 (1940), 182.

[3] A. Fodor: Kolloid-Z. 68 (1933), 203. — A. Fodor, Sonja Kuk: Ebenda 74 (1936), 66. — A. Fodor: Enzymologia (Den Haag) 1 (1936), 311. — N. Lichtenstein: Ebenda 6 (1939), 201.

[4] The Svedberg: Kolloid-Z. 85 (1938), 119.

Tabelle 23. *Molekulargewichte von Eiweißkörpern nach* THE SVEDBERG.

S_{20} = Sedimentationskonstante in der Einheit 10^{-13}, reduziert auf Wasser und 20° C.
D_{20} = Diffusionskonstante in der Einheit 10^{-7}, reduziert auf Wasser und 20° C.
M_s = Molekulargewicht aus der Sedimentationsgeschwindigkeit und der Diffusion.
M_e = Molekulargewicht aus dem Sedimentationsgleichgewicht.
M_{ber} = Molekulargewicht, berechnet aus der Hypothese einfacher Multipla.

Name	S_{20}	D_{20}	M_s	M_e	M_{ber}
Laktalbumin α	1,9	10,6	17500	—	17600
Cytochrom C..................	1,89	10,13	15600	—	
Myoglobin...................	2,04	11,25	17200	17500	
Zeïn	1,9	4,0	35000	—	35200 =
Laktoglobulin................	3,12	7,27	41800	37900	2·17600
Pepsin	3,3	9,0	35500	39200	
Insulin.....................	3,47	8,20	40900	35100	
BENCE-JONES	3,55	—	—	35000	
Ovalbumin	3,55	7,76	43800	40500	
CO-Hämoglobin (Mensch)	4,5	6,9	63000	—	70400 =
Serumalbumin (Pferd)	4,5	6,17	70200	66900	4·17600
Gelbes Ferment...............	5,76	6,28	82800	77800	
Canavalin	6,4	5,1	113000	—	105600 = 6·17600
Serumglobulin (Pferd)	7,1	4,05	167000	150000	140800 =
Antipneumokokkus-Serumglobulin (Mensch)	7,4	3,6	195000	—	8·17600
Edestin	12,8	3,93	309000	—	282000 =
Excelsin	13,3	4,26	294000	—	16·17600
Katalase	11,3	4,1	248000	—	
Hämocyanin (*Palinurus*)	16,4	3,4	446000	447000	422000 =
Hämocyanin (*Helix pomatia*, Spaltungskomponente)	12,1	2,23	503000	—	24·17600
Hämocyanin (*Busycon*, Spaltungskomponente)	13,5	3,29	379600	—	
Urease	18,6	3,46	483000	—	
Hämocyanin (*Helix pomatia*, Spaltungskomponente)	16,0	1,82	814000	797000	845000 =
Hämocyanin (*Homarus*).........	22,6	2,78	752000	803000	48·17600
Erythrocruorin (*Planorbis*)	33,7	1,96	1636000	1539000	1690000 =
Hämocyanin (*Calocaris*).........	34,0	—	—	1329000	96·17600
Chlorocruorin (*Spirographis*)	55,2	—	—	—	3380000 =
Erythrocruorin (*Lumbricus*)	60,9	1,81	3140000	2946000	192·17600
Hämocyanin (*Helix pomatia*, Hauptkomponente)	98,9	1,38	6630000	6680000	6760000 =
Hämocyanin (*Busycon*, Hauptkomponente)	101,7	—	—	—	384·17600

3. Die Molekulargewichte der Eiweißkörper sind nicht regellos, sondern ganze Vielfache eines kleinsten Molekulargewichts, als welches 17600 angegeben wird. Am häufigsten wird 35200 bzw. ein Vielfaches davon gefunden.

Nachdem so gesicherte Vorstellungen über die Größe der Proteinmoleküle und über gewisse Regelmäßigkeiten ihrer Struktur gewonnen worden sind, richtet sich das Interesse erneut auf die Form ihrer Peptidketten. Bestehen sie nur aus geraden oder auch aus verzweigten Ketten? Die Möglichkeit der Verzweigung ist an der zweiten Carboxylgruppe der Monoamino-dicarbonsäuren und an der zweiten Aminogruppe der Diamino-monocarbonsäuren gegeben. Sie ließ sich prüfen durch die enzymatische Spaltbarkeit synthetisch hergestellter Peptide. G—Asp ist durch Dipeptidase, G—G—Asp durch Aminopeptidase spaltbar.[1] Hingegen ist Asp, das mit der zweiten, der α-Aminogruppe

$$\begin{array}{c} |\nu \\ G \end{array}$$

nicht benachbarten Carboxylgruppe der Asparaginsäure an Glycin gebunden ist, nicht spaltbar durch die Dipeptidase. Asp—G wird nur an der α-Bindung

$$\begin{array}{c} |\nu \\ G \end{array}$$

gespalten.[2] Analog liegen die Dinge bei der Glutaminsäure. Die Peptidverknüpfung an der zweiten Carboxylgruppe ist also eiweißfremd. Dieser wichtige Befund ließ sich auch auf einem anderen Weg erhärten. Bekanntlich sind Asparagin und Glutamin die Amide der Asparagin- und der Glutaminsäure an den zweiten, der α-Aminogruppe nicht benachbarten Carboxylgruppen. Keine der geprüften Proteasen greift diese Amidgruppe an,[3] es gelang sogar, die Amide (Asparagin und Glutamin) in guter Ausbeute aus enzymatischen Eiweißhydrolysaten zu isolieren.[4] Ist hingegen das Ammoniak an das der α-Aminogruppe benachbarte Carboxyl gebunden, so erweist es sich als durch Proteinasen abspaltbar. So wird das Ammoniak aus Boyl—G—Ly—NH_2 durch Trypsin, aus Boyl—G—NH_2 durch Papain freigelegt.[5, 6]

Daß die ε-Aminogruppe des Lysins im Eiweiß ungebunden vorliegt, geht aus seinem Verhalten sowohl gegen salpetrige Säure,[7] wie bei der Benzoylierung[8] hervor. Für die Guanidogruppe des Arginins ist das gleiche aus dem Verhalten bei der Nitrierung zu erkennen.[9] Von den Peptidasen werden die α-Peptide des Lysins zerlegt, die ε-Peptide dagegen nicht angegriffen.[10] Bei der vorsichtigen Acetylierung und nachfolgenden Verseifung von Edestin (Hanfsamenprotein) und Cucurbitin (Kürbissamenprotein) wurde festgestellt, daß die ε-NH_2-Gruppe des Lysins, der Guanidinrest des Arginins und der Imidazolrest des Histidins im nativen Molekül frei vorliegen.[11]

Damit ist erwiesen, daß im Eiweiß keine verzweigten Peptidketten vorkommen. Das ganze Riesenmolekül bildet eine einzige unverzweigte Peptidkette von

---

[1] W. GRASSMANN, H. BAYERLE: Biochem. Z. 268 (1934), 214.
[2] W. GRASSMANN, F. SCHNEIDER: Biochem. Z. 273 (1934), 452.
[3] W. GRASSMANN, O. MEYER: Hoppe-Seyler's Z. physiol. Chem. 214 (1933), 185.
[4] M. DAMODARAN, CH. CHIBNALL: Biochemic. J. 26 (1932), 235, 1704.
[5] K. HOFFMANN, M. BERGMANN: J. biol. Chemistry 130 (1939), 81.
[6] M. BERGMANN, L. ZERVAS, J. S. FRUTON: J. biol. Chemistry 111 (1935), 225.
[7] SKRAUP: Mh. Chem. 27 (1906), 631. — D. VAN SLYKE, L. BIRCHARD: J. biol. Chemistry 16 (1913), 539.
[8] ST. GOLDSCHMIDT, A. KINSKY: Hoppe-Seyler's Z. physiol. Chem. 188 (1921), 244.
[9] A. KOSSEL, F. WEISS: Hoppe-Seyler's Z. physiol. Chem. 78 (1912), 402.
[10] E. ABDERHALDEN, F. SCHWEITZER: Fermentforsch. 12 (1931), 350.
[11] A. KIESEL, Z. KAIPOWA, S. SSOSSINA: Biochimja 2 (1937), 713.

mindestens 150 Kettengliedern. Die hydrophoben und hydrophilen Gruppen, die basischen und sauren Reste ragen als Seitenketten aus dem Molekül heraus.

Das Ergebnis der enzymatischen Prüfung des Kettenaufbaus besagt jedoch nicht, daß die Seitenketten gar keine Bindungen untereinander eingehen. Nur kommen dabei keine Peptidbindungen vor. Von andersartigen Bindungen ist die —S—S—-Bindung, wie sie im Cystin und Glutathion vorliegt, längst bekannt. Außerdem sind Esterbindungen der OH-Gruppen, besonders mit Phosphorsäure, festgestellt. Die Seitenketten sind wohl auch der Ort, an dem die Verknüpfung mit den prosthetischen Gruppen in den Proteiden, sei es durch Haupt- oder Nebenvalenzen, erfolgt.

Veränderungen der Seitenketten spielen eine besondere Rolle bei der Denaturierung des Eiweißes. Hierunter ist der irreversible Verlust der Wasserlöslichkeit beim feuchten Erhitzen zu verstehen. Durch Denaturierung verlieren die Proteine die Fähigkeit zur Kristallisation, Antikörper ihre spezifischen Eigenschaften, Hämoglobine die Fähigkeit zur Gasbindung, Viren und Enzyme ihre Aktivität. Nach H. Bull[1] erfolgt die Denaturierung in drei Stufeu: Die eigentliche Hitzedenaturierung verläuft bei einem bestimmten p_H nach erster Ordnung und ist am geringsten am Neutralpunkt (also nicht am isoelektrischen Punkt des betreffenden Proteins); die zweite Stufe ist die Flockung des denaturierten Proteins, die dritte die Koagulation. Unmittelbar nach der Flockung sind noch alle freien Amino- und Carboxylgruppen titrierbar. Nach einiger Zeit nimmt ihre Zahl ab, wobei aber keine Peptidsynthese eintritt. In der ersten Stufe erscheinen SH- und SS-Gruppen in vermehrter Zahl infolge innermolekularer Veränderungen, die von der reversiblen Dissoziation verschieden sind. Peptidbindungen werden nicht zerstört, wohl aber lösen sich Seitenkettenbindungen, die für die räumliche Konfiguration der nativen Proteine wesentlich sind. Ihre Bindung hatte die übrigen Seitenketten vor weiterer Verknüpfung geschützt. Nach der Denaturierung kann die Peptidkette beliebige Formen annehmen, wobei in der dritten Stufe der Denaturierung neue Seitenkettenbindungen entstehen.[2]

Für die Chemie der Proteasen ist besonders wichtig, daß bei der Denaturierung keine Änderung der ursprünglichen Peptidbindungen eintritt. Denaturierte Proteine sind daher durch Proteasen ebenso spaltbar wie die nativen.

2. Aufklärung der Reihenfolge der Aminosäurereste durch enzymatischen Abbau.

Die chemischen Methoden des Eiweißabbaus haben den Nachteil, daß sie nur selten definierte Zwischenprodukte liefern, sondern bei genügend langer Einwirkung bis zu den Aminosäuren aufspalten. Auch die Hoffnung, durch enzymatische Hydrolyse definierte Zwischenprodukte zu erhalten, wurde lange Zeit nicht erfüllt, da man an Stelle der erforderlichen enzymatisch einheitlichen Präparate nur die natürlichen Proteasengemische verwendete. Die fraktionierte enzymatische Hydrolyse von Eiweißkörpern in definierten Einzelstufen und eine genaue Feststellung der Leistungen der einzelnen Enzyme setzte eine Trennung dieser Gemische in enzymatisch einheitliche Fraktionen voraus. Nachdem die Aufteilung von R. Willstätter und seiner Schule durch die Anwendung der Adsorptionsmethode verwirklicht war, konnten E. Waldschmidt-Leitz und seine Mitarbeiter den stufenmässigen Abbau erfolgreich verwirklichen. Sie ließen Pepsin, Carboxypeptidase, Protaminase, Trypsin, Erepsin, Papain und Papain-

---

[1] Cold Spring Harbor Sympos. quantitat. Biol. 6 (1938), 140.
[2] A. E. Mirsky: Cold Spring Harbor Sympos. quantitat. Biol. 6 (1938), 150.

Blausäure in wechselnder Reihenfolge auf Clupein,[1] Thymushiston[2] und Casein[3] einwirken. Das Ergebnis dieser Untersuchungen ist, daß die Wirkung der einzelnen Enzyme jeweils nach einer bestimmten Leistung zum Stillstand kommt, und daß die einzelnen Spaltungsleistungen der Enzyme in ganzzahligem Verhältnis zueinander stehen. Zum Teil sind die Spezifitätsbereiche völlig geschieden; manche Enzyme können sich auch in gewissem Umfang gegenseitig vertreten.

Tabelle 24. *Fraktionierte enzymatische Hydrolyse von Clupein und Histon.*
(Hydrolyse von 0,142 g Clupein bzw. 0,1727 g Histon; enzymatische Leistungen [COOH- und NH_2-Zuwachs] bezogen auf vollständige Hydrolyse.)

Substrat	Reihenfolge der Enzyme	Zuwachs in $cm^3 \ ^n/_5$		Leistung in Prozenten	Leistungs- verhältnis
		COOH	NH_2		
Clupein	Protaminase	0,90	0,90	20	1
	Trypsin	2,67	2,36	60	3
	Erepsin	0,94	0,96	20	1
Clupein	Protaminase	0,92	0,92	20	1
	Erepsin	0,93	0,98	20	1
	Trypsin	0,89	0,83	20	1
	Erepsin	1,70	1,58	40	2
Clupein	Trypsin	3,13	3,15	68	2
	Erepsin	1,53	1,72	32	1
Histon	Pepsin	0,75	0,76	10	1
	Protaminase	0,76	0,75	10	1
	Trypsin	2,75	2,57	39	4
	Erepsin	(2,47)*	(2,37)*	(35)*	(4)*
Histon	Pepsin	0,70	0,73	10	1
	Erepsin	1,42	1,65	20	2
	Trypsin	2,12	2,07	30	3
	Erepsin	(2,45)*	(2,57)*	(35)*	(4)*

* Hydrolyse nicht zu Ende geführt.

Hierdurch ist bewiesen, daß zwischen dem enzymatischen Abbau und der Säurehydrolyse ein prinzipieller Unterschied von großer Wichtigkeit besteht. Der Säure gegenüber sind alle Peptidbindungen gleich spaltbar, die Enzyme lösen je nach ihrer Natur nur ganz bestimmte Peptidbindungen. Die Untersuchung synthetischer Peptide bestätigte die gewonnenen Erfahrungen.[4] Das Pentapeptid L—G—G—G—Ty wird durch Carboxypeptidase und Erepsin im Verhältnis 1:3 gespalten, L—G—Ty im Verhältnis 1:1. Entsprechende Befunde liegen von W. Grassmann mit Hefeproteasen vor. Die fraktionierten Hydrolysen eines Tetrapeptids[5] durch Aminopeptidase und Dipeptidase der Hefe stehen im Leistungsverhältnis von 2:1, die eines Tripeptids von 1:1.

---

[1] E. Waldschmidt-Leitz, A. Schäffner, W. Grassmann: Hoppe-Seyler's Z. physiol. Chem. 156 (1926), 68.

[2] E. Waldschmidt-Leitz, E. Simons: Hoppe-Seyler's Z. physiol. Chem. 156 (1926), 99.

[3] E. Waldschmidt-Leitz, G. Künstner: Hoppe-Seyler's Z. physiol. Chem. 171 (1927), 290.

[4] E. Waldschmidt-Leitz, W. Grassmann, H. Schlatter: Ber. dtsch. chem. Ges. 60 (1927), 1906. — E. Waldschmidt-Leitz, A. Schäffner, H. Schlatter, W. Klein: Ebenda 61 (1928), 299.

[5] W. Grassmann: Hoppe-Seyler's Z. physiol. Chem. 167 (1927), 202. — W. Grassmann, H. Dyckerhoff: Ebenda 175 (1928), 18.

Bei höher molekularen Eiweißkörpern sind die Verhältnisse komplizierter und die Spaltungsergebnisse·schwerer zu überblicken. Vor allem stört, daß auf eine rasche Anfangsspaltung eine wochenlang sich hinziehende Annäherung an das Spaltungsende folgt. Immerhin gelang es H. O. CALVERY,[1] bei der Hydrolyse von kristallisiertem Eieralbumin zu ganzzahligen Spaltungsverhältnissen zu kommen. Bei der Einwirkung von Pepsin auf Eieralbumin wird ein Drittel der Bindungen geöffnet. Dabei entstehen auch Dipeptide' und freie Aminosäuren. Sowohl nachfolgende Amino- wie Carboxypeptidase spalten ein zweites Drittel. Dipeptidase öffnet anschließend den Rest. Verwendet man statt Pepsin reine tryptische Proteinase, darnach Carboxypeptidase (oder Aminopeptidase), darnach Dipeptidase, so sind die einzelnen Spaltungsleistungen etwas anders, nämlich ein Drittel, ein Halb, ein Sechstel. Die Summe ist also wieder 100%. Protaminase nach Pepsin oder Trypsin spaltet beidemal ein Zwölftel. Pepsin wirkt nicht mehr nach Trypsin und dieses nicht nach Pepsin. Die Wirkung von Papain-Blausäure ist doppelt so groß wie die von Pepsin oder. Trypsin. Darnach wirkt weder Pepsin noch Trypsin.

Etwas weniger durchsichtig, aber im ganzen entsprechend erwiesen sich die Verhältnisse beim Abbau des Milchalbumins.[2]

Nachdem erkannt war, daß die Proteinasen definierte Schnitte durch das Eiweißmolekül legen, deren Anzahl bei verschiedenen Proteinasen in einem ganzzahligen Verhältnis zueinander steht, war es verlockend, durch das Studium der Spaltstücke den Aufbau des Eiweißmoleküls kennenzulernen. Zu dieser Untersuchung wurden Peptidasen und Arginase herangezogen.

Die erste vollständige Aufklärung gelang E. WALDSCHMIDT-LEITZ und E. KOFRÁNYI an einem Eiweiß mit verhältnismäßig kleinem Molekül, dem Clupein aus Heringssperma.[3] Das Clupein gehört zu den Protaminen, die sehr viel basische Bausteine enthalten und nur in den Fischspermen gefunden werden. Es enthält zwei Argininreste auf einen Monoaminosäurerest.[4] Von den Monoaminosäuren sind $^2/_5$ Serin und je $^1/_5$ Prolin, Valin, Alanin. Nimmt man von diesen Aminosäuren je eine im Molekül an, so kommt man zu folgender Zusammensetzung: 10 Arginin, 1 Prolin, 2 Serin, 1 Alanin, 1 Valin. Das Molekulargewicht liegt nach THE SVEDBERG zwischen 1700 und 3000. Die Addition der 15 Reste ergibt 2021. Sie enthalten 45 N-Atome, von denen 14 zu Peptidbindungen gehören.

Protaminase, eine im Pankreas vorkommende Carboxypeptidase mit spezifischer Einstellung auf Arginin, gibt einen Zuwachs von 2 freien Aminogruppen, spaltet also ein Siebentel der Peptidbindungen und legt 2 Argininreste vom Carboxylende der Clupeinkette her frei. Das entstandene Clupean wurde mit Alkohol ausgefällt. Es enthält noch 8 Argininreste, 1 Prolin und 4 weitere Monoaminosäuren mit insgesamt 37 N- und 12 Peptidbindungen. Trypsin spaltet 4 Peptidbindungen, also ein Drittel, und läßt dabei 5 Peptide entstehen. Diese lassen sich durch fortgesetzte Fällung mit 80%igem Alkohol in eine leichter und eine schwerer lösliche Fraktion zerlegen, von denen erstere $^1/_5$, letztere $^1/_9$ des Gesamtstickstoffs als Aminostickstoff enthält.

Da Arginin 4 N-Atome enthält, paßt auf den Quotienten Amino-N : Gesamt-N = 1 : 5 ein Dipeptid aus Arginin und einer Monoaminosäure, auf 1 : 9 ein Tripeptid aus 2 Arginin und einer Monoaminosäure. Die Argininbestimmung (als Flavianat

[1] J. biol. Chemistry 102 (1933), 73; 112 (1935), 171.
[2] LILA MILLER, H. O. CALVERY: J. biol. Chemistry 116 (1936), 393.
[3] Hoppe-Seyler's Z. physiol. Chem. 236 (1935), 181. — E. KOFRÁNYI: Dissertation, Brünn, 1935.
[4] A. KOSSEL, H. D. DAKIN: Hoppe-Seyler's Z. physiol. Chem. 41 (1904), 414.

nach Säurehydrolyse) bestätigte diese Annahme. Das Verhältnis des Gesamtstickstoffs der beiden Fraktionen ist 27 : 73, was besagt, daß auf 2 Dipeptide
3 Tripeptide kommen.

Tabelle 25. *Enzymatische Untersuchung der Clupeinspaltstücke nach Einwirkung von
Protaminase und Trypsin.*

	Dipeptid-fraktion	Tripeptid-fraktion
Amino-N : Gesamt-N	1 : 5	1 : 9
Arginin : Monoaminosäure................................	1 : 1	2 : 1
Anteil (Prozente des Gesamt-N)	27	73
Spaltbarkeit (in Prozenten der Bindungen) durch:		
Arginase.......................................	0	0
Dipeptidase	100	0
Aminopeptidase	0	0
Carboxypeptidase................................	0	50
Spaltbarkeit der Guanidino-Gruppen des Arginins (in Prozen-ten des vorhandenen) durch:		
Arginase.......................................	0	0
Arginase nach Dipeptidase	100	—
Arginase nach Carboxypeptidase	—	50

Die Tripeptidfraktion enthält das gesamte Prolin. Sie ist unspaltbar für
Dipeptidase und Aminopeptidase. Da eine andere Erklärung fehlt, wird angenommen, daß Arginin am Aminoende die Spaltbarkeit aufhebt. Carboxypeptidase
spaltet ein Arginin vom Carboxylende ab, was durch Prüfung mit Arginase bestätigt werden konnte. Die Formel wird daher Ar—M—Ar sein. Von den drei
Monoaminosäuren der drei Tripeptide ist eine Prolin.

Die Dipeptidfraktion enthält zwei Dipeptide, die sich gegen Dipeptidase und
Carboxypeptidase verschieden verhalten. Dipeptidase spaltet beide, Carboxypeptidase nur eine. Als einzige Möglichkeit verschiedenen Baues bleibt Ar—M
und M—Ar.

Die fünf Bruchstücke sind also:

$$M—Ar, \quad Ar—M, \quad Ar—M—Ar, \quad Ar—M—Ar, \quad Ar—Pr—Ar.$$

Sucht man nach einer Gesetzmäßigkeit, nach der das Trypsin spalten kann,
so ergibt sich als einzige, die die vier Schnitte in gleicher Weise erklärt, die Spaltung zwischen je zwei Argininresten. Darnach ergibt sich die Formel des
Clupeans zwingend zu

$$M—Ar—Ar—M—Ar—Ar—M—Ar—Ar—Pr—Ar—Ar—M,$$

wobei die Stellung von Pr unter den Monoaminosäuren unbewiesen ist. Fügt
man nun die beiden durch Protaminase am Carboxylende abgeschnittenen
Argininreste wieder an, so kommt man zu folgender Clupeinformel:

$$M—Ar—Ar—M—Ar—Ar—M—Ar—Ar—Pr—Ar—Ar—M—Ar—Ar.$$

In Übereinstimmung mit dieser Formel und unter der Annahme, daß Trypsin
zwischen zwei Argininresten spaltet, muß die direkte Einwirkung von Trypsin
auf Clupein statt auf Clupean 5 statt 4 Spaltungen ergeben, was durch den
Versuch bestätigt wurde.

Zu einer anderen Clupeinformel gelangten K. FELIX und A. MAGER[1], die annahmen, daß je 4 Argininreste und je 2 Monoaminosäuren miteinander verbunden sind. Sie erhielten nämlich bei Säurehydrolyse in kleinen Mengen ein Peptid aus 4 Argininresten. Ihre Auffassung stimmt aber im Gegensatz zur anderen Formel nicht mit der von BERGMANN gefundenen Spezifität des Trypsins (siehe S. 246) überein.

Bei komplizierten Proteinen ließ sich eine so vollständige Aufklärung der Reihenfolge bisher noch nicht durchführen. Aus seinen Analysen der Aminosäurezusammensetzung der Gelatine, bei denen er rund $1/3$ G, $1/6$ Pr und $1/9$ Op fand, entwickelte M. BERGMANN[2] die Vorstellung, daß die Gelatine nach einer der folgenden Formeln gebaut sei ($x = $ unbekannt):

I.   —G—Pr—x—G—x—x—G—Pr—x—G—x—x—,

II.   —G—x—Pr—G—x—x—G—x—Pr—G—x—x—.

W. GRASSMANN und K. RIEDERLE[3] gelang es nun, aus einem Abbauprodukt der Gelatine, dem Glutokyrin, das man durch unvollständige Säurehydrolyse darstellt, ein argininhaltiges Dipeptid und ein lysinhaltiges Tripeptid in äquimolekularen Mengen zu isolieren. Das Tripeptid enthielt Prolin, Glycin und Lysin. Es wird von Prolidase aus Niere so gespalten, daß eine Peptidbindung gelöst wird. An der aufgesprengten Peptidbindung muß also der Iminostickstoff des Prolins beteiligt sein. Trennt man die Spaltprodukte mit Phosphorwolframsäure in eine Basenfraktion und eine Monoaminosäurefraktion, so läßt sich nachweisen, daß die Basenfraktion kein Peptid, sondern eine einheitliche Aminosäure, das Lysin, enthält. Die Formel des Tripeptids ist darnach Ly—Pr—G. Prüft man die Einsetzbarkeit dieses Tripeptids in die beiden Gelatineformeln von BERGMANN, so findet man nur die zweite dafür passend. Nach GRASSMANN und RIEDERLE enthält also die Gelatine folgende Aminosäureanordnung:

$$—G—L—Pr—G—x—x—G—x—Pr—G—x—x—.$$

Die auffallende Regelmäßigkeit in der Reihenfolge der verschiedenen Aminosäurereste, wie sie hier und beim Clupein nachgewiesen wurde, ist auch bei anderen Proteinen beobachtet worden. So konnten M. BERGMANN und C. NIEMANN[4] bei der Bausteinanalyse verschiedener hochmolekularer Proteine die Entdeckung machen, daß die molekularen Mengen der verschiedenen darin enthaltenen Aminosäuren sowohl zueinander als auch zur Gesamtzahl aller Aminosäuren in einem einfachen ganzzahligen Verhältnis stehen und diese Gesamtzahl durch $2^n \cdot 3^m$ darstellbar ist.

Im Rinderglobin und Rinderfibrin wurde als Gesamtzahl der Bausteine $576 = 2^6 \cdot 3^2$ gefunden, in Eieralbumin $288 = 2^5 \cdot 3^2$.[4] Multipliziert man mit diesen Zahlen das durchschnittliche Molekulargewicht der darin enthaltenen Aminosäurereste (bei Eieralbumin 124), so kommt man zu einem Eiweißmolekulargewicht von 35700. Diese Zahl kennen wir schon aus den Untersuchungen von THE SVEDBERG als das Mindestmolekulargewicht der Proteine (wenn man das seltene Vorkommen des Halben dieser Zahl vernachlässigt). Die Gesetzmäßigkeit, daß die Molekulargewichte von Eiweißkörpern sich durch $\nu \cdot 288$ ausdrücken lassen, ist die Folge von zwei Tatsachen: Erstens daß die Moleküle $\nu \cdot 288$ Reste enthalten, zweitens daß das mittlere Molekulargewicht der Bausteine etwa 120 ist.

---

[1] Hoppe-Seyler's Z. physiol. Chem. **249** (1937), 111.
[2] J. biol. Chemistry **110** (1935), 471.
[3] Biochem. Z. **284** (1935), 177.
[4] J. biol. Chemistry **122** (1938), 577.

Bei der Bausteinanalyse des Seidenfibroins nach Säurehydrolyse zeigt es sich daß der Anteil des Glycins an der Gesamtzahl der Aminosäuren $^1/_2$ ist, des Alanins $^1/_4$, des Tyrosins $^1/_{16}$, des Arginins $^1/_{216}$, des Lysins $^1/_{648}$, des Histidins $^1/_{2592}$.

Tabelle 26. Bausteinanalyse des Seidenfibroins.

Amino- säure	Gewichts- prozent	Molekular- gewicht	Grammoleküle pro 100 g Proteine		Häufigkeit
			gefunden	berechnet[1]	
G	43,8	75	0,5840	0,5840	$^1/_2$
A	26,4	89	0,2966	0,2920	$^1/_4$
Ty	13,2	181	0,0729	0,0730	$^1/_{16}$
Ar	0,95	174	0,0055	0,0054	$^1/_{216}$
Ly	0,25	146	0,0017	0,0018	$^1/_{648}$
Hi	0,07	155	0,00045	0,00045	$^1/_{2592}$

Nach Spalte 6 der Tabelle 26 muß das Molekül des Seidenfibroins mindestens $2592 = 2^5 \cdot 3^4$ Aminosäurereste enthalten. Multipliziert man mit 84, dem Durchschnittsmolekulargewicht der Bausteine des Seidenfibroins, so ergibt sich ein Mindestmolekulargewicht von 217700. Es fällt aus der Reihe der THE SVEDBERGschen Zahlen heraus, da wegen des hohen Glycingehaltes auch das Durchschnittsmolekulargewicht aus der Reihe der anderen herausfällt. Als einfachste Erklärung dieser Regelmäßigkeit nehmen die Autoren einen Aufbau der Peptidkette des Seidenfibroins nach bestimmtem Muster an:

$$—G—A—G—Ty—G—A—G—Ar—G—A—G—x—G—A—G—x—$$
$$—(G—A—G—Ty—G—A—G—x—G—A—G—x—G—A—G—x)_{12}$$
$$—G—A—G—x—G—A—G—x—G—A—G—Ar—$$
$$—(G—A—G—Ty—G—A—G—x—G—A—G—x—G—x)_{13}.$$

Für x kann Ar, Ty und Hi stehen.

Die gefundenen Gesetzmäßigkeiten fassen M. BERGMANN und C. NIEMANN[2] in folgenden Sätzen zusammen:

1. Die Gesamtzahl der Aminosäurereste im Molekül beträgt: $N_t = 2^n \cdot 3^m$.

2. Die Zahl der Reste einer bestimmten Aminosäure im Molekül beträgt: $N_i = 2^{n'} \cdot 3^{m'}$.

3. Die Häufigkeit der Reste der betreffenden Aminosäure im Molekül beträgt: $F_i = 2^{n''} \cdot 3^{m''}$.

4. m und n sind positive ganze Zahlen.

5. n', m', n'' und m'' sind positive ganze Zahlen oder Null.

6. $n = n' + n''$; $m = m' + m''$.

Bei der Untersuchung von Rinderhämoglobin,[3] dem Sehneneiweiß Elastin[4] und dem Haut- oder Bindegewebseiweiß Kollagen[5] ergaben sich analoge Resultate. Auch stimmen sie mit den Ergebnissen der Röntgenanalysen insofern überein, als diese eine Wiederholung bestimmter Bausteine in regelmäßigen Abständen erkennen lassen.[6]

---

[1] Mit der Grundzahl 0,5840 (Zahl der Mole G in 100 g).
[2] J. biol. Chemistry 122 (1938), 577.
[3] C. NIEMANN: Cold Spring Harbor Sypmos. quantitat. Biol. 6 (1938), 58.
[4] W. H. STEIN, E. G. MILLER jr.: J. biol. Chemistry 125 (1938), 599.
[5] F. SCHNEIDER: Collegium (Darmstadt) 1940, 97.
[6] W. T. ASTBURY: Nature (London) 140 (1937), 968.

3. Strukturermittlung der Proteine durch Röntgenanalyse.[1]

Nach ihren Interferenzbildern unterscheidet sich die Gruppe der Faserproteine (Seidenfibroin, Keratin, Myosin) prinzipiell von den kristallisierbaren, wasserlöslichen Proteinen, wie Eieralbumin, Edestin, Pepsin. Im Röntgenbild des Seidenfibroins findet man regelmäßig eine Identitätsperiode von 7 Å längs des Fadens. Unter Zugrundelegung der bekannten Atomabstände und Valenzwinkel erkannten MEYER und MARK, daß dies dem doppelten Abstand einer Peptidbindung von der nächsten entspricht.

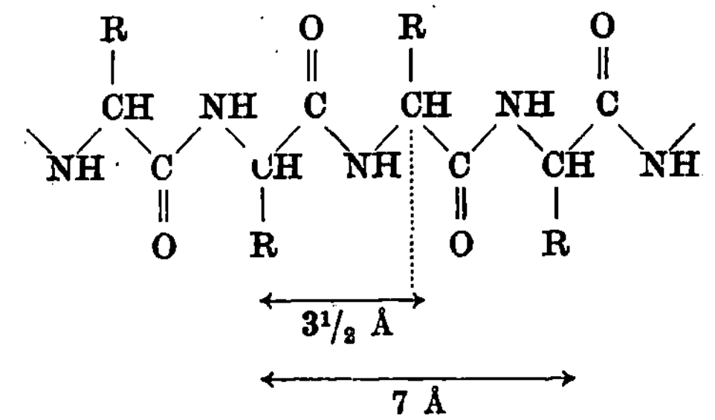

$$
\begin{array}{cccccccc}
R & & O & R & & O \\
| & & \| & | & & \| \\
CH & NH & C & CH & NH & C \\
\diagdown\diagup & \diagdown\diagup & \diagdown\diagup & \diagdown\diagup & \diagdown\diagup & \diagdown \\
NH & C & CH & NH & C & CH & NH \\
& \| & | & & \| & | \\
& O & R & & O & R
\end{array}
$$

$$\xleftarrow{\hspace{2cm}} 3^{1}/_{2}\ \text{Å} \xrightarrow{\hspace{2cm}}$$

$$\xleftarrow{\hspace{4cm}} 7\ \text{Å} \xrightarrow{\hspace{4cm}}$$

Infolge des räumlichen Baues der Atome ist nämlich erst nach zwei Peptidbindungen dieselbe räumliche Anordnung wiederhergestellt. Die Strukturermittlung mit Röntgenstrahlen führt also wieder zu der Erkenntnis, daß in den Proteinen lange Ketten von Aminosäureresten, verknüpft durch Peptidbindungen, vorliegen.

Erstaunlicherweise fand sich bei anderen Faserproteinen wie Keratin (Wolleiweiß), Kollagen (Bindegewebseiweiß), Myosin (Muskelfasereiweiß), in denen man dieselbe Peptidkette annehmen durfte, eine Identitätsperiode von nur 5,1 Å. Dieser Unterschied innerhalb der Faserproteine fand eine glänzende Aufklärung durch ASTBURY. In Wasser bis zur doppelten Länge gedehnte Wollhaare (β-Keratin) zeigten dieselbe Identitätsperiode von 7 Å wie Seidenfibroin. Sie verschwand, wenn man das Haar wieder zusammenschnellen ließ. ASTBURY nimmt an, daß im α-Keratin, also im ungedehnten Haar, eine Faltung der Peptidkette infolge der Anziehung zwischen CO- und NH-Gruppen vorliegt, wie sie die Formel auf S. 210 darstellt. Vielleicht ist sogar durch Lactimbildung eine Schließung der Ringe zu Pseudo-diketopiperazinen erfolgt. Der berechnete Abstand dieser Ringe entspricht gerade der gemessenen Identitätsperiode des α-Keratins von 5,1 Å.

Bei der Behandlung des gestreckten Haares mit Dampf besteht, ehe die Dehnung bleibend wird, kurze Zeit ein Zustand, in dem das losgelassene Haar sich nicht auf die Hälfte, sondern auf ein Drittel, auf die sogenannte überkontrahierte Form verkürzt (siehe Formel auf S. 210).

Außer den genannten Abständen findet man aus den Röntgenbildern aller Faserproteine noch zwei weitere charakteristische Identitätsperioden von 9,8 Å und 4,65 Å, die zueinander und zur Hauptkette im rechten Winkel stehen. Erstere entspricht der durchschnittlichen Länge der Seitenketten, letztere dem seitlichen Abstand der Hauptketten voneinander, die ASTBURY als Rückgratdicke der Hauptketten bezeichnet.

In den wasserlöslichen, kristallisierten Proteinen hätte man ebenfalls aufschlußreiche Interferenzen erwarten sollen. Man fand aber ein recht inhaltsloses

---

[1] F. HALLE gibt in der Kolloid-Z. **81** (1937), 334 ein Sammelreferat mit 218 Literaturnachweisen.

Überkontraktion

Dehnung

Kon-
traktion

H_2O

5,1 Å

$2 \times 3{,}5$ Å

„Lactim" ⇌ „Lactam"
Tautomerie

Überkontrahiertes Keratin
($^{1}/_{3}$ Länge).

Normales α-Keratin
($^{1}/_{2}$ Länge).

Gestrecktes
β-Keratin
($^{1}/_{1}$ Länge).

Röntgenbild ähnlich amorphen Körpern. Erst neuerdings wurde erkannt, daß
die kristallisierbaren Proteine an der Luft sofort das reichlich in ihnen enthaltene Kristallwasser und damit auch ihre Kristallstruktur verlieren. Bleiben
die Kristalle aber bei der Röntgenaufnahme in ihrer Mutterlauge, so findet man
wirklich die erwarteten spezifischen Kristalldiagramme, beim kristallisierten Pepsin
sogar Einkristalldiagramme. Die Identitätsperioden sind nach allen drei Raum-
richtungen gleichmäßig entwickelt und besitzen eine Länge von ungefähr 40 Å.
Die typische Identitätsperiode von 7 Å längs der Haupt- (Peptid-) Kette, die
bei den Faserdiagrammen im Vordergrund steht, findet sich bei den kristallisierten Proteinen nicht. Man muß daher auf eine etwa kugelförmige Gestalt
der Proteinmoleküle schließen, in Übereinstimmung mit den Befunden The
Svedbergs, der aus den Diffusionsmessungen bei der Ultrazentrifugierung
ebenfalls eine kugelförmige Gestalt errechnet. Beim Insulin ist der Elementarkörper rhomboedrisch und hat eine Kantenlänge von 44,3 Å. Hieraus, aus der
Dichte und dem Rhomboederwinkel kann man ein Molekulargewicht des

Elementarkörpers von 37000 errechnen, also von derselben Größenordnung wie das von The Svedberg zu 35000 ermittelte Grundmolekulargewicht der Eiweißkörper.

Den Zusammenhang mit der Struktur der Faserproteine konnte Astbury erst aufdecken, als er die Vorgänge der Denaturierung im Röntgenbild verfolgte. Wie schon beim Trocknen der Kristalle, so verschwindet erst recht bei ihrem Erhitzen die Kristallstruktur vollkommen; das Röntgenbild wird das einer amorphen Substanz. Aber es liefert nun die zwei charakteristischen Abstände von 4,5 und von 10 Å, die der Rückgratdicke und den Seitenkettenabständen der Faserproteine entsprechen. Es gelang W. T. Astbury, S. Dickinson und K. Bailey[1] sogar, aus Edestin und Eieralbumin unter gleichzeitiger Denaturierung Fäden herzustellen, die Elastizität besaßen und in gedehntem Zustand das für β-Keratin typische Röntgenbild ergaben.

Nun lassen sich die gesamten Ergebnisse der Röntgenanalyse löslicher Proteine zu einem einheitlichen Bild gestalten. In den feuchten Kristallen sind die Peptidketten des Eiweißes unter Einschluß von Kristallwasser durch Einfaltung zu einer komplizierten, kugelförmigen Struktur gefügt. Die Identitätsperiode entspricht dem Durchmesser des ganzen Moleküls. Durch den beim Herausnehmen aus der Mutterlauge eintretenden Wasserverlust unter Denaturierung treten an Stelle des Kugelaufbaus wirr verknäuelte Ketten, die sich aber bei der Koagulation zu einer neuen kristallisierten Struktur strecken und parallel richten lassen.

Die Faserproteine entsprechen demnach dem denaturierten Zustand der kristallisierbaren Proteine.

Peptidasen.

Zur Einteilung der Peptidasen wie der Proteinasen sind folgende Fragen zu beantworten:

1. Muß das der zu spaltenden Peptidbindung benachbarte C-Atom eine freie Aminogruppe tragen?

2. Ist eine freie Carboxylgruppe in Nachbarschaft der zu spaltenden Peptidbindung notwendig?

3. Ist in unmittelbarer Nachbarschaft der zu spaltenden Peptidbindung eine weitere Peptidbindung notwendig?

4. Ist ein freies H-Atom an der Peptidbindung (Peptidwasserstoff) notwendig?

5. Ist an den der zu spaltenden Peptidbindung benachbarten C-Atomen (α- und α'-C-Atom) je ein freies H-Atom notwendig?

6. Muß die zu spaltende Bindung der Substrate von den natürlich vorkommenden Aminosäuren gebildet sein?

7. Sind besondere Eiweißbausteine günstig oder notwendig?

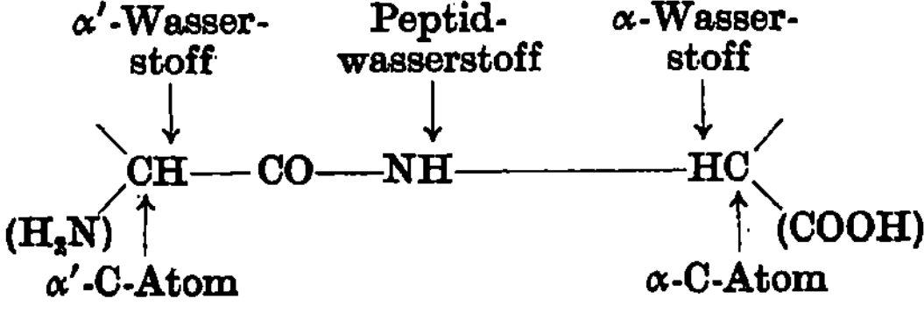

Peptidasen nennt man diejenigen Proteasen, die zu ihrer Wirksamkeit der Anwesenheit freier endständiger Amino- (bzw. Imino-) oder Carboxylgruppen bedürfen. Je nachdem, ob die eine oder die andere freie Gruppe oder beide

---

[1] Biochemic. J. 29 (1935), 2351.

erforderlich sind, teilt man sie in Amino-, Carboxy- oder Dipeptidasen. Ein weiterer Einteilungsgrund ergibt sich darnach, ob die Peptidasen auf bestimmte Aminosäurereste, z. B. Leucin oder Prolin, angewiesen sind.

Die Aufteilung der hydrolytischen Enzyme, die natives Eiweiß nicht angreifen, nach chemischen Gesichtspunkten begann, als E. WALDSCHMIDT-LEITZ, W. GRASSMANN und H. SCHLATTER[1] erkannten, daß manche Enzyme nur Dipeptide, andere nur Peptide mit mindestens 3 Aminosäureresten aufspalten. Der nächste Schritt der Aufteilung wurde von E. WALDSCHMIDT-LEITZ und Mitarbeitern[2] getan durch die Feststellung, daß ein Teil der Polypeptidasen einer freien Aminogruppe, ein anderer einer freien Carboxylgruppe am Ende der Peptidkette bedarf. Man unterschied nun Aminopolypeptidasen und Carboxypolypeptidasen. Die Unspaltbarkeit der Dipeptide durch die beiden neuen Gruppen beruht darauf, daß jeweils die unmittelbare Nachbarschaft des zur Spaltung nicht benötigten Kettenendgliedes, also der Carboxy- bzw. Aminogruppe die Wirksamkeit aufhebt (oder doch sehr einschränkt). Da nicht die Kettenlänge für die Spaltung maßgebend ist, vielmehr schon die Besetzung der hindernden Gruppe mit irgendeinem anderen Substituenten Spaltbarkeit herbeiführt, ist die Bezeichnung Polypeptidasen überflüssig und verwirrend. Man unterscheidet besser nur noch Aminopeptidasen, Carboxypeptidasen und Dipeptidasen.

Aminopeptidasen.

Spezifität.

Die verbreitetste Gruppe sind diejenigen Peptidasen, die zu ihrer Wirksamkeit einer freien Aminogruppe am Ende der Peptidkette bedürfen und von dem Aminoende her die Peptidkette aufspalten. Substituiert man die Aminogruppe z. B. durch den Benzoylrest,[3] p-Aminobenzoylrest,[4] β-Naphthalinsulforest,[5] oder auch durch die Methylgruppe,[6] so wird das Substrat unspaltbar.

Von der gewöhnlichen Aminopeptidase unterscheiden sich drei Aminopeptidasen mit beschränkter Spezifität. Sie bedürfen nämlich bestimmter Aminosäuren als Kettenglieder. M. J. JOHNSON und W. H. PETERSON[6] fanden zuerst in *Aspergillus parasiticus* eine Aminopeptidase, die zwar L—G—G spalten konnte, aber gegenüber G—G—G unwirksam war. Eine Leucylpeptidase wurde dann in tierischem Erepsin und schließlich in fast allen peptidasehaltigen Zellen außer in Brauereihefe und in einigen Schimmelpilzen nachgewiesen.[7, 8] Sie ist im Gegensatz zu allen anderen Peptidasen durch Magnesiumsalze aktivierbar und unterscheidet sich von der gewöhnlichen Aminopeptidase auch noch dadurch, daß sie durch die Nachbarschaft einer freien Carboxylgruppe in ihrer Wirksamkeit nicht gestört wird und daher auch Dipeptide spaltet. Nach HOLTER, LEHMANN-BERN und LINDERSTRØM-LANG ist sie identisch mit der sogenannten Dipeptidase II, die ebenfalls durch Magnesium aktivierbar ist (siehe Abschnitt Dipeptidase, S. 232).

---

[1] Ber. dtsch. chem. Ges. **60** (1927), 1906.

[2] E. WALDSCHMIDT-LEITZ, W. KLEIN: Ber. dtsch. chem. Ges. **61** (1928), 640. — Ferner E. ABDERHALDEN: c. s. Fermentforsch. **10** (1929), 474, 481; **11** (1929), 104. — E. WALDSCHMIDT-LEITZ, A. PURR: Ber. dtsch. chem. Ges. **62** (1929), 2217.

[3] E. WALDSCHMIDT-LEITZ, A. K. BALLS: Ber. dtsch. chem. Ges. **63** (1930), 1203, 1209.

[4] E. ABDERHALDEN, E. RIESZ: Fermentforsch. **12** (1930), 180.

[5] W. GRASSMANN, H. DYCKERHOFF: Ber. dtsch. chem. Ges. **61** (1928), 656.

[6] M. J. JOHNSON, W. H. PETERSON: J. biol. Chemistry **112** (1935), 25.

[7] K. LINDERSTRØM-LANG: Hoppe-Seyler's Z. physiol. Chem. **188** (1929), 48.

[8] M. J. JOHNSON, G. H. JOHNSON, W. H. PETERSON: J. biol. Chemistry **116** (1936), 515.

Zur besseren Unterscheidung bezeichnen wir in diesem der Spezifität gewidmeten Abschnitt die gewöhnliche Aminopeptidase, da sie auch G—G—G spaltet, im Gegensatz zur Leucylpeptidase als G-Aminopeptidase, in den folgenden Abschnitten einfach als Aminopeptidase.

Peptide mit Prolin in der Nachbarschaft der zu spaltenden Bindung werden von den normalen Peptidasen nicht gespalten. Hierfür sind zwei besondere Enzyme nötig, die beide die Kette vom Aminoende her aufspalten, also zur Gruppe der Aminopeptidasen gehören.

Nach GRASSMANN, DYCKERHOFF und v. SCHÖNEBECK[1] greifen Glycerinextrakte aus Darmschleimhaut, Pankreas und Leber, ferner rohe Hefeautolysate P—G und P—G—G an. Gereinigte Trockenpräparate haben diese Fähigkeit verloren. Das Enzym wird Prolinpeptidase oder Prolinase genannt. Es spaltet alle Peptide, deren Aminoende aus Prolin besteht, auch Dipeptide. Steht der Prolinrest nicht am Aminoende, sondern innerhalb der Peptidkette oder am Carboxylende, so tritt ein anderes Enzym, die Prolidase, in Funktion.[2] Sie ist im Gegensatz zu allen anderen Aminopeptidasen, auch der Prolinase, durch Cyanid nicht hemmbar. Bei der Hydrolyse der prolinreichen Proteine Kollagen und Gelatine werden mehr als ein Viertel aller Peptidbindungen von der Prolidase gespalten.

Im Gegensatz zu Prolinase, Prolidase und Leucylpeptidase wird die G-Aminopeptidase durch die Nachbarschaft einer freien Carboxylgruppe gehemmt. Sie spaltet keine Dipeptide, wohl aber Dipeptidester und Dipeptidamide.[3] Zur Prüfung dieser Frage wurden auch Peptide der Amino-malonsäure (Ama) verwendet.[4] Das Diamid der Alanyl-amino-malonsäure war spaltbar, nicht aber die Alanyl-amino-malonsäure selbst und auch nicht das Amino-malonsäure-1-glycin-2-amid:

$$
\begin{array}{ccc}
\text{A—Ama—NH}_2 & \qquad & \text{Ama—G} \\
| & & | \\
\text{NH}_2 & & \text{NH}_2 \\
\text{Spaltbar.} & & \text{Nicht spaltbar.}
\end{array}
$$

Ferner wird das Diglycid der Diamino-propionsäure

$$
\begin{array}{c}
\text{H}_2\text{N—CH}_2\text{—CONH—CH}_2\text{—COOH} \\
| \\
\text{H}_2\text{N—CH}_2\text{—CONH—CH}_2
\end{array}
$$

wohl von Dipeptidase, aber nicht von Aminopeptidase gespalten, da die freie Carboxylgruppe stört.[4]

Keine der vier Aminopeptidasen bedarf zu ihrer Wirksamkeit neben der zu spaltenden einer weiteren CO—NH-Gruppe. Daher sind sie nicht als Proteinasen, sondern als Peptidasen anzusprechen.

Die G-Aminopeptidase und die Leucylpeptidase spalten A—Sark—G nicht.[5] Sie bedürfen also freien Peptidwasserstoffs. Dagegen braucht die Prolidase naturgemäß keinen freien Peptidwasserstoff.[6] Die Wasserstoffatome an den

---

[1] W. GRASSMANN, H. DYCKERHOFF, O. v. SCHÖNEBECK: Ber. dtsch. chem. Ges. 62 (1929), 1307. — W. GRASSMANN: Collegium (Dresden) 11 (1934), 549. — E. ABDERHALDEN, H. NIEBURG: Fermentforsch. 13 (1933), 573; 14 (1933), 128.

[2] M. BERGMANN, J. S. FRUTON: Science (New York) 83 (1936), 306.

[3] W. GRASSMANN: Habil-Schr., S. 89. München, 1928. — E. WALDSCHMIDT-LEITZ, W. KLEIN: Ber. dtsch. chem. Ges. 61 (1928), 640.

[4] F. SCHNEIDER: Biochem. Z. 298 (1938), 130.

[5] M. BERGMANN, J. S. FRUTON: J. biol. Chemistry 117 (1937), 189.

[6] M. BERGMANN, J. S. FRUTON: Science (New York) 83 (1936), 306.

α-, α'-C-Atomen sind nur wegen ihres geringen Raumbedarfs notwendig. Sie können zwar durch CH_3, aber nicht durch größere Reste ersetzt werden.[1]

Die Aminopeptidasen spalten nur Peptide aus der l-Reihe mit Ausnahme einiger weniger Bakterienpeptidasen, die beide optischen Antipoden zu spalten vermögen.[2]

Eine merkwürdige Beobachtung machte E. Waldschmidt-Leitz bei der Untersuchung von tyrosinhaltigen Peptiden. Die G-Aminopeptidase ist nicht imstande, L—G—G—G—Ty zu spalten, solange nicht das Tyrosin (von Carboxypeptidase) abgespalten ist.[3] Arginin am Aminoende scheint die Spaltung zu verhindern, denn Clupein und Clupean und die daraus entstandenen Tripeptide (siehe S. 206) werden nicht gespalten.[4]

Darnach lassen sich die Bedingungen der Spezifität folgendermaßen zusammenfassen:

1. Das eine C-Atom in Nachbarschaft zur Peptidbindung muß eine freie Amino- bzw. bei der Prolinase eine Iminogruppe tragen.

2. Eine freie Carboxylgruppe in Nachbarschaft der zu spaltenden Peptidbindung ist für alle Aminopeptidasen überflüssig. Sie verhindert sogar die Wirksamkeit der G-Aminopeptidase, die daher keine Dipeptide spaltet. Prolinase, Prolidase und Leucylpeptidase spalten auch Dipeptide.

3. Eine weitere Peptidbindung in Nachbarschaft der zu spaltenden ist nicht notwendig.

4. Peptidwasserstoff ist bei der Aminopeptidase, Prolinase und Leucylpeptidase notwendig, bei der Prolidase nicht.

5. Die α- und α'-C-Atome müssen ein freies Wasserstoffatom tragen. Ersatz durch CH_3 hemmt stark, durch größere Substituenten vollständig.

6. Der sterische Bau muß derart sein, daß die α- und α'-H-Atome auf der einen, die Seitenketten auf der anderen Seite der Peptidbindung liegen.

7. Die gewöhnliche Aminopeptidase wird durch Arginin am Aminoende und durch Tyrosin am Carboxylende der Peptidkette an ihrer Wirksamkeit gehindert, sonst bedarf sie keiner besonderen Bausteine. Die Leucylpeptidase spaltet nur Leucyl-, Alanyl- und Valylpeptide. Die Prolinase bedarf einer Prolingruppe am Aminoende, die Prolidase einer Prolingruppe auf der Carboxylseite der zu spaltenden Bindung.

Vorkommen.

Die Aminopeptidase findet sich fast in allen Zellen, und zwar stets in Begleitung von Dipeptidase. Die hauptsächlichste Fundstelle ist der Dünndarm,

---

[1] M. Bergmann, L. Zervas u. Mitarbeiter: Hoppe-Seyler's Z. physiol Chem. **224** (1934), 11, 17, 26, 32; J. biol. Chemistry **109** (1935), 325. — W. Grassmann, L. Klenk, T. Peters-Mayr: Biochem. Z. **280** (1935), 307.

[2] J. Berger, M. J. Johnson, W. H. Peterson: J. biol. Chemistry **124** (1938), 395. Neuerdings fand E. Waldschmidt-Leitz mit K. Mayer, R. Hatschek, R. Hausmann [Hoppe-Seyler's Z. physiol. Chem. **262** (1939), IV; **263** (1940), I; **267** (1940), 79] mit dem Serum Carcinomatöser eine Spaltung von d-Peptiden, z. B. von dL—G—G, die im normalen Serum fehlt. Sie kann auch bei normalen Individuen durch Injektion von dL—G—G hervorgerufen werden. Der Befund wurde von H. Herken und H. Erxleben [ebenda **264** (1940), 251], H. v. Euler und B. Skarżyński [ebenda **265** (1940), 133], E. Abderhalden und R. Abderhalden [ebenda **265** (1940), 253] bestätigt. Das Enzym erhielt den Namen d-Peptidase. Sein Auftreten wird als Abwehrreaktion aufgefaßt.

[3] E. Waldschmidt-Leitz: Chem. Weekbl. **27** (1930), 266.

[4] E. Waldschmidt-Leitz. E. Kofrányi: Hoppe-Seyler's Z. physiol. Chem. **236** (1935), 181.

dessen Enzymgemisch als Erepsin bezeichnet wird,[1] ferner der Fundus[2] und Pylorus des Magens. Nach HOLTER und LINDERSTRØM-LANG ist die Konzentration der Aminopeptidase in der Pylorusschleimhaut ebenso groß wie in der Dünndarmschleimhaut.[3] Das Pankreas enthält zwar dieselbe Aminopeptidase wie der Darm,[1] aber nur in geringer Menge.[4] Auch im Blut ist Aminopeptidase vorhanden, im Serum,[5] in den Leukocyten, deren Enzymsystem dem des Pankreas entspricht,[6] und in den Lymphocyten, die sich mehr an das Enzymsystem der anderen Organe anschließen.[7] In der Hefe ist Aminopeptidase in großer Menge enthalten.[8]

Die Leucylpeptidase findet sich ebenfalls im Erepsin.[9] Sie wurde nachgewiesen im Darm von Menschen, Ratten, Hühnern, Wanzen, im Gewebe von Forellen, Hummern,[10] in den Eiern des Wurmes Tubifex,[11] in den Bakterien *histolyticus*, *botulinus*,[12] *Leuconostoc mesenteroides*,[13] *Pseudomonas fluorescens* und *Rhizobium trifolii*;[10] sie wurde nicht gefunden in Brauereihefe, *Penicillium citrinum* und *terreste* und *Aspergillus parasiticus*.[10]

Die Prolinase kommt in der Darmschleimhaut vor, im Pankreas, in der Leber, in rohen Hefeautolysaten.[14] Sie ist empfindlicher als die Aminopeptidase und verschwindet daher häufig beim Aufbewahren und Reinigen der Präparate.

Prolidase ist im Gegensatz zur Prolinase nicht im Pankreas enthalten. Sie findet sich im Erepsin der Darmschleimhaut und in der Hefe.[15]

Bestimmungsmethoden und Einheiten.

Zur Bestimmung der Aminopeptidase im Erepsin und in der Hefe verwendet man die Spaltung des *dlL*—G—G. Die Ausarbeitung der Bestimmungsmethode stammt aus einer Zeit, in der das Vorhandensein einer besonderen Leucylpeptidase noch nicht bekannt war. Es ist daher fraglich, wieviel von den gemessenen Spaltungen diesem Enzym zuzuschreiben ist. Zur Unterscheidung der beiden Enzyme[16] kann einerseits der Vergleich der Spaltungen von G—G—G und L—G—G dienen, anderseits die Dialyse, die die Leucylpeptidase durch Ent-

---

[1] E. WALDSCHMIDT-LEITZ, A. K. BALLS, J. WALDSCHMIDT-GRASER: Ber. dtsch. chem. Ges. **62** (1929), 956.

[2] K. LINDERSTRØM-LANG: Bull. New York Acad. Med. **15** (1939), 719.

[3] K. LINDERSTRØM-LANG, H. HOLTER, A. S. OHLSEN: Hoppe-Seyler's Z. physiol. Chem. **227** (1934), 1.

[4] E. WALDSCHMIDT-LEITZ, J. WALDSCHMIDT-GRASER: Hoppe-Seyler's Z. physiol. Chem. **166** (1927), 247.

[5] E. ABDERHALDEN, H. HANSON: Fermentforsch. **15** (1937), 382.

[6] R. WILLSTÄTTER, E. BAMANN, M. ROHDEWALD: Hoppe-Seyler's Z. physiol. Chem. **185** (1929), 267; **204** (1932), 181.

[7] H. KLEINMANN, G. SCHARR: Hoppe-Seyler's Z. physiol. Chem. **251** (1932), 275. — H. A. OELKERS, H. FISCHGOLD: Klin. Wschr. **10**, I (1931), 205.

[8] W. GRASSMANN: Hoppe-Seyler's Z. physiol Chem. **167** (1927), 202.

[9] M. J. JOHNSON, G. H. JOHNSON, W. H. PETERSON: J. biol. Chemistry **116** (1936), 515; **122** (1937), 89.

[10] J. BERGER, M. JOHNSON: J. biol. Chemistry **133** (1940), 157.

[11] H. HOLTER, F. E. LEHMANN-BERN, K. LINDERSTRØM-LANG: Hoppe-Seyler's Z. physiol. Chem. **250** (1937), 237.

[12] E. MASCHMANN: Naturwiss. **27** (1939), 819.

[13] J. BERGER, M. J. JOHNSON, W. H. PETERSON: J. biol. Chemistry **124** (1938), 395.

[14] W. GRASSMANN, H. DYCKERHOFF, O. v. SCHÖNEBECK: Ber. dtsch. chem. Ges. **62** (1929), 1307. — W. GRASSMANN: Collegium (Darmstadt) **11** (1934), 549. — E. ABDERHALDEN, H. NIEBURG: Fermentforsch. **13** (1933), 573; **14** (1933), 128.

[15] M. BERGMANN, L. ZERVAS, H. SCHLEICH: Ber. dtsch. chem. Ges. **65** (1932), 1747; Hoppe-Seyler's Z. physiol. Chem. **212** (1932), 72.

[16] M. J. JOHNSON, G. H. JOHNSON, W. H. PETERSON: J. biol. Chemistry **116** (1936), 515.

fernung von Magnesium inaktiviert, bzw. der Zusatz von Magnesium, der sie aktiviert.

Die Aminopeptidase des Erepsins bestimmen E. Waldschmidt-Leitz und A. K. Balls folgendermaßen:[1]

Von einer Lösung, die in 100 cm³ 4,90 g L—G—G, 40 cm³ $n/_2$-Ammoniak-Ammoniumchloridpuffer (1 : 1) und 5 cm³ n-Essigsäure enthält, werden 5 cm³ mit der Enzymlösung versetzt und eine Probe sofort in 90%iger alkoholischer Lösung mit $n/_2$-Kalilauge titriert, eine zweite nach einer Stunde. Verdauungstemperatur 30°, p_H = 8,0.

Als Einheit der Aminopeptidase bezeichnet man das 1000fache derjenigen Enzymmenge, für die sich der Quotient aus Umsatz (in Kubikzentimeter $n/_2$-KOH) und Reaktionszeit (in Minuten) zu 0,001 ergibt.

Für die Bestimmung der Aminopeptidase in der Hefe geben W. Grassmann und H. Dyckerhoff folgende Vorschrift:[2]

Man mißt die Einwirkung des Enzyms auf 49 mg L—G—G in einem Volumen von 2 cm³ bei 40° und p_H = 7 bei Gegenwart eines Phosphat-Ammoniak-Ammoniumchloridpuffers der Zusammensetzung: 0,2 cm³ $^1/_3$ m-Phosphatpuffer vom p_H = 7,0 und 0,2 cm³ 0,4 n-Ammoniumchlorid. Substrat und Enzym werden vorher mit Ammoniak auf p_H = 7,0 gebracht. Titration in 90%iger alkoholischer Lösung mit 0,05 n alkoholischer Kalilauge gegen Thymolphthalein als Indikator.

Die Einheit ist das Fünffache derjenigen Enzymmenge, die in einer Stunde die Hälfte der vorhandenen Peptidmenge in Leucin und Diglycin zerlegt.

Zum Vergleich von Leucylpeptidase und Aminopeptidase bestimmten M. J. Johnson, G. H. Johnson und W. H. Peterson[3] die Spaltung von L—G—G, A—G—G und G—G—G, indem sie je 1 cm³ passend verdünnter Enzymlösung zu 2 cm³ $^1/_{10}$ bzw. $^1/_{20}$ m-Substratlösung zugaben. Spaltungstemperatur ist 40°. Als Puffer für die Einstellung von p_H = 8 dient $^m/_{15}$-Borat. Titriert wird nach Linderstrøm-Lang mit $n/_{15}$ Salzsäure in 90%igem Aceton.

Die Prolinase bestimmen W. Grassmann, H. Dyckerhoff und O. v. Schönebeck,[4] indem sie 17 mg dlP—G ($^1/_{20}$ Millimol des l-Peptids) in 1 cm³ Versuchsansatz bei p_H = 7,4 und 40° spalten. Die Titration erfolgt in 0,2 cm³ nach der Mikromethode von W. Grassmann und W. Heyde.[5]

Für Prolidase dient G—P als Substrat.[6]

Darstellung und Reinigung.

Die Aminopeptidase gewinnt man meist aus Darmschleimhaut oder Hefe. Wenn man ohne besondere Trennungsverfahren proteinasefreie, tierische Aminopeptidase erhalten will, verwendet man die Pylorusschleimhaut, die infolge ihrer Lage oberhalb der Pankreasgänge noch nicht mit Trypsin vermischt ist.

Zur Darstellung nimmt man 1 m des obersten Stücks eines Schweinedünndarmes, entfernt durch Ausstreifen den Speisebrei, schlitzt den Darm auf und schabt die Schleimhaut ab. Den Schleimhautbrei verrührt man mit dem fünffachen Volumen 87%igen Glycerins. Zum Gebrauch verdünnt man mit dem gleichen Volumen Wasser und zentrifugiert. Eine erste Reinigung, vor allem von Eiweißballast bewirkt man durch Fällung mit n Essigsäure (zirka 1,5% des Volumens). Aus dieser sauren Lösung nimmt Aluminiumhydroxyd Cγ die Peptidasen heraus, während die Proteinasen in der Restlösung bleiben. Man versetzt z. B. 100 cm³ mit 1,5 cm³ n Natriumacetatlösung und 3 n Natriumacetatessigsäurepuffer vom p_H 4 und 15 cm³ Tonerdesuspension (mit etwa 150 mg

[1] Ber. dtsch. chem. Ges. **63** (1930), 1203.
[2] Hoppe-Seyler's Z. physiol. Chem. **179** (1928), 41.
[3] J. biol. Chemistry **116** (1936), 515.
[4] Ber. dtsch. chem. Ges. **62** (1929), 1307.
[5] Hoppe-Seyler's Z. physiol. Chem. **188** (1929), 32.
[6] M. Bergmann, J. S. Fruton: Science (New York) **83** (1936), 306.

Al$_2$O$_3$). Das abzentrifugierte Adsorbat wäscht man zweimal mit 25%igem Glycerin, das einige Tropfen des Puffers enthält, und eluiert dann mit 50 cm^3 0,2 n Phosphatpuffer vom p_H 8,2, die 10 cm^3 Glycerin enthalten. Die Elutionen enthalten noch 80% der Wirksamkeit von Amino- und Dipeptidase, aber keine tryptischen Proteasen.

Zur Abtrennung der Dipeptidase verwendet man nach E. WALDSCHMIDT-LEITZ und A. K. BALLS[1] die Adsorption an gealtertes rotes Eisenhydroxyd, die die Hauptmenge der Dipeptidase entfernt. Den Rest bindet man an Hämatit, der zwar sehr viel schwächer, aber spezifischer adsorbiert.

300 cm^3 des durch Essigsäurefällung vorgereinigten, sauren Glycerinextrakts werden mit einer Eisenhydroxydaufschlämmung, enthaltend etwa 300 mg Fe$_2$O$_3$ versetzt und abzentrifugiert. Man wiederholt dies noch fünfmal mit je einem Fünftel des Eisenhydroxyds und dann einige Male mit 60 mg Hämatit, bis keine Dipeptidase mehr nachweisbar ist.

Diese Methode wurde verbessert durch die Beobachtung ABDERHALDENS, daß Hämatit durch 14tägiges Kochen mit destilliertem Wasser ein besonders starkes Adsorptionsvermögen für Dipeptidase erhält.[2]

Durch Ausfällen mit 45% Aceton gelingt es nach A. K. BALLS und F. KÖHLER,[3] den Reinheitsgrad der Aminopeptidase aus den mit Eisenhydroxyd vorgereinigten Lösungen auf das Zehnfache zu steigern.

Zur Gewinnung einer von Dipeptidase freien Aminopeptidase aus Hefe verwendet man die Beobachtung von GRASSMANN und DYCKERHOFF, daß Dipeptidase durch Chloroform zerstört wird. Auf die Verflüssigung der frischen Hefe mit Chloroform lassen W. GRASSMANN, L. EMBDEN und H. SCHNELLER[4] eine Verdauung mit Papain zur raschen Freilegung der Aminopeptidase folgen, sodann ihre Ausfällung mit Essigsäure, Abtrennung von Nucleinsäuren mit Natriumacetat-Ammoniumsulfat und schließlich eine Dialyse. Auf diese Weise erhält man ohne umständliche Adsorptionsmethoden Präparate von 1000fachem Reinheitsgrad gegenüber dem Ausgangsmaterial.

1900 g abzentrifugierte Hefe werden mit 150 cm^3 Chloroform verflüssigt, mit 1 l Wasser, etwas Toluol und 1,9 g Papain versetzt und durch Ammoniakzusatz dauernd auf p_H = 7,4 gehalten. Nach 48 Stunden wird abzentrifugiert und die Lösung mit etwa 400 cm^3 2 n Essigsäure bis zu p_H 4,6 versetzt. Der das Enzym enthaltende Niederschlag wird abzentrifugiert, mit 1 l Wasser vom p_H = 5 gewaschen, in 150 cm^3 Wasser suspendiert und das Enzym durch Ammoniakzusatz bis zu schwach alkalischer Reaktion in Lösung gebracht. Das Ungelöste wird mit der Zentrifuge entfernt. Die Lösung versetzt man mit 60 g Natriumacetat, läßt über Nacht stehen, zentrifugiert das dadurch ausgefällte Eiweiß ab und sättigt nun mit kristallisiertem Ammoniumsulfat. Nach einigen Stunden zentrifugiert man den neuen Niederschlag ab und unterwirft die Lösung in Fischblasen der Dialyse, erst 24 Stunden gegen fließendes Leitungswasser, dann gegen destilliertes Wasser bis zum Verschwinden des Sulfats. Die dialysierte Lösung enthielt z. B. 10 000 Einheiten von 0,22 g Trockengewicht.

Zur Darstellung von Leucylpeptidase[5] verdünnt man 50 cm^3 Glycerinextrakt aus Schweinedünndarmschleimhaut mit 50 cm^3 Wasser und fügt 200 cm^3 Aceton zu. Der Niederschlag wird abzentrifugiert, in 50 cm^3 Wasser suspendiert und die entstandene Lösung in der Zentrifuge geklärt. Sie wird mit 100 cm^3 Alkohol und 50 mg Natriumacetat behandelt. Nach 10 Minuten wird der entstandene

---

[1] Ber. dtsch. chem. Ges. **63** (1930), 1203.

[2] E. ABDERHALDEN, P. GREIF: Fermentforsch. **15** (1937), 311.

[3] A. K. BALLS, F. KÖHLER: Ber. dtsch. chem. Ges. **64** (1931), 294.

[4] Biochem. Z. **271** (1934), 216.

[5] M. J. JOHNSON, G. H. JOHNSON, W. H. PETERSON: J. biol. Chemistry **116** (1936), 515.

Niederschlag abzentrifugiert und wieder in 50 cm³ Wasser suspendiert. Die Lösung besitzt fast keine Wirksamkeit mehr gegenüber Triglycin.

Zum Arbeiten mit Prolinase wurden bisher nur die rohen Extrakte aus Darmschleimhaut oder Hefeautolysate verwendet. Die Prolidase der Darmschleimhaut[1] begleitet die Aminopeptidase bei der Reinigung nach WALDSCHMIDT-LEITZ und BALLS bis in die Restlösungen der Eisenhydroxydadsorptionen. Sie ist dann frei von Dipeptidase und Prolinase.

Eigenschaften.

Aminopeptidase ist ein verhältnismäßig stabiles Enzym, viel beständiger als Dipeptidase. In neutraler oder schwach alkalischer Lösung ist sie ziemlich haltbar, z. B. 18 Tage in glycerinfreier Lösung unverändert,[2] während stärker alkalische und saure Reaktion rasch zerstört. Auch Trockenpräparate werden leicht inaktiv.[3] Nach $1^1/_2$stündigem Aufbewahren der Lösung bei $p_H = 3$ ist nur noch ein Fünftel, bei $p_H = 9$ noch ein Drittel der Wirksamkeit vorhanden[4], während bei neutraler Reaktion in dieser Zeit kein Wirksamkeitsverlust eintritt. Hochgereinigte, vor allem dialysierte Präparate sind weniger stabil.[5, 6]

Gegen Temperatursteigerung ist die Aminopeptidase sehr empfindlich. 40° ist die obere Grenze der Beständigkeit.[7]

Auch die Leucylpeptidase ist nach den Beobachtungen von LINDERSTRØM-LANG wesentlich beständiger als Dipeptidase.

Prolinase ist in Glycerinextrakten aus Darmschleimhaut bei p_H 6,0 monatelang beständig[8]; bei p_H 5 und in nur 40%igem Glycerin deutliche Abnahme schon in einem Tag, bei p_H 4 rasche Zerstörung. Bei schwach alkalischer Reaktion ist die Beständigkeit geringer als die der Aminopeptidase, größer als die der Dipeptidase.

Optimale Wasserstoffionenkonzentration.

Die Aminopeptidase besitzt nach WALDSCHMIDT-LEITZ[9] ein Maximum der Spaltung für L—G—G bei $p_H = 7,0 \div 7,2$, für L—G—G-Ester dagegen bei $p_H = 8,0$. Das Optimum ist also abhängig von der Natur des Substrats. Jedoch sind diese wie zahlreiche andere Beobachtungen ausgeführt worden, bevor die Existenz einer besonderen Leucylpeptidase bekannt war. Wie aus Abb. 29 hervorgeht, liegen die p_H-Optima der Leucylpeptidase etwas mehr im alkalischen Gebiet als die der Aminopeptidase.[10] Wahrscheinlich ist die Beobachtung von E. WALDSCHMIDT-LEITZ und A. K. BALLS,[11] daß die Aminopeptidase für die Spaltung von L—G—G zwei Maxima bei p_H 7,2 und 8,0 (nur bei kleinen Substratkonzentrationen festzustellen) besitzt, auf die Beimischung von Leucylpeptidase zurückzuführen.

[1] M. BERGMANN, L. ZERVAS, H. SCHLEICH, F. LEINERT: Hoppe-Seyler's Z. physiol. Chem. 212 (1932), 72.

[2] E. ABDERHALDEN, A. SCHMITZ: Fermentforsch. 11 (1929), 104.

[3] W. GRASSMANN: Handbuch der biologischen Arbeitsmethoden von E. ABDERHALDEN, IV. Abt., Teil 1, S. 799, 810. 1936.

[4] E. WALDSCHMIDT-LEITZ, A. K. BALLS, J. WALDSCHMIDT-GRASER: Ber. dtsch. chem. Ges. 62 (1929), 956.

[5] A. K. BALLS, F. KÖHLER: Ber. dtsch. chem. Ges. 64 (1931), 34, 294.

[6] A. K. BALLS, F. KÖHLER: Hoppe-Seyler's Z. physiol. Chem. 205 (1932), 157.

[7] R. H. HOPKINS, J. A. BURNS: J. Inst. Brewing 36 (1930), 9.

[8] W. GRASSMANN, O. v. SCHÖNBECK, G. AUERBACH: Hoppe-Seyler's Z. physiol. Chem. 210 (1932), 1, 9.

[9] E. WALDSCHMIDT-LEITZ, A. K. BALLS, J. WALDSCHMIDT-GRASER: Ber. dtsch. chem. Ges. 62 (1929), 956.

[10] J. biol. Chemistry 116 (1936), 515.

[11] Ber. dtsch. chem. Ges. 63 (1930), 1203 (1206).

Das p_H-Optimum der Prolinase aus Darmschleimhaut gegenüber Pr—G ist 7,6, gegenüber Pr—G—G 7,3,[1] das der Hefeprolinase gegenüber Pr—A rund 8.[2]

Zur Spaltung mit Prolidase werden Pufferlösungen vom p_H 7,0÷7,4 verwendet.[3] Angaben über das p_H-Optimum sind nicht vorhanden.

Kinetik.

Für die Spaltung von Tripeptiden durch Aminopeptidase geben A. K. BALLS und E. WALD-SCHMIDT-LEITZ[4] erste Ordnung an. Dies wird von M. J. JOHNSON, G. H. JOHNSON und W. H. PETERSON[5] für die Spaltung von Triglycin durch die leucylpeptidasefreie Aminopeptidase bestätigt, während sie bei L—G—G-Spaltung linearen Verlauf beobachteten. Leucylpeptidase spaltet sowohl L—G—G (bis zu 90%iger Hydrolyse) wie A—G—G (bis zu 75%iger Hydrolyse) geradlinig. J. J. MANSOUR-BEK[6] findet bei der Aminopeptidase der Wirbellosen bis zu 60% Spaltung direkte Proportionalität zwischen Umsatz und Enzymmenge.

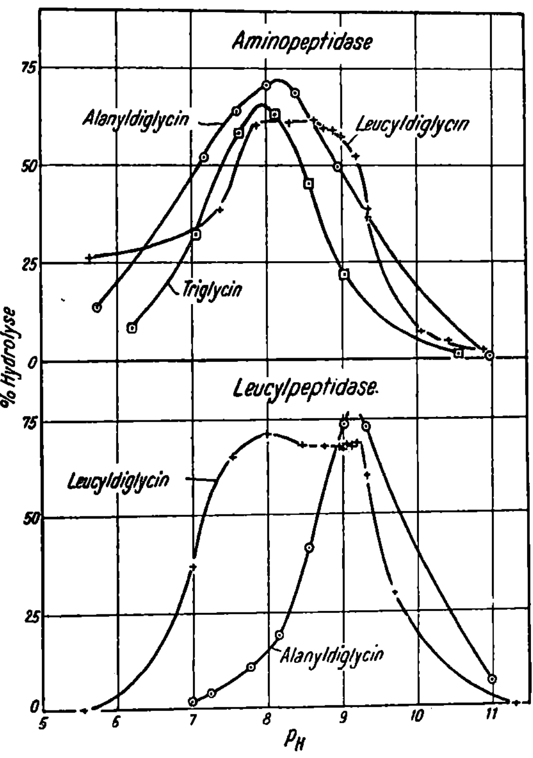

Abb. 29. Aktivitäts-p_H-Kurven der Aminopeptidase und der Leucylpeptidase.

Aktivierung und Hemmung.

Hierbei interessieren vor allem diejenigen Substanzen, denen gegenüber die vier Aminopeptidasen ein verschiedenes Verhalten zeigen. Jod schädigt alle Aminopeptidasen,[7] ebenso Silberionen,[8, 9] denen gegenüber die Prolinase am empfindlichsten ist. Cu··[10] und Fe···[8] beschleunigen in kleinen Mengen (bis 10^{-4} m), in größeren hemmen sie. Fe·· hemmt stets. Gegen Hg- und Ni-Salze ist Aminopeptidase sehr empfindlich.[8]

Im Gegensatz zu der G-Aminopeptidase ist die L-Aminopeptidase durch

---

[1] W. GRASSMANN, O. v. SCHÖNEBECK, G. AUERBACH: Hoppe-Seyler's Z. physiol. Chem. 210 (1932), 1. — W. GRASSMANN, H. DYCKERHOFF, O. v. SCHÖNEBECK: Ber. dtsch. chem. Ges. 62 (1929), 1307.

[2] A. FODOR, M. FRANKEL, S. KUK: Biochem. Z. 229 (1930), 28.

[3] M. BERGMANN, J. S. FRUTON: Science (New York) 83 (1936), 306.

[4] Amer. J. Physiol. 90 (1929), 272.

[5] J. biol. Chemistry 116 (1936), 515.

[6] Z. vergl. Physiol. 17 (1932), 168; 20 (1934), 343.

[7] W. GRASSMANN, L. EMBDEN, H. SCHNELLER: Biochem. Z. 271 (1934), 216.

[8] E. ABDERHALDEN, G. EFFKEMANN: Fermentforsch. 14 (1933), 27.

[9] E. ABDERHALDEN, H. NIENBURG: Fermentforsch. 18 (1933), 573.

[10] E. ABDERHALDEN, R. MERKEL: Fermentforsch. 15 (1936), 1.

Mg·· aktivierbar.[1] Auch Mn·· erweist sich als Aktivator.[2] Neuerdings fand E.MASCHMANN,[3] daß auch Co·· aktiviert, während Ni·· ohne Wirkung ist. Formaldehyd hemmt alle Aminopeptidasen völlig, im Gegensatz zu der formaldehydunempfindlichen Carboxypeptidase.[4] Chloroform schädigt die Aminopeptidasen nicht,[5] im Gegensatz zu Dipeptidase.[6] Ebenso wird Aminopeptidase nicht von Lecithin und Kephalin gehemmt,[7] wohl aber Dipeptidase. Schwefelwasserstoff schädigt Aminopeptidase[8] und Prolinase[9] erheblich. Blausäure zeigt ein unterschiedliches Verhalten. Sie schädigt Dipeptidase, Aminopeptidase und Prolinase,[9] während sie auf Prolidase nicht einwirkt.[10]

Die Aminopeptidase (bzw. das Gemisch von Amino- und Leucylpeptidase) wird bei der Einwirkung auf L—G—L von Glycin gehemmt,[11] dagegen bei der Einwirkung auf L—G—G[12] nicht durch Glycin, Alanin, Leucin und Glutaminsäure. Alle Aminosäuren, die durch einen Säurerest substituiert sind, wie Boyl—G, Brom-isocapronyl—G, p-Nitroboyl—G, Acetursäure, Phthalimid hemmen, ebenso Sarcosin.[12]

Carboxypeptidasen.

Unter den Enzymen, die einer freien Carboxylgruppe bedürfen, sind bis heute mit Sicherheit drei verschiedene Individuen festgestellt: eine „tryptische" Carboxypeptidase aus Pankreas mit dem p_H-Optimum von 8,[13] eine wenig beständige „katheptische" Carboxypeptidase aus Gewebssäften, besonders Milz und Leber, mit dem p_H-Optimum von 4[14] und die sogenannte Protaminase,[15] deren Substrate am Carboxylende der Peptidkette eine basische Aminosäure haben müssen.

E. ABDERHALDEN und E. SCHWAB[16] glaubten, eine weitere Gruppe von Carboxypeptidasen unterscheiden zu müssen: die Acylasen, deren (nur synthetische) Substrate acylierte Peptide sind. Der gewichtigste Beweis für die Existenz dieser Sonderenzyme schien, daß nach E. und R. ABDERHALDEN eine Carboxypeptidaselösung bei 56° viel rascher die Wirksamkeit gegen β-Naphthalinsulfonyl—G—Ty verlor als gegen Chloracetyl—L.[17] Als aber K. HOFMANN und M. BERGMANN[18] die Versuche mit enzymatisch einheitlicher kristallisierter Carboxypeptidase aus Pankreas wieder-

[1] H.HOLTER, F.E.LEHMANN-BERN, K.LINDERSTRØM-LANG: Hoppe-Seyler's Z. physiol. Chem. 250 (1937), 237. — M.J.JOHNSON, G.H.JOHNSON, W.H.PETERSON: J.biol. Chemistry 116 (1936), 515. — E.MASCHMANN: Naturwiss. 27 (1939), 819.

[2] J.BERGER, M. J. JOHNSON: J.biol. Chemistry 180 (1939), 641, 655.

[3] Naturwiss. 28 (1941), 780.

[4] A. L. ANSON: Science (New York) 81 (1935), 467.

[5] E. WALDSCHMIDT-LEITZ, A. K. BALLS, J.WALDSCHMIDT-GRASER: Ber. dtsch. chem. Ges. 63 (1930), 1203.

[6] W. GRASSMANN, H. DYCKERHOFF: Hoppe-Seyler's Z. physiol. Chem. 179 (1928), 41, 47.

[7] P. RONDONI: Hoppe-Seyler's Z. physiol. Chem. 207 (1932), 103.

[8] W. GRASSMANN: Habil.-Schr., S. 37, 93. München, 1929. — W. GRASSMANN, H. DYCKERHOFF: Hoppe-Seyler's Z. physiol. Chem. 175 (1920), 18 (27).

[9] W. GRASSMANN, O. v. SCHÖNEBECK, G. AUERBACH: Hoppe-Seyler's Z. physiol. Chem. 210 (1932), 1.

[10] M. BERGMANN, J. S. FRUTON: Science (New York) 83 (1936), 306.

[11] E. ABDERHALDEN, O. HERRMANN: Fermentforsch. 10 (1928), 610.

[12] A. K. BALLS, F. KÖHLER: Ber. dtsch. chem. Ges. 64 (1931), 294.

[13] E. WALDSCHMIDT-LEITZ, A. PURR: Ber. dtsch. chem. Ges. 62 (1929), 2217.

[14] E. WALDSCHMIDT-LEITZ, A. SCHÄFFNER, J.J. BECK, E.BLUM: Hoppe-Seyler's Z. physiol. Chem. 188 (1930), 17.

[15] E. WALDSCHMIDT-LEITZ, F. ZIEGLER, A. SCHÄFFNER, ·L.WEIL: Hoppe-Seyler's Z. physiol. Chem. 197 (1931), 219. — E. WALDSCHMIDT-LEITZ, E. KOFRÁNYI: Ebenda 222 (1933), 148.

[16] Fermentforsch. 10 (1929), 474, 478, 481; 12 (1931), 559, 572.

[17] E. ABDERHALDEN, R. ABDERHALDEN: Fermentforsch. 16 (1938), 48.

[18] J. biol. Chemistry 184 (1940), 225.

holten, fanden sie eine ganz andere Ursache der beobachteten Unterschiede im Verhalten bei der Erwärmung. Für die Spaltung verschiedener Substrate sind nämlich so verschiedene Mengen der Enzyme notwendig, daß die für die Anfangsspaltung des einen Substrats (in diesem Fall des β-Naphthalinsulfonyl—G—Ty) notwendige Menge Enzym für das andere Substrat (Chloracetyl—L) schon einen unkontrollierbar großen Überschuß bedeutet, so daß selbst eine umfangreiche Zerstörung noch gar nicht beobachtet werden kann. Verwendet man Enzymmengen, die in gleichen Zeiten gleiche Spaltungen der verschiedenen Substrate ergeben, so ist auch die Abnahme der Wirksamkeit beim Aufbewahren in der Wärme identisch. Es ist also nicht notwendig, auf Grund der ABDERHALDENschen Befunde besondere Acylasen innerhalb der Carboxypeptidasen anzunehmen. Wie weit das von A. K. BALLS und F. KÖHLER[1] in Darmschleimhaut und Leber aufgefundene Enzym, das Chloracetylnitraniline, Chloracetylalanin und Benzoyltriglycin spaltet, eine besondere Acylase ist, läßt sich noch nicht entscheiden.

<h3 style="text-align:center">Spezifität.</h3>

Die großen Unterschiede der Spaltungsgeschwindigkeiten verschiedener Substrate sind nach K. HOFMANN und M. BERGMANN[2] überhaupt ein Charakteristikum der tryptischen Carboxypeptidase. Cbzo—G—G wird von 0,5 mg kristallisiertem Enzym pro Kubikzentimeter Lösung nur langsam gespalten, Cbzo—G—A von 0,08 mg/cm^3 schnell. Für die rasche Spaltung von Cbzo—G—Pa und Cbzo—G—Ty werden dagegen nur 0,0003 mg Enzym pro Kubikzentimeter benötigt. Cbzo—Glu—Pa und Cbzo—Glu—Ty werden ebenfalls von 0,0003 mg/cm^3 gespalten, aber etwas langsamer. Die Spaltung von Cbzo—Glu—Pa—NH$_2$ ist soviel langsamer, daß man es als unspaltbar betrachten kann. Die Substitution des Carboxyls verhindert also die Spaltung. Zwei Merkwürdigkeiten sind noch zu verzeichnen:

1. Boyl—G—Ly wird verhältnismäßig leicht gespalten; besetzt man aber die ε-Aminogruppe der Lysinkomponente, so wird das Substrat unspaltbar.

2. Während sonst freie Aminogruppen in Nachbarschaft zur Peptidbindung stören, sind Ty—Ty und G—Ty spaltbar. Die leichte Angreifbarkeit der Peptide mit aromatischen Aminosäuren am Carboxylende überwindet also die Hemmung durch die benachbarte Aminogruppe.

An weiteren Substraten sind anzuführen: Sark—Ty, Boyl—G—L, Boyl—L—G, Boyl—G—Pa. Von Interesse ist, daß dieses Enzym das Glutathion Glu—Cy—G spaltet.

Die Spezifität der katheptischen Carboxypeptidase ist infolge ihrer Labilität noch nicht näher untersucht worden. ABDERHALDEN und E. SCHWAB[3] haben nur festgestellt, daß sie im Gegensatz zur tryptischen G—Ty nicht spaltet, während Sark—Ty infolge der Methylierung der freien Aminogruppen spaltbar ist. Die Protaminase (auch Arginincarboxypeptidase genannt) greift vorzugsweise Peptide mit Argininresten[4] am Carboxylende an, nach H. O. CALVERY[5] aber auch Peptide mit Lysin und Histidin. Dementsprechend werden von diesem Enzym auch Protamine wie Clupein und deren Säureprotone gespalten. Substitution der Aminogruppe z. B. im Benzylidenclupein[4] hindert nicht, wohl aber Substitution der Carboxylgruppe wie in den Clupeinestern.[6] Ob die Nachbarschaft einer freien Aminogruppe hindert, ist noch nicht untersucht.

<hr>

[1] Ber. dtsch. chem. Ges. **64** (1931), 34.
[2] J. biol. Chemistry **134** (1940), 225.
[3] Fermentforsch. **13** (1933), 544.
[4] L. WEIL: J. biol. Chemistry **105** (1934), 291.
[5] J. biol. Chemistry **102** (1933), 73 (86).
[6] E. WALDSCHMIDT-LEITZ, F. ZIEGLER, A. SCHÄFFNER, L. WEIL: Hoppe-Seyler's Z. physiol. Chem. **197** (1931), 219.

Die Spezifität der Carboxypeptidasen läßt sich darnach folgendermaßen zusammenfassen:

1. Eine freie Aminogruppe an dem der zu spaltenden Peptidgruppe benachbarten C-Atom ist nicht notwendig. Sie schließt im Gegenteil die Spaltung in vielen Fällen aus. Nur Dipeptide mit carboxylendständigem Tyrosin sind durch tryptische Carboxypeptidase spaltbar.

2. Eine freie Carboxylgruppe in Nachbarschaft der zu spaltenden Peptidbindung ist notwendig.

3. Eine weitere Peptidbindung in Nachbarschaft der zu spaltenden Peptidbindung ist nicht notwendig, aber auch nicht hindernd.

4. Freier Peptidwasserstoff ist unerläßlich. Chloracetyl-N-Methyl-Tyrosin wird im Gegensatz zum Chloracetyltyrosin nicht gespalten.[1]

5. An dem α-C-Atom muß ein freies H-Atom vorhanden sein. An dem benachbarten C-Atom jenseits der Peptidbindung (dem α'-C-Atom) ist das freie H-Atom ohne Bedeutung. Pyruvoyl-phenylalanin besitzt an Stelle des H-Atoms am α'-C-Atom eine Ketogruppe. Trotzdem ist es von Carboxypeptidase spaltbar.[1]

6. Da das Wasserstoffatom am α'-C-Atom entbehrlich ist, ist auch seine räumliche Lage nebensächlich. Daher wird dTy—lAr mit gleicher Leichtigkeit angegriffen wie lTy—lTy.[2] Es werden also auch solche Polypeptide von Carboxypeptidase gespalten, die zwar am Carboxylende eine optisch-aktive natürliche Aminosäure enthalten, aber in Nachbarschaft dazu die Antipoden einer natürlichen Aminosäure. Ist dagegen die Aminosäure am Carboxylende der d-Reihe angehörig, so wird die Wirkung der Carboxypeptidase inhibiert. Das α-Wasserstoffatom muß eine bestimmte räumliche Lagerung aufweisen.

7. Besondere Aminosäuren sind für die absolute Spezifität der tryptischen Carboxypeptidase nicht notwendig. Doch werden Peptide mit Tyrosin oder Phenylalanin am Carboxylende mit sehr viel größerer Geschwindigkeit gespalten als andere. Bei der Protaminase sind dagegen bestimmte Aminosäuren unerläßlich. Das Carboxylende der Peptidkette muß eine Diamino-monocarbonsäure bilden.

Vorkommen.

Die Carboxypeptidase findet sich reichlich im Pankreas,[3] wo sie mit Trypsin vergesellschaftet ist. Man nennt sie daher tryptische Carboxypeptidase. Ebenfalls im Pankreas ist die Protaminase enthalten.[4] Beide Carboxypeptidasen sind auch in der Darmschleimhaut in kleinen Mengen vorhanden, die vermutlich aus dem Pankreas stammen. In den Geweben, hauptsächlich von Leber, Milz und Niere findet sich eine besondere Carboxypeptidase[5] neben den katheptischen Proteinasen. Sie wird daher als katheptische Carboxypeptidase bezeichnet. Begleitet wird sie stets von einem großen Überschuß an Dipeptidase und Aminopeptidase, von denen sie noch nicht getrennt werden konnte. Sie fehlt im Blutserum, während die polymorphkernigen Leukocyten aus Knochenmark geringe Mengen enthalten.

In der Hefe ist eine schwache und sehr unbeständige Carboxypeptidase enthalten.[1]

---

[1] W. GRASSMANN: Habil.-Schr., S. 149. München, 1928.

[2] M. BERGMANN, L. ZERVAS, H. SCHLEICH: Hoppe-Seyler's Z. physiol. Chem. 224 (1934), 45.

[3] Ber. dtsch. chem. Ges. 62 (1929), 2217.

[4] E. WALDSCHMIDT-LEITZ, F. WEYLER, A. SCHÄFFNER, L. WEIL: Hoppe-Seyler's Z. physiol. Chem. 197 (1931), 219.

[5] E. WALDSCHMIDT-LEITZ, A. SCHÄFFNER, J. J. BECK, E. BLUM: Hoppe-Seyler's Z. physiol. Chem. 188 (1930), 17.

Bestimmungsmethoden und Einheiten.

Als Substrat zur Bestimmung der tryptischen Carboxypeptidase dient nach E. WALDSCHMIDT-LEITZ und A. PURR[1] Chloracetyl-l-tyrosin. Sie aktivieren mit Enterokinase, was von den übrigen Autoren unterlassen wird. Wegen der allmählichen Ausscheidung des freigesetzten, schwer löslichen l-Tyrosins ist der Reaktionsverlauf nicht völlig erster Ordnung. Daher empfehlen K. HOFMANN und M. BERGMANN als Substrat Carbobenzoxyglycyl-l-phenylalanin, mit dem die Hydrolyse durchaus nach erster Ordnung verläuft.[2]

Zu 445 mg Cbzo—G—lPa fügt man 2,5 cm³ $^m/_3$ Phosphatpuffer vom $p_H = 7,6$, 1,5 cm³ n-Natronlauge und füllt mit Wasser auf 10 cm³ auf. 2 cm³ dieser Lösung bringt man mit der zu bestimmenden Enzymlösung und mit Wasser auf 5 cm³. Man verdaut bei 25° und entnimmt zu Beginn, nach 1 und nach 2 Stunden je 1 cm³ zur Aminostickstoffbestimmung nach VAN SLYKE. 100% Aufspaltung entspricht einem Zuwachs von 0,7 mg Amino-N. Die Spaltung soll in 1 Stunde zwischen 10 und 30% betragen.[2]

M. L. ANSON[3] bestimmt die Spaltung nicht nach VAN SLYKE, sondern mittels Formoltitration nach SØRENSEN. Als Substrate verwendet er teils Chloracetyltyrosin, teils ein Pepsin-Pepton aus Edestin. Bemerkenswert ist, daß Formol die Wirksamkeit des Enzyms nicht unterbricht, so daß die gesamte Bestimmung in Gegenwart von Formol durchgeführt werden kann.

Die *Einheiten der tryptischen Carboxypeptidase* werden je nach dem Substrat verschieden definiert. Nach E. WALDSCHMIDT-LEITZ und A. PURR[1] ist die Carboxypeptidaseeinheit das 1000fache derjenigen Enzymmenge, für welche sich unter den Bestimmungsbedingungen die Konstante der monomolekularen Reaktion zu 0,001 ergibt. K. HOFMANN und M. BERGMANN[2] definieren die Einheit als diejenige Enzymmenge, die gelöst in 1 cm³ einer Lösung von 0,05 Millimol Cbzo—G—Pa unter Standardbedingungen die Konstante der ersten Ordnung $k = 0,002$ ergibt. Eine Einheit entspricht ungefähr 1,1 γ des kristallisierten Enzyms. Nach ANSON[3] ist eine Einheit der Chloracetyltyrosinspaltung diejenige Enzymmenge, die in 1 cm³ Versuchsansatz einen Säurezuwachs von 1 Milliäquivalent pro Minute bewirkt. Die ebenso definierte Einheit der Pepsin-Pepton-Spaltung verhält sich zu jener des Chloracetyltyrosins wie 1,27 : 1. Reine kristallisierte Carboxypeptidase hat pro Milligramm N 0,083 ANSON-Einheiten der Chloracetyltyrosinspaltung.

Die katheptische Carboxypeptidase wird mit Boyl—G—G unter Aktivierung mit Schwefelwasserstoff bestimmt.[4]

2,35 g Benzoyldiglycin = $^1/_{100}$ Mol werden durch Zugabe von n Natronlauge gelöst, mit Bromphenolblau als Indikator auf $p_H = 4,2$ eingestellt und mit 40 cm³ n Acetatpuffer vom $p_H = 4,2$ und Wasser auf 100 cm³ aufgefüllt. 2,5 cm³ davon werden mit der durch halbstündiges Einleiten von Schwefelwasserstoff bei neutraler Reaktion aktivierten und mit Wasser auf 7,5 cm³ verdünnten Probe der Enzymlösung versetzt und im Thermostaten z. B. während 12÷24 Stunden bei 30° belassen. Man mißt die Enzymwirkung durch den Zuwachs freier NH_2-Gruppen nach VAN SLYKE; zu jeder Analyse ist eine Leerbestimmung auszuführen. Die *Enzymeinheit* berechnet sich darnach aus dem Quotienten

$$\frac{\text{Umsatz in cm}^3 \ 0,2 \, n \, NH_3}{\text{Zeit in Minuten}}.$$

---

[1] Ber. dtsch. chem. Ges. **62** (1929), 2217.

[2] J. biol. Chemistry **134** (1940), 225.

[3] J. gen. Physiol. **20** (1937), 781.

[4] E. WALDSCHMIDT-LEITZ, A. SCHÄFFNER, J. J. BEK, E. BLUM: Hoppe-Seyler's Z. physiol. Chem. **188** (1930), 17.

Zur Bestimmung von Protaminase verwendet man Säureproton nach A. KOSSEL,[1] das folgendermaßen hergestellt wird:

5 g Clupeinsulfat werden in 40 cm³ Wasser gelöst und mit verdünnter Schwefelsäure auf 100 cm³ aufgefüllt, so daß die Lösung etwa 10% Schwefelsäure enthält. Nach halbstündigem Kochen wird rasch abgekühlt und mit Natronlauge auf $p_H = 8$ gebracht.

Die Bestimmung der Protaminase erfolgt nach WEIL[2] mit 0,1 g des oben beschriebenen Substrats bei $p_H = 8$ und 30°C. Verdauungszeit 1 Stunde. Der Zuwachs des Aminostickstoffs wird nach VAN SLYKE gemessen.

Die *Einheit der Protaminase* nach L. WEIL[2] entspricht derjenigen Enzymmenge, die bei der oben gegebenen Vorschrift in einer Stunde 1 cm³ N (von 20° und 740 mm Hg, gemessen nach VAN SLYKE) freisetzt. Dieses Maß ist nur bis zu drei Einheiten anwendbar, die Spaltung wächst bei höheren Enzymkonzentrationen kaum noch an.

Darstellung und Reinigung.

Die tryptische Carboxypeptidase, die in Glycerinextrakten aus AcetonÄther-getrocknetem Pankreas enthalten ist, befreit man nach E. WALDSCHMIDT-LEITZ und A. PURR[3] durch wiederholte Tonerdeadsorption von der Proteinase. Letztere befindet sich in den Restlösungen, erstere in den Adsorbaten. Da sich die Protaminase auf diesem Wege nicht von der Carboxypeptidase trennen läßt, ist die Darstellung der kristallisierten Carboxypeptidase nach M. L. ANSON vorzuziehen:[4]

Die beim Auftauen von gefrorenem Rinderpankreas ausgeschiedene Flüssigkeit wird mit 5 n Essigsäure bis zur bleibenden Grünfärbung von Bromkresolgrün versetzt, 2 Stunden bei 37° aufbewahrt und dann mit Wasser auf das 20fache verdünnt, worauf das Enzym ausfällt. Nach mehreren Stunden wird die überstehende Flüssigkeit abgehebert und verworfen, der Rest am anderen Morgen abfiltriert. Den Niederschlag suspendiert man in einem Fünftel des ursprünglichen Volumens des Pankreassaftes und verdünnt ihn so weit, daß die Suspension ungefähr 0,25 Einheiten nach ANSON pro Kubikzentimeter enthält. Man fügt so viel $^m/_5$ Bariumhydroxydlösung unter dauerndem Rühren hinzu, daß Phenolphthalein rosa gefärbt wird. Das noch nicht Gelöste trennt man mit der Zentrifuge ab und versetzt die Lösung mit so viel n-Essigsäure, daß sie eben trüb wird. Man läßt sie unter gelegentlichem Umrühren bis zum Abend bei Zimmertemperatur, dann über Nacht im Eisschrank stehen und sammelt nach dem Abhebern die Kristalle mit der Zentrifuge. Zum Umkristallisieren wird in $^n/_{10}$ Natronlauge gelöst und bis zur Trübung mit Essigsäure versetzt.

Nach zweimaligem Umkristallisieren ändert sich die Wirkungsstärke nicht mehr, nach dreimaligem sind Dipeptidase und Amminopeptidase verschwunden, nach sechsmaligem auch Protaminase und Amylase. Spuren von Proteinase sind durch lange Verdauung eben noch nachzuweisen.

Zur Darstellung der katheptischen Carboxypeptidase geht man von mit Aceton und Äther getrocknetem Organpulver aus,[5] das man mit der zehnfachen

---

[1] Dargestellt nach M. GOTO: Hoppe-Seyler's Z. physiol. Chem. **37** (1902/03), 106.

[2] J. biol. Chemistry **105** (1934), 291.

[3] Ber. dtsch. chem. Ges. **62** (1929), 2217.

[4] J. gen. Physiol. **20** (1937) 663.

[5] E. WALDSCHMIDT-LEITZ, A. SCHÄFFNER, J. J. BEK, E. E. BLUM: Hoppe-Seyler's Z. physiol. Chem. **188** (1930), 17.

Menge Glycerin verrührt und nach eintägigem Stehen filtriert. Die Ausschaltung der in großem Überschuß vorhandenen Dipeptidase und Aminopeptidase erfolgt durch Vergiftung mit 1%igen neutralisiertem Kaliumcyanid. Nach dreistündiger Einwirkung bringt man die Lösung mit n Essigsäure auf $p_H = 4{,}0$ und vertreibt die Blausäure durch Hindurchleiten von Luft. Um die Carboxypeptidase maximal zu aktivieren, wird Schwefelwasserstoff eingeleitet.

Auf diese Weise kann man die katheptische Carboxypeptidase wohl von Di- und Aminopeptidase, nicht aber von den katheptischen Proteinasen befreien.

Die übliche Methode, zur Protaminase zu gelangen, geht von einem Pankreasglycerinextrakt aus, in welchem das Trypsin in inaktiver Form vorliegt.[1]

Um zu vermeiden, daß die Pankreasdrüsen aktiviert werden, müssen sie nach der Schlachtung des Schweines sogleich entnommen, mit heißem Wasser sorgfältig abgespült und von Blut und Fett befreit werden. Man dreht sie an Ort und Stelle durch die Fleischmühle und versetzt sie mit Aceton, um Fett und Wasser zu entfernen. Nach mehrmaligem Wechsel des Acetons wird mit Äther zu Ende getrocknet. Hierauf wird in der Kugelmühle zu einem feinen Pulver vermahlen und mit der zehnfachen Menge Glycerin versetzt. Nach einigen Tagen wird der Glycerinextrakt durch ein dickes Faltenfilter filtriert. 30 cm³ Glycerinauszug werden mit 30 cm³ Wasser und 3,5 cm³ n Acetatpuffer vom $p_H = 3{,}8$ versetzt und etwa sechsmal mit je 3,0 cm³ Tonerdesuspension $C\gamma$ (etwa je 90 mg Al_2O_3) adsorbiert. Dadurch werden Di- und Aminopeptidase abgetrennt. Die Restlösung wird nach Neutralisation mittels n Natronlauge noch etwa siebenmal der Adsorption mit je 5 cm³ Tonerde $C\gamma$ (etwa je 150 mg Al_2O_3) unterworfen, um die tryptische Carboxypeptidase zu entfernen. Das inaktive Trypsin bleibt anwesend.

Die Abtrennung des Trypsins von der Protaminase gelang E. WALDSCHMIDT-LEITZ und E. KOFRÁNYI.[2] Zu dem di- und aminopeptidasefreien Gemisch der beiden Enzyme gibt man 1% Eieralbumin und fällt mit diesem das Trypsin durch Zusatz der Hälfte des Volumens an Aceton, das nachher durch langes Durchblasen von Luft sorgfältig aus der Lösung entfernt werden muß.

Optimale Wasserstoffionenkonzentration.

Das Wirkungsoptimum der tryptischen Carboxypeptidase liegt im schwach alkalischen Bereich, und zwar je nach Substrat zwischen 7,4 und 8,4. Die p_H-Optima bei acylierten Peptiden liegen zwischen 8,0 und 8,4. Auch das p_H-Optimum der Protaminase liegt um 8. Im Gegensatz dazu beträgt das p_H-Optimum der katheptischen Carboxypeptidase 4,2 (bei Verwendung von Boyl—G—G).

Eigenschaften.

Die katheptische Carboxypeptidase ist viel weniger stabil als die tryptische und als das sie begleitende Kathepsin.

In 15 Stunden verliert sie bei $p_H = 10$ die Hälfte ihrer Aktivität und wird bei $p_H = 3$ ganz unwirksam.[3] Die katheptische Carboxypeptidase der Hefe ist noch unbeständiger, sie konnte deshalb bisher nicht näher untersucht werden.

Die kristallisierte, tryptische Carboxypeptidase verliert ihre Aktivität beim Erhitzen erst bei der Koagulation; die Abnahme der Aktivität ist der Denaturierung proportional.

In glycerinhaltiger Lösung ist sowohl tryptische Carboxypeptidase als auch Protaminase sehr beständig.

----

[1] E. WALDSCHMIDT-LEITZ, F. ZIEGLER, A. SCHÄFFNER, L. WEIL: Hoppe-Seyler's Z. physiol. Chem. 197 (1931), 219.

[2] Hoppe-Seyler's Z. physiol. Chem. 222 (1933), 148.

[3] E. WALDSCHMIDT-LEITZ: Hoppe-Seyler's Z. physiol. Chem. 188 (1930), 17; Amer. J. Physiol. 90 (1929), 549.

Aktivierung und Hemmung.

Die Einwirkung der Schwermetalle auf die Spaltung durch tryptische Carboxypeptidase ist von der Art des Substrats abhängig[1] (siehe Tabelle 27).

Tabelle 27. *Einwirkung von Schwermetallen auf Carboxypeptidasen.*

Substrat	$10^{-4}\,m$ AgNO$_3$	$10^{-4}\,m$ AgOOC·CH$_3$	$10^{-3}\,m$ Pb(OOC·CH$_3$)$_2$	$10^{-3}\,m$ FeCl$_3$	$10^{-3}\,m$ Cu(OOC·CH$_3$)$_2$
L—G—L	Nicht untersucht	Hemmung	0	Förderung	0
Chloracetyl—Ty	Starke Hemmung	Nicht untersucht	Hemmung	Hemmung	Hemmung
Chloracetyl—L	0	Nicht untersucht	Hemmung	Hemmung	Hemmung
Phthalyl—G—G	Hemmung	Nicht untersucht	Nicht untersucht	Nicht untersucht	0 oder Förderung

Durch Formaldehyd wird Carboxypeptidase im Gegensatz zu Dipeptidase oder Aminopeptidase nicht gehemmt.[2]

Merkwürdig ist die Steigerung ihrer Wirkung durch niedere Alkohole.[3] So wird die Spaltung von L—G—G durch Carboxypeptidase bei $p_H = 8,4$ gefördert durch Methyl-, Äthyl-, n-Propylalkohol bis zu einer Konzentration von etwa 10%. Isopropyl- und Isobutylalkohol fördern nur in Mengen unter 1%.

Das Ausmaß der Hemmung durch Aminosäuren (Spaltprodukte) ist von der Art des Substrats abhängig.[4] So wird die Spaltung von Boyl—L—G durch dA nicht beeinflußt, aber in steigender Stärke durch folgende Säuren gehemmt: Boyl—G < Sark < Pa = L < G < lA = β-Aminobuttersäure und durch die Amine Colamin < α- und β-Naphthylamin = p-Toluidin. Die Spaltung von Phenylisocyanat—G—L wird nicht beeinflußt durch Sarkosin, l-Valin, Colamin und p-Toluidin; α- und β-Naphthylamin hemmen etwas; stärkere Hemmung erfolgt durch die Säuren lL = β-Aminobuttersäure = βA = lA < dA < Boyl—dA = Pa = G < Boyl—G. Die Spaltung von L—G—L wird nicht beeinflußt durch Boyl—G, V, und etwas gehemmt durch dA, dL < dPa < G = A < dGlu. Von den untersuchten Dipeptiden hemmen G—L, G—V, A—V, G—G nicht, L—G etwas und G—Norvalin stark.[5] Die Spaltung von Chloracetyl—Ty wird durch L—G ebenfalls etwas gehemmt.[1]

Schwefelwasserstoff schädigt die tryptische Carboxypeptidase im Gegensatz zu Amino- und Dipeptidase kaum oder gar nicht. Die katheptische Carboxypeptidase wird durch Schwefelwasserstoff sogar aktiviert und scheint ohne Aktivator unwirksam zu sein. Ihr natürlicher Aktivator, Zookinase, ist nach WALDSCHMIDT-LEITZ SH-Glutathion.[6]

Die tryptische Carboxypeptidase wirkt im Gegensatz zu Trypsin bereits ohne Enterokinase.[7] Nach WALDSCHMIDT-LEITZ[8] bewirkt die Enterokinase

[1] E. ABDERHALDEN, G. EFFKEMANN: Fermentforsch. 14 (1933), 27.
[2] J. H. NORTHROP: The Harvey Lect. 1934/35, 229.
[3] E. ABDERHALDEN, F. REICH: Fermentforsch. 11 (1929), 64.
[4] E. ABDERHALDEN und Mitarbeiter: Fermentforsch. 10 (1928), 233.
[5] E. ABDERHALDEN, O. HERRMANN: Fermentforsch. 10 (1928), 610.
[6] E. WALDSCHMIDT-LEITZ, A. PURR, A. K. BALLS: Naturwiss. 18 (1930), 644.
[7] E. LEBRETON, F. MOCOROA: C. R. hebd. Séances Acad. Sci. 192 (1931), 1492.
[8] E. WALDSCHMIDT-LEITZ, A. PURR: Ber. dtsch. chem. Ges. 62 (1929), 2217.

jedoch nicht nur eine Steigerung der Reaktionsgeschwindigkeit, sondern auch eine Erweiterung des Spezifitätsbereiches der tryptischen Carboxypeptidase. Dieser Befund sollte mit der reinen, kristallisierten Carboxypeptidase überprüft werden.

Erst nachdem es gelungen war, die Protaminase von dem inaktiven Trypsin zu trennen, konnte festgestellt werden, daß sie durch Enterokinase nicht aktiviert wird.[1] Nach WEIL[2] sollen jedoch im Widerspruch dazu frisch bereitete Protaminaselösungen in geringem Ausmaße aktiviert werden.

Natur der Carboxypeptidase.

Die kristallisierte Carboxypeptidase von ANSON[3] ist ein Globulin. Ihre Elementaranalyse ist: 52% C, 14,4% N, 7,2% H, 0,47% S, 0,00% P, 0,68% Asche. 0,20 mg geben dieselbe Färbung mit Phenolreagens wie 0,15 mg Tyrosin.

Nach ÅGREEN und HAMMARSTEN[4] ist die Carboxypeptidase eine ziemlich starke Säure. Sie kann durch Kataphorese vom Trypsin getrennt werden.

Dipeptidase.

Spezifität.

Peptide, die in der Hauptkette mehr als 2 Aminosäurereste haben, werden von Dipeptidase nicht angegriffen. Daher ist der Name Dipeptidase berechtigt. Der Grund dafür ist, daß sowohl eine freie Aminogruppe wie eine freie Carboxylgruppe in Nachbarschaft der Spaltstelle vorhanden sein muß. Benzoyliert man nämlich in Dipeptiden die freie Aminogruppe der Peptidkette,[5] so hört die Spaltbarkeit auf. Ebensowenig wird N-Methyl—L—G und Sark—Ty gespalten.[6] Amidiert oder decarboxyliert man die Dipeptide, so werden die Substrate unspaltbar.[7] Daher wird auch Glycyl-anilin nicht gespalten.[8]

Die Unspaltbarkeit von G—Sark und G—Pr beweist die Notwendigkeit von Peptidwasserstoff.[9] Für alle Prolinpeptide ist als besonderes Enzym die Prolidase zuständig.

Um die Frage zu prüfen, ob freie Carboxyl- oder Aminogruppen bzw. weitere Peptidbindungen in der Seitenkette die Wirksamkeit beeinflussen, wurden Peptide mit zwei natürlich nicht vorkommenden Aminosäuren synthetisiert:

Ama—G wird durch Dipeptidase fast so schwer gespalten wie Asp—G. Offenbar stört die freie Carboxylgruppe in der Seitenkette, denn nach ihrer Amidierung werden beide gut gespalten. G—Dpr wurde glatt gespalten; eine freie Aminogruppe in der Seitenkette stört also nicht.

---

[1] E. WALDSCHMIDT-LEITZ, E. KOFRÁNYI: Hoppe-Seyler's Z. physiol. Chem. **222** (1933), 148.

[2] L. WEIL: J. biol. Chemistry **105** (1934), 291.

[3] M. L. ANSON: J. gen. Physiol. **20** (1937), 663.

[4] G. ÅGREEN, E. HAMMARSTEN: J. Physiology **90** (1937), 330.

[5] E. WALDSCHMIDT-LEITZ: Amer. chem. Weekbl. **27** (1930), 266.

[6] M. BERGMANN: J. biol. Chemistry **109** (1935), 325.

[7] W. GRASSMANN, H. DYCKERHOFF: Ber. dtsch. chem. Ges. **61** (1928), 656.

[8] A. K. BALLS, F. KÖHLER: Ber. dtsch. chem. Ges. **64** (1931), 34.

[9] E. ABDERHALDEN, E. SCHWAB, I. G. VALDÉCASAS: Fermentforsch. **13** (1932), 396. — M. BERGMANN, L. ZERVAS: Hoppe-Seyler's Z. physiol. Chem. **224** (1934), 11.

Interessant ist die unbehinderte Spaltung der scheinbaren Tripeptide G—Dpr,
$$\beta|$$
$$G$$

Asp—G und Asp—A durch Dipeptidase. Vom Standpunkt der Enzymchemie
$$|\gamma \qquad |\gamma$$
$$G \qquad A$$

aus sind dies also nicht Tripeptide, sondern Dipeptide, die in der Seitenkette
durch weitere Aminosäurereste substituiert sind.[1]

Für die relative Spezifität. d. h. für die Geschwindigkeit der Spaltung spielt
die Natur der Aminosäurereste eine große Rolle. Die Affinität der Dipeptidase
wächst von GG über AG zu LG, wobei der erste Schritt das 4÷9fache, der
zweite mindestens das 10fache ausmacht. Diese Reihenfolge gilt in ähnlichem
Umfang auch für die übrigen Peptidasen.[2]

Die Spezifitätsmerkmale sind darnach folgendermaßen zu formulieren:

1. Eine freie Aminogruppe an dem der zu spaltenden Peptidbindung benachbarten C-Atom ist notwendig.

2. Eine freie Carboxylgruppe in Nachbarschaft zur Peptidbindung ist notwendig.

3. Eine zweite Peptidbindung in Nachbarschaft der zu spaltenden Peptidbindung verhindert die Spaltung (daher der Name).

4. Freier Peptidwasserstoff ist notwendig.

5. Je ein freies H-Atom an dem α- und α'-C-Atom ist notwendig.

6. Nur aus l-Aminosäuren oder aus Glycin aufgebaute Dipeptide sind spaltbar.

7. Besondere Eiweißbausteine sind für die absolute Spezifität nicht maßgebend, sie spielen aber für die relative Spezifität eine wesentliche Rolle.

Es ist wichtig zu beachten, daß Dipeptide auch von Enzymen gespalten
werden, die dem Merkmal 2, der Notwendigkeit einer freien Carboxylgruppe in
der Nachbarschaft der Peptidbindung, nicht entsprechen, also keine Dipeptidasen
sind. Das sind drei Enzyme aus der Gruppe der Aminopeptidasen, nämlich
Leucylpeptidase, Prolinase und Prolidase. Da sie zwar der Nachbarschaft der
freien Carboxylgruppe nicht bedürfen, aber von ihr nicht gehemmt werden,
spalten sie neben Polypeptiden auch die ihrer Natur entsprechenden Dipeptide.

Vorkommen.

Die Dipeptidase ist stets von Aminopeptidase begleitet. Sie besitzt unabhängig von ihrem Vorkommen stets dieselbe Spezifität, fast das gleiche Adsorptionsverhalten und das gleiche p_H-Optimum. Es gibt also vermutlich nur eine
Dipeptidase, im Gegensatz zur Carboxypeptidase, wo man ein tryptisches und
ein katheptisches Enzym nach den Eigenschaften deutlich unterscheiden kann.[3]

Die hauptsächlichsten tierischen Fundstellen der Dipeptidase sind der Dünndarm[4] und die Fundusdrüsen des Magens.[5] Im Pankreas findet sie sich in geringerer Menge.[6]

---

[1] F. Schneider: Biochem. Z. 298 (1938), 130.

[2] W. Grassmann, L. Klenk, T. Peters-Mayr: Biochem. Z. 280 (1935), 370.

[3] E. Waldschmidt-Leitz, A. Schäffner: Hoppe-Seyler's Z. physiol. Chem. 151 (1925), 31.

[4] E. Waldschmidt-Leitz, A. K. Balls, J. Waldschmidt-Graser: Ber. dtsch. chem. Ges. 62 (1929), 956.

[5] K. Linderstrøm-Lang: Bull. New York Acad. Med. 15 (1939), 719.

[6] E. Waldschmidt-Leitz, A. Harteneck: Hoppe-Seyler's Z. physiol. Chem. 147 (1925), 286; 149 (1925), 203.

Gemeinsam mit der Aminopeptidase und den katheptischen Proteinasen ist sie in tierischen Organen, wie Milz,[1] Niere,[2] enthalten, im Blutserum[3] nur in geringer Konzentration. Auch in polymorphkörnigen Leukocyten[4] ist sie enthalten.

Weiter findet sie sich im Verdauungstrakt der Wirbellosen,[5] in Schimmelpilzen[6] und im Malzextrakt.[7] Ein Hauptvorkommen, aus dem sie häufig präparativ dargestellt wird, ist die Hefe.[8] Es gibt überhaupt wohl kaum ein Vorkommen von Proteasen, wo diese nicht in größerem oder kleinerem Umfang von Dipeptidase und Aminopeptidase begleitet sind.

Bestimmungsmethoden und Einheiten.

Das gebräuchlichste Substrat für die Messung der Dipeptidase ist d, l-Leucylglycin. Man titriert den Zuwachs an Carboxylgruppen in alkoholischer Lösung mit Thymolphthalein als Indikator. Nach E. WALDSCHMIDT-LEITZ und A. SCHÄFFNER[9] löst man dazu 3,7645 g $dlL-$ G $(=\,^1/_{100}$ Mol der l-Form) in 40 cm³ Ammoniak-Ammoniumchlorid-Puffer vom $p_H = 8$ und füllt nach Zugabe von 5 cm³ Essigsäure auf 10 cm³ auf. Je 5 cm³ dieser Lösung werden mit der Enzymlösung, z. B. mit 5 cm³ 1 : 10 verdünntem Glycerinextrakt aus Darmschleimhaut, versetzt und eine Probe sofort, die andere nach einer Stunde titriert. Die Differenz entspricht der Enzymwirkung. Da die Spaltung nach erster Ordnung verläuft, dient die Konstante

$$k = \frac{1}{t} \log \frac{a}{a-x}$$

direkt als Maß der Enzymmenge. Die *Dipeptidaseeinheit* ist diejenige Enzymmenge, die die Konstante 1 ergibt. Das Maß der Reinheit ist der Dipeptidasewert, nämlich die Zahl von Dipeptidaseeinheiten in 1 g des getrockneten Präparats.

Darstellung und Reinigung.

Die Dipeptidase wird meist aus Hefe oder Darmschleimhaut dargestellt. Die große präparative Schwierigkeit des Arbeitens mit Dipeptidase ist, daß sie immer von einem Überschuß an Aminopeptidase begleitet ist, die ihr im chemischen Verhalten und besonders bei der Adsorption außerordentlich ähnelt, nur mit dem Unterschied, daß die Aminopeptidase wesentlich stabiler ist. Die haltbareren Glycerinextrakte sind den sehr unbeständigen wässerigen Extrakten vorzuziehen.[10, 11]

In der Darmschleimhaut[12] finden sich zwar vornehmlich Amino- und Di-

---

[1] E. WALDSCHMIDT-LEITZ, E. DEUTSCH: Hoppe-Seyler's Z. physiol. Chem. **167** (1927), 285.

[2] W. GRASSMANN, L. KLENK: Hoppe-Seyler's Z. physiol. Chem. **186** (1929), 26.

[3] W. GRASSMANN, W. HEYDE: Hoppe-Seyler's Z. physiol. Chem. **188** (1930), 69. — E. ABDERHALDEN, W. HANSON: Fermentforsch. **15** (1937), 382.

[4] R. WILLSTÄTTER, E. BAMANN, M. ROHDEWALD: Hoppe-Seyler's Z. physiol. Chem. **185** (1929), 267; **188** (1930), 107; **204** (1932), 181.

[5] J. J. MANSOUR-BEK: Z. vergl. Physiol. **17** (1932), 153, 168, 187; **20** (1934), 343, 361, 362.

[6] M. J. JOHNSON, W. H. PETERSON: J. biol. Chemistry **112** (1935), 25.

[7] K. LINDERSTRØM-LANG, M. SATO: C. R. Trav. Lab. Carlsberg **17**, Nr. 17 (1929), 32.

[8] R. WILLSTÄTTER, W. GRASSMANN: Hoppe-Seyler's Z. physiol. Chem. **153** (1926), 250. — W. GRASSMANN, W. HAAG: Ebenda **167** (1927), 188. — E. ABDERHALDEN, R. MERKEL: Fermentforsch. **15** (1936), 1.

[9] Hoppe-Seyler's Z. physiol. Chem. **151** (1926), 31.

[10] E. WALDSCHMIDT-LEITZ, A. SCHÄFFNER, J. J. BEK, E. BLUM: Hoppe-Seyler's Z. physiol. Chem. **188** (1930), 17.

[11] W. GRASSMANN, L. KLENK: Hoppe-Seyler's Z. physiol. Chem. **186** (1930), 26, 36.

[12] E. WALDSCHMIDT-LEITZ, A. SCHÄFFNER: Hoppe-Seyler's Z. physiol. Chem. **151** (1926), 31.

peptidase, aber auch geringe Mengen der aus dem Pankreas stammenden Proteasen. Man trennt die Dipeptidase von der Hauptmenge der begleitenden Enzyme durch Tonerdeadsorption nach der für die Aminopeptidase auf S. 216 gegebenen Vorschrift.

Zu der nur sehr unvollständigen Trennung der Dipeptidase von der Aminopeptidase adsorbiert man, wie bei der Aminopeptidase S. 217 beschrieben, an Eisenhydroxyd und eluiert die Dipeptidase mit $n/10$ sek. Phosphatlösung, die 20% Glycerin enthält.[1]

Etwas besser gelingt die Darstellung einheitlicher Dipeptidase aus Hefe.[2]

Man verflüssigt 1 kg frischer Preßhefe mit einer Mischung von 70 cm³ Toluol und 15 cm³ Essigester, versetzt mit 1 l Wasser und trennt nach 1,5 Stunden eine peptidasefreie Vorfraktion ab.

Die Vorfraktion enthält Stoffe, die die Adsorption der Dipeptidase an Polyaluminiumhydroxyd A verhindern. Diese Beobachtung nützen W. GRASSMANN und W. HAAG zur Reinigung aus.[3] Sie versetzen 400 cm³ der Vorfraktion mit 80 cm³ $n/2$ Acetatpuffer vom $p_H = 5$ und einer Suspension von 700 mg Tonerde A, verdünnen aufs Vierfache und zentrifugieren ab. Die so behandelte Tonerde wird später verwendet.

Nach dem Abtrennen der Vorfraktion wird die Hefe 20 Stunden bei $p_H = 6,4 \div 6,8$ der Autolyse überlassen. Dann werden 300 cm³ der Lösung mit Essigsäure auf zirka $p_H = 5$ eingestellt und mit 5 cm³ n Acetatpuffer gleicher Reaktion versetzt; zu der Mischung fügt man 20 cm³ einer Tonerdesuspension der Sorte $C\gamma$ (etwa 360 mg Al_2O_3) und zentrifugiert ab. Nachher wird dreimal hintereinander mit je 360 mg der mit der Vorfraktion behandelten Tonerde A adsorbiert, wobei die Dipeptidase sich nur unwesentlich vermindert. Die Restlösung wird zweimal hintereinander mit je 50 cm³ einer Suspension von gewöhnlichem, nicht mit Salzsäure behandeltem Kaolin (1 cm³ = 300 mg Kaolin) versetzt und abzentrifugiert.

120 cm³ der erhaltenen Lösung werden genau neutralisiert und bei etwa 0° mit 65 cm³ reinem Aceton vermischt. Der sofort abgetrennte Niederschlag (etwa 300 mg) wird verworfen. Auf weiteren Zusatz von 60 cm³ Aceton zu der Lösung erfolgt die Abscheidung von etwa 1 g eines Niederschlages, der, mit Aceton und Äther getrocknet, 50% der angewandten Dipeptidase enthält und frei von Aminopeptidase und Proteinase ist.

Leider läßt sich die Vorschrift nicht mit jeder Hefesorte nacharbeiten.

Eigenschaften.

Dipeptidase ist unter allen proteolytischen Enzymen das unbeständigste, was sich bei der Darstellung unangenehm bemerkbar macht, aber zur Trennung von Aminopeptidase ausgenutzt wird.[4] In wässeriger Lösung ist sie bei jedem p_H und sogar bei 0° in 2 Tagen vollkommen verschwunden.[5] Zusatz von Toluol stabilisiert etwas. Längere Zeit haltbar ist das Enzym nur in glycerinhaltiger Lösung. Der Wirksamkeitsverlust bei Dialyse ist durch Glycerinzusatz aufzuhalten. Die Beständigkeit ist am größten bei $p_H = 6$, wobei in Glycerin monatelang kein Wirksamkeitsverlust auftritt.[6]

Ohne Glycerin ist das p_H-Optimum der Beständigkeit 7,8. Auf der alkalischen Seite ist der Wirksamkeitsverlust rascher als auf der sauren.[7] Die Dipeptidase

[1] A. K. BALLS, F. KÖHLER: Ber. dtsch. chem. Ges. **64** (1931), 34.

[2] W. GRASSMANN, L. KLENK: Hoppe-Seyler's Z. physiol. Chem. **186** (1929), 26.

[3] W. GRASSMANN, W. HAAG: Hoppe-Seyler's Z. physiol. Chem. **167** (1927), 188.

[4] W. GRASSMANN, H. DYCKERHOFF: Ber. dtsch. chem. Ges. **61** (1928), 656.

[5] K. LINDERSTRØM-LANG, M. SATO: C. R. Trav. Lab. Carlsberg **17**, Nr. 17 (1929), 22.

[6] W. GRASSMANN, O. v. SCHÖNEBECK, G. AUERBACH: Hoppe-Seyler's Z. physiol. Chem. **210** (1932), 1.

[7] E. ABDERHALDEN c. s.: Fermentforsch. **13** (1932), 408. — H. LÜERS, L. MALSCH: Wschr. Brauerei **46** (1929), 265, 275.

der Wirbellosen ist so unbeständig, daß sie aus keinem Adsorbat eluiert werden konnte. Auch die des Serums ist unbeständiger als die des Dünndarms.

Gegenüber höheren Temperaturen ist die Dipeptidase sehr empfindlich. Schon bei 40° wird Malzdipeptidase rasch zerstört.[1] Hingegen hält die Dipeptidase aus Organsäften (Milz, Lunge, Muskel) einstündiges Erhitzen auf 56° ohne Verlust aus, nicht aber auf 60°.[2]

Das p_H-Optimum der Wirksamkeit schwankt etwas je nach der Herkunft des Enzyms und dem angewandten Substrat, nämlich zwischen 7,2 und 8,3.

Aktivierung und Hemmung.

Für Dipeptidase ist bisher kein ausgesprochener Aktivator bekannt geworden. Schwefelwasserstoff und Blausäure wirken hemmend. 0,002 Mol/l HCN setzt die Aktivität je nach Alter und Herkunft der Präparate auf 0 bis $^1/_4$ herab.[3] Überhaupt wird Dipeptidase durch zahlreiche Stoffe in ihrer Wirksamkeit beeinträchtigt:[4] Calciumchlorid hemmt schon in Konzentrationen von 0,02 Mol/l,[5] Magnesiumchlorid sogar von 0,003 Mol. $^m/_2$ $MgCl_2$ hebt die Wirkung vollkommen auf,[6] im Gegensatz zur Leucylpeptidase, die von Magnesiumsalzen aktiviert wird (siehe S. 220). Von Anionen hemmen Sulfite, Phosphate, Pyrophosphate und vor allem Borate. $^m/_{100}$ Borat hemmt vollkommen.[7] Hierauf ist besonders bei der Auswahl von Pufferlösungen Rücksicht zu nehmen. Schwermetalle hemmen ausnahmslos. Besondere Verhältnisse liegen nach K. LINDERSTRØM-LANG[8] beim Zink vor. Es hemmt in Mengen über $4 \cdot 10^{-4}$ n. Die Hemmungen durch Zink und durch Blausäure heben sich gegenseitig, offenbar infolge von Komplexbildung, auf, und zwar vollständig, wenn auf 1 Mol Zink 4 Mole HCN kommen. Wahrscheinlich beruht die kleine Aktivierung, die von Zinkspuren hervorgerufen wird, ebenfalls auf der Ausschaltung eines noch unbekannten, die Dipeptidase begleitenden Hemmungskörpers.

Oxydationsmittel, wie Jod schädigen das Enzym.[4] Formaldehyd verhindert die Wirkung der Dipeptidase durch Reaktion mit der Aminogruppe der Substrate.[9] Auch Aldosen hemmen, Fructose dagegen nicht.[10] Geringe Mengen verschiedener Alkohole fördern etwas, größere Mengen hemmen.[11] Höhere Alkohole, schon Octylalkohol, sind ohne Wirkung. Niedere Fettsäuren, mit Ausnahme von Ameisensäure, hemmen, ebenso Milchsäure, aber nicht Bernsteinsäure.[12] Chloroform schädigt Dipeptidase erheblich, Aminopeptidase nicht.[13] Aldehydreagentien, wie Phenylhydrazin oder Anilin hemmen stark,[14] so daß die Vermutung ausgesprochen wurde, die Dipeptidase enthalte im Agon eine Aldehydgruppe.

Lecithin und Kephalin hemmen, und zwar in großen Dosen vollständig,[15] was die Dipeptidase von der hierdurch nicht hemmbaren Aminopeptidase unter-

[1] R. H. HOPKINS, J. A. BURNS: J. Inst. Brewing **36** (1930), 9.

[2] F. STANDENATH: Fermentforsch. 9 (1926/28), 18, 27.

[3] W. GRASSMANN, O. v. SCHÖNEBECK, G. AUERBACH: Hoppe-Seyler's Z. physiol. Chem. **210** (1932), 1.

[4] M. BERGMANN, W. F. ROSS: J. biol. Chemistry 111 (1935), 659.

[5] H. v. EULER, K. JOSEPHSON: Hoppe-Seyler's Z. physiol. Chem. **161** (1926), 270.

[6] H. A. OELKERS: Biochem. Z. **226** (1930), 185.

[7] H. v. EULER, Z. I. KERTECZ: Ber. dtsch. chem. Ges. **61** (1928), 1525.

[8] Hoppe-Seyler's Z. physiol. Chem. **224** (1934), 121.

[9] J. H. NORTHROP: The Harvey Lect. **1934/35**, 229 (240).

[10] E. WALDSCHMIDT-LEITZ, G. RAUCHALLES: Ber. dtsch. chem. Ges. **61** (1928), 645.

[11] E. ABDERHALDEN, F. REICH: Fermentforsch. 11 (1929), 64.

[12] O. BUDDE: Z. Kinderheilkunde **46** (1928), 195.

[13] W. GRASSMANN, H. DYCKERHOFF: Hoppe-Seyler's Z. physiol. Chem. **179** (1928), 41 (47).

[14] K. JOSEPHSON, H. v. EULER: Hoppe-Seyler's Z. physiol. Chem. **162** (1926), 85.

[15] P. RONDONI: Hoppe-Seyler's Z. physiol. Chem. **207** (1932), 103.

scheidet. Coffein aktiviert etwas.[1] α-Naphthylamin begünstigt die Spaltung von L—G, β-Naphthylamin hemmt. Blutserum hemmt ebenfalls.[2]

Die Hemmung durch Spaltprodukte wird im folgenden Abschnitt behandelt.

Die Affinitätsverhältnisse der Dipeptidase und die Existenz zweier Dipeptidasen.

Nach Beobachtungen von K. Linderstrøm-Lang[3] ist das Verhältnis Q der Spaltungsgeschwindigkeiten von Leucylglycin und Glycylglycin mit Darmerepsinpräparaten ein sehr wechselndes. Es ist am kleinsten in frischen Präparaten, nämlich 2,5, und steigt beim Altern der Präparate sowie bei verschiedenen Reinigungsoperationen an. Beim größten beobachteten Wert von 16 überwog also die L—G-Spaltung weit diejenige von G—G. Auch ist das p_H-Optimum der Spaltung verschieden, nämlich etwas höher als 7 für die G—G- und etwa 8

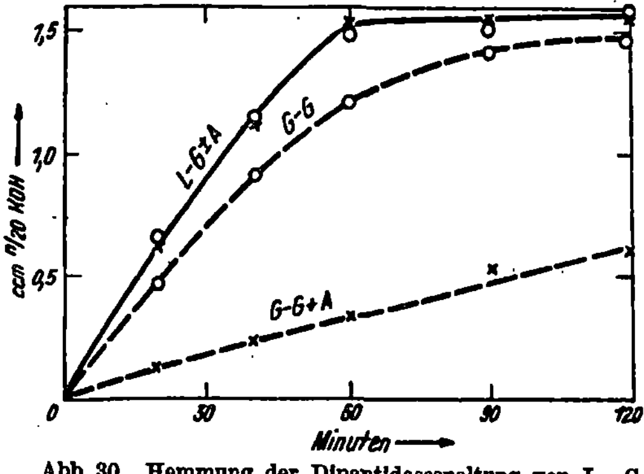

Abb. 30. Hemmung der Dipeptidasespaltung von L—G und G—G durch Alanin.
(o ohne Alanin, × mit Alanin.)

für die L—G-Spaltung. K. Linderstrøm-Lang schloß daraus, daß es zwei Dipeptidasen gibt, von denen die leicht zerstörbare Peptidase I beide Peptide etwa gleich schnell spaltet, während die stabilere Peptidase II L—G etwa 20mal rascher spaltet als G—G. Mit Malzextrakten machten K. Linderstrøm-Lang und M. Sato[4] dieselben Beobachtungen und stellten zugleich fest, daß Dipeptidase II auch L—G—G, also ein Tripeptid spaltet.

Demgegenüber wiesen W. Grassmann und L. Klenk[5] darauf hin, daß die Unterschiede der Geschwindigkeitsquotienten Q sich auch ohne die Annahme zweier Dipeptidasen erklären lassen. Die Spaltung von L—G wird nämlich durch Zusatz von Aminosäuren, wie Alanin oder Leucin, sehr wenig, die von G—G sehr stark gehemmt (siehe Abb. 30). Sie konnten zeigen, daß dies auf der wesentlich geringeren Affinität der Dipeptidase zum G—G als zum L—G beruht. Die Dissoziationskonstante der Dipeptidase-L—G-Verbindung (gemessen mit Hefedipeptidase) dürfte mindestens 60mal kleiner sein als die der Dipeptidase-G—G-Verbindung. Die Affinität der Dipeptidase schwankt aber je nach Herkunft des Enzyms, so daß man, wie Tabelle 28 zeigt, z. B. bei Messungen in 0,04 n Lösungen der Substrate ganz verschiedene Werte für Q erhält. Berechnet man aber nach dem Vorgang von R. Kuhn (siehe S. 64) das Verhältnis der Spaltungsgeschwindigkeiten bei völliger Bindung des Enzyms an die Substrate, also durch Extrapolation auf unendliche Substratkonzentration, so findet man in guter Übereinstimmung das Verhältnis der L—G- zur G—G-Spaltung $Q_\infty = 0,7$. Grassmann und Klenk vermuten weiter, daß in dem natürlichen Vorkommen und in den Enzympräparaten die Dipeptidase von wechselnden Mengen eines Hemmungskörpers begleitet ist, der die G—G-Spaltung infolge ihrer viel geringeren Substrataffinität wesentlich mehr beeinträchtigt als die L—G-Spaltung.

[1] E. Abderhalden, F. Reich: Fermentforsch. 11 (1929), 64.
[2] E. Abderhalden: Fermentforsch. 10 (1928), 233.
[3] Hoppe-Seyler's Z. physiol. Chem. 182 (1929), 151.
[4] Hoppe-Seyler's Z. physiol. Chem. 184 (1929), 83.
[5] Hoppe-Seyler's Z. physiol. Chem. 186 (1929), 26.

Tabelle 28. *Verschiedene Quotienten bei verschiedener Herkunft der Dipeptidase.*
(Angewandt 2 cm³ mit 0,08 Millimol G—G bzw. 0,16 Millimol d,l-L—G; p_H 7,8, 40°.)

Enzym aus	Substrat	Spaltung (cm³ $n/_{20}$ KOH)						v_0 (Kubik-zentimeter in 30 Minuten)	Q
		15	30	45	60	120	180		
		Minuten							
Niere	L—G	—	0,83	—	1,48	1,55	1,55	0,98	1,4
	G—G	—	0,52	—	0,93	1,18	1,29	0,68	
Leber	L—G	0,25	0,50	0,74	1,03	1,63	1,62	0,50	2,5
	G—G	0,10	0,20	0,29	0,41	0,68	0,90	0,20	
Hefe I	L—G	—	0,43	—	0,92	1,58	1,58	0,46	2,5
	G—G	—	0,17	—	0,26	0,93	0,44	0,18	
Hefe II.......	L—G	0,30	0,72	1,10	1,60	—	—	0,76	6,9
	G—G	0,06	—	0,16	0,21	—	—	0,11	

Die Berechnungen von GRASSMANN und KLENK leiden aber unter einer erheblichen Schwierigkeit. Die Reaktionsgeschwindigkeit der G—G-Spaltung

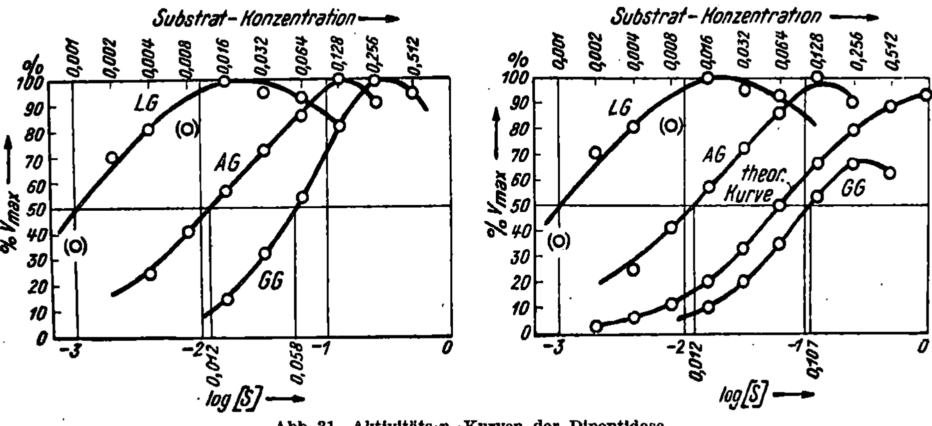

Abb. 31. Aktivitäts-p_s-Kurven der Dipeptidase.

sinkt schon in einem Konzentrationsbereich des Substrats ab, der für die Ermittlung der Dissoziationskonstanten noch wesentlich ist (siehe die Aktivitäts-p_s-Kurven der Abb. 31, linke Hälfte). Es ist daher notwendig, mit Hilfe der Tangentenmethode von L. MICHAELIS und M. L. MENTEN[1] durch Veränderung des Ordinatenmaßstabes die p_s-Kurven umzuformen (siehe Abb. 31, rechte Hälfte). Um die dadurch hervorgerufene Unsicherheit zu vermeiden, wendet K. LINDER-STRØM-LANG eine neue Methode zur Messung des Affinitätsquotienten Q an. Er bestimmt die Spaltungsgeschwindigkeiten in einem Gemisch zweier Substrate (L—G und A—G) und sucht diejenigen Konzentrationen c_{LG} und c_{AG} auf, bei denen das Enzym gleichmäßig auf beide Substrate verteilt ist. In diesem Fall müssen die Spaltungsgeschwindigkeiten $v_{LG\,+\,AG}$ für das Gemisch und v_{2LG} bzw. v_{2AG} für die doppelte Konzentration der Komponenten folgender Gleichung entsprechen:

$$v_{LG+AG} = \frac{1}{2}(v_{2LG} + v_{2AG}). \tag{1}$$

---

[1] Biochem. Z. 49 (1913), 333.

Für das Mischungsverhältnis $c_{LG} : c_{AG}$, das die Gleichung (1) erfüllt, ist dann

$$\frac{c_{LG}}{c_{AG}} = \frac{K_{LG}}{K_{AG}}, \tag{2}$$

womit man das Verhältnis der Dissoziationskonstanten erfährt.

Das Verhältnis der Spaltungsgeschwindigkeiten $v_{2AG} : v_{2LG}$, das der Gleichung (1) entspricht, gibt dann den Quotienten der Spaltungsgeschwindigkeit

$$Q_0 = \frac{v_{2AG}}{v_{2LG}},$$

der unabhängig von der Konzentration der Enzymsubstratverbindung für ein einheitliches Enzym eine invariante Größe darstellt. Die Messungen von LINDERSTRØM-LANG ergaben, daß Q_0 bei drei verschiedenen Dipeptidasepräparaten zwischen 0,5 und 11 schwankt. Er hält daher an der Existenz zweier Dipeptidasen fest. Sein Verfahren besitzt, worauf W. GRASSMANN, L. KLENK und T. PETERSMAYR[1] hinweisen, den Nachteil, daß es nicht die Affinitätskonstanten selbst, sondern nur ihr Verhältnis zu ermitteln gestattet. Immerhin ist noch nicht geklärt, weshalb die beiden Methoden ein so widersprechendes Ergebnis hatten.

Inzwischen ist aber von JOHNSON[2] tatsächlich ein zweites Enzym gefunden worden, das Dipeptide spaltet, allerdings ohne eine Dipeptidase zu sein. Es ist die durch Magnesiumsalze aktivierbare Leucylpeptidase, eine Aminopeptidase, die Leucylpeptide ohne Rücksicht auf die Kettenlänge spaltet (siehe Aminopeptidasen S. 212). Sie kommt auch im Darmerepsin vor und wird von H. HOLTER, F. E. LEHMANN-BERN und K. LINDERSTRØM-LANG mit der sogenannten Dipeptidase II identifiziert.[3] Insofern steht fest, daß es nur eine einzige Dipeptidase gibt.

Es ist noch nicht bekannt, ob und wieweit durch die Gegenwart der Leucylpeptidase die Affinitätsbestimmungen der Dipeptidase von GRASSMANN, KLENK und PETERS-MAYR (l. c.) beeinflußt werden. Wenn in der Bierhefe, wie die vereinzelten Beobachtungen von JOHNSON, JOHNSON und PETERSON ergeben, die Leucylpeptidase überhaupt nicht vorkommt, ist der an Hefedipeptidase ausgeführte Teil der Messungen auf jeden Fall als gesichert anzusehen. Sie ergaben, daß die Affinität der Dipeptide zur Dipeptidase im wesentlichen von dem die freie Aminogruppe tragenden Baustein bestimmt wird, und zwar steigt sie mit steigender Größe des Alkylrestes in diesem Baustein, also GG $<$ AG $<$ $<$ VG $<$ LG. Der Einfluß der die Carboxylgruppe tragenden Bausteine äußert sich zwar in demselben Sinne, tritt aber quantitativ gegenüber dem bestimmenden Einfluß der die Aminogruppe tragenden Molekülhälfte in den Hintergrund.

Die aus den Affinitätsmessungen erschlossene Reihenfolge wird bestätigt durch Hemmungsversuche mit Monoamino-monocarbonsäuren. Die hemmende Wirkung ist unter sonst gleichen Bedingungen von der Natur des Substrats abhängig und steigt in der Reihenfolge LG $<$ AG $<$ GG an. Unabhängig von der Art des Substrats fällt dagegen die hemmende Wirkung der Monoaminomonocarbonsäuren in der Reihenfolge L $>$ V $>$ A $>$ G ab. Auch die Affinität zu den Aminosäuren nimmt also mit steigender Kettenlänge zu, in Übereinstimmung mit der Affinität der Dipeptidase zu den Dipeptiden.

---

[1] Biochem. Z. 280 (1935), 307.

[2] M. J. JOHNSON, G. H. JOHNSON, W. H. PETERSON: J. biol. Chemistry 116 (1936), 515. — M. J. JOHNSON: Ebenda 122 (1937), 89. — J. BERGER, M. J. JOHNSON, W. H. PETERSON: Ebenda 124 (1938), 395.

[3] Hoppe-Seyler's Z. physiol. Chem. 250 (1937), 237.

Struktur der Dipeptidase.

W. GRASSMANN, W. VOLMER und V. WINDBICHLER[1] ist es gelungen, Hefe-dipeptidase, wenn auch nicht vollständig, in Agon und Pheron aufzuspalten. Adsorbierten sie Lösungen von gereinigten Dipeptidasepräparaten an Ton-erde $C\gamma$ bei p_H 5,0, so entsprachen die in den Restlösungen und in den Elutionen gefundenen Enzymmengen zusammen niemals der Aktivität der Ausgangslösung. Durch Wiedervereinigung von Elution und Restlösung wird eine wechselnde, aber immer beträchtliche Steigerung der Wirksamkeit erreicht, wie Tabelle 29 zeigt. Auch Fällung mit Ammoniumsulfat führte eine teilweise Aufspaltung des Dipeptidasesymplexes in eine Eiweißkomponente und einen durch Ammonium-sulfat nicht fällbaren, nach seinem Verhalten bei der Dialyse als niedermolekular anzusprechenden Bestandteil herbei.

Tabelle 29. *Gegenseitige Aktivierung von Restlösungen und Elutionen der Dipeptidase.*
Spaltung von L—G in cm^3 $n/_{20}$ KOH.

Nr.	Ausgangs-lösung	Restlösung	Elution	Restlösung + Elution		Aktivierung in Prozenten
				berechnet	gefunden	
1	—	0,25	0,30	0,55	0,90	64
2	1,50	0,48	0,25	0,73	0,95	30
3	1,50	0,55	0,57	1,12	1,43	29
4	—	0,00	0,20	0,20	0,45	125

Für die erfolgte Aufteilung ist beweisend, daß die geringe dipeptidatische Wirksamkeit des mit Ammoniumsulfat gewonnenen Eiweißniederschlages durch Hefekochsaft verdoppelt und verdreifacht werden konnte. Das Agon ist also kochbeständig. Sehr überraschend ist, daß Präparate von Aminopeptidasen aus Hefe, die völlig unwirksam gegen L—G sind, durch Zusatz von Hefekochsaft starke Dipeptidasewirkung erhalten, also das Pheron der Dipeptidase enthalten müssen. Durch Zusatz von Hefekochsaft einerseits, Aminopeptidase oder Ammon-sulfatniederschlag aus Dipeptidase anderseits konnte nachgewiesen werden, daß bei der Adsorption mit Tonerde $C\gamma$ das Apo-enzym oder Pheron vorzugsweise in der Restlösung verbleibt, während das Co-enzym oder Agon zum größten Teil adsorbiert und wieder eluiert wird.

Proteinasen.

Die Proteinasen sind dadurch charakterisiert, daß sie zu ihrer Wirksamkeit der Nachbarschaft zweier Peptidbindungen im Substrat bedürfen, von denen nur eine gespalten wird. Freie Amino- bzw. Carboxylgruppen an den Enden der Peptidketten sind — im Gegensatz zu den Peptidasen — in keinem Fall not-wendig und sogar öfters störend. Manchmal überschneiden sich die Wirksam-keiten von Proteinasen und von Peptidasen, besonders gegenüber synthetischen Substraten. Die näheren sterischen Bedingungen der Wirksamkeit sind bei Be-sprechung der Polyaffinitätstheorie (siehe S. 194f.) geschildert.

Die Unterteilung der Proteinasen erfolgte früher nach Herkunft, p_H-Bereich und Aktivierbarkeit. Man unterschied so das im sauren Bereich wirksame, eines Aktivators nicht bedürfende *Pepsin* aus Magenschleimhaut, das im alkalischen Bereich wirksame, der *Enterokinase* zur Aktivierung bedürfende *Trypsin* des Pankreas, das aus Pflanzen stammende, durch Blausäure und Sulfhydrylverbin-dungen aktivierbare *Papain* und das ebenso wie Papain aktivierbare, im schwach

---

[1] Biochem. Z. 298 (1938), 8.

sauren Bereich wirkende *Kathepsin* aus tierischen Zellen. Durch die Auffindung synthetischer Substrate wurde erkannt, daß die Wirksamkeit meist an das Vorhandensein bestimmter Aminosäuren gebunden ist. So gelang es, die Identität von Kathepsin und Papain sicherzustellen und die völlige Verschiedenheit des Chymotrypsins von Trypsin zu erweisen. Nach den heutigen Anschauungen gibt es, abgesehen von den gesondert zu besprechenden Bakterienproteinasen, folgende vier Typen von Proteinasen:

1. Papainasen,   3. Chymotrypsin,
2. Trypsinasen,   4. Pepsin.

Papainasen.

Die Papainasen finden sich in allen untersuchten pflanzlichen Zellen, in einigen besonders reichlich. Die Papainase des tierischen Organismus nennt man Kathepsin.

Spezifität.

In allen Vorkommen der Papainasen lassen sich zwei Wirkungsmechanismen durch den Umfang der Spezifität und das Aktivierungsverhalten so klar unterscheiden, daß manche Forscher zu der Annahme zweier, stets vergesellschafteter Papainasen neigen, deren Trennung allerdings noch niemals gelungen ist. Alle Papain- und Kathepsinpräparate spalten nämlich natives Eiweiß, wie Casein, Gelatine, Hämoglobin; manche sind außerdem in der Lage, auch Peptone und synthetische Peptide, z. B. Hippurylamid, Cbzo—G—G, G—G—G—G—L—G und Boyl—Ar—NH$_2$ zu spalten.[1] Diese Fähigkeit erlangen alle Präparate durch Zusatz von Aktivatoren, wie Cystein. Es stellte sich heraus, daß diejenigen Vorkommen, welche ohne Aktivator Peptone spalten, einen natürlichen Aktivator, wahrscheinlich Glutathion enthalten. Man muß daher vielleicht zwei Papainasen verschiedener Spezifität, mindestens aber zwei getrennte Spezifitäten der Papainasen unterscheiden: für die nur in Gegenwart eines Aktivators verlaufende Spaltung von Peptonen und Polypeptiden und für die eines Aktivators nicht bedürftige Spaltung von nativem Eiweiß.

Die Spezifitätsbedingungen, die sich auf natives Eiweiß beziehen, sind nicht näher erforscht, diejenigen der aktivierten Papainase sind an synthetischen Substraten untersucht und haben folgende Merkmale:

Freie Aminogruppen in der Nachbarschaft der zu spaltenden Peptidbindung stören die Wirksamkeit. In den meisten synthetischen Substraten ist daher die Aminogruppe durch die Carbobenzoxygruppe (Rest des Kohlensäureesters des Benzylalkohols C$_6$H CH$_2$—O—C=O) oder durch Benzoyl besetzt (siehe Tabelle 30). Ist aber die freie Aminogruppe von der zu spaltenden Peptidbindung genügend weit entfernt, so wird das Substrat, wenn auch langsam, gespalten, z. B. G—G— —G—G—L—G und G—G—L—G.[2] Wo die Spaltung eintritt, ist nicht immer mit Sicherheit vorauszusagen. In den synthetischen Substraten mit Cbzo- und Boyl-rest tritt die Spaltung meist zwischen dem substituierten und dem nächsten Aminosäurerest ein. In der Tabelle 30 ist die Spaltung durch einen unterbrochenen Strich angedeutet.[2, 3, 4] In längeren Peptidketten kann auch mehrfache Spaltung eintreten, meist mit ungleicher Geschwindigkeit. In der Tabelle sind die bevor-

---

[1] M. Bergmann, W. F. Ross: J. biol. Chemistry 114 (1936), 717. — M. Bergmann, J. S. Fruton: Science (New York) 84 (1936), 89. — M. Bergmann, J. S. Fruton, H. Fraenkel-Conrat: J. biol. Chemistry 119 (1937), 35. — M. Bergmann, J. S. Fruton: Science (New York) 86 (1937), 496.

[2] M. Bergmann, L. Zervas: J. biol. Chemistry 114 (1936), 711.

[3] M. Bergmann, L. Zervas, J. S. Fruton: J. biol. Chemistry 111 (1935), 225.

[4] M. Bergmann, L. Zervas, J. S. Fruton: J. biol. Chemistry 115 (1935), 593.

zugten Spaltungsstellen mit 1, die nächsten mit 2 bezeichnet. Bemerkenswert ist in dieser Hinsicht das Verhalten der Lysinpeptide mit benzoyliertem Aminoende. Ist die ε-Aminogruppe des Lysins frei, werden die Peptide in gleicher Weise wie Peptide ohne Lysin gespalten. Es wird also z. B. Boyl—G abgetrennt (Tabelle 30, Nr. 17). Ist aber die ε-Aminogruppe des Lysins ebenfalls blockiert, so wird eine weitere Peptidbindung hinter dem Lysin geöffnet, und zwar schneller als die andere (Tabelle 30, Nr. 18).

Tabelle 30. *Synthetische Substrate der Papainase.*

Nr.		Nr.	
	Schnelle Spaltung:	14	Cbzo—G ⫶ G—G—G
1	Cbzo—G ⫶ Glu—G—Äthylester	15	Cbzo—Glu $\overset{2}{⫶}$ G $\overset{1}{⫶}$ G
2	Boyl—G ⫶ G—Glu—Äthylester	16	Boyl—G ⫶ Ly—NH$_2$
3	Cbzo—G ⫶ Glu—NH$_2$	17	Boyl—G ⫶ Ly—G
4	Cbzo—G ⫶ Glu—G	18	Boyl—G $\overset{2}{⫶}$ Ly $\overset{1}{⫶}$ G ; ε⫶ Cbzo
5	Boyl—Glu ⫶ NH$_2$		
6	Cbzo—G ⫶ G—G ⫶ L—G	19	Boyl—Ly ⫶ NH$_2$
7	Boyl—G ⫶ G—L—G		*Sehr langsame Spaltung:*
8	Boyl—G ⫶ L—G	20	G—G—L—G
9	Cbzo—L—G ⫶ G	21	G—G—G—L—G
10	Boyl—G ⫶ NH$_2$		*Keine Spaltung:*
11	Boyl—G ⫶ Piperidin	22	G—Glu
	Langsame Spaltung:	23	G—Glu—G
12	Cbzo—G ⫶ G	24	G—Glu—G—Äthylester
13	Cbzo—G ⫶ G—G	25	Cbzo—G—Sark—G—G
		26	Cbzo—dL—G—G
		27	G—Glu—Diketopiperazin

Die Spezifität läßt sich wie folgt zusammenfassen:

1. Eine freie Aminogruppe in Nachbarschaft der zu spaltenden Peptidbindung stört (Tabelle 30, Nr. 22, 23, 24).

2. Eine freie Carboxylgruppe in Nachbarschaft der zu spaltenden Peptidbindung ist weder störend noch notwendig (Tabelle 30, Nr. 12, 10).

3. Für die Spaltung sind zwei benachbarte Peptidbindungen erforderlich, von denen eine gespalten wird (Tabelle 30, Nr. 10, 11, 12).

4. Peptidwasserstoff ist nötig (Tabelle 30, Nr. 25).

5. α'-Wasserstoff ist notwendig (Tabelle 30, Nr. 26).

6. Die Beteiligung von d-Aminosäuren am Aufbau der zu spaltenden Peptidbindung verhindert die Spaltung (Tabelle 30, Nr. 26).

7. Besondere Aminosäuren sind nicht notwendig, aber Peptide mit Monoamino-dicarbonsäuren werden bevorzugt, wenn die seitenständige Carboxylgruppe frei ist (Tabelle 30, Nr. 1, 2, 3, 4, 5).

Vorkommen.

Die Papainasen sind die einzigen Proteinasen der pflanzlichen Zellen und Milchsäfte. Am meisten untersucht ist das Vorkommen im Milchsaft des tropischen Melonenbaumes *Carica Papaya* L., dessen Proteinase den Namen Papain erhielt. Da die charakteristischen Merkmale dieser Gruppe, die Spezifität und die Aktivierung durch SH-Gruppen und Blausäure, zuerst an Papain studiert wurden, gab E. WALDSCHMIDT-LEITZ der ganzen Gruppe die Bezeichnung Papainasen.[1] Das Papain wurde identisch befunden mit dem Bromelin des Ananassaftes,[2] mit den Proteinasen des Kürbisses und der gekeimten Gerste,[3] mit denen der Milchsäfte der Samen von *Ricinus communis*,[4] der Blätter und Zweige von *Ficus carica*,[5] der Artischocke *Cynara cardunculus*;[6] ebenso sind die Proteinasen in den Sekreten der fleischfressenden Pflanzen *Nepenthes*[7] und *Drosera* Papainasen. Nach SCHAEDE enthalten überhaupt alle Pflanzen und Pflanzenteile dieses Enzym.[8] In den Schimmelpilzen[9] und Hefen[10] ist die Papainase die einzige Proteinase. In den Bakterien kommt sie ebenfalls vor (siehe S. 266), tritt aber gegenüber anderen Proteinasen zurück.

Es schien darnach, als ob die tierischen und pflanzlichen Proteinasen grundsätzlich verschieden seien, bis es R. WILLSTÄTTER und E. BAMANN[11] gelang, im Magensaft neben dem Pepsin eine zweite Proteinase aufzufinden, die den Namen Kathepsin erhielt und sich wie das Papain als durch SH-Gruppen und Blausäure aktivierbar erwies. Nachdem die Existenz dieser tierischen Papainase erkannt war, wurde sie auch in Lymphocyten[12] und in allen tierischen Organen, so in Leber,[13] Milz,[12] Niere,[14] Lunge,[15] Muskel,[16] Haut nachgewiesen. Die Papainasen sind die typischen Proteinasen des Zellinneren zum Unterschied von den sezernierten Proteinasen Pepsin und Trypsin.

Zu den Papainasen gehört auch das Ficin genannte proteolytische Enzym aus dem Latex einiger Ficusarten, das durch Cystein aktivierbar ist und Ascariden in vitro zu verdauen vermag.[17]

[1] E. WALDSCHMIDT-LEITZ: Vorträge aus dem Gebiete der Eiweißchemie, S. 59. Leipzig, 1931.

[2] R. WILLSTÄTTER, W. GRASSMANN, O. AMBROS: Hoppe-Seyler's Z. physiol. Chem. 151 (1926), 286.

[3] O. AMBROS, A. HARTENECK: Hoppe-Seyler's Z. physiol. Chem. 184 (1929), 93.

[4] O. T. ROTINI: Ann. Lab. Ric. Ferm. Spallanzani 1 (1930), 161; Ber. ges. Physiol. exp. Pharmakol. 70 (1933), 771.

[5] O. T. ROTINI: Ann. Lab. Ric. Ferm. Spallanzani 2 (1931), 299; Ber. ges. Physiol. exp. Pharmakol. 70 (1933), 772.

[6] C. CHRISTEN, E. VIRASORO: Lait 15 (1935), 354, 496.

[7] J. DE ZEEUW: Biochem. Z. 269 (1934), 187.

[8] R. SCHAEDE: Ber. dtsch. bot. Ges. 52 (1934), 378.

[9] K. OSHIMA: J. Coll. Agric., Sapporo 19 (1928), 135; Ber. ges. Physiol. exp. Pharmakol. 46 (1928), 776.

[10] W. GRASSMANN, H. DYCKERHOFF: Hoppe-Seyler's Z. physiol. Chem. 179 (1928), 41.

[11] R. WILLSTÄTTER, E. BAMANN: Hoppe-Seyler's Z. physiol. Chem. 180 (1928/29), 127.

[12] P. RONA, H. KLEINMANN: Biochem. Z. 241 (1931), 283, 316.

[13] S. R. MARDASCHEW: Biochem. Z. 278 (1934), 321. — G. SCOZ, L. DE CARO: Enzymologia (Den Haag) 1 (1936), 199.

[14] T. NISHINA: Kurashiki Z. Hosp. 9, 149 (jap.); Ber. ges. Physiol. exp. Pharmakol. 90 (1936), 163.

[15] E. GALANTE: Ann. di Clin. 20 (1930), 59; Ber. ges. Physiol. exp. Pharmakol. 59 (1931), 590.

[16] S. FOMIN c. s.: Ukrain. Biochem. Z. 7 (1935), 135; 8 (1935), 73; Ber. ges. Physiol. exp. Pharmakol. 92 (1936), 159; 93 (1936), 47.

[17] B. H. ROBBINS: J. biol. Chemistry 87 (1930), 251. — A. WALTI: J. Amer. chem. Soc. 60 (1938), 493.

Bestimmungsmethoden und Einheiten.

Die erste quantitative Bestimmung des Papains ist von R. WILLSTÄTTER und W. GRASSMANN ausgearbeitet worden.[1] Sie erfolgte unter optimalen Bedingungen der Wasserstoffionenkonzentration und der Aktivierung durch Blausäure.

Zu einer Mischung von 5 cm³ $m/_5$ Dinatriumcitrat und 2 cm³ 3%iger neutralisierter Blausäurelösung ($p_H = 5$) gibt man die Enzymlösung, die zwischen 5 und 40 Einheiten enthalten soll, ergänzt auf 20 cm³ und beläßt 2 Stunden bei 40°. Dann fügt man 30 cm³ Wasser, enthaltend 2 g Gelatine, hinzu und entnimmt sofort und nach 1 Stunde je 10 cm³, die man mit 90 cm³ absolutem Alkohol versetzt und mit $m/_5$ Kalilauge titriert.

Man entnimmt der in Abb. 32 wiedergegebenen Kurve die Anzahl der *Papaineinheiten*. Als Einheit für die Aufstellung dieser Kurve diente die Enzymmenge, die in 1 mg des verwendeten Standardpräparats (Succus *Caricae Papayae* MERCK) enthalten war.

Zur Bestimmung des tierischen Kathepsins[2] verwendet man ebenfalls die Gelatinespaltung, jedoch bei $p_H = 4,0$ und aktiviert nicht mit Blausäure, sondern durch Einleiten von Schwefelwasserstoff. Die Spaltung verläuft sehr langsam, weshalb man die Reaktionszeit auf 24 Stunden ausdehnt.

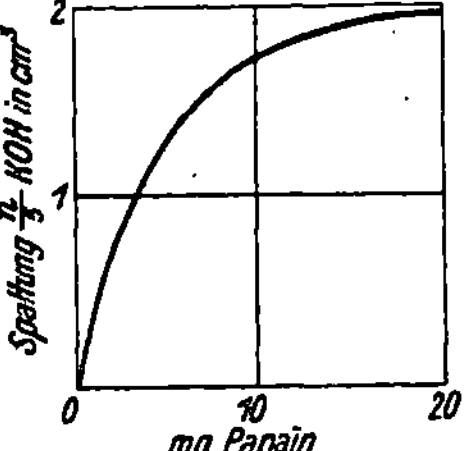

Abb. 32. Papainmenge und Umsatz bei der Hydrolyse von Gelatine (1 Stunde).

Die Enzymprobe (z. B. 10 cm³ Glycerinauszug) wird durch halbstündiges Einleiten von Schwefelwasserstoff bei Zimmertemperatur und neutraler Reaktion aktiviert. Hierauf fügt man 5 cm³ 8%ige Gelatine und soviel n Essigsäure (z. B. 1 cm³) hinzu, daß ein p_H von 4,0 entsteht. Man füllt mit Wasser und soviel Glycerin, daß die Lösung daran zirka 25%ig wird, auf 20 cm³ auf und beläßt 24 Stunden bei 30°. Der Zuwachs an Aminostickstoff wird in 9 cm³ des Ansatzes nach VAN SLYKE bestimmt.

Die *Kathepsineinheit* ist die Enzymmenge, welche unter den angeführten Bedingungen bei der Einwirkung auf 0,18 g Gelatine in 24 Stunden einen Zuwachs von 2,5 mg Aminostickstoff ergibt.

Ein Nachteil dieser Bestimmungsmethoden ist ihre schlechte Reproduzierbarkeit, die sowohl auf der ungleichen Zusammensetzung der Gelatine als auch auf der Weiterspaltung der entstandenen Peptone durch Peptidasen beruht. M. L. ANSON[3] benutzt daher die gut reproduzierbare Spaltung von denaturiertem Hämoglobin, das er unter Standardbedingungen verdauen läßt. Er fällt das unverdaute Hämoglobin mit Trichloressigsäure und bestimmt die Menge der durch die Proteinase gebildeten und nicht mitfallenden Spaltprodukte durch das Phenolreagens von FOLIN und CIOCALTEU,[4] das mit Tyrosin und Tryptophan eine Blaufärbung gibt. Die Methode ist daher unabhängig davon, wieweit die ursprünglichen Spaltprodukte der Proteinase durch Peptidasen weiter aufgespalten werden. Sie ist mit leichter Abwandlung auch für Trypsinasen und Pepsinasen verwendbar, erfordert aber ein genaues Einhalten der sehr komplizierten Bestimmungsbedingungen.

Bei der Enzymbestimmung vergleicht man die Färbung des Phenolreagens durch die Spaltprodukte mit derjenigen, die mit reinem Tyrosin entsteht. Die

---

[1] R. WILLSTÄTTER, W. GRASSMANN: Hoppe-Seyler's Z. physiol. Chem. **188** (1924), 184.

[2] E. WALDSCHMIDT-LEITZ, A. SCHÄFFNER, J. J. BECK, E. BLUM: Hoppe-Seyler's Z. physiol. Chem. **188** (1930), 17.

[3] J. gen. Physiol. **22** (1938), 79.

[4] J. biol. Chemistry **73** (1927), 627.

Einheit der Proteinasen ist diejenige Menge, die unter den Standardbedingungen dieselbe Färbung ergibt wie 1 Milliäquivalent Tyrosin. Die spezifische Aktivität eines Enzympräparats definiert Anson als die Aktivität pro Milligramm Enzymstickstoff.

Da die Papainasen Gerinnung des Milcheiweißes hervorrufen, kann man auch die Milchgerinnung zur Papainbestimmung verwenden. A. K. Balls und H. Lineweaver[1] stellten eine besondere *Milchgerinnungseinheit* der Papainasen auf.

Darstellung und Reinigung.

Zum Arbeiten mit pflanzlicher Proteinase verwendet man am besten den eingetrockneten Milchsaft des Melonenbaumes, der als *Succus caricae papayae* im Handel ist. Seine Reinigung durch Adsorptionsmethoden bereitete anfangs große Schwierigkeiten, weil das Enzym stets zusammen mit der Hauptmenge seiner Begleitstoffe in die Adsorbate und Elutionen ging. Schließlich gelang es H. Kraut und E. Bauer[2] durch Bleiphosphat, das sie in möglichst konzentrierten Enzymlösungen aus Ammoniumphosphat und Bleiacetat entstehen ließen, eine 4fache Steigerung des Reinheitsgrades bei geringen Enzymverlusten zu erreichen. Die vorher große Adsorbierbarkeit an Aluminiumhydroxyd war nach dieser Reinigung sehr vermindert, und zugleich war die Eluierbarkeit aus den Tonerdeadsorbaten fast verschwunden. Beides wurde wieder gewonnen, als man dem Papain Hefegummi als Co-Adsorbens zufügte. Die besten nach diesem Verfahren gewonnenen Präparate besaßen den 10fachen Reinheitsgrad des Succus und waren im Vergleich zu dem jetzt zugänglichen kristallisierten Papain schon sehr rein.

Zur Herstellung des kristallisierten Papains verwenden A. K. Balls und H. Lineweaver[1] nicht getrockneten, sondern frischen Milchsaft, aus dem sie das Enzym mit Wasser oder verdünnter Cyanidlösung extrahieren. Durch Sättigung mit Natriumchlorid oder 0,4fache Sättigung mit Ammoniumsulfat läßt sich hieraus das Papain ausfällen und nach mehrmaligem Umfällen kristallisiert erhalten. Das Vorgehen im einzelnen gibt die Tabelle 31 wieder. In der Lösung verbleibt ein Aktivator des Papains, der auch durch 0,7fache Sättigung mit Ammoniumsulfat nicht ausgefällt wird. Aus der stark positiven Nitroprussidreaktion kann man schließen, daß es sich um eine Sulfhydrylverbindung handelt.

Zur Darstellung der Hefeproteinase bedient man sich nach W. Grassmann, H. Dyckerhoff[3] der durch p_H-Einstellung gesteuerten fraktionierten Autolyse der Hefe, bei der man nach Abtrennung eines unwirksamen Vorautolysats die Proteinase frei oder fast frei von Aminopeptidase und Dipeptidase erhält.

$1^1/_2$ kg frische Hefe wurden mit Chloroform verflüssigt und in $1^1/_2$ l 0,3%igem Ammoniak suspendiert. Nach 17stündiger Autolyse wurde der Heferückstand in der Zentrifuge abgetrennt, gründlich gewaschen und erneut in 800 cm³ Wasser suspendiert; die Suspension brachte man mit Essigsäure auf $p_H = 5,0$ und überließ sie weitere 5 Stunden der Autolyse unter Toluolzusatz. Dann trennte man in der Zentrifuge vom Rückstand ab und brachte die Lösung zur Ausfällung der aus der Hefe aufgenommenen säurelöslichen anorganischen Phosphate mit Ammoniak kurze Zeit auf alkalische Reaktion ($p_H = 8,5$). Die nach dem Abfiltrieren des Niederschlages erhaltene klare Lösung wurde neutralisiert; sie war frei von Dipeptidase und von Aminopeptidase und enthielt beträchtliche Mengen an inaktiver Proteinase.

---

[1] J. biol. Chemistry **130** (1939), 669.
[2] Hoppe-Seyler's Z. physiol. Chem. **164** (1926), 10.
[3] Hoppe-Seyler's Z. physiol. Chem. **179** (1928), 41.

Tabelle 31. *Darstellung von kristallisiertem Papain.*

Material und Verfahren	Fraktion Nr.	Volumen der Fraktion cm^3	Milchgerinnungs-einheiten des Papains	
			pro mg Protein-N	total $\times 10^{-3}$
1 kg flüssiger Papaya-Latex	—	—	17	200
1 l 0,04 m NaCN und 100 g Kieselgur fügt man zu 1 l Latex von 180 g Trocken-gewicht und rührt 1 Stunde bei p_H 6,5÷7 (grün mit Bromthymolblau). Nach der Filtration wird der Filterkuchen zwischen Preßtüchern abgepreßt und die Flüssig-keiten vereinigt. Filtrat..............................	1	1540	17	170
Filtrat 1 wird mit 2 m NaCN auf p_H 9 ge-bracht (schwach grün mit Thymolblau) und·zentrifugiert. Die überstehende Flüs-sigkeit wird mit 250 g Ammoniumsulfat auf je 1 l versetzt, gekühlt und über Hyflo abfiltriert. 73 g Niederschlag......................	2	—	15,5	39
Niederschlag 2 wird in 600 cm^3 0,02 m NaCN gelöst (p_H 8—8,5) und zur Entfernung des Hyflo filtriert. Zum Filtrat gibt man 60 g Kochsalz, kühlt und zentrifugiert in der Kälte. Der Niederschlag wird mit 0,02 m NaCN von p_H 6,4 auf 400 cm^3 und mit $n/_{10}$ HCl auf p_H 6,5 gebracht (gelbgrün mit Bromthymolblau). Suspension........................	3	420	16,5	9,7
Suspension 3 wird 30 Minuten bei Zimmer-temperatur belassen und dann gekühlt. Der gebildete kristalline Niederschlag wird nach 18 Stunden Stehen in der Kälte zentrifugiert bei 5°. Er wird in 300 cm^3 neutralisierter 0,02 m NaCN-Lösung von Zimmertemperatur gelöst und langsam mit 10 cm^3 gesättigter Koch-salzlösung versetzt. Suspension der Kristalle	4	310	22,5	4,5
Umkristallisation durch Wiederholen des Verfahrens wie bei Suspension 3. 2. Suspension der Kristalle	5	155	26	4,0

Das Kathepsin der tierischen Organe ist nur schwer frei von Peptidasen zu erhalten, da es zwar in allen Zellen, aber stets nur in geringer Menge vorkommt. WALDSCHMIDT-LEITZ und Mitarbeiter[1] verwenden daher beim Arbeiten mit Kathepsin Glycerinextrakte aus frischen oder. acetongetrockneten Organen, in denen sie die übrigen Proteasen durch Vergiftung mit 1%iger Kaliumcyanid-

---

[1] E. WALDSCHMIDT-LEITZ, A. SCHÄFFNER, J. J. BEK, E. BLUM: Hoppe-Seyler's Z. physiol. Chem. 188 (1930), 17.

lösung ausschalten. Nach 3 Stunden ist die Vergiftung beendet. Man kann nun durch Ansäuern mit Essigsäure bis zu $p_H = 4{,}0$ und mehrstündiges Durchleiten von Luft die überschüssige Blausäure vertreiben.

Eigenschaften.

Das kristallisierte Papain enthält 15,5% Stickstoff und 1,2% Schwefel, aber keinen Phosphor. Es hat ein Molekulargewicht von rund 30000 (gemessen durch den osmotischen Druck). Besonders auffallend ist seine leichte Aussalzbarkeit z. B. durch 2%ige Kochsalz- oder Lithiumsulfatlösung in der Kälte. Es ähnelt den Prolaminen durch seine Löslichkeit in 70%igem Methyl- oder Äthylalkohol. Der isoelektrische Punkt liegt oberhalb $p_H = 8$.

Das Kathepsin ist ein sehr beständiges Enzym, wesentlich stabiler als die begleitenden Peptidasen, besonders in schwach saurer Lösung.[1] Bei $p_H = 10$ dagegen verliert es in 15 Stunden die Hälfte seiner Wirksamkeit. Glycerin-extrakte aus tierischen Organen sind im Dunkeln jahrelang haltbar,[2] ebenso der getrocknete *Succus Caricae Papayae*. Die wässerigen Lösungen des Succus ver-lieren in 14 Tagen etwa 30% ihrer Wirksamkeit.[3] Auch die Malzproteinase ist viel stabiler als die Malzpeptidasen.[4] Glycerinextrakte verloren z. B. in 4 Wochen nur 20% ihrer Wirksamkeit.

Die Proteinasen der Schimmelpilze sind nur beim p_H ihres natürlichen Vor-kommens stabil. So bleibt die Papainase des *Aspergillus oryzae* bei p_H 6,4 und 40° 9 Tage unverändert, während sie in stärker saurer oder alkalischer Lösung rasch zerstört wird.[5] Ebenso verhält sich die Proteinase des *Aspergillus para-siticus*.[6]

Auch die Thermostabilität ist erstaunlich hoch. Getrockneten Papaya-Milchsaft kann man ohne Wirksamkeitsverlust 4 Stunden auf 100° erhitzen;[7] Lösungen werden bei 60° in 15 Minuten kaum beeinträchtigt und erst durch Kochen rasch zerstört. Die Proteinase des Serums ist empfindlicher.[8] Sie wird schon bei 60° rasch vernichtet.

O. T. ROTINI und P. PARISI[9] untersuchten die energetischen Verhältnisse der Wirksamkeit und der thermischen Inaktivierung bei den Proteinasen aus Samen, Schimmelpilzen und Bakterien. Sie fanden die Aktivierungsenergie der Koagu-lationsreaktion von Milcheiweiß zu zirka 9500 cal, die der thermischen Inakti-vierung des Enzyms zu 70000—80000 cal. Bei $p_H = 6{,}6$ lag das Temperatur-optimum der Wirksamkeit zwischen 60 und 68°. Oberhalb 70° trat rasche Zer-störung ein. Auch von anderen Forschern wird das Temperaturoptimum in ähn-licher Höhe gefunden, z. B. von S. VISCO[10] bei 70° für das Enzym aus *Carica papaya* gegen Gelatine.

---

[1] E. WALDSCHMIDT-LEITZ, A. SCHÄFFNER, J. J. BEK, E. BLUM: Hoppe-Seyler's Z. physiol. Chem. **188** (1930), 17.

[2] O. R. CAILLET: Proc. Soc. exp. Biol. Med. **28** (1930/31), 357.

[3] H. KRAUT, E. BAUER: Hoppe-Seyler's Z. physiol. Chem. **164** (1926/27), 10.

[4] M. SATO: Mem. Fac. Sci. Agric., Taihoku Imp. Univ. 9, Nr. 2 (1934), 19.

[5] K. OSHIMA: J. Coll. Agric., Sapporo 19 (1928), 135; Ber. ges. Physiol. exp. Pharmakol. **46** (1928), 776.

[6] M. J. JOHNSON: Hoppe-Seyler's Z. physiol. Chem. **224** (1934), 163.

[7] A. UNDERRAIN: Milchwirtsch. Forsch. **15** (1933), 433.

[8] SH. KIMURA: Tohoku J. exp. Med. **7** (1926), 560; Ber. ges. Physiol. exp. Pharmakol. **89** (1927), 736.

[9] P. PARISI: Ann. Labor. Ric. Ferm. Spallanzani 1 (1930), 147; Ber. ges. Physiol. exp. Pharmakol. **71** (1933), 126. — O. T. ROTINI: Ann. Labor. Ric. Ferm. Spallan-zani 1 (1930), 175, 191; Ber. ges. Physiol. exp. Pharmakol. **70** (1933), 778.

[10] J. Arch. Sci. Biol. **9** (1926), 41; Ber. ges. Physiol. exp. Pharmakol. **40** (1927), 15.

Optimale Wasserstoffionenkonzentration.

Die p_H-Optima der Papainasen sind von der Natur der Substrate stark abhängig und schwanken in weiten Grenzen, nämlich zwischen p_H 3 und 8. Nach R. WILLSTÄTTER, W. GRASSMANN und O. AMBROS[1] ist das Spaltungsvermögen des Papains am größten bei dem isoelektrischen Punkt des betreffenden Substrats. Sie finden dasselbe Verhalten beim Bromelin, der Papainase aus Ananas, während die Kürbispapainase sich etwas abweichend verhält. Auch bei den Papainasen anderer Herkunft finden sich zahlreiche Abweichungen. Dies beruht z. T. darauf, daß bei unlöslichen Eiweißkörpern der Angriff der Enzyme durch Quellung erleichtert wird,[2] die bekanntlich am isoelektrischen Punkt ein Minimum hat. Hier ist also die gemessene Spaltungsgeschwindigkeit die Resultante zweier Wirkungen, die in entgegengesetzter Weise vom p_H beeinflußt werden. Auch mag die Mitwirkung von Peptidasen an der weiteren Aufspaltung das Ergebnis mancher Spaltungsversuche verschieben.

Aktivierung und Hemmung.

Der Einfluß von Neutralsalzen ist im allgemeinen gering und läßt sich öfters mit dem Einfluß auf den Quellungszustand des Substrats in Verbindung bringen. Für die günstige Wirkung von $KBrO_3$, KJO_3, $(NH_4)_2S_2O_8$ und $NaBO_3$ auf die Brotbereitung fand H. JØRGENSEN eine interessante Erklärung.[3] Diese Salze hemmen die Papainase des Mehles, so daß keine Aufspaltung des für das „Aufgehen" des Teiges nötigen Weizenklebers erfolgt.

Monojodessigsäure hemmt bereits in Konzentrationen von $^m/_{1000}$ die katheptische Wirkung von Organschnitten und -extrakten.[4]

Ovalbumin hemmt nach M. J. JOHNSON[5] die Wirkung der Proteinase von *Aspergillus parasiticus* sehr erheblich. In 0,5%iger Ovalbuminlösung sind 90% der Wirkung verschwunden.

Von Schwermetallen werden die Papainasen im allgemeinen stark gehemmt, von manchen Schwermetallkomplexen, wie Ferro- und Ferricyankalium aber auch aktiviert. Diese Aktivierung ist nach W. GRASSMANN und F. SCHNEIDER[6] wohl auf eine Erhöhung der Zerfallsgeschwindigkeit der Enzymsubstratverbindungen zurückzuführen, ebenso die Aktivierung durch Zitronensäure und Brenztraubensäure.

Das besondere Charakteristikum der Papainasen ist ihre Aktivierung durch Sulfhydrylverbindungen, Schwefelwasserstoff und Blausäure, durch die sie sich von allen anderen Proteinasen unterscheiden. Dieses eindrucksvolle Verhalten hat zu zahlreichen Untersuchungen und Deutungsversuchen Anlaß gegeben. Es ist aber durch die Fülle der Beobachtungen nicht klarer, sondern im Gegenteil widerspruchsvoller geworden, so daß eine allgemein anerkannte Deutung dieser Aktivierung noch aussteht. Die Darstellung des kristallisierten Papains eröffnet die Möglichkeit, unter Ausschaltung der zahlreichen und unkontrollierbaren Einflüsse des Begleitsystems der Papainasen zu entscheidenden Versuchen zu gelangen. Auch sind die meisten Untersuchungen am Papain ausgeführt und nur durch Stichproben das Verhalten der anderen Papainasen damit verglichen worden. Dabei zeigte sich im allgemeinen identisches Verhalten, aber auch

---

[1] Hoppe-Seyler's Z. physiol. Chem. 151 (1926), 307.

[2] W. E. RINGER, B. W. GRUTTERINK: Hoppe-Seyler's Z. physiol. Chem. 164 (1927), 112.

[3] Biochem. Z. 280 (1935), 1.

[4] D. MICHLIN, W. RUBEL: Biochem. Z. 260 (1933), 121.

[5] Hoppe-Seyler's Z. physiol. Chem. 224 (1934), 163.

[6] Ergebn. Enzymforsch. 5 (1936), 79.

einige deutliche Unterschiede. So wird Papain von α-Sulfhydrylcarbonsäuren aktiviert, die für Kathepsin Hemmungskörper sind.[1] Umgekehrt wird Papain von Ascorbinsäure gehemmt,[2] die das Kathepsin meist aktiviert.[3] Bei Gegenwart von Fe··-Salzen, die für sich allein Papain hemmen, wirkt aber Ascorbinsäure als Aktivator auch für Papain.[4]

Die Aktivierung des Papains durch Blausäure ist seit langem bekannt und von R. WILLSTÄTTER und Mitarbeitern[5] näher untersucht worden. Sie fanden, daß Blausäure ebenso wie Schwefelwasserstoff nicht nur die Reaktionsgeschwindigkeit erhöht, sondern vor allem den Spezifitätsbereich des Papains erweitert. Erst bei Gegenwart dieser Aktivatoren werden Peptone und synthetische Peptide für Papain angreifbar. W. GRASSMANN und Mitarbeiter fanden dann die Aktivierung durch Sulfhydrylverbindungen und konnten einen natürlichen Aktivator der pflanzlichen Papainasen, die Phytokinase und den von E. WALDSCHMIDT-LEITZ und Mitarbeitern[6] aufgefundenen natürlichen Aktivator des Kathepsins, die Zookinase mit Glutathion identifizieren.[7] Sie schlossen daraus, daß Sulfhydrylverbindungen — auch solche von unlöslicher Art — natürliche Aktivatoren der Papainasen in den lebenden Zellen seien.

Eine erste Erklärung der Wirkung dieser Aktivatoren gab H. A. KREBS,[8] der annahm, daß es sich um Ausschaltung des hemmenden Einflusses der Schwermetalle durch Komplexbildung handle. Dies trifft sicher in vielen Fällen zu, aber es erklärt nur einen, und zwar nicht den wesentlichen Teil der Erscheinungen. TH. BERSIN[9] brachte die von ihm beobachtete reversible Inaktivierung des Papains durch Oxydationsmittel in Verbindung mit der Wirkung der SH-Verbindungen und stellte die Theorie auf, daß das Papain selbst eine SH-Gruppe enthalte, die für die enzymatische Wirkung unentbehrlich sei. Ihre Umwandlung in die S—S-Verbindung durch Oxydation liege der Inaktivierung zugrunde, die durch HCN, Glutathion, Cystein oder H_2S wieder rückgängig gemacht wird. Als Beweis konnte er vor allem anführen, daß der Zusatz von Jod in stöchiometrischer Reaktion die Wirksamkeit des Papains verhindert, und daß das gesamte Jodbindungsvermögen der Papainpräparate ihrer enzymatischen Wirksamkeit parallel geht.[10] Auch die bekannte Reaktion der SH-Verbindungen mit Jodessigsäure stimmt mit deren inaktivierender Wirkung überein. Ferner paßt in dieses Bild, daß das dehydrierende System Dehydrogenase-Hypoxanthin-Peroxydase $+O_2$ das Papain inaktiviert, während umgekehrt das Wasserstoff liefernde System Dehydrase-Bernsteinsäure inaktives Papain reaktiviert.[11] Die Wirkung der Blausäure und der Kombination von Ascorbinsäure oder Brenztraubensäure mit Fe·· wird nach A. PURR[12] durch Vermittlung von disulfidhaltigen Begleitstoffen erklärt, die mit ihnen unter Bildung von SH-Verbindungen reagieren. Als ein derartiger Hilfsstoff ist auch der von E. MASCHMANN aufgefundene

[1] E. MASCHMANN, E. HELMERT: Hoppe-Seyler's Z. physiol. Chem. 222 (1933), 207.
[2] H. JØRGENSEN: Biochem. Z. 280 (1935), 1.
[3] H. v. EULER, P. KARRER, F. ZEHENDER: Helv. chim. Acta 16 (1933), 710; 17 (1934), 157.
[4] A. PURR: Biochemic. J. 29 (1935), 13.
[5] R. WILLSTÄTTER, W. GRASSMANN: Hoppe-Seyler's Z. physiol. Chem. 138 (1924), 184. — R. WILLSTÄTTER, W. GRASSMANN, O. AMBROS: Ebenda 151 (1926), 286.
[6] E. WALDSCHMIDT-LEITZ, A. SCHÄFFNER, J. J. BEK, E. BLUM:] Hoppe-Seyler's Z. physiol. Chem. 188 (1930), 17.
[7] W. GRASSMANN, H. DYCKERHOFF: Hoppe-Seyler's Z. physiol. Chem. 179 (1928), 41.
[8] H. A. KREBS: Biochem. Z. 220 (1930), 289.
[9] Ergebn. Enzymforsch. 4 (1935), 68; Biochem. Z. 278 (1935), 340.
[10] TH. BERSIN: Hoppe-Seyler's Z. physiol. Chem. 222 (1933), 177.
[11] TH. BERSIN: Hoppe-Seyler's Z. physiol. Chem. 220 (1933), 209.
[12] A. PURR: Biochemic. J. 27 (1933), 1703.

Papainbegleitstoff X anzusehen,[1] der gemeinsam mit Fe·· das inaktive Papain reaktiviert.

Indessen war es nicht notwendig, auf Grund der BERSINschen Befunde die Anwesenheit von SH-Gruppen im Molekül des Papains selbst anzunehmen. Eine andere Erklärung sieht in der Wirkung der Aktivatoren die Einstellung eines bestimmten Redoxpotentials, von dem die Wirkung des Enzyms abhängig sein soll.[2] Auch sie erklärt sämtliche Beobachtungen (mit Ausnahme der quantitativen und augenblicklich verlaufenden Reaktion mit Jodessigsäure, die übrigens nach OKUMURA[3] auch eine Reaktion mit einer Aldehydgruppe sein könnte). Für diese Theorie sprach, daß das Papain im Gegensatz zu Beobachtungen von TH. BERSIN keine Sulfhydrylreaktion mit Nitroprussidnatrium gibt.

Inzwischen konnte die Frage, ob Sulfhydrylgruppen im Papain vorkommen, durch die Untersuchungen des kristallisierten Papains entschieden werden. A. K. BALLS und H. LINEWEAVER[4] fanden im Molekül des Papains zahlreiche S-Atome, von denen eines eine SH-Gruppe bildet. Diese SH-Gruppe besitzt die Besonderheit, daß sie mit Nitroprussidnatrium keine Färbung gibt. Denaturiert man das Papainprotein mit starkem Alkali oder durch Kochen, so gibt es positive Nitroprussidreaktion. Wird jedoch das native Protein vor der Denaturierung mit Jodessigsäure inaktiviert, so bleibt die Nitroprussidreaktion aus. Die Reaktion mit Jodessigsäure erfolgt also tatsächlich mit einer SH-Gruppe des Enzymmoleküls, und zwar wird gerade 1 Äquivalent Jodessigsäure verbraucht. Auch bei der Titration von denaturiertem Papain mit Jod in Harnstofflösung wird von den etwa 10 S-Gruppen des Moleküls nur eine entfernt.

Es ist also nicht nur die Anwesenheit einer SH-Gruppe im Papain erwiesen, sondern auch festgestellt, daß sie zur Wirksamkeit des Papains unentbehrlich ist. Daß gerade sie die Spaltung der Peptidbindung herbeiführt, ist damit nicht erwiesen. Nach TH. BERSIN wird es sich wahrscheinlich statt um die aktive Gruppe um eine „aktivierende" Gruppe im Sinne der LANGENBECKschen Fermentmodelle[5] handeln. Vielleicht ist aber das Bestehen der SH-Gruppe nur aus sterischen Gründen erforderlich; die Bildung einer SS-Brücke könnte die Annäherung der Bindungsebenen von Enzym und Substrat verhindern.

Völlig geklärt ist damit die Wirksamkeit der Aktivatoren keineswegs. Es ist noch nicht verständlich, warum das kristallisierte Papain, selbst wenn es in Gegenwart von Blausäure dargestellt, also reduziert ist, zu seiner Wirkung des erneuten Zusatzes von Blausäure bedarf.[6] Man könnte vermuten, daß es doch die Einstellung eines bestimmten Redoxpotentials ist, die dadurch herbeigeführt wird. Aber dem steht entgegen, daß ein so kräftiges Reduktionsmittel wie Ascorbinsäure nicht dieselbe Wirkung besitzt, sondern noch des Fe·· zur Aktivierung bedarf.[7] Eine andere Erklärung geben J. S. FRUTON und M. BERGMANN.[8] Sie vermuten, daß die Aktivatoren Co-Ferment-Funktionen besitzen. Fällte man nämlich durch Blausäure aktiviertes Papain mit Isopropylalkohol aus, so erwies es sich nach dem Wiederauflösen als inaktiv. Es konnte mit Blausäure aktiviert und durch Ausfällen wieder inaktiviert werden. Beruhte die Aktivierung nur auf der Reduktion von SS-Gruppen, so wäre dieses Verhalten nicht verständ-

---

[1] Hoppe-Seyler's Z. physiol. Chem. 228 (1934), 141.

[2] P. KARRER, W. STRAUSS: C. R. Trav. Lab. Carlsberg, Sér. chim. 22 (1938), 255.

[3] S. OKUMURA: Bull. chem. Soc. Japan 13 (1938), 534.

[4] Nature (London) 144 (1939), 513.

[5] W. LANGENBECK: Ergebn. Enzymforsch. 2 (1933), 315 (317). Vgl. Artikel SCHWAB-ROST „Fermentmodelle" im vorliegenden Bande.

[6] A. K. BALLS, H. LINEWEAVER: Nature (London) 144 (1939), 513.

[7] A. PURR: Biochemic. J. 29 (1935), 13.

[8] J. S. FRUTON, M. BERGMANN: J. biol. Chemistry 133 (1940), 153.

lich, wohl aber, wenn sich die Aktivatoren mit dem inaktiven Ferment zu der wirksamen Form verbinden.

Die Identifizierung der natürlichen Aktivatoren der Gewebsproteinasen mit Sulfhydrylverbindungen veranlaßte W. Grassmann zu der Hypothese, daß die Proteolyse in den lebenden Zellen durch Vermittlung des Glutathions mit den Atmungsprozessen gekoppelt sei.[1] Vermehrte Atmung würde dann durch den Übergang von SH- in SS-Glutathion die Proteolyse vermindern, Reduktionsbedingungen dagegen sie beschleunigen. Dem steht allerdings entgegen, daß das Glutathion im Organismus offenbar immer überwiegend in der reduzierten Form vorliegt[2] und daß zwar SH-Verbindungen aktivieren, aber SS-Verbindungen nicht hemmen,[3] so daß die Gleichgewichtslage der beiden Formen keine Rolle spielt.

Das Phenylhydrazin nimmt unter den Dynatonen des Papains insofern eine Sonderstellung ein, als es die Spaltung mancher Substrate, z. B. Boyl—G—NH$_2$ und Cbzo—Glu—NH$_2$ verhindert, diejenige von Albuminpepton und von Boyl—Ar—NH$_2$ dagegen aktiviert. Die Aktivierung wurde jedoch nur beobachtet, wenn das Papainpräparat ein natürlicher ungereinigter Extrakt war, der SH-Verbindungen als natürliche Aktivatoren enthielt.[4] Gereinigte Papainpräparate waren nicht durch Phenylhydrazin aktivierbar. Addition von Blausäure oder einem ähnlichen Aktivator stellte aber die Aktivierbarkeit durch Phenylhydrazin wieder her. In Gegenwart eines großen Überschusses von Cystein wurde auch Cbzo—Glu—NH$_2$ durch Phenylhydrazin nicht gehemmt, sondern aktiviert.

Schließlich ist noch eine merkwürdige und bisher in der Enzymchemie noch nicht beobachtete Form der Aktivierung des Papains zu erwähnen, die von O. K. Behrens und M. Bergmann[5] aufgefunden wurde, nämlich eine Aktivierung durch Zusatz von anderen Substraten. G—NH$_2$, Glu—NH$_2$, aber auch G—IL und Ty—NH$_2$ sind für Papain unspaltbar. Sie werden aber von ihm angegriffen, wenn man Acetyl—Pa—G zusetzt. Behrens und Bergmann nennen derartige, aktivierende Substrate Co-Substrate, und sie vermuten, daß ihre Wirksamkeit auf der Bildung einer längeren Peptidkette, z. B. von Acetyl—Pa— —G—G—IL aus dem nicht spaltbaren G—IL und Acetyl—Pa—G beruht.

Trypsinasen.

Spezifität.

Für die tryptischen Proteinasen sind erst in den letzten Jahren synthetische Substrate aufgefunden worden.[6] Die Bedingungen der Wirksamkeit lassen sich noch nicht so vollständig wie bei den bisher behandelten Proteasen beschreiben. Spaltbar sind:

Boyl—G—Ly—NH$_2$,
Boyl—Ly—NH$_2$,
Boyl—Ar—NH$_2$.

---

[1] W. Grassmann, O. v. Schoenebeck: Hoppe-Seyler's Z. physiol. Chem. 194 (1930), 124.

[2] R. Bierich, A. Rosenbohm: Hoppe-Seyler's Z. physiol. Chem. 215 (1932), 151; 228 (1934), 136; 231 (1935), 39. — W. Quensel, K. Wacholder: Ebenda 231 (1935), 65. — S. Lang: Ebenda 234 (1935), 127.

[3] E. Maschmann, E. Helmert: Hoppe-Seyler's Z. physiol. Chem. 216 (1933), 141; 219 (1933), 99; 222 (1933), 215.

[4] M. Bergmann, J. S. Fruton: Science (New York) 86 (1937), 496.

[5] J. biol. Chemistry 129 (1939), 587.

[6] M. Bergmann, W. F. Ross: J. Amer. chem. Soc. 58 (1936), 1503. — M. Bergmann, J. S. Fruton, H. Pollok: Science (New York) 85 (1937), 410. — K. Hofmann, M. Bergmann: J. biol. Chemistry 130 (1939), 81.

Das Gemeinsame dieser Substrate ist, daß sie eine Diamino-monocarbonsäure enthalten. Die zweite Aminogruppe des Lysins oder Arginins muß frei sein.

$$\text{Boyl—G—Ly—NH}_2 \quad \text{und} \quad \text{Boyl—Ly—NH}_2$$
$$\overset{\displaystyle|\varepsilon}{\text{Cbzo}} \qquad\qquad\qquad \overset{\displaystyle|\varepsilon}{\text{Cbzo}}$$

sind unspaltbar. Sämtliche früher geprüften synthetischen Substrate, die frei von Lysin und Arginin waren, wurden nicht gespalten. Ob eine freie Carboxylgruppe am Ende der Kette die Spaltung beeinflußt, ist noch nicht bekannt, ebensowenig die Wirkung des Einbaues von *d*-Aminosäuren, von Sarcosin, Prolin usw. Wir können daher nur zu folgenden Punkten unseres Spezifitätsschemas der Proteasen Angaben machen:

1. Eine freie Aminogruppe in Nachbarschaft der zu spaltenden Peptidbindung ist nicht notwendig.

2. Eine freie Carboxylgruppe in Nachbarschaft der zu spaltenden Peptidbindung ist nicht notwendig.

3. Für die Spaltung sind zwei benachbarte Peptidbindungen erforderlich, von denen eine gespalten wird.

4. Die zu spaltende Peptidbindung muß eine Diamino-monocarbonsäure als Baustein enthalten, deren zweite Aminogruppe nicht besetzt sein darf.

Vorkommen.

Der typische Fundort der Trypsinasen ist das Pankreas, in dessen Sekret das Trypsin als fast inaktives Trypsinogen vorkommt.[1] Das Trypsinogen wird bei der Pankreasautolyse oder nach der Sekretion in den Darm durch die dort anwesende Enterokinase in das aktive Trypsin verwandelt.[2] Das Vorkommen im Pankreas der Fische ist im Zusammenhang mit der Insulingewinnung näher studiert worden. Das Pankreas des Haifisches *Acanthias vulgaris* enthält dasselbe Trypsin wie das der Säugetiere.[3] Bei den Selachiern[4] enthält das eigentliche Pankreas kein Trypsin, wohl aber die Galle; die Leber fungiert in diesem Fall als Hepatopankreas.

Durch die Untersuchungen von R. WILLSTÄTTER, E. BAMANN und M. ROHDEWALD[5] ist die Identität der im alkalischen Bereich wirksamen Proteinase der Leukocyten mit dem Pankreastrypsin erwiesen worden.

Früher nahm man an, daß die Leukocyten der Pflanzenfresser kein Trypsin enthalten. WILLSTÄTTER, BAMANN und ROHDEWALD[6] fanden in den Leukocyten des Pferdes Trypsin, doch war es im Gegensatz zu dem der Hundeleukocyten inaktiv und wurde erst beim Aufbewahren oder durch Enterokinase aktiviert.

Da das Pankreas in seinem gesamten enzymatischen Apparat, vor allem aber in seinen Proteasen eine recht weitgehende Übereinstimmung mit den der Leukocyten besitzt, diskutieren die Autoren die Frage, „ob wirklich die Pankreasdrüse ebenfalls alle die enzymatischen Komponenten selbständig hervorbringt, genau so wie sie aus dem myeloitischen sowie dem sympathischen und monocytären

[1] W. KÜHNE: Virchow's Arch. pathol. Anatom. Physiol. klin. Med. **39** (1867), 130. — R. HEIDENHAIN: Pflügers Arch. ges. Physiol. Menschen Tiere **10** (1874), 557.

[2] N. P. SCHEPOWALNIKOW: Diss., St. Petersburg, 1899; Malys J. **29** (1900), 378.

[3] H. J. VONK: Z. vergl. Phys. **5** (1927), 445.

[4] H. BEAUVALET: C. R. hebd. Séances Acad. Sci. **196** (1933), 1437.

[5] Hoppe-Seyler's Z. physiol. Chem. **188** (1930), 107. — R. WILLSTÄTTER, M. ROHDEWALD: Ebenda **204** (1932), 181.

[6] R. WILLSTÄTTER, E. BAMANN, M. ROHDEWALD: Hoppe-Seyler's Z. physiol. Chem. **186** (1929), 85.

System in die Blutbahn geliefert werden, oder ob sich in der Drüse Auslese und Auflösung von Blutzellen vollzieht".

Die Speicheldrüse besitzt neben reichlich Kathepsin auch etwas Trypsin, und zwar aktives;[1] im Speichel sind nur wenig Proteasen, wahrscheinlich aus zerfallenden Leukocyten, enthalten, darunter mehr Trypsin als Kathepsin. Auch in der Milz kommt Trypsin neben dem Kathepsin vor.

Noch nicht sicher entschieden ist die Frage, ob Trypsin bei Wirbellosen und bei Pflanzen vorkommt. In den meisten Fällen handelt es sich bei den beschriebenen Vorkommen um Papainasen. Besser untersucht ist nur das Trypsinvorkommen in der Crustacee *Maja squinado*[2] und in der fleischfressenden Pflanze *Pinguicula vulgaris*.[3]

Im Pankreas kommt neben dem Trypsin noch eine zweite Proteinase, das Chymotrypsin, vor, die sich im Adsorptionsverhalten nicht von ihm unterscheidet, wohl aber durch ihre größere Thermolabilität. Es hat im Gegensatz zu Trypsin die Eigenschaft, Milch bei Gegenwart von Ca-Salzen zu koagulieren.[4] Da seine Spezifität von der des Trypsins verschieden ist, wird es im Anschluß an das Trypsin gesondert behandelt.

Bestimmung und Einheiten.

Um das Trypsin, dessen Wirksamkeit nach Vorkommen und Alter der Präparate wechselt, genau bestimmen zu können, ist eine maximale Aktivierung durch die Enterokinase aus Darmschleimhaut notwendig. (Die Darstellung der Enterokinase wird weiter unten beschrieben.)

Zur Bestimmung verwenden R. WILLSTÄTTER, E. WALDSCHMIDT-LEITZ, S. DUÑAITURRIA und G. KÜNSTNER[5] $0{,}1 \div 0{,}2$ cm³ Pankreasauszug (oder entsprechende Mengen anderer Präparate), versetzen sie zur Aktivierung mit 0,5 cm³ Enterokinaselösung, bringen mit Wasser auf 3,0 cm³ und halten 30 Minuten bei 30°. Dann geben sie 5,0 cm³ 6%ige Caseinlösung, 2 cm³ n Ammoniak-Ammoniumchlorid-Puffer (1:1) dazu und bestimmen in einer ersten Probe sofort den Leerverbrauch, in einer zweiten Probe nach 20 Minuten die Spaltung, indem sie jeweils den gesamten Ansatz mit 5 cm³ Wasser und 15 cm³ absolutem Alkohol in das Titrationsgefäß überspülen und gegen Thymolphthalein mit $^n/_5$ Kalilauge titrieren. Man gibt erst Lauge bis zur deutlichen Blaufärbung hinzu, dann 120 cm³ siedenden Alkohol, der das Casein ausfällt und die Färbung aufhebt. Man titriert bis zum Auftreten des ersten grünlich-blauen Farbtones.

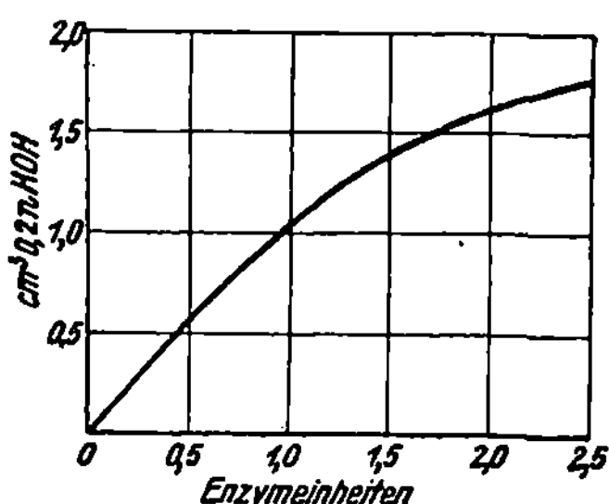

Abb. 33. Trypsinmenge und Spaltungsgrad (20 Minuten bei 30° C).

Die *Trypsineinheit* ist diejenige Enzymmenge, die unter den angegebenen Bedingungen eine Spaltung entsprechend 1,05 cm³ $^n/_5$ Kalilauge bewirkt. Die in einer Probe enthaltene Zahl von Einheiten entnimmt man dem in Abb. 33 wiedergegebenen Diagramm.

Um den Aktivierungsgrad des Trypsins in einem bestimmten Vorkommen zu ermitteln, führt man eine Bestimmung möglichst rasch nach der Probenahme ohne Zusatz von Enterokinase, eine zweite mit Enterokinase wie oben beschrieben aus.

[1] R. WILLSTÄTTER, E. BAMANN, M. ROHDEWALD: Hoppe-Seyler's Z. physiol. Chem. 186 (1929), 85.

[2] J. J. MANSOUR-BEK: Hoppe-Seyler's Z. physiol. Chem. 17 (1932), 153.

[3] W. GRASSMANN: Habil.-Schr. München 1928, S. 46.

[4] M. KUNITZ, J. H. NORTHROP: Science (New York) 78 (1933), 558.

[5] Hoppe-Seyler's Z. physiol. Chem. 161 (1926), 191.

Eine exaktere, aber umständlichere Bestimmung ist die schon bei der Besprechung der Papainasen erwähnte Hämoglobinspaltungsmethode von M. L. ANSON.[1]

Darstellung und Reinigung.

Zur Gewinnung von Pankreastrypsin verwendet man die zerkleinerten, mit Aceton und Äther getrockneten Drüsen von Schweinen. Will man inaktive Trypsinogenpräparate darstellen, so verfährt man, wie bei Protaminase auf S. 225 beschrieben. Auch die Gewinnung der Glycerinextrakte aus dem Trockenpulver und die Abtrennung der ereptischen Enzyme ist dort ausführlich geschildert. Nachdem man den Glycerinauszug durch Adsorption mit Tonerde $C\gamma$ in saurer Lösung von Amino- und Dipeptidase, darauf in neutraler von Carboxypeptidase befreit hat, enthält die Restlösung noch Trypsin und Protaminase. Man verwendet im allgemeinen das Trypsin in diesem Zustand. Da Glycerin die Wirkung des Trypsins beeinträchtigt, ist es besser, das Trypsin in der Kälte durch Zusetzen der 4fachen Menge Aceton und einer Messerspitze Kieselgur auszufällen und abzuzentrifugieren. Man löst es sofort in wenig Wasser wieder auf. Derartige Lösungen sind allerdings nur kurze Zeit haltbar. Will man auch noch die Protaminase abtrennen, so muß man die Adsorption mit $C\gamma$ noch mehrfach wiederholen, was meist ohne großen Trypsinverlust durchführbar ist. Unmöglich ist auf diesem Wege die Abtrennung des Chymotrypsins. Man kann aber das Chymotrypsin zerstören, indem man die gereinigten Trypsinlösungen rasch auf 100° erwärmt und wieder abkühlt.[2] Dies gelingt am besten beim raschen Durchfließenlassen durch zwei Schlangenkühler, von denen der eine mit strömendem Dampf erhitzt, der zweite mit Wasser gekühlt wird.

Nachdem J. H. NORTHROP und M. KUNITZ 1931 die Darstellung von kristallisiertem Trypsin gelungen war, konnten sie neuerdings ein Verfahren ausarbeiten, das gestattet, in demselben Arbeitsgang kristallisiertes Chymotrypsin, Trypsinogen und aktives Trypsin darzustellen.

Darstellung von kristallisiertem Chymotrypsinogen, Chymotrypsin, Trypsinogen und Trypsin.[3]

Das sofort nach dem Schlachten entnommene Rinderpankreas wird mit eiskalter 0,25 n Schwefelsäure bedeckt. Nachdem Fett und Bindegewebe entfernt sind, wird die Bauchspeicheldrüse durch die Fleischmühle gedreht und in 6 l 0,25 n Schwefelsäure 24 Stunden bei 5° stehengelassen. Nach dem Filtrieren durch Gaze werden zu jedem Liter des Filtrates 242 g festes Ammoniumsulfat zugesetzt. Der so gebildete Niederschlag wird abfiltriert und verworfen. Durch Auflösen von 205 g festem Natriumsulfat im Liter des Filtrates bilden sich schwere Niederschläge, die sich im Laufe von 2 Tagen bei 5° absetzen sollen. Die überstehende Flüssigkeit wird abgehebert, der Rest durch ein gehärtetes Filter abgesaugt; es verbleiben etwa 100 g Niederschlag. Dieser wird in 300 cm³ Wasser gelöst, 200 cm³ gesättigte Ammoniumsulfatlösung und 5 g Standard Super-Cel (ein aus Kieselgur bereitetes Filtrationshilfsmittel) zugefügt und durch ein weiches Filterpapier abgesaugt. Zu jedem Liter des Filtrates fügt man 205 g festes Ammoniumsulfat; der gebildete *Niederschlag A* wird durch Abnutschen von der Flüssigkeit getrennt. Er besteht aus rohem Chymotrypsinogen, Trypsinogen und einem Hemmungskörper und wiegt zirka 90 g.

Kristallisation von Chymotrypsinogen.

Je 90 g des Niederschlages A werden in 135 cm³ Wasser gelöst, 45 cm³ gesättigte Ammoniumsulfatlösung zugefügt, hierauf durch tropfendes Hinzufügen von

---

[1] J. gen. Physiol. **22** (1938), 79.

[2] E. WALDSCHMIDT-LEITZ, SH. AKABORI: Hoppe-Seyler's Z. physiol. Chem. **228** (1934), 224.

[3] M. KUNITZ, J. H. NORTHROP: J. gen. Physiol. **19** (1936), 991.

5 *n* Natronlauge auf p_H 5,0 eingestellt. Im Laufe von 2 Tagen bei 20—25° bilden sich Chymotrypsinogenkristalle. Die Mutterlauge wird durch gehärtetes Papier abgesaugt und enthält das Trypsinogen (*Filtrat Tg*). Der kristallinische Filterkuchen wird erst mit 0,25 gesättigter, dann mit konzentrierter Ammoniumsulfatlösung gewaschen; er wiegt zirka 25 g.

Durch kleine Mengen kristallisierten Trypsins wird das Chymotrypsinogen in Chymotrypsin übergeführt.[1]

Kristallisation von Trypsinogen.

Je 100 cm³ des Filtrates Tg werden mit etwa 1 cm³ 5 *n* Schwefelsäure auf p_H 3,0 gebracht und mit 30,4 g festem Ammoniumsulfat versetzt, durch gehärtetes Filterpapier abgesaugt, das Filtrat verworfen. Den etwa 40 g betragenden Niederschlag löst man in 120 cm³ Wasser, fügt 40 cm³ gesättigte Ammoniumsulfatlösung zu und saugt durch ein weiches Filterpapier ab. Zu je 100 cm³ des Filtrates gibt man 100 cm³ gesättigte Ammoniumsulfatlösung, saugt den entstandenen Niederschlag durch ein gehärtetes Filter von mindestens 18,5 cm Durchmesser ab und wäscht ihn sehr rasch mit einer gesättigten Lösung von Magnesiumsulfat in $n/_{50}$ Schwefelsäure, um den Überschuß von Ammoniumsulfat zu entfernen, ohne den Niederschlag zu lösen. Zu dem in 30 cm³ 0,4 *m* Boratpuffer (p_H 9,0) bei 2÷5° gelösten Niederschlag wird soviel Boratpuffer tropfenweise hinzugefügt, bis p_H 8,0 erreicht ist. Hierauf setzt man das gleiche Volumen gesättigter Magnesiumsulfatlösung zu und läßt bei 5° stehen (*Lösung B*).

Nach 2÷3 Tagen erscheinen dreiseitige Prismen von Trypsinogen. Wenn die Lösung mit Trypsinogenkristallen geimpft werden kann, geht die Kristallisation viel schneller. (Dauert die Kristallisation länger als 4÷5 Tage oder ist das Material teilweise aktiv, so erscheinen Trypsinkristalle.) Man nutscht bei 5° ab (*Filtrat C*) und wäscht die Kristalle (etwa 10 g) einige Male mit kalter, 0,5fach gesättigter Lösung von Magnesiumsulfat in 0,1 *m* Boratpuffer vom p_H 8,0 und schließlich mit gesättigter Lösung von Magnesiumsulfat in 0,1 *n* Essigsäure. Die Kristalle werden bei 5° getrocknet und aufbewahrt. Der getrocknete Filterkuchen enthält gewöhnlich 40%. Trypsinogen neben 60% Magnesiumsulfat.

Durch Zugabe kleiner Mengen kristallisierten Trypsins oder von Enterokinase wird das Trypsinogen in aktives Trypsin umgewandelt.[2]

Kristallisation von Trypsin.

Lösung B (etwa 100 cm³) wird mit Trypsinkristallen geimpft und mehrere Tage bei 5° stehen gelassen. Allmählich bildet sich ein Niederschlag sehr kleiner Trypsinkristalle. Der Niederschlag wird auf der Nutsche einige Male mit 0,5fach gesättigter Magnesiumsulfatlösung in 0,1 *n* Schwefelsäure bei Zimmertemperatur gewaschen. Ausbeute 8 g Filterkuchen.

Manchmal hat das kristallisierte Trypsin nur eine geringe spezifische Aktivität. Der Grund dafür ist die Gegenwart eines Hemmungskörpers, der durch Behandlung mit Trichloressigsäure entfernt werden kann.

Darstellung von Enterokinase.

Die zur Aktivierung des Trypsins nötige Enterokinase wird nach E. Waldschmidt-Leitz[3] folgendermaßen gewonnen:

Die durch Abschaben des geschlitzten Schweinedünndarmes (nur der oberste Meter wird verwendet) erhaltene Schleimhaut wird mit Aceton und Äther getrocknet und gepulvert. 10 g Darmpulver werden mit 500 cm³ $n/_{25}$ Ammoniak geschüttelt und 3 Stunden bei 37° gehalten. Die Lösung wird bei 25—30° auf die Hälfte einge-

---

[1] M. Kunitz, J. H. Northrop: J. gen. Physiol. 18 (1935), 433; Ber. ges. Physiol. exp. Pharmakol. 87 (1935), 179.

[2] M. Kunitz, J. H. Northrop: J. gen. Physiol. 19 (1936), 991.

[3] Hoppe-Seyler's Z. physiol. Chem. 142 (1925), 217.

engt. Für gewöhnliche Trypsinbestimmungen genügt diese erepsinhaltige Lösung. Die Hauptmenge der begleitenden Peptidasen kann man durch Ansäuern zerstören. Man versetzt 100 cm³ Kinaselösung mit 5 cm³ n Essigsäure und zentrifugiert nach 2 Stunden den entstandenen Niederschlag ab.

Will man die Peptidasen quantitativ ausschalten, so erreicht man dies am besten durch Vergiften mit Sublimat.[1]

Eigenschaften.

Das Trypsin kristallisiert in trigonalen Plättchen oder Nadeln. Es ist ein Albumin vom Molekulargewicht[2] 34000 und hat den isoelektrischen Punkt bei p_H 7. Die Löslichkeit in reinem Wasser ist konstant und entspricht bei 5° einem Gehalt von 8 mg Stickstoff pro Kubikzentimeter. NORTHROP und KUNITZ schließen hieraus auf die Einheitlichkeit ihrer Präparate. In saurer Lösung wird das Trypsin durch 0,4fache Sättigung mit Ammoniumsulfat noch nicht gefällt, wohl aber durch 0,7fache Sättigung.[3]

Das inaktive Trypsinogen unterscheidet sich vom Trypsin durch seine Unlöslichkeit in 0,4fach gesättigter Ammoniumsulfatlösung.[4] Es kristallisiert in kleinen dreiseitigen Pyramiden. Durch Stehenlassen in konzentrierter Magnesiumsulfatlösung, rascher durch Behandeln mit Trypsin oder Enterokinase geht es in aktives Trypsin über.[4]

In den Leukocyten ist das Trypsin überwiegend in unlöslichem Zustand vorhanden; im Pankreas sind dagegen nur 20÷30% Desmotrypsin.[5]

Das Wirkungsoptimum des Trypsins ist 40°.[6] Das kritische Energieinkrement für die Wirkung ist 14400 cal.[7]

Die Hitzeempfindlichkeit ist sehr vom Reinheitsgrad abhängig. Das gelöste kristallisierte Trypsin zeigt bei einem $p_H = 2$ ein merkwürdiges Verhalten.[8] Es wird durch Erhitzen auf 100° denaturiert und unwirksam, gewinnt aber die ursprüngliche Form und die volle Aktivität beim Abkühlen auf 20° wieder. Oberhalb 60° ist das Enzym nur im inaktiven, unterhalb 20° nur in aktivem Zustand vorhanden. Dazwischen besteht ein Gebiet eines reversiblen Gleichgewichtes zwischen dem aktiven und dem inaktiven Ferment, bzw. zwischen dem genuinen und dem denaturierten Protein.

Gießt man eine heiße Trypsinlösung in kalte, halbgesättigte Ammoniumsulfatlösung, so wird die denaturierte Form fixiert.[9] Wie bei allen denaturierten Proteinen, sind nun SS- und SH-Gruppen nachweisbar, die vorher maskiert waren. Bei langem Stehen in der Hitze wird die Inaktivierung irreversibel. Die Hitzeinaktivierung verläuft nach J. PACE[10] zwischen p_H 6 und 8 nach erster Ordnung und besitzt eine Aktivierungsenergie von rund 40000 cal.

---

[1] E. WALDSCHMIDT-LEITZ, G. KÜNSTNER: Hoppe-Seyler's Z. physiol. Chem. 171 (1927), 290.

[2] M. KUNITZ, M. L. ANSON, J. H. NORTHROP: J. gen. Physiol. 16 (1932), 267.

[3] M. KUNITZ, J. H. NORTHROP: Science (New York) 80 (1934), 190.

[4] M. KUNITZ, J. H. NORTHROP: Science (New York) 80 (1934), 505.

[5] R. WILLSTÄTTER, E. BAMANN, M. ROHDEWALD: Hoppe-Seyler's Z. physiol. Chem. 188 (1930), 107. — R. WILLSTÄTTER: Ebenda 204 (1932), 181. — R. WILLSTÄTTER, M. ROHDEWALD: Ebenda 218 (1933), 77.

[6] CH. S. KOSCHTOJANZ, P. A. KORJUIEFF: Fermentforsch. 14 (1934), 202.

[7] E. A. MOELWYN-HUGHES, J. PACE, W. C. McLEWIS: J. gen. Physiol. 13 (1930), 323.

[8] J. H. NORTHROP, M. KUNITZ: J. gen. Physiol. 16 (1932), 313. — M. KUNITZ, J. H. NORTHROP: Ebenda 17 (1934), 591.

[9] J. H. NORTHROP, M. KUNITZ: J. gen. Physiol. 16 (1932), 323.

[10] Biochem. J. 24 (1930), 606; 25 (1931), 422, 1485.

Die Inaktivierung durch weiche Röntgenstrahlen folgt dem einfachen Exponentialgesetz der Reaktionen erster Ordnung und ist eine Funktion der Ionisation.[1] Das Trypsinion scheint auf elektrischem Wege neutralisiert zu werden.

Das p_H-Optimum der Wirksamkeit ist nicht scharf zu definieren, da es nach den Befunden von Kunitz und Northrop[2] die Resultante zweier entgegengesetzter Prozesse ist: Verstärkung der Ionisierung des Proteins mit zunehmender Alkalisierung, daneben aber Inaktivierung des Ferments. Das Optimum liegt praktisch meist in der Gegend von p_H 8. Die Spaltung von Fibrin dagegen besitzt zwei Optima, ein kleineres bei p_H 8, ein größeres bei p_H 11,3.[3]

Das p_H-Optimum der Beständigkeit liegt im schwach sauren Gebiet bei p_H 5 bis 6,5.[4] Die Zerstörung ist auf der alkalischen Seite viel rascher als auf der sauren. Merkwürdig ist, daß das Beständigkeitsoptimum des kristallisierten Trypsins in 0,25fach gesättigter Ammoniumsulfatlösung bei p_H 2 liegt.[5] Man kann diese Lösungen ohne Zerstörung mehrfach zum Sieden erhitzen.[4]

Aktivierung und Hemmung.

Durch die Untersuchungen von W. Kühne[6] und von R. Heidenhain[7] ist seit langem bekannt, daß die Pankreasdrüse nicht das wirksame Trypsin, sondern seine enzymatisch unwirksame Vorstufe, das Trypsinogen sezerniert, daß aber das Drüsengewebe nach kurzer Alterung einen wirksamen Extrakt liefert. J. P. Pawlow und N. P. Schepowalnikow[8] fanden im Sekret des Dünndarms einen natürlichen Aktivator des Trypsinogens, der den Namen Enterokinase erhielt. Über die Art und Weise, wie sich aus Trypsinogen mit Hilfe der Enterokinase das wirksame Trypsin bildet, entstand eine sehr wechselvolle Diskussion, die erst nach der Auffindung des kristallisierten Trypsinogens und Trypsins entschieden werden konnte. J. Hamburger und E. Hekma,[9] denen sich Dastre und Stassano[10] anschlossen, vertraten die Auffassung, daß sich die Enterokinase mit dem Trypsinogen in einer stöchiometrischen Reaktion zu Trypsin verbinde. Die Enterokinase wäre darnach als ein Co-Ferment, als ein zur Fermentwirkung unentbehrlicher Hilfsstoff anzusehen. J. P. Pawlow selbst und im Anschluß an ihn auch W. M. Bayliss und E. H. Starling[11] hielten die Enterokinase für ein Enzym, die Umwandlung von Trypsinogen in Trypsin also für einen katalytischen Vorgang. E. Waldschmidt-Leitz[12] glaubte die erstere Auffassung bewiesen zu haben, als es ihm gelang, aus einem durch Enterokinase aktivierten Trypsinpräparat mittels Adsorption die Enterokinase abzutrennen, während eine wenig aktive und durch neue Enterokinase weiter aktivierbare Fraktion in der

---

[1] H. Clark, J. H. Northrop: J. gen. Physiol. 9 (1925), 87.

[2] M. Kunitz, J. H. Northrop: J. gen. Physiol. 17 (1934), 591. — Y. Schaeffe: Soc. Biol. 99 (1928), 581; Ber. ges. Physiol. exp. Pharmakol. 47 (1929), 816. — L. Smorodinzen, A. Adov: Russki Fisiol. Z. 10 (1927), 339; Ber. ges. Physiol. exp. Pharmakol. 44 (1928), 293. — K. G. Stern: Hoppe-Seyler's Z. physiol. Chem. 199 (1931), 169. — H. J. Vonk, P. A. Roelofsen, C. Romijn: Ebenda 218 (1933), 33.

[3] W. E. Ringer, B. W. Grutterink: Hoppe-Seyler's Z. physiol. Chem. 156 (1926), 275. — H. J. Vonk, H. P. Wolvekamp: Ebenda 182 (1929), 175. — H. J. Vonk, A. Heyn: Ebenda 184 (1929), 169.

[4] J. Pace: Biochemic. J. 24 (1930), 606; 25 (1931), 422, 1485. — M. Kunitz, J. H. Northrop: J. gen. Physiol. 17 (1934), 591.

[5] P. Rona, H. Kleinmann: Biochem. Z. 169 (1926), 320; 196 (1928), 177.

[6] W. Kühne: Virchow's Arch. pathol. Anatom. Physiol. klin. Med. 39 (1867), 130.

[7] R. Heidenhain: Pflügers Arch. ges. Physiol. Menschen Tiere 10 (1874), 557.

[8] Malys Jb. 29 (1899), 378; Diss., St. Petersburg.

[9] J. Physiol. Pathol. gén. 4 (1902), 805.

[10] Arch. int. Physiol. 1 (1904), 86.

[11] J. Physiology 30 (1904), 61.

[12] Hoppe-Seyler's Z. physiol. Chem. 132 (1923/24), 181.

Restlösung zurückblieb. Er fand auch im Pankreas selbst Enterokinase, deren Wirkung die Spontanaktivierung beim Aufbewahren des Pankreas erklärt. Indessen hat die Untersuchung des kristallisierten Trypsinogens durch M. Kunitz und J. H. Northrop[1] endgültig die Umwandlung als enzymatischen Vorgang erwiesen. Der Befund von E. Waldschmidt-Leitz, der als eine Trennung von Trypsin in Trypsinogen und Enterokinase erschien, ist wohl als eine Anreicherung

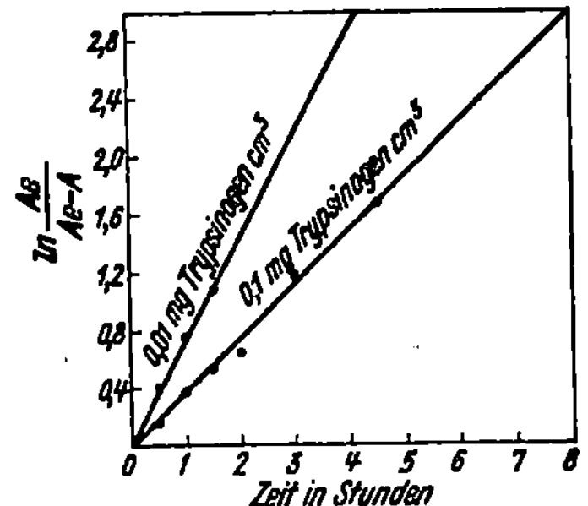
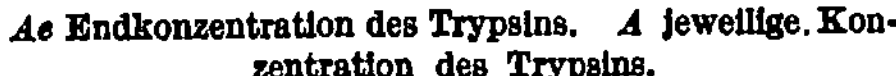

Abb. 34. Trypsinbildung aus Trypsinogen durch Schimmelpilzkinase bei verschiedenen Trysinogenkonzentration.

Ae Endkonzentration des Trypsins. A jeweilige Konzentration des Trypsins.

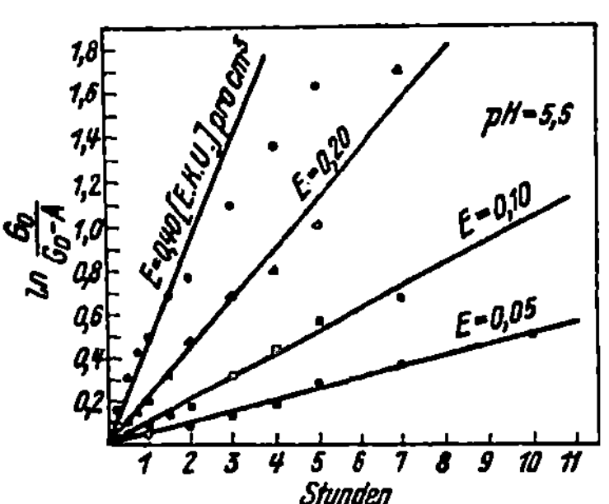

Abb. 35. Trypsinbildung aus Trypsinogen bei verschiedenen Enterokinasekonzentrationen.

G_0 Anfangskonzentration des Trypsinogens, A jeweilige Konzentration des Trypsins, E Konzentration der Enterokinase.

von Hemmungskörpern des Trypsins in der Restlösung und deren Überwindung durch weitere Enterokinase zu erklären. Nach Kunitz und Northrop wird Trypsinogen durch Enterokinase bei p_H 5—8 und durch Schimmelpilzkinase bei p_H 2,5—4 mittels einer katalytischen Reaktion in Trypsin verwandelt. Der Betrag der Trypsinbildung ist proportional der Konzentration des Trypsinogens und der Konzentration des Aktivators und folgt dem Gesetz der ersten Ordnung. Aber auch Trypsin selbst vermag Trypsinogen zu aktivieren in einer Reaktion, die als autokatalytisch beschleunigte zu einer S-förmigen Reaktionskurve führt. Die Reaktion der Schimmelpilzkinase mit Trypsinogen verläuft bei einem p_H, bei dem die Autokatalyse durch das gebildete Trypsin verschwindend gering ist. Sie läßt daher den Verlauf erster Ordnung ohne weiteres erkennen (siehe Abb. 34). Das p_H-Optimum der Enterokinasewirkung liegt dagegen so nahe an dem des Trypsins, daß besondere Vorsichtsmaßregeln, nämlich ein p_H zwischen 5,5 und 6,0, eine Temperatur von nur 5° und Trypsinogenkonzentrationen von nicht über 0,1 mg/cm^3 erforderlich sind, um den Verlauf erster Ordnung herbeizuführen und so die Proportionalität zwischen Umwandlung und Konzentration der Enterokinase erkennen zu lassen (siehe Abb. 35). Als enzymatisch erweist sich die Reaktion auch dadurch, daß der endgültige Betrag des gebildeten Trypsins unabhängig von der Menge der zugesetzten Enterokinase ist.

Die autokatalytische Aktivierung von Trypsinogen führt im allgemeinen nicht zu ebenso hoher Aktivität wie die Aktivierung durch Schimmelpilzkinase und Enterokinase. Kunitz und Northrop erkannten, daß das Trypsin einen Teil des Trypsinogens in ein enzymatisch unwirksames Protein umwandelt, aus dem auch durch die beiden Kinasen kein wirksames Trypsin mehr gewonnen werden kann. Diese Umwandlung ist proportional der Konzentration des gebildeten Trypsins, zeigt also ebenfalls den Verlauf einer autokatalytisch be-

[1] M. Kunitz, J. H. Northrop: Science (New York) 78 (1933), 558; 80 (1934), 505; J. gen. Physiol. 18 (1935), 433; 19 (1936), 991; 21 (1938), 601. — Zusammenfassung: M. Kunitz: Enzymologia (Den Haag) 7 (1939), 1.

schleunigten Reaktion (siehe Abb. 36). Die Endkonzentration des gebildeten Trypsins ist ebenso wie die des unwirksamen Proteins proportional der ursprünglichen Konzentration des Trypsinogens und unabhängig von der Konzentration des ursprünglich vorhandenen Trypsins, wie es für eine enzymatische Reaktion verlangt werden muß. Läßt man Enterokinase bei

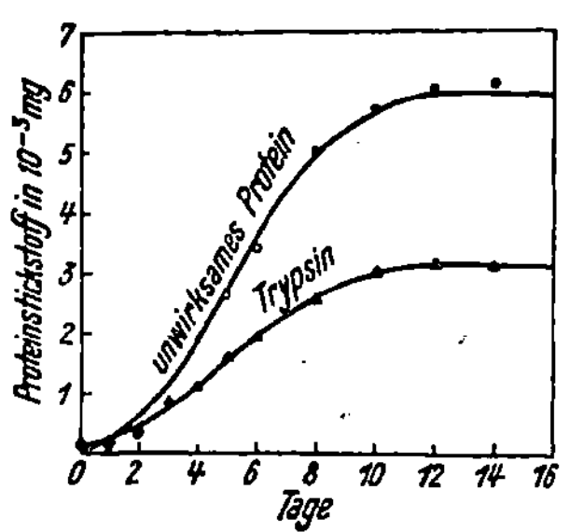

Abb. 36. Umwandlung von Trypsinogen in Trypsin und unwirksames Protein durch Autokatalyse.

höherem p_H, höherer Temperatur und höheren Trypsinogenkonzentrationen einwirken, so entsteht infolge der Mitwirkung des gebildeten Trypsins ein mehr oder weniger großer Betrag von unwirksamem Protein. Dies erklärt das Ergebnis einiger früherer Untersuchungen, wonach der Umfang der Aktivierung von Trypsinogen mit steigender Konzentration der Enterokinase zunimmt.

Auch unter den Inhibitoren des Trypsins sind in erster Linie die natürlich vorkommenden zu nennen. Trypsin wird allgemein von Albuminen, insbesondere von Eieralbumin, gehemmt, und zwar schon in verhältnismäßig kleinen Konzentrationen.[1] Hierdurch unterscheidet es sich von Pepsin, das durch Albumin nicht beeinflußt wird. In Pankreasextrakten ist ein natürlicher Inhibitor des Trypsins enthalten, der vermutlich Proteinnatur besitzt. R. WILLSTÄTTER, E. BAMANN und M. ROHDEWALD[2] fanden auch in den Leukocyten das Trypsin gehemmt. Man kann die Menge des Hemmungskörpers in den Extrakten vermindern, indem man die Leukocyten vor der Extraktion mit Aceton wäscht oder indem man einen rasch gebildeten Glycerinauszug von den Zellresten abtrennt. Die Zellreste allein besitzen sofort viel stärkere tryptische Wirkung als die frischen Leukocyten des Pferdes, während die rasch abgetrennte und schwach wirksame Glycerinlösung den Hemmungskörper enthält. Vereinigt man Zellreste und Glycerinauszug, so wirken sie zusammen viel schwächer, als sich aus den Einzelwerten berechnet, sogar schwächer als die Zellreste allein. Durch Enterokinase ließ sich der Glycerinauszug der Leukocyten aktivieren.

Einen Einblick in die Vorgänge bei der Trypsinhemmung gewährte die Auffindung eines kristallisierbaren Inhibitors aus Pankreasextrakten durch M. KUNITZ und J. H. NORTHROP.[3] Der Inhibitor hat die allgemeinen Eigenschaften eines Polypeptids. Er gibt einen schwachen Biurettest und wird durch Sättigung mit Magnesiumsulfat oder 0,7fache Sättigung mit Ammoniumsulfat ausgefällt, aber nicht durch 2,5%ige Trichloressigsäure, auch nicht beim Erhitzen. Sein Molekulargewicht, bestimmt mit Hilfe des osmotischen Druckes, ist ungefähr 6000. Vermischt man den Inhibitor mit kristallisiertem Trypsin in molekularen Mengen bei p_H 7,0, so nimmt die Aktivität rasch ab und erreicht bei 6° in einer halben Stunde den Nullpunkt. Beim Aufbewahren bleibt die Verbindung im p_H-Intervall von 7÷3 völlig inaktiv, bringt man die Lösung aber auf p_H 1,0, so erscheint die Aktivität rasch wieder und erreicht nach einer halben Stunde den vollen ursprünglichen Betrag. Dieser Zyklus kann beliebig oft wiederholt werden. Der Inhibitor reagiert offenbar mit dem Trypsin unter Bildung einer Additionsverbindung, die in saurer Lösung dissoziiert. Da Dissoziation und Kombination meßbare Zeit beanspruchen, kann es sich nicht um eine Ionenreaktion handeln. Sehr wichtig ist, daß die Trypsin-Inhibitor-Verbindung durch Sättigung mit

---

[1] E. WALDSCHMIDT-LEITZ, K. LINDERSTRØM-LANG: Hoppe-Seyler's Z. physiol. Chem. **166** (1927), 241.

[2] Hoppe-Seyler's Z. physiol. Chem. **188** (1930), 107.

[3] M. KUNITZ, J. H. NORTHROP: J. gen. Physiol. **19** (1936), 991.

Magnesiumsulfat kristallisiert erhalten werden kann. Aus der Lösung der Verbindung fällt Trichloressigsäure aktives Trypsin, während der Inhibitor in der Lösung verbleibt.

Einen im chemischen Verhalten, in der Reaktion mit Trypsin und in der Abtrennbarkeit durch Trichloressigsäure dem Inhibitor von NORTHROP und KUNITZ entsprechenden Hemmungskörper des Trypsins konnte A. SCHMITZ[1] aus dem Blutplasma isolieren, nachdem er schon früher erkannt hatte, daß das Plasmatrypsin in seinem natürlichen Vorkommen durch einen Hemmungskörper blockiert sei. Dieser unterscheidet sich aber von dem im Pankreas vorkommenden dadurch, daß er nicht auch das Chymotrypsin hemmt. Im Blutserum fand SCHMITZ einen weiteren Hemmungskörper, der sich von dem Plasmainhibitor dadurch unterscheidet, daß er mit dem Trypsin keine quantitative Reaktion eingeht, sondern eine Gleichgewichtsreaktion, die dem Massenwirkungsgesetz folgt.

Die Hemmung betrifft offenbar nicht nur das wirksame Trypsin, sondern auch die Enterokinase und den Vorgang der Aktivierung. W. GRASSMANN, H. DYCKERHOFF und O. v. SCHOENEBECK[2] fanden nämlich, daß das Pankreastrypsin durch kleine Mengen von Cystein oder Pyrophosphat dann gehemmt wird, wenn es mit Enterokinase unzureichend versehen ist. In Gegenwart eines Aktivatorüberschusses dagegen erträgt das Enzym ohne die mindeste Abschwächung seiner Wirksamkeit ein Mehrfaches derjenigen Cysteinmenge, die im Parallelversuch mit unzureichender Kinase zur vollständigen Hemmung des bereits wirksam gewordenen Enzyms ausreichend ist. Man kann sich dieses Verhalten wohl nur so erklären, daß sich der Hemmungskörper zwischen Trypsin und Enterokinase verteilt, so daß ein Überschuß an Enterokinase das Trypsin vor der Hemmung schützt. Mit Cystin beobachteten dieselben Autoren eine Steigerung der Wirksamkeit von noch nicht voll aktiviertem Trypsin. Glutaminsäure, Asparaginsäure und Asparagin fördern nach L. FARBER und A. M. WINNE[3] auch das voll aktive Enzym.

Neben den natürlichen Aktivatoren und Hemmungskörpern spielen die übrigen Zusätze eine geringere Rolle. Die verstreuten Angaben der Literatur wurden neuerdings von FARBER und WINNE[3] nachgeprüft. Für die präparative Arbeit wichtig ist die Hemmung durch Glycerin. 2, 4, 8, 16% Glycerin bewirken 10, 20, 40 und 73% Hemmung. Mono- und Disaccharide hemmen deutlich, so hemmte $0,5\,m$ Glukose zu 42%. Dextrin und Stärke hemmen nicht. Triacetin, Tributyrin und Triolein hemmen stark, ebenso Natriumoleat (in $0,04\,m$ Lösung 74% Hemmung). Salze von Schwermetallen sind in $3\cdot10^{-3}\,m$ Lösung ohne Einfluß. Calciumchlorid, Natriumcyanid, Kaliumferro- und -ferricyanid fördern etwas. Nach E. LENK[4] ist die Wirkung der Neutralsalze, wie sie in Lederbeizen enthalten sind, nicht als Aktivierung anzusehen. Sie eluieren vielmehr das Trypsin aus seiner Bindung an Lederbestandteile.

Chymotrypsin.

Spezifität.

M. KUNITZ und J. H. NORTHROP[5] entdeckten 1933, daß im Pankreasextrakt neben dem Trypsin noch eine zweite Proteinase mit völlig verschiedener Spezi-

---

[1] Hoppe-Seyler's Z. physiol. Chem. 255 (1938), 234.
[2] Hoppe-Seyler's Z. physiol. Chem. 186 (1930), 183.
[3] Biochemic. J. 29 (1935), 2323.
[4] Österr. Chemiker-Ztg., N. F. 39 (1936), 128.
[5] Science (New York) 78 (1933), 558.

fität vorhanden ist, das Chymotrypsin. Es läßt sich kristallisiert gewinnen. Sturin, Casein, Gelatine und Hämoglobin werden durch Chymotrypsin langsamer gespalten als durch Trypsin; das Casein wird jedoch durch Chymotrypsin weiter aufgespalten. Wahrscheinlich ist die Angriffsstelle eine andere als beim Trypsin.[1] Besonders auffällig ist die Labwirkung des Chymotrypsins, d. h. die Fähigkeit, Milch bei Gegenwart von Calciumsalzen zur Gerinnung zu bringen, die dem Trypsin vollständig fehlt.

Es gelang M. Bergmann, J. S. Fruton und H. Pollok,[2] synthetische Substrate für das Chymotrypsin zu gewinnen. Cbzo—Ty—G wird nur von diesem, nicht von Trypsin gespalten, während das Trypsinsubstrat Boyl—Ar—NH_2 für Chymotrypsin unspaltbar ist.

Cbzo—G—Ty—G—NH_2 wird auch von viermal umkristallisiertem Chymotrypsin schnell gespalten. Es entsteht Cbzo—G—Ty, das nicht weiter aufgespalten wird.[3] In der folgenden Tabelle 32 werden einige synthetische Substrate aufgeführt; die punktierte Linie zeigt die Spaltstelle an.

Tabelle 32. *Synthetische Substrate für Chymotrypsin.*

Nr.	*Schnelle Spaltung*	Nr.	*Langsame Spaltung*
1	Cbzo—G—Ty⋮G—NH_2	4	Cbzo—G—Pa—G—NH_2
		5	Cbzo—Ty—G—G—NH_2
2	G—Ty⋮G—NH_2		*Keine Spaltung*
		6	Cbzo—Ly—G
3	Cbzo—Ty⋮G—NH_2	7	Cbzo—G—Glu—G—NH_2
		8	Boyl—L—L—G
		9	Cbzo—G—Ty

Ob freie Amino- bzw. Carboxylgruppen an den Enden der Peptidketten die Spaltung verhindern, ist aus dem untersuchten Peptidmaterial nicht sicher zu ersehen. Auch der Einfluß von *d*-Aminosäuren, Sarcosin, Prolin usw. ist nicht untersucht. Daher können wir nur zu folgenden Punkten unseres Spezifitätsschemas Angaben machen:

1. Eine freie Aminogruppe in Nachbarschaft der zu spaltenden Peptidbindung ist nicht notwendig (Tabelle 32, Nr. 1, 3, 4, 5), aber auch nicht störend (Tabelle 32, Nr. 2).

2. Eine freie Carboxylgruppe in Nachbarschaft der zu spaltenden Bindung ist nicht notwendig (Tabelle 32, Nr. 1, 2, 3, 4, 5). Sie scheint zu stören (Tabelle 32, Nr. 9).

3. Für die Spaltung sind zwei benachbarte Peptidbindungen erforderlich, von denen eine gespalten wird.[4]

4. Die zu spaltende Peptidbindung muß Tyrosin oder Phenylalanin enthalten.

Vorkommen.

Chymotrypsin ist bisher nur im Pankreassaft gefunden worden. Es kommt dort ebenso wie das Trypsin in einer inaktiven Vorstufe, dem Chymotrypsinogen, vor. In dem nach Waldschmidt-Leitz gereinigten Trypsin beträgt die

[1] M. Kunitz, J. H. Northrop: J. gen. Physiol. 18 (1935), 433.
[2] Science (New York) 85 (1937), 410.
[3] M. Bergmann, J. S. Fruton: J. biol. Chemistry 118 (1937), 405.
[4] M. Kunitz, J. H. Northrop: J. gen. Physiol. 18 (1935), 433.

Chymotrypsinmenge ungefähr ein Neuntel des anwesenden Trypsins.[1] Ob Bakterienproteinasen, etwa die Pyocyaneus-Proteinase (siehe S. 266), die gleiche Spezifität wie das Chymotrypsin aufweisen, müßte mit den synthetischen Peptiden untersucht werden.

Bestimmungsmethoden.

Eine von M. Kunitz[2] angegebene Bestimmungsmethode beruht darauf, daß eine konzentrierte Milchpulverlösung, die man durch ein enges Rohr fließen läßt, plötzlich zu fließen aufhört, wenn die Milch gerinnt. Es wird die Chymotrypsinlösung zu einer Lösung von Milchpulver in Acetatpuffer von p_H 5,0 gegeben und in einer graduierten Pipette ermittelt, wie lange die Milch ausfließen kann, ehe sie durch Koagulation stockt. Der reziproke Wert der erforderlichen Zeit (in Minuten) ist ein Maß für die Labwirkung, die 1 cm³ der Enzymlösung auf 10 cm³ einer 20%igen Milchpulverlösung ausübt.

Darstellung.

Die Darstellung des kristallisierten Chymotrypsins und Chymotrypsinogens ist auf S. 249 im Zusammenhang mit der Bereitung des kristallisierten Trypsinogens beschrieben worden.

Aktivierung.

Das kristallisierte Chymotrypsinogen läßt sich durch geringe Mengen Trypsin, jedoch nicht durch Enterokinase und nicht durch Chymotrypsin aktivieren.[3] Die Aktivierung des Chymotrypsinogens durch Trypsin erfolgt in einer Reaktion erster Ordnung; die Reaktionsgeschwindigkeit ist proportional der Trypsinkonzentration und unabhängig von der Chymotrypsinkonzentration. Sie hat ein Geschwindigkeitsmaximum bei p_H 7,0÷8,0 und ist mit einem Zuwachs von sechs primären Aminogruppen verbunden. Da keine Spaltprodukte gefunden wurden, nimmt man eine innere Umlagerung an. Der von M. Kunitz und J. H. Northrop gefundene kristallisierte Hemmungskörper des Trypsins hemmt auch Chymotrypsin, aber 4mal schwächer als Trypsin.[4]

Eigenschaften.

Das kristallisierte Chymotrypsin unterscheidet sich vom kristallisierten Chymotrypsinogen durch seine Kristallform, seine optische Aktivität und durch die Anzahl der freien Aminogruppen. Ferner ist das Chymotrypsin leichter löslich und leichter zersetzlich als das Chymotrypsinogen, während das Molekulargewicht (osmometrisch gemessen zirka 40000) unverändert ist.[3]

Das Stabilitätsoptimum des Chymotrypsins liegt bei 39° und p_H 3,0—3,5. Sein isoelektrischer Punkt ist p_H = 5,0. Denaturierung durch Hitze oder Säure und Pepsinverdauung zerstören in gleichem Maß das Protein und die Aktivität. Chymotrypsin ist gegen Säure viel empfindlicher als Trypsin. Läßt man eine saure Lösung beider Enzyme 24 Stunden bei 37° stehen, wird das Chymotrypsin völlig zerstört.[3] Bei schwacher Hydrolyse geht das Chymotrypsin irreversibel in neue Proteine über, von denen β- und γ-Chymotrypsin noch enzymatisch wirksam sind und kristallisiert erhalten werden konnten.[5] β- und

---

[1] E. Waldschmidt-Leitz, Sh. Akabori: Hoppe-Seyler's Z. physiol. Chem. 228 (1934), 224.

[2] J. gen. Physiol. 18 (1935), 459.

[3] M. Kunitz, J. H. Northrop: J. gen. Physiol. 18 (1935), 433.

[4] A. Schmitz: Hoppe-Seyler's Z. physiol. Chem. 255 (1938), 234.

[5] M. Kunitz: J. gen. Physiol. 22 (1938), 207.

γ-Chymotrypsin unterscheiden sich von α-Chymotrypsin nur in der Kristallform und Zusammensetzung, nicht aber in der enzymatischen Aktivität.
Das Wirkungsoptimum gegen Casein liegt zwischen p_H 8 und 9.[1]

Pepsinasen.

Spezifität.

In diese Gruppe gehört ein einziges Enzym, das Pepsin des Wirbeltiermagens.
Es spaltet natives Eiweiß bei stark saurer Reaktion sehr weitgehend und wahrscheinlich an anderen Stellen als die Papainasen und Trypsinasen. Protamine
werden von Pepsin nicht gespalten. Synthetische Substrate sind erst in neuester
Zeit gefunden worden.[2] Das erste Beispiel war Cbzo—Glu—Ty, das wie die
später gefundenen synthetischen Substrate (siehe Tabelle 33) bei p_H 4 wesentlich
rascher gespalten wird als bei p_H 2, dem Optimum der peptischen Eiweißspaltung.
Sämtliche spaltbaren Substrate enthalten entweder Tyrosin oder Phenylalanin,
und mindestens eine freie Carboxylgruppe. Enthält das Substrat eine weitere
Carboxylgruppe durch Anwesenheit von Amino-dicarbonsäuren, wie in Cbzo—
—Glu—Ty oder G—Glu—Ty, so wird die Spaltung rascher. Dieser Effekt verschwindet wieder, wenn man eine Carboxylgruppe amidiert. Cbzo—Glu—Ty—NH$_2$
wird langsamer gespalten als Cbzo—Glu—Ty. Ist auch noch die zweite Carboxylgruppe der Dicarbonsäuren amidiert, z. B. in Cbzo—Glu—Ty—NH$_2$, so findet

$$\text{NH}_2$$

keine Spaltung statt. Befindet sich die freie Carboxylgruppe nicht am Tyrosin
selbst, sondern ist weiter von ihm entfernt, wie in Cbzo—Glu—Ty—G, so wird
die Spaltung verlangsamt. Als Kettenbausteine sind l-Aminosäuren erforderlich.
Cbzo—lGlu—dPa wurde nicht gespalten. Ist das Tyrosin mit Jod substituiert,
wie in Cbzo—Glu—DijodTy, so tritt keine Spaltung ein. Im Einklang mit der
Förderung der Spaltung durch saure Gruppen steht der Befund von A. Kiesel
und T. Jewreinovce,[3] daß acetyliertes Gliadin von Pepsin gespalten wird,
während die Spaltung durch Papain und Trypsin aufgehoben ist.

Die Spaltungsbedingungen, soweit sie erforscht sind, lassen sich darnach
folgendermaßen formulieren (Tabelle 33):

Tabelle **33**. *Synthetische Substrate für Pepsin.*

Nr.		Nr.	
	Schnelle Spaltung:		*Keine Spaltung:*
1	Cbzo—Glu⋮Ty	9	Cbzo—Glu—Glu
		10	Cbzo—Glu—DijodTy
2	Cbzo—Glu⋮Pa	11	Cbzo—Glu—G
		12	Cbzo—Glu—Ty—NH$_2$
3	G—Glu⋮Ty		NH$_2$
		13	Glu—Ty
	Langsame Spaltung:	14	Boyl—Ly—NH$_2$
4	Cbzo—G—Ty	15	Boyl—G—Ly—NH$_2$
5	Cbzo—Ty—Ty	16	Boyl—Hi—NH$_2$
6	Cbzo—Glu—Ty—NH$_2$	17	Boyl—G—Hi—NH$_2$
7	Cbzo—Glu—Ty—G	18	Boyl—Ar—NH$_2$
8	Cbzo—Pa—Glu	19	Cbzo—lGlu—dPa

[1] M. Kunitz, J. H. Northrop: J. gen. Physiol. **18** (1935), 433.
[2] J. S. Fruton, M. Bergmann: Science (New York) **87** (1938), 557; J. biol.
Chemistry **127** (1939), 627.
[3] Biochimia **4** (1939), 492.

1. Eine freie Aminogruppe ist nicht erforderlich (Tabelle 33, Nr. 1, 2, 4, 5, 6, 7, 8), aber auch nicht störend (Tabelle 33, Nr. 3).

2. Hingegen ist eine freie Carboxylgruppe erforderlich (Tabelle 33, Nr. 4, 6, 12). Sie muß aber nicht in der Peptidkette liegen, sondern kann auch die seitenständige Carboxylgruppe einer Amino-dicarbonsäure sein (Tabelle 33, Nr. 6).

3. Zwei benachbarte Peptidbindungen sind erforderlich (Tabelle 33, Nr. 3, 13), von denen eine gespalten wird.

6. Die zu spaltende Peptidbindung muß aus natürlich vorkommenden Aminosäuren gebildet sein (Tabelle 33, Nr. 2, 19).

7. Tyrosin oder Phenylalanin sind als Bausteine notwendig. Fördernd sind Amino-dicarbonsäuren mit freien seitenständigen Carboxylgruppen (Tabelle 33, Nr. 1, 2, 3).

Vorkommen.

Das Pepsin findet sich in sämtlichen Wirbeltiermägen. Es fehlt[1] denjenigen Wirbeltieren, die wie die Fische der Gattung Cyprinoides keinen echten Magen besitzen. Im übrigen sind alle untersuchten Pepsine, z. B. die von Hunden, Fischen, Fröschen, völlig übereinstimmend. Im Schweinemagen findet es sich hauptsächlich im Fundus. Cardia und Pylorus enthalten wenig Pepsin. Im Duodenum findet sich noch etwas Pepsin in den BRAUERschen Zellen. Bei Rindern liefert nur der Abomasus Pepsin. Es nimmt gegen den Pylorus zu mehr und mehr ab.

Die Drüsen des Magens enthalten kein fertiges Pepsin, sondern die unwirksame Vorstufe, das Pepsinogen.[2, 3] Sowohl das Pepsin als auch das Pepsinogen konnten in kristallisiertem Zustand gewonnen werden. Die Umwandlung in aktives Pepsin[3] erfolgt unter der Einwirkung von Pepsin selbst (Autokatalyse), sobald p_H 4,6 unterschritten wird. Bei diesem Übergang wird aus dem Pepsinogen ein Teil abgespalten, der $15 \div 20\%$ des Stickstoffs enthält.

Das kristallisierte Pepsin und das kristallisierte Pepsinogen ähneln einander im Absorptionsspektrum, im Tryptophan- und Tyrosingehalt und in der Elementaranalyse. Unterschiede bestehen in der Kristallform, im Gehalt an Aminostickstoff, in der spezifischen optischen Drehung und im isoelektrischen Punkt.

Ein großer Teil des Pepsins ist in der Magenschleimhaut als Desmopepsin[4] verankert. Es kann der rasch getrockneten Drüse nicht durch wasserfreies Glycerin entzogen werden, sondern erst nach seiner Umwandlung in Lyopepsin durch autolytische Vorgänge. Soweit die Autolyse bei saurer Reaktion erfolgt, ist der Übergang von Pepsinogen in Pepsin notwendig damit verbunden.

Bestimmungsmethode und Einheiten.

Die Bestimmung des Pepsins leidet darunter, daß die Kinetik der Pepsinspaltung mit der Art des Substrats, mit seiner Konzentration und mit der Reinheit des Enzympräparats schwankt. Synthetische Substrate sind für die Bestimmung bisher noch nicht verwendet worden. Nur bei Anwendung reiner Pepsinpräparate, kleiner Pepsin- und kleiner Substratkonzentrationen ist die Spaltung der Pepsinkonzentration proportional. Vergleichbare Resultate können nach J. H. NORTHROP[5] auch dann nur bei Benutzung der Anfangswerte der

---

[1] H. BAERNSTEIN, H. G. BRADLEY: J. biol. Chemistry **67**, XIV (1926).

[2] R. EGE, J. OBEL: Biochem. Z. **280** (1935), 265.

[3] R. M. HERRIOTT, J. M. NORTHROP: Science (New York) **83** (1936), 469. — R. M. HERRIOTT: J. gen. Physiol. **21** (1938), 501.

[4] R. WILLSTÄTTER, M. ROHDEWALD: Hoppe-Seyler's Z. physiol. Chem. **208** (1932), 258.

[5] J. gen. Physiol. **16** (1932), 41.

Spaltung gewonnen werden. NORTHROP bestimmt daher die in einer Minute erfolgende Spaltung und definiert als Wirkung einer *Pepsineinheit* (P. U.)[Prot. F] den Zuwachs von 1 Milliäquivalent COOH pro Minute aus 6 cm³ 5%iger Caseinlösung bei p_H 2,5 und 35,5°. Den Zuwachs bestimmt er durch Formoltitration.

Da die Caseinspaltung nicht geradlinig genug verläuft, ist es besser, die von NORTHROP aufgestellten Eichkurven zu verwenden. Genauere Ergebnisse liefert die Methode der Hämoglobinspaltung nach M. L. ANSON und A. E. MIRSKY,[1] die für alle Proteinasen gleichmäßig anwendbar ist und in ihrem Prinzip bei der Bestimmung der Papainasen (siehe S. 239) schon geschildert wurde.

Darstellung und Reinigung.

Für die Darstellung von Pepsin ist die Gewinnung aus Magensaft zu wenig ergiebig. Auch die frischen Auszüge aus Magenschleimhaut enthalten, wie schon der Entdecker des Pepsins, TH. SCHWANN,[2] feststellte, verhältnismäßig wenig Pepsin. Es ist notwendig, das Desmopepsin durch längere Selbstverdauung in Lyopepsin überzuführen, was am besten nach dem Verfahren von C. A. PEKELHARING[3] geschieht.

Dazu digeriert man die zerkleinerte Schleimhaut des Fundus von zehn Schweinen 5 Tage lang bei 37° mit 6 l 0,5%iger Salzsäure. Der filtrierte Extrakt wird 24 Stunden gegen fließendes Leitungswasser dialysiert. Der entstandene, pepsinreiche Niederschlag wird abzentrifugiert, in 0,2%iger Salzsäure gelöst und noch mindestens einmal der Dialyse und Lösung in Salzsäure unterworfen. Der letzte Niederschlag wird mit Wasser gewaschen, zwischen Filtrierpapier abgepreßt und im Exsikkator getrocknet.

Aus der bei der ersten Dialyse hinterbleibenden Lösung kann man durch Bleiacetatfällung weitere Pepsinmengen gewinnen, im ganzen 150÷200 mg Trockenpräparat aus zehn Schweinemägen.

O. HAMMARSTEN[4] fällt das Pepsin aus den sauren Auszügen der Magenschleimhaut nicht durch Dialyse, sondern durch Halbsättigung mit Kochsalz. Hierauf wird in 0,2%iger Salzsäure gelöst, die Fällung durch Halbsättigung mit Kochsalz wiederholt und dann durch Dialyse von Kochsalz befreit.

Zur Darstellung von kristallisiertem Pepsin geht J. H. NORTHROP[5] von einem schon sehr wirksamen Handelspräparat, dem Pepsin U. S. P. 1:10000 der Firma PARKE & DAVIS aus.

500 g dieses Pepsins werden in 500 cm³ Wasser gelöst und mit 500 cm³ n Schwefelsäure versetzt. Unter Umrühren gibt man 1000 cm³ gesättigte Magnesiumsulfatlösung hinzu. Der entstandene Niederschlag wird abgesaugt, zweimal mit zwei Drittel gesättigter Magnesiumsulfatlösung gewaschen. Die Aktivität, gemessen in Einheiten der NORTHROPschen Methode der Caseinspaltung, beträgt beim Ausgangsmaterial 2,5 E. pro Gramm Trockengewicht, in den gewaschenen Niederschlägen dagegen 7,5 E. Zur weiteren Reinigung wird der Niederschlag mit Wasser zu einer dicken Paste verrührt und mit soviel ⁿ/₂ Natronlauge versetzt, daß er sich eben vollständig löst (p_H > 5,0). Man fällt durch vorsichtigen Zusatz von ⁿ/₂ Schwefelsäure einen schweren Niederschlag (p_H ungefähr 3), läßt einige Stunden in der Kälte stehen und filtriert durch die Nutsche. Die Aktivität pro Gramm Trockengewicht ist nun auf 10 E. gestiegen. Man verrührt bei 45° mit Wasser zu einer dicken Paste, löst wieder vorsichtig in ⁿ/₂ Natronlauge und läßt die Lösung in einem Bad von ursprünglich 45°

---

[1] J. gen. Physiol. 16 (1932), 59; 22 (1939), 79.

[2] TH. SCHWANN: Müller's Arch. 1836, 90. — J. MÜLLER, TH. SCHWANN: Ebenda 1836, 66.

[3] Hoppe-Seyler's Z. physiol. Chem. 22 (1897), 233; 85 (1902), 8.

[4] Hoppe-Seyler's Z. physiol. Chem. 108 (1919), 243, 264; 121 (1922), 240, 261.

[5] J. gen. Physiol. 13 (1930), 739, 767.

langsam erkalten. Nach 3—4 Stunden bildet sich bei 30—35° ein schwerer kristallinischer Niederschlag, den man nach weiterem Stehen bei 20° am anderen Morgen absaugt. Man wäscht ihn erst mit wenig Wasser, dann mit halbgesättigter Magnesiumsulfatlösung und bewahrt ihn bei 5° C unter gesättigter Magnesiumsulfatlösung auf. Seine Aktivität beträgt 14 E. pro Gramm Trockengewicht.

Zur weiteren Reinigung kann man den Niederschlag, wie oben beschrieben, in $n/_2$ Natronlauge lösen und durch Zusatz von $n/_2$ Schwefelsäure und Animpfen mit Pepsinkristallen bei 45° wieder auskristallisieren.

Eigenschaften.

Das kristallisierte Pepsin hat die allgemeinen Eigenschaften eines Eiweißkörpers. Es zeigt sämtliche typischen Proteinreaktionen, wie Biuret-, MILLON- und Xanthoproteinreaktion. Die Elementaranalyse ergibt etwas über 15% Stickstoff. Es enthält wenig basische Aminosäuren, wohl aber 10% Tyrosin und 2% Tryptophan.[1] Der isoelektrische Punkt ist p_H 2,7. Die optische Aktivität bei p_H 4—5 ist $\alpha_D = -70°$. Das Molekulargewicht ist rund 36000. Das kristallisierte Pepsin gibt das Röntgendiagramm eines Sphäroproteins.[2]

Die Aktivität wiederholter Darstellungen war bemerkenswert konstant. Auf die Frage der Einheitlichkeit wird im Abschnitt über die Natur der kristallisierten Enzyme (S. 268) näher eingegangen.

Acetyliert man mit Keten,[3] so kann man drei Stufen der Acetylierung unterscheiden. Zuerst werden pro Mol vier Acetyle aufgenommen, die primäre Aminogruppen besetzen, ohne daß die Aktivität dadurch beeinträchtigt wird. Weitere drei Acetyle besetzen phenolische OH-Gruppen und verringern die Aktivität auf 60%. Nach ihrer Abspaltung durch Säure oder Alkali ist das Pepsin wieder voll aktiv. Wird noch weiter mit Keten behandelt, so sinkt unter Aufnahme von 20÷30 Acetylgruppen die Aktivität auf 10%.

Methylierung und Diazotierung betreffen ausschließlich die primären Aminogruppen und schwächen daher die Aktivität nicht.

Das p_H-Optimum der Stabilität des Pepsins ist 3,0÷4,5.[4] Seine Zerstörung auf beiden Seiten dieses Bereiches verläuft nach erster Ordnung. Die Aktivierungsenergie bei p_H 3 und 5,5 ist 70000 cal.

Die Grenzen der Hitzebeständigkeit sind nicht näher untersucht; NORTHROP fand die Inaktivierung bei 65° langsamer fallend, als der Reaktion erster Ordnung entspricht.[5]

Ultraviolett- und Radiumstrahlen zerstören.[6]

p_H-Optimum der Wirksamkeit.

Das Optimum liegt für natives Eiweiß in der Nähe von p_H 1,8.[7] Es schwankt etwas mit der Tierart, bei Fischen 2,2, bei Fröschen 1,4—1,7.[8] Bemerkenswert ist das alkalischere Optimum der Spaltung von synthetischen Substraten (p_H 4,0), das im Abschnitt Spezifität erwähnt wurde.[9]

[1] P. A. LEVENE, J. H. HELBORGER: Science (New York) 73 (1931), 494.
[2] W. T. ASTBURY, R. LOMAX: J. chem. Soc. (London) 1935, 846. — J. FANKUCHEN: J. Amer. chem. Soc. 56 (1934), 2398.
[3] R. M. HERRIOTT: J. gen. Physiol. 19 (1937), 283.
[4] W. J. LOUGHLIN: Biochemic. J. 27 (1933), 1779.
[5] J. H. NORTHROP: Current Sci. 4 (1935), 370.
[6] J. H. NORTHROP: J. gen. Physiol. 17 (1934), 359.
[7] S. P. L. SÖRENSEN, JÜRGENSEN: Biochem. Z. 21 (1909), 131; 22 (1909), 352. — L. MICHAELIS, H. DAVIDSOHN: Ebenda 28 (1910), 1. — J. H. NORTHROP: J. gen. Physiol. 1 (1919), 607; 3 (1920), 211; 5 (1922), 263.
[8] H. J. VONK: Hoppe-Seyler's Z. physiol. Chem. 5 (1927), 445.
[9] J. S. FRUTON, M. BERGMANN: Science (New York) 87 (1938), 557.

Aktivierung und Hemmung.

Die bei saurer Reaktion autokatalytisch beschleunigte Umwandlung des Pepsinogens in Pepsin ist bereits im Abschnitt „Vorkommen" auf S. 259 beschrieben. Über die Wirkung anorganischer Stoffe ist wenig bekannt; Schwermetalle hemmen im allgemeinen,[1] Jod zerstört die Aktivität,[2] Chloralhydrat[3] und Cholesterin[4] hemmen. Manche Hormone, wie Adrenalin, Insulin, Pituitrin, fördern die Pepsinwirkung.[5] Harnstoff, Biuret und substituierte Harnstoffe aktivieren beträchtlich.[6]

Es ist häufig angenommen worden, daß das Pepsin in den Fundusdrüsen von einem natürlichen Hemmungskörper begleitet sei, der das lebende Gewebe vor der Pepsinverdauung schützt. Ob es ein derartiges Antipepsin gibt, ist noch nicht entschieden. Häufig mag das unwirksame Pepsinogen als gehemmtes Pepsin betrachtet worden sein.

Der Mechanismus der Pepsinwirkung.

Als erste Stufe der Enzymwirkung sieht man nach Michaelis und Menten die Bildung einer Enzymsubstratverbindung an. Es gelang J. Loiseleur,[7] diesen Vorgang durch Bestimmung des elektrokinetischen Potentials direkt meßbar zu machen.

Die elektrische Ladung eines gelösten Eiweißstoffes ist von den Dissoziationsverhältnissen seiner ionogenen Gruppen abhängig, und zwar im sauren Bereich von denen der Aminogruppen, im alkalischen von denen der Carboxylgruppen. Im Verlauf der Hydrolyse muß sich daher die elektrische Ladung vermehren, da sich Carboxyl- und Aminogruppen neu bilden. Loiseleur verwendete als Substrate 5%ige Lösungen von Edestin, Ovalbumin, Gelatine Merck, isoelektrischer Gelatine und Seidenfibroin mit Zusatz von $^n/_{10}$ Salzsäure. Er fand, daß beim Vermischen von Enzym und Substrat sofort ein starker Abfall des ζ-Potentials eintritt, der der zugesetzten Enzymmenge proportional ist. Er rührt von der Anlagerung des Enzyms an die Ladungsgruppen des Substrats her. In den nächsten Stunden folgt ein beträchtlicher Anstieg des ζ-Potentials, der mit der Hydrolysengeschwindigkeit parallel geht. Der Grad der Hydrolyse ist abhängig von der Größe des Anfangssturzes. Eine einzige Anfangsmessung gestattet, den gesamten Verlauf der Hydrolyse vorauszusagen.

Die Messung des ζ-Potentials bei der Trypsinspaltung führte zu denselben Ergebnissen.[8]

Milchgerinnung.

Die Frage, ob die Milchgerinnung allgemein durch Proteinasen hervorgerufen wird, oder ob es besondere Labenzyme gibt, ist früher viel diskutiert worden.

Nach H. Holter[9] besteht die Milchgerinnung aus zwei vollständig voneinander getrennten Vorgängen, von denen zwar der erste den zweiten auslöst, aber innerlich kaum mit ihm verknüpft ist. Der erste Schritt, der Angriff der Enzyme,

---

[1] H. Hümme: Diss., Münster, 1935; Ber. ges. Physiol. exp. Pharmakol. 98 (1936), 87.

[2] R. M. Herriott: J. gen. Physiol. 20 (1937), 335.

[3] A. Heiduschka, J. Förster: Arch. Pharmaz. Ber. dtsch. pharmaz. Ges. 270 (1932), 419.

[4] I. Remesow, D. Matrossowitsch: Z. ges. exp. Med. 87 (1933), 623.

[5] F. Permjakov: Gel. Mem. Kasan. Staatsuniv. H. 3/4 (1929), 441; Ber. ges. Physiol. exp. Pharmakol. 59 (1931), 630.

[6] S. Banerjee, H. K. Sen: J. Indian chem. Soc. 12 (1935), 740.

[7] J. Loiseleur: C. R. hebd. Séances Acad. Sci. 205 (1937), 1103; Annales Fermentat. 3 (1937), 575; 4 (1938), 220.

[8] J. Loiseleur: C. R. hebd. Séances Acad. Sci. 208 (1939), 1355.

[9] Biochem. Z. 255 (1932), 160.

erfolgt auf ein labiles System verschiedener Caseinogene; eines wirkt dabei als Schutzkolloid für die anderen. Wird durch den Angriff des „labenden" Enzyms das Schutzkolloid abgebaut, so erfolgt der Einsturz des labilen Systems. Das in Paracasein umgewandelte Caseinogen flockt dann in der zweiten Phase bei Anwesenheit von Calciumsalzen aus; es handelt sich dabei nicht um einen enzymatischen, sondern um einen kolloidchemischen Vorgang.

Der Angriff auf das Schutzkolloid ist nicht auf ein einziges Enzym beschränkt, sondern kann von einer ganzen Reihe von Proteinasen geleistet werden, so von Chymotrypsin, von Pepsin, von allen Papainasen, von Kathepsin und von vielen Bakterienproteasen. Man kann die Stärke einer Proteinase ebensogut an der Labwirkung bestimmen wie an jeder anderen Methode; so J. H. NORTHROP bei seinem kristallisierten Pepsin, A. K. BALLS und H. LINEWAEVER bei dem kristallisierten Papain,[1] E. WALDSCHMIDT-LEITZ und SH. AKABORI beim Chymotrypsin.[2]

Darüber hinaus gibt es ein spezielles labendes Enzym im Magen von Kälbern und jungen Ziegen, die *Chymase*, das sich von den anderen Proteinasen durch eine größere Alkali- und eine geringere Hitzeresistenz unterscheidet.[3] H. TAUBER und J. S. KLEINER gelangten mit den Methoden der Pepsinreinigung nach NORTHROP zwar nicht zu kristallisierten, aber zu sehr wirksamen Chymasepräparaten.[4]

Sie extrahierten die sorgfältig isolierte und gereinigte Mucosa von Kalbsmägen kurze Zeit mit 0,04 n HCl, dann wurde bei p_H 5,4 dialysiert. Den Niederschlag, den sie bei der nun folgenden Alkoholfällung erhielten, lösten sie wieder in Wasser und fällten zum zweitenmal mit Alkohol. Hierauf wurde rasch getrocknet.

Die so erhaltene Chymase ist frei von Pepsin und 2000mal stärker als der erste Extrakt, 100mal so stark wie gute käufliche Präparate (1:30000). Das p_H-Optimum der Chymase beträgt 5,4÷6,0, während das p_H-Optimum für den gesamten Vorgang 6,5 ist.

Über die Art der Wirkung wissen wir fast nichts, außer daß das Caseinogen in Casein umgewandelt wird. Es ist nicht einmal sicher, ob es sich um eine Protease handelt, vielleicht wirkt die Chymase als Phosphatase auf die zwischen den Eiweißketten brückenbildende Serin-Phosphorsäure ein. Mit feinster Methodik findet H. HOLTER, daß ein bis zwei CO—NH-Bindungen im Caseinogenmolekül gelöst werden. Ob diese winzige Wirkung nicht auf begleitende Proteinasen zurückzuführen ist, kann man nicht feststellen. Manche Autoren nehmen an, daß die Chymase mit dem von WILLSTÄTTER im Magen gefundenen Kathepsin identisch sein könne. Dafür sprechen außer dem p_H-Optimum die eigenartigen Befunde von T. CHRZASZCZ und J. JANICKI[5] bei der Untersuchung der Wirkung dieses Enzyms auf ungekeimte Getreidesamen. Chymase legt nämlich die Amylase ebenso frei wie Papain, während Pepsin wirkungslos ist.

Bakterienproteasen.

Während sich das Proteasensystem der Schimmelpilze dem der Pflanzen, insbesondere dem der Hefen anschließt,[6] finden wir bei den Bakterien Peptidasen und besonders Proteinasen, die sich weitgehend von denen der Tiere und Pflanzen

---

[1] J. biol. Chemistry **180** (1939), 669.

[2] Hoppe-Seyler's Z. physiol. Chem. **228** (1934), 224.

[3] L. MICHAELIS, M. ROTHSTEIN: Biochem. Z. **105** (1920), 60. — O. HAMMARSTEN: Hoppe-Seyler's Z. physiol. Chem. **121** (1922), 261; **130** (1923), 55.

[4] J. biol. Chemistry **96** (1932), 745; **104** (1934), 259.

[5] Biochem. Z. **278** (1935), 112; **281** (1935), 408.

[6] M. J. JOHNSON: Hoppe-Seyler's Z. physiol. Chem. **224** (1934), 163. — M. J. JOHNSON, W. H. PETERSON: J. biol. Chemistry **112** (1935), 25.

unterscheiden. Wenn ältere Arbeiten von einem „Pepsin" oder „Trypsin" der Bakterien reden, sind die Befunde mit der Ungenauigkeit der Bestimmungsmethode und der Klassifikation zu erklären. Mit neuzeitlicher Methodik wurde niemals eine Pepsinase oder Trypsinase in Bakterien gefunden. Von bekannten Proteinasen kommt nur das Papain vor. Die Hauptmenge der Bakterienproteinasen bilden aber Enzyme, die außerhalb der Bakterienwelt nicht auftreten.

Lebhafte Kontroverse gab es über die Frage, ob die Bakterienproteinasen Exoenzyme oder Lyoenzyme sind.[1] Ersteres wäre der Fall, wenn die Proteinasen von den Bakterien in das Nährmedium sezerniert werden, letzteres, wenn sie während des Lebens innerhalb der Zellen verbleiben, aber beim Zerfall der Zellwände sofort in Lösung gehen. Bei der Fülle der Befunde, die besagen, daß sich die Proteinasen nach wenigen Stunden in größter Menge in den Kulturfiltraten finden, während Peptidasen kaum nachgewiesen wurden, erhält man doch den Eindruck, daß es sich zum Teil um Exoproteinasen handelt. Nur die Papainasen scheinen — wie auch bei den Tieren und Pflanzen — für ein Wirken innerhalb der Zelle bestimmt zu sein.

Noch weniger als die Bakterienproteinasen ist das System der Bakterienpeptidasen umfassend untersucht. Sicher ist, daß sie Desmocharakter haben.[2] Es finden sich zahlreiche Einzelangaben, von denen eine Anzahl hier wiedergegeben sei:

Wichtig ist der Befund von J. Berger, M. J. Johnson und W. H. Peterson,[3] daß die Peptidasen von *Leuconostox mesenterioides* beide optische Antipoden von L—G, L—G—G, A—G, A—G—G zu spalten vermögen. Die Strenge der optischen Selektivität gilt also erst für die Proteasen der höheren Organismen. Die hier gefundenen Peptidasen werden — wie die Leucylpeptidase der Darmschleimhaut — von Mg$^{\cdot\cdot}$ aktiviert.[4]

Die Aktivierung durch Cystein + Fe$^{\cdot\cdot}$ wurde zuerst den Proteinasen der Bakterien *Clostridium histolyticum, Cl. sporogenes, Cl. Welchii, Cl. putrificum, Cl. botulinum* zugeschrieben.[5] Die eingehenden Untersuchungen E. Maschmanns[6] zeigen aber, daß es die — in eine L—G—G-spaltende und eine A—G-spaltende trennbaren — Aminopeptidasen sind, die für ihre Wirksamkeit Cystein + Fe$^{\cdot\cdot}$ benötigen. Die Beimengung dieser Peptidasen zu der Proteinase scheint das Bild der letzteren verfälscht zu haben.

Ein ganz ähnlicher Fall lag bei den sogenannten Acidoproteolyten vor. Diese Bakterien (Mammococcus, Gastrococcus, Caseicoccus, Enterococcus) enthalten ein Enzymsystem, das Milch und Casein bei saurer Reaktion (p_H 4÷5) angreift.[7] Es zeigte sich jedoch, daß die peptidasefreie Proteinase ihr Optimum bei p_H = 7 hat. Sie wird von einer Dipeptidase begleitet, deren p_H-Optimum bei 4,8 liegt. Diese Dipeptidase hat im Gegensatz zu der so empfindlichen pflanzlichen und tierischen Dipeptidase eine bemerkenswerte Resistenz gegen Wärme. Sie wird bei 100° erst nach 20 Minuten ganz zerstört.

---

[1] *Exoenzyme*: A. I. Virtanen, J. Tarnanen: Naturwiss. 18 (1931), 397; Hoppe-Seyler's Z. physiol. Chem. 204 (1932), 247. — A. I. Virtanen, O. Suolanti: Enzymologia (Den Haag) 2 (1937), 89. — *Lyoenzyme*: G. Gorbach: Arch. Mikrobiol. 1 (1930), 537. — G. Gorbach, E. Pirch: Enzymologia (Den Haag) 2 (1937), 92.

[2] W. Kocholati, L. Smith, L. Weil: Biochemic. J. 32 (1938), 1685, 1691. — E. Maschmann: Biochem. Z. 295 (1938), 351.

[3] J. biol. Chemistry 124 (1938), 395.

[4] J. Berger, M. J. Johnson: J. biol. Chemistry 133 (1940), 157.

[5] W. Kocholati, L. Smith, L. Weil: Biochemic. J. 32 (1938), 1691. — L. Weil, W. Kocholati, L. Smith: Ebenda 33 (1938), 1339.

[6] Naturwiss. 27 (1939), 819.

[7] C. Gorini, W. Grassmann, H. Schleich: Hoppe-Seyler's Z. physiol. Chem. 205 (1932), 133.

Tabelle 34. *Bakterien-Proteasen.*

Name	Vorkommen	Wirkungs-bedin-gungen	p_H	Aktivierung	Wirkungsbereich	Zusätze bzw. Co-Ferment	Seren (genuine Serenalbumine)
1. *Pyocyaneus-proteinase* (MASCHMANN) *Acido-proteinase* (GORINI)	In Kulturen von: *B. pyocyaneus* *B. prodigiosus* *B. fluorescens liquefaciens* *B. anthracis* (Milzbranderreger) *B. mesentericus* *B. proteus* *Enterococcus* *Mammococcus* *Gastrococcus* *Caseicoccus*	Aerob	7 breites Optimum 5,5—8,4	Durch SH-Verbindungen und HCN keine Aktivierung	Umfassend: Gelatine Casein Ovalbumin Pepton Clupein	Kein charakteristisches Verhalten gegen Zusätze. Nicht hemmbar durch Citronensäure	Hemmen gegen Casein und Gelatine. Nicht gegen Pepton
2. *Kollagenase*	In Kulturfiltraten von Gasbrand-erregern: WELCH-FRAENKELscher Gasbranderreger *Vibrio septicus* *B. histolyticus* *B. Chauvoei*	Aerob	7	Keine	Nur Gelatine	Kein charakteristisches Verhalten gegen Zusätze	Hemmen nicht
3. *Anaerobiase* (Papainase)	In Kulturen von Anaerobiern: WELCH-FRAENKELscher Gasbrandbazillus *B. perfringens* *Vibrio septicus* *B. histolyticus* *B. botulinus*	Anaerob, bestimmtes Redox-potential	7	SH-Verbindungen; gegen manche Substrate HCN	Ungereinigt umfassend: Casein Gelatine Clupein Pepton Gereinigt: Pepton und Clupein nur nach Zusatz eines Co-Ferments	Kochbeständiges Co-Ferment: Pyridin-nucleoside	Hemmen
4. *Sporogenes-proteinase*	In Kulturen von Anaerobiern: *B. sporogenes*	Aerob	7	Gehemmt durch $n/100$ HCN, Cystein	Umfassend: Casein Ovalbumin Pepton Gelatine *nicht* Clupein	Hemmbar durch Citronensäure	Hemmen

Den umfassenden Arbeiten E. MASCHMANNs gelang es, aus den Kulturen verschiedener Stämme aerober und anaerober Bakterien die Proteinasen, die sich durch ihre Wirkungsbedingungen oder ihren Wirkungsbereich unterscheiden, abzutrennen und von anderen Proteasen zu befreien. Wir sind daher in der Lage, ein geschlossenes Bild von diesen Enzymen zu geben (Tabelle 34).

1. Die Pyocyaneusproteinase[1] ist unter anaeroben Bedingungen ohne Hilfsstoff voll aktiv. Ihr Wirkungsbereich ist umfassend (Ovalbumin, Pepton, auch Clupein). Sie zeigt kein besonders charakteristisches Verhalten gegen anorganische oder organische Zusatzstoffe. Von einem hohen Prozentsatz der normalen Seren wird sie mehr oder minder gehemmt. In den besten Präparaten lag sie fast 1000mal reiner vor als im Kulturfiltrat.

Für die von C. GORINI[2] gefundenen Bakterien der sauren Labgerinnung (Acidoproteolyten) ist charakteristisch, daß sie die Entstehung erheblicher Säuremengen im Kulturmedium bewirken und ihre proteolytische Wirksamkeit bei p_H 4÷5 entfalten. Zentrifugiert man die Bakterienmasse und das ungelöste Casein ab, erhält man eine Proteinaselösung, die gegen Gelatine bei $p_H = 7$ optimal wirksam ist und sich nicht von der Pyocyaneusproteinase unterscheidet. Die begleitenden Peptidasen finden sich ausschließlich in den Bakterienleibern, während die Proteinasen in das Kulturmedium sezerniert werden. Blausäure aktiviert nicht, sondern hemmt gelegentlich fast vollkommen, so bei den von C. GORINI, W. GRASSMANN und H. SCHLEICH[3] untersuchten Enterokokken. Das Enzym ähnelt in seinen Eigenschaften dem Chymotrypsin. Die Frage der Identität sollte mit synthetischen Substraten geprüft werden.

2. Die Kollagenase[4] aus Kulturfiltraten verschiedener Gasbranderreger ist ebenfalls ohne Hilfsstoff bei $p_H = 7$ optimal wirksam. Ihr Wirkungsbereich ist auf Gelatine beschränkt. Die Kollagenase ist ziemlich stabil und konnte 2000mal reiner als das Ausgangsmaterial erhalten werden.

3. Die Anaerobiase,[5, 6] die bei einem bestimmten Redoxpotential und dem p_H-Optimum von 7 wirkt, läßt sich durch α- und β-SH-Verbindungen maximal aktivieren. Gegen manche Substrate ist sie auch durch Blausäure aktivierbar, niemals jedoch durch Ascorbinsäure und Ascorbinsäure + Fe·· . Sie macht durchaus den Eindruck einer Papainase und scheint im Gegensatz zu den anderen Bakterienproteinasen ein Endoenzym zu sein. Gegen Clupein und Pepton ist die dialysierte Anaerobiase im Gegensatz zur ungereinigten unwirksam; erst nach Zugabe einer thermostabilen Substanz kann sie Clupein und Pepton spalten. Dieses Co-Ferment kann durch Pyridinnucleoside ersetzt werden. Es wirkt wasserstoffübertragend.[6]

4. Die Sporogenesproteinase[4] wurde bisher nur im anaerob wachsenden *B. sporogenes* gefunden. Sie konnte ungefähr auf das 350fache angereichert werden und ist überraschenderweise unter *aeroben* Bedingungen bei p_H 7 ohne Hilfsstoff voll aktiv. Sie ähnelt der Pyocyaneusproteinase, unterscheidet sich aber von dieser durch ihren Wirkungsbereich, ihr Verhalten gegen bestimmte Zusatzstoffe und ihre Labilität. Während das Spaltungsvermögen der Pyocyaneusproteinase gegen Gelatine 2÷3mal größer ist als gegen Casein, Ovalbumin

---

[1] E. MASCHMANN: Biochem. Z. **294** (1937), 1; **295** (1938), 351; **300** (1938), 89.
[2] C. GORINI: Rev. d'Igiene e sanita Publica 1892/93; Giorn. R. Soc. It. Ig. 1894; Atti R. Ist. Lomb. Sci. Lett., Rend. 1901, 1904, 1906, 1907, 1927; Atti R. Accad. naz. Lincei, Rend. 1902, 1915, 1925; Milchwirtsch. Forsch. 1928; Lait 1930.
[3] Hoppe-Seyler's Z. physiol. Chem. **205** (1931), 133.
[4] E. MASCHMANN: Biochem. Z. **300** (1938), 89.
[5] Naturwiss. **26** (1938), 139.
[6] E. MASCHMANN: Naturwiss. **27** (1939), 628.

und Pepton, ist die Sporogenesproteinase gegen Casein 8—16mal wirksamer als gegen Ovalbumin, Pepton und Gelatine. Clupein greift sie nicht an. Pyocyaneusproteinase ist durch Citronensäure nicht hemmbar und sehr stabil, auch in hochgereinigtem Zustand. Sporogenesproteinase dagegen wird von Citronensäure gehemmt und ist auch in ungereinigtem Zustand sehr labil. Sie wird durch Blausäure und Cystein, allerdings erst bei $^m/_{100}$, gehemmt.

Reversion der Proteasenwirkung.

Bei den anderen großen Gruppen von Enzymen sind so zahlreiche Beispiele enzymatischer Synthesen beobachtet worden, daß man die Wirkung der Enzyme allgemein in der Beschleunigung der Gleichgewichtseinstellung sieht, sei es bei der Spaltung des Substrates in seine Komponenten oder bei seiner Bildung aus diesen. Bei den Proteasen dagegen fehlte es bisher an jedem sicher erwiesenen Beispiel einer Synthese aus den natürlichen Komponenten der Substrate.

Als eine Reversion der Pepsinwirkung wird häufig die sogenannte Plasteinbildung betrachtet, die darin besteht, daß Pepsin in Peptonlösungen schwerlösliche Substanzen erzeugt.[1] Als Synthese schien die Plasteinbildung erwiesen, als dabei das Verschwinden von freien Aminogruppen, später sogar das gleichzeitige und äquivalente Verschwinden von freien Carboxylgruppen festgestellt wurde. Allerdings ist der Umfang dieser Synthese auffallend gering. V. HENRIQUES und J. K. GJALD-BAEK[2, 4] erhielten in elf Tagen aus einer 30%igen Lösung von pepsinverdautem Eieralbumin eine 4%ige Abnahme des freien Aminostickstoffs. D. P. CUTH-BERTSON[3] fand in einer pepsinverdauten 25%igen Caseinlösung nach 48 Stunden eine Abnahme von 2%. Das p_H-Optimum dieser Synthese soll 4,0 sein. Bisher ist jedoch nicht erwiesen, daß die Plasteinbildung wirklich mit der Abnahme des Aminostickstoffs zusammenhängt. Von einer Parallelität ist jedenfalls nicht die Rede. So ist der Umfang der Plasteinbildung aus 40%igem Ovalbumin nach H. WASTENEY und H. BORSOOK[4] fast 40%. Das Plastein soll dem denaturierten Eiweiß ähnlich sein, gibt Biuretreaktion, ist unlöslich bei $p_H = 2 \div 7$ und wird von Pepsin rasch verdaut. Andere Autoren geben an, daß die Plasteinbildung, die sie auch beim Trypsin beobachten, ohne eine Abnahme des Aminostickstoffs vor sich geht. A. W. BLAGOWESTSCHENSKI[5] findet sogar mehr Aminostickstoff als in den Ausgangsprodukten. Nach S. J. FALLEY[6] ist das Plastein überhaupt kein Protein, sondern ein Gemisch von Abbauprodukten mit einem Molekulargewicht von 1000, wie es auch dem Ausgangspepton zukam. Vielleicht handelt es sich um eine Denaturierung unter Bildung neuer Seitenkettenbindungen, wofür der von CUTHBERTSON beobachtete reichliche Cystingehalt des Plasteins besondere Möglichkeiten bietet.

Einen anderen Hinweis auf eine Reversion der Proteinspaltung in Geweben und Tumoren macht VOEGTLIN.[7] Nach ihm bewirkt Sauerstoff nicht nur eine Hemmung der Autolyse, sondern geradezu eine Synthese von Eiweiß, die der Dehydrierung der SH-Gruppen parallel geht. Werden die Lösungen dagegen mit Stickstoff statt mit Sauerstoff durchblasen, so findet nur Hydrolyse statt.

[1] W. W. SAWJALON: Pflügers Arch. ges. Physiol. Menschen Tiere **85** (1901), 171.
[2] Hoppe-Seyler's Z. physiol. Chem. **71** (1911), 485; **81** (1912), 439.
[3] D. P. CUTHBERTSON, S. L. TOMPSETT: Biochemic. J. **25** (1931), 2004.
[4] J. biol. Chemistry **62** (1924), 15, 633, 675; **68** (1925), 563, 575.
[5] A. W. BLAGOWESTSCHENSKI, G. W. JEREMEJEW: Biochem. Z. **270** (1934), 66.
[6] Biochemic. J. **26** (1932), 99.
[7] C. VOEGTLIN, M. E. MAYER, J. M. JOHNSON: J. Pharmac. **48** (1933), 241. — M. E. MAYER, J. M. JOHNSON, C. VOEGTLIN: U. S. Treas. Dept. Publ. Health Serv. Bull. Nr. 164 (1935).

TH. BERSIN[1] berichtet über ähnliche Wirkungen des Papains bei Gegenwart von Cu-Ascorbinsäure und SS-Papain. A. W. BLAGOWESTSCHENSKI und M. P. JØRGENSEN[2] bestätigen die Ergebnisse in Versuchen mit Weizenproteasen. H. H. STRAIN und K. LINDERSTRØM-LANG,[3] sowie K. LINDERSTRØM-LANG und G. JOHANSEN[4] konnten aber bei exakter Versuchskontrolle die Angaben VOEGTLINs nicht bestätigen, und zwar bei Casein, Fibrin und Eieralbumin. Das Belüften von Papainverdauungsprodukten mit höherem S-Gehalt (Keratin) in Gegenwart von Papain erzeugt zwar ein geringes Anwachsen der mit Trichloressigsäure fällbaren Verbindungen; dies beruht aber nicht auf der Bildung von CO—NH-Bindungen, sondern höchstwahrscheinlich auf der Bildung von SS-Brücken.

Die einzig sicheren Synthesen mit Hilfe von Proteinasen gelangen M. BERGMANN und Mitarbeitern;[5] allerdings nur unter Zuhilfenahme von Anilin als Komponente. Unter den gleichen Bedingungen, unter denen Hippurylamid (Boyl—G—NH$_2$) durch Papain vollständig in Hippursäure und Ammoniak gespalten wird, wird aus Hippursäure und Anilin Hippurylanilin aufgebaut. Die Reaktion wird durch Cystein, Glutathion und Blausäure gefördert, nicht aber durch Cystin. Versetzt man Hippurylamid mit Papain und Anilin, so findet ein Austausch von NH$_2$ gegen NH—C$_6$H$_5$ statt.

Für diesen Aufbau müssen dieselben Bedingungen erfüllt sein wie für die Spaltung durch Papainase. So gelingt die Synthese weder mit nichtacylierten Aminosäuren noch mit Benzoylsarkosin. In d-l-Gemischen werden nur die l-Aminosäuren mit Anilin verbunden; J. S. FRUTON, G. W. IRVING jr., M. BERGMANN[6] entwickelten aus dieser Beobachtung ein neues Verfahren zur Trennung von Aminosäurerazematen. Im Gegensatz zu der Bildung von Boyl—L—L—anilid aus Boyl—L und L—anilid entsteht aus Boyl—L und G—anilid nur Boyl—L—anilid unter Abspaltung von Glycin. Aus Acetyl—Pa—Glu entsteht mit Anilin nur das Monoanilid; die seitenständige Carboxylgruppe bleibt frei. Ebenso wie mit Papain gelang eine Synthese mit Chymotrypsin.[7] Aus Boyl—Ty und G—anilid entstand dabei Boyl—Ty—G—anilid, während Boyl—Ty—G—NH$_2$ durch Chymotrypsin vollständig gespalten wird.

Hieraus geht hervor, daß auch die Proteinasen zur Synthese befähigt sind. Nur liegen offenbar bei den natürlichen Substraten die Gleichgewichtsbedingungen so sehr auf der Seite der Spaltung, daß man im Versuch die Synthese nicht nachweisen kann. Mit den Peptidasen ist eine Synthese bisher noch nicht gelungen.

Die Natur der kristallisierten Proteasen.

Seitdem J. H. NORTHROP aus Magenschleimhautextrakten ein kristallisiertes Protein mit starker Pepsinwirkung erhalten hatte, ist die Diskussion, ob und wieweit dies eine Darstellung von kristallisiertem Enzym sei, noch nicht zu Ende gekommen. Nach ähnlichen Verfahren sind inzwischen mehrere kristallisierte Proteasen: Trypsin, Chymotrypsin, Papain, Ficin und Carboxypeptidase gewonnen worden. Allen diesen Verfahren ist gemeinsam der verhältnismäßig einfache Weg des Aussalzens mit Ammonium-, Natrium- oder Magnesiumsulfat,

[1] TH. BERSIN, H. KÖSTER: Hoppe-Seyler's Z. physiol. Chem. 233 (1935) 59.
[2] Bull. Biol. Méd. exp. USSR 3 (1937), 232.
[3] C. R. Trav. Lab. Carlsberg, Sér. chim. 23 (1938), 11; Enzymologia (Den Haag) 7 (1931), 241.
[4] Enzymologia (Den Haag) 7 (1939), 239.
[5] M. BERGMANN, H. FRAENKEL-CONRAT: J. biol. Chemistry 124 (1938), 1. — M. BERGMANN, O. K. BEHRENS: Ebenda 124 (1938), 7.
[6] J. biol. Chemistry 133 (1940), 703.
[7] M. BERGMANN, J. S. FRUTON: J. biol. Chemistry 124 (1938), 321.

verbunden mit dem Einstellen bestimmter H-Ionenkonzentrationen. Gemeinsam ist außerdem die verhältnismäßig geringe Steigerung der Reinheit über das nach anderen Verfahren Erreichbare hinaus. Die kristallisierten Präparate übertreffen die anderen wohl gelegentlich um ein Mehrfaches, manchmal aber fast gar nicht an Wirksamkeit. Dies widersprach der Erwartung, daß man sich auch bei den reinsten Präparaten der WILLSTÄTTERschen Schule noch weit vom Ziel der Reinigung entfernt befinde. Daher entstand sofort die Vermutung, daß die enzymatisch wirksamen kristallisierten Proteine nicht die reinen Enzyme selbst, sondern Adsorbentien für die an sie adsorbierten und nur Spuren ihrer Menge betragenden Enzyme seien. Diese Vermutung konnte J. H. NORTHROP[1] durch seine eingehenden Untersuchungen des kristallisierten Pepsins und Trypsins widerlegen. Er fand bei Pepsin eine gute, bei Trypsin eine immerhin noch ausreichende Übereinstimmung von Menge und Wirksamkeit bei verschiedenen Darstellungen der kristallisierten Verbindungen, eine konstante Löslichkeit der Kristalle in Wasser und eine für so labile Verbindungen, wie es Enzyme sind, befriedigende Konstanz der Wirksamkeit beim Umkristallisieren bzw. Umfällen mit Ammoniumsulfat. Auch beim Durchtritt durch Membranen entsprachen sich die Diffusionskoeffizienten des Proteins und der enzymatischen Wirksamkeit vollständig. Wichtiger noch ist die völlige Parallelität des Verschwindens der Enzymwirkung mit der Denaturierung des Eiweißes bei der Behandlung mit Hitze, Säure und Alkalien oder β- und γ-Strahlen. Besonders eindrucksvoll ist das Wiederauftreten der Enzymwirkung bei der reversiblen Alkalidenaturierung des kristallisierten Pepsins und der Hitzeinaktivierung des kristallisierten Trypsins im Gebiet zwischen 20 und 100°. Die Parallelität von Inaktivierung und Denaturierung läßt sich nur erklären, wenn den wirksamen Enzymen selbst Eiweißnatur zukommt.

Zu dieser Auffassung NORTHROPs schien die von R. WILLSTÄTTER entwickelte Theorie der dualistischen Natur der Enzyme in Widerspruch zu stehen. R. WILLSTÄTTER sieht in den Enzymen Symplexe, bestehend aus einer die eigentliche Enzymwirkung verursachenden Atomgruppierung, die man als aktive oder prosthetische Gruppe, zweckmäßiger als Agon oder Co-Ferment bezeichnet, mit einem kolloiden Träger, besser Pheron oder Apoferment genannt. Die Unterschiede zwischen Lyo- und Desmopepsin führen R. WILLSTÄTTER und M. ROHDEWALD auf Unterschiede des Pherons hinsichtlich seiner Löslichkeit und Größe zurück und halten daher an ihrer von NORTHROP abweichenden Auffassung über die Natur des Pepsins fest. Da schon früher von E. BRÜCKE,[2] C. SUNDBERG[3] u. a. eiweißfreie oder eiweißarme Pepsinpräparate dargestellt waren, vermuten sie, „daß das eigentliche Pepsin oder aber Pepsin-Protein in einem Falle (bei NORTHROP) mit einem vielfachen Ballast von Fremdprotein (z. B. in fester Lösung) verdünnt wäre, ... im anderen Falle (bei BRÜCKE und SUNDBERG) mit einem vielfachen Ballast von andersartigen Fremdstoffen". Die Auffassung WILLSTÄTTERs meinten E. WALDSCHMIDT-LEITZ und E. KORÁNYI,[4] ferner H. DYCKERHOFF und G. TEWES[5] dadurch erwiesen zu haben, daß sie das gelöste Pepsin mit Edestin und anderen Pflanzenglobulinen versetzten und Kristalle der Pflanzenglobuline erhielten, die peptische Wirksamkeit besaßen und auch beim Umkristallisieren behielten. Sie glaubten, daß es sich hier um

---

[1] Siehe die zusammenfassende Abhandlung von M. KUNITZ: Enzymologia (Den Haag) 7 (1939), 1.

[2] E. v. BRÜCKE: Vorlesungen über Physiologie, 2. Aufl., Bd. 1, S. 299. 1875.

[3] Hoppe-Seyler's Z. physiol. Chem. 9 (1885), 319.

[4] Naturwiss. 21 (1933), 206.

[5] Hoppe-Seyler's Z. physiol. Chem. 215 (1933), 93.

einen Austausch des ursprünglichen Pepsinpherons gegen Pflanzenglobulin handle. Indessen fand J. H. Northrop[1] eine andere Erklärung dieser Beobachtungen. Bei der Autolyse derartiger Pepsin-Globulin-Verbindungen wird nämlich das Globulin durch die Pepsinwirkung abgebaut, ohne daß die Pepsinwirkung verschwindet. Man kann dann aus solchen Lösungen ebensoviel des ursprünglichen Pepsinproteins kristallisiert erhalten wie der noch vorhandenen peptischen Aktivität entspricht. Auch läßt sich das ursprüngliche Pepsin aus den Kristallen durch einfache Extraktion mit $^{n}/_{4}$ Schwefelsäure bei 0° zurückgewinnen. Die Globulinkristalle hatten also nicht nur das Pepsinagon, sondern das gesamte kristallisierte Pepsin aufgenommen und verdankten diesem ihre peptische Wirksamkeit. Es ist darnach kein Zweifel möglich, daß die Kristalle von Northrop wirklich kristallisiertes Pepsin selbst sind.

Die Frage allerdings, ob in den Kristallen das Protein allein das aktive Pepsin ist, oder ob die Kristalle ein Symplex von Proteinpheron und Pepsinagon sind, bleibt aber auch nach dieser Feststellung noch offen. Northrop selbst hält es für möglich, daß innerhalb des Moleküls noch neben dem Protein eine besondere aktive Gruppe in Analogie zum. Hämoglobin vorhanden sei; nur seien eben proteolytische Eigenschaften und Proteineigenschaften beide Attribute desselben Moleküls.

Die Willstättersche Anschauung von der dualistischen Natur der Enzyme ist inzwischen von O. Warburg und W. Christian[2] beim gelben Atmungsferment. von diesen[3] und von H. v. Euler und E. Adler[4] bei den Dehydrasen I und II bewiesen worden. Diese Enzyme bestehen aus einer prosthetischen Gruppe, der Lactoflavinphosphorsäure bzw. Pyridinnucleotid-di- und -triphosphorsäuren, verbunden mit spezifischen Proteinen. Nur die Vereinigung von prosthetischer Gruppe und Protein, also von Agon und Pheron, ergibt die wirksamen Enzyme. Bei den Hydrolasen wurde die Trennung und Wiedervereinigung von Agon und Pheron durch H. Albers[5] bei der Phosphatase verwirklicht (siehe S. 177). Schon vorher gelang H. Kraut und W. Pantschenko[6] eine Anreicherung der einen und der anderen Komponente bei der Leber- und Pankreasesterase (S. 153) und, was hier besonders interessiert, W. Grassmann, W. Volmer und V. Windbichler[7] bei der Dipeptidase (siehe S. 235). Wird Hefedipeptidase an Tonerde adsorbiert, so tritt eine Verschiebung der beiden Komponenten ein, so daß die Summe der Wirksamkeiten von Restlösung und Elution wesentlich geringer wird als die der Ausgangslösung, während ihre Wiedervereinigung eine beträchtliche Steigerung der Wirksamkeit bis fast auf den ursprünglichen Betrag ergibt.

Obwohl bei den kristallisierten Proteasen weder eine Aufteilung in Agon und Pheron, noch auch nur eine Anreicherung der einen Komponente bisher gelungen ist, gibt es doch einige Hinweise dafür, daß auch sie aus einem Symplex zweier Komponenten bestehen. Hierfür spricht in erster Linie die Existenz mehrerer wohl unterscheidbarer Pepsine und Chymotrypsine.

Aus den Löslichkeitskurven von fünf Pepsinpräparaten verschiedenen Reinheitsgrades schlossen V. Desreux und R. M. Herriott,[8] daß es mindestens drei bis vier aktive Pepsine gibt, die sich außerdem in der Stabilität und in der

---

[1] J. gen. Physiol. **17** (1933), 165.

[2] Biochem. Z. **266** (1933), 377.

[3] Biochem. Z. **292** (1937), 287.

[4] Hoppe-Seyler's Z. physiol. Chem. **238** (1936), 233.

[5] H. Albers, E. Beyer, A. Bohnenkamp, G. Müller: Ber. dtsch. chem. Ges. **71** (1938), 1913.

[6] Biochem. Z. **275** (1934), 114.

[7] Biochem. Z. **298** (1938), 8.

[8] Nature (London) **144** (1939), 287.

spezifischen Wirksamkeit unterscheiden. Eine dieser Komponenten ist das kristallisierte Pepsin von NORTHROP. In den Präparaten des Handels wechselt das Verhältnis der Komponenten. Auch das kristallisierte Pepsin nach NORTHROP muß nicht unter allen Umständen eine einheitliche Substanz sein, da Eiweißkörper die Fähigkeit zur Mischkristallbildung in hervorragendem Maße besitzen. So konnten sowohl G. AGREEN und E. HAMMARSTEN[1] als auch A. TISELIUS, E. HENSCHEN und S. SVENSSON[2] durch Elektrokataphorese enzymatisch unwirksames Protein aus Lösungen des kristallisierten Pepsins abtrennen und dadurch die Wirksamkeit des Restes erheblich steigern.

Weiter ist bemerkenswert, daß das kristallisierte Chymotrypsin bei gelinder Hydrolyse in neue, ebenfalls kristallisierbare und enzymatisch wirksame Kristalle übergeht, die sich in ihrer Kristallform und Zusammensetzung, nicht aber in ihrer Spezifität unterscheiden.[3] Ganz erhebliche Unterschiede der Zusammensetzung wurden schließlich bei den verschiedenen Pepsinpräparaten festgestellt. J. H. NORTHROP fand in seinen Präparaten 0,08% Phosphor, während PEKELHARING schon früher phosphorfreie Präparate erhalten hatte. Die größten Unterschiede der Zusammensetzung beobachteten H. KRAUT und E. TRIA,[4] als sie kristallisiertes Pepsin nach NORTHROP mit eiweißarmem Pepsin nach BRÜCKE verglichen. Die Wirksamkeit beider Präparate war, bezogen auf den Stickstoffgehalt, identisch, das NORTHROP-Pepsin enthielt aber 15% Stickstoff, das BRÜCKE-Pepsin nur 8%. In dem NORTHROP-Pepsin fanden KRAUT und TRIA 13% Tyrosin, in dem BRÜCKE-Pepsin weniger als 1% Tyrosin. Bezieht man den Tyrosingehalt auf den Stickstoffgehalt und damit auf die enzymatische Aktivität, so trifft im BRÜCKE-Pepsin auf die gleiche Wirksamkeit weniger als ein Viertel des Tyrosins als im NORTHROP-Pepsin. An Tryptophan enthält das BRÜCKE-Pepsin, bezogen auf die Aktivität, nur ein Siebentel des NORTHROPschen. Die beiden Präparate sind also chemisch ganz verschiedene Individuen. Da sie beide aus demselben Ausgangsmaterial, nämlich Pepsin von PARKE und DAVIS 1:10000 hergestellt waren, würde die unitarische Auffassung NORTHROPs zu dem unwahrscheinlichen Schluß führen, daß ein Organ für denselben Zweck zwei ganz verschiedene chemische Substanzen produziert. Die Beobachtungen vertragen sich aber ohne Schwierigkeit mit der dualistischen Annahme, daß das für die Spezifität verantwortliche Agon mit verschiedenen Stoffen zu enzymatisch wirksamen Symplexen verbunden ist.

Amidasen.
Von H. KRAUT und E. KOFRÁNYI.

Unter der Bezeichnung Amidasen faßt man eine Anzahl Enzyme zusammen, deren gemeinsames Merkmal die hydrolytische Abspaltung einer Amidogruppe von einem Kohlenstoffatom ist, das durch Doppelbindung mit Sauerstoff oder Stickstoff verbunden ist.

$$-NH-C{\overset{\diagup}{=}}O \;\rightarrow\; -NH_2 + HO-C{\overset{\diagup}{=}}O,$$

$$-NH-C{\overset{\diagup}{=}}N \;\rightarrow\; -NH_2 + HO-C\underset{N}{\diagdown} \;.$$

Dies trifft an sich in gleicher Weise auch für die Peptidasen und Proteinasen zu, weshalb manche die Amidasen und Proteasen zu derselben Gruppe rechnen.

---

[1] Enzymologia (Den Haag) 4 (1937), 49.
[2] Biochemic. J. 32 (1938), 1814.
[3] M. KUNITZ: J. gen. Physiol. 22 (1938), 207.
[4] Biochem. Z. 290 (1937), 277.

Die Abtrennung einer besonderen Gruppe *Amidasen* rechtfertigt sich aber dadurch, daß es sich hier durchweg um Enzyme mit ganz engem Spezifitätsbereich handelt, die nur ein einziges oder einige wenige Substrate zu spalten vermögen. Sie unterscheiden sich von den Proteasen dadurch, daß sie keine Peptidbindungen zwischen Aminosäuren in der Hauptkette der Proteine spalten. Die Hippuricase spaltet wohl eine endständige Peptidbindung der Hauptkette, aber nur dann, wenn der endständige Partner ein einfacher Säurerest, also keine Aminosäure ist.

Folgende Amidasen sind näher bekannt:

1. *Hippuricase* spaltet acylierte Aminosäuren, wie Benzoyl- oder Acetylglycin oder Glykocholsäure, in Aminosäure und Carbonsäure.

2. *Urease* hydrolysiert ausschließlich Harnstoff, wobei die enzymatische Wirkung wahrscheinlich in der Bildung von Ammoniak und Carbaminsäure besteht.

3. *Asparaginase* spaltet ausschließlich Asparagin in Ammoniak und Asparaginsäure.

4. *Glutaminase* hydrolysiert Glutamin zu Ammoniak und Glutaminsäure.

5. *Arginase* ist befähigt, Arginin in Harnstoff und Ornithin zu zerlegen. Auch einige nahe Verwandte des Arginins werden angegriffen.

6. *Histidase* vermag den Imidazolring des Histidins unter Ammoniakabspaltung zu sprengen.

7. Die *Nucleinaminasen* spalten die Aminogruppen der Nucleinsäuren und ihrer Abbauprodukte ab. Ihre Spezifität ist erstens bestimmt durch die Natur der Purin- bzw. Pyrimidinkomponente. So unterscheiden sich die Adenylverbindungen spaltenden Enzyme von den Guanyl- oder Cytidylverbindungen spaltenden. Außerdem aber spielt es eine Rolle, ob die Purin- oder Pyrimidinkomponente nur mit der Pentose oder mit der Pentosephosphorsäure verbunden oder schon von beiden durch Nucleotidasen und Nucleosidasen befreit ist.

So spalten Adenylsäureaminase bzw. Guanylsäureaminase die Aminogruppe aus Adenylsäure bzw. Guanylsäure ab. Besondere Enzyme sind Adenosinase und Guanase. Erstere desaminiert nur Adenosin (Adeninribosid), letztere sowohl Guanosin wie Guanin. Die Cytidylsäure und ihre Abkömmlinge spaltenden Enzyme unterscheiden sich von den vorgenannten. Der Umfang ihrer Spezifität ist aber noch unsicher.

Hippuricase.

Spezifität.

Die Hippuricase, die man früher meist als „Histozym" bezeichnete, nimmt eine Mittelstellung zwischen Peptidasen und Amidasen insofern ein, als sie in der Hauptkette gelegene —CONH—-Bindungen zwischen natürlichen *l*-Aminosäuren und Acylresten spaltet. Nicht gespalten werden echte Dipeptide (z. B. L—G),[1,2] aber auch keine Acyl-β-Aminosäureverbindungen[3] und keine Substrate mit *d*-Aminosäuren.[4]

Die meisten Benzoylverbindungen werden leicht gespalten: Boyl—L—G, Boyl—G, Boyl—G—G (mit abnehmender Geschwindigkeit).[5] Keine Spaltung wurde beobachtet von Derivaten des Phenylalanins,[5] auch keine Spaltung von

---

[1] Zu den Abkürzungen der Schreibung von Aminosäuren und Peptiden siehe die Einleitung zom Abschnitt Proteasen, S. 196.

[2] R. WILLSTÄTTER, E. WALDSCHMIDT-LEITZ in C. OPPENHEIMER: Die Fermente und ihre Wirkungen, Suppl. 1, S. 595. 1936.

[3] J. A. SMORODINZEW: Hoppe-Seyler's Z. physiol. Chem. 124 (1922), 123.

[4] C. NEUBERG, K. LINHARDT: Biochem. Z. 147 (1924), 372. — C. HOPPERT: Ebenda 149 (1924), 510.

[5] H. OTANI: Acta Scholae med. Univ. imp. Kioto 17 (1935), 330.

Boyl—Asp, solange nicht die zweite Carboxylgruppe der Asparaginsäure blockiert wird.[1]

$$\begin{array}{cc} \text{Boyl—Asp} & \text{Boyl—Asp} \\ & |\gamma \\ & \text{Boyl} \\ \text{Unspaltbar.} & \text{Spaltbar.} \end{array}$$

Schwer spaltbar, von manchen Extrakten unspaltbar, erweisen sich die Derivate von Diamino-monocarbonsäuren.[1] Hingegen werden Acetylsarkosin und Substrate ohne freie COOH-Gruppe (z. B. Acetyl-G-ester) glatt gespalten.[2]

Acetyl- und Formylderivate werden langsamer angegriffen als Benzoylderivate.[2] Bemerkenswert ist der Befund,[3] daß Glykocholsäure und langsamer auch Taurocholsäure durch Hippuricase Abbau erleiden.

Vorkommen.

Die Hippuricase findet sich vor allem in der Niere höherer Tiere. Ob sie auch in anderen Organen vorkommt, ist unsicher.

In Pflanzen konnte sie nachgewiesen werden; in Schimmelpilzen[3,4] und Streptokokken ist sie reichlich vorhanden.[5]

Bestimmungsmethoden.

Zur Bestimmung der Hippuricase kann die Spaltung der Hippursäure durch alkoholische Titration oder durch die Methode von VAN SLYKE verfolgt werden. Da aber bei diesen Methoden proteolytische Vorgänge miterfaßt werden, ziehen es R. WILLSTÄTTER und E. WALDSCHMIDT-LEITZ vor, die freigewordene Benzoesäure mit Petroläther zu extrahieren und dann mit alkoholischer Lauge zu titrieren.[6]

In 10 cm³ m Natriumhippuratlösung und 2 cm³ 0,2 m Phosphatpuffergemisch vom $p_H = 7{,}1$ gibt man die meist glycerinhaltige Enzymlösung und die in einem Vorversuch ermittelte Menge Säure oder Lauge, die nötig ist, um Enzymlösung und gegebenenfalls auch Hippuratlösung auf $p_H = 7{,}1$ zu bringen, dann soviel Glycerin, daß nach Auffüllen mit Wasser auf 50 cm³ im ganzen ein Gehalt von 16% erreicht wird (Glycerin- und Phosphatgehalt muß immer konstant gehalten werden, weil beide Zusätze die Enzymwirkung stark hemmen). Nach Zugabe von 2 cm³ Toluol wird bei 30° aufbewahrt, am Ende der Reaktionszeit, gewöhnlich 24, 48 oder 96 Stunden, mit 10 cm³ 2 n Schwefelsäure gestoppt und mit Petroläther extrahiert. Die Extraktion findet am besten in Rapidextraktoren mit Rührwerk statt, in welchen sie bei genügender Destillations- und Rührgeschwindigkeit in 3÷4 Stunden beendet ist. Nach Zusatz von einer der Petrolätherlösung gleichen Menge 96%igen Alkohols und von 2 cm³ einer alkoholischen 0,5%igen Thymolphthaleinlösung wird mit alkoholischer 0,2 n Kalilauge titriert.

Als *Hippuricaseeinheit* wird diejenige Enzymmenge gewählt, die unter obigen Bedingungen in 24 Stunden 2 cm³ 0,2 n Benzoesäure liefert.

---

[1] T. So: J. Biochemistry 12 (1930), 107.
[2] F. P. MAZZA, L. PANNAIN: Atti R. Accad. naz. Lincei, Rend. 19 (1934), 97.
[3] W. GRASSMANN, K. B. BASU: Hoppe-Seyler's Z. physiol. Chem. 198 (1931), 247.
[4] A. W. BLAGOWESTSCHENSKI, K. A. NIKOLAEFF: Biochem. Z. 276 (1935), 368.
[5] J. REIS, A. SWENSSON: C. R. Séances Soc. Biol. Filiales Associées 107 (1931), 647; Ber. ges. Physiol. exp. Pharmakol. 64 (1932), 183.
[6] Siehe Handbuch der Lebensmittelchemie, Bd. II, 2. Teil, S. 781. Berlin: Julius Springer, 1935.

Darstellung und Reinigung.

Man gewinnt Hippuricase am besten aus frischen Hundenieren. Den Organbrei extrahieren R. WILLSTÄTTER und E. WALDSCHMIDT-LEITZ einige Stunden mit dem dreifachen Volumen 87%igen Glycerins.[1]

Für die präparative Anwendung der Hippuricase ist es notwendig, sie von begleitenden proteolytischen Enzymen sowie von Esterase abzutrennen. Der Glycerinauszug aus Hundenieren, praktisch frei von Proteinase, kann von ereptischen Enzymen durch Adsorptions- und Elutionsmaßnahmen, denen eine Hitzebehandlung vorausgeht, gereinigt werden.

Die Enzymlösung wird 4 Stunden auf 70° erhitzt; dabei werden etwa 94% der ereptischen Enzyme und etwa 50% der Hippuricase zerstört. 50 cm^3 des erhitzten Extraktes werden noch heiß in ein Gemisch von 50 cm^3 n Natriumhippuratlösung von $p_H = 7{,}1$ und 200 cm^3 Wasser gegeben, gut durchgeschüttelt und der dabei entstandene Niederschlag abzentrifugiert. Die so gewonnene Lösung wird bei p_H 4,4 mit Eisenhydroxyd adsorbiert (z. B. mit 10 cm^3 Eisenhydroxydsuspension, enthaltend 18 mg Fe$_2$O$_3$). Das Adsorbat wird zweimal mit 30%igem Glycerin gewaschen, mit 50 cm^3 30%igem Glycerin durchgeschüttelt, mit 0,5 cm^3 n Ammoniak versetzt und zentrifugiert. Die Elution enthält das ganze Erepsin. Das Adsorbat wird nun nochmals mit 30%igem Glycerin gewaschen, dann in 50 cm^3 30%igem Glycerin suspendiert. 12 cm^3 dieser Suspension enthielten in einem Beispiel 0,14 Hippuricase-Einheiten und waren frei von Erepsin und Esterase.

Eigenschaften.

Das p_H-Optimum der Hippuricase[2] liegt bei 6,8÷7,0, für die Spaltung von Gallensäurederivaten bei 8,0. Die Glycerinextrakte sind monatelang ohne Verminderung der Aktivität haltbar. Hippuricase wird durch Cystein und Oxydationsmittel gehemmt.[3]

Reversion der Wirkung.

Durch Pferdenierenbrei wird nach H. WAELSCH und Mitarbeitern[4] Benzoesäure je nach dem Zusatz von Ammoniak oder Glykokoll zu Benzamid oder Hippursäure umgesetzt. Umamidierungen spielen bei der Synthese eine wichtige Rolle, da auch SH-Glutathion als Glycinlieferant auftreten kann.

Urease.

Spezifität.

Die Urease spaltet ausschließlich Harnstoff. Wahrscheinlich wird nur ein Molekül Ammoniak enzymatisch abgespalten, während die gebildete Carbaminsäure von selbst zerfällt.[5]

Alle geprüften Derivate des Harnstoffs erwiesen sich als nicht spaltbar, so Thioharnstoff, Methylharnstoff, Dimethylharnstoff, O-Methylisoharnstoff, Glukoseharnstoff, Äthylurethan, Diäthylmalonylharnstoff, Butyl-äthylenmalonylharnstoff; Kaliumcyanat, Cyanursäure.[6, 7]

---

[1] Siehe Handbuch der Lebensmittelchemie, Bd. II, 2. Teil, S. 782. Berlin: Julius Springer, 1935.

[2] T. So: J. Biochemistry 12 (1930), 107.

[3] A. W. BLAGOWESTSCHENSKI, K. A. NIKOLAEFF: Biochem. Z. 276 (1935), 368.

[4] H. WAELSCH, G. KLEPETAR: Hoppe-Seyler's Z. physiol. Chem. 286 (1935), 92. — H. WAELSCH, A. BUSZTIN: Ebenda 249 (1937), 135.

[5] J. B. SUMNER, D. B. HAND (R. G. HOLLOWAY): Proc. Soc. exp. Biol. Med. 27 (1930), 292; J. biol. Chemistry 91 (1931), 333.

[6] R. BONNET, R. RAZAFIMAHERI: Enzymologia (Den Haag) 1 (1936), 55.

[7] C. LENTI: Arch. Scienze biol. 24 (1938), 169.

Vorkommen.

Urease ist in allen lebenden Zellen aufzufinden.[1] Reichlich kommt sie nur in manchen Samen und Bakterien vor, bei den höheren Tieren spielt sie eine geringe Rolle. Die reichste Quelle der Urease ist die Jackbohne (*Canavalia ensiformis*), dann die Sojabohne (*Soja glycine hispida*) und die Wassermelone (*Citrullus vulgaris*). Von Bakterien ist zu erwähnen der im faulenden Harn vorkommende *Mikrococcus ureae*,[2] der *Bac. proteus*[3] und der *Staphylococcus aureus*. In den Meeresbakterien[4] kommt sie bis zu 50 m Tiefe reichlich vor, ist aber noch bis 1000 m Tiefe nachweisbar. Im Tierreich findet sie sich vor allem in der Magenschleimhaut.[5]

Bestimmungsmethode und Einheiten.

Die Wirkung der Urease mißt man entweder durch Bestimmung des noch vorhandenen Harnstoffs mit Xanthydrol[6] oder meist durch Bestimmung des gebildeten Ammoniaks, das man nach Zusatz von Natriumcarbonat mit Luft übertreibt.

Nach H. v. EULER und E. BRUNIUS[7] löst man z. B. 0,5 g eines Ureasepräparates in 25 cm^3 Wasser. Davon gibt man 10 cm^3 in 20 cm^3 m Harnstofflösung + 50 cm^3 0,5 m Phosphatmischung von p_H = 7,3 und füllt mit Wasser auf 100 cm^3 auf. Zur Messung stoppt man je 10 cm^3 des Ansatzes durch Zusatz von 10 cm^3 $n/_2$ Schwefelsäure ab, versetzt sie mit 20 cm^3 Wasser und 20 cm^3 50%iger Kaliumcarbonatlösung und etwas Octylalkohol und treibt mit einem kräftigen Luftstrom das Ammoniak im Laufe einer Stunde bei 60° in die 40 cm^3 $n/_{10}$ Schwefelsäure enthaltende Vorlage. Die unverbrauchte Schwefelsäure wird mit $n/_{20}$ Natronlauge zurücktitriert.

Eine brauchbare Mikromethode wurde von L. PINCUSSEN[8] beschrieben.

Die *Einheit der Urease* ist nach J. B. SUMNER[9] diejenige Enzymmenge, die bei p_H = 7,0, eingestellt mit 6,8% Na_2HPO_4 und 2,8% KH_2PO_4 aus 3%iger Harnstofflösung in 5 Minuten bei 20° 1 mg Ammoniak abspaltet.

Darstellung und Reinigung.

Die Urease gewinnt man meist nach D. D. VAN SLYKE und G. E. CULLEN[10] durch Extraktion von entfetteten und feingemahlenen Soja- oder Jackbohnen mit der 5fachen Menge Wasser. Nach mehreren Stunden oder einem Tag fällt man die Enzymlösung mit der 10fachen Menge Aceton. Der getrocknete Niederschlag enthält fast das ganze Enzym. So gewonnene Präparate finden zur Bestimmung des Harnstoffes vielfache Verwendung.

Die Urease war das erste Enzym, das in kristallisiertem Zustand im Jahre 1926 dargestellt wurde. J. B. SUMNER erhielt die Kristalle auf folgendem Wege:[11]

100 g feingemahlene Jackbohnen werden einige Minuten lang mit 500 cm^3 31,6%igem Aceton geschüttelt und abfiltriert. Das Filtrat wird sogleich über Nacht in eine Eiskiste gestellt. Am anderen Tag werden die Kristalle, die 25% der Urease

[1] R. WASICKY, S. KRACH: Österr. Bot. Z. **77** (1928), 271; Ber. ges. Physiol. exp. Pharmakol. **38** (1926), 470.

[2] L. MOLL: Hofm. Beitr. **2** (1902), 344.

[3] S. UTZINO, M. JMAIZUMI, M. NAKAYAMA: J. Biochemistry **27** (1938), 257.

[4] C. E. Zo BELL, C. B. FELTHAM: Science (New York) **81** (1936), 234.

[5] J. M. LUCK, T. N. SETH: Biochemic. J. **18** (1924), 1227; **19** (1925), 357.

[6] R. FOSSE: C. R. hebd. Séances Acad. Sci. **158** (1914), 1076, 1432, 1588.

[7] Biochem. Z. **183** (1927), 1.

[8] Biochem. Z. **229** (1935), 233.

[9] J. biol. Chemistry **69** (1926), 435. — J. B. SUMNER, D. B. HAND: Ebenda **76** (1927/28), 149.

[10] J. biol. Chemistry **19** (1914), 2, 211.

[11] Ergebn. Enzymforsch. 1 (1932), 295.

des Jackbohnenmehls enthalten, abzentrifugiert und zweimal mit 32%igem Aceton gewaschen. Dann werden sie in wenig Wasser gelöst und von ungelösten Verunreinigungen mit der Zentrifuge befreit. Man setzt soviel Aceton dazu, daß die Lösung davon 32%ig wird, bringt sie in eine Eiskiste und fügt ganz allmählich einen in 32%igem Aceton gelösten Phosphatpuffer von p_H 5,9÷6,1 dazu. Wenn sich mehr als 1000 Ureaseeinheiten in 1 cm³ der wässerigen Lösung befinden, kann man die Urease auch durch Abkühlen und Versetzen mit wässerigem Phosphat- oder Citratpuffer von p_H 5,9÷6,2 auskristallisieren.[1] Dabei erhält man wesentlich größere Kristalle als beim Umkristallisieren mit Aceton.

Eigenschaften.

Die kristallisierte Urease ist ein Globulin mit 16% N, 1,2% S, 1—2% Asche.[2] Der isoelektrische Punkt ist p_H = 5,0. Die Aktivität ist 700—1400mal größer als die des Ausgangsmaterials.[3] 1 g enthält 133000 Ureaseeinheiten und setzt in einer Sekunde 1 g Harnstoff um.

Die Molekülgröße konnte mittels Ultrafilter bestimmt werden.[4] Die Teilchen passieren noch ungehindert Filter von 400 mμ Porenweite, während sie von Filtern mit 30 mμ Porenweite völlig zurückgehalten werden. Die Kolloidteilchen sind etwa 3mal so groß wie die der Blutproteine. In Übereinstimmung damit wird das Molekulargewicht nach The Svedberg zu rund 480000 gefunden.[5]

Das p_H-Optimum der Wirksamkeit liegt um 7, schwankt aber je nach dem verwendeten Puffer. Im Zitratpuffer ist es p_H = 6,5, im Phosphatpuffer 7,6.[6]

Die Urease ist sehr temperaturempfindlich.[7] Bei 60÷70° ist der Temperaturkoeffizient der thermischen Inaktivierung nur 800 cal pro Mol.

Bei Belichtung steigt die Aktivität der Urease mit der Intensität des Lichtes, und zwar wirkt monochromatisches Licht in der Reihenfolge Violett < Blau < < Grün < Rot < Gelb < Weiß < Ultraviolett.[8] Bei Gegenwart von Eosin wird dagegen die Urease inaktiviert.[9]

In schwerem Wasser verläuft die Spaltung langsamer.[10]

Es ist bemerkenswert, daß die Urease auch noch in starkem Alkohol, z. B. von 60÷80%, wirksam ist, wenn auch langsamer.[11] Ihre Löslichkeit in starkem Alkohol ist allerdings gering.

Die Urease wirkt bei Injektion sehr giftig.[12] 0,3 mg kristallisierter Urease töten ein Kaninchen. Die Giftwirkung beruht auf dem Freiwerden von NH_3 bei der Zersetzung des Blutharnstoffes, daher schützt die Injektion von Harnstoff nicht vor der Vergiftung.[13] Wohl aber tritt bei wiederholter Injektion von kleinen Ureasemengen (anfangs 2÷5 U. E.) eine Schutzwirkung ein, so daß schließlich das 1000fache der letalen Dosis vertragen wird.[12] Diese von J.B.

---

[1] Ergebn. Enzymforsch. 6 (1937), 201.

[2] J. B. Sumner, D. B. Hand: J. Amer. chem. Soc. 51 (1929), 1255.

[3] J. B. Sumner: Ber. dtsch. chem. Ges. 63 (1930), 582.

[4] P. Graber, A. Riegert: C. R. Séances Soc. Biol. Filiales Associées 117 (1934), 712.

[5] J. B. Sumner, N. Gralen, I. B. Ericson-Quensel: Science (New York) 87 (1938), 395; J. biol. Chemistry 125 (1939), 37.

[6] St. F. Howell, J. B. Sumner: J. biol. Chemistry 104 (1934), 619.

[7] M. J. Magaram: Arch. Scienze biol. 40, Nr. 1 (1938), 121.

[8] R. Murakami: Bull. agric. chem. Soc. Japan 13 (1937), 11, 51.

[9] H. Tauber: J. biol. Chemistry 87 (1930), 625.

[10] W. Brandt: Klin. Wschr. 16 (1937), 23.

[11] L. Rosenfeld: Biochem. Z. 154 (1925), 141.

[12] J. B. Sumner, J. St. Kirk: Science (New York) 1931 II, 102; J. biol. Chemistry 94 (1931), 21; 97 (1932), 87.

[13] M. Rigoni: Arch. Scienze biol. 14 (1929), 203; 15 (1930), 29, 342.

Sumner zuerst beobachtete Schutzwirkung beruht auf der Bildung einer Antiurease, die sich von den anderen Serumbestandteilen trennen läßt.[1] Sie ist ein Globulin, das mit Urease eine schwerlösliche stöchiometrische Verbindung bildet.

Aktivierung und Hemmung.

Urease ist sehr empfindlich gegen Schwermetalle.[2] Selbst die im Leitungswasser enthaltenen Spuren können sie vollständig inaktivieren. Am stärksten inaktivieren Silbersalze bei guter Pufferung; die Reihenfolge[3] ist $Ag > Hg > > Cu > Zn > Cd > U > Au > Pb$, viel schwächer $Co > Ni > Ce > Mn$ (geprüft an der kleinsten noch hemmenden Menge).

Die Hemmung durch Schwermetalle läßt sich aufheben durch Cyanide, SH-Verbindungen und einige Aminosäuren, darunter Glycin und Alanin. Arginin und Histidin dagegen sollen hemmen.[4] Außerdem wird auch eine Paralysierung der Schwermetallvergiftung durch „Schutzkolloide" erreicht, wie Proteine, Gummiarabikum, Mastix, Stärke, Aluminiumhydroxyd.[5]

Fluoride[6] und Jodide hemmen; es ist bemerkenswert, daß auch große Dosen Jod niemals eine völlige Hemmung herbeiführen. Selenite und Selenate hemmen stark, ebenso Arsinoxyde, Phenylarsinsäure und Monojodessigsäure.[7] Alle Harnstoffderivate sind wirksame Hemmungskörper der Urease, ebenso Hydroxylamin.[4]

Oxydationsmittel, wie O_2, H_2O_2,[8] Chinon[9] usw., hemmen. Wenn die Hemmung 50% der Ureasewirkung nicht überschreitet, kann sie durch Reduktion vollkommen wieder aufgehoben werden.[9] Durch weitergehende Oxydation tritt Zerstörung ein.

Glutathion, Thiosulfat und Bisulfit aktivieren bei $p_H = 7$ stark, ebenso Succinodehydrase + Kaliumsuccinat.[7]

Überraschend ist, daß Urease durch Andauen mit Papain aktiviert wird, und zwar fast so stark wie durch Kaliumcyanid. Nach Th. Bersin[10] handelt es sich dabei um Zerstörung eines adsorbierten Hemmungskörpers.

Natur der Urease.

Nach Perlzweig[8] und J. B. Sumner[9] ist Urease eine Thiolverbindung. Sie gibt die Nitroprussidreaktion. Die reversible Hemmung durch Oxydation kann man nach dem Schema $2\,SH \rightleftharpoons SS$ erklären. Aus der Abhängigkeit der Aktivität der Urease von der Gegenwart freier Thiolgruppen im Enzymmolekül schließt J. Weiss,[11] daß das Zwischenprodukt aus Enzym und Substrat ein Thiolcarbonsäureester sei.

Das Verhalten der kristallisierten Urease gegen eiweißspaltende Enzyme ist widerspruchsvoll und hat zu vielen Diskussionen Anlaß gegeben. Sowohl

[1] J. St. Kirk, J. B. Sumner: J. Immunology 26 (1934), 495.

[2] M. Jacoby: Biochem. Z. 76 (1916), 275; 104 (1923), 316; 128 (1923), 80, 89, 95; 140 (1923), 158.

[3] E. G. Schmidt: J. biol. Chemistry 78 (1928), 53.

[4] T. Takeuchi: J. Biochemistry 17 (1933), 47.

[5] J. B. Sumner: Ann. Rev. Biochem. 4 (1934), 37.

[6] M. Jacoby: Biochem. Z. 198 (1928), 163; 214 (1929), 368.

[7] Th. Bersin, H. Köster: Z. ges. Naturwiss. Naturphilos. Gesch. Naturwiss. Med. 1 (1935), 230.

[8] W. A. Perlzweig: Science (New York) 1932, 76, 435; J. biol. Chemistry 100 (1933), LXXVII.

[9] J. B. Sumner, L. O. Poland: Proc. Soc. exp. Biol. Med. 30 (1933), 553.

[10] Ergebn. Enzymforsch. 4 (1935), 68.

[11] Chem. and Ind. 56 (1937), 685.

bei Pepsin wie bei Trypsin wird übereinstimmend angegeben, daß kleine Enzymmengen das Eiweiß und die Aktivität der Urease in demselben Umfang vermindern, große Enzymmengen dagegen die Wirksamkeit nicht beeinträchtigen. Sumner[1] nimmt an, daß dabei das Ureasemolekül nicht angegriffen werde, während Waldschmidt-Leitz[2] eine Abnahme der durch Sulfosalicylsäure fällbaren Eiweißmenge ohne Verminderung der Ureasewirkung beobachtet und daher annimmt, daß das Eiweißmolekül der kristallisierten Urease nicht als Ganzes für die Enzymwirkung notwendig sei. K. Oppenheimer[3] hält es sogar für möglich, daß ein Protein aus den Trypsinpräparaten an Stelle des abgebauten Ureaseproteins als Pheron dienen kann.

Reversion der Wirkung.

Urease synthetisiert Harnstoff nach M. Tôno[4] aus Ammoniumcarbamat $+$ Ammoniumcarbonat. Die Synthese ist vom Redoxpotential abhängig. Oxydationsmittel begünstigen die Synthese, Reduktionsmittel die Spaltung.

Asparaginase.

Spezifität.

Asparaginase spaltet l-Asparagin in Asparaginsäure und Ammoniak:

$$\begin{array}{ccc}
CO\!-\!NH_2 & & COOH \\
| & & | \\
H_2C & & H_2C \\
| & +\,H_2O \rightarrow & | & +\,NH_3. \\
HC\!-\!NH_2 & & HC\!-\!NH_2 \\
| & & | \\
COOH & & COOH
\end{array}$$

Die optische Spezifität ist sehr streng, d-Asparagin ist unspaltbar.[5]

Durch Asparaginase wird nur die Amidogruppe von derjenigen Carboxylgruppe abgespalten, die der α-Aminogruppe nicht benachbart ist. Das α- oder Iso-asparagin ist unspaltbar, das Diamid wird halbseitig angegriffen.[6] Als nicht angreifbar erweisen sich ferner: das decarboxylierte Asparagin $= \beta$-Aminopropionamid, das der NH_2-Gruppe beraubte $=$ Succino-monoamid, ferner die Amide der Oxyasparaginsäure.[7] Auch Glutamin wird nicht angegriffen.[8]

In Übereinstimmung mit den Befunden, daß Asparaginase zu ihrer Wirkung sowohl einer freien Carboxyl- als auch einer freien Aminogruppe bedarf, wird das in Eiweiß oder in Peptiden eingebaute Asparagin nicht angegriffen.[9]

Die von Suzuki[10] beobachteten Spaltungen von Glycyl-Asparagin, Anhydroglycyl-Asparagin, Pyrrolidincarbonsäureamid und Glukosamin sind, wie er selbst vermutet, wohl von anderen Enzymen hervorgerufen.

---

[1] J. B. Sumner, J. St. Kirk, St. F. Howell: J. biol. Chemistry 98 (1932), 543.
[2] E. Waldschmidt-Leitz, F. Steigerwald: Hoppe-Seyler's Z. physiol. Chem. 195 (1931), 260; 206 (1932), 133.
[3] K. Oppenheimer: Die Fermente und ihre Wirkungen, Suppl. 1, S. 600. Den Haag: W. Junk, 1936.
[4] J. Biochemistry 29 (1939), 361.
[5] C. E. Grover, A. Ch. Chibnall: Biochemic. J. 21 (1927), 857.
[6] W. Grassmann, O. Mayr: Hoppe-Seyler's Z. physiol. Chem. 214 (1933), 185.
[7] A. Ch. Chibnall, R. K. Cannan: Biochemic. J. 24 (1930), 945.
[8] H. A. Krebs: Biochemic. J. 29 (1935), 1951.
[9] M. Damodaran: Biochemic. J. 26 (1932), 235.
[10] Y. Suzuki: J. Biochemistry 23 (1936), 57.

Vorkommen.

Asparaginase findet sich in der Leber, aber auch in Muskel, Niere, Milz, Hoden und Blut von Säugetieren und Vögeln.[1] Die — vereinzelte — Angabe CLEMENTIS,[2] daß sie bei Kaltblütern und Wirbellosen fehlt, sollte nachgeprüft werden.

In höheren Pflanzen kommt sie z. B. in Gerstensamen[3] vor, ebenso in Schimmelpilzen[4] und Hefen.[5]

Kinetik und Einheiten.

Die Spaltung des Asparagins durch Asparaginase zeigt annähernd linearen Verlauf,[5] die Geschwindigkeit ist der Enzymmenge proportional und von der Substratkonzentration zwischen 0,1 und 0,025 mol/l unabhängig.

Als *Einheit* bezeichnen W. GRASSMANN und O. MAYR[5] die Enzymmenge, die 0,5 mg Asparagin bei $p_H = 8$ im Volumen von 10 cm³ bei 40° in 2 Stunden zu 50% spaltet.

Darstellung und Reinigung.

Eine durchgreifende Reinigung der Asparaginase ist noch nicht gelungen, da dieses Enzym außerordentlich wenig säurebeständig und überdies sehr empfindlich gegen organische Fällungsmittel (Aceton) ist. Immerhin konnten W. GRASSMANN und O. MAYR[5] aus Hefeautolysaten eine Asparaginase gewinnen, die wohl von Dipeptidase, nicht aber von sonstigen Peptidasen frei war.

Eigenschaften.

Das p_H-Optimum der Asparaginase liegt wie das der Peptidasen bei etwa 8.[6] Bei p_H 5,5 und 10,3 ist ihre Wirkung noch nachweisbar.[7]

Aktivierung und Hemmung.

Blausäure, Schwefelwasserstoff, Pyrophosphat erweisen sich wie bei den Peptidasen als Enzymgifte. Von Schwermetallen hemmt Ag und Hg.[5] Die Asparaginase ist gegen Säure und Aceton sehr empfindlich.[8] Sie verliert beim Aufbewahren rasch an Wirksamkeit.

Glutaminase.

Spezifität.

Glutaminase ist ein von der Asparaginase verschiedenes Enzym, das im Zellverband, gekoppelt mit energieliefernden Reaktionen, vorwiegend syn-

[1] SH. MIZUHARA: Jap. J. Obstetr. Gynecol. 12 (1929), 296, 308; Ber. ges. Physiol. exp. Pharmakol. 56 (1930), 53.

[2] A. CLEMENTI: Arch. Farmacol. sperim. Sci. affini 41 (1926), 241. — A. CLEMENTI, D. TORRISI: Boll. Soc. ital. Biol. speriment. 5 (1930), 956.

[3] C. E. GROVER, A. CH. CHIBNALL: Biochemic. J. 21 (1927), 857; Ber. ges. Physiol. exp. Pharmakol. 60 (1931), 373.

[4] D. BACH: Bull. Soc. Chim. biol. 11 (1929), 119, 995, 1016. — K. SCHMALFUSS, K. MOTHES: Biochem. Z. 221 (1930), 134.

[5] Hoppe-Seyler's Z. physiol. Chem. 214 (1933), 185.

[6] Y. SUZUKI: J. Biochemistry 23 (1936), 57.

[7] W. F. GEDDES, A. HUNTER: J. biol. Chemistry 77 (1928), 197.

[8] K. SCHMALFUSS, K. MOTHES: Biochem. Z. 221 (1930), 134.

thetisierend wirkt:[1]

$$
\begin{array}{ccc}
\begin{matrix}
CONH_2 \\ | \\ H_2C \\ | \\ H_2C \\ | \\ HC\!-\!NH_2 \\ | \\ COOH
\end{matrix}
& + H_2O \rightleftharpoons &
\begin{matrix}
COOH \\ | \\ H_2C \\ | \\ H_2C \\ | \\ HC\!-\!NH_2 \\ | \\ COOH
\end{matrix}
& + NH_3.
\end{array}
$$

Aus dem Komplex herausgelöst, zeigt es reine Hydrolyse und spaltet dann Glutamin, langsam auch Isoglutamin, nicht aber Asparagin, Benzoylglutamin und Dipeptide.

Vorkommen.

Die synthetisierende Wirkung der Glutaminase findet sich nur in Niere, Retina und Gehirn, das hydrolysierende Enzym auch in Milz und Leber.[1] Ihre Stärke ist um vieles geringer als die der Asparaginase, in der Leber $1/4$, in der Niere $1/100$. In den Pflanzen kommt Glutaminase neben Asparaginase in wechselnden Verhältnissen vor,[2] nicht aber in der Hefe, wo letztere allein nachgewiesen wurde.

Eigenschaften.

Das p_H-Optimum der Synthese ist 7,2—7,4, das der hydrolysierenden Leberglutaminase aber 8,8.[1] Starke Hemmung bewirkt der optische Antipode (d-Glutaminsäure).

Reversion der Wirkung.

Synthese von Glutamin mit Nierenschnitten wird nur bei Überschuß von Glutaminsäure, mit Retina auch bei Überschuß von Ammoniak erzielt.[1] Zerriebene Organe geben keine Synthese.

Arginase.

Spezifität.

Die Arginase zerlegt Arginin in Ornithin und Harnstoff:

$$
\begin{array}{cccc}
\begin{matrix}
H_2C\!-\!NH\!-\!C{\overset{\textstyle NH}{\underset{\textstyle NH_2}{}}} \\ | \\ H_2C \\ | \\ H_2C \\ | \\ HC\!-\!NH_2 \\ | \\ COOH
\end{matrix}
& + H_2O \rightarrow &
\begin{matrix}
H_2C\!-\!NH_2 \\ | \\ H_2C \\ | \\ H_2C \\ | \\ HC\!-\!NH_2 \\ | \\ COOH
\end{matrix}
& + HO\!-\!C{\overset{\textstyle NH}{\underset{\textstyle NH_2}{}}}
\end{array}
$$

Von den beiden optischen Antipoden wird im allgemeinen nur der rechtsdrehende gespalten. In der Literatur ist dadurch eine gewisse Verwirrung entstanden, daß das rechtsdrehende Arginin teils als d-, teils als l-Arginin bezeichnet wird.[3] Da alle natürlich vorkommenden Aminosäuren der l-Reihe angehören,

---

[1] H. A. KREBS: Biochemic. J. 29 (1935), 1951.

[2] G. SCHWAB: Planta 25 (1936), 579.

[3] d-Arginin: C. OPPENHEIMER: Die Fermente und ihre Wirkungen, Suppl. 1. Den Haag: W. Junk, 1936. l-Arginin: F. F. NORD, R. WEIDENHAGEN: Handbuch der Enzymologie. Leipzig: Akademische Verlagsanstalt Becker und Erler, 1940.

schließen wir uns der Bezeichnung *l* Ar für die rechtsdrehende Form an und schreiben zur Vermeidung von Mißverständnissen *l*(+)Arginin. Die stereochemische Spezifität der Arginase ist nur eine relative, denn die 1000fache Menge Arginase[1] oder die 100fache bei Gegenwart der aktivierenden Mangan- oder Kobaltsalze[2] spaltet auch das natürlich nicht vorkommende *d*(—)Arginin.

Für die Spezifität der Arginase sind folgende Beobachtungen entscheidend: Ebenso wie Arginin wird Carbaminoarginin gespalten, und zwar in Ornithin und Carbaminsäure.[3] Statt der Guanidinogruppe kann also auch die Carbaminogruppe vorhanden sein. Andere Veränderungen an der Guanidylgruppe heben die Spaltbarkeit auf, z. B. Nitrierung, Methylierung oder Benzoylierung.[4]

Eine freie Carboxylgruppe ist unbedingt erforderlich. Ester des Arginins werden nicht gespalten.[5]

Die α-Aminogruppe des Ornithinrestes ist für die absolute Spezifität nicht entscheidend, wohl aber für die relative Spezifität. Methyl-arginin[6] und Arginyl-arginin[7] werden gespalten, letzteres aber nur an demjenigen Argininrest, der die freie Carboxylgruppe trägt. Die α-Aminogruppe kann auch vollständig fehlen. Argininsäure ($= \alpha$-Oxy-δ-Guanidino-valeriansäure[5]) und δ-Guanidino-valeriansäure[2] werden ebenfalls gespalten, allerdings nur von großen Enzymmengen. Auch die Ersetzung der α-Aminogruppe durch Alanin, wie im Octopin, hindert die Spaltung nicht.[8]

Die Länge der Kohlenstoffkette, die das freie Carboxyl trägt, ist nicht wesentlich. Glykocyamin wird in Harnstoff und Glycin zerlegt; ebenso wird α-Amino-δ-guanidino-capronsäure gespalten.[6] Zu erwähnen ist noch die Spaltung von Canavalin in Canalin und Harnstoff[9] nach der Formel:

$$\underset{\substack{| \\ \text{H}_2\text{C} \\ | \\ \text{HC—NH}_2 \\ | \\ \text{COOH}}}{\text{H}_2\text{C—O—NH—C}}\diagdown^{\text{NH}}_{\text{NH}_2} + \text{H}_2\text{O} \rightarrow \underset{\substack{| \\ \text{H}_2\text{C} \\ | \\ \text{HC—NH}_2 \\ | \\ \text{COOH}}}{\text{H}_2\text{C—O—NH}_2} + \text{HO—C}\diagdown^{\text{NH}}_{\text{NH}_2}$$

Da die Arginase nur auf Arginin mit freier Carboxylgruppe einwirkt, kann man sie zur Bestimmung von Argininresten am Carboxylende von Peptidketten verwenden. Ein Beispiel hierfür ist auf S. 206 bei der Aufklärung des Clupeins angeführt. Weitere Beispiele aus einer Untersuchung von J. KRAUS-RAGINS[10] enthält Tabelle 35.

---

[1] S. EDLBACHER, A. ZELLER: Hoppe-Seyler's Z. physiol. Chem. **242** (1936), 253.
[2] L. HELLERMANN, C. CH. STOCK: J. biol. Chemistry **125** (1938), 771.
[3] A. HUNTER: Biochemie. J. **32** (1938), 826.
[4] K. FELIX, H. MÜLLER, K. DIRR: Hoppe-Seyler's Z. physiol. Chem. **178** (1928), 192.
[5] H. O. CALVERY, W. D. BLOCK: J. biol. Chemistry **107** (1934), 155.
[6] K. FELIX, H. SCHNEIDER: Hoppe-Seyler's Z. physiol. Chem. **255** (1938), 132.
[7] S. EDLBACHER, H. BUCHARD: Hoppe-Seyler's Z. physiol. Chem. **194** (1931), 69.
[8] S. EDLBACHER, H. BAUR, G. KÖBNER: Hoppe-Seyler's Z. physiol. Chem. **259** (1939), 171.
[9] M. KITAGAWA, Y. EGUCHI: Bull. agric. chem. Soc. Japan **14** (1938), 43.
[10] J. biol. Chemistry **123** (1938), 765.

Tabelle 35. *Bestimmung von carboxylendständigen Argininresten mittels Arginase.*

Substrat	Angewandt mg	Gefundenes Arginin				
		nach vollständiger Säurehydrolyse mg	Maximum vor Trypsineinwirkung mg	Maximum nach Trypsineinwirkung mg	durch Trypsin angreifbar gemacht für Arginase mg	durch Trypsin angreifbar gemacht in Prozenten des Gesamtarginins
Gelatine	250	19,6	0,6	14,6	14,0	74,0
Casein................	200	9,35	3,25	9,4	6,15	100,6
Eiereiweiß	200	9,8	0,9	6,0	5,1	61,0
Edestin	333	47,2	1,3	33,5	32,2	71,0

Substrat	Angewandt mg	Gefundenes Arginin				
		nach vollständiger Säurehydrolyse mg	Maximum vor Pepsineinwirkung mg	Maximum nach Pepsineinwirkung mg	Durch Pepsin angreifbar gemacht für Arginase mg	Durch Pepsin angreifbar gemacht in Prozenten des Gesamtarginins
Gelatine	250	19,6	0,35	2,58	2,23	13,0
Casein................	200	9,35	1,49	4,68	3,19	50,0
Eiereiweiß	200	9,8	0,62	3,0	2,38	31,0
Edestin	333	47,2	0,84	10,28	9,44	22,0

Vorkommen.

Die Arginase ist im Tier- und Pflanzenreich weit verbreitet; ihr Nachweis ist dadurch erschwert, daß sie häufig gehemmt bzw. nicht aktiviert ist. Besonders reichlich ist sie in solchen Organen vertreten, die einen starken Eiweißstoffwechsel haben, wie Niere,[1] Keimdrüsen,[1, 2, 3] Keimlinge von Pflanzen[4] und in Tumoren.[5, 6, 7] Die größten Mengen finden sich in den Lebern derjenigen Tiere, die Harnstoff als Endprodukt ihres Eiweißstoffwechsels ausscheiden, nämlich Säugetiere, Amphibien, Schildkröten und Fische. Nach der Theorie von H. A. Krebs und K. Henseleit[8] verläuft die Harnstoffbildung aus Ammoniak und Kohlensäure in der Leber auf folgendem Wege:

---

[1] S. Edlbacher, P. Bonem: Hoppe-Seyler's Z. physiol. Chem. **145** (1925), 69.

[2] S. Edlbacher, H. Röthler: Hoppe-Seyler's Z. physiol. Chem. **148** (1925), 273.

[3] E. Gierhake, H. Nasse: Arch. Gynäkol. **148** (1931), 592; Ber. ges. Physiol. exp. Pharmakol. **62** (1931), 631.

[4] H. Poller: Z. Biol. **86** (1927), 309.

[5] S. Edlbacher, K. W. Merz: Hoppe-Seyler's Z. physiol. Chem. **171** (1927), 252. — S. Edlbacher, J. Kraus, F. Leuthardt: Ebenda **217** (1933), 89. — S. Edlbacher, F. Koller: Ebenda **227** (1934), 99.

[6] G. Klein, W. Ziese: Z. Krebsforsch. **37** (1932), 323; Hoppe-Seyler's Z. physiol. Chem. **213** (1932), 217; **222** (1933), 187.

[7] E. Waldschmidt-Leitz, E. McDonald: Hoppe-Seyler's Z. physiol. Chem. **219** (1933), 115.

[8] Klin. Wschr. **1932** I, 757; Hoppe-Seyler's Z. physiol. Chem. **210** (1932), 33. — M. Wada: Biochem. Z. **257** (1933), 1.

$$
\underset{\text{Ornithin.}}{\begin{array}{c} H_2C-NH_2 \\ | \\ H_2C \\ | \\ H_2C \\ | \\ HC-NH_2 \\ | \\ COOH \end{array}}
\quad + \;\xrightarrow[NH_3]{CO_2}\quad
\underset{\text{Citrullin.}}{\begin{array}{c} H_2C-NH-C\!\!\nearrow^{O}_{\searrow NH_2} \\ | \\ H_2C \\ | \\ H_2C \\ | \\ HC-NH_2 \\ | \\ COOH \end{array}}
\quad \xrightarrow{NH_3}
$$

$$
\underset{\text{Arginin.}}{\begin{array}{c} H_2C-NH-C\!\!\nearrow^{NH}_{\searrow NH_2} \\ | \\ H_2C \\ | \\ H_2C \\ | \\ HC-NH_2 \\ | \\ COOH \end{array}}
\;+\; H_2O \xrightarrow{\text{Arginase}}
\underset{\text{Ornithin.}}{\begin{array}{c} H_2C-NH_2 \\ | \\ H_2C \\ | \\ H_2C \\ | \\ HC-NH_2 \\ | \\ COOH \end{array}}
\;+\; \underset{\text{Harnstoff.}}{O\!=\!C\!\!\nearrow^{NH_2}_{\searrow NH_2}}
$$

Dabei wirkt also Ornithin als Katalysator, der schon in ganz geringen Mengen große Umsätze herbeiführt, sobald die Arginase für die Beseitigung des entstandenen Arginins unter Rückbildung des Ornithins sorgt.

Bestimmungsmethoden und Einheiten.

Um die Arginase zu messen, kann man entweder das restliche Arginin mit Flaviansäure (als schwerlösliches Salz[1]) oder die Zunahme der Acidität nach Zusatz von viel Alkohol und Aceton (Indikator Thymolblau[2]) oder den gebildeten Harnstoff mit Urease bestimmen.[3, 4] Bei der letztgenannten Methode zerstört man nach der gewünschten Einwirkungsdauer (meist einer Stunde) die Arginase durch Zusatz von etwas Schwefelsäure und 15 Minuten langes Kochen und bestimmt dann, wie bei Urease (S. 275) beschrieben, den Harnstoff mit Ureasepulver. Mikrobestimmungen sind von L. WEIL[5], sowie von A. HUNTER und J. B. PETTIGREW[6] ausgearbeitet worden.

Als *Arginaseeinheit* (A. E.) bezeichnet S. EDLBACHER[4] diejenige Enzymmenge, die in einer Stunde bei 38° aus 10 cm³ einer 1%igen Argininlösung, die 5 cm³ Glykokoll-Natronlaugepuffer von $p_H = 9{,}5$ enthält, 0,60 mg Harnstoff liefert. Diese Harnstoffmenge entspricht nach Zersetzung mit Urease 1 cm³ $^n/_{50}$ Schwefelsäure.

Darstellung und Reinigung.

Meist bereitet man aus Kalbsleber einen BUCHNER-Preßsaft, indem man das in der Fleischmaschine zerkleinerte Organ mit Kieselgur bis zur Bildung einer

---

[1] S. EDLBACHER, J. KRAUS, F. LEUTHARDT: Hoppe-Seyler's Z. physiol. Chem. 217 (1933), 89.

[2] K. LINDERSTRØM-LANG, L. WEIL, H. HOLTER: Hoppe-Seyler's Z. physiol. Chem. 233 (1935), 174.

[3] S. EDLBACHER, P. BONEM: Hoppe-Seyler's Z. physiol. Chem. 145 (1925), 69.

[4] S. EDLBACHER, H. RÖTHLER: Hoppe-Seyler's Z. physiol. Chem. 148 (1925), 264.

[5] L. WEIL, M. A. RUSSELL: J. biol. Chemistry 106 (1934), 505.

[6] Enzymologia (Den Haag) 1 (1937), 341.

krümeligen Masse durchknetet und dann bei 300 Atmosphären Druck auspreßt.[1] Aus dem Preßsaft läßt sich mit Aceton ein haltbares Trockenpräparat gewinnen.

Um zu reineren Präparaten zu gelangen, gehen S. Edlbacher und E. Simons[2] nicht von Buchner-Preßsaft, sondern von einem Glycerinauszug aus frischer Leber aus (36stündige Extraktion mit der dreifachen Glycerinmenge unter häufigem Umschütteln). Den Glycerinextrakt verdünnen sie mit der vierfachen Menge Wasser und adsorbieren mit Aluminiumhydroxyd $C\gamma$ (ungefähr 0,275 g Al_2O_3 auf 100 cm³ des verdünnten Extraktes). Die das Arginin enthaltende Restlösung ist fast frei von Peptidasen. Der Reinheitsgrad ist gegenüber dem Glycerinextrakt auf das 30fache gestiegen.

Eigenschaften.

Die Arginase befindet sich im Protoplasma der Zellen gelöst, sie ist also ein Lyoenzym.[3] Das p_H-Optimum ihrer Wirksamkeit ist im natürlichen Vorkommen 9,0÷9,5,[4] wechselt aber je nach dem zugesetzten Aktivator. Bei Gegenwart von Kobalt- und Nickelsalzen wird es nach 7,2÷7,6 verschoben, durch Zusatz von Mangansalzen nach $p_H = 10,0$.[5] Diese p_H-Optima stimmen mit den aus den potentiometrisch gemessenen Dissoziationskonstanten der Arginin-Metallsalz-Komplexe berechneten überein.

Das Optimum der Stabilität liegt zwischen p_H 6,6 und 7,8.[6] Die Temperaturempfindlichkeit ist groß. Schon bei 40° tritt rasche Zerstörung ein.[7]

Der zeitliche Verlauf der Argininspaltung folgt nicht der Reaktion erster Ordnung.[8] Infolge von Inaktivierung des Enzyms sinken die Umsätze wesentlich rascher ab.

Aktivierung und Hemmung.

Die Arginase ist zu ihrer Wirksamkeit auf die Gegenwart bestimmter Schwermetallsalze angewiesen. Von ihnen wirkt Mangan weitaus am stärksten, allerdings nur oberhalb von $p_H = 6,7$, maximal bei $p_H = 10,0$.[5] Hier ist die Wirkung von $n/300\,000$ Mn·· noch deutlich nachzuweisen; Kobalt- und Nickelsalze, ebenso Vanadium- und Cadmiumsalze wirken zwar in einer Konzentration von $n/1000$ ähnlich wie Mangansalze (wenn auch mit anderem p_H-Optimum), sind aber in der Konzentration von $n/300\,000$ völlig unwirksam.[9]

Bei der Dialyse verlieren die Argininpräparate ihre Aktivität und erlangen sie durch Zusatz von Mangansalzen wieder.[10] Auch konnte in den bestgereinigten Präparaten Mangan in Mengen derselben Größenordnung wie in der frischen Leber nachgewiesen werden.[11] Man hält daher das zweiwertige Mangan für den natürlichen Aktivator der Arginase.

---

[1] S. Edlbacher, H. Röthler: Hoppe-Seyler's Z. physiol. Chem. 148 (1925), 264.

[2] Hoppe-Seyler's Z. physiol. Chem. 167 (1927), 76.

[3] F. Leuthardt, F. Koller: Helv. chim. Acta 17 (1934), 1030.

[4] S. Edlbacher, P. Bonem: Hoppe-Seyler's Z. physiol. Chem. 145 (1925), 69.

[5] L. Hellermann, C. Ch. Stock: J. Amer. chem. Soc. 58 (1936), 2654; J. biol. Chemistry 125 (1938), 771.

[6] A. Hunter, J. A. Morell: J. exp. Phys. 28 (1933), 89, 119; Ber. ges. Physiol. exp. Pharmakol. 77 (1934), 515.

[7] A. Hunter: J. exp. Phys. 24 (1934), 177; Ber. ges. Physiol. exp. Pharmakol. 88 (1924), 198.

[8] S. Edlbacher, H. Burchard: Hoppe-Seyler's Z. physiol. Chem. 194 (1931), 69. — F. Leuthardt, F. Koller: Helv. chim. Acta 17 (1934), 1030.

[9] S. Edlbacher, H. Baur: Hoppe-Seyler's Z. physiol. Chem. 254 (1938), 275.

[10] S. Edlbacher, H. Baur: Naturwiss. 26 (1938), 268.

[11] S. Edlbacher, H. Pinösch: Hoppe-Seyler's Z. physiol. Chem. 250 (1937), 241.

Durch Blausäure wird Leberarginase völlig inaktiviert.[1] Dialyse allein reaktiviert nicht, dagegen Zusatz von Spuren von Mangansulfat zur dialysierten Lösung. Durch Ansäuern, am schnellsten bei $p_H = 3{,}5$, verliert die Arginase ihre Wirksamkeit.[2] Rasches Eintragen in Pufferlösung von $p_H = 9{,}5$ und Zusatz von $Mn^{..}$ führt fast völlige Reaktivierung herbei.

Während die bisher beschriebenen Aktivierungen und Hemmungen unabhängig vom Reinheitsgrad der verwendeten Arginasepräparate sind, ist das Verhalten gegenüber oxydierenden und reduzierenden Substanzen stark vom Reinheitsgrad der Arginase abhängig, so daß sich in der Literatur die widersprechendsten Angaben finden. Wir gehen daher von dem eindeutig feststellbaren Verhalten der gereinigten Präparate aus und erwähnen im Anschluß daran das Verhalten der ungereinigten Arginase.

Gereinigte Arginase wird bei jedem p_H von Schwefelwasserstoff und Thiolverbindungen gehemmt.[3] Der Zusatz von Eisensalzen verhindert diese Hemmung. Roharginase wird von Thiolverbindungen zwar manchmal gehemmt, in den meisten Fällen aber bei bestimmten Wasserstoffionenkonzentrationen stark aktiviert.

Gegen freien Sauerstoff ist gereinigte Arginase völlig unempfindlich, während für die Roharginase die Schädigung durch Luftsauerstoff typisch ist. Noch empfindlicher ist Roharginase gegen Oxydationsmittel. Es ist daher sehr überraschend, daß gereinigte Arginase durch kleine Dosen vieler Oxydationsmittel kräftig aktiviert wird. Größere Dosen wirken auch hier vergiftend.

Solche Aktivierungen treten z. B. ein durch $^n/_{500}$ bis $^n/_{50000}$ Kaliumpermanganat, $0{,}002$—$0{,}0002\%$ Hydroperoxyd, $^n/_{500000}$ Jod-Jodkalium und $^n/_{500}$ bis $^n/_{5000}$ Kaliumpersulfat. Jod-Jodkalium wirkt schon in einer Konzentration von $/_{50000}$ hemmend. Während Reinarginase bei diesen Aktivierungen keines Sauerstoffüberträgers bedarf, wohl aber bestimmter Konzentrationen der Oxydationsmittel, wird die Roharginase nur durch bestimmte Redoxsysteme aktiviert, von denen wir folgende aufzählen:

$Fe^{..}$ oder $Fe^{...}$ + Cystein + Luftsauerstoff,[4]

$Fe^{..}$ + Cystin,[4]

$Fe^{...}$ + Ascorbinsäure.[5]

Völlig reduzierte oder völlig oxydierte Systeme, wie

$Fe^{..}$ + Cystein in Wasserstoffatmosphäre.[4]

$Fe^{...}$ + Cystin,[4]

Cystein[5] oder Ascorbinsäure[6] allein

sind unwirksam. Während man aus der Wirksamkeit des ascorbinsäurehaltigen Systems früher auf einen Reduktionsvorgang schloß, nimmt man jetzt nach KLEIN und ZIESE[3] an, daß es sich stets um sauerstoffübertragende Systeme handelt.

---

[1] A. ROSSI, A. RUFFO: Boll. Soc. ital. Biol. speriment. 14 (1939), 227.

[2] S. EDLBACHER, H. PINÖSCH: Hoppe-Seyler's Z. physiol. Chem. 250 (1937), 241.

[3] G. KLEIN, W. ZIESE: Hoppe-Seyler's Z. physiol. Chem. 222 (1933), 187; 229 (1934), 209; Klin. Wschr. 1935 I, 205.

[4] E. WALDSCHMIDT-LEITZ, L. WEIL, A. PURR: Hoppe-Seyler's Z. physiol. Chem. 215 (1933), 64; Z. Elektrochem. angew. physik. Chem. 40 (1934), 483.

[5] P. KARRER, F. ZEHENDER: Helv. chim. Acta 17 (1934), 737.

[6] S. EDLBACHER, FR. LEUTHARDT: Klin. Wschr. 1933, H. 47.

Histidase.

Spezifität.

Die Histidase spaltet Histidin in Glutaminsäure, Ameisensäure und Ammoniak:

$$
\begin{array}{c}
\text{CH—NH} \\
\|\quad\quad\;\diagdown\text{CH} \\
\text{C——N}\diagup \\
| \\
\text{CH}_2 \\
| \\
\text{HC—NH}_2 \\
| \\
\text{COOH}
\end{array}
\;+\;4\,H_2O \;\rightarrow\;
\begin{array}{c}
\text{COOH} \\
| \\
\text{CH}_2 \\
| \\
\text{CH}_2 \\
| \\
\text{HC—NH}_2 \\
| \\
\text{COOH}
\end{array}
\;+\;HCOOH\;+\;2\,NH_3.
$$

Zwei Moleküle Ammoniak werden allerdings nur bei Gegenwart von Natronlauge abgespalten. Bei Gegenwart von Soda wird nur ein Ammoniak in Freiheit gesetzt, und es bleibt ein labiles Zwischenprodukt bestehen, das S. EDLBACHER und J. KRAUS[1] für das Formylglutamin halten, ohne daß es ihnen möglich war, es zu isolieren.

Nur das natürlich vorkommende l-Histidin ist durch Histidase spaltbar. Selbst bei Verfütterung von d,l-Histidin werden 75—90% des d-Histidins im Harn wiedergefunden.[2] Als unspaltbar erwies sich ferner Methylhistidin, Imidazolylmilchsäure, Histidinmethylester, Imidazol.[1] Histamin wird nicht durch die Histidase, sondern durch die Histaminase gespalten, die jedoch keine Amidase ist.[3]

Vorkommen.

Histidase wurde bisher in den Lebern von Säugetieren, Gänsen, Hühnern und Fröschen festgestellt, wo sie mit der Arginase vergesellschaftet, aber in 100mal geringerer Menge als diese vorkommt.[1]

Die von B. BORGHI und C. TARANTINO[4] gefundene „Hauthistidase" ist keine Amidase; sie verbraucht bei ihrer Wirkung Sauerstoff und läßt den Imidazolring des Histidins unverändert.

Bestimmungsmethode und Einheiten.

Zur Bestimmung des Histidins füllt man 2 cm³ $^m/_5$ Histidinchlorhydratlösung mit 5 cm³ $^m/_5$ Phosphatpuffer von $p_H = 8$ und mit der Enzymlösung auf 20 cm³ auf. Das bei 38° freigesetzte Ammoniak wird nach FOLIN bestimmt.[1]

Eine *Histidaseeinheit* (H. E.) setzt unter diesen Bedingungen in 6 Stunden eine Ammoniakmenge frei, die 8 cm³ $^n/_{50}$ Schwefelsäure entspricht.

Darstellung und Reinigung.

Mit Kochsalzlösung blutfrei gespülte Katzenleber wird mit Quarzsand verrieben und mit der zehnfachen Menge Wasser ausgezogen. Eine gewisse Reinigung erfolgt durch Adsorption an Tonerde $C\gamma$ oder Kaolin bei saurer Reaktion und Elution mit Phosphatpuffer.[1]

Eigenschaften.

Die Histidase besitzt ein flaches p_H-Optimum bei $p_H = 8,0$—9,0; bei $p_H = 5$ zeigt sie noch geringe Wirkung.[1]

[1] S. EDLBACHER, J. KRAUS: Hoppe-Seyler's Z. physiol. Chem. 191 (1930), 225; 195 (1930), 268.
[2] E. ABDERHALDEN, H. HANSON: Fermentforsch. 15 (1937), 274.
[3] E. W. McHENRY, G. GARVIN: Biochemic. J. 26 (1932), 1365.
[4] Sperimentale 92 (1938), 89; Biochem. Z. 305 (1940), 101.

Gegen Wärme ist sie verhältnismäßig beständig: eine Temperatur von 50° zerstört sie nicht, bei 70° dagegen tritt in 10 Sekunden starke Schädigung ein.

Aktivierung und Hemmung.

Gonadotrope Hormone (Prolan) hemmen stark.[1] Daher findet man im Schwangerenharn vom zweiten Monat ab Histidin.

Von Schwermetallen hemmen Cu, Cd, Zn in $^m/_{10\,000}$ Lösung.[2]

Nucleotidaminasen.

a) Adenylsäureaminase.

Spezifität.

Die Adenylsäureaminase[3] hat als einziges Substrat die Muskeladenylsäure oder Ergadenylsäure, eine Adenin-9-ribosid-5-phosphorsäure, die sie unter Abspaltung von Ammoniak in Inosinsäure = Hypoxanthin-ribosid-phosphorsäure überführt:

$$+ \; H_2O \; \rightarrow \qquad\qquad + \; NH_3.$$

Wie vor allem die eingehenden Untersuchungen von G. Schmidt[4] erwiesen haben, ist sowohl die Stellung wie die Zahl der mit der Ribose veresterten Phosphorsäurereste für die Wirkung maßgeblich. Weder die Hefeadenylsäure = Synadenylsäure,[5] die eine Adenin-ribosid-3-phosphorsäure ist, noch die Desoxyriboseadenylsäure,[6] ein Abbauprodukt der Zoonucleinsäure, werden von der Adenylsäureaminase angegriffen. Auch die Adenylpyrophosphorsäure, die im Muskel viel reichlicher als Adenylsäure vorkommt und außer dem Phosphorsäurerest noch einen Pyrophosphorsäurerest an der Ribose trägt, ist kein Substrat der Adenylsäureaminase, ebensowenig das phosphorsäurefreie Adenosin, das von einem besonderen Ferment, der Adenosinase gespalten wird. Ferner ist die Purinkomponente für die Spezifität streng maßgebend. Weder Cytidinphosphorsäure, die an Stelle des Purins das ebenso gebaute Pyrimidinderivat besitzt (Aminogruppe in 6-Stellung), noch die Guanylsäure mit der Aminogruppe in 2-Stellung am Purinkern werden angegriffen.

---

[1] R. Kapeller, G. Boxer: Biochem. Z. **293** (1937), 207.

[2] S. Edlbacher, H. Baur, G. Köbner: Hoppe-Seyler's Z. physiol. Chem. **259** (1939), 171.

[3] G. Embden, C. Riebeling, G. E. Selter: Hoppe-Seyler's Z. physiol. Chem. **179** (1928), 149. — G. Embden, H. Wassermeyer: Ebenda **179** (1928), 226.

[4] Hoppe-Seyler's Z. physiol. Chem. **179** (1928), 243.

[5] G. Emden, G. Schmidt: Hoppe-Seyler's Z. physiol. Chem. **181** (1929), 130.

[6] W. Klein, S. J. Thannhauser: Hoppe-Seyler's Z. physiol. Chem. **224** (1934), 252; **231** (1935), 96.

Vorkommen.

Die Adenylsäureaminase findet sich gemeinsam mit Adenosinase im Muskel, zusammen mit Adenosinase, Guanylsäureaminase und Guanase in der Leber.

Bestimmung und Darstellung.

Um die Wirksamkeit der Adenylsäureaminase zu messen, läßt man sie bei $p_H = 6{,}0$ auf Adenylsäure einwirken und bestimmt nach der Versuchszeit das freigelegte Ammoniak durch Überdestillieren und Titrieren.

Zur Darstellung[1] schüttelt man die zerkleinerte weiße Muskulatur von Kaninchen dreimal mit dem vierfachen Volumen 0,85%iger Kochsalzlösung und saugt den fast keine Adenylsäureaminase enthaltenden Extrakt über feuchter Gaze ab. Der weiße Rückstand wird mit dem Dreifachen des ursprünglichen Muskelgewichtes an 2%iger Natriumbicarbonatlösung eine Stunde geschüttelt, dann mit Essigsäure annähernd neutralisiert und durch Faltenfilter filtriert.

Ohne die Vorextraktion mit physiologischer Kochsalzlösung hergestellte Präparate sind viel weniger rein, aber haltbarer.

Durch Adsorption an Aluminiumhydroxyd $C\gamma$ aus schwach essigsaurer Lösung und Elution mit sekundärem Natriumphosphat läßt sich ein bedeutender Reinigungseffekt erzielen. Außerdem sind die Elutionen frei von Adenosinsäure.

Eigenschaften.

Die Aktivitäts-p_H-Kurve[1] der Adenylsäureaminase zeigt ein scharfes Maximum zwischen p_H 5,7 und 6,1. Die Spaltung erweist sich bis zu 50% Umsatz als eine Reaktion erster Ordnung.

Die Adenylsäureaminase wird durch Phosphate und durch Magnesiumsalze stark gehemmt.

b) Guanylsäureaminase.[2]

Spezifität.

Die Guanylsäureaminase spaltet ausschließlich Guanylsäure = Guaninribosephosphorsäure. In Analogie zur Bildung von Inosinsäure aus Adenylsäure durch die Einwirkung der Adenylsäureaminase müßte das Spaltprodukt der Guanylsäure Xanthinribosephosphorsäure sein. Es tritt aber bemerkenswerterweise bei der Einwirkung von Guanylsäureaminase stets auch eine Abspaltung des Purinrestes von der Zuckerkomponente ein.

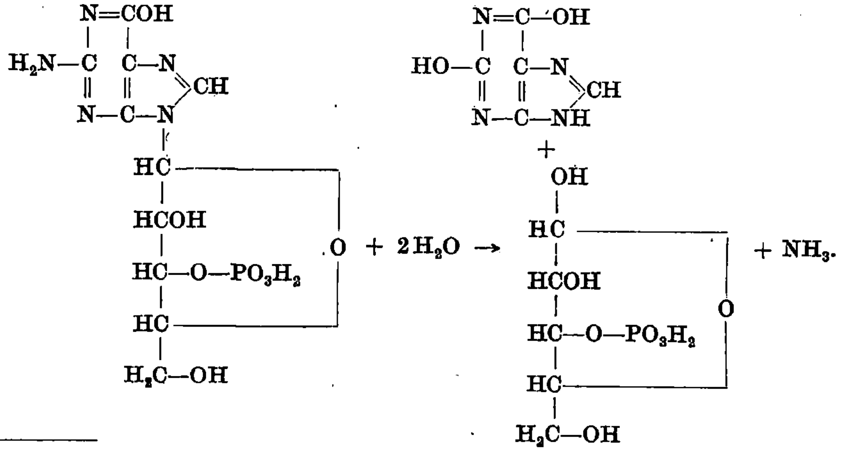

$$
\begin{array}{l}
\text{N=COH} \\
\quad | \qquad | \\
\text{H}_2\text{N—C} \quad \text{C—N} \\
\qquad \| \qquad \| \quad \diagdown\text{CH} \\
\quad \text{N—C—N} \\
\qquad\qquad | \\
\qquad \text{HC}———— \\
\qquad\qquad | \\
\qquad \text{HCOH} \qquad\qquad\qquad \text{O} \; + \; 2\,\text{H}_2\text{O} \;\rightarrow\; \\
\qquad \text{HC—O—PO}_3\text{H}_2 \\
\qquad\qquad | \\
\qquad \text{HC}———— \\
\qquad\qquad | \\
\qquad \text{H}_2\text{C—OH}
\end{array}
$$

$$
\begin{array}{l}
\text{N=C—OH} \\
\quad | \qquad | \\
\text{HO—C} \quad \text{C—N} \\
\qquad \| \qquad \| \quad \diagdown\text{CH} \\
\quad \text{N—C—NH} \\
\qquad\qquad + \\
\qquad\qquad \text{OH} \\
\qquad\qquad | \\
\qquad \text{HC}———— \\
\qquad\qquad | \\
\qquad \text{HCOH} \qquad\qquad\qquad \text{O} \; + \; \text{NH}_3. \\
\qquad \text{HC—O—PO}_3\text{H}_2 \\
\qquad\qquad | \\
\qquad \text{HC}———— \\
\qquad\qquad | \\
\qquad \text{H}_2\text{C—OH}
\end{array}
$$

<hr>

[1] G. SCHMIDT: Hoppe-Seyler's Z. physiol. Chem. 179 (1928), 243.
[2] G. SCHMIDT: Hoppe-Seyler's Z. physiol. Chem. 208 (1932), 185.

Die Spaltprodukte sind also Ammoniak, Xanthin und Ribosephosphorsäure, die als Bariumsalz isoliert werden konnte.

Vorkommen.

Die Guanylsäureaminase kommt in allen Organen mit Ausnahme des Muskels vor, der gerade die Adenylsäureaminase reichlich enthält. Am meisten findet sie sich in der Leber.

Eigenschaften.

Das p_H-Optimum der Guanylsäureaminase ist $p_H = 5,3$. Bei diesem p_H ist die Guanase, deren p_H-Optimum 9,2 ist, völlig unwirksam. Durch Spaltungsversuche bei saurer Reaktion konnte daher bewiesen werden, daß Guanase und Guanylsäureaminase zwei verschiedene Fermente sind. Auch wird Guanylsäureaminase durch Natriumfluorid schon in geringen Dosen (z. B. $n/_{400}$) völlig gehemmt, während bei Guanase fast die 100fache Menge Natriumfluorid zur völligen Inaktivierung erforderlich ist.

Nucleosidaminasen.

a) Adenosinase.

Spezifität.

Die Adenosinase spaltet nach den Untersuchungen von G. Schmidt[1] die Aminogruppe des Adenosins = Adenin-9-ribosids. Da aus der Erg- und der Syn-adenylsäure durch Abspaltung von Phosphorsäure dasselbe Ribosid entsteht, werden auch beide durch die Einwirkung von Phosphatase und Adenosinase gleichmäßig in Hypoxanthin-9-ribosid übergeführt. Die Aminogruppe des Adenins selbst wird von Adenosinase nicht angegriffen. Ein Adenin desaminierendes Enzym scheint es überhaupt nicht zu geben. Der Extrakt von Muskel und anderen Organen greift nach P. György und H. Röthler[2] zwar Adenosin selbst, aber Adenin so gut wie gar nicht an. Damit stimmt der Befund von O. Minkowski[3] überein, daß vom Hund nur das im Nucleinsäuremolekül chemisch gebundene, nicht aber das freie und giftig wirkende Adenin als Harnsäure bzw. Allantoin ausgeschieden wird. Da Hypoxanthin ohne Schwierigkeit in Harnsäure umgewandelt wird, muß gerade das Fehlen eines desaminierenden Enzyms das Adenin vor der Umwandlung schützen. Außer Adenosin wird nur noch Adenindesoxyribosid desaminiert.

Vorkommen.

Adenosinase ist in den tierischen Zellen weit verbreitet, aber in sehr verschiedener Konzentration. Reichlich findet sie sich nur im Muskel und in der Leber.

Bestimmungsmethode und Einheit.[4]

Die *Adenosinaseeinheit* ist diejenige Enzymmenge, die in 60 Minuten aus 8,0 mg Adenosin im Gesamtvolumen von 20 cm³, die 10 cm³ $n/_5$ Phosphatpuffer von $p_H = 6,2$ enthalten, 0,01 mg Ammoniak abspaltet.

Das gebildete Ammoniak wird nach Zusatz einer Suspension von gebrannter Magnesia mit Wasserdampf im Vakuum überdestilliert, in $n/_{200}$ H_2SO_4 aufgefangen und der Überschuß mit $n/_{200}$ Natronlauge zurücktitriert. Die Spaltung soll nicht mehr als 50% betragen.

---

[1] Hoppe-Seyler's Z. physiol. Chem. 179 (1928), 243.
[2] Biochem. Z. 187 (1927), 194.
[3] Naunyn-Schmiedebergs Arch. exp. Pathol. Pharmakol. 41 (1898), 375.
[4] G. Schmidt: Hoppe-Seyler's Z. physiol. Chem. 208 (1932), 185.

Darstellung.

Die Adenosinase ist zwar ein regelmäßiger Begleiter der Adenylsäureaminase im Muskel und in der Leber, aber sie ist ein schwierig freizulegendes Desmoenzym, so daß die zur Darstellung der Adenylsäureaminase verwendete Extraktion mit Bicarbonat nur sehr geringe Ausbeuten an Adenosinase liefert. G. Schmidt[1] unterwarf daher die zerkleinerte Muskulatur einer Autolyse bei schwach saurer Reaktion, wobei die Einstellung von p_H 6,0÷6,4 am besten mit einem Kalium-lactat-Milchsäurepuffer vorgenommen wurde. Noch wirksamer fand er die Verdauung des Muskelbreis mit Papain, das weder Adenosinase noch Adenyl-säureaminase angreift.

Zur Trennung von Adenosinase und Adenylsäureaminase erwiesen sich am besten Preßsäfte aus Kaninchenmuskulatur.[1] Sie wurden aufs Fünffache ver-dünnt und mit einem Fünftel dieses Volumens an Aluminiumhydroxyd $C\gamma$ (1 cm^3 = 0,011 g Al_2O_3) versetzt. Die Adenylsäureaminase wurde vollständig oder fast vollständig adsorbiert, während die Adenosinase vollständig in der Restlösung zurückblieb. Die Trennung der Adenosinase in Leberextrakten von Guanase wird bei dieser auf S. 291 beschrieben.

Eigenschaften.

Das p_H-Optimum der Adenosinase ist 6,2. Die Spaltung verläuft bis zu einem Umsatz von 50% geradlinig und ist unabhängig von Lösungsvolumen und Substratkonzentration. Silberionen hemmen die Adenosinase.[2]

b) Guanase.

Spezifität.

Die Guanase desaminiert nach der eingehenden Untersuchung von G. Schmidt[3] im Gegensatz zur Adenosinase sowohl das Nucleotid Guanosin = Guanin-ribosid, wie das freie Guanin. Es werden aber von ihr weder Guanylsäure noch die Guaninderivate Guanidin, Arginin, Kreatin und Kreatinin angegriffen.

Vorkommen.

Die Guanase findet sich in tierischen Organen, wie Leber, Milz und Darm. Sie fehlt dagegen im Muskel.[3] Nach K. Makino wird sie im Darm von Kaninchen[4] und im Pankreas von Rindern[5] nicht gefunden, während Adenosin von diesen desaminiert wird.

Bestimmungsmethode und Einheit.[3]

Man löst 44 mg Guanin in einem Meßkölbchen von 50 cm^3 Inhalt, das als Schutzkolloid 10 cm^3 0,5%ige Gelatinelösung enthält, durch tropfenweisen Zusatz der eben notwendigen Menge 33%iger Natronlauge. Dann fügt man weiter 30 cm^3 0,5%iger Gelatinelösung zu und neutralisiert vorsichtig mit 25%iger Salzsäure, bis Lackmuspapier eben gerötet wird, und füllt auf 50 cm^3 auf.

Die *Guanaseeinheit* ist diejenige Fermentmenge, die in einem Gesamtvolumen von 20 cm^3 bei Anwesenheit von 10 cm^3 Borat-Salzsäurepuffer von p_H = 8,7 nach Sørensen aus 5 cm^3 der oben beschriebenen Guaninlösung bei 40° in 30 Minuten 0,01 mg Ammoniak abspaltet.

---

[1] Hoppe-Seyler's Z. physiol. Chem. 179 (1928), 243.
[2] W. Klein: Hoppe-Seyler's Z. physiol. Chem. 224 (1934), 244.
[3] G. Schmidt: Hoppe-Seyler's Z. physiol. Chem. 208 (1932), 185.
[4] Hoppe-Seyler's Z. physiol. Chem. 225 (1934), 151.
[5] J. Biochemistry 27 (1935), 97.

Die Bestimmung des Ammoniaks erfolgt, wie bei Adenosinase auf S. 289 beschrieben.

Darstellung und Reinigung.

Die Guanase läßt sich aus der frischen zerkleinerten Leber durch Wasser oder Glycerin ausziehen. Geeigneter sind nach G. SCHMIDT Extrakte aus acetongetrockneter Kaninchenleber. Das Trockenpulver ist hygroskopisch und nur etwa 14 Tage unverändert haltbar. Man extrahiert das Pulver mit der 20fachen Wassermenge bei 40° eine halbe Stunde.

Zur Reinigung und zur Trennung von Adenosinase verwandte G. SCHMIDT die aufeinanderfolgenden Adsorptionen der Extrakte mit Ferri- und mit Aluminiumhydroxyd. Von der Eisenhydroxydsuspension, die nach der Vorschrift von R. WILLSTÄTTER, H. KRAUT und W. FREMERY[1] hergestellt war und 2,55% $Fe(OH)_3$ enthielt, wurde dem Leberextrakt ein Fünftel seines Volumens zugesetzt. Die abzentrifugierte Restlösung enthielt noch sämtliche Aminasen und wurde mit einem Fünftel ihres Volumens an Tonerdesuspension $C\gamma$ versetzt $(1 \text{ cm}^3 = 0,011 \text{ g } Al_2O_3)$. $n/_5$ *sek.* Natriumphosphatlösung eluierte aus dem abzentrifugierten, die Aminasen enthaltenden Adsorbat sowohl Guanase wie Adenosinase. Dagegen wurde mit $n/_5$ *prim.* Kaliumphosphatlösung ausschließlich Adenosinase, hierauf mit $n/_5$ *sek.* Natriumphosphatlösung fast nur Guanase eluiert.

Guanaselösungen jeden Reinheitsgrades werden durch 10 Minuten langes Stehen bei 60° stark geschwächt, bei 65° völlig inaktiviert. Zwischen 20° und 50° nimmt die Wirksamkeit mit steigender Temperatur stark zu.

Eigenschaften.

Die Aktivitäts-p_H-Kurve der Guanase besitzt nach G. SCHMIDT ein breites Maximum der Guanosinspaltung zwischen p_H 7 und 9,5 und ein nur wenig deutlicheres Maximum der Guaninspaltung bei p_H 9,2.

Die Geschwindigkeit der Ammoniakbildung aus Guanin ist unabhängig vom Lösungsvolumen und von der Substratkonzentration. Bis zu 50% Spaltung ist der Umsatz der angewandten Enzymmenge direkt proportional.

Durch Fluoride wird nach den Versuchen von G. SCHMIDT die Guanase gehemmt, aber wesentlich weniger als die Guanylsäureaminase. In Natriumfluoridkonzentrationen von $n/_{400}$ ist die Hemmung der Guanase eben bemerkbar, die von Guanylsäureaminase schon fast vollständig. $n/_8$ Natriumfluorid hemmt Guanase noch nicht vollständig. Nach W. KLEIN[2] hemmen Silberionen schon in Konzentrationen von 10^{-2} Mol pro Liter vollständig.

Pyrimidinaminasen.

Zur Desaminierung des Nucleotids Cytidylsäure[3] und des Nucleosids Cytidin[4] zu den entsprechenden Uracilderivaten scheinen zwei verschiedene Enzyme notwendig zu sein. Die freie Base selbst wird wie Adenin überhaupt nicht enzymatisch desaminiert.[5] Wohl aber wird durch Hefeextrakte die Aminogruppe aus 5-Methylcytosin unter Bildung von Thymin abgespalten.[6]

---

[1] Ber. dtsch. chem. Ges. **57** (1924), 1491.

[2] Hoppe-Seyler's Z. physiol. Chem. **224** (1934), 244.

[3] K. MAKINO: Hoppe-Seyler's Z. physiol. Chem. **225** (1934), 154.

[4] G. SCHMIDT: Hoppe-Seyler's Z. physiol. Chem. **208** (1932), 185.

[5] A. HAHN: S.-B. Ges. Morph. München **37** (1927), 1. — G. SCHMIDT: Hoppe-Seyler's Z. physiol. Chem. **179** (1928), 243.

[6] A. HAHN, W. HAARMANN: Z. Biol. **85** (1926), 275.

Biological Oxidation-Reduction Catalysts.

By

K. A. C. Elliott, Philadelphia (Pa.).

Inhaltsverzeichnis.[1]

Biologische Katalysatoren der Oxydation und Reduktion (Biological Oxidation Reduction Catalysts).

Seite

Einleitung 294

1. Kapitel: Allgemeine Übersicht 295

    Betrachtungsweisen der Oxydoreduktion 295
    Theorien der Oxydationsmechanismen............................... 296

        a) Die Wasserstoffaktivierungstheorie von Wieland............... 296
        b) Sauerstoffaktivierung 297

            I. Ältere Theorien 297
            II. Die Theorie von Warburg.............................. 298

        c) Hydrolysentheorien 300
        d) Physikalisch-chemische Theorien 300

    Oxydations-Reduktions-Überträger 302

        a) Cytochrom 302
        b) Cofermente I und II und verwandte Systeme.................. 304

            I. Cofermente I und II 304
            II. Dismutationen 306
           III. Gelbes Ferment und Flavin 307
           IV. Andere gelbe Fermente 310
            V. Cofermentfaktor, Diaphorase.......................... 310
           VI. Adrenalin und Adrenochrom.......................... 311
          VII. Brenzcatechin-o-chinon 311
         VIII. Zusammenstellung der Cofermentbeziehungen............ 311

        c) Glutathion 312
        d) Brenzcatechin-o-chinon..................................... 313
        e) Ascorbinsäure—Vitamin C.................................. 314
        f) Andere Cofermente und Überträger 315
        g) Zwischenstufen des Stoffwechsels als Überträger 316

---

[1] *Anm. d. Herausg.*: Da die Nomenklatur der Dehydrasen nicht konsequent durchgeführt ist und Namen, wie „Succinodehydrase", „Lacticodehydrase", „Glycerinphosphatdehydrase" trotz verschiedener Bildung nebeneinander gebraucht werden, wurde in der deutschen Übersetzung des Inhaltsverzeichnisses i. a. ein Ausgleich zwischen Konsequenz und Gebräuchlichkeit durch Benutzung des Ausdrucks „—*säure*-Dehydrase" angestrebt.

Seite

    I. Das C_4-Dikarbonsäuresystem von SZENT-GYÖRGYI.......... 316
   II. Der Zitronensäurezyklus von KREBS 317
  III. Oxyketosäuren 318
  IV. Formiat-Bicarbonat 318

Arten enzymatischer Oxydation und Reduktion; Nomenklatur und Einteilung.. 318
Arbeitsmethoden 324

2. Kapitel: Fermente der direkten Reaktion mit Sauerstoff 326

Das sauerstoffübertragende Ferment. Cytochromoxydase. Indophenoloxydase 326
Das gelbe Ferment.. 333
Xanthin- und Aldehydoxydasen 339
Aminosäureoxydasen 344
Uricase 347
Aminoxydase, Tyraminoxydase, Adrenalinoxydase.............. 349
Diaminoxydase, Histaminase 354
Phenoloxydasen, Phenolasen, Polyphenol- oder Brenzcatechinoxydase, Tyrosinase, Lackase 355
Ascorbinsäureoxydase...................................... 370
Dioxymaleinsäureoxydase 374
Oxalsäureoxydase 375
Glukoseoxydase... 376
Luciferase 378

3. Kapitel: Fermente der Reaktionen des Wasserstoffperoxyds............ 381

Peroxydase... 381
Katalase 389

4. Kapitel: Überträger.. 399

Cytochrom 399
Cofermente I und II 403
Andere Überträger 409

5. Kapitel: Fermente der Cytochromreduktion 412

Bernsteinsäuredehydrase 412
α-Glycerinphosphorsäuredehydrase (Cytochrom) 418
Cholindehydrase 420
Milchsäuredehydrase der Hefe 422
α-Oxyglutarsäuredehydrase................................ 424
Cofermentfaktor, Diaphorase 425
Gelbes Ferment... 429

6. Kapitel: Dehydrasen der Reaktion mit den Cofermenten I und II...... 430

Milchsäuredehydrase (Coferment) 430
Äpfelsäuredehydrase...................................... 435
β-Oxybuttersäuredehydrase................................ 439
Alkoholdehydrase 442
Aldehydmutase 447
Triosedehydrase.. 450
Ameisensäuredehydrase 452
Zitronen- oder iso-Zitronensäuredehydrase 455
α-Glycerinphosphorsäuredehydrase (Coferment) 459
Triosephosphorsäure- (Hexose-diphosphorsäure-) Dehydrase.......... 463
Hexosemonophosphorsäuredehydrase. „Zwischenferment".......... 469
Phosphohexonsäure- und Pentosephosphorsäuredehydrasen 474
Glukosedehydrase 476
Glutaminsäuredehydrase 478

Seite

7. Kapitel: Nicht eingeordnete Fermente 484

Brenztraubensäuredehydrase.. 484
Fettsäure- und andere Dehydrasen..: 489
Hydrogenase 490
Hydrogenlyase... 491
Äthylenhydrase, Fumarathydrase 493
Glyoxalase 495
Aminopherasen. Umaminierung..................................... 495
Oxydation und Reduktion anorganischer Stoffe..................... 497

8. Kapitel: Katalytische Systeme unter Benutzung von Zwischenstufen des
Stoffwechsels 497

Das C$_4$-Dicarbonsäuresystem von Szent-Györgyi 497
Der Zitronensäurezyklus von Krebs 503
Ketonsäuren-Oxysäuren... 505
Andere Systeme : 505

Introduction.

A continuous use of energy is involved in the maintenance of the dynamic processes characteristic of life. By far the greatest part of this energy is primarily derived from solar radiation and is stored as latent chemical energy in the complex organic compounds synthesized by green plants and by certain autotrophic bacteria. (This photosynthesis is essentially an oxidation-reduction whereby CO_2 is reduced to organic compounds, but the process will not be treated in this article.) The break-down of the organic compounds produced by photosynthesis provides the energy used by all higher organisms, animal and plant, and most micro-organisms. A few autotrophic bacteria, however, obtain their energy from the oxidation of inorganic materials.

The main source of energy, at least in animal tissues, is provided by oxidative degradation of organic compounds. A number of non-oxidative energy-yielding biological reactions are well known, such as the hydrolysis of creatine phosphate to creatine and phosphoric acid, but the energy for the necessary rebuilding of creatine phosphate is supplied by oxidative reactions. Considerable yields of energy are obtained by fermentation processes in which the total end products are not at a higher level of oxidation than the starting materials. But the cycles of reactions involved in fermentations always include oxidation-reduction steps. While oxido-reductions, as the main source of energy, support the dynamic processes of the cells, they are also concerned in other biological functions such as detoxification and luminescence.

There are many biological oxidation-reduction reactions which take place without the intervention of oxygen. In anaerobic organisms the reaction with molecular oxygen is dispensed with. But in animal and most plant tissues, molecular oxygen is the ultimate oxidizing agent. The necessity for a continuous supply of oxygen to the animal organism to bring about the oxidation of organic fuel materials derived from foodstuffs, with a consequent liberation of energy essential for life, has been realized since the work of Lavoisier in 1770. The organic substances oxidized in the tissues are, when isolated, nearly all quite stable to oxygen at ordinary temperatures, and do not undergo mutual oxido-reduction reactions when mixed. Study of the catalytic systems which bring about the oxidation-reduction reactions has been much accelerated during the past 20 years. We now have a great deal of information about the catalysts involved and some idea of the organization of the complex series and cycles of reactions which they bring about.

It is impossible in a limited review to treat exhaustively all biological oxido-reductions and the physico-chemical theory concerning them. The following chapters outline our present understanding of biological oxido-reduction mechanisms and summarize the main features of individual catalysts. The extensive early literature[1] on oxidation-reduction catalysts is only briefly referred to and attention is given mainly to more recent work.

The author wishes to express his gratitude to Dr. E. McDonald, Director of the Biochemical Research Foundation, for his encouragement during the preparation of this article, and to Mrs. A. Himmelberger-Longenbach for her valuable help in preparing the manuscript.

Chapter I. General Survey.

Aspects of Oxidation-Reduction.

In order to clarify the discussion it is necessary first to mention certain general aspects of oxidation-reduction processes, especially those aspects most useful in describing biological oxidations.

It must be remembered that oxidation and reduction cannot be separated, but are aspects of the same reaction. When a substance is oxidized, a substance must simultaneously be reduced. The substance reduced may be oxygen, or some other compound; or different molecules of the same substance, or even different groups within the molecule, may be oxidized at the expense of reduction of other molecules or groups.

The oxidation of organic compounds may consist in the addition of oxygen atoms or the removal of hydrogen atoms. Conversion of an alcohol into an aldehyde is as much an oxidation as the conversion of the aldehyde into the corresponding carboxylic acid.

With these considerations in mind the various types of oxidation-reduction have been classified[2] by the following formal equations in which substance A is oxidized and substance B is reduced.

$$a) \qquad AH_2 + B = A + BH_2,$$

$$b) \qquad A + BO = AO + B,$$

$$c) \qquad A + H_2O + B = AO + BH_2,$$

$$d) \qquad AH_2 + BO = A + H_2O + B.$$

In types $a)$ and $d)$ the substance oxidized is a "hydrogen donator", in types $b)$ and $c)$ it is an "oxygen acceptor". Simple oxidations by oxygen might be considered as special cases of $a)$ or $b)$, with the equations $AH_2 + O_2 = A + H_2O_2$ or $AH_2 + O = A + H_2O$, and $A + O = AO$. Type $a)$ represents a transfer of hydrogen atoms, type $b)$ a transfer of oxygen atoms, and types $c)$ and $d)$ the opposite aspects of a "hydrolytic oxidation-reduction".

These equations merely represent the final results of the processes and nothing

---

[1] Reviews: Kastle: Bulletin No. 59, Hygienic Laboratory, U. S. Public Health and Marine Hospital Service, Washington. — D. C. Battelli, L. Stern: Ergebn. Physiol., biol. Chem. exp. Pharmakol. 12 (1912), 96.

[2] Dixon: Biol. Rev. biol. Proc. Cambridge philos. Soc. 4 (1929), 352.

is assumed about the mechanism of the reactions. There may be no essential difference between the mechanisms involved in bringing about the various types of end results. But supporters of different theories of oxidation-reduction mechanism have often chosen one or other of the equations as according best with their theory.

According to one of the most important theories of the mechanism of oxidation, the theory of WIELAND, formulation according to a) is theoretically required. The majority of all oxidations of organic compounds involve a loss of hydrogen atoms. Even in cases such as the oxidation of aldehydes it is possible to assume that the mechanism involves a preliminary hydrate formation with a subsequent loss of hydrogen atoms to yield the acid. Thus type a) is the most convenient representation of biological oxidation-reductions and is generally used in formulating reactions. Structural considerations make it difficult to picture most dehydrogenations occurring otherwise than by the splitting off of two hydrogen atoms simultaneously.

Theories of the Mechanism of Oxidations.

It is not intended here to consider at any length the physico-chemical theories of the process of oxidation-reduction, but certain theories must be outlined since they have been the basis for a great deal of experimental work and with the help of them much of our knowledge of the catalysts of oxidation-reductions has been obtained.

a) The Hydrogen Activation Theory of WIELAND.

According to this theory, biological oxidation-reductions actually take place by direct transfer of hydrogen atoms from one molecule to another, that is, oxidations are essentially dehydrogenations and can best be represented as reactions of the type a) above. The theory of "hydrogen activation" was proposed to explain the occurrence of these dehydrogenations. Upon adsorption on the catalyst the molecule undergoing dehydrogenation has its configuration changed in such a way that its attraction for certain of its hydrogen atoms is weakened, and these atoms become active in reducing other substances.

The foundation of WIELAND's theory[1] was his work on oxidations brought about by platinum or palladium black. In the presence of palladium black, oxygen being absent, many organic substances in aqueous solution were oxidized and the palladium became charged with hydrogen. Glucose, for instance, in the absence of oxygen could be oxidized to CO_2. On admitting oxygen or a reducible substance, these became reduced and the palladium discharged; or the charged palladium would give off hydrogen on heating. This and other observations led WIELAND to conclude that oxidation-reduction processes among organic compounds are basically hydrogen transfers. In cases, such as the oxidation of aldehydes, when the oxidation results in the gain of an oxygen atom, he supposes that the compound loses hydrogen from a hydrated form. In this connection WIELAND quotes the fact that in benzene solution chloral cannot reduce silver oxide, whereas chloral hydrate can do so. Aldehydes were among the substances which were found to charge palladium black with hydrogen. It should be noted that in the case of the palladium model system, the palladium is acting both as catalyst for the activation of the organic compound and as primary hydrogen acceptor.

---

[1] Review: WIELAND: Ergebn. Physiol., biol. Chem. exp. Pharmakol. 20 (1922), 477.

The work on the dehydrogenases (or dehydrases) begun by Thunberg[1] brought strong support to the theory of hydrogen transport. Thunberg showed that enzymes of animal tissues could induce the oxidation of numerous organic substances in the absence of oxygen, the hydrogen being transferred to a reducible dye, methylene blue. As will be shown later, a number of the dehydrogenases are actually unable to use molecular oxygen as primary oxidizing agent or hydrogen acceptor. The majority of biological oxidations can be conveniently viewed from Wieland's standpoint.

Atomic hydrogen has been shown by Taylor[2] to react with oxygen to give hydrogen peroxide. Similarly "nascent" hydrogen produced by electrolysis or by the action of acids on metals, has been shown to react with oxygen in solution to give hydrogen peroxide. Wieland found that a great many autoxidizable substances, such as hydrazobenzene, indigo-white, and thiophenol, produce H_2O_2. These observations indicate that when oxygen acts as hydrogen acceptor, the first stage of its reduction is hydrogen peroxide. It was therefore of importance to the theory that Thurlow[3] found that in the aerobic oxidation of xanthine or aldehyde, brought about by the milk enzyme, considerable amounts of hydrogen peroxide were formed. A number of enzymic oxidations in which hydrogen peroxide is formed are now known. (It is not always easy to prove the production of hydrogen peroxide since it can itself act as hydrogen acceptor, being reduced to water, and it is readily destroyed by catalase which is commonly present.) Though hydrogen peroxide formation accords well with Wieland's theory of hydrogen activation, the theory does not suggest that hydrogen atoms or ions are given off, but merely that they are rendered labile or "active" as a result of the adsorption of the compound on the catalyst.

b) Oxygen Activation.

1. Early theories.

Oxygen activation theories were common among the earliest workers. Schönbein[4] considered that plant tissues and blood contained organic substances which ozonize oxygen and then combine with the ozone to give peroxides which can oxidize other substances such as guaiacum. Hoppe-Seyler[5] generalized the observation that putrefactive bacteria produce hydrogen and considered that the oxidizing ferments in some way produce active or nascent hydrogen which can react with molecular oxygen to give water and an atom of active oxygen, and the latter can combine with oxidizable substances.

Bach and Chodat[6] in their studies of plant oxidases (laccase, tyrosinase) considered that the oxidation of the substrate is caused by two systems, an "oxygenase" which is a substance which takes up oxygen to give a peroxide, and a "peroxidase" which activates this peroxide, or added hydrogen peroxide, to oxidize the substrate. The "oxygenase" was later shown[7] to consist of catechol or derivatives and an oxidase. Under the influence of the oxidase the catechol

---

[1] Thunberg: Skand. Arch. Physiol. 35 (1917), 163; 40 (1920), 1. — Review: Ahlgren: Ibid. 47 (1926), Suppl.

[2] Taylor: J. Amer. chem. Soc. 48 (1926), 2840.

[3] Thurlow: Biochemic. J. 19 (1925), 175.

[4] Schönbein: Arch. physiol. Heilk. 1856, 1.

[5] Hoppe-Seyler: Hoppe-Seyler's Z. physiol. Chem. 2 (1878), 1; Ber. dtsch. chem. Ges. 12 (1879), 1551.

[6] Bach, Chodat: Ber. dtsch. chem. Ges. 36 (1903), 606 and other papers, 1902–1908 in the same journal.

[7] See p. 314.

or other polyphenol is oxidized to an o-quinone by molecular oxygen. The o-quinone being a strong oxidizing agent then oxidized the other substrates. Hydrogen peroxide with peroxidase could also oxidize the phenolic substrates studied.

2. Warburg's theory.

Though developments of the last few years, especially work from his own laboratory, have considerably amplified and modified his view, Warburg's original theory of cell respiration assumed great prominence and was the basis for much of the most important work on respiratory catalysis.

The view-point of Warburg was directly opposed to that of Wieland. According to Warburg's[1] view of biological oxidations, activation of oxygen, not of hydrogen in the molecule to be oxidized, is the essential process of respiration. This activation is brought about by iron held in complex combination on cell surfaces.

Warburg first studied the inhibitory effect of various narcotics such as urethanes and alcohols on cell respiration and came to the conclusion that their inhibitory power was proportional to their adsorption on active surfaces and that they simply prevented access of normal reactants to these surfaces at which respiration takes place. On the other hand the inhibition produced by certain substances, such as HCN and H_2S in low concentration, was very much greater than could be accounted for by general adsorption, and these substances were known to inhibit strongly most reactions catalyzed by iron. The respiration of sea urchin eggs, yeast, and birds' red blood corpuscles was inhibited by cyanide,[2] and various authors[3] have shown that HCN inhibits vital processes, especially respiration.

Warburg then studied the behavior of a "cell model". He found that blood charcoal suspended in water was able to cause the oxidation by molecular oxygen of many substances, including some amino-acids, and the effects of narcotics and cyanide on this system were very similar to their actions on the cell.[4] He prepared iron-free charcoal by heating cane-sugar with silicate and found this inactive.[5] But if iron and an organic nitrogen compound were added before heating, the charcoal obtained was active.

The importance of heavy metal is apparent in many oxidations. Warburg and Sakuma showed that the autoxidation of cysteine is dependent upon traces of metal; cyanide inhibits it while additions of iron or copper accelerate it. Similar observations were made on the previously known[6] oxidation of fructose in phosphate solution. Cyanide inhibits the enzymes of the phenol oxidase group. There are many other supporting examples.

---

[1] Warburg: Collection of papers on this subject 1912–1927: Über die katalytischen Wirkungen der lebendigen Substanz. Berlin: Julius Springer, 1928.

[2] Warburg: Hoppe-Seyler's Z. physiol. Chem. 66 (1910), 413; 70 (1910), 304.

[3] Review: Hyman: Amer. J. Physiol. 48 (1919), 340.

[4] See the article of Schwab and Rost on "Fermentmodelle" in this volume. — Wieland and Bergel [Liebigs Ann. Chem. 439 (1924), 196] pointed out that the charcoal model oxidizes amino-acids (and a few substances such as oxalic acid) but does not oxidize fatty acids, glucose, succinic acid, etc. Amino-acids were oxidized to the imino-acid which was hydrolyzed to the aldehyde, NH_3, and CO_2. Thus the actual oxidation was a dehydrogenation, a loss of two H atoms. Further, dinitro-benzene could replace oxygen as hydrogen acceptor. The catalysis is therefore not simply oxygen activation; the amino-acid is activated as by a dehydrogenase.

[5] It should be mentioned that, by heating cane-sugar without silicate, Warburg obtained an iron-free charcoal with appreciable activity, and this activity was not inhibited by cyanide.

[6] Meyerhof, Matsuoka: Biochem. Z. 150 (1924), 1.

WARBURG found that CO inhibits cell respiration, that the CO competes with O_2 for the respiratory enzyme, and that light dissociates the CO compound, thus liberating the enzyme and diminishing the inhibition. The variation in effectiveness of light of different wave lengths in diminishing CO inhibition corresponds closely to the absorption spectrum of a CO-haemochromogen. WARBURG concluded that the oxygen activating enzyme is a haem derivative, an iron-porphyrin-protein complex. In WARBURG's early view this haemochromogen-like oxygen-activating catalyst, varying slightly according to the organism, was the sole[1] respiratory enzyme in the normal cell. He called it, therefore, the Respiratory Enzyme, "Das Atmungsferment", or "Das sauerstoffübertragende Ferment der Atmung"

Work by various other authors has emphasized the importance of iron, and of the respiratory enzyme, in determining the oxygen uptake of tissues, but has shown that its activity *alone* cannot account for the respiration. DIXON and ELLIOTT[2] found that while the respiration of minced or sliced animal tissues in phosphate buffer or RINGER solution was largely inhibited by cyanide, a fraction of the respiration continued even in very high cyanide concentrations. But ALT[3] found that the oxygen uptake of animal tissues in more normal, bicarbonate buffered, medium could be practically completely inhibited by cyanide, and WARBURG maintained that the many dehydrogenases and other cyanide insensitive systems were artefacts, denatured residues of the "Atmungsferment". FLEISH[4] showed that the aerobic oxidation of succinic acid by "succinoxidase" preparations is completely inhibited by cyanide, but cyanide does not affect the reduction of methylene blue by the system. SZENT-GYÖRGYI[5] put forward the idea that the oxidation of succinate depends upon the co-operation of two enzymes one of which activates the oxygen and the other activates the organic molecule in the WIELAND sense. Some such modification of WARBURG's view was necessary, since otherwise a general combustion of cell constituents under the action of the unspecific oxygen activating enzyme might be expected. Various dehydrogenases such as those specific for lactic and citric acids were able to bring about the oxidation of their substrates with methylene blue as hydrogen acceptor but would not take up molecular oxygen directly. Certain oxidizing systems, like xanthine oxidase and tyramine oxidase, would use molecular oxygen but were apparently insensitive to HCN and CO. It became evident therefore that respiratory mechanisms exist which are not dependent solely upon oxygen activation by the respiratory catalyst.

Recently, WARBURG has himself discovered oxidation enzymes other than the first respiratory enzyme and has largely elucidated their interaction. But the first respiratory enzyme maintains its essential role as the primary catalyst for reaction with oxygen. WARBURG[6] has calculated from spectroscopic observations of the rate of oxidation and reduction of cytochrome (see below) in yeast, that the whole oxygen uptake is mediated by cytochrome. Since cytochrome is oxidized by oxygen through cytochrome oxidase, which has been identified with the respiratory ferment, this result adds evidence that the respiratory ferment is responsible for practically all the primary oxygen usage by cells.[7]

---

[1] WARBURG: Biochem. Z. 163 (1925), 252; 201 (1928), 486.

[2] DIXON, ELLIOTT: Biochemic. J. 23 (1929), 812.

[3] ALT: Biochem. Z. 221 (1930), 498.

[4] FLEISCH: Biochemic. J. 18 (1924), 294.

[5] SZENT-GYÖRGYI: Biochem. Z. 150 (1924), 195.

[6] WARBURG: Naturwiss. 22 (1934), 441.

[7] A number of exceptions among micro-organisms are known; for instance the respiration of *Chlorella* is insensitive to cyanide [EMERSON: J. gen. Physiol. 10 (1927), 469]. If *Chlorella* is supplied with glucose, the extra respiration is cyanide sensitive.

The nature of the respiratory ferment itself will be discussed in Chapter 2. Its relation to other oxidation-reduction mechanisms is outlined lower in this chapter.

In the light of modern work the theory of "oxygen activation" has become obsolete. It is now recognized that oxygen does not oxidize the substrate directly, as a result of an ill-defined "activation" of oxygen by the enzyme, but the oxygen oxidizes a constituent of the enzyme molecule which then oxidizes the substrate.

WARBURG used the term "Sauerstoffübertragung" which describes the process better than "oxygen activation" though the latter expression has generally been used in translating WARBURG's work. But "Sauerstoffübertragung" is now known to be an incomplete description of oxidation catalysis since the enzyme enters into specific relation with the reductant as well as with the oxidant. In fact the term cannot properly be applied in many cases since many oxidation-reduction enzymes will not use oxygen as oxidant, and others will use a variety of compounds as oxidant as well as oxygen.

c) Hydrolysis Theories.

TRAUBE,[1] who was perhaps the first to think of enzymes as definite protein-like chemical compounds widely distributed in nature, believed that oxidation reduction enzymes belonged to two or three classes. The first class combined with molecular oxygen, which was then transferred to oxidizable substances. A second class occasioned the splitting of water molecules bringing about a reaction of type c) (cf. p. 295). The hydrogen reduced a reducible substance or, in the case of putrefactive bacteria, was liberated as gas, the oxygen was transferred to an oxidizable substance. BACH[2] also regarded biological oxidation reduction enzymes as occasioning either a direct combination with oxygen, or a splitting of water when molecular oxygen was not involved in the reaction.

WIELAND's dehydrogenation theory, when applied to the oxidation of substances such as aldehydes which have first to be hydrated before hydrogen can be split off, may be also regarded as involving the splitting of water. There are other examples of oxidation-reduction in which a splitting of water may be regarded as essential. For instance KREBS[3] has recently shown that when acetate is oxidized to CO_2 by $B.$ $coli$ with fumarate as hydrogen acceptor, part of the hydrogen and oxygen atoms must be derived from water to satisfy the equation.

d) Physico-Chemical Theories.

None of the above theories attempts to explain biological oxidations in physical chemical terms. The essential oxidation-reduction process can be regarded as a transfer of electrons from the substance oxidized to the substance reduced. This view describes the oxidation-reduction of ionized systems such as inorganic salts very conveniently (e.g.. $Fe^{\cdot\cdot} \longrightarrow Fe^{\cdot\cdot\cdot} + e$). But while electron transfer is probably the basic event in oxidation-reductions, it does not provide a very convenient method for expressing the oxidation of organic substances, and only in recent years has enough been known concerning the details of biological oxidations to allow us to consider the physical aspects of the processes satisfactorily. It is, of course, possible to interpret all oxidations as electron

---

[1] TRAUBE: Ber. dtsch. chem. Ges. 10 (1877), 1984.
[2] BACH: Arch. Sci. physiques natur. 35 (1913), 240; Ber. dtsch. chem. Ges. 46 (1913), 3864.
[3] KREBS: Biochemic. J. 31 (1937), 2095.

transfers or shifts. For instance a reaction of type a) may take place as follows:

1. $\qquad$ $AH_2 \rightleftharpoons A'' + 2\,H\cdot$.

2. $\qquad$ $A'' + B = A + B''$.

3. $\qquad$ $B'' + 2\,H\cdot \rightleftharpoons BH_2$.

The reducing substance is ionized, giving off two hydrogen ions. The actual oxidation then takes place by transfer of electrons from the ionized reducer to the oxidant. The hydrogen ions follow the electrons to the reduced oxidant. The only difference from WIELAND's view would be that the electrons and hydrogen ions pass separately instead of together. In many cases the active hydrogen atoms are acidic and some ionization can be expected. The hydrolysis and other theories of oxidation-reduction can also be translated into electron transfer terms.

The role of the catalyst according to the physico-chemical view can be of at least two kinds. The catalyst may be a substance which is readily reduced by, that is accepts electrons from, the reducer, while the reduced catalyst is readily oxidized by, that is donates electrons to, the oxidizer. The catalyst transports hydrogen atoms or electrons from the reducer to the oxidizer. Or the catalyst may be a substance which adsorbs either or both of the substrates in such a way, and subjects them to such physical forces, that hydrogen atoms or electrons become unstable on the reducer and readily pass to the oxidizer.[1] Modern research on the enzymes and their coenzymes seems to indicate that many biological oxidations involve simultaneously both kinds of catalytic activity.

These two types of catalysis have been combined in a recent theory of SZENT-GYÖRGYI. He and his school[2] studied the metal catalyzed oxidations of ascorbic acid and catechol by molecular oxygen. They indicated that both oxygen and the ionized organic molecule are co-ordinated into a single complex molecule. Within the molecule electron shifts occur, electrons passing from the organic residue via the metal to the oxygen. As a result the oxygen is reduced (i.e. its co-valent bonds are replaced by electrons), it leaves the complex and combines with hydrogen ions of the external water, giving hydrogen peroxide or water; the organic molecule rearranges to give a stable oxidized form and leaves the complex. The formation of ionized complexes with iron and the mechanism of electron transfer from the organic molecule via the complex bound iron to oxygen, also bound to the iron, were studied and discussed some years previously by SMYTHE.[3] (ELLIOTT[4] had shown that the oxidation of cysteine was not catalyzed by free iron or copper, but by a complex of the metal with the organic compound.) Similar studies of the SZENT-GYÖRGYI school on sulfite oxidation suggested the same mechanism for this oxidation and it was indicated that another molecule, particularly a nitrogen-containing compound can also be co-ordinated with the metal in the complex. This molecule may influence the properties of the complex in such a way that the reaction is inhibited or accelerated. It was suggested that in this way the specific protein constituent of an enzyme may determine the properties of a metal complex and give rise to the specific character of the enzyme. It was further suggested that, in many cases, hydrogen acceptors other than oxygen may take part in the formation of these

---

[1] QUASTEL: Biochemic. J. 20 (1926), 166.

[2] BANGA, GERENDAS, LAKI, PORGES, STRAUB, SZENT-GYÖRGYI: Hoppe-Seyler's Z. physiol. Chem. 254 (1938), 147.

[3] SMYTHE, SCHMIDT: J. biol. Chemistry 88 (1930), 241. — SMYTHE: Ibid. 90 (1931), 251.

[4] ELLIOTT: Biochemic. J. 24 (1930), 310.

complexes and the electron transfers that occur within them. It may be discovered that dehydrogenases contain a metal amd depend upon it for their action.

Szent-Györgyi's tentative theory contains within it both the ideas of oxygen activation and hydrogen (or electron) transfer, and the two aspects of catalysis, the reversible oxidation and reduction of an intermediary (the metal) and the specific activating activity of the protein constituent of an enzyme. But recent work, mainly from the Warburg school,[1] shows that certain oxidizing enzymes do not contain metal in their prosthetic groups. The principle of the electron shifts through the prosthetic group in the complex, could, however, still be postulated.

In most cases it is convenient to express the results of oxidation-reductions among organic compounds as transfers of hydrogen atoms. This mode of representation is most common in the literature and will in general be used in the remainder of this article.

Oxidation-Reduction Carriers.

a) Cytochrome.

The work of Keilin[2] has largely cleared up the apparent contradiction between the two main views of biological oxidations, the ideas of oxygen activation and of hydrogen activation. Keilin observed by spectroscopic methods the presence in most living cells, of a series of pigments which he called collectively "cytochrome". These pigments exist in oxidized and reduced forms. The oxidized forms show only a faint and indefinite spectrum but the reduced forms show strong absorption bands. In his original work he recognized three of these pigments, usually occurring together. In the reduced state four absorption bands were seen, a, b, c, and d; bands a, b, and c, were attributed respectively to cytochromes a, b, and c, while band d, appeared to be a fusion of three bands, one being contributed by each of the cytochromes.

Keilin showed that if, for instance, a suspension of yeast cells is examined spectroscopically, the four bands of reduced cytochrome are clearly seen. On bubbling air through the suspension the bands dissappear but reappear again as soon as the bubbling is stopped or nitrogen is used instead of air. Similar results can be obtained with animal tissues. Evidently cytochrome is rapidly reduced by systems in the cell and the reduced cytochrome is rapidly re-oxidized in the presence of oxygen. Cytochrome must therefore act as an intermediary between reducing systems of the cell and oxygen, i.e. it may be regarded as a transporter of hydrogen from reducing substances to the oxygen. Since the processes are rapid it must play a considerable part in the respiration of the cell.

Keilin studied the action of respiration inhibitors such as those used by Warburg. The addition of the indifferent narcotics (which Warburg considered to act by covering surfaces, so preventing oxygen activation) prevents the *reduction* of cytochrome but does not inhibit its oxidation. For instance, if ethyl urethane is added to a yeast suspension, the cytochrome is at once oxidized and is not reduced again even in the absence of oxygen. The indifferent narcotics, therefore, do not act on the oxygen activating system of the cell but on its reducing systems. Cyanide, on the other hand, added to the suspension in very low concentration (M/10000) completely inhibits the oxidation of the cytochrome, at least of forms a and c. The cytochromes a and c remain reduced and

[1] See for example, Warburg, Christian: Biochem. Z. 298 (1938), 150.

[2] Keilin: Proc. Roy. Soc. (London), Ser. B 98 (1925), 312; 100, (1926), 129; 104 (1929), 206. — Review: Keilin: Ergebn. Enzymforsch. 2 (1933), 239.

do not become oxidized even when oxygen is bubbled through the suspension. Even if the cytochrome is first kept oxidized by bubbling air through the suspension and then a trace of cyanide is added, the reduction is immediate. Cyanide does not inhibit the reducing systems. Cytochrome b appears to be autoxidizable even in the presence of cyanide. For convenience the word cytochrome will denote components a and c in what follows, unless otherwise indicated.

It is evident that cyanide and the indifferent narcotics act on entirely different systems. Cytochrome acts as a carrier between catalytic systems which reduce it and are inhibited by indifferent narcotics, and a catalytic system which oxidizes it with oxygen and which is inhibited by cyanide. The systems directly or indirectly responsible for the reduction of cytochrome proved to be the dehydrogenase systems.[1] The catalyst responsible for the oxidation of reduced cytochrome proved to be the well-known "indophenol oxidase" which almost certainly is also identical with WARBURG's "Respiratory Enzyme".

The evidence for these conclusions was based on various observations including the following: Dehydrogenases are inhibited by narcotics which prevent the reduction of cytochrome; they are not inhibited by cyanide, which does not inhibit cytochrome reduction. By washing a tissue with water, the reducing substrates for the dehydrogenases are removed and cytochrome reduction ceases; on adding known substrates such as succinate to the washed tissue the power to reduce cytochrome is restored. It was mentioned previously that FLEISCH had found that "succinoxidase" preparations plus succinate would take up oxygen rapidly, or, in the absence of oxygen, would reduce methylene blue. When a little HCN was added the oxygen uptake ceased but the power to reduce methylene blue remained. KEILIN's work explains this. The succinic dehydrogenase is unable to react directly with oxygen, but can bring about the reduction of methylene blue. "Succinoxidase" preparations contain cytochrome and the indophenol oxidase. The indophenol oxidase is concerned in the utilization of molecular oxygen and cyanide inhibits its action. The cytochrome acts as intermediary or carrier between the dehydrogenase and the oxidase.

The indophenol oxidase had long been known as a widely distributed enzyme which used oxygen to oxidize the "indophenol" or "nadi" reagent (α-naphthol + + dimethyl-p-phenylene diamine) to give indophenol blue,[2] or p-phenylene diamine itself giving the diimine which was converted to dark colored products.[3] KEILIN found that HCN and H_2S inhibit respiration, the oxidation of cytochrome, and the production of indophenol blue or the oxidation of p-phenylene diamine, in the same way. Indifferent narcotics do not inhibit these reactions nor does pyrophosphate, which is known to inhibit many iron-catalyzed reactions. WARBURG has shown that carbon monoxide inhibits the respiration of yeast, that there is a "competition" between CO and oxygen, and that light removes the inhibition. In fact WARBURG used this inhibition and the effects of light of different wavelengths to characterize the "Respiratory Enzyme". KEILIN showed that the effects of CO and light were quite similar on the indophenol oxidase.

Lately KEILIN[4] has shown, that the oxidation of the "nadi reagent" or p-phenylene diamine is not catalyzed directly by the indophenol oxidase but that cytochrome acts as intermediary in these oxidations also. It thus appears

---

[1] Recent work has shown that very few dehydrogenases can effect the reduction of cytochrome directly. See e.g. OGSTON, GREEN: Biochemic. J. 29 (1935), 1983. Indirect reductions are discussed later.

[2] RÖHMANN, SPITZER: Ber. dtsch. chem. Ges. 28 (1895), 567.

[3] BATTELLI, STERN: Biochem. Z. 46 (1912), 317.

[4] KEILIN: Proc. Roy. Soc. (London), Ser. B 125 (1938), 171.

that the oxidase in question can catalyze the oxidation of only one type of substance, namely the cytochromes. The use of the term "indophenol oxidase" is therefore being discontinued and the catalyst is now known as "cytochrome oxidase". The term "Respiratory Enzyme" is still used in certain cases especially as its identity with cytochrome oxidase is still doubted by some workers. As mentioned previously, Warburg has calculated from spectroscopic observations that the whole of the oxygen uptake of yeast is carried through cytochrome.

b) Coenzymes I and II and Related Systems.

I. Coenzymes I and II.

Soon after Thunberg's work on the dehydrogenases it began to be realized that certain thermostable substances were necessary for their action. Even before the recognition of the dehydrogenases, Battelli and Stern[1] had shown that the respiration of washed muscle is increased by addition of an aqueous extract of the tissue. They called the material responsible "Pnein". Meyerhof[2] showed a similar increase in respiration with a boiled extract, "Kochsaft", and while he recognized that Kochsaft contains oxidizable metabolites he gave evidence[3] that it activated the oxidation of lactate and that the substance responsible for this activation also behaved as co-zymase, the coenzyme of alcoholic fermentation. Lipschitz and Gottschalk[4] showed that boiled extracts accelerated the reduction of dinitrobenzene by a number of dehydrogenase systems. The early work was criticized by Holden[5] but definite evidence was finally produced by Szent-Györgyi and by Euler and Nilsson. Szent-Györgyi and Banga[6] showed that the lactic dehydrogenase definitely requires the presence of a thermostable dialyzable coenzyme for its activity, and that the coenzyme is a nucleotide.[7] Euler and Nilsson[8] proved that for the oxidation of hexosediphosphate both an enzyme and a coenzyme are necessary. Andersson[9] showed that co-zymase will behave as the coenzyme of lactate and malate dehydrogenation. This coenzyme has since been found by various workers to be necessary for the activity of a number of dehydrogenases (see page 320 and Chapter 6) and it has been shown[10] to be identical with co-zymase. One of the main functions[11] of co-zymase in alcoholic fermentation and in lactic acid formation by muscle is now known to be its activity in oxidation-reduction processes.

Warburg and Christian[12] obtained from red blood cells a coenzyme which was necessary for the activity of a hexosemonophosphate dehydrogenase (called by them "Zwischenferment"). The coenzyme was isolated and shown to be a type

---

[1] Battelli, Stern: Abderhaldens Handbuch der biochemischen Arbeitsmethoden, Bd. 3, S. 444. 1910.

[2] Meyerhof: Hoppe-Seyler's Z. physiol. Chem. 101 (1918), 165; 102 (1918), 1.

[3] Meyerhof: Pflügers Arch. ges. Physiol. Menschen Tiere 175 (1919), 20.

[4] Lipschitz, Gottschalk: Pflügers Arch. ges. Physiol. Menschen Tiere 191 (1921), 1.

[5] Holden: Biochemic. J. 17 (1923), 361; 18 (1924), 535.

[6] Szent-Györgyi: Biochem. Z. 157 (1925), 50. — Banga, Szent-Györgyi: Ibid. 246 (1932), 203; Hoppe-Seyler's Z. physiol. Chem. 217 (1933), 39.

[7] Banga, Laki, Szent-Györgyi: Hoppe-Seyler's Z. physiol. Chem. 217 (1933), 39.

[8] Euler, Nilsson: Hoppe-Seyler's Z. physiol. Chem. 160 (1926), 234.

[9] Andersson: Hoppe-Seyler's Z. physiol. Chem. 217 (1933), 86.

[10] Euler, Nilsson: Hoppe-Seyler's Z. physiol. Chem. 162 (1926), 264; 163 (1926), 202. — Euler, Myrbäck: Ibid. 165 (1927), 28.

[11] Possibly another function is connected with the transference of phosphoric acid groups. Euler, Adler: Hoppe-Seyler's Z. physiol. Chem. 252 (1938), 41.

[12] Warburg, Christian: Biochem. Z. 242 (1931), 216; 254 (1932), 438; 266 (1933), 408; 282 (1935), 157; 287 (1936), 291.

of dinucleotide; its molecule consists of 1 mol. of nicotinic acid amide, 1 mol. of adenine, 2 mols. of pentose and 3 mols. of phosphoric acid. Its activity depends upon the pyridine structure of the nicotinic acid amide. This group can be reversibly reduced and oxidized by taking up and losing 2 atoms of hydrogen. It is reduced by the donator under the influence of the dehydrogenase and it is re-oxidized by a suitable acceptor, such as WARBURG and CHRISTIAN's "Yellow Enzyme" (see next section). It thus behaves as a carrier or hydrogen transporter. WARBURG and CHRISTIAN called their coenzyme "the hydrogen transporting co-enzyme". This coenzyme which is present in yeast and other cells has since been found to act in conjunction with several dehydrogenases (see page 320 and Chapter 6).

Co-zymase had been largely purified and found to be a nucleotide containing adenine by EULER and MYRBÄCK.[1] After the structure of the second coenzyme had been clarified, the schools of EULER[2] and WARBURG[3] soon showed that the structure of co-zymase is very similar. It is, in fact, the same except that co-zymase contains two instead of three phosphoric acid groups. The two coenzymes have been called by WARBURG "triphospho-pyridine-nucleotide" and "diphospho-pyridine-nucleotide". The diphospho-pyridine-nucleotide, co-zymase, behaves as a carrier through reversible oxidation of its pyridine group, in the same way as does the triphospho-pyridine-nucleotide.[4] For convenience EULER has introduced the terms "Coenzyme I" or "Co-dehydrogenase I" for co-zymase, diphospho-pyridine-nucleotide, and "Coenzyme II" or "Co-dehydrogenase II" for WAR-BURG and CHRISTIAN's triphospho-pyridine-nucleotide. EULER and ADLER[5] have recently shown that in the presence of yeast enzymes and hexosediphosphate, the two coenzymes are reversibly interconvertible.

The coenzyme and the dehydrogenase form a dissociable complex[6] and the reduction of the coenzyme takes place while the two are in combination thus:

1. Coenzyme + dehydrogenase $\rightleftharpoons$ coenzyme·dehydrogenase or, in WAR-BURG's terminology;

Co-Ferment + Zwischenferment $\rightleftharpoons$ Wasserstoffübertragendes Ferment or, in EULER's terminology;

Co-dehydrase + Apo-dehydrase $\rightleftharpoons$ Holo-dehydrase.

2. Coenzyme·dehydrogenase + donator $\rightarrow$ dihydro-coenzyme·dehydrogenase + oxidized donator.

3. Dihydro-coenzyme·dehydrogenase $\rightleftharpoons$ dihydro-coenzyme + dehydrogenase.

The reaction catalyzed by a dehydrogenase between substrate and coenzyme is usually[7] completely reversible, that is, reaction 2 is reversible, and, in the absence of other systems, an equilibrium is set up.[4,8] In the case of alcohol dehydrogenase, for instance, the reaction may be represented thus:

$$\text{Alcohol} + \text{coenzyme} \underset{dehydrogenase}{\overset{alcohol}{\rightleftharpoons}} \text{aldehyde} + \text{reduced coenzyme.}$$ The dehydrogenase catalyzes the reaction in either direction.

---

[1] Review: MYRBÄCK: Ergebn. Enzymforsch. 2 (1933), 139.

[2] EULER, ALBERS, SCHLENK: Hoppe-Seyler's Z. physiol. Chem. 240 (1936), 113; 246 (1937), 64.

[3] WARBURG, CHRISTIAN: Biochem. Z. 285 (1936), 156; 287 (1936), 291.

[4] EULER, ADLER, HELLSTRÖM: Hoppe-Seyler's Z. physiol. Chem. 241 (1936), 239. — WARBURG, CHRISTIAN: Biochem. Z. 286 (1936), 81; 287 (1936), 291.

[5] EULER, ADLER: Hoppe-Seyler's Z. physiol. Chem. 252 (1938), 41.

[6] NEGELEIN, HAAS: Biochem. Z. 282 (1935), 206.

[7] Normal reversibility has not been found with formate and triosephosphate dehydrogenases with coenzyme I nor with hexosemonophosphate dehydrogenase with coenzyme II (see Chapter 6).

[8] WARBURG, CHRISTIAN: Biochem. Z. 286 (1936), 81. — GREEN, DEWAN: Biochemic. J. 31 (1937), 1069.

The reduced coenzymes are not autoxidizible but their re-oxidation is brought about by several different systems.

II. Dismutations.

Coenzyme, reduced by one substrate-dehydrogenase system, can be re-oxidized by another substrate-dehydrogenase system which has a higher oxidation-reduction potential. For instance the following series of reactions were shown by Euler et al.[1] to occur.

Triosephosphoric acid + coenzyme I → phosphoglyceric acid + dihydro-coenzyme I
Triosephosphoric dehydrogenase.

Acetaldehyde + dihydro-coenzyme I ⇌ alcohol + coenzyme I
Alcohol dehydrogenase.

Actually the substrates react with the coenzyme-dehydrogenase (or dihydro-coenzyme-dehydrogenase) complexes, but since these are freely dissociable, the reactions have been represented as being between substrate and coenzyme under the catalysis of dehydrogenase.

The net result of these reactions is an oxido-reduction or dismutation between the two substrates, thus:

Triosephosphoric acid + acetaldehyde → phosphoglyceric acid + alcohol.

This reaction is of fundamental importance in alcoholic fermentation.

Euler et al.[2] also showed the similar reaction of importance in lactic acid production:

Triosephosphate + pyruvate → phosphoglycerate + lactate.

Green et al.[3] have shown a number of similar reactions which may be summarized as follows:

1. β-Hydroxybutyric acid + α-keto-acid ⇌ acetoacetic acid + α-hydroxy-acid;
2. β-hydroxybutyric acid + aldehyde ⇌ acetoacetic acid + alcohol;
3. Aldehyde + α-keto-acid ⇌ acid + α-hydroxy-acid;
4. α-Glycerophosphate + α-keto-acid ⇌ triosephosphate + α-hydroxy-acid;
5. Triosephosphate + α-keto-acid → phosphoglycerate + α-hydroxy-acid;
6. Triosephosphate + triosephosphate → phosphoglycerate + α-glycero-phosphate.

The coenzyme acts as a carrier between the two substrate-dehydrogenase systems allowing an equilibrium to be set up between the oxidized and reduced forms of the two substrates.

In the dehydrogenation of succinate to fumarate, cytochrome acts as the first hydrogen acceptor and coenzyme is not normally associated with this reaction. But it is probable that succinic dehydrogenase can enter into relations with coenzyme I, since Dewan and Green[3] have shown that the following

---

[1] Euler, Adler, Hellström, Kyrning: Hoppe-Seyler's Z. physiol. Chem. 241 (1936), 239; 242 (1936), 215.

[2] Euler, Adler, Günther, Hellström: Hoppe-Seyler's Z. physiol. Chem. 245 (1936), 317.

[3] Dewan, Green: Biochemic. J. 31 (1937), 1074). — Green, Needham, Dewan: Ibid. 31 (1937), 2327.

reactions occur in the presence of succinic dehydrogenase, coenzyme I, and β-hydroxybutyrate or malate dehydrogenases.

$$\beta\text{-Hydroxybutyrate} + \text{fumarate} \rightleftharpoons \text{acetoacetate} + \text{succinate}.$$

$$\text{Malate} + \text{fumarate} \rightleftharpoons \text{oxaloacetate} + \text{succinate}.$$

It has long been known that acetaldehyde undergoes a CANNIZZARO reaction in tissues, being converted into acetic acid and alcohol[1] and that the conversion is brought about by a soluble enzyme "aldehyde mutase".[2] Later the enzyme from yeast was shown to depend on the presence of co-zymase (coenzyme I).[3] The nature of mutase is not known but DIXON and LUTWAK-MANN[4] suggest that it is an enzyme with two active centers, one of which activates the aldehyde to undergo oxidation and the other activates it for reduction, and the coenzyme acts as hydrogen acceptor and donator for the two reactions. Alternatively ADLER et al. and DIXON[5] suggest that the mutase action may be due to two enzymes, alcohol dehydrogenase (aldehyde reductase), shown to be present, and an aldehyde dehydrogenase, linked by co-zymase. The aldehyde dehydrogenase concerned, however, does not correspond to the known aldehyde oxidases.

GREEN et al.[6] believed that each of the reactions 3 to 6 was brought about by a single enzyme which uses co-enzyme I. They called these enzymes "mutases" postulating a similar mechanism as for aldehyde mutase. However EULER and his co-workers[7] have shown that actually two dehydrogenases are concerned in each case. They believe that even the apparent CANNIZZARO reaction 6 is brought about by the co-operation of triose dehydrogenase with glycerophosphate dehydrogenase and coenzyme.

Other dismutations such as the conversion of pyruvate into lactate, acetate and CO_2, occur in cells,[8] but the catalysts responsible are not yet fully known.

III. The Yellow Enzyme and Flavin.[9]

WARBURG and CHRISTIAN[10] discovered in yeast a protein-containing yellow pigment which exists in oxidized and reduced forms. They showed that a system containing hexosemonophosphate, a "Zwischenferment" (dehydrogenase), their coenzyme (coenzyme II) and the yellow pigment would take up oxygen, the hexosemonophosphate being oxidized to phosphohexonic acid. The yellow pigment was shown to oxidize the reduced coenzyme, being itself reduced to a leuco-compound. This leuco-compound is autoxidizable; it transfers hydrogen atoms to molecular oxygen giving hydrogen peroxide while it is oxidized back to the yellow pigment. It thus acts as a hydrogen carrier between coenzyme and oxygen. It can serve this function with both coenzymes I and II and so can co-operate with a number of dehydrogenase systems.[11]

---

[1] BATTELLI, STERN: Bull. Soc. Chim. biol. 68 (1910), 742.

[2] PARNAS: Biochem. Z. 28 (1910), 274.

[3] EULER, BRUNIUS: Hoppe-Seyler's Z. physiol. Chem. 175 (1928), 52.

[4] DIXON, LUTWAK-MANN: Biochemic. J. 31 (1937), 1347.

[5] DIXON: Enzymologia (Den Haag) 5 (1938), 198. — See also ADLER, EULER, GÜNTHER: Arh. Kem., Mineral. Geol., Ser. B 12 (1938), No. 54.

[6] GREEN, NEEDHAM, DEWAN: Biochemic. J. 31 (1937), 2327.

[7] ADLER, EULER, HUGHES: Hoppe-Seyler's Z. physiol. Chem. 252 (1938), 1.

[8] See p. 486 and 505.

[9] Reviews: THEORELL: Ergebn. Enzymforsch. 6 (1937), 111. — WARBURG: Ibid. 7 (1938), 210.

[10] WARBURG, CHRISTIAN: Biochem. Z. 254 (1932), 438; 266 (1933), 377.

[11] EULER, ADLER: Hoppe-Seyler's Z. physiol. Chem. 226 (1934), 195; 288 (1936), 233. See Chapter 6.

THEORELL[1] found that reduced yellow pigment can also be oxidized by cytochrome c and he concluded that most of the hydrogen carried by the yellow pigment in tissues normally reaches oxygen through the cytochrome-cytochrome oxidase system, but when this is inhibited direct autoxidation takes place. (When the cytochrome system carries out the oxidation no hydrogen peroxide is formed.) If lactic acid bacteria, cultivated anaerobically, are allowed to respire in air, the whole oxygen uptake is carried by the yellow enzyme.[2] This respiration is evidently unphysiological since the cells are adapted to anaerobic conditions, and in air they are gradually killed by the hydrogen peroxide formed.

LAKI[3] found that reduced yellow enzyme can be oxidized by fumarate with succinic dehydrogenase. The hydrogen carried by yellow enzyme can therefore reach the cytochrome system through succinate oxidation (see page 317 and Chapter 8).

THEORELL[1] and WARBURG[2] believed that the oxygen uptake catalyzed by the pigment is only a fraction of the total respiration of cells, but that the pigment participated in oxidation-reductions not involving oxygen uptake. EULER et al.[4] also considered this probable and their work indicated the following scheme.

$$R \cdot CHO + D^T \cdot Co = D^T \cdot CoH_2 + R \cdot COOH,$$

$$D^T \cdot CoH_2 + F = D^T \cdot Co + FH_2,$$

$$D^A Co + FH_2 = D^A CoH_2 + F,$$

$$D^A CoH_2 + CH_3CHO = D^A Co + CH_3CH_2OH,$$

where $R \cdot CHO$ = triosephosphoric acid, $R \cdot COOH$ = phosphoglyceric acid, D^T = triosephosphoric dehydrogenase, Co = cozymase, F = yellow enzyme (flavoprotein), D^A = alcohol dehydrogenase. (The dissociation of the complex between coenzyme and dehydrogenase is ignored for the sake of simplicity.)

The yellow enzyme acts as a carrier between the reduced coenzyme attached to one dehydrogenase and the coenzyme attached to another dehydrogenase. The end result of the chain of reactions is to bring about the following reaction.

Triosephosphoric acid + acetaldehyde → Phosphoglyceric acid + alcohol.

As was shown above, the intervention of the yellow enzyme does not seem to be necessary. Whether or not it plays a role in such oxido-reductions depends upon the rate of establishment of the various equilibria. According to BANGA[5] the yellow enzyme does accelerate the following oxido-reduction.

Malate + fumarate ⇌ Oxaloacetate + succinate.

The yellow enzyme would also serve to bring about oxido-reductions between substances the dehydrogenases of which are specific for different coenzymes, since both coenzymes I and II can establish oxidation-reduction equilibria with the yellow enzyme.

BANGA and SZENT-GYÖRGYI[6] obtained from heart muscle a reversibly oxidizable yellow pigment which they called "Cytoflave". Similar yellow pigments

[1] THEORELL: Nature (London) 138 (1936), 687; Biochem. Z. 288 (1936), 317.
[2] WARBURG, CHRISTIAN: Biochem. Z. 260 (1933), 499; 266 (1933), 377.
[3] LAKI: Hoppe-Seyler's Z. physiol. Chem. 249 (1936), 61.
[4] EULER, ADLER, HELLSTRÖM: Hoppe-Seyler's Z. physiol. Chem. 241 (1936), 239.
[5] BANGA: Hoppe-Seyler's Z. physiol. Chem. 249 (1937), 205.
[6] BANGA, SZENT-GYÖRGYI: Biochem. Z. 246 (1932), 203. — LAKI: Ibid. 266 (1933), 202.

were shortly obtained from various sources.[1] Prepared from different sources they received the names lacto-, ovo-, hepato-, uro-, verdo-flavin, but the material from the different sources appears to be identical. The pigment is now generally called lactoflavin, riboflavin or simply flavin.

Free flavin can act as hydrogen acceptor in various dehydrogenations, being reduced to a leuco compound, and the leuco compound is re-oxidized by oxygen. However, it is not reduced directly by dehydrogenase + coenzyme but apparently only takes up hydrogen from the reduced yellow enzyme.[2] Flavin can thus act as an extra intermediary between the yellow enzyme and oxygen. (Methylene blue can act in the same way, as an artificial intermediary.) It is not known whether free flavin is of importance in natural oxidation-reduction processes.

Flavin is found free in milk, urine and fish retina, but in most animal tissues it occurs only to a small extent free but mostly bound in undialyzable form to a large molecular bearer.[3] The yellow enzyme of WARBURG and CHRISTIAN is such a compound. Flavin is a combination of an alloxazin derivative and a pentose (ribose).[4] A phosphoric acid derivative of this alloxazin pentose is the prosthetic group of the yellow enzyme.[5]

The activity of the flavin group of the yellow enzyme evidently depends upon the alloxazin residue which is reversibly reduced and oxidized, taking up and losing two atoms of hydrogen. THEORELL[6] showed that the phospho-flavin group could be separated from the protein by dialysis against weak acid. The phospho-flavin alone does not transfer hydrogen from reduced coenzyme, but combined with its specific protein it is active. It appears that the combination of phospho-flavin and specific protein is reversible. There is thus an analogy between dehydrogenase-coenzyme and phosphoflavin-protein; but in the latter case the equilibrium is strongly in favor of the complex, the yellow enzyme. Like coenzymes I and II, phospho-flavin is a type of nucleotide, alloxazin-ribose-phosphoric acid, and WARBURG[7] terms it "alloxazin-nucleotide" in contrast to the "pyridine-nucleotides", the coenzymes I and II. HAAS[8] has produced evidence to show that in the reaction between dihydro-coenzyme (the pyridine nucleotide) and the alloxazin-nucleotide both are combined with the specific protein of the yellow enzyme. The protein may thus be regarded as an enzyme which brings about reaction between two substrates, pyridine and alloxazin nucleotides, adsorbing or otherwise combining with both of them. The pyridine body dissociates off readily and is also a substrate for dehydrogenases, the alloxazin body tends to remain bound.

Whether or not the first yellow enzyme itself is of general importance for respiration is not known, especially since there is no evidence of its presence in animal cells, though other forms of bound flavin are known to be present.

---

[1] ELLINGER, KOSCHARA: Ber. dtsch. chem. Ges. 66 (1933), 315. — KUHN, GYÖRGY, WAGNER-JAUREGG: Ibid. 66 (1933), 317. — Reviews: WAGNER-JAUREGG: Ergebn. Enzymforsch. 4 (1935), 333; Angew. Chem. 47 (1934), 318.

[2] WAGNER-JAUREGG, RUSKA: Ber. dtsch. chem. Ges. 66 (1933), 1298. — WAGNER-JAUREGG, RAUEN, MÖLLER: Hoppe-Seyler's Z. physiol. Chem. 224 (1934), 67, 78. — EULER, ADLER: Ibid. 226 (1934), 195, 211.

[3] EULER, ADLER, SCHLÖTZER: Hoppe-Seyler's Z. physiol. Chem. 226 (1934), 88.

[4] WARBURG, CHRISTIAN: Biochem. Z. 257 (1933), 492; 258 (1933), 496. — STERN, HOLIDAY: Ber. dtsch. chem. Ges. 67 (1934), 1104. — KUHN, RUDY, WAGNER-JAUREGG: Ibid. 67 (1934), 892, 1125, 1298, 1770, 1950.

[5] THEORELL: Biochem. Z. 275 (1934), 37; 275 (1935), 344.

[6] THEORELL: Biochem. Z. 272 (1934), 155; 278 (1935), 263.

[7] WARBURG: Ergebn. Enzymforsch. 7 (1938), 210.

[8] HAAS: Biochem. Z. 290 (1937), 291.

IV. Other Yellow Enzymes. Coenzymes of Amino-acid and Xanthine Oxidases.

Warburg and Christian[1] have recently shown that the d-amino-acid oxidase is a new yellow enzyme consisting of a specific protein reversibly united with an alloxazin-adenine-*di*nucleotide. It differs from the first yellow enzyme both as regards the protein and the prosthetic group. (The coenzymes I and II are nicotinic acid-amide-adenine-*di*nucleotides; the prosthetic group of the first yellow enzyme is an alloxazin-*mono*nucleotide.) The alloxazin-adenine-*di*nucleotide can combine with the protein of the first yellow enzyme or with another protein giving two other yellow enzymes having similar but not quite the same properties as the first yellow enzyme. The prosthetic group of xanthine (and aldehyde) oxidase also appears to be an alloxazin-nucleotide.[2] The flavin-adenine-*di*nucleotide seems to be concerned in the oxidation of pyruvic acid.[3] In this oxidation vitamin B_1 (thiamin) pyrophosphate and not coenzyme I or II is concerned (see Chapter 7).

In the remainder of this review "yellow enzyme" or "flavoprotein" without qualification will mean the first yellow enzyme.

It is interesting to note that flavin, the ribose-alloxazin derivative which is a constituent of all the yellow enzymes, has been found to be the growth-promoting vitamin B_2.[4]

V. Coenzyme Factor, Diaphorase.

The presence of Warburg's first yellow enzyme has not been shown in tissues other than yeast and certain bacteria and the mechanism by which oxygen can act as ultimate hydrogen acceptor in animal tissues for dehydrogenations depending upon coenzymes has until recently been obscure. This problem has been cleared up by recent work of Dewan and Green[5] and Euler et al.[6] These authors discovered independently an enzyme which catalyzes the oxidation of dihydrocoenzyme by cytochrome. Carriers such as flavin, adrenochrome, methylene blue or pyocyanine will act as hydrogen acceptors but not oxygen. Cytochrome is by far the most active acceptor, and through it and the cytochrome oxidase, rapid oxygen uptake can take place. The enzyme concerned, which has been called "Diaphorase" by Euler et al. and "Coenzyme factor" by Dewan and Green, has been shown to be widely distributed in animal tissues[5, 7] and in microorganisms.[8] Euler et al.[6, 7] find that their preparations catalyze the oxidation only of reduced coenzyme I, while Dewan and Green[5] give evidence that both coenzymes I and II are affected. Adler et al.[9] have now found that there are two different diaphorases.

It seems probable that insofar as substrates of coenzyme-dehydrogenases are oxidized by molecular oxygen, this takes place through the mediation of coenzyme and cytochrome with the new enzyme promoting the reaction between

[1] Warburg, Christian: Biochem. Z. **298** (1938), 150, 368.
[2] Ball: Science (New York) **88** (1938), 131.
[3] Lipmann: Nature (London) **143** (1939), 436.
[4] Kuhn, Wagner-Jauregg: Ber. dtsch. chem. Ges. **66** (1933), 1950. — Euler, Karrer, Adler, Malmberg: Helv. chim. Acta **17** (1934), 1157.
[5] Dewan, Green: Nature (London) **140** (1937), 1097; Biochemic. J. **32** (1938), 626.
[6] Adler, Euler, Hellström: Svensk Vet. Ark. Kem., Ser. B **12**, No. 38 (1937). — Adler, Euler, Hughes: Hoppe-Seyler's Z. physiol. Chem. **252** (1938), 1. — Euler, Hellström: Ibid. **252** (1938), 31.
[7] Euler, Hasse: Naturwiss. **26** (1938), 187.
[8] Green, Dewan: Biochemic. J. **32** (1938), 1200.
[9] Adler, Euler, Günther: Nature (London) **143** (1939), 641.

these two carriers. The reduction of methylene blue is very commonly used as a means of study instead of oxygen uptake, and it should be noted that the new enzyme is necessary for this reduction also; methylene blue simply replaces the system cytochrome + cytochrome oxidase + oxygen.

STRAUB, CORRAN and GREEN[1] have very recently found that coenzyme factor is a type of yellow enzyme the prosthetic group of which is the same alloxazin-adenine-*di*nucleotide which is present in *d*-amino-acid oxidase.

VI. Adrenaline and adrenochrome.

GREEN *et al.*[2] found that adrenaline behaves like flavin, yellow enzyme, or methylene blue, as a carrier in enabling the lactate or malate dehydrogenase-coenzyme system to take up oxygen. GREEN and RICHTER[3] have shown that not adrenaline itself but a red *o*-quinone oxidation product, is the active carrier. This substance, which they call "adrenochrome", is produced by the oxidation of adrenaline, probably by the cytochrome-cytochrome oxidase system present in their preparations. (It can also be formed by the oxidation of adrenaline catalyzed by catechol oxidase.) This pigment presumably accepts hydrogen from reduced coenzyme I, being itself reduced to a leuco-compound. The leuco-adrenochrome can be re-oxidized either by the cytochrome-cytochrome oxidase system or by a different, cyanide insensitive, process which has not been further studied. In this latter method of oxidation, hydrogen peroxide appeared to be formed.

The systems found to react with adrenaline or adrenochrome were the lactic, malic, and β-hydroxybutyric dehydrogenase-coenzyme I systems. Systems which do not depend upon coenzyme were not influenced by adrenochrome (succinic dehydrogenase, α-glycerophosphate dehydrogenase of rabbit muscle, lactic dehydrogenase of yeast). It is not known whether coenzyme II systems are influenced. In view of later work it is possible that adrenochrome does not oxidize dihydro-coenzyme directly but that the reaction is catalyzed by coenzyme factor.

GREEN and RICHTER showed that adrenaline, or adrenochrome, produces an effect *in vitro* in a low concentration of the order of the concentration of adrenaline to be expected in blood after muscular effort, and they conclude that the carrier function of the hormone derivative may be of physiological importance.

VII. Catechol-*o*-quinone.

KUBOWITZ[4] has shown that the system, catechol oxidase-catechol-coenzyme II-dehydrogenase(Zwischenferment)-hexosemonophosphate, rapidly takes up oxygen. The oxidase oxidizes catechol to an *o*-quinone which is re-reduced by the dihydro-coenzyme. Since catechol oxidase is active in many plants, and catechol can also be oxidized by peroxidase + H_2O_2, it is probable that the catechol-*o*-quinone system is an important link in plant oxidations by coenzyme dehydrogenases.

VIII. Summary of coenzyme relations.

The various types of coenzyme-determined oxidations may be represented by the following diagrams in which the arrows indicate the direction of hydrogen transfer, S_1 and S_2 represent different metabolite substrates.

[1] STRAUB, CORRAN, GREEN: Nature (London) 143 (1939), 119, 334.
[2] GREEN, BROSTEAUX: Biochemic. J. 30 (1936), 1489. — GREEN: Ibid. 30 (1936), 2095.
[3] GREEN, RICHTER: Biochemic. J. 31 (1937), 596.
[4] KUBOWITZ: Biochem. Z. 292 (1937), 221; 299 (1938), 32.

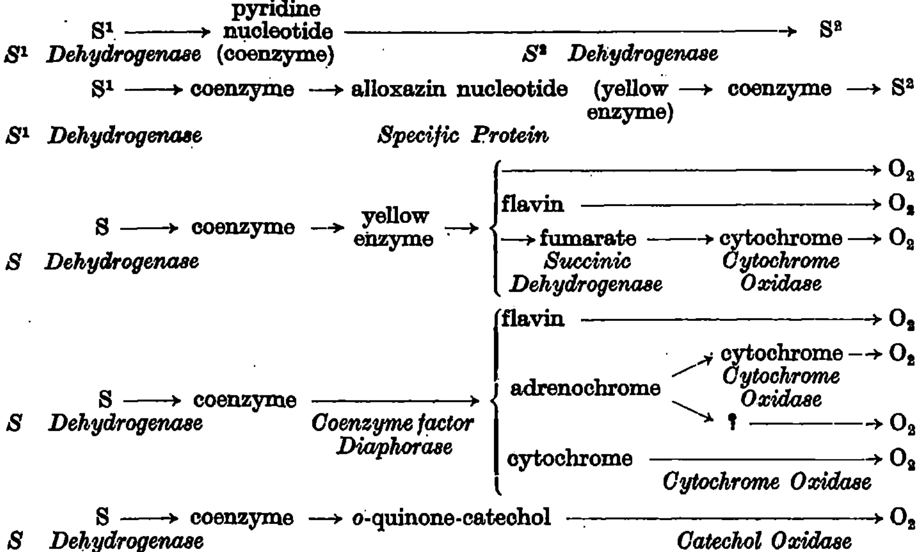

Methylene blue can act as hydrogen acceptor in place of oxygen or of flavin, adrenochrome or cytochrome. Since it is readily re-oxidized by oxygen it can act as carrier for the uptake of oxygen. Methylene blue is reduced by dihydrocoenzyme only in the presence of the coenzyme factor or the yellow enzyme.

c) Glutathione.

Glutathione was isolated by Hopkins[1] who crystallized it and showed that it is a tripeptide consisting of cysteine, glutamic acid and glycine. It readily undergoes oxidation with the production of a disulfide-linked double molecule. Most of its biological properties of special interest are expressed through its sulfur group, so its reduced and oxidized forms are commonly referred to by the convenient abbreviations GSH and GSSG.

Cells contain systems which vigorously reduce oxidized glutathione and systems which cause rapid oxidation of reduced glutathione by molecular oxygen. Glutathione, therefore, can act as a carrier. In fact the idea of a carrier was first put forward by Hopkins in connection with glutathione.

Tissues in which the enzymes have been inactivated by boiling, continue to reduce glutathione.[2,3] Hopkins and Dixon[2] showed that part of the reduction was due to "fixed SH groups", i.e. -SH groups which cannot be washed away from insoluble protein. If to a preparation of washed and heated muscle protein, containing fixed -SH groups, a little impure GSSG is added, an oxygen uptake occurs as a result of the reduction of the GSSG followed by re-oxidation of the GSH formed. The total amount of oxygen taken up is far greater than the amount required to oxidize the fixed -SH groups originally present so that it appears that protein itself as well as its -SH groups is being oxidized. Possibly the fixed -SH groups behave as a carrier between glutathione and non-sulfur oxidizable groups within the protein.

Hopkins and Elliott[4] studied the role of glutathione in the respiration of

[1] Hopkins: Biochemic. J. 15 (1921), 286; J. biol. Chemistry 86 (1929), 269.
[2] Hopkins, Dixon: J. biol. Chemistry 54 (1922), 529.
[3] Bernheim, Dixon: Biochemic. J. 22 (1928), 1259.
[4] Hopkins, Elliott: Proc. Roy. Soc. (London), Ser. B 109 (1931), 58.

various chopped up tissues, especially liver. The glutathione is normally present in the tissue practically all in the reduced state, and a considerable amount of added GSSG can be reduced, even during aeration when oxidation is proceeding simultaneously with reduction. When aeration is continued, the reduction mechanisms become exhausted and the amount of GSH decreases due to oxidation. Thermolabile catalysts, probably certain dehydrogenases, are concerned to some extent since preliminary heating of the tissue slows the reduction and allows oxidative disappearance of GSH to occur at once and more rapidly. It seems clear that usual cell metabolites are at least partly responsible for the reduction in the liver, since, except in the case of the cat, depletion of liver reserves by withholding food causes the reduction of glutathione to be less marked and the oxidative removal to set in earlier.

GSSG is not reduced by the succinic dehydrogenase system,[1] but certain coenzyme-dehydrogenase systems have been shown[2] to reduce it. It is not known whether the dihydro-coenzymes reduce GSSG directly.

Oxidation of reduced glutathione by oxygen is catalyzed by iron or copper salts, or by iron in organic combination in haematin,[3] in the presence of a third substance usually present as an impurity, which may either be cysteine[4] or cysteinylglycine.[5]

HOPKINS and ELLIOTT found that heating their tissues to 70° did not inhibit the oxidation of GSH. Cyanide and pyrophosphate, known inhibitors of iron catalyses, did inhibit the oxidation. Carbon monoxide had no effect; this, the inhibition by pyrophosphate, and the thermostability, indicate that the cytochrome oxidase or respiratory enzyme is not responsible for the oxidation of GSH. No enzyme-catalyzed oxidation of GSH has been discovered.

From the rate of oxidation of GSH in the tissue, after the exhaustion of reducing systems, HOPKINS and ELLIOTT calculated that the glutathione system could account for only a small fraction of the total oxygen uptake of the tissue.

HOPKINS[6] showed that glutathione is able to bring about the oxidation of unsaturated fats and fatty acids. The mechanism of this catalysis is obscure.[6, 7] It does not seem that the glutathione is acting as a carrier in this case and its significance for tissue metabolism is not known.

Interest in the carrier function of glutathione has been largely overshadowed by its interesting effects on non-oxidizing enzyme systems. These effects are outside the scope of this survey (see p. 243 ff.).

d) Catechol-*o*-Quinone.

It seems possible that to some extent the place of the cytochrome-cytochrome oxidase system is taken, in some plants, by catechol derivatives and catechol (polyphenol) oxidase.

PALLADIN[8] studying the darkening of various plants which occurs when they are damaged, first suggested that this is due to the enzymic oxidation of a poly-

[1] ELLIOTT: Biochemic. J. 22 (1928), 1410.
[2] MANN: Biochemic. J. 26 (1932), 785. — MELDRUM, TARR: Ibid. 29 (1935), 108. — OGSTON, GREEN: Ibid. 29 (1935), 1983.
[3] HARRISON: Biochemic. J. 20 (1926), 217.
[4] MELDRUM, DIXON: Biochemic. J. 24 (1930), 472.
[5] MASON: J. biol. Chemistry 90 (1931), 25.
[6] HOPKINS: Biochemic. J. 19 (1925), 787.
[7] ALLOTT: Biochemic. J. 20 (1926), 957.
[8] PALLADIN: Hoppe-Seyler's Z. physiol. Chem. 55 (1908), 207; Biochem. Z. 18 (1909), 151.

phenol. In the intact plant, or under anaerobic conditions, the oxidized polyphenol is reduced again to the colorless compound.

Many plants or their extracts have been shown to produce a blue color when treated with tincture of guaiacum. This reaction, which consists essentially of the oxidation of guaiaconic acid (present in the guaiacum) to a blue pigment, has been much used as a test for oxidases and peroxidase.

Bach and Chodat[1] considered that the reaction consisted of the combination of an "oxygenase" with oxygen to give a peroxide, and the peroxide was then activated by peroxidase to oxidize the guaiacum. Onslow[2] showed that the "oxygenase" consists of an oxidizing enzyme and catechol (or a derivative). The oxidase caused the oxidation of the catechol. Szent-Györgyi[3] showed that peroxidase is not necessary for the blueing of guaiacum. The catechol is oxidized by catechol oxidase to a product which even separated from the enzyme systems, blues guaiacum immediately. The product which blues guaiacum directly was shown to be an o-quinone.[3,4] In the oxidation of guaiacum, the quinone is reduced back to catechol. The blueing of guaiacum is thus a secondary oxidation performed by the o-quinone formed in the primary oxidation of catechol. Richter[5] showed the similar secondary oxidation of thiol compounds. He and Onslow and Robinson[6] produced evidence that oxidation in plants of monohydric phenols to dihydric phenols (catechol derivatives) is brought about by o-quinones with a dehydrogenase. The dihydric derivative produced would be subject to the action of the oxidase with the production of more quinone.

Peroxidase with hydrogen peroxide will also cause the oxidation of catechol, and it is known that hydrogen peroxide can be formed by various oxidizing systems, oxygen being reduced to hydrogen peroxide instead of to water. The o-quinone formed by the action of hydrogen peroxide and peroxidase, will, of course, also blue guaiacum. Many plants do not contain the catechol-oxidase but do contain peroxidase.

Catechol-quinone thus acts as a carrier between O_2-catechol oxidase or H_2O_2-peroxidase and guaiacum. (Peroxidase and hydrogen peroxide will also blue guaiacum without the mediation of catechol.) Szent-Györgyi showed that the quinone formed by the enzymic oxidation of catechol can be reduced again by substances in the plant. The catechol-quinone system is thus able to behave as an oxidation-reduction carrier.[7] As was mentioned earlier, Kubowitz has shown that catechol-o-quinone can mediate the oxidation of reduced coenzyme. So it is probable that catechol, with systems which oxidize it, plays an important part in the respiration of many plants.

e) Ascorbic Acid, Vitamin C.[8]

Szent-Györgyi[9] isolated from various plants, and from the adrenal cortex of animals, a crystalline substance which he called "hexuronic acid" and which

---

[1] Bach, Chodat: Ber. dtsch. chem. Ges. 36 (1903), 606 and other papers, 1902–1908, in the same journal.

[2] Onslow: Biochemic. J. 13 (1919), 1; 14 (1920), 535.

[3] Szent-Györgyi: Biochem. Z. 162 (1925), 399.

[4] Pugh, Raper: Biochemic. J. 21 (1927), 1370.

[5] Richter: Biochemic. J. 28 (1934), 901.

[6] Onslow, Robinson: Biochemic. J. 22 (1928), 1327.

[7] Szent-Györgyi: Studies on Biological Oxidation. Leipzig: Johann Barth, 1937.

[8] Reviews: King: Physiologic. Rev. 16 (1936), 238. — Tauber: Ergebn. Enzymforsch. 7 (1938), 301.

[9] Szent-Györgyi: Nature (London) 119 (1927), 782; Biochemic. J. 22 (1928), 1387.

he found to be reversibly oxidizible. This substance was later shown[1] to be vitamin C; it has since been re-named "ascorbic acid" and been shown to be widely distributed in animal and plant tissues.

Ascorbic acid is known to be oxidized by several different systems of biological interest. SZENT-GYÖRGYI[2] showed that certain plants contain an enzyme, ascorbic oxidase, which catalyzes the oxidation by molecular oxygen. Ascorbic acid is not oxidized directly by hydrogen peroxide and peroxidase but its oxidation is readily mediated by phenol-o-quinone systems.[3]

Phenolic substances are oxidized by the peroxidase system to the corresponding o-quinones and these oxidize ascorbic acid. Of particular interest in this connection are phenolic plant pigments such as quercitine and eriodictyol or their glucosides.[4] Vanillin, which apparently also gives a quinone, also mediates the oxidation.[5] The polyphenol oxidases also produce o-quinone derivatives which can oxidize the vitamin.[6] In the oxidation of ascorbic acid by ascorbic oxidase, the hydrogen is transferred to oxygen giving primarily hydrogen peroxide, and this hydrogen peroxide with the peroxidase and the phenol can oxidize a further amount of the vitamin.[4] The cytochrome-cytochrome oxidase system can also oxidize ascorbic acid.[7, 8]

Tissues reduce oxidized ascorbic acid (dehydro-ascorbic acid) rapidly, but no dehydrogenase systems have been found which reduce the dehydro acid. However, glutathione and fixed -SH reduce dehydro-ascorbic acid rapidly.[7, 9]

HOPKINS[10] has recently shown that ascorbic acid can act as an efficient carrier between oxygen + ascorbic oxidase preparations and glutathione. In the presence of glutathione no dehydro-ascorbic acid accumulates since it is immediately reduced by the glutathione. There seems to be an enzymic catalyst which accelerates the reduction of dehydro-ascorbic acid by glutathione. An enzyme catalyzed acceleration of the reduction of dehydro-ascorbic acid by cysteine has also been described.[11]

Like glutathione, ascorbic acid seems to have important effects on non-oxidizing enzymes. Its role in respiration is not known but it seems to be linked with the equally unclear function of glutathione.

f) Other Coenzymes and Carriers.

Besides coenzymes I and II and the prosthetic groups of the yellow enzymes, several other coenzymes have been described.

AUHAGEN[12] showed that a coenzyme and magnesium ions are necessary for the activity of carboxylase, the non-oxidative enzyme of yeast which decomposes

[1] KING, WAUGH: Science (New York) 75 (1932), 357. — SVIRBELY, SZENT-GYÖRGYI: Nature (London) 129 (1932), 690.

[2] SZENT-GYÖRGYI: J. biol. Chemistry 90 (1931), 385. — See also TAUBER, KLEINER, MISHKIND: Ibid. 108 (1935), 563; 110 (1935), 211.

[3] SZENT-GYÖRGYI: Nature (London) 119 (1927), 782; Biochemic. J. 22 (1928), 1387.

[4] HUZÁK: Hoppe-Seyler's Z. physiol. Chem. 247 (1937), 239.

[5] TAUBER: Enzymologia (Den Haag) 1 (1936), 209.

[6] JOHNSON, ZILVA: Biochemic. J. 31 (1937), 438.

[7] SZENT-GYÖRGYI: Biochemic. J. 22 (1928), 1387.

[8] BALL: Biochem. Z. 295 (1938), 262.

[9] BORSOOK, JEFFREYS: Science (New York) 83 (1936), 397. — SCHULTZE, STOTZ, KING: J. biol. Chemistry 122 (1937), 395.

[10] HOPKINS, MORGAN: Biochemic. J. 30 (1936), 1446. — CROOK, HOPKINS: Ibid. 32 (1938), 1356.

[11] PFANKUCH: Naturwiss. 22 (1934), 821.

[12] AUHAGEN: Hoppe-Seyler's Z. physiol. Chem. 206 (1932), 149.

pyruvic acid to acetaldehyde and CO_2. This coenzyme was isolated by LOHMANN and SCHUSTER[1] and shown to be the pyrophosphate of thiamin (Vitamin B_1).

PETERS[2] has shown that Vitamin B_1 is concerned in the oxidation of pyruvate by brain and lately LIPMANN[3] has indicated that thiamin pyrophosphate is a coenzyme of the pyruvic dehydrogenase of bacteria. ANNAU[4] believed that he had found another activator of pyruvic dehydrogenase, but he has lately shown that his activator is succinic acid. Succinic acid is part of a general co-catalytic system (see next section and Chapter 8) and its effect is probably not peculiar to pyruvic dehydrogenase.

HARROP and BARRON[5] showed that methylene blue stimulates the oxidation of carbohydrate in red blood cells. WARBURG et al.[6] showed that this effect (at least in part) was due to the oxidation of haemoglobin by the methylene blue to methaemoglobin. The leuco-methylene blue was re-oxidized by oxygen and the methaemoglobin oxidized carbohydrate under the influence of certain catalysts. Haemoglobin-methaemoglobin is thus capable of acting as a carrier. Respiration of red cells could be induced by adding haematins derived from haemoglobin or chlorophyll instead of methylene blue.[7] The haematin oxidizes haemoglobin to methaemoglobin, and the reduced ferro-haematin compound is re-oxidized by molecular oxygen.

BERNHEIM and BERNHEIM[8] have shown that pyrrole, or some derivative formed from it by the tissue, facilitates the aerobic oxidation of lactic and citric acids by washed liver suspensions. Apparently the pyrrole body acts as a carrier and its action depends upon some accessory catalysis which may be due to an iron complex. BERNHEIM[9] has shown that alloxan in very low concentration increases the respiration of liver suspensions and markedly accelerates the oxidation of alcohol.

Pyocyanine, a pigment produced by *B. pyocyaneus*, can undergo reversible reduction to a leuco form. It has been useful as an artificial carrier for studying reactions *in vitro*. A number of other pigments with reversible oxidation-reduction properties are known[10] and probably these pigments play roles in cell oxidation-reduction processes.

g) Intermediary Metabolites as Carriers.

I. The four carbon dicarboxylic acid system of SZENT-GYÖRGYI.

Impressed by the contradiction between the fact that most of the oxygen uptake of cells appears to be dependent upon the cytochrome-cytochrome oxidase system, and the fact that (until recently) the succinic acid-succinic dehydrogenase system was the only known enzyme system whereby cytochrome could

[1] LOHMANN, SCHUSTER: Biochem. Z. 294 (1937), 188.

[2] PETERS, SINCLAIR, THOMPSON: Biochemic. J. 27 (1933), 1677, 1910; 28 (1934), 916.

[3] LIPMANN: Enzymologia (Den Haag) 4 (1937), 65.

[4] ANNAU: Hoppe-Seyler's Z. physiol. Chem. 247 (1937), 248; 253 (1938), 127; 257 (1939), 111.

[5] HARROP, BARRON: J. biol. Chemistry 79 (1928), 65; 81 (1929), 445; 84 (1929), 83.

[6] WARBURG, KUBOWITZ, CHRISTIAN: Biochem. Z. 227 (1930), 245; 235 (1931), 240; 238 (1931), 131.

[7] WARBURG, KUBOWITZ: Biochem. Z. 227 (1930), 184.

[8] BERNHEIM, BERNHEIM: J. biol. Chemistry 92 (1931), 461.

[9] BERNHEIM: J. biol. Chemistry 123 (1938), 741.

[10] See e.g. HEWITT: Oxidation-reduction Potentials in Bacteriology and Biochemistry. London, 1936.

be reduced, Szent-György[1] and his school developed a theory which may be represented by the following diagram:

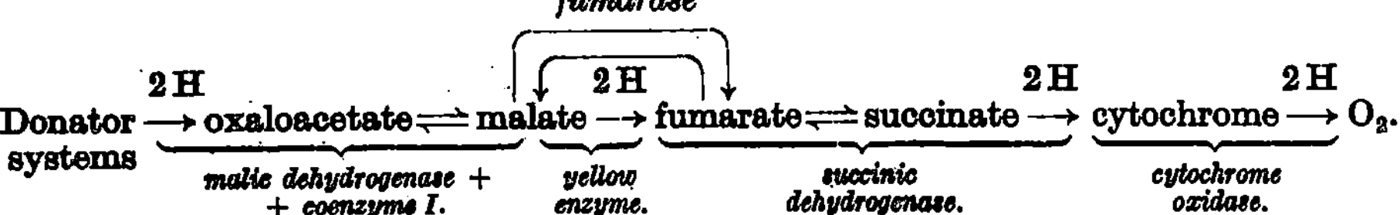

The tissue metabolites with their dehydrogenases and coenzymes (donator systems) reduce oxaloacetate to malate under the influence of malic dehydrogenase. The malate, still activated by its dehydrogenase, is then re-oxidized to oxaloacetate and the hydrogen is transferred, through coenzyme and yellow enzyme, to fumarate which is activated by succinic dehydrogenase. The succinate formed, still activated by its dehydrogenase, is re-oxidized to fumarate, the hydrogen being transferred via the cytochrome-cytochrome oxidase system to oxygen. The non-oxidizing enzyme, fumarase, maintains an equilibrium between malate and fumarate. Certain donator systems of higher oxidation-reduction potential, such as lactate-lactic dehydrogenase, reduce fumarate directly, without the intervention of oxaloacetate-malate.

The evidence for this theory will be discussed in a later chapter. It seems probable that this chain of reactions must occur at least to some extent. It is in accord with the wide distribution and high activity of succinic dehydrogenase in animal tissues, and the rapidity with which tissues reduce oxaloacetate. Krebs has shown decisively that in *B. coli* the oxidation of various substrates takes place through the mediation of fumarate-succinate and possibly also through oxaloacetate-malate. But the recent discovery of coenzyme factor makes the theory unnecessary as an explanation of the original contradiction since it is now known that cytochrome can be reduced by many donators with their dehydrogenases through coenzyme and coenzyme factor.

II. The citric acid cycle of Krebs.

Krebs *et al.*[2] have recently proposed a theory according to which many of the reactions of Szent-György's system occur, but which involves an entirely different principle. Krebs' theory may be represented in the following diagram. The arrows in this diagram do not indicate the direction of hydrogen transfer but actual transformations of the compounds.

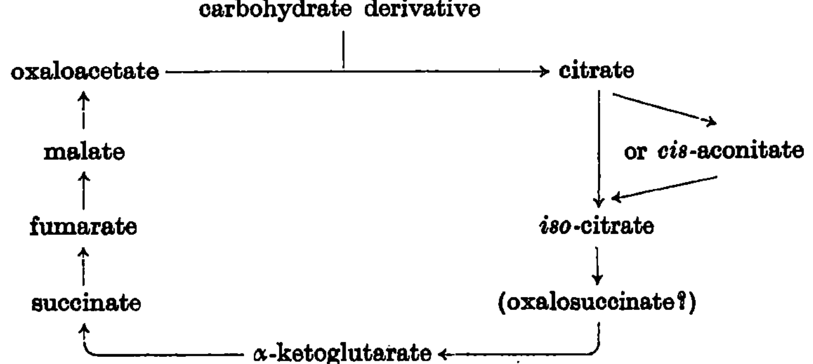

[1] Review: Szent-György: Studies on Biological Oxidation. Leipzig: J. A. Barth, 1937.
[2] Krebs, Johnson: Enzymologia (Den Haag) 4 (1937), 148; Biochemic. J. 32 (1938), 113. — Krebs, Eggleston: Ibid. 32 (1938), 913.

According to this scheme, in animal tissues, oxaloacetate undergoes a condensation with the metabolite to be oxidized, forming citrate. A series of oxidations, catalyzed by known enzyme systems, then takes place, until oxaloacetate is formed again and the carbon and hydrogen of the original external metabolite has been released as CO_2 and water. Nothing is known of the mechanism of the initial synthesis of citrate and the scheme is still the subject of controversy. The evidence for it will be discussed later.

A similar cycle of reactions has been shown by ELLIOT et al.[1] to occur in kidney slices, but in this case the cycle merely represents a series of transformations whereby the members of the cycle are themselves consumed and no synthesis with an external molecule is indicated.

III. Hydroxy-keto-acids.

Lactic acid is oxidized in most tissues to pyruvic acid, and pyruvic acid added to tissues is partly reduced to lactate by reducing systems in the tissue. KREBS and JOHNSON[2] and ELLIOTT et al.[3] pointed out that the reversible lactate $\rightleftharpoons$ pyruvate system may therefore act as a carrier in tissue oxidation-reductions. KREBS[2] also showed that malate-oxaloacetate and β-hydroxybutyrate-acetoacetate can also act in this way. The carrier property of the malate-oxaloacetate system was originally observed by the SZENT-GYÖRGYI school when the theory of SZENT-GYÖRGYI, mentioned above, was being developed.

IV. Formate-bicarbonate.

According to KREBS[4] B. coli in bicarbonate-containing medium under anaerobic conditions brings about the reaction

$$CH_3 \cdot CO \cdot COOH + H_2O = CH_3 \cdot COOH + HCOOH.$$

Pyruvic acid.   Acetic acid.   Formic acid.

He considers that this reaction takes place in the following manner

$$CH_3 \cdot CO \cdot COOH + OH_2 + CO_2 = CH_3 \cdot COOH + CO_2 + HCOOH.$$

The CO_2 or bicarbonate of the medium accepts hydrogen giving formate. Since, in the presence of oxygen B. coli brings about the oxidation of formate to CO_2 (bicarbonate), the formate-bicarbonate system may act as a carrier in the oxidation of pyruvate and other substances.

Types of Enzymic Oxidation-Reductions.

Nomenclature and Classification of the Enzymes.

BERTRAND[5] in his studies of oxidations by mechanisms in lac tree sap and in fungi, realized that there is not a single oxidizing enzyme but a group of such enzymes, and he introduced the term "Oxidase" as a group name. This term fitted the current views that oxidizing enzymes acted primarily on oxygen, and it was used in much of the early literature. (The term "Peroxidase" was introduced in the early literature for enzymes which required the presence of peroxides.) Later the substrate activation-hydrogen transfer theory of WIELAND, and the investigations of THUNBERG

[1] ELLIOTT, SCHROEDER: Biochemic. J. 28 (1934), 1920. — ELLIOTT, BENOY, BAKER: Ibid. 29 (1935), 1937.
[2] KREBS, JOHNSON: Biochemic. J. 31 (1937), 645.
[3] ELLIOTT, GREIG, BENOY: Biochemic. J. 31 (1937), 1003.
[4] KREBS: Biochemic. J. 31 (1937), 2095.
[5] BERTRAND: Bull. Soc. chim. France 15 (1896), 791.

on methylene blue reduction in place of oxygen uptake, occasioned the introduction of the term "Dehydrase" by THUNBERG, though in literature in the English language the more descriptive term "Dehydrogenase" is now preferred. Certain oxidizing enzymes, however, are known to be unable to bring about the reduction of dyes and to use only oxygen as hydrogen acceptor, and these acquired the name "Aerobic Oxidase"[1] since the dehydrogenases were sometimes referred to by the term "Anaerobic Oxidase".

Before the recent clarification of the carrier systems a number of enzyme preparations were known to cause either oxygen uptake or methylene blue reduction while others were found to cause the reduction of methylene blue but not of oxygen; these enzymes for a time were distinguished by the names "Aerobic (or Oxytropic) dehydrase" and "Anaerobic (or Anoxytropic) dehydrase". In many cases the enzymes classified as "Aerobic dehydrases" have since been shown to be dependent on carriers, the cytochrome system, or yellow enzyme, or diaphorase and the cytochrome system, for their oxygen uptake and so should fall into the class of "Anaerobic dehydrases".

The term "Oxidone" was applied by BATTELLI and STERN to "oxidases" which could not be extracted from the cell structure with water. BACH and CHODAT's "Oxygenase" has been resolved into an oxidase plus catechol derivative. Both these latter terms are obsolete and now seldom used.

BERTRAND's term "Oxidase" is now generally used for single enzymes which cause direct oxidation of metabolites by oxygen. It is also useful as a term for a complete complex which oxidizes a metabolite by oxygen. For instance, "Succinoxidase" is a useful name for the complete succinate oxidizing system consisting of succinic dehydrogenase, cytochrome, and cytochrome oxidase.

The term "dehydrogenase" is now often used for all oxidation-reduction enzymes except peroxidase, but it is usually restricted to the enzymes which act upon cell metabolites and is not applied to cytochrome oxidase, coenzyme factor (diaphorase) or yellow enzyme which act upon carriers. In this article the term "dehydrogenase" is used almost exclusively for enzymes which cause reduction of coenzymes or cytochrome and not used for the direct oxidases which reduce oxygen directly.

The terms introduced by THUNBERG for the enzymes which activate metabolites were "dehydrase" and "reductase". "Dehydrogenase" is adopted as a more descriptive term. The following other names have been proposed and used: anaerobic oxidase, hydrogen transportase, oxidoreductase, redoxase, perhydridase, hydrokinase, hydrogenkinase, water-splitting enzyme, and Zwischenferment.

The following classification of the oxidation-reduction enzymic catalysts is based on the present knowledge of the types and mechanisms of the reactions catalyzed.

Enzymes which promote direct reaction with oxygen.

The enzymes of this group, the oxidases, may be subdivided into two classes, though the point of difference has not in all cases been closely investigated and may not be fundamental.

a) Enzymes which catalyze oxidations with molecular oxygen as hydrogen acceptor but not with reducible dyes like methylene blue. Reduction of methylene blue or other dyes has not been shown with cytochrome oxidase (indophenol oxidase), uricase, the phenol oxidases, ascorbic oxidase,[2] oxalic oxidase, or histamine oxidase. The term "aerobic oxidase" has been used for this group.

---

[1] Review: RAPER: Physiologic. Rev. 8 (1928), 245.
[2] See however footnote 7 on page 371.

b) Enzymes which catalyze oxidations with either oxygen or dye as direct hydrogen acceptor. To this group belong xanthine and aldehyde oxidase, *d*-amino-acid oxidase, amine oxidase and yellow enzyme[1] and the glucose oxidase of *Aspergillus*. The glucose and amine oxidases do not reduce methylene blue but reduce other dyes. With this group the hydrogen transfer mechanism is apparent, i. e. the reaction is a dehydrogenation, and the term "aerobic dehydrogenase" has been used to distinguish the group.

With the exception of cytochrome-oxidase, and possibly phenol oxidase, both groups reduce oxygen primarily to hydrogen peroxide.

It is probable that enzymes of both groups activate the substrate, and possibly oxygen is also activated at the same enzyme in some such manner as that suggested by Szent-Györgyi (page 301). The difference between the two groups may depend in some cases only on the oxidation-reduction potential of the substrate. For instance, the oxidation-reduction potential of methylene blue-leuco-methylene blue is lower than that of catechol-*o*-quinone so that the reduction of methylene blue by catechol is thermodynamically impossible. In other cases, there is no apparent thermodynamic reason why dyes should not be reduced.

Oxidizing enzymes which do not cause direct reduction of oxygen.

These enzymes have been called "anaerobic dehydrogenases" to distinguish them from the aerobic dehydrogenases, which can take up oxygen directly. Since the term "oxidase" is used to cover all enzymes causing direct oxidation by oxygen, enzymes causing reduction of carriers will usually be referred to simply as dehydrogenases.

The dehydrogenases are divided into the following groups:

a) Enzymes which require no coenzyme but cause the transfer of hydrogen from their substrates to cytochrome. Succinic dehydrogenase is the best known member of this group. An α-glycerophosphate dehydrogenase, α-hydroxyglutaric dehydrogenase, a lactic dehydrogenase from yeast, and choline dehydrogenase, are also believed to be cytochrome oriented. Diaphorase may also be included in this group since it causes hydrogen transfer from its substrate, dihydro-coenzyme, to cytochrome. The first yellow enzyme causes reaction with cytochrome as well as directly with oxygen.

b) Enzymes which cause the transfer of hydrogen from their substrate to coenzyme I (co-zymase, co-reductase I, diphosphopyridine nucleotide) or to coenzyme II (co-reductase II, triphosphopyridine nucleotide).

Enzymes known to react with coenzyme I are lactic and malic dehydrogenases (perhaps identical but different from the above-mentioned lactic dehydrogenase of yeast), an α-glycerophosphate dehydrogenase (different from the above-mentioned), and the dehydrogenases of alcohol, β-hydroxy-butyrate, formate, triosephosphate, citrate (*iso*-citrate), glucose and the glutamic dehydrogenase of liver and plants.

Enzymes known to react with coenzyme II are the dehydrogenases of hexose-monophosphate, phosphohexonate, pentosephosphate, glucose, and the glutamic dehydrogenase of *B. coli*, yeast, and possibly of liver.

It will be noticed that in the case of glucose dehydrogenase and possibly liver glutamic dehydrogenase, the same enzyme reacts with either coenzyme. The

---

[1] The inclusion of flavoprotein as an enzyme rather than as a non-enzymic carrier was, until recently, controversial. See Thunberg's review, Ergebn. Enzymforsch. 7 (1938), 162. Since xanthine oxidase and *d*-amino-acid oxidase now are known to be similar in constitution to the yellow enzyme, there is no longer any reason why the first yellow enzyme should be excluded from the category of the enzymes.

glutamic dehydrogenases from different sources show different coenzyme specificities.

Terminology of coenzyme systems.

The coenzyme and the enzyme-protein combine together reversibly. The actual transfer of hydrogen from metabolite to coenzyme apparently takes place when the coenzyme is bound to the enzyme-protein. The WARBURG school therefore considers that the compound is the complete enzyme, and the protein and coenzyme are respectively bearer ("Träger") and prosthetic group of the whole enzyme.[1] They therefore use the following terminology: "Zwischenferment" (Protein constituent) + Co-Ferment $\rightleftharpoons$ Wasserstoffübertragendes Ferment.

The school of EULER has a similar view[2] and they have proposed the following terminology: Apo-dehydrase (Protein constituent) + Co-dehydrase $\rightleftharpoons$ Holo-dehydrase.

WARBURG and CHRISTIAN's "Wasserstoffübertragendes Ferment" and EULER's "Holo-dehydrase" may be regarded as the enzyme which causes the transfer of hydrogen from the metabolite to the yellow enzyme. These terminologies are useful in representing the mechanisms of the reactions, but their use involves complications particularly when considering the action of diaphorase, the coenzyme-oxidizing enzyme.

WARBURG and CHRISTIAN's yellow enzyme is frequently referred to as "flavoprotein" and its enzyme character has not always been admitted.[3] In the opinion of its discoverers it is an enzyme consisting of a bearer (Träger), the protein constituent, and a prosthetic group, the phosphoflavin or alloxazin nucleotide. It is analogous to the "Wasserstoffübertragendes Ferment" except that the prosthetic group is more firmly bound to the protein. It catalyzes the transfer of hydrogen from reduced coenzyme to oxygen or cytochrome. This is perhaps a logical view since the "respiratory enzyme", peroxidase, catalase, and other enzymes are known to consist of protein molecule and prosthetic group (haematin). But if this system is adopted, cytochrome which is always called a carrier, should perhaps be classified as an enzyme consisting of protein bearer and haematin prosthetic group, which catalyzes an oxidation-reduction between the prosthetic group of cytochrome oxidase and the (hypothetical) prosthetic group of, say, succinic dehydrogenase. On the other hand, if in the case of metabolite dehydrogenases the specific protein is called the enzyme, and the coenzyme is called a carrier, then it would perhaps be logical to call only the protein constituent of flavoprotein an enzyme and to call the alloxazin nucleotide a carrier. To be consistent we would then have to apply the term enzyme only to the protein part of the respiratory ferment, peroxidase and catalyse.

When more is known of the structure and mechanisms of other enzymes it may be possible to develop a more rigid and unanimous terminology. It is possible that apparently simple enzymes such as succinic dehydrogenase may be shown to consist of a specific protein bearer and a separable prosthetic group. For the present we will use the term dehydrogenase for the protein constituent only. Occasionally the terms apo-dehydrogenase and holo-dehydrogenase will be used. WARBURG and CHRISTIAN's first yellow catalyst will be called flavoprotein or yellow enzyme.

Dismutation and Mutases.

It was mentioned on pages 305—7 that a number of oxido-reductions or dismutations are brought about by coenzyme linked systems. Some of these appeared

---

[1] NEGELEIN, HAAS: Biochem. Z. 282 (1935), 206.

[2] EULER, ADLER: Hoppe-Seylers Z. physiol. Chem. 238 (1936), 233.

[3] See footnote 1, p. 317.

to be caused by single enzymes, mutases, with coenzymes, but it now seems more probable that in each case two ordinary coenzyme-linked dehydrogenases are concerned, one specific for each of the metabolites. (See chapter 6.)

Unclassified Dehydrogenases.

The activity of a number of enzymes which cause the oxidation of fatty acids, and other compounds, has been observed. These enzymes have not recieved sufficient study to allow of their classification.

Pyruvic dehydrogenase seems to resemble the coenzyme dehydrogenases but acts with thiamin pyrophosphate instead of with the coenzymes I or II.

Hydrogenlyase and Hydrogenase.

Stephenson and Stickland recognized in bacteria three distinct "hydrogen-activating" enzymes. Besides the well known formic dehydrogenase, they found and studied an enzyme which they callad "hydrogenlyase" which causes the liberation of free molecular hydrogen and CO_2 from formic acid.[1] They produced evidence that there are also hydrogenlyases specific for substrates other than formate. Another enzyme which they called "hydrogenase"[2] was found which activates molecular hydrogen for the reduction of oxygen, fumarate, nitrate, methylene blue or various other substances.

Trans-Amination.

Braunstein and Kritzmann[3] have discovered in animal tissues a type of reversible oxidation-reduction process in which a transfer of amino groups, as well as hydrogen transfer, takes place. One of the reactions studied is represented as follows:

Oxaloacetate + Alanine ⇌ Aspartate + Pyruvate.

The reaction occurs between any amino-acid and any α-keto-acid provided one of them is dibasic.

"Stickland Reaction."

Stickland[4] has demonstrated, in certain anaerobic bacteria, that a dismutation occurs between amino-acids, and that in this reaction some amino-acids, e.g. alanine, valine, leucine, behave as hydrogen donators and others, e.g. glycine, proline, oxyproline, behave as hydrogen acceptors. For instance alanine and proline react together to give acetic acid, CO_2 and NH_3 from the alanine, and the proline ring is opened by reduction to give δ-aminovaleric acid. The enzyme systems responsible for these reactions are not known. Possibly a system of enzymes and carriers is responsible as in the dismutations with coenzymes previously described.

Peroxidase.

Peroxidase is one of the most extensively studied enzymes. It was formerly believed to catalyze the oxidation of metabolites by organic peroxides. It is now known to be specific for hydrogen peroxide as oxidizing agent, or, with considerably decreased activity, for monosubstituted derivatives such as ethylhydroperoxide. The enzyme is widely distributed in plant tissues and possibly

[1] Stephenson, Stickland: Biochemic. J. 26 (1932), 712. — Review: Stephenson: Ergebn. Enzymforsch. 6 (1937), 139.

[2] Stephenson, Stickland: Biochemic. J. 25 (1931), 205.

[3] Braunstein, Kritzmann: Nature (London) 140 (1937), 503; Enzymologia (Den Haag) 2 (1937), 129. — Braunstein: Nature (London) 143 (1939), 609.

[4] Stickland: Biochemic. J. 28 (1934), 1746; 29 (1935), 288, 889.

plays a role in oxidizing phenolic substances. It is scarcely, if at all, to be found in animal tissues. It does not appear to oxidize any of the common metabolites but oxidizes phenolic and aromatic amino compounds. Like the respiratory enzyme, it is a protein-haematin compound.

Catalase.

Until recently catalase was not classed as an ordinary oxidation catalyst. It has been known from early times as the enzyme which causes the decomposition of hydrogen peroxide to water and molecular oxygen without accomplishing the oxidation of any substrate. It is widely distributed in animal and plant tissues and its function has generally been considered to be simply to protect the tissues from the toxic effects of H_2O_2 produced in oxidations, and to make available oxygen bound as H_2O_2. It is a haematin containing enzyme. As is mentioned in the following section, it now seems that catalase can serve as a catalyst for the oxidation of metabolites.

Coupled or Successive Reactions.

It has been mentioned that many oxidases with their substrates reduce oxygen to hydrogen peroxide. THURLOW[1] showed that in a system containing xanthine (or hypoxanthine) and xanthine oxidase in air, hydrogen peroxide accumulated at first and later disappeared again, as it was used up as an alternative oxidant to oxygen. But if peroxidase was added to the system the hydrogen peroxide could be used to blue guaiacum or to oxidize nitrite to nitrate. Thus in the presence of both xanthine oxidase and peroxidase the oxidation of guaiacum could be coupled with the oxidation of xanthine, no addition of hydrogen peroxide being necessary. Similar coupled oxidations have been demonstrated with various oxidase systems as primary oxidations producing H_2O_2 and adrenaline and other phenolic substances as substrates of the secondary reactions. These coupled reactions can take place even in the presence of catalase since peroxidase has a higher affinity for H_2O_2 than has catalase.

Another type of coupled reaction has been discovered by KEILIN and HARTREE.[2] Though catalase decomposes added hydrogen peroxide in such a way that no substrate is oxidized, KEILIN and HARTREE have shown that in the presence of systems which gradually liberate H_2O_2, catalase-containing preparations can induce the coupled oxidation of alcohol. It appears that some catalyst, presumably catalase itself, can catalyze the oxidation of alcohol by *nascent* hydrogen peroxide. Systems studied which produced hydrogen peroxide in this form were various oxidase systems and substances such as barium peroxide, cerium peroxide, and ethyl hydroperoxide, which decompose in water liberating H_2O_2.

In a system containing xanthine (aldehyde) oxidase + aldehyde + alcohol + catalase preparation, the oxygen uptake is far beyound the theoretical for the oxidation of the aldehyde to acid. Aldehyde is primarily oxidized to acid and nascent H_2O_2 is formed; the catalase causes this to oxidize alcohol to aldehyde. The aldehyde is then oxidized to acid by the aldehyde oxidase and oxygen producing more H_2O_2. By means of this "cyclic reaction" a large amount of alcohol can be oxidized to acid. The aldehyde initially added is merely necessary to start the cycle.

---

[1] THURLOW: Biochemic. J. **19** (1925), 175.
[2] KEILIN, HARTREE: Proc. Roy. Soc. (London), Ser. B **119** (1936), 141.

Carboxylase.

This enzyme is found in high activity in yeast but is scarcely, if at all, to be found in animal tissues. It catalyzes the decarboxylation of α-ketonic acids yielding CO_2 and the corresponding aldehyde. It is thus not a catalyst of oxidations in the usual sense, but should be mentioned since it depends for its activity upon Mg·· or Mn·· ions and upon a coenzyme which has been shown to be the pyrophosphate of thiamin, vitamin B_1.[1] Since thiamin pyrophosphate is also concerned in the *oxidation* of an α-ketonic acid, pyruvic acid, in animal tissues, it may be found that some oxidation-reduction process is concerned in the mechanism of decarboxylation.

Methods.[2]

This survey should not be concluded without a brief summary of the types of method used in the study of biological oxidations.

Estimation of the Oxidizer.

Oxygen uptake.

Measurement of oxygen uptake is probably the commonest method of study. For this purpose gas analysis methods have been used, particularly by early workers, but the manometric method is now most widely used. Apparatus for manometric study has received much attention and a variety of types of apparatus for various purposes has been developed.[3]

Thunberg technique.

This method consists in observing the reduction of certain dyes, such as methylene blue, in the absence of oxygen. Methylene blue is the most commonly used dye but in many cases it is necessary to use a dye of higher oxidation-reduction potential, and occasionally it is more informative to use a dye of lower potential. Work with dyes is most commonly done with the "Thunberg tube" or some modification of it. This consists simply of a test tube with a side tube near the top and a greased stopper so arranged that the tube is easily evacuated, and if necessary, refilled with a gas.

Methylene blue can replace, as hydrogen acceptor, either oxygen or the cytochrome-cytochrome oxidase system + oxygen. The Thunberg technique thus allowed the study of many dehydrogenase preparations which do not take up oxygen, before the systems necessary to allow oxygen uptake were recognized. The method has, however, the disadvantage that the dye, a completely unphysiological material, often exerts deleterious effects on enzymes.

Carrier method.

It is possible to study by the manometric method many systems which do not take up oxygen directly by using artificial carriers. Methylene blue or pyocyanine, for instance, added to the system may be reduced by the system and spontaneously reoxidized by oxygen.

Estimation of the Reducer.

In a few cases, such as with peroxidase or the indophenol oxidase (cytochrome-cytochrome oxidase), the reaction can be studied by the use of various reagents

---

[1] Lohmann, Schuster: Biochem. Z. 294 (1937), 188.

[2] Review: Thunberg: Handbuch der biologischen Arbeitsmethoden, Bd. 4, 2. Teil, S. 2295. 1935.

[3] Review: Dixon: Manometric Methods. Cambridge, 1934.

which give colored oxidation products. Guaiacum tincture, benzidene, "nadi" reagent, pyrogallol and other compounds have often been used for this purpose.

A great many quantitative chemical methods have been worked out for the estimation of reducing substrates and their oxidation products. These methods allow reactions to be followed by chemical analysis of samples.

Conversely a number of enzymic methods have been developed for the estimation of metabolites. For instance, succinic acid is very conveniently estimated by measurement of oxygen uptake with preparations containing succinic dehydrogenase, cytochrome and cytochrome oxidase.

Isolation.

Much of the present knowledge of enzymes has only been achieved after the constituents of reacting systems,—enzymes, coenzymes, and other carriers—have been separated from each other and put together under controlled conditions. The most diverse chemical and physico-chemical methods of isolation and purification have been used.

Inhibitors.[1]

The action of inhibitors may be reversible or irreversible. There are non-specific inhibitors like the indifferent narcotics, which simply cover surfaces, and inhibitors specific for certain groups. For instance HCN, H_2S, and in certain cases, pyrophosphate, act on heavy metals. The structure of the prosthetic group of the "respiratory enzyme" was largely determined by the effects of light of different wave lengths in reversing CO inhibition. Certain dehydrogenases are specifically inhibited by compounds of similar structure to the normal substrate. Malonate for instance inhibits succinic dehydrogenase and SZENT-GYÖRGYI's theory is in part based on observations of this inhibition.

By the use of certain inhibitors, e.g. arsenite, it is possible to divide respiration into sensitive and insensitive fractions and to study the fractions separately. The study of arsenite inhibition led SZENT-GYÖRGYI to the discovery of the coenzyme of lactic dehydrogenase.

The use of inhibitors has provided much of our information concerning the structure of catalysts, the mechanism of their action and their interrelation with other systems, and the relative quantitative importance of the various catalysts in respiration.

Spectroscopy.

Much of the rapid advance in knowledge of tissue respiration mechanisms has been dependent upon spectroscopic observation. Many of the catalysts concerned in biological oxidation processes are pigments showing marked absorption spectra which change according to the oxidation-reduction state of the pigment. By spectroscopic observation and measurement it has thus been possible to study catalysts which are present in very low concentration in the material at hand, or which cannot be extracted. The behavior of a catalyst in an oxidizing or reducing system can be observed spectroscopically without disturbing the system. The chemical nature and mechanism of action of various catalysts can be partly deduced from spectroscopic detection of the formation of complexes with added substances.

By spectroscopic observations cytochrome was discovered and its function elucidated. The chemical nature of the "respiratory enzyme", cytochrome, peroxidase, and catalase has been clarified, essential early clues to the structure of the coenzymes and yellow enzyme were obtained, and much information con-

---

[1] Review: DIXON: Arch. exp. Zellforsch. 15 (1934), 17.

cerning the actual processes underlying the catalytic effects of these substances has been obtained by spectroscopic study.

Oxidation-Reduction Potential.[1]

The oxidized and reduced forms of a few natural substances such as pyocyanine and adrenaline which are capable of acting as respiratory catalysts or carriers, have been shown to constitute electromotively active reversible oxidation-reduction systems, showing definite electrode potentials.

Most metabolites are electromotively inert even in the presence of an enzyme which catalyzes their oxidation or reduction. But the reversibility of many enzyme catalyzed reactions has been demonstrated. The potential of such systems can be roughly determined by their ability to reduce, or oxidize, dyes of known potential. In many cases an enzyme will set up an equilibrium between the oxidized and reduced forms of its substrate and the oxidized and reduced forms of an electromotively active dye of suitable potential. In these cases the potential of the system can be determined by an electrode.

Knowledge of potentials provides much information in determining the direction in which reactions, such as the coenzyme-linked dismutations, will tend in setting up their equilibria and the possibility of carriers to mediate in successive reactions.

Chapter 2. Enzymes causing direct reaction with oxygen.
The oxygen-transporting enzyme.[2] Cytochrome oxydase.
Indophenol oxydase.

The dominant role in respiration of Warburg's Respiratory enzyme, which he later[3] renamed the "Oxygen transporting enzyme of respiration", has been discussed in the previous chapter. The nature of the catalyst will now be briefly discussed.

Deductions from carbon monoxide inhibition.

Warburg[4] showed that in a mixture of oxygen and carbon monoxide the respiration of yeast cells is inhibited; on removing the CO or replacing it with an inert gas, the respiration rate returns to its original level. It was considered that the enzyme forms a compound with CO similar to one which it forms with oxygen. For convenience the compounds with oxygen and CO are represented as FeO_2 and $FeCO$ respectively.

The oxygen uptake rate of certain small respiring cells (*Micrococcus candicans*) was found to be independent of oxygen tension down to extremely low oxygen tensions.[5] It was therefore concluded that normally practically all the enzyme is present in the oxidized form, FeO_2. The extent of the inhibition by CO was found to depend upon the ratio of CO tension to oxygen tension. Presumably in the presence of CO only a fraction of the enzyme is present as FeO_2, the remainder being bound as $FeCO$, and, if the rate of respiration depends upon the amount of FeO_2, the degree of inhibition will depend upon the ratio $FeCO/FeO_2$.

[1] Reviews: Hewitt: Oxidation-Reduction Potentials in Bacteriology and Biochemistry. London: P. S. King and Son, 1936. — Michaelis: Oxydations-Reduktions-Potentiale. Julius Springer, 1933. — Wurmser: Ergebn. Enzymforsch. 1 (1932), 21.

[2] Review: Reid: Ergebn. Enzymforsch. 1 (1932), 325.

[3] Warburg, Negelein: Biochem. Z. 244 (1932), 9.

[4] Warburg: Biochem. Z. 177 (1926), 471; 189 (1927), 354. — Warburg, Negelein: Ibid. 193 (1928), 334.

[5] Warburg, Kubowitz: Biochem. Z. 214 (1929), 5.

The relative affinity, k, of the enzyme for O_2 and CO, where

$$k = \frac{FeO_2}{FeCO} \cdot \frac{CO}{O_2},$$

was estimated by measuring the oxygen uptake rate in the presence of known tensions of O_2 and CO, k being given by the equation:

$$k = \frac{n}{1-n} \cdot \frac{CO}{O_2},$$

where $n = \dfrac{A}{A_0}$, A_0 = normal O_2 uptake rate, A = O_2 uptake rate in $CO + O_2$ mixture. This constant was found to be usually about 10 in yeast cells though it varied widely. It was considerably higher at 10° than at 32°.

Illumination removes the CO inhibition of respiration.[1] Evidently the CO compound of the enzyme, but not the O_2 compound undergoes a photochemical dissociation. The absorption spectrum of the CO compound could not be measured directly since the concentration of the enzyme in the cells is too low and absorption by other cell constituents would interfere. (Its concentration in baker's yeast, calculated from the amount of CO combined, is less than 4×10^{-7} g. iron per g. dried material.[2]) But since only light which is absorbed by FeCO can cause the dissociation of the CO compound, the absorption spectrum can be determined by measurements of respiration rates in the presence of CO under illumination by light of known intensity and of various wave lengths.

The photochemical absorption spectra thus obtained with yeast and acetic acid bacteria were the same.[1, 3] (See Fig. 1.)

The spectrum resembled the absorption spectra of CO-haematin derivatives but was not quite the same as that of any kown CO-haematin derivative. WARBURG[4] therefore studied the absorption spectra of CO compounds of haematin derivatives from various sources. The closest approach to the spectrum of the respiratory enzyme was found with spirographis haematin combined with globin. This haematin was obtained from chlorocruorin, the blood pigment of the polychaete worm *Spirographis*. The

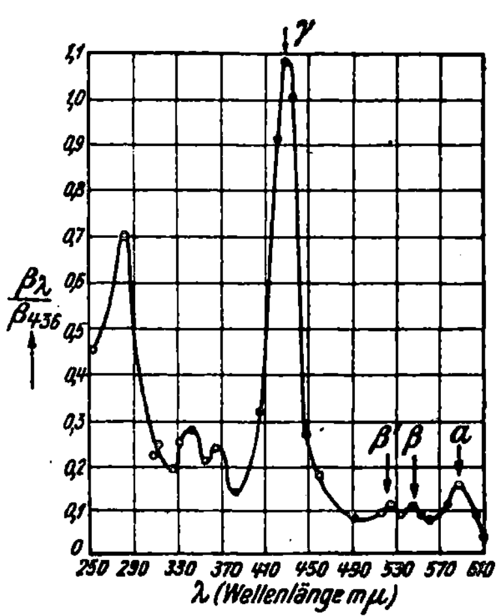

Fig. 1. Photochemical absorption spectrum of the CO compound of the oxygen transporting enzyme of respiration in *Bacterium Pasteurianum*.

globin compound of phaeohaematin-b[5] also had a closely similar spectrum. This haematin was obtained by reduction of chlorophyll-b with HJ.

[1] WARBURG: Biochem. Z. 177 (1926), 471; 189 (1927), 354. — WARBURG, NEGELEIN: Ibid 198 (1928), 339; 202 (1929), 202; 204 (1929), 495; 214 (1929), 64.

[2] WARBURG, KUBOWITZ: Biochem. Z. 203 (1928), 95. — WARBURG, NEGELEIN: Ibid. 198 (1928), 334.

[3] KUBOWITZ, HAAS: Biochem. Z. 255 (1932) 247.

[4] WARBURG, NEGELEIN, HAAS: Biochem. Z. 227 (1930), 171. — WARBURG, CHRISTIAN: Ibid. 235 (1931), 240. — WARBURG, NEGELEIN: Ibid. 244 (1932), 9.

[5] WARBURG's phaeohaematin-b is the iron compound of FISCHER's phaeoporphyrin-b_6. — FISCHER et al.: Liebigs Ann. Chem. 503 (1933), 1; 506 (1933), 83.

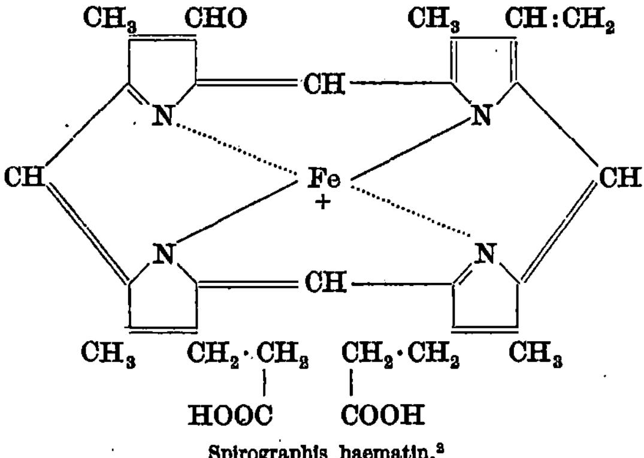

Protohaematin. The haematin of haemoglobin.[1]

Spirographis haematin.[2]

The prosthetic group of the respiratory enzyme seems to be the iron compound of an oxidized haemoglobin porphyrin or a reduced chlorophyll porphyrin.

It is presumed that an addition product is formed between the reduced, ferrous enzyme, and oxygen or CO, and that the "oxygenated" ferro-compound changes into the oxidized, ferric, compound which then oxidizes another compound (presumably the ferrous iron of reduced cytochrome). CO combines with the ferrous form of the enzyme but not with the ferric form.

Analogous systems.

The belief that the oxygen transporting enzyme is a haematin-protein compound which behaves with O_2 and CO in the above way, was strengthened by observations on other haematin compounds.

Haematin, prepared from haemoglobin, contains ferric iron and this is readily reduced to the ferrous state by hydrosulfite, hydrazine, or cysteine.[3] The ferrous compound is autoxidizable. As is to be expected, the oxidation of cysteine (which is not autoxidizable) is catalyzed by haematin and derivatives. This catalysis is inhibited by HCN and H_2S and by CO.[4] Ferrous haematin compounds have

[1] FISCHER: Z. angew. Chem. 44 (1931), 617. — FISCHER, ZEILE: Liebigs Ann. Chem. 468 (1929), 98.

[2] FISCHER, SEEMANN: Angew. Chem. 49 (1936), 461; Hoppe-Seyler's Z. physiol. Chem. 242 (1936), 133.

[3] CREMER: Biochem. Z. 192 (1928), 426.

[4] WARBURG: Biochem. Z. 189 (1927), 354. — KREBS: Ibid. 204 (1929), 322.

long been known to form complexes with CO. Haemoglobin and artificially prepared similar ferrous haematin-protein compounds[1] are readily "oxygenated", i.e. they add on molecular O_2 which dissociates off again when the O_2 tension is lowered, and they form CO compounds. The combination with globin seems to protect ferrous haematin (haem) from autoxidation and the change from oxygenated to the oxidized, ferric, form is prevented. However, if methaemoglobin (ferric) is produced in red blood cells by the action of hydroxylamine, an oxydation of glucose occurs, apparently by reduction of the methaemoglobin; but reduced (ferrous) haemoglobin does not accumulate, so it seems that "nascent" haemoglobin is re-oxidized by the oxygen, i.e. it is autoxidizable.[2] Presumably unconjugated reduced haematins also form oxygenated products but these change over to the oxidized form too rapidly for their detection to be possible.

With haemoglobin it is well known that in the presence of O_2 and CO an equilibrium between HbO_2 and $HbCO$ is set up. Probably a similar equilibrium exists between all oxygenated and carbon monoxide ferrous haematin compounds. But this equilibrium is upset if the oxygenated reduced haematin goes over into the oxidized form. With ordinary haematin, therefore, the equilibrium can only be observed when the haematin is kept reduced, by cysteine for instance. The equilibrium can be observed by measuring the inhibitory effect of CO on the catalysis of the cysteine oxidation, since the CO compound is catalytically inactive.

As is to be expected, different haematin compounds show different affinities for CO and O_2. In the presence of equal pressures of O_2 and CO, 99% CO-haemoglobin and 1% oxyhaemoglobin are found, but the respiratory enzyme in yeast is only 10% inhibited and 90% active.

All CO-reduced haematin compounds are dissociable by light; the phenomenon was first discovered with haemoglobin.[3] It was found that different types of haematin derivatives differ considerably in the light sensitivity of their CO compounds.[4] With haemoglobin the light sensitivity is considerably lower than with the respiratory enzyme. Free haematin compounds have low sensitivity, but the compounds with nicotine or pyridine (haemochromogens) show appreciable sensitivity. The catalysis of cysteine oxidation by nicotine haemochromogen is inhibited by CO and the inhibition partially removed by illumination.[4] If the illumination is done with different wave lengths, a photochemical absorption spectrum can be obtained in the same way as was done with the respiratory enzyme. The photochemical absorption spectrum found agrees with the spectrum obtained directly.[5]

Finally, haematin derivatives can show effects similar to the physiological action of the enzyme. Non-nucleated red blood cells in the presence of glucose show very little respiration, but, on the addition of haematins, oxygen uptake and CO_2 evolution take place.[6] The haematin oxidizes haemoglobin to methaemoglobin. The reduced haematin is re-oxidized by the air, the methaemoglobin is re-reduced by glucose and cell enzymes. The haemoglobin iron behaves in this model as an intermediary between haematin and reducing systems of the cells in the same way as does cytochrome in ordinary cells.

---

[1] Warburg, Negelein: Biochem. Z. **244** (1932), 9.
[2] Warburg, Kubowitz, Christian: Biochem. Z. **221** (1930), 494.
[3] Hartridge, Roughton: Proc. Roy. Soc. (London), Ser. B **94** (1923), 336.
[4] Krebs: Biochem. Z. **204** (1929), 322.
[5] Warburg, Negelein: Biochem. Z. **200** (1928), 414.
[6] Warburg, Kubowitz: Biochem. Z. **227** (1930), 184.

Cyanide and other inhibitors.

The inhibition of the oxygen transporting enzyme by cyanide has been of great importance in showing the dominant role of the enzyme in respiration. The mechanism of this inhibition is different from that of CO. There is no sign of a competition between O_2 and HCN for the enzyme since the inhibition is independent of the O_2 pressure.[1] The cyanide apparently combines with the oxidized, ferric, form of the enzyme and prevents its reduction. It is known that haematin compounds in the ferrous state have a much smaller affinity for HCN than in the ferric state. For instance, HCN is bound very firmly in cyanmethaemoglobin, but cyanhaemoglobin is very dissociable, only being formed appreciably in the presence of a large excess of HCN. It seems that O_2 oxidizes the ferrous form of the enzyme (through a momentary oxygenated state) to the ferric form. This is normally reduced by cytochrome, but if HCN is present a non-reducible complex is formed. *Iso*cyanides and H_2S inhibit the enzyme probably in the same way as does HCN. Pyrophosphate does not inhibit the enzyme.

Indophenol oxidase, cytochrome oxidase, and the respiratory enzyme.

The indophenol oxidase[2] was discovered by Ehrlich,[3] who found that a blue color was produced in the tissues when dimethyl-*p*-phenylene diamine and α-naphthol was injected into animals, and by Röhmann and Spitzer[4] who showed this so-called "nadi" reaction *in vitro* with tissues and extracts. Battelli and Stern[5] studied the enzyme extensively by measuring the oxygen uptake in the oxidation of *p*-phenylene diamine (without α-naphthol). The indophenol oxidase has been found by numerous workers to be active in all aerobic organisms and tissues. A variety of reagents such as the nadi reagent, phenylene diamines, benzidine and polyphenols have been used as substrates. But in early work the enzyme was confused with phenol oxidases and also with various thermostable non-enzyme catalysts. The enzyme was always associated with insoluble material and was classified as an "oxidone" by Battelli and Stern. Drying with alcohol or acetone destroyed the enzyme.

In the light of Keilin's work, (see Chapter 1, p. 303) it now seems clear that the indophenol oxidase is identical with cytochrome oxidase, and since these enzymes are affected by inhibitors, temperature, and drying, in exactly the same way as a true respiratory system of the cell,[6] they are apparently identical with the respiratory enzyme of Warburg. Urethane and other narcotics do not affect the oxidase, but Keilin has shown that these affect respiration by inhibiting the activity of the dehydrogenases and so preventing the reduction of cytochrome in cells. It also seems clear that cytochrome is the only substance oxidized directly by the enzyme,[7] the aromatic diamines and polyphenols being oxidized by the oxidized cytochrome.

Shibata, Tamiya, and co-workers[8] considered at first that one component of cytochrome undergoes oxygenation and forms a complex with the other cytochromes,

---

[1] Warburg: Biochem. Z. 189 (1927), 354.

[2] Review: Franke: Euler's Chemie der Enzyme, Bd. II, 3. Teil, S. 401. 1934,

[3] Ehrlich: Das Sauerstoffbedürfnis des Organismus. Berlin, 1885.

[4] Röhmann, Spitzer: Ber. dtsch. chem. Ges. 28 (1895), 567.

[5] Battelli, Stern: Biochem. Z. 46 (1912), 317, 342; 67 (1914), 443.

[6] Keilin: Ergebn. Enzymforsch. 2 (1933), 239; Proc. Roy. Soc. (London), Ser. B 104 (1929), 206; 106 (1930), 418.

[7] Keilin: Proc. Roy. Soc. (London), Ser. B 104 (1929), 206. — Keilin, Hartree: Ibid, Ser. B 125 (1938), 171. — Stotz, Sidwell, Hogness: J. biol. Chemistry 124 (1938), 733. — Elliott, Greig: Biochemic. J. 32 (1938), 1407.

[8] Shibata: Ergebn. Enzymforsch. 4 (1935), 348. — Yamagutchi, Tamiya, Ogura: Acta phytochim. (Tokio) 9 (1936), 103. — Yamagutchi: Ibid. 10 (1937), 171.

and that this oxygenated complex passes the oxygen on to the indophenol oxidase which is reduced directly by dehydrogenase systems,—no change of valency of cytochrome being involved. Later they admitted that cytochrome performs the usual function as intermediary, but postulated a new oxygen transporting enzyme which undergoes oxygenation and passes the oxygen on to the indophenol oxidase. According to them CO and HCN act on different components of the respiratory system. These views and their experimental basis, have been studied and rejected by KEILIN.[1]

STOTZ, ALTSCHUL and HOGNESS[2] have produced evidence to show that when cytochrome c is oxidized by O_2 with the oxidase, both O_2 and cytochrome are adsorbed on, or form a complex with, the oxidase. CO displaces O_2 from the complex.

Possible direct spectroscopic observations of the respiratory enzyme.

WARBURG et al.[3] believed that they were able to observe the spectrum of the respiratory enzyme directly in strong suspensions of acetic acid bacteria and bakers' yeast which have a very high respiration rate and would be expected to contain the enzyme in high concentration. Under anaerobic conditions a band was seen at 589 mμ which in the presence of CO shifted to 593 mμ, about the position previously determined photochemically for a band of the CO-respiratory enzyme. The substance responsible for the band at 589 mμ behaved as would be expected of the respiratory enzyme; CO inhibited its oxidation, HCN inhibited its reduction, presumably by combining respectively with the ferrous and ferric forms. Both these inhibitors prevent the oxidation of cytochrome and do not noticeably affect the bands of reduced cytochrome. In azotobacter[4] also, the respiratory enzyme was believed to be visible though the band of the reduced enzyme was at 632 mμ instead of at 589 mμ.

KEILIN,[5] however, considered that the bands observed by WARBURG were due to forms of cytochrome and derivatives and not to the respiratory enzyme. The bands were visible in certain organisms which respired comparatively slowly. Various microorganisms show variations in the structure of cytochrome, and cytochrome a is easily modified and haemochromogens formed from it could combine with CO.

Recently KEILIN[6] has observed that, in a heart muscle preparation and in various other animal tissues and microorganisms, in the presence of a reducing agent, hydrosulfite, the band of cytochrome a is changed by CO and a band at 593 mμ appears. It appears that cytochrome a consists of two components, one of which a_3, is autoxidizable and combines with CO and HCN while the other does not have these properties. KEILIN suggested that the component a_3 may be in some way responsible for the photochemical absorption spectrum obtained by WARBURG. It might be thought that the component a_3 is cytochrome oxidase, the respiratory enzyme, but KEILIN does not believe this[7] because cytochrome oxydase is found in cells devoid of cytochrome a, and because the three components of cytochrome could be oxidized in air while a_3 remained combined with CO.

[1] KEILIN, HARTREE: Proc. Roy. Soc. (London), Ser. B 125 (1938), 171.
[2] STOTZ, ALTSCHUL, HOGNESS: J. biol. Chemistry 124 (1938), 745.
[3] WARBURG, NEGELEIN: Biochem. Z. 262 (1933), 237. — WARBURG, NEGELEIN, HAAS: Ibid. 266 (1933), 1.
[4] NEGELEIN, GERISHER: Biochem. Z. 268 (1934), 1.
[5] KEILIN: Nature (London) 132 (1933), 783; 133 (1934), 290.
[6] KEILIN: Nature (London) 141 (1938), 840.
[7] *Added to proof:* See however KEILIN, HARTREE: Proc. Roy. Soc. (London), Ser. B 127 (1939), 167.

Preparations.

The theory of the Warburg school regarding the structure of the respiratory enzyme cannot be regarded as completely proved until the enzyme has been isolated.[1] This has not so far been accomplished due to the fact that the enzyme is insoluble and cannot be separated from tissue residues. Strongly active tissue preparations which are useful for study of the oxidase can be obtained from heart muscle; but these contain certain dehydrogenases, cytochrome, and inert material.

Keilin and Hartree[2] obtained strongly active cytochrome oxidase preparations from heart muscle. The minced and washed tissue was extracted by grinding with sand and phosphate buffer p_H 7, the extract was centrifuged and the cloudy supernatant fluid was treated with acetate buffer p_H 4,5. The sediment obtained was suspended in phosphate buffer. Stotz et al.[3] obtained suspensions free of cytochrome c by repeated acetate precipitation.

Keilin[4] suggests, on the following grounds, that cytochrome oxidase may be a copper-protein compound. Copper salts rapidly oxidize all the components of cytochrome. The addition of copper to the culture media for yeast or to the diet for rats increases their indophenol oxidase activity. There is a rough parallelism between the intensity of the indophenol oxidase activity of tissue preparations, in the presence of excess cytochrome c and p-phenylene diamine, and their copper content. The only other known intracellular enzyme which has many properties in common with cytochrome oxidase is the polyphenol oxidase of plants which is a copper-protein compound. The CO inhibition of cytochrome oxidase in certain cells devoid of cytochrome a resembles that of polyphenol oxidase in being insensitive to light.

Cytochrome oxidase and the total respiration.

The cytochrome-cytochrome oxidase system appears to play a dominant role in the respiration of most cells. Elliott and Greig[5] have shown that all animal tissues tried contain more than enough cytochrome oxidase to account for the full respiration rate observed in *in vitro* experiments.

Warburg studied the CO inhibition of respiration and the photochemical absorption spectrum mainly with yeast. Effects of CO on the respiration of several other types of cell have been noted, but Laser[6] has shown that CO has no effect upon the O_2 uptake of animal tissues though it accelerates glycolysis. This lack of effect on respiration may mean merely that the oxidase is present in excess and the rate of respiration is limited by the amount of cytochrome and reducing mechanisms present. Inactivation of some of the oxidase would not then affect the O_2 uptake rate.[7] Stotz, Altschul and Hogness[8] find that heart cytochrome oxidase exerts its full activity at 70 mm O_2 tension but is only 60% active at 40 mm. But Laser[9] has found that the O_2 uptake rate of most sliced tissues is independent of O_2 tension down to a low value. Again, the

[1] See discussion in Keilin's review: Ergebn. Enzymforsch. 2 (1933), 239.

[2] Keilin, Hartree: Proc. Roy. Soc. (London), Ser. B 125 (1938), 171.

[3] Stotz, Sidwell, Hogness: J. biol. Chemistry 124 (1938), 773.

[4] Keilin: Nature (London) 141 (1938), 840.

[5] Elliott, Greig: Biochemic. J. 32 (1938), 1407.

[6] Laser: Biochemic. J. 31 (1937), 1677.

[7] Warburg calculated the relative O_2/CO affinity constant for the respiratory enzyme in yeast on the assumption that the activity of the oxidase limited the respiration rate. When the oxidase is relatively more active than the reducing mechanisms a considerably higher ratio of CO to O_2 tension would be necessary to produce an inhibition of respiration and the constant would appear to be higher.

[8] Stotz, Altschul, Hogness: J. biol. Chemistry 124 (1938), 745.

[9] Laser: Biochemic. J. 31 (1937), 1671.

full activity of the oxidase, present in excess, may not be necessary to catalyze the normal rate of O_2 uptake.

However, it is probable that the oxidase does not catalyze all the respiration of all cells. The respiration of certain micro-organisms is insensitive to cyanide. Although the respiration of animal tissue, in bicarbonate medium, is largely inhibited by cyanide,[1] a fraction of the respiration especially in phosphate buffer or bicarbonate-free ringer solution is insensitive[2] and may be of physiological significance. There are known to be systems in animal tissues which can take up oxygen directly, or through the yellow enzyme, or through other autoxidizable carriers, such as cytochrome b. Further cytochrome oxidase may not be responsible for all the cyanide sensitive respiration. Polyphenol oxidase, which is cyanide sensitive, and other systems may be more important than the cytochrome oxydase system in plant tissues.

Yellow enzyme.[3]

WARBURG and CHRISTIAN[4] obtained from brewers' yeast a yellow substance which they simply called "the yellow enzyme". From red blood cells or yeast they obtained a coenzyme and a "Zwischenferment". "Zwischenferment", coenzyme and yellow enzyme together cause the oxidation of ROBISON's hexosemonophosphate by oxygen. The "Zwischenferment", which may be called hexosemonophosphate dehydrogenase, with the coenzyme, causes the transfer of hydrogen from the hexosemonophosphate to the yellow enzyme which is reduced to a leuco-compound. The leuco-yellow enzyme can then be re-oxidized by methylene blue or by oxygen. In the latter case hydrogen peroxide is formed. The activity of the enzyme is not inhibited by cyanide.

Lactoflavin and the structure of the prosthetic group of the yellow enzyme.

WARBURG and CHRISTIAN[4] obtained the enzyme free from other pigments. On treatment with warm methyl alcohol or with methyl alcohol-HCl at room temperature, a greenish yellow pigment, the prosthetic group, separated from the colloidal bearer. On illuminating this substance in alkaline solution a chloroform-soluble photo-derivative, later called lumiflavin or luminoflavin, was produced. It was obtained in pure crystalline form having the formula $C_{13}H_{12}N_4O_2$, and on boiling it in barium hydroxide solution urea was split off.

Yellow pigments had been obtained from milk[5] (lactochrome) and from heart[6] (cytoflave) before the discovery of the yellow enzyme. ELLINGER and KOSCHARA,[7] and KUHN et al.[8] studied water-soluble yellow-green fluorescing pigments from various sources, which they called lyochromes or flavines. The latter authors obtained a pure pigment of formula $C_{17}H_{20}N_4O_6$, and they showed that it is a growth-promoting vitamin of the B_2 group. The pigment has been obtained from all sorts of animal and plant sources (lacto-, ovo-, hepato-, verdo-,

[1] ALT: Biochem. Z. 221 (1930), 498.

[2] DIXON, ELLIOTT: Biochemic. J. 23 (1929), 812. — KISCH: Biochem. Z. 268 (1933), 75. — VAN HEYNINGEN: Biochemic. J. 29 (1935), 2036.

[3] Reviews: THEORELL: Ergebn. Enzymforsch. 6 (1937), 111. — WARBURG: Ibid. 7 (1938), 210.

[4] WARBURG, CHRISTIAN: Naturwiss. 20 (1932), 980; Biochem. Z. 254 (1932), 438; 257 (1933), 492; 258 (1933), 496; 266 (1933), 377.

[5] BLEYER, KALLMANN: Biochem. Z. 155 (1925), 54.

[6] SZENT-GYÖRGYI, BANGA: Biochem. Z. 246 (1932), 203.

[7] ELLINGER, KOSCHARA: Ber. dtsch. chem. Ges. 66 (1933), 315.

[8] KUHN, GYÖRGY, WAGNER-JAUREGG, RUDY: Ber. dtsch. chem. Ges. 66 (1933), 317, 576, 1034, 1950.

uro-flavines). In every case the substance seems to be the same,[1] except where presumable breakdown products are also present, and this widespread pigment is now generally called lactoflavin, or riboflavin.

Lactoflavin, like the prosthetic group of the yellow enzyme, also gave, on illumination in alkaline solution, a chloroform soluble derivative of formula $C_{13}H_{12}N_4O_2$, which yielded urea on heating in barium hydroxide solution.[2] Evidently the light treatment caused the splitting off of $C_4H_8O_4$, presumably a carbohydrate group. Stern and Holiday[3] showed that methylated alloxazin derivatives had properties resembling those of lactoflavin and Karrer et al.[4] proved the alloxazin nature of lactoflavin by synthesizing 6,7-dimethyl-alloxazin which was identical with a new photo-derivative, lumichrome, produced by daylight from lactoflavin in aerated neutral solution. Shortly thereafter Kuhn et al.[5] synthesized lumiflavin, 6,7,9-trimethyl-iso-alloxazin.

Lumichrom.

Lumiflavin.

Lactoflavin.

Karrer et al.[6] found that the introduction of hydroxyl-containing side groups in the (9) position gave products susceptible to the photo-reaction. Kuhn and Weygand[7] and Karrer et al.[8] synthesized 6,7-dimethyl-9-(1-l-arabityl-) isoalloxazin which possessed some vitamin activity and was at first thought to be lactoflavin. It was finally shown that lactoflavin itself was obtained when d-ribose instead of l-arabinose is linked to position (9).[9] Karrer and Mierwein[10] have described an improved method of synthesis.

[1] Wagner-Jauregg: Ergebn. Enzymforsch. 4 (1935), 333. — Theorell: Ibid. 6 (1937), 111.

[2] Kuhn, Rudy, Wagner-Jauregg: Ber. dtsch. chem. Ges. 66 (1933), 1950.

[3] Stern, Holiday: Ber. dtsch. chem. Ges. 67 (1934), 1104, 1352, 1442.

[4] Karrer, Schöpp, Salomon, Schlittler, Fritzsche: Helv. chim. Acta 17 (1934), 1010.

[5] Kuhn, Reinemund, Weygand: Ber. dtsch. chem. Ges. 67 (1934), 1460.

[6] Karrer, Salomon, Schöpp, Schlittler: Helv. chim. Acta 17 (1934), 1165. — Karrer, Schlittler, Benz, Pfaehler: Ibid. 17 (1934), 1516.

[7] Kuhn, Weygand: Ber. dtsch. chem. Ges. 68 (1935), 216.

[8] Karrer, Schöpp, Benz, Pfaehler: Ber. dtsch. chem. Ges. 68 (1935), 216; Helv. chim. Acta 18 (1935), 69.

[9] Karrer, Schöpp, Benz: Helv. chim. Acta 18 (1935), 426. — Euler, Karrer, Malmberg, Schöpp, Benz, Becker, Frei: Ibid. 18 (1935), 522. — Kuhn, Reinemund, Kaltschmidt, Ströbele: Ber. dtsch. chem. Ges. 68 (1935), 1765. — György: Z. Vitaminforsch. 4 (1935), 233.

[10] Karrer, Mierwein: Helv. chim. Acta 19 (1936), 264.

Lactoflavin crystallizes from aqueous or alcoholic solution in orange needles. Aqueous solutions fluoresce yellow-green but the fluorescence disappears in alkaline or acid solution. The redox potential of lactoflavin is $E_0' = -0,185$ V at p_H 7 and 20° or $E_0 = +0,187$.[1] Lactoflavin and lumiflavin have very similar absorption spectra with maxima at 445, 365 (lactoflavin) or 350 (lumiflavin), and 265–270 mμ.[2]

The photolysis is a complicated reaction which is not fully understood. It appears that several steps are involved, the first of which is an inner molecular shift of hydrogen atoms, a dismutation, whereby the side chain is oxidatively removed.[3]

It was at first believed that lactoflavin itself is the prosthetic group of the yellow enzyme. However, it was found that lactoflavin would not combine with the free protein (see below) to give an active enzyme, and that the product obtained by splitting the enzyme with methyl alcohol contains a phosphoric acid group.[4] THEORELL[5] obtained from the enzyme a lactoflavin-monophosphate, as a crystalline Ca salt, and found that it united with the free protein to give the yellow enzyme. A similar active lactoflavinphosphate was obtained from liver.[6] KUHN et al.[7] synthesized lactoflavin-5'-phosphoric acid which appeared to be identical with the prosthetic group of the yellow enzyme. Lactoflavin and its phosphoric ester are equally active as the vitamin, and LASZT and VERZÁR[8] indicate that if lactoflavin is fed it is phosphorylated in the animal.

The prosthetic group of the yellow enzyme, consisting of a nitrogenous ring compound, sugar group, and phosphoric acid group, is thus a type of nucleotide, and WARBURG[9] now refers to it as riboflavin-phosphoric acid or alloxazin (mono-) nucleotide.

Preparation, composition and properties of yellow enzyme.

WARBURG and CHRISTIAN[10] prepared the enzyme from maceration extract of washed dried brewer's yeast. The extract was shaken with lead subacetate and octyl alcohol, the precipitate removed and excess lead precipitated with phosphate. The enzyme was repeatedly precipitated with CO_2 and acetone at 0° and with methyl alcohol. Further purification was obtained by shaking the material in 1% NaCl with chloroform and octyl alcohol, removing the precipitate, and dialyzing. The solution was dried *in vacuo*.

The yellow enzyme thus obtained was mixed with considerable amounts of large molecular impurities. THEORELL[11] obtained the enzyme pure and crystalline by cataphoresis followed by ammonium sulfate precipitations and dialysis, and he showed that it is a protein compound containing 0,3% of the pigment (as photo derivative).

[1] KUHN, BOULANGER: Ber. dtsch. chem. Ges. 69 (1936), 1557. — BARRON, HASTINGS: J. biol. Chemistry 105 (1934), 7. — STARE: Ibid. 112 (1935), 223.

[2] WARBURG, CHRISTIAN: Biochem. Z. 258 (1933), 496. — KUHN, GYÖRGY, WAGNER-JAUREGG: Ber. dtsch. chem. Ges. 66 (1933), 1034.

[3] KUHN, RUDY, WAGNER-JAUREGG: Ber. dtsch. chem. Ges. 66 (1933), 1950. — KOSCHARA: Hoppe-Seyler's Z. physiol. Chem. 229 (1934), 103. — KARRER, KOEBNER, SALOMON, ZEHENDER, MIERWEIN: Helv. chim. Acta 18 (1935), 266, 480; 19 (1936), 26.

[4] THEORELL: Biochem. Z. 275 (1934), 37.

[5] THEORELL: Biochem. Z. 275 (1935), 344.

[6] THEORELL, KARRER, SCHÖPP, FREI: Helv. chim. Acta 18 (1935), 1022.

[7] KUHN, RUDY, WEYGAND: Ber. dtsch. chem. Ges. 69 (1936), 1543, 1974.

[8] LASZT, VERZÁR: Pflügers Arch. ges. Physiol. Menschen Tiere 236 (1935), 693.

[9] WARBURG: Ergebn. Enzymforsch. 7 (1938), 210.

[10] WARBURG, CHRISTIAN: Biochem. Z. 257 (1933), 492.

[11] THEORELL: Naturwiss. 22 (1934), 289; Biochem. Z. 272 (1934), 155; 278 (1935), 263.

The pure yellow enzyme is unstable and cannot be dried, it can, however, be kept at 0° under saturated ammonium sulfate solution.

Treatment of solutions of the pure enzyme with three volumes of methyl alcohol causes the immediate formation of denatured protein with the liberation of the prosthetic group. (In the cruder preparations of Warburg and Christian the enzyme was more stable and organic solvents were used to precipitate it. Apparently polysaccharide impurities protected the enzyme). The enzyme shows an absorption spectrum in which the three bands of lactoflavin appear but are shifted about 20 mμ toward the red.[1] The short wave band of lactoflavin is obscured by the protein band. (See Figs. 2 and 3.)[2, 3]

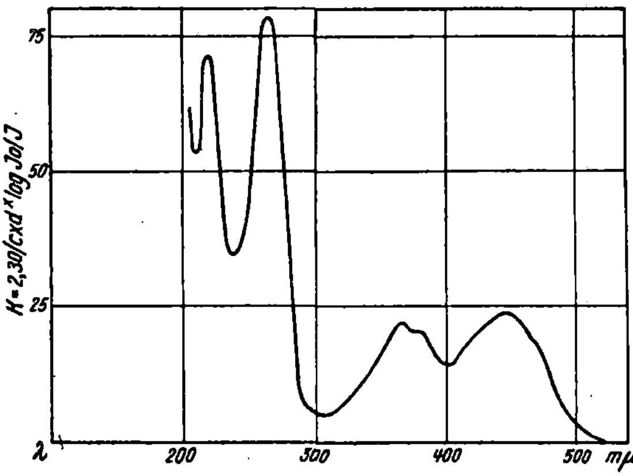

Fig. 2. Absorption Spectrum of Lactoflavin.

The enzyme has the elementary analysis of a typical protein and the solubility characteristics of an albumen. Its isoelectric point is at p_H 5,22.[3, 5] Below p_H 4,5 the enzyme is destroyed unless it is well cooled. The redox potential is given by Kuhn and Boulanger[4] as $E_0' = -0,06$ V at p_H 7. Kekwick and Pedersen[5] estimated the molecular weight of the enzyme to be 77000 or 82800 using ultracentrifuge methods. One molecule contains one prosthetic group, since Theorell found approximately the same molecular weight by estimating the pigment group in known dry weights of pure enzyme and assuming one mol. pigment to one mol. enzyme.

On dialysis of a salt free solution of the enzyme against $N/50$ hydrochloric acid at 0°, Theorell[6] found that the pigment group was removed. The protein remaining was denatured since it all precipitated on neutralization with alkali or phosphate. But if the acid was dialyzed away at 0° the denaturation of part of the protein was reversed, and normal protein could be separated from still denatured material by precipitating the latter with salts. The free native protein of the enzyme was apparently obtained. On treating pure enzyme solution with three volumes of methyl alcohol, the protein part was denatured and precipitated but the mother liquor retained the green fluorescing free pigment part. It was found that on joining solutions of the free pigment (after

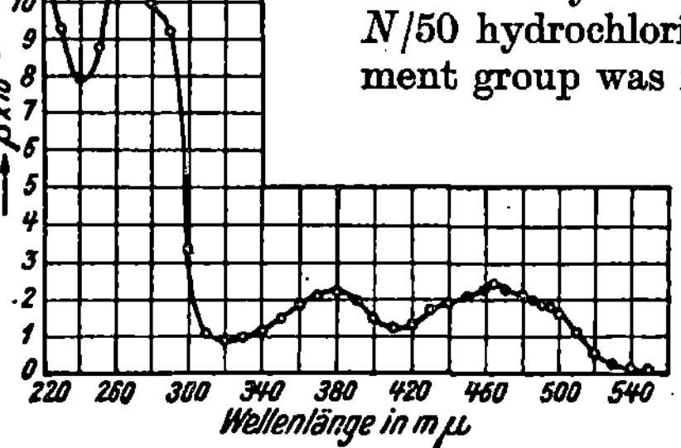

Fig. 3. Absorption spectrum of the yellow enzyme.

<hr>

[1] Warburg, Christian: Naturwiss. 20 (1932), 980. — Kuhn, György, Wagner-Jauregg: Ber. dtsch. chem. Ges. 66 (1933), 1034. — Theorell: Biochem. Z. 278 (1935), 279.

[2] Kuhn, György, Wagner-Jauregg: Ber. dtsch. chem. Ges. 66 (1933), 1034.

[3] Theorell: Biochem. Z. 278 (1935), 263.

[4] Kuhn, Boulanger: Ber. dtsch. chem. Ges. 69 (1936), 1557.

[5] Kekwick, Pedersen: Biochemic. J. 30 (1936), 2201.

[6] Theorell: Biochem. Z. 272 (1934), 155; 278 (1935), 263; 290 (1937), 193.

removal of the alcohol) and free protein, the fluorescence disappeared and the full activity of the enzyme appeared. The free protein part is more unstable than the enzyme and is rapidly destroyed at 38°. No other protein was found to combine with the pigment group to give the same enzyme.

KUHN and BOULANGER[1] consider that the protein part of the enzyme is combined with the pigment not only through the phosphoric acid group but also through the NH in the 3 position. The redox potential of the enzyme ($-$0,06 V at p_H 7 and 38°) is considerably higher than that of lactoflavin ($-$0,21 V). But while phosphorylation of the flavin, and other substitutions in the side chain scarcely affected the redox potential, substitutions in the ring nucleus caused large changes. The yellow enzyme does not fluoresce; lactoflavin does fluoresce except in alkaline solution when the NH group at 3 is blocked. 3-Methyl-lacto-flavin shows no vitamin activity presumably because the combination with the protein is hindered. KUHN and BOULANGER[2] find the following points of significance for the methyl groups at 6 and 7. Without these groups no vitamin action is found. The methyl groups cause a maximum negativity for the redox potential. 9-Methyl flavin is toxic, hydroxyl groups in the side chain lower the toxicity, but the 6 and 7 methyl groups remove the toxicity.

In a system in which the yellow enzyme causes an oxygen uptake, it is found that anaerobically the yellow color disappears, aerobically it reappears and hydrogen peroxide is formed. Measurements of the oxygen uptake and the rate of reduction of the enzyme indicated that the oxygen uptake depends upon the reduction and oxidation of the enzyme.[3] The absorption spectrum of the yellow enzyme is that of an alloxazin. Luminoflavin can be reduced by palladium or platinum and hydrogen[4] and other reducing agents to the leuco-pigment, dihydro-luminoflavin, and this can be re-oxidized by oxygen, hydrogen peroxide being formed. The same applies to lactoflavin, and to the alloxazin nucleotide.[5] It is evident therefore that the enzyme behaves as a hydrogen transporter through the reversible reduction and reoxidation of its alloxazin group.

Though the alloxazin ring in luminoflavin, riboflavin, and riboflavin phosphoric acid is reduced by various reagents, it is only when the alloxazin nucleotide is combined with the specific protein that it can be reduced by the reduced coenzymes I and II.[6, 7] Oxydation of the dihydro-coenzymes by yellow enzyme takes place at an extremely high rate, the oxidation of triphospho-dihydro-pyridin nucleotide being considerably faster than that of the diphospho-compound.[7] Through the oxidation of the reduced coenzymes the enzyme can catalyze oxidation of all the substances which are oxidized by dehydrogenase + coenzyme systems. The oxidation of reduced yellow enzyme can be brought about by oxygen, cytochrome, lactoflavin, methylene blue, or by oxidized coenzyme since the reaction between yellow enzyme and coenzyme is reversible. These oxidations have been discussed in Chapter 1. LAKI[8] has found that fumarate with succinic dehydrogenase can oxidize leuco-yellow enzyme (see Chapter 8).

When free alloxazin is reduced, the reduction occurs in two steps with the

---

[1] KUHN, BOULANGER: Ber. dtsch. chem. Ges. 69 (1936), 1557.

[2] KUHN, BOULANGER: Hoppe-Seyler's Z. physiol. Chem. 241 (1936), 233.

[3] WARBURG, CHRISTIAN: Biochem. Z. 254 (1932), 438.

[4] One molecule of hydrogen per molecule of luminoflavin gives the leucocompound. Under different conditions 3 mols. of hydrogen can be taken up. — WARBURG, CHRISTIAN: Biochem. Z. 258 (1933), 496.

[5] WARBURG: Ergebn. Enzymforsch. 7 (1938), 210.

[6] THEORELL: Biochem. Z. 278 (1935), 263.

[7] HAAS: Biochem. Z. 290 (1937). 291.

[8] LAKI: Hoppe-Seyler's Z. physiol. Chem. 249 (1936), 61.

intermediate formation of a monohydro-alloxazin radical[1] which is red in acid solution, green above p_H 1. HAAS[2] showed the formation of such an intermediate compound from yellow enzyme in the presence of pyridin-nucleotide and hydrosulfite.

Other yellow enzymes.

The first yellow enzyme has been obtained in pure form only from yeast and has been observed only in yeast and in lactic acid bacteria.[3] There is no direct evidence that it is present in all living cells. But lactoflavin or its phosphoric derivative appears to be generally present. It is found partly free but mostly bound to an undialyzable bearer.[4] It is possible that the first yellow enzyme accounts for part of the bound flavin.

Recently, WARBURG and CHRISTIAN[5] have isolated an alloxazin dinucleotide, a combination of riboflavin phosphoric acid and adenylic acid, and have shown its presence in yeast and in animal tissues. It has a very similar absorption spectrum to that of lactoflavin or its phosphoric derivative. The estimations of the lactoflavin content of the tissues made by fluorescence determinations must have · included this dinucleotide. WARBURG and CHRISTIAN[6] observe that the dinucleotide combines with four specific proteins to give four new yellow enzymes. They thus enumerate five yellow enzymes.

			Reacting with
1 Mononucleotide	+ protein 1	= Yellow enzyme 1	O_2; Coenzymes I and II
2 Dinucleotide	+ protein 1	= Yellow enzyme 2	O_2; Coenzymes I and II
3 Dinucleotide	+ protein 3	= Yellow enzyme 3	(Methylene blue); Coenzymes I and II
4 Dinucleotide	+ protein 4	= d-Amino-acid oxidase....	O_2; d-Amino-acids
5 (Dinucleotide) or derivative	+ protein 5	= Xanthinoxidase[7]	O_2; Xanthin or aldehyde

WARBURG and CHRISTIAN[8] separated the protein component from the first yellow enzyme by treatment with hydrochloric acid in ammonium sulfate solution, an improvement on THEORELL's method. The protein so obtained combined with the alloxazin-dinucleotide to give yellow enzyme 2 which behaves similarly to yellow enzyme 1 in catalyzing the oxidation of coenzymes I and II though the oxygen uptake rate obtained with it is lower.

HAAS[9] obtained an enzyme, 3, from yeast which consists of the dinucleotide and a new protein. This enzyme catalyzes oxidation by oxygen slowly. But it reduces methylene blue more rapidly than enzyme 1 and in the presence of the dye causes a more rapid oxygen uptake. The physiological oxidant for this enzyme is not known. d-Amino-acid oxidase and xanthin oxidase will be discussed in later sections.

STRAUB et al.[10] have very recently found that coenzyme factor, diaphorase, (see Chapter 5) is a type of yellow enzyme the prosthetic group of which is the

[1] STERN: Biochemic. J. 28 (1934), 949. — MICHAELIS, SHUBERT, SMYTHE: J. biol. Chemistry 116 (1936), 587.

[2] HAAS: Biochem. Z. 290 (1937), 291.

[3] WARBURG, CHRISTIAN: Biochem. Z. 260 (1933), 499.

[4] EULER, ADLER, SCHLOTZER: Hoppe-Seyler's Z. physiol. Chem. 223 (1934), 105; 226 (1934), 87.

[5] WARBURG, CHRISTIAN: Biochem. Z. 298 (1938), 150.

[6] WARBURG, CHRISTIAN: Biochem. Z. 298 (1938), 150, 368.

[7] BALL: Science (New York) 88 (1938), 131.

[8] WARBURG, CHRISTIAN: Biochem. Z. 298 (1938), 150, 368.

[9] HAAS: Biochem. Z. 298 (1938), 378.

[10] STRAUB, CORRAN, GREEN: Nature (London) 143 (1939), 76, 119, 334.

same alloxazine-dinucleotide. Possibly it is the same as the yellow enzyme 3 of HAAS.

Added to proof: STRAUB and CORRAN, GREEN and STRAUB[1] have isolated from heart muscle an alloxazine-adenine-dinucleotide-protein which appears to be diaphorase.

FISCHER, ROEDIG and RAUCH[2] find that the alloxazine-adenine-dinucleotide acts as the prosthetic group of fumarate hydrase (see Chapter 7).

LIPMANN[3] has found that the prosthetic group of an enzyme concerned in pyruvate oxidation can be removed and replaced by the alloxazine-adenine-dinucleotide. The oxidation of pyruvate depends on the presence of thiamin (vitamin B_1) pyrophosphate and it is possible that thiamin pyrophosphate bears the same relation to LIPMANN's enzyme as do coenzymes I and II to other yellow enzymes.

CORRAN and GREEN[4] have described a flavoprotein found in milk; it catalyzes the oxidation of coenzyme I by methylene blue and its prosthetic group can act as the prosthetic group of d-amino-acid oxidase.

A yellow enzyme can be obtained by combining THEORELL's protein with a synthetic nucleotide in which arabinose replaces ribose.[5] This artifical enzyme is not as active as the true enzyme. The arabinose nucleotide also shows some vitamin activity.[6]

Xanthine and aldehyde oxidases, SCHARDINGER enzyme.
Xanthine oxidase.

Xanthine oxidase, which has been known for many years, brings about the oxidation of the purine bases hypoxanthine and xanthine to uric acid.

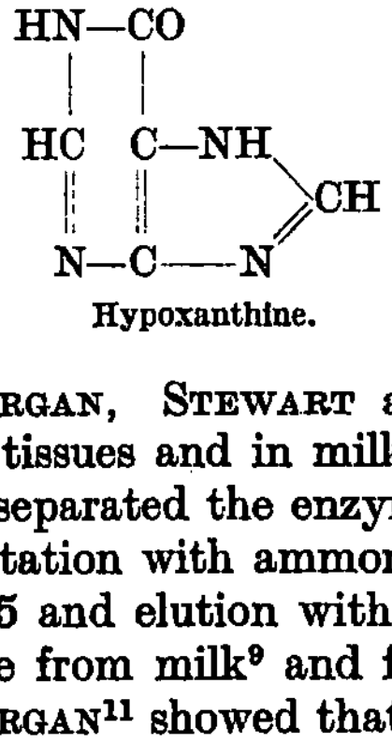

$$
\begin{array}{ccc}
\text{HN—CO} & \text{HN—CO} & \text{HN—CO} \\
\text{HC \quad C—NH} & \text{OC \quad C—NH} & \text{OC \quad C—NH} \\
\qquad\qquad\text{\textbackslash CH} & \qquad\qquad\text{\textbackslash CH} & \qquad\qquad\text{\textbackslash CO} \\
\text{N—C——N} & \text{HN—C——N} & \text{HN—C—NH} \\
\text{Hypoxanthine.} & \text{Xanthine.} & \text{Uric acid.}
\end{array}
$$

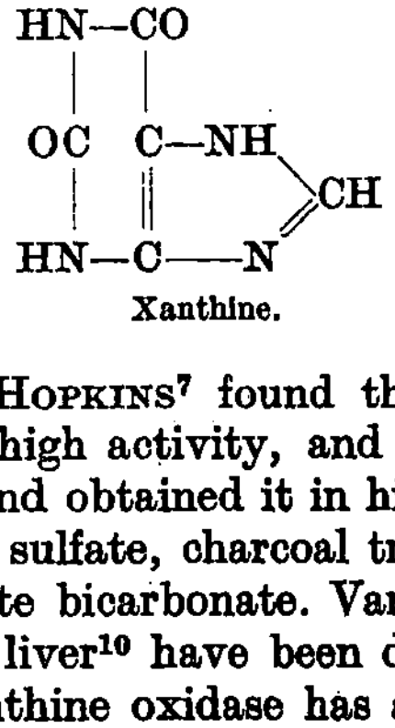

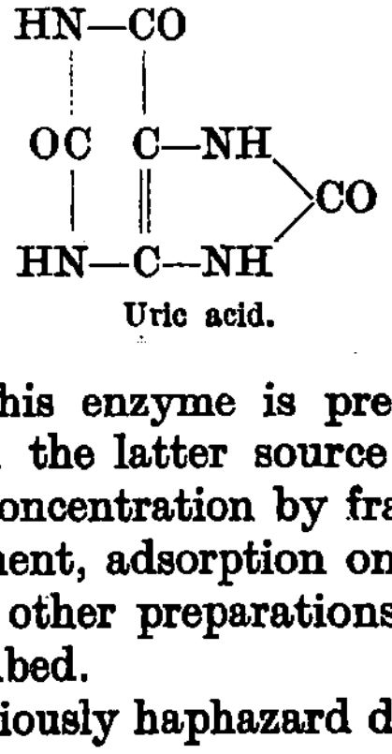

MORGAN, STEWART and HOPKINS[7] found that this enzyme is present in many tissues and in milk in high activity, and from the latter source DIXON et al.[8] separated the enzyme and obtained it in high concentration by fractional precipitation with ammonium sulfate, charcoal treatment, adsorption on kaolin at p_H 5 and elution with dilute bicarbonate. Various other preparations of the enzyme from milk[9] and from liver[10] have been described.

MORGAN[11] showed that xanthine oxidase has a curiously haphazard distribu-

---

[1] STRAUB and CORRAN, GREEN and STRAUB: Biochemic. J. 33 (1939), 787, 793.
[2] FISCHER, ROEDIG, RAUCH: Naturwiss. 27 (1939), 167.
[3] LIPMANN: Nature (London) 143 (1939), 436.
[4] CORRAN, GREEN: Nature (London) 142 (1938), 149; Biochemic. J. 32 (1938), 2231.
[5] KUHN, RUDY, WEYGAND: Ber. dtsch. chem. Ges. 69 (1936), 2034.
[6] KUHN, WEYGAND: Ber. dtsch. chem. Ges. 67 (1934), 2084.
[7] MORGAN, STEWART, HOPKINS: Proc. Roy. Soc. (London), Ser. B 94 (1922), 109.
[8] DIXON, THURLOW: Biochemic. J. 18 (1924), 971. — DIXON, KODAMA: Ibid. 20 (1926), 1104.
[9] SBARSKI, MICHLIN: Biochem. Z. 174 (1926), 116. — TOYAMA: J. Biochemistry (Tokio) 17 (1933), 131.
[10] HARRISON: Biochemic. J. 23 (1929), 987. — ROBERTS: Ibid. 30 (1936), 2166.
[11] MORGAN: Biochemic. J. 20 (1926), 1282.

tion. It is strongly active in the livers of most animals but is absent in the livers of the dog, hedgehog and pigeon. It is present in the kidneys of the ox, rat and birds, but absent in all other species tested. It is absent from heart and skeletal muscle in all species.

Dixon and Thurlow[1] showed that when the purine concentration is small, but optimal, hypoxanthine reduces methylene blue exactly twice as fast as does xanthine, and therefore, since the former must react with two molecules of methylene blue in order to become uric acid and the latter with only one, uric acid is produced from both at the same rate. The optimum p_H is from 5,5–9,0.

Dixon and Thurlow[1] showed that the affinity of the milk enzyme for hypoxanthine and xanthine is extremely high; the full rate of reaction is obtained in very low concentrations of purine, less than $3 \times 10^{-5} M$. Above this low concentration of purine the rate of oxidation is decreased. This is apparently due to excessive adsorption of the purine on the enzyme preventing access of the oxidant.

The enzyme oxidizes no substances other than purines[2, 3] except aldehydes (see below). Among the purines Coombs[4] found that besides hypoxanthine and xanthine only two closely related compounds, 6,8-dioxypurine and 2-thio-6-oxypurine are rapidly oxidized.[5] Some of the purines closely conforming to the xanthine structure inhibit the activity of the enzyme, showing that they are adsorbed but not activated for oxidation. Dixon and Lemberg[6] have shown that the purified enzyme does not oxidize substances which contain purines in combination, such as inosine, inosinic acid, adenosine, adenylic acid, and cozymase, though, in crude preparations of the enzyme, oxidation occurs as a result of liberation of hypoxanthine by other enzymes in the preparation.

The enzyme is quite unspecific with regard to the hydrogen acceptor. Dixon[7] showed that numerous substances will oxidize hypoxanthine in the presence of the enzyme: oxygen, hydrogen peroxide, methylene blue, indigos, indophenols, alloxan, quinone, nitrates, chlorates, iodine, nitrobenzene, permanganate and others.

When oxygen is the hydrogen acceptor, it is reduced primarily to hydrogen peroxide. This was shown by Thurlow[8] who showed by the titanium test that in the presence of hypoxanthine, xanthine oxidase, and air, hydrogen peroxide was formed; it increased in amount at first and then gradually disappeared as the hydrogen peroxide itself acted as a hydrogen acceptor, being reduced to water. If milk peroxidase was added to the system the hydrogen peroxide would oxidize nitrite or guaiacum. Except in very low concentrations, hydrogen peroxide destroys the enzyme.[9]

Using as mediators the very negative oxidation-reduction potential indicators methyl and benzylviologen, Green[10] has shown the reversibility of the

[1] Dixon, Thurlow: Biochemic. J. 18 (1924), 976.

[2] Morgan, Stewart, Hopkins: Proc. Roy. Soc. (London), Ser. B 94 (1922), 109.

[3] Dixon: Biochemic. J. 20 (1926), 703.

[4] Coombs: Biochemic. J. 21 (1927), 1259.

[5] For summary of purines tested see Dixon: Enzymologia (Den Haag) 5 (1938), 198. — Added to proof: Krebs, Orström: Biochemic. J. 33 (1939), 984, find that purine is oxidized as rapidly as hypoxanthine.

[6] Dixon, Lemberg: Biochemic. J. 28 (1934), 2065.

[7] Dixon: Biochemic. J. 20 (1926), 703.

[8] Thurlow: Biochemic. J. 19 (1925), 175.

[9] Dixon: Biochemic. J. 19 (1925), 507. — Minute amounts of hydrogen peroxide accelerated the action of the enzyme. Bernheim, Dixon: Biochemic. J. 22 (1928), 113.

[10] Green: Biochemic. J. 28 (1934), 1550.

xanthine oxidase system and finds that the oxidation of hypoxanthine to uric acid is a two-step reversible oxidation involving two equivalents at each step. The potential at p_H 7,0 for hypoxanthine-xanthine is $E_0' = -0,371$ V, for xanthine-uric acid it is $-0,361$ V. As is to be expected from the reversibility of the reactions, xanthine in the presence of the enzyme and the absence of oxygen is converted partly into hypoxanthine and uric acid. This dismutation, however, occurs only slowly.

Xanthine oxidase is not inhibited by CO nor by H_2S or pyrophosphate nor is it inhibited by cyanide in the same way as are iron catalyzed reactions. The usual cyanide inhibition of iron catalyzed reactions is produced instantaneously[1], is reversible and depends on the concentration of cyanide. DIXON and KEILIN have found that cyanide inhibits xanthine oxidase irreversibly, the action is slow and is ultimately complete at all cyanide concentrations. Under certain conditions purines can protect the enzyme from the cyanide. Since the cyanide inhibits the reduction of methylene blue as well as the oxygen uptake, it is evident that the enzyme itself, and not some oxygen-activating catalyst associated with it, is poisoned by cyanide. PHILPOT[2] finds that xanthine oxidase, especially when purified, is sensitive to traces of Cu. The inhibition can be removed and the enzyme stabilized by adding glycine. Cyanide also reverses the inhibition before its own effect sets in.

GREEN and DIXON[3] have shown that xanthine oxidase does not depend upon WARBURG and CHRISTIAN's first yellow enzyme or lactoflavin for its activity and ANDERSSON[4] and DIXON[5] found that coenzyme is not necessary. BALL[6] has stated that solutions of a strong preparation obtained by him are golden brown in color and show an absorption band between 400 and 500 mμ. This band disappears when hypoxanthine is added in the absence of air, and reappears on the admission of air. If the spectrum of the reduced enzyme is subtracted from that of the oxidized form, a spectrum is obtained which is similar to that of the first yellow enzyme in having bands at 465 mμ and 370 mμ. A prosthetic group can be split off from a protein bearer, and this group has the bands of a flavin at 450 mμ and 375 mμ. The prosthetic group can be converted by WARBURG and CHRISTIAN's[7] method into lumiflavin. It appears that xanthine oxidase is an alloxazine derivative-protein compound. WARBURG and CHRISTIAN[8] mention that the prosthetic group is probably an alloxazine dinucleotide.

Added to proof: It appears that ordinary flavin-adenine-dinucleotide alone is not the prosthetic group of xanthin oxidase, though the nucleotide can be obtained from the purified enzyme.[9] The most active preparation caused an O_2 uptake of 270 c. mm. per hr. per mg.

CORRAN, DEWAN, GORDON and GREEN[10] obtained a flavo-protein from milk which was highly active in oxidizing hypoxanthine, aldehyde, and dihydro-coenzyme I. Drying or HCN destroyed the xanthine-aldehyde activity but not the diaphorase activity. A non-flavin colored group was also present.

[1] DIXON, KEILIN: Proc. Roy. Soc. (London), Ser. B 119 (1936), 159.
[2] PHILPOT: Biochemic. J. 32 (1938), 2013.
[3] GREEN, DIXON: Biochemic. J. 28 (1934), 237.
[4] ANDERSSON: Hoppe-Seyler's Z. physiol. Chem. 235 (1935), 217.
[5] DIXON: Enzymologia (Den Haag) 5 (1938), 198.
[6] BALL: Science (New York) 88 (1938), 131.
[7] WARBURG, CHRISTIAN: Biochem. Z. 266 (1933), 377.
[8] WARBURG, CHRISTIAN: Biochem. Z. 298 (1938), 150, 368.
[9] J. biol. Chemistry 128 (1939), 51.
[10] CORRAN, DEWAN, GORDON, GREEN: Biochemic. J. 33 (1939), 1694.

Aldehyde oxidase.

It has long been known that milk contains an aldehyde oxidase, known as Schardinger's enzyme since Schardinger[1] first observed the decolorization of methylene blue by formaldehyde in the presence of unboiled milk. All preparations of xanthine oxidase also oxidize aldehydes. In view of the specificity of xanthine oxidase toward purines it seemed improbable that the same enzyme could also catalyze the oxidation of aldehydes. Nevertheless Dixon and Thurlow[2] produced evidence that both oxidations are catalyzed by the same enzyme.

There has been considerable controversy concerning this point but recent work of Booth,[3] Dixon and Keilin,[4] and others establishes the fact that xanthine oxidase and the Schardinger enzyme and aldehyde oxidase in various animal tissues are identical. The question has been reviewed in detail by Dixon.[5]

The following are some of the properties common to the aldehyde oxidase and xanthine oxidase.

The distributions of the enzymes in different milks and tissues are the same; in embryonic development they appear simultaneously. They can never be separated and are affected in the same way by fractionation procedures, physical and chemical treatments and by inhibitors such as cyanide. Xanthine oxidase has a very high affinity for purines and consequently is inhibited by uric acid. Aldehyde oxidation is inhibited by uric acid to the same extent. Both enzymes are independent of the action of any coenzyme or other carrier and use the same oxidants. No additive effect is obtained with purine and aldehyde added together in optimal concentrations,—on the contrary the two substrates compete with one another.

The enzyme is able to cause the oxidation of all true aldehydes.[6] The affinity of the enzyme for aldehydes is much lower than for the purines; maximum rate of oxidation was not reached with $0{,}6\,M$ acetaldehyde[2] and acetaldehyde does not inhibit the enzyme in ordinary concentrations. The aromatic aldehydes show a higher affinity than the aliphatic aldehydes. Formaldehyde destroys the enzyme. Wieland and Macrae,[7] using cerous hydroxide as fixative, showed quantitatively that hydrogen peroxide is formed in the aerobic oxidation of aldehyde.

It was mentioned above that xanthine oxidase can bring about a dismutation whereby xanthine is converted to hypoxanthine and uric acid. Since aldehyde is also a substrate for the enzyme it is to be expected that mixed dismutations of the following types should occur anaerobically.

Uric acid + aldehyde → xanthine + acid, followed by xanthine + aldehyde →
→ hypoxanthine + acid.

These reactions have been demonstrated by Booth[8] in the absence of any carrier or enzyme other than xanthine oxidase.

It might be thought that the enzyme would also bring about a dismutation of aldehyde itself thus,

aldehyde + aldehyde → acid + alcohol.

[1] Schardinger: Z. Unters. Lebensmittel 5 (1902), 1113.
[2] Dixon, Thurlow: Biochemic. J. 18 (1924), 976.
[3] Booth: Biochemic. J. 29 (1935), 1732; 32 (1938), 494.
[4] Dixon, Keilin: Proc. Roy. Soc. (London), Ser. B 119 (1936), 159.
[5] Dixon: Enzymologia (Den Haag) 5 (1938), 198.
[6] Booth: Biochemic. J. 32 (1938), 494.
[7] Wieland, Macrae: Liebigs Ann. Chem. 483 (1930), 217.
[8] Booth: Biochemic. J. 29 (1935), 1732.

It was found, however, by Dixon and Lutwak-Mann[1] that the Schardinger enzyme does not catalyze this reaction though the reaction is readily brought about by the enzyme or enzymes called mutase, in the presence of cozymase. The xanthine oxidase can carry out the two reversible reactions,—hypoxanthine $\rightleftharpoons$ xanthine, and xanthine $\rightleftharpoons$ uric acid, so a dismutation of xanthine is to be expected. But the enzyme catalyzes only the oxidation of aldehyde to acid and does not catalyze the reduction of aldehyde to alcohol. (This latter reaction is catalyzed by the alcohol dehydrogenase + coenzyme.) Therefore the Schardinger enzyme is not to be expected to catalyze the dismutation of aldehyde. The mutase may be a single enzyme needing cozymase or it may be a system consisting of an aldehyde oxidase + alcohol dehydrogenase ("aldehyde reductase") + coenzyme. But Dixon[2] has reviewed evidence to show that the xanthine-aldehyde oxidase is not part of the mutase system (see Chapter 6).

Other aldehyde oxidases.

Another type of aldehyde oxidase is known which does not also catalyze purine oxidation. Bach[3] showed that the potato contains an enzyme which rapidly reduces nitrate to nitrite in the presence of acetaldehyde. This enzyme was extracted by Michlin[4] and shown not to oxidize hypoxanthine. Bernheim[5] purified the enzyme from potato juice by precipitation with ammonium sulfate, charcoal treatment, and dialysis. He found that the enzyme will cause the oxidation of all aldehydes tried but not of a number of other compounds tested. Besides nitrate the system can reduce quinone, methylene blue and other dyes. The optimum p_H was about 6,5. Probably oxygen can be reduced directly but a product of the aerobic reaction, possibly H_2O_2, rapidly inhibits the enzyme.

Booth[6] found that uric acid does not inhibit this enzyme. This, and the fact that it does not cause xanthine oxidation makes it clear that the potato enzyme is different from xanthine oxidase. Michlin and Severin[7] have shown that the enzyme does not catalyze aldehyde dismutation.

Lemberg et al.[8] have produced evidence that the livers of all animals tried except man and ox, contain more aldehyde oxidase than can be accounted for by the xanthine oxidase present and they conclude that another type of aldehyde oxidase is also present. The possibility that a coenzyme-determined aldehyde dehydrogenase exists in animal tissues is discussed in Chapter 6 (see Aldehyde Mutase).

It should be mentioned that Bernheim[9] observed that above p_H 8 acetaldehyde will reduce methylene blue in the presence of ordinary boiled protein.

Added to proof: Gordon, Green and Subrahmanyan[10] have purified an aldehyde oxidase from liver and find it is a flavin-adenine-dinucleotide-protein plus another colored body.

---

[1] Dixon, Lutwak-Mann: Biochemic. J. 31 (1937), 1347; also Booth: Ibid. 32 (1938), 503.

[2] Dixon: Enzymologia (Den Haag) 5 (1938), 198.

[3] Bach: Biochem. Z. 52 (1913), 412.

[4] Michlin: Biochem. Z. 185 (1927), 216.

[5] Bernheim: Biochemic. J. 22 (1928), 344.

[6] Booth: Biochemic. J. 29 (1935), 1732.

[7] Michlin, Severin: Biochem. Z. 237 (1931), 339.

[8] Lemberg, Wyndham, Henry: Austral. J. exp. Biol. med. Sci. 14 (1936), 259.

[9] Bernheim: Biochemic. J. 22 (1928), 344.

[10] Gordon, Green, Subrahmanyan: Biochemic. J. 34 (1940), 764.

Amino-acid oxidases.

Increases in the respiration of animal tissues by amino-acids were first observed by Meyerhof et al.,[1] Reinwein[2] and especially by Kisch.[3] Kisch found that many amino-acids increase the respiration of sliced tissues, especially kidney and liver, of various animals. Bernheim and Bernheim[4] showed the presence of a thermolabile catalyst in liver suspensions which caused the oxidation of proline and oxyproline by oxygen or methylene blue; the oxidation was not affected by cyanide. Krebs[5] showed that slices of various tissues, especially kidney and liver, bring about an oxidative deamination of the amino-acids. For instance alanine is oxidized to pyruvic acid and NH_3. With rat kidney he found that the non-natural amino-acids of the d-series (d(—)alanine, d(—)valine, d(+)leucine, etc.) were considerably more rapidly acted upon than the natural amino-acids.

Bernheim and Bernheim[6] found that, while strong liver suspensions oxidized both d- and l-tyrosine, only the d-acid was oxidized by a dilute suspension. (Kidney suspensions oxidized only the d-acid.) The oxidation of l-tyrosine was inhibited by cyanide, but that of d-tyrosine was not. Evidently different systems were involved. The same authors[6] obtained a somewhat purified enzyme from kidney, prepared by adsorption on celite or kaolin, which oxidized and deaminated a number of amino-acids, the unnatural isomers being preferentially oxidized. The oxidation involved one atom of oxygen indicating oxidation to the α-keto-acid.[7] The oxidation was not affected by cyanide, and methylene blue could replace oxygen as hydrogen acceptor. Preparations from liver, similarly purified, oxidized only proline, and proline was not deaminated by either liver or kidney enzyme. Evidently proline oxidase differs from the systems oxidizing the other amino-acids. Glycine was not oxidized by tissue suspensions or enzyme preparations.

That a separate enzyme exists also in kidney which oxidizes only proline has been shown by Das.[8] He obtained by adsorption methods a preparation from pigs' kidney which caused the oxidation of proline much more rapidly than that of d-alanine or other amino-acids. The activity of this preparation was much increased by addition of a thermostable activator found in the preparation and in yeast. No known coenzyme was active.

Krebs[9] studied a large number of amino-acids and showed that different systems are involved in the oxidative deamination of the l-series and the d-series. The system responsible for oxidation of the natural l-amino-acids is inhibited by cyanide and by octyl alcohol, it is destroyed by drying and could not be

---

[1] Meyerhof, Lohmann, Meier: Biochem. Z. 157 (1925), 459.

[2] Reinwein: Dtsch. Arch. klin. Med. 160 (1928), 278.

[3] Kisch: Biochem. Z. 238 (1931), 351; 242 (1931), 26, 436; 244 (1932), 436; 247 (1932), 354, 365.

[4] Bernheim, Bernheim: J. biol. Chemistry 96 (1932), 325.

[5] Krebs: Hoppe-Seyler's Z. physiol. Chem. 217 (1933), 191; 218 (1933), 157.

[6] Bernheim, Bernheim: J. biol. Chemistry 111 (1935), 131.

[7] d-Tyrosine with less pure enzyme preparations and d- or l-tyrosine with liver suspensions absorbed up to four atoms of oxygen. In the case of d-tyrosine deamination accompanied the taking up of the first oxygen atom and the oxidation after the first oxygen atom was inhibited by cyanide. Evidently other systems carry the oxidation of tyrosine beyond the α-keto acid stage. The oxidation of l-tyrosine by liver suspensions does not involve deamination and it is inhibited from the start by cyanide. — Bernheim: J. biol. Chemistry 111 (1935), 217. — Felix, Zorn, Dirr-Kaltenbach: Hoppe-Seyler's Z. physiol. Chem. 247 (1937), 141.

[8] Das: Biochemic. J. 30 (1936), 1080, 1617.

[9] Krebs: Biochemic. J. 29 (1935), 1620.

obtained in an extract. But the oxidation of the non-natural d-acids is not inhibited by cyanide, octyl alcohol, or drying, and a clear extract was obtained which oxidized the d-acids but not the l-acids. A strong suspension of the ground up tissue will oxidize both types of amino-acids but in a dilute solution the activity toward the l-acids disappears. Evidently the oxygen uptake with the l-acids does not depend on a simple system of enzyme + substrate but other components must be involved and dilution diminishes the frequency of simultaneous collision of all the substances concerned.

Keilin and Hartree[1] studied the oxidation of dl-alanine by an extract of acetone-dried kidney cortex. With this substrate half maximal velocity of oxygen uptake was obtained at a concentration of 0,005 M alanine. Hydrogen peroxide was formed during the aerobic oxidation. Though methylene blue could act as hydrogen acceptor its rate of reduction was much lower than that of oxygen. $l(+)$Alanine was not oxidized and apparently was not adsorbed since it produced no inhibition of the oxidation of $d(-)$alanine. The enzyme caused the oxidation of N-mono-methyl alanine but neither N-dimethyl alanine nor α-methyl alanine was oxidized nor did either affect alanine oxidation. The oxidation of the monomethyl alanine resulted in the liberation of methylamine. The monomethyl derivative of tyrosine was not oxidized. Rodney and Garner[2] have recently shown that β-alanine (β-amino-propionic acid) and iso-leucine (β-amino-α-hydroxypropionic acid) are not oxidized by kidney or liver slices and that dl-serine (β-hydroxy-α-amino-propionic acid) and dl-α,β-diamino-propionic acid are attacked more slowly than is alanine (α-amino-propionic acid). Felix and Zorn[3] find that extract of acetone-dried kidney oxidizes the d-forms of alanine, valine, α-aminobutyric acid, nor-leucine, asparagine, phenylalanine, tyrosine, and dihydroxyphenylalanine. Leucine and glutamic acid are slowly oxidized, arginine and serine only slightly. Glycine, lysine and all l-amino-acids are not oxidized. (The same preparation oxidized certain diamines. The amino-acids and the amines are, however, not oxidized by the same enzyme,—see Amine and Diamine Oxidases.)

d-Amino-acid oxidase is not inhibited by cyanide but it is inhibited irreversibly, in a manner not understood, when incubated with H_2S in the presence of oxygen.[4] It is also inhibited by various tissue materials and extracts.[4,5]

Bernheim et al.[6] using their purified enzyme from kidney have isolated the α-keto-acids formed by the oxidation of a number of non-natural amino-acids, and they have confirmed the fact that H_2O_2 is formed. Proline and oxyproline, though oxidized, are not deaminated by rat liver in suspension[7] or by purified kidney enzyme[6,8]. Proline is oxidized by the purified enzyme, taking up one atom of oxygen and yielding an unidentified aldehyde. In tissue slices the oxidation evidently is carried further by other systems and glutamic acid is formed as an intermediate in further metabolism.[9]

[1] Keilin, Hartree: Proc. Roy. Soc. (London), Ser. B 119 (1936), 114.
[2] Rodney, Garner: J. biol. Chemistry 125 (1938), 209.
[3] Felix, Zorn: Hoppe-Seyler's Z. physiol. Chem. 258 (1939), 16.
[4] Keilin, Hartree: Proc. Roy. Soc. (London), Ser. B 119 (1936), 114.
[5] Krebs: Biochemic. J. 29 (1935), 1620.
[6] Bernheim, Bernheim, Gillaspie: J. biol. Chemistry 114 (1936), 657.
[7] Bernheim, Bernheim: J. biol. Chemistry 96 (1932), 325.
[8] l-Tyrosine, which is oxidized by the cyanide sensitive system in strong suspensions, is not deaminated. [Bernheim: J. biol. Chemistry 111 (1935), 217. — Felix, Zorn, Dirr-Kaltenbach: Hoppe-Seyler's Z. physiol. Chem. 247 (1937), 141.] d-Tyrosine, like the other d-amino-acids, is deaminated.
[9] Weil-Malherbe, Krebs: Biochemic. J. 29 (1935), 2077.

Warburg and Christian[1] have now found that the *d*-amino-acid oxidase, like the first yellow enzyme, consists of a protein combined with a prosthetic group containing alloxazin.

The enzyme was obtained in an aqueous extract of acetone-dried sheeps' kidney cortex. Inactive material was precipitated at p_H 3,8 and the enzyme thrown down by $1/_3$ saturation with ammonium sulfate. The protein component of the enzyme was separated from the prosthetic group by careful acidification (p_H 2,8) of a $1/_4$ saturated ammonium sulfate solution of the enzyme. The ammonium sulfate prevents destruction of the protein by the acid.

The prosthetic group was isolated, as the barium salt, from horse livers and kidneys and from yeast by processes involving a silver precipitation which separated it from the alloxazin mono-nucleotide of the first yellow enzyme. The substance had the empirical formula $C_{27}H_{31}N_9P_2O_{15}$ Ba and was evidently an alloxazin adenine *di*nucleotide. Satisfactory yields of adenine, isolated as the picrate, and of lumiflavin (from the alloxazin) were obtained from the substance. The substance showed an absorption spectrum closely similar to that of lactoflavin. Due to the presence of the adenine nucleus the band in the ultra-violet at 260 mμ was more intense than that of lactoflavin.

The dinucleotide could be reversibly reduced by platinum and hydrogen or by hydrosulfite. It combined with the free protein to give the active enzyme. In the presence of excess of the specific protein and alanine, 1 mg. of the dinucleotide caused an oxygen uptake of 35000 c. mm. per minute.

By testing for the oxidation of alanine by heated extracts added to the specific protein, the presence of the dinucleotide was detected in yeast and in all tissues tried. But this does not mean that the amino-acid oxidase is universally present. The dinucleotide can act as prosthetic group for other enzymes. In horse liver, for instance, no amino-acid oxidase was found but plenty of the dinucleotide.

Negelein and Bromel[2] have recently purified the protein part of the *d*-amino-acid oxidase from acetone-dried sheep kidney cortex. The enzyme was extracted with pyrophosphate solution p_H 8,3, inactive material was precipitated by heating to 38° at p_H 5,1 and the enzyme was precipitated with ammonium sulfate. The prosthetic group was removed by the above mentioned method of Warburg and Christian and the protein part purified by repeated selective denaturation of inactive material at 38° at slightly acid p_H, and repeated fractional ammonium sulfate precipitations. The final solution was dried from the frozen state giving a solid containing 43% protein, the remainder being inorganic salt. It was believed that the protein was 70% enzymeprotein. In the presence of concentrations of the alloxazin dinucleotide and *d*-alanine high enough to give maximum activity, 1 mg. of the protein caused an oxygen uptake of 438 c. mm. per minute.

The protein and the prosthetic group, in the oxidized form, combined together reversibly to give the enzyme; the equilibrium was strongly in favor of the combination but not so strongly as with the first yellow enzyme. As with the yellow enzyme, the combination of the prosthetic group with the protein caused the absorption bands of the prosthetic group to shift slightly towards the red. The *reduced* prosthetic group seemed to be firmly bound to the protein since, when excess of prosthetic group was present in the absence of oxygen, alanine caused the reduction of an amount of prosthetic group equivalent to the amount of

---

[1] Warburg, Christian: Biochem. Z. **295** (1938), 261; **296** (1938), 294; **297** (1938), 417; **298** (1938), 150. See also Straub: Nature (London) **141** (1938), 603; **143** (1939), 76.

[2] Negelein, Bromel: Biochem. Z. **300** (1939), 225.

protein present and no more. On admitting oxygen the reduced prosthetic group was reoxidized and oxygen uptake occurred.

While crude d-amino-acid oxidase oxidizes alanine to pyruvic acid, the combination of the pure alloxazin dinucleotide with the purified protein caused the production of acetic acid. This was due to the fact that no catalase was present in the pure materials and the hydrogen peroxide, produced in the primary oxidation, oxidized pyruvic acid to acetic acid and CO_2.

WARBURG and CHRISTIAN[1] state that the enzyme oxidizes various amino-acids including proline, though work of the BERNHEIMS[2] and DAS[3] has suggested that there exists a separate enzyme present in liver which oxidizes only proline.

Though the d-amino-acid oxidase is very active in various tissues, especially kidney and liver, its function is not known. It is possible that the synthesis of amino-acids may yield racemic compounds and that while the l-amino-acids are used for protein synthesis the d-amino-acids are oxidized.

There are evidently several systems which cause amino-acid oxidation. Besides the d-amino-acid oxidase, there appears to be a different enzyme which oxidizes proline and there is at least one l-amino-acid oxidizing system. Possibly there are more than one. The oxidation of glutamic acid which will be discussed in Chapter 6 depends upon the presence of coenzyme. The dilution effect suggests that coenzymes are concerned in other l-amino-acid oxidations. In anaerobic bacteria (*Clostridium*) STICKLAND[4] has shown that certain amino-acids are oxidatively deaminated at the expense of the reduction of other amino-acids, and BERNHEIM et al.[5] find that $B.$ *proteus* can oxidize, deaminate and decarboxylate various natural amino-acids, oxygen or methylene blue acting as the hydrogen acceptor. The catalyst responsible is inhibited by cyanide.

BERNHEIM et al.[6] have found that small amounts of pyrrole accelerate the oxidation of d-amino-acids by washed kidney suspensions. The mechanism is not clear.

Uricase.

In man and higher apes uric acid represents the last stage of purine metabolism and is excreted. In all other mammals uric acid is largely oxidized and excreted as the more soluble compound, allantoin.[7] There is one interesting exception, namely the Dalmatian coach dog in which only a fraction of the uric acid is excreted as allantoin.[8]

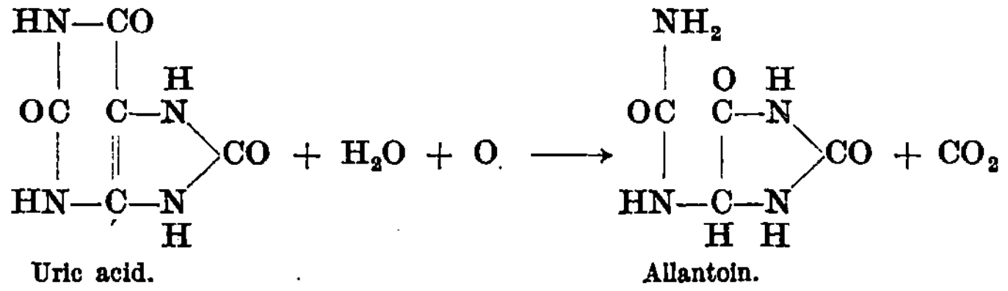

It has been known for many years that mammalian tissues con-

$$
\text{Uric acid} + H_2O + O \longrightarrow \text{Allantoin} + CO_2
$$

Uric acid. Allantoin.

---

[1] WARBURG, CHRISTIAN: Biochem. Z. 298 (1938), 150.

[2] BERNHEIM, BERNHEIM: J. biol. Chemistry 109 (1935), 150.

[3] DAS: Biochemic. J. 30 (1936), 1080, 1617.

[4] STICKLAND: Biochemic. J. 28 (1934), 1746; 29 (1935), 288, 889. — See also WOODS: Biochemic. J. 30 (1936), 1934.

[5] BERNHEIM, BERNHEIM, WEBSTER: J. biol. Chemistry 110 (1935), 165.

[6] BERNHEIM, BERNHEIM, MICHEL: J. biol. Chemistry 126 (1938), 273.

[7] HUNTER, WARD: Trans. Roy. Soc. Canada, Sect. 4 13 (1919), 7.

[8] BENEDICT: J. Lab. clin. Med. 2 (1916), 1. — In spite of the low excretion of allantoin it has been found that the livers of Dalmatian dogs are rich in uricase. KLEMPERER, TRIMBLE, HASTINGS: J. biol. Chemistry 125 (1938), 445.

tain an enzyme which catalyzes the oxidation of uric acid to allantoin.[1]

Battelli and Stern[2] found that the enzyme is present in the liver and kidney of various mammals. In other tissues it is scarcely to be detected and it is not found in any tissue of man. In the oxidation of one molecule of uric acid usually one atom of oxygen was taken up and one molecule of CO_2 was evolved. The ratio of CO_2 evolved to O_2 taken up was therefore usually 2, but the ratio was often less than this and varied somewhat with the age of the enzyme preparation. These variations were later explained by Keilin and Hartree (see below). The velocity of oxidation is dependent on the oxygen tension. These observations were later confirmed by Grynberg,[3] who made a detailed study of the kinetics of the reaction.

The enzyme activity is associated with difficultly soluble material.[4] Various bacteria act upon uric acid, and bacterial infection accounts for early reports of the preparation of soluble uricase. Suspensions showing strong uricase activity can readily be prepared. For example suspensions of powdered acetone-dried pig's liver or ox kidney have been used.[5] Clear active extracts can, however, be obtained by extraction with slightly alkaline solution.[6]

Recently Davidson[7] has reported the separation of a highly active uricase preparation from acetone-dried pig liver. The method involved extraction of inactive material at p_H 7,4, extraction of the enzyme at p_H 10, denaturation of inactive proteins at 55°, fractional ammonium sulfate precipitations, and dialysis. At p_H 9 and in pure oxygen, 1 mg. of the material with uric acid caused an oxygen uptake of 85 c. mm. per minute. The preparation contained 0,15–0,20% of iron. It is almost colorless and probably not a haem compound. It is insoluble in water but soluble in borate buffer at p_H 10. Its activity is dependent on the O_2 tension. CO shows no specific inhibition.

Felix et al.[8] found that at p_H 8,9 the CO_2 production was not as rapid as the uric acid breakdown; one atom of oxygen was absorbed per molecule of uric acid removed. At p_H 9,9 CO_2 production was more rapid. At p_H 8,9 an oxidation product accumulated from which CO_2 was evolved at p_H 9,9 in the presence of the enzyme preparation. This CO_2 evolution occurred in the absence of oxygen. It therefore seems that the oxidation of uric acid and the CO_2 evolution from the product of oxidation are separate reactions. On extraction of liver powder at p_H 8,9 a preparation was obtained which was rich in oxidase activity but relatively weak in the factor which causes decarboxylation. Schuler[9] produced evidence that uric acid is oxidized first to oxy-acetylene-diurein-carboxylic acid and that this substance is decarboxylated to yield allantoin.

Uricase has a remarkably high p_H optimum. Keilin and Hartree[5] found the optimum activity at about p_H 9,3. These authors studied the oxygen uptake of

[1] Schittenhelm: Hoppe-Seyler's Z. physiol. Chem. 45 (1905), 121. — Wiechowski, Wiener: Beitr. chem. Physiol. Path. 9 (1907), 295, and others. — Review: Battelli, Stern: Ergebn. Physiol., biol. Chem. exp. Pharmakol. 12 (1912), 199.

[2] Battelli, Stern: Biochem. Z. 19 (1909), 219.

[3] Grynberg: Biochem. Z. 236 (1931), 138.

[4] Truszkowski: Biochemic. J. 24 (1930), 1341, 1349, 1359.

[5] Keilin, Hartree: Proc. Roy. Soc. (London), Ser. B 119 (1936), 114.

[6] Felix, Scheel, Schuler: Hoppe-Seyler's Z. physiol. Chem. 180 (1928), 90. — Ro: J. Biochemistry (Tokio) 14 (1931), 361. — Truszkowski: Biochemic. J. 28 (1934), 62.

[7] Davidson: Nature (London) 141 (1938), 790; Biochemic. J. 32 (1938), 1386.

[8] Felix, Scheel, Schuler: Hoppe-Seyler's Z. physiol. Chem. 180 (1929), 90.

[9] Schuler: Hoppe-Seyler's Z. physiol. Chem. 208 (1932), 237. — Schuler, Reindel: Ibid. 208 (1932), 248.

acetone-dried pig's kidney suspensions with uric acid. The enzyme is inhibited by cyanide and the inhibition is completely reversible. Carbon monoxide and H_2S have little or no effect. Pyrophosphate slightly increases the activity. Traces of copper or iron are inhibitory.

The enzyme is specific for uric acid and does not cause the oxidation of hypoxanthine or xanthine nor of derivatives of uric acid. BRÜNING et al.[1] found that 4,5-glycol uric acid, 4,5-dimethyl uric acid, 1,- 3-, 7-, or 9-methyl uric acids, are not oxidized to allantoin in the body or in surviving liver of the dog. KEILIN and HARTREE tested 16 mono-, di-, and tri-methyl or ethyl derivatives of uric acid and found none to be oxidized. But several of these substances act as competitive inhibitors of the oxidation of uric acid, which indicates that these substances react with the enzyme though they are not activated for oxidation.

It had been shown[2] that uricase will not use methylene blue as substrate; KEILIN and HARTREE confirmed this and mentioned that not even dyes of higher redox potential than methylene blue are reduced.[3]

The oxidation of uric acid to allantoin in the presence of kidney suspension evidently occurs according to the following equation (the formation of an intermediate product of oxidation being neglected).

$$\text{Uric acid} + 2\,H_2O + O_2 = \text{allantoin} + CO_2 + H_2O_2.$$

KEILIN and HARTREE showed the quantitative formation of H_2O_2 by adding peroxidase and p-phenylene diamine to the system. The H_2O_2 formed then oxidized the diamine and the total oxygen uptake observed was equal to the theoretical for the above equation. In the absence of peroxidase and p-phenylene diamine the oxygen uptake corresponded, as in the early experiments of BATTELLI and STERN, to only a little more than one atom of oxygen per molecule of uric acid oxidized. This was due either to catalase in the preparation liberating O_2 from H_2O_2, or to the H_2O_2 itself being used as oxidizing agent by the uricase.

Added to proof: HOLMBERG[4] has obtained highly active uricase from pig liver containing very little Fe, 0,02%, and a trace of Zn, 0,13%. It is inhibited reversibly by HCN, $10^{-4}\,M$, but not by H_2S or NaN_3. It contains no catalase. The R. Q. indicates that only one enzyme is concerned and the reaction does not consist of an oxidation followed by a catalyzed decarboxylation.

Amine Oxidase, Tyramine Oxidase, Adrenaline Oxidase.

Tyramine Oxidase.

HARE-BERNHEIM[5] discovered in extracts from the livers of various mammals an enzyme which causes the oxidative deamination of tyramine (p-hydroxyphenylethylamine) and phenylethylamine. Tyramine oxidase was found to be slightly active in kidney but absent in skeletal and heart muscle, lung and adrenals. The enzyme was not affected by 0,002 M cyanide or pyrophosphate. The maximum activity of the system was found in alkaline solution, at p_H 10; at p_H values higher than this the enzyne was rapidly destroyed. Methylene blue and other

---

[1] BRÜNING, EINECKE, PETERS, RABL, VIEHL: Hoppe-Seyler's Z. physiol. Chem. 174 (1928), 94.

[2] PRZYLECKI, TRUSZKOWSKI: C. R. Séances Soc. Biol. Filiales Associées 98 (1928), 789.

[3] The redox potential of the system, uric acid $\rightleftharpoons$ oxidation product, is not known; it may be higher than that of any dye tried.

[4] HOLMBERG: Biochemic. J. 33 (1939), 1901.

[5] HARE: Biochemic. J. 22 (1928), 968. — BERNHEIM (née HARE): J. biol. Chemistry 93 (1931), 279.

dyes were not reduced by the system (see below). Hydrogen peroxide was formed during the oxidation. Tyrosine, phenylalanine, dihydroxyphenylalanine, p-cresol, phenol, aniline, p-amino-phenol and adrenaline (but see below) were not attacked by the enzyme.

Using unpurified liver extracts, only one atom of oxygen was taken up in neutral or alkaline solution while in more acid medium, p_H 5,2, a total of four atoms of oxygen was taken up though the reaction proceeded more slowly. With dilute liver preparations two atoms were taken up in acid or in slightly alkaline medium. Evidently other systems were present which caused extra oxygen uptake or inhibited it in certain cases. These other systems appeared to be unstable since older enzyme preparations always caused two oxygen atoms to be taken up. Cyanide inhibited the uptake after the first oxygen atom. Under conditions in which two atoms of oxygen were taken up, the tyramine was oxidized to p-hydroxyphenylacetic acid.

Philpot[1] and Kohn[2] confirmed the observations of Hare-Bernheim concerning cyanide insensitivity and H_2O_2 production. They were unable to prepare a soluble enzyme. The rate of oxidation of tyramine by the enzyme was found to be dependent on the oxygen tension, being 200–250% greater in oxygen than in air. Philpot found that methylene blue and toluylene blue in low concentrations inhibit the enzyme. Other dyes showed no inhibition, and in the presence of tyramine the enzyme reduced o-bromophenolindophenol and o-cresolindophenol but not indigodi- and tetra-sulfonates. The redox potential of the system therefore lies between —0,046 V and +0,195 V.

Philpot studied the extra oxygen uptake of liver slices and suspensions with tyramine and found that one atom of oxygen was taken up by the slices, two by the suspensions, per molecule of tyramine, and complete deamination occurred in each case. Aldehyde formation was detected and some p-hydroxyphenylacetic acid was found. She suggested that, in slices, the aldehyde formed undergoes a dismutation giving the acid and alcohol without oxidation, whereas in suspensions the aldehyde is oxidized to p-hydroxyphenylacetic acid.

Kohn used a suspension of the precipitate obtained by treating washed, sand-ground pig liver suspension with acetic acid. The enzyme suspension lost its activity after a few days and was inactivated by ammonium sulfate, alcohol or acetone, and by drying. Using this preparation one atom of oxygen was taken up and one molecule of NH_3 was liberated per molecule of tyramine and these amounts were not affected by p_H or the age of the preparation. The formation of an aldehyde was shown to occur and it was presumed that the main reaction was as follows:

$$HOC_6H_4 \cdot CH_2 \cdot CH_2 \cdot NH_2 + H_2O + O_2 = HOC_6H_4 \cdot CH_2 \cdot CHO + H_2O_2 + NH_3.$$

According to this reaction, two atoms of oxygen are used but since the enzyme preparation contains catalase, the H_2O_2 is broken down with the re-liberation of half the oxygen used. If peroxidase was added to the system, two atoms of oxygen were absorbed and more tyramine was oxidized, probably in the benzene nucleus (see Peroxidase). Catalase caused the H_2O_2 to oxidize added alcohol (see Catalase). The extra oxygen uptake found by Bernheim and Philpot with liver suspensions was probably due to the further oxidation of p-hydroxyacetaldehyde by aldehyde oxidase, which would yield p-hydroxyphenylacetic acid, and by other oxidizing enzymes present.

---

[1] Philpot: Biochemic. J. **31** (1937), 856.
[2] Kohn: Biochemic. J. **31** (1937), 1693.

Besides tyramine the enzyme catalyzed the oxidation of β-phenylethylamine, the tertiary amine, hordenine [p-OH·C_6H_4·CH_2·CH_2 · $N(CH_3)_2$], the aliphatic amine, *iso*-amylamine, and, contrary to HARE's finding, the secondary amine, adrenaline [3,4(OH)$_2$·C_6H_3·CH(OH)·CH_2·NH·CH_3]. The maximum rate of oxidation was greater with tyramine and β-phenylethylamine than with the other substances. This work showed that the existence of amine and adrenaline oxidases as separate enzymes was unlikely.

Adrenaline Oxidase.

BLASCHKO, RICHTER and SCHLOSSMANN[1] showed that, in the presence of oxygen, slices and extracts of liver cause the disappearance of added adrenaline. Active extracts, free of cells but containing granular material, prepared from sand-ground liver, caused adrenaline to be oxidized and rendered biologically inactive; four atoms of oxygen were taken up per molecule of adrenaline. In the presence of cyanide secondary oxidations were inhibited and only one atom of oxygen was taked up, all the adrenaline being biologically inactivated. The system responsible was found in the liver especially, and in the kidney and intestine of various mammals, but it is absent in muscle and spleen.

The enzyme of liver extract was somewhat purified by dialysis, removal of glycogen by digestion with takadiastase, and precipitation with 30 % alcohol. The enzyme was insensitive to $10^{-3}\,M$ cyanide and was not inhibited by 80 % carbon monoxide. It was inhibited by octyl alcohol and ethyl urethane. The optimum p_H was high but could not be determined since autoxidation of the adrenaline became significant above p_H 8. The natural l(—)adrenaline was oxidized about twice as rapidly as its optical isomer. Liver extracts also oxidized several substances related to adrenaline provided the group $=C$—CH_2—$N=$ was present;[2] the enzyme therefore appeared to be a general amine oxidase.

RICHTER[3] has shown that the oxidation of adrenaline with the enzyme takes place as follows:

$$\text{HO} \diagdown \text{CHOH·CH}_2\overset{+}{\text{N}}\text{H}_2\text{CH}_3 + \text{O} \rightarrow \text{HO} \diagdown \text{CHOH·CHO} + \overset{+}{\text{N}}\text{H}_3\text{CH}_3.$$

The enzyme studied by BLASCHKO *et al.* is different from catechol oxidase since it is not inhibited by cyanide, carbon monoxide or sulfhydryl compounds, but is inhibited by narcotics, and the product of the reaction is colorless. However adrenaline is readily oxidized by catechol oxidase since it is an o-dihydric phenol; a colored product is formed in this oxidation. GREEN and RICHTER[4] have shown that adrenaline is also oxidized by the cytochrome-cytochrome oxidase system. The oxidation product with the cytochrome system and with catechol oxidase is adrenochrome (N-methyl-2,3-dihydro-3-hydroxyindole-5,6-quinone). Both these oxidations are inhibited by cyanide. The adrenochrome, an o-quinone, is active as a carrier, being reducible by coenzyme-dehydrogenase systems. Adrenaline is also oxidized by various haematin derivatives as well as by the cytochromes, particularly cytochrome c. Adrenaline alone in buffer solution at p_H 7,3 is autoxidizable, taking up 7 atoms of oxygen per molecule; evidently a series of oxidative reactions occur. But tissues contain inhibitors of this autoxidation. Whereas $10^{-3}\,M$ cyanide has little effect on the autoxidation, cyanide with

[1] BLASCHKO, RICHTER, SCHLOSSMANN: J. Physiol. 89 (1937), 6 P; 90 (1937), 1.
[2] BLASCHKO, RICHTER, SCHLOSSMANN: J. Physiol. 89 (1937), 39 P.
[3] RICHTER: Biochemic. J. 31 (1937), 2022.
[4] GREEN, RICHTER: Biochemic. J. 31 (1937), 596.

glutathione, cysteine, or to a less extent ascorbic acid, inhibits it.[1] Since only one atom of oxygen is taken up by tissue extracts in the presence of cyanide, the autoxidation process must be largely inhibited and this may be due to the effect of cyanide protecting the autoxidation inhibitors from oxidative destruction. When BLASCHKO et al. attempted to purify their enzyme preparations further by absorption on kaolin, the oxygen uptake of the preparation with adrenaline became abnormally high and colored products were formed; apparently autoxidation inhibitors were lost.

Amine Oxidase.

PUGH and QUASTEL[2] found that slices and extracts of the liver, kidney, and brain of guinea pigs, and the liver and brain of rats, cause the oxidative deamination of butylamine, heptylamine, isoamylamine and, to a lesser extent, of propylamine. Ethylamine was scarcely attacked and methylamine not at all. One of the products from butylamine was acetoacetic acid. With isoamylamine, the formation of an aldehyde and isoamyl alcohol was detected.

BLASCHKO, RICHTER and SCHLOSSMANN[3] have now shown fairly definitely that tyramine oxidase, adrenaline oxidase, and aliphatic amine oxidase, are identical. They used the oxidation of adrenaline and p-sympatol (4—OH·C$_6$H$_4$· ·CHOH·CH$_2$·NHCH$_3$) as test for adrenaline oxidase, tyramine and β-phenylethylamine for tyramine oxidase, and heptylamine and isoamylamine for aliphatic amine oxidase. The three oxidases were invariably found together in various tissues. All three were insensitive to cyanide but inhibited by octyl alcohol and thymol. When substrates from the different groups were present together they competed for the enzyme and the rate of oxygen uptake was not the sum of their individual rates of oxidation.

The amine oxidase was strongly active in the liver and intestine of mammals, less active in kidney, brain, and lung. It was present in the livers and intestines of the pigeon, tortoise, frog, and trout and in tissues of echinoderms and molluscs, but absent in other invertebrates, fungi, and plants. The relative rates with which the various amines were oxidized by enzyme preparations from different sources were usually the same but in some cases distinct differences were noted. These differences may mean that the enzymes from different sources show slight variations in specificity. BLASCHKO et al.[4] tested 66 compounds with the enzymes from liver and intestine. Only compounds having an amino-group at the end of a carbon chain were oxidized. Compounds such as methylamine and ethylamine were scarcely, if at all, oxidized. Compounds such as histamine (C$_3$H$_3$N$_2$·CH$_2$·CH$_2$·NH$_2$) in which the hydrocarbon chain is interrupted by a second polar group were not oxidized, nor were compounds with a substituent on the α-carbon atom. The concentration of substrate giving half maximum oxygen uptake rate was found to be about $1,8 \times 10^{-3} M$ for tyramine and $7,1 \times 10^{-3} M$ for adrenaline. KOHN[5] found about $0,5 \times 10^{-3} M$ for tyramine, $5,0 \times 10^{-3} M$ for hordenine and greater than 15×10^{-3} for adrenaline.

A number of amines such as l-ephedrine [C$_6$H$_5$·CHOH·CH(CH$_3$)·NH·CH$_3$] and other isopropyl derivatives, and various tertiary amines, are not oxidized by the enzyme but have an affinity for it since they act as competitive inhibitors of

[1] See also HEARD, WELCH: Biochemic. J. 29 (1935), 998.
[2] PUGH, QUASTEL: Biochemic. J. 31 (1937), 286.
[3] BLASCHKO, RICHTER, SCHLOSSMANN: Biochemic. J. 31 (1937), 2187.
[4] BLASCHKO, RICHTER, SCHLOSSMANN: Biochemic. J. 31 (1937), 2187. — BLASCHKO: J. Physiol. 93 (1938), 7 P.
[5] KOHN: Biochemic. J. 31 (1937), 1693.

the oxidation of oxidizable amines.[1] Some slowly oxidizable amines such as hordenine ($4\text{-}OH\cdot C_6H_4\cdot CH_2\cdot CH_2\cdot NH\cdot CH_3$) show a relatively high affinity for the enzyme and decrease the rate of oxidation of other amines.

RICHTER[2] showed that the oxidation of primary, secondary, and tertiary amines catalyzed by the amine oxidase takes place according to the following general equation:

$$R\cdot CH_2\cdot \overset{+}{N}HR_2{}' + H_2O + O_2 = R\cdot CHO + \overset{+}{N}H_2R_2{}' + H_2O_2,$$

where $R' =$ hydrogen or an alkyl group. Hydrogen peroxide formation had been shown by HARE, PHILPOT and KOHN in the study of tyramine oxidase. RICHTER, using a sand-ground, dialyzed, suspension of liver material, identified ammonia formed from primary amines, methylamine from adrenaline, and methyl- and ethylamine from other secondary amines, and dimethylamine from the tertiary amine hordenine [$4\text{-}OH\cdot C_6H_4\cdot CH_2\cdot CH_2\cdot N(CH_3)_2$]. In experiments in which semicarbazide was present to prevent aldehydes from further oxidation or dismutation, the aldehydes were obtained and identified as their dinitrophenyl hydrazones, in some cases quantitatively.

Since PHILPOT had shown that tyramine oxidation is a dehydrogenation in which dyes may be reduced, or oxygen reduced to H_2O_2, RICHTER has suggested that the following equations may represent the mechanism of the oxidation:

$$R\cdot CH_2\cdot \overset{+}{N}HR_2{}' + O_2 = R\cdot CH:\overset{+}{N}R_2{}' + H_2O_2,$$

$$R\cdot CH:\overset{+}{N}R_2{}' + H_2O = R\cdot CHO + \overset{+}{N}H_2R_2{}'.$$

Such a mechanism seems necessary to explain the dehydrogenation of the tertiary amines.

BERNHEIM et al.[3] have found that the oxidation of various amines with washed liver suspensions is greatly accelerated by the addition of small amounts of pyrrole. The oxidation rate is still further accelerated by traces of methaemoglobin plus pyrrole. The effects were inhibited by cyanide or pyrophosphate. The mechanism of pyrrole activation is not known.

The physiological function of amine oxidase is not definitely known. But it is known that bacteria which inhabit the intestine can form amines, many of which are toxic. The amine oxidase which is strongly active in intestine and liver may therefore be concerned with detoxification. Adrenaline is a potent hormone which is rapidly inactivated in the organism, possibly by the action of the amine oxidase.

PUGH and QUASTEL[4] and BLASCHKO et al.[5] pointed out that amine oxidase is not the same as amino-acid oxidase since the distributions of the two enzymes in various tissues are different. Also, a competitive inhibitor (l-ephedrine) of amine oxidation does not inhibit amino-acid oxidation, and the oxygen uptake is additive when an amino-acid and an amine are present together.[5] Histaminase, also, is a different enzyme from amine oxidase since it is inhibited by cyanide. The agent responsible for mescaline oxidation also appears to be different. The oxidation of choline, $(CH_3)_3N(C_2H_4OH)\cdot OH$, appears to be brought about by

---

[1] It has been suggested that the physiological effect of ephedrine is due to its inhibitory action on amine (adrenaline) oxidase. GADDUM, KWIATKOWSKI: J. Physiol. 94 (1938), 87.

[2] RICHTER: Biochemic. J. 31 (1937), 2022.

[3] BERNHEIM, BERNHEIM, MICHEL: J. biol. Chemistry 126 (1938), 273.

[4] PUGH, QUASTEL: Biochemic. J. 31 (1937), 286.

[5] See footnote 1, p. 354.

a dehydrogenase in cooperation with the cytochrome system and it will be discussed in Chapter 4.

Mescaline oxidation.

Blaschko et al.[1] noted that mescaline (3,4,5-trimethoxyphenylethylamine) is only slowly oxidized by amine oxidase, possibly as a result of the presence of the three methoxyl groups in the molecule. Bernheim and Bernheim[2] confirmed this but found that rabbit liver rapidly oxidizes the substance. The system responsible was not found to be appreciably active in livers of other animals or in other tissues. Preparations from rabbit liver oxidized mescaline to the corresponding acid which was isolated and the theoretical amount of liberated ammonia was recovered. This catalysis was inhibited by pyrophosphate, borate, and cyanide, at concentrations which do not affect amine oxidase. A relatively high concentration of cyanide, 0,01 M, completely inhibited the oxidation. The rate of oxidation was dependent on the oxygen tension. Hydrogen peroxide was formed during the oxidation.

Diamine oxidase, histaminase.

Best and McHenry[3] showed that various animal tissues, especially kidney and intestine, contain an enzyme, different from amine oxidase, which, in the presence of oxygen, causes the inactivation of the drug histamine. Active stable preparations were obtained by extracting fat and drying the tissue with acetone and ether. The catalyst was destroyed by heating to 60°, and inhibited by low concentrations of cyanide. The optimum p_H was about 7. Various ions markedly affected the activity; for instance calcium and citrate inhibited, phosphate accelerated the action. The enzyme caused the liberation of one molecule of ammonia per molecule of histamine.[4] The enzyme was completely inhibited by preservatives such as tricresol and sodium benzoate, and methylene blue also inhibited.[5] McHenry and Gavin[5] purified the enzyme somewhat by precipitation from an extract of kidney powder with tannic acid, or ammonium sulfate and adsorption on alumina. Edlbacher and Zeller[6] adsorbed the enzyme on various adsorbents but satisfactory elution was not achieved; however the enzyme remained fully active in the adsorbed condition. They showed the formation of a carbonyl compound in the oxidation of histamine.

Zeller[7] extracted the enzyme from acetone-dried pig's kidney powder with NaCl solution and dialyzed the extract. He found that two atoms of oxygen were rapidly taken up per molecule of histamine, followed by a slower absorption of a third atom. It seemed that the molecule of ammonia was liberated with the first oxygen atom taken up. The primary oxidation therefore seems to be as follows:

$$R \cdot CH_2 \cdot NH_2 + H_2O + O_2 = R \cdot CHO + H_2O_2 + NH_3.$$

The hydrogen peroxide arising in the oxidation was decomposed by catalase present, but its formation was demonstrated. The reactions involved in the further oxygen uptake have not yet been studied.

Maximum rate of oxygen uptake occurred with very low concentrations of substrate, $5 \times 10^{-4} M$ histamine, and higher concentrations were inhibitory.

[1] Blaschko, Richter, Schlossmann: Biochemic. J. **31** (1937), 2187.
[2] Bernheim, Bernheim: J. biol. Chemistry **123** (1938), 317.
[3] Best, McHenry: J. Physiology **70** (1930), 349.
[4] McHenry, Gavin: Biochemic. J. **26** (1932), 1365.
[5] McHenry, Gavin: Biochemic. J. **29** (1935), 622.
[6] Edlbacher, Zeller: Helv. chim. Acta **20** (1937), 717.
[7] Zeller: Helv. chim. Acta **21** (1938), 880, 1645; Naturwiss. **26** (1938), 578.

The enzyme caused oxygen uptake and ammonia liberation with histamine (β-iminazole-ethylamine, $C_3H_3N_2\cdot CH_2\cdot CH_2\cdot NH_2$), agmatine [aminobutyl guanidine, $NH_2\cdot(CH_2)_4\cdot NH\cdot C(NH)\cdot NH_2$], spermine [$NH_2\cdot(CH_2)_3\cdot NH\cdot(CH_2)_4\cdot NH\cdot(CH_2)_3\cdot NH_2$] and spermidine [$NH_2\cdot(CH_2)_3\cdot NH\cdot(CH_2)_4\cdot NH_2$]. Ethylene diamine [$NH_2\cdot(CH_2)_2\cdot NH_2$] was scarcely attacked but trimethylene diamine [$NH_2\cdot(CH_2)_3\cdot NH_2$], putrescine [$NH_2\cdot(CH_2)_4\cdot NH_2$] and cadaverine [$NH_2\cdot(CH_2)_5\cdot NH_2$] were oxidized, the rate increasing with the length of the chain. The following were not deaminated or inactivated as drugs: tyramine, iminazole aldehyde, iminazole lactic acid, iminazole propionic acid, histidine,[1] tryptamine,[2] adrenaline, amylamine, ephedrine. The diamino-carboxylic acids, histidine, ornithine, lysine, and arginine, corresponding to the amines histamine, putrescine, cadaverine, and agmatine, were not deaminated. It was concluded that the enzyme is a diamine oxidase specific for compounds containing two strongly basic amino groups, one of which may be substituted. The distance between the basic groups affects the activity.

Guanidine, methyl guanidine, dimethyl guanidine, tetra- and decamethylene diguanidine acted as competitive inhibitors, the inhibition increasing with the degree of methylation. Spermine, which was only slowly oxidized, was also a competitive inhibitor.

The following considerations showed that the diamine oxidase is not identical with the d-amino-acid oxidase. Cyanide and semicarbazide in very low concentration, $0,0002\ M$, inhibits diamine oxidase but not amino-acid oxidase. The preparation from pig kidney scarcely attacked amino-acids while a preparation from rat kidney oxidized amino-acids but not diamines.

The enzyme was inhibited strongly by low concentrations, $0,01\ M$–$0,0001\ M$, of hydroxylamine, semicarbazide, dimedon, bisulfite and thiocarbazide. These substances behaved as competitive inhibitors and it was concluded that the enzyme contains a carbonyl group which is concerned in the enzyme activity. Cyanide also sometimes inhibited and this was believed to be due to combination with the carbonyl group of the enzyme; but since cyanide could also combine with the reaction product the effect was complicated. Sodium azide inhibited after an induction period. Iodoacetate, fluoride and malonate did not inhibit.

The enzyme could be considerably activated by a substance obtained from kidney extract by precipitation with ammonium sulfate, dialysis of the redissolved precipitate, and reprecipitation with acetone. The activator, which did not oxidize diamines alone, was thermolabile, non-dialyzable, and seemed to be a protein. Possibly the activator is the bearer protein of the oxidase and the usual enzyme preparation contained excess prosthetic group.

Phenol oxidases. Phenolases.[3] Polyphenol or catechol oxidase, tyrosinase, laccase.

Yoshida[4] in 1883 showed that the discoloration of the sap of the lac tree on standing in air is due to an enzyme which he called laccase. Bertrand[5] found that the substrate of laccase in latex is a polyphenol, and that on oxidation of this substance a dark product is produced. He also found that the enzyme would

---

[1] Gebauer-Fuelnegg, Alt: Proc. Soc. exp. Biol. Med. 29 (1932), 531.
[2] Werle, Mennicken: Biochem. Z. 296 (1938), 99.
[3] Reviews: Raper: Physioloc. Rev. 8 (1928), 245; Ergebn. Enzymforsch. 1 (1932), 270. — Sutter: Ibid. 5 (1936), 273.
[4] Yoshida: J. chem. Soc. (London) 43 (1883), 472.
[5] Bertrand: C. R. hebd. Séances Acad. Sci. 118 (1894), 1215.

cause the oxidation of many polyphenols such as catechol, pyrogallol and hydroquinone,[1] and similar enzymes were present in very many plants.[2]

Many plants, such as apples, pears, bananas, potatoes and mushrooms, become
discolored when cut or otherwise damaged. PALLADIN[3] first suggested that this
is due to the enzymic oxidation of a polyphenol and that in the intact plant or
under anaerobic conditions the oxidized polyphenol is reduced again to the
colorless compound.

The phenol oxidases from various sources occupied a central position in the
interest of early workers on oxidizing enzymes and various early theories of the
mechanism of biological oxidations arose from the work on these plant enzymes.[4]

The most discussed of the early theories was that of BACH and CHODAT.[5]
According to this theory the phenol oxidases consisted of an "oxygenase" and a
peroxidase. The oxygenase reacted with oxygen to give an organic peroxide
which, under the influence of peroxidase, oxidized the substrate. This theory
is now obsolete.[6] Phenol oxidases have been prepared free of peroxidase, and
peroxidase has been shown to act rapidly only with hydrogen peroxide. ONSLOW[7]
showed that the "oxygenase" consists of an oxidizing enzyme and catechol
(or a derivative). The enzyme caused the oxidation of catechol. The test used
for polyphenol oxidase in the early work was the blueing of guaiacum tincture.
SZENT-GYÖRGYI[8] showed that peroxidase is not necessary for the blueing of
guaiacum. The catechol is oxidized by the oxidase to a product which, even separated from the enzyme, blues guaiacum immediately. This product was shown
to be o-quinone.[8, 9]

Tyrosinase, polyphenol oxidase, catechol oxidase, laccase.

Tyrosinase was originally differentiated from laccase by BERTRAND since
it oxidized tyrosine while laccase preparations did not. The term tyrosinase
has since been used to describe enzyme preparations (other than peroxidase)
which oxidize monohydric phenols. All such preparations also oxidize polyphenols.
With the exception of laccase, all preparations which oxidize polyphenols also
oxidize monophenols though sometimes only after a lag period which can be
abolished by adding a trace of catechol or a derivative. Both the terms tyrosinase
and catechol (polyphenol) oxidase have been applied to enzymes from the same
or similar sources, e. g. the potato enzyme. It seems that "tyrosinase" refers
simply to activity in oxidizing monophenols, and "polyphenol" or "catechol
oxidase" refers simply to activity in oxidizing polyphenols, and the different
terms do not refer to different enzymes. However, it seems that laccase is a
distinct, though similar, enzyme which shows polyphenol oxidase activity, does
not oxidize monophenols, and can oxidize aromatic diamines directly. The enzymes from different sources probably vary to some extent and it is possible
that further work will show that the phenol oxidases cannot be classified into
only the two groups "Tyrosinase-catechol oxidase" and "Laccase". At present

---

[1] BERTRAND: C. R. hebd. Séances Acad. Sci. 120 (1895), 266; 122 (1896), 1132.

[2] BERTRAND: Series of papers in C. R. hebd. Séances Acad. Sci. 121–145 (1895
to 1907).

[3] PALLADIN: Hoppe-Seyler's Z. physiol. Chem. 55 (1908), 207; Biochem. Z. 18
(1909), 151.

[4] Reviews: BATTELLI, STERN: Ergebn. Physiol., biol. Chem. exp. Pharmakol. 12
(1912), 132. — RAPER: Physioloc. Rev. 8 (1928), 245.

[5] BACH, CHODAT: Ber. dtsch. chem. Ges. 36 (1903), 606 and other papers.

[6] See for example PUGH: Biochemic. J. 23 (1929), 456.

[7] ONSLOW: Biochemic. J. 13 (1919), 1; 14 (1920), 535.

[8] SZENT-GYÖRGYI: Biochem. Z. 162 (1925), 399.

[9] PUGH, RAPER: Biochemic. J. 21 (1927), 1370.

very considerable confusion exists in the literature concerning the specificities of the phenol oxidases. The crude enzymes from various sources vary in their properties and in their sensitivity to external influences.[1] Since, however, the pure enzymes from mushrooms and the potato have similar properties, and these enzymes and laccase contain copper, it seems probable that the various phenol oxidases do not differ in any fundamental respect. Many apparent differences in enzyme preparations from different sources may be due to different impurities.

GRAUBARD[2] differentiates three types ·of phenol oxidases, namely tyrosinase, a laccase from certain mushrooms which can oxidize diamines, and a catechol oxidase from sweet potato which does not oxidize monohydric phenols even on adding catechol.

The enzymes will be discussed as a group in the following sections, and information peculiar to tyrosinase action and laccase will be given in further subsections.

Distribution.[3]

These enzymes are widely distributed in higher plants[4] and fungi,[5] and they are present in some bacteria.[6] Latex from various lac trees is rich in polyphenol oxidase, and the name laccase has usually been reserved for the enzyme from lac sap. Similar enzymes are present in latex from other sources[7] and in gum arabic.[8] Since plant (and animal) tissues contain reducing substances, such as ascorbic acid and glutathione, which can obscure the reaction by reducing the oxidation product, it is possible that the enzymes may be even more widely distributed in plants than was found by early workers using qualitative tests. In animal tissues these enzymes do not seem to be so widely distributed. Much of the early work[3] concerning their distribution is uncertain since they have been confused with indophenol oxidase (cytochrome oxidase + cytochrome) and with inorganic catalysts. The mealworm, the larva of *Tenebrio molitor*, has been a standard source of tyrosinase. BHAGVAT and RICHTER[9] have recently made a quantitative survey of polyphenol oxidase activity in the blood and tissues of various animals. Vertebrate tissues showed inappreciable activity and only in arthropods and molluscs, animals in which haemocyanine occurs, was strong activity found. In the crab the activity was mostly present in the leucocytes. Various authors[3] have found phenol oxidases in leucocytes from a number of animals, and in pigmented skin and melanotic tumors.

Purifications.

Cell free preparations of phenol oxidase have been obtained by precipitation from plant press juice with ammonium or magnesium sulfate or alcohol.[10] WIELAND

---

[1] See e.g. RICHTER: Biochemic. J. 28 (1934), 901. — GRAUBARD: Enzymologia (Den Haag) 5 (1939), 332.

[2] GRAUBARD: Enzymologia (Den Haag) 5 (1939), 344.

[3] For references see FRANKE: EULER's Chemie der Enzyme II 3 (1934), 366, 385.

[4] BEGEMANN: Pflügers Arch. ges. Physiol. Menschen Tiere 161 (1915), 45. — ONSLOW: Biochemic. J. 15 (1921), 107, 113.

[5] BOURQUELOT, BERTRAND: Numerous papers in C. R. Séances Soc. Biol. Filiales Associées 47–49 (1895–97) and in C. R. Séances Acad. Sci. 121–123, 133, 134, 137 (1895–1903).

[6] HAPPOLD: Biochemic. J. 24 (1930), 1737. — BAUDRAN: C. R. hebd. Séances Acad. Sci. 142 (1906), 657. — ROUX: Ibid. 128 (1899), 693.

[7] SPENCE: Biochemic. J. 3 (1908), 165. 351. — CAYLA: C. R. Séances Soc. Biol. Filiales Associées 65 (1908), 128.

[8] STRUVE: Liebig's Ann. Chem. 163 (1872), 160. — BOURQUELOT: C. R. Séances Soc. Biol. Filiales Associées 49 (1897), 25.

[9] BHAGVAT, RICHTER: Biochemic. J. 32 (1938), 1397.

[10] See, for example, BACH, SBARSKY: Biochem. Z. 34 (1911), 474.

and SUTTER[1] obtained from *Lactarius vellereus* a considerably concentrated, stable, dry preparation free from peroxidase and catalase, by fractional precipitation with alcohol and by dialysis.

The potato oxidase, obtained by alcohol precipitation of aqueous extracts of the outer parts of potatoes[2] was somewhat purified by RICHTER[3] by adsorption on alumina at p_H 6 and elution at p_H 8. Recently KUBOWITZ[4] has concentrated the potato enzyme by precipitations with organic solvents, ammonium sulfate, and metal salts, removal of impurities by adsorption on alumina, and heat denaturation of accompanying inert proteins. He found during the stages of purification that the enzymic activity was proportional to the copper content. The most active preparation obtained contained 0,19–0,20% Cu, and since the activity and copper content could not be increased, the material was presumed to be the pure enzyme. Added copper salts did not increase the enzyme activity. The enzyme was evidently a Cu-protein complex; the copper could not be removed by dialysis, but treatment with acids liberated it. The oxygen uptake caused by 1 mg. of this preparation under the test conditions used (see below) was 575 c. mm. per minute. The preparation contained 14,4% nitrogen. It was light yellow in color and showed an absorption band at 275 mμ due to protein but no specific absorption bands. Its isoelectric point was at p_H 5,4. It contained no catalase or peroxidase. The enzyme decreased in activity on drying, but in phosphate solution at p_H 7,4 and at 0° it kept for months.

KEILIN and MANN[5] have obtained what they believe to be practically pure catechol oxidase from the cultivated mushrooms, *Agaricus* or *Psalliota campestris*, which are very rich in the enzyme. The enzyme extracted from the tissue with water was purified by ammonium sulfate precipitation, dialysis, precipitations with lead acetate, adsorptions on tricalcium phosphate gel, and fractional precipitation with acetone. The oxygen uptake caused by 1 mg. dry weight of the material under their test conditions was 19000 c. mm. per minute. Dry preparations of the enzyme were not made; the solutions were colorless or yellowish. The material obtained in the later stages of purification contained no haematin and only faint traces of Fe or Mn. The less pure material contained large amounts of copper per unit of activity, but in the later stages of concentration the amount of copper present became directly proportional to the enzyme activity. The final concentrate contained 0,30% Cu. The copper content of various haemocyanines varies form 0,173% to 0,26%,[6] and KEILIN and MANN consider it possible that their material, containing more copper than pure haemocyanine, is the pure enzyme.

DALTON and NELSON[7] have obtained a crystalline copper-protein with high activity in oxidizing catechol and *p*-cresol (tyrosinase action) from *Lactarius piperatus*. The enzyme was purified from aqueous extract of the mushroom by fractional precipitations with ammonium sulfate, precipitation with acetone, and adsorption of impurities with alumina and bone charcoal. The crystals were deposited when the final solution was adjusted to p_H 5 and stood in the cold. The crystals contained 0,25% copper and were insoluble in water, dilute acids, or salt solutions, but soluble in alkaline phosphate solution.

Preparations of purified laccase are mentioned later.

[1] WIELAND, SUTTER: Ber. dtsch. chem. Ges. **61** (1928), 1060.
[2] KEILIN: Proc. Roy. Soc. (London), Ser. B **104** (1929), 206.
[3] RICHTER: Bicchemic. J. **28** (1934), 901.
[4] KUBOWITZ: Biochem. Z **292** (1937), 221; **299** (1938), 32.
[5] KEILIN, MANN: Proc. Roy. Soc. (London), Ser. B **125** (1938), 187.
[6] HERNLER, PHILIPPI: Hoppe-Seyler's Z.physiol. Chem. **191** (1930), 23; **216** (1933), 110.
[7] DALTON, NELSON: J. Amer. chem. Soc. **60** (1938), 3085.

Estimations.

In early work the color formation with guaiacum tincture was used in estimating polyphenol oxidases. Szent-Györgyi,[1] however, showed that this method is not suitable since the guaiacum is not oxidized directly; the o-quinone formed by the oxidation of catechol is responsible for the reaction. Preparations free of catechol do not blue guaiacum. In the estimation of laccase Suminokura[2] adapted the method used by Willstätter for the estimation of peroxidase, whereby the amount of purpurogallin formed by the oxidation of pyrogallol is determined colorimetrically. Wieland and Sutter[3] and Richter[4] determined manometrically the initial rate of oxygen uptake per mg. preparation in the oxidation of the phenol. Keilin and Mann used both these principles. For instance their crude extract gave the following values: P. N. $= 0{,}25{-}0{,}65$, $Q_{O_2}^{\text{catechol}} = 600{-}1200$, and the most concentrated enzyme had the values: P. N. $= 940$, $Q_{O_2}^{\text{catechol}} = 1170000$.

P. N. $=$ mg. purpurogallin formed in 5 mins. per 1 mg. dry wt. of enzyme. $Q_{O_2}^{\text{catechol}} =$ initial rate of oxidation of catechol in c. mm. O_2 per hour, per 1 mg. dry weight of enzyme. Temperature 20° in either case.

Adams and Nelson[5] also used the manometric method to determine tyrosinase activity in the oxidation of p-cresol. They found it necessary to add small amounts of protein (gelatin) to overcome an inhibitory effect which occurs when the purified enzyme is diluted. A unit of activity was defined as the amount of enzyme which caused an O_2 uptake of 10 c. mm. per minute under the test conditions.

Kubowitz[6] used a new method involving an important principle. In the oxidation of catechol to o-quinone the enzyme is early inhibited by the toxic action of the quinone on the enzyme.[7] But o-quinone will oxidize the dihydro-coenzymes I and II. He therefore measured manometrically the oxygen uptake of the following system: catechol oxidase, catechol, coenzyme II, "Zwischen-ferment" (hexosemonophosphate dehydrogenase) and hexosemonophosphate. He used only a trace of catechol which was oxidized by the oxidase to the o-quinone and immediately re-reduced by the dihydro-coenzyme, and the oxidized coenzyme was re-reduced by the dehydrogenase and hexosemonophosphate. The catechol-quinone system acted as a carrier and the substance ultimately oxidized was the hexosemonophosphate. The polyphenol oxidase $+$ catechol in this system thus plays the same role as the yellow enzyme. Under the conditions of the test the rate of oxygen uptake was not affected by large changes in oxygen tension, hexosemonophosphate or coenzyme concentration. The rate was proportional to the concentration of the catechol oxidase. The rate was also proportional to the amount of catechol added; the specific activity determined by the method depends, therefore, on the conditions of the test and cannot be directly compared with either of the methods used by Keilin and Mann.

In simple oxidations catalyzed by catechol oxidase, the rate of oxygen uptake falls off rapidly. Evidently this is due to inhibition by the oxidation product. Richter[7] found that the oxidation of catechol proceeded steadily when substances

---

[1] Szent-Györgyi: Biochem. Z. **162** (1925), 399.

[2] Suminokura: Biochem. Z. **224** (1930), 292.

[3] Wieland, Sutter: Ber. dtsch. chem. Ges. **61** (1928), 1060.

[4] Richter: Biochemic. J. **28** (1934), 901.

[5] Adams, Nelson: J. Amer. chem. Soc. **60** (1938), 2472. — Graubard, Nelson: J. biol. Chemistry **112** (1935), 135.

[6] Kubowitz: Biochem. Z. **292** (1937), 221; **299** (1938), 32.

[7] Richter: Biochemic. J. **28** (1934), 901.

which combine with the *o*-quinone were added, such as aniline and *o*-phenylene-diamine. Szent-Györgyi,[1] measuring the activity of minced potato, added no extra catechol but kept the trace present reduced by adding ascorbic acid. Kubo-witz used only a trace of catechol and a coenzyme system to keep it reduced. Adams and Nelson[2] used only a trace of catechol and added hydroquinone to re-reduce the *o*-quinone; hydroquinone is not directly oxidized by most poly-phenol oxidases.

Optimum p_H.

The optimum p_H for catechol oxidase and tyrosinase from potato and various plants, bacteria, and the mealworm, is between p_H 6 and 8.[3] Wieland and Sutter[4] found the optimum for hydroquinone oxidation by the enzyme from *Lactarius vellereus* at p_H 4,6 but this may not have been the true optimum for the enzyme since hydroquinone was probably oxidized only indirectly (see below). The optimum for the pure potato enzyme of Kubowitz, under the condi-tions of his test, was p_H 7. For the oxidation of guaiacol by laccase Fleury[5] found the optimum between p_H 6,7 and 8 depending upon the substrate con-centration; with pyrogallol as substrate Suminokura[6] found the optimum for laccase at p_H 6 independent of substrate concentration. Sodium chloride lowered the activity and shifted the p_H optimum to 7,5.[5,6]

Inhibitors.

Strong inhibition of all the phenol oxidases by cyanide has been observed by many authors.[7] Keilin[8] showed that the potato oxidase is inhibited by H_2S. Carbon monoxide inhibits potato and mushroom oxidase, the inhibition depending upon the relative tensions of CO and O_2. In 90% CO–10% O_2, at room tempera-ture, Keilin found an 83% inhibition of catechol oxidation with crude potato enzyme[8] and about the same for the pure mushroom enzyme.[9] Kubowitz[10] obtained a 50% inhibition of his test respiratory system with pure potato enzyme in 90% CO. Keilin[8] found that the catechol oxidase differs sharply from cyto-chrome oxidase in that the CO inhibition is not affected by light. Keilin[11] has recently found that laccase differs from the other phenol oxidases in being insen-sitive to CO inhibition.

Richter[12] found that resorcinol exerts strong inhibition on the activity of catechol oxidase from plants, mushrooms and mealworms, the extent of inhibi-tion varying with the source of the enzyme. Aromatic acids, especially *m*- and

---

[1] Szent-Györgyi, Vietorisz: Biochem. Z. 233 (1931), 336.

[2] Adams, Nelson: J. Amer. chem. Soc. 60 (1938), 2474.

[3] Raper et al.: Biochemic. J. 17 (1923), 454; 20 (1926), 69. — Bunzell: J. biol. Chemistry 28 (1916), 315. — Stapp: Biochem. Z. 141 (1923), 42. — Graubard, Nelson: J. biol. Chemistry 111 (1935), 757.

[4] Wieland, Sutter: Ber. dtsch. chem. Ges. 61 (1928), 1060.

[5] Fleury: Bull. Soc. Chim. biol. 6 (1924), 536; 7 (1925), 188.

[6] Suminokura: Biochem. Z. 224 (1930), 292.

[7] E.g. Schönbein: J. prakt. Chem. 98 (1863), 323. — Kastle, Loewenhart: J. Amer. chem. Soc. 26 (1901), 536. — Detwitz: C. R. hebd. Séances Acad. Sci. 145 (1907), 1352. — Wieland, Sutter: Ber. dtsch. chem. Ges. 61 (1928), 1060. — McCance: Biochemic. J. 19 (1925), 1022. — Suminokura: Biochem. Z. 224 (1930), 292.

[8] Keilin: Proc. Roy. Soc. (London), Ser. B 104 (1929), 206.

[9] Keilin, Mann: Proc. Roy. Soc. (London), Ser. B 125 (1938), 187.

[10] Kubowitz: Biochem. Z. 292 (1937), 221; 299 (1938), 32.

[11] Keilin: Nature (London) 143 (1939), 23.

[12] Richter: Biochemic. J. 28 (1934), 901. — See also Gortner: J. biol. Chemistry 10 (1911), 901.

p-substituted acids also inhibit.[1] KASTLE and LOEWENHART[2] found that hydroxylamine and hydrazine inhibit the guaiacum reaction with potato juice. FLEURY[3] showed the same effects with these substances and hyposulfite, with laccase, but believed that these reagents simply reduced the pigment formed in the reaction. As mentioned above, chloride 0,02–0,1 M, inhibits laccase activity considerably and shifts the optimum p_H.

ADAMS and NELSON[4] find that the activity of purified enzyme from *Psalliota campestris* decreases on dilution so that the O_2 uptake rate measured is not proportional to the amount of enzyme present. But the activity is maintained, and proportionality between O_2 uptake rate and amount of enzyme is found, if small amounts of protein are added.

The inhibition by the oxidation product has been mentioned above.

Chemical nature.

KUBOWITZ[5] found that cyanide caused the copper to split off from the protein of his pure potato enzyme. By treating the enzyme, kept in a reduced state by the presence of catechol, in neutral solution with cyanide, and then dialyzing, he obtained an inactive copper-free protein. On adding copper salt to the protein solution the activity was completely restored. Copper or copper salt is thus the prosthetic group of the enzyme. None of the other metals tried—iron, cobalt, nickel, manganase or zinc—restored the activity.

In the absence of substrate, carbon monoxide did not combine with the enzyme. But in the presence of catechol, which reduced the copper to the cuprous state, the enzyme took up half a molecule of CO per atom of copper.[6] This combination was reversible and the CO could be removed by passing indifferent gases through the solution. The CO–compound was not dissociated by light and showed no specific absorption bands. Carbon monoxide did not split the copper from its combination with the protein. The carbon monoxide evidently combined with the copper since, on addition of cyanide, which removed the copper from the protein complex, the CO was liberated.

On adding copper salt to the free protein, KUBOWITZ found that some copper combined with the enzyme in such a way that it did not contribute to the enzymic activity. He considers that some copper bound "to wrong places" on the protein accounts for the higher copper content of KEILIN's pure enzyme.

The copper content of KUBOWITZ' preparation is within the range 0,17–0,26%, found for the copper content of haemocyanines obtained from various sources.[7] KUBOWITZ finds that the enzyme resembles haemocyanine strikingly except for the facts that haemocyanine is not catalytically active and combines with oxygen to give a blue compound with specific absorption bands. He was able to split haemocyanine into a protein and copper salt by treatment with cyanide and dialysis, and the protein so obtained would recombine with cuprous salt to give haemocyanine again. ROOT[8] showed that haemocyanine forms a carbon monoxide compound, half a molecule of CO being taken up per atom of Cu.

[1] LANDSTEINER, VAN DER SCHEER: Proc. Soc. exp. Biol. Med. 24 (1927), 692.
[2] KASTLE, LOEWENHART: J. Amer. chem. Soc. 26 (1901), 539.
[3] FLEURY: C. R. Séances Soc. Biol. Filiales Associées 93 (1925), 931.
[4] ADAMS, NELSON: J. Amer. chem. Soc. 60 (1938), 2472.
[5] KUBOWITZ: Biochem. Z 299 (1938), 32.
[6] The experiments with carbon monoxide were done at one atmosphere CO tension. At the same tension of CO, cuprous ions take up 1 molecule CO per atom of Cu.
[7] HERNLER, PHILIPPI: Hoppe-Seyler's Z. physiol. Chem. 216 (1933), 110.
[8] ROOT: J. biol. Chemistry 104 (1934), 239.

(Since haemocyanine is a cupro-compound there was no need to add a reducing agent in order to form the CO compound.) The compound with CO is reversible, is split by cyanide, and shows no specific absorption band. Haemocyanine combines reversibly with oxygen taking up half a molecule of oxygen per atom of copper[1] and the blue oxygenated product shows an absorption band at 575 mμ. KUBOWITZ suggests that oxygen combines with the cuprous atom of both haemocyanine and polyphenol oxidase. The oxygenated compound is stable in the case of haemocyanine, but, with the oxidase, the oxidation of the cuprous atom to cupric occurs immediately. Haemocyanine and polyphenol oxidase thus bear to each other a similar relation to that which exists between haemoglobin and the original oxygen transporting enzyme of WARBURG.

Specificity for oxygen.

The phenol oxidases appear to be specific for oxygen as oxidizing substrate. The fact that various catechol oxidase preparations have been obtained free of peroxidase activity shows that the oxidase will not use hydrogen peroxide as oxidant in place of oxygen. (Peroxidase $+ H_2O_2$ oxidizes practically all phenolic compounds.) ONSLOW and ROBINSON[2] found that the oxidase from potato and other plant sources, with catechol, appears not to be able to reduce methylene blue or other readily reducible dyes. This is to be expected from the fact that the redox potential of catechol-o-quinone is higher than that of the dyes.

It appears that H_2O_2 is not formed in oxidations catalyzed by phenol oxidases but the question is not definitely settled.[3] WIELAND and SUTTER[4] found no trace of H_2O_2 formed with the oxidase from *Lactarius vellereus* though WIELAND and FISCHER[5] had found H_2O_2 with a thermostable phenol-oxidizing catalyst in the same fungus. ONSLOW and ROBINSON,[6] on the other hand, detected H_2O_2 in the oxidation of catechol with potato enzyme. Possibly a thermostable catalyst, other than catechol oxidase, was present in their preparation. Solutions of catechol, with no catalyst, oxidize slowly in air with the formation of H_2O_2.[6]

Substrate specificity.

The pure enzymes of KEILIN and MANN[7] and KUBOWITZ[8] oxidized o-dihydric polyphenols (catechol, 3,4-dihydroxyphenylalanine, dihydroxycinnamic acid, protocatechuic acid, adrenaline, pyrogallol) rapidly. Hydroquinone, resocinol, (p- and m-dihydric phenols) and ascorbic acid were not oxidized. Oxidations of phenol and p-cresol occurred only after an induction period; tyrosine was oxidized about a thousand times more slowly than catechol.[8]

Impure preparations of the potato oxidase oxidize catechol and derivatives and also monohydric phenols such as p-cresol, m-cresol, phenol and tyrosine.[9] The rate of oxidation of monohydric phenols by the potato enzyme is increased, or an initial induction period is abolished, by the addition of a little catechol or a derivative.[9,10] Crude mushroom preparation oxidizes catechol and deri-

[1] REDFIELD, COOLIDGE, MONTGOMERY: J. biol. Chemistry 76 (1928), 196.
[2] ONSLOW, ROBINSON: Biochemic. J. 20 (1926), 1138; also RAPER, WORMALL: Biochemic. J. 17 (1923), 454.
[3] DAWSON, LUDWIG: J. Amer. chem. Soc. 60 (1938), 1617.
[4] WIELAND, SUTTER: Ber. dtsch. chem. Ges. 61 (1928), 1060.
[5] WIELAND, FISCHER: Ber. dtsch chem. Ges. 59 (1926), 1180.
[6] ONSLOW, ROBINSON: Biochemic J. 20 (1926), 1138.
[7] KEILIN, MANN: Proc. Roy. Soc. (London), Ser. B 125 (1938), 187.
[8] KUBOWITZ: Biochem. Z. 299 (1938), 32.
[9] ONSLOW, ROBINSON: Biochemic. J. 19 (1925), 420; 22 (1928), 1327.
[10] RICHTER: Biochemic. J. 28 (1934), 901.

vatives and *p*-cresol but not hydro-quinone.[1] As will be discussed in the section on tyrosinase activity, the rapid action of cruder enzymes on monophenols and the effect of added catechol in abolishing the induction period, are probably due to the mediation of catechol-quinone. The enzyme oxidizes catechol rapidly to an *o*-quinone which then effects the oxidation of the monophenol. Since the pure mushroom and potato enzymes of KEILIN and KUBOWITZ do not oxidize hydroquinone at an appreciable rate it is possible that the oxidation of hydroquinone studied by WIELAND and SUTTER (with *Lactarius vellereus*) and other workers may have been an indirect oxidation. However, GRAUBARD[2] has found hydroquinone oxidation with purified enzymes (which he calls laccases) from certain mushrooms (*Russula delica* and *foetens*). Pure lac tree laccase oxidizes hydroquinone.

Various other substances such as guaiacum, benzidine, haemoglobin, reduced coenzyme, ascorbic acid,[1, 2] and sulfhydryl compounds[3] can be oxidized by the enzyme-catechol-quinone system.

Tyrosinase activity.[4]

BOURQUELOT and BERTRAND[5] found that an enzyme in the fungus *Russula nigricans* was able to oxidize tyrosine, yielding a black pigment, while laccase and peroxidase were unable to do this. The enzyme was found to be widely distributed in the vegetable kingdom and in some invertebrate animals. It has been the subject of much early[6] and more recent work. BERTRAND[7] found that the enzyme oxidizes many phenolic substances besides tyrosine but it appeared to differ in its specificity from the laccase studied by him.

The commonest sources of the enzyme for the study of tyrosinase activity have been wheat bran, potato peelings, certain fungi, and the mealworm *Tenebrio molitor*. It can be prepared free from peroxidase from potato peelings or the juice of fungi by repeated precipitation with alcohol. From the mealworm it is prepared by extraction with chloroform water.[8]

It was at first believed that tyrosinase has a deaminising action on amino-acids since CHODAT and SCHWEIZER[9] found that in the presence of *p*-cresol and certain amino-acids, traces of ammonia and the aldehyde corresponding to the amino-acid were produced. The *p*-cresol was supposed only to prevent inter-action between the ammonia and the aldehyde. But HAPPOLD and RAPER[10] found that more probably the deamination was not due to direct action of the enzyme. Deamination occurred only in the presence of *p*-cresol, phenol, or catechol. The *o*-quinone oxidation products of these substances presumably acted upon the amino-acid. Hydroquinone and resorcinol did not bring about the effect. RAPER and WORMALL[11] showed that no ammonia was liberated in the action of tyrosinase

[1] KEILIN, MANN: Proc. Roy. Soc. (London), Ser. B 125 (1938), 187.

[2] GRAUBARD: Enzymologia (Den Haag) 5 (1939), 332.

[3] RICHTER: Biochemic. J. 28 (1934), 901.

[4] Review: RAPER: Ergebn. Enzymforsch. 1 (1932), 270.

[5] BOURQUELOT, BERTRAND: C. R. Séances Soc. Biol. Filiales Associées 47 (1895), 582. — BERTRAND: C. R. hebd. Séances Acad. Sci. 122 (1896), 1132. — BOURQUELOT: C. R. Séances Soc. Biol. Filiales Associées 48 (1896), 811.

[6] Review: BATTELLI, STERN: Ergebn. Physiol., biol. Chem. exp. Pharmakol. 12 (1912), 177.

[7] BERTRAND: C. R. hebd. Séances Acad. Sci. 145 (1907), 1352.

[8] RAPER: Biochemic. J. 20 (1926), 735.

[9] CHODAT, SCHWEIZER: Arch. Sci. physiques natur. 35 (1913), 140.

[10] HAPPOLD, RAPER: Biochemic. J. 19 (1925), 92.

[11] RAPER, WORMALL: Biochemic. J. 19 (1925), 84.

on tyrosine, and the final product of the reaction, melanine, contained more nitrogen than does tyrosine. The interaction of the enzyme or o-quinones with amino-acids is not yet fully understood. Norbutani[1] found that amino-acids accelerate the oxygen uptake by phenols but do not affect the total oxygen used. Possibly the amino-acids reacting with the quinone remove its inhibitory effect. McCance[2] observed that catechol or p-cresol, in the presence of glycine, reduces methylene blue slightly and tyrosinase preparations accelerate this reduction but the reaction has not been explained.

By introducing into the system aniline which combines with the o-quinones to give anilino compounds, Pugh and Raper[3] demonstrated that o-quinones are produced by the action of the enzyme from mealworms on phenol, m-cresol, p-cresol, catechol and homocatechol. Since phenol and catechol gave the aniline compound of o-benzoquinone, and m-cresol, p-cresol and homocatechol gave the aniline compound of homoquinone, it was apparent that tyrosinase acts on monohydric phenols to introduce a hydroxyl group in the o-position, and the catechol or catechol derivatives thus produced are oxidized to the corresponding o-quinone.

No reactions were observed with resorcinol, phloroglucinol, guaiacol, o-cresol, orcinol, creosol, thymol and some other substances, possibly because the structures of these substances make the introduction of an extra OH group in the ortho position to the existing hydroxyl less easy.

The mechanism of tyrosinase activity, the oxidation of monohydric phenols, has been the subject of much work and controversy and the question is not yet definitely settled.

Onslow and Robinson[4] found that after treatment of potato enzyme preparations with charcoal the reaction with p-cresol scarcely occurred unless a trace of catechol was added. They concluded that the oxidation of monohydric phenols was a secondary reaction, that "tyrosinase" is actually catechol oxidase plus an o-quinone. The quinone acts on the monohydric phenol to produce an o-dihydric phenol, this is then oxidized by the oxidase to o-quinone which can in turn attack more monohydric phenol, being itself re-reduced to catechol. The catechol-quinone thus acts as a carrier between the oxidase and the monohydric phenol and increases in amount during the reaction. They also considered it possible that p-cresol was oxidized by H_2O_2, produced in the oxidation of catechol, under the influence of peroxidase present in their preparations. Pugh[5] found that the action of the mealworm enzyme on tyrosine and monohydric phenols is initially autocatalytic and that the initial lag period is lessened or abolished if 3,4-dihydroxyphenylalanine, or catechol, or boiled enzyme solution, is added. Though o-quinone or substances which give o-quinones do accelerate the oxidation of monohydric phenols, she could find no evidence that o-quinone is indispensible for monohydric phenol oxidation. She could find no evidence that tyrosinase consists of two enzymes, one catalyzing the oxidation of mono- to o-dihydric-phenols and another catalyzing the oxidation only of dihydric phenols. Hydrogen peroxide, in small amounts, "activates" the action of the enzyme on monohydric phenols.[5, 6] Possibly this is due to peroxidase, present in the pre-

---

[1] Norbutani: J. Biochemistry (Japan) 23 (1936), 455.

[2] McCance: Biochemic. J. 19 (1925), 1022. — Pugh: Biochemic. J. 28 (1934), 1692.

[3] Pugh, Raper: Biochemic. J. 21 (1927), 1370.

[4] Onslow, Robinson: Biochemic. J. 22 (1928), 1327.

[5] Pugh: Biochemic. J. 23 (1929), 456; 24 (1930), 1442.

[6] Bach: Ber. dtsch. chem. Ges. 39 (1906), 2126. — Fürth, Jerusalem: Beitr. chem. Physiol. u. Path. 10 (1907), 131.

parations used, causing H_2O_2 to oxidize some monohydric phenol to dihydric phenol which would diminish the lag period. RICHTER[1] used an enzyme from potato, free of peroxidase, and showed that peroxidase activity is not necessary for tyrosinase action. Potato juice or crude enzyme apparently contained traces of catechol; boiled juice would act like added catechol derivatives in hastening the oxidation of p-cresol by the pure enzyme. He found that substances, aniline, o-phenylenediamine, bisulfite, iodide, which combine with o-quinones, completely inhibited the oxidation of tyrosine and he considered this as evidence for the catechol-quinone mediation theory of ONSLOW and ROBINSON. GRAUBARD and NELSON[2] were not able to confirm this point. They adduced evidence, from purification and inactivation procedures, that the monohydric phenol oxidation by the potato enzyme is a direct oxidation and not dependent upon two enzymes nor necessarily requiring the mediation of o-quinone. Recently ADAMS and NELSON,[3] working with enzyme from the mushroom *Psalliota campestris*, have been able to cause variations in the ratio of activity towards p-cresol and catechol by subjecting the enzyme to various purification procedures and partial adsorptions on kaolin and alumina. They concluded that different enzymes are concerned in the direct oxidation of mono- and dihydric-phenols. However, they were not able to make such partial separations with preparations from the mushroom *Lactarius piperatus* or the puff ball *Calvatia cyathiformis*. KUBOWITZ[4] believed that only one enzyme was concerned since his purified polyphenol oxidase from potato oxidized tyrosine directly, though slowly, and oxidized p-cresol after an induction period. (Possibly the absence of autocatalytic effect with tyrosine and the pure enzyme was due to further changes, which this amino-acid undergoes, preventing its acting, after the first step in its oxidation, as a catalyst like catechol-o-quinone.) KEILIN and MANN[5] found that on purification of the mushroom enzyme its specificity increased so that the purest material scarcely affected p-cresol except in high concentration of the enzyme and with a distinct lag period.

It cannot yet be said definitely whether mono-hydric phenols can be oxidized directly by polyphenol oxidase or if there is a specific monophenol oxidase present in most phenol oxidase preparations. However, it is clear that purified polyphenol oxidases oxidize monophenols directly much more slowly than polyphenols. It is also established that substances which yield o-quinones can abolish the lag period and bring about rapid oxidation of monophenols in the presence of polyphenol oxidase. This effect is very probably due, as suggested by ONSLOW and ROBINSON, to the oxidation of monophenol by o-quinone to give dihydric phenol, the dihydric phenol then being rapidly oxidized by the enzyme yielding more o-quinone. But the mechanism of the oxidation of mono-hydric phenols by o-quinone derivatives is not known. Recently CALIFANO and KERTESZ,[6] who have confirmed, with an enzyme from *Sepia*, the effect of o-dihydric phenol in removing the induction period involved in tyrosine oxidation, have suggested that the oxidation of tyrosine by o-quinone is non-enzymic. In the absence of enzyme the following equilibrium seemed to be set up.

Tyrosine + o-quinone $\rightleftharpoons$ dihydroxyphenylalanine + catechol.

However, if such a non-enzymic action occurs between o-quinone and mono-

---

[1] RICHTER: Biochemic. J. **28** (1934), 901.

[2] GRAUBARD, NELSON: J. biol. Chemistry **111** (1935), 757.

[3] ADAMS, NELSON: J. Amer. chem. Soc. **60** (1938), 2474.

[4] KUBOWITZ: Biochem. Z. **299** (1938), 32.

[5] KEILIN, MANN: Proc. Roy. Soc. (London), Ser. B **125** (1938), 187.

[6] CALIFANO, KERTESZ: Nature [London] **142** (1938), 1036.

hydric phenol it is difficult to understand why Graubard[1] found no oxidation of *p*-cresol by an enzyme from the sweet potato, *Batatas batatas*, even with added catechol.

Laccase.

Yoshida in 1883 discovered the enzyme, laccase, which causes the darkening and hardening of the latex (Japan lac) of the Japanese laquer tree, *Rhus vernicifera*, and Bertrand studied the enzyme from the latex (Tonkin lac) of the Indo-Chinese laquer tree *Rhus succedanea*.[2] Laccase was the first polyphenol oxidase recognized. Bertrand differentiated it from tyrosinase from many sources since it did not oxidize tyrosine to melanine.

Suminokura[3] obtained preparations of laccase free from peroxidase and tyrosinase activity from the latex of *Rhus vernicifera* by modifications of Bertrand's[2] original method. The urushiol (see page 367) was extracted with alcohol, the dried residue extracted with water and the enzyme precipitated with alcohol.

Keilin and Mann[4] have recently purified the enzyme from *Rhus succedanea*. The latex was treated with acetone, the precipitate dried and extracted with water and the enzyme purified by a method similar to that used by them for the purification of the mushroom enzyme. Whereas the polyphenol oxidase was colorless, the laccase had a strong blue color which disappeared on adding substrate, on boiling, on treatment with cyanide, or with diethyl-dithio-carbamate. The activities of different preparations were proportional to their copper content. The purest enzyme contained 0,154% Cu but no haematin, iron, or manganese. The preparation contained 55% of a polysaccharide. Assuming this to be impurity it was estimated that the pure enzyme contained 0,34% Cu. It was estimated that the pure enzyme would cause an O_2 uptake of 40000 c. mm. per mg. per hour with *p*-phenylenediamine as substrate.

The enzyme was inhibited by cyanide, H_2S, azide, and diethyl-dithio-carbamate, but unlike other polyphenol oxidases it was not inhibited by carbon monoxide.

Like other phenol oxidases, laccase causes the oxidation of polyphenols, but unlike other phenol oxidases the purified enzyme caused the oxidation of aromatic diamines, the oxidation of *p*-phenylenediamine being more rapid than that of catechol. Monophenols were not oxidized at all. Ascorbic acid was oxidized by the crude enzyme. The activity towards ascorbic acid decreased on purification but could be partly restored by adding traces of *p*-phenylenediamine but not of catechol (the mushroom enzyme oxidizes ascorbic acid through catechol). Hydroquinone was also mentioned as a substrate; this phenol is scarcely oxidized by the mushroom enzyme of Keilin and Mann.

Added to proof: Keilin and Mann[5] found that the laccases from the Indo-Chinese, Burmese, and Japanese laquer trees are all copper proteins containing a blue pigment the color of which is not determined by copper. The purest laccase preparation contained 0,24% Cu.

Graubard[6] classified purified enzymes from the mushrooms *Russula delica* and *foetens* as laccases since they oxidized hydroquinone and *p*-phenylenediamine.

[1] Graubard: Enzymologia (Den Haag) 5 (1939), 340. — See also Adams, Nelson: J. Amer. chem. Soc. 60 (1938), 2474.
[2] Bertrand: C. R. hebd. Séances Acad. Sci. 118 (1894), 1215.
[3] Suminokura: Biochem. Z. 224 (1930), 292.
[4] Keilin, Mann: Nature (London) 143 (1939), 23.
[5] Keilin, Mann: Nature (London) 145 (1940), 304.
[6] Graubard: Enzymologia (Den Haag) 5 (1939), 332.

The enzyme preparations were observed spectroscopically to cause the oxidation of cytochrome c[1] but added cytochrome c did not bring about cysteine oxidation with the enzyme nor did it accelerate hydroquinone or p-phenylenediamine oxidation. These results are not understood.

Dopa-oxidase.

BLOCH discovered[2] an enzyme in the melanoblasts of the epidermis and other pigment forming tissues which causes the oxidation of 3,4-dihydroxyphenyl alanine ("dopa") to give a dark pigment. The enzyme could be extracted from the skin of new-born rabbits. The enzyme did not give a typical reaction with tyrosine, catechol, pyrogallol or a number of other mono-, di-, and trihydric phenolic substances. It formed melanine from 3,4-dihydroxyphenyl alanine and since this substance is an intermediate in the formation of melanine from tyrosine with tyrosinase, it is probable that the mechanism of melanine formation is the same.

The enzyme was inhibited by H_2S but scarcely by cyanide. The optimum p_H was 7,3. BLOCH and SCHAAF[3] find that the enzyme is specific in oxidizing l-3,4-dihydroxyphenyl alanine to melanine; it does not oxidize the optical isomer nor tyrosine. They believe it to be the enzyme responsible for pigment formation in the skin and that the physiological substrate is "dopa" or a closely related substance. Very little work has been done on dopa oxidase in extracts and its existence as an enzyme different from catechol oxidase or tyrosinase is not established.[4] Catechol oxidase or tyrosinase has been extracted from rabbit skins[5] where it may be concerned in pigment formation.

Products of oxidation.

The yellow or red flesh of certain types of *Boletus* turns blue on injury. The red pigment, which BERTRAND[6] called boletol, has the constitution shown[7] and is oxidized by the oxidase in the fungus to hydroxy-anthra-diquinone-carboxylic acid (boletoquinone) which gives blue alkali salts.

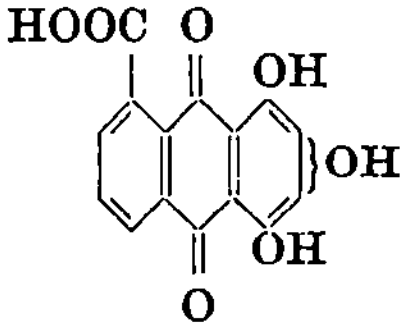

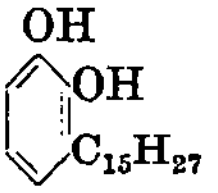

The substrate of laccase in Japan lac is a catechol derivative, urushiol,[8] and the corresponding compound, laccol, of tonkin lac is the next higher homolog of

---

[1] See also SHIBATA: Ergebn. Enzymforsch. 4 (1935), 358. — MORI *et al.*: Acta phytochim. (Tokio) 10 (1937), 81.

[2] BLOCH: Hoppe-Seyler's Z. physiol. Chem. 98 (1917), 226. — BLOCH, SCHAAF: Biochem. Z. 162 (1925), 181.

[3] BLOCH, SCHAAF: Klin. Wschr. 11 (1932), 10; also PECK, SOBOTKA, KAHN: Ibid. 11 (1932), 14.

[4] See OPPENHEIMER: Fermente 2 (1926), 1791. — MULZER, SCHMALFUSS: Med. Klin. 27 (1931), 1099; 29 (1933), 732. — SCHMALFUSS: Biochem. Z. 263 (1933), 278.

[5] PUGH: Biochemic. J. 27 (1933), 475.

[6] BERTRAND: C. R. hebd. Séances Acad. Sci. 124 (1897), 1355; 133 (1901), 1233; 134 (1902), 124.

[7] KÖGL, DEIJS: Liebigs Ann. Chem. 515 (1935), 10.

[8] MAJIKA: Ber. dtsch. chem. Ges. 55 (1922), 172, 191.

urushiol.[1] On oxidation of these phenols the corresponding o-quinones are formed which then undergo further oxidations and polymerization.

The production of melanine from tyrosine by tyrosinase from the potato or mealworm has been closely studied.[2] RAPER and WORMAL[3] showed that the first step is an enzymic oxidative formation of a red substance; this changes to a colorless product as a result of a non-oxidative non-enzymic process, and this substance changes to melanine through an oxidative but non-enzymic reaction.

RAPER[4] has indicated that the following series of reactions takes place.

$$CH_2 \cdot CH(NH_2) \cdot COOH \longrightarrow CH_2 \cdot CH(NH_2) \cdot CO_2H \longrightarrow CH_2 \cdot CH(NH_2) \cdot CO_2H \longrightarrow$$

Tyrosine.   3,4-dihydroxyphenylalanine.

$$\longrightarrow \; \text{(Presumptive red substance)} \; \longrightarrow \; \text{(Presumptive colorless substance)} \; \longrightarrow \text{Melanine}$$

Presumptive red substance.   Presumptive colorless substance.

The structure of melanine is not known. Its formation involves further oxidation. The production of indole derivatives is not peculiar to tyrosine since indole derivatives are formed when the enzyme acts on tyramine, 3,4-dihydroxyphenylethyl amine,3,4-dihydroxyphenylethylmethylamine, and N-methyltyrosine.[5] On the other hand 2-methyl-, 3-methyl- and 2,5-dimethyltyrosine are not attacked by the enzyme,[6] nor is p-hydroxyphenylpyruvic acid.[7]

PUGH and RAPER[8] indicated that the oxidation of mono- and di-hydric phenols by the mealworm enzyme gave rise to o-quinones since, in the presence of aniline, anilino compounds were produced (see page 364). The monohydric phenols were evidently first oxidized to o-dihydric compounds and then further oxidized. The o-quinones are not the final products of the enzyme action. For their production alone, 2 atoms of oxygen would be required per molecule of monohydric phenol, and one per molecule of dihydric phenol. But PUGH and RAPER found in the absence of aniline an uptake of about 3 atoms of oxygen for monohydric phenols and 2 for catechol. ROBINSON and McCANCE[9] had found the same with the enzyme from *Lactarius vellereus*. WAGREICH and NELSON,[10] using an enzyme from *Psalliota campestris*, found that 2 atoms are taken up per molecule of catechol and they concluded that the oxidation product is not o-quinone but

[1] BERTRAND, BROOKS: Bull. Soc. Chem. **53** (1933), 432.

[2] Review: RAPER: Ergebn. Enzymforsch. **1** (1932), 270.

[3] RAPER, WORMALL: Biochemic. J. **17** (1923), 454.

[4] RAPER: Biochemic. J. **20** (1926), 735; **21** (1927), 89. — OXFORD, RAPER: J. chem. Soc. (London) 1927, 417.

[5] DULIERE, RAPER: Biochemic. J. **24** (1930), 239.

[6] SCHMALFUSS, PESCHKE: Ber. dtsch. chem. Ges. **62** (1929), 2591.

[7] RAPER, WORMALL: Biochemic. J. **19** (1925), 84.

[8] PUGH, RAPER: Biochemic. J. **21** (1927), 1370.

[9] ROBINSON, McCANCE: Biochemic. J. **19** (1925), 251.

[10] WAGREICH, NELSON: J. biol. Chemistry **115** (1936), 459.

hydroxy-o-quinone.[1] In agreement with this, KUBOWITZ,[2] with his pure enzyme

$$\begin{array}{c}\text{OH}\\\text{OH}\end{array} + 2\,\text{O} \longrightarrow \text{HO}\begin{array}{c}=\text{O}\\=\text{O}\end{array}$$

from potatoes, found an oxygen uptake of 2 atoms of oxygen per molecule of catechol during the initial rapid reaction, or 3 atoms per molecule of p-cresol. After this stage oxygen uptake continued slowly. No hydrogen peroxide was found at the end of his experiments.

In the oxidation of the trihydric phenol, pyrogallol, PUGH and RAPER[3] found 3 atoms of oxygen absorbed per 2 molecules of substrate, the oxidation product being purpurogallin (see page 384).

Function.

It is probable that the polyphenol oxidase-polyphenol system performs in certain plant tissues a similar function to that of the cytochrome oxidase-cytochrome system. Long ago PALLADIN suggested that the oxidation products formed by catechol oxidase oxidize cell substances. o-Quinone like other reducible dyes can act as hydrogen acceptor for various dehydrogenations. o-Quinone reoxidizes the dihydro-coenzymes, and this important fact, observed by KUBOWITZ and made use of in his test, shows that the catechol-oxidase-catechol system can act as the "oxygen transporting" system for all the dehydrogenases which depend upon the pyridine nucleotides, coenzymes I and II.

BOSWELL and WHITING[4] found that added catechol is rapidly oxidized by potato slices and its oxidation product then causes an inhibition of the normal respiration. It was assumed that the enzyme which was inhibited was catechol oxidase and the extent of the inhibition indicated that normally 66% of the respiration of potato slices was catalyzed by catechol oxidase.

SZENT-GYÖRGYI and VIETORISZ[5] found that minced potato tissue shows a very much higher oxidase activity than is necessary to account for the respiration of the intact tissue. They suggested that the enzyme-catechol-quinone system may be concerned in the protection of the plant against damage. Quinones are known to have a strong bactericidal action and the tanning effect of quinones on protein may provide a protective surface over the damaged parts. PUGH[6] was able to extract catechol oxidase from the skin of rabbits where the enzyme is probably concerned in pigment formation.

Other phenol oxidizing systems.

BHAGVAT and RICHTER[7] obtained from the blood of the crab a crystalline Cu-protein complex with catechol oxidase activity, which resembled, but was not the same as haemocyanine. This substance may have been an artefact produced from haemocyanine. It showed a much lower activity than true polyphenol oxidase and a different substrate specificity. Haemocyanine itself, from the snail, showed a similar pseudo-phenolase activity. Inorganic copper, nickel

---

[1] WAGREICH and NELSON believe that the anilinoquinones of PUGH and RAPER were formed from the hydroxyquinones (absorption of 1 further atom of oxygen being involved) and not from the simple o-quinones.

[2] KUBOWITZ: Biochem. Z. 299 (1938), 32.

[3] PUGH, RAPER: Biochemic. J. 21 (1927), 1370.

[4] BOSWELL, WHITING: Ann. Bot. N. S. 2 (1938), 867.

[5] SZENT-GYÖRGYI, VIETORISZ: Biochem. Z. 233 (1931), 236.

[6] PUGH: Biochemic. J. 27 (1933), 475.

[7] BHAGVAT, RICHTER: Biochemic. J. 32 (1938), 1397.

and cobalt and to a lesser extent iron and manganese, also catalyze catechol oxidation appreciably.

Mann and Keilin[1] have isolated two new copper-protein compounds, "haematocuprein" and "hepatocuprein", which have no catalytic activity and do not combine with oxygen. Haematocuprein is a blue compound which was obtained in crystalline form from red blood corpuscles and serum of mammals. Hepatocuprein is almost colorless and was obtained from ox liver. Both contain 0,34% Cu.

Added to proof: Dalton and Nelson[2] obtained from *Lactarius piperatus* a crystalline protein containing 0,25% copper and having only slight enzyme activity though activity increased somewhat on standing in solution.

A number of different systems have been confused with the polyphenol oxidases. Bertrand[3] obtained from lucerne a preparation which was inactive, but, on adding a manganese salt, very strong oxidizing activity was obtained. Since he had found manganese in a laccase preparation, he concluded that the polyphenol oxidase of plants was a manganese protein complex. However, Euler and Bolin[4] showed that the lucerne catalyst was a thermostable mixture of calcium salts of organic hydroxy acids and not an enzyme. Enzymes prepared later, free from manganese, were much more active than the lucerne catalyst and not activated by manganese. Wieland and Fischer[5] obtained from *Lactarius vellereus* a preparation which oxidized hydroquinone but which was probably also a salt mixture since it was thermostable and dialyzable. (Wieland and Sutter[6] obtained a true thermolabile enzyme from the same fungus.)

Other enzyme systems bring about the oxidation of phenols. With hydrogen peroxide as oxidant, peroxidase will oxidize directly almost all phenolic substances.[7] The indophenol oxidase was formerly confused with the polyphenol oxidase due to the fact that crude preparations of both oxidize aromatic diamines and show the "Nadi" reaction, that is, the production of indophenol blue by the oxidation of a mixture of α-naphthol and dimethyl-p-phenylene diamine. However, it has been shown that with the indophenol oxidase the reaction is given only through the mediation of cytochrome.[8] Purified potato oxidase does not give the reaction unless catechol[9] or other dihydric phenols[10] are present. Laccase seems to oxidize diamines directly.

Ascorbic acid oxidase.[11]

Szent-Györgyi[12] found an enzyme in cabbage leaves which oxidized the hexuronic acid discovered by him, and which he called "hexoxidase". (Hexuronic acid, later found to be vitamin C, is now called ascorbic acid.) The enzyme could be obtained in the juice of the cabbage and precipitated by saturation with ammonium sulfate. The enzyme was not inhibited by low concentrations of cyanide 0,001 M, but was largely inhibited by 0,01 M cyanide. No other substance

[1] Mann, Keilin: Proc. Roy. Soc. (London), Ser. B 126 (1938), 303.
[2] Dalton, Nelson: J. Amer. chem. Soc. 61 (1939), 2946.
[3] Bertrand: C. R. hebd. Séances Acad. Sci. 124 (1897), 1032.
[4] Euler, Bolin: Hoppe-Seyler's Z. physiol. Chem. 57 (1908), 80; and later papers.
[5] Wieland, Fischer: Ber. dtsch. chem. Ges. 59 (1926), 1181.
[6] Wieland, Sutter: Ber. dtsch. chem. Ges. 61 (1928), 1060.
[7] Elliott: Biochemic. J. 26 (1932), 1281.
[8] Keilin, Hartree: Proc. Roy. Soc. (London), Ser. B 125 (1938), 171.
[9] Keilin: Proc. Roy. Soc. (London), Ser. B 104 (1929), 206.
[10] Richter: Biochemic. J. 28 (1934), 901.
[11] Review: Tauber: Ergebn. Enzymforsch. 7 (1938), 301.
[12] Szent-Györgyi: Science (New York) 72 (1930), 125; J. biol. Chemistry 90 (1931), 385.

was found to be acted upon by the enzyme. (Pyrogallol, catechol, quinol, gluta-thione, p-phenylene diamine and the "Nadi" reagent were tried.) The kinetics of the oxidation by his preparation led SZENT-GYÖRGYI to suggest that the oxidation of ascorbic acid was not direct but was mediated by an unknown substance in the enzyme preparation.

TAUBER and KLEINER[1] obtained a strongly active preparation from squash, *Curcurbita maxima*, by acetone precipitation of a water-alcohol extract. They found no evidence that ascorbic acid is oxidized indirectly through a mediator other than the enzyme. This was confirmed by SRINIVASAN[2] who obtained a similar specific enzyme from the drumstick, *Moringa pterygosperma*, by fractional precipitation of the juice with ammonium sulfate. TAUBER and KLEINER found that their enzyme did not oxidize mono- or di-hydric phenols,[3] glutathione or various other substances tried. SRINIVASAN also showed that his enzyme was specific and that peroxidase and catechol oxidase do not catalyze ascorbic acid oxidation directly. His preparation was more sensitive to cyanide than that of SZENT-GYÖRGYI. Variations in cyanide sensitivity in different preparations have been noted by other authors.[4] Enzymes which oxidize ascorbic acid have been found to be present in a large number of plants and absent in others[4,5]. There seems to be little doubt that the enzymes from different sources are the same with only minor variations.[4]

The enzyme causes the oxidation of ascorbic acid to dehydro-ascorbic acid, and the reaction can probably be represented as follows:

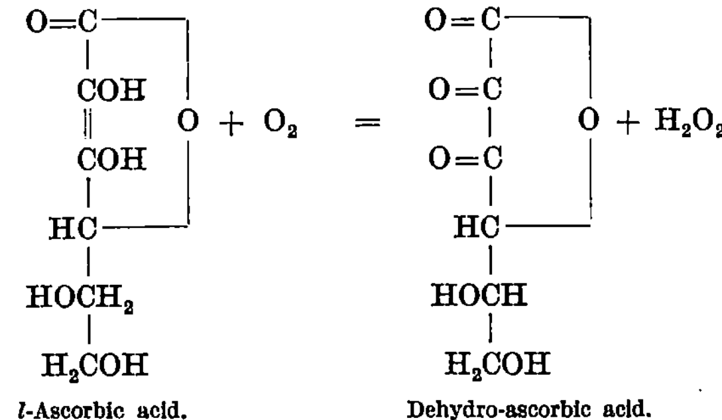

l-Ascorbic acid.   Dehydro-ascorbic acid.

Methylene blue cannot act as hydrogen acceptor in place of oxygen.[6,7] The formation of hydrogen peroxide during the oxidation was observed by HUZÁK.[8] The dehydro-ascorbic acid formed can be reduced back to ascorbic acid by H_2S.[9] However it readily undergoes further irreversible oxidations spontaneously.[10]

---

[1] TAUBER, KLEINER: Proc. Soc. exp. Biol. Med. 32 (1935), 577. — TAUBER, KLEINER, MISHKIND: J. biol. Chemistry 110 (1935), 211.

[2] SRINIVASAN: Biochemic. J. 30 (1936), 2077.

[3] GRAUBARD, Enzymologia (Den Haag) 5 (1939), 332, finds that preparations from squash oxidize pyrogallol, adrenaline, hydroquinone and catechol, though less readily than ascorbic acid. Perhaps phenol oxidase was present in his material.

[4] JOHNSON, ZILVA: Biochemic. J. 31 (1937), 438.

[5] STONE: Biochemic. J. 31 (1937), 508. — CHAKRABORTY, GUHA: Indian J. med. Res. 24 (1937), 839. — KERTESZ, DEARBORN, MACK: J. biol. Chemistry 116 (1936), 717.

[6] SZENT-GYÖRGYI: J. biol. Chemistry 90 (1931), 385. — JOHNSON, ZILVA: Biochemic. J. 31, (1937), 438.

[7] *Added to proof:* EBIHARA: J. Biochemistry 29 (1939), 199, 217; obtained methylene blue reduction with a purified ascorbic oxidase from cucumbers.

[8] HUZÁK: Hoppe-Seyler's Z. physiol. Chem. 247 (1937), 239.

[9] SRINIVASAN: Biochemic. J. 30 (1936), 2077.

[10] KERTESZ, DEARBORN, MACK: J. biol. Chemistry 116 (1936), 717.

Johnson and Zilva[1] have investigated the structure specificity of the enzyme from cucumber. They found that compounds of the ascorbic acid series in which the oxygen ring engages a hydroxyl group to the right of the carbon chain (natural, *l*-ascorbic acid, *d*-arabo-ascorbic acid, *l*-gluco-ascorbic acid and *l*-galacto-ascorbic acid) are oxidized at a higher rate than are their enantiomorphs, and with the latter the rate of oxidation falls off with time. Among the more slowly oxidizable group, the compounds with six carbon atoms are oxidized more rapidly than those with seven carbon atoms.

The optimum p_H for the enzyme varies from p_H 5,3 to 5,9 according to the source and the buffer used.[2] The enzyme is inhibited by cyanide and H_2S but is less sensitive to cyanide than is peroxidase which often accompanies it.[3] It is destroyed by high concentrations of methyl or ethyl alcohol, but it is less sensitive to acetone. It is not inhibited by CO.[4] Engelhardt and Bukin[4] find maximum rate of oxidation with the cabbage leaf oxidase at very low ascorbic acid concentrations, about $10^{-4}\,M$.

The rapid catalysis of the oxidation of ascorbic acid by copper was observed by Szent-Györgyi when he first isolated the substance.[5] Barron *et al.*[6] found that oxidation of ascorbic acid in vegetable fluids is catalyzed by traces of copper and haemochromogens. Stotz, Harrer, and King[7] found that a mixture of copper salt with protein resembles closely the enzyme in its catalytic behavior in the oxidation of ascorbic acid. Such a mixture shows an optimum p_H between 5 and 6 and it is inactivated by heat or acid, the copper being apparently occluded by the denatured protein. Further, a number of copper inhibitors, such as di-ethyldithiocarbamate and 8-oxyquinoline sulfate, largely inhibited the activity of the vegetable enzyme. They therefore suggested that similar, but not necessarily identical, copper-protein complexes are responsible for the oxidase activity of plant juices and that ascorbic oxidase is not a true enzyme. But the partial specificity of the oxidase for *l*-ascorbic acid, mentioned above, is difficult to reconcile with a non-enzymic catalysis. Straub[8] emphasized the fact observed by King *et al.*, that the addition of protein actually lowers the catalytic activity of the copper. He prepared a cucumber extract in which the oxidase activity was several times higher than the activity of the ash from the extract. If copper is responsible for the catalysis by the extract, the other must be bound with protein in such a way as to be more active. The oxidase of plant extracts thus seems to be an enzyme though it may consist of copper, as prosthetic group, combined with a specific protein.[9]

Szent-Györgyi[10] considers that the ascorbic acid-ascorbic oxidase system plays an important role in the respiration of plants which contain it. The ascorbic acid acts as carrier between oxygen with the oxidase and the substances which reduce dehydro-ascorbic acid. His enzyme from cabbage was only slightly in-

[1] Johnson, Zilva: Biochemic. J. **31** (1937), 1366.

[2] Tauber, Kleiner, Mishkind: J. biol. Chemistry **110** (1935), 211.

[3] Srinivasan: Biochemic. J. **30** (1936), 2077.

[4] Engelhardt, Bukin: Bull. Applied Botany (U.S.S.R.) **2** (1937), 255; Chem. Abstr. **33** (1939), 1767.

[5] Szent-Györgyi: Biochemic. J. **22** (1928), 1387.

[6] Barron, Barron, Klemperer: J. biol. Chemistry **116** (1936), 563.

[7] Stotz, Harrer, King: J. biol. Chemistry **119** (1937), 511; also Silverblatt, King: Enzymologia (Den Haag) **2** (1938), 222.

[8] Straub: Hoppe-Seyler's Z. physiol. Chem. **254** (1938), 205.

[9] *Added to proof:* See Lovett-Janison, Nelson: J. Amer. chem. Soc. **62** (1940), 1409; Ramasaru, Datta, Doctor: Enzymologia (Den Haag) **8** (1940), 108.

[10] Szent-Györgyi: J. biol. Chemistry **90** (1931), 385.

hibited by 0,01% cyanide and he found the respiration of the cabbage leaf to be inhibited only 6% by this amount of cyanide. On the other hand, the respiration of the potato which contains phenol oxidase, is inhibited 60–75% by the same concentration of cyanide.

Other ascorbic acid oxidizing systems.

Besides ascorbic oxidase, two other enzyme systems are known to oxidize ascorbic acid in plant tissues. When he first isolated "hexuronic acid" (ascorbic acid), Szent-Györgyi[1] observed that it was rapidly oxidized by hydrogen peroxide with peroxidase in the presence of phenols. The peroxide with peroxidase oxidizes the phenols to o-quinones which in turn oxidize ascorbic acid. The hydrogen peroxide can be produced by the action of another oxidase system such as acetaldehyde + aldehyde oxidase + oxygen. This oxidation of ascorbic acid by peroxidase + H_2O_2 when substances capable of forming quinones are present as mediators, was confirmed by Tauber.[2] Huzák[3] has shown that benzo-pyrane derivative plant pigments (flavones, flavanones, flavanoles) mediate the reaction between H_2O_2 + peroxidase and ascorbic acid. Only pigments which are capable of being oxidized by catechol oxidase to o-quinones are active, but these and their glucosides are many times more active than catechol. It seemed likely, that, in the plant, ascorbic acid is oxidized directly by the oxidase with the formation of H_2O_2 and that the H_2O_2 with peroxidase and pigment oxidizes more ascorbic acid. The dehydro-ascorbic acid is re-reduced by mechanisms in the tissues, possibly through glutathione.

As is to be expected, ascorbic acid is also oxidized in the presence of phenol oxidase + phenols, and Johnson and Zilva[4] found that this mechanism accounts for much of the ascorbic acid oxidation in the apple and potato, while some plants possess this mechanism as well as the direct oxidase.

Glutathione and ascorbic acid.

Glutathione and fixed —SH of tissue proteins[5,6] reduce dehydro-ascorbic acid. Using a cauliflower extract which oxidizes ascorbic acid rapidly, Hopkins and Morgan[7] found that while glutathione was not oxidized directly, it was oxidized efficiently if ascorbic acid was present; no dehydro-ascorbic acid accumulated until the GSH was all oxidized. There seemed to be an enzyme present which accelerated the re-reduction of dehydro-ascorbic acid by the glutathione. The relative rates of the reactions concerned were affected by p_H so that conditions could be obtained under which dehydro-ascorbic acid did accumulate. Enzymic reduction of dehydro-ascorbic acid by cysteine has been observed by Pfankuch[8] in potato juice. Hopkins and Morgan point out that the system would have been regarded as a "glutathione oxidase" with ascorbic acid as a coenzyme, if the glutathione oxidizing ability of preparations containing ascorbic acid had been discovered before ascorbic acid and its oxidase were recognized.

---

[1] Szent-Györgyi: Biochemic. J. 22 (1928), 1387.
[2] Tauber: Enzymologia (Den Haag) 1 (1936), 209.
[3] Huzák: Hoppe-Seyler's Z. physiol. Chem. 247 (1937), 239.
[4] Johnson, Zilva: Biochemic. J. 31 (1937), 438.
[5] Szent-Györgyi: J. biol. Chemistry 90 (1931), 385.
[6] Borsook, Jeffreys: Science (New York) 83 (1936), 397. — Schultze, Stotz, King: J. biol. Chemistry 122 (1937), 395.
[7] Hopkins, Morgan: Biochemic. J. 30 (1936), 1446. — See also Kertesz: Biochemic. J. 32 (1938), 621. — Crook, Hopkins: Biochemic. J. 32 (1938), 1356.
[8] Pfankuch: Naturwiss. 22 (1934), 821.

Dihydroxymaleic acid oxidase.

It was observed by Szent-Györgyi and his school[1] that, among a number of substances tried, only ascorbic acid, catechol and dihydroxymaleic acid gave a violet color with ferrous salts in neutral solution in the presence of oxygen; on reduction the color of the ferrous complex disappeared. This led them to expect that dihydroxymaleic acid, like ascorbic acid and catechol, may play a role in plant respiration. Banga and Szent-Györgyi[2] have now found that, when dihydroxymaleic acid is added to the juice of horse-radish root, a rapid oxygen uptake occurs and the dihydroxymaleic acid is oxidized. One atom of oxygen is taken up per molecule of the substrate.

The oxidation of dihydroxymaleic acid is catalyzed by inorganic iron or copper at a considerable rate. But dihydroxymaleic acid alone in buffer, or with heated juice, or in the presence of the ash from the juice, took up oxygen only slowly. The catalysis by the juice therefore seemed to be due to an enzyme. No ascorbic oxidase or catechol oxidase was present in the juice. The enzyme, separated from some inactive material which precipitated on standing or on freezing and thawing, could be precipitated with acetone or alcohol.

The enzyme was found to be strongly active in radishes, green paprika fruit, asparagus, rutabaga tuber, and green grass, and less active in cucumber, onion leaves and tuber, and rutabaga leaves. In rutabaga, cucumber, and grass, it was accompanied by ascorbic oxidase, and in grass catechol oxidase was also present.

An enzyme preparation from sorrel,[3] *Rumex acetosa L.*, showed optimum activity at p_H 4. This enzyme was inhibited completely by 10^{-4} *M* cyanide.[4] The enzyme oxidized dihydroxymaleic acid reversibly and hydrogen peroxide was formed.

Robežnieks[5] showed that dihydroxymaleic acid is not appreciably oxidized by hydrogen peroxide with peroxidase but it is rapidly oxidized if plant juice is also present. He therefore tested whether plant pigments and other substances can act as mediators between H_2O_2 + peroxidase and dihydroxymaleic acid in the same way as they do with ascorbic acid. He found that there was a certain specificity for the mediator which differed in the two cases. The benzopyrane pigments were much less active with dihydroxymaleic acid, and catechol was almost inactive. *p*-Dihydric phenols and benzidine catalyzed both oxidations equally, benzidine being very active.

Added to proof: The distribution and properties of the enzyme have been studied further by Banga and Philippot.[6]

Swedin and Theorell[7] have obtained highly purified preparations and find that the iron is reduced during dihydroxymaleic oxidase activity while it remains oxidized during peroxidase activity.

[1] Banga, Gerendas, Laki, Papp, Porges, Straub, Szent-Györgyi: Hoppe-Seyler's Z. physiol. Chem. 254 (1938), 147.
[2] Banga, Szent-Györgyi: Hoppe-Seyler's Z. physiol. Chem. 255 (1938), 57.
[3] Banga, Philipott, Szent-Györgyi: Nature (London) 142 (1938), 874.
[4] Banga and Szent-Györgyi found no inhibition in horse-radish juice by cyanide; the discrepancy is not yet explained.
[5] Robežnieks: Hoppe-Seyler's Z. physiol. Chem. 255 (1938), 255.
[6] Banga, Philippot: Hoppe-Seyler's Z. physiol. Chem. 258 (1939), 147; C. R. Séances Soc. Biol. Filiales Associées 130 (1939), 775.
[7] Swedin, Theorell: Nature (London) 145 (1940), 71.

Oxalic acid oxidase.

ZALESKI et al.[1] observed the oxidative production of CO_2 from oxalic acid by wheat flour. Methylene blue, KNO_3, and H_2O_2 could not replace oxygen as oxidant. The catalyst was not inhibited by cyanide or narcotics (e. g. urethane) but was inhibited by KJ, hydroquinone and quinone. STAEHELIN[2] found that the enzyme is widely distributed in plant tissues and he obtained a stable dry preparation by alcohol precipitation from the press juice of helianthus leaves. HOUGET, MAYER and PLANTEFOL[3] found high activity in mosses; the activity varied with the season, location and vegetative condition of the moss. They found that there is a pronounced optimum substrate concentration, that the enzyme is active with unneutralized oxalic acid and inactive in neutral solution, and that the enzyme is remarkably stable to heat and chemicals but is inhibited by iodide, ferro- and ferri-cyanide, phenylhydrazine and, in higher concentration, by hydroquinone.

FRANKE and HASSE,[4] in an extensive study of the oxalic oxidase of the moss *Hylocomium umbratum*, have confirmed these observations. They obtained considerably concentrated preparations of the enzyme by grinding and extracting dried moss with water, and dialyzing the solution or precipitating the enzyme with alcohol and ether. The dried alcohol-ether precipitate was initially completely soluble in water but gradually became insoluble and inactive. Under the conditions of their test, 1 mg. of the preparation caused an oxygen uptake of 300–600 c. mm. oxygen per hour.

The oxidation of oxalic acid occurred according to the following equation:

$$C_2O_4H_2 + O_2 = 2\,CO_2 + H_2O_2.$$

The gas exchange, CO_2 evolution and O_2 uptake, corresponded to this equation, and the H_2O_2 formation could be shown quantitatively since the preparation contained very little catalase.

No substance other than oxalic acid was found to be oxidized by the enzyme, the following having been tested,—formic, acetic, malonic, malic and glutamic acids, leucine and glucose. In the absence of oxygen no dye was reduced or caused CO_2 evolution with oxalic acid and the enzyme. The following dyes were tried,— methylene blue, phenosafranine, indigotetrasulfonate, 2,6-dichlorophenol-indo-phenol; none of these dyes caused any destruction of the enzyme. According to FRANKE[5] there is no apparent thermodynamic reason why the dyes should not be reduced by oxalic acid.

A pronounced optimum for the substrate concentration was found; this was about 0,003 M but the optimum varied, being higher with higher concentrations of enzyme, and higher, 0,02 M, with crude moss preparations. The decrease in activity in higher oxalate concentrations was shown not to be due to enzyme destruction, and the variation of the optimum with enzyme concentration was not explained. Optimum activity was shown at the remarkably acid p_H of 2,5. The rate of reaction was the same in air as in oxygen, but the rate was halved in 5% oxygen. The rate of reaction was increased by only about 20% when the

[1] ZALESKI, REINHARD: Biochem. Z. 33 (1911), 449. — ZALESKI, KUKHAROVA: Ukrainisch. chem. J. 3 (1928), 139.

[2] STAEHELIN: Biochem. Z. 96 (1919), 1.

[3] HOUGET, MAYER, PLANTEFOL: Ann. Physiol. Physicochim. biol. 4 (1928), 123; C. R. hebd. Séances Acad. Sci. 185 (1927), 304.

[4] FRANKE, HASSE: Hoppe-Seyler's Z. physiol. Chem. 249 (1937), 231.

[5] FRANKE: Biochem. Z. 258 (1933), 280.

temperature was increased from 26° to 38°,—possibly physical factors, such as diffusion rates, limited the reaction rate under the conditions of the experiments.

The enzyme is unusually thermostable but while the enzyme in the moss, or washed, dried preparations from it, was scarcely affected by heating in water to 95° for 30 mins., the purified enzyme solution began to be destroyed at about 70°.

Moss extracts evidently contain inhibitory substances, since after dialysis or alcohol-ether precipitation, apparent increases in activity occurred. Alanine and sodium chloride in $0,005\,M$ concentration caused inhibitions of 65% and 45% respectively with the dialyzed enzyme. It was found that the enzyme from moss gathered in the spring and summer was more sensitive than the enzyme from winter moss to inhibition by high concentration of substrate and by various salts, amino-acids and enzyme poisons.

The activity of the enzyme was not inhibited by cyanide in low concentration; in $0,01\,M$ cyanide slight inhibition occurred. Only partial inhibition occurred with $0,002\,M$ H_2S. Sodium azide inhibited no more than an equivalent concentration of NaCl. The narcotics, phenylurea, phenylurethane and chloral hydrate had little effect. However 75% inhibition was produced by the following substances, $3 \times 10^{-3}\,M$ hydroxylamine, $2 \times 10^{-3}\,M$ quinone, $8 \times 10^{-4}\,M$ hydroquinone, $5 \times 10^{-4}\,M$ diphenylamine, and $8 \times 10^{-5}\,M$ potassium iodide, while hydrazine was inactive. It was pointed out that these strong inhibitors are "antioxidants" or inhibitors of chain reactions.

Thunberg[1] and Fodor and Frankenthal[2] found that oxalic acid caused the reduction of methylene blue in the presence of extract of the seeds of various plants. The activities observed were weak but may indicate that a dehydrogenase for oxalic acid exists which is different from the above described oxalic oxidase.

Glucose oxidase.

Müller[3] discovered in the moulds *Aspergillus niger* and *Penicillium glaucum* an enzyme which causes the direct oxidation of glucose.

The mould was cultivated in glucose-containing medium and the enzyme was purified by precipitation from the press-juice with alcohol and ether, re-solution, dialysis, and re-precipitation with alcohol and ether. The dried material remained active for years. The preparation contained no polyphenol oxidase or peroxidase. Under the conditions of the test, 1 mg. of the preparation caused an oxygen uptake of about 100 c.mm. O_2 per hour.

Determinations of oxygen uptake, glucose disappearance, and acid formation, and isolation of Ca-gluconate, showed that the reaction consists in the simple oxidation of glucose to d-gluconic acid. (A little CO_2 was evolved by the preparation but this was shown not to be produced from glucose oxidation.)

Besides d-glucose, the enzyme caused the oxidation, at a lower rate, of d-mannose and d-galactose. No other substances were oxidized, the following having been tried: xylose, arabinose, fructose, dihydroxyacetone, calcium and sodium gluconate, sodium saccharate, glycerine, ethyl- and *iso*propyl-alcohol, and acetaldehyde. Lactose was not oxidized. Since the preparation contained saccharase, sucrose was attacked unless the saccharase was destroyed by warming to 70° for 30 mins. Maltase also was present so that maltose was split and then oxidized. There appeared also to be present a maltose oxidase. The maltose oxidase was more thermolabile than glucose oxidase.

[1] Thunberg: Skand. Arch. Physiol. **54** (1928), 6.
[2] Fodor, Frankenthal: Biochem. Z. **225** (1930), 417.
[3] Müller: Biochem. Z. **199** (1928), 136; **205** (1929), 111; **218** (1929), 211; **232** (1931), 423. — Review: Müller: Ergebn. Enzymforsch. **5** (1936), 259.

Glucose oxidase has so far been found only in *Aspergillus niger* and *Penicillium glaucum*. The amount of the enzyme present depends upon the culture medium. *Aspergillus niger* produced the enzyme when grown in the presence of glucose, mannose or fructose but not with arabinose, glycerine, dihydroxyacetone or tartaric acid. The ratio of the rates of oxidation of glucose and mannose was the same whether the culture medium contained glucose or mannose, so it was evident that the same enzyme was concerned in the oxidation of both hexoses. Glucose oxidase is possibly present in a number of other fungi and in acetic bacteria since these produce gluconic acid.

The optimum p_H for the enzyme activity was found to be about 6,0; FRANKE and LORENZ[1] found the optimum about one unit lower. The formation of gluconic acid as the product of oxidation, makes it difficult to maintain a constant p_H. Consequently if the p_H at the start of an experiment is above 7,5 an apparent autocatalytic effect is shown as the acid formed lowers the p_H towards the optimum. To maintain a more constant p_H calcium carbonate was added to the medium. The temperature coefficient for glucose oxidation by the enzyme seemed to be low; at 0–10° it was found to be 1,7, at 10–20°, 1,6 and at 20–30°, 1,0. Possibly physical factors such as diffusion limited the reaction rate under the conditions of the experiments.

The enzyme lost half its activity in 30 mins. at 73° at the optimum p_H. It was not inhibited by cyanide in low concentration; only in extremely high concentration, 0,5 M, did cyanide cause 50% inhibition. No inhibition was found in the presence of 75% CO. FRANKE and LORENZ found no inhibition with H_2S, sodium azide or hydroxylamine. Bisulfite and hydrazine and narcotics caused appreciable inhibition at p_H 4,4 but not at p_H 7.

FRANKE and LORENZ,[1] using a preparation from *Aspergillus* prepared in a similar manner to that of MÜLLER, have confirmed most of MÜLLER's observations. They found that maximal oxidation rate occurred with 0,5 M glucose, half maximal rate with about 0,026 M. The affinity of the substrate for the enzyme is thus unusually low for an oxidizing enzyme. The rate of oxidation was increased about 50% at 20° and about 100% at 30–37° when oxygen was used instead of air. (These increases may have been due to limited diffusion of oxygen into the solution under the conditions of the experiments. An appreciable temperature coefficient was found in oxygen but not in air.)

When the action of catalase was inhibited by H_2S or NaN_3 and the oxidation carried out at slightly acid reaction, the formation of hydrogen peroxide could be shown quantitatively. In the presence of these inhibitors (at p_H 4,4) the oxygen uptake was more rapid and greater in amount due to the fact that H_2O_2 was being formed and not decomposed. When cyanide was used as catalase inhibitor instead of H_2S or NaN_3, no increased oxygen uptake or H_2O_2 formation was detected, but the reason for this difference is not clear.

It was found that oxygen can be replaced as hydrogen acceptor by quinone or by a number of indophenol dyes but not by methylene blue or various other dyes. The oxydase + glucose is not able to reduce nitrate, nitro-compounds or dithiodiglycollic acid. There is no apparent thermodynamic reason why these compounds and dyes should not be reduced by glucose.

Added by Editor: W. FRANKE and M. DEFFNER[2] purified glucose oxidase still further ($Q_{O_2} = 8000$) and found that most probably it is a *yellow enzyme*.

Glucose is also oxidized under the influence of another enzyme, glucose dehydrogenase, which will be discussed in a later chapter.

[1] FRANKE, LORENZ: Liebigs Ann. Chem. **532** (1937), 1.
[2] FRANKE, DEFFNER: Liebigs Ann. Chem. **541** (1939), 117.

Luciferase.[1]

The phenomenon of bioluminescence is found among many types of animals plants, bacteria and fungi. Early observers noted that oxygen is necessary for the phenomenon and that it ceases when luminescent tissues or exudates are boiled. It has been demonstrated with a number of organisms that the luminescence is due to two substances, luciferase and luciferin. Luciferase was discovered by Dubois[2] in 1885; its presence has been shown in a number of luminous animals and it presumably exists in many other organisms. It has the properties of an enzyme. Luciferin, also discovered by Dubois[3] is the material oxidized in the presence of luciferase; its oxidation product has been called oxyluciferin by Harvey.[4] The luciferin of different luminous animals differs somewhat, and the luciferases of different animals are specific and only give light with luciferin from closely related forms and with no other substance, though a large number have been tried.[5]

Most of the work on bioluminescence has been done on the extracellular luminescence of the crustacean *Cypridina*. Luciferase and luciferin have been identified respectively with the colorless granules and the yellow granules of the luminous gland cells in *Cypridina*. The following properties of luciferase and luciferin have been observed by Harvey[6] and Kanda.[7]

Cypridina luciferase is soluble in water, and in dilute salt, acid, or alkaline, solution, and insoluble in alcohols and fat solvents. It is non-dialyzable, destroyed by trypsin, and precipitated by phosphotungstic, tannic, and picric acids, by basic lead acetate, and by saturated ammonium sulfate. It behaves as an antigen when injected into rabbits.[8] It is therefore almost certainly a protein. It can be adsorbed on various adsorbents.

Cypridina luciferin is soluble in water and in dilute salt, acid, or alkaline, solution and also in alcohols and acetone, but it cannot be extracted from the animal with most fat solvents. After extraction from the animal with methyl alcohol, luciferin is soluble in benzene, chloroform, ether and petrol ether. It is precipitated from aqueous solution by phosphotungstic acid and saturated $(NH_4)_2SO_4$, but it is not precipitated by picric acid. It is dialyzable and not destroyed by trypsin. It is readily adsorbed on various adsorbents. It oxidizes spontaneously in alkaline solution but it is stable for years in water solution in the absence of oxygen.[9] It does not behave as an antigen in the rabbit.[8] Its chemical nature is unknown but it does not seem to be a protein. The luciferase and luciferin of the mollusc *Pholas dactylus*[10] and of the firefly[11] differ in some respects from luciferase and luciferin of *Cypridina*.

Both luciferase and luciferin are unharmed by drying. Rapidly dried organisms retain their power of luminescence for many years,[9] the dry material giving light as soon as it is moistened. Luciferase is prepared by extracting the luminous

[1] Review: Harvey: Ergebn. Enzymforsch. 4 (1935), 365.

[2] Dubois: C. R. Séances Soc. Biol. Filiales Associées 87 (1885), 559.

[3] Dubois: C. R. Séances Soc. Biol. Filiales Associées 87 (1885), 559; 4 Ser. 8 (1887), 564.

[4] Harvey: J. gen. Physiol. 1 (1918), 133.

[5] Harvey: J. gen. Physiol. 1 (1918), 133; 4 (1922), 285; J. biol. Chemistry 78 (1928), 369.

[6] Harvey: J. gen. Physiol. 1 (1919), 269.

[7] Kanda: Amer. J. Physiol. 50 (1920), 544; 55 (1921), 1; 68 (1924), 435.

[8] Harvey, Dietrick: J. Immunology 18 (1930), 65.

[9] Harvey: Proc. Soc. exp. Biol. Med. 26 (1928), 133.

[10] Dubois: Ann. Soc. Linn. (Lyon) 60 (1913), 81; 61 (1914), 161, 247.

[11] Harvey: Amer. J. Physiol. 62 (1917), 342.

gland with water and allowing the solution to stand until the luciferin has been completely oxidized, the oxidation being accelerated by aeration, warmth, or by the addition of substances such as saponin which appear to liberate adsorbed or occluded luciferin. The enzyme can be precipitated, together with other proteins and oxyluciferin, by $(NH_4)_2SO_4$ and the precipitate redissolved and dialyzed,[1] or inert material may be precipitated with $HgCl_2$, leaving the luciferase in the solution.[2]

Luciferin is prepared by extracting the luminous organ with hot water or by quickly heating a luminescent extract. The luciferase, but not the luciferin, is destroyed by the heat; but the heating must not be prolonged since autoxidation of the luciferin at high temperature is marked. ANDERSON[3] has concentrated the luciferin from dried powdered *Cypridina* very considerably by making use of the fact that an inactive benzoyl derivative of luciferin can be formed and reactivated by 0,5 M HCl.

Luciferase and luciferin together produce light. *Cypridina* luciferin can be oxidized by oxidizing agents without luciferase; in fact luciferin alone is spontaneously oxidized at high temperatures more rapidly than with luciferase at low temperatures, but no light is emitted by the spontaneous oxidation.[4] It seems that while luciferin is the specific substrate for the oxidizing enzyme luciferase, the production of light is connected with the enzyme rather than with the substrate. This is further proved by the fact that when luciferase and luciferin, from different organisms, which show different colored luminescences, are mixed, the color of the resulting luminescence is the color observed with the organism supplying the luciferase.[5] But the enzyme only emits light while it is catalyzing the oxidation of luciferin. If luciferin is oxidized by such agents as $K_3Fe(CN)_6$ in the presence of luciferase but in the absence of oxygen, there is no luminescence. Strong light causes the rapid oxidation of *Cypridina* luciferin but this oxidation does not result in luminescence.[6] Luciferase does actually accelerate the velocity of the oxidation of luciferin by oxygen in a catalytic manner. The luciferase of one *Cypridina* will cause the oxidation of the luciferin from more than 100 *Cypridinas*.

The intensity of the luminescence depends upon the velocity of oxidation of luciferin by luciferase with oxygen. HARVEY[7] suggests that the energy of oxidation of luciferin to oxyluciferin excites luciferase molecules, which luminesce on return to the normal state. The spectra of luminous animals are assumed to represent the emission from the complex luciferase molecule and, as is to be expected, these spectra are very broad bands. *Cypridina* luciferase emits in a region with a maximum at 480 mμ.[8] Studies on the quanta of light of this wave length produced per molecule of oxygen used, show that about 100 molecules of oxygen must react before one quantum of light appears and that therefore the emission of light is not an invariable accompaniment of the reaction of luciferin with luciferase and oxygen.[9]

AMBERSON[10] has shown that the intensity of luminescence (within certain

---

[1] HARVEY: J. gen. Physiol. 1 (1919), 269.

[2] KANDA: Amer. J. Physiol. 55 (1921), 1.

[3] ANDERSON: J. gen. Physiol. 19 (1935), 301.

[4] HARVEY: J. gen. Physiol. 1 (1918), 133; J. biol. Chemistry 78 (1928), 369.

[5] HARVEY: Science (New York) 44 (1917), 241; Amer. J. Physiol. 70 (1924), 619.

[6] HARVEY: J. gen. Physiol. 7 (1925), 679; 10 (1926), 103.

[7] HARVEY: J. biol. Chemistry 78 (1928), 369.

[8] COBLENZ, HUGHES: U. S. Bur. Standards Sci. Pap. 21 (1926), 521.

[9] HARVEY: J. gen. Physiol. 10 (1927), 875.

[10] AMBERSON: J. gen. Physiol. 4 (1922), 535.

limits) is determined by the velocity of luciferin oxidation and it falls off as the concentration of luciferin decreases. The initial intensity and the velocity constant for the decay, which follows the course of a first order reaction, is approximately proportional to the luciferase concentration. The temperature coefficient is high, being about 2,7. The first second or two of the reaction is characterized by a brilliant flash the intensity of which is too high to accord with the course of the subsequent reaction and is not fully understood. Harvey and Snell[1] have studied the kinetics of the reaction for these flashes and find that the velocity constant is affected by the amounts of both luciferin and oxyluciferin, both being adsorbed on the enzyme but light only being emitted when luciferin is activated for oxidation.

Anderson[2] has found that the total light emitted under uniform conditions is approximately proportional to the amount of luciferin initally present and independent of the concentration of luciferase. The total light emitted decreases somewhat with increase in temperature, and decreases as the p_H is decreased from p_H 7,8 to 6,0. It is affected by the presence of salts, 0,34 M NaCl for instance causes an increase. Under standard conditions total light emission may be used as a measure of luciferin and the velocity constant as a measure of luciferase.

The activity of luciferase can be detected in extraordinarily dilute solution, one part in about 4×10^9 will give visible light.[3] It is also active at extremely low concentrations of oxygen and the production of luminescence is a common test for the presence of traces of oxygen. Harvey and Morrison[4] estimated the minimum oxygen tension which would allow luminescence in luminous bacteria to be about 0,005 mm. Hg, corresponding to 1 g. of oxygen in $3,7 \times 10^9$ ccm. of sea water.

Oxyluciferin can be partially reduced back to luciferin by platinum or palladium and hydrogen, by sulfides and other reducing agents, and by yeast or bacteria.[5] No luminescence accompanies the reduction. Anderson[6] finds that the products of oxidation of luciferin by luciferase and by oxidizing agents such as ferricyanide are different. The latter oxidation appears to be truly reversible while the luminous reaction gives products not readily reversible. The reversible oxidation has a redox potential about 0,01 V negative to quinhydrone, that is about $+$ 0,32 V, at p_H 6,8. Possibly the enzyme carries the oxidation further.

Taylor[7] found no inhibition of the luciferase-luciferin reaction *in vitro* with ethyl urethane; concentrations of 0,12–0,25 M increased the velocity constant. Cyanide, $10^{-4} M$, inhibited the respiration of luminous bacteria 60%, without inhibiting the luminescence. Shoup[8] found no sign of inhibition of the luminescence of bacteria by carbon monoxide.

It was mentioned that the materials used for most of the studies on bioluminescence have been obtained from *Cypridina*. It has not been possible to obtain luminescence from bacteria whose structure had been materially damaged.[9] With certain coelenterates, luminescence occurs even after complete removal

---

[1] Harvey, Snell: Proc. Amer. Phil. Soc. 69 (1930), 303; J. gen. Physiol. 14 (1931), 529.

[2] Anderson: J. cellular comparat. Physiol. 3 (1933), 45. — See also Stevens: J. gen. Physiol. 10 (1927), 859.

[3] Harvey: Science (New York) 57 (1923), 501.

[4] Harvey, Morrison: J. gen. Physiol. 6 (1923), 13.

[5] Harvey: J. gen. Physiol. 1 (1918), 133; 5 (1923), 275; 10 (1927), 385.

[6] Anderson: J. cellular comparat. Physiol. 8 (1936), 261.

[7] Taylor: J. cellular comparat. Physiol. 4 (1933), 329.

[8] Shoup: Biologic. Bull. 65 (1933), 370.

[9] Korr: Biologic. Bull. 68 (1935), 347.

of oxygen; it is possible that oxygen is stored in a bound form in the photogenic granules of these organisms.[1]

Chapter 3. Enzymes Causing Reactions with Hydrogen Peroxide.

SCHÖNBEIN[2] in 1855 studied the break-down of hydrogen peroxide to oxygen and water by animal and plant tissues, and he discovered that tissue materials also behave like ferrous salts in causing hydrogen peroxide to turn guaiacum tincture blue. He considered that enzymic substances were responsible, but believed that the same enzyme catalyzed both the decomposition of hydrogen peroxide and its activation as an oxidant. It was nearly 50 years later that LÖW[3] showed that two different enzymes were concerned, namely peroxidase which activates hydrogen peroxide to oxidize various substances, and catalase which causes hydrogen peroxide to break down to water and oxygen.

During the past forty years the enzymes peroxidase and catalase have been studied by innumerable workers. In this review only the main facts and more recent work concerning these two enzymes can be mentioned.[4]

Peroxidase.

Plant peroxidase.

Intensive study of peroxidase began with the work of BACH and CHODAT on plant "oxygenase" and peroxidase. (See Chapter 1 and Phenol Oxidases in Chapter 2.) Most of the work on peroxidase has been done with the enzyme from plant sources since these often contain peroxidase in high activity and the enzyme from plants is readily separated from other oxidizing enzymes and catalase.

Distribution.

Peroxidase seems to be present in all higher plants.[5] Occasional negative results can probably be ascribed to the presence, in the extracts tested, of reducing materials, e.g. ascorbic acid,[6] or sulfhydryl compounds,[7] which obscure the test reaction. Seeds[8] and fruit[9] contain the enzyme. Roots and tubers[10] —particularly horseradish, turnips, radishes and potatoes—being rich in peroxidase, have been much used as sources of the enzyme. The enzyme is active in latex,[11] gum arabic and tragacanth.[12] Positive peroxidase reactions have been obtained with algae[13]

[1] HARVEY: Biologic. Bull. 51 (1926), 89. — HARVEY, KORR: J. cellular comparat. Physiol. 12 (1938), 319.

[2] SCHÖNBEIN: Verh. naturforsch. Ges. Basel 1 (1855), 339.

[3] LÖW: U. S. Dep. Agric. Washington (1901), No. 68.

[4] For fuller details and references see EULER's Chemie der Enzyme II 3, Munich 1934.

[5] BOURQUELOT: C. R. Séances Soc. Biol. Filiales Associées 50 (1898), 381. — BEGEMANN: Pflügers Arch. ges. Physiol. Menschen Tiere 161 (1915), 45. — ONSLOW: Biochemic. J. 15 (1921), 107.

[6] SZENT-GYÖRGYI: Biochemic. J. 22 (1928), 1387.

[7] ELLIOTT: Biochemic. J. 26 (1932), 10.

[8] McHARGUE: J. Amer. chem. Soc. 42 (1920), 612. PALLADIN, MANSKAJA: Biochem. Z. 135 (1923), 143.

[9] ONSLOW: Biochemic. J. 14 (1920), 541; 15 (1921), 113.

[10] SCHREINER, SULLIVAN: Bot. Gaz. 51 (1911), 273.

[11] SPENCE: Biochemic. J. 3 (1908), 165, 351. — CAYLA: C. R. Séances Soc. Biol. Filiales Associées 65 (1928), 128.

[12] STRUVE: Liebigs Ann. Chem. 163 (1872), 160. — ROSENTHALER: Pharmaz. Zentralhalle Deutschland 65 (1925), 709.

[13] REED: Bot. Gaz. 59 (1915), 407.

and lower fungi[1] but not in higher fungi.[2] Possibly reducing substances present obscured the tests in the latter case. Yeast contains a thermostable peroxidase[3] but it is not known whether a true peroxidase is present. Peroxidase reactions are not given by some bacteria and in others a thermostable mechanism is responsible.[4]

Purification.

The enzyme has been purified by a number of methods.

BACH and CHODAT[5] obtained the enzyme from horseradish press-juice by repeated fractional precipitation with alcohol; mostly inactive material was precipitated with lower concentrations of alcohol, and the enzyme was precipitated in high alcohol concentration. Alternatively, oils were first extracted from the minced tissue with 96% alcohol, then the enzyme was extracted with 40% alcohol and precipitated with more alcohol. Later BACH[6] increased the activity of enzyme solutions 50 times by ultrafiltration, but the highest activity obtained was P. Z. 36 (see below). EULER and BOLIN[7] removed phosphate with baryta and other material with 33% alcohol, precipitated the enzyme with acetone, redissolved it in water, and after dialysis, fractionally precipitated the enzyme with alcohol. Much protein could be removed from the press-juice by heat coagulation, the enzyme being only partly inactivated. Variations of these methods were used by other workers. Precipitations of inactive material with colloidal ferric hydroxide[8] and basic lead acetate[9] have been used.

In the purification of peroxidase WILLSTÄTTER et al.[10] developed the now well known methods of enzyme adsorption and elution. Sliced horse-radish (or turnip) was washed for several days with running tap water. This allowed low molecular material to dialyze away through the cell membranes; also a considerable increase in the peroxidase content seemed to occur. After treatment with 0,4% oxalic acid, which caused the peroxidase to be adsorbed on insoluble material, the tissue was minced. The acid was neutralized and the enzyme extracted with barium hydroxide solution, the Ba was precipitated with CO_2, and the enzyme fractionally precipitated with alcohol. This crude preparation was then subjected to a series of adsorptions on alumina and kaolin. It was adsorbed on alumina from 50% alcoholic solution and eluted with CO_2-saturated water; it was adsorbed on kaolin from dilute acetic acid solution and eluted with 1% ammonia. By alternate use of the two adsorbents, difficultly separable glucosides were removed. Finally the enzyme was precipitated with alcohol. In some cases the enzyme was precipitated with tannin, dissolved again in dilute acetic acid-alcohol solution, and subjected to further adsorptions.

While the activity of fresh horse-radish was about P. Z. 0,2 (see below) and the crude preparation had P. Z. 130–260, WILLSTÄTTER et al. obtained, by the adsorption methods, dry preparations with activities up to P. Z. 3000, and

[1] PRINGSHEIM: Hoppe-Seyler's Z. physiol. Chem. 92 (1909), 386.

[2] CHODAT: Handb. biol. arb. Meth. (4) 1 (1925), 330, 357. — BEGEMANN: Pflügers Arch. ges. Physiol. Menschen Tiere 161 (1915), 45.

[3] KEILIN: Proc. Roy. Soc. (London), Ser. B 104 (1929), 206.

[4] STAPP: Zbl. Bakteriol., Parasitenkunde Infektionskrankh., Abt. 1 92 (1924), 161. — CALLOW: Biochemic. J. 20 (1926), 247. — BERTHO, GLÜCK: Liebigs Ann. Chem. 494 (1932), 159.

[5] BACH, CHODAT: Ber. dtsch. chem. Ges. 36 (1903), 600.

[6] BACH: Ber. dtsch. chem. Ges. 47 (1914), 2122, 2125.

[7] EULER, BOLIN: Hoppe-Seyler's Z. physiol. Chem. 61 (1909), 72.

[8] DELEANO: Biochem. Z. 19 (1909), 266.

[9] BACH, TSCHERNIACK: Ber. dtsch. chem. Ges. 41 (1908), 2345.

[10] WILLSTÄTTER, STOLL: Liebigs Ann. Chem. 416 (1918), 21. — WILLSTÄTTER: Ibid. 422 (1921), 47. — WILLSTÄTTER, POLLINGER: Ibid. 430 (1923), 269. — WILLSTÄTTER, POLLINGER, WEBER: Untersuchungen über Enzyme. Berlin, 1928.

solutions with activities up to P. Z. 4900 (calculated on dry weight). Very large losses, more than 90%, occurred in obtaining the highly active preparations.

Elliott[1] found a more convenient method than that of Willstätter for obtaining crude preparations with activities up to P. Z. 212 or 300.[2] The enzyme was precipitated from the juice and aqueous extracts of minced horse-radish by full saturation with ammonium sulfate; the enzyme was redissolved, and after dialysis, fractionally precipitated with alcohol.

Sumner and Howell[3] obtained peroxidase preparations of P. Z. 400–1100 from fig sap. Rubber was centrifuged off, and dilute NaOH, acetic acid, and iodine in KJ, were added successively, the precipitate with each being removed. Excess free iodine was titrated with thiosulfate, the enzyme fractionally precipitated with $(NH_4)_2SO_4$, and the salt removed by dialysis.

Estimation.

The most commonly used method for determining peroxidase activity is that of Bach and Chodat[4] as modified by Willstätter and Stoll.[5] According to this method the P. Z. ("Purpurogallinzahl") is the number of mg. of purpurogallin formed in 5 mins. at 20° by 1 mg. dry wt. of the enzyme preparation in 2 liters of water containing 5 g. of pyrogallol and 50 mg. H_2O_2. An amount of enzyme is chosen which will give 15–20 mg. purpurogallin. At the end of 5 mins. the reaction is stopped with acid, the purpurogallin extracted with ether and its amount determined colorimetrically by comparison with a standard solution of purpurogallin in ether. The P. Z. defines the activity per unit weight of a preparation, and the term P. E. ("Purpurogallineinheit") is used to express the amount of enzyme; 1 P. E. equals 1 mg. of P. Z. 1000 or 1 g. of P. Z. 1.

Numerous modifications of the above method and many different methods have been used. The color formed in the oxidation of guaiacol has been determined colorimetically.[6] Willstätter and Weber[7] used the oxidation of leuco-malachite green. Estimations have been based on the oxidation of iodide, hydroquinone, benzidine, or "nadi" reagent (α-naphtol + p-phenylene diamine). These and other reactions are commonly used as qualitative tests for peroxidase. In all tests and estimations, very dilute H_2O_2 has to be used, since stronger H_2O_2 inhibits.

Reactions catalyzed.

In early literature it has frequently been stated that peroxidase can activate undetermined organic peroxides. Actually, however, plant peroxidase shows almost complete specificity for hydrogen peroxide as oxidizing substrate. Wieland and Sutter[8] found that ethylhydroperoxide was about $1/5$, peracetic acid $1/10$ as active as H_2O_2 in oxidizing pyrogallol with horseradish peroxidase. Diethylperoxide was inactive. Dihydroxymethylperoxide and disuccinylperoxide caused no oxidation and considerably inhibited oxidation by H_2O_2.[9]

Plant peroxidase with H_2O_2 oxidizes most of the substances which are oxidized by the polyphenol oxidases and indophenol oxidase (cytochrome + cytochrome

[1] Elliott: Biochemic. J. 26 (1932), 1281.

[2] Keilin, Mann: Proc. Roy. Soc. (London), Ser. B 122 (1937), 119.

[3] Sumner, Howell: Enzymologia (Den Haag) 1 (1936), 133.

[4] Bach, Chodat: Ber. dtsch. chem. Ges. 36 (1903), 600; 47 (1914), 2125.

[5] Willstätter, Stoll: Liebigs Ann. Chem. 416 (1918), 21.

[6] Bach, Zubkowa: Biochem. Z. 125 (1921), 283. — Bansi, Ucko: Hoppe-Seyler's Z. physiol. Chem. 157 (1926), 192.

[7] Willstätter, Weber: Liebigs Ann. Chem. 449 (1926), 156, 175.

[8] Wieland, Sutter: Ber. dtsch. chem. Ges. 63 (1930), 66.

[9] Benzoyl peroxide can oxidize most peroxidase reagents (except guaiacol) without enzyme. Dixon: Biochemic. J. 28 (1934), 2061.

oxidase.)[1] Elliott[2] studied the reducing substrate specificity. His results and those of earlier workers showed that all types of phenolic substances tested, various diamines, and iodide were oxidized.[3] Nitrite and a number of substances of physiological interest—formate, acetate, oleate, glucose, fructose, glycerol, ethyl alcohol, acetaldehyde, glycine, glutamic acid, phenylalanine, tryptophane, histidine, brucine, pyrrole—were not oxidized. Formaldehyde, dihydroxyacetone and phenylglyoxal were oxidized by dilute H_2O_2 without enzyme.

The main product of the oxidation of pyrogallol is purpurogallin. Willstätter and Heiss[4] indicated that 3-hydroxy-o-quinone was first formed, this condensed with a second molecule of pyrogallol, and oxidations, rearrangement and decarboxylation followed, giving purpurogallin.

$$2 \text{ Pyrogallol} \longrightarrow \text{Various intermediate compounds} \longrightarrow \text{Purpurogallin}$$

Pyrogallol.   Purpurogallin.

Purpurogallin is not the only oxidation product; further oxidation of purpurogallin by peroxidase and H_2O_2 takes place.[5] Oxidation of hydroquinone gives quinhydrone; catechol and homocatechol give o-benzoquinone and 3,4-toluquinone respectively;[6] the "nadi" reagent gives indophenol blue; leuco-malachite green and leuco-phenolphthalein give the dyes. Oxidation of iodide gives free iodine. Benzidine gives diphenoquinone-diimine which combines with benzidine to give the blue complex. o-Phenylenediamine gives a diamino-phenazine. Guaiacol gives a red complex compound, tetraguaiacol.[7] Many phenols give colored products, some give white precipitates;[8] the oxidation products have not generally been identified.[9] Tyrosine does not give melanin.

Kinetics.

The proportionality between enzyme concentration and rate of reaction has been repeatedly shown, with various substrates. In general the rate is constant during a short experiment but with pyrogallol the rate falls off, according to Ucko and Bansi,[10] as a result of inhibition of the enzyme activity by purpurogallin.

The optimum p_H for peroxidase activity varies with the reducing substrate. With cresol and guaiacol, Ucko and Bansi[10] found the optimum about p_H 5 but with pyrogallol[10, 11, 5] the optimum was about p_H 8. Balls and Hale[5] found the optimum to vary from p_H 4 to 7 with various other substrates.

Willstätter and Weber[12] found that while peroxidase activity may be destroyed by high H_2O_2 concentrations it is inhibited reversibly by increasing the H_2O_2 concentration above a low limit. Mann[13] showed that the rate of

[1] See Graubard: Enzymologia (Den Haag) 5 (1939), 332.

[2] Elliott: Biochemic. J. 26 (1932), 1281.

[3] The specificity towards phenols and aromatic amines was studied by Balls and Hale: J. biol. Chemistry 107 (1934), 767.

[4] Willstätter, Heiss: Liebigs Ann. Chem. 433 (1923), 17.

[5] Balls, Hale: J. biol. Chemistry 107 (1934), 767.

[6] Pugh, Raper: Biochemic. J. 21 (1927), 1370.

[7] Bertrand: C. R. hebd. Séances Acad. Sci. 134 (1903), 124.

[8] Elliott: Biochemic. J. 26 (1932), 10, 1281.

[9] See Raper: Physiologic. Rev. 8 (1928), 245. — Balls, Hale: J. biol. Chemistry 107 (1934), 767.

[10] Ucko, Bansi: Hoppe-Seyler's Z. physiol. Chem. 159 (1926), 235; 164 (1927), 52.

[11] Getchell, Walton: J. biol. Chemistry 91 (1931), 419.

[12] Willstätter, Weber: Liebigs Ann. Chem. 449 (1926), 156, 175.

[13] Mann: Biochemic. J. 25 (1931), 918.

oxidation of guaiacol increased with increasing H_2O_2 concentration up to a definite optimum and fell off again with further increase in concentration. The optimum H_2O_2 concentration increased somewhat with increasing guaiacol concentration; with 0,0625% and 1% guaiacol the optimum H_2O_2 concentrations were about $10^{-2,5}$ and $10^{-2}\,M$ respectively, at p_H 4,7. For the reducing substrate, an optimum concentration was also found which varied slightly with the H_2O_2 concentration. At p_H 4,7, with $10^{-2}\,M\,H_2O_2$, maximum rate occurred with about 0,06 M guaiacol, half maximum with 0,008 M.[1] With 0,06 M guaiacol, maximum rate was given by $10^{-2}\,M\,H_2O_2$ and half maximum by about $10^{-3}\,M\,H_2O_2$. Similar H_2O_2 concentration effects were obtained with leuco-malachite green at p_H 4, the optimum H_2O_2 concentration being about $10^{-4}\,M$ and increasing somewhat with increasing leuco-dye concentration. Half maximum rate was reached with about $5 \times 10^{-6}\,M\,H_2O_2$. MANN considered that reaction occurs when H_2O_2 is combined at one specific center of the enzyme and the reducing substrate is combined at two other centers. In the presence of excess H_2O_2, the H_2O_2 may compete also for a center for the reducing substrate thus preventing proper access of this substrate to the enzyme. With excess reducing substrate, two instead of one molecules may combine with the enzyme giving an inactive complex.

WILLSTÄTTER and WEBER[2] and MANN found the temperature coefficient for peroxidase activity to be about 2.

Activation and Inhibition.

Peroxidase seems to be more thermostable than most oxidizing enzymes, but heating to 80–100° inactivates it. Many authors have observed that after inactivation by brief heating, the activity of the enzyme is slowly and partially regenerated.[3] When dry preparations are dissolved and allowed to stand, considerable increases in activity, up to 50%, are often observed. Increases in activity have been observed after adsorption and under various conditions.[4] The cause of these increases is not clear; possibly under certain conditions colloidal particles become better dispersed and more enzyme molecules are freed for action. Highly purified preparations are usually very labile and WILLSTÄTTER believed that inhibitory substances are formed which are removed by adsorption or by further decomposition.

Peroxidase is almost completely inhibited by very low cyanide or H_2S concentrations, about $10^{-5}\,M$, and the inhibition is apparently irreversible.[5] Carbon monoxide does not inhibit.[6] Hydroxylamine and hydrazine, $2 \times 10^{-3}\,M$ inhibit 68%.[7] Zinc ions[8] and uranium and thorium and $HgCl_2$,[9] $10^{-4}\,M$, inhibit strongly while other kations have less effect.[10] Various anions increase the activity, the

---

[1] Calculated from graphs.

[2] WILLSTÄTTER, WEBER: Liebigs Ann. Chem. 449 (1926), 156.

[3] See e.g. GALLAGHER: Biochemic. J. 18 (1924), 39. — BIEDERMANN, JERNAKOFF: Biochem. Z. 150 (1924), 477. — BACH, WILENSKY: Biochem. Z. 226 (1930), 482.

[4] WILLSTÄTTER, POLLINGER: Liebigs Ann. Chem. 430 (1923), 269.

[5] WIELAND, SUTTER: Ber. dtsch. chem. Ges. 61 (1928), 1060; 63 (1930), 66. — GETCHELL, WALTON: J. biol. Chemistry 91 (1931), 419. — The apparent irreversibility may have been due to enzyme destruction by the aeration necessary to remove HCN or H_2S.

[6] ELLIOTT, SUTTER: Hoppe-Seyler's Z. physiol. Chem. 205 (1932), 47.

[7] WIELAND, SUTTER: Ber. dtsch. chem. Ges. 61 (1928), 1060.

[8] SMIRNOW: Biochem. Z. 155 (1925), 1.

[9] SMIRNOW (l. c.) found $HgCl_2$ effective only in higher concentrations.

[10] GETCHEL, WALTON: J. biol. Chemistry 91 (1931), 419.

strongest effect, a 50% acceleration, being given by phosphate, 10^{-2} M.[1] Fluoride,[2,3] azide,[3] pyrrole, and pyridine inhibit considerably.[4] Treatment with several phenols and aromatic amines, in the presence of H_2O_2, inactivates the enzyme.[5] Passing a gas (air, CO, H_2) through a peroxidase solution causes rapid inactivation.[6]

Chemical nature.

Highly active peroxidase preparations have a bright reddish-brown color. Willstätter et al. found that the iron content of their preparations increased at first with increasing activity but in highly active preparations, especially after tannin precipitation, the iron content was sharply decreased; their most active solid preparation (P. Z. 3070) contained only 0,064% Fe.[7] They concluded that iron was present only as impurity. Analyses[7] of their concentrated materials gave:—ash 4,4–8,8%, C 46–49,4%, H 7,4–8,6%, N 9,4–13,6%.

Kuhn et al.[8] believed that peroxidase is a haematin compound since they found proportionality between total haematin content and peroxidase activity. Three preparations believed to be of P. Z. 1080, 1710, and 3400, contained respectively 0,038, 0,060 and 0,105% haematin. The method of enzyme estimation, as published, was found later[6] to represent the activity as 10 times too high and Elliott and Keilin[9] found that a preparation of P. Z. 818 contained 1,05% total haematin, that is, much more than Kuhn et al's. preparations.[10] Elliott and Keilin found that up to about P. Z. 400 the haematin content increased proportionately to the activity but in more active preparations, P. Z. 660–800 the haematin content per unit activity was considerably lower. The haematin of strong peroxidase was easily converted to protohaemin crystals which, with pyridine and $Na_2S_2O_4$, gave protohaemochromogen. The haematin in peroxidase was therefore probably identical with the haematin of haemoglobin. The question of the haematin nature of peroxidase was unsettled until Keilin and Mann,[3] with stronger preparations, P. Z. 1000–1500 studied the combinations of peroxidase haematin and indicated clearly that peroxidase itself is a haematin compound of the methaemoglobin type, but that crude peroxidase and probably purified enzyme contain other haematin bodies.

Keilin and Mann found that horse-radish peroxidase preparations, in slightly acid solution, showed an absorption spectrum with bands at 645, 583, 548 and 498 mμ, the band at 583 being very faint. That this spectrum belonged to a thermolabile protein-haematin compound was indicated by its irreversible disappearance on boiling or treatment with excess acid or alkali. In alkaline solution, p_H 10, there were two bands, at 583 and 549 mμ. These spectra belonged to compounds of trivalent iron. With $Na_2S_2O_4$ the haematin was reversibly reduced and gave bands at 594,5 and 558 mμ. There was no strict proportionality between enzyme activity and the concentration of total haematin found after reduction

---

[1] Smirnow: Biochem. Z. 155 (1925), 1.

[2] Getchell, Walton: J. biol. Chemistry 91 (1931), 419.

[3] Keilin, Mann: Proc. Roy. Soc. (London), Ser. B 122 (1937), 119.

[4] Elliott: Biochemic. J. 26 (1932), 1281.

[5] Balls, Hale: J. biol. Chemistry 107 (1934), 767.

[6] Elliott, Sutter: Hoppe-Seyler's Z. physiol. Chem. 205 (1932), 47.

[7] Willstätter, Pollinger: Liebigs Ann. Chem. 430 (1923), 269.

[8] Kuhn, Hand, Florkin: Hoppe-Seyler's Z. physiol. Chem. 201 (1931), 255.

[9] Elliott, Keilin: Proc. Roy. Soc. (London), Ser. B 114 (1934), 210.

[10] Sumner and Howell, Enzymologia (Den Haag) 1 (1936), 133, found about 1% total haematin in fig sap peroxidase of P. Z. 700, and observed a band 630 or 640 mμ which would correspond to the band at 642,5 (Elliott, Keilin) or 645 (Keilin, Mann) of horse-radish peroxidase.

and treatment with pyridine. But strict proportionality was found between activity (P. Z. 10 to 1500) and the haematin giving the above spectrum without treatment, as estimated by the intensity of the band at 645 mμ or the band of its fluoride derivative. The preparation of P. Z. 1000 contained 1,2% total haematin but it was not certain whether this was all peroxidase haematin. The haematin formed reversible compounds having characteristic spectra with the known peroxidase inhibitors, NaF, HCN, H_2S and NO. It also seemed to combine with azide and hydroxylamine. CO gave a compound with reduced peroxidase. With H_2O_2, two distinct compounds were formed. With small amounts of H_2O_2, 1 molecule of H_2O_2 seemed to combine per atom of peroxidase haematin iron, giving a compound with bands at 561 and 530,5 mμ. In the presence of excess H_2O_2 a compound with strong bands at 583 and 545,5 mμ was formed. These compounds did not combine with CO, and on addition of $Na_2S_2O_4$ both gave reduced peroxidase haematin. Therefore the iron of peroxidase presumably remains in the ferric state when reacting with H_2O_2. Addition of ferricyanide had no effect. The two H_2O_2 compounds decomposed rapidly liberating peroxidase (due to the presence of oxygen-acceptors in the strong solutions used and some catalase activity), and the decomposition was much accelerated by addition of acceptors like hydroquinone or pyrogallol.

Pseudo peroxidases.

Besides the thermolabile peroxidase, other haematin compounds such as haemoglobin, haematin, and cytochrome, have long been known to show peroxidase activity. For instance a test for blood pigment consists in the deep blue color produced from benzidine by traces of haemoglobin with strong H_2O_2 in strong acetic acid. KEILIN[1] has shown that haematin compounds showing peroxidase activity are widely distributed in various organisms. These pseudo-peroxidases are, in general, thermostable and show their activity best in acid medium with strong H_2O_2—conditions which destroy true peroxidase. Under conditions in which true peroxidase is active they are incomparably less active than concentrated peroxidase preparations. WILLSTÄTTER and POLLINGER[2] found P. Z. 0,09–0,15 for haemoglobin. BANCROFT and ELLIOTT[3] determined the activity of a number of haematin compounds under the normal conditions for peroxidase determination; the highest activity, P. Z. 0,39 was found with pyridine haemo-chromogen. The kinetics of the peroxidase activity of various haematin derivatives in oxidizing iodide, were studied by KUHN and BRANN.[4]

Functions.

The function of peroxidase was first suggested by experiments of THURLOW.[5] She found that, when hypoxanthine was being oxidized by oxygen with xanthine-oxidase, the H_2O_2 formed could oxidize nitrite or guaiacum tincture if milk peroxidase (see below) was present. Peroxidase thus caused a secondary or "coupled" oxidation. Later a similar coupled oxidation of an unidentified ether-soluble substance from milk was shown to occur.[6] Similar coupled oxidations have since been obtained with a number of aerobic oxidase systems as primary oxida-

---

[1] KEILIN: Proc. Roy. Soc. (London), Ser. B **98** (1925), 312; **104** (1929), 206.

[2] WILLSTÄTTER, POLLINGER: Hoppe-Seyler's Z. physiol. Chem. **130**. (1923), 281.

[3] BANCROFT, ELLIOTT: Biochemic. J. **28** (1934), 1911.

[4] KUHN, BRANN: Ber. dtsch. chem. Ges. **59** (1926), 2370; Hoppe-Seyler's Z. physiol. Chem. **168** (1927), 27.

[5] THURLOW: Biochemic. J. **19** (1925), 175.

[6] HARRISON, THURLOW: Biochemic. J. **20** (1926), 217.

tions producing H_2O_2. However, peroxidase does not cause the oxidation of ordinary foodstuff metabolites. SZENT-GYÖRGYI[1] observed that certain reducing systems in plant juices prevent the oxidation of peroxidase reagents by H_2O_2 until these systems have themselves been oxidized. The main substance oxidized was ascorbic acid (hexuronic acid). Ascorbic acid was not oxidized directly by peroxidase but its oxidation was mediated by phenolic substances such as adrenaline.[2] Certain benzo-pyrane plant pigments especially the flavonoles, quercetine or eriodictyol or their glucosides were shown[3] to be specially active. These substances were oxidized by H_2O_2 and peroxidase to quinone derivatives and these in turn oxidized ascorbic acid. The H_2O_2 formed by the direct oxidation of a molecule of ascorbic acid by ascorbic oxidase, was, by means of peroxidase and the pigment, caused to oxidize a further molecule of ascorbic acid. Dehydroascorbic acid is presumably reduced in the plant by other H acceptors so that ascorbic oxidase, peroxidase, the pigments, and ascorbic acid, can act as a primary oxygen transporting system for plant oxidations. A similar mechanism in which dihydroxymaleic acid and its oxidase were the primary source of H_2O_2 has been described.[4] In this system the flavonoles were not very active and the physiological mediator was not found.

Peroxidase in animals.

Peroxidase was formerly believed to be present in all animal tissues but the reaction in most cases was probably due to the thermostable pseudo-peroxidases, haematin compounds of various kinds. The tests were generally made under conditions unsuitable for the detection of true peroxidase. Since catalase rapidly decomposed small amounts of H_2O_2, too strong H_2O_2 was usually used or the tests were made in acid medium.

BANCROFT and ELLIOTT[5] determined the distribution of peroxidase in various animal tissues. Since the enzyme could not be separated from catalase without loss, the H_2O_2 concentration was maintained at the standard level in the estimations by continuous addition of a dilute H_2O_2-pyrogallol solution. In brain, muscle, skin, cancer tissue, adrenal and mammary glands, serum and chick embryo, the activity was negligible.

Kidney, liver and red bone marrow showed a little activity and the highest activity was found in spleen and lung (respectively P. Z. 0,07–0,11 and 0,04 on dry wt.). But by perfusing the organs the activity was all removed from liver and kidney. It seeme1 probable that the activity of unperfused liver and kidney was due to haemoglobin and that most animal tissues, with the possible exception of spleen and lung, contain no true peroxidase at all.

CZYHLARZ and FÜRTH[6] found true peroxidase in leucocytes, lymphatic tissues, and semen. They observed the oxidation of iodide in dilute acetic acid, a condition under which peroxidase but not haemoglobin was active. The peroxidase activity of milk, first observed by ARNOLD,[7] is due to a true peroxidase and this is the only animal peroxidase that has been closely studied. It is possibly derived from leucocytes.

[1] SZENT-GYÖRGYI: Biochemic. J. **22** (1928), 1387.

[2] See also TAUBER: Enzymologia (Den Haag) 1 (1936), 209.

[3] ST. HUZÁK: Hoppe-Seyler's Z. physiol. Chem. **247** (1937), 239. — SZENT-GYÖRGYI: Studies in Biological Oxidation. Leipzig, 1937.

[4] ROBEŽNIEKS: Hoppe-Seyler's Z. physiol. Chem. **255** (1938), 255.

[5] BANCROFT, ELLIOTT: Biochemic. J. **28** (1934), 1911.

[6] CZYHLARZ, FÜRTH: Hofm. Beitr. **10** (1907), 358.

[7] ARNOLD: Arch. Pharmaz. Ber. dtsch. pharmaz. Ges. **219** (1881), 41.

Milk peroxidase was prepared by Thurlow[1] by removing casein and fat from milk by half saturation with $(NH_4)_2SO_4$ and then precipitating the enzyme by full saturation. Elliott[2] modified the method of fractionation to obtain a preparation almost free of catalase and containing less protein, and he studied the specificity and properties of the enzyme. The activity of his most active preparation was less than P. Z. 5 and the enzyme has not been further purified. The activity of the milk used was P. Z. 0,02 (on whole wet wt.). Milk peroxidase showed similar reducing substrate specificity to that of the plant enzyme. It was unable to oxidize a large number of physiological substances, but unlike the plant enzyme it oxidized nitrite[3,1] and tryptophane. While all other phenols tested were oxidized with either enzyme, resorcinol was not oxidized with the milk enzyme but inhibited its action.

The milk enzyme was most active between p_H 4,2 and 8; some activity remained at p_H 10 but at p_H 3,5 it was inactive. (Willstätter and Weber's leuco-malachite green method of determining plant peroxidase was carried out at p_H 3,5.) Pyrrole, 0,01–0,02 M, strongly inhibited the enzyme; pyridine was also inhibitory. Solutions of milk peroxidase were brown, and a haemochromogen absorption spectrum appeared on treatment with $Na_2S_2O_4$ and pyridine, but the preparations were too crude to consider this as evidence for the haematin nature of the enzyme. Dixon[4] found that, unlike the plant enzyme, milk peroxidase could use persulfate as oxidizing substrate. The enzyme is inactivated rapidly at 70–80°.[5]

The peroxidase of leucocytes was obtained from pus or leucaemic blood by Meyer.[6] He precipitated the material with alcohol, extracted lipoids with alcohol and ether, redissolved the residue and precipitated with $(NH_4)_2SO_4$, redissolved again and precipitated with alcohol. Nicolajew[7] extracted the leucocytes of horse blood with 10% NaCl, obtaining clear active solutions. Nicolajew's preparation was completely inactivated by heat and strongly inhibited by cyanide. Some activity remained after boiling Meyer's preparation.

Catalase.[8]

The enzyme catalase, which causes the breakdown of hydrogen peroxide to water and oxygen, is one of the most widely distributed enzymes. It is present in invertebrate animals and in all the organs of vertebrates, liver, kidney, and mammalian erythrocytes being particularly rich in catalase. The catalase of erythrocytes is associated with the stroma. Leucocytes are rich in catalase but cell free serum is inactive. The blood of birds is poor in catalase while snake blood is rich. The catalase of milk may perhaps be ascribed to the presence of leucocytes. Most aerobic bacteria contain catalase, most anaerobes and some facultative anaerobes do not; but there are aerobes which lack catalase and anaerobes which contain it. Fresh yeast shows little catalase activity, but dried yeast is strongly active, though highly active extracts have not been obtained. Some

[1] Thurlow: Biochemic. J. 19 (1925), 175.
[2] Elliott: Biochemic. J. 26 (1932), 10, 1281.
[3] Haas, Lee: Biochemic. J. 18 (1924), 614.
[4] Dixon: Biochemic. J. 28 (1934), 2061.
[5] Zeuva: Biochemic. J. 8 (1914), 656. — Bouma, van Dam: Biochem. Z. 92 (1918), 385.
[6] Meyer: Münchener med. Wschr. 50 (1903), 1489.
[7] Nicolajew: Biochem. Z. 194 (1928), 244.
[8] Review: Zeile: Ergebn. Enzymforsch. 3 (1934), 265. For full discussion, with references, of the distribution of catalase and a detailed review of work on the enzyme up to early 1934 see Euler's Chemie der Enzyme II, 3 (1934), 2.

moulds but not all, contain the enzyme; higher fungi are strongly active. Catalase is widely distributed in all parts of all higher plants. Many attempts have been made to relate the catalase content of different organisms and tissues to the intensity of respiration or activity, to development, to climate, and to disturbances of physiological function, but no fundamental conclusions have been reached.

Purifications.

Catalase is soluble and extracts from various sources have been purified by a number of methods. The enzyme has been precipitated with alcohol from extracts of bacteria,[1] yeast,[2] and wheat bran.[3]

ZEILE[4] purified the enzyme from pumpkin seedlings which are especially rich in catalase. Peeled pumpkin cotyledons were ground with sand and alkaline phosphate solution. On centrifuging, three layers were formed—a layer of solid material, a layer of milky fluid, and a layer of creamy fluid. The middle milky layer, which contained most of the enzyme, was treated with 15% by volume of alcohol, shaken with chloroform and centrifuged. The cloudy supernatant fluid was clarified with animal charcoal and tricalcium phosphate. This solution, with $k = 250$ (see below), was the most active plant catalase preparation obtained, but its activity fell off considerably during one day's standing. Similar instability was found with aqueous extracts of the mushroom *Boletus scaber* which could not be precipitated with alcohol or otherwise purified without much loss of activity.[5]

Catalase from animal sources is much more stable than the plant enzyme. Extracts have been obtained from ox and pig fat.[6] The enzyme has often been prepared from blood. TSUCHIHASHI,[7] for instance, precipitated haemoglobin and protein by shaking with chloroform, and purified the enzyme further by adsorption on tricalcium phosphate and elution with alkaline phosphate. The most active and stable preparations have been obtained from liver, horse liver being particularly suitable. HENNICHS[8] precipitated inactive material from liver extract by adding half a volume of alcohol, and then precipitated the enzyme with more alcohol. The redissolved material was then purified by adsorptions on kaolin and alumina and elutions with alkaline phosphate.[9] EULER and JOSEPHSON[10] precipitated inactive material from liver extract with half a volume of alcohol and adsorbed the enzyme from the solution directly. By adsorptions on alumina and kaolin, elutions with dilute NH_3,[11] and dialysis, they obtained

[1] JACOBY: Biochem. Z. 89 (1918), 350; 92 (1918), 129; 95 (1919), 123. — HAGI-HARA: Biochem. Z. 140 (1923), 171.

[2] ISSAJEW: Hoppe-Seyler's Z. physiol. Chem. 42 (1905), 102; 44 (1905). 546. — WAENTIG, STECHE: Hoppe-Seyler's Z. physiol. Chem. 76 (1912), 177.

[3] MERL, DAIMER: Z. Unters. Lebensmittel 42 (1921), 273.

[4] ZEILE: Hoppe-Seyler's Z. physiol. Chem. 195 (1931), 39.

[5] EULER: Hofm. Beitr. 7 (1906), 1. — ZEILE: Hoppe-Seyler's Z. physiol. Chem. 195 (1931), 39.

[6] EULER: Hofm. Beitr. 7 (1906), 1. — BACH: Ber. dtsch. chem. Ges. 88 (1905), 1878.

[7] TSUCHIHASHI: Biochem. Z. 140 (1923), 63. — See also KEILIN, HARTREE: Proc. Roy. Soc. (London), Ser. B 119 (1936), 141.

[8] HENNICHS: Biochem. Z. 145 (1924), 286; 171 (1926), 314.

[9] Between adsorptions it was necessary to dialyze away the elution medium. HENNICHS found considerable losses of enzyme by adsorption on the collodion membrane. EULER and JOSEPHSON avoided this by dialysis at low temperature; ZEILE [Hoppe-Seyler's Z. physiol. Chem. 195 (1931), 39] found that parchment did not adsorb the enzyme.

[10] EULER, JOSEPHSON: Liebigs Ann. Chem. 452 (1927), 158.

[11] Elutions with NH_3 did not always succeed.

enzyme solutions of Kat. f. 43000 (see below). The activity of the original aqueous extract was about Kat. f. 600. Whole liver had an activity of about 60 on the dry weight.[1]

ZEILE[2] obtained preparations of about Kat. f. 30000, free of haemoglobin, by the following relatively simple procedure. Aqueous extract of fresh minced liver was treated with half its volume of alcohol, the centrifugate was treated with the same amount of alcohol and shaken with chloroform. After centrifuging off the protein and haemoglobin precipitate, the enzyme was adsorbed on tricalcium phosphate and eluted with dilute alkaline phosphate, and the solution dialyzed in a parchment bag.

KEILIN and HARTREE[3] further purified solutions obtained by ZEILE's method by removing substances of molecular weight less than that of catalase by ultrafiltration. They obtained preparations with activities up to Kat. f. 87000.[4] One mg. dry weight of this preparation evolved O_2 from H_2O_2 at the rate of $16,4 \times 10^6$ c. mm./hour under the test conditions.

STERN and WYCKOFF[5] have obtained highly active solutions by fractional sedimentation with the ultracentrifuge. AGNER[6] separated inert proteins with alcohol-chloroform and after fractional precipitations with ammonium sulfate and alcohol, and dialysis, he adsorbed the enzyme on tricalcium phosphate at p_H 5,5 in a chromatographic adsorption column and eluted it at p_H 8. His preparations had activities of Kat. f. 55–60000. Ultracentrifuge experiments indicated the presence of 15–20% impurity protein.

SUMNER and DOUNCE[7] obtained crystalline catalase from beef liver. The minced tissue was extracted with dilute dioxane, and the enzyme was precipitated with more dioxane. After redissolving, glycogen was digested away with saliva and the enzyme was caused to crystallize by adding ammonium sulfate to the cold solution, or by dialyzing the solution. The enzyme was recrystallized by dissolving in phosphate buffer-NaCl solution at p_H 7,4, brought to p_H 5,3, and $(NH_4)_2SO_4$ again added or the solution dialyzed. Repeated recrystallization had little effect on the activity. The product had a Kat. f. of 25–26000, or, occasionally 35000; the variations were ascribed to some failure completely to standardize the estimation method.

DOUNCE and FRAMPTON[8] have recently succeeded in obtaining crystalline horse liver catalase by slowly adding ammonium sulfate to a 3% dioxane solution of purified enzyme. The activity of the crystals was Kat. f. 50–55000. The material was not believed to be completely pure.

Estimation.

While catalase catalyzes the breakdown of hydrogen peroxide, hydrogen peroxide causes destruction of the enzyme. The latter effect led early workers to believe that the enzyme was used up in the act of breaking down H_2O_2, and so the total amount of O_2 liberated was used as a measure of the amount of catalase. Other workers determined the amount of O_2 liberated in a given time, a method which is not usually valid in view of the peculiar kinetics of the system.

[1] HENNICHS: Biochem. Z. 145 (1924), 286; 171 (1926), 314.
[2] ZEILE: Hoppe-Seyler's Z. physiol. Chem. 195 (1931), 39.
[3] KEILIN, HARTREE: Proc. Roy. Soc. (London), Ser. B 121 (1936), 173.
[4] Figures 10 times greater than these were given in error in the original paper.
[5] STERN, WYCKOFF: J. biol. Chemistry 124 (1938), 573.
[6] AGNER: Biochemic. J. 32 (1938), 1702.
[7] SUMNER, DOUNCE: J. biol. Chemistry 121 (1937), 417; 127 (1939), 439.
[8] DOUNCE, FRAMPTON: Science (New York) 89 (1939), 300.

The affinity of catalase for H_2O_2 is low, so that with low concentrations of H_2O_2 the enzyme is not saturated, small changes of H_2O_2 concentration affect the rate of reaction and therefore the rate falls off as the H_2O_2 concentration is decreased by the action of the enzyme. The rate changes with time, during the initial period before enzyme destruction is appreciable, according to the equation for a first order reaction:

$$k = \frac{1}{t} \ln \frac{a}{a-x},$$

where t is the time in mins., a is the initial concentration of H_2O_2, and $a-x$ the concentration at time t. Euler and his school[1] determined the constant, k, given by a known amount of catalase solution at $0°$ in a total of 50 ccm. of reaction mixture, containing 0,005–0,01 M H_2O_2 solution and phosphate buffer at p_H 6,8, by withdrawing samples at 5 min. intervals and estimating the H_2O_2 by permanganate titration. (Stern[2] used iodide titration.) Under these conditions of temperature and H_2O_2 concentration, the enzyme destruction during the initial period is negligible and the constant k is a measure for the relative activity of solutions; the activity of a given preparation is expressed as Kat. f. $= \dfrac{k}{g \,(\text{dry wt.})}$. This method for catalase determination is now used by most workers.

Kinetics.

As a result of the destruction of the enzyme by H_2O_2 the constant, k, falls during the course of catalase action. Morgulis[3] found that the equation for H_2O_2 decomposition apparently changed from the first to the second order with increasing H_2O_2 concentration. The course of H_2O_2 decomposition coupled with enzyme destruction has been studied by various authors.[4] The initial rate of H_2O_2 decomposition is proportional to the enzyme concentration, but, as a consequence of enzyme destruction, the activities found with high concentrations of enzyme appear to be relatively greater than with small concentrations of enzyme, if the rates are determined over long time intervals.

In low concentrations of H_2O_2, with constant enzyme concentration, the rate is roughly proportional to the H_2O_2 concentration. In higher H_2O_2 concentration a maximum rate is reached.[5] Half maximum rate is reached with 0,025 (Euler) or 0,033 M H_2O_2 (Stern) with liver catalase. The affinity of catalase for H_2O_2 is thus considerably lower than that of peroxidase. Increasing the concentration above about 0,3 M causes a marked decrease in rate. Hennichs believed that this was due to the extra rapid enzyme destruction while Stern considered that two, instead of one, molecules of H_2O_2 became attached to the enzyme giving an inactive complex. However, Zeile[6] does not consider that Stern's view fits in with observations and mathematical formulations of other workers. The optimum p_H for catalase from various sources is about p_H 7.[7, 8, 9] Williams[8] found

[1] Euler, Josephson: Liebigs Ann. Chem. 452 (1927), 158. — Hennichs: Biochem. Z. 145 (1924), 286; 171 (1926), 314.

[2] Stern: Hoppe-Seyler's Z. physiol. Chem. 204 (1932), 259.

[3] Morgulis: J. biol. Chemistry 47 (1921), 341.

[4] Yamasaki: Sci. Rep. Tokio Bunrika Daigaku, Set. A 9 (1920), 13, 59, 75, 85. — Northrop: J. gen. Physiol. 7 (1925), 373. — Maximovitch, Antonomowa: Hoppe-Seyler's Z. physiol. Chem. 174 (1928), 233.

[5] Hennichs: Biochem. Z. 145 (1924), 286. — Euler, Josephson: Liebigs Ann. Chem. 455 (1927), 1. — Williams: J. gen. Physiol. 11 (1927), 309. — Stern: Hoppe-Seyler's Z. physiol. Chem. 209 (1932), 176.

[6] Zeile: Ergebn. Enzymforsch. 3 (1934), 265.

[7] Morgulis: J. biol. Chemistry 68 (1920), 547. — Stern: Hoppe-Seyler's Z. physiol. Chem. 204 (1932), 259. — Matsuyama: Biochem. Z. 218 (1929), 123.

[8] Williams: J. gen. Physiol. 11 (1927), 309.

[9] Nosaka: J. Biochemistry (Japan) 8 (1928), 275, 301.

that liver catalase showed a distinct optimum of stability against H_2O_2 destruction at p_H 7, while NOSAKA[1] found no such optimum with blood catalase.

Temperature coefficients of 1,2 to 1,5 between 0° and 25° have been found for the rates of decomposition of H_2O_2 by catalase from various sources.[2] For the destruction of the enzyme by H_2O_2, YAMASAKI found temperature coefficients of 1,4 to 1,85 for catalase from blood and various plants and WILLIAMS found about 6,5 for liver catalase between 15 and 20°. The temperature coefficient of enzyme destruction is thus generally higher than that for H_2O_2 decomposition so that the optimum temperature for catalase activity over a long period is low.[3] However, with kidney catalase, NOSAKA[1] found the *initial* rate of H_2O_2 decomposition to increase with temperature up to about 40°; above 50° thermal inactivation of the enzyme is rapid.[1, 4] Plant catalase is more thermolabile than animal catalase. MATSUYAMA found 50% inactivation of malt catalase at the optimum p_H in 50 mins. at 40°. WAENTIG and STECHE[5] found complete inactivation of mushroom catalase at 30°. The thermolability of catalase increases with dilution.[6]

Inhibitors.

The influence of very many substances on catalase activity has been studied, and only some significant inhibitors can be mentioned here.[7] The strong, reversible inhibition by cyanide was known by SCHÖNBEIN. STERN found 50% inhibition of liver catalase with $6,3 \times 10^{-6} M$ HCN and with $8 \times 10^{-6} M$ H_2S. CO does not normally inhibit (see below). Monoethylhydrogen peroxide is a competitive inhibitor. Hydrosulfite, cysteine, and SH-glutathione, hydrazine, hydroxylamine and phenylhydroxylamine, inhibit strongly, as also does sodium azide.[8] Marked inhibitions have been found with formaldehyde, acetaldehyde, mustard oil, resorcinol, hydroquinone and various narcotics. SCHWAB, ROSENFELD and RUDOLPH[9] compared the inhibition of catalase activity by phenols and alcohols with that of different photochemical oxidations and autoxidations, to check the validity of HABER-WILLSTÄTTER's chain theory (see p. 398), and found that, in discordance with this theory, the action on catalase and the other reactions was not uniformly the same. Very strong inhibitors are the ions of Hg, Pb, Bi, and Cu. Various neutral salts such as $NaNO_3$, NaBr, $KClO_3$, $CaCl_2$ are appreciably inhibitory. BLASCHKO[10] has shown that inhibitions by azide, hydroxylamine, hydrazine, phenylhydrazine, monoethyl peroxide, perchlorate, resorcinol, and p- and m-phenylenediamine are reversible. Hg inhibition is partially reversible; chlorate inhibition is irreversible.

Purified liver catalase keeps its activity for months in the cold, but crude extracts from various sources lose activity rapidly.

---

[1] NOSAKA: J. Biochemistry 8 (1928), 275, 301.

[2] YAMASAKI: Sci. Rep. Tokio Bunrika Daigaku, Sect. A 9 (1920), 13, 59, 75, 89. — WILLIAMS: J. gen. Physiol. 11 (1927), 309. — NORDEFELDT: Biochem. Z. 109 (1920), 236. — MATSUYAMA: Biochem. Z. 218 (1929), 123. — STERN: Hoppe-Seyler's Z. physiol. Chem. 204 (1932), 259.

[3] MORGULIS et al.: J. biol. Chemistry 68 (1926), 520.

[4] MORGULIS: J. biol. Chemistry 68 (1926), 535.

[5] WAENTIG, STECHE: Hoppe-Seyler's Z. physiol. Chem. 76 (1911), 177.

[6] HENNICHS: Biochem. Z. 145 (1924), 286. — KRÜGER: Biochem. Z. 218 (1931), 36.

[7] For references and other data see STERN: Hoppe-Seyler's Z. physiol. Chem. 209 (1932), 176; EULER's Chemie der Enzyme II, 3 (1934), 52.

[8] KEILIN, HARTREE: Nature (London) 134 (1934), 933.

[9] SCHWAB, ROSENFELD, RUDOLPH: Ber. dtsch. chem. Ges. 66 (1933), 661.

[10] BLASCHKO: Biochemic. J. 29 (1935), 2303.

Battelli and Stern[1] believed there is a substance, "anticatalase", which is present in tissues, especially spleen, is often thermostable, and which causes oxidative destruction of catalase with O_2 or methylene blue in slightly acid p_H. They also described a thermolabile substance, "philocatalase", present especially in muscle, which reactivates catalase after anticatalase action. They further described a thermostable activator of philocatalase which was present especially in liver and pancreas. The question whether these substances are specific agents has not been much studied by other authors.

Chemical nature.

Zeile and Hellström[2] observed that highly active haemoglobin-free solutions of liver catalase showed a characteristic absorption spectrum with bands having maxima at about 629, 540 and 500 mμ. On treatment with hydrosulfite, alkali, and pyridine, a typical haemochromogen spectrum appeared, identical with that obtained from blood haematin. On splitting off iron, by hydrazine and acetic acid treatment, the spectrum of protoporphyrin appeared. The haematin content of various preparations was determined spectrophotometrically after conversion to haemochromogen, and was found to be approximately proportional to the enzyme activity. Further evidence that the haematin nucleus was part of the enzyme molecule was given by experiments with cyanide. On addition of cyanide, 1 mol. HCN to 1 mol. catalase haematin, the spectrum changed, giving two bands with maxima at 584 and 557 mμ. The cyanide-catalase complex was dissociable; on dilution a mixed spectrum appeared, and on removal of HCN by aeration the spectrum of free catalase returned. At different enzyme and HCN concentrations the extent of inhibition of catalase activity agreed with that to be expected from a mass action-determined combination of HCN and catalase-haematin. The dissociation constant for the liver catalase-haematin-HCN complex was found to be about $8,6 \times 10^{-7}$. Optical measurements of the mixed spectra agreed approximately. Similar reversible complex formation was found with H_2S, the H_2S-catalase compound showing bands at 640 and 580 mμ. Highly active enzyme preparations from pumpkin seedlings showed exactly the same absorption spectrum as the liver enzyme and the same bands in the presence of HCN. However, the haematin of the plant enzyme was three times as active as the haematin in liver catalase, and the dissociation constant of the HCN complex was different, being $2,9 \times 10^{-7}$.

Though the spectrum of catalase, resembling that of alkaline haematin, indicated the presence of trivalent iron, addition of hydrosulfite, which causes the reduction of all other ferric haematin compounds, did not change the spectrum of catalase.

Keilin and Hartree[3] largely confirmed these results. Their highly active liver catalase solutions, obtained by ultrafiltration, contained large amounts of non-haematin iron which bore no relation to the enzyme activity; preparations obtained later,[4] by precipitating the enzyme with $(NH_4)_2SO_4$ and electrodialyzing the redissolved material, contained little non-haematin iron. No haematin compound other than catalase-haematin was present. Besides HCN, H_2S and ethyl-

---

[1] Battelli, L. Stern: J. Physiol. Pathol. gén. 7 (1905), 919, 957; C. R. Séances Soc. Biol. Filiales Associées 68 (1910), 811; Biochem. Z. 10 (1908), 275. — L. Stern: Biochem. Z. 182 (1927), 139.

[2] Zeile, Hellström: Hoppe-Seyler's Z. physiol. Chem. 192 (1930), 171; 195 (1931), 39.

[3] Keilin, Hartree: Proc. Roy. Soc. (London), Ser. B 121 (1936), 173.

[4] Keilin, Hartree: Proc. Roy. Soc. (London), Ser. B 124 (1938), 397.

hydroperoxide,[1] they found that azide, hydroxylamine, hydrazine, ammonia, nitric oxide, and fluoride combine reversibly with catalase to give spectroscopically well-defined compounds.

KEILIN and HARTREE gave somewhat different figures for the absorption spectra maxima. For the free enzyme they found 629,5, 544, and 506,5 mμ; for the HCN derivative 595,5 and 556,5 mμ and for the H_2S derivative 640,5, 587, 548 mμ. STERN[3] found the first three bands of horse liver catalase at 622, 540, and 505 mμ, and he found a further band at 405 mμ and a band in the ultraviolet at 275 mμ which was attributed to the protein part of the catalase molecule. SUMNER and DOUNCE[3] found absorption bands of crystalline beef liver catalase at 627, 536, and 502 mμ.

STERN[4] showed that the haematin nucleus in catalase is identical with the protohaematin of haemoglobin and KEILIN and HARTREE pointed out that the haematin compound of catalase is very similar to methaemoglobin in the compounds it forms with inhibitors.

SUMNER and DOUNCE[3] believe that, besides haematin, the catalase molecule contains a second prosthetic group. On addition of hydrochloric acid to crystalline beef or lamb liver catalase, the coagulated protein turned blue,[5] glacial acetic acid dissolved the protein giving a blue solution, and on adding acetone the blue substance and haematin remained in solution while protein precipitated. On evaporating the solution down, haemin crystals separated out leaving the blue material dissolved. Tests showed that the blue material resembled bilirubin but the substance was not identified. The blue substance was not present as such in the catalase molecule but was produced by adding strong acid to the catalase.

AGNER[6] found that horse liver catalase contains copper and suggested that copper is part of the catalase molecule. However, SUMNER and DOUNCE, and DOUNCE and FRAMPTON[7] find the copper content of recrystallized beef and horse liver catalase too low to be significant.

STERN and WYCKOFF,[8] from results obtained with the analytical ultracentrifuge, estimated the molecular weight of horse and beef liver catalase to be between 250000 and 300000. SUMNER and GRALÉN[9] determined the sedimentation and diffusion constants and the partial specific volume of crystalline beef catalase and calculated that the molecular weight was 248000 (nearly 4 times that of haemoglobin). By similar methods, AGNER[6] found the molecular weight of horse liver catalase to be 225000.

SUMNER and DOUNCE[3] found the haematin content of crystalline *beef* catalase to be 0,46–0,54%. The molecule of beef liver catalase, with a molecular weight of 248000, must therefore contain 2 molecules of haematin and since SUMNER and DOUNCE found 0,09–0,10% total iron, there must be 2 further atoms of iron, presumably combined in the substance which gives the blue body.

---

[1] STERN: J. biol. Chemistry 114 (1936), 473.

[2] STERN: J. gen. Physiol. 20 (1937), 631; J. biol. Chemistry 121 (1937), 561; Science (New York) 88 (1938), 263. — See also STERN: Hoppe-Seyler's Z. physiol. Chem. 212 (1932), 207. — ITOH: J. Biochemistry (Japan) 22 (1935), 305.

[3] SUMNER, DOUNCE: J. biol. Chemistry 121 (1937), 417; 127 (1938), 439.

[4] STERN: J. biol. Chemistry 112 (1936), 661; also SUMNER, DOUNCE: J. biol. Chemistry 121 (1937), 417.

[5] The formation of blue material was previously observed by STERN [J. biol. Chemistry 112 (1936), 661] and attributed to biliverdin present as impurity.

[6] AGNER: Biochemic. J. 32 (1938), 1702.

[7] DOUNCE, FRAMPTON: Science (New York) 89 (1939), 300.

[8] STERN, WYCKOFF: J. biol. Chemistry 124 (1938), 573.

[9] SUMNER, GRALÉN: J. biol. Chemistry 125 (1938), 33.

In purified *horse* liver catalase, Keilin and Hartree[1] found little non-haematin iron (total Fe/haematin Fe = 1,2). Stern and Wyckoff[2] found about 1% haematin in the strongest fractions obtained with the ultracentrifuge, and Dounce and Frampton found 0,9% haematin with crystalline horse liver catalase, indicating that horse liver catalase has 4 haematin residues per molecule and 0,08–0,09% haematin iron.

The color of Sumner and Dounce's[3] beef liver catalase crystals depended on the illumination. Dilute solutions were yellow, strong solutions almost black. At p_H 5,3 the crystals were almost insoluble. Solutions coagulated on boiling and gave all protein color tests. The isoelectric point was at p_H 5,7. Stern[4] found the isoelectric point of horse liver catalase to be at p_H 5,58.

Agner[5] reported that by dialysis against dilute HCl, catalase could be split into two inactive components, one dialyzable and the other not, and that the activity was regained on mixing the components. These results have not been confirmed.[6]

Though catalases from different sources seem to be essentially similar haematin compounds, they vary considerably in certain properties, the variations presumably depending upon variations of the protein part. Plant catalases are much more unstable than animal catalase. Zeile and Hellström found the activity of plant catalase, per unit of haematin content, three times as high as that of liver catalase. Beef liver catalase crystallizes more readily than horse liver catalase. The activity of crystallized, and presumably pure, beef liver catalase is lower than that reported for various horse liver preparations. As mentioned above, horse liver catalase may contain more haematin per molecule than does beef liver catalase.

Pseudo-catalases.

Haldane[7] calculated that 1 atom of catalase iron decomposes about 10^5 molecules of H_2O_2 per second. Under the same conditions ordinary haematin iron decomposes 10^{-2} molecules and ferrous or ferric iron decomposes 10^{-5} molecules of H_2O_2.[8] The catalase activities of a large number of different haematins and compounds of haematins with nitrogenous bases and proteins have been examined by various authors.[9] The coupling of haematin with certain nitrogenous bases increases its activity somewhat, but in all cases the activity is extremely low compared with that of the enzyme catalase. Methaemoglobin which combines with H_2O_2[10] and resembles catalase in many respects[11] has less than one millionth the activity of the enzyme.

Malowan[12] has recently described an unusual type of catalase in the seed of the avocado. Its optimum p_H is about 10,5; it is inhibited by CO, only partially inhibited by H_2S and not inhibited by cyanide.

[1] Keilin, Hartree: Proc. Roy. Soc. (London), Ser. B 124 (1938), 397.

[2] Stern, Wyckoff: J. biol. Chemistry 124 (1938), 573.

[3] Sumner, Dounce: J. biol. Chemistry 121 (1937), 417; 127 (1939), 439.

[4] Stern: Hoppe-Seyler's Z. physiol. Chem. 208 (1932), 86.

[5] Agner: Hoppe-Seyler's Z. physiol. Chem. 235 (1935), II.

[6] Tauber, Kleiner: Proc. Soc. exp. Biol. Med. 33 (1935), 391. — Sumner, Dounce: J. biol. Chemistry 127 (1939), 439.

[7] Haldane: Proc. Roy. Soc. (London), Ser. B 108 (1931), 559.

[8] See Stern: Hoppe-Seyler's Z. physiol. Chem. 215 (1933), 35.

[9] See e.g. Kuhn, Brann: Hoppe-Seyler's Z. physiol. Chem. 167 (1927), 27. — Zeile: Ibid. 189 (1930), 127. — Langenbeck et al.: Ber. dtsch. chem. Ges. 65 (1932), 1750. — Stern: Hoppe-Seyler's Z. physiol. Chem. 215 (1933), 35; 219 (1933), 105. — See the article by Schwab, Rost: "Fermentmodelle" in this volume.

[10] Keilin, Hartree: Proc. Roy. Soc. (London), Ser. B 117 (1935) 1. — Haurowitz: Hoppe-Seyler's Z. physiol. Chem. 232 (1935), 159.

[11] Keilin, Hartree: Proc. Roy. Soc. (London), Ser. B 121 (1936), 173.

[12] Malowan: Enzymologia (Den Haag) 5 (1938), 89.

Mechanism of Action.

BACH and CHODAT[1] found that catalase (from mould) causes no O_2 evolution with ethyl hydroperoxide and STERN[2] found that ethyl hydroperoxide is a competitive inhibitor of liver catalase action on H_2O_2. More recently STERN[3] has found that ethyl hydroperoxide is broken down by liver catalase, though more than 100 times more slowly than is H_2O_2. No gas was evolved and the oxidation products were not identified. (Acetaldehyde and alcohol were believed to be formed but KEILIN and HARTREE[4] could not confirm this.) The optimum p_H for ethyl-hydroperoxide breakdown was about 10, the temperature coefficient 2,2–2,3. The concentration giving half-maximal velocity was 0,04 M, i.e. about the same as with H_2O_2. As with H_2O_2, high concentrations inhibited the rate. It was found that when ethyl hydroperoxide was added to catalase, the brown color changed to red in a few seconds and the spectrum of free catalase disappeared and two new bands, at 570 and 534,5 mμ appeared. In the course of a few minutes the peroxide was broken down and the color and spectrum of free catalase reappeared. It was believed that catalase and the peroxide combined together and the compound then decomposed yielding free catalase and reaction products. The compound formation appeared to be reversible and a very large relative concentration of the peroxide (about 10^5 mols. to 1 mol. catalase) was necessary to keep all the catalase combined. It was assumed that, in catalase action on H_2O_2, similar compound formation and decomposition take place but that the decomposition is too rapid to allow the observation of the spectrum of the compound.

The spectrum of catalase is not affected by adding H_2O_2 though the H_2O_2 is rapidly decomposed. KEILIN and HARTREE[5] also considered that the life of the H_2O_2-catalase compound is too short for spectroscopic detection. But they observed that azide and hydroxylamine, which inhibit catalase strongly, did not greatly change its absorption spectrum, and on addition of traces of H_2O_2 a new compound was formed which evidently contained ferrous iron since it combined with CO and reverted to the original azide- or hydroxylamine-catalase in the presence of oxygen or certain other oxidizing agents (but not ferricyanide). They concluded that catalase inhibitors belong to two groups—a) those like HCN and H_2S which prevent formation of an intermediate reduced catalase-peroxide compound, and b) those like azide and hydroxylamine which stabilize the reduced intermediate compound. These experiments led them to suggest that normal catalase activity is accompanied by a change of valency of its haematin iron according to the following equations:

$$4\,Fe^{+++} + 2\,H_2O_2 = 4\,Fe^{++} + 4\,H^+ + 2\,O_2$$
$$\underline{4\,Fe^{++} + 4\,H^+ + O_2 = 4\,Fe^{+++} + 2\,H_2O}$$
$$2\,H_2O_2 = 2\,H_2O + O_2$$

This reversible reduction is analogous to the reaction between $FeCl_3$ and H_2O_2, whereby ferric ion is reduced and, in the presence of α,α'-dipyridyl, gives rise to a pink compound. If the ferrous ion is not so fixed, it becomes reoxidized by O_2 and all the H_2O_2 is eventually decomposed.

---

[1] BACH, CHODAT: Ber. dtsch. chem. Ges. **36** (1903), 1756.

[2] STERN: Hoppe-Seyler's Z. physiol. Chem. **209** (1932), 176.

[3] STERN: J. biol. Chemistry **114** (1936), 473.

[4] KEILIN and HARTREE [Proc. Roy. Soc. (London), Ser. B **121** (1936), 173] could detect no aldehyde formation with dilute catalase free of other haematin compounds and free of alcohol.

[5] KEILIN, HARTREE: Proc. Roy. Soc. (London), Ser. B **121** (1936), 173; **124** (1938), 397.

They showed that this is most probably the actual reaction mechanism, since the decomposition of H_2O_2 by catalase did not proceed when oxygen was completely excluded. Carbon monoxide did not inhibit the activity of pure catalase in the presence of even small amounts of O_2, which showed that the reduced enzyme has a much greater affinity for O_2 than for CO. But some impure catalase preparations, and preparations containing azide, cysteine, or SH-glutathione, showed a light-sensitive CO inhibition. Probably inhibition, by slowing up the reoxidation of the reduced enzyme, allowed the CO effect to be appreciable.

The relation of the observations of KEILIN and HARTREE, on the mechanism of the reaction with H_2O_2, to those of STERN on the reaction with ethyl-hydroperoxide, have not yet been clarified. The possibility that catalase causes the decomposition of H_2O_2 by initiating a chain reaction has been discussed by various authors.[1] The mechanism as suggested by KEILIN and HARTREE does not indicate the initation of the chain reactions postulated. However, the original scheme suggested by HABER and WILLSTÄTTER

$$\text{Enzyme} + H_2O_2 \longrightarrow \text{Desoxyenzyme} + HO_2$$
$$HO_2 + H_2O_2 \longrightarrow O_2 + OH + H_2O$$
$$OH + H_2O_2 \longrightarrow H_2O + O_2H$$

depends upon the initial reduction of the catalase by H_2O_2 which is what KEILIN and HARTREE believe occurs. However the unspecific chain carrier, OH, is postulated for catalase reaction and for various oxidations. This can not be reconciled with observed specific sensitivities to inhibitors.[2] The chain, if it exists, must therefore have specific carriers.

Function. Coupled oxidation.

Hydrogen peroxide is formed in oxidations catalyzed by a number of oxidases and it has generally been assumed that the function of catalase is to protect the cells from the toxic effects of accumulated H_2O_2 and to liberate oxygen from H_2O_2 so that it may be available for further oxidations. STOLL[3] has suggested that H_2O_2 is formed in chlorophyll photosynthesis and the liberation of oxygen is due to catalase. Since catalase decomposes ethyl hydroperoxide, STERN suggests that organic peroxides may be physiological substrates for the enzyme.

KEILIN and HARTREE[4] found that the addition of alcohols to mixtures of uricase and uric acid or d-amino-acid oxidase and d-amino-acids, doubled the oxygen uptake. Both enzyme preparations contained catalase. But with xanthine-aldehyde oxidase, which contained no catalase, and hypoxanthine or aldehyde, adding alcohol had no effect; if a little purified catalase was also added the oxygen uptake was more than doubled. Catalase with ordinary H_2O_2 had no effect on alcohol, but with barium peroxide, cerium peroxide or ethyl hydroperoxide, alcohol oxidation occurred. These substances, like the oxidase systems, liberate hydrogen peroxide gradually in a nascent state. Apparently catalase caused the oxidation of alcohol by nascent hydrogen peroxide and could thus bring about a secondary or coupled oxidation of alcohol. The oxidation product was acetaldehyde. An interesting "cyclic oxidation" was demonstrated. In the system, aldehyde oxidase + aldehyde + alcohol + catalase, aldehyde was oxidized to

---

[1] See e.g. HABER, WILLSTÄTTER: Ber. dtsch. chem. Ges. 64 (1931), 2844. — STERN: Hoppe-Seyler's Z. physiol. Chem. 209 (1932), 176. — WEISS: J. physic. Chem. 41 (1937), 1107.

[2] SCHWAB, ROSENFELD, RUDOLPH: Ber. dtsch. chem. Ges. 66 (1933), 661.

[3] STOLL: Naturwiss. 20 (1932), 955.

[4] KEILIN, HARTREE: Proc. Roy. Soc. (London), Ser. B 119 (1936), 141.

acid with the formation of H_2O_2, and this then oxidized alcohol to aldehyde which, in turn, was oxidized to acid. Thus the secondary oxidation supplied substrate for the primary oxidation and the oxygen uptake far exceeded that necessary for oxidation of the aldehyde originally present. The secondary oxidation of alcohol has since been used by several authors[1] as a test for H_2O_2 production in primary oxidations. Secondary oxidations by catalase may have physiological importance, particularly in animal tissues which lack peroxidase.

Chapter 4. Carriers.

Cytochrome.[2]

About 50 years ago MACMUNN[3] described a pigment which he found in various tissues of many types of animals. This pigment, which he called myohaematin and histohaematin, shows a characteristic absorption spectrum of four bands which disappear when the pigment is oxidized. From pigeon muscle he extracted what he believed to be a modified form of the pigment and prepared from it haematin and haemotoporphyrin.

This work was criticized and neglected until the main facts were confirmed by KEILIN.[4] He renamed the pigment *cytochrome* (i.e. cell pigment). He found that it is present not only in all animal tissues but in the tissues of plants and in bacteria and yeast. It is absent in strict anaerobes. It is not a single simple haematin compound but consists of several haematin compounds united with protein compounds, the protein part largely determining the special behavior of the pigments.

The absorption spectrum of reduced cytochrome can easily be seen with a pocket spectroscope in well illuminated living cells or organisms, the most convenient material for study being bakers' yeast, aerobic bacteria and the thoracic muscles of insects. The spectrum observed consists usually of four bands a, b, c, and d. See Fig. 4 from KEILIN.[5]

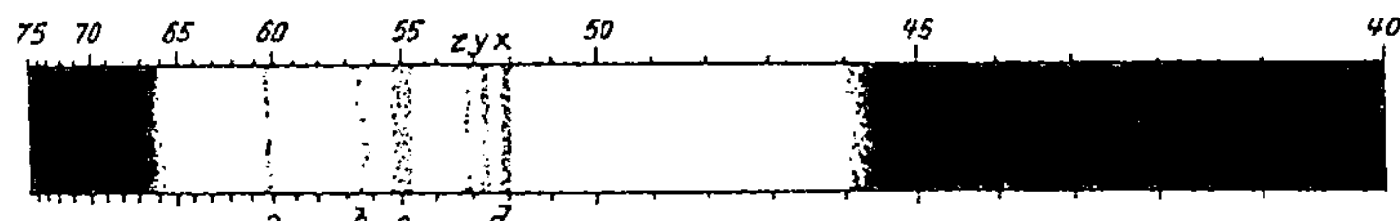

Fig. 4. Absorption spectrum of reduced cytochrome.

The maximum intensity of these bands in bakers' yeast is at a) 603 mμ, b) 565 mμ, c) 550 mμ, and d) 523 mμ. The band d appears to be a fusion of two or three bands close together. The positions of these bands vary only slightly in many other organisms. Three other bands in the less easily visible part of the spectrum have been observed at 449, 433, and 417 mμ.[6] In the oxidized state cytochrome has a diffuse spectrum in which maxima are detectable at 567 and 529 mμ, a spectrum resembling that of kathaemoglobin or parahaematin (oxidized

[1] E.g. PHILPOT: Biochemic. J. 31 (1937), 856. — KOHN: Biochemic. J. 31 (1937), 1693.

[2] Review: KEILIN: Ergebn. Enzymforsch. 2 (1933), 239.

[3] MACMUNN: Philos. Trans. Roy. Soc. London 177 (1886), 267; J. Physiology 8 (1887), 57; Hoppe-Seyler's Z. physiol. Chem. 13 (1889), 497.

[4] KEILIN: Proc. Roy. Soc. (London), Ser. B 98 (1925), 312; 100 (1926), 129; 104 (1929), 206.

[5] KEILIN: Ergebn. Enzymforsch. 2 (1933), 239.

[6] WARBURG, NEGELEIN: Biochem. Z. 233 (1931), 486.

haematin combined with denatured protein or certain other nitrogenous compounds).

The positions of the bands in different cells are fairly constant but their relative intensities vary. During the oxidation of cytochrome some bands may disappear before the others; the spectrum may show bands a, b, c, and d or a, c and d, or only c and d. On the addition of urethane to cells shaken with air, bands a and c disappear while b remains. One of the components can be extracted and shows only bands c and d. There are thus three distinctly different cytochromes in most tissues, cytochromes a, b, and c, each showing an α-band a, b, or c, and contributing to the composite β-band d.[1]

The above described cytochrome spectrum is the most frequently met with. However there are variations in the types of cytochromes found among different organisms and tissues.

In certain bacteria and some brewers' yeast the bands b and c are replaced by one band, b_1, at 557–560 mμ and band d is shifted to 530 mμ.[2] There seem to be several types of cytochrome a. In certain bacteria and in brewers' yeast the usual band a is missing but there are other bands, a_1 at 586–590 mμ and a_2 at 628 mμ.[3] Shifts in the positions of the bands indicate that cytochrome a_1 and a_2 combine with CO. KEILIN[4] has recently obtained evidence that the normal band a in animal tissues, yeast and bacteria represents two pigments, one of which, a, is not autoxidizable and does not combine with HCN and CO, while the other, a_3, is autoxidizable and combines with both. The CO compound of a_3 has a band at 593 mμ which is in the position occupied by the main band in the photochemical absorption spectrum of WARBURG. While KEILIN does not consider that cytochrome a_3 is the respiratory ferment he considers it possible that it may be responsible for the photochemical absorption spectrum.

Cells of all aerobic organisms contain ordinary free protohaematin which can be detected spectroscopically by transforming it into CO-pyridine-haemochromogen by treatment with a reducing agent, pyridine and CO.[5] KEILIN considers the unbound haematin to be the source of the cytochromes and other haematin compounds. If a haemochromogen prepared from haemin and pyridine or globin is repeatedly oxidized and reduced with ferricyanide and hydrosulphite, a four banded spectrum resembling that of cytochrome appears. When KEILIN first observed cytochrome b_1 he considered it to be a cytochrome precursor. Organisms and tissues containing it showed an incomplete cytochrome spectrum but in more actively respiring or more mature tissues the spectrum of this haemochromogen was gradually replaced by the complete cytochrome spectrum.[5]

Cytochrome c.

Cytochrome c is heat stable and readily obtained in solution. It can be obtained in a pure state and in large amounts by simple methods,[6] and has therefore been more closely studied than the other cytochromes. KEILIN and HARTREE[6] extracted the pigment from minced heart muscle with 2,5% trichloracetic acid. After removal of some accompanying material by fractional precipitation with

---

[1] Apparently cytochrome a does not contribute to the β-band d. — KEILIN: Proc. Roy. Soc. (London), Ser. B **106** (1930), 418.

[2] KEILIN: Proc. Roy. Soc. (London), Ser. B **104** (1929), 206; Nature (London) **133** (1934), 290.

[3] WARBURG, NEGELEIN, HAAS: Biochem. Z. **262** (1933), 237; **266** (1933), 1. — NEGELEIN, GERISCHER: Naturwiss. **21** (1933), 884; Biochem. Z. **268** (1934), 1. — KEILIN: Nature (London) **132** (1933), 783; **133** (1934), 290.

[4] KEILIN, HARTREE: Nature (London) **141** (1938), 870.

[5] KEILIN: Proc. Roy. Soc. (London), Ser. B **98** (1925), 312; **104** (1929), 206.

[6] KEILIN, HARTREE: Proc. Roy. Soc. (London), Ser. B **122** (1937), 298.

ammonium sulfate, trichloracetic acid was added to bring the p_H to 3,7, when the cytochrome became oxidized and precipitated out. The red solid was washed with ammonium sulfate solution, dissolved in water and dialyzed against 1% NaCl solution.

THEORELL[1] used H_2SO_4 for acidifying, and, after redissolving, baryta solution was added. The pigment became adsorbed on the $BaSO_4$ precipitate formed, and it was eluted with dilute HCl solution.

Pure cytochrome c gives a strongly colored solution which, in the reduced state, has an absorption spectrum[2,3] with a simple α-band at 550,0 mμ, a complex β-band at 520,0 mμ and a simple intense band in the violet at 415,0 mμ, and three bands in the ultra-violet. The oxidized form has a diffuse band at about 530 mμ and an intense band in the violet at about 407 mμ and two bands in the ultra-violet. The spectrum of reduced cytochrome does not change with p_H, but oxidized cytochrome has an entirely different spectrum above p_H 13 and below p_H 2,5.[3] It was previously believed[4,5] that cytochrome c combines with CO only above p_H 12. Slight changes in the absorption spectrum, however, indicate that cytochrome c combines with CO at all p_H values.[6] The CO compound is dissociated by light.

Except for the fact that it is not autoxidizable at neutral p_H, the behavior and spectrum of reduced cytochrome c is that of a typical haemochromogen, and oxidized cytochrome c has the spectrum of a parahaematin. As with other parahaematin compounds, a solution of cytochrome turns yellow-brown on boiling and the spectrum disappears; on cooling again the normal color and spectrum reappear.[5] Reduced and oxidized cytochrome c are evidently respectively ferrous and ferric compounds. Oxidized cytochrome forms a compound with NO with well defined bands at 565 and 530 mμ.

Pure cytochrome c contains 0,34% iron[3,5,7] and has a molecular weight of about 16500.[3] By treating cytochrome c with hydrobromic and acetic acids HILL and KEILIN[7] obtained ordinary protohaematin which could be converted into protoporphyrin by removal of iron by several methods. By treatment of the cytochrome with hydrochloric acid in the presence of a reducer, such as SO_2, another porphyrin, porphyrin c, was obtained which seemed to be the unmodified porphyrin of cytochrome c, i.e., the prosthetic group of the cytochrome, with iron removed. THEORELL[8] has shown that porphyrin c is an unusual type of compound consisting of a complex porphyrinpolypeptide combination containing sulfur. The polypeptide groups are linked to the porphyrin nucleus by thiol ether groups; the remainder of the protein component of the cytochrome is linked by peptide linkages with the polypeptide groups. Thus cytochrome c is a combination of prosthetic group (iron-porphyrin) and protein linked together through sulfur.

Added to proof: THEORELL[9] now does not believe that the evidence for the thio-ether links is satisfactory; these may have been artefacts. See however ZEILE, MEYER.[10]

---

[1] THEORELL: Biochem. Z. **298** (1938), 242.

[2] DIXON, KEILIN, HILL: Proc. Roy. Soc. (London), Ser. B **109** (1931), 29.

[3] THEORELL: Biochem. Z. **285** (1936), 207.

[4] KEILIN: Proc. Roy. Soc. (London), Ser. B **98** (1925), 312; **106** (1930), 418.

[5] KEILIN, HARTREE: Proc. Roy. Soc. (London), Ser. B **122** (1937), 298.

[6] ALTSCHUL, HOGNESS: J. biol. Chemistry **124** (1938), 25.

[7] HILL, KEILIN: Proc. Roy. Soc. (London), Ser. B **107** (1930), 286. *Added to proof:* THEORELL and ÅKESSON [Science **90** (1939), 67] purified cytochrome c by electrophoresis and found 0,43% Fe.

[8] THEORELL: Enzymologia (Den Haag) 4 (1937), 192; Biochem. Z. **298** (1938), 242.

[9] THEORELL: Biochem. Z. **301** (1939), 201.

[10] ZEILE, MEYER: Hoppe-Seyler's Z. physiol. Chem. **262** (1939), 178.

In neutral solution reduced cytochrome c is almost completely nonautoxidizable but it becomes autoxidizable at p_H 4 and at p_H 13.[1, 2, 3] It is not oxidized by iron salts, but it is readily oxidized by potassium ferricyanide, by copper salts, and, in low concentration in slightly acid medium, by H_2O_2.[4, 3] Strong H_2O_2 in alkaline medium destroys it. Biologically it is oxidized by cytochromeoxidase; thus it is rapidly oxidized in contact with a heart muscle preparation and this oxidation is inhibited by traces of HCN or H_2S.[4]

Oxidized cytochrome c can be reduced by cysteine, catechol, ascorbic acid, sodium hydrosulfite, p-phenylene diamine, and various other reducing agents.[4, 5] Biologically it is reduced by the succinate + succinic dehydrogenase system, and by a few similar systems (see Chapter 5).

The oxidation reduction potential of pure cytochrome c from heart muscle was found by STOTZ et al.[6] to be $E_0' = + 0{,}26$ volt at p_H 5–8. BALL[5] and LAKI[7] find about the same value for the cytochrome c in muscle tissue.[8]

The role of cytochrome c as a carrier between oxygen-cytochrome oxidase and reducing mechanisms, and the effects of HCN and CO on the activity of the system have been studied spectroscopically[9] and by oxygen uptake measurement with artificial systems consisting of heart oxidase, pure cytochrome c and reducing agents such as cysteine,[4] p-phenylene diamine, catechol, and hydroquinone.[10, 11] The inhibitions by HCN and CO are due to their combination with the oxidase and not to any effect on the cytochrome.[12]

Cytochromes *a* and *b*.

Less is known about cytochromes a and b since these pigments are insoluble. They are easily modified or destroyed.[9] This is particularly true of a and may account for the number of a type cytochromes observed. In cells warmed above 55°, cytochrome a decomposes, liberating a haematin compound which, on conversion to haemochromogen by reduction and adding pyridine, can be detected spectroscopically. Like c, cytochromes a and b are reduced by reducing agents such as hydrosulfite[13, 7, 14] and by reducing systems in cells, and they are reoxidized on aerating the cells. Cytochromes a and b are reduced by coenzyme factor (see Chapter 5) and therefore can bring about the aerobic oxidation of

[1] KEILIN: Proc. Roy. Soc. (London), Ser. B **98** (1925), 312; **106** (1930), 418.
[2] THEORELL: Biochem. Z. **285** (1936), 207.
[3] KEILIN, HARTREE: Proc. Roy. Soc. (London), Ser. B **122** (1937), 298.
[4] KEILIN: Proc. Roy. Soc. (London), Ser. B **106** (1930), 418.
[5] BALL: Biochem. Z. **295** (1938), 262.
[6] STOTZ, SIDWELL, HOGNESS: J. biol. Chemistry **124** (1938), 11.
[7] LAKI: Hoppe-Seyler's Z. physiol. Chem. **254** (1938), 27.
[8] There is some disagreement about the correct value. COOLIDGE: J. biol. Chemistry 98 (1932), 755, found a value of + 0,26 but GREEN: Proc. Roy. Soc. (London), Ser. B **114** (1934), 423, with presumably purer but not completely pure material found + 0,127. LAKI: Hoppe-Seyler's Z. physiol. Chem. 254 (1938), 27, indicated agreement with GREEN's value for pure cytochrome, while the potential of the pigment within the tissue was higher.
[9] KEILIN: Proc. Roy. Soc. (London), Ser. B **104** (1929), 206.
[10] KEILIN, HARTREE: Proc. Roy. Soc. (London), Ser. B **125** (1938), 171.
[11] STOTZ, SIDWELL, HOGNESS: J. biol. Chemistry **124** (1938), 733.
[12] STOTZ, ARTSCHUL, HOGNESS: J. biol. Chemistry **124** (1938), 745. These authors do not believe that CO inhibits the carrier activity of cytochrome c, although ALTSCHUL and HOGNESS: J. biol. Chemistry **124** (1938), 25, had found that cytochrome c combines with CO at all p_H values.
[13] KEILIN: Proc. Roy. Soc. (London), Ser. B **104** (1929), 206; **98** (1925), 312.
[14] STOTZ, SIDWELL, HOGNESS: J. biol. Chemistry **124** (1938), 733.

the various substrates which are activated by coenzyme-determined dehydrogenases.

As mentioned above, there are several types of cytochrome a. Cytochrome a_3 seems to be autoxidizable but the better known component, a, is apparently oxidized catalytically, since in the presence of cyanide it remains reduced. Cytochrome b is autoxidizable; whether or not its oxidation can be catalyzed by cytochrome oxidase is not clear. All the components of cytochrome can be oxidized in the tissue by H_2O_2, ferricyanide, permanganate, and $CuCl_2$. Cytochrome b is reduced by p-phenylene diamine and being autoxidizable can catalyze the oxidation of this compound even when the oxidase is inhibited or destroyed.[1]

Added to proof: KEILIN and HARTREE[2] have produced evidence that cytochrome a_3 may be identified with cytochrome oxidase but some of the evidence does not accord with this.

BALL[3] estimated the redox potentials of the three components of cytochrome in heart muscle preparations by observing the formation and disappearance of the bands, in the absence of oxygen, in solutions containing oxidation-reduction systems of known potential. He arrived at the following values: a: $+$ 0,29, b: $-$ 0,04, c: $+$ 0,27 volts.

WARBURG[4] concluded from calculations based on spectroscopic measurements of the rate of reduction of cytochrome in yeast cells,[5] and manometric determination of the rate of respiration, that the entire respiration of the cells goes through cytochrome and that the four haematin compounds are linked in series. That is, he considers that oxygen oxidizes the oxygen transporting enzyme, which then oxidizes one cytochrome, which then oxidizes the second, and so on until the substrate-dehydrogenase systems are reached. BALL, therefore, suggests from his redox potential data, that the order is;—oxygen transporting enzyme— cytochrome a—cytochrome c—cytochrome b. The oxidation of b on the addition of oxidized c can be observed. There is perhaps significance in the fact that c, the intermediate carrier between a and b, is soluble while a and b are not.

The theory that the three cytochromes act in series is not generally accepted. STOTZ et al.[6] believe that cytochrome oxidase catalyzes the oxidation only of cytochrome c, and that cytochrome a does not mediate oxidations of hydroquinone and other substances. Cytochrome b is autoxidizable and can catalyze oxidations independently of the oxidase. The role of cytochromes a and b and their connection with the activity of cytochrome c, are still obscure.

Coenzymes I and II.[7]

The identity of the coenzyme of hexosediphosphate dehydrogenation with co-zymase, the coenzyme of fermentation, and the presence in co-zymase of an adenine nucleus, pentose, and phosphorus had been recognized by EULER and his co-workers.[8] The acquisition of precise knowledge of the structure and function of coenzymes began in 1932 with the work of WARBURG and CHRISTIAN[9] on the respiring system—hexosemonophosphate, "Zwischenferment", coenzyme,

---

[1] KEILIN: Proc. Roy. Soc. (London), Ser. B **104** (1929), 206; **98** (1925), 312.

[2] KEILIN, HARTREE: Proc. Roy. Soc. (London), Ser. B **127** (1939), 167.

[3] BALL: Biochem. Z. **295** (1938), 262.

[4] WARBURG: Naturwiss. **22** (1934), 441.

[5] HAAS: Naturwiss. **22** (1934), 207.

[6] STOTZ, SIDWELL, HOGNESS: J. biol. Chemistry **124** (1938), 733.

[7] Reviews: WARBURG: Ergebn. Enzymforsch. **7** (1938), 210. — THEORELL: Ibid. **6** (1937), 111. — EULER: Ergebn. Physiol., biol. Chem. exp. Pharmakol. **38** (1936), 1.

[8] Review: MYRBÄCK: Ergebn. Enzymforsch. **2** (1933), 139.

[9] WARBURG, CHRISTIAN: Biochem. Z. **254** (1932), 438; **266** (1933), 377.

yellow enzyme. These authors isolated the coenzyme from red blood corpuscles and yeast and showed that it is reduced by hexosemonophosphate with "Zwischenferment" and re-oxidized by the yellow enzyme.

Structure and mechanism of action.

By acid hydrolysis Warburg and Christian[1] obtained a pyridine derivative, nicotinic acid amide, from their coenzyme, and it became clear that the activity of the coenzyme depends upon the pyridine nucleus. When treated with platinum and hydrogen both the coenzyme and nicotinic acid amide take up 6 atoms of hydrogen per molecule to give a piperidine ring.[2] Under the same conditions no other constituent of the coenzyme, neither adenine nor adenylic acid nor phosphorylated sugar are hydrogenated. This hydrogenation is irreversible and the activity of the coenzyme is destroyed as a result. But if the coenzyme is reduced either by hexosemonophosphate and "Zwischenferment" or by hydrosulfite, the reduction is reversible. This partially reduced coenzyme now takes up only four atoms of hydrogen with platinum and hydrogen and the reduction becomes irreversible. It was therefore concluded that the activity of the coenzyme depends upon the reversible acceptance of 2 atoms of hydrogen. This was confirmed by the following observations. Dihydro-coenzyme shows a characteristic absorption band in the ultra-violet at 340 mμ. Trigonellin,[3] the inner methyl betain of nicotinic acid amide, and the methiodide of nicotinic acid amide,[4] on reduction show bands of the same intensity at almost the same wavelength. The band of dihydro-coenzyme and of the dihydro-pyridinium compounds disappear irreversibly in acid, reversibly on oxidation by the yellow enzyme. All the dihydropyridine derivatives fluoresce when irradiated with ultra-violet light.

Karrer et al.[5] showed that the hydrogenation of nicotinic acid amide methiodide by hydrosulphite occurs as follows:

$$
\begin{array}{ccc}
\underset{\displaystyle\underset{\overset{\textstyle\mathrm{H_3C}}{}\quad\overset{\textstyle\mathrm{J}}{}}{\overset{\displaystyle\mathrm{H}}{\overset{\mathrm{C}}{\overbrace{\quad}}}}{
\begin{array}{c}
\mathrm{HC} \quad \mathrm{C\cdot CONH_2}\\
\mathrm{HC} \quad \mathrm{CH}\\
\mathrm{N}
\end{array}} & +2\,\mathrm{H} \;=\; & \ldots
\end{array}
$$

HC=C(H)–C·CONH₂ ring (nicotinic acid amide methiodide, N–CH₃, J)   + 2 H = dihydro ring (N–CH₃, CH₂, C·CONH₂)   + HJ.

According to the equation one molecule of acid is liberated. Warburg and Christian[3] showed that on the reversible hydrogenation of coenzyme, one molecule of acid is set free. Since the coenzyme contained no other acid group, this liberated acid must be phosphoric acid. It was therefore concluded that the working group of the coenzyme is a pyridinium phosphate which is reversibly reduced in the manner shown by Karrer. (The liberation of a phosphoric acid group cannot, however, cause a splitting of the phosphoric acid from the coenzyme molecule since the hydrogenation is reversible.)

Warburg, Christian and Griese[6] showed that their coenzyme contained

[1] Warburg, Christian: Biochem. Z. 275 (1934), 112, 464.
[2] Warburg, Christian, Griese: Biochem. Z. 279 (1935), 143; 282 (1935), 157.
[3] Warburg, Christian: Helv. chim. Acta 19 (1936), E 79; Biochem. Z. 287 (1936), 291.
[4] Karrer, Warburg: Biochem. Z. 285 (1936), 297.
[5] Karrer, Schwarzenbach, Benz, Solmssen: Helv. chim. Acta 19 (1936), 811.
[6] Warburg, Christian, Griese: Biochem. Z. 282 (1935), 157.

one mol. of adenine, one mol. of nicotinic acid amide, two mols. of carbohydrate (at least half being pentose) and three mols. of phosphoric acid per molecule of coenzyme. Evidently the coenzyme is a di-nucleotide, triphospho-pyridine-nucleotide. Assuming that the seven molecules are bound together with the loss of six molecules of water and that both carbohydrate residues are pentoses the empirical formula would be $C_{21}H_{28}N_7P_3O_{13}$ and the molecular weight 743. Analysis and molecular weight determinations agreed with these figures.

Soon after the work on the structure of WARBURG and CHRISTIAN's coenzyme, the other coenzyme, cozymase,[1] was separated by EULER et al.[2] from free adenylic acid present in earlier preparations and obtained pure. It was found to contain nicotinic acid amide[3] and analysis indicated an empirical formula of $C_{21}H_{27}O_{14}N_7P_2$ and the presence of one mol. of nicotinic acid amide, one mol. of adenine, and two mols. of pentosephosphoric acid.[2, 4] Cozymase is therefore a diphospho-pyridine-nucleotide.

EULER and SCHLENK[5] have summarized the evidence in favor of the following structures for the two coenzymes.

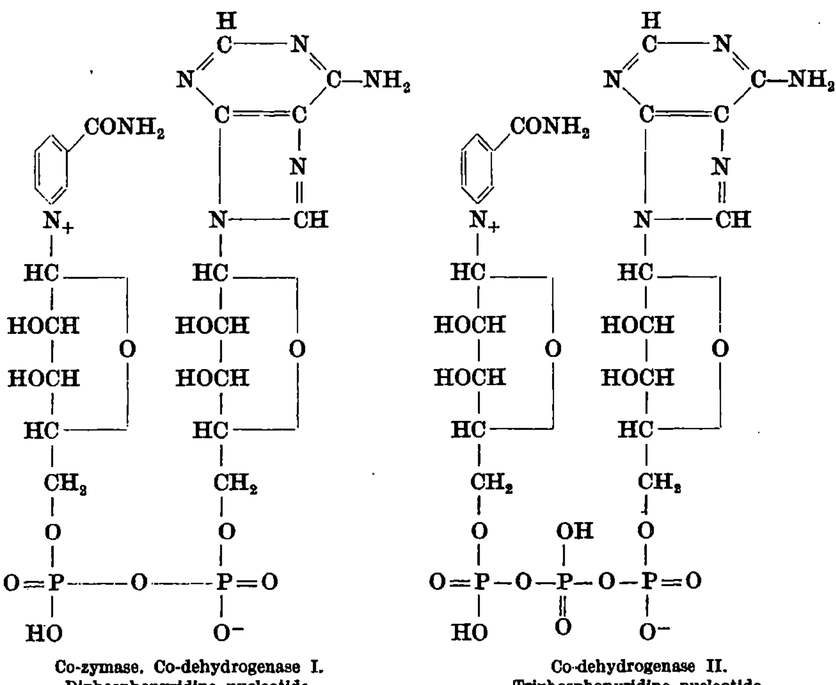

Co-zymase. Co-dehydrogenase I.
Diphosphopyridine nucleotide.
Co-dehydrogenase II.
Triphosphopyridine nucleotide.

The known facts make these structures seem probable but proof by synthesis has not yet been provided.

[1] Review of earlier work: MYRBÄCK: Ergebn. Enzymforsch. 2 (1933), 139.

[2] EULER, ALBERS, SCHLENK: Hoppe-Seyler's Z. physiol. Chem. 240 (1936), 113. — EULER, SCHLENK: Ibid. 246 (1937), 64.

[3] EULER, ALBERS, SCHLENK: Hoppe-Seyler's Z. physiol. Chem. 237 (1935), I; 240 (1936), 113. — WARBURG, CHRISTIAN: Biochem. Z. physiol. Chem. 285 (1936), 156.

[4] EULER, SCHLENK: Svensk kem. Tidskr. 48 (1936), 135.

[5] EULER, SCHLENK: Naturwiss. 24 (1936), 794; Hoppe-Seyler's Z. physiol. Chem. 246 (1937), 64.

The similarity in the composition of the two coenzymes made it seem certain that co-zymase, coenzyme I, must also act as a hydrogen transporter through reduction and re-oxidation of its pyridinium nucleus and this was shown to be true by EULER, ADLER and HELLSTRÖM,[1] and by WARBURG and CHRISTIAN.[2] Dihydro-coenzyme I like dihydro-coenzyme II has an absorption band at 340 mμ.

Reduction of coenzymes.

Both coenzymes are reducible by hydrosulphite and, in the presence of specific proteins, by various substrates. In the usual terminology these proteins are called dehydrogenases or apo-dehydrogenases (EULER).

"Zwischenferment" from yeast, the first of these proteins to be isolated, causes the reaction:

$$\text{hexosemonophosphate} + \text{triphospho-pyridine nucleotide} = \text{phosphohexonic}$$
$$\text{acid} + \text{triphospho-dihydropyridine nucleotide.}$$

NEGELEIN and HAAS[3] studied the kinetics of this reaction by photometrically following the development of the absorption band of reduced coenzyme at 345 mμ. They showed that the coenzyme and the protein combine together to give a dissociable compound and that only this coenzyme-protein complex reacts with the hexosemonophosphate. Both the oxidized and reduced forms of the coenzyme form dissociable complexes with the protein.

NEGELEIN and WULFF[4] studied, in the same way, the reaction:

$$\text{Alcohol} + \text{diphospho-pyridine nucleotide} \rightleftharpoons \text{acetaldehyde} + \text{diphospho-dihydro-}$$
$$\text{pyridine nucleotide.}$$

This reaction, which is reversible, also depends on the presence of a specific protein, which they isolated from yeast, and the reaction in either direction takes place when the coenzyme or dihydro-coenzyme is in (reversible) combination with the protein.

The coenzyme + protein can be regarded as active group and colloidal carrier and the activity of the combination is analogous to that of the yellow enzyme. However the alloxazin nucleotide + protein compound is far less dissociable than the coenzyme + protein compound.[5]

A large number of specific proteins, dehydrogenases, which catalyze coenzyme reactions are now known (see Chapter 6). They show two types of specificity. Some are specific for coenzyme I, some for coenzyme II, and some seem capable of reacting with both. And they are highly specific for the metabolic substrate which is caused to reduce the coenzyme. It is most probable that the metabolite substrate, as well as the coenzyme, is combined with the dehydrogenase when the reaction takes place.

The dehydrogenases and coenzymes are extremely active. For instance 1 mg. of NEGELEIN and GERISCHER's purified "Zwischenferment" (hexosemonophosphate dehydrogenase) in the presence of excess coenzyme, substrate and yellow enzyme, caused an oxygen uptake of 350 c. mm. per minute.[6] In the presence of excess of the other substances, 1 mg. coenzyme caused an oxygen uptake of 1000 c. mm. per minute.[7]

[1] EULER, ADLER, HELLSTRÖM: Hoppe-Seyler's Z. physiol. Chem. 241 (1936), 239.
[2] WARBURG, CHRISTIAN: Biochem. Z. 286 (1936), 81; 287 (1936), 291.
[3] NEGELEIN, HAAS: Biochem. Z. 282 (1935), 206.
[4] NEGELEIN, WULFF: Biochem. Z. 273 (1937), 351.
[5] THEORELL: Biochem. Z. 275 (1934), 30.
[6] NEGELEIN, GERISCHER: Biochem. Z. 284 (1936), 289.
[7] WARBURG, CHRISTIAN, GRIESE: Biochem. Z. 282 (1935), 157.

ADLER *et al.*[1] have shown that when co-zymase is reduced by hydrosulfite a yellow intermediate reduction product is formed which is evidently the monohydro radical of the coenzyme. The substance is stable in dilute alkali in the absence of oxygen, especially in the presence of excess hydrosulfite. The yellow body reduces methylene blue directly. KARRER and BENZ[2] find that such semireduced products can be obtained from all quarternary pyridinium salts.

Oxidation of reduced coenzymes.

Neither of the dihydro-coenzymes is autoxidizable, nor are they oxidized by methylene blue or cytochrome c.[3] They are oxidized by the yellow enzyme with oxygen or methylene blue[4] or by substrate + dehydrogenase systems or by the coenzyme factor, diaphorase, with cytochrome or methylene blue. The interrelations of the coenzymes with other oxidation-reduction systems have been described in Chapter 1.

HAAS[5] has shown that ferricyanide oxidizes the dihydro-coenzymes directly. QUASTEL and WHEATLEY[6] have used ferricyanide in place of methylene blue for the study of dehydrogenases. Ferricyanide on being reduced acquires an equivalent of acidity so that, when the reaction is carried out in bicarbonate buffered medium, the reaction can be followed by measuring the CO_2 liberated from the medium by the acid formed. The ferricyanide method can be used to study coenzyme-dehydrogenase systems in the absence of diaphorase.

DICKENS and McILWAIN[7] have shown that a number of phenazine compounds can mediate oxygen uptake with the system,—hexosemonophosphate + dehydrogenase + coenzyme II. In low concentrations the phenazines are much less efficient than is the yellow enzyme, but with relatively high concentrations oxygen uptake rates of the same order as with yellow enzyme can be obtained.

Added to proof: BORSOOK[8] calculated the redox potential of cozymase at 30° to be $E_0 = -0,072 - 0,03\ p_H \pm 0,0008\ V$. BALL and RAMSDEN[9] found experimentally $E_0' = -0,26$ at p_H 7,2.

Preparations.

Coenzyme I was prepared by EULER *et al.*[10] from yeast by a variant of methods of MYRBÄCK *et al.*[11] Yeast was briefly heated with water to 80–85° and the extract treated with lead acetate. The precipitate was discarded and the coenzyme precipitated successively with mercuric nitrate, phosphotungstic acid, silver nitrate and cuprous chloride. The coenzyme was liberated from the Hg, Ag, and Cu salts with H_2S, and from the phosphotungstate precipitate by shaking with H_2SO_4, amyl alcohol· and ether. The material was finally precipitated with alcohol. It was about 60% pure and contained traces of coenzyme II, adenylic acid, and other impurities, though most of the coenzyme II was removed in the copper precipitation. A somewhat shorter preparation, omitting the Hg and Cu precipita-

[1] ADLER, HELLSTRÖM, EULER: Hoppe-Seyler's Z. physiol. Chem. **242** (1936), 225.
[2] KARRER, BENZ: Helv. chim. Acta **19** (1936), 1028. ·
[3] THEORELL: Biochem. Z. **288** (1936), 317.
[4] WARBURG, CHRISTIAN, GRIESE: Biochem. Z. **282** (1935), 157. — EULER, ADLER, HELLSTRÖM: Svensk kem. Tidskr. **47** (1935), 290; **241** (1936), 239.
[5] HAAS: Biochem. Z. **291** (1937), 79.
[6] QUASTEL, WHEATLEY: Biochemic. J. **32** (1938), 936.
[7] DICKENS, McILWAIN: Biochemic. J. **32** (1938), 1615.
[8] BORSOOK: J. biol. Chemistry **133** (1940), 629.
[9] BALL, RAMSDEN: J. biol. Chemistry **131** (1939), 767.
[10] EULER, ALBERS, SCHLENK: Hoppe-Seyler's Z. physiol. Chem. **240** (1936), 113.
[11] MYRBÄCK *et al.*: Hoppe-Seyler's Z. physiol. Chem. **225** (1934), 131; **233** (1935), 87, 148, 154.

tions, which gave a product containing about 50% coenzyme, was described by GREEN *et al.*[1]

EULER and SCHLENK[2] purified the coenzyme apparently completely by precipitating impurities from the material of EULER *et al.* with baryta and with lead acetate. The coenzyme could also be purified by fractional adsorption of coenzyme II and other impurities on alumina in a chromatographic adsorption tube[2,3]. The coenzyme II could be eluted with dilute primary phosphate solution.

Coenzyme II was prepared by WARBURG *et al.*[4] from cytolyzed horse red blood corpuscles. The process involved fractional acetone precipitation of inactive material, fractional precipitation with Hg acetate, precipitation of impurity with baryta followed by precipitation of the Ba salt of the coenzyme by adding alcohol, acetone precipitation of the coenzyme, solution in methyl alcohol-HCl and precipitation with acetic acid, solution in N acetic acid and fractional precipitation with Pb acetate. After decomposing the final Pb precipitate with H_2S, the coenzyme was precipitated with alcohol-ether.

WARBURG and CHRISTIAN[5] prepared both coenzymes I and II and adenylic acid from red blood corpuscles. They started with the material obtained after acetone and Hg fractionation which contained all three substances, and made use of the facts that the Ba salt of adenylic acid is difficultly soluble in water, that of coenzyme II difficultly soluble in dilute alcohol, and that of coenzyme I easily soluble in dilute alcohol.

The coenzymes are very stable in the dry state. They are easily soluble in water. In the oxidized form they are stable in dilute acid, especially at p_H 3–4, but unstable in alkaline solution. The dihydro-coenzymes are very stable in dilute alkali but below p_H 4 they are rapidly destroyed and the band at 340 mμ disappears irreversibly.[6]

Estimations.

To determine the activity of co-zymase (coenzyme I) preparations, MYRBÄCK[7] determined the CO_2 evolved by fermentation on adding a known amount of the material to a system containing washed dried yeast (apo-zymase), glucose, hexosediphosphate, and phosphate buffer p_H 6,3–6,6. The term ACo gave the c.mm. CO_2 evolved per hour per gram dry coenzyme preparation at 30° in the presence of the above materials in definite concentrations. Different preparations of apo-zymase tend to give different ACo values,[8] and it is sometimes necessary to add $MgCl_2$.

The activity of the first extract of yeast is about ACo = 500 [2] and that of the purest coenzyme of EULER and SCHLENK is about 650000.[2]

To determine the activity of coenzyme II preparations, WARBURG *et al.*[9] measured the O_2 uptake of the system, yellow enzyme + "Zwischenferment" + + coenzyme + hexosemonophosphate, with cyanide added to inhibit catalase present in the yellow enzyme preparation, and with concentrations chosen so

[1] GREEN, DEWAN, LELOIR: Biochemic. J. 31 (1937), 934.

[2] EULER, SCHLENK: Hoppe-Seyler's Z. physiol. Chem. 246 (1936), 64.

[3] EULER, ADLER: Hoppe-Seyler's Z. physiol. Chem. 238 (1936), 233.

[4] WARBURG, CHRISTIAN, GRIESE: Biochem. Z. 282 (1935), 157.

[5] WARBURG, CHRISTIAN: Biochem. Z. 287 (1936), 291.

[6] MYRBÄCK, EULER: Hoppe-Seyler's Z. physiol. Chem. 138 (1924), 6. — EULER, ADLER, HELLSTRÖM: Ibid. 241 (1936), 239; 242 (1936), 225. — WARBURG, CHRISTIAN, GRIESE: Biochem. Z. 282 (1935), 157.

[7] MYRBÄCK: Ergebn. Enzymforsch. 2 (1933), 144.

[8] See EULER, ALBERS, SCHLENK: Hoppe-Seyler's Z. physiol. Chem. 240 (1936), 113.

[9] WARBURG, CHRISTIAN, GRIESE: Biochem. Z. 282 (1935), 157.

that the O_2 uptake rate was proportional to the coenzyme concentration. Under the conditions chosen 1γ of pure coenzyme II took up $1\,c.mm.$ O_2 per minute. The activity of other preparations was expressed in terms of the ratio of their activity to that of the standard pure material.

Distribution and interconversion of coenzymes I and II.

EULER and ADLER[1] found coenzyme II as well as co-zymase in yeast, and WARBURG and CHRISTIAN[2] obtained both coenzymes from red blood corpuscles. That the coenzymes are present in plants and bacteria has been indicated by various authors working with coenzyme-determined dehydrogenases from these sources. EULER et al.[3] have studied the distribution of the coenzymes in rat tissues. The different tissues contained amounts varying from 160 to 215γ coenzyme I per gram fresh weight; blood contained 45γ per ccm. Coenzyme II was always present but in considerably lower concentration. Yeast contained $250-500\gamma$ per gram coenzyme I and only a little coenzyme II.

EULER et al.[4] have shown that, in the presence of apo-zymase, phosphate, and hexosediphosphate, with or without glucose, coenzyme II is partially converted to co-zymase (coenzyme I) and conversely, added coenzyme I is partially phosphorylated to give coenzyme II. Coenzyme II was not immediately effective in producing fermentation, but after a prolonged induction period, fermentation set in and co-zymase could be obtained from the extract. Added coenzyme I gave rise to coenzyme II which was active in the hexosemonophosphate-Zwischenferment-yellow enzyme system. The phosphorylation of coenzyme I to give coenzyme II also occured in the presence of adenosine triphosphate, $Mg^{..}$ and $Mn^{...}$-ions, and an enzyme precipitated by CO_2 from extract of dried yeast. The interconversion of the coenzymes took place more extensively under anaerobic conditions, indicating, possibly, that the processes occurred between the dihydro-coenzymes.

Other carriers.

The interaction of a number of carriers with other oxidation-reduction systems has been discussed in Chapter 1. Ascorbic acid and catechol derivatives have been further discussed, in conjunction with their oxidases, in Chapter 2. Only a few more facts concerning carrier compounds will therefore be mentioned.

Glutathione.

HOPKINS[5] succeeded in obtaining pure glutathione in large amounts by precipitation as the cuprous mercaptide. He showed that it is a tripeptide containing glycine, glutamic acid, and cysteine, and KENDALL and MASON,[6] and NICOLET[7] produced evidence that its structure is glutaminyl-cysteinyl-glycine.

$$H_2N\cdot CH\cdot CH_2\cdot CH_2\cdot CO\cdot NH\cdot CH\cdot CO\cdot NH\cdot CH_2\cdot COOH$$
$$\mid \qquad\qquad\qquad\qquad \mid$$
$$COOH \qquad\qquad\qquad H_2CSH$$

This structure was confirmed by synthesis by HARRINGTON and MEAD.[8]

[1] EULER, ADLER: Hoppe-Seyler's Z. physiol. Chem. 238 (1936), 233.
[2] WARBURG, CHRISTIAN: Biochem. Z. 287 (1936), 291.
[3] EULER, SCHLENK, HEIWINKEL, HÖGBERG: Hoppe-Seyler's Z. physiol. Chem. 256 (1938), 208.
[4] EULER, ADLER: Hoppe-Seyler's Z. physiol. Chem. 252 (1938), 41. — EULER, BAUER: Ber. dtsch. chem. Ges. 71 (1938), 411.
[5] HOPKINS: J. biol. Chemistry 84 (1929), 269. — PIRIE: Biochemic. J. 24 (1930), 51.
[6] KENDALL, MASON: J. biol. Chemistry 88 (1930), 409.
[7] NICOLET: J. biol. Chemistry 88 (1930), 389.
[8] HARRINGTON, MEAD: Biochemic. J. 29 (1935), 1602.

Though glutathione is readily oxidized and reduced by systems in tissues, it has not been found to show a normal oxidation-reduction potential. The reduction potential of glutathione or cysteine appears to be determined only by the concentration of GSH and not to be affected by GSSG.[1]

MELDRUM and DIXON[2] found that pure glutathione in neutral solution is not autoxidizible nor will the presence of iron or copper ions catalyze rapid oxidation. But, with early impure preparations, oxidation in the presence of iron or copper was rapid. It appeared that some impurity, with the metal, catalyzes the oxidation. Impure glutathione can be "stabilized" by treatment with muscle powder which removes the co-catalytic material. The impurity may be cysteine or cysteinyl-glycine.[3]

Glutathione (GSH) is the specific coenzyme for the enzyme glyoxalase which brings about the internal oxidation-reduction of methylglyoxal to give lactic acid.[4] The glutathione forms a compound with the methyl-glyoxal which is then acted upon by the enzyme yielding lactic acid and free glutathione.[5] Cysteine is inactive in this reaction.

Reduced glutathione and other thiol compounds activate or protect certain hydrolyzing enzymes, papain, cathepsin, urease.[6] These enzymes may depend for their activity upon fixed —SH groups in their molecules, and GSH may produce this group or protect it from oxidation. It is also probable that thiol compounds combine with and remove metal inhibitors. Glutathione and other oxidizable substances, in the presence of heavy metal ions and oxygen, also activate arginase, but the mechanism of the activation is not understood.

Ascorbic acid.

Ascorbic acid was obtained in large amounts from paprika, *Capsicum annum*, by SZENT-GYÖRGYI, SVIRBELY, and BANGA.[7] Its structure (see page 371) has been shown and the material has been synthesized by HAWORTH and HIRST[8] and other workers.[9] Ascorbic acid is reversibly oxidizable to dehydroascorbic acid, the redox potential being $E_0' = +0{,}166$ V at p_H 4,0 and $+0{,}080$ V at p_H 6,4.[10] Dehydroascorbic acid changes rapidly in neutral solution to another substance which is more strongly reducing and cannot be reduced back to the original vitamin.[10]

Ascorbic acid behaves like glutathione in activating or protecting certain enzymes.

Adrenochrome.

Adrenochrome[11] is formed by oxidation of adrenaline by the cytochrome system, by catechol oxidase, and by an unknown cyanide insensitive system in

[1] DIXON, QUASTEL: J. chem. Soc. (London) 123 (1923), 2943. — GREEN: Biochemic. J. 27 (1933), 678. — See also BORSOOK, ELLIS, HUFFMAN: J. biol. Chemistry 117 (1937), 281.

[2] MELDRUM, DIXON: Biochemic. J. 24 (1930), 472.

[3] MASON: J. biol. Chemistry 90 (1931), 25.

[4] LOHMANN: Biochem. Z. 254 (1932), 332.

[5] JOWETT, QUASTEL: Biochemic. J. 27 (1933), 486. — PLATT, SCHROEDER: J. biol. Chemistry 104 (1934), 281.

[6] Review: HELLERMANN: Physiologic. Rev. 17 (1937), 454.

[7] SVIRBELY, SZENT-GYÖRGYI: Biochemic. J. 27 (1933), 279. — BANGA, SZENT-GYÖRGYI: Ibid. 28 (1934), 1625.

[8] HIRST: J. Soc. chem. Ind. 52 (1933), 221. — HAWORTH, HIRST et al.: Ibid. 52 (1933), 645; J. chem. Soc. (London) 1933, 1420.

[9] See KING: Physiologic. Rev. 16 (1936), 240.

[10] BORSOOK, DAVENPORT, JEFFREYS, WARNER: J. biol. Chemistry 117 (1937), 237.

[11] GREEN, RICHTER: Biochemic. J. 31 (1937), 596.

tissues. It has been obtained as red crystals and its constitution shown to be
N-methyl-2,3-dihydro-3-hydroxyindole-5,6-quinone

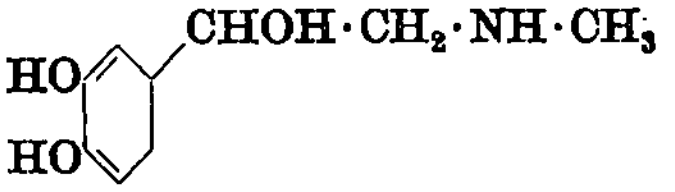

Adrenaline.

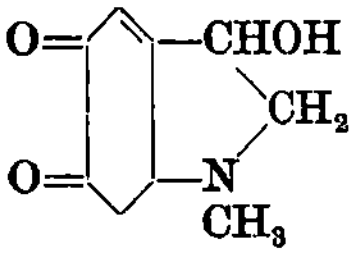

Adrenochrome.

It is a very unstable substance decomposing rapidly to colorless products in neutral
solution; even the solid material kept in vacuum decomposes in a few weeks. It
is reduced by coenzyme-dehydrogenase systems to a leuco-compound which is
not adrenaline. Oxidation of leuco-adrenochrome occurs through the cytochrome
system; it also occurs in the presence of cyanide and this may be autoxidation
or due to an unknown catalyst.

Thiamin pyrophosphate.

The coenzyme of carboxylase and pyruvic dehydrogenase has been shown
(see Chapter 7) to be the pyrophosphoric ester of thiamin (vitamin B_1). WILLIAMS
et al. and others[1] have shown that vitamin B_1 has the following structure, and
they have synthesized it. The vitamin is now called thiamin.

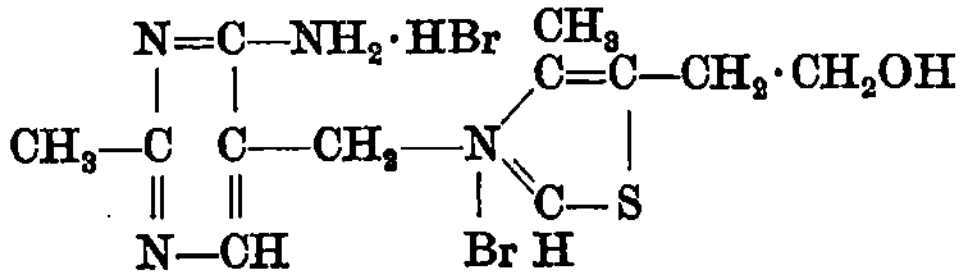

Thiamin bromide hydrobromide.

LIPMANN[2] has shown that thiamin can be reduced, by hydrosulfite or by platinum
black and hydrogen, with the uptake of two H atoms in the thiazole nucleus
and the liberation of an acid group. The hydrogenation appears to take place
in two steps. He has indicated that thiamin pyrophosphate probably mediates
hydrogen transfer from pyruvate + pyruvic dehydrogenase to the alloxazin-
adenine dinucleotide of the later yellow enzymes. Its function is thus similar
to that of the coenzymes I and II.

Pyocyanine.

Pyocyanine is the blue pigment of *B. pyocyaneus.* WREDE and STRACK[3]
showed that pyocyanine is oxymethylphenazine and synthesized it; according
to these authors it is bimolecular in glacial acetic acid.

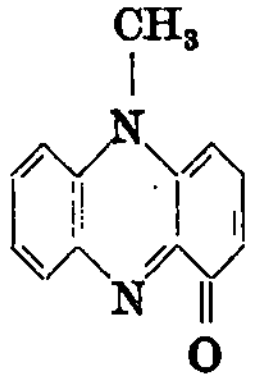

[1] WILLIAMS, CLINE: J. Amer. chem. Soc. **58** (1936), 1504; **59** (1937), 216. —
Reviews: WILLIAMS: Ergebn. Vitamin- u. Hormonforsch. 1 (1938), 213; Ind. Engng.
Chem. **29** (1937), 980.
[2] LIPMANN: Nature (London) **138** (1936), 1097; **143** (1939), 436. — LIPMANN,
PERLMANN: J. Amer. chem. Soc. **60** (1938), 2574.
[3] WREDE, STACK: Hoppe-Seyler's Z. physiol. Chem. **181** (1929), 58.

It is reversibly reducible to a leuco-compound, and the system gives a redox potential of $E_0' = 0.06$ V at p_H 7,4.[1] At p_H values below 6 the reduction occurs in two stages involving one electron each per single molecule. In acid p_H pyocyanine is red, the semi-reduced material green, and the fully reduced product colorless.

The redox potentials of catechol and adrenaline are given by BALL and CHEN[2] as $E_0' = +0.33$ and $+0.34$ V respectively at p_H 7,7. CONANT and PAP-PENHEIMER[3] find the redox potential of haemoglobin-methaemoglobin to be $E_0' = +0.152$ V at p_H 7. The oxidation-reduction characteristics of a number of other possible carriers are summarized by HEWITT.[4]

Chapter 5. Enzymes Causing Reduction of Cytochrome.

Succinic dehydrogenase.[5]

"Succinoxidase."

BATTELLI and STERN[6] showed that all animal tissues studied take up extra oxygen vigorously in the presence of succinic acid, malic acid being produced; the system responsible was readily inactivated at 60° and it was inhibited by cyanide in low concentration. Since the mechanism was insoluble they were able to wash away metabolites and many other enzymes from the minced tissue. In weakly alkaline solution succinoxidase itself could be extracted and OHLSSON[7] prepared active opalescent extracts by extracting washed minced horse muscle with alkaline phosphate. Strongly active preparations can be obtained by simply washing finely minced heart muscle or pigeon breast muscle and suspending in phosphate buffer.

EINBECK[8] showed that the succinoxidase of muscle causes the oxidation of succinic acid to fumaric acid with an uptake of 1 atom of oxygen per molecule oxidized, but that most enzyme preparations contain an enzyme, fumarase, which converts fumaric to malic acid.

$$
\begin{array}{llll}
\text{CH}_2\cdot\text{COOH} & & \text{CH}\cdot\text{COOH} & & \text{CH}_2\cdot\text{COOH} \\
| & + \text{O} & || & + \text{H}_2\text{O} & | \\
\text{CH}_2\cdot\text{COOH} & \longrightarrow & \text{CH}\cdot\text{COOH} & \longrightarrow & \text{HO}\cdot\text{CH}\cdot\text{COOH} \\
\text{Succinic acid.} & & \text{Fumaric acid.} & & \text{Malic acid.[9]}
\end{array}
$$

Fumarase sets up an equilibrium between fumaric and malic acids, equilibrium being reached in the presence of 3 molecules of malic to 1 molecule of fumaric

[1] FRIEDHEIM, MICHAELIS: J. biol. Chemistry 91 (1931), 355. — ELEMA: Rec. Trav. chim. Pays-Bas 50 (1931), 807.

[2] BALL, CHEN: J. biol. Chemistry 102 (1933), 691.

[3] CONANT, PAPPENHEIMER: J. biol. Chemistry 98 (1932), 57.

[4] HEWITT: Oxidation-Reduction Potentials in Bacteriology and Biochemistry. London: King and Son, 1936.

[5] Review: EULER: Chemie der Enzyme II, 3 (1934), 511.

[6] BATTELLI, STERN: Biochem. Z. 30 (1910), 172.

[7] OHLSSON: Skand. Arch. Physiol. 41 (1921), 77. — OHLSSON's method was studied and improved by LEHMANN [Skand. Arch. Physiol. 58 (1929), 45] who also suggested a standard method for estimating the dehydrogenase activity by the methylene blue reduction technique.

[8] EINBECK: Hoppe-Seyler's Z. physiol. Chem. 90 (1914), 301; Biochem. Z. 95 (1919), 296.

[9] l-Malic acid only is formed; DAKIN: J. biol. Chemistry 52 (1922), 183.

acid.[1] LEHMANN and ALWALL[2] showed that the fumarase can be removed by repeated extraction of minced muscle with water at 50°, and this fact has been made use of by other authors in preparing succinoxidase free of fumarase.[3]

THUNBERG and others[4] showed that in the presence of washed muscle tissue or extracts, succinate rapidly reduces methylene blue. This reduction was not inhibited by cyanide. FLEISCH[5] and SZENT-GYÖRGYI[6] confirmed the observations that oxygen uptake, but not methylene blue reduction, is inhibited by cyanide. They concluded that, for oxygen uptake to take place, both succinate and oxygen must be "activated", by two separate mechanisms. The oxygen activating mechanism can be inhibited by cyanide, but the enzyme activating succinate is not inhibited.

In the presence of cyanide, oxygen uptake occurs if methylene blue, or certain other dyes, is added; the succinate + dehydrogenase reduces the dye and the leuco-dye is spontaneously reoxidized by oxygen. Methylene blue thus substitutes for the oxygen activating system. KEILIN[7] clarified the relation of the mechanisms concerned in succinoxidase activity by showing that succinate with its dehydrogenase reduces the components of cytochrome, and the reduced cytochrome is re-oxidized by the cyanide sensitive cytochrome oxidase or respiratory enzyme. Apparently succinate with its dehydrogenase will reduce methylene blue and certain other dyes[8] as well as cytochrome.

Since cytochrome oxidase is inhibited by carbon monoxide, it might be expected that the "succinoxidase" should be similarly inhibited, but this was not observed by DIXON.[9] However, KEILIN[7] pointed out that the dehydrogenase activity of DIXON's preparations might be the limiting factor, and while CO inhibits the oxidase to some extent, enough activity might be left to re-oxidize the cytochrome as fast as it is reduced. Inhibition of aerobic succinate oxidation by CO has been observed in *B. coli*.[10]

Most preparations of succinic dehydrogenase contain cytochrome and cytochrome oxidase. But in suspensions of a number of different tissues the activities of the two enzymes are high while the cytochrome content is too low to mediate the full rate of oxidation; in such cases addition of cytochrome accelerates the oxygen uptake with succinate.[11]

Preparations.

OGSTON and GREEN[12] obtained somewhat purified succinic dehydrogenase preparations from heart and liver. Heart muscle was minced, washed, ground to a pulp with sand, and strained through coarse cloth. The turbid liquid was brought

---

[1] LEHMANN: Skand. Arch. Physiol. **58** (1929), 173. — WOOLF: Biochemic. J. **23** (1929), 472. — BORSOOK, SCHOTT: J. biol. Chemistry **92** (1931), 559.

[2] LEHMANN: Skand. Arch. Physiol. **58** (1930), 173. — ALWALL, LEHMANN: Ibid. **61** (1931), 159.

[3] BORSOOK, SCHOTT: J. biol. Chemistry **92** (1931), 535. — STOTZ, HASTINGS: Ibid. **118** (1937), 479.

[4] THUNBERG: Skand. Arch. Physiol. **35** (1918), 163; **43** (1923), 275. — WIDMARK: Ibid. **41** (1921), 200. — OHLSSON: Ibid. **41** (1921), 77.

[5] FLEISCH: Biochemic. J. **18** (1924), 294.

[6] SZENT-GYÖRGYI: Biochem. Z. **150** (1924), 195.

[7] KEILIN: Proc. Roy. Soc. (London), Ser. B **104** (1929), 206.

[8] For a discussion of the effects on the oxygen uptake rate of various dyes of varying redox potential, see STOTZ, HASTINGS: J. biol. Chemistry **118** (1937), 479.

[9] DIXON: Biochemic. J. **21** (1927), 1211.

[10] COOK, HALDANE, MAPSON: Biochemic. J. **25** (1931), 534.

[11] ELLIOTT, GREIG: Biochemic. J. **32** (1938), 1407.

[12] OGSTON, GREEN: Biochemic. J. **29** (1935), 1983.

to p_H 4,6 and the precipitate suspended in phosphate buffer at p_H 7,2. Liver was minced, extracted with RINGER solution, and the extract treated with two volumes of saturated ammonium sulfate solution. The precipitate was washed by resuspension in saturated ammonium sulfate solution and suspended in phosphate buffer. The liver preparation evidently contained very little cytochrome since the oxygen uptake with succinate was very low. On adding cytochrome the rate of oxygen uptake was greatly increased with both preparations.

A combination of the methods of OHLSSON and of OGSTON and GREEN has been described by WEIL-MALHERBE[1] for obtaining a partly purified stable dry preparation. Finely minced, washed and sand-ground heart muscle is extracted with alkaline phosphate solution, the turbid extract is acidified to p_H 4,6 and the precipitate dried in vacuum. The dry material is suspended in phosphate buffer for use.

These preparations contain cytochrome oxidase, and the dehydrogenase has not yet been obtained free of the oxidase. Since these preparations lack cytochrome, the rate of oxygen uptake with succinate can be much increased by the addition of cytochrome or of methylene blue or brilliant cresyl blue. The dyes are reduced by the dehydrogenase plus succinate and re-oxidized by oxygen without the intervention of cytochrome or the oxidase.

Coenzymes and Carriers.

Succinate with its dehydrogenase reduces all three components of cytochrome.[2] The system does not cause the reduction of oxidized glutathione.[3] The system does not depend upon a pyridine nucleotide coenzyme for its activity[4] but apparently the enzyme can interact with the coenzymes, since DEWAN and GREEN[5] have found that succinic dehydrogenase plus fumarate can oxidize dihydrocoenzyme I, the fumarate being reduced to succinate. LAKI[6] found that the dehydrogenase and fumarate can oxidize leuco-yellow enzyme.

Recently AHLGREN[7] found that small amounts of boiled aqueous extracts of various tissues increased the oxygen uptake of succinate with succinoxidase preparations, mainly by maintaining the initial high rate which otherwise fell off. The extracts had no effect on methylene blue reduction. The effects varied and could only be demonstrated during certain seasons of the year. HOPKINS et al.[8] have indicated that succinic dehydrogenase + succinate requires some new factor to enable the system to reduce cytochrome. Muscle residue, after thorough extraction with NaCl and LiCl solutions, was extracted with a bile salt solution. The clear or opalescent bile salt extract was precipitated with cold alcohol, and the precipitate extracted with 20% urea solution. The urea was dialyzed away and the material which then precipitated was suspended in water. This suspension with succinate could reduce methylene blue actively but it could not reduce

[1] WEIL-MALHERBE: Biochemic. J. 31 (1937), 299.

[2] KEILIN: Proc. Roy. Soc. (London), Ser. B 104 (1929), 206. — BALL: Biochem. Z. 295 (1938), 262. *Added to proof:* POTTER and LOCKHART [Nature (London) 143 (1939), 942] consider that both cytochromes b and c and cytochrome oxidase are needed with the dehydrogenase to complete the succinoxidase system. EULER and HELLSTRÖM [Hoppe-Seyler's Z. physiol. Chem. 260 (1939), 163] find cytochromes a, b and c are required and diaphorase increases the activity.

[3] HOPKINS, DIXON: J. biol. Chemistry 54 (1922), 527. — ELLIOTT: Biochemic. J. 22 (1928), 1410.

[4] ANDERSSON: Hoppe-Seyler's Z. physiol. Chem. 225 (1934), 57.

[5] DEWAN, GREEN: Biochemic. J. 31 (1937), 1074.

[6] LAKI: Hoppe-Seyler's Z. physiol. Chem. 249 (1937), 61.

[7] AHLGREN: Skand. Arch. Physiol. 80 (1938), 16.

[8] HOPKINS, LUTWAK-MANN, MORGAN: Nature (London) 148 (1939), 556.

oxidized cytochrome c; it took up no oxygen on adding cytochrome c, though cytochrome oxidase was present in the preparation. A factor required for cytochrome reduction was lost in the bile salt extraction. None of the known coenzymes or other carriers could take the place of the factor.

HORECKER, STOTZ, and HOGNESS[1] have now found that traces of aluminium ion accelerate the oxygen uptake of succinoxidase preparations. The maximum effect was reached with about 5 γ Al$\cdots$ per ccm. and spectroscopic determinations showed that the preparations contained enough Al$\cdots$ to account for the oxygen uptake observed without added Al$\cdots$. It was found that Al$\cdots$ did not affect either the activity of the cytochrome-cytochrome oxidase system nor the rate of methylene blue reduction. It seems possible, therefore, that Al$\cdots$ may be the factor which HOPKINS et al. found necessary to link the dehydrogenase and cytochrome systems. Chromium was more active than aluminium, but it was present in the preparations in very low concentration. Various other trivalent cations were active but no activity was found with ferric ion.

Added to proof: STERN and MELNICK[2] also find that the succinoxidase system requires an extra factor. This factor could be separated from heart extract and had a molecular weight of about 140 000.

Specificity.

WEIL-MALHERBE's material, with brilliant cresyl blue added as carrier, oxidized succinate rapidly and, considerably more slowly, α-glycerophosphoric, d(—)glutamic, and l-α-hydroxyglutaric acids. None of a number of other substrates tried was oxidized. However, the preparation probably contained other dehydrogenases since on the addition of coenzymes, similar preparations (precipitation at p_H 4,6) bring about the oxidation of various other substances (see Chapter 6). THUNBERG[3] has tested a large number of substances and finds that succinic dehydrogenase will act only on succinic acid and, less actively, on methyl succinic acid.

Inhibitors.

Certain substances structurally related to succinic acid have an affinity for the enzyme and while not being themselves activated for oxidation, they are adsorbed on the enzyme and so prevent access of the oxidizable substrate, succinic acid. This "competitive inhibition" was first observed by QUASTEL and WOOLDRIDGE[4] in work on the succinic dehydrogenase of bacteria. Malonic acid (COOH· ·CH$_2$·COOH) was found to exert a strong inhibitory action on succinic dehydrogenase, the extent of inhibition depending on the relative concentrations of malonic and succinic acids. The inhibitory action of malonic acid has since been observed with the enzyme from different sources[5] and by various authors. DAS[6] found that oxaloacetic acid (COOH·CO·CH$_2$·COOH) inhibits more strongly than does malonic acid; the oxidation product, fumarate, also inhibits, but only in higher concentration. Oxalic acid also inhibits but less markedly. THUNBERG[7] found that various substituted succinic acids exert slight inhibition; even methyl succinate, though it can itself be oxidized, decreased the rate of reduction of methylene blue in the presence of succinate.

[1] HORECKER, STOTZ, HOGNESS: J. biol. Chemistry **128** (1939), 251.
[2] STERN, MELNICK: Nature (London) **144** (1939), 330.
[3] THUNBERG: Biochem. Z. **258** (1933), 48.
[4] QUASTEL, WOOLDRIDGE: Biochemic. J. **22** (1926), 689.
[5] QUASTEL, WHEATLEY: Biochemic. J. **25** (1928), 117.
[6] DAS: Biochemic. J. **31** (1937), 1124.
[7] THUNBERG: Biochem. Z. **258** (1933), 48.

Succinic dehydrogenase, like other dehydrogenases, is somewhat inhibited by narcotics such as alcohols[1] and the urethanes,[2] probably owing to their being strongly adsorbed and blocking the catalytic surface. Fluoride, $0,06\,M$, inhibits 45%, selenite, $0,02\,M$, produces complete inhibition of the dehydrogenase.[3] In $0,02\,M$ concentration, pyrophosphate inhibits succinic dehydrogenase strongly but inhibits none of a number of other dehydrogenases tested.[4] Banga and Porges[5] list a number of organic and inorganic compounds which inhibit the enzyme to varying degrees. Cyanide in low concentration has no effect on the dehydrogenase[3,4].

Succinic dehydrogenase undergoes another type of inactivation which is of unusual interest. Hopkins et al.[6] found that when washed tissues are incubated anaerobically with oxidized glutathione (GSSG) at p_H 7,4, the succinic dehydrogenase is largely inhibited and the inhibition becomes complete if the process is repeated with fresh GSSG solutions. On subsequent incubation with reduced glutathione (GSH) the activity of the enzyme is restored. They concluded that the enzyme depends for its activity upon a fixed —SH group which can be oxidized, with inactivation of the enzyme, by GSSG and reactivated by reduction with GSH. They obtained further evidence of this by showing that the enzyme could also be inactivated by Cu and by maleic and iodoacetic acids, substances which are known to react with –SH groups. Alloxan, an oxidant of –SH groups, in low concentration, also inactivates the enzyme. Succinic, fumaric and malonic acids, all of which are adsorbed on the enzyme, protect it from the influence of GSSG. α-Glycerophosphate dehydrogenase, which always accompanies succinic dehydrogenase, was not inactivated by GSH, nor were a number of other oxidizing enzymes.[7] Euler and Hellström[8] also conclude, from experiments with oxidizing and reducing agents, that succinic dehydrogenase depends upon an –SH group for its activity.

Kinetics.

Ohlsson,[9] and Cook and Alcock[10] found the optimum p_H for the reduction of methylene blue by the succinic dehydrogenase of muscle and bacteria to be about p_H 9, though it varies somewhat with the buffer used. The optimum p_H for the oxygen uptake of bacteria[10] and washed muscle[11] with succinate was about p_H 7,6. Laki[12] has shown that the p_H optimum depends upon the dye used—with methylene blue the optimum was about p_H 8,8 with 1-naphtholsulfonate – 2,6-dichlorophenol-indophenol it was about 8,0 and with toluylene blue, 7,5.

Half maximal rate of oxidation in the presence of methylene blue is obtained in very low succinate concentration, about $0,001\,M$.[13] The maximum rate is

[1] Grönvall: Skand. Arch. Physiol. **44** (1923), 200.

[2] Svensson: Skand. Arch. Physiol. **44** (1923), 306. — Sen: Biochemic. J. **25** (1931), 849.

[3] Stotz, Hastings: J. biol. Chemistry **118** (1937), 479.

[4] Leloir, Dixon: Enzymologia (Den Haag) **2** (1937), 81.

[5] Banga, Porges: Hoppe-Seyler's Z. physiol. Chem. **255** (1938), 159.

[6] Hopkins, Morgan: Biochemic. J. **32** (1938), 611. — Hopkins, Morgan, Lutwak-Mann: Biochemic. J. **32** (1938), 1829.

[7] Rapkine has shown by similar methods that the system which, with coenzyme I, catalyzes oxido-reduction between triosephosphate and pyruvate depends upon a free -SH group: Biochemic. J. **32** (1938), 1729.

[8] Euler, Hellström: Hoppe-Seyler's Z. physiol. Chem. **255** (1938), 159.

[9] Ohlsson: Skand. Arch. Physiol. **41** (1921), 77.

[10] Cook, Alcock: Biochemic. J. **25** (1931), 523.

[11] Wieland, Frage: Liebigs Ann. Chem. **477** (1929), 1.

[12] Laki: Hoppe-Seyler's Z. physiol. Chem. **254** (1938), 25.

[13] Widmark: Skand. Arch. Physiol. **41** (1921), 200. — Quastel, Whetham: Biochemic. J. **19** (1925), 520.

reached with about ten times this concentration. Very high concentrations cause some inhibition.[1,2] The optimal concentration appears to be somewhat higher with oxygen than with methylene blue.[2]

The temperature coefficient of succinic dehydrogenase activity is about 2,0.[3,4]

Reversibility.

QUASTEL and WHETHAM[3] first showed that succinic dehydrogenase catalyzes a truly reversible reaction. They showed that washed bacteria catalyzed the oxidation of succinate with reduction of methylene blue and also the reduction of fumarate with oxidation of leuco-methylene blue.[5] An equilibrium was set up between the four reacting components with a reproducible constant K, where

$$K = \frac{[\text{fumarate}]\ [\text{leuco-dye}]}{[\text{succinate}]\ [\text{dye}]}.$$

THUNBERG[6] showed similar reversibility and found the same equilibrium constant with the dehydrogenase from muscle. Knowing the concentrations of the reactants at equilibrium and the electrometric data for the methylene blue system, THUNBERG calculated the redox potential of the succinic-fumaric system. Later LEHMANN[7] made direct measurements of the potential at equilibrium with the dye. There were some discrepancies between the results of these authors, and BORSOOK and SCHOTT[8] made a thorough study of the reaction and showed by electrometric and thermochemical measurements that the enzyme behaves as a perfect catalyst. The potentials of the succinic-fumarate system at 37° are given by

$$E_h = 0,430 - 0,0615 p_H - 0,0307 \log \cdot \frac{[\text{succinic}]}{[\text{fumaric}]},$$

whence the redox potential at p_H 7,0, of an equimolar mixture of succinic and fumaric acids is $E_0' = 0,0$ V. The redox potential is thus close to that of methylene blue.

Distribution.

Succinic dehydrogenase has been found in all bacteria tried,[9] in moulds,[10] in insects,[11] and in tissues of all vertebrates.[12] The enzyme is very active in liver, kidney, and heart, less active in skeletal muscle and most other tissues; spleen, pancreas, and certain cancer tissues contain little of the enzyme, and it is absent in blood.[13] In muscle the succinic and certain other dehydrogenases seem to be associated with the structural framework of the fibres.[14]

Added to proof: The dehydrogenase is present *Limulus, Busycon, Homarus, Loligo,* and in *Arbacia* sperms but not eggs.[15]

---

[1] BATTELLI, STERN: Biochem. Z. 30 (1911), 172.

[2] ELLIOTT, GREIG: Biochemic. J. 32 (1938), 1407.

[3] QUASTEL, WHETHAM: Biochemic. J. 18 (1924), 519.

[4] MAZZA, LAURENZA: Arch. Sci. biol. (It.) 19 (1934), 496.

[5] Another mechanism ("fumarate hydrase") for the reduction of fumarate is described in Chapter 7.

[6] THUNBERG: Skand. Arch. Physiol. 46 (1925), 339.

[7] LEHMANN: Skand. Arch. Physiol. 58 (1929), 173.

[8] BORSOOK, SCHOTT: J. biol. Chemistry 92 (1931), 535.

[9] KENDALL, ISHIKAWA: J. infect. Diseases 44 (1929), 282.

[10] THUNBERG: Skand. Arch. Physiol. 33 (1916), 223; 35 (1917), 163; 40 (1920), 1.

[11] BATTELLI, STERN: Biochem. Z. 56 (1913), 59.

[12] See THUNBERG: Quart. Rev. Biol. 5 (1930), 318.

[13] BREUSCH: Biochem. Z. 295 (1938), 101. — ELLIOTT, GREIG: Biochemic. J. 32 (1938), 1407.

[14] HOPKINS, MORGAN, LUTWAK-MANN: Biochemic. J. 32 (1938), 1829.

[15] BALL, MEYERHOF: J. biol. Chemistry 134 (1940), 483.

Function.

According to various workers[1] the oxidation of succinate is an essential step in the oxidative metabolism of carbohydrate and other food-stuffs. SZENT-GYÖRGYI and KREBS and their co-workers have suggested that the succinoxidase system plays a special role in the catalysis of tissue respiration in general (see Chapter 8).

α-Glycerophosphate dehydrogenase (Cytochrome).

MEYERHOF[2] observed that glycerophosphoric acid, but not glycerine, is oxidized by washed muscle or liver, and AHLGREN[3] showed that the glycerophosphate system could reduce methylene blue. Like succinic dehydrogenase, glycerophosphate dehydrogenase is widely distributed and associated with insoluble tissue material. The two enzymes nearly always accompany each other in preparations and they show the same stability[4] but they are evidently different catalysts. ALWALL[5] found that the ratio of the rates of oxidation of succinate and of glycerophosphate by different tissues varied widely. AHLGREN[6] found an additive effect on the rate of methylene blue reduction with succinate and glycerophosphate together in optimal concentrations.

Glycerophosphate dehydrogenase is present in all animal tissues tried;[7] it is even present in the lens of the eye which contains no succinic dehydrogenase.[8] It is present in bacteria[9] and yeast[2] and in certain seeds and pollen.[10]

Much of the early work[11] on glycerophosphate dehydrogenase, has become somewhat ambiguous since it now appears that there exist two different glycerophosphate dehydrogenases. One of these has been shown by EULER et al.[12] to depend for its activity upon coenzyme I and it will be discussed in the next chapter. The other apparently causes the direct reduction of cytochrome and has been studied by GREEN[13] who gives the following information.

To prepare the enzyme rabbit muscle is minced, washed, ground with sand, and the paste strained through coarse mesh cloth.[14] The extract is brought to p_H 4,6 with acetate buffer and the sediment obtained is suspended in phosphate buffer p_H 7,2. The suspension keeps its activity for a few days at 0°. The sediment dried in vacuo is quite stable. If the enzyme suspension is centrifuged no activity is left in the supernatant fluid; the enzyme is apparently attached to insoluble particles.

The enzyme could be prepared in the same manner from a number of different rabbit tissues. The most active preparation was obtained from brain, the least

[1] See for example: TOENNIESSEN, BRINKMANN: Hoppe-Seyler's Z. physiol. Chem. 187 (1930), 137. — ELLIOTT et al.: Biochemic. J. 28 (1934), 1920; 31 (1937), 1021.

[2] MEYERHOF: Pflügers Arch. ges. Physiol. Menschen Tiere 175 (1919), 20.

[3] AHLGREN: Acta med. scand. 57 (1928), 508.

[4] ALWALL: Skand. Arch. Physiol. 55 (1929), 100.

[5] ALWALL: Skand. Arch. Physiol. 58 (1929), 65.

[6] AHLGREN: Skand. Arch. Physiol. 47 Suppl. (1925), 1.

[7] ALWALL: Skand. Arch. Physiol. 58 (1929), 65. — THUNBERG: Ibid. 43 (1923), 275. — DAVIES, QUASTEL: Biochemic. J. 26 (1932), 1672.

[8] AHLGREN: Skand. Arch. Physiol. 44 (1923), 196.

[9] QUASTEL, WHETHAM: Biochemic. J. 19 (1925), 520.

[10] THUNBERG: Biochem. Z. 206 (1929), 109; Skand. Arch. Physiol. 46 (1924), 137.

[11] See FRANKE: EULER's Chemie der Enzyme II, 3 (1934), 586.

[12] EULER, ADLER, GÜNTHER: Hoppe-Seyler's Z. physiol. Chem. 249 (1937), 1.

[13] GREEN: Biochemic. J. 30 (1936), 629.

[14] The cloth used is called muslin in England but corresponds to cheesecloth in America.

active from heart. Unlike succinic dehydrogenase, the glycerophosphate dehydrogenase is considerably more active in skeletal than in heart muscle.

The enzyme preparation with α-glycerophosphate takes up a little oxygen without added carrier but the rate is increased many times on the addition of cytochrome c. The preparation contains cytochrome oxidase ("indophenol oxidase", tested for by the oxidation of p-phenylene diamine). It is evident therefore that the complete system is as follows: α-glycerophosphate, dehydrogenase-cytochrome-cytochrome oxidase, oxygen. As is to be expected, the oxygen uptake is completely inhibited by cyanide.[1] No sign of hydrogen peroxide formation was detected.

Cytochrome could not be replaced by yellow enzyme, lactoflavin, glutathione, adrenaline, ascorbic acid nor coenzymes I and II; none of these substances affected the rate of oxygen uptake of GREEN's preparation with α-glycerophosphate. Increasing the oxygen tension also had no effect.

The enzyme with glycerophosphate reduces methylene blue anaerobically and methylene blue will act as carrier and cause oxygen uptake. The affinity for methylene blue is low and maximum oxygen uptake rate is not reached with less than $6 \times 10^{-3}\,M$ methylene blue. Cytochrome causes rapid oxygen uptake in molar concentrations many times lower than are effective with methylene blue. Besides methylene blue, all reversible indicators with an E_0' at p_H 7 higher than $-0,2$ V can be reduced by glycerophosphate with the dehydrogenase. The potential of the glycerophosphate system seems to be about $-0,25$ V. The system reduces nitrate, but very slowly.

The enzyme is specific for the natural $(-)\alpha$-glycerophosphate. β-Glycerophosphate, glycerol, 2-phosphoglycerate, and 3-phosphoglycerate are not oxidized.

In the presence of $1,2 \times 10^{-3}\,M$ methylene blue, added as carrier, half maximum oxygen uptake rate was obtained with $0,01\,M$ α-glycerophosphate. Half maximum rate of anaerobic methylene blue reduction, with $0,07 \times 10^{-3}\,M$ methylene blue, was obtained with $0,001\,M$ α-glycerophosphate. The half optimum substrate concentration evidently depends upon the conditions under which the system is acting.

The activity of the enzyme varies little between p_H 7,5 and 10,5 in phosphate buffer; it falls off rapidly below p_H 6 and above p_H 12.

With methylene blue added as carrier, cyanide and sodium azide, about $0,01\,M$, do not inhibit the oxidation rate.[2] The narcotics, ethyl urethane and octyl alcohol cause appreciable inhibition. Fluoride, $0,017\,M$, and iodoacetic acid, $0,0017\,M$, have very little effect. Though the enzyme does not activate 3-phosphoglycerate and 2-phosphoglycerate for oxidation, these substances probably compete with the normal substrate for the enzyme surface since their presence causes an inhibition of the oxidation of α-glycerophosphate. β-Glycerophosphate shows no effect at all.

Methylglyoxal was isolated, as the dinitrophenylosazone, after the oxidation

---

[1] OGSTON and GREEN [Biochemic. J. **29** (1935), 1983] had found no acceleration of oxygen uptake on adding cytochrome, and only partial inhibition with cyanide, with preparations from muscle. Evidently their cruder preparations (no precipitation at p_H 4,6) contained sufficient cytochrome and also contained the coenzyme-determined dehydrogenase. The precipitated material of GREEN probably contains a trace of cytochrome which accounts for a small oxygen uptake varying in rate with different preparations, without cytochrome addition.

[2] Actually these reagents increase the oxygen uptake when dyes are used as carriers. This may be due to the inhibition of catalase; H_2O_2 accumulates instead of being broken down to O_2 and water. WEIL-MALHERBE: Nature (London) **140** (1937), 725.

of α-glycerophosphate by the enzyme preparation.[1] However, it was shown that the first oxidation product is a triosephosphate, almost certainly glyceraldehyde-phosphate though dihydroxyacetonephosphate is possibly also formed. The triose-phosphates readily break down to give methylglyoxal and phosphoric acid.

$$
\begin{array}{ccccc}
H_2COH & & HC{=}O & & HC{=}O \\
| & \xrightarrow{\;+\;O\;} & | & \xrightarrow{\;+\;H\;} & | \\
HCOH & & HCOH & & HC{=}O \quad +\; H_3PO_4 \\
| & & | & & | \\
H_2C{-}OPO_3H_2 & & H_2C{-}OPO_3H_2 & & CH_3 \\
\text{α-Glycerophosphate.} & & \text{Glyceraldehydephosphate.} & & \text{Methylglyoxal.}
\end{array}
$$

The formation of methylglyoxal and free phosphate lagged behind the oxygen uptake. In the presence of cyanide the triosephosphate formed was stabilized as the cyanhydrin and the Ba salt of this was isolated, in an impure state, and identified as triosephosphate by its breakdown products on hydrolysis. Treatment of the impure triosephosphate material with iodine seemed to yield phospho-glyceric acid, indicating that mostly glyceraldehydephosphate was present.

Using ordinary α-glycerophosphate containing both optical isomeres the total oxygen uptake corresponded to exactly half the theoretical for oxidation to triosephosphate. With the natural (—) product, produced in muscle glycolysis, the theoretical oxygen uptake occurred. Green presumed that the oxidation product is (+) glyceraldehydephosphate since only this component of synthetic triosephosphate undergoes dismutations in muscle.

This dehydrogenase does not cause glycerophosphate to reduce pyruvate or fumarate and does not catalyze any of the processes of glycolysis. Actively glycolyzing muscle juice does not contain this enzyme. The cytochrome-oriented α-glycerophosphate dehydrogenase seems to be concerned only with oxidation and not with glycolytic processes.

Choline dehydrogenase.

Bernheim and Bernheim[2] found that acetylcholine increased the oxygen uptake of a suspension of rat liver, and the extra oxygen uptake was proportional to the amount of acetylcholine added. Pharmacological tests showed that the acetylcholine was destroyed. Acetate caused no oxygen uptake with the suspension, so it was concluded that choline was oxidized. Fluoride and physostigmine which inhibit liver esterases, completely inhibited the extra oxygen uptake indicating that acetylcholine is hydrolyzed before oxidation.[3] Trowell[4] showed that choline causes increased oxygen uptake with liver slices, or washed liver mince, but the enzyme concerned could not be obtained in solution.

Mann and Quastel[5] found a large increase in oxygen uptake when choline (choline chloride) was added to a liver suspension or to liver slices. Using Florence's reagent to precipitate choline as the periodide, it was shown that choline disappearance accompanied the increased oxygen uptake. Somewhat more than 1 atom of oxygen was taken up per molecule of choline disappearing (the p_H of the buffer used being 7,4). From the reaction mixture, a

[1] The same product was isolated by Johnson after incubation of minced brain with α-glycerophosphate. Biochemic. J. 30 (1936), 33.

[2] Bernheim, Bernheim: Amer. J. Physiol. 104 (1933), 438.

[3] These substances and urethane inhibit the dehydrogenase only in high concentrations. Bernheim, Bernheim: Amer. J. Physiol. 121 (1938), 55.

[4] Trowell: J. Physiology 85 (1935), 356.

[5] Mann, Quastel: Biochemic. J. 31 (1937), 869.

mixture of the reineckates of unchanged choline and betaine aldehyde was separated. The latter was obtained in pure form and identified by various chemical methods. The primary product of the oxidation of choline by the enzyme is therefore betaine aldehyde.

$$(CH_3)_3\overset{+}{N} \cdot CH_2 \cdot CH_2OH + O \rightarrow (CH_3)_3\overset{+}{N} \cdot CH_2 \cdot CHO$$

Choline.   Betaine aldehyde.

In their earlier study Bernheim and Bernheim[1] had found that about 1,5 atoms of oxygen were taken up per molecule of choline. Recently these authors[2] purified the enzyme somewhat by dialyzing the liver suspension and using the washed sediment suspended in phosphate buffer. They found that at p_H 6,7 one atom of oxygen was taken up per molecule of choline and at p_H 7,8 two atoms were taken up. Chemical tests indicated that the product of oxidation at p_H 6,7 was betaine aldehyde, the product at p_H 7,8 was betaine. At p_H 7,8 little betaine aldehyde was found unless the test was applied before the oxidation was complete. Presumably at p_H 7,8 choline is oxidized first to betaine aldehyde and then to betaine. Synthetic betaine aldehyde could be oxidized by the suspension, but only at p_H 7,8. Whether the same enzyme is responsible for both steps of the oxidation is uncertain. Mann et al.[3] added semicarbazide to the reaction mixture to fix the betaine aldehyde formed and obtained, at p_H 7,4, approximately the theoretical oxygen uptake for oxidation to betaine aldehyde.

The dialyzed preparation of the Bernheims could also oxidize succinate, d-proline, tyramine, and, to a slight extent, xanthine, but did not act on a number of other substances tried. Succinate, proline, and tyramine can be oxidized by preparations which do not attack choline. Though choline is oxidized at the alcohol group, the enzyme responsible is distinct from alcohol dehydrogenase. Untreated liver suspension oxidized both choline and alcohol but the choline oxidase preparation was unable to oxidize alcohol. Conversely an extract of acetone-dried liver oxidized alcohol but not choline.

Mann et al. showed that arsenocholine is oxidized by the same enzyme. In the presence of semicarbazide one atom of oxygen was taken up, corresponding to oxidation to arsenobetaine aldehyde; in the absence of fixative roughly two atoms were taken up, arsenobetaine presumably being formed. A secondary reaction also seemed to take place since a smell of trimethylarsine was produced and a volatile reducing substance was detected.

Half maximum rate of increased oxygen uptake was obtained with about $1,2 \times 10^{-3} M$ choline and about $8 \times 10^{-3} M$ arsenocholine. Arsenocholine has thus a considerably lower affinity for the enzyme than has choline.

Though choline has little effect on the rate of reduction of methylene blue by untreated liver suspension, the Bernheims[2] found that methylene blue was reduced by their dialyzed preparation much more rapidly with choline than without, at both p_H 6,7 and 7,8. Quastel and Wheatley[4] showed that the enzyme with choline reduces ferricyanide.

Mann and Quastel[5] found that the oxygen uptake of the enzyme preparations with choline is completely inhibited by $10^{-3} M$ cyanide.[6] In anaerobic experiments

[1] Bernheim, Bernheim: Amer. J. Physiol. 104 (1933), 438.
[2] Bernheim, Bernheim: Amer. J. Physiol. 121 (1938), 55.
[3] Mann, Woodward, Quastel: Biochemic. J. 32 (1938), 1024.
[4] Quastel, Wheatley: Biochemic. J. 32 (1938), 936.
[5] Mann, Quastel: Biochemic. J. 31 (1937), 869.
[6] Bernheim, Bernheim [Amer. J. Physiol. 121 (1938), 55] found that high concentrations of cyanide produced only a temporary inhibition. Presumably absorption

using ferricyanide as hydrogen acceptor, Mann et al.[1] found no appreciable inhibition of the oxidation of choline or arsenocholine with low cyanide concentration though 0,1 M cyanide had some effect. The latter authors found that well washed rat liver suspension with choline or arsenocholine immediately reduced added cytochrome c. On shaking the mixture with air the absorption bands of reduced cytochrome c were observed to disappear, but they reappeared on the removal of air. Neither the suspension nor choline alone reduced the cytochrome. It was concluded, therefore, that the choline oxidizing system consists of choline dehydrogenase, cytochrome, and cytochrome oxidase, the latter enzyme being the factor which is inhibited by cyanide. No coenzyme seems to be required since, with liver slices, Quastel and Wheatley[2] found that choline, like succinate, reduced ferricyanide rapidly, whereas lactate, malate, and glycerate, required the addition of coenzyme before ferricyanide was reduced. Mann et al. found that prolonged dialysis of the enzyme preparation had little effect on its activity, and addition of coenzyme I after dialysis caused no increase in oxidation rate.

The oxidation of choline is inhibited in the presence of ammonia (ammonium chloride), trimethylamine, and betaine, and Mann et al. believe therefore that these substances compete with choline for the enzyme and that the affinity for the enzyme is determined by the $> NR_3$ group, though As may be substituted for N as in arsenocholine. The dehydrogenase seems to be readily destroyed by acetone, ammonium sulphate, or acidification.

The choline dehydrogenase is active in rat and cat liver and kidney, but the activity in rat kidney is considerably less than in rat liver; it is absent in rat brain, skeletal and heart muscle, spleen and blood, and in guinea-pig liver.[3] Preparations from guinea-pig liver do not cause cytochrome reduction with choline, and do not oxidize arsenocholine.[1]

Lactic dehydrogenase of yeast.

Harden and Norris[4] showed that dried yeast with lactic acid reduced methylene blue and that the product of oxidation was pyruvic acid. Aerobic oxidation of lactate by living yeast was found by Fürth and Lieben.[5]

Bernheim[6] obtained a slightly cloudly active extract by extracting acetone-dried yeast with Na_2HPO_4 solution, and dialyzing the solution. A clear yellow solution of lactic dehydrogenase was obtained by Hahn et al.[7] by rubbing up pressed yeast with ethyl acetate and shaking the suspension with water, ammonia being added to keep the mixture neutral. Adler and Michaelis[8] obtained the enzyme as a dry powder by fractional precipitation with alcohol from Hahn's solution. Hahn and Fischbach[9] have purified the enzyme by adsorption on alumina. Gurchot and Lowmann[10] obtained a soluble preparation in which

---

of HCN by the alkali used to absorb CO_2 lowered the HCN concentration in the medium.

[1] Mann, Woodward, Quastel: Biochemic. J. 32 (1938), 1024.

[2] Quastel, Wheatley: Biochemic. J. 32 (1938), 936.

[3] Bernheim, Bernheim: Amer. J. Physiol. 104 (1933), 438; 121 (1938), 55. — Trowell: J. Physiology 85 (1935), 356. — Mann, Quastel: Biochemic. J. 31 (1937), 869.

[4] Harden, Norris: Biochemic. J. 9 (1915), 330.

[5] Fürth, Lieben: Biochem. Z. 128 (1922), 144; 132 (1922), 165.

[6] Bernheim: Biochemic. J. 22 (1928), 1178.

[7] Hahn, Fischbach, Niemer: Z. Biol. 93 (1932), 121.

[8] Adler, Michaelis: Hoppe-Seyler's Z. physiol. Chem. 235 (1935), 154.

[9] Hahn, Fischbach: Z. Biol. 95 (1934), 155.

[10] Gurchot, Lowmann: Proc. Soc. exp. Biol. Med. 35 (1936), 315.

much protein and debris was removed from macerated yeast by shaking with ether; the enzyme was precipitated with ammonium sulphate and dried.

These extracts with lactate reduced methylene blue but took up no oxygen unless the dye was added as mediator. HAHN showed that the oxidation product was pyruvate.

BERNHEIM[1] found that his solution oxidized lactate and, slightly less rapidly, α-hydroxybutyrate but not any of the following: malate, β-hydroxybutyrate, fumarate, succinate, maleate, formate, citrate, glutamate, oxalate, acetate, tartrate, pyruvate, or glycerate. The rate of reaction increased with increasing lactate or α-hydroxybutyrate concentration up to 0,07 M; further increase had no effect. The extracted enzyme attacks $l(+)$lactate preferentially but not exclusively while intact yeast oxidizes both forms at the same rate.[2] Possibly two different enzymes are involved or the intact yeast contains a racemizing agent.

BERNHEIM found that the activity of the enzyme toward lactate or α-hydroxybutyrate was inhibited strongly by pyruvate, oxalate or glycerate. BOYLAND[3] has found that the dehydrogenase is inhibited by certain carcinogenic hydrocarbons, especially by the products of irradiation of these substances. Arsenite inhibits the enzyme competitively; the extent of inhibition increases with decreasing lactate concentration. The enzyme is not inhibited by cyanide, fluoride or bromoacetic acid.[4]

BOYLAND and BOYLAND[5] found the optimum p_H for the enzyme in solution to be 6,2.

The fact that protracted dialysis was involved in BERNHEIM's preparation of yeast lactic dehydrogenase indicated that no coenzyme was concerned, and BOYLAND and BOYLAND[5] showed that the solution contained no coenzyme which could activate the coenzyme-determined lactic dehydrogenase from muscle. ADLER and MICHAELIS[4] found no sign of activation of the yeast enzyme by additions of coenzyme I or coenzyme II and yellow enzyme. The yellow enzyme will not mediate oxygen uptake in place of methylene blue.[6] Glutathione does not act as mediator to enable the enzyme with lactate to take up oxygen.[7]

OGSTON and GREEN[8] found that while a preparation obtained from ground yeast took up small amounts of oxygen in the presence of lactate, the rate of oxygen uptake was considerably increased when cytochrome c was added and very greatly increased when cytochrome and a suspension of heart muscle rich in cytochrome oxidase were added. The oxygen uptake of this system and also the rapid oxygen uptake of intact washed yeast with lactate, was inhibited by cyanide. It therefore appears that the yeast enzyme is connected with the cytochrome-cytochrome oxidase system and not with a coenzyme I or II system.[8]

WARBURG and CHRISTIAN[9] showed that pyruvate with an enzyme from yeast

[1] BERNHEIM: Biochemic. J. **22** (1928), 1178.
[2] MEYERHOF, LOHMANN: Biochem. Z. **171** (1926), 421.
[3] BOYLAND: Biochemic. J. **27** (1933), 791.
[4] ADLER, MICHAELIS: Hoppe-Seyler's Z. physiol. Chem. **235** (1935), 154.
[5] BOYLAND, BOYLAND: Biochemic. J. **28** (1934), 1417.
[6] HAHN, NIEMER, FREYTAG: Z. Biol. **96** (1935), 253.
[7] OGSTON, GREEN: Biochemic. J. **29** (1935), 1983, 2005.
[8] OGSTON and GREEN found that added coenzyme I produced some activation of the oxidation of lactate with the preparation used by them. It is therefore possible that yeast may contain a coenzyme-determined lactic dehydrogenase as well as the coenzyme-independent enzyme.
[9] WARBURG, CHRISTIAN: Biochem. Z. **287** (1936), 291.

oxidized dihydro-coenzyme I. It will be recalled that fumarate with the succinic dehydrogenase also could oxidize dihydro-coenzyme.[1]

DIXON and ZERFAS[2] state that they have obtained a purified yeast lactic dehydrogenase preparation which, with lactate, reduces methylene blue rapidly but does not react with the cytochrome oxidase-cytochrome c system. As with the succinic dehydrogenase, it appears that an extra factor is necessary for the reduction of cytochrome.

The lactic dehydrogenase of muscle and a lactic dehydrogenase in bacteria require coenzyme I and are discussed in the next chapter.

α-Hydroxyglutaric dehydrogenase.

THUNBERG[3] found that α-hydroxyglutarate reduced methylene blue in the presence of washed frog muscle. WEIL-MALHERBE[4] studied the enzyme responsible, using a preparation from pig heart. Washed, ground tissue was extracted with slightly alkaline medium, and the enzyme was precipitated (together with other enzymes) at p_H 4,6. The material, dried in $vacuo$, maintained its activity well. For use it was suspended in veronal buffer, p_H 8,2. The preparation with α-ketoglutarate and pyocyanine, added as carrier, took up oxygen rapidly and continuously for several hours. No ketone fixative nor coenzyme was necessary. Similar though less active preparations were obtained from all other tissues tried except spleen and JENSEN sarcoma.

The enzyme was specific for $l(-)\alpha$-hydroxyglutarate; the $d(+)$compound was not attacked and did not inhibit the reaction with the l-compound. Half-maximum O_2 uptake rate occurred with about 0,003 M α-hydroxyglutarate; the full rate was given with 0,03 M substrate and further increase in concentration had no effect. The optimum p_H was 8,0–8,5, the rate falling off rapidly in more alkaline medium.

Iodoacetate, 0,017 M, inhibited the reaction 82%, pyrophosphate, 0,017 M, inhibited 22%. Fluoride and arsenite had no effect. Oxalate, 0,03 M, inhibited 83% and malonate, hydroxymalonate, maleate, citrate, and the oxidation product, α-ketoglutarate, 0,05 M, had slight effects. Cyanide up to 0,1 M did not inhibit, and, in the presence of cyanide, extra oxygen uptake occurred as a result of the inhibition of catalase. The production of H_2O_2, formed in the reoxidation of the carrier, pyocyanine, was shown.

In the absence of cyanide, exactly 1 atom of oxygen was taken up per molecule of α-hydroxyglutarate; the production of an α-keto-acid was shown quantitatively, and the oxidation product, α-ketoglutarate, was isolated as the dinitrophenylhydrazone.

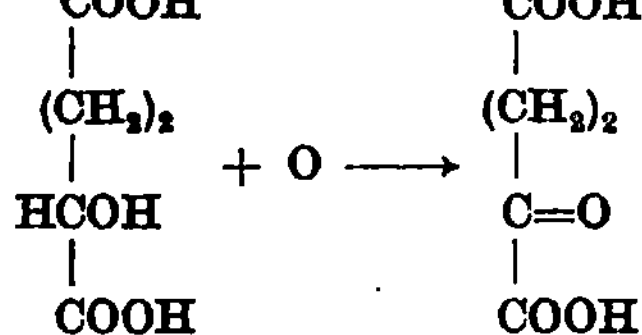

α-hydroxyglutaric acid. α-ketoglutaric acid.

The dehydrogenase required no coenzyme. Addition of coenzyme I or II had no effect on hydroxyglutaric acid oxidation though they brought about oxidation

[1] DEWAN, GREEN: Biochemic. J. 31 (1937), 1074.
[2] DIXON, ZERFAS: Nature (London) 143 (1939), 557.
[3] THUNBERG: Skand. Arch. Physiol. 40 (1920), 1.
[4] WEIL-MALHERBE: Biochemic. J. 31 (1937), 2080.

of lactate and β-hydroxybutyrate by dehydrogenases present in the preparation. Of a number of reversible redox systems tested, phenazine dyes were the only efficient carriers in the α-ketoglutarate system. Phenazine methochloride and ethochloride were as active as pyocyanine. Methylene blue, thionine, and other dyes were much less efficient though their redox potentials are more positive. The rate of O_2 uptake by the system increased continuously with increasing dye concentration. Cytochrome c, yellow enzyme, adrenaline, ascorbic acid and glutathione did not act as carriers. (With the same preparation succinate was oxidized and cytochrome c increased the rate many times.)

In the absence of added carrier, the preparation with hydroxyglutarate took up oxygen slowly. This oxygen uptake was not affected by cyanide, which shows that cytochrome oxidase was not involved. It was observed spectroscopically that cytochrome a, present in the preparation, was immediately reduced on adding hydroxyglutarate, and reoxidized on shaking with air. It seemed probable that the hydroxyglutarate system is in some way linked with the cytochrome system.

From experiments on the anaerobic reduction of various dyes of known redox potentials, the redox potential of the hydroxyglutarate-ketoglutarate system was estimated to be about $E_0' = -0{,}07$ (p_H 8,2 ?). The reversibility could not be demonstrated directly, since dyes of this potential inhibited the reaction, but reversibility was shown by adding β-hydroxybutyrate, coenzyme I and ketoglutarate to the preparation. Acetoacetate was then formed by the oxidation of hydroxybutyrate by hydroxybutyric dehydrogenase, present in the preparation, and coenzyme, while the ketoglutarate accepted hydrogen from the dihydro-coenzyme. Evidently the ketoglutarate-hydroxyglutarate dehydrogenase system, like the fumarate-succinic dehydrogenase system, can oxidize dihydro-coenzyme.

WEIL-MALHERBE[1] has shown that, in brain tissue, a dismutation takes place between 2 mols. of α-ketoglutarate, whereby one is reduced to $l(-)\alpha$-hydroxyglutarate. and the other is oxidized to succinate and CO_2. Probably hydroxyglutaric dehydrogenase is concerned in the reductive side of this dismutation.

Coenzyme factor. Diaphorase.

GREEN, DEWAN, and LELOIR[2] observed that a suspension of the sediment obtained from washed ground heart muscle at p_H 4,6, took up oxygen in the presence of coenzyme I and β-hydroxybutyrate, lactate or malate. (With lactate and malate, semicarbazide or hydrazine was used to fix the oxidation products which otherwise inhibit the reaction.) On adding cyanide no oxygen uptake occurred unless a carrier such as methylene blue was present. On the other hand, with a preparation from acetone-dried heart muscle, oxygen uptake occurred only when carrier was added. The oxidation of the substrate with a coenzyme-determined dehydrogenase occurs at the expense of the reduction of coenzyme to dihydro-coenzyme. Dihydro-coenzyme is not autoxidizable in the physiological p_H range, and GREEN et al. concluded that the first dehydrogenase preparation, but not the acetone-dried material, contained a system which caused the oxidation of dihydro-coenzyme by oxygen and which was inhibited by cyanide and destroyed by drying.

This system resembled the yellow enzyme in its action but the yellow enzyme is not affected by cyanide. GREEN and DEWAN[3] showed spectrophotometrically

[1] WEIL-MALHERBE: Biochemic. J. 31 (1937), 2202.
[2] GREEN, DEWAN, LELOIR: Biochemic. J. 31 (1937), 934.
[3] GREEN, DEWAN: Biochemic. J. 31 (1937), 1069.

that the heart extract causes the oxidation of dihydro-coenzyme I by oxygen and that the activity is inhibited by cyanide and destroyed by boiling the extract.

"Mutases".

GREEN, NEEDHAM, and DEWAN[1] found that a clear dialyzed extract, obtained from acetone-dried skeletal muscle, with coenzyme I added, brought about dismutations between triosephosphate, triose or α-glycerophosphate, and α-ketonic acids. These reactions seemed to be caused by "mutases" and not by the cooperation of pairs of dehydrogenases since the extract, with coenzyme and the substrates, caused no reduction of methylene blue nor took up oxygen when methylene blue or other carriers were added. However, by adding a preparation containing the coenzyme factor, the presence of a triosephosphate dehydrogenase in the mutase solution could be demonstrated. This observation and the further work of DEWAN and GREEN made it unnecessary[2] to postulate special mutases since it was possible to account for the dismutation of triosephosphate, for instance, with α-keto-acids, as being due to a known mechanism, the combined action of triosephosphate and lactate dehydrogenases with coenzyme as follows.

$$\text{Triosephosphate} + \text{coenzyme} \rightarrow \text{phosphoglycerate} + \text{dihydro-coenzyme}$$
Triosephosphate dehydrogenase.

$$\alpha\text{-Keto-acid} + \text{dihydro-coenzyme} \rightarrow \alpha\text{-hydroxy-acid} + \text{coenzyme}$$
Lactate dehydrogenase.

DEWAN and GREEN[3] prepared the new factor as a fine sediment obtained at p_H 4,6 from sand-ground muscle suspension washed repeatedly with water and phosphate buffer. The factor was associated with insoluble particles, though some of these were so fine that only prolonged high speed centrifuging removed them from suspension. Exhaustive washing was necessary to remove most of the soluble dehydrogenases adhering to the insoluble particles.

Using this preparation DEWAN and GREEN were able to show the presence of triosephosphate, triose, lactate and malate dehydrogenases in "mutase" preparations. The mutase solutions with coenzyme I and substrate reduced methylene blue in the presence of the coenzyme factor but not in its absence. The need for the factor for the reduction of methylene blue or oxygen uptake was also shown with β-hydroxybutyrate, alcohol, and hexosemonophosphate dehydrogenases. Dehydrogenases present in muscle suspensions could be partially freed of coenzyme factor by heating to 55°, acetone drying, or filtration through charcoal and kieselguhr, though these methods were not uniformly successful. Since the hexosemonophosphate dehydrogenase depends upon coenzyme II it appeared that the factor could catalyse the oxidation of both dihydro-coenzyme I and II. (See ,however, pages 428 and 429.)

While dihydro-coenzyme alone reduced methylene blue only slowly, the addition of coenzyme factor caused extremely rapid reduction. Boiled factor had no such effect and it was evident that the factor preparation contains an enzyme which catalyzes this reaction. The factor also catalyzed the reduction of flavin or cytochrome by dihydro-coenzyme. Spectroscopic examination showed that the factor preparation contained cytochromes a and b; on adding triosephosphate, lactate, malate or glyceraldehyde (triose) to a mixture of dehydrogenase solution, coenzyme I, and factor, the bands of reduced cytochromes a and b appeared.

[1] GREEN, NEEDHAM, DEWAN: Biochemic. J. 31 (1937), 2327.
[2] See ADLER, EULER, HUGHES: Hoppe-Seyler's Z. physiol. Chem. 252 (1938), 1.
[3] DEWAN, GREEN: Nature (London) 140 (1937), 1097; Biochemic. J. 32 (1938), 626.

When a less thoroughly washed factor preparation, which contained large amounts of cytochromes a and b and cytochrome oxidase, was mixed with dehydrogenase, coenzyme, and triose or triosephosphate, rapid oxygen uptake occurred which was not increased by addition of carriers. The effect of cyanide could not be tested in the presence of glyceraldehyde or triosephosphate since these form cyanhydrins. However, the less washed factor preparation contained lactate dehydrogenase and with lactate and coenzyme took up oxygen rapidly, and this oxygen uptake could be completely inhibited by $10^{-2}\,M$ cyanide.[1] When the factor preparation was dried with acetone all cytochrome oxidase activity was lost and cytochromes a and b largely destroyed. Such a preparation caused no oxygen uptake except on the addition of carriers.

It appeared therefore that the factor preparations contain an enzyme which causes dihydro-coenzyme oxidation by cytochrome (or methylene blue or other carriers) and that the cytochrome is reoxidized by cytochrome oxidase and oxygen. The complete system which takes up oxygen can therefore be represented as follows, the arrows indicating the direction of H transfer:

$$\text{Substrate} \longrightarrow \text{coenzyme} \longrightarrow \text{cytochromes } a \text{ and } b \longrightarrow O_2.$$

Dehydrogenase.   Coenzyme factor.   Cytochrome oxidase.

Cytochrome c appeared to take little part in the reaction since dihydrocoenzyme reduced it only slowly, and addition of large amounts of cytochrome c to the complete mixture caused no increase in rate of oxygen uptake.

Added to proof: POTTER and LOCKHART[2] consider that both cytochromes b and c are required in the oxidation of dihydro-coenzyme.

The cytochrome system was destroyed by acetone drying or inhibited by HCN and the actual coenzyme factor was not present in "mutase" preparations, clear solutions of dehydrogenases. The coenzyme factor was evidently an enzyme, since it was non-dialysable, and it was gradually destroyed by trypsin and rapidly destroyed at $55°$ or in acid or alkali.

GREEN and DEWAN[3] prepared coenzyme factor from baker's yeast. The yeast was ground with water in a special mill and the supernatant fluid after centrifuging was treated with ammonium sulfate. The sediment was twice resuspended and precipitated with ammonium sulfate. The sediment, suspended in phosphate buffer, was free from coenzyme-determined dehydrogenases and contained no yellow enzyme. The coenzyme factor from yeast, like that from muscle, was associated with highly peptized insoluble particles.

The factor from yeast was active with dehydrogenase systems prepared from animal tissues or from yeast. The factor from yeast, like that from animal tissue, lost its ability to cause oxygen uptake after acetone treatment, drying, heating to $52°$, digestion by trypsin, and subjection to mild acidity, p_H 4,0, or alkalinity, p_H 9,0.

Simultaneously with the above described work of GREEN *et al.*, and independently, ADLER, EULER *et al.* made very similar observations.[4] From an alkaline phosphate extract of minced muscle, sediments were obtained by centrifuging, by adjustment to p_H 5, and by dialysing the resulting solution, leaving a residual

---

[1] A fairly large amount of cyanide has to be added since a small amount of pyruvate is formed by reaction with the coenzyme, and this is sufficient to form a cyanhydrin with, and remove, small amounts of cyanide.

[2] POTTER, LOCKHART: Nature (London) **143** (1939), 942.

[3] GREEN, DEWAN: Biochemic. J. **32** (1938), 1200.

[4] ADLER, EULER, HELLSTRÖM: Svensk Vet. Akad. Ark. Kem., Ser. B **12** (1937), No. 38. — ADLER, EULER, HUGHES: Hoppe-Seyler's Z. physiol. Chem. **252** (1938), 1.

clear solution. The sediments contained lactic and malic dehydrogenases and with coenzyme I and lactate or malate they reduced methylene blue. But both sediment and solution were required for methylene blue reduction by α-glycerophosphate. It was shown that the solution contained glycerophosphate dehydrogenase and that the sediments contained an enzyme which caused the oxidation of dihydro-coenzyme by methylene blue.[1] No yellow enzyme was present in the sediments.

The activity of the new enzyme in causing methylene blue reduction was not inhibited by cyanide or iodoacetate. The sediments caused little or no oxygen uptake; evidently they contained little cytochrome and cytochrome oxidase. They were able to cause reduction of cytochrome c by dihydro-coenzyme, though DEWAN and GREEN had found little activity with cytochrome c.

EULER and HELLSTRÖM[2] prepared the new enzyme from sand-ground heart muscle washed with NaCl solution. The material was suspended in alkaline phosphate solution, centrifuged, and the solution was treated at 0° with CO_2 and $^1/_4$ volume of acetone. The precipitate obtained contained the enzyme.[3] It also contained a little cytochrome and cytochrome oxidase. This material could be further purified by dissolving in 0,1 M ammonia, reprecipitating by 10–20% saturation with ammonium sulfate, and redissolving in ammonia solution, adjusting the p_H to 7 with CO_2 and discarding the precipitate formed. The preparation obtained by acetone precipitation kept well, but the enzyme was rapidly inactivated after ammonium sulfate precipitation.

The enzyme was largely destroyed by drying and by heating to 52°. It was rapidly destroyed at p_H 4,5. The purified enzyme solution showed no specific absorption bands above 300 mμ. It was free from yellow enzyme, succinic dehydrogenase, cytochrome, and cytochrome oxidase.

The enzyme activity was determined by spectrometrically following the oxidation of dihydro-coenzyme by methylene blue. Since the oxidation by the cytochrome system is more rapid than by methylene blue, cyanide was added to inhibit cytochrome oxidase in preparations which contained this.

The activity of the enzyme with methylene blue as hydrogen acceptor increased rapidly with p_H up to a marked optimum at p_H 10, and fell off suddenly with further increase in alkalinity.[4] It is noteworthy that dihydro-coenzyme is most stable in solutions as alkaline as p_H 10. Cataphoresis experiments showed a marked increase in the mobility of the enzyme as the p_H was raised toward 10 suggesting that the increase in activity is associated with a dissociation step.

The enzyme was inhibited by borate buffer. Copper in low concentration, $2 \times 10^{-5} M$, inhibited markedly. Iodoacetate had no effect.

Contrary to the conclusion of DEWAN and GREEN, EULER et al.[2,5,6] found that their purified enzyme was unable to cause the oxidation of dihydro-coenzyme II. Dihydro-desamino-coenzyme I could be oxidized by the system, though more slowly.[6]

---

[1] The solution with glycerophosphate was observed spectroscopically to cause reduction of coenzyme, and on adding yellow enzyme, methylene blue reduction occurred. The sediments caused dihydro-coenzyme to reduce methylene blue.

[2] EULER, HELLSTRÖM: Hoppe-Seyler's Z. physiol. Chem. 252 (1938), 31.

[3] This purification of the enzyme seemed to result in an increase in the amount of enzyme; possibly an inhibitor is present in the crude extract.

[4] EULER and HELLSTRÖM at first believed the enzyme to be stable at p_H 10 but this was not confirmed by EULER and GÜNTHER: Naturwiss. 26 (1938), 676.

[5] EULER, HASSE: Naturwiss. 26 (1938), 187.

[6] EULER, GÜNTHER: Naturwiss. 26 (1938), 676.

Euler and Günther[1] prepared the enzyme from autolyzed yeast extract by precipitation with ammonium sulfate and re-solution in dilute ammonia. Whether the enzyme solutions obtained by Euler *et al.* from animal tissue or from yeast are completely clear or consist of finely peptized suspensions, as in Green and Dewan's preparations, is not stated.

Adler *et al.*[2] have proposed the name "Diaphorase" for the enzyme which transfers hydrogen from dihydro-coenzyme to methylene blue or cytochrome. It is probable that it plays an important role, in conjunction with the cytochrome system, in bringing about aerobic oxidation of the substrates of coenzyme-dehydrogenases. The enzyme has been found in various animal tissues,[3,4] red blood corpuscles,[5] bacteria[3] and yeast.

Warburg's first yellow enzyme causes the oxidation of dihydro-coenzymes by methylene blue (or oxygen). But Dewan and Green[6] found the yellow enzyme to be far less active than the coenzyme factor. In the triosephosphate system, 1 mg. of crude factor from muscle had the same activity as 70 mg. pure yellow enzyme; 1 mg. of yeast preparation was equivalent to 20 mg. yellow enzyme. At first no flavin compound was found in the coenzyme factor preparations. Recently, however, Straub, Corran, and Green[7] have identified coenzyme factor with a flavoprotein obtained by Straub[8] from heart muscle. This substance which was extracted with dilute alcohol and salt solution and purified, contains the flavin-adenine-dinucleotide which is the prosthetic group also of the *d*-amino-acid oxidase and other enzymes. Straub *et al.* find that this yellow enzyme shows high diaphorase activity. It is reduced by dihydro-coenzyme I and re-oxidized by methylene blue.

Added to proof: Straub and Corran, Green and Straub[9] describe the preparation and properties of the heart flavoprotein. In the course of the purification the substance becomes soluble.

Adler, Euler, and Günther[10] have now found that there are apparently *two* diaphorases, diaphorase I which oxidizes only dihydro-coenzyme I and diaphorase II which can oxidize dihydro-coenzyme II. Both appear to be compounds of flavin-adenine-dinucleotide.

Yellow enzyme.
(*Flavo-protein.*)

This enzyme has already been discussed in Chapter 2. Unlike diaphorase, the first yellow enzyme can cause direct oxidation of the dihydro-coenzymes by molecular oxygen. Since it can also react with cytochrome, it should be mentioned in this chapter.

----

[1] Euler, Günther: Naturwiss. **26** (1938), 676.
[2] Adler, Euler, Günther: Svensk Vet. Akad. Ark. Kem. **12** (1938), No. 54.
[3] Green, Dewan: Biochemic. J. **32** (1938), 1200.
[4] Euler, Hasse: Naturwiss. **26** (1938), 187.
[5] Euler, Günther: Hoppe-Seyler's Z. physiol. Chem. **256** (1938), 229.
[6] Dewan, Green: Biochemic. J. **32** (1938), 626, 1200.
[7] Straub, Corran, Green: Nature (London) **143** (1939), 119, 334.
[8] Straub: Nature (London) **143** (1939), 76.
[9] Straub, Corran, Green, Straub: Biochemic. J. **33** (1939), 787, 793.
[10] Adler, Euler, Günther: Nature (London) **143** (1939), 641.

Chapter 6. Dehydrogenases Causing Reaction with Coenzymes I and II.

Lactic dehydrogenase (coenzyme).

Animal Tissues.

In work on lactate oxidation the activity of a coenzyme was first clearly shown, and this discovery led to the elucidation of the mechanism of the oxidation of lactate and of many other substances.

MEYERHOF[1] showed that added lactate increased the oxygen uptake of washed muscle especially when boiled extract of muscle or yeast was added. After much contradictory work by various authors SZENT-GYÖRGYI and BANGA[2] showed definitely that the dehydrogenation of lactate by washed muscle as well as much of the residual respiration, depended upon a coenzyme. They purified the coenzyme, obtaining it as picrate after a long process involving precipitations with Hg and phosphotungstic acid, and showed that it was an adenine nucleotide. It was probably identical with cozymase, the coenzyme of yeast fermentation since cozymase could function as lactic coenzyme. ANDERSSON[3] confirmed the identity of the coenzyme with cozymase by showing that the lactic coenzyme could replace cozymase in glucose fermentation. Since the elucidation of the relationships of this coenzyme and the coenzyme of WARBURG and CHRISTIAN (coenzyme II) the coenzyme of lactic dehydrogenase (and various other dehydrogenases) has been known as coenzyme I.

Much of the early work[4] is confused since the following facts were not known or considered: 1. muscle lactic dehydrogenase requires the presence of coenzyme, 2. the oxidation product, pyruvic acid, inhibits the reaction, 3. the lactic dehydrogenase of yeast is different from the enzyme from muscle and requires no coenzyme, 4. with the coenzyme system, the reduction of methylene blue requires diaphorase, and for oxygen uptake, the cytochrome system, or an artificial carrier such as methylene blue, as well as diaphorase is necessary.

Before the recognition of diaphorase, GREEN and BROSTREAUX[5] studied the properties of muscle lactic dehydrogenase plus coenzyme, and, except where other references are given, the following data are taken from their paper.

The enzyme was obtained from pig heart. The tissue was minced, washed, suspended in phosphate buffer at p_H 7 and ground with sand in a mechanical mortar. After straining through muslin[6] the fluid was strongly centrifuged and a sediment was obtained; the fluid was adjusted to p_H 4,6 giving a second sediment. Both sediments were active and were suspended in phosphate buffer p_H 7,2 for use.[7] The dehydrogenase could be purified somewhat and obtained in almost

---

[1] MEYERHOF: Pflügers Arch. ges. Physiol. Menschen Tiere **175** (1919), 20, 88.

[2] SZENT-GYÖRGYI: Biochem. Z. **157** (1925), 50, 60. — BANGA, SZENT-GYÖRGYI: Ibid. **246** (1932), 203; Hoppe-Seyler's Z. physiol. Chem. **217** (1933), 39. — BANGA, SZENT-GYÖRGYI, VARGHA: Ibid. **210** (1932), 288.

[3] ANDERSSON: Hoppe-Seyler's Z. physiol. Chem. **217** (1933), 186. — See also ADLER, EULER, HELLSTRÖM: Nature (London) **138** (1936), 968.

[4] Review: FRANKE: EULER's Chemie der Enzyme II, **3** (1934), 535.

[5] GREEN, BROSTREAUX: Biochemic. J. **30** (1936), 1489.

[6] In England muslin means a coarse mesh cloth corresponding to cheesecloth in America.

[7] Various other methods of preparation have been used. BANGA, et al. [Biochem. Z. **246** (1932), 203; Hoppe-Seyler's Z. physiol. Chem. **210** (1932), 228] used a suspension of frozen, washed, minced, pig heart. HOLMBERG [Skand. Arch. Physiol. **68** (1934), 63] extracted washed horse or pigeon muscle with K_2CO_3 or K_2HPO_4 solution. BIRCH and MANN [Biochemic. J. **28** (1934), 622] precipitated the enzyme from the

clear solution by adsorption of impurities on kaolin or kieselguhr. Such a solution took up 457 c. mm. O_2 per mg. dry weight under the conditions of the test. The enzyme could not be obtained in a dry state.

THUNBERG[1] first showed, that lactate with frog muscle reduced methylene blue anaerobically. GREEN and BROSTEEAUX found that their suspensions with coenzyme and lactate took up oxygen for a short time when methylene blue was added as carrier. But when cyanide, about 0,15 M, was added to fix the pyruvate formed, the oxygen uptake proceeded rapidly and without falling off for 30 minutes. Hydroxylamine and hydrazine could be used in place of cyanide. As became clear in later work the suspensions contained the coenzyme factor, otherwise no reaction with methylene blue and consequent oxygen uptake could have occurred.

The rate of oxygen uptake fell off after some time, probably as a result of coenzyme destruction. The maximum initial rate was reached with 0,03 M lactate. Higher concentrations had no effect; half maximum rate was given by about 0,01 M lactate. (DAS,[2] using different conditions, see malic dehydrogenase, found the maximum activity reached only with about 0,1 M lactate.) The rate was increased with increasing coenzyme concentration tending toward a maximum with large amounts of coenzyme. But the optimal coenzyme concentration increased with increasing methylene blue concentration. The activity of the enzyme system was unusually sensitive to the constituents of buffer mixtures and since a variety of buffers was necessary to cover the range from p_H 4–13 the p_H-activity curve was discontinuous. The optimal p_H lay between 7 and 10. BOYLAND and BOYLAND[3] found the optimum at about p_H 9,3. They found a temperature coefficient of about 2 between 18 and 38°.

Total oxygen uptakes were obtained corresponding to about 70% of the theoretical for 1 atom of oxygen per molecule of lactate used. Theoretical uptakes could not be reached since the rate fell off after the initial period. The oxidation product was evidently pyruvic acid. From the reaction mixture, after aeration with hydroxylamine used as fixative,[4] the dinitrophenylhydrazone of pyruvic acid was prepared and identified.

The enzyme suspension with coenzyme, cyanide, and methylene blue, caused the rapid oxidation of malate, fumarate, and β-hydroxybutyrate; β-hydroxypropionate was oxidized more slowly and slight oxidation occurred with α- and γ-hydroxybutyrates. The failure of the enzyme plus coenzyme to oxidize α-hydroxybutyrate rapidly was also found by HOLMBERG.[5] The system oxidized $l(+)$lactate but not $d(—)$lactate. The following substances were not oxidized: Lactamide, malonate, hydroxymalonate, glycerate, glycollate, mandellate, 3-phosphoglycerate, 2-phosphoglycerate, gluconate, α-glycerophosphate, acetate, alcohol, propionate, oxalate, acetaldehyde, pyruvate, citrate, serine, isoserine, and glucose. Differences in relative activity towards lactate, malate,[6] β-hydroxypropionate, and β-hydroxybutyrate with enzyme preparations, which had been

suspension of BANGA *et al.* with ammonium sulfate and obtained a stable dry soluble preparation. BOYLAND and BOYLAND [Biochemic. J. **28** (1934), 1417] obtained a clear active solution from heart by extracting acetone-dried ground heart with Na_2HPO_4 solution and clarifying the extract by filtration through kieselguhr.

[1] THUNBERG: Skand. Arch. Physiol. **40** (1920), 1.

[2] DAS: Biochemic. J. **31** (1937), 1116.

[3] BOYLAND, BOYLAND: Biochemic. J. **28** (1934), 1418.

[4] Dinitrophenylhydrazine does not precipitate pyruvic acid in the presence of excess cyanide.

[5] HOLMBERG: Skand. Arch. Physiol. **68** (1934), 55.

[6] See, however, malic dehydrogenase.

treated with kaolin or kieselguhr, suggested that these substrates were attacked by different enzymes. The specificity of lactic dehydrogenase in muscle for $l(+)$lactic acid has been repeatedly observed.[1]

The dehydrogenase was found to be specific for coenzyme I and quite inactive with coenzyme II.[2] Various other nicotinic acid derivatives were also found to be inactive.

GREEN and BROSTREAUX made it clear that in the lactate oxidizing system, lactate with the dehydrogenase reduces coenzyme and the dihydro-coenzyme reduces methylene blue. Dihydro-coenzyme could be produced by incubating coenzyme with the enzyme, lactate, and cyanide. The dihydro-coenzyme produced, after heat distruction of the enzyme, would reduce methylene blue, the rate being increased by the addition of yellow enzyme. ADLER et al.[3] and GREEN and DEWAN[4] confirmed this by showing spectroscopically the reduction of the coenzyme by the dehydrogenase plus lactate. They also showed the reversibility of the reaction by observing reoxidation of the dihydro-coenzyme by pyruvate and the dehydrogenase.

EULER et al.[5] found that the equilibrium

$$\text{Lactate} + \text{coenzyme} \rightleftharpoons \text{pyruvate} + \text{dihydro-coenzyme}$$

set up by the dehydrogenase lies far to the left, that is, in the absence of other oxidants, pyruvate tends to be reduced rather than lactate oxidized. Pyruvate is thus able to accept hydrogen, through coenzyme, from other substrates activated by their dehydrogenases.[5, 6] In mediating this reduction at the expense of the oxidation of triosephosphate or α-glycerophosphate, the coenzyme exercises its function in glycolytic lactic acid production.

GREEN and BROSTREAUX found that besides methylene blue, pyocyanine, flavine and adrenaline could act as carriers to bring about oxygen uptake. Adrenaline was probably first converted to adrenochrome which acted as the carrier. Cytochrome c, glutathione, and ascorbic acid were inactive. The yellow enzyme gave only a slight effect,[2] probably because the preparation contained diaphorase; the reaction of the system dihydro-coenzyme-diaphorase-methylene blue-oxygen is more rapid than that of the system dihydro-coenzyme-yellow enzyme-oxygen. Cyanide, except in very high concentration, does not inhibit the dehydrogenase. But the extra oxygen uptake which occurs with slices of kidney and brain with added lactate was shown to be inhibited by cyanide. It was concluded that other systems are concerned in the physiological oxidation of lactate. These are now believed to be diaphorase and the cyanide-sensitive cytochrome-cytochrome oxidase system or the system of SZENT-GYÖRGYI involving succinate, succinic-dehydrogenase and the cytochrome system (see Chapter 8).

The inhibitory effect of pyruvate on the system was clearly shown. The small oxygen uptake which occurred in the first few minutes in the absence of fixative was strongly inhibited by 10^{-3} M pyruvate. In the presence of 0,15 M cyanide this amount of pyruvate had no effect but 10^{-2} M pyruvate inhibited strongly. The enzyme was slightly inhibited by high concentration of ethyl

---

[1] MEYERHOF, LOHMANN: Biochem. Z. 171 (1926), 421. — BANGA, SZENT-GYÖRGYI, VARGHA: Hoppe-Seyler's Z. physiol. Chem. 210 (1932), 228. — AHLGREN: Acta med. scand. 57 (1923), 508.

[2] See also ADLER, MICHAELIS: Hoppe-Seyler's Z. physiol. Chem. 238 (1936), 261.

[3] ADLER, EULER, HELLSTRÖM: Nature (London) 138 (1936), 968.

[4] GREEN, DEWAN: Biochemic. J. 31 (1937), 1069.

[5] EULER, ADLER, GÜNTHER, HELLSTRÖM: Hoppe-Seyler's Z. physiol. Chem. 245 (1937), 217.

[6] GREEN, NEEDHAM, DEWAN: Biochemic. J. 31 (1937), 2327.

urethane and not at all by 0,33 M cyanide, 0,08 M pyrophosphate, 0,33 M arsenious acid, or 0,02 M iodoacetate. (However, under different conditions, see malic dehydrogenase, DAS[1] found considerable inhibition by 0,01 M arsenite and 0,13 M iodoacetatic acid; he also found inhibition by fluoride.) $d(-)$Lactate had no effect. Tartronate (hydroxymalonate) 0,03 M, inhibited strongly. Evidently pyruvate and tartronate are adsorbed on the enzyme and prevent access of lactate. It is noteworthy that $d(-)$lactate has no affinity for the enzyme. QUASTEL et al.[2] have found considerable inhibition of various oxidations, particularly of lactate, in brain tissue by barbiturates and other soporifics and by certain amines. In the case of chloretone (trichloro-*tert.*-butanole) it was shown that the inhibition increases with decreasing lactate concentration. The inhibition is evidently competitive.

The coenzyme-determined lactic dehydrogenase was shown by GREEN and BROSTREAUX to be present in all the tissues of rat, rabbit[3] and pigeon tried.

DEWAN and GREEN[4] prepared lactic dehydrogenase solution free of coenzyme factor (diaphorase) by centrifuging the suspensions used by GREEN and BROSTREAUX and heating to 55°. This solution with lactate, coenzyme I, cyanide, pyrophosphate,[5] and methylene blue, took up oxygen only when the factor was added. The "mutase" solutions of GREEN et al.[6] which were clear dialyzed extracts of the material precipitated by acetone from muscle extracts, were shown to contain lactic and other dehydrogenases without factor. The same applied to a clear solution obtained by ADLER et al.[7] from muscle extract after removal of precipitates formed at p_H 5 and on dialysis.

Bacteria.

The presence of lactic dehydrogenase in various types of bacteria has been shown by QUASTEL et al.[8] and others.[9] Bacteria can oxidize lactate by reduction of methylene blue, nitrate, or chlorate, and the oxidation product has been shown to be pyruvate.[10, 11] COOK and STEPHENSON[12] showed that lactate and other substances could also be oxidized by bacteria with oxygen uptake. Oxygen uptake but not methylene blue reduction is inhibited by HCN and CO.[13]

BARRON and HASTINGS[14] found that suspensions of gonococci which have

---

[1] DAS: Biochemic. J. **31** (1937), 1116.

[2] QUASTEL, WHEATLEY: Biochemic. J. **27** (1933), 1609; Proc. Roy. Soc. (London), Ser. B **112** (1932), 60. — DAVIES, QUASTEL: Biochemic. J. **26** (1932), 1672.

[3] From rabbit tissues the enzyme could be extracted by grinding with sand and phosphate solution but not by grinding in water.

[4] DEWAN, GREEN: Biochemic. J. **32** (1938), 626.

[5] The presence of pyrophosphate caused the initial velocity to be maintained for a longer period than in its absence. The effect was found with many coenzyme systems but it is not understood. GREEN, DEWAN, LELOIR: Biochemic. J. **31** (1937), 934. — DEWAN, GREEN: Biochemic. J. **32** (1938), 626.

[6] GREEN, NEEDHAM, DEWAN: Biochemic. J. **31** (1937), 2327.

[7] ADLER, EULER, HUGHES: Hoppe-Seyler's Z. physiol. Chem. **252** (1938), 1.

[8] QUASTEL, WHETHAM: Biochemic. J. **19** (1925), 520. — QUASTEL, STEPHENSON, WHETHAM: Ibid. **19** (1925), 304. — QUASTEL, WOOLDRIDGE: Ibid. **19** (1925), 652.

[9] DAVIS: Biochem. Z. **265** (1933), 90; **267** (1933), 357. — WIELAND, SEVAG: Liebigs Ann. Chem. **501** (1933), 151. — PIRIE: Biochemic. J. **28** (1934), 411.

[10] QUASTEL, STEPHENSON, WHETHAM: Biochemic. J. **19** (1925), 304.

[11] AUBEL and GLASER find that in *B. coli* cyanide inhibits the reduction of nitrate but not of methylene blue. A cyanide sensitive intermediate system must be involved in nitrate reduction. C. R. Séances Soc. Biol. Filiales Associées **127** (1938), 473.

[12] COOK, STEPHENSON: Biochemic. J. **22** (1928), 1368.

[13] COOK, HALDANE, MAPSON: Biochemic. J. **25** (1931), 534.

[14] BARRON, HASTINGS: J. biol. Chemistry **100** (1933), 155.

been kept in the cold some time or dried and resuspended, loose their power to oxidize various substances but still oxidize lactate and, slightly less rapidly, α-hydroxybutyrate. One atom of oxygen was taken up per molecule of lactate and the theroetical amount of pyruvate was formed. The maximum rate of oxygen uptake was reached with $0,027\ M$ lactate. Between $25°$ and $35°$ the temperature coefficient was 2,2. In the presence of cyanide or H_2S, or after heating to $52°$, the ability to take up oxygen was lost but the dehydrogenase was still active and the addition of cresyl blue or nicotine-haematin as mediator restored the power to take up oxygen.

COOK and ALCOCK[1] found the optimum p_H for lactate oxidation by $B.\ coli$ to vary between 6,5 and 9,3 according to the buffer used and the temperature and whether oxygen uptake or methylene blue reduction was studied.

QUASTEL and WOOLDRIDGE[2] observed considerable inhibition of lactate and other oxidations by washed $B.\ coli$ with various salts. Barium inhibited strongly. Copper and mercury inhibited completely in low concentration but the inhibition could be reversed by H_2S. They also found[3] that pyruvate and all substances containing the groups $—CHOH\cdot COOH$ or $—CO\cdot COOH$ had inhibitory effects on the dehydrogenation of lactate by $B.\ coli$ or STEPHENSON's enzyme solution (see below). These substances apparently are adsorbed on the active center of the enzyme which activates lactate. With urethane, phenylurea, and valeramide in high concentration, BARRON and HASTINGS observed appreciable inhibition of the gonococcus dehydrogenase.

STEPHENSON[4] obtained a clear active solution from $B.\ coli$. The bacteria, grown on lactate-containing medium, were washed and allowed to autolyze. The solution was centrifuged and filtered through kieselguhr. The enzyme could be precipitated with ammonium sulfate. BARRON and HASTINGS[5] obtained the enzyme from dried gonococcus by prolonged extraction with dilute pyrophosphate solution.

The solutions of STEPHENSON and BARRON and HASTINGS, with lactate, would reduce methylene blue and other dyes but took up no oxygen. With methylene blue, cresyl blue, or pyocyanine, added as carrier, oxygen uptake took place with either preparation and the reaction was insensitive to cyanide. α-Hydroxybutyrate was oxidized much less rapidly than lactate, by STEPHENSON's preparation, and no oxidation took place with a number of possible substrates, including malate. GREEN and BROSTREAUX[6] found no oxidation of malate or β-hydroxypropionate, both of which are oxidized by the enzyme preparation from muscle.

The lactic dehydrogenase of $B.\ coli$ has been shown by YUDKIN[7] to be dependent upon coenzyme for its activity. Dilution of a suspension of bacteria resulted in disproportionate decrease in enzyme activity, but the activity could be restored by adding heated bacterial suspension or coenzyme I. Similar results were obtained with STEPHENSON's enzyme solution.[8]

---

[1] COOK, ALCOCK: Biochemic. J. 25 (1931), 523. — Also COOK, STEPHENSON: Ibid. 22 (1928), 1268.

[2] QUASTEL, WOOLDRIDGE: Biochemic. J. 21 (1927), 148, 1224.

[3] QUASTEL, WOOLDRIDGE: Biochemic. J. 22 (1928), 689.

[4] STEPHENSON: Biochemic. J. 22 (1928), 605.

[5] BARRON, HASTINGS: J. biol. Chemistry 100 (1933), 155.

[6] GREEN, BROSTREAUX: Biochemic. J. 30 (1936), 1489.

[7] YUDKIN: Biochemic. J. 31 (1937), 865.

[8] WAGNER-JAUREGG and MÖLLER could detect no activity of yellow enzyme with lactic dehydrogenase of $B.\ coli$. Possibly their enzyme contained diaphorase. Hoppe-Seyler's Z. physiol. Chem. 236 (1935), 216.

GREEN and BROSTREAUX[1] state that while STEPHENSON's enzyme solution from *B. coli* oxidized $d(-)$lactate more rapidly than $l(+)$lactate, the intact bacteria oxidize both forms at the same rate. Possibly two different dehydrogenases or a racemizing agent are present in intact bacteria. KATAGIRI and KITAHARA[2] found that lactic acid bacteria which produce d-lactic acid (*Lactob. sake*) contain a dehydrogenase specific for d-lactate, and those which produce the l-acid (*Leuconostoc*) contain a dehydrogenase specific for l-lactate. The dl-lactic acid former (*Lactob. plantarum*) contained only the l-specific dehydrogenase but it attacked both forms since it contained a racemizing enzyme; the "racemiase" could be inactivated by acetone-drying the bacteria.

It seems that there exist different types of lactic dehydrogenase in bacteria and it is not known whether all are dependent upon coenzyme. The lactic dehydrogenase of yeast, which does not depend upon coenzyme, has been mentioned in the previous chapter. Lactic dehydrogenase does not seem to be known among higher plants but active preparations have been obtained from seeds.[3]

The redox potential of the lactate-pyruvate system has been determined by WURMSER *et al.*[4] and BARRON and HASTINGS[5] with bacterial enzyme and by SZENT-GYÖRGYI[6] with heart muscle enzyme. The results indicate that the potential of the system is given by the following equation at $37°$:

$$E_h' = 0{,}25 - 0{,}307 \log \frac{[\text{lactic}]}{[\text{pyruvic}]} - 0{,}0615\, p_{\text{H}}.$$

The value for E_0' at p_{H} 7 is therefore $-0{,}18$ V.

Malic dehydrogenase.

Oxidation of malic acid with various animal tissues was first observed by THUNBERG[7] and BATTELLI and STERN.[8] The dehydrogenase is present in bacteria[9] and in yeast[10] and moulds[11] and in various plants and seeds.[12, 13]

That a coenzyme is necessary for malate dehydrogenation was first suggested by FODOR,[13] who found that extracts of seeds with malate reduced methylene blue when boiled yeast extract was added, and by UTEWSKI[14] who found that thoroughly washed muscle caused malate disappearance much more rapidly

---

[1] GREEN, BROSTREAUX: Biochemic. J. **30** (1936), 1489.

[2] KATAGIRI, KITAHARA: Biochemic. J. **32** (1938), 1654.

[3] THUNBERG: Skand. Arch. Physiol. **46** (1925), 339. — GURCHOT: Proc. Soc. exp. Biol. Med. **33** (1935), 285.

[4] WURMSER, DE BOE: C. R. hebd. Séances Acad. Sci. **194** (1932), 2139. — WURMSER, MAYER-REICH: Ibid. **195** (1933), 81; **196** (1933), 612.

[5] BARRON, HASTINGS: J. biol. Chemistry **107** (1934), 567.

[6] SZENT-GYÖRGYI: Biochem. Z. **217** (1933), 51.

[7] THUNBERG: Skand. Arch. Physiol. **24** (1910), 23.

[8] BATTELLI, STERN: C. R. Séances Soc. Biol. Filiales Associées **69** (1910), 552; Biochem. Z. **31** (1911), 478.

[9] QUASTEL: Biochemic. J. **18** (1924), 365, 519. — QUASTEL, WHEATLEY: Ibid. **25** (1931), 117. — WALKER *et al.*: Ibid. **25** (1931), 129.

[10] NEUBERG, TIR: Biochem. Z. **32** (1911), 323. — FODOR, FRANKENTHAL: Ibid. **246** (1932), 414. — ANDERSSON: Hoppe-Seyler's Z. physiol. Chem. **217** (1933), 186.

[11] BERNHAUER, SIEBENÄUGER: Biochem. Z. **240** (1931), 232.

[12] THUNBERG: Biochem. Z. **206** (1929), 109; Skand. Arch. Physiol. **46** (1924), 137; **74**, (1936), 16. — NITZESCU, COSMA: C. R. Séances Soc. Biol. Filiales Associées **89** (1923), 1247.

[13] FODOR, FRANKENTHAL: Fermentforsch. **11** (1930), 469; Biochem. Z. **225** (1930), 417; **238** (1931), 268; **246** (1932), 414.

[14] UTEWSKI: Biochem. Z. **228** (1930), 135.

when boiled muscle extract was added. The need for coenzyme was proved by
Andersson,[1] who found that addition of cozymase caused washed dried yeast
or dialyzed wheat extract with malate to reduce methylene blue rapidly, and
by Holmberg,[2] who found that phosphate extracts of well washed muscle with
malate reduced methylene blue rapidly on the addition of cozymase or Szent-
Györgyi's coenzyme (now known to be identical) or adenosine-triphosphate
(which probably contained coenzyme).

As is the case with lactic dehydrogenase, much of the early work[3] on malic
dehydrogenase has become obsolete since it has been recognized that a dialyzable
coenzyme is necessary for the activity.

Green[4] has studied the malic dehydrogenase of animal tissues extensively.
The enzyme preparation used was the same as that used by Green and Brostreaux in the study of lactic dehydrogenase. Under the conditions of the test
1 mg. dry weight of the suspension took up 300—800 c. mm. O_2 per hour. As in
the case of lactate oxidation, a rapid oxygen uptake, which lasted about 30 mins.
before falling off, took place when enzyme, coenzyme, methylene blue, and
cyanide were present together. Cyanide had to be present in high concentration,
0,25 M, in order to remove the inhibitory effect of the oxaloacetate formed in
the oxidation. Semicarbazide, hydrazine, or hydroxylamine could be used to
fix the oxaloacetate but they were not as well suited for the purpose as cyanide.

The maximum rate of oxygen uptake was reached with about 0,03 M malate.
Higher concentrations had no further effect; half maximum rate was given by
about 0,01 M malate. These concentrations are the same as were found by Green
and Brostreaux with lactate (but see Das below). The rate increased with
increasing concentrations of coenzyme, a very large amount of coenzyme evidently
being necessary to give maximum activity.

The enzyme was completely inhibited at p_H 6 while it was still active in very
alkaline solution, p_H 10—13. Boyland and Boyland[5] found the optimum p_H
to be about 9,3. McGavrans and Rheinberger[6] found the optimum p_H of frog
muscle enzyme at about 9. The optimum p_H in extracts of different seeds seemed
to vary.[7]

That malate is primarily oxidized to oxaloacetate in yeast had been indicated
by Neuberg[8] and in muscle by Hahn and Haarmann.[9]

$$HOOC \cdot CH_2 \cdot CHOH \cdot COOH \xrightarrow{\quad O \quad} HOOC \cdot CO \cdot CH_2 \cdot COOH.$$
Malic acid.   Oxaloacetic acid.

Using cyanide as fixative, Green found that 1 atom of oxygen was taken up per
molecule of malate added. The dinitrophenylhydrazone of oxaloacetic acid could
be prepared from the reaction mixture when semicarbazide was used as fixative,
and, by adding to the reaction mixture aniline citrate which liberates CO_2 from
oxaloacetate or its semicarbazone, oxaloacetate was shown to be produced in
the theoretical amount.

[1] Andersson: Hoppe-Seyler's Z. physiol. Chem. 217 (1933), 186.
[2] Holmberg: Skand. Arch. Physiol. 68 (1934), 1.
[3] Review: Franke: Euler's Chemie der Enzyme, Bd. II, 3. Teil, S. 560. 1934.
[4] Green: Biochemic. J. 30 (1936), 2095.
[5] Boyland, Boyland: Biochemic. J. 28 (1934), 1417.
[6] McGavrans, Rheinberger: J. biol. Chemistry 100 (1933), 267.
[7] Fodor et al.: Biochem. Z. 238 (1931), 268.
[8] Neuberg, Gorr: Biochem. Z. 154 (1924), 495.
[9] Hahn, Haarmann: Z. Biol. 87 (1928), 465; 88 (1929), 91, 587; 92 (1932), 355.

That the dehydrogenase causes the reversible reduction of coenzyme by malate has been shown spectroscopically by EULER et al.[1] and by GREEN and DEWAN.[2] EULER et al. found that, as with the lactic system, the equilibrium,

$$\text{malate} + \text{coenzyme} \rightleftharpoons \text{oxaloacetate} + \text{dihydro-coenzyme},$$

lies far to the left, so that oxaloacetate tends to accept H from other coenzyme systems. Reduction of oxaloacetate to malate by yeast has been shown by NEUBERG,[3] and BANGA[4] has shown that it occurs very rapidly with animal tissues. GREEN et al.[5] have studied dismutations in which oxaloacetate acts as H acceptor.

LAKI[6] found the potential of the malate-oxaloacetate system to be

$$E_0' = -0{,}17 \text{ V at } p_H \text{ 7 and } 37°.$$

GREEN found that the dehydrogenase is specific for coenzyme I.[7] No appreciable activity was found with coenzyme II nor with various other nicotinic acid derivatives.

As with lactic dehydrogenase, pyocyanine, lactoflavin or adrenaline (giving adrenochrome) could be used as carriers in place of methylene blue. The rate of oxygen uptake in each case increased with increasing amounts of carrier up to a limiting concentration. Yellow enzyme gave only a slight effect which could be increased by increasing the oxygen tension; presumably reoxidation of the reduced yellow enzyme is slow. Cytochrome c and oxidized glutathione were not reduced by the system.[8]

Muscle adenylic acid and adenylpyrophosphoric acid inhibited the reaction markedly, presumably by competing with the coenzyme for the dehydrogenase. Arsenite, and especially pyrophosphate, increased the oxygen uptake, but the reason is obscure. Malonate, hydroxymalonate, oxalate, and iodoacetate, in concentrations greater than $0{,}03\ M$ inhibited appreciably; maleate did not inhibit. Pyruvate and acetoacetate inhibited strongly. In the absence of fixative, $10^{-3}\ M$ oxaloacetate inhibited completely.

BANGA and SZENT-GYÖRGYI[9] had found that, in the presence of tissue, glutamic acid rapidly removes oxaloacetate. DAS[10] therefore used glutamic acid to remove oxaloacetate and studied the reduction of indo-2,6-dichlorophenol-1-naphthol-2-sulfonate by the malate system, using washed suspensions of various tissues. Under these conditions he found that maximum reduction rates were obtained with about $0{,}02\ M$ malate and about $0{,}1\ M$ lactate. The concentration of lactate which gives the full rate is thus higher than that of malate. Malate and lactate dehydrogenation were inhibited strongly by iodoacetate, and also by arsenite, contrary to GREEN's findings.[11] The inhibition of malate dehydrogenation by oxalo-

---

[1] EULER, ADLER, GÜNTHER: Hoppe-Seyler's Z. physiol. Chem. **247** (1937), 65.

[2] GREEN, DEWAN: Biochemic. J. **31** (1937), 1069.

[3] NEUBERG, GORR: Biochem. Z. **154** (1924), 495. — Also FUJISE: Ibid. **236** (1931), 231.

[4] BANGA: Hoppe-Seyler's Z. physiol. Chem. **244** (1936), 130. — Also MAYER: Biochem. Z. **156** (1925), 300; STARE: Biochemic. J. **30** (1936), 2257.

[5] GREEN, NEEDHAM, DEWAN: Biochemic. J. **31** (1937), 2327.

[6] LAKI: Hoppe-Seyler's Z. physiol. Chem. **249** (1937), 63.

[7] See also ADLER, MICHAELIS: Hoppe-Seyler's Z. physiol. Chem. **238** (1936), 261.

[8] The reduction of methylene blue and the other carriers by the reduced coenzyme depends upon the activity of diaphorase. Diaphorase apparently causes reduction of cytochromes a and b but not of c.

[9] BANGA, SZENT-GYÖRGYI: Hoppe-Seyler's Z. physiol. Chem. **245** (1936), 113.

[10] DAS: Biochemic. J. **31** (1937), 1116, 1124.

[11] But in agreement with results of HOLMBERG: Skand. Arch. Physiol. **68** (1934), 1.

acetate was much stronger than the inhibition of lactate dehydrogenation by pyruvate; 50% inhibition of malate dehydrogenation was caused by about $4 \times 10^{-5} M$ oxaloacetate, and 50% inhibition of lactate dehydrogenation by $10^{-3} M$ pyruvate. The reverse reactions, hydrogenation of oxaloacetate and pyruvate by leuco-dye in the presence of enzyme and coenzyme were inhibited equally and much less strongly by malate and lactate.

Malate and lactate dehydrogenases are always found together in animal tissues but in spite of their similar properties GREEN[1,2] considered them to be different enzymes since the ratio of the activities toward lactate and malate varied in different preparations and after treatment with kaolin and kieselguhr. QUASTEL and WHEATLEY[3] considered the two enzymes distinct since, with lysed blood cells and coenzyme, hydroxymalonate inhibited the reduction of ferricyanide by lactate much more strongly than by malate. DAS[4] believes that the enzymes are identical. In the presence of various tissue preparations and coenzyme, with glutamic acid as fixative for oxaloacetate, rates of reduction of the dye by malate and lactate, both present in optimum concentrations, were always about the same. No additive effect was found with both substrates added together. Oxaloacetate inhibited the dehydrogenations of both malate and lactate to about the same extent. Both enzymes were inhibited by arsenite and iodoacetate. (Fluoride, however, inhibited only lactate dehydrogenation.)

It seems likely that the lactic and malic dehydrogenases of animal tissues are identical. However, the lactic dehydrogenase in $B.\ coli$ does not oxidize malate.[2] BERNHEIM's dialyzed lactic dehydrogenase preparation from yeast (coenzyme independent) did not oxidize malate, though malate oxidation was obtained by GREEN and BROSTREAUX[2] with their undialyzed preparation. Yeast may therefore contain both a coenzyme-independent and a coenzyme-activated lactic dehydrogenase, the latter also acting on malate.

Added to proof: STRAUB[5] has obtained crystalline lactic dehydrogenase from beef heart. This preparation showed no activity with malate.

Fumarate is oxidized by preparations of malic dehydrogenase and the existence of a fumaric dehydrogenase in animal tissues had been suggested,[6] but GREEN[1] showed that the oxidation of fumarate is dependent upon the presence of fumarase which sets up an equilibrium between fumarate and malate.[7] QUASTEL and WHEATLEY[8] also give evidence that the systems responsible for the dehydrogenation of malate and fumarate in bacteria are identical.

Malic dehydrogenase of animals, plants and bacteria causes the oxidation of the natural $l(-)$malate and is inactive toward d-malate.[8,1] Maleic and dihydroxymaleic acid are not oxidized.[1]

Most of the work on malic dehydrogenase has been done with preparations containing diaphorase. The solutions containing lactic dehydrogenase (page 433) free from diaphorase also showed malic dehydrogenase activity, and in the pre-

---

[1] GREEN: Biochemic. J. 30 (1936), 2095.
[2] GREEN, BROSTREAUX: Biochemic. J. 30 (1936), 1489.
[3] QUASTEL, WHEATLEY: Biochemic. J. 22 (1938), 936.
[4] DAS: Biochemic. J. 31 (1937), 1116.
[5] STRAUB: Biochemic. J. 34 (1940), 483.
[6] SZENT-GYÖRGYI et al.: Hoppe-Seyler's Z. physiol. Chem. 236 (1935), 1.
[7] This was confirmed from SZENT-GYÖRGYI's laboratory. LAKI: Biochemic. J. 31 (1937), 1113.
[8] QUASTEL, WHEATLEY: Biochemic. J. 25 (1931), 117. — See also WALKER et al.: Ibid. 25 (1931), 129.
[9] HOLMBERG: Skand. Arch. Physiol. 68 (1934), 1. — THUNBERG: Biochem. Z. 258 (1933), 48. — WALKER et al.: Biochemic. J. 25 (1931), 129.

sence of coenzyme, cyanide, and malate, reduced methylene blue or took up oxygen only when diaphorase was added.

GREEN found strong malic dehydrogenase activity in all animal tissues tested. Malic acid dehydrogenation is an important step in the oxidative metabolism of carbohydrate and other foodstuffs[1] and it also seems to have a special role in the mechanics of tissue respiration, see Chapter 8.

Added to proof: GALE and STEPHENSON[2] have obtained a coll-free preparation from *B. coli* which causes reversible reaction of *l*-malate with coenzyme I.

β-Hydroxybutyric dehydrogenase.

That β-hydroxybutyrate is transformed in the animal body to acetoacetate has been known for many years. Among the early workers, WAKEMAN and DAKIN[3] showed that this transformation could be brought about in the presence of oxygen by material precipitated from liver, extracts by ammonium sulfate. THUNBERG[4] showed that β-hydroxybutyrate in the presence of frog muscle reduces methylene blue. WISHART[5] obtained alkaline phosphate extracts of rabbit liver and muscle which reduced methylene blue with β-hydroxybutyrate. Studying the reduction of methylene blue by muscle, ROSLING[6] found that after washing the tissue with water it could oxidize lactate, tartrate, α-, and β-hydroxybutyrate weakly, but after washing with 0,9% NaCl, the activity toward β-hydroxybutyrate was very much greater than toward the other substrates, which suggested that β-hydroxybutyrate dehydrogenase is different from the dehydrogenases of the other substances. BANGA, LAKI and SZENT-GYÖRGYI[7] showed that the reduction of methylene blue by washed heart preparation with β-hydroxybutyrate was activated by the same coenzyme preparation as was required for lactate oxidation.

GREEN, DEWAN and LELOIR[8] studied the dehydrogenation of β-hydroxybutyrate extensively.

The enzyme preparation used by GREEN *et al.* was the same as that used by GREEN and BROSTREAUX. and GREEN for the study of lactate and malate dehydrogenation, namely the sediment obtained at p_H 4,6 from a suspension of washed, ground pig heart. A mixture of the enzyme, coenzyme I, and β-hydroxybutyrate took up oxygen directly without any added carrier or fixative for the oxidation product. The oxidation product, acetoacetate, did not inhibit the reaction nearly as strongly as oxaloacetate and pyruvate inhibit malate and lactate dehydrogenation.

Though addition of fixative was not necessary to obtain oxygen uptake, the rate remained constant for a longer time if fixative was added. Hydrazine was most effective; semicarbazide and hydroxylamine were less satisfactory.

Addition of cyanide in low concentration inhibited oxygen uptake but the oxygen uptake could be restored by adding methylene blue as carrier. As was later realized, the oxygen uptake depended on the presence of coenzyme factor, cytochromes *a* and *b*, and cytochrome oxidase. All these were present in the

[1] TOENNIESSEN, BRINKMANN: Hoppe-Seyler's Z. physiol. Chem. 187 (1930), 137.
— ELLIOTT *et al.*: Biochemic. J. 28 (1934), 1920; 29 (1935), 1937. — QUASTEL, WHEATLEY: Ibid. 25 (1931), 117. — WALKER *et al.*: Ibid. 25 (1931), 129.
[2] GALE, SEPHENSON: Biochemic. J. 33 (1939), 1245.
[3] WAKEMAN, DAKIN: J. biol. Chemistry 6 (1909), 373.
[4] THUNBERG: Skand. Arch. Physiol. 40 (1920), 1.
[5] WISHART: Biochemic. J. 17 (1923), 103.
[6] ROSLING: Skand. Arch. Physiol. 45 (1924), 132.
[7] BANGA, LAKI, SZENT-GYÖRGYI: Hoppe-Seyler's Z. physiol. Chem. 217 (1933), 43.
[8] GREEN, DEWAN, LELOIR: Biochemic. J. 31 (1937), 934.

enzyme preparation and cyanide inhibited cytochrome oxidase. Also drying the preparation destroyed cytochrome oxidase so that an added carrier was necessary with extracts of acetone dried muscle. With excess of cyanide, 0,3 M, the dehydrogenase itself was also inhibited so that no oxygen uptake occurred even with added carrier. In the absence of cyanide the oxygen uptake was not increased by adding carriers—methylene blue, yellow enzyme, flavin, or cytochrome c—the diaphorase-cytochrome system evidently being present in excess. In the presence of cyanide, methylene blue, flavin, adrenochrome, and, to a lesser extent, yellow enzyme would mediate oxygen uptake.

The product of oxidation was shown to be acetoacetate.

$$CH_3 \cdot CHOH \cdot CH_2 \cdot COOH + O = CH_3 \cdot CO \cdot CH_2 \cdot COOH.$$

For each molecule of l-β-hydroxybutyrate, 1 atom of oxygen was taken up. For each atom of oxygen taken up 1 molecule of CO_2 was produced when the acetoacetate formed was decomposed by aniline. In the presence of hydrazine the hydrazone of acetoacetic acid was formed; this was decomposed in alkali to acetone and hydrazine and the dinitrophenylhydrazone of acetone was prepared and identified.

The maximum initial rate of oxygen uptake in the absence of fixative was reached with about 0,07 M substrate[1]; higher concentrations had no further effect. Half maximum rate was given by about 0,005 M; in the presence of hydrazine, the half maximum concentration was 0,002 M. These half maximum concentrations are considerably lower than the corresponding concentrations for malic and lactic dehydrogenations. The maximum rate was reached with a much lower coenzyme concentration than was the case with lactate and malate oxidation. The rate was proportional to the coenzyme concentration only at high dilutions of the coenzyme. The optimum p_H was found to be about 7,3.

It was observed with the lactic and malic dehydrogenases that pyrophosphate increases the dehydrogenation. The same effect occurred with β-hydroxybutyrate and it was shown that 0,01 M pyrophosphate does not increase the initial rate but causes the rate to be maintained for a longer time.[2] The mechanism of the pyrophosphate effect is not explained; pyrophosphate could not replace coenzyme, fixative, or substrate.

The dehydrogenase was appreciably inhibited by 0,06 M acetoacetate, pyruvate, oxaloacetate, or malonate. Arsenite and iodoacetate, 0,03 M, inhibited considerably. Urethane, 0,17 M, had no effect. Saturation with n-octyl alcohol inhibited completely. Adenylic acid, 0,001 M, inhibited strongly.

The enzyme appeared to be specific for l-β-hydroxybutyrate. With the l-substance the theoretical oxygen uptake occurred, with the dl-substance only half the theoretical. β-Hydroxypropionate, α- and γ-hydroxybutyrate, crotonate, butyrate and acetate were not oxidized appreciably. The preparations from heart oxidized lactate and malate, but preparations were obtained from other tissues which were active toward lactate and malate but not toward β-hydroxybutyrate.

The enzyme depended specifically upon the presence of coenzyme I. Coenzyme II was inactive.

DAKIN[3] first indicated that the oxidation of β-hydroxybutyrate is reversible;

[1] ROSLING obtained maximum rate of methylene blue reduction with washed muscle with 1,0 M β-hydroxybutyrate. Skand. Arch. Physiol. 45 (1924), 132.

[2] HOFF-JØRGENSEN, however, found some *inhibition* with $5 \times 10^{-4} M$ pyrophosphate. Skand. Arch. Physiol. 80 (1938), 176.

[3] DAKIN: J. biol. Chemistry 8 (1910), 97.

in the presence of liver, acetoacetate was reduced to l-β-hydroxybutyrate. BANGA et al.[1] concluded from experiments with dyes of negative redox potential that the β-hydroxybutyrate system was reversible and this was confirmed by GREEN et al. GREEN and DEWAN[2] have shown spectrophotometrically that the enzyme catalyzes the reversible reduction of coenzyme I by β-hydroxybutyrate.

GREEN et al. determined the redox potential of the β-hydroxybutyrate-acetoacetate system with enzyme and coenzyme using benzylviologen as electrode active substance.[3] At p_H 7,0 and 38° they found $E_0' = -0,282$ V. HOFF-JØRGENSEN[4] found $E_0' = -0,293$. The potential of the system is thus considerably more negative than the lactate-pyruvate and malate-oxaloacetate systems. Pyruvate and oxaloacetate would therefore tend to be reduced by β-hydroxybutyrate. DEWAN and GREEN[5] have produced dismutations in which the β-hydroxybutyrate system reduced coenzyme and the dihydro-coenzyme was reoxidized by pyruvate, oxaloacetate or other substances with the proper dehydrogenases.

GREEN et al. consider that the redox potential of coenzyme-dihydro-coenzyme may lie below that of the lactate and malate systems and above that of the β-hydroxybutyrate system. Then the great inhibitory action of oxaloacetate and pyruvate on the malate and lactate oxidations may be due to the fact that even with excess of malate or lactate the coenzyme exists more in the oxidized than in the reduced state. Since the rate of oxygen uptake or dye reduction must depend on the concentration of reduced coenzyme, almost complete inhibition would occur as soon as any of the keto-acid appears and tends to keep all the coenzyme oxidized. With the β-hydroxybutyrate system, having a lower redox potential relative to that of coenzyme, a large amount of reduced coenzyme is always available and no inhibition occurs unless this is considerably diminished by great accumulation of acetoacetate.

As mentioned above, the enzyme preparation used by GREEN et al. in the study of β-hydroxybutyrate dehydrogenase contained the coenzyme factor. The factor could be preferentially destroyed by heating the suspension to 55° for 15 minutes.[6] Whether a completely soluble enzyme can be obtained has not been mentioned.

β-Hydroxybutyric dehydrogenase was detected by GREEN et al. in heart and skeletal muscle, liver, and kidney of pig. None was found in brain. Hearts of various animals were the richest source. The dehydrogenase has not been separated from other organisms but reduction of methylene blue by β-hydroxybutyrate in the presence of bacteria has been shown by QUASTEL and WOOLDRIDGE,[7] and breakdown of β-hydroxybutyrate has been observed in yeast[8] and moulds.[9]

β-Hydroxybutyrate is formed in the oxidative breakdown of higher fatty acids by β-oxidation, and acetoacetate is known to be produced in the meta-

---

[1] BANGA, LAKI, SZENT-GYÖRGYI: Hoppe-Seyler's Z. physiol. Chem. **217** (1933), 43.

[2] GREEN, DEWAN: Biochemic. J. **31** (1937), 1069.

[3] As in other systems of this kind three oxidation-reduction systems are involved, β-hydroxybutyrate-acetoacetate, coenzyme-dihydro-coenzyme, and oxidized-reduced benzylviologen; the first system comes into equilibrium with the third through the mediation of the second. But, with low concentrations of coenzyme and dye, the final equlibrium is determined by the β-hydroxybutyrate-acetoacetate system.

[4] HOFF-JØRGENSEN: Skand. Arch. Physiol. **80** (1938), 176.

[5] DEWAN, GREEN: Biochemic. J. **31** (1937), 1075.

[6] DEWAN, GREEN: Biochemic. J. **32** (1938), 626.

[7] QUASTEL, WOOLDRIDGE: Biochemic. J. **19** (1925), 652.

[8] NEUBERG, TIR: Biochem. Z. **32** (1911), 325. — JUNG, MÜLLER: Helv. chim. Acta **5** (1922), 239.

[9] MCKENZIE: J. chem. Soc. (London) **81** (1902), 1402, 1405; **83** (1903), 430. — BIERRY, PORTIER: C. R. Séances Soc. Biol. Filiales Associées **166** (1918), 963, 1055.

bolism of pyruvate by animal tissues. The dehydrogenase may therefore serve a function in the metabolism of various foodstuffs. The metabolism of β-hydroxybutyrate and acetoacetate in animal tissues has been extensively studied by Quastel et al.[1] and Krebs and Johnson.[2] The latter authors suggest that the β-hydroxybutyrate-acetoacetate system like the malate-oxaloacetate and lactate-pyruvate systems, can serve a role in the hydrogen transporting mechanisms of the cell.

Alcohol dehydrogenase.

(Aldehyde reductase.)

Early work.[3]

The power of micro-organisms to bring about the oxidation of ethyl alcohol to acetic acid has been known and made use of from early times. Büchner et al.[4] showed that acetone-dried or toluene-killed acetic acid bacteria caused the oxidation of ethyl alcohol to acetic acid; also propyl alcohol was oxidized. Battelli and Stern[5] found that acetone-dried liver oxidized alcohol actively, kidney was less active, and other tissues scarcely at all active. In studying alcohol oxidation by acetic acid bacteria Wieland[6] observed the reduction of quinone or methylene blue in place of oxygen; this was the first recognition of an oxidizing enzyme as a "dehydrogenase".

Alcohol oxidation has been observed in various kinds of bacteria,[7] in moulds,[8] yeast,[9] higher plants and seeds.[10] Müller[11] first obtained a dry soluble active preparation from yeast, by precipitation with alcohol-ether from extract of dried yeast. The enzyme system from various sources, seems to show a group specificity for alcohols[11, 12]; ethyl alcohol is usually oxidized most rapidly but secondary alcohols and glycol are oxidized. Methyl alcohol is oxidized in some cases but not in others. Benzyl- and phenylethyl-alcohol are oxidized but not saligenin. Maximum oxygen uptake rate has been found to occur with 0,02 M, 0,05 M, and 0,01 M ethyl alcohol with enzyme from liver, bacteria and yeast respectively.[13]

A very large literature exists concerning the oxidation of alcohol by various organisms and tissues. Much of the early work has been concerned with the

[1] Quastel, Wheatley: Biochemic. J. 27 (1933), 1753; 29 (1935), 2773. — Jowett, Quastel: Ibid. 29 (1935), 2143.

[2] Krebs, Johnson: Biochemic. J. 31 (1937), 645.

[3] Review: Franke: Euler's Chemie der Enzyme, Bd. II, 3. Teil, S. 573. 1934.

[4] Büchner, Meisenheimer: Ber. dtsch. chem. Ges. 36 (1903), 634. — Büchner, Gaunt: Liebigs Ann. Chem. 349 (1906), 140.

[5] Battelli, Stern: C. R. Séances Soc. Biol. Filiales Associées 67 (1909), 419; Biochem. Z. 28 (1910), 145.

[6] Wieland: Ber. dtsch. chem. Ges. 46 (1913), 3327.

[7] Wieland, Sevag: Liebigs Ann. Chem. 501 (1933), 151. — Sevag: Ibid. 507 (1933), 92. — Quastel, Whetham: Biochemic. J. 19 (1925), 520. — Cook: Ibid. 24 (1930), 1538.

[8] Butkewitsch, Fedoroff: Biochem. Z. 219 (1930), 103. — Chrzascz et al.: Ibid. 250 (1932), 254. — Bernhauer et al.: Ibid. 240 (1931), 232; 253 (1932), 16, 30.

[9] Lundin: Biochem. Z. 142 (1923), 454. — Meyerhof: Ibid. 162 (1925), 43.

[10] Zaleski: Biochem. Z. 69 (1914), 289. — Thunberg: Ibid. 206 (1929), 109; Skand. Arch. Physiol. 46 (1924), 37; 75 (1936), 46; 74 (1936), 16.

[11] Müller: Biochem. Z. 262 (1933), 239; 268 (1934), 152.

[12] Battelli, Stern: Biochem. Z. 28 (1910), 145. — Mizasawa: J. Biochemistry 18 (1933), 243. — Bertho: Liebigs Ann. Chem. 474 (1929), 1. — Thunberg: Skand. Arch. Physiol. 46 (1924), 137. — Müller: Biochem. Z. 238 (1931), 253.

[13] Battelli, Stern: Biochem. Z. 28 (1910), 145. — Wieland, Bertho: Liebigs Ann. Chem. 467 (1928), 95. — Wieland, Claren: Ibid. 492 (1932), 183.

effects of cyanide and other inhibitors on the oxygen uptake and with the question of whether one enzyme causes the oxidation of alcohol to acetic acid. As with the other dehydrogenases of this series, work done since the discovery of coenzymes and yellow enzyme has largely superseded early work. Inhibitions of oxygen uptake by cyanide[1] and CO [2] are to be explained as due to inhibition of the cytochrome system or other metal-containing oxygen-activating mechanism; absence of cyanide inhibition[3,4] probably occurred where the yellow enzyme mediated oxygen uptake. Acetaldehyde is the primary oxidation product; when further oxidation to acetic acid occurred, it was probably due to the action of aldehyde oxidase or to dismutations caused by aldehyde mutase.

Yeast.

ANDERSSON[5] first showed the activation of yeast alcohol dehydrogenase by cozymase. EULER and ADLER[6] found that various preparations[7] from yeast, with alcohol, reduced methylene blue or lactoflavin rapidly only when cozymase (coenzyme I) and yellow enzyme were added. In the absence of methylene blue, immediate reduction of the yellow enzyme itself could be observed anaerobically, and its re-oxidation on admission of air. Oxygen uptake, like methylene blue or flavin reduction, occurred only in the presence of the whole system—alcohol, yeast enzyme, coenzyme, and yellow enzyme. The oxygen uptake was not inhibited by cyanide.

By a chromatographic adsorption method EULER and ADLER[8] obtained coenzymes I and II from yeast, free from each other, and showed that the alcohol dehydrogenase depends specifically on coenzyme I.[9] They showed that alcohol with the dehydrogenase reduces coenzyme, and that the dihydro-coenzyme is not autoxidizable nor will it reduce lactoflavin or methylene blue directly. But the dihydro-coenzyme reduces the yellow enzyme to the leuco-compound. The yellow enzyme transports the hydrogen to oxygen, methylene blue or lactoflavin. In the presence of the dehydrogenase and coenzyme, acetaldehyde addition caused visible re-oxidation of leuco-yellow enzyme, showing that the whole system is reversible. This was confirmed by EULER et al.[10] by spectroscopic observation of the band at 460 mμ of yellow enzyme.

By spectrometric observation of the band of dihydro-coenzyme at 340 mμ EULER, ADLER and HELLSTRÖM[10] confirmed the reduction of coenzyme, and the reoxidation of dihydro-coenzyme by acetaldehyde or propylaldehyde in the presence of the enzyme. The reaction

$$\text{coenzyme} + \text{alcohol} = \text{dihydro-coenzyme} + \text{aldehyde}$$

---

[1] WIELAND, BERTHO: Liebigs Ann. Chem. 467 (1928), 95. — TANAKA: Acta phytochim. (Tokyo) 5 (1931), 238.

[2] TAMIYA, TANAKA: Acta phytochim. (Tokyo) 5 (1930), 167.

[3] WIELAND, SEVAG: Liebigs Ann. Chem. 501 (1933), 151.

[4] MÜLLER: Biochem. Z. 268 (1934), 152.

[5] ANDERSSON: Hoppe-Seyler's Z. physiol. Chem. 217 (1933), 186; 225 (1934), 57.

[6] EULER, ADLER: Hoppe-Seyler's Z. physiol. Chem. 226 (1934), 196.

[7] The clearest results were given by a preparation containing very little coenzyme and yellow enzyme, obtained as follows. Dried and washed brewer's yeast (apozymase) was extracted at 30° with water; the centrifuged extract was treated with acetone in the cold, and the precipitate formed was washed with alcohol and dried.

[8] EULER, ADLER: Hoppe-Seyler's Z. physiol. Chem. 238 (1936), 233.

[9] The alcohol dehydrogenase of peas is also specific for coenzyme I. ADLER, SREENIVASAYA: Hoppe-Seyler's Z. physiol. Chem. 249 (1937), 24.

[10] EULER, ADLER, HELLSTRÖM: Hoppe-Seyler's Z. physiol. Chem. 241 (1936), 239.

showed a proper equilibrium constant, K, where

$$K = \frac{(c-x)\,(a-x)}{x^2}$$

and c, a, and x are the concentrations of total coenzyme, alcohol, and dihydro-coenzyme ($=$ aldehyde). The constant increased with decreasing p_H, the constants found at p_H 7,7, 7,0, and 6,4 being respectively $0,8 \times 10^4$, $1,9 \times 10^4$, and $7,8 \times 10^4$ (using purer preparations, Euler and Hellström[1] later obtained lower constants: $1,25 \times 10^3$ at p_H 7,77, $5,16 \times 10^3$ at p_H 7,15, and $38,0 \times 10^3$ at p_H 6,3). The reaction velocities were proportional to the enzyme concentration; the equilibrium constant was independent of the enzyme concentration. The high values for the reaction constant indicate that the equilibrium lies far to the left, that is, aldehyde tends to be reduced in the presence of traces of reduced coenzyme. The value of the equilibrium constant and the dependence on p_H agreed with the observations that the dehydrogenation of alcohol is slower than the hydrogenation of aldehyde, and that the dehydrogenation is more rapid at high p_H, the hydrogenation of aldehyde is more rapid at lower p_H. The p_H optimum for the reduction of methylene blue was found to be above 8,0.[2] Müller[3] found the optimum at about p_H 8–10 for the oxidation of isopropyl alcohol.

Euler and Hellström[1] have shown that desamino-coenzyme I, in which a hydroxyl group replaces the amino group on the pyridine nucleus, behaves similarly to coenzyme I with alcohol dehydrogenase. But the reduction of desamino-coenzyme was much slower, especially at p_H values below 7,7, and the equilibrium constant was correspondingly higher.

Euler et al. believed that in alcoholic fermentation, the alcohol dehydrogenase and dihydro-coenzyme reduce aldehyde to alcohol, the dihydro-coenzyme being produced in the oxidation of triosephosphate to phosphoglycerate by triosephosphate dehydrogenase and coenzyme. They mentioned the possibility that the yellow enzyme may mediate between the two systems—aldehyde + dehydrogenase + coenzyme, and triosephosphate + dehydrogenase + coenzyme—but this mediation does not seem necessary. Dismutations by these mechanisms have been discussed in Chapter 1.

Warburg and Christian[4] have also indicated that alcoholic fermentation involves the reduction of acetaldehyde by dihydro-coenzyme I under the influence of a fermentation enzyme. The enzyme causing this reaction has been isolated in crystalline form by Negelein and Wulff.[5,6] The active protein was purified from extract of dried bottom yeast by removal of some inactive protein by mild heat, followed by a series of fractional precipitations with acetone, ammonium sulfate, and alcohol, and it was finally crystallized from ammonium sulfate solution. The pure protein contained no copper and only traces of iron which were probably present as impurity. No absorption bands were shown other than those characteristic of protein.

The activity of the protein was tested by measuring the oxygen uptake in a mixture containing alcohol, protein, coenzyme I, yellow enzyme, pyrophosphate

[1] Euler, Hellström: Ark. Kem., Mineral. Geol., Ser. B 12 (1938), No. 55.

[2] A similar high value was found for alcohol dehydrogenase of peas. Adler, Sreenivasaya: Hoppe-Seyler's Z. physiol. Chem. 249 (1937), 24.

[3] Müller: Biochem. Z. 268 (1934), 152.

[4] Warburg, Christian: Biochem. Z. 287 (1936), 291.

[5] Negelein, Wulff: Biochem. Z. 289 (1937), 436; 293 (1937), 351.

[6] Sreenivasaya has purified the enzyme from extract of dried yeast by precipitation with ammonium sulfate and adsorption on zirconium hydroxide. Nature (London) 139 (1937), 112.

buffer, and semicarbazide (to fix the aldehyde formed). Under the conditions of the test 1γ of the protein caused about 2,5 c. mm. of oxygen uptake per minute. The protein was rapidly inactivated above p_H 8,5 or below p_H 5,0. Traces of copper inhibited it completely unless copper complex-forming substances such as glycine and yeast gum were present.

According to the terminology used in this review, the protein of NEGELEIN and WULFF is "alcohol dehydrogenase". NEGELEIN and WULFF call it simply "a protein" which combines with diphosphopyridinenucleotide (coenzyme I) to give "aldehyde reductase".

NEGELEIN and WULFF studied spectrophotometrically the kinetics of the reduction of acetaldehyde to alcohol by dihydro-coenzyme, and the reverse reaction, under the influence of their protein, and analyzed their results mathematically. Like EULER et al., they found that the reduction of acetaldehyde is the more rapid reaction. Aldehyde has a much greater affinity for the enzyme than has alcohol. Maximum initial rate of coenzyme reduction (p_H 7,9) was reached with about 0,3 M alcohol; maximum initial rate of dihydro-coenzyme oxidation was reached with about $2,5 \times 10^{-3}\,M$ aldehyde. The constant arrived at by them, corresponding to the constant of EULER et al., was $1,35 \times 10^3$ at p_H 7,9 and 20°. Coenzyme and dihydro-coenzyme showed different affinities for the dehydrogenase. With low concentration of dehydrogenase, the dehydrogenase-coenzyme compound was half dissociated in presence of $9 \times 10^{-5}\,M$ coenzyme; the corresponding concentration for dihydro-coenzyme was $3 \times 10^{-5}\,M$.

By cataphoresis experiments EULER and HELLSTRÖM[1] have found the isoelectric point at about p_H 5,2 for purified (not crystallized) alcohol dehydrogenase of yeast.

MÜLLER[2] found that the alcohol-ether precipitate from extract of dried yeast reduced methylene blue with all the aliphatic, monovalent, normal primary and secondary alcohols tried, with the exception of methyl alcohol and iso-amyl-alcohol. Glycerol and erythrytol were not oxidized. Ethylene glycol and several other polyvalent alcohols were oxidized, possibly by a different enzyme.

Added to proof: NEGELEIN and BROMEL[3] find that the "aldehyde reductase" can cause dihydro-coenzyme I to reduce triose (dihydroxyacetone) to glycerol slowly.

Yeast alcohol dehydrogenase is strongly inhibited by $M/1000$ iodoacetate.[4] It is strongly inhibited by $Cu^{\cdot\cdot}$, $Ag^{\cdot}$ and $Hg^{\cdot\cdot}$ ions, 50% inhibition being obtained with $2 \times 10^{-5}\,M$ metal; $Zn^{\cdot\cdot}$ and $Fe^{\cdot\cdot\cdot}$ are less effective.[5]

WAGNER-JAUREGG and MÖLLER[6] found that addition of reduced glutathione increased the activity of dialyzed extracts of washed yeast with coenzyme and alcohol in reducing methylene blue. HCN had a similar effect, and oxidized glutathione had no effect, so the activation by GSH was believed to be due to combination with traces of heavy metal.

Animal tissues.

REICHEL and KÖHLE[7] obtained an alcohol dehydrogenase preparation from liver by repeated acetone precipitation of liver extract, and they studied the oxidation of propyl alcohol; propyl aldehyde was the primary reaction product.

[1] EULER, HELLSTRÖM: Hoppe-Seyler's Z. physiol. Chem. **246** (1937), 149.

[2] MÜLLER: Biochem. Z. **268** (1934), 152.

[3] NEGELEIN, BROMEL: Biochem. Z. **303** (1939), 231.

[4] DIXON: Nature (London) 140 (1937), 806. — ADLER, EULER, GÜNTHER: Skand. Arch. Physiol. 80 (1938), 1.

[5] EULER, ADLER: Hoppe-Seyler's Z. physiol. Chem. **232** (1935), 10.

[6] WAGNER-JAUREGG, MÖLLER: Hoppe-Seyler's Z. physiol. Chem. **236** (1935), 222.

[7] REICHEL, KÖHLE: Hoppe-Seyler's Z. physiol. Chem. **236** (1935), 158.

Lutwak-Mann[1] studied the liver enzyme in the light of the recent work on coenzyme relations. Minced horse liver extract was heated to 52° to remove inactive protein and the enzyme was precipitated with acetone, redissolved, and re-precipitated with acetone. This material (acetone preparation) contained alcohol dehydrogenase and aldehyde mutase but apparently no aldehyde oxidase. Alternatively the enzyme was precipitated from the extract by ammonium sulfate. This precipitate could be redissolved, dialyzed and precipitated with acetone.

The ammonium sulfate precipitate, with alcohol, reduced methylene blue only when coenzyme I was added. Coenzyme II[2] and various other substances tried, were inactive. Addition of yellow enzyme had little effect; the preparation evidently contained coenzyme factor (diaphorase).

The acetone preparation contained some coenzyme, but even with extra coenzyme added, it reduced methylene blue with alcohol only slowly unless coenzyme factor was added. The coenzyme factor used was a suspension of well washed, ground material from heart, liver, or other tissues, and contained no alcohol dehydrogenase. It was formerly believed that animal alcohol dehydrogenase is exceptionally unstable. This was shown to be due to the deterioration of the coenzyme factor especially in acetone preparations; the dehydrogenase itself remained active for months. Heating liver extract to 52° destroys the factor, and an ammonium sulfate preparation from extract thus treated, also required addition of factor.

The preparations with alcohol and coenzyme took up oxygen very slowly, even with added coenzyme factor from liver or skeletal muscle, unless a carrier such as methylene blue or pyocyanine was added. The uptake was somewhat accelerated when semicarbazide was added as aldehyde fixative. However, addition of washed heart suspension, which is rich in cytochrome oxidase, cytochrome, and the coenzyme factor, produced rapid oxygen uptake.

The optimum p_H for methylene blue reduction by the system was found at 7,6. Reichel and Köhle found about p_H 7 for the aerobic oxidation of propyl alcohol.

In anaerobic experiments, with methylene blue as hydrogen acceptor with no extra coenzyme factor added, or with added heart factor, acetaldehyde was shown to be the oxidation product from alcohol. When the reaction was slow, as in the absence of added factor, the theoretical amount of aldehyde was not found; evidently aldehyde mutase and aldehyde oxidase in the preparations converted aldehyde to acetic acid. When liver factor was used, detection of acetaldehyde formation failed unaccountably.

Propyl alcohol reduced methylene blue with the enzyme system nearly as fast as ethyl alcohol. Amyl and methyl alcohol were less strongly activated. No reaction occurred with saligenin, glycerol or α-glycerophosphate. Methyl alcohol had no effect on the oxidation of ethyl alcohol.

Large amounts of acetaldehyde or formaldehyde inhibited the reaction, the inhibition being partially reversible. The enzyme was not inhibited by $M/100$ iodoacetate whereas the yeast dehydrogenase is inhibited by $M/1000$ iodoacetate. Urethane, oxalate, maleate and pyrophosphate inhibited appreciably. Cyanide did not inhibit the dehydrogenase and sometimes accelerated methylene blue reduction, probably by fixing the aldehyde.

---

[1] Lutwak-Mann: Biochemic. J. 32 (1938), 1364.
[2] See also Quibell: Hoppe-Seyler's Z. physiol. Chem. 251 (1938), 102.

Active alcohol dehydrogenase preparations could be obtained from liver, intestine and kidney, but brain and muscle gave negative results.

Leloir and Munoz[1] have studied the metabolism of alcohol by sliced animal tissues. Alcohol was oxidized by liver and kidney but not by other rat tissues. The aldehyde formed was mostly oxidized further to acetic acid and no aldehyde accumulated.

Bernheim[2] found that alloxan in low concentration, $10^{-4} M$, caused a very great increase in the rate of alcohol oxidation by liver suspensions, while the oxidation of a number of other substances was unaffected. Various other reversibly oxidizable substances showed no comparable effect. The effect has not been explained.

Bacteria.

Lutwak-Mann[3] showed that coenzyme I is concerned in alcohol oxidation by acetic acid bacteria. Untreated suspensions of *Acetobacter suboxydans* oxidize alcohol vigorously and added coenzyme has little effect. But when a suspension was saturated with ammonium sulfate, and, after a few hours, thoroughly dialyzed, the addition of coenzyme increased the oxygen uptake with alcohol considerably. The optimum p_H for the oxidation of alcohol by the bacterial enzyme was 4,5. The bacteria scarcely oxidized methyl alcohol[4] and methyl alcohol (0,3 M) largely inhibited the oxidation of ethyl alcohol. Other enzymes in the bacteria were not affected by methyl alcohol. Iodoacetate had little or no effect on the bacterial oxidation.

Redox potential.

With the alcohol dehydrogenase system of yeast, in the presence of reversibly reducible dyes to establish equilibrium with electrodes, Lehmann[5] found the redox potential of ethyl alcohol-acetaldehyde to be $E_0' = -0,09$ at 30° and p_H 7,45 but Wurmser and Filitti-Wurmser[6] found $E_0' = -0,237$ at p_H 7 and 35°, for the ethyl alcohol system, and $E_0' = -0,251$ for the system *iso*propyl alcohol-acetone.

Aldehyde mutase.

Battelli and Stern[7] showed that animal tissues are able to catalyze the Cannizzaro reaction, the dismutation between two molecules of aldehyde yielding a molecule each of alcohol and acid:

$$R \cdot CHO + R \cdot CHO + H_2O = R \cdot CH_2OH + R \cdot COOH.$$

Parnas[8] found that this reaction could be brought about by a soluble enzyme system from liver which he called "aldehyde mutase".

Reichel *et al.*[9] studied the dismutation of propionaldehyde by preparations

---

[1] Leloir, Munoz: Biochemic. J. **32** (1938), 299.

[2] Bernheim: J. biol. Chemistry **123** (1938), 741.

[3] Lutwak-Mann: Biochemic. J. **32** (1938), 1364.

[4] *B. coli* oxidizes ethyl and propyl alcohol but not methyl alcohol. Quastel, Whetham: Biochemic. J. **19** (1925), 520. — Cook, Stephenson: Ibid. **22** (1928), 1368. — Extracts of certain seeds can oxidize methyl alcohol while others cannot. Thunberg: Skand. Arch. Physiol. **75** (1936), 46.

[5] Lehmann: Biochem. Z. **274** (1934), 321.

[6] Wurmser, Filitti-Wurmser: C. R. Séances Soc. Biol. Filiales Associées **118** (1935), 1027; J. Chim. physique **33** (1936), 577.

[7] Battelli, Stern: Bull. Soc. Chim. biol. **68** (1910), 742.

[8] Parnas: Biochem. Z. **28** (1910), 274.

[9] Reichel, Wetzel: Hoppe-Seyler's Z. physiol. Chem. **224** (1934), 176. — Reichel, Köhle: Ibid. **236** (1935), 145.

obtained from liver extracts by repeated precipitation with acetone and mixed solvents, and re-extractions of the precipitate with water. Even under aerobic conditions propylaldehyde was dismuted quantitatively to the alcohol and acid, though oxidation of the aldehyde to acid occurred in the presence of methylene blue, quinone, or the cytochrome system. The optimum p_H for the dismutation was about 7,5—7,8. Cyanide in high concentration, 1 M, caused only partial inhibition, probably by forming propionaldehyde cyanhydrin. Reichel called the enzyme responsible "Aldehydrase".

Neuberg and Hirsch[1] showed mutase activity in yeast and Euler et al.[2] found that the enzyme was active in dried yeast and that it was dependent upon the presence of cozymase; the mutase of liver extracts was also activated by cozymase.[3]

Wieland[4] believed that the enzyme was identical with aldehyde oxidase, the Schardinger enzyme. He suggested that normally the enzyme causes aldehyde to be oxidized to acid, but, in the absence of other suitable hydrogen acceptors, other molecules of aldehyde accept the hydrogen and are reduced to alcohol.

Dixon and Lutwak-Mann[5] have studied the mutase extensively with special reference to the question of its possible identity with aldehyde oxidase.

The mutase was prepared from liver extract. Inactive material was precipitated with alcohol, and the enzyme precipitated with acetone-ether mixture and dried. The enzyme was purified by dialysis and precipitation of inactive protein at 55°, and reprecipitated by acetone-ether. For further purification the enzyme was adsorbed on tricalcium phosphate, eluted with alkaline phosphate, dialyzed, and precipitated. The mutase was soluble and stable in the dry form or in solution. Dismutation was followed manometrically by observing the CO_2 liberated from bicarbonate buffer by the acid formed, and the results were confirmed by chemical estimations of aldehyde, acid and alcohol. Dismutation occurred aerobically as well as anaerobically. The purified enzyme showed no aldehyde oxidase activity; no oxygen uptake or methylene blue reduction took place even in the presence of cozymase, yellow enzyme or cytochrome c and cytochrome oxidase. Alcohol dehydrogenase also appeared to be absent.

The activity of crude horse liver preparations was not increased by added cozymase. After long dialysis the activity was considerably decreased, and added cozymase considerably increased the activity, but the coenzyme could not be completely removed by dialysis. From dog liver, preparations were readily obtained which were completely inactive unless coenzyme was added. (Dog liver appeared to contain an enzyme which destroys coenzyme.) The activity of the mutase increased with increasing coenzyme concentration, tending to an asymptotic maximum. Coenzyme II, trigonellin, adenylpyrophosphate, and glutathione were inactive as activators.

The initial velocity of reaction increased with increasing aldehyde concentration; saturation did not seem to be nearly reached with the highest concentration 0,06 M, tried. The initial velocity was proportional to the amount of enzyme. The optimum p_H, about 7,7, was the same as was found by Reichel and Köhle.

The dismutation proceeded most rapidly with acetaldehyde and propion-

[1] Neuberg, Hirsch: Biochem. Z. 96 (1919), 175.

[2] Josephson, Euler: Hoppe-Seyler's Z. physiol. Chem. 135 (1924), 49. — Myrbäck, Jacobi: Ibid. 161 (1926), 245. — Euler, Myrbäck: Ibid. 165 (1927), 28.

[3] Euler, Brunius: Hoppe-Seyler's Z. physiol. Chem. 175 (1928), 52.

[4] Wieland: Ber. dtsch. chem. Ges. 47 (1914), 2085.

[5] Dixon, Lutwak-Mann: Biochemic. J. 31 (1937), 1347.

aldehyde, less readily with higher aldehydes and scarcely at all with benzaldehyde, salicylaldehyde or piperonal. *d*-Glyceraldehyde reacted five times as rapidly as *dl*-glyceraldehyde which suggested that *l*-glyceraldehyde inhibits the enzyme. Formaldehyde also undergoes rapid dismutation.[1] Methylglyoxal possibly underwent dismutation.[2]

Mutase activity was completely inhibited by 0,01 M iodoacetate.[3] Iodoacetate had little effect on aldehyde oxidase from milk. Incubation of the enzyme with 0,01 M cyanide had no effect. Incubation with cyanide destroys aldehyde oxidase. By using iodoacetate or cyanide it was thus possible to poison either enzyme independently of the other. Phlorizin and fluoride, 0,01 M, had no action on the mutase.

The mutase was shown to be different from the well-known aldehyde oxidase of milk and animal tissues, the Schardinger enzyme, by the following considerations. The Schardinger enzyme from milk caused no dismutation of acetaldehyde or other aldehydes even with coenzyme added.[4] Though crude preparations contained both enzymes, the purified aldehyde mutase showed no aldehyde oxidase activity. Aldehyde oxidase was destroyed by cyanide, mutase was not; the mutase was inhibited by iodoacetate but not the oxidase. The mutase required coenzyme while the Schardinger enzyme does not. The oxidase acts on both aliphatic and aromatic aldehydes while the mutase was inactive with the aromatic aldehydes. The aldehyde oxidase of potato also does not show mutase activity.[5]

The possibility was considered that the mutase reaction may be catalyzed by two dehydrogenases with coenzyme acting as mediator according to the following equations:

$$\text{Aldehyde} + \text{coenzyme} \longrightarrow \text{acid} + \text{dihydro-coenzyme.} \tag{1}$$
Aldehyde oxidase (dehydrogenase).

$$\text{Aldehyde} + \text{dihydro-coenzyme} \longrightarrow \text{alcohol} + \text{coenzyme.} \tag{2}$$
Alcohol dehydrogenase.

However, attempts to reconstruct the system with isolated aldehyde oxidase and alcohol dehydrogenase, together with coenzyme and various other possible mediators, were unsuccessful. Also active mutase preparations had been obtained which did not contain aldehyde oxidase and appeared not to contain alcohol dehydrogenase. Dixon and Lutwak-Mann therefore suggested that mutase is a special type of enzyme or enzyme system containing two active centers which activate aldehyde, one for oxidation by coenzyme and the other for reduction by dihydro-coenzyme, neither center causing reaction with oxygen or methylene blue.

Since the discovery of diaphorase, Dewan and Green[6] and Euler *et al.*[7] have shown that aldehyde mutase preparations do actually contain alcohol dehydrogenase but that purification has eliminated the coenzyme factor. On

---

[1] Lutwak-Mann: Biochemic. J. **32** (1938), 1364.

[2] The enzyme preparations contained glyoxalase which very rapidly converted methylglyoxal into lactic acid unless all traces of glutathione, the activator for glyoxalase action, were removed from the enzyme and coenzyme preparations. Glyoxalase preparations free of mutase could be obtained but mutase could not be freed of glyoxalase.

[3] Crude preparations showed less effect since they contain glutathione which combines with iodoacetate.

[4] Positive results had been obtained by Wieland [Ber. dtsch. chem. Ges. **47** (1914), 2085; Wieland, McRae: Liebigs Ann. Chem. **483** (1930), 217] but these are criticized by Dixon and Lutwak-Mann. See also Booth: Biochemic. J. **32** (1938), 503. — Dixon: Enzymologia (Den Haag) **5** (1938), 198.

[5] Michlin, Severin: Biochem. Z. **237** (1931), 339.

[6] Dewan, Green: Biochemic. J. **32** (1938), 626.

[7] Adler, Euler, Günther: Ark. Kem., Mineral. Geol., Ser. B **12** (1938), No. 54.

addition of the factor the presence of the alcohol dehydrogenase can be shown by methylene blue reduction or oxygen uptake. The oxidation of dihydro-coenzyme by aldehyde with purified mutase preparations has been shown spectroscopically by Green and Dewan.[1] Also methyl and propyl alcohol and glycerol were reversibly dehydrogenated.[2]

The alcohol dehydrogenase of animal tissues is not very sensitive to iodoacetate (Lutwak-Mann[3]). It is possible that the mutase system consists of alcohol dehydrogenase, coenzyme and a previously unknown coenzyme-determined aldehyde dehydrogenase which is sensitive to iodoacetate. Green et al.[4] have in fact been able to cause dismutations between acetaldehyde and pyruvate, oxaloacetate and other substances; presumably aldehyde with the aldehyde dehydrogenase part of mutase, reduced the coenzyme, and pyruvate and oxaloacetate with lactic and malic dehydrogenases reoxidized the dihydro-coenzyme.

However, it has not been possible to prove directly the presence of an aldehyde dehydrogenase in purified mutase. It may exist but it would be difficult to detect. Though reduction of coenzyme by aldehyde may occur, reaction (1) of the above scheme, the dihydro-coenzyme would not be detected spectroscopically since it would immediately be reoxidized by reaction (2). Even with yellow enzyme added, no methylene blue reduction occurs with mutase (Dixon and Lutwak-Mann), but again reduction of yellow enzyme by dihydro-coenzyme may compete unfavorably with reaction (2), which is known to tend strongly toward aldehyde reduction. Even though the presence of a coenzyme-determined aldehyde dehydrogenase may eventually be shown, it cannot be assumed that no mutase exists until mutase has been separated into aldehyde and alcohol dehydrogenases.[5]

Added to proof: Reichel and Burkart[6] have demostrated aldehyde dehydrogenation with purified liver mutase preparations in the presence of coenzyme and flavoprotein.

Triose dehydrogenase.

Clift and Cook[7] found that a preparation from liver catalyzed the reduction of methylene blue by the trioses, *dl*-glyceraldehyde and dihydroxyacetone. The enzyme was obtained by precipitation with ammonium sulfate from a dialyzed extract of acetone-dried liver mince after some inactive protein had been separated at p_H 5,7; the precipitate was redissolved and dialyzed nearly free of ammonium sulfate. Competition experiments indicated that the preparation contained three distinct enzymes, one acting on the trioses, one on glucose, and one on hypoxanthine and acetaldehyde. With the trioses no catalysis of oxygen uptake occurred; the enzyme preparation partly inhibited the autoxidation which trioses show in phosphate buffer. Since oxygen uptake occurred with acetaldehyde and hypoxanthine but not with triose it seemed clear that a special triose dehydrogenase was present.

Lebedev[8] and Booth[9] showed that glyceraldehyde reduces methylene blue with

---

[1] Green, Dewan: Biochemic. J. 31 (1937), 1069.

[2] Adler, Euler, Günther: Ark. Kem., Mineral. Geol., Ser. B 12 (1938), No. 54.

[3] Lutwak-Mann: Biochemic. J. 32 (1938), 1364. — See also Adler, Euler, Günther: Skand. Arch. Physiol. 80 (1938), 1.

[4] Green, Needham, Dewan: Biochemic. J. 31 (1937), 2327.

[5] For fuller discussion see Adler, Euler, Günther: Ark. Kem., Mineral. Geol., Ser. B 12 (1938), No. 54. — Dixon: Enzymologia (Den Haag) 5 (1938), 219.

[6] Reichel, Burkart: Hoppe-Seyler's Z. physiol. Chem. 260 (1939), 134.

[7] Clift, Cook: Biochemic. J. 26 (1932), 1804.

[8] Lebedev: Hoppe-Seyler's Z. physiol. Chem. 160 (1926), 97.

[9] Booth: Biochemic. J. 32 (1938), 494.

the aldehyde-xanthine oxidase of milk. Since this enzyme causes direct oxygen uptake with aldehydes it might have been expected that CLIFT and COOK's preparation should take up oxygen with both acetaldehyde and glyceraldehyde. However, BOOTH found glyceraldehyde only weakly active with aldehyde oxidase, so presumably ordinary aldehyde oxidase in CLIFT and COOK's preparation was not active enough to show appreciable oxygen uptake with glyceraldehyde.

Both trioses reduce methylene blue in the presence of phosphate without enzyme, the rate being appreciable with dihydroxyacetone. The rate was greatly increased by the enzyme. With both trioses the rate continually increased with increasing triose concentration, the effect being most marked with dihydroxyacetone. Maximum rate was nearly reached with 0,25 M dl-glyceraldehyde, half maximum rate with 0,04 M. It was considered probable that the methylene blue reduction with both trioses was catalyzed by the same enzyme. The actual substrate might be one of the trioses or a common enolic form. The continued increase in rate with increasing dihydroxyacetone concentration suggested that the factor limiting the rate of oxidation was a non-enzymic transformation of dihydroxyacetone into the actual substrate of oxidation. The oxidation product was presumed to be glyceric acid.

GREEN, NEEDHAM and DEWAN[1] found that their "mutase" solution, a dialyzed extract of acetone-dried muscle, with dl-glyceraldehyde, liberated CO_2 from bicarbonate buffer slowly but steadily when coenzyme I was added (but not without coenzyme). Presumably acid was formed by slow dismutation of glyceraldehyde to glycerol and glyceric acid. With the "mutase", coenzyme, glyceraldehyde, and pyruvate or oxaloacetate, a rapid CO_2 evolution took place as a result of acid formation by the following dismutation:

Glyceraldehyde + pyruvate $\longrightarrow$ glyceric acid + lactate.

Production of glyceric and lactic acids was shown quantitatively. The dismutation was inhibited by iodoacetate. With dl-glyceraldehyde only 50% was used up. Using partially resolved glyceraldehyde it was found that only d-glyceraldehyde was attacked. Glycollic aldehyde also seemed to undergo dismutation with itself and, less rapidly than glyceraldehyde, with pyruvate and oxaloacetate. Glyceraldehyde and glycollic aldehyde with the mutase preparation were shown spectroscopically to reduce coenzyme I.

Since the "mutase" preparation of GREEN et al. has been shown to contain lactic and malic dehydrogenases[2] it is probable that the dismutations of glyceraldehyde and glycollic aldehyde with pyruvate or oxalacetate are due to cooperation between a glyceraldehyde dehydrogenase, coenzyme, and lactic or malic dehydrogenase.

DIXON and LUTWAK-MANN[3] showed that their purified aldehyde mutase from liver, which contained no aldehyde-xanthine oxidase, caused dismutation to alcohol and acid with d-glyceraldehyde as well as with acetaldehyde, propionic aldehyde, formaldehyde. and, less rapidly, with higher aldehydes (not aromatic). ADLER et al.[4] showed that the aldehyde mutase solution contained a dehydrogenase active with glycerol. Therefore, as discussed in the section on aldehyde mutase, it seems probable that the dismutation of glyceraldehyde with itself

---

[1] GREEN, NEEDHAM, DEWAN: Biochemic. J. 31 (1937), 2327.
[2] DEWAN, GREEN: Biochemic. J. 32 (1938), 626.
[3] DIXON, LUTWAK-MANN: Biochemic. J. 31 (1937), 1347. — LUTWAK-MANN: Ibid. 32 (1938), 1364.
[4] ADLER, EULER, GÜNTHER: Ark. Kem., Mineral. Geol., Ser. B 12 (1938), No. 54.

is due to cooperation between a glyceraldehyde dehydrogenase, coenzyme, and a glycerol dehydrogenase.

The glyceraldehyde dehydrogenase and the postulated coenzyme-determined aldehyde dehydrogenase present in liver, in aldehyde mutase preparations, and in Green et al.'s muscle mutase preparations, may be the same enzyme having a group specificity for aldehydes.

Formic dehydrogenase.

Battelli and Stern[1] observed aerobic oxidation of formate by liver, and Thunberg[2] found methylene blue reduction by formate with frog muscle. Dehydrogenation of formate has been observed with phosphate extracts of muscle and liver of guinea pig but not with human or ox muscle.[3] Rat kidney appears not to metabolize formate.[4] In bacteria[5] and plant seeds,[6] formic dehydrogenase is one of the most widespread and active enzymes. Some activity has been found in yeast[7] and moulds.[8]

Bacteria.

Formate oxidation by bacteria has been studied by Quastel and others using suspensions of non-proliferating ("resting") bacteria, or bacteria in which many other dehydrogenases were inactivated by toluene.[9] With B. coli and other facultative anaerobes or aerobes, formate reduced methylene blue[10] or nitrate[11] or caused oxygen uptake.[12]

For methylene blue reduction by formate with B. coli, Cook and Alcock[13] found optimum activity from p_H 7 to far into the alkaline region when using phosphate and other buffers, with borate buffer the optimum was not reached below about p_H 9,5. Maximum oxygen uptake rate occurred at p_H 6 and activity fell off sharply above p_H 7,5; the difference was probably due to different p_H susceptibility of the oxygen activating mechanisms. Maximum methylene blue reduction rate was reached with low formate concentration, about $10^{-4} M$, half maximum with about $3 \times 10^{-5} M$.[14]

Cook et al.[15] found that cyanide in low concentration inhibited the aerobic oxidation of formate by B. coli but not the reduction of methylene blue. (Dilute cyanide inhibits the plant enzyme, see below.) CO also inhibited the

[1] Battelli, Stern: Biochem. Z. 28 (1910), 145.

[2] Thunberg: Skand. Arch. Physiol. 40 (1920), 1.

[3] Wishart: Biochemic. J. 17 (1923), 103. — Rosling: Skand. Arch. Physiol. 45 (1924), 132.

[4] Elliott, Schroeder: Biochemic. J. 28 (1934), 1920.

[5] Quastel, Whetham: Biochemic. J. 19 (1925), 520, 645, 652. — Quastel: Ergebn. Enzymforsch. 1 (1932), 209. — Kendall, Ishikawa: J. infect. Diseases 44 (1929), 282.

[6] Thunberg: Biochem. Z. 206 (1929), 109; Skand. Arch. Physiol. 74 (1936), 16. — Fodor, Frankenthal: Biochem. Z. 225 (1930), 409, 417; 238 (1931), 268; 246 (1932), 414.

[7] Fodor, Frankenthal: Biochem. Z. 246 (1932), 414. — Wieland, Sonderhoff: Liebigs Ann. Chem. 503 (1933), 61.

[8] Bernhauer, Slanina: Biochem. Z. 264 (1933), 109.

[9] Quastel, Wooldridge: Biochemic. J. 21 (1927), 148; 22 (1928), 689.

[10] Quastel, Whetham: Biochemic. J. 19 (1925), 520. — Quastel, Wooldridge: Ibid. 19 (1925), 652.

[11] Cook: Biochemic. J. 24 (1930), 1538.

[12] Cook, Stephenson: Biochemic. J. 22 (1928), 1368.

[13] Cook, Alcock: Biochemic. J. 25 (1931), 523.

[14] Quastel, Whetham: Biochemic. J. 19 (1925), 520. — Stephenson, Stickland: Ibid. 26 (1932), 712.

[15] Cook, Haldane, Mapson: Biochemic. J. 25 (1931), 534, 880.

aerobic oxidation, but not dye reduction. The CO inhibition was not affected by light. The reduction of methylene blue was considerably inhibited by small amounts of 1-amino-8-naphthol-4-sulfonate and 8-oxyquinolinesulfonate. Since these are known to form complexes with copper it was concluded that the dehydrogenase contains copper. Oxygen uptake was not inhibited but it was suggested that oxygen activation and not the dehydrogenase limits the aerobic reaction. QUASTEL and WOOLDRIDGE[1] observed inhibition of formate dehydrogenation after treatment with barium, with cyanide in high concentration, 0,2 M, or with small amounts of $KMnO_4$ and H_2O_2. The inhibitions by these substances (except barium) could be partly reversed by treating the bacteria with cysteine or sulfite. Complete inhibition occurred with dilute $CuSO_4$, (1/1000), and this could be fully reversed with H_2S. Phenylhydrazine inhibited strongly; hydroxylamine, sulfite and semicarbazide had little effect. Phenylurethane had no effect on methylene blue reduction.[2] QUASTEL and WOOLDRIDGE[3] found the formic dehydrogenase in *B. coli* exceptionally thermostable; heating to 57° for an hour had no effect on the activity.

STICKLAND[4] obtained cell free formic dehydrogenase preparations from *B. coli* and *B. typhosus*. The bacteria were incubated with trypsin in the presence of NaF for 2–4 weeks. At first the activity towards formate, lactate and succinate increased, but later the latter two activities disappeared, largely as a result of destruction by fluoride, while the formic dehydrogenase became 5 times as active as in the intact cells. After centrifuging and filtering through a glass filter, an active suspension of cell debris was obtained. The activity was lost if the debris was removed by sharp centrifuging or by filtration through a SEITZ filter or kieselguhr. The suspension with formate reduced methylene blue but took up no oxygen.

OGSTON and GREEN[5] found some increased oxygen uptake with this preparation and formate on adding yellow enzyme. It is therefore probable that the bacterial enzyme is coenzyme-determined.

Added to proof: GALE[6] finds that formic dehydrogenase of ground *B. coli* reacts through cytochrome *b* but can take up oxygen with cytochrome *c* and cytochrome oxidase. It does not require coenzyme I or II. This enzyme should presumably be classified with the enzymes of Chapter 5.

Plants.

FODOR and FRANKENTHAL[7] extracted peas and various cereals with water, precipitated the enzyme with acetone, and re-extracted the precipitate with phosphate solution at p_H 6. The solution was further purified by shaking with kaolin. The solution still contained donators, but formate accelerated the methylene blue reduction or oxygen uptake. The plant enzyme was more thermolabile than the bacterial, half the activity being lost by warming to 50° for 30 mins. Boiled extracts of yeast or peas considerably increased the activity of their preparations, particularly after dialysis.

ANDERSSON[8] found that a dialyzed alkaline phosphate extract from peas

[1] QUASTEL, WOOLDRIDGE: Biochemic. J. **21** (1927), 1224.
[2] COOK, HALDANE, MAPSON: Biochemic. J. **25** (1931), 534, 880.
[3] QUASTEL, WOOLDRIDGE: Biochemic. J. **21** (1927), 148; **22** (1928), 689.
[4] STICKLAND: Biochemic. J. **23** (1929), 1187.
[5] OGSTON, GREEN: Biochemic. J. **29** (1935), 1983.
[6] GALE: Biochemic. J. **33** (1939), 1012.
[7] FODOR, FRANKENTHAL: Fermentforsch. 11 (1930), 469; Biochem. Z. **225** (1930), 417.
[8] ANDERSSON: Hoppe-Seyler's Z. physiol. Chem. **225** (1934), 57.

reduced methylene blue with formate only when co-zymase was added. The co-zymase used contained some coenzyme II, but Adler and Sreenivasaya[1] showed that the dehydrogenase is specific for coenzyme I; any activity found with coenzyme II preparations could be accounted for by the amount of coenzyme I present as impurity.

Adler and Sreenivasaya extracted peas with alkaline phosphate solution, precipitated the enzyme with ammonium sulfate, redissolved and dialyzed the solution. The opalescent light yellow solution contained an active alcohol dehydrogenase as well as formic dehydrogenase. Both activities fell off considerably during 10–20 days in the refrigerator. The preparation with formate and coenzyme took up little oxygen unless yellow enzyme was added; the rate increased with increasing yellow enzyme concentration.

However, methylene blue reduction by the system was not affected by the addition of yellow enzyme. It was assumed that the preparation itself contained sufficient yellow enzyme to catalyze the oxidation of dihydro-coenzyme by methylene blue but not by oxygen. More probably the reduction of methylene blue by dihydro-coenzyme was catalyzed by diaphorase present, but since diaphorase does not react with oxygen in the absence of the cytochrome system, addition of yellow enzyme was necessary for oxygen uptake. Addition of methylene blue increased the oxygen uptake rate even in the presence of yellow enzyme, probably because methylene blue can mediate oxygen uptake through diaphorase, and the action of yellow enzyme is slower than diaphorase.

The reduction of coenzyme by the enzyme with formate was shown by spectrophotometric observation of the absorption at 334 mμ by dihydro-coenzyme formed. More than 85% reduction occurred; at normal pressure no re-oxidation of dihydro-coenzyme by CO_2 occurred. There was thus no evidence that the reaction is reversible.

Maximum rate of methylene blue reduction occurred with about 0,025 M formate, half maximum rate with 0,007 M. The optimum p_H for methylene blue reduction lay between 5,5 and 6; below p_H 5,5 the rate fell off sharply but the rate was not greatly decreased up to p_H 8,5 or higher.

The reduction of methylene blue as well as the oxygen uptake with the formic dehydrogenase system was almost completely inhibited by $10^{-3} M$ cyanide. The dehydrogenation of alcohol by the same preparation was not inhibited. This is the only known case of a coenzyme dehydrogenase being inhibited by cyanide. The only other case of a cyanide inhibition of a dehydrogenase-type enzyme is the aldehyde-xanthine oxidase, in which case the inhibition takes time to set in.[2] The formic dehydrogenase was not appreciably inhibited by 8-oxyquinoline or pyrophosphate, which form complexes with copper and iron respectively. The cyanide inhibition did not therefore appear to indicate the activity of a heavy metal in the dehydrogenase. It seemed possible that cyanide reduced an essential —SS— group to —SH, but ascorbic acid + Fe$^{\cdot\cdot}$ and reduced glutathione did not inhibit but rather activated the enzyme slightly. Possibly the cyanide reacted with a carbonyl group. Quastel and Wooldridge found that phenylhydrazine and strong cyanide inhibited formic dehydrogenation by B. coli but other carbonyl reagents were inactive. The fact that Cook et al. found no inhibition of the formic dehydrogenase of B. coli by dilute cyanide but definite inhibition with 8-oxyquinoline may indicate that the formic dehydrogenase of bacteria is different from that of plants.[3]

[1] Adler, Sreenivasaya: Hoppe-Seyler's Z. physiol. Chem. 249 (1937), 24.
[2] Dixon, Keilin: Proc. Roy. Soc. (London), Ser. B 119 (1936), 159.
[3] Fodor and Frankenthal found no cyanide inhibition of the reduction of

With the enzyme from peas, with coenzyme, yellow enzyme and formate, ADLER and SREENIVASAYA found the R.Q., the ratio of CO_2 evolved to O_2 uptake, to be 2,0, indicating the following reaction between formic acid and oxygen:

$$HCOOH + 1/2\ O_2 = H_2O + CO_2.$$

Since the re-oxidation of leuco-yellow enzyme involves H_2O_2 production, they believe that actually the R. Q. is 1 and a molecule of H_2O_2 was formed per molecule of formate oxidized but that the H_2O_2 was immediately broken down to water and oxygen by the catalase present in their enzyme preparation. The complete oxidation of formate to CO_2 and water by bacterial and plant enzyme has been shown by previous authors.[1]

Citric or *Iso*-citric dehydrogenase.

BATTELLI and STERN[2] observed the energetic aerobic oxidation of citric acid by various mammalian tissues, and THUNBERG[3] first showed the reduction of methylene blue by citrate with washed frog muscle. Reduction of methylene blue by citrate has since been observed with most animal tissues.[4] Metabolism of citrate has also been found with bacteria,[5] mould[6] and yeast.[7] THUNBERG and others[8] found oxidation to occur with extracts of seeds of *Cucumis sativa* and *Echinocystis lobata* but not with many other seeds. WAGNER-JAUREGG and RAUEN[9] obtained active extracts from white beans and orange seeds.

BERNHEIM[10] obtained a clear enzyme solution from liver. Acetone-dried liver mince was extracted with water and the extract dialyzed. This solution contained haemoglobin. By half saturation with ammonium sulfate the enzyme could be precipitated largely free of haemoglobin but activity was lost during slow filtration. At full saturation the enzyme was precipitated together with pigment but filtration was rapid and the activity was preserved. Other tissues gave similar but less active preparations.

BERNHEIM's enzyme solution with citrate reduced methylene blue or *m*-dinitrobenzene but not nitrate, and no oxygen was taken up. The preparation seemed to be specific for citrate.[11] No reduction occurred with lactate, malate, fumarate,

---

methylene blue by the enzyme from plants. The reason for the difference from ADLER and SREENIVASAYA's results is not clear. Biochem. Z. 225 (1930), 409.

[1] COOK, STEPHENSON: Biochemic. J. 22 (1928), 1368. — COOK: Ibid. 24 (1930), 1538. — STICKLAND: Ibid. 23 (1929), 1187. — STEPHENSON, STICKLAND: Ibid. 26 (1932), 712. — FODOR, FRANKENTHAL: Biochem. Z. 246 (1932), 414. — BERNHAUER and SLANINA found that *Aspergillus niger* produced oxalate in 40% yield from formate. Whether this was due to a direct oxidation of formate is not certain. Biochem. Z. 264 (1933), 109.

[2] BATTELLI, STERN: C. R. Séances Soc. Biol. Filiales Associées 69 (1910), 552; Biochem. Z. 31 (1911), 478.

[3] THUNBERG: Skand. Arch. Physiol. 40 (1920), 1.

[4] THUNBERG: Skand. Arch. Physiol. 43 (1923), 275. — AHLGREN: Acta ophthalmol. (Kjøbenhavn) 5 (1927), 1. — DAVIES, QUASTEL: Biochemic. J. 26 (1932), 1672. — ROSLING: Skand. Arch. Physiol. 45 (1924), 132.

[5] BUTTERWORTH, WALKER: Biochemic. J. 23 (1929), 926.

[6] CHALLENGER, SUBRAMANIAN, WALKER: J. chem. Soc. (London) 1927, 200, 3044.

[7] WIELAND, SONDERHOFF: Liebigs Ann. Chem. 499 (1932), 213; 503 (1933), 61.

[8] THUNBERG: Biochem. Z. 206 (1929), 109. — ÖSTBERG: Skand. Arch. Physiol. 62 (1931), 81. — BROMAN: Ibid. 64 (1932), 171. — See also FODOR et al.: Biochem. Z. 225 (1930), 417; 238 (1931), 268; 246 (1932), 414.

[9] WAGNER-JAUREGG, RAUEN: Hoppe-Seyler's Z. physiol. Chem. 233 (1935), 215.

[10] BERNHEIM: Biochemic. J. 22 (1928), 1178.

[11] If alkaline phosphate was used for the extraction instead of water the solution contained some succinic dehydrogenase and xanthine (aldehyde) oxidase. Later HARRISON [Biochemic. J. 25 (1931), 1011, 1016] found that similar preparations

maleate, α-hydroxybutyrate, tartrate, formate, acetate, oxalate, glutamate, saccharate, acetaldehyde or succinate. Aconitic acid (*trans* form, see below) caused no reduction but seemed to inhibit citrate oxidation by competitive adsorption on the enzyme.

For the reduction of methylene blue a sharp optimum concentration of citrate was found at $1.5 \times 10^{-3} M$. In higher concentrations the reaction fell off; $0.25 M$ inhibited strongly. BATTELLI and STERN found a similar optimum concentration for the O_2 uptake with horse muscle. AHLGREN[1] found maximum methylene blue reduction rate with $3 \times 10^{-3} M$ citrate with washed frog muscle, but no inhibition with higher concentrations.

THUNBERG[2] obtained citrate dehydrogenase in alkaline phosphate extracts of cucumber seeds; the extracts also dehydrogenated malate, alcohol, and to a lesser extent other substances. With the cucumber seed extract, THUNBERG found maximum rate of methylene blue reduction with about $4 \times 10^{-5} M$ citrate. DANN[3] found half maximum rate reached with about $8 \times 10^{-5} M$ citrate at 35° and $1.7 \times 10^{-5} M$ at 25°. The extremely high affinity of citrate for the cucumber enzyme enabled THUNBERG and others to use cucumber seed extracts for estimations of citrate. WAGNER-JAUREGG and RAUEN[4] found an optimum concentration at about $4 \times 10^{-3} M$ for the oxygen uptake with cucumber enzyme plus coenzyme and yellow enzyme, the rate being lower in higher citrate concentration. DANN found a temperature coefficient of 1.65 between 25° and 35° for the reduction of methylene blue.

Both the animal and the plant citric dehydrogenases show maximum rate of methylene blue reduction between p_H 7 and 10.[5]

BATTELLI and STERN showed that the aerobic oxidation of citrate is inhibited by cyanide; they also found inhibitory effects with aldehydes and arsenite in low concentrations, and with chloride, but little effect with fluoride. The reduction of methylene blue is not inhibited by cyanide.[6] COLLETT et al.[7] found strong inhibition of the frog muscle dehydrogenase with selenite and tellurite and certain cyclic arsenicals, less strong with arsenite.

ANDERSSON[8] found that a dialyzed phosphate extract of cucumber seeds, with citrate, reduced methylene blue only on the addition of a preparation of cozymase. WAGNER-JAUREGG and RAUEN[6] found that alkaline phosphate extracts (not dialyzed) of cucumber seeds, white beans, and other seeds, with citrate, reduced methylene blue more rapidly when WARBURG and CHRISTIAN's coenzyme was added and still more rapidly if yellow enzyme was added. The extracts probably contained nearly sufficient coenzyme but insufficient yellow enzyme. The reaction in presence of phosphate extract of frog muscle was also stimulated by coenzyme and yellow enzyme.[9] It cannot yet be stated whether

---

dehydrogenate hexosediphosphate and glucose; however the enzymes responsible were shown to be different.

[1] AHLGREN: Skand. Arch. Physiol. 47 (1925), Suppl. 1.

[2] THUNBERG: Biochem. Z. 206 (1929), 109.

[3] DANN: Biochemic. J. 25 (1931), 177. — See also BROMAN: Skand. Arch. Physiol. 64 (1932), 171.

[4] WAGNER-JAUREGG, RAUEN: Hoppe-Seyler's Z. physiol. Chem. 237 (1935), 227.

[5] McGAVRAN, RHEINBERGER: J. biol. Chemistry 100 (1933), 267. — DANN: Biochemic. J. 25 (1931), 177.

[6] WAGNER-JAUREGG, RAUEN: Hoppe-Seyler's Z. physiol. Chem. 233 (1935), 215.

[7] COLLETT et al.: J. biol. Chemistry 100 (1933), 271.

[8] ANDERSSON: Hoppe-Seyler's Z. physiol. Chem. 217 (1933), 186.

[9] Dialyzed extract plus coenzyme showed no activation by yellow enzyme unless boiled extract was added. Possibly dialysis caused loss of the requisite coenzyme I, and the coenzyme II preparation added contained too little coenzyme I.

the citric system depends upon coenzyme I or II. The cozymase used by AN-DERSSON probably contained some coenzyme II and the coenzyme used by WAGNER-JAUREGG contained coenzyme I.[1]

With cucumber seed extract WAGNER-JAUREGG and RAUEN[2] showed that addition of yellow enzyme enabled the system to take up oxygen. Added coenzyme increased the velocity. They found that about 1 atom of oxygen was taken up and 1 molecule of CO_2 evolved per molecule of citrate. It had previously been suggested that the primary product of citrate metabolism is acetone-dicarboxylic acid (β-ketoglutaric), produced either by dehydrogenation and decarboxylation, or by splitting of citrate to acetone-dicarboxylate and formate, these substances undergoing subsequent oxidations.

WALKER et al.[3] identified acetonedicarboxylate in cultures of moulds and bacteria in citrate solution. With liver and kidney,[4] with muscle,[5] and with yeast,[6] citrate addition has been shown to cause CO_2 evolution even anaerobically. It seemed possible that a non-oxidative splitting gave acetonedicarboxylic acid which decomposed liberating CO_2. More probably oxidation occurred anaerobically with tissue substances acting as hydrogen acceptors.[7] WIELAND and SONDERHOFF[6] considered it probable that a primary splitting of citric into acetonedicarboxylic and possibly formic acids occurred and these substances underwent oxidation aerobically. However, they could not detect any acetonedicarboxylic acid formation. MÜLLER[8] found no acetone-dicarboxylate formed from citrate with cucumber and yeast preparations and LANG-ECKER[9] found none with liver. REICHEL and NEEF[10] recently found acetonedicarboxylic and formic acids produced with liver preparations, but MARTIUS[11] believes that not acetonedicarboxylic but α-ketoglutaric acid was estimated by their method, and he could not confirm the formation of formic acid.

WAGNER-JAUREGG and RAUEN found no sign of acetonedicarboxylic acid or acetone formation with cucumber extract, nor was added acetonedicarboxylic acid attacked by the enzyme system aerobically. With preparations from liver and cucumber seeds (with added coenzyme and yellow enzyme), acetonedicarb-oxylate caused no methylene blue reduction and formate reduced methylene blue much more slowly than citrate. Splitting of citrate therefore does not precede the oxidative attack on citrate. Negative results were also given by the cucumber enzyme with several other possible split or transformation products of citrate. But iso-citrate was found to be dehydrogenated with even greater speed than citrate, the addition of yellow enzyme similarly accelerating the reaction.

MARTIUS[12] has shown that the main course of citrate oxidation is probably as follows:

---

[1] See EULER, ADLER: Hoppe-Seyler's Z. physiol. Chem. 238 (1936), 233.

[2] WAGNER-JAUREGG, RAUEN: Hoppe-Seyler's Z. physiol. Chem. 237 (1935), 227.

[3] WALKER, SUBRAMANIAN, CHALLENGER: J. chem. Soc. (London) 1927, 200, 3044. — BUTTERWORTH, WALKER: Biochemic. J. 23 (1929), 926.

[4] BATTELLI, STERN: C. R. Séances Soc. Biol. Filiales Associées 69 (1910), 552; Biochem. Z. 31 (1911), 478.

[5] THUNBERG: Skand. Arch. Physiol. 24 (1910), 73.

[6] WIELAND, SONDERHOFF: Liebigs Ann. Chem. 499 (1932), 213; 503 (1933), 61; 520 (1935), 150. Most of the results attributed to yeast were found to be due to bacteria. SONDERHOFF, DEFFNER: Ibid. 525 (1936), 132.

[7] See HAHN, HAARMANN: Z. Biol. 89 (1929), 332.

[8] MÜLLER: Biochem. Z. 275 (1935), 347.

[9] LANGECKER: Biochem. Z. 273 (1934), 47.

[10] REICHEL, NEEF: Hoppe-Seyler's Z. physiol. Chem. 240 (1936), 163.

[11] MARTIUS: Hoppe-Seyler's Z. physiol. Chem. 257 (1938), 29.

[12] MARTIUS: Hoppe-Seyler's Z. physiol. Chem. 247 (1937), 104.

$$\begin{array}{ccccccc}
\text{H}_2\text{C·COOH} & & \text{HC·COOH} & & \text{HOCH·COOH} & & \\
| & \pm \text{H}_2\text{O} & \| & \pm \text{H}_2\text{O} & | & -2\,\text{H} & \\
\text{HOC·COOH} & \rightleftharpoons & \text{C·COOH} & \rightleftharpoons & \text{HC·COOH} & \longrightarrow & \\
| & & | & & | & & \\
\text{H}_2\text{C·COOH} & & \text{H}_2\text{C·COOH} & & \text{H}_2\text{C·COOH} & & \\
\text{Citric.} & & \textit{cis}\text{-aconitic.} & & \textit{iso}\text{-citric.} & &
\end{array}$$

$$\begin{array}{ccccc}
& \text{O=C·COOH} & & \text{O=C·COOH} & \\
-2\,\text{H} & | & -\text{CO}_2 & | & \\
\longrightarrow & \text{HC·COOH} & \longrightarrow & \text{H}_2\text{C} & \longrightarrow \\
& | & & | & \\
& \text{H}_2\text{C·COOH} & & \text{H}_2\text{C·COOH} & \\
& \text{Oxalosuccinic.} & & \alpha\text{-ketoglutaric.} &
\end{array}$$

A non-oxidative phase occurs whereby citrate is first dehydrated to *cis*-aconitate and then re-hydrated to *iso*-citrate—an enzyme similar to fumarase (fumarate ⇌ ⇌ malate) being responsible. This is followed by dehydrogenation whereby oxalosuccinate is probably first formed but undergoes spontaneous decarboxylation to α-ketoglutarate. In the presence of other enzymes, α-ketoglutarate can then be oxidized and decarboxylated to give succinate which would undergo further changes. Like *iso*-citrate, *cis*-aconitate even in low concentration could replace citrate in methylene blue reduction. (*Trans*-aconitate is not oxidized and inhibits citrate oxidation.[1]) With Bernheim's preparation from liver it was shown that anaerobically *cis*-aconitate is transformed to citrate; the reverse reaction could presumably also occur. The oxidation product of *iso*-citrate, namely α-ketoglutarate, was isolated in good yield and its dinitrophenylhydrazone identified when citrate was incubated with Bernheim's enzyme and methylene blue. Krebs[2] has shown the formation of α-ketoglutarate from citrate by tissue suspensions.

Added by Editor: According to W. Franke and M. Deffner[3] citric acid is oxidised anaerobically by bacteria to give acetic acid and oxaloacetic acid.

An equilibrium between citrate, *cis*-aconitate and *iso*-citrate in animal tissue suspensions and in cucumber and bean seed extracts was shown by Breusch,[4] and he confirmed the formation of α-ketoglutarate. Even in anaerobic conditions disappearance of these substances occurs in tissue suspensions, probably by dismutations with other substances, but Martius[5] found that the dehydrogenation could be inhibited by selenite or toluene without affecting the hydration enzyme. He showed that at equilibrium only about 9% *iso*-citrate was present, but that before equilibrium is reached as much as 40% *iso*-citrate may be temporarily formed from citrate as a result of different affinities of the three substances for the hydration enzyme. The hydration enzyme and fumarase are similar in distribution, stability, and sensitivity to various reagents. However, some differences in distribution indicated that they are not identical. Citric dehydrogenase seems therefore to consist of the hydrating enzyme, "Aconitase", and *iso*-citric dehydrogenase; the latter presumably depends upon a coenzyme. Martius discussed the probability that acetic acid and the other products of citrate metabolism found by various authors, may be formed from α-ketoglutarate.

According to Krebs (see Chapter 8) citrate, or *iso*-citrate oxidation, is an essential step in the oxidative metabolism of carbohydrates.

---

[1] Terada: J. pharmac. Soc. Japan 511 (1924), 697. — Bernheim: Biochemic. J. 22 (1928), 1178.

[2] Krebs: Enzymologia (Den Haag) 4 (1937), 148.

[3] Deffner: Liebigs Ann. Chem 536 (1938), 44; Deffner, Franke, ibid. 541 (1939), 85.

[4] Breusch: Hoppe-Seyler's Z. physiol. Chem. 250 (1937), 262.

[5] Martius: Hoppe-Seyler's Z. physiol. Chem. 257 (1938), 29.

Added to proof: The *iso*-citric dehydrogenase has been found in all animal tissues examined and has been thoroughly studied by ADLER, EULER, GÜNTHER and PLASS.[1] It is specific for coenzyme II and requires Mn·· or Mg·· ions. Iodoacetate inhibits the dehydrogenase, pyrophosphate inhibits by removing the Mn·· or Mg·· ions. Similar observations were made with the enzyme from peas and from yeast by EULER, ADLER, GÜNTHER and ELLIOTT.[2]

α-Glycerophosphate dehydrogenase.
(Coenzyme.)

In the previous chapter a glycerophosphate dehydrogenase was discussed which was shown by GREEN to react directly with the cytochrome system and to be independent of coenzyme. EULER *et al.*[3] found that extracts of acetone-dried muscle powder contain a dehydrogenase which causes the oxidation of glycerophosphate by coenzyme I (co-zymase). The dihydro-coenzyme formed could be rapidly re-oxidized by adding triosephosphate (glyceraldehydephosphate or dihydroxyacetonephosphate). Evidently an enzyme in the extract set up the following equilibrium:

$$\text{Glycerophosphate} + \text{coenzyme} \rightleftharpoons \text{triosephosphate} + \text{dihydro-coenzyme.} \quad (1)$$
Dehydrogenase.

As with the alcohol, lactic and malic systems, the equilibrium lay far to the left. The dihydro-coenzyme could also be reoxidized with the muscle extract plus pyruvate. The extract contained lactic dehydrogenase and under its influence pyruvate was reduced to lactate while the dihydro-coenzyme was reoxidized to coenzyme. Thus with the cooperation of the two enzymes and coenzyme I the following dismutation was brought about:

$$\text{Glycerophosphate} + \text{pyruvate} \rightleftharpoons \text{triosephosphate} + \text{lactate.} \quad (2)$$

ADLER *et al.*[4] believe that the product of the oxidation of glycerophosphate by this enzyme must be dihydroxyacetonephosphate. Natural glycerophosphate belongs to the *l*-series; it cannot be produced by direct reduction of the natural *d*-glyceraldehydephosphate but must be formed by asymmetric reduction of dihydroxyacetonephosphate. Conversely the oxidation product of glycerophosphate must be dihydroxyacetonephosphate.

The coenzyme-activated α-glycerophosphate dehydrogenase system has been studied by EULER, ADLER and GÜNTHER.[5] Finely minced rat muscle was ground in alkaline phosphate solution with sand and strained. The extract was brought to p_H 5,5 with acid phosphate and the sediment obtained was suspended in phosphate solution. This preparation contained lactate, malate, and α-glycerophosphate dehydrogenases.

The suspension with glycerophosphate and coenzyme I reduced methylene blue and took up oxygen rapidly. Without coenzyme addition the reactions occurred but were much slower, which indicated that GREEN's coenzyme-independent dehydrogenase was present but in only small amount. The suspension itself contained no appreciable amount of coenzyme.

Coenzyme II could not replace coenzyme I. The coenzyme II preparation used contained some coenzyme I and the methylene blue reduction rate corres-

---

[1] ADLER, EULER, GÜNTHER, PLASS: Biochemic. J. **33** (1939), 1028.

[2] EULER, ADLER, GÜNTHER, ELLIOTT: Enzymologia (Den Haag) **4** (1939), 337.

[3] EULER, ADLER, GÜNTHER, HELLSTRÖM: Hoppe-Seyler's Z. physiol. Chem. **245** (1937), 217.

[4] ADLER, EULER, HUGHES: Hoppe-Seyler's Z. physiol. Chem. **252** (1938), 1.

[5] EULER, ADLER, GÜNTHER: Hoppe-Seyler's Z. physiol. Chem. **249** (1937), 1.

ponded only to that expected from the coenzyme I present. Addition of yellow enzyme to the system increased the methylene blue reduction rate only slightly since the enzyme suspension presumably contained yellow enzyme or, as later realized, diaphorase. However, if an amount of yellow enzyme sufficient to show a yellow color was added and methylene blue omitted, the reduction (decolorization) of the yellow enzyme could be observed in the absence of air. No reduction occurred without coenzyme or substrate.

In the absence of systems which oxidized dihydro-coenzyme, the reaction between glycerophosphate and coenzyme reached an equilibrium according to equation (1). The rate of reduction of coenzyme and the position of the equilibrium were dependent on p_H.

The reduction of coenzyme was followed spectrometrically by measuring the light extinction at $334 \, m\mu$ due to the absorption band of dihydro-coenzyme near that wave length ($340 \, m\mu$). Between p_H 6,9 and 7,6 the rate of reduction of coenzyme and the amount of dihydro-coenzyme present at equilibrium, increased rapidly; above p_H 7,6 increase in alkalinity had less effect. The equilibrium constant K [for equation (1) reversed], is given by the equation

$$ K = \frac{(c-x)\,(g-x)}{x^2}, $$

where c is the total coenzyme concentration, g the inital concentration of $(-)\alpha$-glycerophosphate and x the dihydro-coenzyme concentration at equilibrium. The constants found were $6,3 \times 10^4$, $0,33 \times 10^4$ and $0,17 \times 10^4$ at p_H 6,9, 7,6 and 8,1 respectively. Similar observations were made with the lactic and malic systems; with these the constant at p_H 7,2 was considerably higher, that is, there was much less reduction of coenzyme by lactate or malate at equilibrium and much greater tendency for pyruvate and oxaloacetate to be reduced by dihydro-coenzyme.

In a later paper, ADLER et al.[1] point out that the position of the equilibrium is also dependent on secondary reactions. The dihydroxyacetonephosphate formed can be converted partly into glyceraldehydephosphate, the triosephosphates can be partly converted into hexosediphosphate by zymohexase present in the enzyme preparation, and the triosephosphates can be oxidized further by triosephosphate dehydrogenase. The significance of the measured equilibrium constants in such a mixed system is therefore doubtful.

GREEN[2] found that his glycerophosphate dehydrogenase, prepared from rabbit muscle by precipitation at p_H 4,6, showed no activation on adding coenzyme and GREEN and DEWAN[3] could detect spectroscopically no reduction of coenzyme by the preparation with glycerophosphate. EULER et al., however, found that a similar preparation contained the coenzyme-activated dehydrogenase as well as GREEN's cytochrome-determined dehydrogenase, the former being actually several times more active since methylene blue was reduced much more rapidly when coenzyme was added.[4] But there was no doubt that the coenzyme-independent dehydrogenase exists since no coenzyme I could be detected in the preparation to account for the methylene blue reduction with glycerophosphate and no added coenzyme. Further, the addition of pyruvate or oxaloacetate inhibited the reduction of methylene blue by the coenzyme system since the dihydro-coenzyme reduced these substances instead of methylene blue (lactic and malic dehydrogenases being present in the suspension), but pyruvate

[1] ADLER, EULER, HUGHES: Hoppe-Seyler's Z. physiol. Chem. 252 (1938), 1.
[2] GREEN: Biochemic. J. 30 (1936), 629.
[3] GREEN, DEWAN: Biochemic. J. 31 (1937), 1069.
[4] GREEN and GREEN and DEWAN had found no coenzyme-reducing glycerophosphate dehydrogenase in their preparations probably because, as a result of more thorough washing and grinding, the soluble coenzyme-dehydrogenase was removed.

and oxaloacetate had no effect on the reduction time observed in the absence of coenzyme.

Preparations from liver, kidney and brain all showed much more rapid methylene blue reduction with glycerophosphate in the presence of coenzyme than in its absence.

ADLER *et al.*[1] were able to separate muscle extract into sediments, obtained at p_H 5,5, and a dialyzed solution from which material precipitable at p_H 5,5 or by dialysis had been separated. The suspended sediment, with coenzyme, showed lactic and malic dehydrogenase activity but no glycerophosphate dehydrogenase activity, thus proving that the glycerophosphate dehydrogenase is distinct from the lactic or malic dehydrogenase. GREEN's dehydrogenase was associated only with the first insoluble sediment obtained, and only in small amount. The sediment and the solution together, with coenzyme, caused the reduction of methylene blue by glycerophosphate, but not separately. The sediment contained diaphorase which catalyzes the oxidation of dihydro-coenzyme by methylene blue or cytochrome. (The sediment also contained lactic and malic dehydrogenases so that it could cause methylene blue reduction by lactate or malate with only coenzyme added.) The solution, which contained very little diaphorase, was found to contain glycerophosphate dehydrogenase[2] as could be shown by spectroscopic observation of the reduction of coenzyme by glycerophosphate or by adding yellow enzyme and noting the reduction of methylene blue by glycerophosphate.

α-Glycerophosphoric acid was considered by EMBDEN *et al.*[3] to be an intermediate in lactic acid production from carbohydrate in animal tissues. In EMBDEN's scheme glycerophosphate donated hydrogen to pyruvate giving triosephosphate and lactate [equation (2)]. This dismutation was observed by MEYERHOF and KIESSLING[4] with (—)α-glycerophosphate and further studied by EULER *et al.*,[5] but MEYERHOF and KIESSLING[6] later considered that the reaction goes too slowly and that the main lactate yielding reaction is the following dismutation:

$$\text{Triosephosphate} + \text{pyruvate} \rightarrow \text{Phosphoglycerate} + \text{lactate.} \qquad (3)$$

Phosphorylated carbohydrate breaks down to triosephosphate which undergoes dismutation with pyruvate; the phosphoglycerate formed passes through a number of stages finally yielding pyruvate and phosphoric acid, and the pyruvate reacts with more triose phosphate giving lactate and providing phosphoglycerate to start the cycle again.[7]

In the absence of a hydrogen acceptor such as pyruvate (at the start of the glycolytic process for instance), two molecules of triosephosphate can undergo dismutation to yield α-glycerophosphate and phosphoglycerate. This dismutation can be brought about as follows:

$$\text{Triosephosphate} + \text{coenzyme} \rightarrow \text{phosphoglycerate} + \text{dihydro-coenzyme} \qquad (4)$$
Triosephosphate dehydrogenase.

$$\text{Triosephosphate} + \text{dihydro-coenzyme} \rightarrow \text{glycerophosphate} + \text{coenzyme} \qquad (5)$$
Glycerophosphate dehydrogenase.

[1] ADLER, EULER, HUGHES: Hoppe-Seyler's Z. physiol. Chem. **252** (1938), 1.

[2] The solution obtained by ADLER *et al.* also contained some soluble lactic dehydrogenase.

[3] EMBDEN, DEUTICKE, KRAFT: Klin. Wschr. **12** (1933), 213.

[4] MEYERHOF, KIESSLING: Biochem. Z. **260** (1933), 40.

[5] EULER, ADLER, GÜNTHER, HELLSTRÖM: Hoppe-Seyler's Z. physiol. Chem. **245** (1937), 217.

[6] MEYERHOF, KIESSLING: Biochem. Z. **283** (1935), 83.

[7] Review: OCHOA: Chem. and Ind. **57** (1938), 720.

Euler et al.[1] suggest that the main function of the coenzyme-determined glycerophosphate dehydrogenase is to catalyze the reduction of triosephosphate in the above dismutation; the equilibrium tends in the direction of triosephosphate reduction rather than glycerophosphate oxidation. On the other hand they suggest that Green's enzyme causes the reoxidation (by oxygen, through the cytochrome system) of the glycerophosphate formed, to give triosephosphate which can then undergo dismutation again. In this way it would be possible for the whole of the triosephosphate to be converted into phosphoglycerate.

Green[2] could find no appreciable dehydrogenase in glycolyzing muscle extracts, and since only the coenzyme-independent dehydrogenase had been recognized, Dewan and Green[3] believed that no dehydrogenase is concerned in the observed dismutation between glycerophosphate and pyruvate. They suggested that a different type of enzyme, a "mutase", in cooperation with coenzyme, brings about the dismutation; the mutase was supposed to consist of an enzyme with two active centers each activating one of the reactants to react with coenzyme. Green et al.[4] studied a number of dismutations brought about by extract of acetone-dried muscle and believed that mutases distinct from dehydrogenases but depending upon coenzyme may be concerned. However, they and Adler et al.[5] discovered that the glycerophosphate and other coenzyme dehydrogenase systems require the presence of the coenzyme oxidizing factor before the dehydrogenase activity can be shown by methylene blue reduction or oxygen uptake. In the presence of this factor glycerophosphate dehydrogenase activity could be demonstrated in the preparations showing mutase activity. The presence of lactic dehydrogenase could also be shown and Euler et al. believe that the dismutation between glycerophosphate and pyruvate (or the other α-keto-acids studied by Green et al.) takes place according to the reactions (6) and (7).

$$\text{Glycerophosphate} + \text{coenzyme} \longrightarrow \text{triosephosphate} + \text{dihydro-coenzyme} \qquad (6)$$
Glycerophosphate dehydrogenase.

$$\text{Dihydro-coenzyme} + \text{pyruvate} \longrightarrow \text{coenzyme} + \text{lactate} \qquad (7)$$
Lactic dehydrogenase.

The same conclusion was reached by Quastel and Wheatley[6] who demonstrated the presence of glycerophosphate dehydrogenase in dialyzed extract of acetone-dried rabbit muscle. They used ferricyanide in place of methylene blue. Since ferricyanide oxidizes dihydro-coenzyme directly there was no need for diaphorase in the system.

Iodoacetic acid, a known inhibitor of the glycolytic process, was believed by Green et al. to inhibit the mutase action and glycerophosphate dehydrogenation but Adler et al. [5, 7] state that iodoacetate does not affect the glycerophosphate dehydrogenase.

A soluble glycerophosphate dehydrogenase depending on coenzyme for its activity has been obtained by Wagner-Jauregg and Rauen[8] from cucumber seeds. Their preparation evidently contained little diaphorase and the addition of yellow enzyme was necessary to produce rapid methylene blue reduction. Ogston and Green[9] mentioned a fully soluble preparation obtained from yeast by grinding plasmolyzed yeast in a high speed ball mill, centrifuging, and pre-

[1] Euler, Adler, Günther: Hoppe-Seyler's Z. physiol. Chem. 249 (1937), 1.
[2] Green: Biochem. J. 30 (1936), 629.
[3] Dewan, Green: Biochemic. J. 31 (1937), 1074.
[4] Green, Needham, Dewan: Biochemic. J. 31 (1937), 2327.
[5] Adler, Euler, Hughes: Hoppe-Seyler's Z. physiol. Chem. 252 (1938), 1.
[6] Quastel, Wheatley: Biochemic. J. 32 (1938), 936.
[7] Adler, Euler, Günther: Skand. Arch. Physiol. 80 (1938), 1.
[8] Wagner-Jauregg, Rauen: Hoppe-Seyler's Z. physiol. Chem. 237 (1935), 233.
[9] Ogston, Green: Biochemic. J. 29 (1935), 1983; 30 (1936), 629.

cipitating with ammonium sulfate. This material caused the oxidation of (—)x-glycerophosphate and did not appear to be linked with the cytochrome system.

Triosephosphate (hexosediphosphate) dehydrogenase.

EULER and NILSSON[1] found that washed air-dried yeast and washed dried (alcohol-ether) rat muscle suspensions reduced methylene blue with hexosediphosphate when preparations of cozymase were added. With dried top yeast, which contained sufficient cytochrome, hexosediphosphate and cozymase caused increased oxygen uptake—with bottom yeast containing little cytochrome practically no oxygen uptake occurred although methylene blue reduction was rapid.[2] Cyanide inhibited the oxygen uptake of top yeast but not the dehydrogenation with methylene blue as acceptor. With aqueous extracts of liver, addition of hexosediphosphate accelerated methylene blue reduction and when the extract was dialyzed the reduction occurred only when cozymase was added.[3]

THUNBERG[4] showed methylene blue reduction by hexosediphosphate with extracts of seeds. EULER and NILSSON[5] found that dialyzed alkaline phosphate extracts of jute seeds reduced methylene blue with hexosediphosphate only when cozymase was added. By adding cozymase to alkaline phosphate extracts, ANDERSSON[6] was able to show the presence of hexosediphosphate dehydrogenase in the seeds of many plants in which it had been missed by THUNBERG.

HAHN and HAARMANN[7] showed that muscle mince oxidized hexosediphosphate yielding pyruvate. HARRISON[8] found that BERNHEIM's[9] citric dehydrogenase preparation from liver (the ammonium sulfate precipitate from extract of acetone-dried tissue) reduced methylene blue also with hexosediphosphate. The enzyme responsible was, however, shown to be different from the citric dehydrogenase since additive effects were obtained with the two substrates together in optimal concentrations. A preparation was obtained from rat muscle, by precipitation with ammonium sulfate from an aqueous extract of minced tissue, which was relatively much more active toward hexosediphosphate than citrate. From ox liver a clear solution could be obtained which could be passed through a Chamberland candle without loss of activity. The preparations caused methylene blue reduction but not oxygen uptake. Presumably these preparations contained coenzyme, diaphorase and zymohexase (see below).

Much of the early work on hexosediphosphate or triosephosphate dehydrogenase is confused. The preparations of the coenzymes of fermentation, cozymase and adenylic acid, then available, were impure and led to misunderstanding of their special functions. The dehydrogenase has been studied specially with regard to its function in alcohol and lactic acid production in yeast and muscle and these complex processes have only recently been clarified.[10]

Hexosediphosphate, 1,6-fructofuranose diphosphate, which is produced in

---

[1] EULER, NILSSON: Hoppe-Seyler's Z. physiol. Chem. **160** (1926), 234; **162** (1927), 72; Skand. Arch. Physiol. **59** (1930), 201.

[2] EULER, NILSSON, RUNJEHELM: Hoppe-Seyler's Z. physiol. Chem. **169** (1927), 123.

[3] EULER, NILSSON, RUNJEHELM: Hoppe-Seyler's Z. physiol. Chem. **167** (1927), 221.

[4] THUNBERG: Biochem. Z. **206** (1929), 109; Skand. Arch. Physiol. **74** (1936), 16.

[5] EULER, NILSSON: Hoppe-Seyler's Z. physiol. Chem. **194** (1931), 260.

[6] ANDERSSON: Hoppe-Seyler's Z. physiol. Chem. **210** (1932), 15.

[7] HAHN, HAARMANN: Z. Biol. **90** (1930), 231.

[8] HARRISON: Biochemic. J. **25** (1931), 1011.

[9] BERNHEIM: Biochemic. J. **22** (1928), 1178.

[10] Reviews: MEYERHOF: Ergebn. Enzymforsch. **4** (1935), 208. — OCHOA: Chem. and Ind. **57** (1938), 720.

fermentation or glycolysis from glucose or glycogen, is split reversibly and very rapidly by "zymohexase", which is present in muscle and yeast extracts, into two molecules of triosephosphate.[1] (Both triosephosphates, dihydroxyacetonephosphate and $d(+)$glyceraldehydephosphate are formed, but glyceraldehyde phosphate is rapidly changed, reversibly, into dihydroxyacetonephosphate.[2] In alcoholic and lactic acid fermentation the following dismutations occur:

Triosephosphate + acetaldehyde $\longrightarrow$ phosphoglycerate + alcohol,

Triosephosphate + pyruvate $\longrightarrow$ phosphoglycerate + lactate.

Also triosephosphate can undergo dismutation with itself:

Triosephosphate + triosephosphate $\longrightarrow$ phosphoglycerate + glycerophosphate.

The $d(-)$3-phosphoglycerate formed undergoes a series of transformations yielding pyruvate,[3] which, in alcoholic fermentation, breaks down to acetaldehyde. Glycerophosphate, as mentioned in previous sections, can be reoxidized to triosephosphate.

Yeast.

Euler *et al.*[4] showed that acetone precipitates from washed dried yeast extract or yeast autolysates reduced methylene blue with dihydroxyacetone- or glyceraldehydephosphate when cozymase and yellow enzyme were added.[5] The reduction of coenzyme I by the enzyme and dihydroxyacetonephosphate was observed spectroscopically.[6] Coenzyme II was inactive. Cyanide, $0.04\,M$, caused some inhibition, presumably by formation of cyanhydrin with the triosephosphate. The optimum p_H for methylene blue reduction was on the alkaline side of p_H 8.

The above preparations also contained alcohol dehydrogenase. However, when preparations from dried yeast were half saturated with $(NH_4)_2SO_4$, precipitates were obtained which reduced methylene blue with alcohol but were much less active with hexosediphosphate or triosephosphate (coenzyme and yellow enzyme were always added). The triosephosphate and alcohol dehydrogenases were therefore not identical. Three-quarters saturation with $(NH_4)_2SO_4$ of preparations from certain yeasts gave precipitates which were active with dihydroxyacetonephosphate but inactive with hexosediphosphate; the zymohexase necessary to produce triosephosphate from the latter substance was evidently lost. It was shown that only those preparations which split hexosediphosphate to triosephosphate were able to reduce methylene blue on the addition of hexosediphosphate. No preparation could dehydrogenate hexosediphosphate and not triosephosphate. It was thus evident that hexosediphosphate was not directly dehydrogenated but had first to be split to triosephosphate.

Since triosephosphate and its dehydrogenase reduce coenzyme I, and acetaldehyde with alcohol dehydrogenase, present in the same preparation, rapidly

---

[1] Meyerhof, Lohmann: Biochem. Z. 271 (1934), 90; 273 (1934), 415.

[2] Meyerhof, Kiessling: Biochem. Z. 279 (1935), 40. — Meyerhof: Bull. Soc. Chim. biol. 20 (1938), 1083.

[3] Meyerhof, Kiessling: Biochem. Z. 276 (1935), 239.

[4] Euler, Adler, Hellström: Hoppe-Seyler's Z. physiol. Chem. 241 (1936), 239; Svensk Vet. Akad. Ark. Kem., Ser. B 12 (1936), No. 6. — Euler, Adler, Kyrning: Hoppe-Seyler's Z. physiol. Chem. 242 (1936), 215.

[5] Some yeast preparations contained sufficient yellow enzyme.

[6] The reverse reaction, re-oxidation of dihydro-coenzyme by phosphoglycerate, was reported but this was not confirmed (see page 468).

oxidized dihydro-coenzyme I, EULER *et al.* concluded that the oxido-reduction in yeast occurs by the following two reactions.

Triosephosphate + D^T-coenzyme $\longrightarrow$ phosphoglycerate + D^T-dihydro-coenzyme

Acetaldehyde + D^A-dihydro-coenzyme $\longrightarrow$ alcohol + D^A-coenzyme

where D^T and D^A are the triosephosphate and alcohol dehydrogenases (apo-dehydrogenases). The yellow enzyme possibly mediated hydrogen transfer between the two dehydrogenase-coenzyme complexes (holo-dehydrogenases), but this did not seem to be essential since the same coenzyme molecule can readily pass from one dehydrogenase (apo-dehydrogenase) to the other.

Animal tissues.

MEYERHOF and KIESSLING[1] showed that solutions of the acetone precipitate from aqueous extract of rabbit muscle bring about the dismutation between hexosediphosphate, or triosephosphate, and pyruvate yielding phosphoglycerate and lactate. (Sodium fluoride was added to inhibit breakdown of phosphoglycerate to pyruvate and phosphate.) MEYERHOF and OHLMEYER[2] and EULER *et al.*[3] found that, with well dialyzed solutions, this reaction scarcely occurred unless cozymase was added. The rate of reaction increased with increasing coenzyme concentration.

GREEN *et al.*[4] showed that clear dialyzed solutions of the acetone precipitate from aqueous extract of muscle caused hexosediphosphate (which gives triosephosphate) to undergo oxido-reductions with itself or with various α-keto-acids, provided coenzyme was present. (The enzyme solution contained traces of coenzyme which could not be removed by dialysis, but treatment with charcoal largely removed the coenzyme and the necessity for coenzyme could then be clearly demonstrated.) Working with a manometric method and bicarbonate buffer they followed the reactions by observing CO_2 liberation by extra acid groups formed in the reactions. In the presence of fluoride, addition of hexosediphosphate caused some CO_2 evolution due to the dismutation:

Triosephosphate + triosephosphate $\longrightarrow$ phosphoglycerate[5] + α-glycerophosphate.

On the addition of pyruvate, the CO_2 evolution was much more vigorous, the following reaction occurring:

Triosephosphate + pyruvate $\longrightarrow$ phosphoglycerate[5] + lactate.

The reaction proceeded at the same rate in the presence or absence of oxygen. In the absence of fluoride, phosphoglycerate breaks down to pyruvate, so hexosediphosphate alone gave considerable CO_2 evolution as a result of both the above reactions. Oxaloacetate could replace pyruvate, yielding malate instead of lactate.[6] Results of chemical estimations of lactate or malate and of phosphoglycerate and α-glycerophosphate agreed with the CO_2 evolutions observed in the reactions. Oxidation of triosephosphate was shown to occur also with α-ketobutyrate and mesoxalate.

---

[1] MEYERHOF, KIESSLING: Biochem. Z. 283 (1935), 83.

[2] MEYERHOF, OHLMEYER: Biochem. Z. 290 (1937), 334.

[3] EULER, ADLER, GÜNTHER, HELLSTRÖM: Hoppe-Seyler's Z. physiol. Chem. 245 (1936), 217.

[4] GREEN, NEEDHAM, DEWAN: Biochemic. J. 31 (1937), 2327.

[5] Phosphoglycerate has one more acid group than triosephosphate.

[6] The reaction of triosephosphate with oxaloacetate has been shown to take place in pigeon muscle and frog muscle. SZENT-GYÖRGYI: Hoppe-Seyler's Z. physiol. Chem. 244 (1936), 105. — PARNAS, SZANKOWSKI: Enzymologia (Den Haag) 3 (1937), 220.

By introducing cyanide, which combines with triosephosphate and α-keto-acids, it was possible to demonstrate, manometrically and by chemical estimations, the reversal of the above oxido-reductions. That is, phosphoglycerate and $l(+)$lactate, $l(—)$malate, or α-hydroxybutyrate reacted to give triosephosphate and pyruvate, oxaloacetate, or α-ketobutyrate. Considerable liberation of free phosphate accompanied the reversed reactions indicating that the reactions were complex (see below).

Euler et al.[1] had assumed that the dismutation in muscle extract occurs as follows:

$$\text{Triosephosphate} + \text{D-coenzyme} \rightleftharpoons \text{phosphoglycerate} + \text{D-dihydro-coenzyme},$$

$$\text{Pyruvate} + \text{D-dihydro-coenzyme} \rightleftharpoons \text{lactate} + \text{D-coenzyme}.$$

D represents the dehydrogenase concerned in each reaction; it might be the same or different for the two reactions.

Green et al. showed spectroscopically the oxidation of dihydro-coenzyme by pyruvate, oxaloacetate and α-ketobutyrate, and the reverse reactions, in the presence of the muscle extract. On the addition of coenzyme factor and methylene blue or the cytochrome system[2] the presence of lactate, malate, α-glycerophosphate, and also triosephosphate dehydrogenase activity could be detected by oxygen uptake. Iodoacetate, 0,005 M, completely inhibited the oxido-reductions but it was shown that only the triosephosphate dehydrogenase part of the system was inhibited. However, reduction of coenzyme by triosephosphate could not be demonstrated, presumably because triosephosphate with α-glycerophosphate dehydrogenase, present in the enzyme solution, immediately reoxidizes dihydro-coenzyme, that is. the above mentioned dismutation of triosephosphate with itself occurs. Reduction of coenzyme has since been shown with the enzyme prepared from brain (page 468). Green et al. did not decide whether the oxido-reductions were due to cooperation between pairs of dehydrogenases or whether they were brought about by "mutases", single enzymes catalyzing both the oxidative and reductive phases of the reactions.

Active triosephosphate "mutase" solutions were obtained from heart and skeletal muscle, intestine, brain, kidney, lung and liver.

Adler and Hughes[3] confirmed the existence of a triosephosphate dehydrogenase in muscle extract, using a clear solution[4] obtained from an alkaline phosphate extract of muscle after removal of sediments which formed on adjusting to p_H 5 and on dialysis. The extract with coenzyme and hexosediphosphate[5] reduced methylene blue provided diaphorase (one of the sediments) or, less actively, yellow enzyme was present. Green et al. had noticed that their acetone preparation from *brain* caused oxido-reduction between triosephosphate and pyruvate but not between α-glycerophosphate and pyruvate. Adler and Hughes showed that the brain preparation contained triosephosphate and other dehydrogenases but little α-glycerophosphate dehydrogenase and the latter enzyme was completely lost on keeping the solution 10 days at 0°. Such a solution could not cause the dismutation of triosephosphate with itself although oxido-reduction with

---

[1] Euler, Adler, Günther, Hellström: Hoppe-Seyler's Z. physiol. Chem. **245** (1936), 217.

[2] Dewan, Green: Biochemic. J. **32** (1938), 626.

[3] Adler, Hughes: Hoppe-Seyler's Z. physiol. Chem. **253** (1938), 71.

[4] The same solution as was used to show α-glycerophosphate dehydrogenase free of diaphorase. Adler, Euler, Hughes: Hoppe-Seyler's Z. physiol. Chem. **252** (1938), 1.

[5] Zymohexase was present.

pyruvate still occurred (coenzyme being added). It was therefore clear that for the "mutase" actions two enzymes were concerned. The dismutation of triose-phosphate with itself requires triosephosphate dehydrogenase and glycero-phosphate dehydrogenase; the oxido-reduction between glycerophosphate and pyruvate requires the glycerophosphate and lactate dehydrogenases; the oxido-reduction between triosephosphate and pyruvate requires triosephosphate and lactate dehydrogenases. (The extracts from both brain and muscle contained lactate and triosephosphate dehydrogenases.)

With horse blood corpuscles, coenzyme, and hexosediphosphate, OGSTON and GREEN[1] found that glutathione can mediate oxygen uptake, though not as efficiently as yellow enzyme.

RAPKINE[2] has recently produced evidence that the enzyme system in muscle extract which causes oxido-reduction between triosephosphate and pyruvate depends for its activity upon an —SH group. The activity of the system was lost on incubation with oxidized glutathione and could be restored by treatment with reduced glutathione or cysteine. Iodine and cuprous oxide both rapidly inactivated the system, but subsequent treatment with H_2S caused partial reactivation after iodine treatment and complete reactivation after cuprous oxide treatment. Methylene blue which does not react with —SH groups had no effect. Since the oxido-reduction is probably brought about by cooperation of triosephosphate and lactate dehydrogenases and since HOPKINS et al.[3] found no sign that the lactic dehydrogenase (among others) depends upon an —SH group, it must be concluded that the triosephosphate dehydrogenase depends for its activity upon a free —SH group in its molecule. This accords with the fact that the triosephosphate dehydrogenase is exceptionally susceptible to iodoacetate poisoning,[4] iodoacetate being known to react with —SH groups.

Coenzyme reduction and phosphate esterification.

NEEDHAM et al.[5] showed that, in dialyzed solutions of acetone precipitate from muscle extract, the oxido-reduction between triosephosphate and pyruvate could be coupled with a synthesis of adenylpyrophosphate from adenylic acid and free phosphate. The formation of adenylpyrophosphate was dependent upon the oxido-reduction since, when the latter was inhibited by dilute iodoacetate or lack of coenzyme, the esterification of inorganic phosphate did not occur. It appeared that, under optimal conditions, one molecule of phosphate was esterified when one molecule each of triosephosphate and pyruvate interacted. Esterification of phosphate was not necessary for the oxido-reduction since the oxido-reduction proceeded in the absence of adenylic acid. In the presence of adenylic acid and phosphate the esterification could be inhibited by arsenate while the oxido-reduction proceeded. Arsenate evidently inhibited the mechanism which couples the two processes. Coupled phosphate esterification was also obtained in the dismutation of triosephosphate with itself, in the oxido-reduction with oxaloacetate, and in the aerobic oxidation of triosephosphate which occurred when a heart preparation containing coenzyme factor and the cyto-chrome system was added. But oxidation of dihydro-coenzyme by pyruvate, and oxido-reductions which did not involve triosephosphate oxidation, produced

---

[1] OGSTON, GREEN: Biochemic. J. 29 (1935), 1983.
[2] RAPKINE: Biochemic. J. 32 (1938), 1729.
[3] HOPKINS, MORGAN, LUTWAK-MANN: Biochemic. J. 32 (1938), 1729.
[4] See ADLER, EULER, GÜNTHER: Skand. Arch. Physiol. 80 (1938), 1.
[5] NEEDHAM, PILLAI: Biochemic. J. 31 (1937), 1837. — NEEDHAM, LU: Ibid. 32 (1938), 2040.

no esterification. It was concluded that the phosphate esterification was coupled with the reduction of coenzyme I by triosephosphate and triosephosphate dehydrogenase. The presence of adenylic acid and phosphate had an activating effect on the oxido-reduction of triosephosphate with pyruvate.[1]

Meyerhof et al.[2] showed that combination of phosphate with adenosinediphosphate accompanies coenzyme I reduction by triosephosphate with "protein B" of yeast. "Protein B" is a component of the fermentation system of yeast which Warburg and Christian[3] obtained from extract of dried yeast by precipitation with acetone after first removing a precipitate[4] formed at p_H 4,6. Protein B contains triosephosphate, but not glycerophosphate, dehydrogenase. They found very little reduction of coenzyme unless phosphate and a phosphate acceptor such as adenosinediphosphate was present. In the presence of arsenate, $2,5 \times 10^{-5} M$, however, the reduction of coenzyme tended to be complete, and no phosphate esterification occurred; addition of phosphoglycerate caused no reoxidation of dihydro-coenzyme although reoxidation by acetaldehyde occurred readily. The oxido-reduction between triosephosphate and acetaldehyde in the presence of coenzyme and protein B was also accompanied by phosphate esterification though oxidation of dihydro-coenzyme by aldehyde was not connected with phosphate esterification. In the presence of arsenate the oxido-reduction could take place without esterification.

Using the brain extract prepared according to Adler and Hughes, free of glycerophosphate dehydrogenase, Adler and Günther[5] were able to show spectrophotometrically the reduction of coenzyme I by triosephosphate. The reaction reached an equilibrium where only 30% of the coenzyme was reduced at p_H 7,5. The equilibrium reached was not simply due to the reversibility of the reaction—triosephosphate + coenzyme $\rightleftharpoons$ phosphoglycerate + dihydro-coenzyme—since addition of phosphoglycerate did not cause reoxidation of dihydro-coenzyme even if dimedon was used to fix the triosephosphate formed.[6] This reverse reaction must be possible in muscle extract since Green et al. (page 465) observed reduction of phosphoglycerate by lactate and coenzyme, but the brain extract seemed to lack a mechanism concerned with phosphate transfer which necessarily accompanies the reaction. Phosphate was present in the medium and addition of adenosinediphosphate did not affect either the rate or extent of coenzyme reduction. Increase in phosphate concentration decreased the rate. Pyruvate added to the mixture immediately reoxidized the dihydro-coenzyme since lactic dehydrogenase was present in the extract and this reaction is uncomplicated. When more coenzyme was added, more dihydro-coenzyme was formed but the percentage of dihydrocoenzyme fell. The triosephosphate concentration had little effect. The concentration of enzyme solution affected the velocity of the reaction but not the final equilibrium. Increasing the p_H from 6,4 to 7,5 increased both the rate and the amount of coenzyme reduction. Fluoride had little effect. Incubation of the extract with $10^{-3} M$ iodoacetate inhibited the reaction completely.

---

[1] See also Pillai: Biochemic. J. **32** (1938), 1961.

[2] Meyerhof, Schultz, Schuster: Biochem. Z. **293** (1937), 309. — Meyerhof, Ohlmeyer, Möhle: Ibid. **297** (1938), 90.

[3] Warburg, Christian: Biochem. Z. **287** (1936), 291.

[4] This precipitate contained "protein A", another constituent of the fermentation system.

[5] Adler, Günther: Hoppe-Seyler's Z. physiol. Chem. **253** (1938), 143.

[6] Euler, Adler, and Hellström [Hoppe-Seyler's Z. physiol. Chem. **241** (1936), 239] had found a reoxidation of dihydro-coenzyme by phosphoglycerate with yeast enzyme, but this could not be confirmed by Adler and Günther.

ADLER and GÜNTHER confirmed the results of MEYERHOF et al. with yeast extracts, showing only partial reduction of coenzyme and increase in reduction on the addition of adenosinediphosphate. Increase in p_H increased the reduction without adenosinediphosphate but lowered the effect of adenosinediphosphate. As with brain extract, addition of extra coenzyme gave extra dihydro-coenzyme; extra hexosediphosphate had little effect. Increase in phosphate concentration up to 0,4 M inhibited the reaction very strongly, with or without adeninenucleotide. Manganese, a known constituent of the fermentation complex, increased the effect of adeninenucleotide. In the presence of arsenate the reduction of coenzyme became complete, whether or not adeninenucleotide was present. Iodoacetate inhibited the reduction whether arsenate was present or not.[1]

The reaction between triosephosphate and coenzyme I is thus distinguished from other dehydrogenations in that it is not truly reversible and yet does not go to completion, except in the presence of arsenate. The mechanism of the coupling with phosphate esterification and the arsenate effect are not yet known.

EULER and ADLER[2] have indicated the possibility that phosphorylation of coenzyme I to give coenzyme II may also be connected with the activity of triose-phosphate dehydrogenase. There are also indications that phosphorylation of vitamin B_1 in yeast to give co-carboxylase, may be connected with triosephosphate dehydrogenation, but it is possible that adenylic acid acts here as intermediate phosphate transporter.[3]

Adedd to proof: MEYERHOF[4] has shown that, with brain as well as with musle, phosphorylation of a phosphate acceptor occurs in the dismutation of triosephosphate with pyruvate.

WARBURG and CHRISTIAN,[5] and NEGELEIN and BROMEL[6] have isolated from yeast a crystalline protein believed to be the pure "oxydierendes Gär-ferment". In the presence of this the following reactions occur.

$$d\text{-glyceraldehydephosphate} + \text{inorganic phosphate} \rightleftharpoons 1,3\text{-diphosphoglyceral-}$$
$$\text{dehyde,} \quad (1)$$

$$1,3\text{-diphosphoglyceraldehyde} + \text{coenzyme I} \rightleftharpoons 1,3\text{-diphosphoglyceric acid}$$
$$+ \text{coenzyme I} \cdot H_2. \quad (2)$$

Reaction (1) is apparently non-enzymic. The actual dehydrogenation occurs with the triose-*di*phosphate. Arsenite can replace the inorganic phosphate. The product of reaction (2) is then arsenious-phosphoglyceric acid and, since this breaks down to phosphoglyceric acid and arsenious acid, reaction (2) with arsenite goes to completion.

Hexosemonophosphate dehydrogenase.
"Zwischenferment."

Reduction of methylene blue by various hexosemonophosphates with muscle extract was shown by BROMAN.[7] DEUTICKE[8] found methylene blue reduction by hexosemonophosphate with extracts of jute seeds and he found that muscle

---

[1] See also ADLER, EULER, GÜNTHER: Skand. Arch. Physiol. 80 (1938), 1.
[2] EULER, ADLER: Hoppe-Seyler's Z. physiol. Chem. 252 (1938), 41.
[3] LIPSCHITZ, POTTER, ELVEHJEM: Biochemic. J. 32 (1938), 474.
[4] MEYERHOF: Bull. Soc. Chim. biol. 20 (1938), 1335.
[5] WARBURG, CHRISTIAN: Biochem. Z. 301 (1939), 221; 303 (1939), 40.
[6] NEGELEIN, BROMEL: Biochem. Z. 301 (1939), 135; 303 (1939), 132.
[7] BROMAN: Skand. Arch. Physiol. 59 (1930), 25.
[8] DEUTICKE: Hoppe-Seyler's Z. physiol. Chem. 192 (1930), 193.

adenylic acid (which presumably contained some coenzyme) had an activating effect.

Oxidation of glucose by mammalian red blood corpuscles in the presence of methylene blue or methaemoglobin[1] or certain other haematin compounds had been shown by Harrop and Barron[2] and by Warburg et al.[3] Warburg and Christian[4] found that a clear solution from cytolyzed red blood corpuscles was unable to oxidize glucose, but the solution with methylene blue or methaemoglobin,[1] took up oxygen with the hexosemonophosphate of Robison (glucopyranose-6-monophosphate). Evidently cytolysis resulted in loss of the mechanism responsible for phosphorylation of glucose which necessarily precedes oxidation.

Warburg and Christian's analysis of the mechanism of hexosemonophosphate oxidation led to the discovery of coenzyme II and the first yellow enzyme and our whole present understanding of the mechanism of coenzyme systems.

Warburg and Christian[5] first separated two fractions from cytolyzed blood cells, a "Ferment" and a "Coferment". Ferment, coferment and hexosemonophosphate together took up oxygen. With methylene blue or methaemoglobin (only the kind formed by the action of phenylhydroxylamine on haemoglobin) the rate was increased. In view of later work, it must be presumed that these ferment and coferment preparations from blood corpuscles contained yellow enzyme or diaphorase or other mediators to account for the reaction with methylene blue or oxygen.

Intact blood cells, or the cytolysate obtained from them, did not take up much oxygen with hexosemonophosphate unless methylene blue or methaemoglobin was present. But the mixture of ferment, coferment and hexosemonophosphate respired without addition. Warburg and Christian first suggested that "over-activation" occurred in the synthetic system so that O_2 uptake could take place without mediation. But Wagner-Jauregg et al.[6] made observations with muscle extracts which suggested that the red cells contained an inhibitor of oxygen uptake which was not present in the ferment and coferment separated from the cytolysate.

To obtain the ferment, rat blood cells[7] were cytolyzed with little water; the haemoglobin crystallized out carrying the ferment with it. The ferment was eluted from the crystals by washing with a little water, and the solution was dialyzed. To obtain the coferment, cytolyzed horse blood cells were shaken with chloroform and alcohol; the centrifugate from the haemoglobin precipitate was treated with alcohol and ether. The precipitate obtained was extracted with water and heated to 60° which precipitated and inactivated various enzymes leaving the coferment in solution. Both ferment and coferment could be dried without loss of activity.

Warburg and Christian[8] described two coenzymes, "Coferment I" and "Coferment II" obtained from blood cells. These are not to be confused with coenzyme I (co-zymase, diphosphopyridine nucleotide) and coenzyme II (triphosphopyridine nucleotide: actually this is "Coferment I"). Hexosemonophosphate, Zwischenferment and "Coferment I" required added yellow enzyme for oxygen uptake to take place. "Coferment II" was obtained from crude blood cell coferment by fractional precipita-

---

[1] Methaemoglobin was produced from haemoglobin present by adding phenylhydroxylamine.

[2] Harrop, Barron: J. biol. Chemistry 79 (1928), 65; 81 (1929), 445; 84 (1929), 83.

[3] Warburg, Kubowitz, Christian: Biochem. Z. 227 (1930), 185, 245; 235 (1931), 240; 238 (1931), 131.

[4] Warburg, Christian: Biochem. Z. 238 (1931), 131; 242 (1931), 206.

[5] Warburg, Christian: Biochem. Z. 242 (1931), 206.

[6] Wagner-Jauregg, Möller, Rauen: Hoppe-Seyler's Z. physiol. Chem. 231 (1935), 55.

[7] Guinea pig or horse cells could be used but the low solubility of rat haemoglobin made rat cells most suitable.

[8] Warburg, Christian: Biochem. Z. 266 (1933), 378.

tion with acetone or by mercury precipitation, after removal of inactive material with lead acetate. Hexosemonophosphate, Zwischenferment and "Coferment II" took up oxygen without yellow enzyme and the uptake was inhibited by cyanide but not by CO. This system accounted for the O_2 uptake with crude coferment and ferment of blood cells described in the first paper; lack of cyanide inhibition, there reported, was due to the fixation of cyanide by methaemoglobin present in raw coferment. Later it was mentioned[1] (in a foot note) that "Coferment II" is a mixture of "Coferment I" and glutathione.

WARBURG and CHRISTIAN[2] next prepared a hexosemonophosphate oxidizing system consisting of three factors, Ferment, an oxygen-transporting ferment, and Coferment. The Ferment (dehydrogenase) was obtained from bottom yeast by fractional precipitation from extract of dried yeast by dilution with CO_2-saturated water. The oxygen transporting ferment, yellow enzyme, was also obtained from bottom yeast extract; inactive material was precipitated with lead subacetate, excess lead removed with phosphate, and the solution was concentrated, dialyzed, and clarified by centrifuging. The Coferment was obtained as before from blood cells, but was purified. Inactive material was precipitated with barium acetate and the Coferment precipitated with zinc acetate; after removal of Zn by H_2S the coferment was obtained in protein-free solution.

Hexosemonophosphate was oxidized when all three factors were present. The reduction of the yellow enzyme to a colorless state by the substrate + Ferment + Coferment, and its reoxidation by oxygen or methylene blue were observed. In subsequent work, WARBURG and CHRISTIAN called the Ferment "Zwischenferment". It is a typical coenzyme-determined dehydrogenase. The Coferment is now known as coenzyme II or triphosphopyridine nucleotide. The yellow enzyme from yeast, and coenzyme II, have been purified, and their nature, properties, and mechanism of action have been elucidated, largely by WARBURG and CHRISTIAN.[3]

WARBURG and CHRISTIAN[1] showed that their purified coenzyme could not replace boiled yeast extract (containing co-zymase and other coenzymes) in restoring fermentation of dialyzed yeast juice, and yeast juice contained very little of the coenzyme for the hexosemonophosphate system. EULER and ADLER showed that hexosemonophosphate dehydrogenase is activated only by WARBURG and CHRISTIAN's coenzyme (coenzyme II) and not by coenzyme I.

EULER et al.[4] showed that WARBURG and CHRISTIAN's coenzyme from blood cells will not replace co-zymase in activating alcohol dehydrogenase, and EULER and ADLER[5] found that purified co-zymase from yeast, which was active with alcohol dehydrogenase, was inactive with the hexosemonophosphate system. Co-zymase preparations previously used,[6] activated both systems but EULER and ADLER[7] showed that these contained both coenzymes. EULER et al.[8] further showed spectrometrically that alcohol and hexosemonophosphate dehydrogenases, when present together with their substrates, act independently of each other in reducing coenzymes I and II respectively.

---

[1] WARBURG, CHRISTIAN: Biochem. Z. 274 (1934), 112.
[2] WARBURG, CHRISTIAN: Biochem. Z. 254 (1932), 438.
[3] WARBURG, CHRISTIAN: Biochem. Z. 266 (1933), 377; 282 (1935), 157; 287 (1936), 291.
[4] EULER, ADLER, SCHLENK, GÜNTHER: Hoppe-Seyler's Z. physiol. Chem. 288 (1935), 120.
[5] EULER, ADLER: Hoppe-Seyler's Z. physiol. Chem. 235 (1935), 164.
[6] EULER, ADLER: Hoppe-Seyler's Z. physiol. Chem. 226 (1934), 196.
[7] EULER, ADLER: Hoppe-Seyler's Z. physiol. Chem. 238 (1936), 233.
[8] EULER, ADLER, HELLSTRÖM: Hoppe-Seyler's Z. physiol. Chem. 241 (1936), 239.

When the oxidation of hexosemonophosphate was allowed to proceed to completion in the presence of pure (see below) Zwischenferment, coenzyme and yellow enzyme, and the H_2O_2 formed was decomposed by the addition of catalase, Warburg and Christian[1] found that exactly 0,5 mol. O_2 were taken up per molecule of hexosemonophosphate.[2] It was concluded that hexosemonophosphate was oxidized to phosphohexonic acid. From larger scale experiments phosphohexonic acid (6-phosphogluconic acid) was isolated as the barium salt and identified. Some acetaldehyde was also produced.

In the presence of Zwischenferment, hexosemonophosphate and coenzyme reacted to give phosphohexonic acid and dihydro-coenzyme. This reaction could be followed by measuring the CO_2 evolved from bicarbonate buffer by the extra acid groups of phosphohexonic acid.[3] The dihydro-coenzyme could then be reoxidized by adding yellow enzyme. The reduction of the coenzyme was also shown by the development of the absorption band of dihydro-coenzyme II at 345 mμ (340 mμ[4]).

Using purified Zwischenferment from yeast and coenzyme from blood cells, Negelein and Haas[5] studied the kinetics of the reduction of coenzyme by hexosemonophosphate, by photoelectric observation of the development of the absorption at 345 mμ. They concluded that coenzyme, both the oxidized and the reduced forms, and dehydrogenase combine reversibly giving the "hydrogen-transporting enzyme" (Euler's "holo-dehydrogenase"), according to the following equation, using their terminology:

$$\text{Co-ferment} + \text{Zwischenferment} \rightleftharpoons \text{wasserstoffübertragendes Ferment.}$$

The coenzyme in the combination can be reduced by the substrate; the dihydro-coenzyme formed dissociates away from the combination allowing more coenzyme to combine with Zwischenferment and be reduced.

The rate of reduction of coenzyme was proportional to the concentration of Zwischenferment. The rate increased with increasing hexosemonophosphate concentration tending to a limiting rate above 0,07 M. The initial rate increased with increasing coenzyme concentration up to about 0,1 mg./c. cm. (1,3 × 10^{-4} M) under the conditions chosen (1,5 γ Zwischenferment/c. cm.); further increase in coenzyme concentration had no effect on the initial rate. In the course of the reaction the rate fell off, the rate at any time being proportional to the unreduced coenzyme present (substrate present in excess). The fall in rate was due to the accumulation of dihydro-coenzyme; added dihydro-coenzyme decreased the rate by the expected amount. The dihydro-coenzyme competes with coenzyme for combination with the Zwischenferment. Mathematical analysis of the results showed that with the low Zwischenferment concentration used, the Zwischenferment-coenzyme compound was half dissociated in the presence of 1,1 × 10^{-5} M coenzyme. Coenzyme and dihydro-coenzyme seemed to have equal affinity for the Zwischenferment. The mathematical analysis did not indicate that the oxidation of hexosemonophosphate to phosphohexonate by the system is reversible.

Phosphate inhibited the reaction considerably, apparently by competition[6]

---

[1] Warburg, Christian, Griese: Biochem. Z. 282 (1935), 157.

[2] With the crude "Coferment" and "Ferment" from blood corpuscles about 1,5 mol. of O_2 were taken up and CO_2 and acetaldehyde were formed. Warburg, Christian: Biochem. Z. 242 (1931), 206.

[3] Reduced coenzyme also has an extra acid group. Warburg, Christian: Biochem. Z. 287 (1936), 291.

[4] Warburg, Christian: Biochem. Z. 287 (1936), 291.

[5] Negelein, Haas: Biochem. Z. 282 (1935), 207.

[6] See also Theorell: Biochem. Z. 275 (1935), 416.

with the coenzyme for theZwischenferment; with 0,0125, 0,05 and 0,2 mg./c. cm. coenzyme, 0,1 M phosphate inhibited respectively 76%, 33% and 0%. Iodide in low concentration inhibited very strongly.[1] The dehydrogenase is strongly inhibited by heavy metal ions; EULER and ADLER[2] found 50% inhibition with $7,6 \times 10^{-5} M$ Cu‥.

NEGELEIN and GERISCHER[3] purified the enzyme from extract of washed dried bottom yeast. Inactive material was precipitated at p_H 4,6 and the solution kept at p_H 9 and 30° for some hours to inactivate certain destructive mechanisms. After two fractional precipitations with ammonium sulfate, the enzyme solution was heated to 40° to precipitate some inactive material. After dialysis the enzyme was precipitated with dilute alcohol at p_H 4,8. The enzyme at this stage of purity was insoluble at the isoelectric point and was twice precipitated at p_H 4,8 without alcohol. By evaporation from the frozen state the enzyme could be obtained, with some loss of activity, as an almost colorless powder which was stable at 0°.

With hexosemonophosphate, coenzyme, and yellow enzyme, 1 mg. of the purified enzyme caused an uptake of 350 c. cm. O_2 per minute, under the conditions of the test. In the test cyanide was added to inhibit the breakdown of H_2O_2 by catalase associated with the purified enzyme. The original yeast extract caused an uptake of 0,7 c. mm. O_2 per minute and contained activity equivalent to 230–430 mg. of purified enzyme per liter (150 g. dry weight). The yield of purified substance was 8,5%. The purified enzyme contained 13,3% nitrogen. It was easily soluble in water, but precipitated at the isoelectric point, though impurities and salts hindered precipitation. In solution, considerable inactivation occurred in one day at 0°, though, with less purified material, some impurity (possibly yeast gum) protected it. In 20–30% ammonium sulfate solutions it was more stable. It was destroyed at 60° within 15 mins. By cataphoresis experiments the isoelectric point was found to be at p_H 4,82. The isoelectric point for the enzyme from rat blood cells was found by THEORELL[4] to be at p_H 5,85.

WAGNER-JAUREGG et al.[5] obtained "Zwischenferment" from frog muscle by extracting the minced tissue with phosphate buffer p_H 6,4 and precipitating the enzyme by dilution and saturation with CO_2. This preparation with substrate, coenzyme, and yellow enzyme, reduced methylene blue but took up no oxygen. It was believed that the preparation contained an inhibitor which acted aerobically; addition of their preparation to the yeast Zwischenferment with the complete system, inhibited the oxygen uptake.

ADLER et al.[6] mention that a hexosemonophosphate dehydrogenase, dependent upon coenzyme II, was found in *B. coli*.

RUNNSTRÖM et al.[7] observed some oxidation of hexosediphosphate, as well as the monophosphate, by autolysate of blood cells with methylene blue, but no oxidation of a number of other common metabolites. WAGNER-JAUREGG et al.[5] found reduction of methylene blue by hexosediphosphate with yeast and muscle Zwischenferment plus coenzyme and yellow enzyme, but the rate was not as great as with the monophosphate.

---

[1] DICKENS, MCILWAIN: Biochemic. J. **32** (1938), 1615.

[2] EULER, ADLER: Hoppe-Seyler's Z. physiol. Chem. **232** (1935), 10.

[3] NEGELEIN, GERISCHER: Biochem. Z. **284** (1936), 289.

[4] THEORELL: Naturwiss. **22** (1934), 290.

[5] WAGNER-JAUREGG, MÖLLER, RAUEN: Hoppe-Seyler's Z. physiol. Chem. **231** (1935), 55.

[6] ADLER, HELLSTRÖM, GÜNTHER, EULER: Hoppe-Seyler's Z. physiol. Chem. **255** (1938), 14.

[7] RUNNSTRÖM, LENNERSTRAND, BOREI: Biochem. Z. **271** (1934), 15.

DICKENS and MCILWAIN[1] found that both the ROBISON ester (glucopyranose-6-monophosphate) and the NEUBERG ester (fructofuranose-6-monophosphate) were oxidized in the presence of Zwischenferment from yeast, coenzyme II and yellow enzyme, but the NEUBERG ester was relatively much less rapidly attacked when phenazine methochloride was used instead of yellow enzyme. Possibly the yellow enzyme used contained some other enzyme or perhaps the phenazine inhibited action on the NEUBERG ester. WARBURG et al.,[2] however, mention that the NEUBERG ester is scarcely attacked even when using the yellow enzyme; on the other hand WAGNER-JAUREGG et al.[3] using yellow enzyme found the NEUBERG ester actively oxidized with Zwischenferment from yeast or frog muscle. The substrate specificity of the purified enzyme has not been tested.

MELDRUM and TARR,[4] using enzyme from blood cells or yeast, found that the hexosemonophosphate system reduced oxidized glutathione. Since GSH could be reoxidized by oxygen, glutathione could mediate oxygen uptake in place of yellow enzyme. However, the oxygen uptake rate was lower than WARBURG and CHRISTIAN had found with yellow enzyme or methylene blue, the rate being limited by the rate of reoxidation of GSH. Cysteine could also mediate oxygen uptake. The mechanism of the reduction of glutathione is not known. Presumably it can be reduced by dihydro-coenzyme, perhaps under the influence of a catalyst like diaphorase.

RUNNSTRÖM et al.[5] found indications that oxidation of hexosemonophosphate by blood cell cytolysate is accompanied by phosphate esterification.

Phosphohexonic acid and Pentosephosphoric acid dehydrogenases.

WARBURG et al.[2] had observed that extract of dried yeast decomposes phosphohexonic acid with evolution of CO_2 and LIPMANN[6] showed that this was due to reactions involving oxygen uptake. WARBURG and CHRISTIAN[7] showed that phosphohexonic acid, the oxidation product of hexosemonophosphate with Zwischenferment, can be further oxidized in steps by successive additions of two new protein fractions, coenzyme II and yellow enzyme being present.

The protein fractions were obtained from extract of dried yeast. Material which precipitated at p_H 4,6 was removed and the enzymes were freed of destructive agents by heating to 50° in half saturated $(NH_4)_2SO_4$ at p_H 7,8. The enzymes were precipitated with $(NH_4)_2SO_4$, redissolved, and after dialysis "protein fraction I" was precipitated with methyl alcohol. This fraction was further purified by methyl alcohol precipitations and removal of a precipitate formed at p_H 5,2, and dried by evaporation of the frozen solution. The methyl alcoholic solution after removal of fraction I was frozen and evaporated dry giving "protein fraction II".

Phosphohexonic acid and coenzyme II did not react alone or in the presence of purified Zwischenferment, and no oxygen uptake occurred when yellow

[1] DICKENS, MCILWAIN: Biochemic. J. 32 (1938), 1615.

[2] WARBURG, CHRISTIAN, GRIESE: Biochem. Z. 282 (1935), 157.

[3] WAGNER-JAUREGG, MÖLLER, RAUEN: Hoppe-Seyler's Z. physiol. Chem. 231 (1935), 55.

[4] MELDRUM, TARR: Biochemic. J. 29 (1935), 108. — See also OGSTON, GREEN: Ibid. 29 (1935), 1983.

[5] RUNNSTRÖM, LENNERSTRAND, BOREI: Biochem. Z. 271 (1934), 15.

[6] LIPMANN: Nature (London) 138 (1936), 588. — See also ENGEL'HARDT, BARKHASH: Biokhimiya 3 (1938), 500.

[7] WARBURG, CHRISTIAN: Biochem. Z. 287 (1936), 440; 292 (1937), 287.

enzyme was added. But in the presence of "protein fraction I" a vigorous reaction occurred, CO_2 was evolved and the coenzyme was reduced; with yellow enzyme added, oxygen uptake took place. About 0,6 mol. of O_2 was taken up per molecule of phosphohexonic acid, and somewhat more CO_2 was evolved. (No H_2O_2 was formed; catalase was presumably present.) The oxidation involved no liberation or binding of phosphate. Oxidation products were separated by precipitations with lead acetate, mercury acetate and lead subacetate. A phosphopentose acid and possibly phosphoglyceric acid seemed to be produced.

Protein fraction II caused no reaction with phosphohexonic acid, coenzyme, and yellow enzyme. But if it was added to the mixture of phosphohexonate, protein fraction I, coenzyme, and yellow enzyme, after their reaction was nearly ended, 2 more mols. of O_2 were rapidly taken up and somewhat more than 2 mols. of CO_2 evolved. The phosphopentose acid produced under the action of protein fraction I, seemed to be the main substrate for protein fraction II.

If boiled yeast extract, fructose, or glucose, was added to the complete system with both protein fractions and phosphohexonate, a total of 12 atoms of oxygen instead of 5 was taken up, and an equal amount of CO_2 evolved. No reaction occurred in the absence of phosphohexonate. The reaction has not yet been explained.

DICKENS[1] obtained preparations from extract of dried yeast by precipitation with acetic acid at p_H 4,6 or by fractional precipitation by dilution and saturation with CO_2. Both preparations oxidized hexosemonophosphate[2] and phosphogluconate (phosphohexonate) in the presence of coenzyme II and yellow enzyme or phenazine methochloride. Coenzyme I was inactive in both oxidations. Gluconic acid was not oxidized. The phosphohexonate oxidizing system, with phenazine methochloride as carrier, showed a broad p_H optimum at 6,3–7,3. Phosphate had an inhibitory effect which increased with increasing concentration; 0,25 M phosphate inhibited 57%. Cyanide did not inhibit; with small amounts of enzyme, cyanide seemed to stabilize the system and prevent the reaction rate from falling off. For 1 mol. of phosphogluconate about 0,5 mol. of O_2 were taken up.[3] From the reaction mixture a Ba-salt was isolated the analysis of which corresponded to a mixture of the salts of ketophosphohexonic acid and an oxidative decarboxylation product from this, a phosphopentonic acid.

When less pure coenzyme II preparations were used, the oxidation proceeded further, but the course of the oxidations and the nature of the catalysts concerned were not clarified. A product which was probably phosphoerythronic acid and two pentose derivatives were isolated.

DICKENS showed that extract of dried yeast oxidizes d-ribose-5-phosphoric acid vigorously, and, to a less extent, d-arabinose- and xylose-5-phosphoric acids.[4] A dialyzed preparation from the extract was inactive without coenzyme II. More than 1 mol. of O_2 was taken up and an equal amount of CO_2 was evolved per molecule of ribosephosphate. Laked blood cells with methylene blue oxidized hexosemonophosphate, phosphohexonate, and, at a low rate, ribosephosphate, but not arabinose-or xylose-phosphate.

---

[1] DICKENS: Nature (London) 138 (1936), 1057; Biochemic. J. 32 (1938), 1626.

[2] Though the Zwischenferment prepared by NEGELEIN and GERISCHER does not oxidize phosphohexonate, DICKENS was unable to obtain an enzyme active toward phosphohexonate but inactive toward hexosemonophosphate. Presumably protein fraction I of WARBURG and CHRISTIAN also shows both activities.

[3] H_2O_2 was not formed even when catalase was inhibited by cyanide. It is possible that H_2O_2 formed in the oxidation of one molecule of leuco-yellow enzyme immediately oxidized a second molecule of leuco-yellow enzyme.

[4] When phenazine methochloride was added as carrier the latter two substrates were not oxidized. The specificity seemed to depend somehow on the carrier.

Dickens[1] considers that the oxidative breakdown of carbohydrate proceeds through hexosemonophosphate and phosphohexonate, and involves an oxidative decarboxylation yielding pentosephosphate which is further oxidized.

Meldrum and Tarr[2] using an early Zwischenferment preparation which contained phosphohexonic dehydrogenase found that the phosphohexonic system could reduce glutathione.

Glucose dehydrogenase.

Liver.

Harrison[3] discovered a glucose dehydrogenase in the precipitate obtained by saturating a dialyzed extract of acetone-dried liver with ammonium sulfate. The material was dissolved and freed of salt by dialysis. The solution could be passed through kieselguhr or a porcelain candle without loss of activity.

The preparation with glucose reduced methylene blue but took up no oxygen unless methylene blue was added as mediator. Maximum rate of reaction occurred with 0,25 M glucose, and higher concentrations inhibited slightly; 0,07 M glucose gave half maximal rate. At p_H 6–8 the activity was constant; at high p_H values the rate of dye reduction was increased, mostly by the activity of other sytems in the preparation. Cyanide, 0,003 M, iodoacetate, 0,001 M, fluoride, 0,01 M, and toluene did not inhibit. Precipitation with acetone or alcohol inactivated the enzyme. The enzyme did not attack fructose, galactose, or arabinose.

For one molecule of glucose oxidized about 0,5 mol. of O_2 were taken up (methylene blue as mediator). The oxidation product was shown[4] to be d-gluconic acid; this substance was isolated in 60% yield from the reaction mixture as the Ca salt and identified.

Mann[5] found that when the enzyme was precipitated by half (instead of full) saturation with ammonium sulfate, it showed little activity unless an activator was added. The activator was present in the alcohol precipitate from boiled liver extract. Harrison[6] prepared the enzyme relatively free of coenzyme. Extract of acetone-dried liver was dialyzed, inactive material was precipitated at p_H 5,7, and the enzyme was twice precipitated by half-saturation with ammonium sulfate. The preparation dried *in vacuo* was stable, contained little pigment, and gave clear solutions. The preparation also contained the dehydrogenases of alcohol, hexosediphosphate, citrate and glutamate in varying amounts.[7]

By saturating the filtrate from the first precipitation of the enzyme with ammonium sulfate, a precipitate containing the coenzyme was obtained; this was dissolved, heated to 100° to remove protein, and dried.[8] The enzyme with glucose and coenzyme reduced methylene blue rapidly; in the absence of added coenzyme the reduction was slow. Andersson[9] found that co-zymase could act as the coenzyme of glucose dehydrogenase, he demonstrated the presence of co-zymase in Harrison's coenzyme preparation, and he concluded that the active principle of Mann's and Harrison's coenzymes was co-zymase. Euler

[1] See also Engel'hardt, Barkhash: Biokhimiya 3 (1938), 500.

[2] Meldrum, Tarr: Biochemic. J. 29 (1935), 108.

[3] Harrison: Biochemic. J. 25 (1931), 1016.

[4] Harrison: Biochemic. J. 26 (1932), 1295.

[5] Mann: Biochemic. J. 26 (1932), 785.

[6] Harrison: Biochemic. J. 27 (1933), 382.

[7] Quibell: Hoppe-Seyler's Z. physiol. Chem. 251 (1938), 102.

[8] The coenzyme was dialyzable. Adsorption on protein prevented its removal in the initial dialysis and caused its precipitation with saturated $(NH_4)_2SO_4$. After heat coagulation of the proteins, the coenzyme was not precipitated by $(NH_4)_2SO_4$.

[9] Andersson: Hoppe-Seyler's Z. physiol. Chem. 225 (1934), 57.

et al.[1] showed that glucose dehydrogenase was also activated by WARBURG and CHRISTIAN's coenzyme the activity being greater than could be accounted for by the amount of co-zymase present in the coenzyme material used. DAS[2] confirmed this with coenzyme II preparations from blood cells and from yeast but showed that co-zymase, completely free of coenzyme II, was also active. Evidently glucose dehydrogenase can use either coenzyme I or II unless there exist two different glucose dehydrogenases in the same tissue. DAS showed that HARRISON's coenzyme preparation contained coenzyme II as well as co-zymase. Using coenzymes I and II completely free of each other QUIBELL[3] found that in equal concentrations both coenzymes are equally active. The reduction of coenzyme I was shown spectroscopically.

ADLER and EULER[4] showed that addition of yellow enzyme accelerated the methylene blue reduction by the dehydrogenase, glucose, and co-zymase, and that added yellow enzyme caused the system to take up oxygen rapidly without methylene blue. The reduction of methylene blue without added yellow enzyme must have been due to the presence of some yellow enzyme or diaphorase in the preparation.

HARRISON[5] found that his dehydrogenase preparation oxidized glucose aerobically when cytochrome *c* and a heart muscle preparation of cytochrome oxidase were added.[6] Presumably glucose with the dehydrogenase reduced coenzyme, and dihydro-coezyme was reoxidized by cytochrome under the influence of diaphorase[7] or some other catalyst present in the preparations; the reduced cytochrome would then be reoxidized by cytochrome oxidase and oxygen.

The dehydrogenase is strongly inhibited by heavy metal ions. EULER and ADLER[8] found a 50% inhibition with $1,8 \times 10^{-5} M$ Cu··; the inhibition could be removed by adding cyanide.

MANN[9] found that glucose with glucose dehydrogenase can reduce oxidized glutathione. As in the case of methylene blue reduction, the reaction with glutathione was accelerated by the coenzyme. OGSTON and GREEN,[10] however, found that glutathione was very inefficient in mediating oxygen uptake, probably because the re-oxidation of reduced glutathione was slow. Presumably dihydrocoenzyme can reduce glutathione, but whether a catalyst is necessary is not known. Red blood cells with glucose also reduce glutathione.[11]

HARRISON[12] obtained evidence that the activity of glucose dehydrogenase is dependent upon an aldehyde group in the enzyme molecule. The dehydrogenase was completely and irreversibly inactivated on incubation with the aldehyde-xanthine oxidase from milk. The destruction occurred only when a hydrogen acceptor, oxygen or methylene blue, was present, and it occurred in the presence or absence

---

[1] EULER, ADLER, SCHLENK, GÜNTHER: Hoppe-Seyler's Z. physiol. Chem. **233** (1935), 120.

[2] DAS: Hoppe-Seyler's Z. physiol. Chem. **238** (1936), 269.

[3] QUIBELL: Hoppe-Seyler's Z. physiol. Chem. **251** (1938), 102.

[4] ADLER, EULER: Hoppe-Seyler's Z. physiol. Chem. **232** (1935), 6.

[5] HARRISON: Biochemic. J. **25** (1931), 1016.

[6] OGSTON and GREEN [Biochemic. J. **29** (1935), 1983] could not confirm this result, but COOLIDGE [J. biol. Chemistry **123** (1938), 451] considers that this was due to an inhibitory substance present in certain cytochrome *c* preparations.

[7] DEWAN and GREEN, however, found their coenzyme factor (diaphorase) active with cytochromes *a* and *b* but inactive with *c*. Biochemic. J. **32** (1938), 626.

[8] EULER, ADLER: Hoppe-Seyler's Z. physiol. Chem. **232** (1935), 10.

[9] MANN: Biochemic. J. **26** (1932), 785.

[10] OGSTON, GREEN: Biochemic. J. **29** (1935), 1983.

[11] MELDRUM: Biochemic. J. **26** (1932), 817.

[12] HARRISON: Proc. Roy. Soc. (London), Ser. B **118** (1935), 150.

of coenzyme. At p_H 6, bisulfite 0,01–0,001 M, caused immediate, reversible inhibition which seemed to be due to competition with the glucose for the enzyme since the inhibition increased with decreasing glucose concentration. At p_H 7,6, bisulfite caused no inhibition, which was to be expected since aldehyde-bisulfite compounds are decomposed in slightly alkaline solutions.

Bacteria.

Quastel et al.[1] showed that various bacteria reduce methylene blue with glucose. Yudkin[2] found that the activity of suspensions of *B. coli* in reducing methylene blue with glucose fell off disproportionately on diluting the suspensions. Addition of heated stronger suspensions, which were inactive alone, increased the activity of dilute suspensions. It was concluded that the bacteria contain a thermostable coenzyme the concentration of which becomes too low in dilute suspensions. Cozymase from yeast was found to activate the dilute suspensions; Harrison's liver coenzyme was also active. Heated bacterial suspension was active with the liver dehydrogenase and could act as coenzyme in fermentation by apozymase. It was concluded that the coenzyme in bacteria was identical with cozymase. Warburg and Christian's crude coenzyme was also active but it was believed that this was due to the presence in it of cozymase. More probably the bacterial dehydrogenase, like the liver enzyme, is active with either cozymase or coenzyme II. The coenzyme-determined glucose dehydrogenase was found in several other types of bacteria. Coenzyme also greatly increased the oxygen uptake of the bacteria with glucose.

The glucose dehydrogenase of bacterial suspensions shows certain differences from the liver preparations. The enzyme of bacteria is completely inhibited by toluene[3] while the enzyme extracted from liver is unaffected. The liver enzyme showed optimal activity with 0,25 M glucose while the bacterial enzyme is fully active in extremely low glucose concentrations, less than 10^{-4} M.[4]

Glutamic acid dehydrogenase.

Thunberg found that among the amino-acids, glutamic acid was the only one to reduce methylene blue rapidly with washed muscle mince[5] and with extracts from plant seeds.[6] With bacteria, Quastel et al.[7] showed that glutamic acid is more active as hydrogen donator than other amino-acids. The activity of glutamic acid with various animal tissues has been shown by a number of workers.[8]

Weil-Malherbe[9] found that $l(+)$glutamic acid was the only natural amino-acid metabolized by brain slices; α-ketoglutarate and NH_3 were the primary oxidation products. $d(—)$glutamate was not oxidized by slices, but extracts from acetone-dried brain oxidized it more rapidly than the $l(+)$form. Kidney and tumor slices oxidized both forms. Presumably $d(—)$glutamate is attacked by the d-amino-acid oxidase described in Chapter 2, while $l(+)$glutamate is

---

[1] Quastel et al.: Biochemic. J. 19 (1925), 645, 652; 21 (1927), 148.
[2] Yudkin: Biochemic. J. 27 (1933), 1849; 28 (1934), 1463.
[3] Quastel, Wooldridge: Biochemic. J. 21 (1927), 148.
[4] Quastel, Whetham: Biochemic. J. 19 (1925), 645.
[5] Thunberg: Skand. Arch. Physiol. 40 (1920), 1; 74 (1936), 16.
[6] Thunberg: Biochem. Z. 206 (1929), 109.
[7] Quastel et al.: Biochemic. J. 19 (1925), 645, 652.
[8] Rosling: Skand. Arch. Physiol. 45 (1924), 132. — Fleisch: Biochemic. J. 18 (1924), 294. — Quastel et al.: Ibid. 26 (1932), 725, 1672.
[9] Weil-Malherbe: Biochemic. J. 30 (1936), 665.

oxidized, at least partly, by the coenzyme (pyridine-nucleotide)-determined glutamic dehydrogenase.

ANDERSSON[1] showed that the activity of dialyzed extracts from wheat grain dehydrogenated glutamic acid only when cozymase was added.

Animal tissues.

EULER et al.[2] have made an extensive study of the glutamic acid dehydrogenase of animal tissues. The enzyme preparation used was a dialyzed extract from acetone-dried liver. The enzyme could be purified by precipitation with ammonium sulfate or with acetone or alcohol, and further purified by adsorption on alumina and elution with alkaline phosphate solution.

The preparation with $l(+)$glutamate and cozymase reduced methylene blue; addition of yellow enzyme was not necessary though it accelerated methylene blue reduction with purified enzyme. Oxygen uptake occurred only when methylene blue was added as carrier, yellow enzyme being much less effective. The preparation appeared to contain diaphorase, which enabled the reduced coenzyme to be oxidized by methylene blue, but lacked the cytochrome system necessary for oxidation by oxygen. Protein-bound flavine was present but since it did not oxidize dihydro-coenzyme with oxygen, it could not be ordinary yellow enzyme.

From the reaction mixture of an aerobic experiment, α-ketoglutarate was isolated as the dinitrophenylhydrazone. About 1 mol. α-ketoglutarate and 1 mol. NH_3 were produced per 0,5 mol. O_2 taken up.[3] The reaction appeared to consist of a dehydrogenation of glutamic acid by coenzyme with the dehydrogenase, giving the imino-acid, followed by spontaneous hydrolysis of the imino-acid giving α-ketoglutarate and NH_3; both reactions were reversible.

$$\begin{array}{c} COOH \\ | \\ (CH_2)_2 \\ | \\ HC\!-\!NH_2 \\ | \\ COOH \end{array} + \text{coenzyme} \underset{dehydrogenase}{\rightleftarrows} \text{coenzyme} \cdot H_2 + \begin{array}{c} COOH \\ | \\ (CH_2)_2 \\ | \\ C\!=\!NH \\ | \\ COOH \end{array} \quad (1)$$

Glutamic acid.

$$\begin{array}{c} COOH \\ | \\ (CH_2)_2 \\ | \\ C\!=\!NH \\ | \\ COOH \end{array} + H_2O \rightleftarrows \begin{array}{c} COOH \\ | \\ (CH_2)_2 \\ | \\ C\!=\!O \\ | \\ COOH \end{array} + NH_3 \quad (2)$$

α-ketoglutaric acid.

The rate of reduction of methylene blue (or oxygen uptake with methylene blue added) was decreased by adding NH_3 or ketoglutarate, and the decrease with both added together was greater than the sum of their individual effects. The imino-acid concentration was evidently increased as a result of the reverse

---

[1] ANDERSSON: Hoppe-Seyler's Z. physiol. Chem. **217** (1933), 186.

[2] EULER, ADLER, GÜNTHER, DAS: Hoppe-Seyler's Z. physiol. Chem. **254** (1938), 61.

[3] Methylene blue was present as carrier. Reoxidation of the leuco-dye gives H_2O_2 but this was evidently destroyed by catalase present. If cyanide was added to inhibit catalase, the rate and amount of oxygen uptake were approximately twice as great.

reaction (2) and the presence of extra imino-acid decreased the rate of coenzyme reduction by reaction (1).

Reduction of coenzyme by glutamate with the enzyme was shown spectrometrically. The rate increased as the p_H was increased from p_H 6,4 to 8,4. With 0,1 M glutamate, an equilibrium was reached at p_H 7,1 with only 71% reduction of the small amount of coenzyme added; at p_H 8,4 the reduction went nearly to completion. Additions of ketoglutarate and NH_3 slowed the reduction and equilibrium was reached with less coenzyme reduction.

With increasing NH_3 concentration, the percentage coenzyme reduction was decreased, but above about 0,01 M further increase in NH_3 had little effect since practically all ketoglutarate present was converted to the imino-acid. By working in the presence of excess ammonia it was therefore possible to study reaction (1) without the interference of reaction (2). A reproducible equilibrium constant K was found for reaction (1) where

$$K = \frac{(g-x)\,(c-x)}{x^2};$$

$c =$ initial concentration of coenzyme,
$\cdot g =$ initial concentration of glutamate,
$c-x =$ equilibrium concentration of (oxidized) coenzyme,
$g-x =$ equilibrium concentration of (oxidized) glutamate.

The equilibrium constant decreased with increasing p_H, indicating that the velocity of dehydrogenation of glutamate is decreased and the velocity of reduction of the imino-acid is increased in lower p_H. As with other reversible dehydrogenase systems, the constant found was high, $0,55 \times 10^4$ at p_H 7,3. The equilibrium of reaction (1) therefore lies far to the left, that is, the imino-acid tends to be reduced by any dihydro-coenzyme present.

The reversal of reactions (1) and (2), the reductive amination of ketoglutarate, was demonstrated by spectrometric observation of the oxidation of dihydrocoenzyme by ketoglutarate and NH_3 in the presence of the enzyme. The reaction did not occur with ketoglutarate or NH_3 separately. The rate of reaction, which was proportional to the amount of enzyme present, showed a p_H optimum at p_H 7,5. The occurrence of the p_H optimum was due to the facts that higher p_H favors the production of iminoacids by reaction (2) while lower p_H favors the rapid reduction of the imino-acid by reaction (1). The production of glutamic acid from ketoglutarate and NH_3 was confirmed by estimations of amino-nitrogen.[1] The reductive amination of ketoglutarate was also shown to occur in coupled systems where alcohol or glucose with their dehydrogenases reduced the coenzyme, and the dihydro-coenzyme formed, in the presence of glutamic dehydrogenase, reduced the imino-acid which was formed from ketoglutarate and NH_3.

The liver enzyme with ketoglutarate and NH_3 was found to oxidize dihydrocoenzyme II[2] as well as dihydro-coenzyme I.

The enzyme showed a complete specificity for $l(+)$glutamic acid. Glutathione, a glutamic acid peptide, aspartic acid ($COOH \cdot CH_2 \cdot CHNH_2 \cdot COOH$), various 5 C amino-acids and a number of other amino-acids and peptides were not attacked. No keto-acid other than α-ketoglutarate underwent reductive amination with the system, and monoethylamine could not replace ammonia. The oxime, semicarbazone, and hydrazone, of ketoglutaric acid were not acted upon. The

---

[1] Only 50% of the theoretical yield was found, possibly because the glutamic acid produced underwent other reactions.
[2] It was shown that coenzyme II was not converted into coenzyme I.

enzyme preparations contained glucose and alcohol dehydrogenases and probably others, but the glucose enzyme was largely removed on purification, and alcohol dehydrogenase could be obtained free of glutamic dehydrogenase.

l(—)Aspartate and dihydroxyacids inhibited the reaction with glutamate, probably as a result of competitive adsorption on the enzyme.

The enzyme was not inhibited by 0,01 M cyanide, iodoacetate, fluoride or arsenite.

Liver and kidney extracts showed strong glutamic dehydrogenase activity. Extracts of other tissues contained the enzyme but in much lower activity.

It was concluded that the glutamic acid dehydrogenase plays an important role in the synthesis of amino-acids from α-keto-acids in the tissues. BRAUNSTEIN and KRITZMANN[1] have shown that in the presence of all tissues, glutamate (or aspartate) reacts with other α-keto-acids producing α-ketoglutarate (or oxalo-acetate) and the amino-acid corresponding to the original α-keto-acid. This "Umaminierung" is reversible. EULER et al. believe that the ketoglutarate formed can then be reductively aminated again giving more glutamic acid. The dihydro-coenzyme necessary would be produced by the glucose, triosephosphate, and other dehydrogenase systems. The glutamate-α-ketoglutarate system would thus act as a mediator in the production of all the amino-acids from free NH_3 and the α-keto-acids produced in tissue metabolism.

Simultaneously with the above work, DEWAN[2] studied the enzyme from liver, and also showed that α-ketoglutarate and NH_3 are the reaction products, that the reaction is reversible, and that only glutamic acid is attacked, and he found a similar distribution of the enzyme in various tissues. DEWAN obtained the enzyme by precipitation at p_H 4,6 from the extract from acetone-dried liver or kidney. The preparation contained diaphorase (coenzyme factor) and it produced rapid oxygen uptake with coenzyme I and glutamate when a preparation containing cytochromes a and b and cytochrome oxidase, or yellow enzyme, or pyocyanine, or methylene blue, were added. The rate of oxygen uptake increased with increasing concentrations of dehydrogenase, coenzyme, substrate, or carrier, up to a limiting concentration in each case. Half maximum rate was reached with 0,0075 M glutamate. With pyocyanine as carrier, the optimum p_H for oxygen uptake was 7,3. A preparation free of diaphorase was obtained by starting with the acetone precipitate from cold aqueous extract of kidney, instead of with whole acetone-dried tissue. This material with substrate, coenzyme and carrier took up little oxygen unless a coenzyme factor preparation was added.

Contrary to the conclusion of EULER et al., DEWAN found that coenzyme II could not replace coenzyme I in the reduction of methylene blue by the glutamic system. EULER et al. showed only the reoxidation of dihydro-coenzyme II by the enzyme with ketoglutarate and NH_3 and themselves gave[3] negative results with coenzyme II in the oxidation of glutamate.

B. coli.

The glutamic dehydrogenase of $B.$ $coli$ was studied by ADLER et al.[4] They used either suspensions of the bacteria or an opalescent cell-free solution obtained

---

[1] BRAUNSTEIN, KRITZMANN: Nature (London) **140** (1937), 503; Enzymologia (Den Haag) **2** (1937), 129.

[2] DEWAN: Biochemic. J. **32** (1938), 1378.

[3] ADLER, DAS, EULER, HEYMAN: C. R. Trav Lab. Carlsberg **22** (1938), 15.

[4] ADLER, HELLSTRÖM, GÜNTHER, EULER: Hoppe-Seyler's Z. physiol. Chem. **255** (1938), 14.

by alternate freezing and thawing of the cells, followed by grinding with sand and centrifuging. Both the suspension and the cell-free solution with glutamate reduced methylene blue, and the rate was increased by adding coenzyme II while coenzyme I had little effect. Addition of yellow enzyme increased the rate somewhat. The solution contained no ordinary yellow enzyme since it did not oxidize dihydro-coenzyme directly with oxygen, but it contained coenzyme factor[1] since added methylene blue caused rapid dihydro-coenzyme oxidation. Maximum rate of methylene blue reduction was obtained with 0,075 M glutamate, half maximum rate with about 0,02 M.

Like the animal enzyme, the bacterial dehydrogenase was specific for $l(+)$glutamate; $d(—)$glutamate was oxidized, but much more slowy and independently of added coenzyme. α-Ketoglutarate and ammonia were shown to be the reaction products. The reversibility of the reaction was demonstrated by inhibition of methylene blue reduction by the reaction products and by spectroscopic observation of the reduction of coenzyme II and its reoxidation by ketoglutarate plus NH_3 in cell free enzyme solutions.[2]

The constant for the equilibrium of reaction (1) was measured in the same way as with the liver enzyme and found to be about 2,5 × 10.[4] The glutamic system was presumed to be concerned in amino-acid synthesis in $B. coli$ in the same way as in liver; the necessary dihydro-coenzyme II could be produced by the hexosemonophosphate system found to be active in $B. coli$. Glutamic dehydrogenase could not be found in the lactic acid bacteria, $Thermobact.\ helveticum$.

Yeast.

The glutamic dehydrogenase of yeast was studied by Euler et al.[3] Some, but not all, preparations of yellow enzyme from yeast were found to contain glutamic dehydrogenase. The preparations for the study of the dehydrogenase were obtained from bottom yeast which had dried slowly allowing proteolysis to occur. The extract from the dried yeast was treated with CO_2 and acetone giving a precipitate which contained the dehydrogenase and yellow enzyme. By autolysis of fresh pressed yeast with ethyl acetate and precipitation with alcohol and ether, preparations of the dehydrogenase were obtained which contained very little yellow enzyme. The enzyme could be purified by adsorption on alumina and elution with alkaline phosphate.

The enzyme behaved in essentially the same way as that from $B. coli$. It was specific for coenzyme II[4] and showed the same substrate specificity. For the reduction of methylene blue by the system the optimum p_H was 8,0. Cyanide, 0,01 M, did not inhibit. α-Keto-glutarate and ammonia were shown to be the reaction products[5] and the reversibility of the reaction was demon-

---

[1] This factor seemed to be different from diaphorase as previously described by Euler since dihydro-coenzyme II is oxidized in this case, while Euler's diaphorase acts only on dihydro-coenzyme I. However, Green's coenzyme factor seemed to act on both reduced coenzymes.

[2] With cell suspensions the reduction and reoxidation of coenzyme could not be observed, possibly because only a small amount of the coenzyme added penetrated the cells or was adsorbed on cell surfaces and was acted upon. Similar results were given by yeast suspensions with alcohol or aldehyde and coenzyme I.

[3] Euler, Adler, Steenhof-Eriksen: Hoppe-Seyler's Z. physiol. Chem. 248 (1937), 227. — Euler, Günther, Everett: Ibid. 255 (1938), 27.

[4] The acetone-CO_2 preparation oxidized glutamate to some extent yielding NH_3 without coenzyme addition; the mechanism responsible was not studied.

[5] The experiment was made with glutamate, coenzyme II, and the acetone-CO_2

strated. As with the other dehydrogenases the equilibrium of reaction (1) lay far to the left. The reversal of the reaction, that is, the reductive amination of ketoglutarate, could be coupled with the oxidation of hexosemonophosphate by hexosemonophosphate dehydrogenase and coenzyme II. Yeast was shown to contain the mechanism for "Umaminierung" of glutamic acid with α-keto-acids, so it was presumed that the glutamic system mediates amino-acid synthesis also in yeast.

Plants.

DAMODORAN and NAIR[1] found that maceration extracts from certain sprouting seeds reduce methylene blue with $l(+)$glutamic acid but with none of a number of other amino-acids. The enzyme could be precipitated by saturation of the extract with $(NH_4)_2SO_4$. Maximum rate was reached with 0,045 M glutamate; half maximum with about 0,01 M. The optimum p_H was about 8,0. Cyanide, 0,005 M, did not inhibit. One atom of oxygen was taken up per molecule of glutamate and α-ketoglutarate was shown to be the oxidation product. Of 12 types of seedlings tried only 3 gave active extracts, but no coenzyme was added and it is possible that some extracts lacked the necessary coenzyme.

ADLER et al.[2] found that the press juices from a number of higher plants (rutabaga, carrots, celery, radish, cabbage, cucumber, peas) contain glutamic dehydrogenase. The enzyme was activated by coenzyme I and not by coenzyme II. The juice contained alcohol dehydrogenase and a number of other enzymes but oxidized no amino-acid other than $l(+)$glutamic acid. $d(—)$Glutamic acid was not oxidized but inhibited the activity with the natural acid.

KERTESZ[3] has shown the reversibility of the reaction with the plant enzyme. Since plants were found to contain the mechanism for "Umaminierung", the glutamic system may mediate amino-acid synthesis also in plants.

Besides coenzyme I there appeared to exist another thermostable activator of glutamic dehydrogenase in plant tissues. However, the increased rate of dye reduction was found to be due to α-hydroxy-acids which were oxidized by enzymes in the extracts (plus coenzyme) to α-keto-acids. In the presence of glutamate the α-keto-acids were removed by "Umaminierung" and the oxidation of the α-hydroxy-acids was accelerated.

The glutamic acid dehydrogenases from different sources are thus closely similar in properties yet differ in their coenzyme specificity. The enzyme from plants uses coenzyme I, the enzyme from $B. coli$ and yeast uses coenzyme II, and the enzyme from animal tissues uses coenzyme I and perhaps also coenzyme II. The reason for these differences is not known.

precipitate which contained both dehydrogenase and yellow enzyme. The O_2 uptake corresponded to the equation:

$$\text{glutamate} + \tfrac{1}{2}\,O_2 = \text{ketoglutarate} + NH_3 + H_2O.$$

No H_2O_2 was produced though no catalase was present and HCN had no effect. It was suggested that H_2O_2 formed in the oxidation of one molecule of leuco-yellow enzyme immediately oxidized a second molecule of leuco-yellow enzyme.

[1] DAMODORAN, NAIR: Biochemic. J. **32** (1938), 1064.

[2] ADLER, DAS, EULER, HEYMAN: C. R. Trav. Lab. Carlsberg **22** (1938), 15. — ADLER, GÜNTHER, EVERETT: Hoppe-Seyler's Z. physiol. Chem. **255** (1938), 34.

[3] KERTESZ, quoted by ADLER et al.: Hoppe-Seyler's Z. physiol. Chem. **255** (1938), 34.

Chapter 7. Unclassified Enzymes.

Pyruvic acid dehydrogenase.

Animal Tissues.

Thunberg[1] found that pyruvate caused methylene blue reduction with washed frog muscle.[2] Meyerhof[3] and others[4] have shown that pyruvate is oxidized by various animal tissues and it is now well known that pyruvate oxidation is an important step in the oxidation of various biological materials by many types of organisms.

Peters et al.[5] discovered that the oxidation of pyruvate by mashed brains of polyneuritic pigeons was increased in the presence of very small (2γ in 3 c. cm.) additions of vitamin B_1. Similar results were obtained with pigeon kidney,[6] with rat brain[7] and with chicken brain and kidney.[8]

The structure (see Chapter 4) of vitamin B_1 has been worked out by Williams et al. and others.[9] The vitamin has been synthesized, and it is now generally called *Thiamin*.

Co-carboxylase, the coenzyme of yeast carboxylase which causes the non-oxidative break down of pyruvic acid to acetaldehyde and CO_2, has been shown by Lohmann and Schuster[10] to be the pyrophosphoric ester of vitamin B_1.

Peters and Sinclair[11] found that the presence of pyrophosphate increases the effect of the vitamin on brain respiration. Animal tissues do not decarboxylate pyruvic acid without oxidation,[12] and it seemed likely that thiamin pyrophosphate might be the coenzyme of pyruvate oxidation. Synthesis of the pyrophosphate from the vitamin by tissue preparations has been reported by various authors.[13] Ochoa and Peters[14] found that there is more co-carboxylase than free vitamin present in various tissues, and that the co-carboxylase content is much reduced in the B_1-avitaminous condition and increased again when the vitamin is administered. Nevertheless, though Lohmann and Schuster indicated that the vitamin pyrophosphate could replace the free vitamin in increasing oxidation by polyneuritic brain, Peters[15] found that the pyrophosphate was much less active than the free vitamin, though he had indicated that the free vitamin

---

[1] Thunberg: Skand. Arch. Physiol. 40 (1920), 1.

[2] Thunberg also observed that pyruvate can cause a partly irreversible decolorization of methylene blue without tissue. Lipmann [Skand. Arch. Physiol. 76 (1937), 186] showed that this reaction occurs only on illumination and not in the dark. Lipmann also found that, on illumination, pyruvate is oxidized by ferric iron with CO_2 liberation, and iron can catalyze oxygen uptake.

[3] Meyerhof: Chemische Vorgänge im Muskel. Berlin, 1930.

[4] See e.g. Toenniessen, Brinkmann: Hoppe-Seyler's Z. physiol. Chem. 187 (1930), 137. — Elliott et al.: Biochemic. J. 28 (1934), 1920; 29 (1935), 1937; 31 (1937), 1003, 1021.

[5] Peters, Thompson: Biochemic. J. 28 (1934), 916.

[6] Thompson: Biochemic. J. 28 (1934), 909.

[7] O'Brien, Peters: J. Physiology 85 (1935), 454.

[8] Sherman, Elvehjem: Amer. J. Physiol. 117 (1936), 142.

[9] Review: Williams: Ergebn. Vitamin- u. Hormonforsch. 1 (1938), 213.

[10] Lohmann, Schuster: Biochem. Z. 294 (1937), 188.

[11] Peters, Sinclair: Biochemic. J. 27 (1933), 1910.

[12] See e.g.: Elliott et al.: Biochemic. J. 28 (1934), 1920; 29 (1935), 1937; 31 (1937), 1003. — Lipmann: Skand. Arch. Physiol. 76 (1937), 255.

[13] Euler, Vestin: Naturwiss. 25 (1937), 416. — Tauber: Enzymologia (Den Haag) 2 (1937), 171. — Lohmann, Schuster: Biochem. Z. 294 (1937), 188. — Peters: Biochemic. J. 31 (1937), 2240.

[14] Ochoa, Peters: Biochemic. J. 32 (1938), 1501.

[15] Peters: Biochemic. J. 31 (1937), 2240.

reacts with some unknown substance before it can act in pyruvate oxidation.[1] Possibly added vitamin pyrophosphate does not penetrate the cells while the free vitamin does and becomes phosphorylated within the cells.[2]

LIPMANN[3] observed the reduction of methylene blue by pyruvate with suspensions of washed brain tissue.[4] Maximum rate of reduction occurred with low pyruvate concentration, $10^{-3}\,M$; the rate fell off only when the concentration of pyruvate was nearly equivalent to that of the methylene blue. The reduction was inhibited practically completely by $10^{-3}\,M$ arsenite. (KREBS[5] had shown that arsenite inhibits oxidation of α-keto-acids by sliced tissues.) Bromoacetate, $10^{-2}\,M$, caused only slight inhibition and fluoride none. Under anaerobic conditions without methylene blue, dismutation of pyruvate to lactate, acetate and CO_2 occurred. In the presence of methylene blue the pyruvate seemed to be oxidized to acetate and CO_2. Addition of vitamin B_1 usually had no effect on the oxidation or dismutation with suspensions of avitaminous brain.

ANNAU[6] had shown that addition of pyruvate and fumarate together increased the respiration of minced liver more than the sum of their individual effects. In the absence of fumarate, acetone and acetoacetate were formed. It was believed that fumarate was part of the normal catalytic system (see Chapter 8) and it was considered that acetoacetic acid represented an abnormal product formed from pyruvate when fumarate was lacking. Later he[7] found that methylene blue reduction by pyruvate, in the presence of washed suspensions of pig kidney or pigeon muscle, was accelerated by a thermostable activator which was found in the washings from minced kidney. The activator was isolated and found to be succinic acid. Succinate in low concentration, $10^{-4}\,M$, definitely accelerated reduction by pyruvate. Washed minced tissue and pyruvate (methylene blue added as supplementary carrier) took up some oxygen, which was believed to be due to traces of succinate in the washed tissue, but addition of 5–10 γ of succinate in 9 c. cm. increased the rate appreciably, 100 γ doubled the rate, and the extra O_2 uptake was much more than corresponded to succinate oxidation alone. One atom of oxygen was taken up and one mol. of CO_2 evolved per mol. of pyruvate oxidized. It was concluded that the oxidation of pyruvate in tissues is necessarily mediated by the succinate-fumarate system (possibly by the whole oxaloacetate-malate, fumarate-succinate system).

LOHMANN and SCHUSTER had found that the presence of $Mn^{\cdot\cdot}$ or $Mg^{\cdot\cdot}$ ions was necessary for the decarboxylation of pyruvate by carboxylase and co-carboxylase. ANNAU and ERDÖS found that small additions of $MgCl_2$ stimulated pyruvate oxidation.

Added to proof: BANGA, OCHOA and PETERS[8] have now shown that co-carboxylase and not the free vitamin is concerned in pyruvate oxidation in

---

[1] PETERS, RYDIN, THOMPSON: Biochemic. J. **29** (1935), 53.

[2] OCHOA and PETERS found that the decarboxylation of pyruvic acid by washed yeast plus co-carboxylase is stimulated by the free vitamin. The reason for this is not known. *Added to proof:* WESTENBRINK and VAN DORP [Nature (London) **145** (1940), 466] find that this is due to inhibition by thiamin of phosphatase which destroys co-carboxylase.

[3] LIPMANN: Skand. Arch. Physiol. **76** (1937), 255.

[4] Experiments were carried out in the dark to avoid the photochemical reaction between pyruvate and the dye.

[5] KREBS: Hoppe-Seyler's Z. physiol. Chem. **217** (1933), 191.

[6] ANNAU: Hoppe-Seyler's Z. physiol. Chem. **244** (1936), 145.

[7] ANNAU, MAHR: Hoppe-Seyler's Z. physiol. Chem. **247** (1937), 248. — ANNAU: Ibid. **253** (1938), 127. — ANNAU, ERDÖS: Ibid. **257** (1939), 111.

[8] BANGA, OCHOA, PETERS: Biochemic. J. **88** (1939), 1109, 1980. — OCHOA: Nature (London) **144** (1939), 834; **145** (1940), 747; **146** (1940), 267.

brain tissue. Inorganic phosphate, adenine nucleotide, Mn or Mg, the C_4 dicarboxylic acids and perhaps coenzyme I are also concerned in pyruvate oxidation by pigeon brain dispersions. Kidney cortex also requires C_4 and adenylic acid. The oxidation of pyruvate is accompanied by esterification of phosphate.

Krebs and Johnson[1] showed that under anaerobic conditions slices of various animal tissues, especially testis, metabolize pyruvic acid by means of a dismutation yielding lactic and acetic acids and CO_2 according to the following equation.

$$2 CH_3 \cdot CO \cdot COOH + H_2O \longrightarrow CH_3 \cdot CHOH \cdot COOH + CH_3 \cdot COOH + CO_2.$$

Other α-ketonic acids appeared to be metabolized in a similar way. Elliott et al.[2] at the same time observed the dismutation with testis but only to a slight extent with other tissues. Though all tissues produced lactate from added pyruvate to some extent, this was probably by reduction by other systems. The rate of anaerobic CO_2 evolution from pyruvate was not rapid enough, except with testis, to account for the whole rapid aerobic pyruvate removal as due to dismutation. Evidently the tissues are capable of removing pyruvate by oxidation and by dismutation. Possibly the essential reaction in both dismutation and oxidation is an oxidative decarboxylation of pyruvate to acetate and CO_2; in dismutation other molecules of pyruvate act as hydrogen acceptor, in aerobic conditions oxygen is the ultimate hydrogen acceptor.

The pyruvic acid dehydrogenase of animal tissues has not been obtained in solution or separated from complicating mechanisms. The primary oxidation products are not definitely known. Acetic acid and CO_2 may be formed in a simple system, but products such as succinate[3] and acetoacetate[4] have often been found in the complex tissue preparations studied.[5]

Bacteria.

Barron and Miller[6] found that suspensions of washed fresh *Gonococcus* with pyruvate take up oxygen. One atom of oxygen was used per molecule of pyruvate oxidized and CO_2 and acetic acid were produced. Neither acetoacetic acid, a β-ketonic acid, nor levulinic acid, a γ-ketonic acid, was oxidized. Formic, acetic, propionic, butyric, succinic, oxalic, malonic and citric acids, acetaldehyde, alcohol, glycerol and a number of amino-acids, were not oxidized. Lactate was oxidized but by a different system, since the mechanism for lactate oxidation was stable while the power to oxidize pyruvate was rapidly lost on keeping the suspensions, even at $0°$. The bacteria with pyruvate also reduced methylene blue and other dyes. The maximum rate of oxygen usage occurred at about p_H 7,0. Between $27°$ and $37°$ the reaction showed a temperature coefficient of about 2,9. Cyanide, $2 \times 10^{-3} M$, inhibited the oxygen uptake partially, but H_2S and CO ($CO/O_2 = 8$) had no effect. Pyrophosphate, $6,6 \times 10^{-2} M$, gave 90% inhibition and fluoride, $10^{-2} M$, 75% inhibition. Urethane, $0,22 M$, saturated phenylurea, valeronitrile, $0,1 M$, valeramide, $0,1 M$, and octyl alcohol caused nearly complete inhibition; acetonitrile was less effective. Strong inhibitions were caused by

---

[1] Krebs, Johnson: Biochemic. J. 31 (1937), 645. — See also Weil-Malherbe: Biochemic. J. 31 (1937), 2202.

[2] Elliott, Greig, Benoy: Biochemic. J. 31 (1937), 1003.

[3] Weil-Malherbe: Biochemic. J. 31 (1937), 299. — Krebs, Johnson: Ibid. 31 (1937), 645. — Elliott, Greig: Ibid. 31 (1937), 1021.

[4] Embden, Oppenheimer: Biochem. Z. 45 (1912), 186. — Annau: Hoppe-Seyler's Z. physiol. Chem. 224 (1934), 141. — Edson: Biochemic. J. 29 (1935), 2082.

[5] See also Long: Biochemic. J. 32 (1938), 1710.

[6] Barron, Miller: J. biol. Chemistry 97 (1932), 691. — Barron: Ibid. 113 (1936), 695.

very low concentrations, $3 \times 10^{-5} M$, of quinone, 2,6-dichlorophenol-indophenol and other dyes and, in higher concentrations, $10^{-3} M$, by dimethylamine and a number of phenols. These substances are believed to inhibit chain reactions[1] but their effects in this case may be directly on the enzyme.

KREBS[2] found that *Gonococcus*, *Staphylococcus aureus* and *albus*, and *Streptococcus faecalis*, (but not a number of other bacteria) brought about a dismutation of pyruvate yielding lactate, acetate and CO_2.[3] He found that the anaerobic CO_2 evolution was, if anything, greater than the aerobic, and he concluded that the whole pyruvate metabolism occurred through the dismutation, and that the oxygen uptake observed aerobically was due to reoxidation of the lactate produced. (The rate of dismutation with *Staphylococcus* was increased up to ten times by additions of boiled yeast extract, but the cause of this activation was not found.)

BARRON and LYMAN[4] confirmed the dismutation of pyruvate by *Gonococcus* and *Staphylococcus* but showed that aerobically direct oxidation also occurred.[5] With one strain of *Streptococcus haemolyticus* pyruvate was oxidized aerobically to acetic acid and CO_2 while anaerobically the dismutation to acetic and formic acids occurred. The ratio of the rates of oxidation to dismutation varied considerably between *Gonococcus*, *Streptococcus* and various strains of *Staphylococcus*. From washed *Staphylococcus aureus* an acetone-dried preparation was obtained which oxidized pyruvate, lactate and formate, but was unable to cause dismutation.

The O_2 uptake of the bacteria with pyruvate could be increased by adding thiamin pyrophosphate but not appreciably with free thiamin. The vitamin pyrophosphate also accelerated the dismutation slightly. HILLS[6] had shown that free thiamin added to suspensions of *Staphylococcus*, grown in a medium containing minimal amounts of the vitamin, stimulated both oxidation and dismutation of pyruvate. BARRON and LYMAN showed that *Staphylococcus* can synthesize co-carboxylase and the effects of added free thiamin with *Staphylococcus* were attributed to the co-carboxylase synthesized from it.

DAVID[7] found that acetone-dried *B. delbrückii* were unable to oxidize or ferment glucose but could oxidize lactate and pyruvate rapidly. The oxidation of pyruvate, unlike that of lactate, did not require the addition of methylene blue as carrier. LIPMANN[8] found that this material causes a slow anaerobic dismutation of pyruvate but the aerobic oxidation of pyruvate to acetate and CO_2 is considerably more rapid. AUHAGEN[9] had shown that co-carboxylase could be separated from dried yeast by washing with slightly alkaline (p_H 7,8) phosphate solution. Similarly LIPMANN found that extraction of the acetone-dried bacteria with phosphate buffer, p_H 8, removed the coenzyme of pyruvate oxidation. The extracted material, resuspended in buffer at p_H 6, was inactive but could be reactivated by the washings or by boiled tissue extracts or by co-carboxylase,

[1] JEU, ALYEA: J. Amer. chem. Soc. **55** (1933), 575.

[2] KREBS: Biochemic. J. **31** (1937), 661.

[3] In *B. coli* pyruvic acid undergoes an internal dismutation yielding acetic and formic acids. NEUBERG: Biochem. Z. **67** (1914), 90. — COOK: Biochemic. J. **24** (1930), 1526. — MAZZA, CIMMINO: Arch. Scienze Biol. (Napoli) **20** (1934), 486.

[4] BARRON, LYMAN: J. biol. Chemistry **127** (1939), 143.

[5] The O_2 uptake was more rapid than the anaerobic CO_2 evolution. Fluoride did not inhibit lactate oxidation nor pyruvate dismutation, but it inhibited pyruvate oxidation. H_2S inhibited lactate oxidation but not pyruvate oxidation.

[6] HILLS: Biochemic. J. **32** (1938), 383.

[7] DAVID: Biochem. Z. **267** (1933), 357.

[8] LIPMANN: Enzymologia (Den Haag) **4** (1937), 65.

[9] AUHAGEN: Hoppe-Seyler's Z. physiol. Chem. **204** (1932), 149.

but not by the free vitamin. Co-carboxylase was extremely active; 1γ caused an O_2 uptake of 35 c. mm. in 30 mins. under the conditions of the test. The coenzyme could not be extracted at p_H 6, and only incompletely at p_H 7, and it seemed that the active enzyme-coenzyme complex was not dissociated at p_H 6. However, increasing amounts of coenzyme gave continually increasing activity. Clear evidence of a stoichiometric combination of enzyme and coenzyme was not obtained. The increase in rate was not proportional to the amount of coenzyme added.

With washed preparations reactivated with co-carboxylase, anaerobic dismutation of pyruvate scarcely occurred. But the system with pyruvate reduced methylene blue, and CO_2 was evolved in equivalent amount to the dye reduced. The optimum p_H was about 6; above p_H 7 the rate was low.

It was found that in the absence of free phosphate no oxidation of pyruvate occurred. The reaction rate was proportional to the amount of phosphate present up to about $5 \times 10^{-3} M$. Arsenate could replace phosphate and was, in fact, more active. Lipmann[1] has now found that the oxidation of pyruvate by dry B. delbrückii is coupled with esterification of free phosphate.[2] Phosphorylation of added adenylic acid occured during the oxidation.

Lipmann[1] has also found that dismutation of pyruvate can be accelerated by adding riboflavin and he concludes that the dismutation consists of oxidation of pyruvate by the pyruvic dehydrogenase system and reduction of pyruvate by lactic dehydrogenase, with flavin acting as hydrogen carrier between the two systems. The pyruvic dehydrogenase plus its coenzyme is involved in both cases and phosphate esterification was found to occur also in the dismutation.

Lipmann[3] found that thiamin is readily reduced by platinum-black and hydrogen, or by hydrosulfite. Two H atoms were taken up per molecule and an acid group was liberated. This reaction is very similar to those which occur with coenzymes I and II. It seems likely therefore that thiamin pyrophosphate may behave like the other coenzymes in accepting hydrogen from pyruvate at the dehydrogenase. He had observed[4] that flavinphosphate caused an increase in the O_2 uptake of dried washed B. delbrückii plus thiamin pyrophosphate. Recently he[5] has obtained, by treatment of phosphate extracts from the bacteria with ammonium sulfate at p_H 3, a protein fraction which catalyzes pyruvate oxidation only on adding thiamin pyrophosphate and the flavin-adenine-dinucleotide (prosthetic group of d-amino-acid oxidase, diaphorase, and other yellow enzymes). Presumably the protein fraction contains a pyruvic dehydrogenase (apo-dehydrogenase) and a protein which forms a yellow enzyme with the dinucleotide; the latter enzyme causes reoxidation of the reduced thiamin pyrophosphate.

In B. coli, Krebs[6] has found that the fumarate-succinate system plays an important part in mediating the oxidation of pyruvate and other substances.

---

[1] Lipmann: Nature (London) 143 (1939), 281.

[2] Possibly arsenate inhibits phosphorylation and causes the reduction of thiaminpyrophosphate to proceed without phosphate esterification in the same way as occurs with the triosephosphate-coenzyme I system (see Triosephosphate Dehydrogenase).

[3] Lipmann: Nature (London) 138 (1936), 1097. — Lipmann, Perlmann: J. Amer. chem. Soc. 60 (1938), 2574.

[4] Lipmann: Enzymologia (Den Haag) 4 (1937), 65.

[5] Lipmann: Nature (London) 143 (1939), 436.

[6] Krebs: Biochemic. J. 31 (1937), 2095.

Fatty acid and other dehydrogenases.

Acetate was found by Thunberg[1] and Ahlgren[2] to reduce methylene blue weakly with washed muscle. Some activity has been observed with alkaline phosphate extracts of muscle and liver.[3,4] Oxidation of acetate occurs rapidly in some animal tissues[5] and slowly in micro-organisms,[6,7] but very little is known of the mechanisms responsible. A bimolecular dehydrogenation has often been suggested to account for some formation of succinate which occurs when acetate is oxidized.[7]

Phosphate extracts of rabbit liver[3] and guinea pig and frog muscle[2] have been shown to reduce methylene blue with *propionate*. With unwashed ox muscle, Hahn et al.[8] found a production of pyruvate from propionate. Quastel et al.[9] showed weak methylene blue reduction by propionate and *butyrate* with bacteria. Oxidations of butyrate and *crotonate* by sliced liver have been studied by Jowett and Quastel.[10] Thunberg and Ahlgren found some methylene blue reduction by butyrate and *valerianate* with washed muscle.

Higher fatty acids. Tangl and Berend[11] found that mixtures of bile and pancreas extract brought about desaturation of fats. Quagliariello[12] found that bile took up extra oxygen with Na stearate. Cyanide inhibited the O_2 uptake. Berend[13] has purified an enzyme from pancreas which causes desaturation of tristearin or stearate, no addition of bile being necessary. A diluted glycerol extract from dried pancreas was washed with ether to remove fat and the enzyme precipitated with alcohol. Much protein was removed with 0,5% acetic acid and the enzyme extracted with bicarbonate solution. The enzyme was adsorbed on kaolin and eluted with dilute ammonia. The unit of activity of the enzyme was given as that amount which in 12 hours increased the iodine uptake of 50 mg. of tristearin by 1 mg. The most active eluate contained 2765 units/100 c. cm. Active preparations were also obtained from liver. Oxygen uptake was not studied.

Mazza and Stolfi[14] extracted liver mince with phosphate buffer p_H 7,5, and after shaking the extract (toluene added) for a day with oxygen to use up H donators present, obtained extra oxygen uptake when stearate or palmitate was added. The oxygen uptake was inhibited by cyanide and fluoride. Quinone and methylene blue could act as H acceptors. Active extracts of kidney were also obtained.[15] With liver extracts dehydrogenation of oleic acid was obtained.

[1] Thunberg: Skand. Arch. Physiol. 40 (1920), 1.

[2] Ahlgren: Skand. Arch. Physiol. 47 (1925), Suppl. 1.

[3] Wishart: Biochemic. J. 17 (1923), 103.

[4] Wieland, Frage: Hoppe-Seyler's Z. physiol. Chem. 186 (1930), 195.

[5] See e.g.: Elliott et al.: Biochemic. J. 28 (1934), 1920; 29 (1935), 1937; 31 (1937), 1003.

[6] Quastel et al.: Biochemic. J. 19 (1925), 520, 652. — Cook, Stephenson: Ibid. 22 (1928), 1368.

[7] Butkewitsch, Fedoroff: Biochem. Z. 219 (1930), 87. — Wieland, Sonderhoff: Liebigs Ann. Chem. 499 (1932), 213; 503 (1933), 61. — See Franke: Euler's Chemie der Enzyme, Bd. II, 3. Teil, S. 501. 1934.

[8] Hahn et al.: Z. Biol. 90 (1930), 231; 92 (1932), 355; Hoppe-Seyler's Z. physiol. Chem. 209 (1932), 279.

[9] Quastel et al.: Biochemic. J. 19 (1925), 520, 652; 20 (1926), 166.

[10] Jowett, Quastel: Biochemic. J. 29 (1935), 2143.

[11] Tangl, Berend: Biochem. Z. 232 (1931), 181.

[12] Quagliariello: Atti R. Accad. naz. Lincei, Rend. 16 (1932), 387.

[13] Berend: Biochem. Z. 260 (1933), 490.

[14] Mazza, Stolfi: Atti R. Accad. naz. Lincei, Rend. 17 (1933), 476.

[15] Mazza: Atti R. Accad. naz. Lincei, Rend. 18 (1933), 461.

B. coli were found[1] to oxidize stearate, oleate, and palmitate; heated bacteria were inactive. Methylene blue could act as H acceptor.

QUAGLIARIELLO[2] found that slices of adipose tissue can act on higher fatty acids oxidizing existing double bonds or forming new double bonds.

GRANDE[3] found some reduction of 1-naphthol-2-sulphonate-2,6-dichlorophenol by stearate and palmitate with extracts of certain seeds.

Added to proof: LANG et al.[4] have described an enzyme from animal tissues which dehydrogenates higher saturated fatty acids and appears to use adenylic acid as coenzyme. SUMNER and DOUNCE[5] extracted from beans an enzyme which oxidizes carotene and unsaturated fats and fatty acids with oxygen givin peroxides.

Gluconate and Glycuronate. LEHMANN[6] found that glycuronate accelerated the reduction of methylene blue with washed dried yeast, but phosphate extracts from dried yeast were inactive. MÜLLER[7] has found that gluconate also acts as a donator with dried yeast. Extraction of the dried yeast with phosphate solution containing 9% NaCl gave preparations which were sometimes active with gluconate, sometimes with glycuronate. It was concluded that different enzymes were concerned. Cozymase did not seem to activate either enzyme.

Hydrogenase.

It has long been known that some bacteria are capable of oxidizing hydrogen gas by molecular oxygen[8,9] and that in certain species nitrate can replace oxygen.[9] TAUSZ and DONATH[10] found that *B. aliphaticum liquefaciens* grown autotrophically on hydrogen, oxygen and carbon dioxide, can reduce methylene blue with hydrogen.

STEPHENSON and STICKLAND[11] found that washed suspensions of a number of bacterial species activate hydrogen to reduce oxygen, methylene blue, nitrate or fumarate. They called the enzyme responsible "Hydrogenase". In the reduction of methylene blue, hydrogenase showed optimum activity at p_H 6,3. It was not inhibited by cyanide. Urethane inhibited it appreciably, and shaking with oxygen inactivated it. The enzyme was not found in baker's yeast or in heart muscle.

The production of sulfide by bacteria is well-known[12] and the reduction of sulfate to sulfide by certain bacteria at the expense of organic compounds has been shown.[13] STEPHENSON and STICKLAND[14] found hydrogenase in a sulfate-

[1] MAZZA: Atti R. Accad. naz. Lincei, Rend. 17 (1933), 1086; 20 (1934), 113.

[2] QUAGLIARIELLO: Atti R. Accad. naz. Lincei, Rend. 18 (1933), 461.

[3] GRANDE: Skand. Arch Physiol. 69 (1934), 189.

[4] LANG: Hoppe-Seyler's Z. physiol. Chem. 261 (1939), 240. — LANG, MAYER: Ibid. 261 (1939), 249; 262 (1939), 120. — LANG, ADICKES: Ibid. 262 (1939), 123. CREMER: Ibid. 263 (1940), 240.

[5] SUMNER, DOUNCE: Enzymologia (Den Haag) 7 (1939), 130.

[6] LEHMANN: Biochem. Z. 272 (1934), 95.

[7] MÜLLER: Skand. Arch. Physiol. 80 (1938), 328.

[8] KASERER: Zbl. Bakteriol., Parasitenkunde Infektionskrankh., Abt. II 16 (1906), 681. — GROHMANN: Ibid. 61 (1924), 256.

[9] NIKLEWSKI: Zbl. Bakteriol., Parasitenkunde Infektionskrankh., Abt. II 40 (1914), 430.

[10] TAUSZ, DONATH: Hoppe-Seyler's physiol. Chem. 190 (1930), 141.

[11] STEPHENSON, STICKLAND: Biochemic. J. 25 (1931), 205.

[12] BEIJERINK: Zbl. Bakteriol., Parasitenkunde Infektionskrankh., Abt. II 1 (1895), 1.

[13] VAN DELDEN: Zbl. Bakteriol., Parasitenkunde Infektionskrankh., Abt. II 11 (1904), 81, 113. — ELION: Ibid. 63 (1924), 58. — BAARS: Dissertation. Delft, 1930.

[14] STEPHENSON, STICKLAND: Biochemic. J. 25 (1931), 215.

reducing organism from river mud, and showed that this organism with hydrogen could reduce sulfate, sulfite, and thiosulfate, to sulfide.

SÖHNGEN,[1] studying methane formed by bacteria from fatty acids, found quantitative reduction of Ca formate to methane and Ca carbonate, and FISCHER et al.[2] found reduction of CO to methane by hydrogen with a culture from mud. STEPHENSON and STICKLAND[3] obtained an organism in pure culture which, with hydrogen, reduced CO_2, CO, formate, formaldehyde, and methyl alcohol to methane. Only 1-carbon compounds were reduced. The organism also contained formic dehydrogenase and hydrogenlyase. Possibly formate was decomposed to CO_2 and H_2 and the CO_2 was then reduced to methane. Presumably, besides hydrogenase, mechanisms for the activation of CO_2 or other substrates are necessary for the production of methane.

Reduction of nitrate to ammonia by some types of bacteria has long been known to occur.[4] WOODS[5] found hydrogenase in *Cl. welchii* and showed that washed suspensions of this organism and of one strain of *B. coli*, with hydrogen, could reduce nitrate, nitrite, or hydroxylamine, quantitatively to ammonia. Nitrite and hydroxylamine seemed to be intermediate products in the reduction of nitrate. STEPHENSON and STICKLAND[6] found reduction of nitrate only to nitrite with the bacteria used by them. It is evident that other mechanisms besides hydrogenase are concerned in these reductions.

QUASTEL et al.[7] showed that nitrate can be reduced to nitrite at the expense of oxidation of various substrates (e.g. lactate). AUBEL[8] has obtained reduction of nitrate to NH_3 with glucose as donator. Such oxido-reductions are presumably carried out by the cooperation of a dehydrogenase, a carrier,[9] and a nitrate activating mechanism.[10]

GREEN and STICKLAND[11] showed that the hydrogenase of *B. coli* catalyses the reaction, $H_2 \rightleftharpoons 2\,H\cdot + 2\,e$, in a completely reversible way. They studied the reaction between methylviologen and H_2 in the presence of the bacteria, colorimetrically and potentiometrically, and found that the reduction potential was the same as that given by palladium black. The hydrogenase system is the most negative reversible redox system described in living cells.

Hydrogenlyase.[12]

The liberation of molecular hydrogen by bacterial action was first studied by POPOFF;[13] he noticed that hydrogen was produced in the fermentation of Ca formate. HOPPE-SEYLER[14] showed that equivalent amounts of H_2 and CO_2 were liberated from formate. FRANKLAND et al.[15] found H_2 and CO_2 among the products

[1] SÖHNGEN: Recueil Trav. chim. Pays-Bas 29 (1910), 238.
[2] FISCHER, LIESKE, WINZER: Biochem. Z. 236 (1931), 247; 245 (1932), 2.
[3] STEPHENSON, STICKLAND: Biochemic. J. 27 (1933), 1517.
[4] STOKLASA, VIDEC: Zbl. Bakteriol., Parasitenkunde Infektionskrankh., Abt. II 14 (1905), 102; 21 (1908), 620, 879.
[5] WOODS: Biochemic. J. 32 (1938), 2000.
[6] See footnote 11, p. 490.
[7] QUASTEL, STEPHENSON, WHETHAM: Biochemic. J. 19 (1925), 304, 660.
[8] AUBEL: C. R. Séances Soc. Biol. Filiales Associées 128 (1938), 45.
[9] See GREEN, STICKLAND, TARR: Biochemic. J. 28 (1934), 1812.
[10] QUASTEL, WHETHAM: Biochemic. J. 18 (1924), 519. — STICKLAND: Ibid. 25 (1931), 1543.
[11] GREEN, STICKLAND: Biochemic. J. 28 (1934), 898.
[12] Review: STEPHENSON: Ergebn. Enzymforsch. 6 (1937), 139.
[13] POPOFF: Hoppe-Seyler's Z. physiol. Chem. 10 (1875), 113.
[14] HOPPE-SEYLER: Hoppe-Seyler's Z. physiol. Chem. 12 (1876), 1.
[15] FRANKLAND et al.: J. chem. Soc. (London) 61 (1892), 254, 432, 737.

of fermentation of carbohydrates by *B. ethaceticus* and deduced that the gases arose in the decomposition of formate which was an intermediate product of fermentation; when gas evolution was checked by sealing the vessels, more formate was found. Parkes and Joleyman[1] found equivalent amounts of CO_2 and H_2 evolved from glucose or formate by a number of bacterial species grown on a medium which contained formate. Yeasts did not liberate gas from formate.

Stickland[2] proved that the liberation of hydrogen from formate was not due to the activity of formic dehydrogenase. A preparation obtained by treatment of *B. coli* with trypsin, reduced methylene blue actively with formate but could produce no free hydrogen. *B. typhosus* was found to contain the dehydrogenase but produced no hydrogen.

Previous observations on hydrogen evolution had been made with growing bacteria. Stephenson and Stickland[3] found that non-proliferating, washed *B. coli*, which had been grown in medium containing formate, liberated CO_2 and H_2 from formate. They studied the kinetics of the reaction by manometric methods and called the enzyme responsible "Formic hydrogenlyase".

The possibility that hydrogenlyase action is due to the joint action of formic dehydrogenase and hydrogenase was disproved by the facts that *B. lactis aerogenes*, grown in the presence of formate, contained hydrogenlyase and formic dehydrogenase but no hydrogenase, and *B. dispar* contained the dehydrogenase and hydrogenase but no hydrogenlyase.

In the presence of $0{,}03\ M$ formate the optimum p_H was 7,0; with $0{,}01\ M$ and lower concentrations the optimum was p_H 6,3.[4] At p_H 7, maximum rate was reached with $0{,}1\ M$ formate, half maximum with $0{,}01\ M$. Toluene, 1% fluoride, 2% urethane, $10^{-3}\ M$ cyanide and CO at 1 atmosphere pressure, inhibited completely.

The reversibility of the hydrogenlyase reaction was demonstrated by Woods.[5]

$$H \cdot COOH \rightleftharpoons H_2 + CO_2.$$

B. coli, in bicarbonate buffer in an atmosphere of mixed CO_2 and H_2, used up H_2 and CO_2 and produced formic acid in equivalent amounts. The rate of this reaction, at constant p_H, increased with increasing CO_2 pressure up to 0,25 atmosphere. Since the amount of bicarbonate had to be varied to maintain constant p_H, it was impossible to tell whether CO_2 or bicarbonate concentration determined the rate. The concentrations of the reactants at equilibrium were determined at 25° and 38° and the free energy change (—171 cals.) and heat of reaction (—5407 cals.) for the decomposition of formate were calculated. The results agreed, within the usual limits, for the values (—742 and —2854 cals.) calculated from known thermodynamical data.

Farkas and Yudkin,[6] by experiments with heavy water, attempted to determine the course of formate decomposition. They found that the reactions

$$HCOONa + H_2O \rightleftharpoons HCOOH + NaOH;$$

$$HCOOH \rightleftharpoons H_2 + CO_2$$

cannot represent the true course but that the decomposition must involve the primary production of atoms and radicals.

[1] Parkes, Joleyman: J. chem. Soc. (London) **79** (1901), 386.
[2] Stickland: Biochemic. J. **23** (1929), 1187.
[3] Stephenson, Stickland: Biochemic. J. **26** (1932), 712.
[4] Stephenson: Ergebn. Enzymforsch. **6** (1937), 143.
[5] Woods: Biochemic. J. **30** (1936), 515.
[6] Farkas, Yudkin: Proc. Roy. Soc. (London), Ser. B **115** (1934), 373.

The presence of hydrogenlyase in bacteria depends upon the conditions of their cultivation. YUDKIN[1] found that continous aeration generally completely inhibited enzyme production. (Once the enzyme was formed it was not decomposed by aeration.) The presence of glucose in the culture medium was necessary with *B. cloacae* and formate or glucose with *B. coli* or *B. lactis aerogenes*. The presence of formate did not affect the growth of *B. coli*. and studies[2] of the course of production of hydrogenlyase in relation to growth indicated that the production of the enzyme was not due to a process of "natural selection". Some constituent of broth seemed necessary for the survival of the enzyme in *B. coli* and *B. cloacae* since active washed suspensions could not be obtained with these bacteria grown in glucose-containing inorganic medium.

Since all substances which yield hydrogen by bacterial action also yield formic acid, it has been assumed that hydrogen is liberated only from formate. However, STEPHENSON and STICKLAND[3] adduced evidence that *B. coli* with glucose can produce hydrogen by some other mechanism. *B. coli* grown in the absence of formate usually produced hydrogen slowly from glucose and none from formate, and the action proceded at maximum velocity with $0,01\ M$ glucose whereas with formate decomposition, the velocity is halved at $0,01\ M$ formate.

Hydrogenlyase has not been found in plant or animal tissues nor in yeast or moulds.

Ethylene hydrase, fumarate hydrase.

FISCHER *et al.*[4] found that yeast and bacteria are able to bring about the hydrogenation of α,β-unsaturated primary alcohols, aldehydes, and ketones. Active extracts of yeast were obtained which hydrogenated compounds such as cinnamylalcohol or crotylalcohol at the expense of oxidations by coenzyme systems such as the alcohol or hexosemonophosphate dehydrogenase system. The ethylene derivative was evidently activated by an "ethylene hydrase". It seemed that yellow enzyme could mediate the transfer of hydrogen from the substrate + dehydrogenase + coenzyme to the ethylene derivative, since added yellow enzyme accelerated the transfer and leuco-yellow enzyme was shown to be reoxidized by crotylalcohol and the yeast extract. The reduction of the ethylene compounds with the extract could also be brought about by leuco-dyes of strongly negative potential.

FISCHER and EYSENBACH[5] found that yeast extracts, which contained no succinic dehydrogenase (no reduction of methylene blue with succinate), could catalyze the reduction of fumarate to succinate by leuco-dyes. The enzyme responsible, which they called "fumarate-hydrase", was obtained from dried yeast by extraction with water at 37°. After discarding a precipitate obtained with lead acetate, the enzyme was precipitated with CO_2 and acetone. (The method was similar to that used for the preparation of yellow enzyme.[6]) The enzyme was further purified by adsorption on alumina and elution with alkaline phosphate, and it was finally precipitated by saturation with $(NH_4)_2SO_4$. The preparation contained yellow enzyme and alcohol-dehydrogenase. It gave a clear yellow solution.

The enzyme with fumarate rapidly oxidized leuco-yellow enzyme and the

---

[1] YUDKIN: Biochemic. J. **26** (1932), 1859.

[2] STEPHENSON, STICKLAND: Biochemic. J. **27** (1933), 1528.

[3] STEPHENSON, STICKLAND: Biochemic. J. **26** (1932), 712.

[4] FISCHER *et al.*: Liebigs Ann. Chem. **513** (1934), 260; **520** (1935), 52; **522** (1935), 1; **529** (1937), 84, 87.

[5] FISCHER, EYSENBACH: Liebigs Ann. Chem. **530** (1937), 99.

[6] WARBURG, CHRISTIAN: Biochem. Z. **266** (1933), 377.

formation of succinate was shown. It is thus evident that fumarate with this enzyme can act as hydrogen acceptor, through the yellow enzyme, for all the coenzyme-determined dehydrogenase systems.

The enzyme activity was studied by observing the reoxidation of leuco-Janus red by fumarate. It could not be decided whether the enzyme caused fumarate to be reduced directly by the leuco-dye or whether yellow enzyme mediated the hydrogen transfer, since the enzyme preparations always contained some yellow enzyme. Possibly dihydro-coenzymes can reduce fumarate with the enzyme directly, but this also cannot be decided until the enzyme can be separated from yellow enzyme. Thorough dialysis had no effect on the activity of the enzyme preparation, which indicated that no dialyzable coenzyme was necessary for the hydrase activity.

Between $10°$ and $50°$ the enzyme action had a temperature coefficient of 1,7. The optimum p_H was about 7,0, but this could not be accurately determined due to flocculation of the enzyme above p_H 7,5 and change in redox potential of the dye in acid medium.

The rate of reaction was directly proportional to the enzyme concentration. The rate did not vary with concentrations of fumarate from 10^{-1} to $10^{-4} M$ and only fell off when the fumarate present was less than equivalent to the dye present.

The rate of dye reoxidation was strongly dependent on the redox potential of the dye used. The leuco-forms of dyes with E_0' values below $-0,20$ V, (Janus red, Rosindulin GG, methylene violet) were reoxidized at the same rate; those with values between $-0,20$ and $-0,08$ (nile blue, indigo disulfonate, indigotrisulfonate) were slowly and incompletely reoxidized, and leuco-indigo tetrasulfonate ($-0,046$) and leuco-methylene blue ($-0,011$) were not reoxidized at all although thermodynamically this should be possible and has been shown to occur with succinic dehydrogenase as catalyst.[1] Presumably fumarate hydrase contains a mechanism of low redox potential. Leuco-yellow enzyme was active with the system though its redox potential is only $-0,06$ V;[2] it was assumed that the free leuco-flavinphosphate ($E_0' = -0,185$ V), dissociated from its protein bearer, carries out the reduction.

The fumarate hydrase is distinctly different from succinic dehydrogenase. Succinic dehydrogenase with fumarate can reoxidize leuco-methylene blue whereas the hydrase cannot. Succinate is known to inhibit the reoxidation of leuco-dye by fumarate, but succinate up to 0,5 M did not inhibit the reoxidation of leuco-Janus red by fumarate with the hydrase. Malonate, a well-known inhibitor of succinic dehydrogenase, had no effect on the hydrase. The hydrase was not inhibited by cyanide, iodoacetate, or fluoride.

The hydrase preparations were able to catalyze the hydrogenation of the $α,β$-unsaturated primary alcohols (crotylalcohol, cinnamylalcohol, geraniol) by leuco-Janus-red, but the rates were considerably lower than with fumarate. Malate was reduced only with cruder preparations, presumably after conversion to fumarate by fumarase in the preparations. Maleate was reduced. Muconate, itaconate, crotonate, cinnamate and oxaloacetate were not reduced.

Added to proof: FISCHER, ROEDIG and RAUCH[3] find that fumarate hydrogenase, which is present in plants as well as yeast and bacteria, can be separated by acid in $(NH_4)_2SO_4$ solution into a protein and a prosthetic group. Alloxazine-adenine-dinucleotide will act as prosthetic group.

[1] QUASTEL, WHETHAM: Biochemic. J. 18 (1924), 519.
[2] KUHN, BOULANGER: Ber. dtsch. chem. Ges. 69 (1936), 1557.
[3] FISCHER, ROEDIG, RAUCH: Naturwiss. 27 (1939), 167; Angew. Chem. 51 (1938), 82.

Glyoxalase.

NEUBERG[1] and DAKIN and DUDLEY[2] found that plant and animal tissues cause added methylglyoxal or phenylglyoxal to undergo an internal oxido-reduction yielding lactic or mandelic acid.

$$R \cdot CO \cdot CHO + H_2O \rightarrow R \cdot CHOH \cdot COOH.$$

NEUBERG and KOBEL[3] found that the enzyme responsible requires a coenzyme, and LOHMANN[4] showed that this coenzyme is glutathione (GSH). Aqueous extracts of muscle and liver lost their glyoxalase activity on dialysis or aeration; the activity of dried yeast and bacteria was also lost on washing, and the activity was restored by additions of GSH. Oxidized glutathione, cysteine and various other compounds were inactive. The optimum p_H was 6,5–7,5.

JOWETT and QUASTEL[5] found high glyoxalase activity in red blood cells. The activity was lost on lysis due to dilution of the glutathione of the cells. They showed that glutathione and methylglyoxal combine together reversibly and suggested that this compound breaks down to lactate and GSH in the presence of the enzyme. PLATT and SCHROEDER[6] using acetone-dried yeast studied the kinetics of the reaction and added evidence that the methylglyoxal-GSH compound is the substrate for the enzyme. Iodoacetate was shown to inhibit glyoxalase activity by combining with GSH; it had no effect on the enzyme. Similar results were obtained with the enzyme in extracts from animal tissues.[7]

DAKIN and DUDLEY found that pancreas contains a powerful inhibitor of glyoxalase activity. This antiglyoxalase, which was studied by a number of workers, was found by GIRSAVICIUS[8] to exert its effect by destroying the coenzyme, glutathione, apparently by a hydrolytic splitting of the tripeptide. SCHROEDER et al.[9] found that kidney extracts also contain the agent in high activity though it is not active in kidney slices; kidney slices actually show strong glyoxalase activity. They proved that kidney antiglyoxalase is an enzyme which hydrolyzes glutathione without affecting the enzyme itself. Pancreas contained this factor and seemed also to contain another antiglyoxalase which acted upon the enzyme itself.

In early theories on biological lactic acid production from carbohydrate, glyoxalase was believed to play an active part, but according to modern theories glyoxylase is not necessary for glycolysis and the role of this enzyme is obscure.

Aminopherases.[10]

Trans-amination.

BRAUNSTEIN and KRITZMANN[10, 11] have found that a type of reversible oxydation-reduction process, in which a transfer of amino-groups as well as hydrogen

[1] NEUBERG: Biochem. Z. **49** (1913), 502; **51** (1913), 484.

[2] DAKIN, DUDLEY: J. biol. Chemistry **14** (1913), 155, 423.

[3] NEUBERG, KOBEL: Biochem. Z. **203** (1928), 463.

[4] LOHMANN: Biochem. Z. **254** (1932), 332.

[5] JOWETT, QUASTEL: Biochemic. J. **27** (1933), 486.

[6] PLATT, SCHROEDER: J. biol. Chemistry **104** (1934), 281.

[7] PLATT, SCHROEDER: J. biol. Chemistry **106** (1934), 179.

[8] GIRSAVICIUS: Biochem. Z. **260** (1933), 278.

[9] WOODWARD, PLATT MUNRO, SCHROEDER: J. biol. Chemistry **109** (1935), 11. — SCHROEDER, PLATT MUNRO, WEIL: Ibid. **110** (1935), 181. — SCHROEDER, WOODWARD: Ibid. **120** (1937), 209.

[10] Review: BRAUNSTEIN: Nature (London) **143** (1939), 609.

[11] BRAUNSTEIN, KRITZMANN: Enzymologia (Den Haag) **2** (1937), 129; Biochimia **2** (1937), 242, 860; **3** (1938), 590, 693; **4** (1939), No. 2.

atoms occurs, takes place in most animal tissues, and in plants and micro-organisms.[1,2] The following equations represent types of these trans-aminations:

$$COOH \cdot CH_2 \cdot CHNH_2 \cdot COOH \; + \; CH_3 \cdot CO \cdot COOH \; \rightleftharpoons \; COOH \cdot CH_2 \cdot CO \cdot COOH \; +$$

Aspartic acid.   Pyruvic acid.   Oxaloacetic acid.

$$+ \; CH_3 \cdot CHNH_2 \cdot COOH$$

Alanine.

$$COOH \cdot CH_2 \cdot CH_2 \cdot CHNH_2 \cdot COOH \; + \; CH_3 \cdot CO \cdot COOH \; \rightleftharpoons$$

Glutamic acid.   Pyruvic acid.

$$\rightleftharpoons \; COOH \cdot CH_2 \cdot CH_2 \cdot CO \cdot COOH \; + \; CH_3 \cdot CHNH_2 \cdot COOH$$

α-Ketoglutaric acid.   Alanine.

For transamination to occur, one of the reactants must be a dicarboxylic α-amino- or α-keto-acid, or a compound having similar electrostatic qualities such as phosphoserine, cysteic or homocysteic acid. The other reactant must be an α-amino- or α-keto-acid other than glycine; glycine β- and γ-amino- or keto-acids, simple amines, aldehydes, ketones, and peptides, do not react. The process occurs selectively, and possibly exclusively, with the natural *l*-amino-acids.

By means of trans-amination reactions, small amounts of amino- or keto-dicarboxylic acids can act as mediators in amino-group transfers between pairs of monocarboxylic amino- and keto-acids. In such cases, that is when the concentration of amino- or keto-dicarboxylic acid is low, the reaction is competitively inhibited by saturated dicarboxylic acids (oxalic, malonic, glutaric, adipic).[3]

Two different aminopherases have been prepared in cell-free solution. Though muscle pulp acts with both glutamic and aspartic acids, KRITZMANN[4] obtained an enzyme preparation, glutamic aminopherase, which acts on glutamic but not on aspartic acid. Washed minced muscle was extracted with 1% $KHCO_3$, the extract was warmed to 37° and adjusted to p_H 4,2. The material which precipitated was suspended in phosphate buffer for use. The enzyme could be further purified by filtering the suspension through alundum, coagulating inactive protein by heating to 60°, precipitating the enzyme with $(NH_4)_2SO_4$, and dialyzing. The optimum p_H for the enzyme activity was 7,5. The second enzyme preparation obtained from muscle by KRITZMANN[5] (by a method not yet described) acts on aspartic acid in the presence of a thermostable activator or coenzyme contained in tissue extracts. This preparation also acts on glutamic acid, but KRITZMANN mentions a preparation from a vegetable source which acts on aspartic and not on glutamic acid. The aspartic aminopherase is more readily extracted than the other enzyme and more labile. The glutamic enzyme appears also to depend on a coenzyme which is less readily dissociated away.

In Chapter 6 (Glutamic dehydrogenase) the studies of EULER, ADLER *et al.*[1] were described which showed that α-ketoglutaric acid and NH_3 can undergo a reductive combination in the presence of dihydro-coenzymes and glutamic dehydrogenase, yielding glutamic acid. The glutamic acid can then transfer the amino group to various α-keto-acids. VIRTANEN and LAINE[2] indicated that in leguminous root nodules, nitrogen, newly fixed as hydroxylamine, combines with oxaloacetic acid to give oximino-succinic acid which is reduced to aspartic acid.

[1] EULER, ADLER, *et al.*: Hoppe-Seyler's Z. physiol. Chem. 254 (1938), 61; 255 (1938), 14, 27, 34.

[2] VIRTANEN, LAINE: Nature (London) 141 (1938), 748.

[3] BRAUNSTEIN: Nature (London) 143 (1939), 609.

[4] KRITZMANN: C. R. (Doklady) Acad. Sci. USSR 21 (1938), 42; Biochimia 3 (1938), 603.

[5] KRITZMANN: Nature (London) 143 (1939), 603.

The aspartic acid can then transfer the amino-group to other keto-acids. The nature of the d-amino-acid oxidase is now well known. BRAUNSTEIN[1] suggests that the oxidative deamination of the natural l-amino-acids may be due to co-operation of aminopherases and glutamic and aspartic dehydrogenases in the presence of catalytic amounts of the respective dicarboxylic acids.

Oxidation and reduction of inorganic materials.

A great variety of oxidations and reductions of inorganic materials can be brought about by various types of bacteria.[2] Oxidations of sulfur, sulfide, thiosulfate, thiocyanate, ferrous salts, ammonia, nitrate and carbon monoxide (also methane) and reductions of carbon dioxide, nitrate, sulfate, selenate, selenite, tellurite and phosphate are well-known. Nitrogen fixation involves nitrogen reduction; photosynthesis by plants and bacteria involves CO_2 reduction. Little is known of the mechanisms concerned in these reactions and in many other oxido-reductions and discussion of them is beyond the scope of this review.

Chapter 8. Catalytic Systems Involving Intermediate Metabolites.

While certain non-enzymic substances, such as the cytochromes and the pyridine-nucleotide coenzymes, are known only as hydrogen carriers between oxidizing and reducing systems, it has lately been realized that some substances, which were known principally as intermediate products of the breakdown of foodstuffs, also take part in the catalytic processes which bring about energy yielding oxidations of such foodstuffs.

The four carbon dicarboxylic acid (C_4) system of SZENT-GYÖRGYI.[3]

Most of the work on this subject by the SZENT-GYÖRGYI school was done with coarsely minced pigeon breast muscle or with fine dispersions of muscle, this material being chosen on account of its high respiratory activity and ready availability.

The succinate-fumarate theory.

The evidence of cyanide inhibition and spectroscopic studies has shown that most of the oxygen uptake of the cell takes place through the activity of the "respiratory enzyme" of WARBURG, or cytochrome oxidase, which oxidizes cytochrome (the various cytochromes being spoken of collectively), the cytochrome being reduced again by other constituents of the cell. But succinate with its specific dehydrogenase was, until recently, the only dehydrogenase system known to reduce cytochrome. Succinic dehydrogenase is remarkably active in many tissues and GÖSZY and SZENT-GYÖRGYI[4] suggested that succinate-fumarate with the dehydrogenase acts as a link between other metabolites and the cytochrome-cytochrome oxidase system. (This system will be referred to as the WKS, the WARBURG-KEILIN System.) They suggested that the meta-

---

[1] Review: BRAUNSTEIN: Nature (London) **143** (1939), 609.

[2] See STEPHENSON: Bacterial Metabolism. London, 1939.

[3] Review: SZENT-GYÖRGYI: Studies on Biological Oxidation. Leipzig: J. A. Barth, 1937.

[4] Göszy, SZENT-GYÖRGYI: Hoppe-Seyler's Z. physiol. Chem. **224** (1934), 1.

bolites activated by their dehydrogenases reduce fumarate to succinate which is then reoxidized by the WKS.

Szent-Györgyi et al.[1, 2] found that the respiration of muscle suspensions was increased, or rather stabilized at the initial high rate, by the addition of a little fumarate, whereas it fell off otherwise, apparently as a result of loss by diffusion into the medium of fumarate originally present in the tissue. The added fumarate was not oxidized away. Addition of malonate, a specific inhibitor of succinic dehydrogenase, diminished the rate of respiration.

The malate-oxaloacetate theory.

However, it was found that the malonate inhibition could be overcome by adding fumarate. That is, with added fumarate, respiration continued at the normal rate in spite of the inhibition of succinate oxidation. Since this observation seemed to disprove the succinate-fumarate theory, Szent-Györgyi et al.[2] suggested that the C_4 acids derived from fumarate could act as catalysts. They found that oxaloacetate behaved like fumarate in stabilizing the respiration. Reduction of added oxaloacetate, to give fumarate and malate, occurred very rapidly in the tissue. Oxidation of added fumarate to oxaloacetate could be detected when the reducing mechanisms were partly inhibited by arsenite or when the oxaloacetate formed was fixed by hydrazine. From the muscle tissue a strongly active "fumarate" (malate)[3] dehydrogenase preparation was obtained. So it was suggested that the malate[3]-oxaloacetate oxidation acted catalytically. This system, however, does not react directly with the WKS, but a thermolabile "Zwischensubstanz"[4] appeared to be present which acted as intermediate hydrogen transporter between malate-oxaloacetate and the WKS.

The united theory.

Neither of these two theories took into account the wide distribution and high activity of the non-oxidizing enzyme, fumarase, which establishes an equilibrium between fumarate and malate. Fumarase was present in all the tissue preparations used. But by uniting[5] the two theories, all the observations could be fitted together, especially since an explanation of the fumarate + malonate effect was found. According to this theory the hydrogen from the tissue donators, activated by the relevant enzymes, reduces oxaloacetate to malate under the influence of malic dehydrogenase. The malate, still activated by its dehydrogenase, is then reoxidized to oxaloacetate and the hydrogen is transferred to fumarate, activated by succinic dehydrogenase. Coenzyme I presumably mediates these H transfers. The succinate formed, still activated by its dehydrogenase, is reoxidized to fumarate by the WKS. The united theory is represented as follows. (See Chapter 1 page 317 for a different method of representing it.)

---

[1] Göszy, Szent-Györgyi: Hoppe-Seyler's Z. physiol. Chem. **224** (1934), 1.

[2] Annau, Banga, Göszy, Huszák, Laki, Straub, Szent-Györgyi: Hoppe-Seyler's Z. physiol. Chem. **236** (1935), 1. — Annau, Banga, Blazsó, Bruckner, Laki, Straub, Szent-Györgyi: Ibid. **244** (1936), 105. — See also: Stare, Baumann: Proc. Roy. Soc. (London), Ser. B **121** (1936), 338.

[3] At first it was believed that fumarate, not malate, was oxidized to oxaloacetate. See however, Green: Biochemic. J. **30** (1936), 2095. — Laki: Ibid. **31** (1937), 1113.

[4] Though Szent-Györgyi [Hoppe-Seyler's Z. physiol. Chem. **244** (1936), 105, see p. 107] later considered the evidence for the existence of the "Zwischensubstanz" to have been incorrect, such a catalyst, diaphorase, is now known to exist.

[5] Laki, Straub, Szent-Györgyi: Hoppe-Seyler's Z. physiol. Chem. **247** (1937), 1. — Szent-Györgyi: Ibid. **249** (1937), 211.

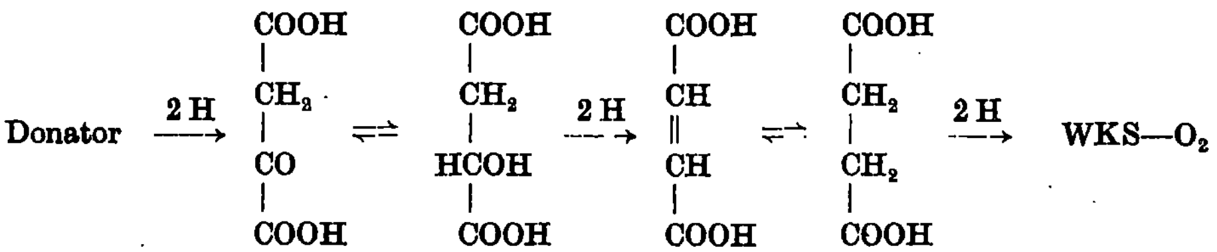

$$
\text{Donator} \xrightarrow{2\,H}
\begin{array}{c} COOH \\ | \\ CH_2 \\ | \\ CO \\ | \\ COOH \end{array}
\rightleftharpoons
\begin{array}{c} COOH \\ | \\ CH_2 \\ | \\ HCOH \\ | \\ COOH \end{array}
\xrightarrow{2\,H}
\begin{array}{c} COOH \\ | \\ CH \\ \| \\ CH \\ | \\ COOH \end{array}
\rightleftharpoons
\begin{array}{c} COOH \\ | \\ CH_2 \\ | \\ CH_2 \\ | \\ COOH \end{array}
\xrightarrow{2\,H} WKS{-}O_2
$$

Oxaloacetic.   Malic.   Fumaric.   Succinic.

Activation by malic   Activation by succinic
dehydrogenase.   dehydrogenase.

Fumarase established an equilibrium between fumarate and malate maintaining the right proportions of these substances.

Measurement of the redox potential of malate-oxaloacetate[1] and experiments with isolated systems[2] showed that such stepwise oxidations are thermodynamically possible. STRAUB[3] demonstrated the transfer of hydrogen from malate to cytochrome through fumarate-succinate.

The difficulty over the malonate + fumarate effect was explained as follows.[4] Malonate inhibits succinate oxidation because, while it is not itself oxidized, it is more readily adsorbed on the dehydrogenase than is succinate. But fumarate has a greater affinity for the enzyme than has malonate, so it can be adsorbed, activated, and reduced to succinate. The succinate formed does not in general leave the enzyme surface before it is reoxidized by the WKS. Some succinate must escape, and, being unable to compete with the malonate for return to the enzyme surface, it accumulates. In this way the fumarate is gradually removed from activity and inhibition of respiration sets in early if there is only the original trace of fumarate in the tissue, but no inhibition occurs for a long time if excess fumarate is added.

BANGA[5] fractionated ground muscle suspensions. She obtained a sediment containing the WKS, succinic and malic dehydrogenases, and other enzymes, and a fluid containing the thermostable donator, coenzymes[6] and an "activator". The "activator" was a protein which was separated by repeated acetone precipitation and appeared to be the dehydrogenase of the donator. The donator could be replaced by hexose mono- or di-phosphate, which is split prior to dehydrogenation into triosephosphate.[7] Washed enzyme suspension + crude coenzyme + activator + hexosephosphate gave a system which respired strongly especially if an extra trace of fumarate was added, but the oxygen uptake rate varied and usually was not equal to that of normal respiration. But on adding yellow enzyme the oxygen uptake reached a very high rate. It was believed that yellow enzyme was necessary to mediate the transfer of H from the malate-oxaloacetate system

---

[1] LAKI: Hoppe-Seyler's Z. physiol. Chem. 249 (1937), 63.

[2] GREEN: Biochemic. J. 30 (1936), 2095.

[3] STRAUB: Hoppe-Seyler's Z. physiol. Chem. 249 (1937), 189.

[4] DAS: Biochemic. J. 31 (1937), 1124. — STRAUB: Hoppe-Seyler's Z. physiol. Chem. 249 (1937), 189.

[5] BANGA: Hoppe-Seyler's Z. physiol. Chem. 249 (1937), 183, 205. — See also: GREVILLE: Biochemic. J. 31 (1937), 2274.

[6] GREVILLE found that Mg ions are necessary for proper respiration. Presumably these were present in the coenzyme fraction.

[7] BANGA and SZENT-GYÖRGYI [Hoppe-Seyler's Z. physiol. Chem. 252 (1938), 275] have shown that hexosediphosphate is rapidly split to triosephosphate by zymohexase in the sediment. Triosephosphate can replace hexosediphosphate in the system, the O_2 uptake, oxaloacetate reduction, and methylene blue reduction by triosephosphate ocurring at about the same rate as with hexosediphosphate. The "activator" contains triosephosphate dehydrogenase and also a usually less active α-glycerophosphate dehydrogenase.

to the fumarate-succinate system and that traces of yellow enzyme already present in the mixture accounted for the activity when no extra yellow enzyme was added. Yellow enzyme has a redox potential between those of succinate-fumarate and malate-oxaloacetate, it is reduced by the malic system, and LAKI[1] showed that it is oxidized by fumarate with succinic dehydrogenase. It has since been shown[2] that fumarate + succinic dehydrogenase can oxidize dihydro-coenzyme; in malate oxidation coenzyme is reduced to dihydro-coenzyme and there does not seem to be any absolute necessity for yellow enzyme to mediate H transfer. Possibly interpolation of yellow enzyme, or diaphorase, between coenzyme and fumarate may facilitate H transport.

Dye reduction.

STRAUB and BANGA[3] have shown that C_4 substances mediate not only oxygen uptake via the WKS but also the reduction of methylene blue and other dyes by unwashed muscle, liver, or kidney tissues, or by washed tissue + "activator" + + coenzyme + hexosediphosphate. If the succinic dehydrogenase was inhibited by malonate, or if a dye of redox potential too negative to be reduced by succinate, but reducible by malate, was used, reduction still occurred but was slower. A remarkable observation followed. With such a negative dye the rate of reduction was *accelerated* by malonate; the fumarate formed by reduction of oxaloacetate evidently accepted H from the reduced dye, i.e. reoxidized it, unless the fumarate-succinate system was inhibited by malonate.

BANGA found that malonate often had no effect on the rate of methylene blue reduction by well washed tissue + "activator" + coenzyme + hexose-diphosphate. However, after dialysis of the tissue addition of a trace of fumarate accelerated it, and malonate inhibited. It seemed that, even after washing, traces of C_4 remained in the tissue (not enough for normal respiration) and these could only be removed by prolonged dialysis and that the dye reduction, which is slower than O_2 uptake, is limited not by the C_4 system but by other factors. SZENT-GYÖRGYI[4] believes that succinate-fumarate and malate-oxaloacetate are firmly held by the enzymes in a permanently activated condition, that in each case they were dealing not with a dehydrogenase and substrate but with a "transportase" consisting of a protein (the dehydrogenase) and a prosthetic group (C_4 compound). Like the prosthetic group of the yellow enzyme, C_4 can dissociate off. When excess of succinate, for instance, is present, the succinate will continually displace fumarate from the dehydrogenase and rapid oxidation of succinate to fumarate can occur.

It is not yet known whether many other cases of dye reduction by dehydro-genases with coenzymes and their substrates actually take place through the C_4 system. Recently ANNAU[5] has shown that succinate is necessary in the reduction of methylene blue by pyruvate with washed tissue suspensions.

PASTEUR reaction.

In the light of this work SZENT-GYÖRGYI[6] proposed an hypothesis to explain why, in many tissues, lactic acid accumulates under anaerobic conditions but

[1] LAKI: Hoppe-Seyler's Z. physiol. Chem. **249** (1937), 61.

[2] DEWAN, GREEN: Biochemic. J. **31** (1937), 1074.

[3] STRAUB: Hoppe-Seyler's Z. physiol. Chem. **249** (1937), 189. — BANGA: Ibid. **249** (1937), 200.

[4] SZENT-GYÖRGYI: Hoppe-Seyler's Z. physiol. Chem. **249** (1937), 211.

[5] ANNAU *et al.*: Hoppe-Seyler's Z. physiol. Chem. **247** (1937), 248; **253** (1938), 127; **257** (1939), 111.

[6] SZENT-GYÖRGYI: Hoppe-Seyler's Z. physiol. Chem. **244** (1936), 105.

not under aerobic conditions (PASTEUR Reaction). LAKI[1] showed that when oxaloacetate was added to muscle extract it was reduced to fumarate and malate while pyruvate was formed by oxidation of a donator, presumably triose (triosephosphate). The pyruvate was later oxidized away. Pyruvate is also known to be an intermediate in anaerobic lactate formation from carbohydrate (via triosephosphate). It was therefore assumed that, under both anaerobic and aerobic conditions, tissues cause triosephosphate to be dehydrogenated, losing 2 H atoms, and rearranged to give pyruvate. Anaerobically pyruvate itself accepts the 2 H atoms giving lactate. Aerobically oxaloacetate takes up the hydrogen giving malate, but this is re-oxidized by the fumarate-succinate-WKS-O_2 system so that a supply of oxaloacetate is maintained. The pyruvate aerobically undergoes further oxidation to CO_2 and H_2O and resynthesis to carbohydrate. DAS[2] and LAKI,[3] who consider the lactic and malic dehydrogenases of animal tissues to be identical, find that oxaloacetate has a greater affinity for the enzyme than has pyruvate, and so would be reduced preferentially to pyruvate as long as the supply of oxaloacetate is maintained.

Salt and tissue concentration effects.

The respiration of minced tissues and the effect of fumarate are considerably affected by the composition of the medium. With minced muscle, liver, and kidney, STRAUB and ANNAU[4] had found the effects less marked in RINGER solution than in plain phosphate buffer, but this was probably due to the fact that the RINGER solution contained Ca, whereas the phosphate buffer did not. Ca in very low concentration inhibits the respiration and fumarate effect with minced tissues.[5, 6, 7] With disintegrated liver, ELLIOTT and ELLIOTT[6] found that the respiration was low and fumarate had no effect unless an adequate concentration of univalent anion (normally chloride) was present in the medium. The effects of NaCl and malate only occurred when the suspension of tissue was fairly concentrated, about 1/10 on wet weight. With more dilute suspensions, other components of the respiratory system were apparently diluted to less than the optimum concentration.[8]

The system in various tissues and the metabolites oxidized through the system.

Most of the work on this subject has been done with pigeon muscle, but the main observations have been confirmed with liver and kidney, by ANNAU[9] and BANGA[10] and by STARE.[11] Malonate inhibits the respiration of minced liver and kidney, and small amounts of added fumarate cause large increases in, and stabilization of, the respiration rate of these tissues. Fumarate is oxidized to oxaloacetate and added oxaloacetate is rapidly reduced to malate. Liver and

[1] LAKI: Hoppe-Seyler's Z. physiol. Chem. 244 (1936), 142.
[2] DAS: Biochemic. J. 31 (1937), 1124.
[3] LAKI: Hoppe-Seyler's Z. physiol. Chem. 249 (1937), 57.
[4] STRAUB, ANNAU: Hoppe-Seyler's Z. physiol. Chem. 236 (1936), 42, 58.
[5] GREVILLE: Biochemic. J. 30 (1936), 877. — KREBS, EGGLESTON: Ibid. 32 (1938), 913.
[6] ELLIOTT, ELLIOTT: J. biol. Chemistry 127 (1939), 457.
[7] Ca·· had no effect on intact diaphragm (GREVILLE) or on sliced liver or kidney (KREBS; ELLIOTT, ELLIOTT).
[8] See also: KREBS, EGGLESTON: Biochemic. J. 32 (1938), 913.
[9] ANNAU: Hoppe-Seyler's Z. physiol. Chem. 236 (1935), 58.
[10] BANGA: Hoppe-Seyler's Z. physiol. Chem. 244 (1936), 130.
[11] STARE: Biochemic. J. 30 (1936), 2257.

kidney suspensions behaved similarly to muscle in the reduction of dyes.[1] Gre-ville[2] showed fumarate and malonate effects with sliced brain and intact diaphragm. Nitrophenols increase tissue respiration and Greville indicated that the extra respiration also goes through the fumarate system.

Szent-Györgyi[3] considers it probable that not all metabolites are oxidized through the whole C_4 system. Some may reduce fumarate to succinate directly without the mediation of oxaloacetate-malate. Lactate, for instance, has about the same redox potential as malate and so would not be expected to reduce oxaloacetate.

The experiments of Banga[4] with fractionated tissue materials showed that hexosephosphates (triosephosphate) and, usually less actively, α-glycerophosphate are oxidized through the system. She also mentioned that alcohol, citrate, and lactate were oxidized by the system and their oxidation inhibited by malonate, but whether oxidation of these substances required the whole system, or only fumarate-succinate, was not determined. Annau[5] showed that the presence of fumarate is necessary for the normal oxidation of pyruvate by liver suspension.

Determinations of R. Q.[6,7,8] and acid disappearance[7] have shown that, with minced tissues, the effect of added fumarate or malate is almost entirely catalytic, though, when larger amounts of these substances are added, they are themselves oxidized away to some extent.[9] Usually the R. Q. is about unity indicating that mostly carbohydrate materials are being oxidized. Greville[8] showed that fumarate is concerned in the oxidation of glycogen by muscle dispersions but that normally not more than 70% of the respiration brought about by fumarate is due to oxidation of carbohydrate. With livers of fasted rats Elliott and Elliott[7] found low R. Q. values for the extra respiration caused by adding malate, indicating that added malate was catalyzing the oxidation of non-carbohydrate material, probably fat derivatives.

What proportion of the normal respiration of various tissues is carried through the C_4 system is not decided. Banga[10] found that certain malignant tumors reduce oxaloacetate (or pyruvate) scarcely at all. Blazsó[11] found the same with embryo tissue. Elliott et al.[12] found that certain tumors are deficient in succinic dehydrogenase. However, Boyland and Boyland[13] found slight effects of fumarate and malonate with different tumors. Elliott et al.,[14] in studies with sliced tissues, showed that the C_4 substances are rapidly oxidized away by kidney

[1] Straub: Hoppe-Seyler's Z. physiol. Chem. 249 (1937), 189.

[2] Greville: Biochemic. J. 30 (1936), 877.

[3] Szent-Györgyi: Hoppe-Seyler's Z. physiol. Chem. 249 (1937), 211.

[4] Banga: Hoppe-Seyler's Z. physiol. Chem. 249 (1937), 183. — Banga, Szent-Györgyi: Ibid. 252 (1938), 275.

[5] Annau. Hoppe-Seyler's Z. physiol. Chem. 244 (1936), 145.

[6] Stare, Baumann: Proc. Roy. Soc. (London), Ser. B 121 (1936), 338. — Banga: Hoppe-Seyler's Z. physiol. Chem. 244 (1936), 130.

[7] Elliott, Elliott: J. biol. Chemistry 127 (1939), 457.

[8] Greville: Biochemic. J. 31 (1937), 2274.

[9] See also: Straub: Hoppe-Seyler's Z. physiol. Chem. 236 (1935), 42. — Innes: Biochemic. J. 30 (1936), 2040. — Annau, Straub: Hoppe-Seyler's Z. physiol. Chem. 247 (1937), 252.

[10] Banga: Hoppe-Seyler's Z. physiol. Chem. 244 (1936), 130.

[11] Blazsó: Hoppe-Seyler's Z. physiol. Chem. 244 (1936), 138.

[12] Elliott, Greig: Biochemic. J. 32 (1938), 1407. — Elliott, Benoy, Baker: Ibid. 29 (1935), 1937.

[13] Boyland, Boyland: Biochemic. J. 30 (1936), 224.

[14] Elliott et al.: Biochemic. J. 28 (1934), 1920; 29 (1935), 1937; 31 (1937), 1003; 33 (1939), 443.

cortex, but, with liver and all other sliced tissues tried, added fumarate had little effect on the respiration. However, negative results with sliced tissues do not disprove a catalytic role of C_4. In sliced tissues the cells can probably retain their original optimal supply of C_4. Added malate might be oxidized to oxaloacetate to a small extent but any accumulated oxaloacetate would inhibit further malate oxidation, and the rate of respiration would continue to be limited by the rate at which oxaloacetate is reduced by donator systems or otherwise removed. Nearly all tissues, except certain tumors, contain enough succinic dehydrogenase and WKS to account for the whole normal respiration through the C_4 system.[1]

KREBS[2] produced evidence that in *B. coli* fumarate catalyzes the oxidation of glucose, malate, lactate, acetate, glycerol, glyceraldehyde, butyrate, pyruvate, acetoacetate, $l(+)$glutamate and molecular hydrogen. The oxidation of lactate, malate, and formate was not necessarily catalyzed by fumarate but most of the aerobic oxidation of the other substances seemed to be mediated by fumarate-succinate. Oxaloacetate also appeared to be a hydrogen carrier.

It is now known that diaphorase, coenzyme factor, makes possible the transfer of hydrogen from donators, activated by coenzyme-determined dehydrogenases, directly to the WKS without the mediation of the C_4 system. Though most diaphorase preparations contain succinic dehydrogenase, POTTER[3] has recently found that malonate does not inhibit oxidation of dihydro-coenzyme by a diaphorase preparation (containing cytochrome and cytochrome oxidase) and additions of fumarate did not accelerate diaphorase action. There does not seem, therefore, to be any necessity for the C_4 system. Nevertheless there is sufficient evidence to show that the C_4 system does play a part in respiration and the relation between mediation by the C_4 system and by diaphorase remains to be determined.

The Citric Acid Cycle of KREBS.

KREBS *et al.*[4] found that added citrate or *iso*citrate behaved similarly to the C_4 substances in catalytically promoting the respiration of pigeon muscle suspensions, especially if glycogen, hexosediphosphate or α-glycerophosphate was also added. MARTIUS[5] had shown that a liver preparation causes the conversion of citrate through *cis*aconitate to *iso*citrate and that this is oxidized, probably via oxalosuccinate, to α-ketoglutarate. α-Ketoglutarate was believed to be oxidizable to succinate which in turn can be further oxidized to fumarate and oxaloacetate. Since citrate promoted respiration catalytically, that is, caused a greater O_2 uptake than its own oxidation could account for, KREBS and JOHNSON believed that citrate was oxidized and regenerated. When arsenite or malonate was added, it was found that citrate disappeared. Arsenite inhibits the oxidation of α-keto-acids and, in the presence of arsenite, accumulation of α-ketoglutarate in the expected amount was found. With malonate, to inhibit succinate oxidation, the expected amount of succinate was found. Finally, on incubating oxaloacetate with minced muscle anaerobically, they found a synthesis of citrate. The two additional C atoms were presumed to have come from carbohydrate derivatives. They suggested therefore that a cycle of reactions takes place according to the

---

[1] ELLIOTT, GREIG: Biochemic. J. **32** (1938), 1407. For further discussion of the effects of fumarate and succinate with sliced tissues, see GREIG, MUNRO, ELLIOTT: Biochemic. J. **33** (1939), 443.

[2] KREBS: Biochemic. J. **31** (1937), 2095.

[3] POTTER: Nature (London) **143** (1939), 475.

[4] KREBS, JOHNSON: Enzymologia (Den Haag) 4 (1937), 148. — KREBS, EGGLESTON: Biochemic. J. **32** (1938), 913.

[5] MARTIUS: Hoppe-Seyler's Z. physiol. Chem. **247** (1937), 104.

following diagram, the net effect of which is the complete oxidation of the carbohydrate derivative

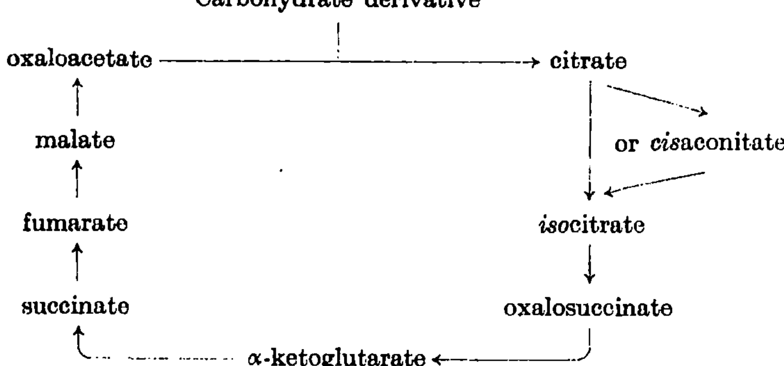

According to this scheme, succinate can arise from added oxaloacetate both by oxidation via citrate or by reduction via malate. As was therefore to be expected, they found that aerobically, added malonate increased the yield of succinate from oxaloacetate by preventing further oxidation, while anaerobically, malonate decreased the yield of succinate by interfering with fumarate reduction. All the substances of the citric acid cycle were equivalent in maintaining the respiration of muscle mince. The cycle appeared to be active also in brain, liver, kidney, and testis, but not in yeast or *B. coli*.

Krebs and Eggleston[1] found that boiled muscle extract,[2] presumably containing coenzymes and donators, sometimes increased the effect of adding substances of the cycle and that the addition of traces of insulin[3] with the muscle extract caused a further great increase in the respiration of minced muscle. The effect, which was most marked with citrate, appeared more as a stabilization of the initial high rate over a long period than as an actual increase in the initial rate.

Krebs' theory has been criticized by Breusch.[4] Breusch confirmed the transformation of citrate to α-ketoglutarate, but he was unable to confirm the synthesis of citrate from oxaloacetate and donator substances. He indicated that the citrate found arose artificially from a condensation product which is formed when oxaloacetate is neutralized in strong solution. Also he found that citrate added to the tissue disappeared without regeneration.

Elliott and Elliott[5] found that the respiration of liver suspensions (in the presence of proper NaCl concentration) was approximately equally accelerated by small additions of lactate and pyruvate as well as by citrate and the other members of Krebs' cycle. It seems likely that added citrate, α-ketoglutarate, and pyruvate, are oxidized yielding the C_4 substances, and that the C_4 substances formed act as catalysts in the manner suggested by Szent-Györgyi. The relation of insulin to the catalytic system is not yet known.

Added to proof: In later papers Krebs[6] has shown that added pyruvate is oxidized through the citric acid cycle in pigeon muscle and he has indicated that pyru-

---

[1] Krebs, Eggleston: Biochemic. J. **32** (1938), 913.

[2] Also Stare, Baumann: Proc. Roy. Soc. (London), Ser. B **121** (1936), 338. — Greville: Biochemic. J. **31** (1937), 2274.

[3] Zn insulinate could not be used since traces of Zn inhibited the respiration.

[4] Breusch: Hoppe-Seyler's Z. physiol. Chem. **250** (1937), 262.

[5] Elliott, Elliott: J. biol. Chemistry **127** (1939), 457.

[6] Krebs, Eggleston: Biochemic. J. **34** (1940), 442. – Krebs: Ibid. **34** (1940), 460, 775.

vate is the normal carbohydrate derivative which undergoes this mode of breakdown in the tissue. He harmonizes his theory with that of SZENT-GYÖRGYI by indicating that the oxidations involved in the citric acid cycle are mediated by oxaloacetate-malate in the manner suggested by the SZENT-GYÖRGYI school.

Keto-Acids — Hydroxy-Acids.

Tissue slices cause the oxidation of added lactate primarily to pyruvate, but added pyruvate becomes partly reduced to lactate.[1] KREBS and JOHNSON[2] and ELLIOTT et al.[1] pointed out that the lactate-pyruvate system may act as a mediator of H transport between systems which reduce pyruvate and the system which reoxidizes lactate.

In the anaerobic dismutation of pyruvate by tissues and by bacteria, one molecule of pyruvate is oxidized to acetate and CO_2 while another molecule of pyruvate accepts hydrogen, being reduced to lactate (see Chapter 7, Pyruvic Dehydrogenase). The lactate can be reoxidized to pyruvate and the cycle can be repeated. Pyruvate thus acts as a carrier for the oxidation of pyruvate itself.

$$\text{Pyruvate} + \text{pyruvate} + H_2O \rightarrow \text{lactate} + \text{acetate} + CO_2,$$

$$\text{Lactate} + \tfrac{1}{2} O_2 \rightarrow \text{pyruvate} + H_2O.$$

Besides pyruvate, other keto-acids may act as carriers. In various sliced tissues KREBS and JOHNSON showed the occurrence of dismutative oxidations of pyruvate by acetoacetate and oxaloacetate, these substances being reduced to β-hydroxybutyrate and malate respectively. Further, α-ketoglutarate could be oxidized by acetoacetate giving succinate, CO_2, and β-hydroxybutyrate. WEIL-MALHERBE[3] showed the dismutation of α-ketoglutarate with itself in brain tissue, succinate, CO_2 and α-hydroxyglutarate being formed. All these reduced substances, lactate, β-hydroxybutyrate, α-hydroxyglutarate and malate, are known to be re-oxidizable by tissues under aerobic conditions and the systems concerned in the reductions and re-oxidations have been considered in previous sections.

These dismutations were shown to occur anaerobically. It is probable that they also occur in the presence of oxygen and that keto-hydroxy-acid mediates aerobic oxidation of keto-acids. However, direct oxidation of keto-acids certainly takes place as well (see section on Pyruvic Dehydrogenase).

The probable carrier function of keto-hydroxy-acids is not limited to oxidations of keto-acids themselves. In Chapter 6 dismutations whereby pyruvate and oxaloacetate accept hydrogen from triosephosphate, α-glycerophosphate and β-hydroxybutyrate were discussed. The oxaloacetate-malate reaction is an essential part of SZENT-GYÖRGYI's scheme and is probably involved in a variety of oxidations. It is evident that other keto-acids may play a similar role.

Other Systems.

The process whereby glutamate-α-ketoglutarate and aspartate-oxaloacetate act as transporters of amino groups between amino- and α-keto-acids by *transamination* was discussed in Chapter 7 and under Glutamic Dehydrogenase in Chapter 6.

The suggestion of KREBS[4] that *formate-bicarbonate* acts as a mediator of hydrogen transfer in bacterial oxidations (see Chapter 1 page 318) should also be mentioned in this section. There is no direct evidence for this interesting possibility.

[1] ELLIOTT, GREIG, BENOY: Biochemic. J. 31 (1937), 1003.
[2] KREBS, JOHNSON: Biochemic. J. 31 (1937), 645.
[3] WEIL-MALHERBE: Biochemic. J. 31 (1937), 2202.
[4] KREBS: Biochemic. J. 31 (1937), 2095.

Virusstoffe vom Standpunkt der Katalyse und Autokatalyse.

Von

A. Schäffner, Prag, und H. J. Jakowatz, Prag.

Inhaltsverzeichnis.

Seite

I. Geschichtlicher Überblick über die Entwicklung der Virusforschung 507

II. Bestimmung der Virusaktivität 510

   A. Die Titrierung durch Ermittlung der infektiösen Grenzverdünnung .. 510

   B. Die Zählung der Viruskolonien 511

     1. Die Pockenzählung auf der Kaninchenhaut 512

     2. Die Zählung der Läsionen auf der Chorioallantois des bebrüteten Hühnerembryos, sogenannte „pock counting"-Methode 512

     3. Die „tâches vierges" 512

     4. Die Titrierung phytopathogener Virusarten durch Auszählen der nekrotischen Läsionen auf infizierten Blättern 513

       a) Allgemeines 513

       b) Spezielle Technik der Auswertung phytopathogener Virusarten . 514

         α) Die Impfung der Blätter 514

         β) Wahl der Wirtspflanzen und deren Blätter 514

III. Darstellung der Virusproteine 515

   A. Chemische Methoden 516

   B. Darstellungsmethode mittels der Ultrazentrifuge.................. 518

   C. Zusammenhang zwischen Protein und Virusaktivität 520

IV. Chemische und physikalische Eigenschaften der gereinigten Virusproteine 521

   A. Die Molekülgröße der Virusproteine 521

     1. Molekulargewichtsbestimmung mit der Ultrazentrifuge........... 522

     2. Molekulargewichtsbestimmung durch Ultrafiltration 522

     3. Molekulargewichtsbestimmung durch Ultraviolettmikroskopie 524

     4. Prüfung der Virusproteine auf Einheitlichkeit in der Ultrazentrifuge 525

     5. Trennung von Virusproteinen auf der Ultrazentrifuge 525

     6. Die Molekülform der Virusproteine 525

   B. Die chemische Zusammensetzung der gereinigten Virusstoffe......... 526

   C. Der Einfluß chemischer Agentien auf die Virusaktivität 528

     1. Die Wirkung von Eiweißfällungsmitteln auf die Virusaktivität 528

     2. Die Wirkung von Oxydationsmitteln auf Virusstoffe 529

     3. Die Wirkung von Formaldehyd auf Virusstoffe 529

     4. Trennung von Virusstoffen mittels chemischer Agentien 530

   D. Der Einfluß der Wasserstoffionenkonzentration auf das Infektionsvermögen und auf die Stabilität des Virusproteinmoleküls 530

Seite

E. Die Wirkung von Enzymen auf Virusstoffe 532
F. Die Wirkung physikalischer Kräfte auf die Virusstoffe 533

V. Biologische Erscheinungen bei der Virusbildung und Viruserkrankung ... 534
A. Die biologischen Vermehrungsbedingungen der Virusstoffe 534
B. Biologische Eigenschaften der Virusproteine 536
1. Die serologischen Eigenschaften 536
2. Veränderungen des Eiweißstoffwechsels in erkrankten Wirtsorganismen 537

VI. Theorien über Virusentstehung und Virusvermehrung 538
A. Das Problem der Virusbildung 538
B. Die Möglichkeit der spontanen Entstehung von Virusstoffen 538
C. Die Virusvermehrung als autokatalytische Reaktion 539

I. Geschichtlicher Überblick über die Entwicklung der Virusforschung.

Als *Virusstoffe* bezeichnet man filtrierbare, Krankheiten übertragende Agenzien, die kleiner sind als die im Lichtmikroskop nachweisbaren Mikroorganismen und die sich im Gegensatz zu den meisten Mikroorganismen nicht auf künstlichen Nährböden, sondern nur in einem intakte und lebende Zellen enthaltenden Medium kultivieren lassen. Man identifiziert und unterscheidet Virusstoffe durch die Krankheiten, die sie hervorrufen.

Die Anfänge der Virusforschung gehen auf Iwanowski[1] zurück, der im Jahre 1892 feststellte, daß der Saft mosaikkranker Tabakpflanzen auch nach Filtration durch ein Chamberland-Filter noch infektiös war, obwohl solche Filter alle bis dahin bekannten Lebewesen zurückhielten. Eine einleuchtende Erklärung für die Erscheinung, daß auch durch Hartfilter filtrierte Flüssigkeiten infektiöses Material enthalten, konnte Iwanowski nicht geben.

Beijerink,[2] der 6 Jahre später die Versuche von Iwanowski nachprüfte, konnte eindeutig feststellen, daß der Saft mosaikkranker Tabakpflanzen, durch Porzellanfilter filtriert, infektiös, aber mikroskopisch und kulturell steril war, daß eine kleine Virusmenge ausreicht, um zahlreiche Blätter krank zu machen, und daß aus diesen kranken Blättern wieder Material gewonnen werden kann, um unbegrenzt viele neue Pflanzen zu infizieren, d. h. daß sich das filtrierte Agens in der Tabakpflanze stark vermehrt. Beijerink konnte ferner feststellen, daß das filtrierbare Agens der Mosaikkrankheit außerhalb der Wirtspflanze zwar existenzfähig ist, daß es sich aber nur in der Pflanze vermehren kann.

Ungefähr gleichzeitig mit den Arbeiten von Beijerink fanden Löffler und Frosch,[3] daß auch die Ursache der Maul- und Klauenseuche des Rindes in einem filtrierbaren Agens zu suchen sei. 1901 deckten dieselben Forscher auch das Gelbfieber als Viruskrankheit auf, und in der darauffolgenden Zeit nahm die Zahl der Infektionsstoffe dieser Art im schnellen Lauf zu. Die Zahl der bekannten Virusarten hat heute 100 bereits überschritten. Viruskrankheiten kommen sowohl im Pflanzen- als im Tierreich vor.

Einigte man sich verhältnismäßig rasch über die experimentellen Tatsachen

---

[1] D. Iwanowsky: Bull. Acad. Imp. Sci. de St. Pétersbourg, Nouv. Série III, **35** (1894), 67; Zbl. Bakteriol., Parasitenkunde Infektionskrankh., Abt. II **5** (1899), 250.

[2] M. W. Beijerink: Zbl. Bakteriol., Parasitenkunde Infektionskrankh., Abt. II **5** (1899), 27, 310.

[3] F. Löffler, P. Frosch: Zbl. Bakteriol., Parasitenkunde Infektionskrankh., Abt. I, Orig. 28 (1898), 371.

in der Virusforschung, so war der Streit über die Natur der pathogenen Stoffe von allem Anfang an um so heftiger. Beijerink kam auf Grund seiner Versuche zu der Meinung, daß die Mosaikkrankheit des Tabaks als eine infektiöse Krankheit betrachtet werden müsse, welche nicht durch Mikroben hervorgerufen wird, sondern durch einen wasserlöslichen, nichtkorpuskularen Stoff. Besonders der Umstand, daß das krankheitserregende Agens sich nur in der lebenden Wirtspflanze vermehren kann, war nach seiner Meinung mit der gelösten oder flüssigen Natur des Agens besser vereinbar als mit der Vorstellung von mikroskopisch unsichtbaren Organismen. Im Gegensatz dazu vertraten Löffler und Frosch die Auffassung, daß die Viruserkrankungen von spezifischen, vermehrungsfähigen und submikroskopischen lebenden Erregern ausgehen.

So war schon von allem Anfang an das *Problem der Virusforschung* gestellt: Handelt es sich um Mikroben, welche kleiner sind als die bekannten, durch Hartfilter nicht passierenden Bakterien oder handelt es sich um gelöste, molekulardisperse Substanzen, welche in die Wirtszelle eindringen und von dieser reproduziert werden, oder handelt es sich endlich um lebende und vermehrungsfähige „Moleküle"?

Zunächst schien fast allen Forschern — unter dem Einfluß der Denkrichtung ihrer Zeit — die Annahme kleinster Mikroben die wahrscheinlichste und rationalste Erklärung, insbesondere als Nocard und Roux[1] nachweisen konnten, daß die Peripneumonie der Rinder durch einen Mikroorganismus hervorgerufen wird, der zwar noch mikroskopisch sichtbar, dessen Dimensionen aber weit kleiner waren als die Ausmaße der damals bekannten Bakterien und der auch durch nicht allzuharte Filter filtrierbar war. Dieser aufgefundene Übergang von den normalen, im Mikroskop sichtbaren Bakterien zu den unsichtbaren und filtrierbaren Virusstoffen machte die Existenz solch kleinster Mikroben nicht mehr unwahrscheinlich.

Der etwas in den Hintergrund getretene, wenn auch nie verstummte Streit über die belebte oder unbelebte Natur der Virusstoffe wurde indes neu aufgerollt, als die Forschung auf neuen Wegen zu neuen Resultaten vorstieß.

Zunächst gab die Entdeckung der Bakteriophagen durch F. d'Herelle[2] auch der Virusforschung neue Anregungen. F. d'Herelles Hypothese, daß eine parasitäre Erkrankung der Bakterien die Bakteriolyse hervorrufen würde, stieß auf Widerspruch. Zwischen Virusstoffen und Bakteriophagen bestehen genug Parallelen; auch die Bakteriophagen sind mikroskopisch nicht sichtbar, sind filtrierbar, können unbegrenzt übertragen werden und vermehren sich nur in Anwesenheit lebender Zellen. Man begann deshalb auch die Bakteriophagen zu den Virusstoffen zu zählen, und wenn auch die neue Forschungsrichtung keine prinzipiell neuen Gesichtspunkte in die Virusforschung brachte, so war doch das Problem neuerdings aufgerollt und zur Diskussion gestellt.

Unsere Kenntnisse über die Natur und über die Eigenschaften von Virusstoffen sind dann besonders durch zwei Ereignisse vertieft worden: *Im Jahre 1935 gelang es* W. M. Stanley,[3] *erstmals das Tabakmosaikvirus in einheitlicher und kristallisierter Form darzustellen. Das Tabakmosaikvirus erwies sich in chemischer Hinsicht als ein Nucleoproteid. Ferner konnte durch moderne physikalische Methoden eine einwandfreie Teilchengrößenbestimmung der verschiedenartigen Virusstoffe durchgeführt werden.*

Bisher hatte man Virusstoffe nur an ihrer Wirkung erkennen können; dazu genügten ganz geringe Mengen, die aber in einem nichts weniger als reinem

---

[1] Nocard, Roux: Ann. Inst. Pasteur 12 (1898), 240.
[2] F. d'Herelle: C. R. hebd. Séances Acad. Sci. 165 (1917), 373.
[3] W. M. Stanley: Science (New York) 81 (1935), 644.

Zustand vorlagen. Um über die Natur und über die Eigenschaften von Virusstoffen besonders in chemischer Hinsicht etwas auszusagen, mußte eine Reinigung und Konzentrierung der Virusstoffe erfolgen. Die Bemühungen darum führten zuerst beim Tabakmosaikvirus, später auch bei anderen Virusstoffen zu dem überraschenden Ergebnis, daß der infektiöse Stoff ein Nucleoproteid ist, das kristallisiert und das ohne Aktivitätsänderung umkristallisiert werden kann.

Die Größenbestimmung der Virusteilchen erfolgte auf drei verschiedenen Wegen und führte dabei zu gut übereinstimmenden Werten (vgl. Tabelle 1, S. 522): durch Ultrafiltration, durch die Methoden der Ultrazentrifugation und durch Ultraviolettphotographie. Sie zeigte, daß die Virusstoffe sehr unterschiedliche Größen besitzen und daß die kleinsten Virusarten die Dimensionen von Eiweißmolekülen aufweisen.

Als Maß für die Größe der Viruselemente wird gewöhnlich der Durchmesser angegeben unter der vereinfachenden, aber durchaus nicht immer zutreffenden Voraussetzung einer sphärischen Gestalt. Wir finden für die filtrierbaren Infektionserreger Durchmesser von $300 \div 10$ mμ, z. B. für das Psittacosisvirus $250 \div 300$ mμ, für das Tabakmosaikvirus 30 mμ und für das Maul- und Klauenseuchevirus 10 mμ. Im Vergleich zu diesen Virusstoffen ist der Durchmesser der kleinsten bekannten Bakterien, etwa des *Bact. Prodigiosus*, $650 \div 750$ mμ, andererseits der Durchmesser von Eiweißmolekülen wie Hämocyanin 24 mμ oder Oxyhämoglobin $5 \div 6$ mμ. Zwischen den maximalen und den minimalen Virusdimensionen bestehen also sehr erhebliche Differenzen, was für eine Heterogenität der Virusstoffe spricht. So werden die größeren Virusarten von verschiedenen Seiten als Mikroben, zum Teil auch als Bakterien angesehen; eine Abgrenzung der Virusarten gegen Infektionsstoffe, welchen man diese Bezeichnung nicht zuerkennt, ist auch heute noch nicht mit Sicherheit festgelegt.

Aber auch abgesehen von Virusstoffen größerer Dimension, bei denen es fraglich erscheinen mag, wo sie einzureihen seien — wie die Erreger der Peripneumonie der Rinder oder der Psittacose —, herrscht keine Sicherheit darüber, ob die filtrierbaren Infektionserreger einem einheitlichen Typ oder verschiedenen Wesenskategorien angehören. Indes braucht auf Diskussionen darüber hier um so weniger eingegangen werden, als wir uns hier bewußt auf die Virusstoffe mit kleiner und kleinster Partikelchengröße beschränken wollen. Auf diese konzentriert sich heute das Interesse sowohl in biologischer als in chemischer Hinsicht. Sie sind in ihrer Größe den Eiweißmolekülen nahestehend, wie die folgende Zusammenstellung zeigt, und unter ihnen finden sich auch die rein dargestellten und kristallisierten Virusproteine.

Virusarten	Molekulargewichte
Tabakmosaikvirus	43 000 000
Latenter Mosaikvirus der Kartoffel	26 000 000
Shope-Papillomvirus	25 000 000
Hämocyanin (aus Busycon)	6 700 000
Gelbfiebervirus	4 300 000
Tabak-Ringfleckvirus	3 400 000
Poliomyelitisvirus	700 000
Maul- und Klauenseuchevirus	400 000
Hämoglobin	69 000

Naturgemäß hat die Darstellung kristallisierter Virusproteine, die genaue Größenbestimmung der Virusstoffe und die Möglichkeit einer Sichtbarmachung der Virusarten im Ultraviolett- bzw. im Ultramikroskop die alte Frage, ob die Virusstoffe lebende Agenzien mit besonders kleinen Ausmaßen, ob sie vielleicht einen

Übergang von belebter zur unbelebten Natur darstellen, oder ob sie zuletzt tatsächlich unbelebter Natur sind, in einem ganz neuen Licht erscheinen lassen. Die Identifizierung einiger Virusstoffe als chemische Individuen spricht zunächst für ihre unbelebte Natur. Da wir indes mit dieser Feststellung noch nichts über den Mechanismus der Neubildung des Virusstoffes im Wirtsorganismus erfahren, so erscheint die Frage noch nicht prinzipiell gelöst, sondern nur auf einer anderen Ebene von neuem gestellt.

Im folgenden soll über die Darstellung der kristallisierten Virusstoffe, über ihre chemischen, physikalischen und biologischen Eigenschaften berichtet werden, um daran anschließend die Theorien über die Virusneubildung im Wirtsorganismus näher zu diskutieren.

II. Bestimmung der Virusaktivität.

Die wichtigste und hervorstechendste Eigenschaft der Virusstoffe ist ihre Aktivität, die sich durch ihre Infektiosität, d. h. Ansiedlung, Wachstum und Vermehrung in geeigneten Wirtsorganismen äußert. Die infolge der Infektion meist eintretenden, äußerlich sichtbaren Veränderungen und Zerstörungen des Wirtsorganismus sind die Grundlage für den quantitativen Virusnachweis, der, da ja nur die biologisch wirksamen, also aktiven Viruselemente erfaßt werden können, den Sinn einer Aktivitätsbestimmung hat. Das Prinzip der Methode liegt in der Erreichung derjenigen Grenzverdünnung, mit der eine pathologische Veränderung gerade noch festgestellt werden kann, bzw. in der Auswertung bestimmter günstiger Verdünnungsgrade der Viruslösungen. Bei der Anreicherung und Reindarstellung von Virusstoffen kann die erreichte Konzentrierung nur durch quantitative Aktivitätsbestimmungen verfolgt werden; somit ergibt sich bei dem heutigen allgemeinen Interesse an der Isolierung neuer Virusproteine die Bedeutung der zu behandelnden Methoden.

Die bei der quantitativen Virusbestimmung angewandten Methoden, welche die Menge von aktivem Virus in „Konzentrationen" oder in „Partikelzahlen" liefern, sind durchaus der bakteriologischen Methodik entlehnt:

1. Titrierung durch fortschreitende Verdünnung, d. h. die Ermittlung der höchsten Verdünnung, durch welche noch eine bestimmte, von der Anwesenheit aktiver Viren abhängige Wirkung erzielt werden kann.

2. Zählung der Viruskolonien, die mit geeigneten Verdünnungen auf den empfänglich gemachten Hautgeweben von Tieren und Pflanzen (bzw. auf Bakterienfilmen) hervorgebracht werden.

A. Die Titrierung durch Ermittlung der infektiösen Grenzverdünnung.

Die Viren rufen als vermehrungsfähige Keime, d. h. im Prinzip ganz unabhängig von der einverleibten Dosis, Infektionen und pathologische Erscheinungen hervor. Wir können ihnen wie den Bakterien die potentielle Fähigkeit zuschreiben, daß ein einziges Viruselement in einem empfänglichen Wirt eine schwere, ja letale Erkrankung bewirkt. So hat die Titrierung der Infektiosität eines virushaltigen Substrats auf jeden Fall den Sinn einer Zählung der entwicklungsfähigen Keime. Die Methode hat heute nur noch für tierpathogene Virusarten Bedeutung.

Die Titrierung basiert im wesentlichen auf dem von Krombholz und Lorenz[1] sowie Halvorson und Ziegler[2] ausgearbeiteten Verfahren der mikrobiellen

---

[1] E. Krombholz, W. Lorenz: Zbl. Bakteriol., Parasitenkunde Infektionskrankh., Abt. I, Orig. 104, Beiheft (1927), 277; 114 (1929), 138.
[2] H. O. Halvorson, N. R. Ziegler: J. Bacteriol. 25 (1933), 101.

Titerbestimmung an Bakterien. Darnach wird das infizierende Agens fortschreitend so weit verdünnt, bis bei einer gewissen Serie (Grenzverdünnung) ein Teil der angesetzten Versuche Infektion, ein anderer Teil keine Infektion erkennen läßt. Das Ergebnis dieser und noch folgender Verdünnungsgrade dient als Ausgangspunkt für die mathematische Auswertung.

So haben DOERR und SEIDENBERG[1] das Hühnerpestvirus ausgewertet. Der bei dieser Methode durch die Serienversuche sich ergebende große Tierverbrauch kann bei der Vaccinebestimmung dadurch umgangen werden, daß dem gleichen Versuchstier (Kaninchen) zahlreiche Einzeldosen intracutan injiziert werden können, weil in diesem Falle die infektiöse Dosis an der Eintrittsstelle lokalisiert bleibt.[2, 3]

Über die quantitative Bestimmung durch Züchtung im Gewebeexplantat oder der Chorioallantois des bebrüteten Hühnereis berichten Arbeiten von Cox[4] sowie BURNET und GALLOWAY.[5]

Auswertung von Bakteriophagensuspensionen nach APPELMANS *und* WERTHEMANN. Neben einer noch später zu besprechenden Methode der Bakteriophagentitrierung durch Zählung der „tâches vierges" (siehe S. 512) steht auch eine Bestimmung von APPELMANS[6] und WERTHEMANN[7] durch fortschreitende Verdünnung zur Verfügung. Man verdünnt das Ausgangsmaterial in Zehnerpotenzen durch sterile Nährbouillon, beimpft von jeder Verdünnung ein Röhrchen mit einer Suspension lyosensibler Bakterien, deren Menge möglichst konstant gehalten werden soll. Die nach einiger Zeit durch die Phagenvermehrung einsetzende Lyse klärt die sich anfänglich durch Bakterienwachstum trübende Flüssigkeit. Die Dichte der Phagensuspension, d. h. der Titer des Lysins, ergibt sich aus dem Verdünnungsgrade des Ausgangsmaterials im letzten der geklärten Röhrchen. Sinngemäß angewandt kann die erwähnte Methode von KROMBHOLZ und LORENZ auch hier durch eine entsprechende Anzahl von Parallelversuchen eine sicherere Grundlage für die statistische Auswertung schaffen.

Bei der *Phagenauswertung nach* KRUEGER,[8] der bei möglichster Konstanthaltung aller beeinflussenden Faktoren die Zeit bestimmt, welche zur Erreichung der für die Lyse erforderlichen Phagenkonzentration notwendig ist, muß man von der nicht in vollem Umfang bewiesenen Voraussetzung ausgehen, daß diese Zeit bei konstanter Ausgangskonzentration der Bakterien nur von der anfänglichen Phagenmenge abhängen kann. Auch die Bakterienvermehrung, von der ja die Vermehrung der Phagen bestimmt wird, müßte dann als immer konstanter Faktor angesehen werden können.

B. Die Zählung der Viruskolonien.

Nach Herstellung einer geeigneten Verdünnung wird den vorhandenen Keimen die Möglichkeit geboten, sich auf einer Infektionsfläche getrennt voneinander zu fixieren. An den Eintrittsstellen aktiver Viruselemente zeigen sich sodann infolge der Vermehrung Infektionsherde, die sogenannten „Kolonien", die bei mäßiger Anzahl sehr exakt ausgezählt werden können.

---

[1] R. DOERR, S. SEIDENBERG: Z. Hyg. Infekt.-Krankh. 119 (1936), 1.
[2] A. GROTH: Z. Hyg. Infekt.-Krankh. 92 (1921), 129.
[3] R. F. PARKER, TH. M. RIVERS: J. exp. Medicine 64 (1936), 439.
[4] H. COX: Proc. Soc. exp. Biol. Med. 33 (1936), 607.
[5] F. M. BURNET, I. A. GALLOWAY: Brit. J. exp. Pathol. 15 (1934), 105.
[6] R. APPELMANS: C. R. Séances Soc. Biol. Filiales Associées 85 (1921), 1098.
[7] A. WERTHEMANN: Arch. Hyg. Bakteriol. 91 (1922), 255.
[8] A. P. KRUEGER: J. gen. Physiol. 13 (1930), 557.

1. Die Pockenzählung auf der Kaninchenhaut.

Die quantitativen Auswertungen der Vaccine auf der Kaninchenhaut basieren auf der mehr qualitativen Methode von Calmette und Guerin[1,2], wobei die Wirkung von Lymphe nach Einreiben auf frisch rasierte Rückenhautstellen von Kaninchen geprüft wurde. Demgegenüber suchen die darauf aufbauenden Methoden von Sobernheim[3] und Herzberg[4] im Sinne quantitativer Auswertung die Hautstellen durch Ritzen derart zu präparieren, daß die Haftung jedes infektionstüchtigen Keimes einigermaßen gewährleistet ist.

Während Sobernheim sich begnügt, verschiedene Lymphverdünnungen (1:1000, 2000, 5000, 10000) auf nur mäßig geritzten (scarifizierten) Rückenhautfeldern auszuwerten, tritt bei Herzberg das Bestreben, durch ausgiebige Scarifikation die Aufnahmebereitschaft soweit wie möglich zu steigern, noch deutlicher hervor: Für die Impfung mit jeder Lymphverdünnung werden je zwei 9 cm² große enthaarte Hautstellen mit einem Gitter von Impfritzen (je 20 längs und quer) präpariert. Der für die Auszählung günstige Verdünnungsgrad, der etwa 15÷30 Pusteln pro Hautfeld ergeben soll, wird zur Einsparung von Versuchstieren zuvor wenigstens annähernd bestimmt.

Auf Methoden, welche auf Koloniezählung in der infizierten und ausreichend scarifizierten Cornea beruhen, sei hier nur hingewiesen: Sobernheim[3] und Herzberg[5,6] am Kaninchen, Gins am Meerschweinchen.[7]

2. Die Zählung der Läsionen auf der Chorioallantois des bebrüteten Hühnerembryos.

Sogenannte „pock-counting"-Methode.

Diese von F. M. Burnet und Mitarbeitern[8] aus dem Institute of Research in Pathology and Medicine, Melbourne, mitgeteilte Methode wurde in den letzten Jahren auf eine stattliche Anzahl von Virusarten angewendet. Wegen der Besonderheiten der Membran (z. B. Feuchtigkeit) ist mit dem störenden Auftreten von Sekundärläsionen zu rechnen. Die Zuverlässigkeit der Methode hängt weiter in hohem Maße von der Virusart ab und innerhalb dieser wieder von dem Grade der Anpassung an das Wachstum in der Chorioallantois.

3. Die „tâches vierges".

Die tâches vierges oder „plages" nach d'Herelle sind kleine, meist kreisrunde Aussparungen in einem Bakterienrasen, hervorgerufen durch die herdförmigen Auswirkungen der Bakteriophagenvermehrung. Bei dem von d'Herelle[9] stammenden Verfahren geht man in folgender Weise vor:

Eine konzentrierte Aufschwemmung lyosensibler Bakterien wird tropfenweise zu einem Röhrchen mit 10 cm³ Nährbouillon zugesetzt, bis man nach dem Grade der entstehenden Trübung (Vergleich mit einer Standardsuspension) einen Keimgehalt von etwa 250 Millionen pro Kubikzentimeter erreicht hat. Zu dem Bouillonröhrchen fügt man sodann eine geringe Menge eines zehn Tage alten Lysins hinzu

[1] A. Calmette, C. Guerin: Ann. Inst. Pasteur 15 (1901), 161.

[2] C. Guerin: Ann. Inst. Pasteur 19 (1905), 317.

[3] G. Sobernheim: Weich. Erg. Hyg. 7 (1925), 133.

[4] K. Herzberg: Z. Immunitätsforsch. exp. Therap. 86 (1935), 417.

[5] K. Herzberg: Zbl. Bakteriol., Parasitenkunde Infektionskrankh., Abt. I, Orig. 105 (1927), 57.

[6] K. Herzberg: Klin. Wschr. 1932, 2064.

[7] A. Gins: Dtsch. med. Wschr. 51 (1925), 1515.

[8] F. M. Burnet: Handbuch der Virusforschung, S. 419. Wien: Julius Springer, 1938.

[9] F. d'Herelle: Le bactériophage et son comportement. Paris, 1926.

und entnimmt nach guter Durchmischung 0,01 cm³ mit einer kalibrierten Platinöse. Diese Menge wird auf einer Agarfläche gleichmäßig ausgestrichen. Nach 18stündigem Stehen bei 37° C werden die Löcher im Bakterienrasen gezählt. Verwertbar sind nur Agarplatten mit distinkten, mäßig zahlreichen und daher leicht zählbaren tâches vierges. Diese Forderung wird nur durch Anwendung äußerst stark verdünnter Lysine erfüllt; im anderen Falle erhält man ganz kahle Nährbodenoberflächen oder unzählbar dicht nebeneinander stehende oder ineinander übergehende Löcher.

4. Die Titrierung phytopathogener Virusarten durch Auszählung der nekrotischen Läsionen auf infizierten Blättern.

a) Allgemeines.

Die quantitative Auswertung der Aktivität phytopathogener Virusarten ist von besonderer Bedeutung, weil zahlreiche Vertreter gerade dieser Gruppe als hochmolekulare Proteine in reinem Zustande gewonnen werden konnten. War bis zum Jahre 1929 die Bestimmung nur durch die Methode der infektiösen Grenzverdünnung möglich (eine Versuchspflanze pro Impfprobe, Verfahren von McKinney[1] und Holmes[2]), so wird heute unter großer Ersparnis an Versuchspflanzen nur noch die Zählung der Erkrankungsherde infizierter Blätter zur quantitativen Untersuchung herangezogen.

Die bei der Methode von McKinney und Holmes erzielten Symptome einer Allgemeinerkrankung von *Nicotiana tabacum* durch Infektion mit Tabakmosaikvirus nahmen augenscheinlich ihren Ausgang von lokalen nekrotischen Läsionen, sogenannten Primäraffekten, an der Infektionsstelle. Bei einigen anderen Nicotiana-Arten erwiesen sich diese aber als die einzige äußerlich sichtbare pathologische Reaktion der Pflanzen.[3] Infolge dieser Lokalisation ist die „infizierte Einheit" nun nicht mehr die ganze Pflanze, sondern das Blatt. Bei fortschreitender Verdünnung mit Wasser ist die Abnahme der mit dem Ausgangsmaterial erzielten Läsionen zunächst rapid, wird aber immer mehr proportional der Verdünnung, so daß ein weiter Konzentrationsbereich für exakte Auswertungen benutzt werden kann (siehe Abb. 1). Schätzungsweise ist ein Versuch mit einer Pflanze von *N. glu-*

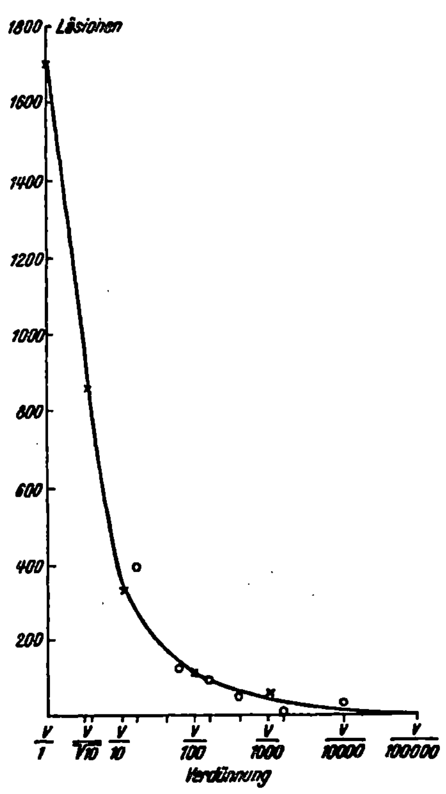

Abb. 1. Infektionseffekt von Verdünnungen des Tabakmosaikvirus auf *N. glutinosa*. Die Anzahl der Läsionen stellt einen Mittelwert der pro Pflanze erzielten Läsionen dar, wenn 5 Blätter je Pflanze beimpft wurden (nach F. O. Holmes[1]).

tinosa an Genauigkeit dem Versuch an einigen hundert Exemplaren von *N. tabacum* mit der alten Methode (McKinney und Holmes) gleichzusetzen.

---

[1] H. McKinney: J. agric. Res. 35 (1927), 1.
[2] F. O. Holmes: Bot. Gaz. 86 (1928), 66.
[3] F. O. Holmes: Bot. Gaz. 87 (1929), 56.

b) Spezielle Technik der Auswertung phytopathogener Virusarten.

α) *Die Impfung der Blätter.*

Die Eintrittspforten für die Keime sind zweifellos verwundete Blattzellen. Die Verwundung wurde zunächst durch *Stichimpfung* mit feinen in die Viruslösung getauchten Insektennadeln, später aber vorteilhafter und gleichmäßiger durch die *Flächenimpfung durch Einreiben* mit einem von der Viruslösung durchtränkten Stück Zeug erreicht.[1] Scarificationen, die durch Ritzen mit feinen Nadeln erzielt werden, erweisen sich als bedeutend weniger vorteilhaft, selbst wenn die Verwundung erst nach dem Aufreiben der virushaltigen Flüssigkeit geschieht. Daß bei einer derartigen Methodik auf die genaue Dosierung der Keime verzichtet werden muß,[2] ist belanglos, da bei gleichbleibender Impftechnik (Öffnung der gleichen Anzahl von Eintrittspforten) für vergleichende Untersuchungen verschiedener Viruskonzentrationen die Zahl der auftretenden Läsionen nur von der relativen Keimzahl abhängig ist.

Zur Entfernung eventuell zellschädigender Substanzen (Glycerin als konservierender Zusatz) aus der Impfflüssigkeit empfiehlt sich ein nachhaltiges Abspülen der geimpften Blätter, umso mehr als dadurch keine Verminderung der Läsionen eintritt.

Vorversuche ermitteln das geeignete Verdünnungsintervall bei ungereinigten oder nur unvollkommen gereinigten Lösungen; beim Vergleich der Aktivität gereinigter Virusproteine können jedoch bestimmtere Angaben gemacht werden. So erweist sich nach Loring[3] für das Tabakmosaikvirusprotein beim Variieren der Konzentration von 10^{-9} bis 10^{-4} g Virusprotein pro Kubikzentimeter 10^{-6} g/cm³ als die günstigste Verdünnung.

β) *Wahl der Wirtspflanzen und deren Blätter.*

Die Wahl der Wirtspflanzen ist vor allem abhängig von der zu untersuchenden Virusart, dann von der Möglichkeit, nekrotische Herde, isolierte Erkrankungen ganzer Blätter oder aber eine Allgemeininfektion der ganzen Pflanze zu erzielen.

Für Tabakmosaikvirus erwiesen sich nach Holmes[4] von 73 untersuchten Pflanzenarten nicht weniger als 46 empfänglich. Aus folgenden Gründen gab Holmes *Nicotiana glutinosa* vor allen anderen den Vorzug. Die lokalen Infektionsherde können schon nach 4÷5 Tagen endgültig gezählt werden, was selbst bei einer großen Anzahl von Läsionen pro Blatt in diesem Falle noch gut möglich ist. Weiter ist die Gefahr einer ungewollten Verschleppung wegen der verhältnismäßig geringen Vermehrung des Virus in dieser Pflanze sehr beschränkt. Für die Sommermonate bietet neben der Möglichkeit einer schnelleren Aufzucht der Versuchspflanzen *Phaseolus vulgaris* den Vorteil größerer Genauigkeit. Bei gleichbleibender Technik konnte so noch 10% Unterschied in der Konzentration von Tabakmosaikvirus festgestellt werden gegenüber 20% bei Verwendung von *N. glutinosa.*

Zur Ausschaltung von Schwankungen in der Empfänglichkeit verschieden alter Versuchspflanzen der gleichen Art zieht Holmes die Pflanzen in Töpfen bis zur Blütezeit; in diesem Entwicklungsstadium zeigen wenigstens fünf Blätter eine zum Infektionsversuch geeignete Größe. Bis auf diese werden alle anderen Blätter und auch die Blütenendknospe entfernt, wodurch auch die mit ihrer Stellung am Stengel variierende Empfänglichkeit der Blätter der gleichen Pflanze

---

[1] F. O. Holmes: Bot. Gaz. **87** (1929), 56.
[2] J. Caldwell: Ann. appl. Biol. **20** (1933), 100.
[3] H. S. Loring: J. biol. Chemistry **121** (1937), 637.
[4] F. O. Holmes: Phytopathology **28** (1938), 58.

einigermaßen ausgeglichen werden soll. Nach Best[1] durchlaufen die Blätter einen Empfänglichkeitszyklus: Blätter mittleren Alters sind am geeignetsten. Auch die beiden Hälften eines Blattes besitzen nicht zu vernachlässigende individuelle Differenzen.

Da man demnach stets mit Unterschieden der Pflanzen, der Blätter einer Pflanze und der beiden Blatthälften zu rechnen haben wird, die nicht ausgeschaltet werden können, wurde man den Verhältnissen durch Einführung von Methoden unter Berücksichtigung der Wahrscheinlichkeitsrechnung gerecht.

Methode der halben Blätter. Ihre Entwicklung durch Samuel und Bald[2] zielte darauf ab, zwei Viruskonzentrationen in möglichst befriedigender Weise miteinander vergleichen zu können. Sie impfen zu diesem Zwecke die rechten Hälften von 40÷50 Blättern mit der Lösung I, die linken Hälften mit der Lösung II. Die gleiche Prozedur wird an weiteren 40÷50 Blättern nochmals vorgenommen, nur daß nun Lösung I links und Lösung II rechts aufgetragen wird. Der Vorteil dieser Methode, die sich wegen ihrer hohen Genauigkeit allgemein durchzusetzen vermochte, liegt darin, daß sie den Vergleich von zwei Viruskonzentrationen auf der gleichen Blattfläche erlaubt. Auch wird der Einfluß eventueller Unterschiede in der Empfänglichkeit der beiden Blatthälften durch den Seitenwechsel der verwendeten Lösungen ausgeschaltet.

Zum exakten Vergleich von mehr als zwei Viruskonzentrationen dient die *Methode des „lateinischen Quadrates"* nach Youden und Beale.[3] Die Autoren übertragen dabei sämtliche der zu prüfenden Konzentrationen auf jede Versuchspflanze und jede der verfügbaren Blattstellungen, z. B. fünf Konzentrationen auf fünf Pflanzen mit je fünf Blättern.

Wie wir gesehen haben, läuft die Bestimmung der Aktivität eines virushaltigen Substrats auf die Zählung der entwicklungsfähigen Keime auf Grund ihrer Infektiosität hinaus. Die Ausmaße dieser Keime sind dabei ebenso belanglos wie ihr wahres Wesen (Moleküle oder komplizierter gebaute Gebilde). Die notwendige Voraussetzung bei den zwei besprochenen Methoden war die Annahme, daß ein einzelnes aktives Viruselement infolge seiner Vermehrungsfähigkeit auch imstande ist, eine Allgemeinerkrankung, bzw. durch seine Lokalisierung einen selbständigen Infektionsherd hervorzurufen. Theoretisch kann keinem einzelnen der Keime diese Fähigkeit abgesprochen werden; trotzdem sind Feststellungen über die absolute Keimzahl eines Substrats nur als grobe Annäherungswerte aufzufassen. Verschiedene Methoden liefern nämlich oftmals recht abweichende Ergebnisse, und selbst die Verdünnungen der gleichen virushaltigen Flüssigkeit zeigen nicht bei jeder Konzentration proportionales Verhalten bei der Zählung der entwickelten Kolonien. Als Ursache für diese Erscheinungen sind im wesentlichen aufzuführen: Inhomogene Verteilung der Virusteilchen im Substrat, Ungenauigkeiten in der Dosierung sehr kleiner Flüssigkeitsmengen, Aktivitätsschädigungen durch die Beschaffenheit der Verdünnungsflüssigkeit, weiter Faktoren, welche nicht die Fortentwicklung jedes verimpften Keimes gewährleisten, sowie auch solche, welche die Entwicklung mehrerer Keime an einer Stelle lokalisieren, schließlich Differenzen in der Empfänglichkeit der verwendeten Testobjekte der gleichen Art.

III. Darstellung der Virusproteine.

. Mit der fortschreitenden Erkenntnis der Proteinnatur der Virusstoffe ergab sich rein historisch zunächst die Anwendung chemischer Mittel für die Rein-

[1] R. I. Best: Austral. J. exp. Biol. med. Sci. 15 (1937), 65.
[2] G. Samuel, J. G. Bald: Ann. appl. Biol. 20 (1933), 70.
[3] W. J. Youden, H. P. Beale: Contr. Boyce Thompson Inst. 6 (1934), 437.

darstellung der Virusproteine, wie sie ganz allgemein in der Eiweißchemie gebräuchlich sind. Zu den aus dem kolloidalen Charakter dieser Körperklasse sich ergebenden Schwierigkeiten gesellt sich aber für erfolgreiches Arbeiten hier noch die Notwendigkeit, dem Protein seine charakteristische und doch meist so subtile Aktivität zu erhalten. Eine große Anzahl der in der vorgezeichneten Richtung unternommenen Versuche ergaben daher notwendigerweise zuerst eine nur unvollkommene, verlustreiche Reinigung verbunden mit einer unverhältnismäßig großen Einbuße an Aktivität. Die Krönung der Bemühungen wurde als erstem Stanley[1] im Jahre 1935 zuteil durch die Darstellung des Tabakmosaikvirus in einheitlicher und kristallisierter Form; sie wurde durch entsprechende Sichtung des im Laufe der Zeit gesammelten Erfahrungsmaterials und in Anlehnung an die von Northrop bei Arbeiten mit Enzymen so erfolgreich angewandten Methoden der Proteinchemie möglich. In der Folgezeit ließen sich die so entwickelten Methoden auf eine ganze Anzahl von stabilen Virusarten übertragen. Die Reindarstellung der unstabilen blieb aber der Methode der Ultrazentrifugierung vorbehalten, die weit schonendere Versuchsbedingungen mit schneller und bequemer Arbeitsweise verbindet.

Als Ausgangsmaterial dienen die in gefrorenem Zustande zerkleinerten Pflanzenteile oder tierischen Gewebe, von denen nach Auftauen eine das infektiöse Agens enthaltende Flüssigkeit gewonnen wird. Zur Vorreinigung von begleitenden gröberen Verunreinigungen wird durch geeignete Filtrierung oder auf einer gewöhnlichen Zentrifuge geklärt. Für den weiteren Arbeitsgang stehen zur Verfügung:

A. Chemische Methoden.

Das Virusprotein wird von den üblichen Eiweißfällungsmitteln niedergeschlagen. Als solche kommen hauptsächlich Ammoniumsulfat, Bleiacetat, Alkohol, Äther und Aceton in Frage; daneben haben Safranin, Magnesiumsulfat oder Bariumacetat nur untergeordnete Bedeutung. Da durch alle diese Agentien das Virusprotein eine größere oder geringere Einbuße an Aktivität erleidet, sind dabei möglichst schonende Bedingungen, wie niedrige Temperatur, geeignete Wasserstoffionenkonzentration und nicht zu häufige Wiederholung der chemischen Operationen zu beachten.

Das weitaus am meisten angewandte Fällungsmittel ist Ammoniumsulfat. Die Virusaktivität begleitet die Globulinfraktion in stärkerem Maße als die Albuminfraktion. Mehrmalige Fällung mit meist sinkender Salzkonzentration befreit sukzessive von inaktivem Protein und Pigmentstoffen. Bleiacetat wird zur Entfernung von Pigment als Fällungsmittel angewandt, ist jedoch die Ursache einer beträchtlichen Inaktivierung. Seine Anwendung kann, wenn junge Pflanzen als Ausgangsmaterial dienen, gänzlich entbehrt werden. Als günstig erweist sich die Verwendung von Calciumoxyd an Stelle von Bleiacetat. Fällung mit Alkohol und Aceton erscheint allgemein bei nicht zu hohen Konzentrationen geeignet, zur Trennung von der Albuminfraktion besonders ein Alkohol-Äther-Gemisch. Das Ansäuern mit Essigsäure liefert meist im Verein mit anderen Fällungsmitteln eine gute Abtrennung der Virusaktivität. Gleiches gilt für die Einstellung auf den isoelektrischen Punkt mittels Pufferlösungen (beim Tabakmosaikvirus z. B. bei $p_H = 3,4$), wobei man sich die spezifische Unlöslichkeit der Virusproteine an diesen Punkten zunutze macht.

Anschließend seien noch einige Methoden von umstrittenem Werte angeführt. Die der Arbeitsweise mit Enzymen nachgebildete Methode, mit Adsorbentien

---

[1] W. M. Stanley: Science (New York) 81 (1935), 644.

(Aluminiumhydroxyd, Eisenhydroxyd, Kaolin und Holzkohle) den Virusstoff zu adsorbieren, führte besonders mit Aluminiumhydroxyd zu den widersprechendsten Ergebnissen. Offenbar hängt der Erfolg weitgehend von der Einhaltung der genauen Arbeitsbedingungen ab, so daß die Versuche oft sehr schwer reproduzierbar sind. Beachtung als brauchbare Durchgangsstufe (Teilreinigung) kann der Versuch finden, die virusenthaltende Lösung mit Calciumsulfat zu sättigen und dieses sodann mit Alkohol zu fällen.[1] Hitzekoagulation bei Temperaturen von 70° C und mehr wurde zur Entfernung von Verunreinigungen angewandt,[2] doch wird durch diese Behandlung das aktive Protein zweifellos nicht ganz ungeschädigt gelassen. Namhafte Autoren[3] benutzten auch in einem weiter fortgeschrittenen Stadium der Reinigung Trypsinverdauung zur Beseitigung eines Teiles des inaktiven Proteins; allerdings müssen dann anschließend sowohl die Spaltstücke als auch das zugesetzte Enzym wieder entfernt werden.

Allen hier angeführten Methoden kann nur die Bedeutung von Teiloperationen im Arbeitsgang zur Reindarstellung von Virusproteinen zuerkannt werden; erst mit der geeigneten Auswahl und Zusammenstellung derselben erreicht man den gewünschten Erfolg. Als Beispiel sei nun hier die von STANLEY[4] angewandte Methode zur ersten Isolierung des Tabakmosaikvirus wiedergegeben:

Das erkrankte Pflanzenmaterial wird in gefrorenem Zustande zerkleinert und nach dem Auftauen und Einstellen auf $p_H = 7$ auf einer Fruchtpresse abgepreßt. Nach Filtrieren durch eine Cellitschicht und Einstellung der Wasserstoffionenkonzentration auf $p_H = 5$ werden pro Liter Extrakt 200 g festes Ammoniumsulfat zugesetzt, das gefällte Globulin durch ein Faltenfilter abgetrennt, in Wasser gelöst, die Lösung auf p_H 8 eingestellt und durch eine Hyflo Standard-cel-Schicht filtriert. Hierauf wird wiederum mit 20% Ammoniumsulfat gefällt usw. und so der ganze Umfällungsvorgang zwei- bis viermal wiederholt, wobei ein praktisch farbloses Filtrat der letzten Globulinfällung erhalten wird. Zur weiteren Entfernung von Pigment im Niederschlag wird eine Lösung enthaltend 0,5÷2 Gewichtsprozent der Globulinfraktion auf p_H 8 eingestellt und pro Gramm Globulin 3 cm³ einer 20%igen Bleiacetatlösung zugefügt. Nach gründlichem Durchmischen filtriert man durch eine Cellitschicht und das Filtrat nach Einstellen auf p_H 4,5 neuerlich durch eine solche. In dem klar gelben Filtrat sind nun keine Virusaktivität und nur geringe Mengen inaktiven Proteins nachzuweisen. Das virushaltige Protein auf dem Filter wird mit genügend Wasser in eine 1÷2%ige Suspension gebracht, auf p_H 8 eingestellt und filtriert; das so erhaltene Filtrat ist opaleszierend und praktisch farblos. Nun ist es möglich, das Globulin durch Zusatz von gesättigter Ammoniumsulfatlösung bis zur beginnenden feinen Trübung zu fällen und dann unter Rühren die Abscheidung durch langsames Zulassen einer Lösung von 5% Eisessig in halbgesättigter Ammoniumsulfatlösung bis zur Erreichung von p_H 4 zu vervollständigen. Die Aktivität einer 0,1%igen Lösung des so erhaltenen, in langen Nadeln kristallisierenden Proteins war der des Ausgangsmaterials annähernd gleich, das etwa 500mal soviel Eiweiß enthielt. Somit ist also eine Aktivitätssteigerung der Substanz um annähernd das 500fache erzielt worden. Der Vergleich des Präparates mit solchen auf dem Wege der Ultrazentrifugierung dargestellten erweist aber, daß sehr wahrscheinlich infolge der Behandlung mit Bleiacetat nur etwa 1% oder noch weniger in aktiver Form vorliegt.

Wesentlich die gleichen Methoden wurden in der Folgezeit von einer Anzahl Forschern zur Isolierung des Tabakmosaikvirusproteins aus verschiedenen

---

[1] L. W. JANSSEN: Z. Hyg. Infekt.-Krankh. 119 (1937), 558.
[2] F. C. BAWDEN, N. W. PIRIE: Brit. J. exp. Pathol. 18 (1937), 275.
[3] L. F. MARTIN, H. H. McKINNEY, L. W. BOYLE: Science (New York) 86 (1937), 380.
[4] W. M. STANLEY: Science (New York) 81 (1935), 644.

Pflanzen angewandt.[1, 2, 3, 4, 5] Ferner gelang Bawden und Pirie die Darstellung des Cucumbermosaikvirus 3 und 4,[6] des latenten Kartoffelmosaikvirus[7] und des Erregers der „bushy-stunt"-Krankheit der Tomaten.[8] Nach den Ergebnissen von Smadel und Wall,[9] die reine Präparate von Vaccine-Elementarkörperchen durch Kombination niedrigtouriger Zentrifugierung und tryptischer Verdauung in geringer Menge erhielten, ist der Darstellung größerer Mengen der Weg gewiesen. Erwähnt sei noch die Gewinnung weit gereinigter Präparate des Erregers der Maul- und Klauenseuche[10] und vorbereitende Arbeiten mit dem Poliomyelitisvirus.[11] Die Isolierung des Staphylococcus-Bakteriophagen durch Northrop[12] fügt auch einen Vertreter der Gruppe der Bakteriophagen in die Reihe der isolierten Virusproteine ein.

B. Darstellungsmethode mittels der Ultrazentrifuge.

Zweifellos ist bei der chemischen Methode der Isolierung von Virusproteinen selbst bei stabileren Virusarten mit beträchtlichen Verlusten an Aktivität zu rechnen. Weiter kann auch bei häufiger Wiederholung der Reinigungsoperationen ein geringer Rest von niedrigmolekularem inaktivem Protein (etwa 1%) nicht entfernt werden. Außerdem steht fest, daß das Virusprotein durch die chemischen Methoden, wenn auch nur geringfügig, so doch verändert wird; in diesem Sinne wirkt der Wechsel des p_H zwischen 4,5 und 7 oder die Fällung mit 30%igem Ammoniumsulfat. Sind diese Einflüsse auch bei rascher Arbeitsweise und bei möglichst niedriger Temperatur unmerklich, so treten sie doch bei längerer Dauer der Operationen besonders bei Zimmertemperatur sofort deutlicher in Erscheinung. Schließlich konnten weniger widerstandsfähige Virusarten höchstens teilweise gereinigt und begrenzt konzentriert werden; in keinem einzigen Falle gelang eine Isolierung eines solchen Virusproteins in aktiver und kristallisierter Form. Die notwendigen entsprechend milden Reinigungs- und Isolierungsbedingungen wurden dann durch Anwendung der hochtourigen Differentialzentrifugierung verwirklicht. Die fortschreitende Technik lieferte in der Erbauung einfacher und wohlfeiler Ultrazentrifugen ein Mittel, um auch an die Konzentrierung und erfolgreiche Reinigung der kleinsten und instabilsten Virusproteine heranzugehen (vgl. dazu die Bakteriophagenisolierung mittels niedrigtouriger Zentrifugierung[13]).

Die von Biscoe, Pickels und Wyckoff[14] konstruierte und später verbesserte[15] präparative Ultrazentrifuge gestattet eine Flüssigkeitsmenge von etwa 150 cm³ auf einmal zu verarbeiten. Sie benutzt als Antriebskraft eine Modifikation der Luftturbine von Henriot und Huguenard,[16] wie sie von Beams[17] entwickelt

[1] F. C. Bawden, N. W. Pirie, J. D. Bernal, J. Fankuchen: Nature (London) **138** (1936), 1051.

[2] L. F. Martin, H. H. McKinney, L. W. Boyle: Science (New York) **86** (1937), 380.

[3] F. C. Bawden, N. W. Pirie: Proc. Roy. Soc. (London), Ser. B **123** (1937), 274.

[4] H. S. Loring, W. M. Stanley: J. biol. Chemistry **117** (1937), 733.

[5] W. M. Stanley: Harvey Lect. **33** (1938), 170.

[6] F. C. Bawden, N. W. Pirie: Nature (London) **139** (1937), 546.

[7] F. C. Bawden, N. W. Pirie: Nature (London) **141** (1938), 513.

[8] F. C. Bawden, N. W. Pirie: Brit. J. exp. Pathol. **19** (1938), 251.

[9] J. E. Smadel, M. J. Wall: J. exp. Medicine **66** (1937), 325.

[10] C. W. Janssen: Z. Hyg. Infekt.-Krankh. **119** (1937), 558.

[11] H. Brown, J. A. Kolmer: Proc. Soc. exp. Biol. Med. **37** (1937), 137.

[12] J. H. Northrop: J. gen. Physiol. **21** (1938), 335.

[13] M. Schlesinger: Biochem. Z. **264** (1933), 6.

[14] J. Biscoe, E. G. Pickels, R. W. G. Wyckoff: J. exp. Medicine **64** (1936), 39.

[15] R. W. G. Wyckoff, J. B. Langsdin: Rev. sci. Instruments **8** (1937), 74.

[16] E. Henriot, E. Huguenard: C. R. hebd. Séances Acad. Sci. **180** (1925), 1389.

[17] J. W. Beams, F. G. Pickels: Rev. sci. Instruments **6** (1935), 299.

wurde. Der Oberteil des Rotors besteht aus einem besonders geformten Leicht-
metallblock, der zur Aufnahme einer Anzahl Celluloidbehälter ausgebohrt ist.
Da er sich in einem Vakuum dreht, das stundenlanges Laufen ohne Erhitzung
gestatten soll, wird die Verdampfung der Flüssigkeit durch einen vakuumdichten
Deckel verhindert. Die maximalen Felder liegen zwischen dem 250000- und
300000fachen des Schwerefeldes, was durch 55000 bis 60000 Umdrehungen in
der Minute erreicht wird. Durch aufeinanderfolgendes Zentrifugieren bei verschiedenen Geschwindigkeiten können Eiweißstoffe (Mol.-Gew. größer als 30000)
von anderen Substanzen befreit und die schweren Virusproteine von denen mit
niedrigerem Molekulargewicht getrennt werden (Differentialzentrifugierung).
Den gleichen Zwecken dient auch die Ultrazentrifuge von BAUER und PICKELS.[1]

Das Tabakmosaikvirusprotein kristallisiert wegen der verhältnismäßig großen
Menge, die in infizierten Pflanzen gebildet wird, direkt aus dem Preßsaft aus;[2]
im allgemeinen wird man aber doch zur Reinigung die Differentialzentrifugierung
anwenden müssen. Im folgenden sei kurz die Arbeitsweise von STANLEY bei
der Isolierung des Tabakringvirus wiedergegeben,[3] die wegen der besonderen
Instabilität dieses Proteins bei Temperaturen um den Gefrierpunkt ausgeführt
werden muß.

Das erkrankte Pflanzenmaterial (z. B. türkische Tabakpflanzen) wird in gefrorenem Zustande zermahlen und nach dem Auftauen und Erwärmen auf 4° C in
einem Raume von gleicher Temperatur unter Zusatz von sekundärem Natriumphosphat durch mehrere Schichten Verbandsgaze gepreßt und sodann durch Spezialfilter
filtriert. Von der resultierenden Flüssigkeit werden im ganzen 120 cm³ in den
Celluloidbechern (je 15 cm³ pro Behälter) der auf 0° C vorgekühlten Zentrifuge
1¹/₂ Stunden lang bei 30000 Umdrehungen pro Minute zentrifugiert. Die Hälfte
der überstehenden, praktisch von Virusaktivität freien Lösung wird abpipettiert,
der Rest abdekantiert. Sofort suspendiert man das grünlich gefärbte Sediment in
0,01 m Phosphatpuffer von p_H 7 und zentrifugiert auf einer normalen Winkelzentrifuge
etwa ¹/₂ Stunde bei 3000 Umdrehungen. Die überstehende klare Flüssigkeit wird
wiederum der obigen Ultrazentrifugierung unterworfen und so der Wechsel zwischen
hoch- und niedrigtouriger Zentrifugierung zwei- bis viermal wiederholt. Nach der
Ultrazentrifugierung muß eine proteinfreie Flüssigkeit über einem farblosen Sediment
erhalten werden. Jede Ultrazentrifugierung bezweckt durch Aggregierung kolloidal
verteilten Materials und dessen Sedimentierung zusammen mit dem löslichen Virusprotein die Trennung von niedermolekularen Substanzen in der überstehenden Flüssigkeit; jede niedrigtourige Zentrifugierung die Scheidung des aggregierten Materials
und der Pigmente von dem hochmolekularen löslichen Virusprotein. Die Menge des
so gewonnenen reinen Präparates beträgt von verschiedenen Pflanzen 0,005 bis
0,05 mg pro Gramm Ausgangsmaterial und übertrifft die Infektiosität des Preßsaftes
um das 100000fache. In diesem Falle konnten Kristalle nicht erzielt werden, doch
berichtet derselbe Autor über die Gewinnung von Kristallen auf ähnlichem Wege.[4]

Außer bei Stämmen des Tabakmosaikvirus war die Methode unter anderem
noch beim Cucumbermosaikvirus 3 und 4,[5] beim latenten Tabakmosaikvirus[6]
und von tierpathogenen Virusarten beim Erreger des SHOPEschen Kaninchen-
papilloms[7] und des ROUS-Sarkoms[8] erfolgreich.

Die Einheitlichkeit der auf die eben besprochenen Arten dargestellten Prä-

[1] J. H. BAUER, E. G. PICKELS: J. exp. Medicine **64** (1936), 503.
[2] R. W. G. WYCKOFF, R. B. COREY: Science (New York) **84** (1936), 513.
[3] W. M. STANLEY: J. biol. Chemistry **129** (1939), 405.
[4] W. M. STANLEY, R. W. G. WYCKOFF: Science (New York) **85** (1937), 181.
[5] W. C. PRICE, R. W. G. WYCKOFF: Nature (London) **141** (1938), 685.
[6] H. S. LORING, R. W. G. WYCKOFF: J. biol. Chemistry **121** (1937), 225.
[7] J. W. BEARD, R. W. G. WYCKOFF: Science (New York) **85** (1937), 201.
[8] A. CLAUDE: Science (New York) **87** (1938), 467.

parate ist naturgemäß abhängig von der benutzten Methode (Verunreinigungen: etwa Fremdeiweiß oder anorganische Salze); sie ist, was die Teilchengröße anbetrifft, praktisch vollkommen bei der Darstellung mit der Ultrazentrifugenmethode (Prüfung auf der analytischen Ultrazentrifuge, siehe S. 525). Als weiterer Beweis für Einheitlichkeit kann geltend gemacht werden, daß häufiges Umkristallisieren und fraktionierte Kristallisation in der Kälte bei den chemisch dargestellten Präparaten ohne Verlust an Aktivität durchzuführen ist (Loring und Stanley am Tabakmosaikvirusprotein[1]). Selbst mögliche Beimengungen anderer Virusarten gleicher Größe und ähnlicher Eigenschaften, die schwer mit Sicherheit erkennbar sind, lassen sich bei geeignetem Verfahren auf Grund verschiedener Stabilität abtrennen (siehe S. 530, 532).

C. Zusammenhang zwischen Protein und Virusaktivität.

Die Frage, ob die dargestellten Proteine auch wirklich als die im Ausgangsmaterial vorhandenen Virusarten anzusprechen sind, kann heute mit großer Sicherheit bejaht werden. Die Ursache für die Aktivität ist keinesfalls allein im hochmolekularen Bau der Proteine zu suchen. Das Hämocyanin aus Helixblut z. B., das mit einem Molekulargewicht von 6700000 in die Größenordnung der Virusproteine einzureihen ist, zeigt keinerlei Anzeichen einer Infektionsfähigkeit. Die Aktivität liegt vielmehr in dem besonderen Feinbau des Proteinmoleküls begründet und ist somit eine untrennbare Eigenschaft desselben. Dafür können im wesentlichen folgende Beweise beigebracht werden.

Tabakmosaikvirusprotein zeigte, gleichgültig aus welchen erkrankten Pflanzen das Präparat isoliert oder wie oft es umkristallisiert worden war, dasselbe physikalische, chemische, serologische und biologische Verhalten.[1] Auf den Ausgang des Versuches hatte auch die Verwendung von Pflanzen, deren normale Proteine keinerlei serologische Verwandtschaft aufweisen (Tabak und Phlox), keinen Einfluß. Zudem sind die Eigenschaften der Proteine von der Art der Darstellung unabhängig.

Bei Untersuchung der Eigenschaften von Varietäten des Tabakmosaikvirus, z. B. des Aucubamosaikstammes, der sich biologisch vom normalen Tabakmosaikvirus unterscheidet, fanden sich trotz Übereinstimmung in den meisten aller Eigenschaften doch geringfügige Abweichungen in der Löslichkeit, im isoelektrischen Punkt, der Sedimentationskonstanten ($185 \cdot 10^{-13}$, T. M. V.: $174 \cdot 10^{-13}$) und in der Fällung mit Clupeinsulfat.[2] Diese Tatsache beweist die innige Beziehung der chemischen und biologischen Eigenschaften der Virusproteine.

Wenn die Aktivität von einer Verunreinigung, die am Protein adsorbiert ist, oder von einer abdissoziierbaren Gruppe desselben herrührte, müßte es möglich sein, durch Zentrifugieren bei verschiedenem p_H Protein und aktiven Bestandteil zu trennen. Daß dies nicht der Fall ist, zeigte Stanley[3] am Tabakmosaikvirus im p_H-Bereich zwischen 2 und 8, wobei er stets die Aktivität der Lösung proportional ihrem Gehalte an hochmolekularem Protein fand.

Ferner erweist die Einwirkung chemischer und physikalischer Einflüsse, auf die im Kapitel IV (S. 521 ff.) noch näher eingegangen wird, daß das Schwinden der Aktivität zweifellos mit einer Veränderung des Proteinmoleküls (Zerfall, Blockierung) einhergeht. Bei der unter gewissen Bedingungen möglichen Reaktivierung wird allem Anschein nach das intakte Molekül wiederhergestellt. So

---

[1] H. S. Loring, W. M. Stanley: J. biol. Chemistry 117 (1937), 733.

[2] R. W. G. Wyckoff, J. Biscoe, W. M. Stanley: J. biol. Chemistry 117 (1937), 57. — F. C. Bawden, N. W. Pirie: Proc. Roy. Soc. (London), Ser. B 123 (1937), 274.

[3] W. M. Stanley: J. biol. Chemistry 117 (1937), 755.

fanden BEST und SAMUEL,[1] daß nach kurzer Einwirkung einer molekülzerstören-
den Wasserstoffionenkonzentration (p_H 9) durch schnelles Einstellen des Neutralpunktes teilweise eine Reaktivierung des Proteins stattfindet. ROSS und
STANLEY[2] deuten die reversible Inaktivierung des Tabakmosaikvirusproteins
durch Formaldehyd mit einer Blockierung von biologisch wirksamen NH_2-
Gruppen, deren Freilegung die Wiedererlangung der Aktivität zur Folge hat.
Von physikalischen Einflüssen sei erwähnt, daß nach den Untersuchungen von
DUGGAR und HOLLÄNDER[3] das Absorptionsspektrum des Proteins im Ultraviolett
nahezu völlig mit dem Zerstörungsspektrum der Aktivität übereinstimmt.

IV. Chemische und physikalische Eigenschaften der gereinigten Virusproteine.

A. Die Molekülgröße der Virusproteine.

Die Summe der gewonnenen Erfahrungen leitet zu dem Schlusse, daß den
Elementarteilchen einer bestimmten Virusart wie allen Eiweißkörpern innerhalb
gewisser Stabilitätsgrenzen (p_H der Lösung) ein konstanter, eng begrenzter
Größenbereich zugeordnet werden kann. Beweis dafür ist die Tatsache, daß
Messungen der verschiedensten Autoren an der gleichen Virusart sehr gut übereinstimmen, selbst wenn verschiedene Methoden in Anwendung kamen.[4] Abweichungen der einzelnen Meßresultate sind entweder auf eine von der Kugel-
gestalt abweichende Form der Teilchen oder auf während der Reindarstellung
erfolgte Veränderungen zurückzuführen. So extreme Verschiedenheiten der
Partikel, wie sie NORTHROP[5] auf Grund von Diffusionsversuchen beim Staphylococcus-Bakteriophagen feststellen konnte (Mol.-Gew. 300000000 bis herab zu
500000) und die er auf Dissoziation des Moleküls bei steigender Verdünnung
zurückführte, fanden bislang keine Bestätigung durch die üblichen Methoden
der Molekulargewichtsbestimmung.

Diese basieren auf der Ermittlung der Teilchengröße entweder indirekt mit
Hilfe der Methoden der analytischen Ultrazentrifugierung und der Ultrafiltration
oder bei größeren Virusformen direkt mit Hilfe der Ultraviolettmikroskopie.
Die Resultate der Messungen werden auf den Durchmesser unter der vereinfachenden Voraussetzung kugeliger Gestalt bezogen. Daß diese gerade für die meisten
pflanzlichen Virusproteine nicht zutrifft (sie haben eine langgestreckte Gestalt,
vgl. S. 525), ist eine Erklärung früher widersprechend erscheinender Resultate
verschiedener Bestimmungsmethoden.

Der Gesamtbereich der Virusproteine ist durch die Grenzen 10 und 250 mμ
annähernd gegeben, was im Falle sphärischer Gestalt Molekulargewichten von
400000 (kleinste Form des Staphylococcus-Bakteriophagen, Maul- und Klauenseuchevirus) bis zu 2300000000 (Vaccine-Elementarkörperchen) entspricht.
Die isolierten Pflanzenvirusproteine weisen Molekulargewichte von etwa 3,4 Mill.
(Tabakringvirus nach STANLEY[6]) bis 42,5 Mill. (Tabakmosaikvirus nach
LAUFFER[7]) auf bei einem mittleren Teilchendurchmesser von 19÷40 mμ. Zum
Vergleich sei hier das Hämocyanin aus Helixblut mit einem Molekulargewicht
von 7 Mill. und einem Durchmesser von 24 mμ herangezogen.

---

[1] R. J. BEST, G. SAMUEL: Ann. appl. Biol. 28 (1936), 509.

[2] A. F. ROSS, W. M. STANLEY: J. gen. Physiol. 22 (1938), 165.

[3] B. M. DUGGAR, A. HOLLÄNDER: J. Bacteriol. 27 (1934), 219, 241.

[4] Näheres siehe W. J. ELFORD: Handbuch der Virusforschung, S. 126. Wien
1938.

[5] J. H. NORTHROP: J. gen. Physiol. 21 (1938), 335.

[6] W. M. STANLEY: J. biol. Chemistry 129 (1939), 405.

[7] M. A. LAUFFER: Science (New York) 87 (1938), 469.

1. Molekulargewichtsbestimmung mit der Ultrazentrifuge.

Zwei Verfahren stehen hier zur Verfügung: a) Bestimmung auf Grund der *Sedimentationsgeschwindigkeit* unter Voraussetzung kugeliger Teilchen mit gleichförmiger, ungehinderter Bewegungsmöglichkeit. Die Größe des Molekulargewichtes folgt dann aus dem nach dem Stokesschen Gesetz errechneten Teilchenradius.

b) Bestimmung auf Grund des *Sedimentationsgleichgewichtes*. Bei entsprechend geringerer Umdrehungsgeschwindigkeit bewirkt in einem gewissen Stadium das Auftreten eines völligen Ausgleichs zwischen Sedimentation und Diffusion die Herstellung eines Gleichgewichtszustandes. Das Molekulargewicht kann ganz unabhängig von der Teilchenform unter Berücksichtigung des stationären Konzentrationsgefälles gegen die Achse hin — Messung optisch während der Zentrifugierung nach THE SVEDBERG[1] — berechnet werden.

Eine befriedigende Übereinstimmung zwischen beiden Methoden wird allerdings nur erzielt werden, falls die Voraussetzung kugeliger Molekülgestalt wenigstens annähernd zutrifft. So erhielten McFarlane und Kekwick[2] für das Molekulargewicht des „bushy-stunt"-Virus nach Methode a 8,8 Mill., nach b 7,6 Mill. Für stäbchenförmige Moleküle ergeben sich erst nach Ermittlung des Längen-Breitenverhältnisses (siehe S. 525) verläßliche Molekulargewichte mit Hilfe der Sedimentationsgeschwindigkeit. Folgende Zusammenstellung gibt einige der bisher gewonnenen Daten wieder:

Tabelle 1.

Virus	Durchmesser in mμ	Sed.-Konst. s_{20} [3]	Mol.-Gew. in Millionen	Autor
Tabakringfleck	19	$115 \cdot 10^{-13}$	3,4	Stanley (1939)
Latentes Kartoffelmosaik	$9,8 \times 430$ [4]	$113 \cdot 10^{-13}$	26	Loring und Wyckoff (1937)
Bushy-stunt	28	$146 \cdot 10^{-13}$	$8 \div 9$	McFarlane und Kekwick (1938)
Tabakmosaik	$12,3 \times 430$ [4]	$174 \cdot 10^{-13}$	42,5	Lauffer (1938)
Cucumbermosaik	$12,3 \times 430$ [4]	$175 \cdot 10^{-13}$	17?	Price und Wyckoff (1938)
Shopesches Papillom ..	40	$250 \cdot 10^{-13}$	25	Beard und Wyckoff (1937)
Staph. Bakteriophage ..	$80 \div 90$	$650 \cdot 10^{-13}$	300	Wyckoff (1938)

2. Molekulargewichtsbestimmung durch Ultrafiltration.

Diese ist 1907 von Bechhold[5] begründet worden und dient ganz allgemein zur Erforschung disperser Systeme durch die verschiedenen Siebeigenschaften von Gelmembranen mit abgestufter Porenweite. Größtenteils mit ihrer Hilfe sind Kenntnisse über die Teilchengröße der Virusarten hauptsächlich durch Elford gesammelt worden. Für die Bestimmungen sind erforderlich:

a) Eine *Reihe von reproduzierbaren Membranen* mit abgestufter Porenweite von etwa 1 μ abwärts, die bei angemessener mechanischer Festigkeit chemisch verhältnismäßig widerstandsfähig sind. Als solche werden meist Kollodium-

---

[1] T. Svedberg: Kolloid-Z. 67 (1934), 2.

[2] A. S. McFarlane, R. A. Kekwick: Biochemic. J. 32 (1938), 1607.

[3] s_{20} = Sedimentationsgeschwindigkeit in cm/sec bei 1 dyn im Medium von der Dichte und Viskosität des Wassers bei 20° C.

[4] Stäbchenform.

[5] H. Bechhold: Z. physik. Chem. 60 (1907), 257.

membranen verwendet (Eisessig-Kollodium-Membranen, Porenweite $50 \div 1000 \, \mathrm{m}\mu$; Alkohol-Äther-Kollodium-Membranen, maximaler Porendurchmesser $100 \, \mathrm{m}\mu$; ELFORDS „Gradocol"-Membranen;[1] Membranfilter von ZSIGMONDY und BACHMANN[2]).

b) *Kenntnis der Besonderheiten der Filtration* durch solche feinporigen Gebilde. Die einzelnen Poren, weder in Richtung noch Querschnitt einheitlich, können oftmals 1000mal länger als weit sein. Bei den submikroskopischen Abmessungen ist es unter solchen Umständen verständlich, daß Blockierungen der Filterkanäle und Oberflächenadsorption eine wesentliche Rolle spielen. Von Wichtigkeit sind daher die Einhaltung günstigen Filtrationsdruckes und optimaler Temperatur (25° C), sowie eine vorausgehende Klärung der zu filtrierenden Lösung, ferner ihr p_H (Unlöslichkeit des Proteins am isoelektrischen Punkt!), der Elektrolytgehalt und die Anwesenheit kapillaraktiver Substanzen, welche die Filtrierbarkeit ganz außerordentlich erleichtern. Als Medium hat sich bei Beachtung aller

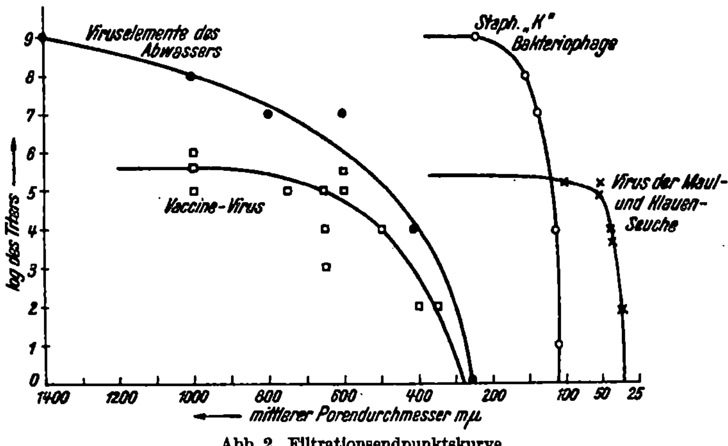

Abb. 2. Filtrationsendpunktskurve.

dieser Umstände die sogenannte HARDLY-Brühe ($p_H = 7,6$) wegen ihrer Stabilisierungsfähigkeit und der minimalen Adsorptionseffekte als besonders günstig erwiesen.

c) Kenntnis des *Zusammenhanges der Porenweite und der Teilchengröße.*

α) *Filtrationsendpunkt.* Unter Einhaltung der jeweils experimentell zu ermittelnden günstigsten Bedingungen wird aus einer Reihe von Membranen mit fortschreitend feinerer Porung diejenige bestimmt, die praktisch alle Viruspartikeln zurückzuhalten vermag. Das Resultat einer solchen Versuchsreihe veranschaulicht eine sogenannte Endpunktskurve (vgl. Abb. 2).

β) *Beziehung zwischen Filtrationsendpunkt und Teilchendurchmesser.* Eine Gleichsetzung des Teilchendurchmessers mit der Grenzporenweite ist nur in der Nähe von 1000 $\mathrm{m}\mu$ zulässig, nur dort ist der Quotient der beiden Größen $F = 1$. Mit fortschreitender Verfeinerung der Porung sinkt er aber, bis er schließlich bei etwa 20 $\mathrm{m}\mu$ den Wert $1/3$ erreicht hat. Bezeichnet man mit p den Partikeldurchmesser und mit d die Porenweite, so läßt sich die Beziehung aufstellen

$$p = F \cdot d.$$

[1] W. J. ELFORD: J. Pathol. Bacteriology 34 (1931), 505.
[2] R. ZSIGMONDY, W. BACHMANN: Z. anorg. allg. Chem. 103 (1918), 119.

Über die Werte von F gibt die folgende Zusammenstellung Auskunft:[1]

Faktor F	Porenweite
0,33÷0,50........	10÷ 100 mμ
0,50÷0,75........	100÷ 500 „
0,75÷1,00........	500÷1000 „

Thornberry[2] hat 13 Pflanzenviren unter übereinstimmenden Bedingungen mit „Gradocol-Membranen" geprüft und bei allen einen ähnlichen Endpunkt bei 40 mμ, entsprechend einem Durchmesser von etwa 13÷20 mμ feststellen können. Es ist dabei aber zu beachten, daß sich naturgemäß von Stäbchenformen nur der Querschnittsdurchmesser ergeben kann.

Untersuchungen mit gereinigten Pflanzenvirusproteinen[3] ergeben wahrscheinlich infolge Aggregation der Teilchen in Übereinstimmung mit Beobachtungen an Bakteriophagen[4] zu hohe Werte für den Teilchenradius.

3. Molekulargewichtsbestimmung durch Ultraviolettmikroskopie.

Durch Verwendung von ultraviolettem Licht wird das Auflösungsvermögen des Mikroskops für Teilchen bis herab zu einer Größe von 75 mμ (bei normalem Licht 200÷250 mμ) ausgedehnt. Somit ist die direkte Sichtbarmachung und Ausmessung wenigstens der größeren Virusarten (75÷250 mμ) erschlossen.

Zwei Methoden können für die Betrachtung verwendet werden, die *direkte Durchleuchtung* und die *Dunkelfeldbeleuchtung*. Die Leistungsfähigkeit der ersteren beruht im wesentlichen auf dem verschiedenen Absorptionsvermögen von Protein und Einbettungsmittel und hängt somit von der Größe dieses Unterschiedes ab. Die zweite verwendet die Lichtbeugung, die stets an Stellen optischer Diskontinuität auftritt. Bei Abwesenheit von Fluoreszenzerscheinungen scheint wohl der Durchstrahlungsmethode der Vorzug zu gebühren, besonders in der Nähe der Auflösungsgrenze, wo die Beugungsbilder die tatsächliche Teilchengröße erheblich übertreffen. Es empfiehlt sich aber, beide Methoden nebeneinander zu verwenden. Bei Untersuchung ungereinigten Ausgangsmaterials ist es unerläßlich, durch Anlegen von Parallelpräparaten aus nichtinfiziertem Gewebe die Verwechslung der Viruselemente mit anderen Partikeln nach Tunlichkeit auszuschalten.

Barnard[5] fand für die Vaccine-Elementarkörperchen mit 150÷170 mμ einen Durchmesser, der mit den Resultaten der Ultrafiltration (150 mμ) und Ultrazentrifugierung (180 mμ) in guter Übereinstimmung steht. Eine Bestätigung der weit geringeren Dimensionen der Pflanzenviren liefern die erfolglosen Versuche von Holmes,[6] ihre Anwesenheit in Preßsäften infizierter Pflanzen nachzuweisen. Die Ergebnisse von Untersuchungen von Smith und Doncaster[7] an gereinigten Präparaten des Kartoffelvirus X erhärten die Befunde der Ultrafiltration, wonach Pflanzenvirusproteine in gereinigtem Zustande einen größeren Durchmesser zu besitzen scheinen als in ungereinigtem. Die angenommene Aggregation wird offenbar durch das Auffinden von Aggregaten mit etwa 200 mμ Durchmesser, die augenscheinlich aus Einzelkörperchen von zirka 70 mμ Größe bestehen.

---

[1] W. J. Elford: Proc. Roy. Soc. (London), Ser. B 112 (1933), 384.

[2] H. H. Thornberry: Phytopathology 25 (1935), 938.

[3] F. C. Bawden, N. W. Pirie: Proc. Roy. Soc. (London), Ser. B 123 (1938), 274. Brit. J. exp. Pathol. 19 (1938), 66.

[4] W. J. Elford, C. H. Andrews: Brit. J. exp. Pathol. 13 (1932), 446.

[5] J. E. Barnard: Brit. J. exp. Pathol. 16 (1935), 129.

[6] F. O. Holmes: Bot. Gaz. 86 (1928), 59.

[7] K. M. Smith, J. P. Doncaster: Parasitology 27 (1935), 523.

4. Prüfung der Virusproteine auf Einheitlichkeit in der Ultrazentrifuge.

Das von STANLEY erstmalig mit chemischen Methoden hergestellte Tabak-mosaikvirusprotein ergab nach SVEDBERG in der analytischen Ultrazentrifuge unscharfe Sedimentationsgrenzen und war somit in bezug auf die Sedimentations-konstanten als durchaus inhomogen anzusprechen. Daß die Heterogenität zweifellos erst durch die chemischen Operationen während der Isolierung bewirkt wurde, bewiesen ERIKSSON-QUENSEL und SVEDBERG[1] durch weitere chemische Behandlung der Präparate, wobei eine ständig steigende Inhomogenisierung eintrat. In der Tat zeigten Präparate, hergestellt mittels der Ultrazentrifuge oder besonders milder chemischer Agentien, in Übereinstimmung mit unbe-handeltem Material eine scharfe Sedimentationsgrenze bei der Ultrazentrifugen-analyse und damit eine einheitliche Sedimentationskonstante von $174 \cdot 10^{-13}$.[2] Diese Homogenität, die sich in destilliertem Wasser etwa zwei Monate hindurch erhalten läßt, verschwindet aber wegen der Empfindlichkeit des gereinigten Virusproteins gegen Salzlösungen selbst niedriger Konzentration schon bei kurzem Stehen in $0,1\,m$ Phosphatpuffer. Solche Präparate zeigen dann ganz wie auf chemischem Wege dargestellte neben der normalen Komponente noch eine höhermolekulare mit der Sedimentationskonstante $200 \cdot 10^{-13}$, was auf eine Aggregation der Moleküle Ende an Ende hindeutet (siehe S. 524).

5. Trennung von Virusproteinen auf der Ultrazentrifuge.

Sie gelingt nicht nur auf Grund verschiedener chemischer oder physikalischer Beeinflussung verschiedener Virusarten (siehe S. 530, 532), sondern bei ungleicher Molekülgröße oder -form mit Hilfe der Ultrazentrifugierung. GRATIA und MANIL[3] gelang es, Tabakmosaikvirusprotein von Phagenprotein auf diese Weise zu trennen. Schon nach einmaliger Operation war die Virusaktivität vollkommen niedergeschlagen; der Phagentiter im Sediment betrug 10^{-5}, in der überstehenden Flüssigkeit dagegen noch 10^{-3}.

6. Die Molekülform der Virusproteine.

In gleicher Weise wie bei den Eiweißkörpern im allgemeinen können auch bei den Virusproteinen Sphäro- und Linearproteine unterschieden werden, deren Form wie üblich aus Messungen der Sedimentationskonstanten, der Viskosität, Strömungsdoppelbrechung und aus Untersuchungen im Ultramikroskop hervor-geht.

BARNARD[4] gelangte für größere Virusarten (Vaccine, Geflügelpocken usw.) zur Vorstellung kugeliger Formen, ebenso SCHLESINGER[5] für Bakteriophagen. Bei kleineren Molekülen kommt daneben häufig die stäbchenförmige Gestalt vor. TAKAHASHI und RAWLINS[6] konnten für Tabakmosaikvirus auf Grund der Strömungsanisotropie die Stäbchenform wahrscheinlich machen. LAUFFER[7] errechnete aus Viskositätsmessungen das Längen-Breitenverhältnis dieses Virus zu 35 (430:12,3); ein ebenfalls auftretender Wert 63 bestätigte neuerdings die vermutete Aneinanderlagerung der Moleküle Ende an Ende beim Aggre-gationsvorgang, um so mehr als auch die hierfür zu erwartende Sedimentations-

---

[1] I. ERIKSSON-QUENSEL, TH. SVEDBERG: J. Amer. chem. Soc. 58 (1936), 1863.

[2] R. W. G. WYCKOFF, J. BISCOE, W. M. STANLEY: J. biol. Chemistry 117 (1937), 57.

[3] A. GRATIA, P. MANIL: C. R. Séances Soc. Biol. Filiales Associées 126 (1937), 903.

[4] J. E. BARNARD: J. microsc. Soc. III 52 (1932), 233.

[5] M. SCHLESINGER: Biochem. Z. 273 (1934), 306.

[6] W. N. TAKAHASHI, T. E. RAWLINS: Science (New York) 85 (1937), 103.

[7] M. A. LAUFFER: Science (New York) 87 (1938), 469; J. biol. Chemistry 126 (1938), 443.

konstante von $202 \cdot 10^{-13}$ mit der tatsächlich beobachteten $(200 \cdot 10^{-13})$ sehr gut übereinstimmt (siehe S. 525). Frampton[1] dagegen hielt noch vor kurzem alle derartigen Aussagen über Gestalt und Größe des Tabakmosaikvirus wegen der bei den Messungen auftretenden Anomalien für nicht sicher bewiesen. Neuere Untersuchungen mit dem Ultramikroskop an den von Stanley erhaltenen Kristallnadeln werden von Kausche[2] dahin gedeutet, daß hier linear und lateral aggregierte stäbchenförmige Teilchen von molekularem Charakter zu Parakristallen vereinigt sind.

Eine mehr oder minder kugelige Gestalt kommt dagegen z. B. den Molekülen des in Rhombendodekaedern kristallisierenden „bushy-stunt"-Virus zu, wie McFarlane und Kekwick[3] aus der fehlenden Strömungsdoppelbrechung und den ähnlichen Ergebnissen der Molekulargewichtsbestimmung aus Sedimentationsgleichgewicht und Sedimentationsgeschwindigkeit folgern.

B. Die chemische Zusammensetzung der gereinigten Virusstoffe.

Soweit bis heute Analysen der isolierten und gereinigten Virusstoffe vorliegen, geht daraus hervor, daß sie *Nucleoproteide* sind.

Das *Tabakmosaikvirusprotein* enthält 48% C, 7,3% H, 16% N, 0,6% P und 0,24% S. Die beiden Elemente Phosphor und Schwefel können durch Dialyse bei p_H 9,3 nicht entfernt werden. Der Schwefel verteilt sich zu 0,14% auf Cystin- bzw. Cysteinschwefel, 0,04% Methioninschwefel und $0,0 \div 0,04\%$ Sulfat-Schwefel. Im aktiven Virusprotein sind keine Sulfhydrylgruppen nachweisbar, wohl aber treten solche bei der Denaturierung in Erscheinung.[4]

Das Virusprotein wird durch die gebräuchlichen Eiweißfällungsmittel, wie Trichloressigsäure, Phosphorwolframsäure, Gerbsäure, Bleiacetat, Alkohol, Aceton und Ammonium- oder Magnesiumsulfat, gefällt. Die Proteinkomponente des Nucleoproteids ist nach Stanley[5] ein Globulin.

Durch Versetzen einer Tabakmosaikviruslösung mit $4 \div 5$ Teilen Eisessig wird die Nucleinsäure abgespalten.[6] Auch durch Erhitzen einer Virusproteinlösung auf 75° tritt Abspaltung der Nucleinsäure ein, gleichzeitig denaturiert das Eiweiß und verliert seine Virusaktivität. Der Nucleinsäuregehalt des Tabakmosaikvirusproteins ist ungefähr 5%. Die Virusnucleinsäure zeigt weitgehend die Eigenschaften und die Zusammensetzung der Hefenucleinsäure, also einer Ribonucleinsäure. Desoxypentosen sind nicht vorhanden. Als Hydrolysenprodukte der Tabakmosaikvirusnucleinsäure wurden von Loring[7] Guanin, Adenin, Cytosin und Uridylsäure isoliert. Nach Bawden und Pirie[6] ist indes die Virusnucleinsäure höhermolekular als die Hefenucleinsäure, da sie im Gegensatz zu dieser nicht dialysabel ist.

Auch die Elementaranalysen des *latenten Mosaikvirusproteins* sprechen für ein Nucleoproteid mit 6% Nucleinsäure. Es enthält 47,8% C, 7,6% H, zirka 16% N, 0,6% P, 1,1% S und $3,6 \div 3,9\%$ Kohlehydrate. Nach Loring[8] sind die chemischen Eigenschaften dieses Virusproteins ganz analog denen des Tabakmosaikvirusproteins, obwohl die biologischen Eigenschaften sehr verschieden sind. Bei der Spaltung mit Eisessig wird eine Nucleinsäure mit den Löslichkeits-

---

[1] V. L. Frampton: Phytopathology 29 (1939), 495.
[2] G. A. Kausche, H. Ruska: Biochem. Z. 303 (1939), 221.
[3] A. S. McFarlane, R. A. Kekwick: Biochemic. J. 32 (1938), 1607.
[4] A. F. Ross, W. M. Stanley: J. Amer. chem. Soc. 61 (1939), 535.
[5] W. M. Stanley: J. biol. Chemistry 121 (1937), 205.
[6] F. C. Bawden, N. W. Pirie: Proc. Roy. Soc. (London), Ser. B 123 (1937), 274.
[7] H. S. Loring: J. biol. Chemistry 130 (1939), 251.
[8] H. S. Loring: J. biol. Chemistry 126 (1938), 455.

eigenschaften der Hefenucleinsäure frei. Das Verhältnis Kohlehydrat: Phosphor ist bei dieser Virusnucleinsäure jedoch doppelt so groß wie bei der Hefenucleinsäure.

Das *Tabakringfleckvirus*, das der kleinste der bisher isolierten und untersuchten Virusstoffe ist (Molekulargewicht 3400000), enthält im Vergleich zum Tabakmosaikvirusprotein ungewöhnlich viel, ungefähr 40%, Nucleinsäure, das ist etwa achtmal soviel wie beim Tabakmosaikvirus.[1]

Auch das *Cucumbermosaikvirus* nach BAWDEN und PIRIE[2] sowie das SHOPE-*Papillomvirus* nach BEARD und WYCKOFF[3] sind ihrer Zusammensetzung nach Nucleoproteide.

Komplizierter als die Pflanzenviren sind die Elementarkörperchen des *Vacciniavirus* zusammengesetzt, die dem Typus der großen Virusstoffe angehören (Durchmesser der Partikelchen zirka 175 mμ); doch zeigen sie nach McFARLANE[4] ein hohes Maß von physikalischer und immunologischer Homogenität, deshalb soll auch kurz an dieser Stelle über die Zusammensetzung dieses größeren Virusstoffes berichtet werden. 1935 stellten HUGHES, PARKER und RIVERS[5] größere Mengen gereinigter Vacciniaelementarkörperchen dar und untersuchten deren chemische Zusammensetzung; sie fanden Eiweiß, ätherlösliche Substanz und wechselnde Mengen Kohlehydrate. Die Substanz war schwefelfrei. Auch nach McFARLANE enthält gereinigtes Vacciniavirus Eiweiß, Kohlehydrat, ätherlösliche Substanz und Nucleinsäuren. Aus dem getrockneten Material können mit Benzol oder Äther die Lipoidsubstanzen (Cholesterin und Fett) zum Teil extrahiert werden, ohne die Sedimentationskonstante oder die Infektionsfähigkeit zu ändern. Das mit Äther extrahierte Virus enthält noch 9% Lipoidsubstanz und zeigt einen Phosphorgehalt von 2%. Die Lipoidsubstanz kann mit Alkohol oder Alkohol und Äther ganz entfernt werden, aber nur unter Vernichtung der Virusaktivität. Wird das mit Äther vorextrahierte Virus mit 1%iger Na_2CO_3-Lösung behandelt, so geht die gesamte Nucleinsäure und 40% des Kohlehydrates in Lösung. Gleichzeitig zerfällt der Rückstand in ganz verschieden große Teilchen.

Aus allem geht hervor, daß die Zusammensetzung des Vacciniavirus doch sehr viel komplizierter ist und schon eher Ähnlichkeit mit der von Bakterien zeigt als mit der gereinigter Pflanzenviren niederen Teilchengewichtes.

Bakteriophagen. In ihrer Zusammensetzung stehen die Bakteriophagen den gereinigten Pflanzenviren sehr nahe. Das gereinigte Material, das NORTHROP[6] aus gelösten Staphylococcenkulturen erhielt, hat die Zusammensetzung eines Nucleoproteids; es enthält 41,8% C, 5,2% H, 14,1% N, 5,0% P und 1,5% Glukose.

Aus dieser kurzen Zusammenstellung der chemischen Zusammensetzung der bisher untersuchten Virusstoffe geht hervor, daß die einheitlichen Pflanzenviren sowie die Bakteriophagen Nucleoproteide sind. Eine allgemeine Übertragung dieser Befunde auf alle Virusarten ist jedoch nicht zulässig, wie das Beispiel des Vacciniavirus zeigt, das komplizierter aufgebaut ist. Doch ist es wahrscheinlich, daß in der Folgezeit noch eine Reihe anderer Virusarten mit kleinem Teilchengewicht als Nucleoproteide erkannt werden können.

Die Konfiguration der im Tabakmosaikvirus enthaltenen Aminosäuren entspricht der *l*-Form, also der in normalen Proteinen vorkommenden natürlichen

---

[1] J. H. BAUER, E. G. PICKELS: J. exp. Medicine **64** (1936), 503.

[2] F. C. BAWDEN, N. W. PIRIE: Nature (London) **189** (1937), 546; Brit. J. exp. Pathol. **18** (1937), 275.

[3] J. W. BEARD, R. W. G. WYCKOFF: Science (New York) **85** (1937), 201.

[4] A. S. McFARLANE, M. G. McFARLANE: Nature (London) **144** (1937), 376.

[5] T. P. HUGHES, R. F. PARKER, T. M. RIVERS: J. exp. Medicine **62** (1935), 349.

[6] J. H. NORTHROP: Science (New York) **86** (1937), 479; J. gen. Physiol. **21** (1938), 335.

Form. Diese in der letzten Zeit gemachte Feststellung[1] ist von Interesse in bezug auf den von Kögl[2] erhobenen Befund, nach dem Proteine der Carcinomzelle einen gewissen Gehalt an *d*-Aminosäuren aufweisen, der diese Proteine widerstandsfähig gegen die normalen Enzyme des Eiweißabbaues macht, so daß dadurch ein hemmungsloses Wachstum der Carcinomzelle möglich gemacht werden soll. Eine allgemeine Gültigkeit für das Wachstum anderer pathologischer Eiweißkörper hat dieser Befund, auf den sich vielleicht eine chemische Vorstellung über die autokatalytische Fortpflanzung von pathogenen Proteinen gründen ließe, demnach nicht.

C. Der Einfluß chemischer Agentien auf die Virusaktivität.

1 Die Wirkung von Eiweißfällungsmitteln auf die Virusaktivität.

Eine ganze Reihe chemischer Reagentien ruft bei ihrer Einwirkung auf Virusstoffe deren Inaktivierung hervor. An erster Stelle in dieser Hinsicht stehen die *Eiweißfällungsmittel*. Dabei ist für die Auffassung, daß die Virusaktivität im Proteinmolekül selbst verankert ist, besonders die Tatsache bemerkenswert, daß nicht nur Virusstoffe durch die gebräuchlichsten Eiweißfällungsmittel niedergeschlagen werden können, sondern daß aus mehreren dieser inaktiven Niederschläge durch Entfernung des Fällungsmittels das aktive Virus zurückgewonnen werden kann.

Reagentien, die Proteine irreversibel denaturieren, wie z. B. Alkohol oder Äther, rufen auch irreversible Inaktivierung des Virus hervor, während in den Fällen, in denen das Reagens keine Denaturierung des Eiweißmoleküls herbeiführt, es auch möglich ist, die Virusaktivität ganz oder teilweise zurückzuerhalten.

Daß Virusstoffe durch Ammonium- bzw. Magnesiumsulfat gefällt und aus den Fällungen in aktiver und gereinigter Form isoliert werden können, davon war schon mehrmals die Rede. Theoretisch ist in dieser Hinsicht das Verhalten der Virusproteine gegenüber Schwermetallsalzen, wie Silbernitrat, Mercurichlorid oder basischem Bleiacetat, wichtiger. Krueger und Baldwin[3] zeigten zuerst an einem Staphylococcus-Bakteriophagen, daß dieser mit Mercurichlorid quantitativ gefällt werden konnte, daß die Fällung inaktiv war und daß durch Zerlegen des Quecksilberniederschlages mit Schwefelwasserstoff die Aktivität vollkommen wiederhergestellt werden konnte. Ganz ähnlich verhält sich das Tabakmosaikvirusprotein. Vinson und Petre[4] reinigten das Virus durch Fällung mit basischem Bleiacetat; sie erhielten inaktive Niederschläge, aus denen nach Entfernung des Bleiions wieder das aktive Virus entstand. Nach Stanley[5] fällt aus Viruslösungen mit wenig Silbernitrat das Silbersalz des Proteins, welches keine Aktivität besitzt, nach der Dialyse des Silberions aber wird das Virusprotein praktisch wieder voll aktiv. Größere Mengen Silbernitrat geben einen unlöslichen Komplex von denaturiertem Protein, das dann nicht mehr reaktiviert werden kann.[6]

Ein anderes Eiweißfällungsmittel, das in der Viruschemie des öfteren angewandt wird, ist das Safranin. Vinson[7] konnte mit Safranin Tabakmosaikvirus-

[1] G. Schwamm, H. Müller: Naturwiss. 28 (1940), 223. — W. M. Stanley: Physiologic. Rev. 19 (1939), 524.

[2] F. Kögl, H. Erxleben: Hoppe-Seyler's Z. physiol. Chem. 258 (1939), 57; 261 (1939), 154.

[3] A. P. Krueger, D. M. Baldwin: J. gen. Physiol. 17 (1934), 499.

[4] C. G. Vinson, A. W. Petre: Contr. Boyce Thompson Inst. 3 (1931), 131.

[5] W. M. Stanley: Phytopathology 25 (1935), 899.

[6] J. C. Went: Phytopathol. Z. 10 (1937), 480.

[7] C. G. Vinson: Phytopathology 22 (1932), 965.

protein in inaktiver Form niederschlagen und den Niederschlag mit Loyds-Reagens zerlegen, wodurch die Aktivität wieder zurückgewonnen wurde.

Bis zu einem gewissen Grade gehört hierher auch das Verhalten der Virusstoffe gegenüber Adsorptionsmitteln. Virusstoffe können durch Tonerde oder Kaolin ähnlich adsorbiert und durch geeignete Lösungsmittel aus dem Adsorbat eluiert werden wie Enzyme.[1]

Die Wiedergewinnung der Virusaktivität aus inaktiven Komplexen des Virus mit eiweißfällenden Mitteln zeigt, wie innig die Aktivität mit der Eiweißnatur des Virus verbunden ist. Die Widerstandsfähigkeit des Virus gegen Reagentien wie Quecksilberchlorid ist anderseits ein weiterer Hinweis dafür, daß die Virusstoffe nicht den Bakterien zuzurechnen sind.

2. Die Wirkung von Oxydationsmitteln auf Virusstoffe.

Gegen *Oxydationsmittel* sind die Virusstoffe im allgemeinen sehr empfindlich. Kaliumpermanganat oder Wasserstoffsuperoxyd vernichten die Aktivität des Tabakmosaikvirus sehr rasch. Manche Virusarten sind so empfindlich, daß sie durch bloßes Stehen an der Luft inaktiviert werden. Demgegenüber besitzen reduzierende Substanzen, wie Cystein oder Natriumsulfit, ausgesprochene Schutzwirkung gegen oxydierende Substanzen. Ja, Zinsser und Seastone,[2] ferner Perdrau[3] machten sogar die sehr interessante Beobachtung, daß Herpesvirus, das durch Stehen an der Luft inaktiviert war, mittels Cystein wieder reaktiviert werden konnte. Eine tiefergreifende Oxydation, wie sie etwa durch Kaliumpermanganat hervorgerufen wird, ist irreversibel; der Versuch einer Wiederherstellung des ursprünglichen Moleküls würde auf unüberwindliche Hindernisse stoßen. Daß aber eine geringfügige oxydative Änderung schon eine Vernichtung der Aktivität hervorruft, die durch Reduktion wieder zurückgewonnen werden kann, zeigt wiederum, wie die Aktivität von der Feinstruktur des Moleküls selbst abhängt.

Manche Viren sind empfindlich gegen die photodynamische Reaktion verschiedener Reagentien, z. B. Methylenblau. Die Inaktivierung durch Methylenblau in Gegenwart von Licht scheint einer oxydierenden Wirkung zuzuschreiben zu sein, weil sie in Abwesenheit von Sauerstoff oder in Anwesenheit von reduzierenden Mitteln, wie Cystein, nicht eintritt.

3. Die Wirkung von Formaldehyd auf Virusstoffe.

Die *Inaktivierung von Virusstoffen durch Formaldehyd* wurde besonders von Ross und Stanley[4] untersucht. Durch geeignete Behandlung mit Formaldehyd werden alle Virusstoffe inaktiviert, wobei die chemischen und besonders die serologischen Eigenschaften weitgehend erhalten bleiben; deshalb wird Formaldehyd zur Darstellung immunisierender Agentien sehr häufig in der Praxis angewandt.

Nach Ross und Stanley reagiert Formaldehyd aller Wahrscheinlichkeit nach mit den primären Aminogruppen des Virusproteins; denn man findet, daß der Aminostickstoffgehalt des mit Formaldehyd inaktivierten Tabakmosaikvirusproteins beträchtlich niedriger ist als der des aktiven Proteins (nach van Slyke gasometrisch sowie mittels Ninhydrin kolorimetrisch gemessen). Außer

---

[1] E. Fränkel, E. Mislowitzer: Z. Krebsforsch. 29 (1929), 491. — E. Maschmann, B. Albrecht: Hoppe-Seyler's Z. physiol. Chem. 196 (1931), 241. — J. B. Murphy, E. Sturm, A. Claude, O. M. Helmer: J. exp. Medicine 56 (1932), 91.

[2] H. Zinsser, C. V. Seastone: J. Immunology 18 (1930), 1.

[3] J. R. Perdrau: Proc. Roy. Soc. (London), Ser. B 109 (1931), 304.

[4] A. F. Ross, W. M. Stanley: J. gen. Physiol. 22 (1938), 165.

Aminogruppen verschwinden bei der Inaktivierung mit Formaldehyd noch die Gruppen, die mit dem Folinschen Reagens in Reaktion treten (wahrscheinlich die Indolkerne des Tryptophans). Diese Formaldehyd-Amino-Verbindung kann zu einem guten Teil durch Dialyse bei p_H 3 wieder in ihre Komponenten zerlegt werden, wobei ein Zuwachs an Aminogruppen und gleichzeitig damit eine weitgehende Reaktivierung des Virus erfolgt.

Diese Reaktivierung des Tabakmosaikvirusproteins aus der inaktiven Formaldehydverbindung bringt nach der Auffassung von Stanley den strengen Beweis dafür, daß die Virusaktivität eine spezifische Eigenschaft des Proteins ist, und gibt gleichzeitig auch einen gewissen Einblick in die Beziehung zwischen chemischer Struktur des Proteins und seiner biologischen Eigenschaften. Die Tatsache, daß die Verbindung des Formaldehyds mit dem Virusproteinmolekül den Verlust der Virusaktivität hervorruft und daß die Entfernung des Formaldehyds die Wiedergewinnung der Virusaktivität zur Folge hat, kann kaum anders gedeutet werden als so, daß die Aktivität eine spezifische Eigenschaft des Proteins ist.

Auch in manch anderer Hinsicht schließt sich die Reaktionsweise der Virusstoffe eng an die der Proteine an. Das zeigt sich z. B. in ihrem Verhalten gegen Harnstoff. In Harnstofflösungen zerfallen manche Eiweißkörper in kleinere Bruchstücke.[1] Auch das Tabakmosaikvirusprotein zeigt diese Eigenschaft;[2] die dabei entstehenden Eiweißbruchstücke haben dann keine Virusaktivität mehr.

Von der Enzymchemie her kennen wir die stabilisierende Wirkung des Glycerins auf biologisch wirksame Eiweißkörper; diese Wirkung des Glycerins finden wir bei vielen Virusstoffen wieder.

4. Trennung von Virusstoffen mittels chemischer Agentien.

Ähnlich wie in der Enzymchemie Trennungen von Fermentgemischen auf Grund der verschiedenen Stabilität der einzelnen Wirkstoffe gegenüber chemischen Agentien möglich sind, sind auch Virusstoffe in ihrer Reaktionsfähigkeit so fein abgestuft, daß man einzelne Virusstoffe durch selektive chemische Inaktivierung zu unterscheiden und zu trennen vermag.[3]

Überblicken wir noch einmal die Reaktionen, die Virusstoffe mit den verschiedenen chemischen Agentien eingehen, so geht daraus hervor, daß sie sich wie Proteine verhalten, daß ihre Aktivität mit der Proteinnatur eng verknüpft ist und daß eine Zuordnung der Virusstoffe zu Bakterien oder bakterienähnlichen Organismen mit ihrer Reaktionsweise nicht in Einklang zu bringen wäre.

D. Der Einfluß der Wasserstoffionenkonzentration auf das Infektionsvermögen und auf die Stabilität des Virusproteinmoleküls.

Das bedeutsame Ergebnis der Untersuchung der Virusstoffe vermittels der Ultrazentrifuge war zunächst die Feststellung, daß auch die Virusstoffe genau wie die Proteine wohldefinierte Molekülgrößen, die gereinigten Pflanzenviren insbesondere Moleküle in der Größenordnung von Proteinen besitzen.[4] Aber die Sedimentationsanalyse erschließt noch andere Möglichkeiten für einen Vergleich von Virusstoff und Protein.

Änderungen des p_H nach der sauren oder alkalischen Seite führt bei vielen Eiweißstoffen zur Entstehung neuer Moleküle mit neuen Sedimentationskonstan-

<hr>

[1] N. F. Burk: J. biol. Chemistry 120 (1937), 63.
[2] W. M. Stanley, M. A. Lauffer: Science (New York) 89 (1939), 345.
[3] W. B. Allington: Phytopathology 28 (1938), 902.
[4] J. H. Bauer, E. G. Pickels: J. exp. Medicine 64 (1936), 503.

ten, die in der Ultrazentrifuge mit großer Genauigkeit gemessen werden können.[1]
So zeigt z. B. das Hämocyanin von *Helix pomatia* bei einem bestimmten p_H
einheitliche Teilchen mit dem Molekulargewicht 6 740 000. Änderung des p_H
führt zu einer Dissoziation des Moleküls, die in diesem und in anderen Fällen
reversibel ist, sofern die Alkali- bzw. Säurewirkung nicht zu weitgehend war.
Eine ganz ähnliche Abhängigkeit von der Wasserstoffionenkonzentration zeigen
nun auch die Virusstoffe.[2,3] Dabei geht die Vernichtung der Virusaktivität
eng parallel mit dem Zerfall des Proteinmoleküls, der durch die jeweilige Feststellung der Sedimentationskonstante bestimmt wird. Für das Tabakmosaikvirusprotein ist die Abhängigkeit der Aktivität und der Sedimentationskonstante
von der Wasserstoffionenkonzentration aus der folgenden Abb. 3 ersichtlich.

Virusaktivität und Sedimentationskonstante ändern sich bei einer Wasserstoffionenkonzentration zwischen p_H 2 und p_H 8 innerhalb von 24 Stunden
nicht. Unterhalb p_H 2 und über p_H 8 wird die Aktivität sehr rasch vernichtet
unter gleichzeitigem Zerfall des hochmolekularen Proteins. Diese Erscheinung,

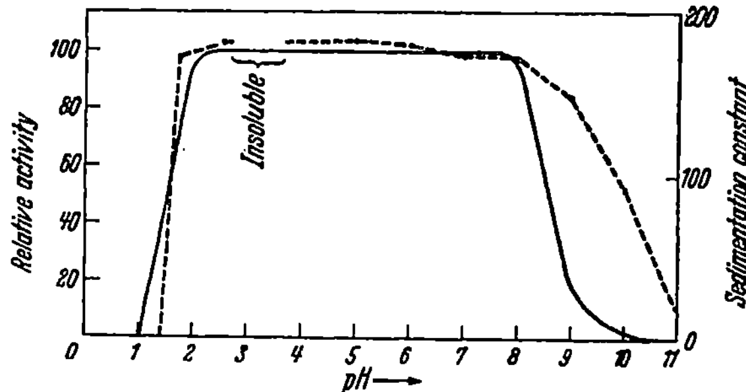

Abb. 3. p_H-Stabilitätsbereich des Tabakmosaikvirusproteins, gemessen an der Virusaktivität (———) und an
der Sedimentationskonstante (— — —). Nach W. M. STANLEY.

daß die Virusaktivität gerade bei der Wasserstoffionenkonzentration verschwindet,
bei der das Proteinmolekül unstabil wird, ist zu erwarten, wenn die Virusaktivität
eine Eigenschaft des intakten Proteinmoleküls ist. Noch eindeutiger würde
sich dies beweisen lassen, wenn es gelänge, die Dissoziation des Proteins unter
gleichzeitiger Reaktivierung des Infektionsvermögens reversibel zu gestalten,
wie wir es bei zahlreichen anderen Eiweißkörpern kennengelernt haben. BEST
und SAMUEL[4] finden in der Tat eine gewisse, allerdings kleine Reaktivierung
einer bei p_H 9 inaktivierten Tabakmosaikviruslösung, wenn sofort nach der
Inaktivierung die Lösung auf p_H 7 eingestellt wird. KAUSCHE[5] hat dieses Problem
neuerdings aufgegriffen und kann im sauren Gebiet oberhalb p_H 2 bedeutende
Reaktivierungseffekte feststellen, während im alkalischen Bereich sowie unterhalb p_H 2 das Virus irreversibel geschädigt ist. Wenn auch in dieser Hinsicht
noch keine abgeschlossenen Ergebnisse vorliegen, so deuten die bisherigen Befunde
der Reaktivierung doch auf eine enge Analogie mit anderen Eiweißkörpern.
Der Vergleich des p_H-Stabilitätsbereiches der Virusaktivität mit der des Proteins
zeigt aber jedenfalls, daß die Virusaktivität eine spezifische Eigenschaft des
hochmolekularen Proteins ist.

---

[1] R. W. G. WYCKOFF: J. biol. Chemistry 122 (1937), 239; 128 (1939), 729.
[2] H. S. LORING: J. biol. Chemistry 126 (1938), 455.
[3] A. S. McFARLANE, R. A. KEKWICK: Biochemic. J. 32 (1938), 1607.
[4] R. J. BEST, G. SAMUEL: Ann. appl. Biol. 23 (1936), 509.
[5] G. A. KAUSCHE: Naturwiss. 28 (1940), 61.

Die p_H-Stabilitätsbereiche der einzelnen Virusarten sind zum Teil ziemlich verschieden. Kausche[1] benutzt diese Beständigkeitsunterschiede der Virusarten zu ihrer Trennung. So wird Tabakmosaikvirus in 4 Tagen bei p_H 9,9 völlig inaktiviert, während Kartoffel-X-Virus nicht verändert wird. Diese feinabgestufte Empfindlichkeit gegenüber H- bzw. OH-Ionen ist eine allgemeine Eigenschaft von Proteinen; wir finden sie ganz ähnlich bei anderen biologisch wirksamen Eiweißkörpern, bei den Fermenten, wo sie in gleicher Weise zur Trennung von Enzymgemischen mit Erfolg angewandt wird.

Eine Übersicht über die p_H-Stabilitätsbereiche einiger Virusstoffe bringt folgende Abb. 4.

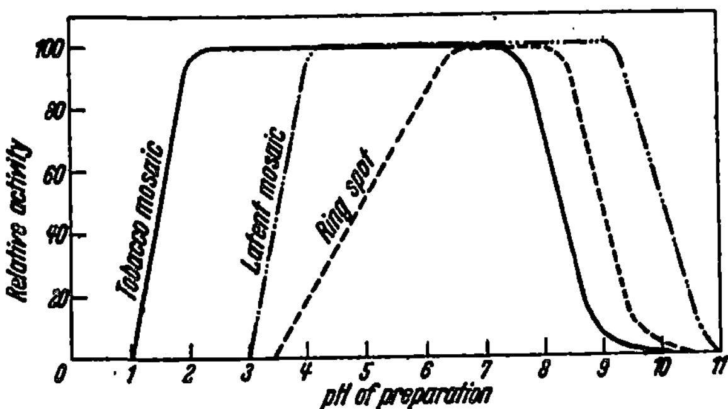

Abb. 4. p_H-Stabilitätsbereich der Aktivität des Tabakmosaikvirus, Tabakringfleckvirus und latenten Mosaikvirus von Kartoffeln. Nach W. M. Stanley.

E. Die Wirkung von Enzymen auf Virusstoffe.

Versuche, die Angreifbarkeit von Virusstoffen durch Enzyme festzustellen, wurden seit langem mit der Absicht ausgeführt, über ihre Proteinnatur Näheres aussagen zu können. Denn man kann sich ja kaum einen eindringlicheren Beweis für die Proteinnatur eines biologischen Wirkstoffes denken als den, daß er durch proteolytische Enzyme abgebaut und inaktiviert wird. Merkwürdigerweise waren die Ergebnisse dieser Versuche lange Zeit widerspruchsvoll, zum Teil deshalb, weil in den früheren Arbeiten uneinheitliche Enzympräparate verwandt worden sind. Neuere Versuche von Pirie und Stanley[2] zeigten, daß Tabakmosaikvirusprotein von kristallisiertem Trypsin nicht abgebaut wird, obwohl zunächst Inaktivierung eintritt, die aber durch Entfernung des Trypsins wieder aufgehoben werden kann. Stanley[3] untersuchte die Wirkung des Trypsins auf das Tabakmosaikvirusprotein näher und fand, daß Trypsin wie übrigens auch andere Proteine, die ihren isoelektrischen Punkt etwas im alkalischen Bereich liegen haben, wie Globin oder Trypsinogen, mit dem Virus inaktive Komplexe bilden, die mit Säuren wieder zerfallen.

Von kristallisiertem Pepsin wird dagegen Mosaikvirus inaktiviert. Die Wirkung des Pepsins auf das Virusprotein wurde bei $p_H = 3$ untersucht, da höhere Wasserstoffionenkonzentration die Aktivität vernichtet; die Enzymwirkung ist dort proportional der Enzymkonzentration und der Zeit und steigt mit der Verdauungstemperatur, ist aber sehr klein, so daß es nicht sicher erscheint, ob der gemessene Wert nicht doch von der Säurewirkung herrührt, die verstärkt wird durch die leichtere enzymatische Angreifbarkeit des denaturierten Proteins.

---

[1] G. A. Kausche: Naturwiss. 26 (1938), 219; Angew. Bot. 20 (1938), 246.
[2] A. Pirie: Brit. J. exp. Pathol. 16 (1935), 497.
[3] W. M. Stanley: Phytopathology 24 (1934), 1055, 1269.

Nach BAWDEN und PIRIE[1] wird das latente Mosaikvirus von Kartoffeln durch kristallisiertes Trypsin und Pepsin zerstört.

MERILL[2] untersuchte die Wirkung kristallisierten Trypsins und Chymotrypsins auf tierische Virusarten. Pferdeencephalitisvirus wird durch Chymotrypsin, nicht aber durch Trypsin, Vaccinevirus langsam durch Trypsin, nicht durch Chymotrypsin, Tollwutvirus durch beide Enzyme und Schweineinfluenzavirus durch keines von beiden inaktiviert. MERILL vergleicht die Wirkung dieser beiden Enzyme auf Virusarten mit der auf Bakterien; lebende Bakterien werden darnach nicht angegriffen.

Wenn auch auf Grund bisher vorliegender Untersuchungen nicht alle Virusstoffe durch proteolytische Enzyme abgebaut und inaktiviert werden, so zeigen anderseits die positiven Ergebnisse eindeutig, daß es Virusstoffe mit Proteinnatur gibt. Für die Fälle mit negativem Ergebnis braucht deshalb noch kein sehr viel komplizierterer Bau angenommen zu werden; wir kennen eine Reihe von Eiweißkörpern, die nicht ohne weiteres der enzymatischen Proteolyse anheimfallen. Im allgemeinen läßt sich feststellen, daß sich die Virusstoffe in die proteolytisch schwer angreifbaren Proteine einreihen.

Von Interesse ist ein von PFANKUCH und KAUSCHE[3] mitgeteilter Befund, nach dem das Tabakmosaikvirus und das Kartoffel-X-Virus durch Phosphatasepräparate aus Rüben und Kartoffeln inaktiviert werden, vermutlich deshalb, weil die Esterphosphorsäure in den Nucleoproteiden abgespalten wird.

F. Die Wirkung physikalischer Kräfte auf die Virusstoffe.

Die Wirkung physikalischer Kräfte auf die Virusstoffe läßt eine Unterscheidung zwischen lebender oder toter Materie viel weniger zu als etwa die Wirkung chemischer Agentien, wo die Befunde ganz eindeutig für eine reine Proteinnatur der Virusstoffe sprechen. Das mag davon herrühren, daß lebendes Protoplasma und isolierte Eiweißkörper gegenüber diesen Kräften die nämlichen Reaktionen zeigen.

Die meisten Virusstoffe werden durch Temperaturen zwischen 55 und 75°, durch Bestrahlung mit ultraviolettem Licht oder mit Röntgenstrahlen inaktiviert.[4] Es gibt aber beträchtliche Unterschiede in der Empfindlichkeit der verschiedenen Virusstoffe gegenüber diesen Einflüssen. Tabakmosaikvirus ist besonders im ungereinigten Zustand sehr stabil und wird im gereinigten Zustand erst bei 75° inaktiviert; bei anderen Virusarten wieder ist die Hitzeinaktivierung kaum exakt zu verfolgen wegen ihrer allgemeinen Empfindlichkeit besonders gegenüber oxydierenden Stoffen: so wird Cucumbermosaik- und Tabakringfleckvirus schon durch Stehen bei Zimmertemperatur während 5 Stunden inaktiviert. Bemerkenswert ist, daß alle untersuchten Virusarten einen hohen Temperaturkoeffizienten haben, wie er auch für die Hitzedenaturierung von Eiweißkörpern bekannt ist.

Versuche über die Inaktivierung von Virusstoffen durch Bestrahlung mit ultraviolettem Licht bzw. Röntgenstrahlen zeigen, daß dabei ungefähr die nämliche Energie verbraucht wird wie bei der Inaktivierung von Bakterien.[5, 6]

---

[1] F. C. BAWDEN, N. N. PIRIE: Brit. J. exp. Pathol. 17 (1936), 64.
[2] M. H. MERILL: J. exp. Medicine 64 (1936), 19.
[3] E. PFANKUCH, G. H. KAUSCHE: Biochem. Z. 301 (1939), 223.
[4] W. M. STANLEY: Handbuch der Virusforschung, S. 452. Wien, 1938.
[5] F. L. GATES: J. gen. Physiol. 18 (1929), 231; J. exp. Medicine 60 (1934), 179.
[6] T. M. RIVERS, F. L. GATES: J. exp. Medicine 47 (1928), 45.

Stanley konnte feststellen, daß Tabakmosaikvirusprotein dabei viele seiner charakteristischen physikalischen, chemischen und vor allem serologischen Eigenschaften beibehält. Auch bei einigen tierischen Virusstoffen konnte durch Bestrahlung Inaktivierung unter gleichzeitiger Erhaltung einer beträchtlichen immunisierenden Wirkung erreicht werden.

Im Gegensatz zu amerikanischen und englischen Autoren berichten Kausche und Stubbe[1] von großen Aktivierungseffekten am Tabakmosaikvirus durch Röntgen- und γ-Strahlen, ein Befund, der nach diesen Autoren selbst nicht verallgemeinert werden darf. Neben dieser quantitativen Änderung des Tabakmosaikvirus kann Kausche[2] auch eine qualitative Veränderung dann feststellen, wenn die Bestrahlung des hochgereinigten Virus nicht in Lösung oder fester Substanz, sondern an lebenden Blättern, die das Tabakmosaikvirus enthalten, vorgenommen wird. Es tritt nach Kausche eine mit Röntgenstrahlen induzierte „*Mutation*" *des Tabakmosaikvirus* ein, die sich bei der Weiterverimpfung konstant erhält. Das wäre eine Erscheinung, die sich den bei Genen beobachteten Effekten gleichsetzen ließe. Damit ist freilich das Tabakmosaikvirusprotein noch nicht als lebender Organismus anzusehen; der Versuch zeigt nur wieder, wie eng Virussubstanz mit lebender Substanz in manchen Eigenschaften verwandt ist.

V. Biologische Erscheinungen bei der Virusbildung und Viruserkrankung.

A. Die biologischen Vermehrungsbedingungen der Virusstoffe.

Die Tatsache allein, daß eine Virusvermehrung nur bei Anwesenheit lebender pflanzlicher oder tierischer Zellen möglich ist, bedeutet, daß zwischen Virus und Wirtszelle die engsten Beziehungen bestehen müssen. Welche Rolle jedoch der lebenden Zelle, sei sie nun isoliert als Einzeller oder im Verbande eines Organismus oder in Gewebsexplantaten, in denen die Züchtung vieler Virusarten heute möglich ist, zuzuschreiben ist, darüber können wir uns nur allgemeine Vorstellungen machen; eine genaue Kenntnis des Mechanismus der Virusbildung fehlt uns. Mit den Theorien der Virusbildung werden wir uns im nächsten Kapitel auseinanderzusetzen haben; hier sei nur kurz über die biologischen Bedingungen, soweit sie bekannt sind, berichtet.

Sämtliche Versuche, eine Virusvermehrung unter Verwendung von (z. B. durch Hitzeeinwirkung, wiederholtes Gefrieren und Wiederauftauen, Anaerobiosis oder Autolyse) abgetötetem Gewebe zu erzielen, führten ausnahmslos zu völlig negativen Resultaten. Auch ist es bisher niemals in einwandfreier und überzeugender Weise gelungen, das intakte Gewebe durch frische, zellfreie Gewebsextrakte als Nährsubstrat für die Viruszüchtung zu ersetzen. Einzelne, anscheinend erfolgreiche Züchtungsversuche auf zellfreien Medien hielten weder der Kritik stand, noch konnten sie durch Nachprüfung bestätigt werden. So berichtet Olitzky[3] über die erfolgreiche Züchtung des Virus der Mosaikkrankheit des Tabaks in Berkefeld-Filtraten von pflanzlichen Gewebsextrakten. Bei einer Nachprüfung dieser Befunde stellen jedoch Olitzky und Forsbeck[4] selbst fest, daß eine Virusvermehrung in diesen zellfreien Medien wahrscheinlich nur

---

[1] G. A. Kausche, H. Stubbe: Naturwiss. **26** (1938), 740. — G. A. Kausche: Ebenda **26** (1938), 741.

[2] G. A. Kausche: Naturwiss. **27** (1939), 501. — E. Pfankuch, G. A. Kausche, H. Stubbe: Biochem. Z. **304** (1940), 238.

[3] P. K. Olitzky: J. exp. Medicine **41** (1925), 129.

[4] P. K. Olitzky, Forsbeck: Science (New York) **74** (1931), 483.

durch eine Virusaktivierung unbekannter Art vorgetäuscht sei. Ähnlich verliefen Untersuchungen an Vaccinevirus,[1] Herpes- und Gelbfiebervirus,[2] Hühnerpestvirus,[3] Psittacosisvirus[4] und Fleckfieberrickettsien.[5] Wie weit diese negativen Resultate auf die mangelhafte Methode zurückzuführen sind bzw. wie weit sie in der Natur der Virusstoffe selbst begründet sind, mag dahingestellt sein. Die Mehrzahl der Forscher steht heute auf dem Standpunkte, daß die Virusvermehrung unabänderlich an die Gegenwart lebender Zellen geknüpft ist, daß also Virusstoffe als Erzeugnisse des infizierten Wirtsorganismus zu gelten haben. Dafür spricht auch, daß die optimalen Bedingungen für die Virusvermehrung in Gewebsexplantaten in wachsenden und proliferierenden Zellen zu finden sind und die Vermehrung in ruhenden Zellen, wenn überhaupt, nur schwach, in den meisten Fällen aber gar nicht stattfindet.

KRUEGER und FONG[6] haben die Verhältnisse in dieser Beziehung bei den Bakteriophagen eingehend studiert und sind dabei allerdings zu dem Ergebnis gekommen, daß die Bedeutung, die man früher dem Bakterienwachstum als einer wesentlichen Bedingung für die Phagenbildung beigemessen hat, fraglich geworden ist. Unter normalen Bedingungen bei p_H 7,4 und 36° zeigt sich die Phagenbildung abhängig vom Bakterienwachstum; die Abhängigkeit wird außerdem durch den Stillstand der Phagenbildung bei plötzlicher Abstoppung des Bakterienwachstums durch veränderte Bedingungen, z. B. durch sehr geringe Temperatur, wahrscheinlich gemacht. Aber diese Abhängigkeit ist nach KRUEGER doch nur eine scheinbare; denn die beiden Erscheinungen können voneinander getrennt werden.. Wenn nämlich die Bakterienbildung durch Einstellung auf p_H 6 und auf eine Temperatur von 28° gestört ist, schreitet nichtsdestoweniger die Phagenbildung in erheblichem Maße fort. KRUEGER teilt auch Beobachtungen mit, wonach gewisse zellfreie Ultrafiltrate von Bakterienpräparaten in Phagenkulturen einen Zuwachs von 100% hervorrufen können.

Diese Befunde KRUEGERS aus letzter Zeit zeigen, daß über die Verknüpfung von Phagen- und Bakterienwachstum vielleicht doch noch nicht das letzte Wort gesprochen ist. Daß ein Zusammenhang besteht, ist nicht zu bezweifeln; daß dieser Zusammenhang im allgemeinen in der Bereitstellung von Energie und Baumaterial für die Phagenbildung besteht, kann wohl angenommen werden. Wenn es einmal gelingt, diesen im einzelnen unbekannten, Energie und Baustoffe liefernden Mechanismus von der Zelle loszulösen, ist vielleicht auch an eine Phagen- bzw. Virusvermehrung außerhalb der Zelle zu denken.

Im großen ganzen ist das Wachstum eines Virus auf einen jeweils bestimmten Wirtsorganismus eingestellt, so daß man annehmen muß, daß auch der Energie und Baustoff liefernde Mechanismus jeweils ein mehr oder minder spezifischer sein wird. Streng gilt diese Abhängigkeit von der Art des Wirtes jedoch nicht. STANLEY und LORING[7] war es möglich, dasselbe Mosaikvirusprotein, das zuerst aus türkischen Tabakpflanzen isoliert worden war, auch aus anderen, mit demselben Virus infizierten Pflanzenarten darzustellen, und zwar zunächst aus Tomatenpflanzen; später wurde es auch aus infiziertem Spinat, Phlox und Petunia gewonnen, also aus Pflanzenspezies, die im System schon ziemlich weit von

[1] G. H. EAGLES: Brit. J. exp. Pathol. 16 (1935), 188. — RIVERS, WARD: J. exp. Medicine 57 (1933), 51.

[2] E. HAAGEN: Zbl. Bakteriol., Parasitenkunde Infektionskrankh., Abt. I, Orig. 129 (1933), 237.

[3] C. HALLAUER: Z. Hyg. Infekt.-Krankh. 115 (1933), 616.

[4] McCALLUM: Brit. J. exp. Pathol. 17 (1936), 472.

[5] CL. NIGG, K. LANDSTEINER: J. exp. Medicine 55 (1932), 563.

[6] A. P. KRUEGER, J. FONG: J. gen. Physiol. 21 (1937), 137.

[7] W. M. STANLEY, H. S. LORING: Science (New York) 83 (1936), 85.

der ursprünglichen Wirtspflanze abstehen. Umgekehrt können verschiedene Virusproteine aus dem nämlichen Wirtsorganismus isoliert werden, eine biologische Tatsache, die — wie wir später hören werden — für die Theorie der Virusbildung nicht ohne Bedeutung ist. So konnte Stanley[1] zeigen, daß vier verschiedenen Stämmen des Tabakmosaikvirus vier differente hochmolekulare Virusproteine entsprechen. Auch kennt man Fälle, wo ein und dieselbe Pflanze gleichzeitig mit zwei oder mehreren Virusarten infiziert ist, z. B. der Tabak mit Mosaikvirus und Ringfleckvirus.

Die Tatsache, daß es mehrere Stämme oder *Varianten ein und desselben Virus* gibt, z. B. des Tabakmosaikvirus oder des X-Mosaikvirus der Kartoffel, kann man mit der Annahme zu erklären versuchen, daß bei der Produktion von Millionen Molekülen eines bestimmten Virusproteins es sich ereignen könne, daß gelegentlich eines eine etwas abweichende Struktur hat, ohne seine Vermehrungsfähigkeit einzubüßen, wodurch ein neuer Stamm entstände, ein Phänomen, das der Mutation analog wäre. Köhler[2] konnte aus einer Linie des X-Mosaikvirus der Kartoffel vier Varianten isolieren, welche sich voneinander nicht durch die Qualität, wohl aber durch die Intensität der pathogenen Auswirkung unterscheiden; dabei handelt es sich um zufällig entstandene Varianten. Kausche[3] dagegen konnte, wie schon früher erwähnt (siehe S. 534), eine mit Röntgenstrahlen induzierte „Mutation" des Tabakmosaikvirus feststellen. Damit ist zum erstenmal eine experimentelle Erzeugung eines vom ursprünglichen Virus verschiedenen Stammes möglich geworden, die offenbar auf eine Änderung an den Proteinmolekülen zurückzuführen ist.

B. Biologische Eigenschaften der Virusproteine.

1. Die serologischen Eigenschaften.

Die serologischen Eigenschaften der Virusproteine sind — das ist der hauptsächlichste Befund in dieser Richtung — verschieden von denen der normalen Zelleiweißkörper. Die Immunochemie sagt aus, daß zwar nicht alle chemischen Differenzen hochmolekularer Proteine in ihrer serologischen Spezifität zum Ausdruck kommen müssen, daß aber vorhandene serologische Unterschiede ausnahmslos auf Verschiedenheit der chemischen Struktur beruhen. Es besteht daher die Möglichkeit, die Virusproteine durch serologische Reaktionen zu identifizieren und sie von den Eiweißstoffen des Wirtsorganismus zu unterscheiden. Tatsächlich konnten Chester[4] und andere Forscher[5] konstatieren, daß das kristallisierte Tabakmosaikvirusprotein Antigencharakter besitzt, indem es im Kaninchenorganismus Präzipitine erzeugt, welche mit den Lösungen des gereinigten Virus wie auch mit dem Quetschsaft infizierter Blätter, aber nicht mit dem Extrakt aus normalen Blättern reagieren; dementsprechend mißlangen auch alle Versuche, in dem Saft normaler Pflanzen das hochmolekulare Virusprotein, sei es auch nur in Spuren, chemisch durch die Ultrazentrifuge oder auch spektralanalytisch nachzuweisen.

Daß die immunisierende Fähigkeit des Virusproteins auch dann erhalten bleibt, wenn es inaktiviert, d. h. seiner Infektiosität beraubt wird, darauf ist

[1] W. M. Stanley: J. biol. Chemistry 117 (1937), 755.

[2] E. Köhler: Naturwiss. 25 (1937), 669.

[3] G. A. Kausche: Naturwiss. 27 (1939), 501. — E. Pfankuch, G. A. Kausche, H. Stubbe: Biochem. Z. 304 (1940), 238.

[4] K. S. Chester: Phytopathology 26 (1938), 715, 778. — Seastone, H. S. Loring, K. S. Chester: J. Immunology 33 (1937), 407.

[5] G. J. Lavin, W. M. Stanley: J. biol. Chemistry 118 (1937), 269.

weiter oben schon hingewiesen worden. Sowohl Tiere wie Pflanzen können
eine spezifische Immunität gegen Virusinfektion durch Überstehen der Viruskrankheit erwerben. Es sind aber keineswegs alle Viruskrankheiten, die immuni-
sierend wirken. Auch die Erscheinung der natürlichen Resistenz kennen wir
bei Viruskrankheiten.

2. Veränderungen des Eiweißstoffwechsels in erkrankten Wirtsorganismen.

Die Veränderungen des Eiweißstoffwechsels, die bei Viruserkrankungen
eintreten, sind für die Theorie der Virusbildung von besonderer Bedeutung
und wurden deshalb von verschiedenen Forschern näher untersucht.

Nach der Infektion mit Mosaikvirus treten im Eiweißgehalt der erkrankten
Tabakspflanzen größere Veränderungen ein, und zwar nimmt nach MARTIN,
BALLS und McKINNEY[1] in der ersten Phase der Krankheit das normale Protein,
das zum Teil durch Trypsin leicht verdaulich ist, ungefähr in der Menge ab,
die der des neugebildeten Vi-
rusproteins entspricht (siehe
Abb. 5). In der nächsten Phase
tritt eine sehr rasche Anhäufung des Virusproteins ein; die
Proteinsynthese als Ganzes
wird beschleunigt, der Gehalt
des normalen Proteins steigt
wieder ungefähr auf die ursprüngliche Höhe. Dann tritt
ein plötzlicher Stillstand in
der Virusvermehrung ein,
dem ein allmählicher Abfall
folgt.

Diese Verminderung des
Virusproteins bei längerer
Einwirkung des Infektions-
stoffes muß Faktoren zu-
geschrieben werden, die eine
weitere Bildung nativer Virusproteine beschränken.

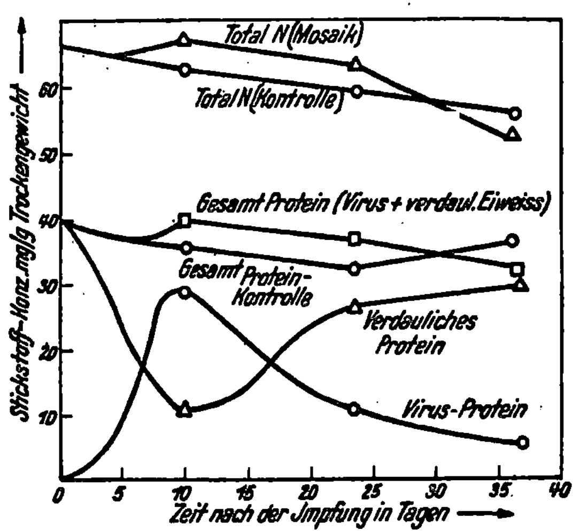

Abb. 5. Proteinveränderungen im Laufe der Mosaikkrankheit
(Wiskonsin-Havanna-Tabak). Nach L. F. MARTIN, A. BALLS und
MCKINNEY[1].

Mosaikresistente Tabakarten zeigen qualitativ den gleichen Effekt; jedoch
erreicht das Virusprotein bei ihnen nur ein niedrigeres Maximum, und auch
die Abnahme des Virusgehaltes setzt früher ein. Eine äußerst resistente Tabak-
sorte beantwortete die Virusinfektion mit einer Erniedrigung des Gesamtstick-
stoffes und einer Erniedrigung des Gehaltes an unlöslichen Stickstoffverbindungen
ohne gleichzeitige Bildung von meßbaren Virusmengen. Die Folge einer Virusinfektion bei resistenten Pflanzen scheint also eine Beschränkung der Proteinsynthese zu sein, welche eine irgendwie meßbare Anhäufung des Virusproteins
nicht erlaubt.

Nach RISCHKOV und SMIRNOVA[2] geht in Tomatenpflanzen, die mit Tabakmosaikvirus infiziert sind und *stickstoffrei* ernährt werden, die Virusbildung
trotzdem weiter, und das Virus erreicht schließlich in diesen Pflanzen ebenden-
selben Titer wie in normal ernährten Kontrollpflanzen; das wird so gedeutet,

---

[1] L. F. MARTIN, AK. BALLS, H. H. McKINNEY: J. biol. Chemistry 180 (1939), 687.
[2] V. L. RISCHKOV, V. A. SMIRNOVA: C. R. (Doklady) Acad. Sci. USSR 23 (1939),
95; zitiert nach Chem. Zbl. 1940 I, 575.

daß nach dem Stickstoffentzug das Virusprotein in stärkerem Maße auf Kosten des normalen Eiweißes gebildet wird als in normal ernährten Pflanzen.

VI. Theorien über Virusentstehung und Virusvermehrung.
A. Das Problem der Virusbildung.

Wir haben bisher die Darstellung der kristallisierbaren Virusstoffe, ihre physikalischen, chemischen und biologischen Eigenschaften kennengelernt und daraus den gerechtfertigten Eindruck bekommen, daß die Aktivität phytopathogener Virusstoffe auf das engste mit einem hochmolekularen Protein verknüpft ist. Die Wirkung chemischer und physikalischer Kräfte auf die Virusstoffe, der Verlust der Virusaktivität bei der Denaturierung des Proteins und vor allem das Verhalten der Virusstoffe bei der Ultrazentrifugation, wobei eine Abtrennung des aktiven Proteins mit bestimmter hoher Sedimentationskonstante von anderen, unwirksamen Proteinen mit niedrigen Sedimentationskonstanten erfolgt, und viele andere Eigenschaften der isolierten und kristallisierten Virusproteine sprechen so eindeutig für die Proteinnatur der phytopathogenen Virusstoffe, daß ein Zweifel daran kaum mehr möglich ist. Anderseits stellen sich aber die als kristallisierende Proteine abgeschiedenen Virusstoffe als Krankheitserreger in Analogie mit Bakterien oder Mikroben, und man müßte sie, biologisch gesehen, als Lebewesen betrachten, die sich innerhalb eines geeigneten Organismus rapid vermehren können.

Trotzdem wir also über Virusstoffe verhältnismäßig viel wissen, ihre Reindarstellung gelungen ist, ihre chemischen und physikalischen Eigenschaften untersucht werden konnten, ist über den Mechanismus ihrer Entstehung und Vermehrung sehr wenig bekannt. War vor der Isolierung der Virusproteine und ihrer genauen Größenbestimmung die Frage vorgelegen: kleinste Lebewesen oder unbelebter Stoff, der vom Wirtsorganismus erstmals infolge eines unspezifischen Reizes erzeugt wird und dann eine Abweichung vom normalen Stoffwechsel hervorruft, die mit der Neubildung des reizenden Stoffes einhergeht, so lautet heute die Frage: *Kann ein Proteinmolekül die Funktion eines lebenden Organismus so weit übernehmen, daß es sich innerhalb einer Wirtszelle vermehren kann — oder tritt doch die Vermehrung des Virusmoleküls durch Reizung des Wirtsorganismus in dem oben angedeuteten Sinn ein.* In diesem letzteren Fall müßte es sich um einen *autokatalytischen Vorgang* handeln, der in seinem Mechanismus unbekannter Natur ist, bei dem aber das Virus die Rolle des Autokatalysators übernimmt. Diese letztere Anschauung, daß die Virusvermehrung als ein autokatalytischer Prozeß zu betrachten sei, der aus einem veränderten Stoffwechsel des infizierten Wirtsorganismus seine Energie und sein stoffliches Material bezieht, wird heute vielleicht von der Mehrzahl der Autoren[1, 2, 3, 4, 5] als die wahrscheinlichste angesehen.

B. Die Möglichkeit der spontanen Entstehung von Virusstoffen.

Diese Vorstellung über die Virusvermehrung hat dann auch zur Folge, die Entstehung des ersten Keimes solcher autokatalytischer Reaktionsketten in

[1] R. Doerr: Handbuch der Virusforschung, S. 33. Wien, 1938; Klin. Wschr. 2, I (1923), 909.

[2] H. H. Dixon: Nature (London) 180 (1937), 153.

[3] W. M. Stanley: Phytopathol. Z. 26 (1936), 305.

[4] H. H. Dale: Huxley Mem. Lect. 1935.

[5] J. H. Northrop: Science (New York) 86 (1937), 479; J. gen. Physiol. 21 (1938), 335.

den Wirtsorganismus zu verlegen. Die alte Frage der *Generatio spontanea* wurde ja von SPALLANZANI und von PASTEUR in negativem Sinne beantwortet. Hier im Falle der Bildung von Virusproteinen erscheint es uns aber eher denkbar, daß durch irgendwelche unspezifischen Faktoren pathologische Änderungen des Stoffwechsels hervorgerufen werden können, welche als zufällige und erstmalige Produkte hochmolekulare und reizend wirkende Proteine liefern, die als Keime von Reaktionsketten dienen und durch die eine endlose Serie spezifischer Übertragungen möglich gemacht wird.

Es fehlt auch nicht an Beobachtungen, daß Viruskrankheiten spontan, d. h. ohne Infektion, entstehen können. So ist der *Herpes fibrilis* des Menschen eine öfters ohne nachweisbare Infektion auftretende Viruskrankheit;[1, 2] Ähnliches gilt für den Hühnertumor, für den sich nach ROUS[3] keine exogene Infektion vermuten läßt. Ferner liegen Angaben vor, daß in Bakterienkulturen spontan Bakteriophagen auftreten können. Diese Beobachtungen sind, wenn auch nicht widerlegt, so doch nicht unwidersprochen geblieben, so daß man sie als zwar nicht unwahrscheinlich, aber doch noch nicht bewiesen ansehen muß. An den phytopathogenen, kristallisierten Virusproteinen ist eine spontane Virusentstehung jedenfalls noch nicht nachgewiesen worden. Der Durchführung eines exakten Beweises der spontanen Virusbildung stellen sich jedenfalls methodisch große Schwierigkeiten in den Weg. Die experimentelle Erzeugung von Viruskrankheiten auf unspezifischem Wege, durch Reizung physikalischer oder chemischer Natur ist vielleicht die Methode, mit der am sichersten der Nachweis einer spontanen Virusentstehung zu erbringen wäre. In der Tat gelingt auch anscheinend die experimentelle, unspezifische Erzeugung von Hühnersarkom, von *Herpes fibrilis* und einigen anderen tierischen Virusarten.[4] Daß diesen Beobachtungen im allgemeinen doch nicht das gebührende Gewicht beigelegt worden ist, mag, neben der Unsicherheit der Beobachtungen selbst, daran liegen, daß von einer Verallgemeinerung dieser Befunde nicht die Rede sein kann.

C. Die Virusvermehrung als autokatalytische Reaktion.

Als ein autokatalytischer Prozeß kann das Leben selbst bzw. seine als charakteristisch geltenden Eigenschaften: die Vermehrung und das Wachstum, angesehen werden; umgekehrt ist aber eine quantitative Vermehrung nicht ein definitives Kriterium für die Gegenwart lebender Zellen. Wir kennen eine Reihe autokatalytischer Vorgänge, die als Teilprozesse in lebenden Zellen eine Rolle spielen und auch *in vitro* festgestellt werden können. In einigen Fällen ist der Mechanismus solcher autokatalytischer Reaktionen bekannt, bei anderen biologisch wichtigen Reaktionen ist er noch unübersichtlich.

So kann man auf die autokatalytische Vermehrung von Hexosediphosphat bei der zellfreien Gärung hinweisen, die nach folgender Bilanzgleichung vor sich geht:

1 Hexosediphosphat + 2 Glukose + 2 Phosphorsäure =

= 2 Hexosediphosphat + 2 Alkohol + 2 CO$_2$.

Diese Gleichung wurde im wesentlichen von HARDEN und YOUNG 1904 aufgestellt, sie besagt, daß zellfreier Hefemacerationssaft Glukose in Abwesenheit von Hexosediphosphat nicht vergärt, daß mit einer Spur von Hexosediphosphat

---

[1] R. DOERR, E. BERGER: Handbuch der path. Mikroorg., Bd. VIII, Teil 2, S. 1415. 1930. — R. DOERR: Handbuch der Virusforschung, S. 42. Wien, 1938.

[2] O. NAEGELI: Münch. med. Wschr. 1936 I, 339.

[3] P. ROUS: Amer. J. Cancer 28 (1936), 233.

[4] H. MUNTER: Zbl. Hyg. 28 (1931), 1.

die Reaktion ins Rollen kommt und daß nach Verbrauch der Glukose bzw. der Phosphorsäure ebensoviel Hexosediphosphat neu gebildet ist, als Glukose vergoren wurde. Wir wissen heute, daß das dabei mitwirkende reaktionsvermittelnde Enzymsystem in zahlreiche Komponenten aufgeteilt werden kann, deren Reaktionsweise die autokatalytische Vermehrung des Hexosediphosphates verständlich macht.[1]

Sehr oft wird mit der autokatalytischen Vermehrung von Virusstoffen die Bildung proteolytischer Enzyme aus ihren Vorstufen, wie sie nach Arbeiten von Northrop[2] und Mitarbeitern vor sich geht, in Vergleich gesetzt. Im speziellen Fall der Bakteriophagen wird von Northrop selbst darauf Bezug genommen. Northrop und Kunitz[3] haben gezeigt, daß als Enzyme wirksame Eiweißkörper durch einen autokatalytischen Vorgang aus einer unwirksamen Vorstufe entstehen. So wird Chymotrypsinogen, das in kristallisierter Form aus Pankreasdrüsen dargestellt werden kann und proteolytisch selbst völlig unwirksam ist, durch eine Spur aktiven Chymotrypsins in das wirksame Enzym verwandelt. Dies blieb nicht der einzige Fall. Kunitz und Northrop[4] beschrieben auch die Aktivierung von Trypsinogen zu Trypsin durch kleine Mengen Trypsin und ebenso die Verwandlung von Pepsinogen zu Pepsin durch kleine Mengen Pepsin. Es ist also ein *in vitro* sich abspielender und einigermaßen übersehbarer Fall verwirklicht, daß ein Protein (Chymotrypsin, Trypsin, Pepsin) — allerdings aus einer offenbar schon sehr ähnlichen Vorstufe — die eigene Neubildung hervorruft.

Dabei ist es für unsere Betrachtung nicht sehr wesentlich, ob die kristallisierenden Proteasen — wie es ihrem Verhalten entsprechen würde — reine Eiweißkörper sind, die die Wirkungsgruppe in ihrem Molekül selbst eingebaut haben, oder ob sie der dualistischen Theorie der Enzymwirkung entsprechend (siehe den Aufsatz im vorliegenden Band: Schäffner: Allgemeines über Biokatalyse) eine besondere, allenfalls abtrennbare aktive Gruppe enthalten.

Nach Northrops[2] Meinung können sich auch die Bakteriophagen aus einer *Vorstufe, die in normalen Zellen anwesend ist, autokatalytisch bilden*, ganz analog den von ihm untersuchten proteolytischen Enzymen. Der einzige Unterschied zwischen Phage und „normalen" Enzymen oder Proteinen bestünde nach Northrop nur darin, daß der Phage nicht in allen Kulturen enthalten ist. Wenn das der Fall wäre, müßte man den Phagen als ein normales Enzym betrachten und die Feststellung machen, daß die Kulturen leicht autolysieren. Die charakteristische Eigenschaft von Bakteriophagen und von Virusstoffen wäre darnach nicht die, daß sie sich in Gegenwart lebender Zellen vermehren, da viele andere Stoffe dies auch tun, sondern daß Zellen, welche *vorher* weder Phagen noch Virus bilden können, dieses *nach Impfung* mit dem wirksamen Agens tun können. Northrop glaubt jedoch, daß auch diese Eigenschaft allgemeiner ist, als man annimmt, und daß viele Substanzen, die sich nach der Impfung in lebenden Zellen vermehren, gefunden werden könnten, wenn es nur möglich wäre, zuerst Zellen zu erhalten, die nicht schon etwas von der Substanz in sich tragen.

Die Entstehung der proteolytischen Enzyme aus ihren Vorstufen, z. B. des Pepsins aus dem Pepsinogen in einer autokatalytischen Reaktion, ist nun nach Northrop keine synthetische Reaktion, sondern eine *hydrolytische*. Die Vorstufe des aktiven Enzyms, das Pepsinogen dagegen muß zuerst synthetisiert

[1] O. Meyerhof, W. Kiessling, W. Schulz: Biochem. Z. 292 (1937), 25.
[2] J. H. Northrop: J. gen. Physiol. 21 (1938), 335.
[3] J. H. Northrop, M. Kunitz: J. gen. Physiol. 18 (1935), 433.
[4] M. Kunitz, J. H. Northrop: J. gen. Physiol. 19 (1936), 991.

werden. Wir haben guten Grund anzunehmen, daß die Synthese eines Proteins aus den Bausteinen — obwohl darüber noch Dunkel herrscht — Energie verbraucht und daß sie nur in einem organisierten System stattfindet, das die Energie liefert und auf dem passenden Weg der Reaktion zuführt. Ein solches organisiertes System ist die Zelle. Auf diese Weise wird von den Zellen der Magenschleimhaut auch die inaktive Vorstufe des Pepsins aufgebaut werden, die dann in einer autokatalytischen Reaktion in das aktive Enzym umgewandelt wird.

Durch einen ähnlichen Mechanismus wird nach NORTHROP auch die Vermehrung von Bakteriophagen und Virusstoffen in Gegenwart lebender Zellen zu erklären sein. Die Zellen synthetisieren ein „normales" inaktives Protein. Wenn ein aktiver Bakteriophage oder ein aktives Virusteilchen einer Zelle eingeimpft wird, so wird das inaktive Protein, der „Pro-Phage" oder „das Pro-Virus", durch eine autokatalytische Reaktion in den aktiven Phagen bzw. in das aktive Virus übergeführt. Dieser Entstehungsmechanismus würde die Tatsache erklären, daß Bakteriophagen sich mit großer Geschwindigkeit nur in Gegenwart lebender Zellen bilden, da nur in diesen Synthese der Vorstufe eintritt; denn naturgemäß ist die Menge des „Pro-Phagen", die zu einer bestimmten Zeit in der Zelle vorhanden ist, jeweils gering, und daher ist das Ausbleiben oder jedenfalls ein starkes Absinken der Phagenvermehrung in Abwesenheit lebender Zellen erklärlich. Umgekehrt aber kann man doch erwarten, daß unter gewissen Bedingungen auch in nicht wachsenden Zellen soviel „Pro-Phage" vorhanden ist, daß eine Vermehrung des Phagen noch bemerkbar wäre. KRUEGER und FONG[1] konnten solche Bedingungen auch tatsächlich realisieren, bei denen Phagenwachstum ohne Bakterienwachstum eintrat (vgl. S. 535).

Soweit die Anschauungen NORTHROPS über die Vermehrung der Bakteriophagen und Virusstoffe. Der nächstliegende Einwand gegen diese Anschauung ist vielleicht der, daß ein und der nämliche Wirtsorganismus sehr zahlreiche Vorstufen für verschiedene Virusstoffe enthalten müßte, da er ja durch viele Virusstoffe infiziert werden kann; das scheint unwahrscheinlich zu sein. Aber wenn man auch den verschiedenen „Keimen" eine verschiedene Wirkung auf die nämliche Vorstufe zubilligen mag, so daß aus einer Vorstufe verschiedenartig wirkende Stoffe hervorgehen, so sprechen noch einige andere Tatsachen gegen eine uneingeschränkte Annahme der NORTHROPschen Ansicht.

In den meisten Fällen sind die Virusstoffe gegenüber dem normalen Eiweiß höhermolekular; so übertrifft z. B. das Tabakmosaikvirusprotein mit seinem Molekulargewicht von 42 Millionen bei weitem die Molekülgrößen der normalen Pflanzenproteine. Es müßte also die Bildung des Virusstoffes durch Aufbau aus kleineren Bausteinen erfolgen und nicht durch eine Hydrolyse aus einer vielleicht höhermolekularen Vorstufe.

Gesunde Tabak- oder Tomatenblätter liefern bei der Extraktion hochmolekulare Nucleoproteide, die aber *nicht* als Vorstufen etwa des Tabakmosaikvirus anzusehen sind, einmal weil sie sich in chemischer Hinsicht auffallend davon unterscheiden und ferner weil sie sich *in vitro* nicht aktivieren lassen, wie Pepsinogen durch Spuren von Pepsin aktiviert wird. Einen solchen Aktivierungseffekt *in vitro* müßte man aber erwarten, sobald nur irgendwelche bemerkbare Anreicherung der Vorstufe gelungen ist.

Für die Theorie der Virusvermehrung in der Wirtspflanze ist die Frage nach dem Proteingehalt erkrankter Pflanzen und nach dem Anteil des Virusproteins am Gesamtprotein von Wichtigkeit.[2] Aus dem Verlauf der Virusbildung in der

---

[1] A. P. KRUEGER, J. FONG: J. gen. Physiol. 21 (1937), 137.

[2] W. M. STANLEY: Phytopathology 26 (1936), 318; J. biol. Chemistry 121 (1937), 205.

Tabakpflanze, wie er von Martin, Balls und McKinney beschrieben wird
(siehe S. 537), kann nur für das erste Stadium auf eine autokatalytische Umwandlung eines normalen Proteins in das Virusprotein geschlossen werden.
Die Virusbildung unter gleichzeitiger Abnahme des normalen Eiweißes kann
nach Martin, Balls und McKinney[1] aber ebensogut dadurch zustande kommen,
daß zwei nebeneinander herlaufende Reaktionen, von denen die eine zur Synthese
des normalen, die andere zur Synthese des Virusproteins führt, um das beschränkt
zur Verfügung stehende Baumaterial in Wettbewerb treten. Der ganze Ablauf
der Virusbildung spricht eher für ein komplexeres Geschehen, als es die einfache
Umwandlung eines inaktiven Proteins in ein aktives Protein darstellt. Daß
normale Proteine zur biologischen Synthese des Virusproteins herangezogen
werden können, darauf weisen zwar neben den oben erwähnten Befunden noch
andere Ergebnisse hin. So tritt bei stickstofffreier Ernährung der mit Tabakmosaikvirus infizierten Pflanzen ein Wachstum des Virus ausschließlich auf
Kosten des normalen Eiweißes ein und erreicht schließlich dieselbe Konzentration
wie in normal ernährten Kontrollpflanzen.[2]

Andererseits werden zur Synthese des Virusproteins auch niedermolekulare
Bausteine auf irgendeine Weise herangezogen. Bei Infiltration infizierter Tabak-
blätter mit Eieralbuminhydrolysat vermehrt sich das Tabakmosaikvirus sehr
rasch. Dieser Befund, zusammen mit dem von Martin, Balls und McKinney
erhobenen, spricht dafür, daß die Eiweißbildung in den erkrankten Pflanzen
aus einfachen Substraten gesteigert ist, daß also das Virusprotein aus diesen
einfachen Bausteinen aufgebaut werden kann.

Die experimentelle Entscheidung, ob Virusproteine dabei ausschließlich über
die Stufe des normalen Proteins oder aber durch selbständige Synthese erzeugt
werden, ist vorderhand nicht möglich.

So sehen wir, daß das Problem der Virusvermehrung in das Problem der
biologischen Eiweißsynthese einmündet. Bei jeder Proteinsynthese — also auch
bei der normalen — finden wir, daß die schon vorhandenen Organproteine
den eigenen strukturellen Typus aufbewahren, daß jedes Organprotein als Organi-
sator und Vorbild für die eigene Neubildung dient. Die kristallisierenden Virusproteine unterscheiden sich nur darin von normalen Eiweißkörpern, daß sie
pathologische Produkte sind und daß sie sich von den Zellen loslösen können
und, in andere Zellen eintretend, dort ihre hohe Fähigkeit zur Entfaltung bringen,
die synthetischen Vorgänge zu lenken und die eigene Struktur den sich neu-
bildenden Proteinen aufzuprägen.

In dieser Hinsicht sind die Virusproteine öfters mit den *Genen* verglichen
worden. Eine Theorie der Selbstreproduktion der Gene und demzufolge auch
von ganzen Chromosomen hat Dehlinger[3] gegeben, indem er annahm, daß
die Chromosomen eine kristallgitterähnliche Struktur besitzen und daher bei
der Anlagerung von neuer Materie die erwähnte Struktur ganz analog wie beim
Kristallwachstum derselben aufgezwungen wird. Auch die Virusproteine sollten
darnach stark aktive, determinante Gruppen besitzen, die die synthetischen
Vorgänge bei den Wirtszellen stimulieren und ihre eigenen molekularen Gitter
den entstehenden Proteinen auferlegen. Man hat sogar die Virusstoffe schlecht-
hin als „errabunde Gene" bezeichnet, d. h. als mit organisatorischen Eigenschaften
ausgestattete Moleküle, die im Gegensatz zu den Genen die Zelle verlassen können.

[1] L. F. Martin, A. K. Balls, H. H. McKinney: J. biol. Chemistry 130 (1939), 687.
[2] V. L. Rischkov, V. A. Smirnova: C. R. (Doklady) Acad. Sci. USSR 23 (1935),
95; zitiert nach Chem. Zbl. 1940 I, 575.
[3] K. Dehlinger: Naturwiss. 23 (1935), 558; 25 (1937), 138. — K. Sommermeyer,
K. Dehlinger: Physik. Z. 40 (1937), 67.

Die organisatorischen Fähigkeiten eines Virus bestehen bloß in der Wiedergabe seiner eigenen Struktur, die Gene besitzen auch die Möglichkeit, die Ausbildung der Organ- und Zellencharaktere zu beeinflussen. Die Virusstoffe haben im allgemeinen eine zellschädigende, einige (Bakteriophagen) eine zellauflösende Funktion. Die Gene sind dagegen physiologisch morphogenetische Einheiten. Allerdings kennen wir auch Virusarten, wie das Roussche Hühnersarkom, die Zellen zur Wucherung bringen. In einigen solchen Fällen ist eine wirkliche organisatorische und ausdifferenzierende Funktion des Agens nicht zu verkennen, die die Ähnlichkeit mit einer Art abnormem Gen verstärkt.

Der Vergleich von Virusstoffen mit Genen gewinnt außerdem noch chemisches und biologisches Interesse durch die Feststellung, daß beide biologischen Einheiten Nucleoproteide sind und daß an beiden durch Röntgenstrahlen Mutationen induziert werden können.

Noch einen anderen Komplex biologischer Erscheinungen kennen wir, welcher ebenfalls durch die Bildung von spezifisch geprägten Proteinen gekennzeichnet ist: *die Antikörperbildung*. Nach einer neueren Ansicht von Haurowitz[1] besteht der Vorgang der Antikörperbildung in einer durch die determinanten Gruppen der Antigene gestörten und besonders gelenkten Synthese gewisser Fraktionen der Blutplasmaproteine, der Globuline nämlich, und diese anormalen, spezifisch geprägten Globuline treten dann als Antikörper im Blut auf. Als determinante Gruppen wirken nun hauptsächlich stark polare Gruppen (NH_2-, $COOH$-Gruppen) der Antigenmoleküloberfläche (Exogruppen), die eine deformierende oder umbauende Funktion auf einen Bezirk der Globulinmoleküloberfläche ausüben. Auch hier haben wir es also mit einer Beeinflussung der Proteinsynthese durch fremde Stoffe zu tun, die eine eigene Struktur dem entstehenden Protein auferlegen. Der Vorgang ist dabei wahrscheinlich auf einen kleinen Bezirk des Globulinmoleküls beschränkt, der aber genügt, das Globulinmolekül in einen wirksamen Antikörper umzuwandeln, der wegen einer räumlichen Anpassung gewisser Molekülbezirke sich dem Antigen nähern und mit ihm Bindungen eingehen kann. „Die Oberfläche des neuen Globulinteilchens wird also dem determinanten Oberflächenbezirk des Antigens angepaßt sein wie etwa eine Galvanoplastik einer kompliziert geformten Elektrode."

Bei der Antikörperbildung ist die Umwandlung, die das normale Proteinmolekül erfährt, eine verhältnismäßig beschränkte, sehr viel beschränkter als bei der Genreproduktion und wahrscheinlich auch beschränkter als bei der Virusbildung. Die Virusproteine scheinen die synthetischen Vorgänge im Wirtsorganismus viel tiefer zu beeinflussen. Man sieht aber aus dem Vergleich mit der Gen- und Antikörperbildung, daß in der Biologie mehrere der Virusbildung nahverwandte Probleme existieren.

Die neue Ära der Virusforschung — eingeleitet durch die Isolierung kristallisierter Virusproteine und durch die exakte Größenbestimmung der Virusteilchen — steht heute vor der Frage: Durch welche Kräfte entstehen so große Mengen eines neuartigen Proteins aus den normalen Proteinbestandteilen der Zelle?

Die Erklärung Northrops, die Virusvermehrung als eine einfache autokatalytische Umwandlung einer in normalen Zellen vorhandenen Vorstufe anzusehen, befriedigt nicht ganz. Die Virusbildung scheint komplexer zu sein, tiefer in den Eiweißstoffwechsel des Wirtsorganismus einzugreifen, der Energie und stoffliches Material zum Aufbau des Virusproteins liefert, wobei sie durchaus im weiteren Sinne katalytisch und autokatalytisch bedingt sein wird. Aus einer besseren Kenntnis der allgemeinen Eigenschaften der Eiweißkörper heraus wird

---

[1] F. Haurowitz: Klin. Wschr. **1937 I,** 257; Kolloid-Z. **74** (1936), 208.

die Virusbildung einmal verständlich werden. Das Problem der „organisierten" Eiweißsynthese hat von der Virusforschung her eine neue Anregung bekommen. Dabei ist für die Frage der Proteinsynthese die Entscheidung, ob Virusstoffe lebender oder unbelebter Natur sind, vielleicht nicht einmal von grundlegender Bedeutung. Unter dem Eindruck der Entdeckung Stanleys und der Kennzeichnung mehrerer Virusstoffe als verhältnismäßig niedermolekularer Eiweißkörper haben viele Forscher die Vorstellung, Virusstoffe als Lebewesen aufzufassen, aufgegeben, wogegen andere Forscher, die die biologischen Erscheinungen in den Vordergrund stellten, in heftige Opposition traten. Der Haupteinwand gegen die Theorie von der unbelebten Natur der Virusstoffe, der insbesondere von A. Gratia[1] und seinen Mitarbeitern vorgebracht worden ist, ist der, daß selbst diejenigen Virusarten, für welche die mikrobielle Natur als besonders unwahrscheinlich gilt, also die phytopathogenen Virusarten und die Bakteriophagen, ihren ursprünglichen Charakter bei der serienmäßigen Übertragung wahren, und zwar auch dann, wenn die Wirtsspezies wechselt. Diese serologische Spezifität, welche unabhängig vom Wirt konstant bleibt, ist für Gratia der Beweis, daß Virusstoffe Fremdstoffe in spezifisch körpereigene Substanz umzusetzen und damit wie lebende Wesen zu assimilieren vermögen. Daß diese Beweisführung nicht genügend zwingend ist, davon wurde des öfteren gesprochen; jedoch darf man bei allen chemischen Erfolgen den biologischen Standpunkt nicht unberücksichtigt lassen. Von Stanley[2] selbst wird heute eine gegenüber seiner ursprünglichen Ansicht etwas geänderte Stellungnahme eingenommen: Virusproteine seien darnach *mit einem intramolekularen Strukturtypus* ausgestattet, der ihre lebensähnliche Eigenschaft — die Organisationskraft — bedingt, im Gegensatz zu den höheren Organismen, die einen *intermolekularen Strukturtypus* besitzen. Viren sind Zellparasiten; sie sind einem endozellulären Leben angepaßt und haben eine funktionelle Degradation erfahren, indem sie wahrscheinlich die meisten Stoffwechselaufgaben der Wirtszelle anvertraut haben. Es ist die Zelle des höheren Organismus, die sozusagen das parasitäre Wesen züchtet, ihm z. B. die zur Synthese nötige Energie durch den eigenen Stoffwechsel liefert. Es gibt dabei viele Stufen der Anpassung, die sich im verschiedenen Verhalten der filtrierbaren Virusstoffe widerspiegeln.

Mit dieser Anschauung ist gewissermaßen eine Annäherung der gegenseitigen Standpunkte eingetreten; der Gegensatz zwischen „lebend" und „nichtlebend" verringert sich. Man greift zurück auf die schon von Beijerink erwähnte Möglichkeit eines „lebenden Moleküls". So verschwommen dieser Ausdruck auch sein mag, so kann er doch in dem gegebenen Augenblick einen geeigneten Blickpunkt für die Forschung abgeben. Abgesehen aber von aller Theorie stellt das Virusprotein — mag man ihm das Prädikat „lebend" oder „nichtlebend" zubilligen — gegenüber der enormen Kompliziertheit einer organisierten Zelle eine isolierte chemische Einheit dar, die chemischer Untersuchung zugänglich ist. Der Chemiker wird deshalb die Hoffnung nicht aufgeben können, daß mit der weiteren Erforschung der Virusproteine auch ein tieferer Einblick in den Mechanismus ihrer Bildung und Vermehrung möglich sein wird, der zugleich das allgemeine Problem der biologischen Eiweißsynthese einer Lösung näherbringen wird.

---

[1] A. Gratia: C. R. Séances Soc. Biol. Filiales Associées 114 (1933), 1382; „Les Ultravirus" ed. p. Lépine u. Levaditi, S. 109. Paris, 1938. — A. Gratia, P. Manil: Annales Fermentat. 4 (1938), 26.

[2] W. M. Stanley, H. S. Loring: Properties of purified viruses, IV. Congr. intern. Path. comp. Rom, S. 45. 1939.

Fermentmodelle.

Von

G.-M. Schwab, Athen, und F. Rost, München.

Inhaltsverzeichnis.

	Seite
Einleitung	546
Einteilung der Fermentmodelle	548
I. Kolloidale Metalle und Metalloxyde als Fermentmodelle.	
„Anorganische Fermente"	550
Darstellung der Metallsole	550
Die kolloidalen Metalle als Modell der Katalase	551
Die kolloidalen Metalle als Modell der Redoxasen	553
Die kolloidalen Metalle als Modell von Carboxylasen und Mutasen	553
Kritik der Brediigschen „Anorganischen Fermente"	554
Kolloidale Metallhydroxyde als Phosphatasemodelle	554
II. Heterogene anorganische Mischkatalysatoren.	
Atmungsmodelle	555
Das Kohlemodell von O. Warburg	555
Heterogene Hydroxydkatalysatoren von A. Krause	557
III. Homogene asymmetrische Fermentmodelle	560
a) Organische Basen als asymmetrische Fermentmodelle	560
b) Anorganisches asymmetrisches Fermentmodell	564
IV. Trägerspezifische Fermentmodelle	565
a) Anorganisches heterogenes Modell	565
b) Organische makroheterogene Modelle	567
V. „Homogene" organische Fermentmodelle.	
Mit systematischer Steigerung der Wirksamkeit	570
a) Eisenhaltige Fermentmodelle (Hämin und Derivate) und ihre Vorstufen	571
Hämin als Peroxydasemodell	572
b) Häminfreie organische Fermentmodelle.	
„Organische Hauptvalenzkatalysatoren" von W. Langenbeck	574
1. Carboxylasemodelle	576
Mechanismus der Modellreaktion	576
Die systematische Aktivierung der Fermentmodelle	577
2. Esterasemodelle	581

Einleitung.

Unter einem Fermentmodell versteht man im allgemeinen ein anorganisches oder organisches Katalysatorsystem, das den Bau und die katalytische Wirkung eines natürlichen Ferments in einer oder mehreren Beziehungen nachahmt. Die Beziehungen zwischen den Fermenten und den Katalysatoren der anorganischen Chemie waren schon BERZELIUS bekannt, da seine Schöpfung des Katalysebegriffs im Jahre 1836 an die Übereinstimmung von Fermentreaktionen und anorganischen katalytischen Reaktionen geknüpft war.[1] Im einfachsten Sinne ist darnach jede Katalyse ein „Modell" einer fermentativen Wirkung. Es wird sich jedoch als zweckmäßig erweisen, den Begriff des „Fermentmodells" nach verschiedenen Anforderungen hin einzuschränken. Erst dann kann man einen Katalysator als Fermentmodell bezeichnen, wenn zwischen Ferment und Modell eine gewisse Übereinstimmung in der chemischen Reaktion und ihrem physikalisch-chemischen Verlauf besteht. Ferner soll das Fermentmodell in seinem Aufbau, zumindest in bestimmten physikalischen oder chemischen Eigenschaften eine Analogie zu dem abgebildeten Ferment aufweisen.

Die baulichen Eigenschaften der Fermente sind nach dem heutigen Stand der Vorstellungen[2] folgende:

1. Kolloidale Verteilung, womit eine katalytische Wirkung in mikroheterogenem (oder makroheterogenem) System verbunden ist.

2. Zweiteilung des Ferments in Träger und reaktionsfähige Gruppe.

Diese Theorie wurde zunächst von WILLSTÄTTER aufgestellt und im folgenden auch begründet. Der Träger des Ferments besitzt kolloidale Teilchengröße und ist für die kolloide Natur des ganzen Ferments verantwortlich. Auf ihm ist die reaktionsfähige Gruppe, auch prosthetische oder Wirkgruppe genannt, verankert. Diese ist nach WILLSTÄTTERS Ansicht der katalytisch wirksame Fermentmolekülteil, welchen der Träger nur stabilisiert. In manchen Fällen ist, wie für die Lipasen nachgewiesen wurde, der Träger auch an der Bindung des Substrats maßgebend beteiligt. W. LANGENBECK stimmt in der Ansicht über die eben genannte Zweiteilung des Ferments mit WILLSTÄTTER überein, zerlegt jedoch die reaktionsfähige Gruppe ihrerseits noch einmal. Sie soll darnach aus einer oder mehreren „aktiven Gruppen" bestehen, die unmittelbar mit dem Substrat in Reaktion treten. Ihre Reaktionsfähigkeit gegenüber dem Substrat wird verstärkt durch eine wechselnde Anzahl „aktivierender Gruppen", die selbst nicht unmittelbar mit dem Substrat reagieren. Sie bleiben während der katalytischen Fermentreaktion unverändert und wirken auf den Reaktionsverlauf nur mittelbar ein, indem sie den aktiven Gruppen die hohe Wirksamkeit verleihen, die für die Fermente charakteristisch ist. Zum Vergleich führt LANGENBECK[3,4] die Theorie der chromophoren und auxochromen Gruppen in organischen Farbstoffen von O. N. WITT an.

Die dualistische Theorie des Fermentaufbaues ist für die Carboxylase, die Proteasen und die Fermente der Oxydoreduktion[2,5] erwiesen.[6]

Dies sind die strukturellen Eigenschaften der Fermente, deren Nachahmung

---

[1] A. MITTASCH: Die katalytische Verursachung im biologischen Geschehen. Berlin, 1935.

[2] A. SCHÄFFNER: Allgemeines über Biokatalyse. Handbuch der Katalyse, Bd. III, 1.

[3] W. LANGENBECK: Fermentmodelle. Ergebn. Enzymforsch. 2 (1933), 314.

[4] W. LANGENBECK: Z. angew. Chem. 41 (1928), 740; Die organischen Katalysatoren und ihre Beziehungen zu den Fermenten. Berlin, 1935; Ergebn. Physiol., biol. Chem. exp. Pharmakol. 35 (1933), 470.

[5] TH. BERSIN: Kurzes Lehrbuch der Enzymologie. Leipzig, 1938.

[6] Vgl. die vorhergehenden Aufsätze dieses Bandes.

im Modellversuch Analogieaussagen über den Zusammenhang von *Bau und Wirkung* bei den Fermenten selbst anstrebt. Auf der anderen Seite kann das Modell mehr der Aufgabe dienen, den *Chemismus* der fermentativen Reaktion nachzuahmen und dadurch Aussagen über die Chemie der Wirkgruppe zu ermöglichen. In beiden Hinsichten ist eine mehr oder weniger vollkommene Abbildung im Modell denkbar.

Wird nun die Forderung erfüllt, daß der chemische Mechanismus der „Modellreaktion" gleich oder sehr ähnlich der Fermentreaktion ist, bei Übereinstimmung vieler Nebenerscheinungen (Hemmung durch Alkaloide, Vergiftung durch ausgesprochene Katalysatorgifte wie Hg··, Blausäure und andere, Aktivierungsenergie, große Wirksamkeit bei niedriger Konzentration des Katalysators, enorm große Oberflächenentwicklung), so soll hier der Begriff des „Fermentmodells" angewandt, dieser also weiter gefaßt werden, als LANGENBECK das in seinem Artikel über Fermentmodelle getan hat.[1] LANGENBECK fordert, daß das Fermentmodell dem Ferment in jeder Hinsicht, besonders in seinen chemischen Eigenschaften, gleichen soll. Damit werden von vornherein alle anorganischen Modelle ausgeschlossen. Ferner sollen sich die chemischen Eigenschaften auf das Konstitutionsproblem der Fermente *unmittelbar* anwenden lassen, womit gesagt ist, daß weitgehende chemische Übereinstimmung im Aufbau bei Modell und Ferment herrschen soll, vor allem soll sich die Zweiteilung in aktive Gruppe und Träger zeigen. Es wird an anderer Stelle (S. 574 ff.) noch ausführlicher auf die Fermentmodelle W. LANGENBECKs eingegangen werden, die natürlich die weitergehenden Forderungen des Verfassers erfüllen.

Aber unseres Erachtens sind, wie im folgenden gezeigt wird, hinsichtlich der Erforschung der Fermentreaktionen und des Aufbaues der Fermente auch Fermentmodelle wertvoll, die noch „unzulänglich" sind und nur in einer oder wenigen Eigenschaften Beziehungen zum abgebildeten natürlichen Ferment haben. Vor allem ist die mangelnde Spezifität vieler Fermentmodelle anzuführen; sie katalysieren oft nur unter vielen anderen Reaktionen *auch* solche, die durch Fermente katalysiert werden. Am wenigsten spezifisch erweisen sich hier die kolloiden Metalle als Fermentmodelle (S. 550), dann auch die anderen angeführten anorganischen Katalysatoren. Eine besondere Gruppe von Fermentmodellen befaßt sich mit der modellmäßigen Abbildung von *stereochemisch-spezifischen* Auf- und Abbaureaktionen, die ja für die fermentativen Prozesse des lebenden Organismus von ausschlaggebender Bedeutung sind. Diese Gruppe soll an dieser Stelle bereits kurz hervorgehoben werden, da speziell die anorganischen Vertreter der stereochemisch-spezifischen Katalysatoren mit den natürlichen Fermenten keinerlei chemische Ähnlichkeit aufweisen, aber doch hinsichtlich der Rolle des Trägers bei der stereochemischen Auswahl wertvolle Rückschlüsse auf die natürlichen Fermente erlauben.

Der Wert eines Fermentmodells besteht ja nicht in völliger Übereinstimmung, d. h. Synthese des natürlichen Ferments. Da die Untersuchung der Vorgänge in der lebenden Zelle, die fast ausschließlich auf fermentativer Wirkung beruhen, keiner einzigen brauchbaren Forschungsmethode entraten kann, darf man gerade den einfachsten Fermentmodellen einen gewissen heuristischen Wert für die Enzymforschung nicht absprechen. Diese einfachsten Modelle zeigen vielleicht nur in einer Eigenschaft Anklänge an das natürliche Ferment, oder ahmen, wie die asymmetrisch wirkenden Katalysatoren, nur eine, aber überaus spezifische enzymatische Wirkung nach, die an Hand der Modellreaktion nun getrennt studiert werden kann. Der Wert von Fermentmodellen steigert sich natürlich

---

[1] W. LANGENBECK: Fermentmodelle. Ergebn. Enzymforsch. **2** (1933), 314.

mit der Vervollkommnung des Angleichs an das Ferment, so daß man schließlich hochentwickelte Fermentmodelle gewissermaßen als synthetische Fermente wird bezeichnen können. Ein natürliches Ferment konnte ja bisher weder ganz analysiert werden, noch gelang eine synthetische Darstellung; nur die genaue Untersuchung von Einzelteilen natürlicher Fermente, wie einiger Cofermente und Häminabkömmlinge, ist bisher gelungen. Daher wird auf diesem Gebiet der Modellversuch noch eher erfolgreich sein als die direkte chemische Konstitutionsermittlung.

Die bisher angegebenen Fermentmodelle und die damit angestellten Reaktionen können die katalytische und asymmetrierende Wirksamkeit des lebenden Organismus nur höchst unvollkommen nachahmen, da die Modelle unseres Wissens viel zu einfach und daher zu unspezifisch bzw. unselektiv wirken können. Nach der Schloß- und Schlüsseltheorie von E. Fischer kann hier rein bildlich gesagt werden, daß die Fermentmodelle mit sehr einfach gebauten Schlüsseln verglichen werden müssen, die nicht nur ein bestimmtes verwickeltes Kunstschloß öffnen, sondern die alle möglichen einfachen Schlösser leicht, aber eben nicht einwandfrei öffnen. Das natürliche Ferment gleicht dann einem sehr kompliziert gebauten Schlüssel, der *nur* ein sorgfältig und spezifisch gearbeitetes Schloß zur Öffnung bringt. In einer Forderung können wir jedoch W. Langenbeck beistimmen, die auch den Wert der Fermentmodelle beleuchtet, nämlich wenn er sagt:

„Eine Enzymtheorie kann erst dann als gesichert gelten, wenn sie modellmäßig verwirklicht und damit chemisch gestützt ist."

Einteilung der Fermentmodelle.

Eine zwanglose Einteilung der Fermentmodelle ergibt sich aus dem Grad der Ähnlichkeit zwischen Ferment und Modell. In vielen Fällen trägt diese Einteilung auch der geschichtlichen Entwicklung der Fermentmodelle Rechnung. Im einzelnen soll bei der Besprechung berücksichtigt werden:

Übereinstimmung:

1. Im kolloidalen Zustand.

2. Im zweiteiligen Aufbau aus Träger und reaktionsfähiger Gruppe, das heißt: Wieweit läßt sich die dualistische Theorie der Enzyme bereits im Modell verwirklichen?

3. In Spezifität und Selektivität der Reaktion.

Wählt ein Ferment oder sein Modell aus verschiedenen Substraten nur eines vor anderen aus, nennt man diese Eigenschaft Spezifität, während die Eigenschaft der typischen Reaktionslenkung (*ein* Substrat) in eine von mehreren Richtungen Selektivität genannt sei. Hierunter sind vor allem optisch auswählende Reaktionen zu nennen, bei welchen entweder aus einem Racemgemisch die eine Komponente vorwiegend abgebaut wird (Substratspezifität) oder bei einer asymmetrischen Synthese aus einem stereochemisch inaktiven Stoff *ein* asymmetrisches Aufbauprodukt vorwiegend synthetisiert wird (Reaktionsselektivität).

4. Im Reaktionsmechanismus, der für manche Fermentmodelle zum Vergleich mit dem natürlichen Ferment genauer behandelt werden soll. Hier sind zu nennen: Reversible und irreversible Hemmung und Vergiftung, Temperaturabhängigkeit der Katalyse, Verbrauch und Alterung des Katalysators.

5. Abweichungen des Fermentmodells vom abgebildeten natürlichen Ferment.

6. Aussagen aus dem Modell über das Ferment.

Folgende Tabelle 1 gibt in kurzen Zügen die Einteilung der Fermentmodelle und die wichtigsten Merkmale derselben wieder.

Tabelle 1. *Einteilung der Fermentmodelle.*

Nr.		Modell	Verfasser	Träger	Wirkgruppe	Sitz der Spezifität chemisch	Sitz der Spezifität optisch	Rolle des Trägers
I		„Anorganische Fermente" (Kolloidale Metalle) Hydroxyde als Phosphatasemodelle	G. Bredig E. Müller E. Bamann	Identisch (Aktive Zentren)		—	—	Kolloidale Natur des Gesamtsystems
II		„Atmungsmodelle" heterogen, anorganisch	O. Warburg A. Krause	Kohle Eisen HydroxydI HydroxydII		N-gebundenes Fe Anordnung der Hydroxylgruppen	— —	Adsorption des Substrats
III a	Homogen asymmetrisch	Organische Basen	G. Bredig R. Wegler W. Langenbeck	Chemisch verbunden		Aminogruppe als Wirkgruppe	Ganzes Molekül	Optische (stereochemische) Spezifität
III b	Homogen asymmetrisch	Anorganischer Kobaltkomplex	Y. Shibata	—		—	Ganzer Komplex	Optische (stereochemische) Spezifität
IV a	Heterogen asymmetrisch	Anorganischer Quarzkatalysator	G.-M. Schwab	Quarz Metall	Mechanisch / Chemisch verbunden	Wirkgruppe	Träger	Optische (stereochemische) Spezifität
IV b	Heterogen asymmetrisch	Organischer Faserkatalysator	G. Bredig	Faser Aminogruppe		Wirkgruppe	Träger	Optische (stereochemische) Spezifität
V a	Organische aktivierte Katalysatoren	Hämin und Häminderivate	O. Schales W. Langenbeck R. Kuhn	Chemisch verbunden		N-haltiger Katalysator	—	—
V b	Organische aktivierte Katalysatoren	Organische „Hauptvalenzkatalysatoren"	W. Langenbeck	Chemisch verbunden		N-haltiger Katalysator	—	

I. Kolloidale Metalle und Metalloxyde als Fermentmodelle.

„Anorganische Fermente."

Die Entwicklung der Platin- und anderer Edelmetalle in metallischer Form und kolloidaler Phase als „Fermentmodelle" geht bis in die Anfänge der Kenntnis katalytischer Wirkungen überhaupt zurück, wie bereits in der Einleitung auf S. 546 erwähnt worden ist. Nach der vergleichenden Zusammenstellung der geschichtlichen Entwicklung von Katalyse und Fermentkatalyse, die uns Mittasch in seinem Buch „Über katalytische Verursachung im biologischen Geschehen"[1] (vgl. a.[2]) gibt, vermutete bereits 1818 Thénard Beziehungen zwischen der Platinkatalyse des Wasserstoffsuperoxyds und animalischen bzw. vegetabilischen Sekretionen. Die Beziehungen wurden von Berzelius 1832 genauer ausgesprochen, der die Enzyme im Vergleich mit den Platinmetallen dann als „Katalysatoren" bezeichnete. Ein paar Jahrzehnte später nannte dann Ch. F. Schönbein[3] die Zersetzung des Wasserstoffsuperoxyds durch die katalytische Wirkung des Platins den „Prototyp jeder Fermentation". Allerdings war man damals noch nicht darüber hinausgekommen, daß man jede Katalyse eben als Modellreaktion der fermentativen Wirkung ansah, ohne zunächst auf eine spezielle Fermentreaktion näher einzugehen und ohne jede Kenntnis des Aufbaues der Fermente.

Erst als man sich über den Zustand der Fermente etwas klarer wurde, vor allem die kolloidale Verteilung festgestellt wurde, auf deren großer Oberflächenentwicklung die enorm starke Wirkung der Fermente ja teilweise beruht, konnte man auch in bezug auf den Verteilungszustand die Modelle den natürlichen Fermenten ähnlicher gestalten. Nach der gleichzeitigen Entwicklung der katalytischen Reaktionskinetik konnte man dann auch hierin Vergleiche zwischen Modellen und Fermenten ziehen.

Aus der Wi. Ostwaldschen Schule hervorgehend, hat G. Bredig in vielen Arbeiten das Verhalten kolloidaler Metalle und Metalloxyde studiert und sie in der katalytischen Wirkung mit den natürlichen Fermenten verglichen. Bredig sprach 1900 auch zum erstenmal bewußt den Namen „*Fermentmodelle*" aus.[4,5] Auf Grund der vielen Analogien zwischen den Fermenten und den kolloidalen Metallen nannte Bredig letztere direkt „*Anorganische Fermente*". Dadurch sollte jedoch nicht zum Ausdruck gebracht werden, daß Fermente und Metallsole in allen chemischen und physikalischen Eigenschaften übereinstimmen müssen, wie Bredig selbst ausdrücklich hervorgehoben hat. Es besteht nur eine modellmäßige *Ähnlichkeit*, auf die im folgenden näher eingegangen wird, vor allem im kolloidalen Verteilungszustand und der katalytischen Wirksamkeit. Die Übereinstimmungen gingen allerdings in Anbetracht der Kenntnisse zu Beginn des 20. Jahrhunderts überraschend weit.

Darstellung der Metallsole.

Die chemischen Darstellungsmethoden kolloidaler Metallösungen wurden von Bredig gerade für seinen Zweck abgelehnt, da durch die Anionen der angewandten

---

[1] A. Mittasch: Die katalytische Verursachung im biologischen Geschehen. Berlin, 1935.

[2] A. Mittasch, E. Theiss: Von Davy und Doebereiner bis Deacon, ein halbes Jahrhundert Grenzflächenkatalyse. Berlin, 1932. — A. Mittasch: Kurze Geschichte der Katalyse in Praxis und Theorie. Berlin, 1939.

[3] Ch. F. Schönbein: J. prakt. Chem. 105 (1868), 202.

[4] G. Bredig: Physik. Z. 2 (1900), 7.

[5] G. Bredig: Inorganic Ferments. Colloidal Chemistry, Vol. II. New York, 1928.

löslichen Metallsalze und durch die notwendigen Reduktionsmittel Stoffe in das
Sol gelangten, die die katalytische Reaktion und deren quantitative Auswertung
merklich stören können. BREDIG entwickelte[1,2,3] für seinen Zweck eine Zer-
stäubungsmethode der reinen Metalle im Lichtbogen, der unter Wasser mit
neutraler oder schwach alkalischer Reaktion zur Zündung gebracht wurde. Dabei
ging das zu zerstäubende Metall im umgebenden Wasser kolloidal in Lösung.
Nach Abfiltrieren von den gröberen Metallpartikelchen kam das meist tief dunkel
gefärbte Sol zur Verwendung. Mit diesen kolloidalen Metallsolen konnte BREDIG
gewisse Fermentwirkungen der Katalasen, Oxydasen und Dehydrasen bis zu
einem bestimmten Grad nachahmen (Schrifttum und Zusammenfassung bei G. BRE-
DIG,[4] außerdem die Einzelarbeiten von G. BREDIG und Mitarbeitern[3,5,6,7,8,9]).

Die kolloidalen Metalle als Modell der Katalase.

Eingehend wurden die Modellwirkungen der Metallsole als „Katalasen" untersucht. Als erste gemeinsame Basis zwischen Ferment und Modell ergab sich die
ungeheure Oberflächenentwicklung beider, die die Metallsole noch in größter
Verdünnung wirksam sein läßt, ebenso wie die Fermente. Ausdrücklich wurde
dabei von BREDIG betont, daß die
katalytische Wirkung nicht *allein*
vom kolloidalen Verteilungszustand
abhängig ist. In nebenstehender
Tabelle 2 sind die von BREDIG und
seinen Mitarbeitern gefundenen Verdünnungen aufgeführt, die noch eine
bemerkbare Zersetzung des Wasserstoffsuperoxyds verursachen.

Zum Vergleich mit den kolloidalen Lösungen reiner Metalle sind
in der Tabelle 2 noch die Ver-

Tabelle 2.

1 Grammatom bzw. 1 Mol	reagiert noch in Litern
Pt	70×10^6
Au	10^6
Pd	26×10^6
MnO_2	10×10^6 (in alk. Lösung)
Co_2O_3	2×10^6 (in alk. Lösung)
CuO_2	10^6
PbO_2	10^5

dünnungszahlen für kolloidale Metalloxyde wiedergegeben, die in derselben Größenordnung liegen. Sie wurden ebenfalls in den Untersuchungen von BREDIG und
seinen Mitarbeitern festgestellt.[10]

Die Übereinstimmung zwischen der Katalase und ihren „Modellen" erstreckt
sich nach den referierten Arbeiten noch auf die Hemmung der Reaktionsgeschwindigkeit durch zu hohe H_2O_2-Konzentration, die nämlich bei zu großer
Steigerung die Katalase irreversibel zerstört. Eine ähnliche Beobachtung konnte

[1] G. BREDIG: Z. angew. Chem. 11 (1898), 951.
[2] Siehe Fußnote 5, S. 550.
[3] G. BREDIG, R. MÜLLER VON BERNECK: Anorganische Fermente I. Z. physik.
Chem. 31 (1899), 258.
[4] G. BREDIG: Physik. Z. 2 (1900), 7.
[5] G. BREDIG, K. IKEDA: Anorganische Fermente II. Z. physik. Chem. 37 (1901), 1.
[6] G. BREDIG, W. REINDERS: Anorganische Fermente III. Z. physik. Chem. 37
(1901), 323.
[7] G. A. BROSSA: Anorganische Fermente IV. Z. physik. Chem. 66 (1909), 162.
[8] G. BREDIG, F. SOMMER: Anorganische Fermente V. Z. physik. Chem. 70
(1910), 34.
[9] TH. BLACKADDER: Anorganische Fermente VI. Z. physik. Chem. 81 (1912), 385.
[10] In noch größerer Verdünnung wirken lösliche Eisensalze bei der Wasserstoff-
superoxydzersetzung. Die fermentähnlichen Wirkungen gelöster anorganischer
Salze [z. B. W. BIEDERMANN: Z. angew. Chem. 37 (1924), 71], auch in Kombination
mit Aminosäuren [H. HAHN: Z. angew. Chem. 39 (1926), 1148], sollen jedoch in
vorliegender Zusammenfassung der Fermentmodelle außer acht gelassen werden
(siehe S. 547 ff.).

nun auch an kolloidalem Silber und Mangandioxyd gemacht werden, die durch zu große H_2O_2-Konzentration ebenfalls inaktiv werden (wahrscheinlich durch chemische Veränderung des Katalysators).

Weiter konnte Bredig zeigen, daß sich bei seinen „anorganischen Fermenten" dieselben irreversiblen Änderungen der Wirksamkeit finden wie bei den natürlichen Fermenten, z. B. beim Altern, bei Zusätzen und namentlich bei den sogenannten Vergiftungserscheinungen der Katalysatoren und der Fermente. Übereinstimmend hemmen manche Gifte reversibel, z. B. Blausäure, und manche irreversibel, also ohne Erholung, wie Quecksilbersalze. Die zur Vergiftung der Katalysatoren notwendigen Mengen sind in beiden Fällen äußerst gering. Nicht immer besteht jedoch eine Übereinstimmung in der Vergiftung bei Ferment und Modell, wie in Tabelle 3 gezeigt wird.

Tabelle 3.[1]

Gift	Platinsol	Blutkatalase
H_2S	$1/350000$ molar	10^{-6} molar
HCN	5×10^{-8} „	10^{-6} „
$HgCl_2$	4×10^{-7} „	5×10^{-7} „
$Hg(CN)_2$	5×10^{-6} „	$1/300$ „
J' (in KJ)	15×10^{-8} „	2×10^{-5} „
$NH_2OH \cdot HCl.$	4×10^{-5} „	$12,5 \times 10^{-6}$ „
Anilin	2×10^{-4} „	$2,5 \times 10^{-3}$ „
As_2O_3	2×10^{-2} „	über 5×10^{-4} „
CO	sehr stark	keine Vergiftung
HCl	$1/3000$ molar	10^{-5} molar
NH_4Cl	$1/200$ „	10^{-3} „
HNO_3	keine Vergiftung	4×10^{-6} „
H_2SO_4	„ „	2×10^{-5} „
KNO_3	„ „	$2,5 \times 10^{-5}$ „
$KClO_3$	„ „	$2,5 \times 10^{-5}$ „

Verdünnungen, die die Reaktionsgeschwindigkeit auf die Hälfte herabsetzen. Die angewandte Pt-Menge betrug meist $100 \cdot 10^{-7}$ g-Atome Pt.

Die katalytische Wirksamkeit der Metallsole und der natürlichen Katalase wird durch die OH-Ionenkonzentration, also durch den p_H-Wert der Lösung in

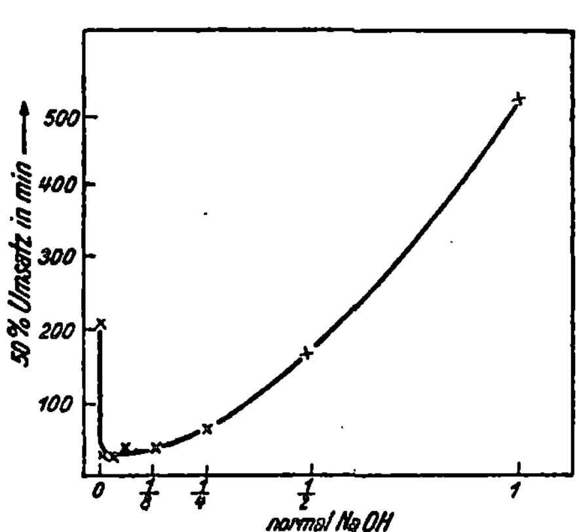

Abb. 1. Abhängigkeit der katalatischen Wirkung des kolloidalen Platins vom NaOH-Gehalt der Lösung (nach G. Bredig und R. Müller von Berneck).

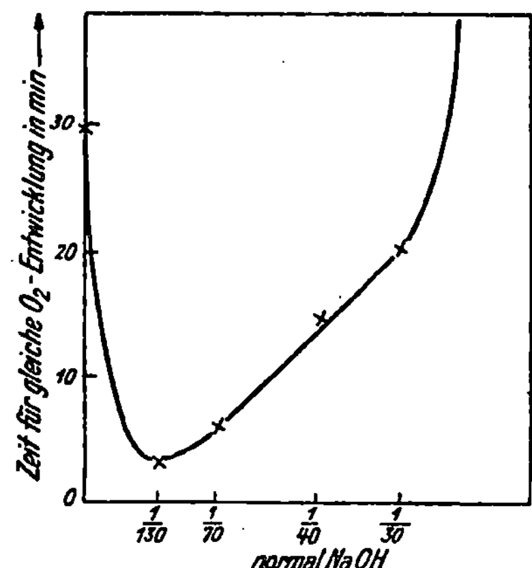

Abb. 2. Abhängigkeit der katalatischen Wirkung des Emulsins vom NaOH-Gehalt der Lösung (nach G. Bredig, R. Müller von Berneck und J. Jacobson).

ähnlicher Weise merklich beeinflußt. Das Maximum der katalytischen Aktivität, das in Abhängigkeit von der OH-Ionenkonzentration bei Ferment und Modell

[1] G. Bredig: Inorganic Ferments. Colloidal Chemistry, Vol. II. New York, 1928.

zu beobachten ist, liegt natürlich nicht bei demselben p_H, jedoch zeigen die Abhängigkeitskurven (Abb. 1 und 2[1,2]) eine bemerkenswerte Ähnlichkeit. Vergleichsweise entspricht der optimalen NaOH-Konzentration bei kolloidalem Platin von etwa 0,1 n ein Wert bei der Mandelkatalase von $^1/_{130}$ n.

Die kolloidalen Metalle als Modell der Redoxasen.

In einer anderen Arbeit beschäftigen sich G. BREDIG und F. SOMMER[3] mit der Modellwirkung des kolloidalen Platins als Redoxase. In der modernen Enzymchemie spielen ja die Fermente der Oxydoreduktion eine wichtige Rolle. Die speziell untersuchte Reaktion war die Entfärbung von Methylenblau durch Formaldehyd unter der katalytischen Wirkung eines in roher Milch anwesenden Ferments, die sogenannte SCHARDINGERsche Reaktion.

BREDIG und SOMMER fassen diese Reaktion als eine Übertragung des Wasserstoffs vom Formaldehyd auf das Methylenblau auf, die ähnlich wie durch das SCHARDINGERsche auch durch das „anorganische Ferment" Platin katalysiert wird. Letzteres entfärbt als Kolloid in alkalischer Lösung sogar schon bei Zimmertemperatur sofort die blaue Lösung. Dieselbe Beschleunigung der Entfärbung durch Spuren von Alkali wurde auch bei dem Milchenzym beobachtet. Die Analogie zwischen diesem speziell den Redoxasen angehörenden Ferment und seinem „Modell" erstreckt sich noch auf verschiedene Vergiftungserscheinungen, vor allem durch Blausäure und Mercurichlorid. Jedoch zeigte sich wie bei der Katalase und ihren Modellen auch hier nur in einigen Fällen eine solche Übereinstimmung in den Giftwirkungen.

Nach H. O. ALBRECHT wirken kolloidales Platin und Mangandioxyd auch katalytisch bei der Luminolreaktion,[4] auf die später noch ausführlicher bei (S. 572) den Häminfermentmodellen eingegangen wird. (Vgl. Pt und MnO_2 als Peroxydasemodelle!)

Die kolloidalen Metalle als Modell von Carboxylasen und Mutasen.

Die hochdispersen Metalle zeigen nach E. MÜLLER und Mitarbeitern auch die Fähigkeit, ähnlich wie Carboxylase[5] Brenztraubensäure in Acetaldehyd und CO_2 zu spalten, wirken also auch als Carboxylasemodelle. Ein weiteres Analogiebeispiel ist die Spaltung von Formaldehyd,[6] die BREDIG als Modellreaktion der Mutase anführt, da nach älteren Arbeiten von H. WIELAND[7] das Ferment der CANNIZZAROschen Reaktion z. B. von Salicylaldehyd als Mutase bezeichnet wird. Der katalytische Zerfall der Ameisensäure in H_2 und CO_2, der sowohl in Faulschlamm unter der Wirkung von pflanzlichen Fermenten wie auch in Anwesenheit von kolloidalem Osmium zu beobachten ist,[8] soll schließlich der Vollständigkeit wegen angeführt werden (Osmium als Dehydrasemodell).

---

[1] G. BREDIG, R. MÜLLER VON BERNECK: Anorganische Fermente I. Z. physik. Chem. **31** (1899), 258.

[2] J. JACOBSON: Hoppe-Seyler's Z. physiol. Chem. **16** (1892), 340.

[3] G. BREDIG, F. SOMMER: Anorganische Fermente V. Z. physik. Chem. **70** (1910), 34.

[4] H. O. ALBRECHT: Z. physik. Chem. **136** (1928), 321.

[5] E. MÜLLER, F. MÜLLER: Z. Elektrochem. angew. physik. Chem. **31** (1925), 45.

[6] E. MÜLLER, F. MÜLLER: Ber. dtsch. chem. Ges. **54** (1921), 3214; Z. physik. Chem. **107** (1923), 347; Z. Elektrochem. angew. physik. Chem. **31** (1925), 41.

[7] H. WIELAND: Ber. dtsch. chem. Ges. **47** (1914), 2085.

[8] E. MÜLLER: Z. Elektrochem. angew. physik. Chem. **28** (1922), 307. — E. MÜLLER, J. KEIL: Ebenda **29** (1923), 396. — E. MÜLLER, F. MÜLLER: Ebenda **30** (1924), 493.

Kritik der Bredigschen „anorganischen Fermente".

Nach einer Schlußbetrachtung von G. Bredig selbst sind zwischen den natürlichen Fermenten und ihren anorganischen Modellen folgende gemeinsame Eigenschaften festzustellen:

1. Starke katalytische Wirksamkeit.

2. Ein kolloidaler, oft labiler Zustand mit enormer Entwicklung freier Oberfläche, die öfters irreversible Veränderungen erleidet.

3. Die Fähigkeit, bestimmte Substanzen durch Bildung einer Zwischenverbindung oder durch Adsorption zu binden.

Aus diesen Übereinstimmungen heraus nennt Bredig die anorganischen Metallsole Fermentmodelle. Die vielen Übereinstimmungen sind in der Eigenschaft der Fermente und dieser Modelle als in mikroheterogener Phase wirkender Katalysatoren begründet und stützen damit die damals aufkommende Auffassung der Fermente als kolloidaler Katalysatoren.

Wir vermissen aber heute bei diesen „anorganischen Fermenten" vor allem noch die *Zweiteilung* der natürlichen Fermente in Träger und Wirkgruppe. Gelatine als Schutzkolloid, das in den Versuchen über die Schardingersche Reaktion zur Stabilisierung des Platinsols zugegeben wurde, kann in diesem Zusammenhang kaum als ein Träger im eigentlichen Sinn aufgefaßt werden (S. 546 u. 556). Möglicherweise ist ein Vergleich mit sekundären kolloidalen Trägern der Fermente erlaubt. (Die natürlichen Fermente besitzen in manchen Fällen neben dem katalytisch wirksamen Gesamtfermentkomplex auch noch andere angelagerte, hochmolekulare Molekülgruppen, die den Kohlehydraten und Eiweißstoffen angehören. Diese können jedoch vom eigentlichen Ferment getrennt werden, ohne dessen katalytische Wirksamkeit zu beeinträchtigen. Nur die Stabilität wird mit zunehmender Entfernung der sekundären Träger verringert.)

Bei den Metallsolen als Fermentmodellen vermissen wir ferner auch nahezu jede chemische und absolut jede stereochemische *Spezifität*. Die genannten Beispiele der Modellreaktionen zeigen, daß ein und dasselbe Metallsol — meist kolloidales Platin — die verschiedensten Fermentreaktionen modellmäßig verwirklichen kann. Unterschiede in der Wirksamkeit zwischen den einzelnen Metallsolen gegenüber einem bestimmten Substrat können nicht entfernt als Abbild der natürlichen Spezifität gewertet werden.

Diese Vielseitigkeit der Bredigschen Metallsole schränkt ihre heuristische Bedeutung etwas ein, wenn sie auch zur Erforschung der kolloidalen und katalytischen Eigenschaften der Fermente einen wertvollen Beitrag geleistet haben, da ja die Untersuchungen der kolloidalen Metalle durch Bredig in die früheste Entwicklung der Enzymforschung fallen.

Kolloidale Metallhydroxyde als Phosphatasemodelle.

Von E. Bamann und M. Meisenheimer[1,2] sind in einer Reihe von neueren Arbeiten (1938) *Phosphatase*-ähnliche Wirkungen verschiedener Metallhydroxyde beschrieben worden. Diese Katalysatoren spalten aus Phosphorsäureestern, Pyro-, Poly- und Metaphosphaten Orthophosphorsäure ab. Die Erscheinung, daß bei natürlichen Fermenten die Katalysatorsubstratverbindung größere Beständigkeit aufweist als der Biokatalysator allein, wird speziell vom Lanthanhydroxyd modellmäßig wiedergegeben.[3] Während jedoch den Biokatalysatoren

---

[1] E. Bamann, M. Meisenheimer: Ber. dtsch. chem. Ges. 71 (1938), 1711, 1980, 2086, 2233.

[2] E. Bamann: Angew. Chem. 52 (1939), 186.

[3] E. Bamann, M. Meisenheimer: Ber. dtsch. chem. Ges. 71 (1938), 1711.

ein beschränkter, spezifischer Wirkungskreis zukommt, vermissen wir auch hier diese Spezifität bei den phosphatatisch wirksamen anorganischen Katalysatoren, was E. BAMANN selbst hervorhebt, da *einem* Metallhydroxyd die katalytischen Fähigkeiten verschiedener „Phosphatasen" (Phosphoesterase,[1] Metaphosphatase,[2] Pyro- und Polyphosphatase[3] zukommen. Auch hier beschränkt sich die Übereinstimmung zwischen Modell und Ferment auf die Tatsache katalytischer Wirksamkeit in kolloidaler Form.

II. Heterogene anorganische Mischkatalysatoren.

Atmungsmodelle.

Mehrfach wurde bei der Erforschung der enzymatischen Vorgänge versucht, modellmäßig die Oxydation organischer Verbindungen, wie sie der pflanzlichen und tierischen *Atmung* entspricht, nachzuahmen und auf die Konstitutionsprobleme speziell der Atmungsfermente anzuwenden. Nach den vielen Arbeiten von O. WARBURG, H. WIELAND und anderen ist der Vorgang der Atmung in Tier und Pflanze durch eine längere Folge von Hydrierungs- und Dehydrierungsreaktionen gekennzeichnet, die im folgenden[4] kurz wiedergegeben werden soll. Beispielsweise wird bei der Oxydation eines Zuckers zunächst aus diesem Wasserstoff abgespalten, und zwar in einfacher stöchiometrischer Reaktion zwischen phosphorylierter Glukose und einem eisenfreien Ferment, das eine speziell Wasserstoff aufnehmende Gruppe enthält. Dieses erste Hydrierungsprodukt kann den aufgenommenen Wasserstoff nicht an Sauerstoff abgeben, sondern wird von einem zweiten eisenfreien Ferment, dem sogenannten „gelben Ferment" dehydriert, wobei dieses gelbe Ferment in die farblose Leukobase übergeht. Obwohl diese zweite hydrierte Verbindung an sich den Wasserstoff an den Sauerstoff der Luft abgeben könnte, wird dieser Weg seiner geringen Geschwindigkeit wegen nur von wenigen einzelligen (also primitiven) Organismen beschritten. Bei den übrigen Organismen wird im folgenden in den Oxydationsvorgang ein ganzes System von Häminen eingeschaltet, von denen jedes infolge der Wertigkeitsänderung seines Eisenatoms ebenfalls ein Redoxsystem, d. h. einen Wasserstoffüberträger darstellt, bis endlich erst das letzte Hämin die Oxydation des Wasserstoffs durch den Sauerstoff der Luft katalysiert. Die eisenhaltigen Fermente als Zwischenstufen des Atmungsvorganges sind durch ihre hohe Blausäureempfindlichkeit gekennzeichnet und dadurch und spektroskopisch nachgewiesen. Vermutlich bezweckt dieses angegebene komplizierte Schaltungsprinzip einer Reaktionsbeschleunigung, daß die einzelnen Redoxsysteme thermodynamisch nach der Lage ihrer Oxydationspotentiale geordnet sind, wodurch eine sparsame und dosierbare Energieentwicklung gewährleistet wird.

Das Kohlemodell von O. WARBURG.

O. WARBURG führte in den Jahren 1921[5] und 1924[6] an Kohle als Modell des Atmungsferments Oxydationsversuche mit Eiweißstoffen (Cystein) durch. Sein Katalysator war zunächst technische Blutkohle und im weiteren Verlauf seiner Untersuchungen Verkohlungsprodukte aus Hämin und verschiedenen Farbstoffen, die von Natur stickstoffhaltig waren und technische Verunreinigungen

---

[1] E. BAMANN, M. MEISENHEIMER: Ber. dtsch. chem. Ges. 71 (1938), 1711, 1980.
[2] E. BAMANN, M. MEISENHEIMER: Ber. dtsch. chem. Ges. 71 (1938), 2086.
[3] E. BAMANN, M. MEISENHEIMER: Ber. dtsch. chem. Ges. 71 (1938), 2233.
[4] Siehe z. B. K. NOACK: Angew. Chem. 49 (1936), 673.
[5] O. WARBURG: Biochem. Z. 119 (1921), 134.
[6] O. WARBURG, W. BREFELD: Biochem. Z. 145 (1924), 461.

an Eisen von etwa 0,1% enthielten. Der speziell durch Verkohlung des Hämins hergestellte Katalysator kann jedoch, wie hier vorweggenommen werden soll, in seinen katalytischen Fähigkeiten nicht mit dem Hämin verglichen werden, worauf auf S. 557 noch genauer eingegangen werden soll. Die Verkohlung des Hämins, auch der anderen genannten Verbindungen, führt schließlich zu einer stickstoff- und eisenhaltigen Kohle, die erwiesenermaßen sehr aktiv ist, die aber *nicht* aus an Kohle adsorbiertem bzw. partiell verkohltem Hämin besteht (vgl. Frankenburger[1]). Der Kohlekatalysator von O. Warburg stellt einen rein anorganischen heterogenen Mischkatalysator dar.

Der Zustand des Eisens auf der Kohle ist nicht ohne Einfluß auf die katalatischen und peroxydatischen Eigenschaften des Eisen-Kohle-Katalysators, wie R. Kuhn und A. Wassermann zeigen konnten.[2] Vergleicht man nämlich Warburgs Kohlemodell mit einem Katalysator, der durch Adsorption von Eisenionen an Kohle erhalten wird, so ergeben sich wesentliche Unterschiede in der Beeinflussung der katalatischen und peroxydatischen Fähigkeit, die bei den Verfassern in folgender Zusammenstellung angeführt werden:

Autor	Zustand des Eisens	Katalatische Wkg.	Peroxydatische Wkg.
Kuhn	Adsorption	Enorme Aktivierung	Hemmung
Warburg	Einbettung	Aktivierung	Aktivierung

Die Art der Adsorption scheint darnach die katalytischen Fähigkeiten eines derartigen Katalysators wesentlich zu beeinflussen, und zwar die katalatische und die peroxydatische Eigenschaft in ganz verschiedenem Maß. Einer ähnlichen Feststellung derselben Autoren[2] werden wir auch bei der Besprechung der Hämine als Fermentmodelle (S. 574) begegnen.

Für das Problem der Fermentmodelle ist beim Warburgschen Kohlemodell die *Zweiteilung* des Katalysators in reaktionsfähige, aktive Zentren (an Stickstoff gebundenes Eisen) und einen adsorbierenden Grundstoff (Aktivkohle = „Träger") bemerkenswert, was wir unter der erforderlichen Einschränkung mit Wirkgruppe und Träger bei den natürlichen Fermenten vergleichen können. Aus Hemmungsversuchen mit Narkoticis geht die rein adsorbierende Wirkung der Kohle hervor, die Hemmung erklärt sich durch die Verdrängung des oxydierbaren Substrats durch die Narkotika nach Maßgabe von deren Adsorption an der Kohle. Auch die katalytisch vollkommen unwirksame Silikatkohle erweist sich als ein gutes Adsorptionsmittel. Aus *Vergiftungsversuchen* mit Blausäure, die die katalysierenden Eisenatome des Katalysators vergiftet, und dem vorher Gesagten geht hervor, daß Adsorption und Aktivierung bzw. Oxydation an verschiedenen Stellen des Kohlekatalysators vor sich gehen, was eben die Zweiteilung in „Träger" und „Wirkgruppe" im Vergleich zu den natürlichen Fermenten nahelegt. Im Reaktionsverlauf hat das Warburgsche Modell insofern zu enzymatischen Prozessen Beziehungen, als es die Oxydation wenigstens von Cystein ohne merklich erhöhte Temperatur zu beschleunigen vermag. Allerdings besteht in der Art des Energieumsatzes zwischen dem Fermentsystem und allen seinen modellmäßigen Abbildern ein großer Unterschied. Beim Modell wird die durch Oxydation gewonnene Energie in Wärme umgesetzt, während der lebende Organismus aus dieser Energie Arbeit leisten kann. Doch ist dies wohl keine Funktion des Atmungssystems selbst, sondern der angeschlossenen Systeme, die die Dehydrierungsprodukte der Glukose (Milchsäure) weiter verarbeiten.

---

[1] W. Frankenburger: Die Fermentreaktionen unter dem Gesichtspunkt der heterogenen Katalyse. Ergebn. Enzymforsch. **3** (1934), 1.

[2] R. Kuhn, A. Wassermann: Ber. dtsch. chem. Ges. **61** (1928), 1550.

An sein Kohlemodell schließt O. WARBURG in der Fragestellung nach dem Oxydationsmechanismus in der lebenden Zelle eine nach dem heutigen Stand der Kenntnisse zu einfache Theorie der Atmung an, der sein einfaches Modell natürlich entspricht. Die zwei Mittel, mit denen die Atmungskatalyse vor sich geht, wären darnach Adsorption und Schwermetallkatalyse, die Zellatmung ein kapillarchemischer Vorgang, der an den eisenhaltigen Oberflächen der festen Zellbestandteile vor sich geht. Für die Häminseite wenigstens der, wie oben gekennzeichnet, verwickelteren Reaktionsfolge haben wir also hier ein recht hübsches Modell vor uns.

Die Oxydation wird bei diesem Modell allerdings nicht durch Substrataktivierung am Katalysator, sondern lediglich durch Sauerstoffaktivierung und Oxydation des adsorbierten Cysteins durch den aktivierten Sauerstoff verursacht. Die aus diesem Modell auf die Atmung übertragene Vorstellung der Atmungsvorgänge als Schwermetallkatalyse trifft also nicht durchgängig zu, wenn auch die Häminfermente als Schwermetallkatalysatoren am Atmungsvorgang der lebenden Zelle einen wesentlichen Anteil haben. Zusammenfassend läßt sich WARBURGS Kohlekatalysator als Atmungsmodell rechtfertigen, das einen Teilvorgang in vereinfachter Weise modellmäßig wiedergibt, ohne auf die die natürliche Spezifität bedingende Aktivierung auf der Substratseite einzugehen.

Eine Übereinstimmung mit gewissen natürlichen Fermenten besteht für das Kohlemodell auch im Aufbau wegen der Wirkung in heterogener Phase, da bestimmte Fermentprozesse (der Desmoenzyme) ebenfalls an die makroheterogene Phase gebunden sind.

Ein makroheterogener Katalysator braucht also nicht von vornherein mit den Eigenschaften des Baues natürlicher Fermente in Widerspruch zu stehen, was hier gesagt auch für alle anderen heterogenen Fermentmodelle gilt. Die Übereinstimmung der heterogenen Modelle und der natürlichen Fermente braucht eben nicht so weit zu gehen, daß die anorganischen Katalysatoren dieser Gruppe lyophile Kolloide wären wie die ebenfalls in heterogener Phase wirkenden Desmoenzyme und deren bestes Modell, der Faserkatalysator von G. BREDIG. In der feinen Verteilung und großen Oberflächenentwicklung der aktiven Bezirke lassen sich die heterogenen Fermentmodelle mit den natürlichen Fermenten dennoch vergleichen.

Nach Versuchen von E. BAUR und K. WUNDERLY[1] (hier auch Literaturangabe über frühere Arbeiten E. BAURS) schien Kohle auch die Fähigkeit zu besitzen, Aminosäuren hydrolytisch zu spalten, also als „Aminolasemodell" zu wirken. Diese Folgerungen, die E. BAUR und Mitarbeiter aus ihren Versuchen ziehen, erscheinen jedoch höchst zweifelhaft, da die Versuche von H. WIELAND[2] eingehend nachgeprüft wurden mit dem Ergebnis, daß der Abbau der Aminosäuren an der Kohle durch den Sauerstoff erfolgt, der fest an der Kohle haftet und nur sehr schwer entfernt werden kann. Die Kohle stellt also auch hier ein „Dehydrase"-Modell dar, analog dem WARBURGschen Atmungsmodell.

Heterogene Hydroxydkatalysatoren von A. KRAUSE.

Verschiedene Hydroxyde von leicht Wertigkeitsschwankungen unterliegenden Metallen haben den Fermentprozessen ähnliche katalatische und peroxydatische Wirkungen. Eine Katalasewirkung des amorphen Orthoferrihydroxyds ist durch die Arbeit von L. A. WELO und O. BAUDISCH bekannt geworden,[3] zu der nach

---

[1] E. BAUR, K. WUNDERLY: Biochem. Z. 262 (1933), 300.
[2] H. WIELAND, I. DRISHAUS, W. KOSCHARA: Liebigs Ann. Chem. 513 (1934), 203.
[3] L. A. WELO, O. BAUDISCH: Chem. Reviews 15 (1934), 85.

den Untersuchungen von A. KRAUSE und Mitarbeitern auch eine Peroxydasewirkung hinzukommt.[1] Die beiden genannten Fermentwirkungen des Ferrihydroxyds als Modell wurden auch auf ihre Hemmungen hin untersucht, wobei sich herausstellte, daß die peroxydatische Wirkung des amorphen Orthoferrihydroxyds durch Blausäure vergiftbar ist, nicht dagegen durch Kohlenoxyd.[2] Dies erinnert an die Eigenschaften des „Atmungsferments", dessen ähnliches Verhalten gegenüber Blausäure und Kohlenoxyd von O. WARBURG[3] festgestellt wurde.

Modellmäßig wird die Katalase- und Peroxydasewirkung auch vom Hydroxyd bzw. Oxyd des zweiwertigen Kupfers gegeben.[4] Auch die Mischkatalysatoren aus den Hydroxyden des Kupfers und Eisens einerseits und den Hydroxyden von Magnesium und Kupfer anderseits sind Modelle von Katalase und Peroxydase,[5] die gegenüber den einfachen Hydroxydkatalysatoren eine Steigerung der katalytischen Wirksamkeit aufweisen. Sie können als Vorstufen zu dem anschließend zu referierenden Modell aufgefaßt werden. Am wirksamsten erwies sich nämlich der Dreistoffkatalysator aus den Hydroxyden des dreiwertigen Eisens, zweiwertigen Kupfers und des Magnesiums, über den A. KRAUSE und Mitarbeiter erst in neuester Zeit (Anfang 1939) berichtet haben.[6] Dieser Mischkatalysator stellt das letzte Glied der Entwicklungsreihe der Katalysatoren KRAUSES dar. Die Herstellung erfolgt durch gemeinsame Ausfällung der amorphen Hydroxyde und genügendes Auswaschen, so daß von dem fertigen Katalysator bei der weiteren Verwendung keine Ionen mehr an die umgebende Lösung abgegeben werden, vor allem kein $Mg^{\cdot\cdot}$. Die Wirksamkeit des Modells erweist sich als abhängig von der Zusammensetzung; eine Mischung im Verhältnis $Fe : Cu : Mg = 1 : 0,3 : 0,3$ hat die besten katalytischen Eigenschaften.

Anmerkung: Aus dem angegebenen Verhältnis der Metalle bei der Fällung der Hydroxyde ergibt sich im fertigen Katalysator ein Verhältnis von $Fe:Cu:Mg = = 1:0,31:0,22$, was mit Auswaschung von Magnesiumhydroxyd zu erklären ist.

Vergleicht man zunächst die katalatischen Eigenschaften des „Dreistoffkatalysators" mit denen von $Fe^{\cdots}$ (in Ionenform), Hämin, der natürlichen Katalase und den kolloidalen Metallen, so rückt der Dreistoffkatalysator tatsächlich auf Grund seiner Wirksamkeit in den Kreis fermentartiger Stoffe und übertrifft in seiner Wirkung viele organische und anorganische Fermentmodelle (siehe Tabelle 4).

Tabelle 4 (aus TH. BERSIN[7] und A. KRAUSE[6]).

Bei 0° C zersetzt in wässeriger Lösung in einer Sekunde:

$$1 \text{ Mol } Fe^{\cdots} \text{ bzw. } Fe^{\cdot\cdot} \ldots\ldots\ldots\ldots\ldots\ldots 10^{-5} \text{ Mole } H_2O_2$$
$$1 \text{ „ } \text{Hämin} \ldots\ldots\ldots\ldots\ldots\ldots\ldots\ldots 10^{-2} \text{ „ } \text{ „}$$
$$1 \text{ „ } \text{Katalase} \ldots\ldots\ldots\ldots\ldots\ldots\ldots 10^{5} \text{ „ } \text{ „}$$

Bei 37° C zersetzt im Mischkatalysator in einer Sekunde:

$$1 \text{ Mol } Fe \text{ (als Hydroxyd)} \ldots\ldots\ldots\ldots 10^{-1} \text{ Mole } H_2O_2$$

In Hinblick auf den geschilderten Atmungsprozeß im lebenden Organismus (S. 555) sind die peroxydatischen Eigenschaften des KRAUSEschen Dreistoff-

[1] A. KRAUSE, M. GAWRYCHOWA: Ber. dtsch. chem. Ges. 70 (1937), 439.

[2] A. KRAUSE, Z. ALASZEWSKA, A. SOBOTA: Ber. dtsch. chem. Ges. 71 (1938), 2392.

[3] O. WARBURG: Angew. Chem. 45 (1932), 1.

[4] A. KRAUSE, F. KOPCZYNSKI, J. RAJEWSKI: Ber. dtsch. chem. Ges. 71 (1938), 1229.

[5] A. KRAUSE, A. SOBOTA: Ber. dtsch. chem. Ges. 71 (1938), 1296.

[6] A. KRAUSE: Ber. dtsch. chem. Ges. 72 (1939), 161.

[7] TH. BERSIN: Kurzes Lehrbuch der Enzymologie. Leipzig, 1938.

katalysators als Fermentmodell der Atmung von besonderem Interesse, da ähnlich wie die Reihenfolge der verschiedenen Stufen des Atmungscyklus auch die einzelnen Metallhydroxyde ein gekoppeltes, kompliziertes Redoxsystem darstellen, wie KRAUSE und Mitarbeiter in ihren Untersuchungen[1] selbst hervorheben und durch folgenden Reaktionsmechanismus der Oxydation der Ameisensäure durch Wasserstoffsuperoxyd andeuten:

1. „Anlocken" der HCOOH-Moleküle an die Oberfläche des Katalysators:

$$\begin{array}{ccc} OH & & OH\cdot HCOOH \\ | & & | \\ Mg & + HCOOH \rightarrow & Mg \\ | & & | \\ OH & & OH \end{array}$$

2. Dehydrierung des $Cu(OH)_2$ durch H_2O_2:

$$Cu\begin{array}{c}OH\\ \\OH\end{array} + \begin{array}{c}H\\O\\O\\H\end{array} \rightarrow Cu\begin{array}{c}O\\ \\O\end{array} + 2\,H_2O.$$

3. Dehydrierung des Eisen-III-hydroxyds durch Kupfer-II-peroxyd:

$$\begin{array}{c}|\\Fe\!-\!OH\\|\\O\\|\\Fe\!-\!OH\\|\end{array} + \begin{array}{c}O\\|\ \ Cu\\O\end{array} \rightarrow \begin{array}{c}|\\Fe\!-\!O\\|\\O\\|\\Fe\!-\!O\\|\end{array} + Cu(OH)_2.$$

4. Dehydrierung der Ameisensäure durch Eisen-III-peroxyd:

$$\begin{array}{cc}|\\Fe\!-\!O\\|\\O\\|\\Fe\!-\!O\\|\end{array} + \begin{array}{c}HCOOH\cdot OH\\|\\Mg\\|\\OH\end{array} \rightarrow \begin{array}{c}|\\Fe\!-\!OH\\|\\O\\|\\Fe\!-\!OH\\|\end{array} + \begin{array}{c}HO\\|\\Mg\\|\\HO\end{array} + CO_2.$$

Wenn auch der angegebene Reaktionsmechanismus nicht in allen Einzelheiten gesichert ist, so dürfte er doch in seinen Grundzügen als richtig anzusehen sein, zumal das Auftreten der Metallperoxyde chemisch-analytisch wahrscheinlich gemacht wurde. Es entspricht der Erfahrung, daß auch in homogener Phase die peroxydatischen Eigenschaften des Eisens durch Kupfer verstärkt werden.[2] Der von KRAUSE gebrauchte Ausdruck „Kettenmechanismus" sollte allerdings lieber durch „Reaktionsfolge" ersetzt werden, da in vorliegendem Handbuch als „Kettenträger" reaktionsübertragende Substratderivate anzusehen sind, die nach dem Umsatz verschwinden und die den Katalysator nicht enthalten (Bd. I, S. 53 u. 245).

Vom Standpunkt der Fermentnachahmung aus ist hier der große Fortschritt erreicht, daß tatsächlich eine Reaktionsfolge vorliegt, in der, wie im natürlichen Atmungssystem, jeweils ein Glied das nachfolgende dehydriert, allerdings mit H_2O_2 statt O_2 als Endakzeptor. Die Anfangsstufe, das „Anlocken" des Substrats

[1] A. KRAUSE: Ber. dtsch. chem. Ges. 72 (1938), 161.
[2] Vgl. Artikel SCHMID in Band II dieses Handbuches.

durch das Magnesiumhydroxyd; kann wohl nichts anderes sein als Adsorption, also dieselbe Funktion, die in Warburgs Modell die Kohle, in der Natur das Trägerskelett ausübt. Chemisch ist das vorliegende Modell vom Atmungssystem weitgehend verschieden, nicht so sehr vielleicht von natürlichen Peroxydasen und Katalasen. Krause[1] selbst hebt die Möglichkeit hervor, daß das gemeinsame Auftreten und die synergetische Wirkung von Eisen und Kupfer in vielen pflanzlichen Organismen auf dieselben Vorgänge zurückgeht, die sein Modell wiedergibt.

III. Homogene asymmetrische Fermentmodelle.

A. Schäffner sagt in seinem Artikel „Allgemeines über Biokatalyse"[2] von den Fermenten, daß sie nicht nur als Katalysatoren geschwindigkeitsbestimmend wirken, sondern daß ihnen ein spezifisches Wirkungsvermögen eigen ist. Sie lenken eine Reaktion in eine bestimmte Richtung (Reaktionsselektivität). Die bisher behandelten Fermentmodelle ließen, wie schon auf S. 554 für die „Anorganischen Fermente" betont worden war, eine bestimmte Spezifität und Selektivität vermissen, sie bildeten modellmäßig und mehrfach auch reaktionskinetisch fermentative Reaktionen in einfacher Weise ab.

Für die natürlichen Fermente ist eine besonders charakteristische Art der Spezifität die *stereochemische*, auch optische Spezifität genannt bei abbauenden Prozessen, denen bei Aufbauprozessen (Synthesen) die stereochemische oder optische Selektivität entspricht (siehe S. 548).

a) Organische Basen als asymmetrische Fermentmodelle.

Von Seite der Enzymforschung ist man den Vorgängen bei asymmetrisch verlaufenden Fermentreaktionen durch die Untersuchungen von R. Willstätter, R. Kuhn und E. Bamann nähergetreten (Schrifttum siehe [3]). Von der physikalisch-chemischen Seite aus war es der erste wesentliche Vorstoß für die Erforschung der stereochemischen Spezifität der lebenden Zelle, als es Bredig und Mitarbeitern gelang, die asymmetrische Fermentwirkung mit organischen Katalysatoren genau bekannter Zusammensetzung und Struktur „modellmäßig" nachzuahmen. Solche Katalysatoren sollten dann aus einem Gemisch von *d*- und *l*-Form des optisch aktiven Substrats den einen Antipoden rascher als den anderen abbauen (asymmetrische Analyse) oder aus einem optisch inaktiven Material bei der Darstellung eines optisch aktiven Stoffs die eine oder andere Form rascher aufbauen (asymmetrische Synthese), so daß nach einer gewissen Zeit aus einem zunächst optisch neutralen System die eine optisch aktive Form im Überschuß übrigbleiben oder neu entstehen sollte. Voraussetzung mußte eine *echte Katalyse* sein, bei welcher der das Enzym modellmäßig nachahmende Katalysator „beliebig" große Substratmengen im gewünschten Sinn in optisch aktive Reaktionsprodukte umwandeln kann.

Die modellmäßig abgebildete Reaktion ist der decarboxylierende Abbau gewisser racemischer *Ketocarbonsäuren* durch die auslesende (stereochemisch spezifische) Wirkung eines „*Carboxylase*" genannten Ferments. Durch Verwendung von katalytisch wirkenden *Alkaloiden* bekannter Struktur und Zusammensetzung

[1] A. Krause: Ber. dtsch. chem. Ges. 72 (1939), 161.
[2] A. Schäffner: Allgemeines über Biokatalyse. Handbuch der Katalyse, Bd. III, 1.
[3] G.-M. Schwab, E. Bamann, P. Laeverenz: Hoppe-Seyler's Z. physiol. Chem. 215 (1933), 121.

an Stelle des Ferments konnten G. Bredig und K. Fajans[1,2] aus einem racemischen Gemisch von d- und l-Camphocarbonsäure gewisse Mengen der optisch aktiven Säure und optisch aktiven Camphers erhalten:

$$H_3C \cdot C \cdot CH_3 \quad \longrightarrow \quad \text{Campher} + CO_2.$$

Die organischen Katalysatoren dieser Reaktion, also die Fermentmodelle, waren *Chinin* und das diesem stereoisomere *Chinidin*. Einen in derselben Richtung liegenden weitaus stärkeren Effekt konnte Bredig mit Creighton[3,4] für den Abbau der Bromcamphocarbonsäure erzielen, der durch die stärkere Drehung dieser Säure bedingt war. Die an sich geringen Unterschiede im Abbau der d-Form und l-Form hatten hier einen deutlicheren optischen Effekt zur Folge.

Aus dem experimentellen Material (im Jahre 1910) anderer Autoren und den Ergebnissen der asymmetrischen Abbauversuche mit organischen Basen ergibt sich[4] eine vergleichende Übersicht über asymmetrische Abbaureaktionen mit natürlichen Fermenten und den vorher geschilderten Fermentmodellen.

Bevorzugt abgebaut werden:

d-Camphocarbonsäure durch Nicotin, Chinidin;

l-Camphocarbonsäure durch Cinchonin, Chinin;

d-Mandelsäure durch Schizomyceten und Weinhefe;

l-Mandelsäure durch *Penicillium glaucum, Aspergillus mucor.*

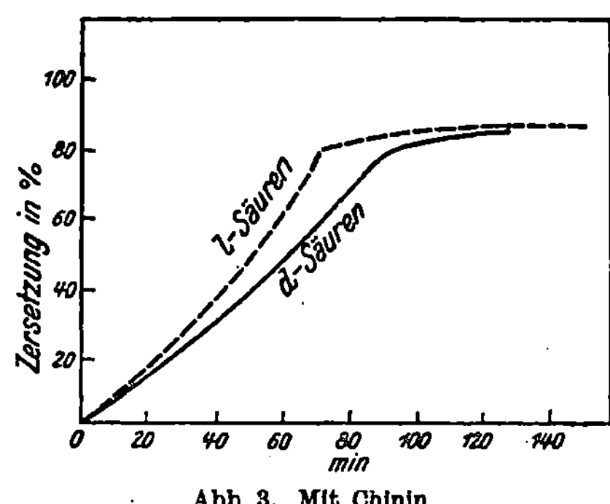

Abb. 3. Mit Chinin.

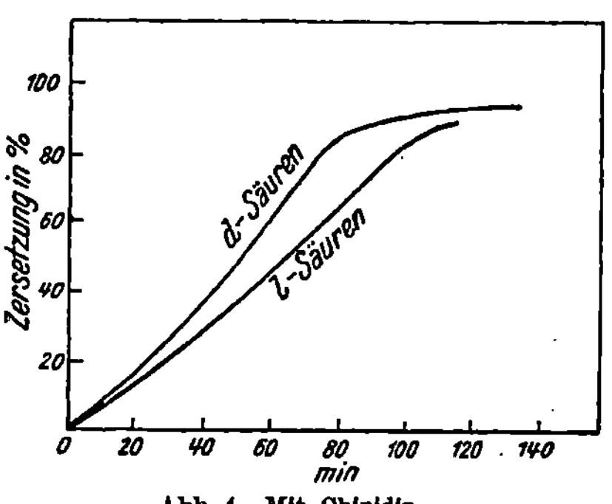

Abb. 4. Mit Chinidin.

Abb. 3 und 4. Unterschied in der Zersetzungsgeschwindigkeit der d-Bromcamphocarbonsäure und der l-Säure mit Chinin bzw. Chinidin als Katalysator (nach [5]).

Analog der einfachen Camphocarbonsäure wird die Bromcamphocarbonsäure durch Chinin bzw. Chinidin abgebaut.

Ebenso wie bei in der Natur verlaufenden enzymatischen Prozessen läuft die

---

[1] G. Bredig, K. Fajans: Ber. dtsch. chem. Ges. 41 (1908), 752.

[2] K. Fajans: Z. physik. Chem. 73 (1910), 25.

[3] G. Bredig, H. Creighton: Z. physik. Chem. 81 (1913), 543.

[4] W. Pastaganoff: Z. physik. Chem. 112 (1924), 448.

[5] P. Rona, F. Reuter: Biochem. Z. 249 (1932), 455.

Spezifität der Auswahl durch ein Maximum, um dann wieder abzunehmen (Abb. 3 und 4).

Auch die asymmetrische *Synthese* wurde in Analogie zu enzymatischen Synthesen durch Katalysatoren bekannter Zusammensetzung in homogener Phase modellmäßig verwirklicht. L. Rosenthaler[1] hatte in den Jahren 1908 und 1909 gezeigt, daß unter der katalytischen Wirkung von Emulsin die Synthese des Mandelsäurenitrils aus Benzaldehyd und Blausäure asymmetrisch verläuft; es entsteht dabei optisch aktives Mandelsäurenitril. Bei der modellmäßigen Nachahmung dieser Fermentwirkung durch Bredig erwiesen sich wieder die genannten optisch aktiven organischen Basen als Modelle, die die Synthese ebenso wie das Ferment asymmetrisch katalysierten.[2,3] Die Übereinstimmung zwischen Fermenten und den Modellkatalysatoren (Chinin und Chinidin) erstreckt sich also auf die Substratspezifität *und* Reaktionsselektivität. Da selbst durch einfache organische Basen, wie Anilin, die CO_2-Abspaltung aus Camphocarbonsäure katalysiert wird, hier natürlich symmetrisch, so ist der Schluß erlaubt, daß der speziell katalytisch wirksame (aktive) Teil in Analogie zu der Wirkgruppe .der Fermente in einer N-haltigen Gruppe zu suchen ist, wie später auch W. Langenbeck bei seinen Carboxylasemodellen schließt (vgl. S. 576). Vergleichen wir nun die organischen Basen als Modelle mit einem Idealferment auf die Zweiteilung in Träger und Wirkgruppe, so können wir vielleicht das ganze Molekül des Modellkatalysators als „Träger" ansprechen, an dem die im Verhältnis zu den natürlichen Fermenten sehr kleine Wirkgruppe, die Aminogruppe, angelagert oder eingelagert ist. Jedenfalls ist in den Fermenten und ihren hier gezeigten Modellen neben der rein katalytischen Wirkung dieser Gruppe auch eine spezifisch und selektiv dirigierende Kraft vorhanden, die im asymmetrischen *Rumpfmolekül* zu suchen ist.

Modell und Ferment unterscheiden sich aber hier durch die Wirksamkeit in homogener Phase, d. h. durch den größenordnungsmäßigen Unterschied der Gesamtpartikel, der in einem Fall den Katalysator in homogener Phase (organische Base), im anderen Fall in mikroheterogener Phase wirken läßt (Ferment). Die Trennung von Wirkgruppe und Träger ist bei den beschriebenen Modellen natürlich mehr eine begriffliche als eine strukturelle, wie schon oben dargelegt wurde.

Interessieren wird noch, daß sich bei der Untersuchung weiterer Nitrilsynthesen aus verschiedenen Aldehyden und Blausäure durch Emulsin[4,5] und durch Chinin bzw. Chinidin keine Analogie der erhaltenen Drehungsrichtungen herausgestellt hat (Tabelle 5).

T a b e l l e 5.

Ausgangsstoff	Organische Katalysatoren	Drehung	Drehung mit Emulsin
Zimtaldehyd { Chinidin ...		—	+
Chinin		+	
Anisaldehyd	Chinidin ...	—	+
Citral	Chinin	+	—
Piperonal	Chinin	+	+
Acetaldehyd	Chinin	—	+

Nach Versuchen von V. K. Krieble[6] gibt es auch bei der fermentativen Synthese des Mandelsäurenitrils verschieden selektive Fermente, die *d*- bzw. *l*-Nitril erzeugen.

[1] L. Rosenthaler: Biochem. Z. 14 (1908), 238; 17 (1909), 257.

[2] G. Bredig, P. S. Fiske: Biochem. Z. 46 (1912), 7.

[3] G. Bredig: Verhandl. d. naturw. Vereins Karlsruhe XXV (1913).

[4] G. Bredig, M. Minaeff: Asymmetrische Synthese durch Katalysatoren als Modell der Fermentwirkung. Festschrift der Techn. Hochschule Karlsruhe. 1925.

[5] G. Bredig, M. Minaeff: Biochem. Z. 249 (1932), 241.

[6] V. K. Krieble: J. Amer. chem. Soc. 35 (1913), 1643.

Wie schon ROSENTHALER[1] gezeigt hat, geht die bei der asymmetrischen Nitril-
synthese durch katalytische Wirkung von Ferment erreichte optische Aktivität
nach einiger Zeit des Versuches wieder zurück, durchläuft also ein Maximum,
während der Gesamtumsatz
(Kontraktion) ungestört wei-
terläuft. Dasselbe Ergebnis
erhielten BREDIG und MINA-
EFF[2] auch für die Modellreaktion, wie in Abb. 5 dargestellt wird.

Da eine Racemisierung des
Katalysators weder beim Ferment noch bei dem Modell
wahrscheinlich ist, muß es
sich um eine wechselseitige
Verdrängungshemmung der
Antipoden handeln (siehe
auch SCHWAB, BAMANN und
LAEVERENZ[3]). Die Analogie
zwischen Ferment und Mo-
dell erstreckt sich also hier
sogar auf Feinheiten der
Reaktionskinetik, eine starke
Stütze für die Identität der
Wirkgruppen.

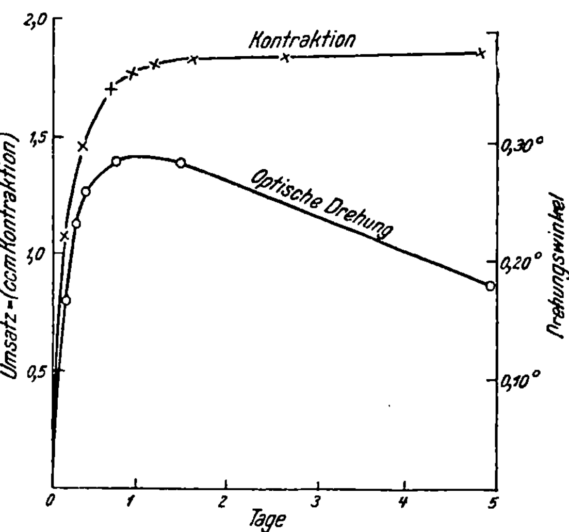

Abb. 5. Zeitlicher Verlauf der optischen Drehung und des Gesamtumsatzes bei der Mandelsäurenitrilsynthese mit optisch aktiven
Katalysatoren (nach [2]).

Zur Ergänzung der homogen wirkenden organischen asymmetrischen Fermentmodelle der Schule BREDIG ist noch eine Untersuchung von R. WEGLER[4] anzuführen. Darnach katalysiert Brucin die Veresterung von Phenyläthylalkohol
asymmetrisch, stellt also ein Modell einer asymmetrischen *Esterase* dar. Auch
von W. LANGENBECK,[5] dessen systematische Untersuchungen über organische
Katalysatoren als Fermentmodelle später gebracht werden sollen, ist in letzter
Zeit ein Beispiel asymmetrischer Katalyse durch einen organischen Katalysator
bekannter Zusammensetzung, nämlich *l*-Alanin, beigebracht worden. Zunächst
ist LANGENBECK die Herstellung und Anwendung seiner wirksameren Carboxylasemodelle in optisch aktiver Form noch nicht gelungen, sondern nur *l*-Alanin
wurde zu den ersten Versuchen als Katalysator verwendet. Das Substrat der
Reaktion ist eine α-Ketocarbonsäure, die sich übrigens von den von BREDIG
und Mitarbeitern angewandten Substraten nur in der Carboxylgruppe der Seiten-

---

[1] L. ROSENTHALER: Biochem. Z. 50 (1913), 486.

[2] G. BREDIG, M. MINAEFF: Biochem. Z. 249 (1932), 241.

[3] G.-M. SCHWAB, E. BAMANN, P. LAEVERENZ: Hoppe-Seyler's Z. physiol. Chem.
215 (1933), 121.

[4] R. J. WEGLER: Liebigs Ann. Chem. 498 (1932), 62.

[5] W. LANGENBECK, G. TRIEM: Ber. dtsch. chem. Ges. 69 (1936), 248.

kette unterscheidet, die nicht direkt, sondern unter Zwischenschaltung einer Ketogruppe an das Camphermolekül angelagert ist. Diese Camphoglyoxylsäure lieferte mit *l*-Alanin als Katalysator einen Oxymethylencampher, der deutlich linksdrehend war. Es zeigte sich, daß der sich von natürlichem Campher ableitende Antipode der verwendeten Säure durch das in der Natur vorkommende *l*-Alanin langsamer gespalten wird als die stereoisomere Säure.

Bemerkenswert ist an allen diesen homogenen asymmetrischen Modellen ein Umstand, den wir in noch schärferer Ausprägung an den heterogenen asymmetrischen Katalysatoren wiederfinden werden: daß nämlich (siehe S. 566) die reaktionsbeschleunigende Wirkung auf eine kleine prosthetische Gruppe lokalisiert ist, die an sich symmetrisch gebaut ist, während die asymmetrische Lenkung oder Substratauswahl an einer *anderen Stelle*, nämlich dem Trägermolekül oder einem asymmetrischen Atom desselben, lokalisiert ist. Immerhin können wir jetzt schon den Schluß ziehen, daß ein asymmetrierendes Ferment nicht nur natürlich selbst asymmetrisch gebaut sein muß, sondern auch den, daß diese Asymmetrie über gewisse intramolekulare räumliche Abstände hinweg wirken kann.

b) Anorganisches asymmetrisches Fermentmodell.

Aus den Untersuchungen von Y. Shibata und Mitarbeitern ist auch ein anorganisches asymmetrisches Fermentmodell bekannt geworden, das in homogener Lösung die katalytische Wirkung einer *Oxydase* nachahmt. Bei der Einwirkung des optisch aktiven Kobaltkomplexsalzes[1]

$$(Co^{II}en_2NH_3Cl)Br$$

auf ein optisch inaktives Gemisch von *d*- und *l*-3,4-Dioxyphenylalanin[2] wird durch den *l*-Katalysator die Verbrennung des *l*-Alanins leichter katalysiert als die der *d*-Verbindung. Nach der Oxydation erhält man die Rechtsdrehung der übrigbleibenden *d*-3,4-Dioxyphenylalaninkomponente. Durch denselben Katalysator[3] wird auch bei der Oxydation von Catechin eine asymmetrische Wirkung verursacht. Die Oxydation verläuft auch in diesem Fall asymmetrisch, indem das *d*-Kobaltkomplexsalz das Rechtscatechin schneller als das Linkscatechin katalytisch oxydiert. Durch das *l*-Komplexsalz wird entsprechend *d*-Catechin langsamer oxydiert. Das racemische Komplexsalz oxydiert aber auffallenderweise *d*-Catechin ebenfalls mit geringer Geschwindigkeit, statt mit einer mittleren. Dieser Befund kann unserer Meinung nach, wenn nicht durch Bildung racemischer Doppelionen, dann wiederum durch gegenseitige Hemmung der Antipoden erklärt werden.

In seiner Spezifität und den eben genannten reaktionskinetischen Eigenheiten steht dieses Modell den organischen Stickstoffbasen nahe und, insofern es Metall und Stickstoff enthält, auch den Häminen und dem Warburgschen Kohlemodell. Was die Zweiteilung von Träger und Wirkgruppe angeht, so hängt alles davon ab, ob auch hier die stickstoffhaltige Gruppe Träger der Wirkung ist, also ein äußerer Substituent, oder aber das Kobaltatom selbst, was für eine Oxy-

---

[1] en = Äthylendiammin.
Zur Oxydasewirkung von Kobaltamminen vgl. auch die Arbeit von C. E. M. Pugh, wonach nur wenigen derartigen Komplexsalzen eine Oxydasewirkung zuzuschreiben ist [C. E. M. Pugh: Biochemic. J. 27 (1933), 480].
[2] Y. Shibata, R. Tsuchida: Chem. Zbl. 1929 II, 2043; Bull. chem. Soc. Japan 4 (1929), 142.
[3] Y. Shibata, Y. Tanaka, S. Gode: Chem. Zbl. 1932 I, 532; Bull. chem. Soc. Japan 6 (1931), 210.

dation wahrscheinlicher ist. In diesem Fall wäre die Wirkgruppe zugleich das Asymmetriezentrum. Das entspräche dann allerdings weder den sonstigen Modellen noch den natürlichen Fermenten, wie man sie sich nach deren Aussagen vorzustellen hat. In Analogie zu den häminartigen Fermenten und Modellen (S. 571) wird man am ehesten anzunehmen haben, daß der *Verbindung* eines Elements der VIII. Gruppe mit basischem Stickstoff besondere Bedeutung als prosthetischer Gruppe zukommt.

IV. Trägerspezifische Fermentmodelle.
a) Anorganisches, heterogenes Modell.

Einen wichtigen Beitrag in der Reihe der Fermentmodelle stellt der in den Untersuchungen von G.-M. Schwab, L. Rudolph und F. Rost aufgefundene asymmetrische Quarzmetallkatalysator dar.[1,2] Die Spaltung von racemischem sekundärem Butylalkohol durch Kupfer, Nickel und Platin erhält dadurch einen optisch auswählenden Charakter, daß diese Metalle auf optisch aktivem Quarz als „Träger" lokalisiert werden. Aus dem Racemgemisch wird bei der anaeroben Dehydratisierung

$$\underset{H_5C_2}{\overset{H}{>}}\underset{CH_3}{\overset{OH}{<}}C \longrightarrow \underset{H_3C_5}{\overset{H}{>}}C=C\underset{H}{\overset{H}{<}} + H_2O$$

und der bei dieser Reaktion nebenher laufenden anaeroben dehydrierenden Zersetzung

$$\underset{H_5C_2}{\overset{H_3C}{>}}\underset{H}{\overset{OH}{<}}C \longrightarrow \underset{H_5C_2}{\overset{H_3C}{>}}C=O + H_2$$

und der aeroben Oxydation (Dehydrierung durch Luftsauerstoff)

$$\underset{H_5C_2}{\overset{H_3C}{>}}\underset{H}{\overset{OH}{<}}C + {}^1/_2\,O_2 \longrightarrow \underset{H_5C_2}{\overset{H_3C}{>}}C=O + H_2O$$

durch den Katalysator eine Komponente bevorzugt herausgespalten.[1,2]

Die im höchsten Fall erreichte Spezifität des auswählenden katalytischen Abbaues betrug etwa 10%. Vergleicht man die durch einen Rechtsquarzkatalysator erhaltene Drehung bei der Dehydratation und der Oxydation, so erhält man für die drei angewandten Metalle folgendes Schema:

	Cu	Ni	Pt
Dehydratation	—	—	(nicht bestimmt)
Oxydation	+	—	—

Diese Umkehrung der Auswahl bei Wechsel des Metalls zeigt einwandfrei, daß nicht die *Adsorption* des Substrats am asymmetrischen Teil des Katalysators, sondern vorwiegend die Zerlegung, also die *Kontaktaktivierung* des Substrats spezifisch erfolgt. Darin erblicken die Verfasser den Beweis, daß sich die Asymmetrie des Quarzes zum mindesten noch auf den Phasengrenzbezirk Cu—Quarz erstreckt.

---

[1] G.-M. Schwab, L. Rudolph: Naturwiss. 20 (1932), 363.
[2] G.-M. Schwab, F. Rost, L. Rudolph: Kolloid-Z. 68 (1934), 157.

Eine gewisse Analogie zu den Abbaureaktionen durch Emulsin und die organischen Basen als Katalysatoren ergibt sich aus dem zeitlichen Verlauf der Drehung während des Versuchs, die wie bei jenen ein zeitliches Maximum durchläuft, um dann durch Racemisierung des Substrats und Spezifitätsabnahme des Katalysators wieder abzusinken. Die optische Inaktivierung des Katalysators ging aus einem Versuch hervor, bei dem dasselbe Substrat durch Anwendung eines frischen Katalysators weiter oxydiert wurde; dabei stellte sich eine Addition der Drehungen, die man mit einem Katalysator erhielt, heraus, wie aus folgenden Abbildungen hervorgeht (Abb. 6 und 7).

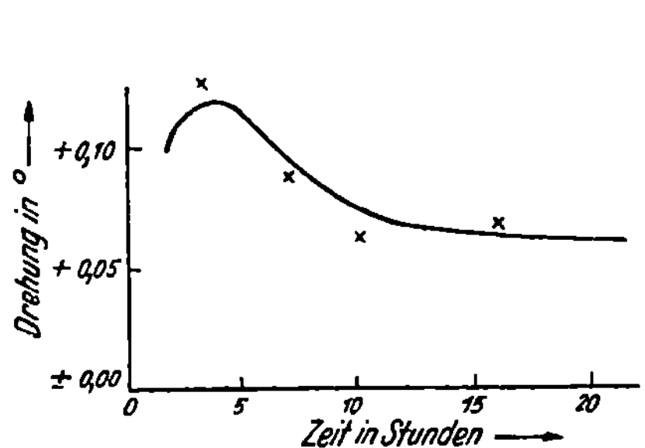

Abb. 6. Zeitlicher Verlauf der Drehung bei der Oxydation von sek. Butylalkohol an mit Platin verstärktem Rechtsquarz (nach [1]).

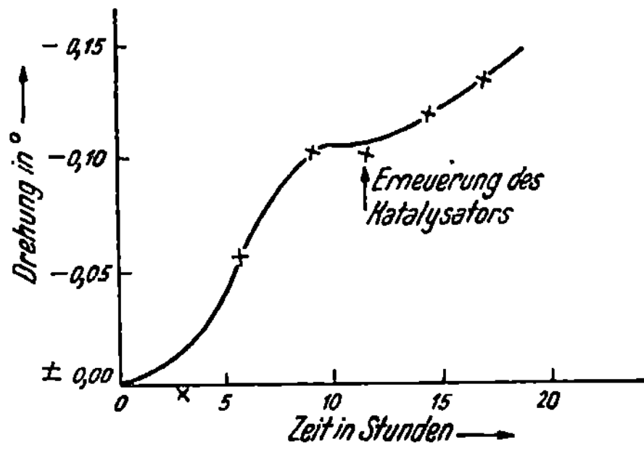

Abb. 7. Drehungsverlauf bei der Oxydation von sek. Butylalkohol an mit Kupfer verstärktem Rechtsquarz unter Erneuerung des Katalysators (nach [1]).

Da weder durch reines Quarzpulver (nicht durch Metall aktiviert) noch durch Metall allein oder auf amorphem Quarzglaspulver eine optisch spezifische Katalyse durchgeführt werden konnte, ist gerade das gegebene System Quarz/Metall als Katalysator erforderlich. Die Analogie zwischen diesem rein anorganischen heterogenen Modell und einem natürlichen Ferment liegt vorzugsweise in der Trennung in:

katalytisch wirksame Gruppe (Metall = Wirkgruppe) und
asymmetrischen Träger (Quarz = asymmetrisches Skelett).

Das Trägerskelett ist in diesem Fall nicht wegen eines asymmetrisch substituierten Atoms optisch selektiv, sondern infolge einer asymmetrischen Gitterstruktur, und die Verfasser betonen, daß hier erstmals eine asymmetrische Katalyse ohne Zuhilfenahme eines asymmetrischen Moleküls gelungen ist. Dies ist von gewisser Bedeutung für die Frage nach dem ersten Auftreten der Asymmetrie in der belebten, also fermentativen Welt; für die Frage des heutigen Entstehens der Fermente ist das Modell belanglos, da die organische Natur den häufiger realisierbaren Weg über asymmetrische Kohlenstoffatome verfügbar hat. Die Bedeutung des Modells liegt in unserem Rahmen vielmehr darin, daß hier einwandfrei Träger und Wirkgruppe getrennt werden können und daß ebenso einwandfrei *der Träger allein die Asymmetrie des Systems mitbringt und sie der Wirkgruppe aufzwingt.*

Bei der Frage der Anordnung der aktiven Gruppen auf der Trägersubstanz kommt W. Frankenburger bei den natürlichen Fermenten[2] zu der Annahme, daß: „ein Charakteristikum der enzymatischen Katalysatoren darin zu sehen ist, daß in ihren *Oberflächen* die aktiven Gruppen in einem jeweils optimalen Abstand

[1] G.-M. Schwab, F. Rost, L. Rudolph: Kolloid-Z. 68 (1934), 157.

[2] W. Frankenburger: Die Fermentreaktionen unter dem Gesichtspunkt der heterogenen Katalyse. Ergebn. Enzymforsch. 3 (1934), 1.

angeordnet sind. Dabei scheint die Möglichkeit zu bestehen, daß in organischen Riesenmolekülen, welche aus einer Vielheit haupt- und nebenvalenzmäßig gebundener und verketteter Einzelmoleküle aufgebaut sind, Oberflächen entstehen, in welchen die endständigen Gruppen der Molekülketten in einer jeweils besonders geeigneten flächenhaften Anordnung vorliegen. Hier wäre also nicht von einem an der Oberfläche des Trägers adsorbierten ‚Fermentmolekül' zu sprechen, sondern von einer *Fermentfläche*, aufgebaut als Querschnitt verschiedener Molekülketten".

Vom mikroheterogenen Zustand der natürlichen Fermente auf den echt makroheterogenen Zustand des eben referierten Quarzkatalysators übertragen, würde dieser Fermentfläche dann modellmäßig die heterogene Quarzmetalloberfläche entsprechen, die[1] nur dann ihre höchste katalytische Wirksamkeit und Spezifität zeigt, wenn die Bedeckung des Quarzes durch das Metall unterhalb einer annähernd uniatomaren Schichtdicke gehalten wird, so daß möglichst viel Grenzzone Quarz/Metall an der Oberfläche liegt und asymmetrisch abbauen kann.

Der asymmetrierende Einfluß des Trägers auf den Gang der Katalyse ist auch bei den folgenden Katalysatoren als Fermentmodellen hervorzuheben.

b) Organische makroheterogene Modelle.

Der organische asymmetrische Katalysator Chinin bzw. Chinidin wirkt in homogener Lösung, hat also nicht die wichtigste Eigenschaft des biologischen Komplexes, eines Fermentsystems. Deshalb hat BREDIG mit GERSTNER und LANG[2,3] die homogen wirkenden Basen durch natürliche Faser als kolloidalen Träger ersetzt, auf welcher als aktive Gruppe eine basische stickstoffhaltige Gruppe verankert wurde. Dieses neue *Fasermodell* besitzt nach BREDIG folgende Eigenschaften:

1. Es besteht nur aus organischen Stoffen bekannter Zusammensetzung, nämlich aus einem aktiven Molekülteil, der auf einem kolloidalen Träger verankert ist.

2. Dieser Katalysator wirkt als Modell der Carboxylase bei der CO_2-Abspaltung aus Ketocarbonsäuren.

3. Er wirkt stark katalytisch und asymmetrisch selektiv beim synthetischen Aufbau von Mandelsäurenitril (Emulsinmodell).

Wie sich als erstes Ergebnis herausgestellt hatte,[2] hat auch Seidenfibroinfaser und tierische Wollfaser carboxylatische Eigenschaften. Da jedoch die basischen Eigenschaften dieser Fasern nicht so ausgeprägt sind wie bei dem endgültigen substituierten Cellulosefasermodell, war auch ihre Wirksamkeit als Modelle der Carboxylase unbedeutend, für die ja nach Arbeiten von CREIGHTON u. a.[4,5] die basischen Eigenschaften maßgebend sind.

Wesentlich stärker basisch erwiesen sich also die aus Baumwolle hergestellten Fasern von Aminocellulose, aber sie besaßen immer noch bei Zimmertemperatur eine kaum meßbare katalytische Wirksamkeit. Deshalb wurde diese Aminofaser durch Einführung einer Diäthylaminogruppe in starkem Maße aktiviert. Der Unterschied in den Wirksamkeiten geht aus Abb. 8 und 9 hervor.

---

[1] G.-M. SCHWAB, F. ROST, L. RUDOLPH: Kolloid-Z. **68** (1934), 157.
[2] G. BREDIG, F. GERSTNER: Biochem. Z. **250** (1932), 414.
[3] G. BREDIG, F. GERSTNER, H. LANG: Biochem. Z. **282** (1935), 88.
[4] G. BREDIG, H. CREIGHTON: Z. physik. Chem. **81** (1913), 543.
[5] W. PASTAGANOFF: Z. physik. Chem. **112** (1924), 448.

Bei der Abbaureaktion der Camphocarbonsäure ist eine optische Aktivierung allerdings nicht erhalten worden. Der Faserkatalysator wirkt zwar als Carboxylasemodell sehr stark katalytisch, aber nicht optisch spezifisch. Als optisch selektiver Katalysator betätigte sich jedoch der letztgenannte Faserkatalysator bei der Synthese von Mandelsäurenitril mit einer erreichten Spezifität von 22%. Dabei erwies sich dieses Modell als etwa ebenso wirksam wie die früher besprochenen organischen homogenen Katalysatoren Chinin und Chinidin.

Daß tatsächlich die substituierte Aminogruppe die katalytisch aktive Gruppe ist, entsprechend der Wirkgruppe der natürlichen Fermente, geht aus ergebnislosen Versuchen mit reiner, nicht substituierter Faser hervor. Ebenso ist es gelungen, die Aminofaser durch Zusatz eines Überschusses an Chloressigsäure, also Zerstörung der Aminogruppe, katalytisch zu inaktivieren.

Versuche von G. Bredig und Mitarbeitern mit dem Faserkatalysator[1] über Abgabe von katalytisch wirksamen und asymmetrierenden Teilen von der Faser an die umgebende Flüssigkeit zeigen, daß zwar die Lösung nach einer gewissen Dauer des Versuchs und darnach erfolgtem Abfiltrieren der restlichen, verbrauchten Faser katalytische Aktivität besaß, die sich auf die chemische Zersetzung der Faser durch das sauere Substrat zurückführen ließ (der ka-

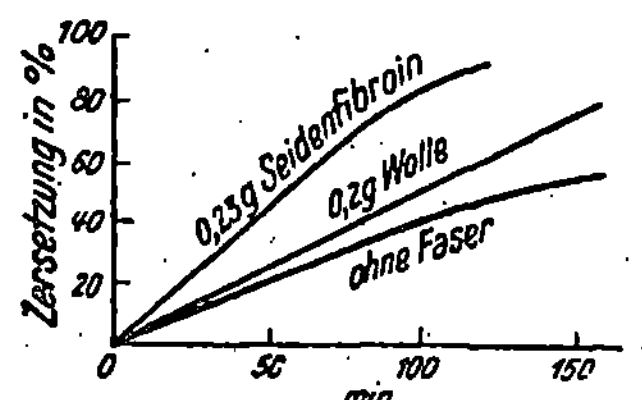

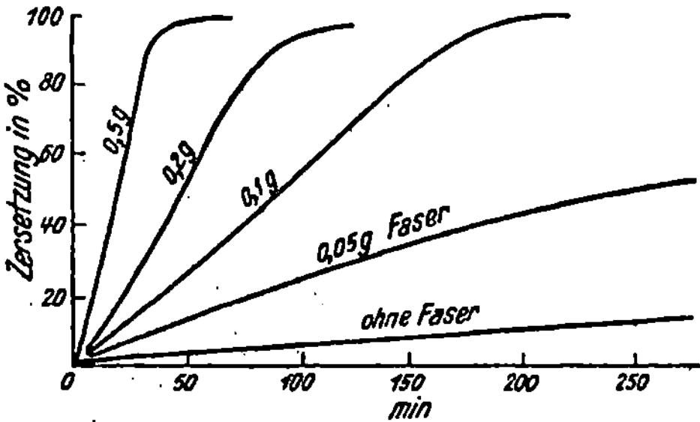

Abb. 8. Katalytische Wirksamkeit von tierischen Fasern (60°).   Abb. 9. Katalytische Wirksamkeit von Diäthylaminocellulose (40°).

Abb. 8 und 9. Reaktion: CO_2-Abspaltung aus Bromcamphocarbonsäure (nach [2]).

talysierende Basenanteil wird abgespalten); die weiter mit dem Filtrat angestellte Oxynitrilsynthese wurde jedoch nicht mehr asymmetrisch beeinflußt. Für die Oxynitrilsynthese erinnert also der Faserkatalysator an ein intracellulares Enzym, das nicht oder nur schwer in voller Wirksamkeit in Lösung zu bringen ist. An natürlichen Fermenten hatten nämlich Neuberg und Mitarbeiter festgestellt (Schrifttum bei G. Bredig und Mitarbeiter[2]), daß der stereochemisch spezifische Verlauf mancher fermentativer Vorgänge an die lebende Zelle und eventuell auch noch an die abgetötete (also wohl an die Strukturelemente der Zelle) gebunden ist, während der Mazerationssaft der Zelle nur noch katalysierend, aber nicht asymmetrierend wirkt.[3] Nach dem Befund von Bredig, Gerstner und Lang wirkt die Diäthylaminogruppe, solange sie im Komplex an die Faser gebunden ist, asymmetrierend. Sobald sie jedoch von der Faser durch Hydrolyse oder irgendeinen anderen chemischen Vorgang als Diäthylamin in Lösung gebracht ist, vermag sie zwar noch auf Grund ihrer basischen Eigenschaften katalytische, aber nicht mehr stereochemisch selektive Wirkungen zu entfalten. Bredig und Gerstner veranschaulichen diese Verhältnisse, indem sie sich auf ihrer Grundlage ein Modell einer Art Mazeration der lebenden Zellwand zurechtlegen, das natürlich kein Modell der

---

[1] Faserkatalysator = Diäthylaminocellulosefaser.

[2] G. Bredig, F. Gerstner, H. Lang: Biochem. Z. 282 (1935), 88.

[3] Siehe auch über „Lyo- und Desmo-Enzyme" E. Bamann, W. Salzer: Lyo- und Desmo-Enzyme. Ergebn. Enzymforsch. 7 (1938), 28.

Tätigkeit der intakten Zelle sein kann: Sie denken aus ihrem Faserkatalysator ein dichtes Gewebe (Diaphragma oder Filter) hergestellt. Wird hierdurch eine Lösung des Substrats (Benzaldehyd und Blausäure im Fall der Modellbetrachtung) langsam durchfiltriert, so wird die austretende Flüssigkeit das Gewebe als eine Lösung von *zum Teil* optisch aktivem, im Gewebe synthetisiertem Mandelsäurenitril verlassen. In dem Maße aber, als die das künstliche Gewebe passierende Flüssigkeit die aktive Gruppe von den Strukturelementen der Gewebefaser durch Hydrolyse u. dgl. loslöst, wird das Gewebe und das Filtrat zwar noch immer katalytisch-synthetisch Nitril erzeugen können, aber das Filtrat wird mit fortschreitender Loslösung der Wirkgruppen aus dem Katalysatorkomplex keine oder nur sehr geringe asymmetrierende Wirkung bei der Katalyse mehr zeigen, geradeso wie ein zur asymmetrischen Katalyse nicht mehr fähiger Mazerationssaft.

Die geschilderten Vorgänge der fermentativen Wirkung bei einer Art Mazeration lassen sich jedoch, wie oben gesagt, mit einer normalen Zelltätigkeit, ob abbauend oder synthetisierend, nicht vergleichen. Die normale lebende Zelle verliert erstens im Laufe ihrer Tätigkeit nicht an katalysierender oder asymmetrierender Fähigkeit, da inaktiv gewordene Fermente sicher abgebaut und so dem katalytischen Prozeß entzogen, anderseits neue intakte asymmetrische Fermente nachgebildet werden. Zweitens ist die in der Zelle hervorgerufene Asymmetrie ihrer Erzeugnisse viel vollständiger. Die im lebenden Organismus hervorgebrachte optische Aktivität hat ja schon immer durch ihre Vollständigkeit unsere Bewunderung erregt.

Verdienstvollerweise haben BREDIG und GERSTNER mit LANG[1] ihren Faserkatalysator als Fermentmodell nach zwei Richtungen hin weiter untersucht. Die asymmetrierende katalytische Wirkung bei der Oxynitrilsynthese konnte zunächst auch bei anderen Substraten als Benzaldehyd verwirklicht werden. Die verwendeten Aldehyde sind außer Citral dieselben, die in Tabelle 5 auf S. 562 aufgeführt wurden. Die erhaltene Drehung ist in allen Fällen negativ. Gegenüber dem Chinin[2] erweist sich die Selektivität des Fasermodells als entgegengesetzt, da aus Zimtaldehyd und Piperonal rechtsdrehende Nitrile erhalten worden waren. Dazu möchten wir sagen, daß aus einer möglichen Übereinstimmung einer erhaltenen Drehungsrichtung bei gleichem Substrat, aber verschiedenem organischem Katalysator kaum eine Aussage über den Elementarvorgang zu machen ist. Unsere Kenntnis über die absoluten Konfigurationen und die tatsächlichen räumlichen Verhältnisse bei der Katalyse, speziell bei den fermentativen Prozessen, ist dazu noch zu unvollkommen. In diesem Zusammenhang wird interessieren, daß[3,4] beim Abbau von racemischem Mandelsäurenitril durch Emulsin vorwiegend die *l*-Komponente, bei der Synthese durch dasselbe Ferment jedoch die *d*-Komponente des Nitrils entsteht.

Von besonderer Bedeutung für das Konstitutionsproblem der natürlichen Fermente im Hinblick auf die prosthetische Gruppe und ihre chemischen Eigenschaften sind Versuche über die katalytische Wirksamkeit *verschieden substituierter* Baumwollfasern. Diese Versuche sind also systematische Untersuchungen über ein Fermentmodell mit verschiedenen aktiven Gruppen (Tabelle 6).

Tertiäre Basen als Substituenten an der Faser verursachen trotz mancher Fälle von katalytischer Wirkung keine asymmetrierende Katalyse, ebenso nicht:

---

[1] G. BREDIG, F. GERSTNER, H. LANG: Biochem. Z. 282 (1935), 88.

[2] G. BREDIG, M. MINAEFF: Asymmetrische Synthese durch Katalysatoren als Modell der Fermentwirkung. Festschrift der Techn. Hochschule Karlsruhe. 1925.

[3] L. ROSENTHALER: Biochem. Z. 19 (1909), 186; 26 (1910), 7.

[4] K. FEIST: Arch. Pharmaz. Ber. dtsch. pharmaz. Ges. 246 (1908), 509; 247 (1909), 542; 248 (1910), 101.

Tabelle 6.

Katalytisch aktive Gruppe stammt aus	Kontraktion[1] in Kubikzentimeter	Drehung des Oxynitrils
Ammoniak	0,30	—
Methylamin	0,60	—
Äthylamin	1,32	— 0,25
n-Butylamin	1,18	— 1,38
iso-Butylamin	1,20	— 0,35
Benzylamin	0,50	—
Bornylamin	1,20	0,00
Anilin	0,00	0,00
Dimethylamin	1,08	— 0,11
Diäthylamin	1,52	— 1,11
Dipropylamin	1,27	— 0,77
Diisobutylamin	1,38	(+ 0,05?)
Diisoamylamin	1,45	— 0,81
Piperidin	0,95	— 0,39
Coniin	1,05	— 0,52

Pyridin, Chinolin, Nicotin und Chinin. Aus der Tabelle 6 ergibt sich zunächst, daß die erhaltenen optisch aktiven Oxynitrile auffallenderweise alle linksdrehend sind, ihr Verseifungsprodukt, die Mandelsäure, ist damit immer rechtsdrehend. Es zeigt sich fernerhin, daß vor allem die Einführung der Aminogruppe einer sekundären Base in die Cellulosefaser dieser meistens stark katalytische (in der Tabelle durch die Kontraktion angegeben) und stark asymmetrierende (Drehung) Eigenschaften verleiht. Dabei scheint es nach den Versuchen gleichgültig, ob es sich um cyclische oder acyclische Basen handelt. Auffallend ist der große, sterisch bedingte Unterschied in der asymmetrierenden Wirkung zwischen Butylamin und Isobutylamin bei gleichem Stickstoffgehalt und annähernd gleicher katalytischer Wirksamkeit. Sonst ruft die Substitution von Aminogruppen primärer Basen zwar auch noch katalytische, aber merklich seltener asymmetrierende Eigenschaften des Modells hervor. Ähnlich erweisen sich tertiäre Basen an Cellulosefaser substituiert als gute Katalysatoren, aber ohne stereochemische Selektivität. Wenn die Verfasser sagen,[2] daß sich neben der katalytischen Wirkung auch der Asymmetrierungsvorgang am Stickstoffatom der Aminogruppe abzuspielen scheint, kann man diese Aussage vielleicht (nach S. 564 und 566) verbessern und dies so ausdrücken, daß sich die Asymmetrie der Faser auf die reaktionsfähige Gruppe überträgt, so daß diese selektiv zu synthetisieren vermag. Auf Zusammenhänge mit der Übertragung aktivierender Eigenschaften bei den organischen Fermentmodellen von W. Langenbeck soll an dieser Stelle hingewiesen werden (S. 575).

Wiederum muß die Feststellung gemacht werden, daß der Faserkatalysator von Bredig jedoch *keine Substratspezifität* besitzt, wie sich beim Abbau von *d*- und *l*-Bromcamphocarbonsäure herausgestellt hat, obwohl die Faser an sich optisch spezifisch zu adsorbieren vermag (Versuche von C. W. Porter[3]). Als Grund dafür können wir vermuten, daß die Bromcamphocarbonsäure wahrscheinlich ein ungeeignetes Substrat darstellt. Es wäre in diesem Zusammenhang interessant zu untersuchen, wieweit eine Substratspezifität des Fasermodells gegenüber anderen racemischen Substraten, speziell vielleicht gegenüber racemischem Mandelsäurenitril, festzustellen wäre, dessen asymmetrischer Abbau durch Emulsin und andere Basen als Katalysatoren bekannt ist.

V. „Homogene" organische Fermentmodelle.

Mit systematischer Steigerung der Wirksamkeit.

Eine Trennung der hier genannten „homogenen" organischen Fermentmodelle von den bereits unter III a (S. 560) besprochenen asymmetrischen

---

[1] Die Kontraktion der Lösung ist dabei ein Maß des Gesamtumsatzes ohne Rücksicht auf den asymmetrischen Effekt.

[2] G. Bredig, F. Gerstner, H. Lang: Biochem. Z. 282 (1935), 88.

[3] C. W. Porter, H. K. Ihrig: J. Amer. chem. Soc. 45 (1932), 1990.

organischen Fermentmodellen empfiehlt sich aus dem Grund, da die Autoren, vor allem W. Langenbeck, speziell die Änderung der katalytisch wirksamen Gruppe untersucht haben, um so von rein chemischer Seite her durch Versuche an Fermentmodellen dem Konstitutionsproblem der natürlichen Fermente näherzukommen, indem sie gewissermaßen den Weg zu einer Synthese eines „*künstlichen Ferments*" beschritten. Derartiger systematischer Substituierung in bezug auf die aktive Gruppe sind wir schon bei Bredig, Gerstner und Lang begegnet,[1] die die Substitution verschiedener Aminoderivate in Cellulosefaser, allerdings nicht so bewußt wie W. Langenbeck, zu einer Steigerung ausbauen wollten.

Bevor wir auf dessen Arbeiten eingehen, sind noch einige andere Modelle dieser Gruppe zu besprechen.

a) Eisenhaltige Fermentmodelle (Hämin und Derivate) und ihre Vorstufen.

Bekanntlich enthalten bestimmte Gruppen von Fermenten, namentlich die typischen katalatischen, peroxydatischen und manche oxydatischen Fermente, Metallatome, meist Eisen, in organischer Bindung. Es konnte im Verlaufe der Enzymforschung gezeigt werden, daß diese Fermente Eisenporphyrinverbindungen (*Hämine*) als prosthetische Gruppen besitzen, wie in der Zusammenfassung des Atmungsvorgangs auf S. 555[2] schon auseinandergesetzt wurde.

Hämin allein stellt bereits ein Fermentmodell mit bekannter chemischer Zusammensetzung dar, das katalatische, peroxydatische und oxydatische Eigenschaften besitzt (vgl. Tabelle 4 auf S. 558). Als Katalysatormodell der Katalase zeigt Hämin allein die gleiche Abhängigkeit der relativen Wirkungswerte von der Substratkonzentration und vom p_H wie sein Vorbild, die natürliche Katalase.

Die Modelleigenschaften des Hämins als Oxydasemodell sind, mit der Wirkung der natürlichen Fermente verglichen, nur gering. Nach ausführlichen Untersuchungen von R. Kuhn und K. Meyer[3] lassen sich ungesättigte Fettsäuren, Ergosterin und Polyene der Carotinreihe durch Hämin katalytisch oxydieren, sofern das geeignete Lösungsmittel zugegen ist.

Bekannt war schon früher, daß Leinöl, Cystein und Benzaldehyd katalytisch oxydierbar sind (Schrifttum bei R. Kuhn, K. Meyer[3]), jedoch nicht die physiologischen Brennstoffe wie Glukose, Fructose, Methylglyoxal und Dioxyaceton.[4]

Eine Beeinflussung der katalytischen Wirkung durch das Lösungsmittel wurde von vielen Autoren festgestellt ([5, 6, 7, 8] und andere). Ob in einer derartigen Lösungsmittelbeeinflussung eine modellmäßige Ähnlichkeit mit der Wirkung von Co-Fermenten oder Aktivatoren gegeben ist, ist zu bezweifeln, da sich Co-Fermente sonst stets als fermentartige Glieder von Reaktionsfolgen in der Art von S. 555 herausgestellt haben.

Die starke *Blausäureempfindlichkeit* kommt der Größenordnung nach der des Atmungsferments gleich, vor allem bei der Oxydation von Cystein und Benzaldehyd. Bei Leinöl und Olivenöl ist aber das pflanzliche Ferment *nicht* blausäureempfindlich. Dieser Befund an einem „Fermentmodell" bekannter Zu-

---

[1] G. Bredig, F. Gerstner, H. Lang: Biochem. Z. **282** (1935), 88.

[2] Siehe z. B. K. Noack: Angew. Chem. **49** (1936), 673.

[3] R. Kuhn, K. Meyer: Hoppe-Seyler's Z. physiol. Chem. **185** (1929), 193.

[4] W. Frankenburger: Die Fermentreaktionen unter dem Gesichtspunkt der heterogenen Katalyse. Ergebn. Enzymforsch. **3** (1934), 1.

[5] W. Langenbeck: Fermentmodelle. Ergebn. Enzymforsch. **2** (1933), 314.

[6] K. Fajans: Z. physik. Chem. **73** (1910), 25.

[7] G. Bredig, H. Creighton: Z. physik. Chem. **81** (1913), 543.

[8] W. Pastaganoff: Z. physik. Chem. **112** (1924), 448.

sammensetzung legt mit Feststellungen von O. Warburg,[1] R. Emerson[2] und nach L. Genevois[3] die Vermutung nahe, daß die Grundatmung der untersuchten Pflanzenobjekte vorwiegend eine Fett- und Ölatmung ist. Das erklärt, warum die Unempfindlichkeit der Atmung gegenüber Blausäure bei alternden Pflanzen und hungernden Pflanzenorganen, die relativ fettreich sind, besonders hervortritt. Die Oxydation von Fetten durch tierische Fermente (in Schnitten und tierischem Gewebebrei) ist nach Dixon und Elliott[4] ebenfalls durch Blausäure nicht vergiftbar, woraus sich eine direkte Analogie zwischen tierischer und pflanzlicher Atmung ergibt. Es ist ferner der Schluß erlaubt, daß die Fettatmung nicht auf häminhaltige Fermente zurückzuführen ist, wie aus der Hemmung von Hämin durch Blausäure hervorgeht. Auf diesem Gebiet erlaubt also der Modellversuch ziemlich unmittelbare Schlüsse.

Hämin als Peroxydasemodell.

Bei der Oxydation von 3-Aminophthalsäurehydrazid (Luminol) durch Wasserstoffsuperoxyd tritt ein blaues Leuchten auf, das teilweise als Modell der Biolumineszenzvorgänge, teils aus anderem Interesse schon von mehreren Autoren untersucht wurde. Das blaue Leuchten erfährt durch natürliche pflanzliche Peroxydase (aus Kartoffel[5] und Meerrettich[6]) eine katalytische Aktivierung; dieselbe Wirkung haben als einfachere Peroxydasemodelle MnO_2 und Platin in kolloidaler Form,[5] sowie Blut[5] und besonders kräftig *Hämin*.[7] Als Vorstufe zu Hämin als Peroxydasemodell kann ein von H. Thielert und P. Pfeiffer untersuchtes einfacheres Eisenkomplexsalz gelten,[8] das Salicylaldehydäthylendiiminferrichlorid:

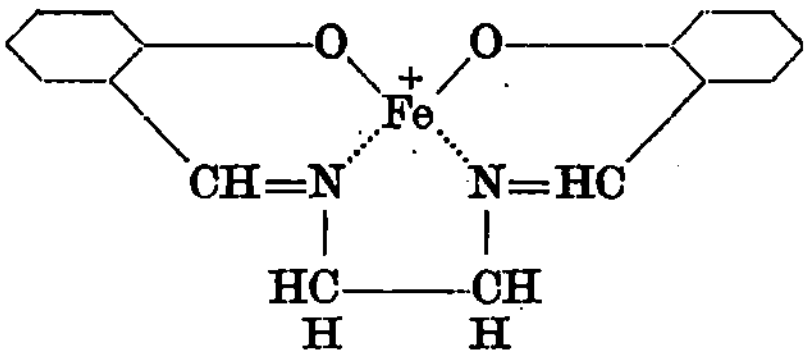

$$
\begin{array}{c}
\text{O} \qquad \text{O} \\
\underset{+}{/} \quad \underset{}{\searrow} \\
\text{Fe} \\
\text{CH}=\text{N} \qquad \text{N}=\text{HC} \\
| \qquad\qquad | \\
\text{HC}\!-\!-\!-\!\text{CH} \\
\text{H} \qquad\quad \text{H}
\end{array}
$$

Wie Versuche über die Beeinflussung des Luminolleuchtvorgangs gezeigt haben, ist die Intensität des Leuchtens als Ausdruck für die Wirksamkeit des Katalysators stark abhängig vom Bau des Komplexsalzes; die hier genannte und in ihrer Strukturformel wiedergegebene Verbindung zeigt die Wirkung des Leuchtens besonders, allerdings in geringerem Maße als Hämin selbst.

Als Peroxydase erinnert das genannte Eisenkomplexsalz an das Oxydasemodell von Y. Shibata (S. 564), ein Kobaltkomplexsalz, dessen Metallatom ebenfalls wenigstens teilweise an Stickstoff gebunden war, der einer Äthylengruppe zugehörte; beim Eisensalz als Diimin, beim Kobaltsalz als Äthylendiamin. Ebenso ist bekanntlich beim Hämin das Eisenatom an Stickstoff gebunden.

Die Analogie der Wirkgruppe des Kobaltkomplexsalzes scheint also doch auch chemisch sinnvoll zu sein, wie bereits auf S. 565 als möglich hingestellt worden war.

<hr>

[1] O. Warburg: Biochem. Z. **100** (1919), 230. — E. Negelein: Biochem. Z. **165** (1925), 203.

[2] R. Emerson: J. gen. Physiol. **10** (1927), 469.

[3] L. Genevois: Biochem. Z. **191** (1927), 147.

[4] M. Dixon, K. A. C. Elliott: Biochemic. J. **23** (1929), 812.

[5] H. O. Albrecht: Z. physik. Chem. **136** (1928), 321.

[6] R. J. Wegler: J. prakt. Chem. **148** (1937), 135.

[7] K. Gleu, K. Pfannstiel: J. prakt. Chem. **146** (1936), 137.

[8] H. Thielert, P. Pfeifer: Ber. dtsch. chem. Ges. **71** (1938), 1399.

Die katalytische Wirkung des Hämins und seiner Derivate wurde nun von O. SCHALES näher untersucht, wobei für das Problem der Fermentmodelle bedeutungsvolle Ergebnisse erzielt wurden.[1]

Durch verschiedene Arbeiten von R. KUHN und L. BRANN[2] und W. LANGENBECK[3] ist bekannt geworden, daß die katalatische und peroxydatische Wirkung des Hämins erhebliche Änderungen erleidet, wenn am Häminmolekül kleine chemische Änderungen vorgenommen werden. O. SCHALES errechnete aus den Angaben der verschiedenen Autoren (Schrifttum bei O. SCHALES[1]) folgende Wirkungen für die verschiedenen Parahämatine, deren tabellarische Übersicht (aus O. SCHALES[1]) in Tab. 7 wiedergegeben wird:

Tabelle 7.

Parahämatin aus	Peroxydasewirkung	Katalasewirkung
Hämin	1	1
Pyridinhämin	5	1,4
4(5)-Methylimidazolhämin	7	4,5
4(5)-Phenylimidazolhämin	14	1,1
p-Methoxy-4,5-phenylimidazolhämin	15	0,3

Die Steigerung der Leuchtintensität bei der Luminolreaktion, die SCHALES besonders untersucht hat, weist nun nicht, wie man zunächst vermuten möchte, Zusammenhänge mit der peroxydatischen, sondern mit der katalatischen Wirksamkeit auf. Analog ist für Mesohämin, das starke Katalaseeigenschaften hat,[4] eine Erhöhung der Lumineszenzintensität nachgewiesen worden. Nach Angaben von K. G. STERN[5] errechnet O. SCHALES für die Aktivitäten der Parahämatine folgende Katalaseaktivitäten, die in folgender Tabelle 8 mit den von ihm selbst gefundenen Lumineszenzwerten verglichen werden sollen.

Tabelle 8.

Parahämatin aus	Katalaseaktivität (Hämatin = 1)	p_H	Lumineszenzintensität in cm Galvanometerausschl.	
			nach 1 Min.	nach 10 Min.
Pyridinhämin	1,17	6,3	—	—
l-Histidinhämin	1,41	7,3—8,3	46	0,9
Methylimidazolhämin	1,44	7,9	—	—
Nicotinhämin	1,93	7,3	—	—
Histaminhämin	2,71	8,4	35,2	0,65
Hämin	—	—	16,6	3,1

Schließlich sei noch erwähnt, daß Mesohämin und Chlorhämin eine weitaus höhere katalytische Steigerung der Luminolintensität hervorrufen.

Es ergibt sich also aus diesen Versuchen eine starke Strukturabhängigkeit der katalatischen, peroxydatischen und oxydatischen Eigenschaften des *Hämins* und seiner Derivate als Fermentmodelle. Das ist ein Beweis dafür, wie oft kleine

---

[1] O. SCHALES: Ber. dtsch. chem. Ges. **72** (1939), 167.

[2] R. KUHN, L. BRANN: Ber. dtsch. chem. Ges. **59** (1926), 2370; Hoppe-Seyler's Z. physiol. Chem. **168** (1927), 27.

[3] W. LANGENBECK, R. HUTSCHENREUTER, W. ROTTIG: Ber. dtsch. chem. Ges. **65** (1932), 1750.

[4] K. ZEILE: Hoppe-Seyler's Z. physiol. Chem. **189** (1930), 127.

[5] K. G. STERN: Hoppe-Seyler's Z. physiol. Chem. **215** (1933), 35.

Änderungen im Modell wie auch im Ferment die katalytischen Fähigkeiten weitgehend qualitativ und quantitativ beeinflussen. Dadurch wird natürlich, wie wir auch später bei den Fermentmodellen von W. Langenbeck sehen werden, die modellmäßige Konstitutionsaufklärung der natürlichen Fermente sehr erschwert.

Nach Frankenburger[1] gibt die Feststellung von O. Schales und anderen Autoren vielleicht einen Fingerzeig dafür, in welcher Weise der Häminrest in der Katalase und Peroxydase an höher molekularen Substanzen verankert sein kann. Demgemäß könnte auch die gesteigerte peroxydatische Wirksamkeit des Hämoglobins darauf beruhen, daß darin das Hämin mit den Histidinbausteinen des Globins verknüpft ist.

Ähnlich wie die katalytische Leistungsfähigkeit der Hämine durch Verknüpfung mit anderen organischen Verbindungen (z. B. Aminosäuren), die eine Molekülvergrößerung bewirken, und vor allem mit hochmolekularen Trägersubstanzen (bei den natürlichen Fermenten) ganz außerordentlich erhöht und selektiver gestaltet wird, konnte von R. Kuhn und A. Wassermann festgestellt werden, daß bereits eine Adsorption des Hämins an weniger spezifisch gestalteten Oberflächen eine Änderung der katalytischen Wirkung zur Folge hat.[2] Darnach wirkt Hämin an Kohle adsorbiert stärker katalatisch als reines Hämin, während jedoch die peroxydatische Wirksamkeit durch die Adsorption merklich herabgesetzt wird. Die durch die Kohle bedingten Veränderungen der Katalase- und Peroxydasewirkung des Hämins sind also keineswegs gleichsinnig (vgl. auch S. 556).

b) Häminfreie organische Fermentmodelle.

„Organische Hauptvalenzkatalysatoren" von W. Langenbeck.

Der Grundgedanke, der W. Langenbeck bei seinen Untersuchungen geleitet hat, ist folgender:[3] Langenbeck hält es nicht für wahrscheinlich, daß die Enzyme die einzigen Stoffe mit enzymatischer Wirkung sind, sondern es sollten sich noch andere, vor allem künstliche organische Stoffe finden oder darstellen lassen, die mehr oder weniger enzymatisch aktiv sein können. Wenn man also systematisch organische Katalysatoren synthetisch darstellt und ihre Wirkungen untersucht, so müssen sich allmählich allgemeine Prinzipien herausstellen, nach denen Enzyme aufgebaut sein können. Darüber hinaus sollte man Aussagen über Strukturelemente einzelner Enzyme machen können, wenn man die Fermentmodelle mit den entsprechenden abgebildeten Fermenten genau vergleicht. Neu war jedenfalls der Gedanke bei W. Langenbeck, sich nicht auf die katalytische Wirksamkeit einfacher, bekannter Verbindungen oder bekannter Naturstoffe zu beschränken, sondern zu dem oben genannten Zweck besonders geeignete neue Stoffe als „passende Fermentmodelle" zu synthetisieren. Vergleichsweise sind ähnlichen Gedankengängen auch andere Autoren gefolgt, die aber zu Substitutionsreaktionen einfache oder in der Natur gegebene Verbindungen verwandt und die Abhängigkeit der katalytischen Wirkung von der Konstitution untersucht hatten. (Siehe z. B. Brediga Faserkatalysator, S. 570, und die Häminmodelle, S. 573. Zur Vollständigkeit sind in diesem Zusammenhang die Arbeiten von B. Kisch zu nennen,[4,5] der die oxydative Aminosäuredesaminierung durch

---

[1] W. Frankenburger: Die Fermentreaktionen unter dem Gesichtspunkt der heterogenen Katalyse. Ergebn. Enzymforsch. **3** (1934), 1.

[2] R. Kuhn, A. Wassermann: Ber. dtsch. chem. Ges. **61** (1928), 1550.

[3] W. Langenbeck: Z. Elektrochem. angew. physik. Chem. **40** (1934), 485.

[4] B. Kisch: Biochem. Z. **236** (1931), 380; **242** (1931), 1; **247** (1932), 371; **249** (1932), 63.

[5] B. Kisch: Nicht enzymatische Zwischenkatalysatoren. Handbuch der Biochemie (von Oppenheimer), Erg.-Werk, Bd. I, Teil 1, S. 563. Jena, 1933.

Chinon und dessen Derivate beschrieben und modellmäßig mit der desaminierenden Wirkung von natürlichen Fermenten, insbesondere von einem oxydierten Adrenalin, verglichen hat. Vor allem hebt er die Abhängigkeit der Spezifität von der Konstitution des Katalysators hervor; während z. B. Glykokoll von Oxyhydrochinon gut abgebaut wird, verhält sich Pyrogallol als Katalysator derselben Reaktion völlig inaktiv.)

W. LANGENBECK befaßte sich fast ausschließlich[1] (siehe auch W. LANGENBECK[2]) mit häminfreien, von ihm als Hauptvalenzkatalysatoren bezeichneten, katalytisch wirksamen organischen Verbindungen. Zunächst ist der Ausdruck „Hauptvalenzkatalysator" näher zu erläutern, da nach Auffassung von LANGENBECK nur solche Katalysatoren eine völlige Analogie zu häminfreien Fermenten aufweisen können. Der Name soll zum Ausdruck bringen, daß die Bindung des katalytisch umgesetzten Substrats in den Zwischenstoffen (Katalysator-Substrat-Verbindung) durch organische Hauptvalenzen bewirkt wird. Allerdings trennt dieses Merkmal die LANGENBECKschen Katalysatoren nicht unbedingt und scharf von anderen Katalysatoren. In der älteren Enzymchemie werden die Enzymsubstratverbindungen oft als Anlagerungs- und Molekülverbindungen angesehen und für die Beschreibung ihres Auftretens das Massenwirkungsgesetz und das ihm wesentlich gleiche LANGMUIRsche Adsorptionsgesetz herangezogen. Darin liegt jedoch *keine* Aussage über die Bindungs*art*, vielmehr ist anzunehmen, daß die Substratverbindung, die zu einem katalytischen Effekt führt, in *allen* Fällen[3] von Art und Stärke einer chemischen Hauptvalenz ist. Was LANGENBECKs Katalysatoren auszeichnet, ist vielmehr, daß diese Bindung konstitutionschemisch genau bezeichnet und im Formelbild durch einen Valenzstrich eingetragen werden kann.

Über die Fermente bildete sich LANGENBECK eine eigene Arbeitshypothese, die bereits in der Einleitung auf S. 546 kurz angeführt worden ist. Es schien ihm unwahrscheinlich, daß die prosthetische Gruppe der Fermente ein kleines Molekül sein sollte. (Siehe auch die bekannten prosthetischen Gruppen: das gelbe Ferment, Hämin und andere bei A. SCHÄFFNER in „Allgemeines über Biokatalyse".[4]) Es wird deshalb angenommen,[1] daß die prosthetische Gruppe ein großes Molekül ist, dessen einzelne Teile eine verschiedene Funktion ausüben. Den Schlüssel zum Verständnis der Fermentwirkungen sieht LANGENBECK in der Erscheinung der *Aktivierung.*

Einfache gesättigte organische Verbindungen und Gruppen, die an sich wenig reaktionsfähig sind, lassen sich dadurch aktivieren, daß man sie mit einer ungesättigten Gruppe verknüpft. Für die Zwecke der Katalyse erweist es sich dabei als vorteilhaft, daß die aktivierende Gruppe nicht unmittelbar neben der Gruppe zu stehen braucht, die aktiviert, also chemisch reaktionsfähig gemacht werden soll. Die chemische Aktivierung ist bei den Hauptvalenzkatalysatoren zugleich eine katalytische Aktivitätssteigerung, da das Substrat ja chemisch gebunden werden soll. In diesem Fall ist also chemische Reaktionsfähigkeit und katalytische Aktivität identisch. Ebenso wie gesättigte C-Verbindungen ziemlich reaktionsträge sind, „leitet" eine gesättigte Kohlenstoffkette die Aktivierung einer geeigneten ungesättigten Gruppe sehr schlecht. Man kennt aber Gruppen,

---

[1] W. LANGENBECK: Fermentmodelle. Ergebn. Enzymforsch. 2 (1933), 314.
[2] W. LANGENBECK: Z. angew. Chem. 41 (1928), 740; Die organischen Katalysatoren und ihre Beziehungen zu den Fermenten, Berlin, 1935; Ergebn. Physiol., biol. Chem. exp. Pharmakol. 35 (1933), 470.
[3] G.-M. SCHWAB, H. S. TAYLOR, R. SPENCE: Catalysis from the Standpoint of Chemical Kinetics, p. 338f. New York, 1937.
[4] A. SCHÄFFNER: Allgemeines über Biokatalyse. Handbuch der Katalyse, Bd. III, 1.

die befähigt sind, die Aktivierung weiterzuleiten, das sind C=C-Bindungen, besonders die konjugierten, und die aromatischen Kerne. Auf Grund der allgemeinen Aktivierungserscheinungen in der organischen Chemie macht sich W. LANGENBECK nun vom Bau der Fermente folgende Vorstellungen:

Die prosthetische Gruppe enthält eine oder wenige *aktive* Gruppen, die unmittelbar mit dem Substrat in Reaktion treten. Sie werden reaktionsfähig gemacht durch eine Zahl von *aktivierenden* Gruppen. Diese reagieren nicht unmittelbar mit dem Substrat, sie bleiben während der Fermentreaktion völlig unverändert und wirken auf den Reaktionsverlauf nur mittelbar ein, indem sie der oder den aktiven Gruppen die hohe Wirksamkeit verleihen, die für die Fermente charakteristisch ist.

Diese Arbeitshypothese soll ein Hilfsmittel darbieten, um die Synthese von Fermentmodellen zu ermöglichen und schließlich zu einem synthetischen Ferment führen.

Auch die Hemmungserscheinungen an natürlichen Fermenten machen die Anwesenheit von aktivierenden Gruppen neben den katalytisch aktiven wahrscheinlich. Unter den Hemmungskörpern lassen sich nämlich zwei Arten unterscheiden, substratabhängige und substratunabhängige. L. MICHAELIS und P. RONA[1] deuten den Unterschied dadurch, daß sie bei den substratabhängigen Hemmungskörpern eine Affinität zur aktiven Gruppe annehmen, bei reversibler gegenseitiger Verdrängung von Substrat und Hemmungsstoff. Die substratunabhängigen Hemmungsstoffe sollen durch Milieuänderung die katalytische Reaktion verlangsamen, wobei nach neuerer Ansicht der WILLSTÄTTER-Schule diese Milieuänderung durch eine Anlagerung dieser Hemmungsstoffe zweiter Art an das Fermentmolekül gedeutet wird. Nach W. LANGENBECK erfolgt eben diese Anlagerung an die aktivierenden Gruppen, deren aktivierende Wirkung damit herabgesetzt oder ganz zum Verschwinden gebracht werden soll. Je nach der Zahl der aktivierenden Gruppen ist die Hemmung durch die Hemmungsstoffe zweiter Art nicht vollständig, sondern geht auch bei hoher Konzentration des Hemmungsstoffes nur bis zu einem gewissen Grenzwert. Da nach Annahme mehrere aktivierende Gruppen im Molekül vorhanden sein können, legt die Ausschaltung einer oder weniger derselben die aktive Gruppe und damit die Katalyse nicht völlig lahm. Eine derartige stufenhafte Hemmung wird nach EULER auch bei irreversiblen Hemmungen beobachtet.

Wir haben die Grundlagen der LANGENBECKschen Theorie über die Fermente aus dem Grund so ausführlich berichtet, da sie ein Beispiel dafür geben, wie Erfahrungen aus der Fermentchemie und aus der Chemie bekannter organischer Verbindungen, vor allem zusammen mit den Ergebnissen mühsamer Untersuchungen über Fermentmodelle, eine Theorie über den Bau der Fermente hervorbringen können.

1. Carboxylase-Modelle.[2]

Mechanismus der Modellreaktion.

Beobachtungsgemäß läßt sich Phenylglyoxylsäure mit Anilin katalytisch in Benzaldehyd und Kohlendioxyd spalten; dazu ist jedes primäre Amin grund-

---

[1] L. MICHAELIS, P. RONA: Biochem. Z. **60** (1914), 62.

[2] Schrifttum: W. LANGENBECK, R. HUTSCHENREUTER: Z. anorg. allg. Chem. **188** (1930), 1. — W. LANGENBECK, R. HUTSCHENREUTER, R. JÜTTEMANN: Liebigs Ann. Chem. **485** (1931), 53. — W. LANGENBECK, R. JÜTTEMANN, F. HELLRUNG: Ebenda **499** (1933), 201. — Zusammenfassung: W. LANGENBECK: Fermentmodelle, Ergebn. Enzymforsch. **2** (1933), 314; siehe auch Z. angew. Chem. **41** (1928), 740; Die organischen Katalysatoren und ihre Beziehungen zu den Fermenten, Berlin, 1935; Ergebn. Physiol., biol. Chem. exp. Pharmakol. **35** (1933), 470.

sätzlich befähigt, während sekundäre und tertiäre Amine völlig unwirksam sind. Ebenso kann die genannte Säure durch andere α-Ketosäuren, besonders Brenztraubensäure, ersetzt werden. LANGENBECK gibt nun als Mechanismus seiner Modellreaktion folgenden Kreisprozeß an:

$$
\text{I.}\quad \text{X—N=CH—R} \xrightarrow{\ +\text{R—CO—COOH}\ } \text{R—CHO}
$$
$$
+ \qquad\qquad\qquad\qquad\qquad +
$$
$$
\text{II.}\quad \text{CO}^2 \longleftarrow\qquad\qquad\qquad \text{R—C—COOH}
$$
$$
\overset{\|}{\underset{\text{N—X}}{}}
$$
$$
\text{III.}\quad \text{X—NH}_2\text{+R—CO—COOH} \longrightarrow
$$

Die α-Ketosäure (Gleichung III) verbindet sich mit dem Amin X—NH$_2$ zu einer substituierten Iminosäure. Dies ist die einleitende Reaktion (III), von da ab beginnt die eigentliche Katalyse. Die Iminosäure spaltet CO$_2$ ab (Gleichung II), geht dabei in Aldehydimin über und dieses setzt sich mit dem Substrat, überschüssiger Ketosäure, wieder zu Iminosäure um (Gleichung I). Das Aldehydimin wird also stets regeneriert und ist deshalb der wahre Katalysator.

Die systematische Aktivierung der Fermentmodelle.

Eine wichtige Forderung an Fermentmodelle ist die größtmögliche Annäherung ihrer Eigenschaften an die des Ferments; vor allem sollte die Aktivität möglichst gesteigert werden, was LANGENBECK durch seine systematische Aktivierung erreichen will. Speziell bei seinen Aminderivaten als Modellen der Carboxylase ist LANGENBECK durch schrittmäßiges Vorgehen bei der Einführung aktivierender Gruppen zu beachtlichen Ergebnissen gekommen. Schon die Nebeneinanderstellung verschiedener N-haltiger Grundstoffe, die LANGENBECK dann des weiteren aktiviert hat, zeigt die verschieden große katalytische Wirksamkeit, wie in nebenstehender Abb. 10 (aus W. LANGENBECK[1]) gezeigt werden soll.

Die Aktivitäten der Grundstoffe können nun noch weiter gesteigert werden, wie folgende Tabelle 9 zeigen soll (aus W. LANGENBECK[1]). Die Namen in Kursivschrift bezeichnen darin die Grundstoffe jeder „Generation", also die Katalysatoren, die als Ausgangsstoffe für eine Serie von Substitutionen dienten. Die Zahlen unter den Formeln geben an, wieviel Mole Phenylglyoxylsäure von dem betreffenden Katalysator in den ersten 5 Minuten bei der angegebenen Temperatur gespalten werden.

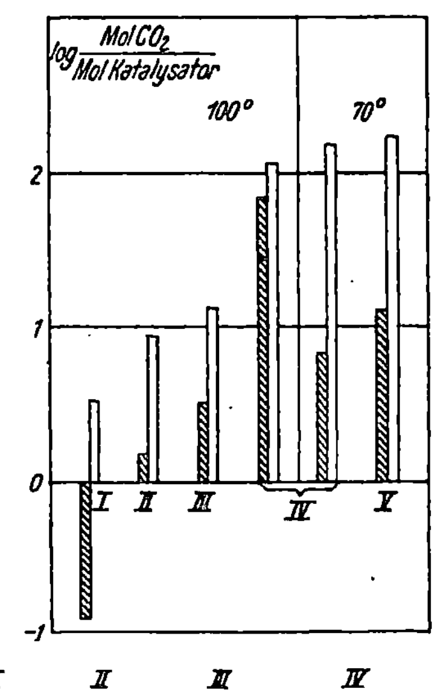

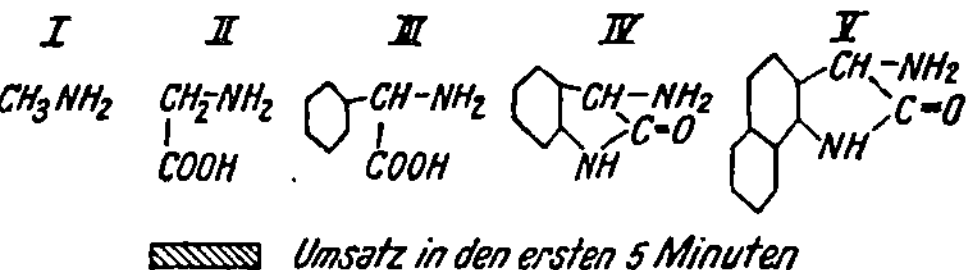

Abb. 10. Systematische Aktivierung der Aminogruppe (Grundstoffe).

[2] W. LANGENBECK: Fermentmodelle. Ergebn. Enzymforsch. 2 (1933), 314.

Tabelle 9.

$CH_3—NH_2$ *Methylamin* 0,25 (137°).	$CH_3—CH_2—NH_2$ *Äthylamin* 0,25 (137°).	NH_2 $CH_3—CH—CH_2—COOH$ β-Aminobuttersäure 0,47 (137°).
(C₆H₅)—NH_2 *Anilin* 1,65 (137°).	CH_3 $\quad$C(NH_2)—COOH CH_3 α-Aminoisobuttersäure 1,5 (137°).	NH_2 HO—(C₆H₄)—$CH_2—CH—COOH$ *Tyrosin* 5,70 (137°).
$CH_2(NH_2)—COOH$ *Glykokoll* 4,65 (137°).	NH_2 $CH_3—CH—COOH$ *Alanin* 6,5 (137°).	
J, J / HO—(C₆H₂)—O—(C₆H₂)—$CH_2—CH—COOH$ (NH₂), J, J *Tyroxin* 2,7 (100°).	NH_2 $CH_3—O$—(C₆H₄)—$CH—COOH$ p-Methoxyphenylaminoessigsäure 7,0 (134°).	NH_2 NO₂—(C₆H₄)—$CH—COOH$ m-Nitrophenylaminoessigsäure 10,8 (134°)
NH_2 (C₆H₅)—$CH—COOH$ *Phenylaminoessigsäure*[1] 7,4 (137°) 3,2 (100°).	CH—NH₂ / CO / NH (benzo-oxindol) 4,5-Benzo-3-aminooxindol 0,15 (70°).	CH—NH₂ / CO / NH (pyridino-oxindol) 6,7-(2′,3′)-Pyridino-3-aminooxindol 0,15 (37°).
CH—NH₂ / CO / NH (oxindol) *3-Aminooxindol* 74 (100°) 6,5 (70°).		

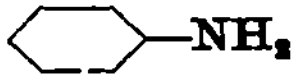

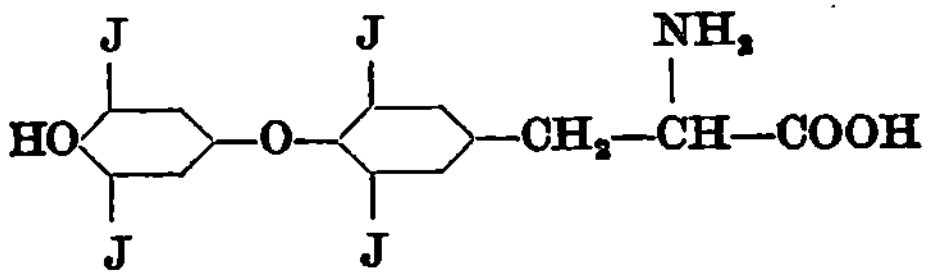

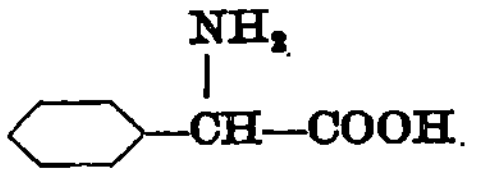

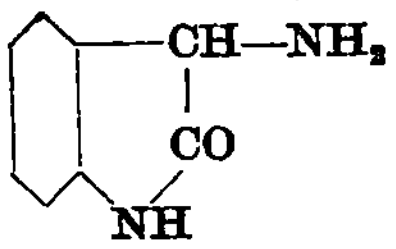

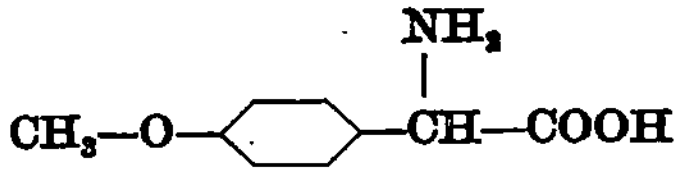

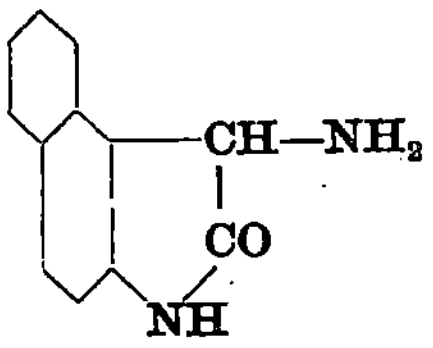

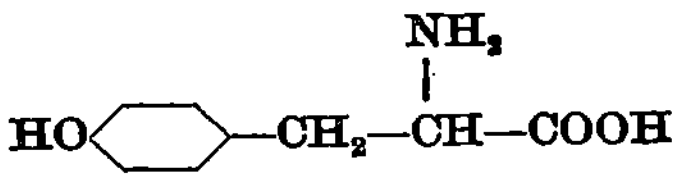

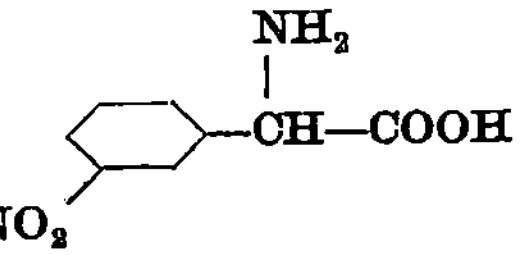

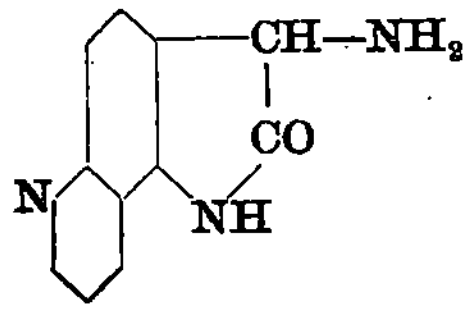

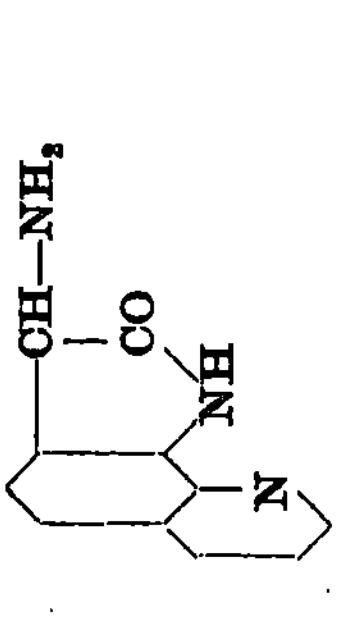

In einer neueren Arbeit[1] aktivierten LANGENBECK und Mitarbeiter den in Tabelle 9 zuletzt angeführten Katalysator 6,7-Benzo-3-aminooxindol (= 3-Amino-α-naphthoxindol) weiter, denn es hatte sich als vorteilhaft erwiesen, den Naphthalinkern in das Katalysatormolekül einzuführen. Neben der erreichten hohen Aktivierung hat man im Naphthalinkern eine größere Anzahl von freien Stellen zur weiteren Substitution zur Verfügung. Es gelang dabei, durch Einführung der OH-Gruppe in verschiedenen Stellungen (siehe Tabelle 10) die aktivierende Wirkung besonders fein abzustimmen. Die Messung dieser drei Katalysatoren (Tabelle 10) gab interessante Unterschiede, die durch die Stellung der OH-Gruppe bedingt sind:

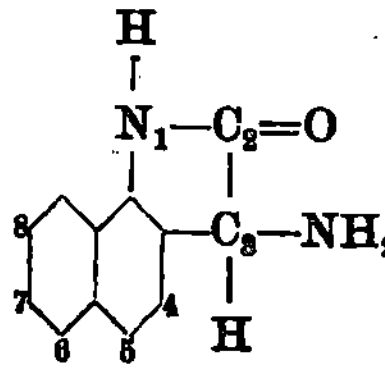

3-Amino-α-naphthoxindol.

Die Hydroxylgruppe in 8-Stellung war nur sehr schwach wirksam, in 7-Stellung entsprach die Wirksamkeit etwa der des Grundkörpers ohne OH-Gruppe, und in 6-Stellung war die Wirksamkeit doppelt so groß. Das Amin erwies sich demnach nach Angabe[1] als Carboxylasemodell etwa 4000mal so aktiv wie das einfache Methylamin. Auch die Einführung der Methylgruppe[2]

Strukturformeln (linke Spalte):

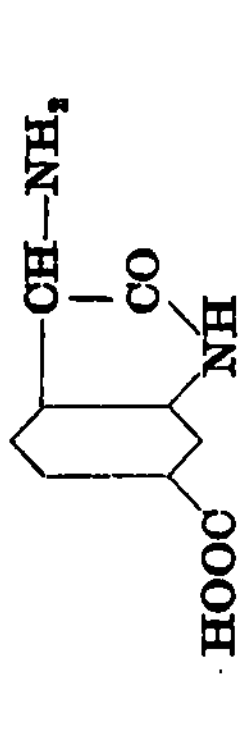

3-Aminooxindol-6-carbonsäure 18,0 (100°).

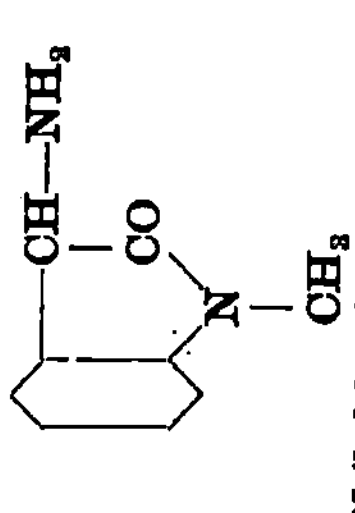

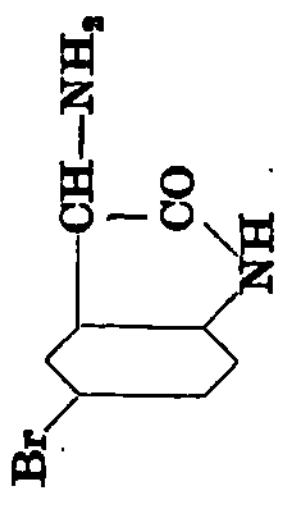

5-Brom-3-aminooxindol 7,4 (70°). 6,7-Benzo-3-aminooxindol (siehe S. 577) 12,2 (70°), 0,64 (37°).

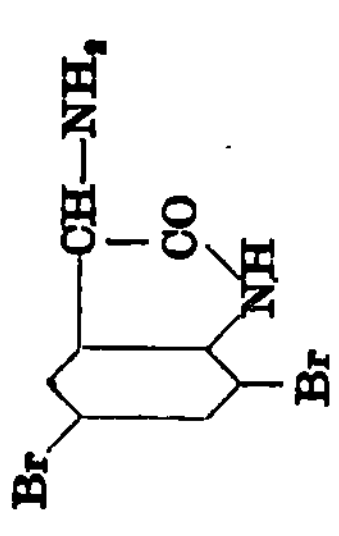

5,7-Dibrom-3-aminooxindol 17,2 (100°).

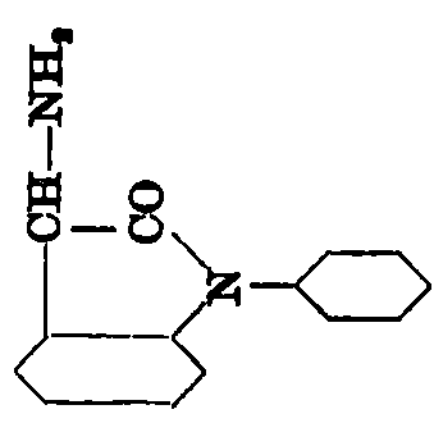

1-Phenyl-3-aminooxindol 5,3 (70°).

7,6-(2',3')-Pyridino-3-aminooxindol 0,17 (37°).

1-Methyl-3-aminooxindol 80 (100°).

[1] Die Versuche bei 137° sind ohne Lösungsmittel, die bei 100° in Phenol ausgeführt, worin sich der geringe Unterschied in der Reaktionsgeschwindigkeit erklärt.

[1] W. LANGENBECK, F. HELLRUNG, R. JÜTTEMANN: Liebigs Ann. Chem. 512 (1934), 276.

[2] W. LANGENBECK, O. GÖDDE: Ber. dtsch. chem. Ges. 70 (1937), 669.

Tabelle 10. *Aktivitätswerte der Derivate des 3-Amino-α-naphthoxindols.*

-Katalysator	Aktivitätswert (37° C)
3-Amino-α-naphthoxindol	0,64 (Grundstoff)
6-Oxy-α-naphthoxindol	1,48
7-Oxy-α-naphthoxindol	0,79
8-Oxy-α-naphthoxindol	0,20
5-Methyl-α-naphthoxindol	1,18
6-Methyl-α-naphthoxindol	1,59
7-Methyl-α-naphthoxindol	1,32
8-Methyl-α-naphthoxindol	1,00

in das 3-Amino-α-naphthoxindol brachte gute Ergebnisse, erhöhte vor allem gegenüber den OH-Derivaten die Stabilität des Katalysators. In Tabelle 10 sollen die Aktivitätswerte der OH- und CH_3-Derivate der oben genannten Verbindung zusammengestellt werden.

Die 6-Stellung scheint darnach eine bevorzugte Stellung für die systematische Aktivierung zu sein.

Wenn W. Langenbeck jedoch[1] sein stärkstes Carboxylasemodell mit einem peptidspaltenden Ferment vergleicht (1 g setzt bei 37° C und in 1 Min. $1,25 \cdot 10^{-3}$ Mole Ketosäure um; 1 g kristallisiertes Pepsin spaltet bei 35,5° C $28 \cdot 10^{-3}$ Äquivalente Peptidbindungen) und dem Ferment eine nur mehr 22mal so große Wirksamkeit zuschreibt, so muß dazu gesagt werden, daß sich ein peptidspaltendes Ferment und ein Carboxylasemodell nicht so direkt grammweise miteinander vergleichen lassen. Auch ein Vergleich zwischen natürlicher Carboxylase und den organischen Modellen[2] ist nicht genau übersehbar, da ja die Struktur, vor allem Molekulargröße der Carboxylase nicht bekannt ist. Nur größenordnungsmäßig haben solche Vergleiche vielleicht einen Wert.

In der *Kinetik* der organischen Katalysatoren W. Langenbecks zeigt sich manche Übereinstimmung mit natürlicher Carboxylase. Charakteristisch ist für beide[3] die Reaktionshemmung durch den bei der Reaktion entstehenden Aldehyd. Da die Reaktionsgeschwindigkeit der CO_2-Abspaltung von der Substratkonzentration unabhängig ist, ist zwar die zweite Teilreaktion, für den Fall der Modelle speziell die Decarboxylierung, geschwindigkeitsbestimmend. Für die Aldehydhemmung ist jedoch die erste Teilreaktion verantwortlich zu machen, da bei dieser als einer Gleichgewichtsreaktion das Gleichgewicht durch den entstehenden Aldehyd nach links verschoben wird (Reaktionsgleichung I auf S. 577). Auch die Nebenreaktion der Acetoinbildung, die bei der Einwirkung von *Hefe* auf die Brenztraubensäurevergärung beobachtet werden konnte, konnte von Dirscherl[4] bei der Spaltung von Brenztraubensäure durch Carboxylasemodelle nachgewiesen werden. Nach den Arbeiten von E. Müller[5] läßt sich Brenztraubensäure auch durch kolloidales Osmium katalytisch decarboxylieren, wobei jedoch kein Acetoin entsteht. Die Langenbeckschen Carboxylasemodelle stehen also den Fermenten viel näher als die Metallkolloide als „anorganische Fermente".

Die letzte Übereinstimmung zwischen Carboxylase und ihren Modellen ist eine weitgehende *Spezifität*. Langenbeck führt einige Beispiele von Spezifität organischer Katalysatoren an:

Isatin dehydriert Aminosäuren, nicht aber wie Palladium Alkohole, Aldehyde und Phenole.

Acetaldehyd hydratisiert Dicyan zu Oxamid, nicht aber wie H-Ionen andere Nitrile, Ester, Amide und Acetale.

[1] W. Langenbeck, F. Hellrüng, R. Jüttemann: Liebigs Ann. Chem. 512 (1934), 276.
[2] W. Langenbeck: Angew. Chem. 45 (1932), 97.
[3] W. Langenbeck: Fermentmodelle. Ergebn. Enzymforsch. 2 (1933), 314.
[4] W. Dirscherl: Hoppe-Seyler's Z. physiol. Chem. 201 (1931), 78.
[5] E. Müller, F. Müller: Z. Elektrochem. angew. physik. Chem. 31 (1925), 45.

Die LANGENBECKschen „Carboxylasen" besitzen ähnliche Spezifität wie die angeführten Katalysatoren. Sie spalten z. B. keine β-Ketosäuren, da sie als Aldehydimine kaum mehr basische Eigenschaften haben (vgl. die Fermentmodelle von BREDIG: Die organischen Basen Chinin und Chinidin u. a.). Ebenso wird Trimethylbrenztraubensäure weder von Carboxylase merklich angegriffen,[1] noch auch von den organischen „Hauptvalenzkatalysatoren". Somit erweisen sich die genannten Carboxylasemodelle anderen Katalysatoren an Spezifität weit überlegen; z. B. den Häminen, die bekanntlich als Modelle der Oxydase, Katalase und Peroxydase zu wirken vermögen, wobei die Zahl der verarbeitbaren Substrate ziemlich groß ist. Die größere Spezifität, vor allem gegenüber den schwermetallhaltigen Fermentmodellen, erklärt W. LANGENBECK dadurch, daß organische Gruppen meist nur mit wenigen anderen Gruppen leicht reagieren können, während von Schwermetallkatalysatoren organischer Natur (Hämin und seinen Derivaten) sehr verschiedenartige Verbindungen leicht komplex gebunden und damit katalytisch aktiviert werden können. Außerdem wächst bei den „Hauptvalenzkatalysatoren" die Spezifität mit zunehmender systematischer Aktivierung.

Als Endergebnis seiner Arbeiten stellt W. LANGENBECK heraus, daß man als Wirkgruppe der natürlichen Carboxylase mit großer Wahrscheinlichkeit eine aktivierte *Amino*gruppe anzunehmen hat. Über die Natur der aktivierenden Gruppen lassen sich jedoch noch keine Aussagen machen, da vor allem über eine mögliche aktivierende Wirkung des (adsorbierenden) kolloidalen Trägers noch keine exakten Beobachtungen vorliegen.

2. Esterasemodelle.

Sein Schema der „Hauptvalenzkatalyse", wonach bei katalytischer Bildung *zweier* Reaktionsprodukte eines davon schon bei der Bildung der Zwischenstoffe abgespalten wird (im obigen Beispiel der Aldehyd), wandte W. LANGENBECK nun auch auf das Problem der organischen katalytischen Esterhydrolyse an[2,3,4,5], wobei als Esterasemodelle reaktionsfähige Alkohole dienen sollten, deren leichte Umesterung die Esterspaltung katalytisch beschleunigen sollte.

Wenn diese Umesterung als Reaktionsmechanismus der Esterasemodelle (siehe jedoch später) auch nachgewiesen wäre, so würde allerdings gerade das gegen eine weitgehende Analogie der alkoholischen Modelle mit natürlichen Esterasen sprechen. Wie SCHWAB[6] gezeigt hat, ist nämlich im Gebiet kleiner Substratkonzentrationen, d. h. erster Ordnung der Reaktion, die gemessene Geschwindigkeitskonstante ein reine kinetische Konstante, ohne eine Gleichgewichtskonstante als Faktor zu enthalten. Durch schweres Wasser müßte eine solche Konstante unter allen Umständen verkleinert, die Reaktion also gehemmt werden. BONHOEFFER und SALZER[7] fanden jedoch für ähnliche enzymatische Hydrolysen, nämlich Glukosidspaltungen durch Emulsin, auch Beschleunigungen durch schweres Wasser. Diese können nur durch ein vorgelagertes Gleichgewicht, bei erster Ordnung also nur durch Bindung des *gesamten* Substrats an das Ferment nach MICHAELIS-MENTEN, erklärt werden.

---

[1] C. NEUBERG, F. WEINMANN: Biochem. Z. 200 (1928), 473.
[2] W. LANGENBECK, J. BALTES: Ber. dtsch. chem. Ges. 67 (1934), 387.
[3] W. LANGENBECK, J. BALTES: Ber. dtsch. chem. Ges. 67 (1934), 1204.
[4] W. LANGENBECK, F. BAEHREN: Ber. dtsch. chem. Ges. 69 (1936), 514.
[5] W. LANGENBECK, K. HÖLSCHER: Ber. dtsch. chem. Ges. 71 (1938), 1465.
[6] G.-M. SCHWAB: Catalysis from the Standpoint of Chemical Kinetics, p. 338f. New York, 1937.
[7] K. F. BONHOEFFER, W. SALZER: Z. physik. Chem., Abt. A 175 (1936), 304; Naturwiss. 23 (1935), 867.

Aber hiervon ganz abgesehen, sind auch die Versuche, die Langenbeck und Baltes über die katalytische Beschleunigung der Esterspaltung mit verschiedenen „Katalysatoren" veröffentlichten, von mehreren Seiten stark angegriffen und als unrichtig widerlegt worden. S. C. Olivier[1] hat zur Berichtigung der ersten Esterasenarbeit Langenbecks einwandfrei nachgewiesen, daß der von letzterem als Esterasemodell verwendete Katalysator Benzoylmethanol überhaupt auf die Verseifung von Methylbutyrat keinerlei katalytischen Einfluß hat. Die Einwände Langenbecks[2] konnte später S. C. Olivier (l. c.) in der gleichen Weise entkräften. Einige Zeit nachher haben auch Jonescu und Cotani[3] durch exakte Versuche die Esterasemodelle Langenbecks widerlegen können. Beide fassen das Ergebnis ihrer Arbeit in folgenden Worten zusammen:

„Die Arbeit von Langenbeck über die Beschleunigung der Esterhydrolyse durch Esterasemodelle wurde in alkalischer Lösung bei konstantem p_H nach der Technik des Verfassers wiederholt. Dabei haben wir festgestellt, daß die Methode zu ungenau ist, um Schlüsse über eine katalytische Fähigkeit des Benzoylcarbinols zuzulassen. Durch Erhöhung der Methodengenauigkeit (die allerdings wiederum von Langenbeck angezweifelt wird[4] [d. Ref.]), konnte festgestellt werden, daß das von Langenbeck und Baltes vorgeschlagene Esterasemodell, das Benzoylcarbinol, nicht fähig ist, die Hydrolyse oder Synthese der Ester zu katalysieren und demnach mit natürlichen Esterasen nichts gemein hat."

Es erübrigt sich daher bis auf weiteres, näher auf die Esterasemodelle einzugehen.

Von dieser Sonderfrage abgesehen, sei aber hier auf die grundsätzliche Wichtigkeit des von Langenbeck eingeschlagenen Wegs zur Erforschung der nach klassischen Methoden schwer zugänglichen Fermentkonstitution hingewiesen. Er stellt wohl die zielbewußteste Anwendung des Gedankens der Fermentmodelle dar, wie er ja auch seine letzte Entwicklung gewesen ist. Natürlich wird man erst dann mit einiger Wahrscheinlichkeit auf das Ferment selbst rückschließen können, wenn nicht nur Übereinstimmung in Reaktionsmechanismus, Hemmbarkeit und ähnlichen Eigenschaften erreicht ist, sondern auch in den (physiologischen) Arbeitsbedingungen des Katalysators, worauf nicht durchwegs Wert gelegt wurde. Da diese Fragen wohl wieder weitgehend Trägerfragen sind, dürfte hier eine Ergänzung der homogenen organischen Modelle durch Kombination mit den Trägermodellen besprochener Art zwar nicht zur Fermentsynthese, aber doch zur Fermentnachahmung in allen wesentlichen Eigenschaften und damit zu wichtigen biochemischen Erkenntnissen führen. Es erscheint den Verfassern demnach, daß auf dem Gebiet der Fermentmodelle noch wesentliche und ausschlaggebende Schritte in schon begangenen Richtungen zu tun sind und Erfolg versprechen.

---

[1] S. C. Olivier: Recueil Trav. chim. Pays-Bas 54 (1935), 322, 599.
[2] W. Langenbeck: Ber. dtsch. chem. Ges. 68 (1935), 776.
[3] C. N. Jonescu, I. Cotani: Ber. dtsch. chem. Ges. 71 (1938), 1367.
[4] W. Langenbeck, K. Hölscher: Ber. dtsch. chem. Ges. 71 (1938), 1465.

Namenverzeichnis.

ABDERHALDEN 9f., 200, 212, 214, 220f., 226, 230, 232.
—, BUADZE 10.
—, EFFKEMANN 219, 226.
—, GOTO 199.
—, GREIF 217.
—, HANSON 215, 286.
—, HERRMANN 220, 226.
—, KRÖNER 199.
—, LEINERT 199.
—, MERKEL 219, 229.
—, NIERBURG 213, 215, 219.
—, REICH 226, 231f.
—, RIESZ 212.
—, E. SCHWAB 199, 220f.
—, —, VALDECASAS 227.
—, SCHWEITZER 202.
ADAMS, HUDSON 72.
—, NELSON 359ff., 360, 365f.
—, s. SHERMAN.
ADLER 182, 461.
—, DAS, EULER, HEYMAN 481, 483.
—, EULER 477.
—, —, GÜNTHER 307, 310, 429, 445, 449ff., 459, 462, 467ff.
—, —, —, PLASS 459.
—, —, HELLSTRÖM 427, 430, 432.
—, —, HUGHES 30, 307, 310, 426f., 433, 459ff., 466.
—, HELLSTRÖM, EULER 407.
—, —, GÜNTHER, EULER 473, 481.
—, HUGHES 466, 468.
—, MICHAELIS 23, 422, 432, 437.
—, SREENIVASAYA 443f., 454.

ADLER, s. EULER.
ADICKES, s. LANG.
ADOV, s. SMORODINZEW.
ÅGREEN, HAMMARSTEN 227, 271.
AGNER 391, 395f.
AHLBORG, s. MYRBÄCK.
AHLGREN 297, 414, 418, 432, 455f., 489.
AKABORI, KASIMOTO 27, 37.
—, s. WALDSCHMIDT-LEITZ.
AKESSON, s. THEORELL.
ALASZEWSKA, s. KRAUSE.
ALBERS 34, 37, 168, 171f., 175, 177f.
—, BEYER, BOHNENKAMP, MÜLLER 34, 36, 177, 270.
—, J. MEYER 71.
—, s. EULER.
ALBRECHT 553, 572.
—, s. MASCHMANN.
ALCOCK, s. COOK.
ALLINGTON 530.
ALLOTT 313.
ALT 299, 333.
—, s. GEBAUER-FUELNEGG.
ALTSCHUL, HOGNESS 401f.
—, s. STOTZ.
ALWALL 418.
—, LEHMANN 413.
ALYEA, s. JEU.
AMBERSON 379.
AMBROS, HARTENECK 238.
—, s. WILLSTÄTTER.
AMMON 157.
—, KWIATKOWSKI 158.
—, s. RONA.
—, s. WEBER.
ANDERSON 379f.
ANDERSSON, 304, 341, 414, 430, 435f., 443, 453, 456, 463, 476, 479.
ANDREADIS 127.
ANDREWS, s. ELFORD.

ANNAU 316, 485, 500ff.
—, BANGA, BLAZSÓ, BRUCKNER, LAKI, STRAUB, SZENT-GYÖRGYI 498.
—, BANGA, GÖSZY, HUZÁK, LAKI, STRAUB, SZENT-GYÖRGYI 498.
—, ERDÖS 485.
—, MAHR 485.
—, STRAUB 502.
—, s. STRAUB.
ANSON 33, 220, 223f., 227, 239f., 249.
—, s. KUNITZ.
—, s. NORTHROP.
ANTONOMOWA, s. MAXIMOVITCH.
APPELMANS 511.
ARMBRUSTER, s. DYCKERHOFF.
ARMSTRONG 90, 99, 104f.
—, MORTON 93, 96.
ARNAUDI, s. BELFANTI.
ARNOLD 388.
ASTBURY 208f., 211.
—, DICKINSON, BAILEY 211.
—, LOMAX 261.
AUBEL 491.
—, GLASER 433.
AUBRY, BOURQUELOT 91.
AUERBACH, s. GRASSMANN.
AUHAGEN 315, 487.
—, GRZYCKI 175.
AVERY 76.
—, HAWORTH, HIRST 56.

BAAL 414.
—, RAMSDEN 407.
BAARS 490.
BACH 279, 300, 343, 364, 382, 390.
—, CHODAT 297, 314, 319, 356, 382f., 397.
—, SBARSKY 357.

BACH, TSCHERNIACK 382.
—, WILENSKY 385.
—, ZUBKOWA 383.
—, s. HELFERICH.
BACHMANN, s. ZSIGMONDY.
BAEHREN, s. LANGENBECK.
BAERNSTEIN, BRADLEY 259.
BAILEY, s. ASTBURY.
BAKER 502.
—, HULTON 118.
—, s. ELLIOTT.
BALD, s. SAMUEL.
BALDWIN, s. KRUEGER.
BÁLINT, s. ZECHMEISTER.
BALL 310, 315, 338, 341, 402f., 417.
—, CHEN 412.
—, MEYERHOF 417.
BALLS, HALE 384, 386.
—, KÖHLER 15, 30, 42, 217f., 220f., 227, 230.
—, LINEWEAVER 240, 245, 263.
—, —, THOMPSON 33.
—, MATLACK 131.
—, —, TUCKER 130, 139.
—, WALDSCHMIDT-LEITZ 218.
—, s. MARTIN.
—, s. WALDSCHMIDT-LEITZ.
BALTES, s. LANGENBECK.
BAMANN 134, 549, 554.
—, DIEDERICHS 24, 36, 164f.
—, FEICHTNER 153.
—, GALL 178.
—, LAEVERENZ 12, 134f., 139, 152.
—, MEISENHEIMER 554f.
—, MUKHERJEE 12, 151.
—, RENDLEN 130, 152.
—, RIEDEL 168, 171, 174.
—, —, DIEDERICHS 169, 173.
—, SALZER 164, 169f., 174, 176, 568.
—, SCHMELLER 148, 151.
—, SCHWEITZER, SCHMELLER 130.
—, s. SCHWAB.
—, s. WILLSTÄTTER.
BANCROFT, ELLIOTT 387f.
BANERJEE 262.
BANGA 308, 437, 499, 501f.
—, GERENDAS, LAKI, PAPP, PORGES, STRAUB, SZENT-GYÖRGYI 374.

BANGA, LAKI, SZENT-GYÖR-GYI 304, 439, 441.
—, OCHOA, PETERS 485.
—, PHILIPOTT 374.
—, —, SZENT-GYÖRGYI 374.
—, PORGES 416.
—, SZENT-GYÖRGYI 308, 374, 410, 430, 437, 499, 502.
—, —, VARGHA 430, 432.
—, s. ANNAU.
—, s. SZENT-GYÖRGYI.
BANSI, UCKO 383.
BARBOUR 116.
BARKHASH, s. ENGEL'-HARDT.
BARNARD 524f.
BARRON 486.
—, HASTINGS 335, 433ff.
—, KLEMPERER 372.
—, LYMAN 487.
—, MILLER 486.
—, s. HARROP.
BARRENSCHEEN, LANG 179f.
BARTSCHER, s. HAARMANN.
BASSET, s. MACHEBOEUF.
BASU, s. GRASSMANN.
BATTELLI, STERN 295, 303f., 307, 319, 330, 348f., 356, 363, 394, 412, 417, 435, 442, 447, 452, 455ff.
BAUDRAN 357.
BAUER 24, 120, 178.
—, PICKELS 519, 527, 530.
—, s. EULER.
—, s. KRAUT.
—, s. SCHÄFFNER.
BAUMANN, s. STARE.
BAUR, WUNDERLY 557.
—, s. EDLBACHER.
—, s. PRINGSHEIM.
BAWDEN, PIRIE 517f., 520, 524, 526f., 533.
—, —, BERNAL, FAN-KUCHEN 518.
BAYERLE, s. GRASSMANN.
BAYLISS 28, 62.
—, STARLING 252.
BEALE, s. YOUDEN.
BEAMS, PICKELS 518.
BEARD, WYCKOFF 519, 522, 527.
BEAUVALET 247.
BECHHOLD 522.

BECK, s. WALDSCHMIDT-LEITZ.
BECKER, s. EULER.
BEGEMANN 357, 381f.
BEHRENS, BERGMANN 246.
—, s. BERGMANN.
BEIJERINK 490, 507f.
BEISER, s. PRINGSHEIM.
BELFANTI, ARNAUDI 156.
—, CONTARDI, ERCOLI 155, 175.
BENDER, s. GRASSMANN.
BENEDICT 347.
BENEDIKT, G. MAYER 155.
BENOY, s. ELLIOTT.
BENZ, s. EULER.
—, s. KARRER.
BEREND 489.
—, s. TANGL.
BERGEL, s. WIELAND.
BERGER JOHNSON 215, 220.
—, —, PETERSON 214, 234, 264.
—, s. DOERR.
BERGMANN 6, 128, 192, 205, 227.
—, BEHRENS 268.
—, FRAENKEL-CONRAT 268.
—, FRUTON 213, 216, 219f., 236, 246, 255, 268.
—, —, FRAENKEL-CONRAT 236.
—, —, POLLOK 246, 256.
—, NIEMANN 194, 207.
—, ROSS 231, 236, 246.
—, DU VIGNEAUT, ZERVAS 42.
—, ZERVAS 194f., 214, 227, 236.
—, —, FRUTON 202, 236.
—, —, SCHLEICH 215, 222.
—, —, —, LEINERT 218.
—, s. BEHRENS.
—, s. FRUTON.
—, s. HOFMANN.
BERNAL, s. BAWDEN.
BERNHAUER 442.
—, SIEBENÄUGER 435.
—, SLANINA 452, 455.
BERNHEIM 316, 343ff., 349, 354, 420ff., 455, 463.
—, DIXON 312, 340.
—, GILLASPIE 345.
—, MICHEL 347, 353.
—, WEBSTER 347.
BERSIN 33, 46, 244ff., 558.
—, KÖSTER 43, 268, 277.

BERSIN, s. KÖSTER.
BERTHO 442.
—, GLÜCK 382.
—, s. GRASSMANN.
—, s. WIELAND.
BERTRAND 68, 113, 318f., 355f., 363, 366f., 370, 384.
—, BROOKS 368.
—, s. BOURQUELOT.
BERZELIUS 2ff., 546.
BEST 515.
—, McHENRY 354.
—, SAMUEL 521, 531.
BEUCHELT, s. BREDERECK.
BEYER, s. ALBERS.
BHAGVAT, RICHTER 357, 369.
BIEDERMANN 551.
—, JERNAKOFF 385.
BIEN, s. RONA.
BIERICH, ROSENBOHM 246.
BIERRY, PORTIER 441.
BIRCH, MANN 430.
BISCOE, PICKELS, WYCKOFF 518.
BJÖRKSTEN 26, 45.
BJÖRLING, s. STENSTAM.
BLACKADDER 551.
BLAGOVESTSCHENSKI 76.
—, JEREMEJEW 267.
—, JØRGENSEN 268.
—, NIKOLAEFF 273f.
BLANCO 156.
—, s. TAMAYO.
BLASCHKO 352f., 393.
—, RICHTER, SCHLOSSMANN 351ff.
BLAZSÓ 502.
—, s. ANNAU.
BLEYER, KALLMANN 333.
BLOCH 367.
—, SCHAAF 367.
BLUM, s. WALDSCHMIDT-LEITZ.
BLÜMMEL, s. FREUDENBERG.
BODANSKY 176.
DE BOE, s. WURMSER.
BOESEKEN 4.
BOHNENKAMP, s. ALBERS.
BOKORNY 90.
BOLIN, s. EULER.
BOLZ, s. FREUDENBERG.
BONDAREWA, s. GOLDSTEIN.
BONDI, s. LEIBOWITZ.

BONEM, s. EDLBACHER.
BONHOEFFER, SALZER 581.
—, s. MOELWYN-HUGHES.
—, s. SALZER.
BONNET, RAZAFIMAHERI 274.
BOOTH 342f., 450.
BOPPEL, s. FREUDENBERG.
BOREI, s. RUNNSTRÖM.
BORGHI, TARANTINO 286.
BORSOOK 407.
—, DAVENPORT, JEFFREYS, WARNERS 410.
—, ELLIS, HUFFMAN 410.
—, JEFFREYS 315, 373.
—, SCHOTT 413, 417.
—, s. WASTENEY.
BOSWELL, WHITING 369.
BOULANGER, s. KUHN.
BOUMA, VAN DAM 389.
BOURQUELOT 44, 87, 357, 363, 381.
—, BERTRAND 357, 363.
—, BRIDEL 44, 102.
—, HÉRISSEY 102.
—, —, GOIRRE 102.
—, s. AUBRY.
BOUTRON-CHALARD, s. ROBIQUET.
BOXER, s. KAPELLER.
BOYLAND 423, 431, 436, 502.
BOYLE, s. MARTIN.
BRADLEY, s. BAERNSTEIN.
BRAMES 56.
BRANDT 276.
BRANN, s. KUHN.
BRAUNSTEIN 322, 495ff.
—, KRITZMANN 322, 481, 495.
BRDIČKA, TROPP 39.
BREDERECK 180, 188, 190.
—, BEUCHELT, RICHTER 190.
BREDIG 43, 549ff., 554, 562.
—, CREIGHTON 561, 567, 571.
—, FAJANS 561.
—, FISKE 562.
—, GERSTNER 38, 567.
—, —, LANG 567ff.
—, IKEDA 551.
—, MINAEFF 562f., 569.
—, MÜLLER VON BERNECK 551ff.
—, REINDERS 551.

BREDIG, SOMMER 551, 553.
BREFELD, s. WARBURG.
BREUSCH 417, 458, 504.
BRIDEL, s. BOURQUELOT.
BRIEGER, s. HELFERICH.
BRINKMANN, s. TOENNIESSEN.
BROCKMANN 20.
BROMAN 455, 469.
BROMEL, s. NEGELEIN.
BROOKS, s. BERTRAND.
BROSSA 551.
BROSTREAUX, s. GREEN.
BROWN 73.
—, KOLMER 518.
BRÜCKE 17, 269, 271.
BRUCKNER, s. ANNAU.
BRÜNING, EINECKE, PETERS, RABL, VIEHL 349.
BRUNIUS, s. EULER.
BUADZE, s. ABDERHALDEN.
BUCHARD, s. EDLBACHER.
BUCHNER, HAHN 4, 12.
BÜCHNER, GAUNT 442.
—, MEISENHEIMER 442.
BUDDE 231.
BULL 203.
BUNZELL 360.
BURK 530.
BURKART, s. REICHEL.
BURNET 512.
—, GALLOWAY 511.
BURNS, s. HOPKINS.
BUSZTIN, s. WAELSCH.
BUTKEWITSCH, FEDOROFF 442, 489.
BUTTERWORTH, WALKER 455, 457.
BYWATER, HAWORTH, HIRST, PEAT 126.

CAILLET 242.
CAHILL, s. NEUBERG.
CALDWELL 514.
—, DOEBBELING 123.
—, —, VON WICKLEN 123.
—, s. SHERMAN.
CALIFANO, KERTESZ 365.
CALLOW 382.
CALMETTE, GUERIN 512.
CALVERY 194, 205, 221.
—, s. MILLER.
CANNAN, s. CHIBNALL.
CATHBERTSON, TOMPSETT 267.
CATTANEO, SCOZ 154.
CAYLA 357, 381.
CHAIN, s. RONA.

CHAKRABORTY, GUHA 371.
CHALLENGER, SUBRAMA-
NIAN, WALKER 455.
—, s. WALKER.
CHARLTON, HAWORTH 57.
—, —, HICKINBOTTOM 103.
—, —, PEAT 94.
CHESTER 536.
—, s. SEASTONE.
CHEYMOL, s. HÉRISSEY.
CHIBNALL, CANNAN 278.
—, s. DAMODARAN.
—, s. GROVER.
CHODAT 382.
—, SCHWEIZER 363.
—, s. BACH.
CHOLNOKY, s. ZECHMEISTER
CHRISTIAN, s. WARBURG.
CHRISTEN, VIRASORO 238.
CHRZASZCZ 442.
—, JANICKI 112, 119, 163.
—, SAWICKI 119.
CIMMINO, s. MAZZA.
CIOCALTEU, s. FOLIN.
CLARK, s. WILLAMAN.
CLAUDE 519.
—, s. MURPHY.
CLEMENTI 279.
—, TORRISI 279.
CLICK 157f.
CLIFT, COOK 450.
CLINE, s. WILLIAMS.
CLOETENS 164, 174.
COBLENZ, HUGHES 379.
COLLETT 456.
CONANT, PAPPENHEIMER
412.
CONTARDI, ERCOLI 155.
—, LATZER 155.
—, RAVAZZONI 188.
—, s. BELFANTI.
COOK 442, 452, 455.
—, ALCOCK 416, 434, 452.
—, HALDANE, MAPSON 413,
433, 452.
—, STEPHENSON 433f., 447,
452, 455, 489.
—, s. CLIFT.
COOLIDGE 402, 477.
—, s. REDFIELD.
COOMBS 340.
COREY, s. WYCKOFF.
CORI, SCHMIDT 122.
CORRAN, DEWAN, GORDON,
GREEN 341.
—, GREEN 339.
—, s. STRAUB.

CORVISART 4.
COSMA, s. NITZESCU.
COTANI, s. JONESCO.
COURTOIS 177.
—, s. FLEURY.
COUSIN, CREACH 146.
COX 511.
CREACH, s. COUSIN.
CREIGHTON, s. BREDIG.
CREMER 328.
CROFT HILL 91.
CROOK, HOPKINS 315, 373.
CSÁNYI, s. WILLSTÄTTER.
CULLEN, s. VAN SLYKE.
CURTIUS, s. HOFMEISTER.
CZYHLARZ, FÜRTH 388.

DAIMER, s. MERL.
DAKIN 131, 412, 440.
—, DUDLEY 495.
—, s. KOSSEL.
—, s. WAKEMAN.
DALE 538.
DALTON, NELSON 358, 370.
VAN DAM, s. BOUMA.
DAMODORAN 278.
—, CHIBNALL 202.
—, NAIR 483.
DANN 456.
DAS 344, 347, 415, 431,
433, 437f., 477, 499,
501.
—, s. ADLER.
—, s. EULER.
DASTRE, STASSANO 252.
DATTA, s. RAMASARU.
DAVENPORT, s. BORSOOK.
DAVID 487.
DAVIDSOHN, s. MICHAELIS.
DAVIDSON 348.
DAVIES, QUASTEL 418, 433,
454.
DAVIS 433.
DAWSON, LUDWIG 362.
DEARBORN, s. KERTESZ.
DEFFNER 458.
—, FRANKE 458.
—, s. FRANKE.
—, s. SONDERHOFF.
DEHLINGER 542.
—, s. SOMMERMEYER.
DEIJS, s. KÖGL.
DELEANO 382.
VAN DELDEN 490.
DELORY, s. KING.
DESNUELLE, s. KUHN.
DESREUX, HERRIOTT 270.

DETWITZ 360.
DEUTICKE 469.
—, s. EMBDEN.
DEUTSCH 180f.
—, LASER 189f.
—, s. WALDSCHMIDT-LEITZ.
DEVRIENT, s. PARFENTJEV.
DEWAN 481.
—, GREEN 306, 310, 414,
424, 426, 429, 433, 441,
449, 451, 462, 466, 477,
500.
—, s. CORRAN.
—, s. GREEN.
DICKENS 475.
—, MCILWAIN 407, 473f.
DICKINSON, s. ASTBURY.
DIEDERICHS, s. BAMANN.
DIETRICK, s. HARVEY.
DILLON, s. LEVENE.
DIRR, s. FELIX.
DIRR-KALTENBACH, s. FE-
LIX.
DIRSCHERL 580.
DIXON 295, 307, 324f.,
340f., 383, 389, 413,
445, 449f., 538.
—, ELLIOTT 299, 333, 572.
—, KEILIN 341f., 454.
—, —, HILL 401.
—, KODAMA 339.
—, LEMBERG 340.
—, LUTWAK-MANN 307,
343, 448f., 451.
—, QUASTEL 410.
—, THURLOW 339f., 342.
—, ZERFAS 424.
—, s. BERNHEIM.
—, s. GREEN.
—, s. HOPKINS.
—, s. LELOIR.
—, s. MELDRUM.
DOCTOR, s. RAMASARU.
DODOWNA, s. IWANOFF.
DOEBBELING, s. CALDWELL.
—, s. SHERMAN.
DOERR 538f.
—, BERGER 539.
—, SEIDENBERG 511.
DONATH, s. TAUSZ.
DONCASTER, s. SMITH.
VAN DORP, s. WESTEN-
BRINK.
DOUNCE, FRAMPTON 391,
395.
—, s. SUMNER.
DOUSEC, s. SUMNER.

Drew, Haworth 129.
Drishaus, s. Wieland.
Dubois 378.
Duclaux 72.
Dudley, s. Dakin.
Dufait, s. Massart.
Duggar, Holländer 521.
Duliere, Raper 368.
Duñaiturria, s. Willstätter.
Dürr, s. Freudenberg.
Dyckerhoff, Armbruster 161.
—, Tewes 269.
—, s. Grassmann.

Eagles 535.
Earl Judson King 155.
Easson, Stedman 157.
Ebihara 371.
Edfeldt, s. Ohlsson.
Edgar, Stedman 158.
Edlbacher, Baur 284.
—, —, Köbner 281, 287.
—, Bonem 282ff.
—, Buchard 281, 284.
—, Koller 282.
—, Kraus 286.
—, —, Leuthardt 282f.
—, Kutscher 175.
—, Leuthardt 286.
—, Merz 282.
—, Pinösch 284f.
—, Röthler 282ff.
—, Simons 284.
—, Zeller 281, 354.
Edson 486.
Effkemann, s. Abderhalden.
Egami, s. Soda.
Ege, Obel 259.
Eggleston, s. Krebs.
Eguchi, s. Kitagawa.
Ehrenreich, s. Michaelis.
Ehrlich 330.
Eichhorn, s. Kraut.
Einbeck 412.
Einecke, s. Brüning.
Elema 412.
Elford 521, 523f.
—, Andrews 524.
Elion 490.
Ellinger, Koschara 309, 333.
Elliott 301, 313, 370, 381, 383f., 386, 389,
414, 439, 484, 489, 501f., 504.
Elliott, Benoy, Baker 318, 502.
—, Greig 330, 332, 413, 417, 486, 502f.
—, —, Benoy 318, 486, 505.
—, Keilin 386.
—, Schroeder 318, 452.
—, Sutter 385f.
—, s. Bancroft.
—, s. Dixon.
—, s. Euler.
—, s. Hopkins.
—, s. Munro.
Ellis, s. Borsook.
Elvehjem, s. Lipschitz.
—, s. Sherman.
Embden 167.
—, Deuticke, Kraft 461.
—, Griesbach, Schmitz 12.
—, Oppenheimer 486.
—, Riebeling, Selter 287.
—, Schmidt 287.
—, Wassermeyer 287.
—, s. Grassmann.
Emerson 299, 572.
Engelhardt, Bukin 372.
Engel'Hardt, Barkhash, 474, 476.
Ercoli, s. Belfanti.
—, s. Contardi.
Erdös, s. Annau
Erdtman 168, 173, 175.
Eriksen, s. Veibel.
Eriksson-Quensel, Svedberg 525.
—, s. Sumner.
Erxleben, s. Herken.
—, s. Kögl.
Euler 42, 46, 66, 68, 76f., 79, 83, 389f., 393, 403, 412.
—, Adler 23, 270, 304f., 307, 309, 321, 409, 443, 445, 457, 469, 471f., 477, 496.
—, —, Günther 418, 437.
—, —, —, Das 479.
—, —, —, Elliott 459.
—, —, —, Hellström 306, 432, 459, 461, 465f.
—, —, Hellström 305, 308, 310, 406ff., 443, 464, 468, 471.
Euler, Adler, Hellström, Kyrning 306.
—, —, Kyrning 464.
—, —, Schlenk, Günther 471, 477.
—, —, Schlötzer 309, 338.
—, —, Steenhof-Eriksen 482.
—, Albers, Schlenk 29, 305, 405, 407f.
—, Bauer 409.
—, Bolin 370, 382.
—, Brunius 190f., 275, 307, 448.
—, Günther 428f.
—, —, Everett 482f.
—, Hasse 310, 428f.
—, Heddins, Svanberg 26.
—, Hellström 310, 414, 416, 428, 444f.
—, Josephson 30, 42, 80, 83, 74ff., 390, 392.
—, Karrer, Adler, Malmberg 310.
—, —, Malmberg, Schöpp, Benz, Bekker, Frei 334.
—, —, Zehender 244.
—, Kullberg 26, 79.
—, Laurin 59, 79.
—, Lövgren 9.
—, Myrbäck 21, 29, 73, 77, 79, 304f.
—, Nilsson 9, 304, 463.
—, —, Runjehelm 463.
—, Schlenk 405, 408.
—, —, Heiwinkel, Högberg 409.
—, Skarzyński 214.
—, Svanberg 9, 72, 77, 113.
—, Vestin 484.
—, Walles 77.
—, s. Adler.
—, s. Franke.
—, s. Josephson.
Everett, s. Euler.
van Eveyk, s. Rona.
Eysenbach, s. Fischer.

Fabisch 142, 152.
Fajans 561, 571.
—, s. Bredig.
Falley 267.
Fankuchen 261.
—, s. Bawden.
Farber, Winne 255.

FARKAS, YUDKIN 492.
FEDOROFF, s. BUTKE-
    WITSCH.
FEICHTNER, s. BAMANN.
FEIST 569.
FELIX, HARTENECK 199.
—, MAGER 32, 207.
—, MÜLLER, DIRR 281.
—, SCHEEL, SCHULER
    348.
—, SCHNEIDER 281.
—, ZORN 345.
—, —, DIRR - KALTENBACH
    344f.
FELTHAM, s. ZO BELL.
FILIPOWICZ 121.
FISCHBACH, s. HAHN.
FISCHER 56, 82, 85, 93,
    198, 327f., 493, 548.
—, EYSENBACH 493.
—, LIESKE, WINZER 491.
—, ROEDIG, RAUCH 339,
    494.
—, SEEMANN 328.
—, ZEILE 328.
—, ZEMPLÉN 97.
—, s. WIELAND.
FISCHGOLD, s. OELKERS.
—, s. RONA.
FISKE, s. BREDIG.
FLEISCH 299, 303, 413,
    478.
FLEISCHMANN 144.
FLEURY 360f.
—, COURTOIS 178.
FLORKIN, s. KUHN.
FODOR 28, 62, 200, 436,
    455.
—, FRANKEL, KUK 218.
—, FRANKENTHAL 376,
    435, 452ff.
—, KUK 200.
FOLIN, CIOCALTEU 239.
FOMIN 238.
FONG, s. KRUEGER.
FORD, GUTHRIE 118.
FORRAI 168.
FORSBECK, s. OLITZKY.
FOSSE 275.
FRAENKEL 265.
—, s. BERGMANN.
FRAENKEL-CONRAT, s.
    BERGMANN.
FRAGE, s. WIELAND.
FRAMPTON 526.
—, s. DOUNCE.
FRANCIOLI 156f.

FRANK, s. FREUDENBERG.
FRANKE 357, 375, 418,
    430, 436, 442, 489.
—, DEFFNER 377, 458.
—, EULER 330.
—, HASSE 375.
—, LORENZ 377.
—, s. DEFFNER.
FRANKEL, s. FODOR.
FRÄNKEL, MISLOWITZER
    529.
FRANKENBURGER 556,
    566, 571, 574.
FRANKENTHAL, s. FODOR.
FRANKLAND 491.
FRAZER, WALSH 138.
FREI, s. EULER.
—, s. THEORELL.
FREMERY, s. WILLSTÄTTER.
FREUDENBERG 106f.
—, BLÜMMEL, FRANK 161.
—, BOPPEL 112.
—, KUHN, DÜRR, BOLZ,
    STEINBRUNN 106.
FREUNDLICH 21.
FREYTAG, s. HAHN.
FRIEDHEIM, MICHAELIS 41,
    412.
FROMAGEOT 182, 184.
FROSCH, s. LÖFFLER.
FRUTON, BERGMANN 245,
    258, 261.
—, IRVING, BERGMANN 268.
—, s. BERGMANN.
FUCHS, s. PRINGSHEIM.
FUJISE 437.
FUJITAF 185.
FÜRTH, JERUSALEM 364.
—, LIEBEN 422.
—, s. CZYHLARZ.

GADDUM, KWIATKOWSKI
    353.
GALANTE 238.
GALE 453.
—, STEPHENSON 439.
GALL, s. BAMANN.
GALLAGHER 385.
GALLOWAY, s. BURNET.
GARNER, s. RODNEY.
GARVIN, s. McHENRY.
GATES 533.
—, s. RIVERS.
GAUNT, s. BÜCHNER.
GAWRYCHOWA, s. KRAUSE.
GEBAUER, FUELNEGG,
    ALT 355.

GEDDES, HUNTER 279.
GENEVOIS 572.
GENIN, s. PRINGSHEIM.
GERENDAS, s. BANGA.
—, s. SZENT-GYÖRGYI.
GERISCHER, s. NEGELEIN.
GERSTNER, s. BREDIG.
GERTLER 150.
GETCHELL, WALTON 384ff.
GIERHAKE, NASSE 282.
GIESSBERGER 114.
GILCHRIST, PURVES 102.
GILLASPIE, s. BERNHEIM.
GINS 512.
GIRI 169, 176, 179.
GIRSAVICIUS 495.
GJALDBAEK, s. HENRI-
    GUES.
GLASER, s. AUBEL.
GLENN, s. MATHEWS.
GLEU, PFANNSTIEL 572.
GLICK, KING 140, 150.
GLIMM, SOMMER 118.
GLÜCK, s. BERTHO.
GODE, s. SHIBATA.
GOIRRE, s. BOURQUELOT.
GOLDSCHMIDT, KINSKY
    202.
GOLDSTEIN, BONDAREWA
    151.
GOOTZ, s. HELFERICH.
GORBACH, LERCH 79.
GORDON, GREEN, SUB-
    RAHMANYAN 343.
—, s. CORRAN.
GORINI 266.
—, GRASSMANN, SCHLEICH
    264, 266.
GORR, s. NEUBERG.
GORTNER 360.
GOSENIUS, s. WEBER.
GÖSZY, s. ANNAU.
—, s. SZENT-GYÖRGYI
    497f.
GOTO 224.
—, s. ABDERHALDEN.
GOTTSCHALK 119.
—, s. LIPSCHITZ.
GRABER, RIEGERT 276.
GRALÉN, s. SUMNER.
GRANDE 490.
GRASER, s. WILLSTÄTTER.
GRASSMANN 61, 204, 213,
    215, 218, 220, 222, 248.
—, BASU 273.
—, BAYERLE 202.
—, BERTHO 46.

GRASSMANN, DYCKERHOFF 14, 199, 204, 212, 216f., 220, 227, 230f., 238, 240, 244.
—, —, SCHÖNEBECK 213, 215f., 219, 255.
—, EMBDEN, SCHNELLER 14, 217, 219.
—, HAAG 229f.
—, HEYDE 216, 229.
—, KLENK 14f., 229f., 232f.
—, —, PETERS-MAYR 194, 214, 228, 234.
—, MAYR 278f.
—, MEYER 202.
—, PETERS 12, 66.
—, RIEDERLE 207.
—, RUBENBAUER 125f.
—, SCHMITZ 218.
—, SCHNEIDER 202, 243.
—, SCHOENEBECK 246.
—, —, AUERBACH 218ff., 230f.
—, STADLER, BENDER 94, 125ff.
—, VOLMER, WINDBICHLER 34, 235, 270.
—, ZECHMEISTER, TÓTH, STADLER 94, 97, 125, 127f.
—, s. GORINI.
—, s. WALDSCHMIDT-LEITZ.
—, s. WILLSTÄTTER.
GRATIA 544.
—, MANIL 525, 544.
GRATTAN, s. THANNHAUSER 176.
GRAUBARD 357, 363, 366, 371, 384.
—, NELSON 359f., 365.
GREEN 311, 340, 402, 410, 418f., 436, 438, 460, 462, 498f.
—, BROSTEAUX 311, 430, 434f., 438.
—, DEWAN 305, 425, 427, 432, 437, 441, 450, 460.
—, —, LELOIR 408, 425, 433, 439.
—, DIXON 341.
—, NEEDHAM, DEWAN 306f., 426, 432f., 437, 450f., 462, 465.
—, RICHTER 311, 351, 410.
—, STICKLAND 491.

GREEN, STICKLAND, TARR 491.
—, STRAUB 339.
—, s. CORRAN.
—, s. DEWAN.
—, s. GORDON.
—, s. OGSTON.
—, s. STRAUB.
GREIF, s. ABDERHALDEN.
GREIG, MUNRO, ELLIOTT 503.
—, s. ELLIOTT.
GREISE, s. WARBURG.
GREVILLE 499, 501f., 504.
GRIESBACH, s. EMBDEN.
GRIESE, s. WARBURG.
GROHMANN 490.
GRÖNVALL 416.
GROTH 511.
GROVER, CHIBNALL 278f.
GRUNDHERR, s. KUHN.
GRÜNLER, s. HELFERICH.
GRUTTERINK, s. RINGER.
GRYNBERG 348.
GUERIN 512.
—, s. CALMETTE.
GUHA, s. CHAKRABORTY.
GÜNTHER, s. ADLER.
—, s. EULER.
GURCHOT 435.
—, LOWMANN 422.
GUTBIER 88.
GUTHRIE, s. FORD.
GYÖRGY 334.
—, RÖTHLER 289.
—, s. KUHN.
GYOTOKU 140, 150.
—, TERASHIMA 142.

HAAG, s. GRASSMANN.
HAAGEN 535.
HAARMANN, BARTSCHER 120.
—, s. HAHN.
HAAS 41, 309, 337f., 403, 407.
—, LEE 389.
—, s. KUBOWITZ.
—, s. NEGELEIN.
—, s. WARBURG.
HABER, WILLSTÄTTER 41, 398.
HAGER, s. WILLAMAN.
HAGIHARA 390.
HAHN 291, 489.
—, FISCHBACH 422.
—, —, NIEMER 422.

HAHN, HAARMANN 291, 436, 457, 463.
—, NIEMER, FREYTAG 423.
—, s. BUCHNER.
HALDANE 42, 46, 396.
—, s. COOK.
HALE, s. BALLS.
HALEY, s. LANGENECKER.
HALLAUER 535.
HALLE 209.
HALVORSON, ZIEGLER 510.
HAMBURGER 144.
—, HEKMA 252.
HAMMARSTEN 260, 263.
—, s. AGREEN.
HAND, s. KUHN.
—, s. SUMNER.
HANSON, s. ABDERHALDEN.
HAPPOLD 357.
—, RAPER 363.
HARDEN, NORRIS 422.
—, YOUNG 29.
HARE 349.
—, PHILPOT, KOHN 353.
HARE-BERNHEIM 350.
HARRER, s. STOTZ.
HARRINGTON, MEAD 409.
HARRISON 313, 339, 387, 455, 463, 476f.
HARROP, BARRON 316, 470.
HARTENECK, s. AMBROS.
—, s. FELIX.
—, s. WALDSCHMIDT-LEITZ.
HARTREE, s. KEILIN.
HARTRIDGE, ROUGHTON 329.
HARVEY 378ff.
—, DIETRICK 378.
—, KORR 381.
—, MORRISON 380.
—, SNELL 380.
HASSE, s. EULER.
—, s. FRANKE.
HASTINGS, s. BARRON.
—, s. KIESE.
—, s. KLEMPERER.
—, s. STOTZ.
HATANO 97.
HATSCHEK, s. WALDSCHMIDT-LEITZ.
HATTORI, s. SODA.
HAUROWITZ 32, 39, 396, 543.
—, s. WILLSTÄTTER.
HAUSMANN, s. WALDSCHMIDT-LEITZ.

HAWORTH 106f.
—, HIRST 56, 410.
—, —, OLIVER 126.
—, —, PERCIVAL 129.
—, —, RUELL 57.
—, —, THOMAS 124.
—, LEARNER 129.
—, LOACH, LONG 103.
—, LONG, PLANT 94.
—, —, ZÉMPLEN 104.
—, MACHEMER 124.
—, PEAT 82.
—, STREIGHT 129.
—, s. AVERY.
—, s. BYWATER.
—, s. CHARLTON.
—, s. DREW.
HAYASKI 154.
HEARD, WELCH 352.
HEDDINS, s. EULER.
HEIDENHAIN 247, 252.
HEIDUSCHKA, FÖRSTER 262.
HEISS, s. WILLSTÄTTER.
HEIWINKEL, s. EULER.
HELBORGER, s. LEVENE.
HELFERICH 91f., 94, 99f., 104f.
—, BRIEGER 101, 105.
—, GOOTZ, SPARMBERG 94.
—, HEYNE, GOOTZ 103.
—, LAMPERT 102, 105.
—, RAUCH 104.
—, REISCHEL 97.
—, RICHTER, GRÜNLER 101
—, SCHEIBER 105.
—, SCHMITZ-HILLEBRECHT 100.
—, SPARMBERG 104.
—, VORSATZ 100, 105.
HELLERMANN 410.
—, STOCK 281, 284.
HELLRUNG, s. LANGENBECK.
HELLSTRÖM, EULER 465.
—, s. ADLER.
—, s. EULER.
—, s. ZEILE.
HELMER, s. MURPHY.
HELMERT, s. MASCHMANN.
HENNICHS 390ff., 393.
HENRIGUES, GJALDBAEK 267.
HENRIOT, HUGUENARD 518.
HENRY 57.
—, s. LEMBERG.

HENSCHEN, s. TISELIUS.
HENSELEIT, s. KREBS.
HERBERT, s. OSTERN.
HERELLE 508, 512.
HÉRISSEY 103.
—, CHEYMOL 103.
—, s. BOURQUELOT.
HERKEN, ERXLEBEN 214.
HERNLER, PHILIPPI 358, 361.
HERR 177.
HERRIOTT 259, 261f.
—, NORTHROP 259.
—, s. DESREUX.
HERRMANN, s. ABDERHALDEN.
HERSCHDÖRFER 170.
HERZBERG 512.
HESSE, s. WILLSTÄTTER.
HESTRIN, s. LEIBOWITZ.
HEWITT 316, 326, 412.
HEYDE, s. GRASSMANN.
HEYMAN, s. ADLER.
HEYN, s. VONK.
HEYNE, s. HELFERICH.
VAN HEYNINGEN 333.
HICKINBOTTON, s. HAWORTH.
HILL 102, 105.
—, KEILIN 401.
—, s. DIXON.
HILLS 487.
—, s. KERNOT.
HIRSCH, s. NEUBERG.
HIRST 410.
—, PLANT 109.
—, s. AVERY.
—, s. BYWATER.
—, s. HAWORTH.
HITCHCOCK 38, 62.
HOFF-JØRGENSEN 440f.
HOFMANN 76, 85, 89f., 98, 105.
—, BERGMANN 202, 220f., 223, 246.
—, s. NEUBERG.
—, s. STOLL.
HOFMEISTER, CURTIUS 196.
HÖGBERG, s. EULER.
HOGNESS, s. ALTSCHUL.
—, s. HORECKER.
—, s. STOTZ.
HOLDEN 304.
HOLIDAY, s. STERN.
HOLLÄNDER, s. DUGGAR.
HOLLEY, s. SANDBERG.

HOLMBERGH 115, 117, 173, 349, 430f., 436ff.
HOLMES 513f., 524.
—, s. OSTERN.
HÖLSCHER, s. LANGENBECK.
HOLTER 262f.
—, LEHMANN-BERN, LINDERSTRØM-LANG 220, 234.
—, s. LINDERSTRØM-LANG.
HOLWERDA 139.
—, VERKADE, DE WILLINGEN 138.
HOMMERBERG 185.
HOPKINS 312f., 315, 409.
—, BURNS 218, 231.
—, DIXON 312, 414.
—, ELLIOTT 312f.
—, LUTWAK-MANN, MORGAN 414.
—, MORGAN 315, 373, 416.
—, —, LUTWAK-MANN 416f., 467.
—, s. CROOK.
—, s. MORGAN.
HOPPE-SEYLER 297, 491.
HOPPERT 272.
HORECKER, STOTZ, HOGNESS 415.
HORNING 8.
HOTTA 178.
HOUGET, MAYER, PLANTEFOL 375.
HOWELL, s. SUMNER.
HUDSON 69f., 72.
—, s. ADAMS.
HUFFMAN, s. BORSOOK.
HUGHES, PARKER, RIVERS 527.
—, s. ADLER.
—, s. COBLENZ.
HUGUENARD, s. HENRIOT.
HULTON, s. BAKER.
HUMME, s. KRAUT.
HÜMME 262.
HUNTER 281, 284.
—, MORELL 284.
—, PETTIGREW 283.
—, WARD 347.
—, s. GEDDES.
HUSSEY, THOMPSON 79.
HUTSCHENREUTER, s. LANGENBECK.
HUZÁK 315, 371, 373, 388.
—, s. ANNAU.
HYDE, LEWIS 130.
HYMAN 298.

Ihrig, s. Porter.
Ikeda, s. Bredig.
Illing, s. Karrer.
Innes 502.
Irvine 4.
Irving, s. Fruton.
Iscovesco 17.
Ishikawa, s. Kendall.
Issajew 390.
Itoh 146, 395.
—, Nakamaru 140.
Iwanoff 76.
—, Dodowna, Tschastu-chin 85.
Iwanowsky 507.
Iwatsuru 167.
—, Nanjo 170, 177.

Jacobi, s. Myrbäck.
Jacobson 171f., 179f.
Jacobsohn, Tapadinhas 164.
—, s. Neuberg.
Jacobsen 552f.
Jacoby 9, 277, 390.
Jalander 147.
Janicki 119, 122.
—, s. Chrzaszcz.
Janssen 517f.
Jantria 154.
Jeffreys, s. Borsook.
Jendrassik, s. Lohmann.
Jenner, Kay 173f.
Jeremejew, s. Blago-westschenski.
Jernakoff, s. Bieder-mann.
Jerusalem, s. Fürth.
Jeu, Alyea 487.
Jewreinovce, s. Kiesel.
Jmaizumi, s. Utzno.
Joanid, s. Vintilesco.
Johansen, s. Linder-strøm-Lang.
Johnson 234, 242f., 263, 420.
— Peterson 212, 215ff., 219f., 229, 234, 263.
—, Zilva 315, 371ff.
—, s. Berger.
—, s. Krebs.
—, s. Maver.
—, s. Voegtlin.
Joleyman, s. Parkes.
Jonesco, Cotani 582.
—, s. Vintilesco.
Jono 190.

Joos, s. Karrer.
Jørgensen 243f.
—, s. Blagowestschen-ski.
Josephson, 75, 98f., 102.
—, Euler 30, 194, 231.
—, s. Euler.
Jowett, Quastel 410, 442, 489, 495.
Judkin 478.
Jung, Müller 441.
Jürgensen, s. Sørensen.

Kahn, s. Peck.
Kaipowa, s. Kiesel.
Kallmann, s. Bleyer.
Kaltschmidt, s. Kuhn.
Kanda 378f.
Kapeller, Boxer 287.
Karrer 40, 126.
—, Benz 407.
—, Illing 125.
—, Koebnér, Salomon, Zehender, Mierwein 335.
—, Mierwein 334.
—, Schlittler, Benz, Pfaehler 334.
—, Schöpp, Benz 334.
—, —, —, Pfaehler 334.
—, —, Salomon, Schlitt-ler 334.
—, Schwarzenbach 404.
—, Staub 125f.
—, —, Joos 126.
—, Strauss 245.
—, Warburg 404.
—, Weinhagen, Joos 126.
—, Zehender 285.
—, s. Euler.
—, s. Theorell.
Karström 76, 85, 90.
Kaserer 490.
Kasimoto, s. Akabori.
Kastle 295.
—, Loewenhart 360f.
Katagiri, Kitahara 435.
Katschioni-Walter, s. Sørensen.
Kausche 531f., 534, 536.
—, Ruska 526.
—, Stubbe 534.
—, s. Pfankuch.
Kay 177.
Kayashima, s. Sinkichi.
Keeser 150, 156, 177.

Keil, s. Müller.
Keilin 32, 302f., 330ff., 358, 360, 370, 382, 387, 399ff., 402f., 413f.
—, Hartree 39, 323, 330ff., 345, 348f., 370, 390f., 393f., 396ff., 400ff.
—, Kubowitz 363.
—, Mann 39, 358ff., 362f., 365f., 383, 386.
—, s. Dixon.
—, s. Elliott.
—, s. Hill.
—, s. Mann.
Kekwick, Pedersen 27, 336.
—, s. McFarlane.
Kendall 409.
—, Ishikawa 417, 452.
Kernot, Hills 150.
Kertesz 373, 483.
—, Dearborn, Mack 371.
—, s. Califano.
Kiese, Hastings 176.
Kiesel, Jewreinovce 258.
—, Kaipowa, Ssossina 202.
Kiessling 122.
—, s. Meyerhof.
Kimura 242.
King 314, 410.
—, Delory 176.
—, Page 156.
—, Waugh 315.
—, s. Glick.
—, s. Schültze.
—, s. Silverblatt.
—, s. Stotz.
—, s. Weber.
Kinsky, s. Goldschmidt.
Kirk, Sumner 277.
—, s. Sumner.
Kisch 333, 344, 574.
Kitagawa, Eguchi 281.
Kitahara, s. Katagiri.
Kitasato 181.
Kizyk, s. Vintilesco.
Klages, Niemann 81.
Klein 159f., 180f., 188ff., 290f.
—, Rossi 178.
—, Thannhauser 287.
—, Ziese 282, 285.
—, s. Waldschmidt-Leitz.

KLEINER, TAUBER 85, 89f., 104.
—, s. TAUBER.
KLEINMANN, SCHARR 215.
—, s. RONA.
KLEMPERER, TRIMBLE, HASTINGS 347.
—, s. BARRON.
KLENK, s. GRASSMANN.
KLEPETAR, s. WAELSCH.
VAN KLINKENBERG 110, 117, 121f.
KNAFFL-LENZ 148f.
KOBAYASHI 170.
KOBEL, s. NEUBERG.
KÖBNER, s. EDLBACHER.
KOCHOLATI, SMITH, WEIL 264.
KODAMA, s. DIXON.
KOEBNER, s. KARRER.
KOEHRING 8.
KÖGL, DEIJS 367.
—, ERXLEBEN 528.
KOFRÁNYI 205.
—, s. WALDSCHMIDT-LEITZ.
KÖHLE, s. REICHEL.
KÖHLER 536.
—, s. BALLS.
—, s. WALDSCHMIDT-LEITZ.
KOHN 350, 352, 399f.
—, s. HARE.
KOKURYO 89f.
KOLESNIKOW, s. MICHLIN.
KOLLER, s. EDLBACHER.
—, s. LEUTHARDT.
KOLMER, s. BROWN.
KOMITA 190.
KOPCZYNSKI, RAJEWSKI 558.
—, s. KRAUSE.
KORJUIEFF, s. KOSCHTOJANZ.
KORR 380.
—, s. HARVEY.
KOSCHARA 335.
—, s. ELLINGER.
—, s. WIELAND.
KOSCHTOJANZ, KORJUIEFF 251.
KOSIERADZKI 123.
KOSSEL, DAKIN 205.
—, WEISS 202.
KOSSLER, PENNY 167.
KÖSTER, BERSIN 175.
—, s. BERSIN.
KRACH, s. WASICKY.

KRAFT, s. EMBDEN.
KRÄHLING, WEBER 139.
KRAUS, s. EDLBACHER.
KRAUS-RAGINS 281.
KRAUSE 549, 558ff.
—, ALASZEWSKA, SOBOTA 558.
—, GAWRYCHOWA 558.
—, KOPCZYNSKI, RAJEWSKI 558.
—, SOBOTA 558.
KRAUT 17.
—, BAUER 22, 240, 242.
—, EICHHORN, RUBENBAUER 66, 127.
—, HUMME 19.
—, PANTSCHENKO 270.
—, VON PANTSCHENKO-JUREWICZ 34ff., 148, 153.
—, RUBENBAUER 147.
—, TRIA 34, 37, 271.
—, WEISCHER 151.
—, WENZEL 70.
—, s. PANTSCHENKO-JUREWICZ.
—, s. WILLSTÄTTER.
KREBS 244, 278, 280, 300, 318, 344f., 358, 385, 387f., 501, 503ff.
—, EGGLESTON 317, 501, 503f.
—, HENSELEIT 282.
—, JOHNSON 317f., 442, 486, 503, 505.
—, ORSTRÖM 340.
—, s. SZENT-GYÖRGYI.
—, s. WEIL-MALHERBE.
KREIS, s. STOLL.
KRIEBLE 562.
KRIJGSMANN 113.
KRITZMANN 496.
—, s. BRAUNSTEIN.
KROMBHOLZ, LORENZ 510.
KRÖNER, s. ABDERHALDEN.
KRUEGER 511.
—, BALDWIN 528.
—, FONG 535, 541.
KRUMEY, s. SCHÄFFNER.
KUBOWITZ 311, 358ff., 362, 365, 369.
—, HAAS 327.
—, s. WARBURG.
KUK, s. FODOR.
KUHN 59, 64f., 74, 83f., 94, 100, 104, 109f., 113f., 232, 334, 549, 551.

KUHN, BOULANGER 31, 335, 494.
—, BRANN 387, 396, 573.
—, DESNUELLE 16, 32.
—, —, WEYGAND 31.
—, GRUNDHERR 84f.
—, GYÖRGY, WAGNER-JAUREGG 309, 335f.
—, —, —, RUDY 333.
—, HAND, FLORKIN 32, 39, 386.
—, MEYER 571.
—, MÜNCH 84f.
—, REINEMUND, KALTSCHMIDT, STRÖBELE 334.
—, RUDY 31.
—, —, WAGNER-JAUREGG 309, 334f.
—, —, WEYGAND 30, 335, 339.
—, VETTER, RZEPPA 31.
—, WAGNER-JAUREGG 310.
—, WASSERMANN 556, 574.
—, WEYGAND 339.
—, s. FREUDENBERG.
—, s. OPPENHEIMER.
—, s. WILLSTÄTTER.
KÜHNE 247, 252.
KUKHAROVA, s. ZALESKI.
KULLBERG, s. EULER.
KUMAGAWA, s. WILLSTÄTTER.
KUNITZ 36, 253, 257, 269, 271.
—, ANSON, NORTHROP 251.
—, NORTHROP 7, 27, 248ff., 540.
—, s. NORTHROP.
KÜNSTNER, s. WALDSCHMIDT-LEITZ.
—, s. WILLSTÄTTER.
KURATA 178.
KURONO, s. NEUBERG.
KUROYA 166.
KURSSANOW 45.
—, s. OPARIN.
KUTSCHER, WÖRNER 169.
—, s. EDLBACHER.
KUWABARA 173.
KWIATKOWSKI 158.
—, s. AMMON.
—, s. GADDUM.
KYRNING, s. EULER.

LAEVERENZ, s. BAMANN.
—, s. SCHWAB.

Laeverenz, s. Vogel.
Laine, s. Virtanen.
Laki 308, 337, 402, 414, 416, 437f., 498ff.
—, Straub, Szent-Györgyi 498.
—, s. Annau.
—, s. Banga.
—, s. Szent-Györgyi.
Lampert, s. Helferich.
Landsteiner, van der Scheer 361.
Landt, s. Weidenhagen.
Lang 490.
—, Adickes 490.
—, Mayer 490.
—, s. Barrenscheen.
—, s. Bredig.
Langecker 457.
Langenbeck 34, 38, 42f., 63f., 245, 396, 546ff., 562, 570f., 574ff., 580, 582.
—, Baehren 581.
—, Baltes 143, 581.
—, Hellrung, Jüttemann 579f.
—, Hölscher 581f.
—, Hutschenreuter 576.
—, —, Rottig 573.
—, Jüttemann, Hellrung 576.
—, Triem 563.
Langsdin, s. Wyckoff.
Laser 332.
Lasnitzki, s. Rona.
Laszt, Verzár 335.
Latreille, s. Roche.
Latzer, s. Contardi.
Lauffer 521f., 525.
—, s. Stanley.
Laurenza, s. Mazza.
Laurin, s. Euler.
Lavin, Stanley 536.
Learner, s. Haworth.
Lebedev 450.
Lebreton, Mocoroa 226.
Lechner, s. Lüers.
Lee, s. Haas.
Lehmann 412f., 417, 447, 490.
—, s. Alwall.
Lehmann-Bern, s. Holter.
Leibowitz 82f., 88, 90.
—, Hestrin 85.
—, Mechlinski 83.

Leibowitz, s. Neuberg.
—, s. Pringsheim.
Leinert, s. Abderhalden.
—, s. Bergmann.
Leloir, Dixon 416.
—, Munoz 447.
—, s. Green.
Lemberg, Wyndham, Henry 343.
—, s. Dixon.
Lenk 255.
Lennerstrand, s. Runnström.
Lenti 274.
Lépine, Levaditi 544.
Lerch, s. Gorbach.
Lesser 115.
—, Zipf 115.
Lettré 81, 101.
Leuthardt, Koller 284.
—, s. Edlbacher.
Levaditi, s. Lépine.
Levene, Dillon, 181, 188.
—, Helborger 261.
Lewis, s. Hyde.
Lewitow, s. Michlin.
Lichtenstein 200.
Lieben, s. Fürth.
Liebig 4.
—, Wöhler 4, 92.
Lieske, s. Fischer.
Lillelund, s. Veibel.
Lind, s. Willstätter.
Linderstrøm-Lang, 212, 215, 218, 228, 231ff.
—, Holter 8.
—, —, Ohlsen 215.
—, Johansen 268.
—, Sato 229f., 232.
—, Weil, Holter 283.
—, s. Holter.
—, s. Strain.
—, s. Waldschmidt-Leitz.
Lindeberg, s. Virtanen.
Lindner 91.
Lineweaver, s. Balls.
Linhardt, s. Neuberg.
Lintner-Sollied 112.
Lipmann 310, 316, 339, 411, 474, 484f., 487.
—, Perlmann 411, 488.
Lipschitz-Gottschalk 304.
—, Potter, Elvehjem 469.
Liu, s. McBain.
Loach, s. Haworth.

Lockhart, s. Potter.
Loew, s. Pringsheim.
Loewenhart, s. Kastle.
Löffler, Frosch 507f.
Lohmann 115, 410, 495.
—, Jendrassik 167.
—, Schuster 32, 316, 324, 484.
—, s. Meyerhof.
Loiseleur 262.
Lomax, s. Astbury.
Long 486.
—, s. Haworth.
Longenecker, Haley 146
Lorenz, s. Franke.
—, s. Krombholz.
Loring 514, 526, 531.
—, Stanley 518, 520.
—, Wyckoff 519, 522.
—, s. Seastone.
—, s. Stanley.
Loughlin 261.
Lovett-Janison, Nelson 372.
Lövgren, s. Euler.
Löw 381.
Lowmann, s. Gurchot.
Lowry, s. Willstätter.
Lu, s. Needham.
Luck 46.
—, Seth 275.
Ludwig, s. Dawson.
Lüers 182.
—, Lechner 118.
—, Malsch 230.
—, Rümmler 117, 119.
—, Sellner 118.
—, Silbereisen 182.
—, Volkamer 127.
Lundin 442.
Lutwak-Mann 446f., 449ff.
—, s. Dixon.
—, s. Hopkins.
Lyman, s. Barron.

Macheboeuf, Basset 138.
Machemer, s. Haworth.
Mack, s. Kertesz.
MacMunn 399.
Macrae, s. Wieland.
Magaram 276.
Mager, s. Felix.
Mahr, s. Annau.
Majika 367.
Makino 188, 290f.
Malmberg, s. Euler.
Malowan 396.

Malsch, s. Lüers.
Manil, s. Gratia.
Mann 313, 384, 476f.
—, Keilin 370.
—, Quastel 420, 422.
—, Woodward, Quastel 421f.
—, s. Birch.
—, s. Keilin.
Manskaja, s. Palladin.
Mansour-Bek 219, 229, 248.
Mapson s. Cook.
Mardaschew 142, 238.
Mark 124.
—, s. Meyer.
Martin, Balls, McKinney 537, 543.
—, McKinney, Boyle 517f.
Martius 457f., 503.
Martland, Robison 168, 177.
Marugama, s. Suzuki.
Maschmann 220, 244, 264ff.
—, Albrecht 529.
—, Helmert 244, 246.
Mason 313, 410.
Massart, Dufait 158.
Mathews, Glenn 28, 79.
Matlack, s. Balls.
Matrossotsch, s. Remesow.
Matsuoka, s. Meyerhof.
Matsuyama 392f.
Matthes 158.
Maver, Johnson, Voegtlin 267.
—, s. Voegtlin.
Maxim, s. Pamfil.
Maximovitch, Antonomowa 392.
Mayer 162.
—, s. Benedikt.
—, s. Houget.
—, s. Lang.
—, s. Waldschmidt-Leitz.
Mayer-Reich, s. Wurmser.
Mayr, s. Grassmann.
Mazza 489f.
—, Cimmino 487.
—, Laurenza 417.
—, Pannain 273.
—, Stolfi 489.
McBain, Liu 27.

McCallum 535.
McCance 360, 364.
—, s. Robinson.
McDonald, s. Waldschmidt-Leitz.
McFarlane 527.
—, Kekwick 522, 526, 531.
McGravrans, Reinberger 436, 456.
McHargue 381.
McHenry, Garvin 286, 354.
—, s. Best.
McIlwain, s. Dickens.
McKenzie 441.
McKinney 513.
—, s. Martin.
McLewis, s. Moelwyn-Hughes.
Mead, s. Harrington.
Mechlinski, s. Leibowitz.
Meier, s. Meyerhof.
Meisenheimer, s. Bamann.
—, s. Büchner.
Mejersson, Wolpjanskaja 155.
Meldrum 477.
—, Dixon 313, 410.
—, Tarr 313, 474, 476.
Melnick, s. Stern.
Memmen, s. Willstätter.
Mennicken, s. Werle.
Menten, s. Michaelis.
Merill 533.
Merkel, s. Abderhalden.
Merl, Daimer 390.
Merz, s. Edlbacher.
Meyer 112, 124, 389, 437.
—, Mark 106, 209.
—, Pankow 128.
—, s. Albers.
—, s. Grassmann.
—, s. Kuhn.
—, s. Zeile.
Meyerhof 304, 418, 430, 442, 463f., 469, 484.
—, Kiessling 461, 464f.
—, —, Schulz 540.
—, Lohmann 423, 432, 464.
—, —, Meier 344.
—, Matsuoka 298.
—, Möhle 16.
—, Ohlmeyer 465.
—, Ohlmeyer, Möhle 46, 468.

Meyerhof, Schulz, Schuster 468.
—, s. Ball.
Michaelis 17, 26, 120, 326.
—, Davidsohn 74, 261.
—, Ehrenreich 17.
—, Menten 38, 57ff., 62ff., 72ff., 139, 149, 194, 233, 262.
—, Pechstein 60, 119.
—, Rona 60, 62, 90, 576.
—, Rothstein 74f., 263.
—, Shubert, Smythe 338.
—, s. Adler.
—, s. Friedheim.
—, s. Rona.
Micheel 107.
Michel, s. Bernheim.
Michlin 343.
—, Kolesnikow 91.
—, Lewitow 105.
—, Severin 343, 449.
—, Rubel 243.
—, s. Sbarski.
Mierwein, s. Karrer.
Miller, Calvery 205.
—, s. Barron.
—, s. Stein.
Minaeff, s. Bredig.
Minagara 122.
Minkowski 289.
Mirsky 203.
Mishkind, s. Tauber.
Mislowitzer, s. Fränkel.
Mittasch 2f., 546, 550.
—, Theiss 550.
Mizasawa 442.
Mizuhara 279.
Mocoroa, s. Lebreton.
Moelwyn-Hughes 79.
—, Bonhoeffer 79.
—, Pace, McLewis 251.
Möhle, s. Meyerhof.
Moll 275.
Möller, s. Wagner-Jauregg.
Montgomery, s. Redfield.
Morell, s. Hunter.
Morgan 339.
—, Stewart, Hopkins 339f.
—, s. Hopkins.
Morgulis 392f.
Mori 367.
Morii 175.
Morrison, s. Harvey.

Morton, s. Armstrong.
Mothes 26, 45.
—, s. Schmalfuss.
Mühlbock, s. Rona.
Mukherjee, s. Bamann.
Müller 376, 442ff., 457, 490, 549, 553, 580.
—, Keil 553.
—, Schwann 260.
—, s. Albers.
—, s. Felix.
—, s. Jung.
—, s. Schwamm.
— von Berneck, s. Bredig.
Mulzer, Schmalfuss 367.
Münch, s. Kuhn.
Munoz, s. Leloir.
Munro, s. Greig.
Munter 539.
Murakami 138, 276.
Murphy, Sturm, Claude, Helmer 529.
Murray 143.
Myrbäck 76ff., 80, 85, 111ff., 115, 117, 119f., 305, 407.
—, Ahlborg 112.
—, Euler 408.
—, Jacobi 448.
—, Örtenblad 119.
—, s. Euler.
Mystkowski 116.

Nachmansohn 157f.
Nägeli 4, 539.
Nair, s. Damodoran.
Nakamaru, s. Itoh.
Nakayama, s. Utzino.
Nanjo, s. Iwatsuru.
Nasse, s. Gierhake.
Naylor, s. Sherman.
Needham, Lu 467.
—, Pillai 467.
—, s. Green.
Neef, s. Reichel.
Negelein 572.
—, Bromel 445f., 469.
—, Gerischer 30, 331, 400, 406, 473, 475.
—, Haas 305, 321, 406, 472.
—, Wulff 29, 45, 406, 444.
—, s. Warburg.
Nelson, Saul 76.
—, s. Adams.
—, s. Dalton.

Nelson, s. Graubard.
—, s. Lovett-Janison.
—, s. Wagreich.
Nenninger, s. Weidenhagen.
Neuberg 487, 495.
—, Cahill 183, 186.
—, Fischer 165, 181.
—, Gorr 436f.
—, Hirsch 448.
—, Hofmann 97, 183, 186.
—, Jacobsohn 164.
—, Kobel 127, 495.
—, Kurono 184.
—, Leibowitz 175.
—, Linhardt 185, 272.
—, Ottenstein 127.
—, v. Schönebeck 187.
—, Simon 185.
—, Tir 435, 441.
—, Wagner 164, 182, 184, 186.
—, —, Jacobsohn 167.
—, Weinmann 581.
Neumann 167.
Nicolajew 389.
Nicolet 409.
Nierburg, s. Abderhalden.
Niemann 208.
—, s. Bergmann.
—, s. Klages.
Niemer, s. Hahn.
Nierenstein 161.
Nigg, Landsteiner 535.
Niklewski 490.
Nikolaeff, s. Blagowestschenski.
Nilsson 9.
—, s. Euler.
Nischimura 122.
Nishina 238.
Nitzescu, Cosma 435.
Noack 555, 571.
Nocard, Roux 508.
Nogaki 149.
Norbutani 364.
Nord, Weidenhagen 280.
—, s. Weidenhagen.
Nordefeldt 393.
Nordh, Ohlsson 110.
Norris, s. Harden.
Northrop 15, 33, 226, 231, 259ff., 263, 269ff., 392, 516, 518, 521, 527, 538, 540f., 543.
—, Anson 27.

Northrop, Kunitz 15, 33, 251, 540.
—, s. Herriott.
—, s. Kunitz.
Nosaka 392f.

Obel, s. Egel.
O'Brien, Peters 484.
Ochiai 167.
Ochoa 461, 463, 485.
—, Peters 484f.
—, s. Banga.
Oeholm 26.
Oelkers, Fischgold 215.
—, s. Ammon.
Ogawa 154ff.
Ogston, Green 313, 413, 419, 423, 453, 462, 467, 474, 477.
Ogura, s. Yamagutchi.
Ohlmeyer, s. Meyerhof.
—, s. Pringsheim.
Ohlsen, s. Linderstrøm-Lang.
Ohlsson 110, 112, 114, 117, 412, 416.
—, Edfeldt 123.
—, Swaetichin 119.
—, s. Nordh.
—, s. Stenstam.
Okumura 245.
Oliver, s. Haworth.
Olivier 582.
Olitzky 534.
—, Forsbeck 534.
Onslow 314, 356f., 381.
—, Robinson 314, 362, 364
Oparin 45.
—, Kurssanow 81.
Oppenheimer 46, 65, 76, 85, 97, 146, 278, 280, 367, 574.
—, Kuhn 46, 67.
—, Pincussen 11, 17, 46, 182, 184.
—, s. Embden.
—, s. Willstätter.
Örtenblad, s. Myrbäck.
Oshima 238, 242.
Östberg 455.
Ostern, Herbert, Holmes 122.
Oström, s. Krebs.
Ostwald 3.
Otani 272.
Ottenstein, s. Neuberg.
Otto 126.
Oxford, Rapor 368.

PACE 251f.
PADOA, SPADA 146.
PAGE, s. KING.
PALLADIN 313, 356.
—, MANSKAJA 381.
PAMFIL, MAXIM 140.
PANKOW, s. MEYER.
PANNAIN, s. MAZZA.
PANTSCHENKO, s. KRAUT.
PANTSCHENKO-JUREWICZ,
    KRAUT 151.
—, s. KRAUT.
PAPP, s. BANGA.
PAPPENHEIMER, s. CO-
    NANT.
PARFENTJEV, DEVRIENT,
    SOKOLOFF 150, 155.
PARISI 242.
—, s. ROTINI.
PARKER, RIVERS 511.
—, s. HUGHES.
PARKES, JOLEYMAN 492.
PARNAS 116, 307, 447.
—, SZANKOWSKI 465.
PASE, s. MOELWYN- HUG-
    HES.
PASTAGANOFF 561, 571.
PASTEUR 4, 539.
PAVLOVIČ, s. RONA.
PAWLOW 9.
—, SCHEPOWALNIKOW 252.
PEAT, s. BYWATER.
—, s. CHARLTON.
—, s. HAWORTH.
PECHSTEIN, s. MICHAELIS.
PECK, SOBOTKA, KAHN 367.
PEDERSEN 33.
—, s. KEKWICK.
PEKELHARING 260.
PENNY, s. KOSSLER.
PERCIVAL, s. HAWORTH.
PERDRAU 529.
DE PEREIRA FORJAZ 179.
PEREWOSKY, s. PRINGS-
    HEIM.
PERLMANN, s. LIPMAN.
PERLZWEIG 277.
PERMJAKOV 262.
PERRIER 127.
PERRIN 28.
PERSIEL 154.
PESCHKE, s. SCHMALFUSS.
PETERS 484.
—, RYDIN, THOMPSON 485.
—, SINCLAIR 484.
—, —, THOMPSON 316.
—, THOMPSON 484.

PETERS, s. BANGA.
—, s. BRÜNING.
—, s. GRASSMANN.
—, s. O'BRIEN.
—, s. OCHOA.
PETERS-MAYR, s. GRASS-
    MANN.
PETERSEN, SHAW 106.
PETERSON, s. BERGER.
—, s. JOHNSON.
PETOW, s. RONA.
PETRE, s. VINSON.
PETT, WYNNE 178.
PETTIGREW, s. HUNTER.
PFAEHLER, s. KARRER.
PFANKUCH 169, 315, 373.
—, KAUSCHE 533.
—, —, STUBBE 534, 536.
PFEIFER, s. THIELERT.
PHILIPOTT, s. BANGA.
PHILIPPI, s. HERNLER.
PHILPOT 341, 350, 353,
    399.
—, s. HARE.
PICKELS, s. BAUER.
—, s. BEAMS.
—, s. BISCOE.
PICTET, SALZMANN 112.
—, STRICKER 112.
—, VOGEL 81.
PILLAI 468.
—, s. NEEDHAM.
PINCUSSEN 123, 275.
—, s. OPPENHEIMER.
PINÖSCH, s. EDLBACHER.
PIRIE 433, 532.
—, s. BAWDEN.
PLANT, s. HAWORTH.
—, s. HIRST.
PLANTEFOL, s. HOUGET.
PLASS, s. ADLER.
PLATT, SCHROEDER 410,
    495.
— MURNO, s. SCHROEDER.
—, —, s. WOODWARD.
POLAND, s. SUMNER.
POLLER 282.
POLLINGER, s. WILLSTÄT-
    TER.
POLLOK, s. BERGMANN.
POPOFF 491.
PORGES, s. BANGA.
—, s. SZENT-GYÖRGYI.
PORTER, IHRIG 570.
PORTIER, s. BIERRY.
POTTER 503.
—, LOCKHART 414, 427.

POTTER, s. LIPSCHITZ.
PRATESI 167.
PRICE, WYCKOFF 519, 522.
PRINGSHEIM 91, 112, 118,
    382.
—, BAUR 125f.
—, BEISER 98, 112, 121,
    125f.
—, FUCHS 121.
—, GENIN 127.
—, —, PEREWOSKY 88.
—, KUSENACK 126.
—, LEIBOWITZ 91, 102.
—, LOEW 83.
—, OHLMEYER 129.
—, SCHMALZ 121.
—, SEIFERT 126.
—, THILO 91, 118, 126.
—, WOLFSOHN 112.
—, ZEMPLÉN 97.
PRZYLECKI 115, 121.
—, SYM 131, 142.
—, TRUSZKOWSKI 349.
PUGH 356, 364, 367, 369,
    564.
—, QUASTEL 352f.
—, RAPER 314, 356, 364,
    368f., 384.
PURR 121, 244f.
—, s. WALDSCHMIDT-
    LEITZ.
PURVES, s. GILCHRIST.

QUAGLIARIELLO 489f.
QUASTEL 301, 435, 452,
    478, 489.
—, STEPHENSON, WHE-
    THAM 433, 491.
—, WHEATLEY 407, 415,
    421f., 433, 435, 438f.,
    442, 462.
—, WHETHAM 416ff., 433,
    442, 447, 452, 478, 491,
    494.
—, WOOLDRIDGE 415, 433f.
    441, 452f., 478.
—, s. DAVIES.
—, s. DIXON.
—, s. JOWETT.
—, s. MANN.
—, s. PUGH.
QUIBELL 446, 476f.
QUENSEL, WACHOLDER
    246.

RABL, s. BRÜNING.
RACKE, s. WILLSTÄTTER.

RAJEWSKI, s. KOPCZYNSKI.
—, s. KRAUSE.
RAMASARU, DATTA, DOCTOR 372.
RAMBACHER, s. SCHÖBERL.
RAMSDEN, s. BAAL.
RAPER 319, 355f., 360, 363, 368, 384.
—, WORMALL 362f., 368.
—, s. DULIERE.
—, s. HAPPOLD.
—, s. OXFORD.
—, s. PUGH.
RAPKINE 416, 467.
RAUCH, s. FISCHER.
—, s. HELFERICH.
RAUCHALLES, s. SCHLUBACH.
—, s. WALDSCHMIDT-LEITZ.
RAUEN, s. WAGNER-JAUREGG.
RAVAZZONI, s. CONTARDI.
RAWLINS, s. TAKAHASHI.
RAZAFIMAHERI, s. BONNET.
REDFIELD, COOLIDGE, MONTGOMERY 362.
REED 381.
REICH, s. ABDERHALDEN.
REICHEL, BURKART 450.
—, KÖHLE 445ff.
—, NEEF 457.
—, WETZEL 447.
—, s. THANNHAUSER 176.
—, s. WALDSCHMIDT-LEITZ.
REID 122, 326.
REINBERGER, s. McGRAVRANS.
REINDEL, s. SCHULER.
REINDERS, s. BREDIG.
REINEMUND, s. KUHN.
REINHARD, s. ZALESKI.
REINICKE, s. RONA.
REINWEIN 344.
REIS 180f.
—, SWENSSON 273.
REISCHEL, s. HELFERICH.
REMESOW, MATROSSOWITSCH 262.
RENDLEN, s. BAMANN.
RENZ, s. STOLL.
REUTER, s. RONA.
RICHTER 314, 351ff., 357ff., 360, 362f., 365, 370.
—, s. BHAGVAT.
—, s. BLASCHKO.
—, s. BREDERECK.

RICHTER, s. GREEN.
—, s. HELFERICH.
RIEBELING, s. EMBDEN.
RIEDEL, s. BAMANN.
RIEDERLE, s. GRASSMANN.
RIEGERT, s. GRÄBER.
RIESZ, s. ABDERHALDEN.
RIGONI 276.
RINGER 299.
—, GRUTTERINK 243, 252.
RISCHKOV, SMIRNOVA 537, 542.
RIVERS, GATES 533.
—, WARD 535.
—, s. HUGHES.
—, s. PARKER.
ROBBINS 238.
ROBERTS 339.
ROBEŽNIEKS 374, 388.
ROBINSON, McCANCE 368.
—, s. ONSLOW.
ROBIQUET, BOUTRON-CHALARD 4.
ROBISON, s. MARTLAND.
ROCHE 171, 178.
RODNEY, GARNER 345.
ROEDIG, s. FISCHER.
ROELOFSEN, s. VONK.
ROHDEWALD 85.
—, s. WILLSTÄTTER.
RÖHMANN, SPITZER 303, 330.
ROMIJN, s. VONK.
RONA 154.
—, AMMON 131, 140ff., 150.
—, —, FISCHGOLD 141.
—, —, OELKERS 152.
—, —, WERNER 153.
—, BIEN 154f.
—, CHAIN 142.
—, —, AMMON 152.
—, VAN EVEYK 113.
—, KLEINMANN 238, 252.
—, LASNITZKI 144.
—, MICHAELIS 136.
—, MÜHLBOCK 141, 151.
—, PAVLOVIČ 137, 155.
—, PETOW 154.
—, REINICKE 154.
—, REUTER 561, 567.
—, s. MICHAELIS.
RONDONI 220, 231.
ROOT 361.
ROSENBOM, s. BIERICH.
ROSENFELD 184, 276.
—, s. SCHWAB.
ROSENHEIM 143.

ROSENTHALER 381, 562f., 569.
ROSLING 439f., 452, 478.
ROSS, STANLEY 521, 526, 529.
—, s. BERGMANN.
ROSSI, RUFFO 285.
—, s. KLEIN.
ROST, s. SCHWAB.
RÖTHLER, s. GYÖRGY.
ROTHSTEIN, s. MICHAELIS.
ROTINI 238, 242.
—, PARISI 242.
RÖTLER, s. EDLBACHER.
ROTTIG, s. LANGENBECK.
ROUGHTON, s. HARTRIDGE.
ROUS 539.
ROUX 357.
RUBEL, s. MICHLIN.
RUBENBAUER, s. GRASSMANN.
—, s. KRAUT.
RUDOLPH, s. SCHWAB.
RUDY, s. KUHN.
RUELL, s. HAWORTH.
RUFFO, s. ROSSI.
RÜMMLER, s. LÜERS.
RUNJEHELM, s. EULER.
RUNNSTRÖM, LENNERSTRAND, BOREI 473f.
RUSKA, s. KAUSCHE.
—, s. WAGNER-JAUREGG.
RUSSEL, s. WEIL.
RYDIN, s. PETERS.
RZEPPA, s. KUHN.

SABALITSCHKA, SCHULZE 121.
SAKUMA, s. WARBURG.
SALOMON, s. KARRER.
—, s. VINTILESCO.
SALZER, BONHOEFFER 63f., 79, 100.
—, s. BAMANN.
—, s. BONHOEFFER.
SALZMANN, s. PICTET.
SAMEC 111.
—, WALDSCHMIDT-LEITZ 111f., 118.
SAMUEL, BALD 515.
—, s. BEST.
SANDBERG, HOLLEY 187.
SANLEAU, s. VELLUZ.
SATO 242.
—, s. LINDERSTRØM-LANG.
SAUL, s. NELSON.
SAWICKI, s. CHRZASZCZ.

SAWJALON 267.
SBARSKI, MICHLIN 339.
—, s. BACH.
SCHAAF, s. BLOCH.
SCHAEDE 238.
SCHAEFFE 252.
SCHÄFFNER 70, 119, 122, 546, 560, 575.
—, BAUER 46, 164, 168f., 173, 175, 177.
—, KRUMEY 14, 24.
—, SPECHT 16, 122.
—, s. WALDSCHMIDT-LEITZ.
SCHALES 549, 573.
SCHARDINGER 342, 553.
SCHARIKOWA, s. WALDSCHMIDT-LEITZ.
SCHARR, s. KLEINMANN.
SCHEEL, s. FELIX.
VAN DER SCHEER s. LANDSTEINER.
SCHEIBER, s. HELFERICH.
SCHEPOWALNIKOW 247.
—, s. PAWLOW.
SCHITTENHELM 348.
SCHLATTER, s. WALDSCHMIDT-LEITZ.
SCHLEICH, s. BERGMANN.
—, s. GORINI.
SCHLESINGER 518, 525.
—, s. SHERMAN.
SCHLENK, s. EULER.
SCHLITTLER, s. KARRER.
SCHLOSSMANN, s. BLASCHKO.
SCHLUBACH, RAUCHALLES 56.
SCHMALFUSS 367.
—, MOTHES 279.
—, PESCHKE 368.
—, s. MULZER.
SCHMALZ, s. PRINGSHEIM.
SCHMELLER, s. BAMANN.
SCHMID 559.
E. SCHMIDT 124.
E. G. SCHMIDT 277.
G. SCHMIDT 287ff.
—, s. CORI.
—, s. EMBDEN.
SCHMIDT, s. SMYTHE.
SCHMITZ 167, 255, 257.
—, s. EMBDEN.
—, s. GRASSMANN.
SCHMITZ-HILLEBERG s. HELFERICH.
SCHNEIDER 208, 228.
—, s. FELIX.

SCHNEIDER, s. GRASSMANN.
—, s. WILLSTÄTTER.
SCHNELLER, s. GRASSMANN.
SCHÖBERL, RAMBACHER 23.
SCHÖNBEIN 297, 360, 381, 550.
SCHÖNEBECK, s. GRASSMANN.
—, s. NEUBERG.
SCHÖPP, s. EULER.
—, s. KARRER.
—, s. THEORELL.
SCHOTT, s. BORSOOK.
SCHOTZER, s. EULER.
SCHRAMM, WOLFF 160.
SCHREINER, SULLIVAN 381.
SCHROEDER, PLATT MURNO, WEIL 495.
—, WOODWARD 495.
—, s. ELLIOTT.
—, s. PLATT.
—, s. WOODWARD.
SCHUCHARDT 164.
SCHUDEL; s. WILLSTÄTTER.
SCHULER 348.
—, REINDEL 348.
—, s. FELIX.
SCHULTZE, STOTZ, KING 315, 373.
SCHULZ, s. MEYERHOF.
SCHULZE, s. SABALITSCHKA.
SCHUSTER, s. MEYERHOF.
—, s. LOHMANN.
SCHWAB 63f., 280, 549, 581.
—, BAMANN, LAEVERENZ 134, 149, 152, 560, 562.
—, ROSENFELD, RUDOLPH 42, 393, 398.
—, ROST 34, 38, 43, 298, 396.
—, ROST, RUDOLPH 565ff.
—, RUDOLPH 565.
—, TAYLOR, SPENCE 575.
E. SCHWAB, s. ABDERHALDEN.
SCHWAMM, MÜLLER 528.
SCHWANN 4, 17, 192, 260.
—, s. MÜLLER.
SCHWARZENBACH, s. KARRER.
SCHWEITZER, s. ABDERHALDEN.
—, s. BAMANN.
—, s. STAUDINGER.

SCHWEIZER, s. CHODAT.
SCOZ, s. CATTANEO.
SEASTONE, LORING, CHESTER 536.
—, s. ZINSSER.
SEE 431.
SEEMANN, s. FISCHER.
SEIFERT, s. PRINGSHEIM.
SEGOVIA, s. TAMAYO.
SELLNER, s. LÜERS.
SELTER, s. EMBDEN.
SEN 416.
SETH, s. LUCK.
SEVAG 442.
—, s. WIELAND.
SEVERIN, s. MICHLIN.
SHAPIRO 8.
SHAW, s. PETERSEN.
SHERMAN 114.
—, CALDWELL, ADAMS 114
—, —, DOEBBELING 118.
—, —, NAYLOR 123.
—, ELVEHJEM 484.
—, SCHLESINGER 118.
SHIBATA 200, 330, 367, 549.
—, TANAKA, GODE 564.
—, TAZAWA 199.
—, TSUCHIDA 564.
SHOUP 380.
SHUBERT, s. MICHAELIS.
SIDWELL, s. STOTZ.
SIEBENÄUGER, s. BERNHAUER.
SILBEREISEN, s. LÜERS.
SILVERBLATT, KING 372.
SIMON, s. NEUBERG.
SIMONS, s. EDLBACHER.
—, s. WALDSCHMIDT-LEITZ.
SINCLAIR, s. PETERS.
SINKICHI, KAYASHIMA 151.
SKARZYŃSKI, s. EULER.
SKRAUB 202.
SLANINA, s. BERNHAUER.
VAN SLYKE, CULLEN 275.
—, BIRCHARD 202.
SMADEL, WALL, 518.
SMIRNOVA, s. RISCHKOV.
SMIRNOW 385f.
SMITH, DONCASTER 524.
—, s. KOCHOLATI.
SMORODINZEW 272.
—, ADOV 252.
SMYTHE 301.
—, SCHMIDT 301.
—, s. MICHAELIS.

SNELL, s. HARVEY.
So 273f.
SOBERHEIM 512.
SOBOTA, s. KRAUSE.
SOBOTKA, s. WILLSTÄTTER.
—, s. PECK.
SODA 183.
—, EGAMI 185.
—, HATTORI 185.
SÖHNGEN 491.
SOKOLOFF, s. PARFENTJEV.
SOMMER, s. BREDIG.
—, s. GLIMM.
SOMMERMEYER, DEHLINGER 542.
SONDERHOFF, DEFFNER 457.
—, s. WIELAND.
SØRENSEN 74, 76, 223.
—, JÜRGENSEN 261.
—, KATSCHIONI-WALTHER 199.
SPADA, s. PADOA.
SPALLANZANI 4, 539.
SPARMBERG, s. HELFERICH.
SPECHT, s. SCHÄFFNER.
SPENCE 357, 381.
SPITZER, s. RÖHMANN.
SREENIVASAYA 444.
—, s. ADLER.
SRINIVASAN 371f.
SSOSSINA, s. KIESEL.
STACK, s. WREDE.
STADLER, s. GRASSMANN.
STAEHELIN 375.
STANDENATH 231.
STANLEY 508, 516, 518ff., 526, 528, 532f., 536, 538, 541.
—, LAUFFER 530.
—, LORING 535, 544.
—, WYCKOFF 519.
—, s. LAVIN.
—, s. LORING.
—, s. ROSS.
—, s. WYCKOFF.
STAPP 360, 382.
STARE 335.
—, BAUMANN 498, 502, 504.
STARLING, s. BAYLISS.
STASSANO, s. DASTRE.
STAUB, s. KARRER.
STAUDINGER 107f., 124.
—, SCHWEITZER 125.
STEACIE 79.

STEARN 33.
STECHE, s. WAENTIG.
STEDMAN 151, 177.
—, s. EDGAR.
STEENHOF-ERIKSEN, s. EULER.
STEIBELT, s. WILLSTÄTTER.
STEIGERWALD, s. WALDSCHMIDT-LEITZ.
STEIN, MILLER 208.
STEINBRUNN, s. FREUDENBERG.
STEMAN, s. EASSON.
STENSTAM, BJÖRLING, OHLSSON 118.
STEPHENSON 322, 434, 491f., 497.
—, STICKLAND 322, 452, 455, 490ff.
—, s. COOK.
—, s. GALE.
—, s. QUASTEL.
STERN 32, 252, 338, 392ff., 395ff., 573.
—, HOLIDAY 309, 334.
—, MELNICK 415.
—, WYCKOFF 27, 391, 395f.
—, s. BATTELLI.
STEVENS 380.
STEWART, s. MORGAN.
STICKLAND 322, 347, 453, 455, 492.
—, s. GREEN.
—, s. STEPHENSON.
STOCK, s. HELLERMANN.
STOCKER, s. WEYGAND.
STOKLASA, VIDEC 491.
STOLFI, s. MAZZA.
STOLL 96, 398.
—, KREIS, HOFMANN 96.
—, RENZ 97.
—, —, KREIS 97.
—, s. WILLSTÄTTER.
STONE 371.
STOTZ, ALTSCHUL, HOGNESS 331f., 402.
—, HARRER, KING 372.
—, HASTINGS 413, 416.
—, SIDWELL, HOGNESS 330, 332, 402f.
—, s. HORECKER.
—, s. SCHULTZE.
STRAIN, LINDERSTRØM-LANG 268.
STRAUB 372, 429, 438, 499, 500, 502.
—, ANNAU 501.

STRAUB, CORRAN 339, 429.
—, —, GREEN 311, 338, 429.
—, s. ANNAU.
—, s. BANGA.
—, s. GREEN.
—, s. LAKI.
—, s. SZENT-GYÖRGYI.
STRAUSS, s. KARRER.
STREIGHT, s. HAWORTH.
STRICKER, s. PICTET.
STRÖBELE, s. KUHN.
STRUVE 357, 381.
STUBBE, s. KAUSCHE.
—, s. PFANKUCH.
STURM, s. MURPHY.
SUBRAMANIAN, s. CHALLENGER.
—, s. GORDON.
—, s. WALKER.
SULLIVAN, TOMPSON 67ff., 72f.
—, s. SCHREINER.
SUMINOKURA 359f., 366.
SUMNER 15, 33, 275ff.
—, DOUNCE 15, 391, 395f., 490.
—, DOUSEC 32.
—, GRALÉN 27, 395.
—, —, ERIKSON-QUENSEL 27, 276.
—, HAND 274ff.
—, HOWELL 383, 386.
—, KIRK 276.
—, —, HOWELL 278.
—, POLAND 277.
—, s. HOWELL.
—, s. KIRK.
SUNDBERG 269.
SUOMALAINEN, s. VIRTANEN.
SUTTER 355.
—, s. ELLIOTT.
—, s. WIELAND.
SUZUKI 278f.
—, MARUGAMA 177.
SVANBERG, s. EULER.
SVEDBERG 27, 208, 210f., 522.
—, s. ERIKSSON-QUENSEL.
SVENSSON 416.
—, s. REIS.
—, s. TISELIUS.
SVIRBELY, SZENT-GYÖRGYI 315, 410.
SWAETICHIN, s. OHLSSON.
SWEDIN, THEORELL 374.

SWIATKOWSKA, s. SYM.
SYM 137, 139, 141.
—, SWIATKOWSKA 141.
—, s. PRZYLECKI.
SZANKOWSKI, s. PARNAS.
SZENT-GYÖRGYI 299, 301, 304, 314f., 317, 320, 325, 356, 359f., 370ff., 381, 388, 413, 430, 435, 438, 465, 497f., 500, 502, 506.
— —, BANGA 304, 333.
— —, —, GERENDAS, LAKI, PORGES, STRAUB 301.
— —, KREBS 418.
— —, VIETORISZ 360, 369.
— —, s. ANNAU.
— —, s. BANGA.
— —, s. GÖSZY.
— —, s. LAKI.
— —, s. SVIRBELY.

TAKAHASHI 178.
—, RAWLINS 525.
TAKAMIYA 146.
TAKANE 123.
TAKATA 177.
TAKEUCHI 277.
TAMAYO, BLANCO 169.
—, SEGOVIA 170.
TAMIYA, TANAKA 439, 443.
—, s. YAMAGUTCHI.
TANAKA 443.
—, s. SHIBATA.
—, s. TAMIYA.
TANKÓ 183.
TAPADINHAS, s. JACOBSON.
TARANTINO, s. BORGHI.
TARR, s. GREEN.
—, s. MELDRUM.
TAUBER 276, 314f., 370, 373, 388, 484.
—, KLEINER 76, 263, 371, 396.
—, —, MISHKIND 315, 371f.
—, s. KLEINER.
TAUSZ, DONATH 490.
TAYLOR 297, 380.
TAZAWA, s. SHIBATA.
THANNHAUSER, REICHEL, GRATTAN 176.
—, s. KLEIN.
THE SVEDBERG, s. SVEDBERG.
THEISS, s. MITTASCH.

THEORELL 15f., 27, 30, 307ff., 333, 335f., 401ff., 406f., 472f.
—, AKESSON 401.
—, KARRER, SCHÖPP, FREI 335.
THEORELL, s. SWEDIN.
THIELERT, PFEIFER 572.
THILO, s. PRINGSHEIM.
THOMAS, s. HAWORTH.
THOMPSON 484.
—, TENNANT, WIES 116.
—, s. BALLS.
—, s. HUSSEY.
—, s. PETERS.
THORNBERRY 524.
THUNBERG 297, 318ff., 324, 376, 413, 415, 417, 424, 431, 435, 438f., 442, 447, 452, 455ff., 463, 478, 484, 489.
THURLOW 297, 323, 340, 387, 389.
—, s. DIXON.
—, s. HARRISON.
TENNANT, s. THOMPSON.
TERADA 458.
TERASHIMA, s. GYOTOKU.
TEWES, s. DYCKERHOFF.
TIR, s. NEUBERG.
TISELIUS 16.
—, HENSCHEN, SVENSSON 271.
TODA 156.
TOENNIESSEN, BRINKMANN 418, 439, 484.
TOMITA 168.
TOMPSETT, s. CATHBERTSON.
TOMPSON, s. SULLIVAN.
TÓNO 278.
TORRISI, s. CLEMENTI.
TÓTH, s. GRASSMANN.
—, s. ZECHMEISTER.
TOYAMA 339.
TRAUBE 300.
TRIA 140.
—, s. KRAUT.
TRIEM, s. LANGENBECK.
TRIMBLE, s. KLEMPERER.
TROPP, s. BRDIČKA.
TROWELL 420, 422.
TRUSZKOWSKI 348.
—, s. PRZYLECKI.
TSCHASTUCHIN, s. IVANOFF.
TSCHERNIACK, s. BACH.
TSUCHIDA, s. SHIBATA.

TSUCHIHASHI 390.
TUCKER, s. BALLS.

UCKO, s. BANSI.
ULLMANN 125, 127.
UNDERRAIN 242.
UTEWSKI 435.
UTZINO, JMAIZUMI, NAKAYAMA 275.
UZAWA 178.

VALDECASAS, s. ABDERHALDEN.
VARGHA, s. BANGA.
VEIBEL, ERIKSEN 102.
—, LILLELUND 99.
VELLUZ 147.
—, SANLEAU 147.
VERKADE, s. HOLWERDA.
VERZAR, s. LASZT.
VESTIN, s. EULER.
VETTER, s. KUHN.
VIDEC, s. STOKLASA.
VIEHL, s. BRÜNING.
VIETORISZ, s. SZENT-GYÖRGYI.
DU VIGNEAUT, s. BERGMANN.
VINSON 528.
—, PETRE 528.
VINTILESCO, JAUNID 102.
—, JONESCO 102.
—, —, KIZYK 102.
—, —, SALOMON 102.
VIRASORO, s. CHRISTEN.
VIRTANEN 85.
—, LAINE 496.
—, LINDEBERG 131.
—, SUOLAKTI 11.
—, SUOMALAINEN 153.
VOEGTLIN, MAVER, JOHNSON 45, 267.
—, s. MAVER.
VOGEL, LAEVERENZ 135.
—, s. PICTET.
VOLKAMER, s. LÜERS.
VOLMER, s. GRASSMANN.
VONK 247, 261.
—, HEYN 252.
—, ROELOFSEN, ROMIJN 252.
—, WOLVEKAMP 252.
VORSATZ, s. HELFERICH.

WACHOLDER, s. QUENSEL.
WADA 282.
WAELSCH, BUSZTIN 274.
—, KLEPETAR 274.

WAENTIG, STECHE 390, 393.
WAGNER, s. NEUBERG.
WAGNER-JAUREGG 309, 334.
—, MÖLLER 434, 445.
—, —, RAUEN 470, 473f.
—, RAUEN 455ff., 462.
—, —, MÖLLER 309.
—, RUSKA 309.
—, s. KUHN.
WAGREICH, NELSON 368f.
WAKEMAN, DAKIN 439.
WALDSCHMIDT-GRASER, s. WALDSCHMIDT-LEITZ.
WALDSCHMIDT-LEITZ 7, 13, 42, 46, 199, 203, 214, 225, 250, 252f.
—, AKABORI 249, 257, 263.
—, BALLS 212, 216ff.
—, —, WALDSCHMIDT-GRASER 215, 220, 228.
—, DEUTSCH 229.
—, GRASSMANN, SCHLATTER 204, 212.
—, HARTENECK 228.
—, KLEIN 212.
—, KOFRÁNYI 205, 214, 220, 225, 227, 269.
—, KÖHLER 178.
—, KÜNSTNER 204.
—, LINDERSTRØM-LANG 18, 254.
—, MAYER 111.
—, —, HATSCHEK, HAUSMANN 214.
—, McDONALD 282.
—, PURR 7, 23, 110, 117, 120f., 212, 220, 223f., 226.
—, —, BALLS 226.
—, RAUCHALLES 231.
—, REICHEL 37, 111, 113, 115.
—, —, PURR 110, 117, 121.
—, SCHÄFFNER 199, 228f.
—, —, BECK, BLUM 220, 222ff., 229, 239, 241f. 244.
—, —, GRASSMANN 204.
—, —, SCHLATTER, KLEIN 199, 204.
—, SCHARIKOWA, SCHÄFFNER 175.
—, SIMONS 204.
—, STEIGERWALD 36, 278.
—, WALDSCHMIDT-GRASER 215, 218.

WALDSCHMIDT-LEITZ, WEIL, PURR 285.
—, WEYLER, SCHÄFFNER, WEIL 222.
—, ZIEGLER, SCHÄFFNER, WEIL 220f., 225.
—, s. BALLS.
—, s. SAMEC.
—, s. WILLSTÄTTER.
WALKER 435, 438f.
—, SUBRAMANIAN, CHALLENGER 457.
WALKER, s. BUTTERWORTH.
—, s. CHALLENGER.
WALLES, s. EULER.
WALSH, s. FRAZER.
WALTI 238.
WALTON, s. GETCHELL.
WARBURG 26, 35, 43, 298f., 303ff., 307, 326f., 330, 332f., 335, 337, 362, 403, 497, 549, 555ff.
—, BREFELD 555.
—, CHRISTIAN 15f., 26, 30, 32, 40, 44, 80, 210, 302, 304f., 307ff., 321, 327, 333, 335ff., 341, 346f., 403ff., 408f., 423, 444, 468ff., 474f., 493.
—, —, GRIESE 30, 406ff., 474.
—, KUBOWITZ 316, 326ff.
—, —, CHRISTIAN 316, 470.
—, NEGELEIN 26, 326ff., 331, 399.
—, —, HAAS 327, 331, 400.
—, SAKUMA 298.
—, s. KARRER.
WARD, s. HUNTER.
—, s. RIVERS.
WARNER, s. BORSOOK.
WASICKY, KRACH 275.
WASSERMANN, s. KUHN.
—, s. WILLSTÄTTER.
WASSERMEYER, s. EMBDEN.
WASTENEY, BORSOOK 267.
WAUGH, s. KING.
WEBER, AMMON 132.
—, GOSENIUS 199.
—, KING 140, 150.
—, s. KRÄHLING.
—, s. WILLSTÄTTER.
WEBSTER, s. BERNHEIM.
WEGLER 549, 563, 572.
WEIDENHAGEN 9, 67f., 72, 76, 78, 83ff., 88ff.,

93f., 98, 100, 103ff., 121f., 129.
—, LANDT 38, 62.
—, NENNINGER 72.
—, NORD 46.
—, WOLF 121.
—, s. NORD.
WEIL 221, 224, 227.
—, RUSSEL 283.
—, s. KOCHOLATI.
—, s. LINDERSTRØM-LANG.
—, s. SCHROEDER.
—, s. WALDSCHMIDT-LEITZ.
WEIL-MALHERBE 414, 419, 424f., 478, 486, 505.
—, KREBS 345.
WEINHAGEN, s. KARRER.
WEINMANN 184.
—, s. NEUBERG.
WEINSTEIN, WYNNE 140.
WEISS 277.
—, s. KOSSEL.
WELCH 265.
—, s. HEARD.
WELO, BAUDISCH 557.
WENT 528.
WENZEL, s. KRAUT.
—, s. WILLSTÄTTER.
WERLE, MENNICKEN 355.
WERNER, s. RONA.
WERTHEMANN 511.
WESTENBRINK, VAN DORP 485.
WETZEL, s. REICHEL.
WEYGAND, STOCKER 15f., 18.
—, s. KUHN.
WEYLER, s. WALDSCHMIDT-LEITZ.
WHEATLEY, s. QUASTEL.
WHETHAM, s. QUASTEL.
WHITING, s. BOSWELL.
VON WICKLEN, s. CALDWELL.
WIDMARK 413, 416.
WIECHOWSKI, WIENER 348.
WIELAND 296ff., 300f., 303, 318, 442, 448f., 553, 555.
—, BERGEL 298.
—, BERTHO 442f.
—, CLAREN 442.
—, DRISHAUS, KOSCHARA 557.
—, FISCHER 362, 370.

WIELAND, FRAGE 416, 489.
—, MACRAE 342, 449.
—, SEVAG 442f.
—, SONDERHOFF 452, 455, 457, 489.
—, SUTTER 358ff., 362f., 370, 383, 385.
WIENER, s. WIECHOWSKI.
WIES, s. THOMPSON.
WIJSMANN 114.
WILENSKY, s. BACH.
WILLAMAN, CLARK, HAGER 114.
WILLIAMS 392f., 411, 484.
—, CLINE 411.
DE WILLINGEN s. HOL-WERDA.
WILLSTÄTTER 3, 12, 17, 25, 28, 46, 68ff., 79f., 86f., 113, 118, 199, 203, 251, 263, 269f., 282.
—, BAMANN 84, 86ff., 144, 238.
—, —, ROHDEWALD 215, 229, 247f., 251, 254.
—, CSÁNYI 99, 103.
—, GRASER, KUHN 21, 68, 72.
—, GRASSMANN 12, 66, 229, 239, 244.
—, —, AMBROS 238, 243f.
—, HAUROWITZ, MEMMEN 143f.
—, HEISS 384.
—, KRAUT 18f., 71.
—, —, FREMERY 19, 291.
—, KUHN 24, 64, 68, 82.
—, —, BAMANN 132, 56Q.
—, —, LIND, MEMMEN 151.
—, —, SOBOTKA 82, 90, 93, 98.
—, KUMAGAWA 153.
—, LOWRY, SCHNEIDER 9, 67.
—, MEMMEN 130f., 136f., 139, 143, 147, 150, 154.
—, OPPENHEIMER 12f., 86f., 89, 93.
—, POLLINGER 28, 99, 382, 386f.
—, —, WEBER 382.
—, RACKE 17, 66, 69ff.
—, ROHDEWALD 11f., 14, 18, 25, 35ff., 66, 71, 86, 91, 115f., 120f., 123, 139, 247, 251, 259, 269.

WILLSTÄTTER, SCHNEIDER 20, 69, 71.
—, —, BAMANN 14.
—, —, WENZEL 14, 70f., 80.
—, SCHUDEL 68, 113, 190.
—, STEIBELT 68, 82f., 87
—, STOLL 162, 382f.
—, WALDSCHMIDT-LEITZ 36, 136, 145, 273f.
—, —, DUNAITURRIA, KÜNSTNER 248.
—, —, HESSE 114, 119.
—, —, MEMMEN 25, 135, 139.
—, —, OPPENHEIMER 272.
—, WASSERMANN 21.
—, WEBER 383f.
—, ZECHMEISTER 125.
—, s. HABER.
WINDBICHLER, s. GRASS-MANN.
WINKLER, s. HELFERICH.
WINNE, s. FARBER.
WINZER, s. FISCHER.
WISHART 439, 452, 489.
WITT 546.
WOG 167.
WÖHLER, s. LIEBIG.
WOHLGEMUTH 113, 117.
WOLF, s. WEIDENHAGEN.
WOLFF, s. SCHRAMM.
WOLFSOHN, s. PRINGSHEIM.
WOLPJANSKAJA, s. MEJERS-SON.
WOLVEKAMP, s. VONK.
WOODS 491f.
WOODWARD, PLATT MUR-NO, SCHROEDER 495.
—, s. MANN.
WOOLDRIDGE, s. QUASTEL.
WOOLF 413.
WORMALL, s. RAPER.
WÖRNER, s. KUTSCHER.
WREDE, STACK 411.
WULFF, s. NEGELEIN.
WUNDERLY, s. BAUR.
WURMSER 326.
—, DE BOE 435.
—, MAYER-REICH 435.
WURMSTER, FILITTI-WURMSTER 447.
WYCKOFF 522, 531.
—, BISCOE, STANLEY 520, 525.
—, COREY 519.
—, LANGSDIN 518.

WYCKOFF, s. BEARD.
—, s. BISCOE.
—, s. LORING.
—, s. PRICE.
—, s. STANLEY.
—, s. STERN.
WYNDHAM, s. LEMBERG.
WYNNE, s. WEINSTEIN.

YAMAGUTCHI 330.
—, TAMIYA, OGURA 330.
YAMASAKI 392f.
YAMASHIKI 123.
YOSHIDA 355, 366.
YOUDEN, BEALE 515.
YUDKIN 434, 493.
—, s. FARKAS.

ZALESKI 442.
—, KUKHAROVA 375.
—, REINHARD 375.
ZECHMEISTER, CHOLNOKY 23.
—, TÓTH 128.
—, —, BÁLINT 23, 128.
—, s. GRASSMANN.
—, s. WILLSTÄTTER.
DE ZEEUW 238.
ZEHENDER, s. EULER.
—, s. KARRER.
ZEILE 389ff., 392, 396, 573.
—, HELLSTRÖM 32, 394.
—, MEYER 401.
—, s. FISCHER.
ZELLER 354.
—, s. EDLBACHER.
ZEMPLÉN, s. FISCHER.
—, s. HAWORTH.
—, s. PRINGSHEIM.
ZERFAS, s. DIXON.
—, s. BERGMANN.
ZIEGLER, s. HALVORSON.
—, s. WALDSCHMIDT-LEITZ.
ZIESE 126.
—, s. KLEIN.
ZILVA 389.
—, s. JOHNSON.
ZINSSER, SEASTONE 529.
ZIPF, s. LESSER.
ZO BELL, FELTHAM 275.
ZORN, s. FELIX.
ZSIGMONDY, BACHMANN 523.
ZUBKOWA, s. BACH.

Sachverzeichnis.

Absorptionsspektrum und Trägerwirkung 44.

—, s. a. Spectroscopy, Spektroskopie.

Abwehrfermente 9.

Acceptor of oxygen 295.

Acetaldehydreduktase, Gleichgewichtseinstellung 45.

Acropeptides, s. Akropeptide.

Activation of citric dehydrogenase 456.

— — glucose dehydrogenase 477.

— — glycerophosphate dehydrogenase 459 f.

— — hexosemonophosphate dehydrogenase 471.

— — lactic dehydrogenase of animals 431 f.

— — — — of yeast 423.

— — malic dehydrogenase 436.

— — plant peroxidase 385.

— — pyruvic acid dehydrogenase 485.

— — substrates by oxidases 320.

Activator (-ion), s. Aktivator, Aktivierung.

Active group, s. Wirkgruppe.

Active substances, s. Wirkstoffe.

Activity, s. Aktivität.

Adenosinase 289.

Adenylpyrophosphatase 179.

Adrenaline, carrier function 311.

—, constitution 411.

—, mechanism of oxidation 351.

—, redox potential 412.

Adrenaline oxidase 351.

Adrenochrome, carrier function 311, 410 f., s. a. Adrenaline.

—, constitution 351, 411.

—, formation 351.

Adsorbentien, verschiedene — für Enzyme 20.

Adsorption, Ausführung 20 f.

— der Enzyme, Einfluß der Acidität 22.

— — —, — von Verunreinigungen 21.

Adsorption zur Enzymtrennung 17 ff.

— und Massenwirkungsgesetz 38.

— der Saccharase 70.

— und Spezifität von Fermentmodellen 565.

— bei der Ultrafiltration 523.

— von Virusstoffen 529.

— in oxidation reduction catalysis 301.

Adsorptionsisotherme der Enzyme 21 f., 62.

Adsorptionsmaß 21.

Adsorptionsmittel zur Enzymtrennung 18, s. a. Adsorbentien.

Adsorptionswert (AW) 21.

Affinitätskonstante, Ermittlung 57.

—, Schwankungen 59.

— der Spaltprodukte 59.

Agon, Begriff 35.

—, Gleichgewicht mit Pheron (s. d.) 37.

Akropeptide als Eiweißbausteine 200.

Aktivator als Symplexbildner 37.

Aktivierende Gruppen in Fermentmodellen 575 f.

Aktivierung von Amidasen 277, 279, 284, 287.

— — Aminopeptidasen 219.

— — Amylasen 119.

—, ausgleichende 25.

— durch Begleitstoffe 25.

— von Carboxylasemodellen 576 f.

— — Carboxypeptidase 225.

— — Cholinesterase 158.

— — Chymotrypsin 257.

— — Dipeptidase 231.

— — β,h-Fructosidase 76.

— — α-Glucosidase 90.

— — β-Glucosidase 99.

— — Leberesterase 149.

— — Pankreaslipase 139.

— — Papainasen 243.

— — Pepsinase 262.

— — Phosphomonoesterase 173.

Aktivierung von Ricinuslipase 146.
— und Trägertheorie 29.
— von Trypsinasen 251.
—, s. a. Activation.
Aktivitäts-p_H-Kurve der β,h-Fructosidase 74.
Aktivitäts-p_s-Kurve 58.
—, Begriff 38.
— der Dipeptidase 233.
—, Theorie 38.
Akzeptor, s. Acceptor.
Alcohol dehydrogenase 442.
— — of animal tissues 445f.
— — of bacteria 447.
— —, early work 442.
— —, equilibrium with coenzyme I 444.
— —, inhibition 445.
— —, kinetics 445.
— — of yeast 443.
Alcoholic fermentation 444.
Aldehyde mutase 447.
— —, enzymatic composition 449.
— —, preparation 448.
— —, relation to aldehyde oxidase 448f.
— oxidase 342.
— — in dismutation 343.
— —, hydroperoxide formation 342.
— —, relation to xanthine oxidase 342.
— oxidases, other 343.
— reductase, s. Alcohol dehydrogenase.
Alkohol, s. Alcohol.
Allantoin, constitution 347.
—, enzymatic formation, excretion 347.
Alloxazin, Absorptionsspektrum 44.
— in Flavinenzymen 40.
— in yellow enzyme 337.
— nucleotide 309.
Alloxazin-proteid, Reaktion mit Pyridin-Nucleotid 44.
Aluminiumhydroxyd, Sorten für Adsorption 18f.
Ameisensäure, s. formic.
Amidasen 271.
—, Aktivierung 277, 279, 284, 287.
—, Bestimmung 273, 275, 283, 286, 288ff.
—, Darstellung 274f., 279, 283, 286, 290.
—, Eigenschaften 274, 276, 279f., 284, 286, 288ff.
—, Einteilung 6.
—, Hemmung 277, 279, 284, 287.
—, Natur 277.
—, Reversion der Wirkung 274, 280.
—, Spezifität 272, 274, 278ff., 286f.
—, Vorkommen 273, 275, 279f., 282, 286, 288f.
—, einzelne: Arginase 280.
—, Asparaginase 278.

Amidasen, Glutaminase 279.
—, Hippuricase 272.
—, Histidase 286.
—, Nucleosidaminase 289.
—, Nucleotidaminase 287.
—, Pyrimidinaminasen 290.
—, Urease 274.
Amine oxidase 352.
— —, inhibition 352f.
— —, mechanism of action 353.
— —, physiological function 353.
— —, relation to amino-acid oxidase 353.
— —, specifity 352.
Amino-acid oxidase 344.
— —, preparation 346.
— —, prosthetic group 346.
— —, protein bearer 346.
— —, relation to amine oxidase 353.
— —, — — histaminase 355.
— —, stereochemical specifity 344f.
— — as yellow enzyme 310.
— oxidases, other 347.
Amino-acids, s. Aminosäuren.
Aminocellulose als Carboxylasemodell 567.
— als Emulsinmodell 568.
Aminopeptidasen 212.
—, Aktivierung 219.
—, Bestimmung 215.
—, Darstellung 216.
—, Eigenschaften 218.
—, Hemmung 219.
—, Kinetik 219.
—, p_H-Einfluß 218.
—, Spezifität 212ff.
—, Vorkommen 214.
Aminopherases 495.
Aminosäuren, natürliche, Tabelle 197f.
—, Reihenfolge in den Proteinen 203.
—, s. a. Amino-acids.
Amygdalin 93.
Amylasen 106.
—, Aktivierung 119.
—, Bestimmung 112.
—, Darstellung aus Hefe 16.
—, Eigenschaften 114ff.
—, Einheiten 113.
—, eiweißarme 37.
—, Isodynamik 36.
—, Hemmung 119.
—, Kinetik 113.
—, physikalische Einflüsse 123.
—, Spezifität 108.
—, synthetisierende Wirkung 122.
—, Vorkommen 114ff.
—, α-, β- 109ff.
— des Blutes 116.

Amylasen der Kryptogamen 119.
— der Leber 115.
— der Leukocyten 14.
— des Malzes 117.
— des Muskels 116.
— des Pankreas 114.
— der Pflanzen 117.
— der Samen 118.
— des Speichels 115.
— der Tiere 114.
Amyloamylose 111.
Amylokinase 7, 121.
Amylopektin 112.
Amylophosphatase 111.
Animals, enzymes in higher 340, 347.
— — — —, s. a. the various organs,
   s. a. Tiere.
Anorganisch, s. Inorganic.
Anorganische Fermente 550.
Anorganisches Fermentmodell, hetero-
   genes 565.
Antibody, s. Antikörper.
Antiglyoxalase 495.
Antikörper, Beziehung zur Virusvermeh-
   rung 543.
Äpfelsäure, s. malate, malic.
Apodehydrase, Darstellung 16.
—, s. Zwischenferment, bes. 305.
Apo-dehydrase, definition 321.
Apoferment, Begriff 35.
Arginase 280.
Ascorbic acid, carrier function 314f., 410.
— — and glutathione 373.
— —, oxidation 371.
— — oxidase 370ff.
— — — activity in other systems 373.
Asparaginase 278.
Aspergillus, Enzyme 65, 86, 97, 104, 125,
   127f., 135, 147, 153, 155, 167, 181,
   184, 212, 376.
Asymmetrische Katalyse 560ff.
Äthylen, s. Ethylene.
Atmung, Mechanismus 555.
Atmungsferment, Reaktionsweise 40.
— 299, s. a. respiratory enzyme.
Atmungsmodelle (WARBURGsches u. a.) 555.
Aussalzen, fraktioniertes 15.
Autocatalysis, s. Autokatalyse.
Autokatalyse der Bakteriophagen 541.
— der Proteasenvermehrung 540.
— der Virusvermehrung 506ff., 539ff.
Autolyse 13.
—, fraktionierte 13f.
— der Hefezellen 66, 70ff., 86.

Bacteria, enzymes of — 357, 382, 389,
   400, 409, 411, 417f., 433, 447, 452,
   478, 481, 486, 490, 492f., 503.

Bakterien, Enzyme der — 65, 98, 104,
   135, 155, 178, 186, 188, 263, 275.
Bakterienproteasen 263.
Bakteriophagen, Autokatalyse 541.
—, Bestimmung 511f.
—, chemische Zusammensetzung 527.
—, Geschichte 508.
—, Molekülform 525.
—, Molekülgröße 521f.
—, Trennung vom Tabakmosaikvirus
   525.
—, Vermehrung in vitro 535.
Basen, organische, als Carboxylase-
   modelle 560.
Bauchspeicheldrüse, s. Pancreas, Pan-
   kreas.
Bearer, definition 321.
—, s. Träger.
Benzoylmethanol als Esterasemodell 582.
Bernsteinsäure, s. Succinate, succinic.
Bestimmung von Amidasen 273, 275, 283,
   286, 288ff.
— — Aminopeptidase 215.
— — Amylase 112.
— — Bakteriophagen 511.
— — Carboxypeptidase 223.
— — Cholesterinesterase 159.
— — Cholinesterase 157.
— — Chymotrypsin 257.
— — Dipeptidase 229.
— — β,h-Fructosidase 67.
— — α-Galactosidase 104.
— — α-Glucosidase 86.
— — β-Glucosidase 98.
— — Glucosulfatase 185.
— — Leberesterase 147.
— — Lecithase 156.
— — Magenlipase 143.
— — Myrosulfatase 186.
— — Nucleosidase 190.
— — Pankreaslipase 135.
— — Papainase 239.
— — Pepsinasen 259.
— — Phenolsulfatase 184.
— — Phosphomonoesterase 167.
— — Phytase 182.
— — Ricinuslipase 145.
— — Trypsinase 248.
— — Virusaktivitäten durch Läsions-
   zählung auf Blättern 513.
— — — — tâches vierges 512.
— — — — Titration 510.
— — — — Zählung 511.
—, s. a. Estimation.
Bicarbonate as carrier 505.
Bindung, Natur der Enzym-Substrat-
   38.

Bindungsebene des Enzym-Substrat-symplexes 195.
Biokatalyse, Allgemeines 1.
—, Umfang 2.
Bioluminescence 378.
Blastolipase, Isodynamik 36.
Blood, enzymes of 357, 388f., 409, 422, 470, 495.
Blut, Enzyme im 86, 116, 135, 144, 147, 154, 157, 159, 167, 215, 222, 229, 238, 247, 279.
Blutamylase 116.
Boletol, constitution, enzymatic formation 367.
Bond, s. Bindung.
Brenzkatechin, s. Catechol.
Brenztraubensäure, s. pyruvate, pyruvic.
Bromcamphocarbonsäure und Ferment-modelle 561.
Brucin als Esterasemodell 563.
Bushy stunt-Virus, Darstellung 518.
— —, Molekulargewicht 522.
— —, Molekülform 526.

C_4-dicarboxylic acid system 316, 497.
— — —, distribution 502.
— — —, salt effects 501.
— — —, specifity 502.
— — —, —, united theory 498.
Camphocarbonsäure und Ferment-modelle 561, 563, 581.
Carbohydrasen 53.
—, Einteilung 6, 54ff.
—, Spezifität 54.
Carbon monoxide inhibiting respiration 299.
Carboxylase, dualer Aufbau 32.
—, generalities 324.
—, Struktur 33.
—, Wirkgruppe 581.
Carboxylasemodelle 553, 560, 567, 576ff.
—, organische 576.
—, —, Kinetik 580.
—, —, Reaktionsmechanismus 577.
—, —, Spezifität 580f.
—, —, systematische Aktivierung 577.
Carboxypeptidasen 220.
—, Aktivierung 226.
—, Bestimmung 223.
—, Darstellung 224.
—, Eigenschaften 225.
—, Hemmung 226.
—, p_H-Einfluß 225.
—, Spezifität 221.
—, Vorkommen 222.
Carboxypolypeptidasen, kristallisierte 33.
Carriers 399.
—, correlations 312.

Carriers for lactic dehydrogenase of animals 432.
—, metabolites as — 497.
—, others than cytochrome and co-enzymes 409ff.
— for oxidation-reduction 302.
— for oxygen uptake measurement 324.
— for succinic dehydrogenase 414.
—, various 315.
Catalase 389.
—, absorption spectrum 397.
—, chemical nature 394f.
—, distribution 389.
—, estimation 391.
—, function 398.
—, generalities 323.
—, inhibitors 393, 397.
—, kinetics 392.
—, mechanism of action 397.
—, pseudo- 396.
—, purifications 390.
—, s. Katalase.
Catalysis, s. Katalyse.
Catalysts, biological — of oxidation and reduction 292.
Cataphoresis, s. Kataphorese.
Catechol-o-quinone, carrier function 311, 313f.
Catechol oxidase 356.
— —, s. a. Phenol oxidase.
Cellulase 123, s. a. Glucanasen.
Cellulose, Konstitution 124.
Chain reaction of catalase 398.
Change number, s. Wechselzahl.
Charcoal as oxidase model 298.
—, s. Kohle.
Chemical nature of amino-acid oxidase 346.
— — — ascorbic acid oxidase 372.
— — — catalase 394f.
— — — coenzymes I and II 405.
— — — cytochrome 401.
— — — diaphorase 429.
— — — glucose dehydrogenase 477.
— — — luciferase 378.
— — — phenol oxidase 361.
— — — plant peroxidase 386.
— — — respiratory enzyme 327f.
— — — yellow enzyme 333, 335.
— —, s. a. Struktur.
Chemische Natur der Carboxylase 581.
Chemische Zusammensetzung von Virus-Proteinen 526f.
Chemistry of enzymes, s. Enzymchemie.
Chemolumineszenz, s. Luminescence.
Chitin, Konstitution 128.
Chitinasen 127.

Chitinasen, Reinigung durch Chromatographie 23.
Chloretone (inhibitor) 433.
Chlorophyll, Konstitution 162.
Chlorophyllase 161.
Cholesterin, Konstitution 159.
Cholesterinesterase 159f.
Choline, oxidation 421.
— dehydrogenase 420.
Cholinesterase 157f.
Chondroitinschwefelsäure, Konstitution 183.
Chondrosulfatase 186.
Chorioallantois bei der Viruszählung 512.
Chromatographische Adsorptionsanalyse 23.
Chymase 263.
Chymotrypsin 255.
—, Abbau 36.
—, Aktivierung 257.
—, Bestimmung 257.
—, Darstellung 257.
—, Eigenschaften 257.
—, kristallisiertes 33, 249.
—, Spezifität 255.
—, Vorkommen 256.
Citrate as carrier 317.
Citric acid cycle 317, 503.
— (isocitric) dehydrogenase 455.
— — —, mechanism of action 457f.
Classification of enzymes 319.
Clupein, enzymatische Aufklärung 204.
Coagulation, s. Gerinnung.
Cobaltium, s. Kobalt.
Codehydrase II, Abtrennung durch Chromatographie 23.
Co-dehydrogenase, s. Coenzyme.
Coenzyme factor 310.
— —, s. a. Diaphorase.
— reduction and phosphate esterification 467.
— relations, summary 311.
— systems, terminology 321.
Coenzyme I, equilibrium with alcohol 444.
Coenzyme-determined (lactic) dehydrogenases 430.
Coenzymes, definition 321.
— of succinic dehydrogenase 414.
—, various 315.
Coenzymes I and II, carrier function 304.
— — — —, chemical nature 305.
— — — —, distribution 409.
— — — —, estimations 408.
— — — —, function 305.
— — — —, interconversion 409.
— — — —, mechanism of action 404.
— — — —, preparations 407.

Coenzymes I and II, reduction 406.
— — — —, reoxidation 407.
— — — —, structure 405.
—, s. a. Coferment.
Coferment, Begriff 35.
— und Trägertheorie 29.
—, s. Coenzyme(s).
Colloidal, s. Kolloid.
Colonies, s. Kolonien.
Colour, s. Farbe.
Compensators, s. Kompensatoren.
Complement, s. Komplement.
Complex theory of biocatalysts 301.
Constitution, s. Konstitution.
Contraction, s. Kontraktion.
Copper in phenol oxidase 361.
Cori-Ester 122.
Counting of Virus, s. Zählung.
Coupled reactions with catalase 398.
— — with enzymes 323.
— — in glycolysis 469.
Cozymase, Abtrennung durch Chromatographie 23.
— als prosthetische Gruppe 29.
Cream, s. Sahne.
Cristallisation, s. Kristallisation.
Cryptogames, s. Kryptogamen.
Cyclic reaction with enzymes 323.
Cytasen 126f.
Cytochrom, Reaktionsweise 40.
Cytochrome 399.
—, absorption spectrum 399.
—, carrier function 302f., 317.
—, chemical nature 401.
—, chemical properties 402.
—, enzyme character 321.
—, redox potential 402f.
—, relation of spectrum to respiratory enzyme 331.
— a and b 402.
— c 400.
— oxidase, contribution to total respiration 332f.
— —, relation to respiratory enzyme 330.
— —, terminology 304.
Cytoflave 308.

Darm, Enzyme im 65, 86, 125, 155, 157, 159, 167, 184, 188f., 213ff., 228, 290.
—, s. a. intestine.
Darstellung von Adenylpyrophosphatase 179.
— — Amidasen 274f., 279, 283, 286, 288ff.
— — Aminopeptidase 216.
— — Carboxypeptidase 224.
— — Chlorophyllase 162.
— — Cholinesterase 157.

Darstellung von Chymotrypsin 249, 257.
— — Dipeptidase 229.
— — β,h-Fructosidase 69.
— — Glucanasen 126.
— — α-Glucosidase 87.
— — β-Glucosidase 98.
— — Glucosulfatase 185.
— — Leberesterase 148.
— — Lecithase 156.
— — Magenlipase 144.
— — Myrosulfatase 186.
— — Nucleophosphatase 180.
— — Nucleosidasen 190.
— — Pankreaslipase 136.
— — Papainasen 240.
— — Pepsinasen 260.
— — Phenolsulfatasen 184.
— — Phosphomonoesterasen 168.
— — Phytase 182.
— — Pyrophosphatase 178.
— — Ricinuslipase 145.
— — Tabakmosaikvirus 517, 519.
— — Trypsinase 249, 257.
— — Virusproteinen 515.
—, s. a. Preparation.
Deamination, oxidative — of amines 352.
Defensive enzymes, s. Abwehrfermente.
Dehnung von Faserproteinen 209.
Dehydrase (an)aerobic 319.
—, definition 319.
Dehydrasemodell 565.
Dehydrasen, zusammengesetzte Natur 29f.
Dehydrases, nomenclature 292.
—, study with methylene blue 297.
Dehydrogenases, (an)aerobic 319f.
—, causing reaction with Coenzymes I and II 430.
—, (not) coenzyme-determined 320.
—, definition 319.
—, meaning of the term 321.
—, not reducing oxygen 320.
—, study with methylene blue 297.
—, unclassified 322.
Denaturierung von Virusproteinen 528, 533.
Desaminierung, s. Deamination.
Desmoenzyme 11.
Desmolasen 7.
Desmo- und Lyoesterasen der Leber 151.
— — Lyophosphatasen 169.
Destruction, s. Zerstörung.
Deuterium, s. Heavy water.
Dextrinierung der Stärke 109ff.
Dextrinogen 110.
Dialyse der Saccharase 70.
Diamine oxidase 354, s. a. Histaminase.

Diaphorase 310, 425.
—, action 427.
—, chemical nature 311, 429.
—, name 429.
—, p_H-influence 428.
—, preparations 426ff.
—, relation to "mutases" 426.
— as yellow enzyme 338f.
Diffusionsgeschwindigkeit als Maß des Molekulargewichts 26.
Dihydromaleic acid oxidase 374.
Diketopiperazine als Eiweißbausteine 199.
Dipeptidase 227.
—, Affinitätsverhältnisse 232.
—, Aktivierung 231.
—, Aktivitäts-p_s-Kurven 233.
—, Bestimmung 229.
—, Darstellung 229.
—, duale Struktur 34.
—, Eigenschaften 230.
—, prosthetische Gruppe 42.
—, Spezifität 227.
—, Struktur 235.
—, Vorkommen 228.
— I und II 232.
Dismutation by Coenzyme 306.
—, enzyme system of — 321f.
— — — — for aldehyde 343.
Disproportionierung, s. Dismutation.
Distribution of C_4-system 501.
— — catalase 389.
— — choline dehydrogenase 422.
— — coenzymes I and II 409.
— — dihydromaleic acid oxidase 374.
— — flavin 333.
— — glucose oxidase 377.
— — β-hydrobutyric dehydrogenase 439, 441.
— — hydrogenase 493.
— — laccase 366.
— — lactic dehydrogenase of animals 433.
— — phenol oxidase 357.
— — plant peroxidase 381.
— — respiratory enzyme 332.
— — succinic dehydrogenase 417.
— — tyramine oxidase 349.
— — uricase 348.
— — xanthine oxidase 339.
—, s. a. the variou organs, s. a. Vorkommen.
Dissoziationskonstante der Enzym-Substrat-Verbindungen 38.
Donator of hydrogen 295.
Dopa (dihydroxy phenylalanine) 367.
— oxydase 367.
Duale Natur der Proteasen 270.

Dualistische Theorie der Enzyme 28.
Dye reduction by C_4-systems 500.
Dynatonen, Begriff 25.

Einheit der Aminopeptidase 216.
— — Amylase 113.
— — Carboxypeptidase 223.
— — Dipeptidase 229.
— — β,h-Fructosidase 67.
— — α-Galactosidase 104.
— — Glucanasen 126.
— — α-Glucosidase 86.
— — β-Glucosidase 98.
— — Leberesterase 147.
— — Magenlipase 143.
— — Pankreaslipase 135.
— — Papainasen 239.
— — Pepsinasen 259.
— — Phosphomonoesterase 168.
— — Ricinuslipase 145.
— — Trypsinasen 248.
Einheiten, s. a. Units.
Einheitlichkeit der Virusproteine gemäß
    der Ultrazentrifugierung 525.
Einteilung, s. Classification.
Eisen, s. Iron.
Eisenhydroxyd als Adsorbens 19.
Eiweiß, enzymatische Synthese 45.
— als Wirkgruppe der Proteasen 33.
—, s. Proteine, proteins.
Eiweißarme Enzyme 37.
Eiweißfällung und Virusaktivität 528.
Eiweißstoffwechsel bei Viruserkrankung
    537.
Electron transfer in oxidation reduction
    processes 301.
Elektrophorese zur Enzymtrennung 16.
Elution 20.
Emulsin 91.
—, Chromatographie 23.
—, enzymatische Zusammensetzung 91,
    103, 105.
—, Gleichgewichtseinstellung 44.
—, s. β-Glucosidase.
Emulsinmodell 37 f., 563, 568.
Endoenzyme 11.
Energiestoffwechsel 5.
—, Enzyme des — 6.
Energy in biochemical processes 294.
Enterokinase 7.
—, Darstellung 250.
—, Wirkung 253.
Enzymchemie, Aufgaben 10.
—, Geschichte 3 f.
—, Methoden 10 ff.
Enzyme, Abtrennung 13.
—, Adsorption 17 ff.
—, Anreicherung 13.

Enzyme, Aufklärung der Proteine 203.
—, Begriff 3.
—, Bibliographie 46.
—, Bildung 7.
—, duale Natur 34.
—, dualistische Theorie 28, 546.
—, Eigenschaften 34.
—, Einteilung 5.
—, eiweißarme 37.
—, Isolierung 11.
—, Molekulargewicht 26.
—, quantitative Bestimmung 24, s. a. die
    einzelnen Enzyme, s. a. Bestimmung.
—, struktureller Aufbau 26.
—, Vorkommen 7, s. a. die einzelnen
    Enzyme, s. a. Vorkommen.
—, Wirkung auf Virusstoffe 532.
—, Wirkungsweise 38 ff.
—, zusammengesetzte Natur 28.
—, Zusammenhang mit homogener und
    heterogener Katalyse 43.
—, s. a. Aktivierung, Bestimmung, Dar-
    stellung, Einheiten, enzymes, Hem-
    mung, Kinetik, physikalische Ein-
    flüsse, Spezifität, Struktur, Synthese,
    Vorkommen, Wasserstoffionenkon-
    zentration.
Enzymeinheit, Definitionen 24.
Enzymes causing reaction with hydrogen
    peroxide 381.
— of inorganic redox processes 497.
—, nomenclature and classification 318 ff.
—, s. a. Activation, Chemical nature, Di-
    stribution, Estimation, Enzyme, In-
    hibition, Kinetics, p_H-Influence, Pre-
    parations, Reversion of action, Spe-
    cifity, Units.
Enzymmodelle 37.
—, s. a. Fermentmodelle.
Enzymreaktionen als Gleichgewichte 44.
Enzym-Substrat-Verbindungen 195.
Enzymwirkung, Theorie 57.
Equilibrium, s. Gleichgewicht.
Erythroamylose 111.
Esterasemodell 563.
—, organisches 581.
Esterasen 129.
—, Aktivierung 149.
—, Bestimmung 147.
—, Beziehungen zu Lipasen 34.
—, Darstellung 148.
—, Einheiten 147.
—, Einteilung 5, 129.
— im engeren Sinne 147.
—, Hemmung 150.
—, Kinetik 148.
—, Lyo- und Desmo- — 151.

Esterasen, p_H-Einfluß 148.
—, physikalische Einflüsse 149.
—, Reaktionsweise 43.
—, Reinigung 148.
—, synthetische Wirkung 151.
—, Vorkommen 147.
Esterasen, einzelne:
— anorganischer Ester 163.
—, Chlorophyllase 161.
—, Cholesterinesterase 159.
—, Lecithase 155.
— organischer Ester 129.
—, Phosphatasen 163.
— des Serums 154.
—, Sulfatasen 182.
— der Taka 153.
—, Tannase 161.
Esterification coupled with Coenzyme reduction 467.
Estimation of catalase 391.
— — coenzymes I and II 408.
— — oxidisers 324.
— — phenol oxidase 359.
— — plant peroxidase 383.
— — reducers 324.
—, s. a. Bestimmung.
Ethylene hydrase 493.
Exoenzyme 11.
—, Gewinnung 11.
Expansion, s. Dehnung.

Factor, Coenzyme — 310, s. a. Diaphorase.
Faktor, s. Factor.
Fällung, fraktionierte 14.
—, —, am isoelektrischen Punkt 16.
Farbe der Oxydo-Reduktionsfermente 42.
Farbstoff-, s. Dye-.
Faserkatalysatoren als Fermentmodelle 567.
Faserproteine, Struktur 209, 211.
Fatty acid dehydrogenase 489.
Ferment, s. Enzym.
Fermentation, alcoholic 444.
—, s. Gärung.
Fermente, anorganische 550.
Fermentmodelle 545.
—, Begriff 546.
—, Einteilung 548.
—, Hemmung 576.
—, heterogene anorganische 555.
—, homogene asymmetrische 560.
—, homogene organische 570.
—, kolloide Metalle und Oxyde 550.
—, organische 576.
—, trägerspezifische 565.
—, Wert 547, 582.
Ferric, s. Eisen-.
Fettsäure, s. Fatty acid.

Fibre, s. Faser.
Filtrationsendpunkt bei Ultrafiltration 523.
Filtrierbarkeit der Virusstoffe 507.
Flavin, carrier function 309.
—, s. Yellow enzyme.
Flavinenzyme, Reaktionsweise 40.
—, dualer Aufbau 30.
—, Struktur 31.
Flavines 309.
Flavoprotein, s. yellow enzyme.
Foot and mouth disease, s. Maul- und Klauenseuche.
Formaldehyd, Verhalten gegen Virusproteine 529.
Formate as carrier 318, 505.
Formiat, s. Formate.
Formic dehydrogenase 452.
— — of bacteria 452.
— — of plants 453.
Four carbon dicarboxylic acid system 497.
Fructanasen 129.
β,h-Fructosidase 56.
—, Aktivierung 76.
—, Bestimmung 64, 67.
—, Darstellung 69.
—, Einheiten 68.
—, Freilegung 66.
—, Hemmung 76.
—, Kinetik 72.
—, p_H-Einfluß 74.
—, physikalische Einflüsse 79.
—, Spezifität 56.
—, Struktur 79.
—, synthetische Wirkung 81.
—, Theorie der Wirkung 56.
—, Vermehrung in der Hefe 66.
—, Vorkommen 65.
—, Zustand in der Hefe 66.
Fumarate as carrier 317.
— hydrase 493, relation to succinic dehydrogenase 494.
Fumarate-succinate theory 497.

Galactoraffinase 103, s. a. α-Galactosidase.
α-Galactosidase 103.
β-Galactosidase 104.
—, synthetische Wirkung 105.
—, Vorkommen 105.
α,d-Galactosidase, Reinigung durch Chromatographie 23.
Gärung, Mechanismus 40.
—, s. a. Fermentation.
Gekoppelte Reaktionen, s. coupled reactions.
Gelatine, enzymatische Strukturuntersuchung 207.

Gelbes Ferment, Darstellung 15.
— —, Elektrophorese 16.
— —, Molekulargewicht 27.
— —, Redox-Potential 31.
— —, Träger 32, 43.
— —, s. a. yellow enzyme.
Generation, s. Urzeugung.
Gerinnung der Milch 262.
Gleichgewichte, enzymatische Einstellung 44.
— zwischen Agon und Pheron 37.
Glucanasen 123.
—, Darstellung 126.
—, Eigenschaften 126..
—, Spezifität 125.
—, Vorkommen 125.
Gluconate as H-donator with yeast 490.
α-Glucosidase 81.
—, Aktivierung 90.
—, Bestimmung 86.
—, Darstellung 87.
—, Einheiten 86.
—, Hemmung 90.
—, Kinetik 89.
—, p_H-Einfluß 89.
—, Reinigung 87.
—, Spezifität 81.
—, synthetische Wirkung 91..
—, Vorkommen 85.
β-Glucosidase 92.
—, Aktivierung 99.
—, Bestimmung 98.
—, Darstellung 98.
—, Einheiten 98.
—, Hemmung 99.
—, Kinetik 99.
—, p_H-Einfluß 99.
—, physikalische Einflüsse 101.
—, Reinigung 98.
—, Spezifität 92f.
—, synthetische Wirkung 102.
—, Vorkommen 97.
α,d-Glucosidase, Reinigung durch Chromatographie 23.
Glucose dehydrogenase 476.
— — of bacteria 478.
— — of liver 476.
— oxidase 376f.
Glucosulfatase 185.
Glucuronate as H-donator with yeast 490.
Glutamic acid, equilibrium with Co-enzyme 480.
— — dehydrogenase 478.
— — — of animal tissues 479.
— — — — bacterium coli 481.
— — — — plants 483.
— — — — yeast 482.

Glutaminase 279.
Glutathione as carrier 409.
—, constitution 409.
—, mechanism of oxidation 420.
— in muscle glycolysis 467.
—, reaction with (dehydro) ascorbic acid 373.
—, role in respiration 312f.
Glycerophosphate dehydrogenase 459.
— —, cytochrome oriented 418.
— — role in glycolysis 461.
Glykogen, Konstitution 108.
—, Synthese und Abbau 46.
Glykolyse, Mechanismus 40.
Glyoxalase 495.
Grenzverdünnung, infektiöse von Viruslösungen 510f.
Group, s. Gruppe.
Gruppe, prosthetische 28.
Guanase 290.

Haematins 328ff.
Haematocuprein 370.
Haemocyanine, phenol oxidase acticity 369.
Haemoglobin, physiological action 329.
Haftstellen am Enzym 194.
Halbe Blätter, Methode der — — 515.
Hämatine als Peroxydasemodelle 573.
Hämin, Einwirkung auf H_2O_2 39.
— als Oxydasemodell 571.
— als Peroxydasemodell 572.
Häminfermente, Reaktionsweise 39.
Häminkohle als Atmungsmodell 554.
Haptophore Gruppe und Wirkgruppe 42.
Hauptvalenzkatalysatoren, Begriff und Einwände 575.
Hauptvalenzkatalyse, Formulierung 38.
Hauptvalenztheorie der Fermentwirkung 63.
Heavy water in hydrogenlyase action 492.
— —, s. a. schweres Wasser.
Hefe, Enzyme der — 65, 86, 97, 104, 167, 178, 188, 215, 222, 229.
—, s. a. yeast.
Hemicellulasen 126, s. a. Cytasen.
Hemmung, ausgleichende 25.
— durch Begleitstoffe 25.
— als Symplexbildung 37.
— als Beweis für Zwischenverbindungen 38.
— von Amidasen 277, 279, 284, 287.
— — Aminopeptidase 219.
— — Amylasen 120f.
— — Carboxypeptidase 225.
— — Cholinesterase 158.
— — Dipeptidase 231.
— — Fermentmodellen 571, 576.

Hemmung von β,h-Fructosidase 76.
— — — durch Affinität 60.
— — — — Herabsetzung der Zerfalls-
geschwindigkeit 60, 77.
— — — — Schwermetalle 77.
— — — — Spaltungsprodukte 59f., 76.
— — α-Glucosidase 90.
— — β-Glucosidase 99.
— — Leberesterase 150.
— — Lecithase 156.
— — Pankreaslipase 140.
— — Papainasen 243.
— — Pepsinasen 262..
— — Phosphomonoesterase 173.
— — Ricinuslipase 146.
— — Trypsinasen 251.
Hemmung(s), s. a. inhibitor (-ion).
Hepatocuprein 370.
Heterosidasen, Begriff 92.
Hexosediphosphate dehydrogenase, s,
triosephosphate dehydrogenase.
Hexosemonophosphate dehydrogenase
469.
— —, preparation 473.
Hexosephosphorsäureester, enzymatische
Synthese 46.
Hexosidase 370, s. a. ascorbic acid oxidase.
Hippuricase 272.
Histaminase 354f., s. a. Diamine oxidase.
Histidase 286.
Histochemie, enzymatische 8.
Histon, enzymatische Aufklärung 204.
Holodehydrasen 321.
Holoferment, Definition 35.
Holosidasen, Begriff 92.
Hormone 2, 3.
Host plant, s. Wirtspflanze.
Hydrases 493.
β-Hydrobutyric dehydrogenase 439.
— —, distribution 439, 441.
— —, inhibition 440.
— —, kinetics 440.
— —, specifity 440.
Hydrogen activation theory 296.
Hydrogen ion, s. pH-influence.
Hydrogen peroxide, enzymes causing re-
actions with — — 381.
— —, formation on dehydrogenations
297.
— —, s. a. Hydroperoxyd.
Hydrogenase 322, 490..
Hydrogenlyase 322, 491.
Hydrolasen, Einteilung 5.
—, Umkehrbarkeit der Wirkung 45.
Hydrolyse, enzymatische, Mechanismus
42.
—, enzymatisches Gleichgewicht 44.

Hydrolysierende Fermente 47.
Hydrolysis theory of oxidation-reduction
300.
Hydrolytic oxidation-reduction 295.
Hydroperoxyd, Reaktion mit Hämin 39.
Hydroxy-acids as carriers 505.
Hydroxydkatalysatoren als Katalase-und
Peroxydasemodelle 557.
α-Hydroxyglutaric dehydrogenase 424f.
Hydroxy-keto-acids as carriers 318.
Hypoxanthine, constitution 339.

Impfung von Blättern mit Virus 514.
Indophenol oxidase 303.
— —, identity with cytochrome oxidase
304.
— —, phenol oxidase effect 370.
— —, relation to respiratory enzyme 330.
Infection, s. Impfung.
Infektion durch Virusverdünnungen 513.
Inhibition of adrenaline oxidase 352.
— — alcohol dehydrogenase 445.
— — amine oxidase 352f.
— — ascorbic acid oxidase 372.
— — catalase 393.
— — citric dehydrogenase 456.
— — glucose dehydrogenase 477.
— — glucose oxidase 377.
— — glyoxalase 295.
— — histaminase 354.
— — β-hydrobutyric dehydrogenase
440.
— — α-hydroxyglutaric dehydrogenase
424.
— — laccase 366.
— — lactic dehydrogenase of animals
433.
— — — — of yeast 423.
— — malic dehydrogenase 437.
— — oxalic acid oxidase 376.
— — phenol oxidase 360.
— — plant peroxidase 385.
— — pyruvic acid dehydrogenase 486.
— — respiratory enzyme 326f., 330.
— — succinic dehydrogenase 415.
— — triose phosphate dehydrogenase
466.
— — xanthine oxidase 340.
—, s. a. Hemmung.
Inhibitors in the investigation of enzyme
nature 325.
Inorganic material, oxidation by enzymes 497.
—, s. anorganisch.
Intermediate metabolites 497.
—, s. a. Zwischen-.
Intestine, enzymes of — 352ff.
—, s. a. Darm.

Inulin 129.
Invertin, Mechanismus der Adsorption 17.
—, s. β,h-Fructosidase.
Iron, role in cell respiration 298.
Isocitric dehydrogenase, s. citric dehydrogenase.
Isodynamik, Begriff, Erklärung 36.
Isoelektrischer Punkt, fraktionierte Fällung am — — 16.
Isolation of enzymes, coenzymes ecc. 325.
—, s. a. Darstellung, Kristallisation, Preparation.

Kartoffel, s. potato.
Kartoffelmosaikvirus, latentes, chemische Zusammensetzung 526.
—, —, Darstellung 518.
—, —, Molekulargewicht 522.
—, —, p_H-Einfluß 532.
Katalase, dualer Aufbau 32.
—, kristallisierte 15.
—, Molekulargewicht 27.
—, Reaktionsweise 39.
—, s. a. Catalase.
Katalasemodell 551, 558.
Katalysator, s. Catalyst.
Katalyse, Begriff 2, 3.
— bei den Viruskrankheiten 506.
Kataphorese zur Enzymtrennung 16.
Keime, Zählung der Virus — 515.
Keto-acids as carriers 505.
α-Ketoglutarate as carrier 317.
Ketosäuren, s. Keto-acids.
Kettenreaktion, s. Chain reaction.
Kidney, enzymes of 340, 344, 348, 352, 354, 388f., 417, 422, 481, 501.
—, s. a. Niere.
Kinetics of ascorbic acid oxidase 371.
— — alcohol dehydrogenase 445.
— — C_4 system 501.
— — catalase 392.
— — citric dehydrogenase 456.
— — glucose oxidase 377.
— — α-glycerophosphate dehydrogenase 419.
— — β-hydrobutyric dehydrogenase 440.
— — hydrogenlyase 492.
— — oxalic acid oxidase 375.
— — plant peroxidase 384.
— — pyruvic acid dehydrogenase 485.
— — succinic dehydrogenase 416.
— — triose dehydrogenase 451.
Kinetik der Aminopeptidase 219.
— — Amylase 113.
— — Carboxylasemodelle 580.
— — β,h-Fructosidase 72.
— — α-Galactosidase 104.

Kinetik der Glucanasen 126.
— — α-Glucosidase 89.
— — β-Glucosidase 99.
— — Leberesterase 148.
— — Nucleosidasen 191.
— — Pankreaslipase 137.
— — Phosphomonoesterasen 171.
Ko-, s. Co-.
Kobaltsalz als Oxydasemodell 564.
Kohle, s. Charcoal.
Kohle-Fermentmodell 555.
Kohlenmonoxyd, s. Carbon monoxide.
Kolloidchemie der Enzyme 26.
Kolloide Hydroxyde als Phosphatasemodelle 554.
— Metalle als Fermentmodelle 550.
— — — —, Darstellung 550.
— — — —, Carboxylasewirkung 553.
— — — —, Katalasewirkung 551.
— — — —, Kritik 554.
— — — —, Mutasewirkung 553.
— — — —, Redoxasewirkung 553.
Kolonien von Viruskeimen, Zählung 551.
Kompensatoren, Begriff 25.
Komplement der Amylase 121.
Komplex, s. Complex.
Konstitution der Ester, Einfluß auf Spaltbarkeit 130.
Kontraktion von Faserproteinen 209.
KREBS' theory 503.
Kristallisation von Chymotrypsin 249.
— — Fermenten 33.
— — Papain 241.
— — Trypsin 250.
Kryptogamenamylasen 119.
Kupfer, s. Copper.

Lab 263.
Labferment, Reinigung durch Chromatographie 23.
Laccase 355f., 366.
—, distribution 366.
—, preparation 366.
—, products 367.
—, relation to phenol oxidase 356.
—, specifity 366.
—, substrate 367.
Lactate as carrier 318.
Lactic acid, anaerobic accumulation 500, s. PASTEUR reaction.
— dehydrogenase of animal tissues 430.
— — — — —, activation 431f.
— — — — —, carriers 432.
— — — — —, p_H-influence 431.
— — — — —, relation to malic dehydrogenase 438.
— — — — —, reversibility 432.
— — — — —, specifity 431.

Lactic dehydrogenase, bacteria 433ff.
— —, coenzyme-determined 430.
— —, Coenzyme I-determined 424.
— — of yeast 422.
— — — —, cytochrome orientation 423.
Lactoflavin, absorption spectrum 336.
—, constitution 334.
—, p_H-influence 336.
—, photolysis 335.
— as prosthetic group of yellow enzyme 333.
Lactose, Konstitution 104.
Lateinisches Quadrat, Methode der Virusbestimmung 515.
Leber, Enzyme der — 86, 98, 114, 147, 155, 159, 167, 179, 181, 184, 186, 188f., 213, 222, 238, 279f., 286, 288ff.
—, s. a. Liver.
Leberamylase 115.
Leberesterase 147.
—, Stabilität 147.
—, stereochemische Spezifität 133.
Lecithasen 155f.
Lecithin, Konstitution 155.
Leukocytenlipase 144.
Lichenase 123, s. a. Glucanasen.
Lichenin 124f.
Limiting, s. Grenz-.
Lipasen 130.
—, Beziehungen zu Esterasen 34.
— im speziellen Sinne 135.
—, Spezifität 130.
— —, stereochemische 131.
—, Vorkommen 135.
— der Leukocyten 144.
— des Magens 143f.
— des Pankreas 135.
— — —, Aktivierung 139.
— — —, Bestimmung 135.
— — —, Darstellung 136.
— — —, Einheiten 135.
— — —, Hemmung 139.
— — —, Kinetik 137.
— — —, p_H-Einfluß 137.
— — —, physikalische Einflüsse 138.
— — —, Reinigung 136.
— — —, Struktur 142.
— — —, synthetische Wirkung 141.
— — —, Zustand in der Zelle 140.
— des Ricinus 144ff.
Liver, enzymes of 339, 343f., 348f., 351f., 388f., 417, 420, 445, 455, 476, 481, 483, 489, 501.
—, s. a. Leber.
Lösungsmittel für Enzymisolierung 14.
Luciferase 378ff.
Luciferasemodell 572.

Luciferin 378f.
Lumiflavin 334.
Luminescence 378.
Luminolreaktion 572.
Lyoenzyme 11.
Lyo- und Desmoesterase der Leber 151.
Lyo- und Desmolipase 140.
Lyo- und Desmophosphatasen 169.

Maceration, s. Mazeration.
Magen, Enzyme im 135, 143, 189, 228, 259.
Magenlipase 143.
Malate as carrier 317f.
Malate-oxaloacetate-theory 498.
Malic dehydrogenase 435.
— —, action 436.
— inhibition 437.
—, properties 436.
— relation to lactic dehydrogenase 438.
Maltase, Abtrennung durch Autolyse 13.
—, s. a. α-Glucosidase.
Maltose, Konstitution 82.
— oxidase 376.
Malz 117.
Malzamylase 117.
Mannane 127.
α-Mannosidase 103.
Manometric methods 324.
Manometrie als enzymologische Methode 26.
Massenwirkungsgesetz für Enzymreaktionen 38, 57.
Maul- und Klauenseuche-Virus, Geschichte 507.
— — —, Durchmesser 509.
Mazeration im Modellversuch 568.
Mealworm, enzymes 357, 363, 368.
Mechanism of catalase action 397.
Mechanismus von Hydrolysen 42.
— — Oxydoreduktionen 39.
Mehlwurm, s. Mealworm.
Melibiase 103, s. a. α-Galactosidase.
Melibiose, Konstitution 103.
Mescaline, enzymatic oxidation 354.
Metaaluminiumhydroxyd als Adsorbens 19.
Metabolism, s. Stoffwechsel.
Metabolites as carriers 316ff.
— intermediate 497.
Metaphosphatase 181.
Methods of biological oxidation study 324.
Methylene blue in biological oxidation study 324.
Micellen der Proteine 28.
Mikroheterogene Katalyse, Begriff 43.
Milchgerinnung 262.
Milchsäure, s. lactate, lactic.
Milk, enzymes of — 339, 388f.

Milk, peroxidase 389.
Modelle 37.
Modellfermente, s. Fermentmodelle.
Models, s. Enzymmodelle, Fermentmodelle.
Molekulargewicht von Eiweißkörpern 201.
— — Virusproteinen 509.
— — — mit der Ultrafiltration 522.
— — — — — Ultraviolettmikroskopie 524.
— — — — — Ultrazentrifuge 522.
Molekulargewichtsbestimmung der Enzyme 26.
— — — durch Diffusion 26f.
— — — mit der Ultrazentrifuge 27.
Moleküle, lebende 544.
Molekülform der Virusproteine 525.
Molekülgröße der Virusproteine 521.
Moos, s. Moss.
Moss, enzymes of — 375.
Muscle, enzymes of — 332, 340, 349, 388, 417f., 422, 430, 460, 463, 484, 489, 496.
Muskel, Enzyme im — 116, 155, 157, 167, 179, 181, 184, 189, 238, 279, 288ff.
Muskelamylase 116.
Mutasemodell 553.
Mutases in glycolysis 462.
—, mechanism 307.
—, relation to diaphorase 426.
—, s. Aldehyde mutase, dismutations.
Mutation von Virusstoffen 534, 536.

„Nadi" reaction 370.
— reagent 303, 325.
Narcotics, effect on respiration 298.
Niere, Enzyme der — 98, 155, 181, 184, 188f., 222, 229, 238, 273, 279f., 282.
—, s. a. kidney.
Nierenphosphatasen, Molekulargewicht 37.
Nomenclature of oxidation-reduction enzymes 318.
— of dehydrases 292.
—, s. a. terminology, Einteilung.
Nucleasen 187.
—, Nucleosidasen 188.
—, Polynucleotidasen 188.
—, Spezifität 187.
Nuclei, s. Keime.
Nucleophosphatase 180f.
Nucleoproteide als Virusproteine 526f.
Nucleosidaminasen 289.
Nucleosidasen 188.
—, Begriff 6.
—, Bestimmung 190.
—, Darstellung 190.
—, Eigenschaften 190.
—, Vorkommen 189.
Nucleotidaminasen 287.

Oligasen 56.
—, Begriff 54.
Organische Basen als Carboxylasemodelle 560.
Overcontraction, s. Überkontraktion.
Oxalessigsäure, s. oxaloacetate.
Oxalic acid oxidase 375f.
Oxaloacetate as carrier 317f.
Oxaloacetate-malate-theory 498.
Oxidases, (an)aerobic 319.
—, classification 319.
—, definition 318.
—, hydrogenating dyes (aerobic dehydrogenases) 320.
—, not dye-determined 319.
Oxidation-reduction, general aspects 295.
—, s. a. Redox.
— catalysts 292.
— potential 326.
Oxidiser, estimation 324.
Oxydasemodell 564, 571.
Oxydationskatalysator-Modelle 553.
Oxydoreduktion, Enzyme 6.
—, enzymatisches Gleichgewicht 45.
Oxydoreduktionsfermente, Radikalmechanismus 41.
—, Wirkgruppen 39.
Oxygen activation theory 297.
— — —, early theories 297.
— — —, Warburg's theory 298.
—, biological role 294.
— transporting enzyme 326.
Oxygenase of Bach 297, 314.
Oxysäuren, s. Hydroxy-acids.

Palladium as dehydrase model 296.
Pancreas, enzymes of — 417, 489, 495, s. a. Pankreas.
Pankreas, Enzyme des — 86, 114, 135, 155, 159, 167, 184, 189, 213, 215, 222, 228, 247, 256, 290.
—, s. a. Pancreas.
Pankreasamylase 114, eiweißarme 37.
Pankreas-enzyme 12.
Pankreaslipase 135.
Papain, kristallisiertes 33.
—, Reaktionsweise, Wirkgruppe 43.
Papainasen 236.
—, Aktivierung 243.
—, Bestimmung 239.
—, Darstellung 240.
—, Eigenschaften 242.
—, Hemmung 243.
—, p_H-Einfluß 243.
—, Spezifität 236.
—, Vorkommen 238.
Pasteur reaction 500.
Pectinasen 127.

Penicillium, Enzyme im — 65, 135.
—, enzymes of — 376.
Pentosephosphoric acid dehydrogenase 474.
Pepsin, Bildungsort 8.
—, eiweißarmes 37.
—, kristallisiertes 15, 33.
—, Wirkgruppe 34.
Pepsinasen 258.
—, Aktivierung 262.
—, Bestimmung 259.
—, Darstellung 260.
—, Eigenschaften 261.
—, Hemmung 262.
—, Mechanismus der Wirkung 262.
—, p_H-Einfluß 261.
—, Spezifität 258.
—, Vorkommen 259.
Peptidasen, Begriff 193.
—, Darstellung durch Autolyse 14.
—, fraktionierte Fällung 15.
—, Spezifität 211.
—, einzelne: Aminopeptidasen 212.
— —, Carboxypeptidasen 220.
— —, Dipeptidase 227.
Peptidbindung 196, 202.
Peroxidase 381.
— of animals 388.
—, functions 387.
—, generalities 322f.
— of milk 389.
— — plants 381.
— — — absorption spectrum 386.
— — — activation 385.
— — — plants, chemical nature 386.
— — — distribution 381f.
— — — estimation 383.
— — — inhibition 385.
— — — kinetics 384.
— — — pseudo— 387.
— — — purification 382f.
— — — reactions catalysed 383.
—, pseudo— 387.
— role in respiration 314.
Peroxydase, Radikalmechanismus 41.
—, Reaktionsweise 39.
Peroxydasemodell 559, 572.
Pflanzen, Enzyme in höheren — 86, 98, 117, 125, 127, 167, 186, 188, 238, 275, s. a. plants.
p_H-Einfluß auf Enzymadsorption 22.
p_H-influence on ascorbic acid oxidase 372.
— — diaphorase 428.
— — glucose oxidase 377.
— — α-glycerophosphate dehydrogenase 419.
— — hydrases 494.
p_H-influence on hydrogenlyase 492.
— — lactic dehydrogenase of animals 431.
— — — — of yeast 423.
— — phenol oxidase 360.
— — uricase 348.
— — xanthine oxidase 340.
— — yellow enzyme 336.
p_H influence, s. a. Wasserstoffionen-Einfluß.
Phenol oxidase, chemical nature 361.
— —, distribution 357.
— —, estimation 359.
— —, inhibition 360.
— —, optimum p_H 360.
— —, oxygen uptake 368ff.
— —, physiological function 369.
— —, products of oxidation 367ff.
— —, purifications 357f.
Phenol oxidases 356.
— oxidising systems, other 369f.
Phenolsulfatase 184f.
Pheron, Begriff 35.
—, Gleichgewicht mit Agon (s. d.) 37.
Phosphaminasen, Begriff 6.
Phosphatasemodelle 554.
Phosphatasen 163.
—, Darstellung aus Hefe 16.
—, Einteilung 163.
— der Hefe 14.
— — —, Trennung 24.
—, Isodynamik 36.
—, prosthetische Gruppe 34.
—, Spezifität 163.
—, Trennung saurer und alkalischer — 24.
—, einzelne: Adenylpyrophosphatase 179.
—, —, Metaphosphatase 181.
—, —, Nucleophosphatase 180.
—, —, Phosphodiesterasen 178.
—, —, Phosphomonoesterasen 167.
—, —, Phytase 181.
—, —, Pyrophosphatase 178.
—, —, Triphosphatase 181.
Phosphodiesterasen 178.
Phosphohexonic acid dehydrogenase 474.
Phosphomonoesterasen 167.
—, Aktivierung 173.
—, Bestimmung 167.
—, Darstellung 168.
—, Hemmung 173.
—, Kinetik 171.
—, Lyo- und Desmo- — 169.
—, p_H-Einfluß 170.
—, Struktur 177.
—, synthetische Wirkung 177.
Phosphorylierung, Kopplung mit Oxydoreduktion 46.

Physico-chemical theories of oxydo-re-
duction 300.
Physikalische Einflüsse auf β,h-Fructo-
sidase 79.
— — — β-Glucosidase 101.
— — — Leberesterase 149.
— — — Pankreaslipase 138.
— — — Phosphomonoesterasen 170.
— — — Ricinuslipase 146.
— — — Virusproteine 533.
Phytase 181f.
Phytoamylasen 117.
Phytopathogene Virusarten, Bestimmung
513.
Plants, enzymes of higher — 355, 357,
374, 381, 390, 409, 452, 483, 495, s. a.
Pflanzen.
Plasmolyse 13.
Plastein 267.
Pnein 304.
Pock counting method zur Viruszählung
512.
Pockenzählung zur Virusmessung 512.
Poliomyelitisvirus, Molekulargewicht 509.
Polyaffinitätstheorie 194.
Polyasen, Begriff 54.
—, Beschreibung 106ff.
Polynucleotidasen 188.
Polyphenol oxidase 356.
— —, relations to phenol oxidase 356, 365.
— —, s. a. Phenol oxidase.
Porenweite von Ultrafiltern und
Teilchengröße 523.
Potato, s. Kartoffel.
— oxidase 358.
Potential of oxido-reduction 326.
Precipitation, s. Fällung.
Preparation of adrenaline oxidase 351.
— — alcohol dehydrogenase 446.
— — aldehyde mutase 448.
— — aldehyde oxidase 343.
— — amino-acid oxidase 346.
— — aminopherases 496.
— — ascorbic acid oxidase 370f.
— — catalase 390.
— — citric dehydrogenase 455.
— — Coenzymes I and II 407.
— — Diaphorase 426ff.
— — glycerophosphate dehydrogenase
459.
— — α-glycerophosphate dehydrogenase
418.
— — glucose dehydrogenase 476.
— — glutamic acid dehydrogenase 479,
481.
— — hexose monophosphate dehydrogenase 473.

Preparation of histaminase 354.
— — laccase 366.
— — lactic dehydrogenase of yeast 422.
— — oxalic acid oxidase 375.
— — phenol oxidases 357f.
— — plant peroxidase 382.
— — respiratory enzyme 332.
— — succinic dehydrogenase 413.
— — triose dehydrogenase 450.
— — tyrosinase 363.
— — uricase 348.
— — yellow enzyme 335.
—, s. a. Darstellung.
Primverase 94, s. a. β-Glucosidase.
Pro-Phage des Bakteriophagen 541.
Prosthetic group, s. Wirkgruppe.
Prosthetische Gruppe 575, s. a. Wirk-
gruppe.
Proteasen 191.
— der Bakterien 263.
—, Einteilung 6, 193.
—, Eiweiß als Wirkgruppe 33f.
—, kristallisierte 268.
— und Milchgerinnung 262.
—, Peptidasen 211.
—, Polyaffinitätstheorie 194.
—, Proteinasen 235.
—, Reversion der Wirkung 267.
—, Spezifität 192.
Protein, s. Eiweiß.
— B of yeast 468.
Proteinasen 235.
—, Begriff 193f.
—, Chymotrypsin 255.
—, Papainasen 236.
—, Pepsinasen 258.
—, Trypsinasen 246.
Proteine, Denaturierung 211.
—, Einheitlichkeit 215.
—, Elementarkörper des Gitters 210f.
—, enzymatische Aufklärung 203.
—, Faserproteine 209.
—, gesetzmäßiger Aufbau 207.
—, Konstitution 191, 196ff.
—, kristallisierbare 210.
—, Micellarstruktur 28.
—, Molekulargewicht 201.
—, Röntgenanalyse 209.
Prunase 93, 96, s. a. β-Glucosidase.
Pseudocatalases 396f.
Pyocyanine, carrier function 316.
Pyridindehydrasen, Struktur 29.
Pyridinfermente, Reaktionsweise 40.
Pyridinnucleotid, Reaktion mit Alloxazin-
proteid 44.
Pyrimidinaminasen 290.
Pyrophosphatase 178f.

Pyruvate as carrier 318.
Pyruvic acid dehydrogenase 484.
— — — animal tissues 484.
— — — bacteria 486.

Quarz-Metall-Katalysator als Ferment-
    modell 565.

Radikale bei Enzymreaktionen 41, 398.
Redox potential of alcohol-aldehyde 447.
— — — ascorbic acid 410.
— — — carriers, various 412.
— — — Coenzymes I and II 407.
— — — Cytochromes 402f.
— — — β-hydrobutyric acid 441.
— — — α-hydroxyglutaric acid 425.
— — — lactic acid 435.
— — — lactoflavin 335.
— — — pyruvic acid 435.
— — — succinic acid 417.
Reduction, biological 292.
— of coenzymes 406.
—, s. a. oxidation.
Reindarstellung, s. Darstellung, Kristalli-
    sation, Isolation, preparation, puri-
    fication.
Respiration, s. Atmung.
Respiratory enzyme 326.
— —, absorption spectrum 327.
— —, affinities to O_2 and CO 327.
— —, carbon monoxide inhibition 326.
— —, cyanide inhibition 330.
— —, direct spectroscopic observation
    331.
— —, light reactivation 327.
— —, preparations 332.
— —, terminology 304.
— —, s. a. Atmungsferment.
Reversion of action: citric dehydrogenase
    458.
— — — hydrogenlyase 492.
— — — lactic dehydrogenase of ani-
    mals 432.
— — — succinic dehydrogenase 417.
— — —, s. a. Synthese.
Ricinuslipase 144.
Robison-Ester-Dehydrase, Protein der —
    35.
Rohrzucker, Konstitution 56.
Röntgenanalyse der Cellulose 124.
— des Chitins 128.
— des Glykogens 108.
— der Proteine 209.
— der Stärke 107.

Saccharase, Anreicherung 9.
—, Darstellung durch Autolyse 14.
—, Isolierung 13.

Saccharase, s. β.h-Fructosidase. Rohr-
    zucker.
Sahne mit Lipase 145.
Saliva, s. Speichel.
Salt effects on C_4 system 501.
Salting out, s. Aussalzen.
Salzamylasen 119.
Samenamylasen 118.
Sauerstoff, s. Oxygen.
Scarification 512.
Schardinger enzyme 342.
Schweres Wasser und Esterasemodelle
    581.
— — bei Hydrolysen 63, 100, 581.
— —, s. a. Heavy water.
Scillarenase 96, s. β-Glucosidase.
Sedimentationsgleichgewicht und -ge-
    schwindigkeit der Virusstoffe auf der
    Ultrazentrifuge 522.
Seed, s. Samen.
Seide als Carboxylasemodell 567.
Seitenketten im Eiweißaufbau 203.
Selektivität und Trägerwirkung 44.
Serumesterase 154.
Shope-Papillomvirus, Darstellung 519.
—, Molekulargewicht 509, 522.
Side chains, s. Seitenketten.
Silk, s. Seide.
Sinigrin 183.
Solvent, s. Lösungsmittel.
Specifity of amine oxidase 352.
— — amino-acid oxidase 344f.
— — ascorbic acid oxidase 371f.
— — C_4 system 501.
— — choline dehydrogenase 421.
— — citric dehydrogenase 456.
— — glucose oxidase 376.
— — glutamic acid dehydrogenase 480.
— — α-glycerophosphate dehydro-
    genase 419.
— — histaminase 355.
— — hydrogenase 490f.
— — β-hydroxybutyric dehydrogenase
    440.
— — laccase 366.
— — lactic dehydrogenase of animals
    431.
— — — — — bacteria 435.
— — oxalic acid oxidase 375.
— — phenol oxidase 362f.
— — plant peroxidase 383.
— — succinic dehydrogenase 415.
— — tyramine oxidase 351.
— — uricase 349.
— — xanthine oxidase 340.
— — yellow enzyme 337.
—, s. a. Spezifität.

Spectroscopy of enzyme systems 325f.
— — respiratory enzyme 331.
—, s. a. Spektroskopie.
Speichel, Enzyme im 86, 115, 167, 248.
Speichelamylase 115.
Spektroskopie der Enzyme 26.
Spermatolipase, Isodynamik 36.
Spezifität von Amidasen 272, 274, 278ff.,
    286ff.
— — Aminopeptidasen 212.
— — Amylasen 108.
— — Carboxylasemodellen 580.
— — Carboxypeptidasen 220.
— — Chymotrypsin 255.
— — Dipeptidasen 227.
— — Fermentmodellen 547f.
— — —, stereochemische 560.
— — β,h-Fructosidase 56.
— — Glucanasen 125.
— — α-Glucosidasen 81.
— — β-Glucosidasen 92.
— — Lecithasen 155.
— — Lipasen 130.
— — —, stereochemische 131.
— — Nucleasen 187.
— — Papainasen 236.
— — Pepsinasen 258.
— — Peptidasen 211.
— — Phosphatasen 163.
— — Proteasen 192.
— — Sulfatasen 182.
— und Trägerwirkung 44.
— — Trypsinasen 246.
—, s. a. Specifity.
Spirographis haematin, constitution 328.
Starch, s. Stärke.
Stärke, Konstitution 106.
—, α- und β- — 110.
Stereochemische Spezifität von Ferment-
    modellen 560ff., 565, 570.
— — der Leberesterase 149.
— — der Lipasen 131.
— — der Phosphatasen 166.
— — der Sulfatasen 184.
STICKLAND reaction 322.
Stoffwechsel 5.
Stoffwechselsubstanzen, s. Metabolites.
Stomach, s. Magen.
Strophantus, enzymatische Spaltung der
    Glucoside 97.
Structure, s. Konstitution.
Struktur der Enzyme 28.
— — Amidasen 277.
— — Carboxylase nach Modellversuchen
    581.
— — Carboxypeptidase 227.
— — Dipeptidase 235.

Specifity of β,h-Fructosidase 79.
— — β-Glucosidase 101.
— — Leberesterase 152.
— — Pankreaslipase 142.
— — kristallisierten Proteasen 268.
— — Virusproteine 526f., 529.
—, s. a. Chemical nature.
Stufenreaktion, s. successive reaction.
Substitution, Einfluß auf die Spezifität
    der β-Glucosidase 95.
— an Fermentmodellen 569, 574ff.
Substrataktivierung am Atmungsmodell
    557.
— am Fermentmodell 565.
Successive reactions with enzymes 323.
Succinate as carrier 317.
Succinate-fumarate-theory 497.
Succinic dehydrogenase 412.
— —, action 412f.
— —, coenzymes and carriers 414.
— —, distribution 417.
— —, function 418.
— —, inhibitors 415.
— —, kinetics 416.
— —, preparations 413.
— —, relation to fumarate hydrase 494.
— —, reversibility 417.
— —, specifity 415.
Succinoxidase 412, s. Succinic dehydro-
    genase.
Sulfatasen 182.
—, Chondrosulfatase 186.
—, Glucosulfatase 185.
—, Myrosulfatase 186.
—, —, Eigenschaften 187.
—, Phenolsulfatase 184.
Sulfhydrylgruppen im Papain 245.
Symplex bei Adsorption 37.
—, Begriff 35.
—, Begriffserweiterung 37.
Synthese von Enzymen 7.
—, enzymatische 44.
—, —, Erklärung 45.
— durch Amidasen 274, 280.
— — Amylase 122.
— — Cholinesterase 158.
— — β-Galactosidase 105.
— — α-Glucosidase 91.
— — β-Glucosidase 102.
— — β,h-Glucosidase 81.
— — Leberesterase 151.
— — Pankreaslipase 141.
— — Phosphomonoesterase 177.
— — Proteasen 267.
— — Ricinuslipase 147.
—, s. a. Reversion of action.
SZENT GYÖRGY's Theory 497.

Tabak, Fermentation 127.
Tabakmosaikvirus, Bestimmung 513.
—, chemische Natur 509.
—, — Zusammensetzung 526.
—, Darstellung 517, 519.
—, Durchmesser 509.
—, Eiweißstoffwechsel des Wirts 537.
—, Geschichte 507.
—, Molekulargewicht 509, 522.
—, Molekülform 525.
—, Mutation 534, 536.
—, p_H-Einfluß 530f.
—, Protein 520.
—, Reindarstellung 508, 517.
—, Thermostabilität 533.
—, Trennung von Bakteriophagen 525.
—, Verhalten gegen Enzyme 532.
—, — — Formaldehyd 530.
—, — — Strahlung 534.
—, Vermehrung 535.
—, Wirtspflanzen 514.
Tâches vierges, Methode der Virus-
     zählung 512.
Taka-Amylase, eiweißarme 37.
—, Molekulargewicht 37.
Takaesterase 153.
Tannase 161.
Terminology of coenzyme systems 321.
—, s. a. Nomenclature, Einteilung.
Thiamine pyrophosphate as carrier 411.
— —, constitution 411.
THUNBERG technique 324.
Tiere, Enzyme der höheren — 98, 155,
     189.
—, s. a. die einzelnen Organe, s. a.
     animals.
Time value quotients, s. Zeitwerts-
     quotienten.
Titrierung von Viruslösungen 510.
Tobacco, s. Tabak.
Träger, Abbau 35f.
—, Austausch 35.
—, Bedeutung für die Spezifität von
     Fermentmodellen 566f.
— in Carboxylasemodellen 562, 564.
—, chemische Natur 37.
—, Definition 321.
—, Einfluß auf die Spezifität 44.
— von Fermenten und Fermentmodellen
     546ff.
—, kolloider 28.
—, Rolle 43.
—, s. a. Bearer.
Trägerspezifität in Fermentmodellen 565.
Trägertheorie der Enzyme 28.
Transamination 322, 481, 495.
Traubenzucker, s. Glucose.

Trehalase 91.
Trehalose 91.
Triose dehydrogenase 450ff.
— phosphate dehydrogenase 463.
— — — of animal tissues 465.
— — —, coenzyme reduction and phos-
     phate esterification 467.
— — — of yeast 464.
Triosephosphorsäure, Oxydoreduktion,
     gekoppelt mit Hexosephosphorsäure-
     hydrolyse 46.
Triphosphatase 181.
Triphosphopyridin-Proteid, Protein des —
     35.
Trypsin, kristallisiertes 15, 33.
Trypsinasen 246.
—, Aktivierung 251.
—, Bestimmung 248.
—, Darstellung 249.
—, Eigenschaften 251.
—, Hemmung 251.
—, Kristallisation 249.
—, Spezifität 246.
—, Vorkommen 247.
Trypsinogen 7.
Two-affinities theory, s. Zweiaffinitäten-
     theorie.
Tyramine oxidase 349.
— —, action 350, 353.
— —, preparation 350.
— —, specifity 351.
Tyrosinase 356.
— nature of activity 363ff.
—, reaction products 368.
—, s. a. Phenol oxidase.
Tyrosine, enzymatic oxidation 368.

Überkontraktion der Faserproteine 209f.
Überträger, s. Carrier.
Ultrafilter, Porenweite 522f.
Ultrafiltration zur Molekulargewichts-
     bestimmung der Virusproteine 522.
Ultramikroskopie zur Molekulargewichts-
     bestimmung der Virusproteine 524.
Ultrazentrifugation zur Molekular-
     gewichtsbestimmung der Enzyme 27.
— — — — —, Virusproteine 525.
Ultrazentrifuge in der Proteinchemie 201.
— zur Virusdarstellung 518.
— — —, Beschreibung 519.
— — —, Einheitlichkeit 520.
— — —, Verfahren 519.
— — Virusreinheitsprüfung 525.
— — Virustrennung 525.
Umaminierung, s. Transamination.
Umkehrbarkeit, s. reversion, Synthese.
Unclassified enzymes 484.
Uniformity, s. Einheitlichkeit.

Units of Catalase 392.
— — Coenzyme II 409.
— — Phenol oxidase 359.
— — Peroxidase 383.
—, s. a. Einheiten, Enzymeinheit.
Urease 274.
—, Kristallisation 15, 33.
—, Molekulargewicht 27.
Uricase 347.
—, distribution 348.
—, p_H-influence 348.
—, preparation 348.
—, specifity 349.
Urushiol, constitution, enzymatic oxidation 367.
Urzeugung von Virusstoffen 539.

Vacciniavirus, chemische Zusammensetzung 527.
—, Vermehrung 535.
Vacuum, s. Vakuum.
Vakuuminfiltration 26, 45.
Veresterung, s. Esterification.
Vermittler, s. Carrier.
Vier C-, s. four carbon...
Virusaktivität, Bestimmung 510.
—, Fällbarkeit durch Eiweißreagentien 528.
—, Zusammenhang mit dem Protein 520.
Virusforschung, Geschichte 507.
—, Problematik 508.
Viruskrankheiten, spontane Entstehung 539.
Virusproteine, Adsorbierbarkeit 529.
— und Antikörper 543.
—, biologische Synthese 543.
—, chemische Zusammensetzung 526f.
—, Darstellung 515.
—, —, chemische Methoden 516.
—, —, — —, Nachteile 518.
—, — mit der Ultrazentrifuge 518.
—, enzymatischer Abbau 532.
—, Molekülform 525.
—, Inaktivierung durch Formaldehyd 529.
—, Oxydation 529.
—, physikalische Beeinflussung 533.
—, serologische Eigenschaften 536.
— und Wirtsstoffwechsel 537.
—, Zusammenhang mit der Virusaktivität 520.
Virusstoffe, Begriff 507.
— vom Standpunkt der Katalyse und Autokatalyse 506.
—, biologischer Strukturtyp 544.
—, s. a. Virusproteine, s. a. die einzelnen Virusarten.
Virusvermehrung, Autokatalyse 539.

Virusvermehrung, biologische Bedingungen 534.
—, Theorien 538.
Viskosität der Stärke, enzymatische Abnahme 109.
Vitalismus 4.
Vitamine 2, 3, 7.
Vitamin B_1 as coenzyme of carboxylase 324.
— B_2 in yellow enzymes 310.
— C, s. Ascorbic acid.
Vorkommen der Amidasen 273, 275, 279f., 282, 286, 288f.
— — Aminopeptidase 214.
— — Amylasen 114ff.
— — Carboxypeptidase 222.
— — Cholinesterase 157.
— — Chymotrypsin 256.
— — Cytasen 127.
— — Esterasen 147.
— — β,h-Fructosidase 65.
— α-Galactosidase 104.
— β-Galactosidase 105.
— — Glucanasen 125.
— — α-Glucosidase 85.
— — β-Glucosidase 97.
— — Glucosulfatase 185.
— — Lecithasen 155.
— — Lipasen 135.
— — Myrosulfatase 186.
— — Nucleosidasen 189.
— — Papainasen 238.
— — Pepsinasen 259.
— — Phenolsulfatase 184.
— — Phosphomonoesterasen 167.
— — Phytase 181.
— — Polynucleotidasen 188.
— — Trypsinasen 247.
—, s. a. die einzelnen Fundorte, Organe usw., s. a. distribution.

WARBURG's theory 298.
— —, critics 300.
Wasserstoff-, s. hydrogen.
Wasserstoffionen, s. a. p_H.
Wasserstoffioneneinfluß auf Aminopeptidase 218.
— — Carboxypeptidase 225.
— — Enzymadsorption 22.
— — β,h-Fructosidase 74.
— — α-Glucosidase 89.
— — β-Glucosidase 99.
— — Leberesterase 148.
— — Lecithase 156.
— — Pankreaslipase 137.
— — Papainasen 243.
— — Phosphomonoesterasen 170.
— — Ricinuslipase 146.

Wasserstoffioneneinfluß, s.a. p_H-influence.
Wasserstoffsuperoxyd, s. Hydroperoxyd.
Wasserstoffübertragendes Ferment 321.
Wechselzahl eines Enzyms 26.
WIELAND's theory 296.
Wirkgruppe 575.
— der Carboxylase 581.
—, chemische Natur 39.
— in Metall-N-Verbindungen als Fermentmodellen 565, 572.
—, s. a. prosthetische Gruppe.
Wirkstoffe 2.
Wirkungsspektrum des Atmungsferments 327.
Wirtspflanzen für Mosaikvirus 514.
— — Virusstoffe 535.
Wolle als Carboxylasemodell 567.
Wool, s. Wolle.

X-ray..., s. Röntgen-.
Xanthine, constitution 339.
— oxidase, absorption spectrum 341.
— —, distribution 339f.
— —, inhibition 341.
— —, relation to aldehyde oxidase 342.
— —, specifity 339f.
— — as yellow enzyme 310.
Xylan, Konstitution 126.

Yeast, enzymes of 333, 335, 382, 389, 400, 409, 418, 422, 443, 464, 474, 482, 493.
—, s. a. Hefe.
Yellow enzyme 333, 429.
— —, absorption spectrum 336.
— —, action 337.
— —, carrier function 307.
— —, chemical nature 309.
— —, preparation 335.
— —, prosthetic group 333, 335.
— —, role in oxydoreductions 308.
— —, s. a. gelbes Ferment.
— enzymes, others 338.

Zählung der Viruskolonien 511.
Zeitwertquotienten, Methode der 64.
Zerstörung, selektive, der Enzyme 23.
Zitrat, s. Citrate.
Zitronensäure, s. citric acid.
Zooamylasen 114.
Zwei-Affinitäts-Theorie 83.
Zwischen-, s. intermediate.
Zwischenferment 304, 472.
—, action 333, 406.
—, definition 321.
Zwischenverbindungen 38, 57.

Manzsche Buchdruckerei, Wien IX.